elemente chemie ist ein Lern- und Arbeitsbuch. Es dient sowohl der unterrichtlichen Arbeit als auch dem Nachbereiten und Wiederholen von Lerneinheiten. Das Buch kann jedoch den Unterricht nicht ersetzen. Das Erleben von Experimenten und die eigene Auseinandersetzung mit deren Ergebnissen sind unerlässlich. Wissen muss erarbeitet werden.

Eine geeignete Aufbereitung soll den Umgang mit dem Buch erleichtern. Zu diesem Zwecke sind verschiedene Seitentypen, Symbole und Kennzeichnungen verwendet worden, die überall im Buch die gleiche Bedeutung haben:

Inhaltsfelder und fachliche Kontexte. Bildhaft dargestellte Phänomene ermöglichen einen motivierenden Einstieg in die Inhaltsfelder der Chemie. Kurze Einführungstexte stellen einen Alltagsbezug her und bieten einen ersten Gesprächsanlaß. Auf einer nachfolgenden Doppelseite werden alltagsrelevante Fragen aufgeworfen und fordern dazu auf, sich mit den Inhalten intensiver auseinanderzusetzen. Die Beantwortung dieser Fragen kann jedoch oft erst nach der Erarbeitung der fachwissenschaftlichen Aspekte im Lichte der neu gewonnenen Erkenntnisse erfolgen.

Praktikum. Enthält Angebote, mit denen die im Lehrplan geforderten experimentellen Untersuchungen umsetzbar sind und in denen Kontexte aus der Lebenswelt der Schülerinnen und Schüler angesprochen werden. Die ausführlich beschrieben Experimente können von den Schülerinnen und Schülern eigenständig durchgeführt werden.

Exkurs. Zu den Themen des Lehrplans passende, aber teilweise darüber hinausgehende, interessante Inhalte. Dabei wird der Blickwinkel der Chemie inbesondere zur Technik erweitert.

Impulse. Fächerverbindende Inhalte oder Inhalte, die besondere Unterrichtsmethoden erfordern.

Durchblick Zusammenfassung und Übung. Zum raschen Nachschlagen werden die wichtigsten Lerninhalte und Fachbegriffe kurz erläutert. Aufgaben unterschiedlicher Schwierigkeit dienen zur Überprüfung der in einem Kapitel erlernten konzeptbezogenen, fachwissenschaftlichen Kompetenzen.

Horizonte. Zur Förderung von prozessbezogenen Kompetenzen aus dem Bereich Erkenntnisgewinnung, Kommunikation und Bewertung schließt jedes Kapitel mit einer komplexen Lernaufgabe ab.

Basisseiten. Sachlogisch und übersichtlich strukturierte Lern- und Informationsseiten, welche einen sicheren Erwerb der im Kernlehrplan geforderten Kompetenzen ermöglichen.

Arbeitsteil (Aufgaben und Versuche). Einige Substanzen, mit denen im Chemieunterricht umgegangen wird, sind als Gefahrstoffe eingestuft. Die Bedeutung der Gefahrensymbole ist im Anhang dargestellt. Das Tragen einer Schutzbrille beim Experimentieren ist unerlässlich, weitere notwendige Schutzmaßnahmen sind beim Versuch vermerkt.
Die Versuchsanleitungen sind nach Schüler- und Lehrerversuch unterschieden und enthalten in besonderen Fällen Hinweise auf mögliche Gefahren.

V1 **Schülerversuch.** Die allgemeinen Hinweise zur Vermeidung von Unfällen beim Experimentieren müssen bekannt sein. Insbesondere ist immer eine **Schutzbrille** zu tragen. Auch Schülerversuche sind nur auf Anweisung des Lehrers auszuführen.

V1 **Lehrerversuch**

⚠ **Gefahrensymbol.** Bei Versuchen, die mit diesem Zeichen versehen sind, müssen vom Lehrer besondere Vorsichtsmaßnahmen getroffen werden.

A1 **Problem oder Arbeitsaufgabe**

[ ] Verweis auf Bild, Versuch oder Aufgabe innerhalb eines Unterkapitels.
Die Nummerierung der Aufgaben, Versuche und Bilder erfolgt unterkapitelweise.

Fettdruck (schwarz) im Text – wichtiger neuer Begriff

Texthinterlegung – Ergebnis vorangegangener Überlegungen, Definition, kurz: **Merksatz**

Exkurs, Impulse, Durchblick und **Horizonte** sind über den Lehrplan hinausgehende fakultative Inhalte, die zur Erstellung eines Schulcurriculums genutzt werden können. Die Lehrkraft kann aus diesem Angebot eine individuelle Auswahl treffen.

⊢…⊢ Fakultative Inhalte auf den Basisseiten, sind mit diesem Symbol gekennzeichnet.

Im Internet unter www.klett.de\online und dort unter „Elemente Chemie" findet sich eine stets aktuelle Liste zu allen im Buch verwendeten Gefahrstoffen sowie Beispiele für die Gefährdungsbeurteilung.

elemente chemie 1

Werner Eisner
Paul Gietz
Axel Justus
Klaus Laitenberger
Hildegard Nickolay
Werner Schierle
Bärbel Schmidt
Michael Sternberg
Thorsten Zippel

Ernst Klett Verlag
Stuttgart · Leipzig

Hinweise zu den Versuchen
Vor der Durchführung eines Versuchs müssen mögliche Gefahrenquellen besprochen werden. Die geltenden Richtlinien zur Vermeidung von Unfällen beim Experimentieren sind zu beachten.

Da Experimentieren grundsätzlich umsichtig erfolgen muss, wird auf die üblichen Verhaltensregeln und die Regeln für Sicherheit und Gesundheitsschutz beim Umgang mit Gefahrstoffen im Unterricht nicht bei jedem Versuch gesondert hingewiesen.
Beim Experimentieren muss **immer** eine Schutzbrille getragen werden.

1. Auflage

1 7 6 5 4 3 | 2015 14 13 12 11

Alle Drucke dieser Auflage sind unverändert und können im Unterricht nebeneinander verwendet werden. Die letzte Zahl bezeichnet das Jahr des Druckes.

Autoren: Werner Eisner, Paul Gietz, Axel Justus, Klaus Laitenberger, Hildegard Nickolay, Werner Schierle, Bärbel Schmidt, Michael Sternberg, Thorsten Zippel

Redaktion: Toni Cramer
Mediengestaltung: Stefanie Mayer
Umschlaggestaltung: Susanne Hamatzek, Martin Raubenheimer

Grafiken: Matthias Balonier, Lützelbach; Joachim Hormann, Stuttgart; Karin Mall, Berlin; Alfred Marzell, Schwäbisch Gmünd; Tom Menzel, Rohlsdorf; Otto Nehren, Achern; Gerhart Römer, Ihringen
Grundkonzeption des Layouts: KomaAmok, Stuttgart
Reproduktion: Meyle + Müller, Medien-Management, Pforzheim
Druck: Himmer AG, Augsburg

Printed in Germany
ISBN: 978-3-12-756084-8

9 783127 560848

Inhaltsverzeichnis

Neugierig auf Chemie?

Chemie ist überall

Womit alles begann: Feuer verursacht Stoffveränderungen.

Leben – mit und ohne Chemie: Hände waschen, Zähne putzen, CD hören, Gummibärchen essen, Cola trinken, Blue-Jeans und bunte T-Shirts anziehen … alles ganz selbstverständliche Dinge. Jeder tut sie tagtäglich und denkt nicht viel darüber nach. Verantwortlich sind Entdeckungen in der Chemie. Wie sähe denn der Alltag aus, wenn es keine angewandte Chemie gäbe? Es gäbe keine Zahnpasta oder Zahnbürste, keine Gummibärchen, keine Blue-Jeans, keine bunten T-Shirts, keine …
Die angewandte Chemie trägt ganz wesentlich dazu bei, dass es uns gut geht.

Chemie passiert ständig! …
… ohne sie kein Leben.

Durch Chemie lässt sich die Umwelt gezielt verändern …

Alchemie, auf der Suche nach dem „Stein der Weisen" … (4.–16. Jh.)
… doch Unedles wollte nicht edler werden.

Seit dem 18. Jahrhundert gilt Chemie als exakte Naturwissenschaft.

…Chemisches Wissen ist für verantwortliches Tun wichtig!

Folgen für die Umwelt?
Folgen für den menschlichen Körper?
Folgen für das Zusammenleben?

Von der Beobachtung zur Theorie

B1 Brennendes Teelicht

B2 Teelicht erlischt unter dem Glas

Falsifizieren Eine Hypothese durch eine ihr widersprechende Beobachtung widerlegen.

Durch das verstärkte Interesse an naturwissenschaftlichen Fragestellungen und die verbesserten Möglichkeiten zu forschen, hat das naturwissenschaftliche Wissen in den letzten Jahrzehnten stark zugenommen. Die Forscher der letzten 20 Jahre machen neunzig Prozent von allen in der Menschheitsgeschichte je aktiv tätig gewesenen Wissenschaftlern aus. Über 5000 Schriften werden täglich veröffentlicht.

Die Vorgehensweise, wie eine Vermutung zu einem naturwissenschaftlichen Gesetz werden kann, ist immer die gleiche.

Zunächst wird ein **Phänomen** beobachtet und eine **Fragestellung** formuliert. Nach weiterführenden Überlegungen kommt der Naturwissenschaftler zu einem Lösungsvorschlag und überprüft seine **Vermutung** mit gezielten **Experimenten.** Nach der Auswertung seiner Versuche stellt er eine **Hypothese** auf. Hypothesen sind unbewiesene Annahmen. In nun weiter folgenden **Versuchsreihen** untermauert oder falsifiziert er seine Hypothese und korrigiert seinen Lösungsvorschlag. Stützen schließlich ausreichend viele Befunde seine Hypothese, so wird eine **Theorie** entwickelt. Meist wirft eine gefundene Theorie weitere Fragestellungen auf, sodass viele neue Theorien erarbeitet werden.

B3 Schülerinnen beim Protokollieren im Chemielabor

Hier ist ein Beispiel für die allgemeine Vorgehensweise gegeben:

Ein Naturwissenschaftler beobachtet, dass eine brennende Kerze erlischt, wenn ein Glas luftdicht über die Kerze gestülpt wird [B2]. Er untersucht schrittweise dieses Phänomen:

Beobachtung:
Die Kerzenflamme erlischt, wenn ein Glas luftdicht über die Kerze gestülpt wird.

Fragestellung:
Ist Sauerstoff für die Verbrennung nötig?

Experimente:
Der Forscher testet die Wirkung von verschiedenen Gasen, wie z. B. Sauerstoff, Kohlenstoffdioxid oder Stickstoff, auf das Brennverhalten der Kerze, indem er die verschiedenen Gase nacheinander in das Glas füllt und die Brenndauer misst. Er beobachtet, dass die Kerze in Sauerstoff brennt, in Stickstoff und Kohlenstoffdioxid erlischt die Kerzenflamme sofort.

Hypothese:
Die Kerze benötigt zum Brennen Sauerstoff.

Theorie:
Nachdem in Versuchsreihen noch weitere brennbare Stoffe getestet wurden, kann die Theorie aufgestellt werden: Für die Verbrennung ist Sauerstoff nötig.

Experimentieren im Chemieraum

In Beruf und Alltag gibt es viele Stoffe, von denen beim leichtsinnigen Umgang zahlreiche Gefahren ausgehen. Bei der Verwendung muss man über mögliche Risiken genau Bescheid wissen.

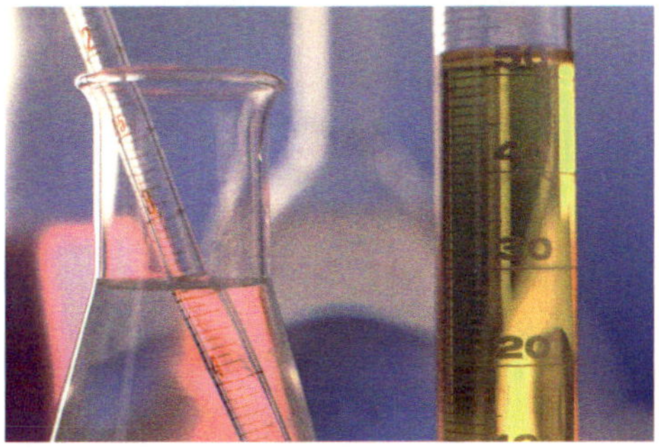

Der Umgang mit Stoffen, die brennbar, giftig oder auf andere Weise gefährlich sind, unterliegt besonderen Regeln und erfordert entsprechende Kenntnisse.

Ein Maler muss wissen, wie er mit Farbverdünnern oder Pinselreinigern umgeht; in der chemischen Industrie gibt es besondere Sicherheitseinrichtungen. Auch von manchen Haushaltsprodukten können bei unsachgemäßer Verwendung Gefahren ausgehen. Auf der Verpackung solcher Stoffe sind deshalb Warnhinweise vorgeschrieben.

Da im Chemieunterricht wie in großen Labors mit einer Vielzahl von Stoffen mit den unterschiedlichsten Eigenschaften gearbeitet wird, gibt es hierzu Kennzeichnungen, Sicherheitseinrichtungen und Regeln für den verantwortungsvollen, gefahrlosen Umgang. Ihre Kenntnis und Beachtung sind die Voraussetzung für sicheres Experimentieren.

Online-Link
756084-0001

Grundregeln des Experimentierens

B1 Planung schützt vor Überraschungen

Die Chemie ist ein Unterrichtsfach, in dem man durch Experimente zu vielen neuen Erfahrungen kommen kann. Um planvoll zu experimentieren und Gefahren zu vermeiden, muss man sich an Versuchsvorschriften und Regeln halten. Unvorsichtiges oder leichtsinniges Arbeiten kann zu Unfällen führen, die Verletzungen und Gesundheitsstörungen zur Folge haben können.

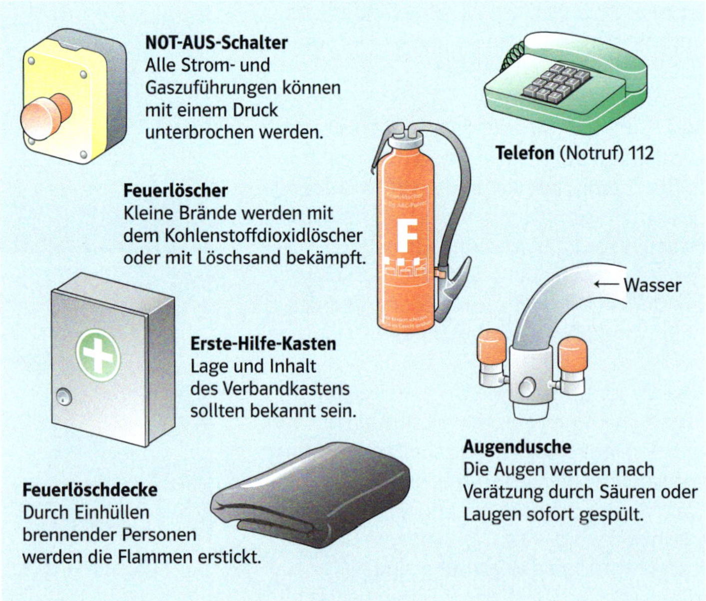

B2 Sicherheitseinrichtungen im Chemieraum

Durch das Beachten von Regeln lassen sich Unfälle vermeiden. Diese Regeln betreffen sowohl das Verhalten im Unterrichtsraum als auch den Umgang mit Stoffen und Geräten.

Verhalten im Chemieraum. In Chemieräumen darf man sich nicht ohne Aufsicht durch eine Lehrkraft aufhalten.
Unerlaubtes Anfassen von Versuchsapparaturen, Experimentiergeräten und Chemikaliengefäßen sowie Spielen an Schaltungen und Armaturen können zu Unfällen führen und sind daher zu unterlassen.
Es ist wichtig zu wissen, wo sich die Sicherheitseinrichtungen wie der Not-Aus-Schalter, der Verbandkasten, die Feuerlöschdecke und der Feuerlöscher befinden und wie sie zu bedienen sind [B2].
In Experimentierräumen darf nicht gegessen und getrunken werden. Anweisungen des Lehrers müssen unbedingt befolgt werden.

Vor der Versuchsdurchführung:
- Die Versuchsanleitung genau lesen, die Durchführung besprechen.
- Geräte und Chemikalien auf dem Arbeitsplatz bereitstellen. Brenner, Geräte und Chemikalienbehältnisse in die Mitte des Tisches stellen, Geräte gegen das Herabrollen sichern.
- Schutzbrille (und evtl. Schutzhandschuhe) bereitlegen. Die Schutzbrille muss während des Experiments getragen werden.
- Längere Haare mit einem Band zusammenfassen.

B3 Schüler beim Experimentieren

B4 Geruchsprobe durch Zufächeln mit der Hand

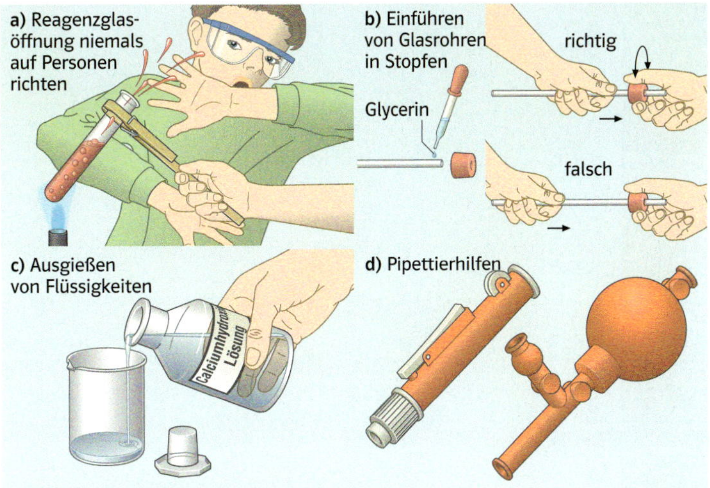

B5 Beachte beim Experimentieren

Regeln beim Experimentieren:
Ordnung, Sauberkeit und Genauigkeit sind Grundvoraussetzungen für erfolgreiches Experimentieren. Nur durch sorgfältiges und überlegtes Arbeiten sowie genaues Beobachten erhält man gute Versuchsergebnisse.
Beim Experimentieren wird grundsätzlich eine Schutzbrille getragen; wenn es erforderlich ist, werden auch Schutzhandschuhe benutzt.
Man beginnt erst mit der Durchführung des Experiments, wenn der Lehrer den Versuchsaufbau überprüft hat.

Glasrohre und Thermometer, die durch Stopfen geführt werden sollen, werden zunächst mit einem Tropfen Glycerin gleitfähig gemacht. Dann fasst man sie kurz vor dem Ende [B5b] und schiebt sie unter Drehen durch die Bohrung des Stopfens.
Werden Flüssigkeiten im Reagenzglas erhitzt, kann es leicht zum plötzlichen Herausspritzen kommen (Siedeverzug). Das Reagenzglas wird daher höchstens zu einem Drittel gefüllt und während des Erhitzens hin- und herbewegt (geschüttelt). Die Öffnung des Reagenzglases nie auf andere Personen richten [B5a].

Es gibt zahlreiche Stoffe, die Vergiftungen verursachen, selbst wenn sie nur in geringen Mengen in den Mund und – bei Gasen – in die Nase und in die Lunge gelangen. Geschmacks- und Geruchsproben [B4] darf man nur dann durchführen, wenn der Lehrer ausdrücklich dazu auffordert.

Umgang mit Chemikalien.
- Chemikalien sollen sparsam gebraucht werden, um Kosten zu vermindern, Gefahren und Umweltbelastungen zu verringern.
- Entnahme von Chemikalien: Die Flasche mit dem Etikett zur Handfläche ergreifen und öffnen [B5c]; den Stopfen umgekehrt auf den Tisch legen, nach der Entnahme die Flasche sofort wieder verschließen.
- Feste Stoffe mit einem Spatel oder einem Spatellöffel entnehmen, Chemikalien nie mit den Fingern anfassen. Flüssige Stoffe entnimmt man mit einer Pipette mit Saughütchen oder einer Pipettierhilfe [B5d].
- Nur einwandfreie Chemikalien gibt man wieder in die Vorratsflasche zurück.

Nach der Versuchsdurchführung:
- Chemikalienreste in dafür bereitgestellte Abfallgefäße geben.
- Gebrauchte Gefäße sorgfältig spülen, trocknen und wegräumen. Enge Gefäße, die innen nicht abgetrocknet werden können, mit destilliertem Wasser ausspülen und an das Abtropfbrett hängen.
- Beschädigungen an Experimentiergeräten dem Lehrer melden.
- Nach dem Abräumen der Geräte und Chemikalien den Tisch abwischen; prüfen, ob Gas- und Wasserhähne geschlossen sind.
- Hände waschen.

Gefahrstoffe

Symbol	Kennbuchstabe	Gefahrenbezeichnung	Gefährlichkeitsmerkmale
	T+	Sehr giftig	Sehr giftige Stoffe können schon in sehr geringen Mengen zu schweren Gesundheitsschäden führen.
	T	Giftig	Giftige Stoffe können in geringen Mengen zu schweren Gesundheitsschäden führen.
	Xn	Gesundheitsschädlich	Gesundheitsschädliche Stoffe können in größeren Mengen zu Gesundheitsschäden führen.
	Xi	Reizend	Dieser Stoff hat Reizwirkung auf Haut und Schleimhäute, er kann Entzündungen auslösen.
	C	Ätzend	Dieser Stoff kann lebendes Gewebe zerstören.
	E	Explosionsgefährlich	Dieser Stoff kann unter bestimmten Bedingungen explodieren.
	O	Brand fördernd	Brand fördernde Stoffe können brennbare Stoffe entzünden, Brände fördern und Löscharbeiten erschweren.
	F+	Hochentzündlich	Hochentzündliche Stoffe können schon bei Temperaturen unter 0 °C entzündet werden.
	F	Leicht entzündlich	Leicht entzündliche Stoffe können schon bei niedrigen Temperaturen entzündet werden. Mit der Luft können sie explosionsfähige Gemische bilden.
	N	Umweltgefährlich	Wasser, Boden, Luft, Klima, Pflanzen oder Mikroorganismen können durch diesen Stoff so verändert werden, dass Gefahren für die Umwelt entstehen.

B1 Gefahrensymbole und ihre Bedeutung

Kennzeichnung von Gefahrstoffen. Chemikalien, die aufgrund ihrer Eigenschaften eine Gefährdung für die Gesundheit oder die Umwelt darstellen können, nennt man Gefahrstoffe. Behälter, die Gefahrstoffe enthalten, werden mit einem Etikett versehen, das wichtige Hinweise für den sicheren Umgang mit dem Stoff enthält [B2].
Neben der **Bezeichnung des Stoffes** fällt zunächst das immer schwarz auf orangefarbenem Grund gedruckte **Gefahrensymbol** auf. Die international gebräuchlichen Gefahrensymbole ermöglichen eine schnelle Information über die Art der Gefährdung durch den Stoff, sie können allerdings bis zu vier Bedeutungen besitzen. Daher wird dem Gefahrensymbol der **Kennbuchstabe** hinzugefügt, der die Gefährlichkeit des Stoffes näher bezeichnet [B1]. So steht z. B. F bei dem Flammensymbol für einen leicht entzündlichen, F+ für einen hochentzündlichen Stoff. Weiterhin enthält das Etikett auch **Gefahrenhinweise** (R-Sätze, von engl. risk, Risiko) und **Sicherheitsratschläge** (S-Sätze, von engl. security, Sicherheit). Diese R- und S-Sätze können durch einen Nummerncode oder als Text angegeben werden. Eine Liste der R- und S-Sätze befindet sich im Anhang.
Den Umgang mit Gefahrstoffen regelt die Gefahrstoffverordnung, die regelmäßig aktualisiert wird.

B2 Gefahrensymbole im Alltag

Der Umgang mit dem Gasbrenner

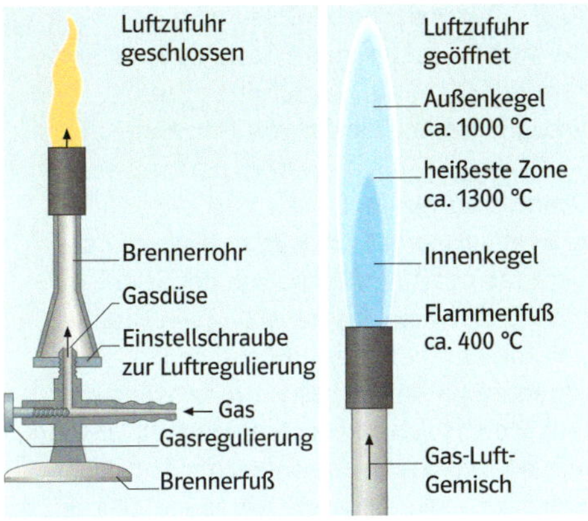

B1 Aufbau eines Teclubrenners und Flammentemperaturen bei geöffneter Luftzufuhr

B2 Experimentieren mit dem Gasbrenner

Für viele Experimente wird im Chemieunterricht eine Wärmequelle benötigt. Man benutzt hierzu meist den Gasbrenner. Allerdings ist das Arbeiten mit dem Gasbrenner nicht ganz ungefährlich. Unverbrannt ausströmendes Gas kann mit Luft ein explosives Gemisch bilden, außerdem besteht bei unachtsamem Umgang mit dem Brenner Brandgefahr. Es ist daher wichtig, Aufbau und Wirkungsweise des Gasbrenners zu kennen, um vorschriftsmäßig mit ihm umgehen zu können.

Entzünden der Brennerflamme

1. Schließe den Brenner an den Gashahn des Tisches an. Prüfe, ob die Luftzufuhr geschlossen ist.
2. Setze die Schutzbrille auf und halte Streichhölzer oder Feuerzeug bereit.
3. Öffne zuerst die Gaszufuhr am Tisch, dann am Brenner und entzünde das ausströmende Gas sofort.

Regulierung der Brennerflamme. Der Brenner zeigt bei geschlossener Luftzufuhr eine *leuchtende* Flamme; ihre Größe kann durch Verstellen der Gaszufuhr geregelt werden. Wird die Luftzufuhr etwas geöffnet, entsteht eine fast farblose, *nicht leuchtende* Flamme. Diese Flamme wird beim Erhitzen von Flüssigkeiten sehr häufig benutzt. Bei weiterem Öffnen der Luftzufuhr entsteht die *rauschende* Flamme. Sie ist die heißeste Flamme, die mit dem Gasbrenner erzeugt werden kann.

Bedienungsfehler. Wird bei nicht leuchtender oder rauschender Flamme die Gaszufuhr vermindert, kann sich die Flamme in das Brennerrohr bis zur Gasdüse zurückziehen und dort weiterbrennen. Das Brennerrohr wird dabei sehr heiß. In diesem Fall muss die Gaszufuhr am Tisch sofort geschlossen werden. Nach dem Abkühlen des Brennerrohres und Schließen der Luftzufuhr wird die Gaszufuhr erneut geöffnet und das Gas entzündet.

A1 Zeichne einen Längssschnitt durch die rauschende Brennerflamme. Gib die drei Temperaturzonen und die in ihnen vorherrschenden Temperaturen an.

A2 Was ist beim Erhitzen von Flüssigkeiten im Reagenzglas zu beachten? Schreibe die beiden wichtigsten Punkte auf.

A3 Im chemischen Labor werden hauptsächlich drei Glassorten benutzt, die sich in ihren Erweichungstemperaturen unterscheiden (AR-Glas: 700 °C, DURAN-Glas: 815 °C, SUPREMAX-Glas: 950 °C).
Was geschieht, wenn ein Reagenzglas aus AR-Glas längere Zeit in der heißesten Zone der rauschenden Brennerflamme erhitzt wird?

A4 Beschreibe die Handlungsschritte, die nach der Nutzung des Brenners und vor dem Lösen der Verbindung zum Gashahn des Tisches vorgenommen werden müssen.

B3 Bunsenbrenner

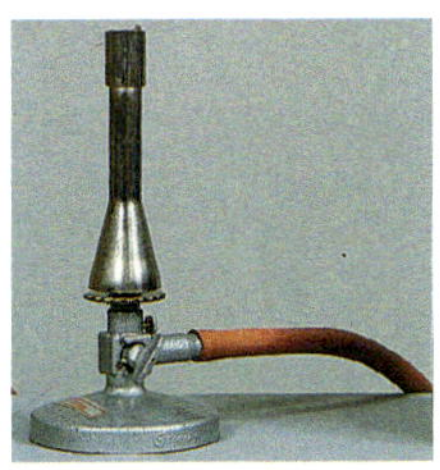

B4 Teclubrenner

Praktikum Experimente mit dem Gasbrenner

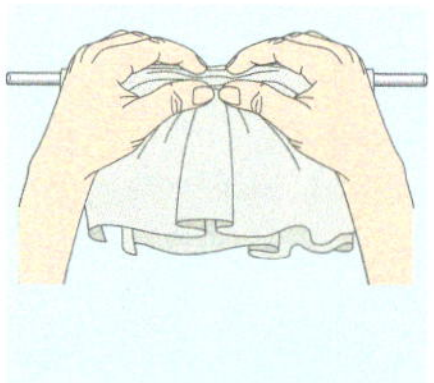

B1 Glasrohr brechen – die Ritzstelle befindet sich zwischen den Daumen

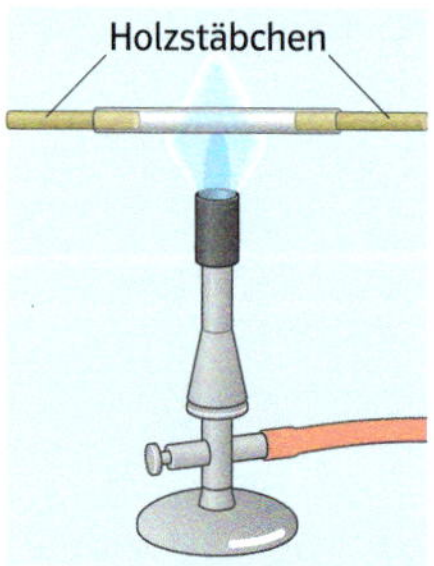

B2 Holzstäbchen zum „Verlängern" der Glasrohre, z. B. zum Biegen

V1 Die Brennerflamme

Geräte und Materialien: Gasbrenner, Magnesiastäbchen, Eisendrahtnetz, Tiegelzange.

Durchführung:

a) Entzünde die Brennerflamme nach Vorschrift.

b) Stelle durch langsames Öffnen der Luftzufuhr die drei verschiedenen Typen der Brennerflamme ein.
Die folgenden Versuche zeigen dir die Temperaturzonen in der rauschenden Brennerflamme.

c) Halte ein Magnesiastäbchen waagerecht über die Mitte des Brennerrohres in die Flamme. Durchfahre jetzt sehr langsam die Flamme mit dem Stäbchen von unten nach oben.

d) Halte das Eisendrahtnetz mithilfe der Tiegelzange waagerecht knapp über die Brennerflamme, bis es teilweise glüht. Durchfahre jetzt mit dem Drahtnetz die Flamme langsam von oben nach unten. Halte das Drahtnetz anschließend auch senkrecht in die Flamme, bis es teilweise glüht.

Auswertung:

Zeichne Querschnitte der rauschenden Brennerflamme in dein Heft. Wähle drei Bereiche: a) an der Spitze des blauen Innenkegels der Flamme, b) in der Mitte der Flamme, c) über dem Brennerrohr. Kennzeichne die unterschiedlich heißen Zonen mit verschiedenen Farben.

V2 Erhitzen von Wasser im Reagenzglas

Geräte und Materialien:
Gasbrenner, Reagenzglas, Reagenzglasklammer, destilliertes Wasser.

Durchführung:

Fülle das Reagenzglas etwa zwei Fingerbreit mit Wasser. Halte den Reagenzglasboden mithilfe der Reagenzglasklammer in die Flamme und bewege (schüttle) es dabei aus dem Handgelenk. Lass etwa die Hälfte des eingefüllten Wassers verdampfen.

V3 Bearbeiten von Glas

Geräte und Materialien: Gasbrenner, scharfkantiger Glasstab, Glasrohr ($d \approx 7\,mm$), Ampullensäge, Tiegelzange, Holzplatte.

Durchführung:

a) *Herstellen eines Rührstabes.* Halte einen Glasstab mit einem Ende von der Seite in die heiße Zone der rauschenden Brennerflamme oberhalb des blauen Innenkegels. Nimm den Stab aus der Flamme, wenn das Glas weich wird und zusammenläuft. Drücke nun das weiche Ende senkrecht auf die Holzplatte. Mit einem derart abgeplatteten Ende kann man z. B. Kristalle vor dem Lösen zerkleinern. Um einen Löffel zu bekommen, drückst du das weiche Ende mit der Tiegelzange zusammen. Falls das andere Ende des Stabes noch scharfkantig ist, kannst du es, wie unten beschrieben, rund schmelzen.

b) *Rundschmelzen eines Glasrohres.* Ritze ein Glasrohr mit der Ampullensäge an. Lege ein Tuch über das Glasrohr. Nimm das Rohr mit dem Tuch so in beide Hände, dass die innen liegenden Daumen an der angeritzten Stelle sind. Ziehe mit leichtem Abknicken das Rohr auseinander. Halte nun das scharfkantige Ende der einen Rohrhälfte (Vorsicht: Verletzungsgefahr!) von der Seite in die heiße Zone der rauschenden Flamme. Erhitze das Rohrende unter dauerndem Drehen, bis das Glas zu fließen beginnt.

c) *Blasen einer kleinen Kugel.* Halte die Mitte eines Glasrohres ($l > 10$ cm) mit beiden Händen waagerecht unter Drehen in die heiße Zone der rauschenden Flamme, bis das Glas erweicht. Nimm nun das Glasrohr aus der Flamme und ziehe es schnell auseinander. Trenne die beiden Hälften und erhitze eine Glasspitze wieder, bis sie zu einem Tropfen zusammenläuft. Schmilz den erhaltenen Boden unter ständigem Drehen rund. Wenn du das Glasrohr jetzt aus der Flamme nimmst und sofort kräftig hineinbläst, kannst du eine Kugel erzeugen.
Durch erneutes Erhitzen und Hineinblasen außerhalb (!) der Flamme kannst du die Kugel vergrößern.

Das Versuchsprotokoll

Ob im chemischen Labor oder in der Schule, wenn man experimentiert, arbeitet man oft nach Vorschriften und macht während des Versuchs Beobachtungen. Damit ein Experiment jederzeit wiederholt und überprüft werden kann und Beobachtungen nicht in Vergessenheit geraten, wird das Geschehen in einem **Versuchsprotokoll** festgehalten. Das Versuchsprotokoll soll einen schnellen Überblick über das durchgeführte Experiment und die dabei gemachten Beobachtungen erlauben. Auch die Auswertung des Beobachteten darf nicht fehlen. Zum Erreichen einer klaren Übersichtlichkeit hat es sich als zweckmäßig erwiesen, immer die gleiche Form des Versuchsprotokolls zu wählen.
Die folgende Gliederung hat sich bewährt:

- Aufgabenstellung (Thema)
- Geräte und Chemikalien (Materialien)
- Bei aufwändigeren Versuchen: Zeichnung des Versuchsaufbaus
- Durchführung des Versuchs
- Beobachtungen
- Auswertung

Während des Experimentierens ruht die Arbeit am Protokoll, das Versuchsgeschehen soll aufmerksam verfolgt werden.
Nach Beendigung des Experiments werden die Beobachtungen in der richtigen Reihenfolge und in übersichtlicher Form schriftlich niedergelegt. Dabei ist es häufig notwendig, die mit den Beobachtungen in Zusammenhang stehenden Tätigkeiten mit aufzuführen.

Im letzten Teil des Versuchsprotokolls, der Auswertung, erfolgt die Deutung der Versuchsergebnisse. Man sollte darauf achten, in der Beobachtung nur das tatsächlich Erfahrene (Gemessene) aufzuschreiben. Erst bei der Auswertung wird das Beobachtete erklärt.

Beobachtungen und Auswertungen sind voneinander zu trennen.

B1 Schüler beim Protokollieren eines Versuchs

Versuchsprotokoll

Aufgabenstellung:
Erhitzen von Mineralwasser

Geräte und Materialien:
Brenner, Reagenzglas, Reagenzglasklammer, Schutzbrille, stilles Mineralwasser.

Durchführung:
Das Reagenzglas wird etwa einen Fingerbreit mit Wasser gefüllt und in der nicht leuchtenden Brennerflamme bewegt (geschüttelt), bis alles Wasser verdampft ist.

Beobachtungen:
1. Das Wasser beginnt nach kurzer Zeit zu sieden (es brodelt).
2. Das Volumen der Flüssigkeit wird geringer, Flüssigkeitströpfchen kondensieren im oberen Teil des Reagenzglases.
3. Oberhalb der Reagenzglasöffnung bildet sich Nebel.
4. Im Reagenzglas bleibt ein weißer Belag zurück.

Auswertung:
Mineralwasser besteht nicht nur aus Wasser. Im Mineralwasser sind Stoffe gelöst, die nach dem Verdampfen des Wassers als weiße Feststoffe zurückbleiben.

B2 Beispiel für ein Versuchsprotokoll. Auch dein Protokoll soll klar gegliedert sein und alle wichtigen Angaben enthalten

Impulse Laborschein

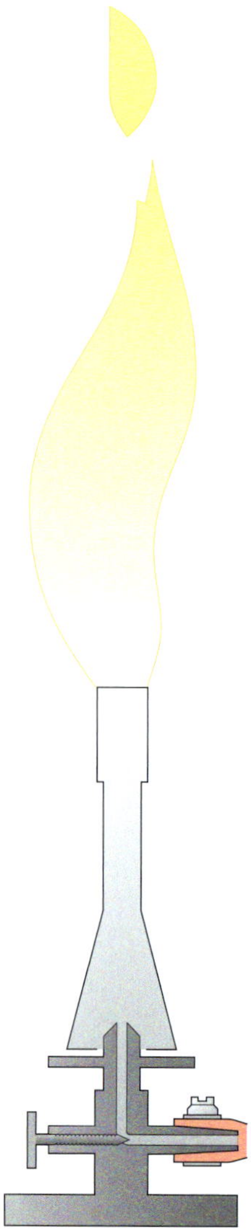

Im vorangegangenen Kapitel hast du einiges über die Sicherheit beim Experimentieren im „Schullabor" gelernt. An den folgenden Stationen kannst du überprüfen, ob du im Umgang mit Chemikalien, dem Brenner und anderen Geräten sicher bist und ob du die Sicherheitseinrichtungen deines Arbeitsplatzes bei Schülerübungen kennst.

Station 1: Der Chemieübungsraum
Kennst du dich im Chemieübungsraum aus? Zeichne eine Skizze des Chemieraums und trage alle Sicherheitseinrichtungen an den richtigen Stellen ein. Notiere auch den Standort des Telefons und die Notfalltelefonnummer.

Station 2: Gefahrensymbole
Solltest du einmal mit Gefahrstoffen umgehen müssen, sind die Gefahrensymbole wichtig für dich. Ordne den folgenden Gefahrensymbolen die jeweils richtige Erklärung zu.

Station 3: Gasbrenner
In manchen Versuchen muss man die Stoffe, mit denen man arbeitet, erhitzen. Meist geschieht dies im Chemieunterricht mithilfe des Gasbrenners. Dessen Bedienung sollte dir vertraut sein. Entzünde den Gasbrenner in Gegenwart deines Lehrers, deiner Lehrerin und zeige ihm (ihr), wie du Wasser im Reagenzglas erhitzt.

 E

Ätzend — Dieser Stoff kann lebendes Gewebe zerstören.

 C

 T

Giftig — Giftige Stoffe können in geringen Mengen zu schweren Gesundheitsschäden führen.

 F+

Brand fördernd — Brand fördernde Stoffe können brennbare Stoffe entzünden, Brände fördern und Löscharbeiten erschweren.

Explosionsgefährlich — Dieser Stoff kann unter bestimmten Bedingungen explodieren.

 O

Hochentzündlich — Hochentzündliche Stoffe können schon bei Temperaturen unter 0 °C entzündet werden.

Station 4: Verhalten im Chemieraum
Achtung, hier läuft einiges falsch! Im Bild siehst du Schüler und Schülerinnen beim Experimentieren. Was ist gefährlich? Wer verhält sich falsch und unvorsichtig? Schreibe alles auf und gib Ratschläge, wie man es besser macht.

Station 5: Das Versuchsprotokoll
Bei Versuchen ist es wichtig, alles so festzuhalten, dass auch andere das nachvollziehen können, was du gesehen hast. Dazu ist eine bestimmte Form unerlässlich. Schreibe ein Versuchsprotokoll für den folgenden Versuch: Zünde die Kerze an deiner Station an und stülpe das Becherglas über die brennende Kerze. Ermittle die Zeitdauer bis die Kerze erlischt. Denke daran, alle Punkte des Versuchsprotokolls genau zu bearbeiten.

Wenn du alle Stationen bearbeitet hast, lass deine Ergebnisse überprüfen. Als Könner erhältst du von deinem Chemielehrer oder deiner Chemielehrerin den Laborschein. Er berechtigt zum Experimentieren im Unterricht.

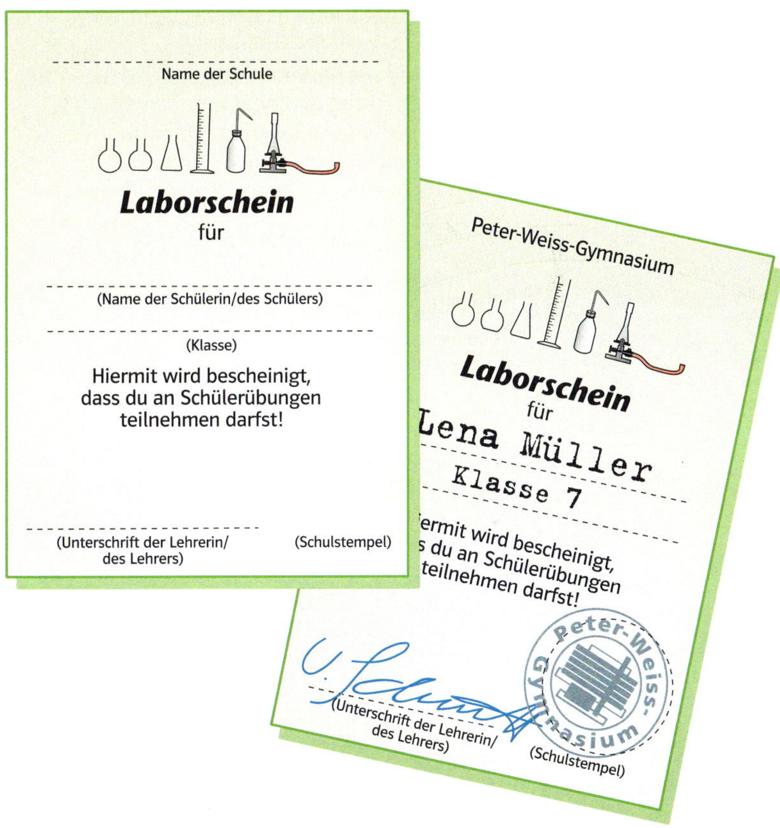

Durchblick Zusammenfassung und Übung

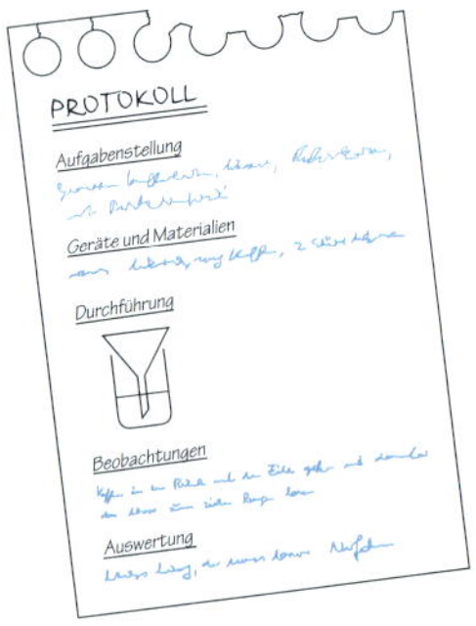

Experimentierregeln
- Informiere dich über die Sicherheitseinrichtungen im Chemieraum.
- Trage beim Experimentieren immer eine Schutzbrille.
- Lies die Versuchsanleitung genau, kläre offene Fragen vor dem Experimentieren.
- Achte auf Ordnung und Sauberkeit, arbeite exakt, beobachte sorgfältig.
- Gefährde deine Mitschüler nicht, halte Reagenzglasöffnungen immer von ihnen weg.
- Gefährde auch dich selbst nicht, führe Geruchsproben äußerst vorsichtig durch. Geschmacksproben werden höchstens auf Anweisung des Lehrers durchgeführt.
- Experimentiere immer mit möglichst geringen Chemikalienmengen.
- Entsorge die Chemikalienreste ordnungsgemäß.

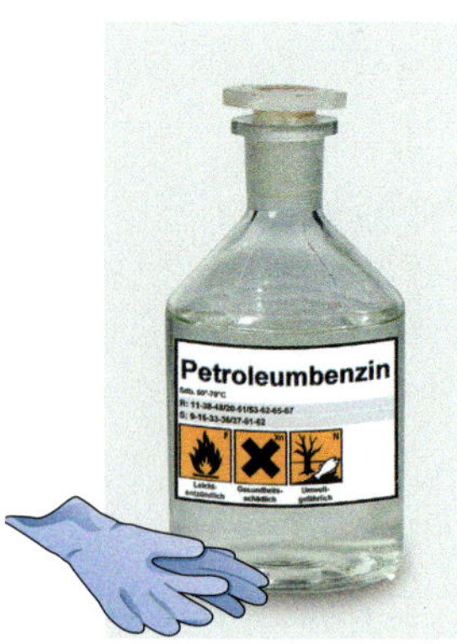

Umgang mit Gefahrstoffen
Gefahrstoffe sind die Chemikalien, die Menschen und Umwelt schädigen können. Sie werden mit Gefahrstoffsymbolen und mit Kennbuchstaben gekennzeichnet.
R- und S-Sätze auf den Etiketten der Gefahrstoffbehälter weisen auf besondere Gefahren hin und geben Ratschläge zur Sicherheit.
Z. B. sehen die Hinweise für Petroleumbenzin folgendermaßen aus:

R: 11-38-48/20-51/53-62-65-67
S: 9-16-33-36/37-61-62

Der Umgang mit dem Gasbrenner
- Öffne bei geschlossener Luftzufuhr die Gaszufuhr am Tisch, dann am Brenner und entzünde das ausströmende Gas.
- Reguliere die Flammenhöhe mit der Gasregulierungsschraube.
- Stelle mithilfe der Luftregulierungsschraube die nicht leuchtende oder rauschende Brennerflamme ein.
- Schließe nach Beendigung des Versuchs zuerst die Luftzufuhr, dann die Gaszufuhr am Tisch und drehe die Gasregulierungsschraube zu.

Das Versuchsprotokoll
kann so gegliedert sein:
- Aufgabenstellung (Thema)
- Geräte und Chemikalien (Materialien)
- evtl. Zeichnung des Versuchsaufbaus
- Durchführung (des Versuchs)
- Beobachtungen
- Auswertung

A1 An einer Tankstelle wird an den Tanksäulen über den Gefahrstoff „Kraftfahrzeugbenzin" informiert. Schreibe Gefahrstoffsymbole, Kennbuchstaben und R- und S-Sätze vom Etikett an einer Tanksäule ab.

A2 Warum ist es wichtig, sorgfältig zu experimentieren und auf Ordnung und Sauberkeit zu achten?

A3 Gib den Ort der Sicherheitseinrichtungen im Chemieraum an und beschreibe ihre jeweilige Funktion.

A4 Ordne der abgebildeten Brennerflamme die Begriffe „relativ geringe Temperatur", „hohe Temperatur", „höchste Temperatur" zu.

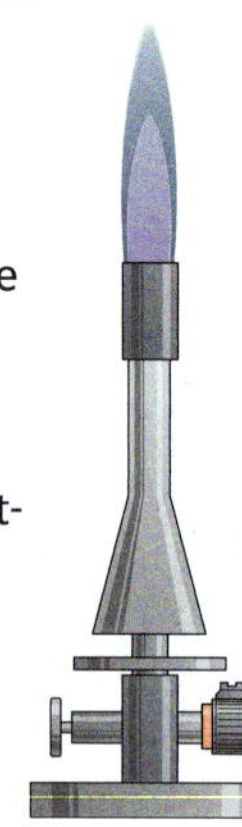

A5 Recherchiere, was die Nummern für das Petroleumbenzin (siehe linke Textspalte) bedeuten.

1 Stoffe und Stoffänderungen

Viele Stoffe begegnen uns im Alltag als Werkstoffe, Baustoffe, Treibstoffe, Farbstoffe oder auch Kunststoffe. Ihre unterschiedlichen Eigenschaften bestimmen ihren Verwendungszweck. In chemischen Labors wenden Chemiker und Chemikerinnen geeignete Verfahren an, um aus Stoffgemischen reine Stoffe zu gewinnen oder neue Stoffe mit gewünschten Eigenschaften herzustellen.

- Es gibt viele Stoffe, die gleich oder sehr ähnlich aussehen. Welche Untersuchungen kann man vornehmen, um Stoffe eindeutig zu identifizieren?

- Wie kann man die unterschiedlichen Eigenschaften von Wasser in den drei Aggregatzuständen erklären?

- Stoffe können sich in geeigneten Flüssigkeiten auflösen. Warum geht das besonders rasch, wenn man umrührt?

- Durch geeignete Trennverfahren können aus Gemischen Reinstoffe gewonnen werden. Dabei bestimmen die unterschiedlichen Eigenschaften der vermischten Stoffe die Wahl des Trennverfahrens.

- Im Haushalt werden Gemische gezielt hergestellt und durch Kochen, Backen oder Braten so verändert, dass sie gut schmecken und unser Wohlbefinden stärken.

Online-Link
756084-0100

1.1 Speisen und Getränke – alles Chemie?

Was ist drin? – Wir untersuchen Lebensmittel
Mit den Sinnesorganen können wir viele Bestandteile von Lebensmitteln an ihren Eigenschaften erkennen. Untersuche Brausepulver [B2] auf seine Inhaltsstoffe.

B2 Brausepulver – ein Stoffgemisch

A1 Welche Bestandteile kannst du im Brausepulver entdecken?

Farbige Inhaltsstoffe in Fruchtsäften, machen sich nicht selten unerwünscht bemerkbar – als Flecken auf der Tischdecke. Betrachtet man einen solchen Fleck über längere Zeit, kann man in manchen Fällen eine interessante Beobachtung machen [B3].

B1 Reife Kirschen

B3 Kirschflecken in einer Leinentischdecke

A2 Beschreibe den Kirschfleck, den du in der Abbildung siehst. Überlege, wie diese Besonderheit zustande gekommen sein könnte.

B4 Vielfalt an Lebensmitteln im Supermarkt

Im Alltag begegnen uns viele Lebensmittel, die aus unterschiedlichen Stoffen zusammengesetzt sind [B4].

A3 Welche Inhaltsstoffe besitzen Lebensmittel wie Nudeln, Cola-Getränke oder Vanillepudding? Verwende die jeweiligen Verpackungen als Informationsquelle.

Gut gemischt – Wir stellen Lebensmittel her
Ermittle, mit welchen Zutaten Brombeergelee [B5] hergestellt wird. Welches Trennverfahren kommt dabei zur Anwendung?

B5 Fruchtgelee – noch mit Fruchtstückchen

A4 Erstelle eine Tabelle mit weiteren Trennverfahren, die im Haushalt verwendet werden, und erläutere ihre Wirkungsweise.

Kochen, Backen, Konservieren – Wir verändern Lebensmittel

Das brauchst du für einen Rührkuchen: Mehl, Eier, Butter, Zucker, Backpulver, Milch und …

B6 Aus einem Rührteig wird ein Kuchen

A5 Woran kann man erkennen, dass beim Backen neue Stoffe entstanden sind? Beschreibe deine Beobachtungen.

B7 Bunt gefärbte Lebensmittel

Häufig werden Lebensmittel durch Zusatzstoffe verändert, um sie haltbarer zu machen, ihren Geschmack oder Geruch zu verändern oder einfach nur zu verschönern [B7].

A6 Ermittle für drei Lebensmittel die verwendeten Farbstoffe. Stelle fest, ob es Zusatzstoffe pflanzlichen oder tierischen Ursprungs sind.

Durch Zutritt von Luft oder durch Einwirkung von Bakterien oder Schimmelpilzen [B9] können Lebensmittel verderben. Dabei entstehen unerwünschte Stoffe, die Lebensmittel ungenießbar oder sogar giftig machen.

B9 Verschimmeltes Brot

A7 Nenne einige Konservierungsverfahren. Worauf könnte ihre Wirkungsweise jeweils beruhen?

Schält man frische Orangen [B8], so verbreitet sich nach geraumer Zeit ein aromatischer Duft.

B8 Geschälte Orangen duften aromatisch

A8 Entwickle eine bildhafte Vorstellung, warum sich der Duft im ganzen Raum verteilt. Lasse deiner Fantasie dabei freien Lauf.

Salz ist ein lebensnotwendiger Mineralstoff, mit dem viele Speisen gewürzt werden [B10]. Im Übermaß verwendet, sind Speisen allerdings nicht nur versalzen, sondern sie können auch gesundheitsschädlich sein.

B10 Salz verleiht vielen Speisen einen würzigen Geschmack

A9 Ermittle im Lebenmittelmarkt, welche Speisesalze im Sortiment angeboten werden. Kannst du auf der Verpackung Hinweise darauf finden, wie das Salz gewonnen wird?

A10 Überlege, welche Eigenschaften von Stoffen allein mit unseren Sinnesorganen und welche nur mit Hilfsmitteln festgestellt werden können. Fasse deine Erkenntnisse in einer übersichtlichen Darstellung zusammen und vergleiche dein Ergebnis mit dem anderer Mitschüler und Mitschülerinnen.

1.2 Möglichkeiten zur Unterscheidung von Stoffen

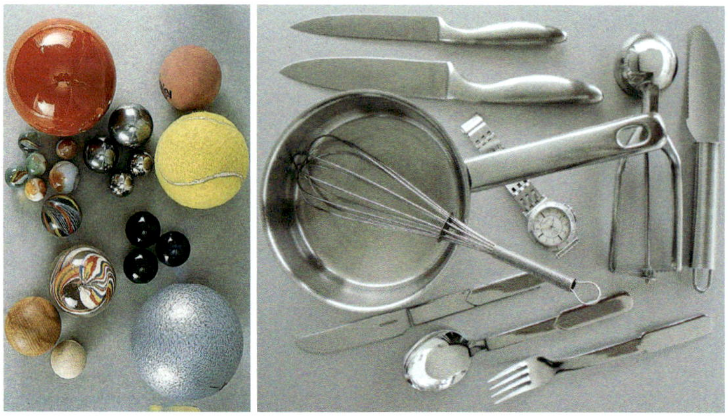

B2 Links: Gleiche Form – verschiedene Stoffe, rechts: Gleicher Stoff – verschiedene Formen

Alle Gegenstände bestehen aus Stoffen. Wir kommen täglich mit einer Vielzahl von Gegenständen in Berührung. Sie haben eine bestimmte Form oder Gestalt und bestehen aus unterschiedlichen Materialien. Solche Materialien werden Stoffe genannt. Zu den Stoffen gehören sowohl Flüssigkeiten wie Wasser und Benzin als auch Gase wie Sauerstoff und Erdgas. Im Chemieunterricht werden immer nur kleine Stoffportionen untersucht.

Aussehen. Verschiedene Stoffe haben ganz unterschiedliche Eigenschaften, an denen man sie erkennen kann. Untersucht man einen Stoff, nimmt man zuerst seine **Farbe** wahr.

Metalle zeigen zudem noch einen besonderen **Oberflächenglanz**, der sich häufig erst nach dem Bearbeiten der Oberfläche zeigt. Andere Stoffe kann man beispielsweise an ihrer Kristallform erkennen [B1]. Kristalle sind dadurch gekennzeichnet, dass sie ohne Bearbeitung glatte, glänzende Flächen und scharfe Ecken und Kanten aufweisen. Häufig muss man zur Untersuchung der Kristallform eine Lupe oder ein Mikroskop benutzen.
Viele Stoffe kann man allerdings an ihrem Aussehen allein nicht erkennen. So lässt sich Puderzucker kaum von anderen weißen Pulvern unterscheiden.

Härte. Blei und Kerzenwachs lassen sich leicht ritzen, sie sind weich. Bei anderen Stoffen gelingt das nicht so einfach. Sie weisen eine größere Härte auf. Mit einem Diamanten kann man alle anderen Stoffe ritzen.

Geschmack und Geruch. Viele Stoffe wie z. B. Salz, Zucker, Essig, Olivenöl erkennt man an ihrem besonderen Geschmack oder Geruch.
Es gibt aber zahlreiche Stoffe, die Vergiftungen verursachen, selbst wenn sie nur in geringen Mengen in den Körper gelangen. Deswegen ist es sehr gefährlich, Geschmack oder Geruch unbekannter Stoffe zu prüfen.

Geschmacks- und Geruchsproben werden im Chemieunterricht nur auf ausdrückliche Anweisung des Lehrers durchgeführt.

B1 Unterschiedliche Kristallformen: Kandis, Kochsalz

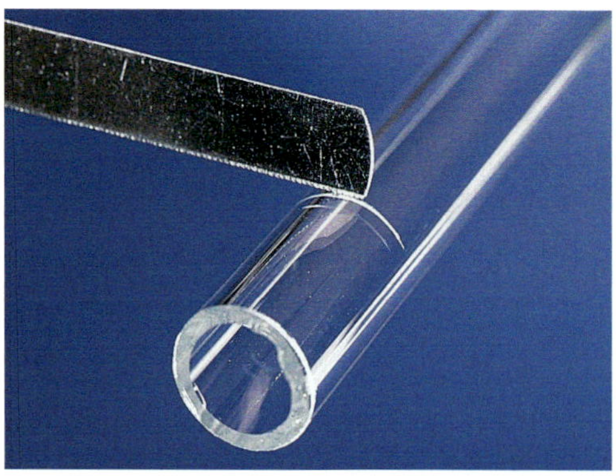

Stoffe	Härtestufe
Kerzenwachs Ton	sehr weich
Blei Kupfer Speckstein	weich
Eisen Ziegelstein Fensterglas	hart
Werkzeugstahl Quarz Diamant	sehr hart

B3 Härte. Ritzversuche führen zu einer einfachen Ordnung

Verformbarkeit. Wachs und Knetmasse lassen sich mit den Händen formen. Versucht man, dünne Stäbe aus Glas oder Eisen zu biegen, zeigen sie ein unterschiedliches Verhalten. Glas ist spröde und zerbricht, Eisen dagegen ist biegsam. Gegenstände aus Gummi sind zwar verformbar, nehmen aber anschließend wieder ihre ursprüngliche Gestalt an. Gummi ist elastisch.

Verhalten beim Erhitzen. Hält man einen Glasstab in die heiße Zone der rauschenden Brennerflamme, glüht er nach einiger Zeit. Er wird weich und verformbar. Nach dem Abkühlen sind die ursprünglichen Eigenschaften des Glases wieder vorhanden, nur seine Form hat sich verändert.
Erhitzt man Zucker, so bildet sich zunächst ein brauner, zähflüssiger Stoff, der nach Karamell riecht. Bei weiterem Erhitzen entsteht unter Rauchentwicklung ein schwarzer, poröser Stoff, der auch beim Abkühlen erhalten bleibt. Der entstandene Stoff hat keine Ähnlichkeit mit dem Ausgangsstoff Zucker.

Brennbarkeit. Viele Stoffe beginnen zu brennen, wenn sie in eine Flamme gehalten werden. Ein Stück Papier entflammt auf diese Weise sofort. Zurück bleibt grauweiße Asche. Nähert man einer Porzellanschale, die etwas Benzin enthält, einen brennenden Holzspan, springt die Flamme bereits über, bevor der Span die Flüssigkeit berührt [B6]. Über der Flüssigkeit stehen Benzindämpfe, die rußend verbrennen.

Zum Entzünden eines Stoffes ist nicht unbedingt eine Flamme nötig. Brennbare Stoffe können sich allein durch Erhitzen an der Luft entzünden, wenn sie eine bestimmte Temperatur, die Zündtemperatur, erreicht haben.

Elektrische Leitfähigkeit. Untersucht man einen Eisendraht, einen Holzstab und eine Graphitmine (Bleistiftmine) auf ihre elektrische Leitfähigkeit [B4], so stellt man fest, dass nur der Eisendraht und die Graphitmine den elektrischen Strom leiten. Die Leitfähigkeit für den elektrischen Strom ist eine Eigenschaft von Metallen und von Graphit.

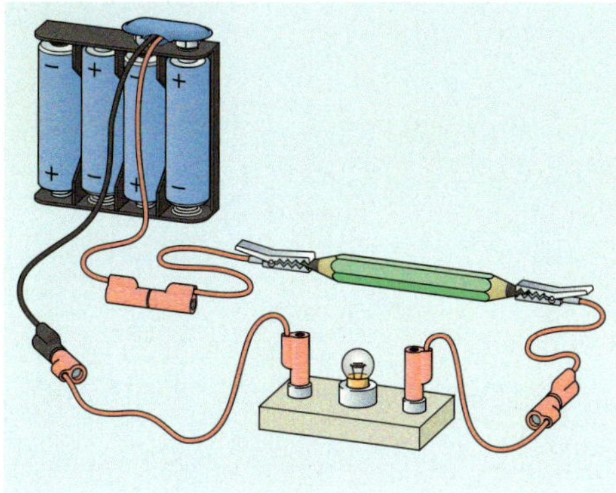

B4 Versuchsanordnung zur Prüfung der elektrischen Leitfähigkeit von festen Stoffen

B5 Kupfer lässt sich plastisch verformen

Magnetisierbarkeit. Die Metalle Eisen, Cobalt und Nickel lassen sich durch ihre Eigenschaft, vom Magneten angezogen zu werden, von anderen Metallen unterscheiden, sie sind magnetisierbar.

Stoffe erkennt man an ihren Eigenschaften. Stoffeigenschaften sind die Farbe, der Oberflächenglanz, die Kristallform, der Geschmack, der Geruch, die Verformbarkeit, die Härte, die elektrische Leitfähigkeit, die Magnetisierbarkeit, die Brennbarkeit und das Verhalten beim Erhitzen.

V1 Untersuche folgende pulverförmig vorliegende Stoffe auf ihr Aussehen und beschreibe sie: Kochsalz, Eisen, Schwefel, Zucker, Tafelkreide.

V2 Untersuche mit einer Apparatur nach [B4] die elektrische Leitfähigkeit von Eisen, Holz, Glas, Kupfer, Graphit, Porzellan.

V3 Prüfe die Magnetisierbarkeit verschiedener Gegenstände, z. B. aus Eisen, Kupfer und Aluminium. Teste auch Cent-Münzen.

A1 Nenne Wörter, die den Begriff „Stoff" enthalten.

A2 Woran erkennt man, ob es sich bei einem Stoff um ein Metall handelt?

A3 Gib mithilfe von [B3] an, wie die Härtestufe des Kupfers ermittelt werden kann.

B6 Untersuchung der Brennbarkeit

1.3 Fest, flüssig und gasförmig

B1 Wasser in den drei Zustandsformen – fest, flüssig, gasförmig?

B2 Eisblumen am Fenster

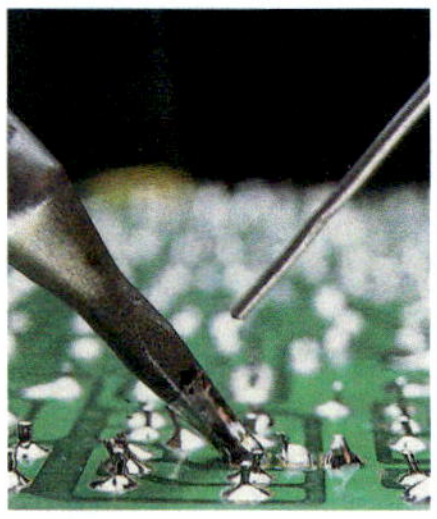

B3 Zinn schmilzt bei etwa 230 °C

Wasser bei verschiedenen Temperaturen. Wasser ist der einzige Stoff, der auf der Erde als Flüssigkeit, als Feststoff in Form von Eis und unsichtbar als Bestandteil feuchter Luft vorkommt.

Im Winter überziehen sich Flüsse und Seen mit einer festen Eisdecke, tropfendes Wasser *erstarrt* zu Eiszapfen. Bei wärmerem Wetter *schmilzt* das Eis und es entsteht wieder flüssiges Wasser.

Wird Wasser erhitzt, so beginnt es zu sieden und *verdampft*. Dabei geht es in den gasförmigen Zustand über. Wie alle farblosen Gase, ist auch gasförmiges Wasser nicht sichtbar. In kühler Luft oder an einer kalten Fensterscheibe kann sich Luftfeuchtigkeit als winzige Tröpfchen flüssigen Wassers niederschlagen. Sind die Tröpfchen in der Luft, heißt dieses Gemisch *Nebel*. Die Tröpfchen, die das Fenster beschlagen, werden als *Kondenswasser* bezeichnet. Gasförmiges Wasser ist zu flüssigem *kondensiert*.

Wasser kommt also in drei Zustandsformen vor: fest, flüssig und gasförmig (Eis, flüssiges Wasser, gasförmiges Wasser). Sie werden als **Aggregatzustände** des Wassers bezeichnet.

Wasser verdunstet. Lässt man Wasser in einem offenen Gefäß einige Zeit stehen, so wird es allmählich weniger. Es *verdunstet*, d.h., es geht ohne zu sieden in den gasförmigen Zustand über und verursacht dabei die *Luftfeuchtigkeit*.

Sublimation und Resublimation. Nasse Wäsche, die im Winter im Freien zum Trocknen auf die Leine gehängt wird, erstarrt zuerst durch gefrierendes Wasser und trocknet dann, ohne dass das Eis schmilzt. Aus Eis ist unter Umgehung des flüssigen Zustandes unsichtbares, gasförmiges Wasser geworden. Diesen Vorgang nennt man **Sublimation**. An kalten Tagen sind oft Eisblumen an Fenstern nicht beheizter Räume oder parkender Autos zu sehen [B2]. Aus Luftfeuchtigkeit ist direkt, ohne Beteiligung des flüssigen Zustands, Eis geworden. Dieser Vorgang heißt **Resublimation**.

Viele Stoffe können den Aggregatzustand ändern. Festes Fett, z.B. Butterfett oder Margarine, schmilzt, wenn es erwärmt wird. Auch festes Wachs schmilzt und verdampft bei Wärmezufuhr. Um zwei Drähte zu verlöten, muss das Metall Zinn mit der Hitze eines Lötkolbes zum Schmelzen gebracht werden [B3]. Nach dem Erkalten der Lötstelle sind beide Drähte durch erstarrtes Zinn miteinander fest verbunden. Wird festes Iod erwärmt, so entsteht durch Sublimation violettes gasförmiges Iod. Beim Abkühlen bildet sich daraus durch Resublimation wieder festes Iod.

A1 In der Nähe eines Sees stellt man eine erhöhte Luftfeuchtigkeit fest. Erläutere, wie diese zustande kommt.

A2 Erkläre, wie der in [B1] gezeigte Nebel entsteht? Welche Zustandsform des Wassers stellt er dar?

A3 Nimm Stellung zum Begriff „Wasserdampf".

A4 Käse oder Wurst trocknen schnell aus, wenn sie offen in der Küche oder im Kühlschrank liegen. Woran liegt das?

► Energie

1.4 Schmelz- und Siedetemperatur

Manche der bisher behandelten Stoffeigenschaften (z. B. Geruch und Farbe) können nicht immer eindeutig beschrieben werden. Für die Kennzeichnung und Identifikation von Stoffen werden deshalb Eigenschaften bevorzugt, die *messbar* sind und mit Zahlen belegt werden können.

Bestimmung der Siedetemperatur. Um die Siedetemperatur des Wassers zu bestimmen, erhitzt man dieses und verfolgt den Temperaturverlauf [V1]. Wenn die Temperatur 100 °C erreicht hat, beginnt das Sieden. Ab jetzt steigt die Temperatur nicht mehr an [B2]. Oft werden allerdings abweichende Werte festgestellt. Die Siedetemperatur ist nämlich vom *Luftdruck* abhängig. Mit steigendem Luftdruck steigt auch die Siedetemperatur. Um vergleichen zu können, wird einheitlich die Siedetemperatur bei **Normdruck (1013 hPa)** angegeben.
Die Siedetemperaturen anderer Flüssigkeiten werden auf entsprechende Weise ermittelt.

Bestimmung der Schmelztemperatur. Zur Bestimmung der Schmelztemperatur eines Feststoffes wird im Reagenzglas eine kleine Portion, z. B. von Cetylalkohol, erwärmt. Wenn die Temperatur 49 °C erreicht hat, beginnt der Schmelzvorgang.

Stoff	Schmelztemperatur ϑ_{sm} in °C	Siedetemperatur ϑ_{sd} in °C
Sauerstoff	−219	−183
Ether	−116	34
Alkohol	−117	78
Quecksilber	−39	356
Benzol	5	80
Glycerin	18	290
Schwefel	119	444
Blei	327	1740
Kochsalz	800	1460
Eisen	1535	2750

B1 Schmelz- und Siedetemperaturen einiger Stoffe bei Normdruck

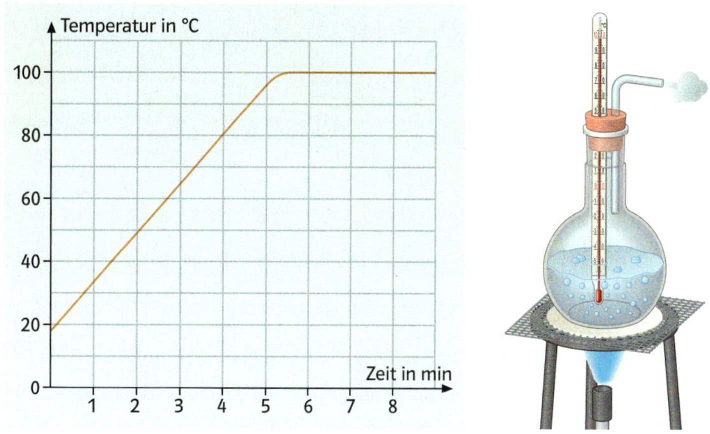

B2 Siedetemperatur von Wasser und Temperaturverlauf beim Erhitzen

Von hier an erfolgt kein weiterer Anstieg der Temperatur im Reagenzglas, bis eine klare Schmelze entstanden ist. Erst dann steigt die Temperatur der Flüssigkeit weiter an [B3]. Zur Kontrolle kann bei langsamer Abkühlung die Erstarrungstemperatur gemessen [V2] werden. Sie stimmt mit der Schmelztemperatur überein.

1 hPa = 100 Pa

Siede- und Schmelztemperatur sind messbare Eigenschaften vieler Stoffe und dienen zu ihrer Kennzeichnung und Identifikation.

V1 Erhitze in einer Apparatur nach [B2] Wasser bis zum Sieden (Siedesteinchen). Notiere die Temperatur in Abständen von jeweils 1 min. Erstelle ein Siedediagramm und bestimme die Siedetemperatur.

V2 Bringe in einem Reagenzglas etwas Cetylalkohol im Wasserbad zum Schmelzen. Nimm das Glas einige Minuten, nachdem eine klare Schmelze entstanden ist, aus dem Bad und lass es an der Luft abkühlen. Ermittle im Minutenabstand (umrühren, solange es noch geht) die Temperaturwerte. Beende die Messung ca. 5 Minuten nach dem vollständigen Erstarren. Erstelle ein Diagramm und bestimme die Erstarrungstemperatur.

A1 Welche der in [B1] aufgeführten Stoffe sind bei Zimmertemperatur (20 °C) fest, flüssig oder gasförmig?

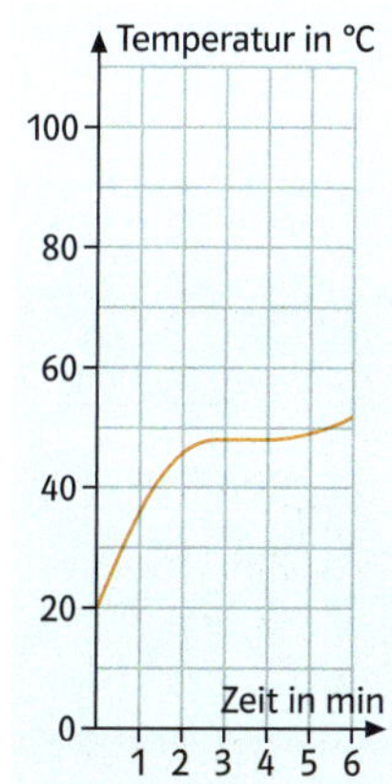

B3 Schmelzdiagramm von Cetylalkohol

1.5 Modelle im Alltag und in der Chemie

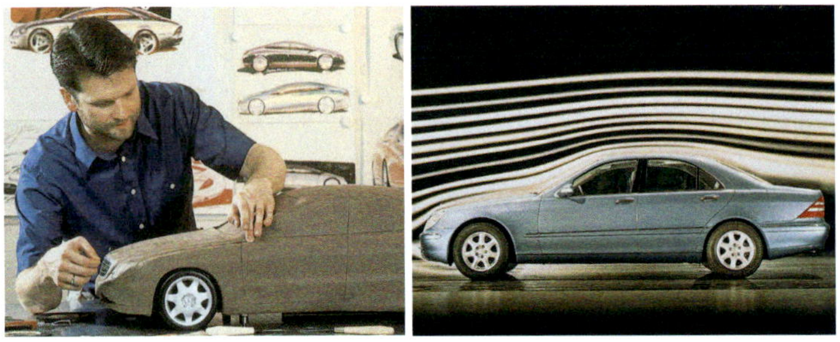

B1 Ein Automodell zum Test der Strömungseigenschaften der Karosserie

Sprechen wir im **Alltag** von **Modellen**, so versteht jeder meist darunter eine verkleinerte, möglichst maßstabsgetreue und wirklichkeitsnahe Nachbildung einer Maschine, eines Gebäudes, einer Person oder eines sonstigen Gegenstandes.

Modell und Wirklichkeit. Modelle im Alltag finden nicht nur als Spielzeug ihren Einsatz, sondern auch in der Industrie. Um im Fahrzeugbau strömungsgünstige Karosserien zu entwickeln, können verkleinerte Modelle aus Holz oder Gips hergestellt und im Windkanal getestet werden. Ihre äußere Form muss der des Originals wirklichkeitsgetreu nachgebildet sein. Auch die Lackierung muss übereinstimmen. Andere Einzelheiten der Ausstattung sind dagegen nicht von Bedeutung. Nur wenige Merkmale eines Modells entsprechen der Realität. Bei einem Modell kommt es darauf an, für welchen Zweck es genutzt werden soll.

B2 DEMOKRIT (ca. 460 - 371 v. Chr.)

Modelle in der Chemie. In der Chemie werden wie in allen Naturwissenschaften Modelle genutzt. Diese unterscheiden sich von denen aus Alltag und Technik. Modelle in den Naturwissenschaften sind **Vorstellungs**- und **Erklärungshilfen**, um Beobachtungen zu erklären. Die Modelle weisen ähnlich wie ein Globus im Hinblick auf ihre Aussagekraft Grenzen auf. Der Globus eignet sich sehr gut, die Lage der Kontinente zu zeigen. Möchte man jedoch den Verlauf einer Straße nachsehen, so bedient man sich eines Stadtplans oder eines Navigationssystems.
Beides, der Stadtplan wie auch der Globus, sind Modelle von ein und derselben Welt.

B3 Historisches Teilchenmodell

Der Aufbau und die Eigenschaften der Stoffe, die Änderung der Aggregatzustände, die elektrische Leitfähigkeit von Metallen, das Verderben von Lebensmittel sind Sachverhalte, die sich nicht mit einem einzigen Modell erklären lassen. In der Chemie werden mehrere, sich oft einander ergänzende Modelle eingesetzt.

Woraus bestehen die Stoffe? Schon einige hundert Jahre vor Christus haben sich Menschen Gedanken über den Aufbau von Stoffen und damit der Welt gemacht. Vor allem die griechischen Philosophen befassten sich intensiv mit dieser Fragestellung.

Eine Vorstellung vom Aufbau der Welt hatten die griechischen Philosophen LEUKIPP und sein Schüler DEMOKRIT [B2]. DEMOKRIT stellte die Behauptung auf, dass sich alle Stoffe aus vielen Bausteinen zusammensetzen, die für das menschliche Auge nicht sichtbar sind. Diese Bausteine lassen sich nicht weiter teilen, sie sind unterschiedlich groß und besitzen die Form von Kugeln, Pyramiden oder Würfeln [B3]. Diese Teilchen können sich wie durch Haken und Ösen miteinander verbinden, wodurch unterschiedliche Stoffe entstehen. Die Vorstellungen der griechischen Philosophen der Antike vom Aufbau der Stoffe sind Vorläufer der heutigen Teilchenmodelle.

A1 Stelle einige Modelle aus Alltag (z. B. Schaufensterpuppe) und Technik zusammen und erläutere, mit welcher Absicht diese eingesetzt werden.

A2 Lege zu Hause einen Gegenstand in einen Schuhkarton und verschließe den Karton. Befestige den Deckel mit einem Klebestreifen.
Tauscht in der Klasse die Kartons aus, ohne sie zu öffnen. Bildet Kleingruppen und tauscht eure Vermutungen über den Gegenstand im verschlossenen Karton aus. Erstelle abschließend eine Zeichnung, wie der Gegenstand ungefähr aussehen könnte.

► Struktur der Materie

1.6 Teilchenmodell

Angeschnittene Orangen oder andere stark riechende Stoffe, die sich in einem offenen Gefäß befinden, sind bald in der ganzen Umgebung wahrnehmbar. Die Luftströmung ist dafür nicht verantwortlich, denn der Duftstoff breitet sich auch in einem geschlossen Glasrohr ohne Luftströmung aus [V1]. Eine solche selbstständige Durchmischung zweier Stoffe, z.B. des Duftstoffes und der Luft, heißt **Diffusion**.

Die Teilchenvorstellung. Die beobachtete Durchmischung lässt sich erklären, wenn man davon ausgeht, dass die im Experiment verwendeten Stoffe aus kleinsten Teilchen bestehen, die andauernd regellos und ungeordnet in Bewegung sind. Die Teilchen zweier Stoffe stoßen häufig mit Nachbarteilchen zusammen, ändern dadurch ständig ihre Richtung und durchmischen sich auf diese Weise allmählich.

Mit dieser Annahme von kleinsten Teilchen und ihrer Bewegung lässt sich auch erklären, dass ein Luftballon, der zunächst prall mit Helium gefüllt ist [B1], mit der Zeit kleiner wird. Denn jeder Luftballon besitzt kleine Poren, durch die die Heliumteilchen entweichen können [B2]. Füllt man den Luftballon mit Sauerstoff, so entweicht dieser ebenfalls, aber langsamer. Diese Beobachtung lässt sich damit erklären, dass die Sauerstoffteilchen größer als die Heliumteilchen sind. Die Sauerstoffteilchen passen daher nicht so leicht durch die Luftballonporen, sodass der Austritt des Sauerstoffs länger dauert.
Die hier beschriebenen Beobachtungen und ihre Erklärung mit der Bewegung von kleinsten Teilchen sind von allgemeiner Bedeutung.

Alle Stoffe bestehen aus kleinsten Teilchen, die ständig in Bewegung sind. Die selbstständige Ausbreitung der Stoffe bezeichnet man als Diffusion.

Die Teilchen eines Reinstoffes sind untereinander gleich, sie haben die gleiche Größe und Masse. Die kleinsten Teilchen verschiedener Stoffe können sich voneinander in Masse und Größe unterscheiden. Wegen ihrer geringen Größe kann man die Teilchen selbst mit einem starken Lichtmikroskop nicht einzeln wahrnehmen. Mit einem speziellen Verfahren („Rastertunnelmikroskopie") lässt sich die Oberfläche eines Feststoffes „abtasten". Die in Bildform vorliegenden Messergebnisse zeigen regelmäßige Erhebungen, die sich als Teilchen des untersuchten Stoffes identifizieren lassen [B3].

Kugelteilchenmodell. Wir nehmen unabhängig von ihrem tatsächlichen Aussehen vorläufig an, dass die Teilchen aller Stoffe eine kugelförmige Gestalt besitzen. Eine solche Vorstellung, die wir uns über die Teilchen eines Stoffes machen, nennt man eine Modellvorstellung. Man spricht deshalb auch einfach vom Kugelteilchenmodell.

Brown'sche Teilchenbewegung. Im Jahr 1827 beobachtete der englische Botaniker R. BROWN unter dem Mikroskop, dass Blütenpollen in einem Wassertropfen Zitterbewegungen ausführten. Auch diese Erscheinung lässt sich mit der Teilchenvorstellung deuten. Die kleinsten Teilchen des Wassers sind in einer ständigen Bewegung und stoßen dabei an die größeren Blütenpollen. Diese Zusammenstöße verursachen die sichtbaren Zitterbewegungen der Blütenpollen.

V1 Fülle ein Reagenzglas zu ca. einem Drittel mit dest. Wasser und unterschichte es langsam mithilfe einer Pipette, die bis auf den Boden reicht, mit intensiv gefärbtem Fruchtsirup.
Lass das Reagenzglas bis zur nächsten Chemiestunde ruhig stehen. Erkläre die beobachtete Veränderung.

V2 **a)** Man füllt einen runden Luftballon mit Helium. Dann bestimmt man an der breitesten Stelle den Umfang. Der Ballon wird mit einer Schnur an einem Stativ befestigt. Nach ca. 15 min, ca. 30 min, einigen Stunden und Tagen wird der Umfang erneut bestimmt.
b) Mit einem Luftballon aus gleichem Material wiederholt man den Versuch mit Sauerstoff anstelle von Helium. Vergleiche und erläutere die Versuchsergebnisse.

B1 Prall mit Helium gefüllter Luftballon

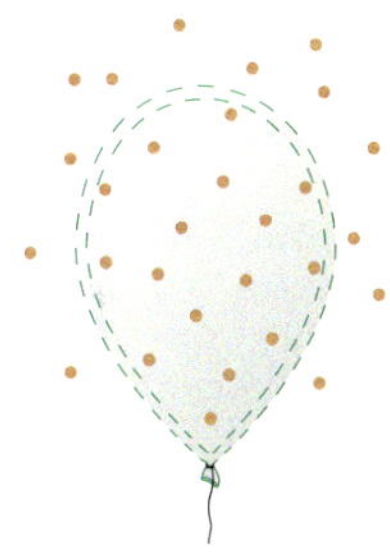
B2 Heliumteilchen schlüpfen durch die Hülle des Luftballons

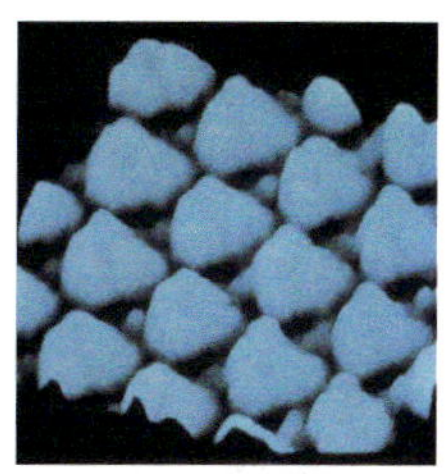
B3 Teilchendarstellung im Rastertunnelmikroskop

1.7 Teilchenmodell und Aggregatzustand

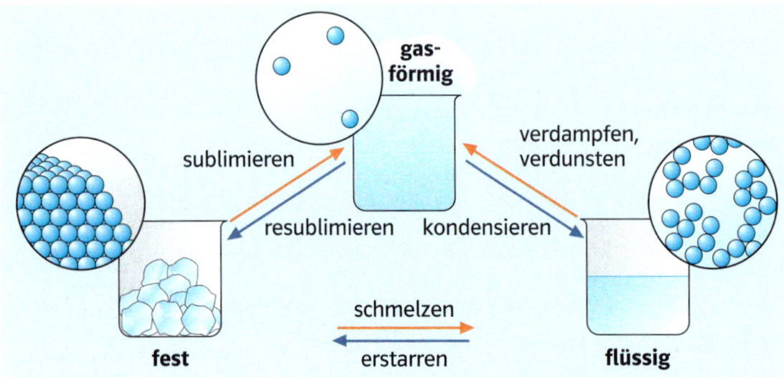

B1 Die Aggregatzustände und die Übergänge zwischen ihnen

Kleinste Teilchen steht für die kleinsten gleichen Teilchen, aus denen ein Reinstoff aufgebaut ist.

Mit der Modellvorstellung vom Aufbau der Stoffe aus kleinsten Teilchen lassen sich die Aggregatzustände des Wassers und anderer Stoffe sowie die Übergänge zwischen den Aggregatzuständen gut deuten.

Stoffe im festen Zustand. Um einen Glasstab zu zerbrechen oder einen Eisenstab zu verbiegen, muss man Kraft aufwenden. Die kleinsten Teilchen des Feststoffes lassen sich offenbar nur schwer voneinander trennen und gegeneinander verschieben. Zwischen den Teilchen herrschen **Anziehungskräfte**. Diese halten die Teilchen auf ihren Plätzen fest. Ein Feststoff lässt sich nicht zusammenpressen, weil die Teilchen dicht nebeneinander angeordnet sind. Sie führen lediglich Vibrationsbewegungen aus. Die Kristallform vieler fester Stoffe spiegelt die regelmäßige Anordnung der kleinsten Teilchen wider.

Stoffe im flüssigen Zustand. Flüssigkeiten lassen sich kaum zusammendrücken [V2b], sie sind jedoch beweglich und passen sich jeder Gefäßform an. Die Anziehungskräfte zwischen den kleinsten Teilchen des Stoffes können sich offenbar weniger gut auswirken als im festen Zustand. Die Teilchen nehmen keine festen Plätze ein, sie sind gegeneinander beweglich. Die strenge Ordnung des festen Zustands ist aufgehoben.

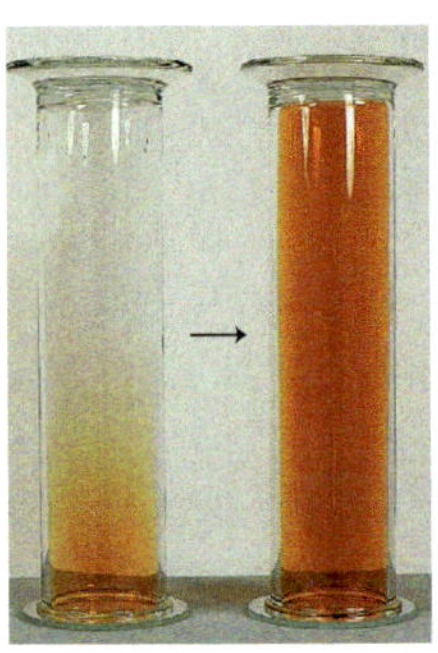

B2 Diffusion von Bromdampf in Luft

Stoffe im gasförmigen Zustand. Ein Gas lässt sich im Gegensatz zu einer Flüssigkeit oder einem Feststoff leicht zusammendrücken, es nimmt auch jeden zur Verfügung stehenden Raum ein [V2a]. Wegen der großen Abstände zwischen den Teilchen wirken sich die Kräfte zwischen ihnen kaum noch aus. Jedes Teilchen kann sich unbeeinflusst durch die Anziehung anderer Teilchen fortbewegen. Bei ihrer Bewegung stoßen die Teilchen ständig zusammen und ändern ihre Bewegungsrichtung. Sie bewegen sich ungeordnet im Raum. Diese Bewegung ist die Grundlage der Diffusion (Kap. 1.6) und erklärt z. B. auch die Durchmischung von Bromdampf und Luft [B2].

Veränderungen des Aggregatzustandes. In unserer Erklärung der Aggregatzustände mithilfe des Teilchenmodells spielen die Anziehungskräfte zwischen den kleinsten Teilchen eine wichtige Rolle. Die *Anziehungskraft* hängt von der *Entfernung der Teilchen* untereinander ab: je weiter sie voneinander entfernt sind, desto kleiner die Anziehungskraft. Je geringer aber diese Kräfte sind, desto ungeordneter können sich die Teilchen bewegen. Diese *Bewegung* ist umso heftiger, je *mehr thermische Energie* (Wärme) dem Stoff zugeführt wird.
Im festen Zustand führt die Zufuhr thermischer Energie zu immer heftigeren Vibrationen der Teilchen. Dabei nehmen die Teilchen im Mittel größere Abstände voneinander ein – der Feststoff dehnt sich aus. Die Vibrationen werden schließlich so stark, dass sich Gruppen von Teilchen voneinander lösen, die Ordnung bricht zusammen – der Stoff schmilzt. Durch die zugeführte thermische Energie vergrößern sich die Teilchenabstände. Erhitzt man die Flüssigkeit weiter, wird die Bewegung der Teilchen so heftig, dass immer mehr Teilchen den Teilchenverband verlassen – die Flüssigkeit siedet. Die Tatsache, dass Wasser verdunsten kann, lässt den Schluss zu, dass auch unterhalb der Siedetemperatur Teilchen die Flüssigkeit verlassen könnnen. An der Oberfläche wirken die Anziehungskräfte nicht mehr von allen Seiten. Auch hier kann die Bewegung der Teilchen so heftig werden, dass sie die Anziehung überwinden und den Teilchenverband verlassen.

Sublimation und Resublimation. Nicht nur Flüssigkeiten, auch Feststoffe können in den gasförmigen Zustand übergehen.

Wird festes Iod erwärmt [V3], so entsteht, ohne dass das Iod schmilzt, violetter Ioddampf. Der Vorgang heißt Sublimation. Auch in diesem Falle wirken die Anziehungskräfte an der Oberfläche nicht mehr von allen Seiten. Einzelne Teilchen können den Teilchenverband aufgrund ihrer Bewegung verlassen.
Beim Abkühlen bildet sich durch Resublimation wieder festes Iod [B4]. Auch die Bildung von Raureif ist eine Resublimation [B3].

Teilchenbewegung und Gasdruck. Erhitzt man ein Gas in einem verschlossenen Behälter, kann der Druck so groß werden, dass der Behälter platzt. Bei ihrer Bewegung stoßen die kleinsten Teilchen eines Gases nicht nur untereinander, sondern auch mit der Gefäßwand zusammen. Der Druck im Gefäß wird mit zunehmender Erwärmung größer, die Stöße der Gasteilchen müssen also häufiger und heftiger werden. Das ist nur mit einer *größeren Geschwindigkeit* der Teilchen zu erklären. Vergrößert man den Raum, in dem sich das Gas befindet, stoßen die sich bewegenden Teilchen nicht mehr so häufig mit der Gefäßwand zusammen, der Druck sinkt.

Durch *Druck* lassen sich manche *Gase verflüssigen*. Werden die Abstände zwischen den Teilchen eines Gases so sehr verringert, dass die Anziehungskräfte zwischen ihnen wieder wirksam werden können, wird die Teilchenbewegung stark eingeschränkt. Der Stoff geht in den flüssigen Zustand über.

Die Teilchen der Stoffe üben Anziehungskräfte aufeinander aus. Teilchen von Feststoffen schwingen um ihre Ruhelage und sind nur schwer verschiebbar, während die von Flüssigkeiten leicht gegeneinander beweglich sind. Teilchen von Gasen bewegen sich ungeordnet im Raum.

Kleinstes Teilchen und Aggregatzustand. Aus den bisherigen Überlegungen folgt, dass ein einzelnes Teilchen eines Stoffes nicht in verschiedenen Aggregatzuständen vorkommen kann. Ein Aggregatzustand ist immer an eine Stoffportion gebunden, die aus einer sehr großen Anzahl von Teilchen besteht.

V1 Fülle ein Reagenzglas etwa zu einem Drittel mit Eis. Stülpe über die Öffnung des Reagenzglases einen Luftballon. Erwärme langsam. (Achtung, heißer Wasserdampf!) Beschreibe deine Beobachtungen und deute sie mithilfe des Teilchenmodells.

V2 **a)** Schiebe einen mit Luft gefüllten Kolbenprober bei geschlossenem Hahn zusammen.
b) Wiederhole (a) mit etwa dem gleichem Kraftaufwand, aber mit einem zur Hälfte mit Wasser gefüllten Kolbenprober. Vergleiche die Volumina vor und nach dem Zusammendrücken und deute mithilfe des Kugelteilchenmodells.

V3 Man gibt einige Iodkristalle in einen Weithals-Erlenmeyerkolben, deckt mit einem Uhrglas ab und gibt etwas Eiswasser darauf. Man erwärmt im Wasserbad. Nach dem Abkühlen nimmt man das Uhrglas vorsichtig ab und betrachtet die Unterseite. Fertige ein Protokoll an.

A1 Gib mithilfe des Kugelteilchenmodells an, welche Vorgänge ablaufen, wenn bei Frost Raureif entsteht.

A2 Drückt man bei einem mit Feuerzeuggas gefüllten Kolbenprober den Kolben fest in den Zylinder, bildet sich ein Beschlag aus Tröpfchen. Deute die Beobachtung mithilfe des Kugelteilchenmodells.

A3 Erkläre den Vorgang des Erstarrens, Kondensierens und Resublimierens mithilfe des Kugelteilchenmodells.

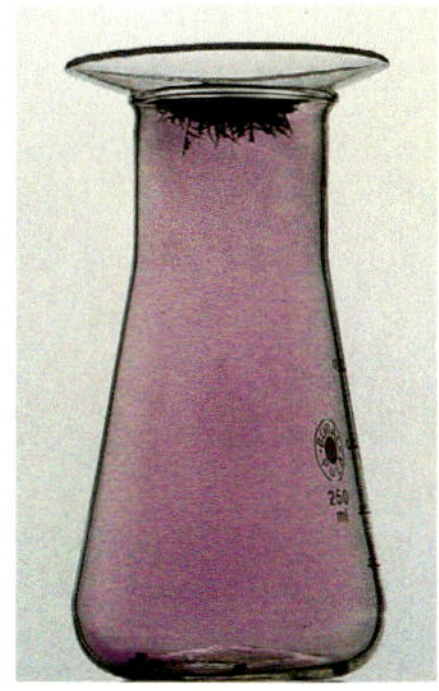

B4 Iod sublimiert und resublimiert

B3 Raureif auf einer Pflanze

1.8 Praktikum Die Ordnung der Teilchen im festen Zustand

B1 Kugeln in dichtester Packung

Kristalle sind regelmäßig aufgebaute Körper mit glatten, ebenen Flächen und scharfen Kanten. Einen würfelförmigen Kristall kann man sich aus kleinen Würfeln zusammengesetzt denken. In unserem Kugelteilchenmodell haben die kleinsten Teilchen jedoch kugelförmige Gestalt. Lassen sich auch aus Kugeln Modelle für Kristalle aufbauen?

Kristallformen aus kleinen Kugeln. Legt man viele kleine Stahlkugeln auf die Innenseite einer gewölbten Fläche oder über einem Magneten zusammen, lassen sie sich dicht zusammenfügen. Sie bilden ein Muster, in dem in jeder Lücke der einen Reihe eine Kugel der nächsten Reihe Platz findet. Ordnet man mehrere dieser Schichten übereinander an, erhält man eine dichteste Kugelpackung [B1]. Mit ihr lassen sich regelmäßige Körper aufbauen.

V1 Kugelpackungen

Materialien: Wattekugeln oder Holzperlen, durchsichtige Plastikdose.
Durchführung: Gib in eine durchsichtige Plastikdose, wie sie z. B. zum Aufbewahren von Schrauben verwendet wird, so viele Wattekugeln (Holzperlen), dass sie in einer Schicht den Boden bedecken. Ordne die Kugeln zunächst so an, dass ihre Mittelpunkte ein quadratisches Gitter bilden. Schüttle dann bei geringer Schräglage die Dose einige Male hin und her. Gib unter Beibehaltung der geringen Schräglage zu der neu entstandenen Anordnung nacheinander einzeln weitere Kugeln hinzu, sodass eine zweite und evtl. eine dritte Schicht entsteht.
Aufgabe: Beobachte, welche Plätze die Kugeln nach dem Schütteln einnehmen.

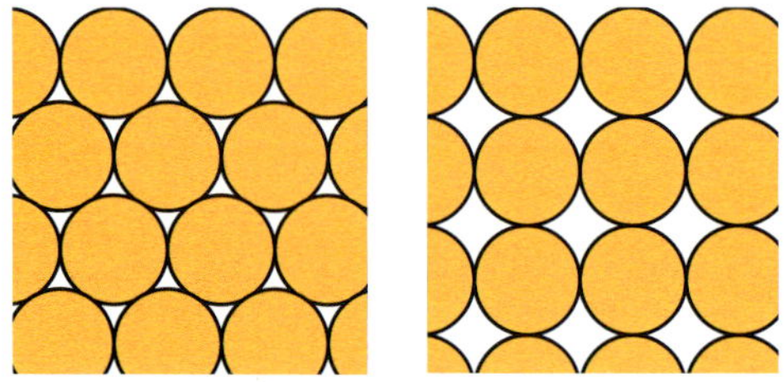

B3 Kugelschichten. Dichteste Packung und quadratische Anordnung

Wie hat sich die Größe der Zwischenräume im Vergleich mit der quadratischen Anordnung verändert [B3]?
Betrachte von oben und von der Seite her, welche regelmäßige räumliche Packung der Kugeln sich ergibt.

V2 Ein Oktaeder aus Kugeln

Materialien: 44 Wattekugeln, Durchmesser ca. 15 mm, Klebstoff.
Durchführung: Klebe vier Kugelschichten [B2 links] so zusammen, wie es in [B2 Mitte] dargestellt ist. Wenn du die Schichten dicht und richtig aufeinanderlegst, erhältst du ein Oktaeder. Klebe die Schichten fest.
Aufgabe: Zeichne ein auf der Spitze stehendes Oktaeder in dein Heft.

V3 Eine Dreieckspyramide

Materialien: 20 Wattekugeln oder Holzperlen, Klebstoff.
Durchführung: Stelle aus den Wattekugeln zwei Viererreihen und zwei doppelte Dreierreihen her [B2 rechts].
Aufgabe: Baue durch geschicktes Zusammenlegen eine Dreieckspyramide (ein Tetraeder).

B2 links: Kugelschichten zum Bau des Oktaeders, Mitte: Oktaeder aus Kugeln, rechts: Räumliches Puzzle. Ein Tetraeder

1.9 Exkurs Siedetemperatur und Druck

Wasser siedet auf einem hohen Berg bei einer niedrigeren Temperatur als 100 °C. Der Luftdruck auf einem hohen Berg ist auch niedriger als auf Meereshöhe. Im Folgenden wird der Zusammenhang zwischen der Siedetemperatur und dem Luftdruck erklärt.

Luftdruck. Als Druck (*p*) bezeichnet man in der Physik den Quotienten einer senkrecht auf eine Fläche wirkenden Kraft (*F*) zur Größe der Fläche (*A*).

$$\text{Druck} = \frac{\text{Kraft}}{\text{Fläche}} \qquad p = \frac{F}{A}$$

Der Druck wird meist in Hektopascal (hPa) angegeben.

Sehr anschaulich kann man sich den Luftdruck vorstellen, wenn man sich eine Luftsäule über einer Fläche vorstellt [B3]. Die Luftsäule drückt mit der Kraft ihres Gewichts auf die Bodenfläche. Im Mittel beträgt der Luftdruck an der Erdoberfläche 1013 hPa. Da der Luftdruck auf die Gewichtskraft der auflastenden Luftsäule zurückgeht, muss der Luftdruck mit der Höhe abnehmen. Denn je höher man kommt, desto kleiner ist die Luftsäule, die man noch über sich hat. Außerdem wird die Luft nach oben hin dünner, weil die Luft unter ihrer eigenen Gewichtskraft oben weniger zusammengedrückt wird als am Boden.

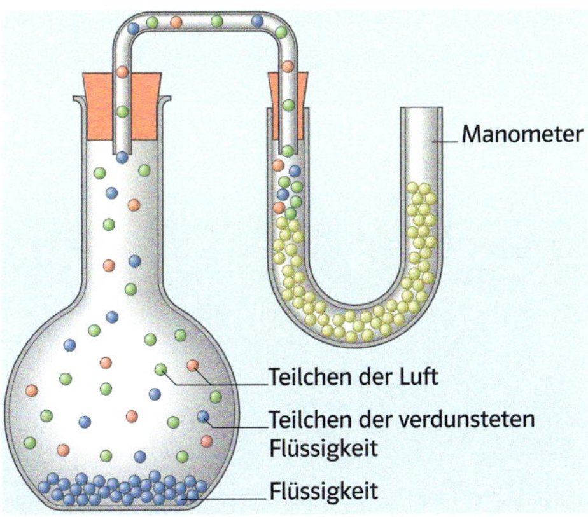

B1 Der Überdruck im Kolben ergibt sich aus dem Dampfdruck der Flüssigkeit

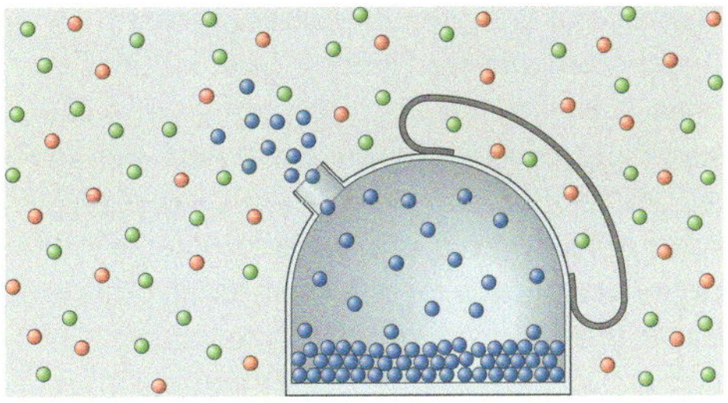

B2 Bei der Siedetemperatur entspricht der Dampfdruck der Flüssigkeit dem Luftdruck

Dampfdruck. Schließt man Wasser in ein Gefäß ein, so gehen Wasserteilchen in den Raum über der Flüssigkeit über, bis er mit Wasserdampf gesättigt ist. Diese Verdunstung führt zu einer Zunahme des Druckes im Inneren des Gefäßes [B1]. Der Druck, der auf das verdunstete Wasser zurückzuführen ist, wird Dampfdruck genannt.

Dampfdruck und Siedetemperatur. Erhöht man die Temperatur der Flüssigkeit in dem Gefäß, so nimmt auch der Dampfdruck zu. Wasser erreicht bei 100 °C den Dampfdruck *p* = 1013 hPa. Beträgt auch der Luftdruck 1013 hPa, so siedet das Wasser.

Eine Flüssigkeit siedet, wenn ihr Dampfdruck dem Luftdruck entspricht.

Auf einem 5000 m hohen Berg beträgt der Luftdruck etwa 500 hPa, Wasser erreicht schon bei 81 °C den Dampfdruck 500 hPa und siedet deshalb bei dieser Temperatur auf dem Berg.

Alkohol erreicht bei 78 °C einen Dampfdruck von 1013 hPa, seine Siedetemperatur beträgt deshalb beim Normdruck (1013 hPa) 78 °C. Der Dampfdruck ist von der Temperatur und dem Stoff abhängig.

A1 **a)** Werte [B4] grafisch aus.
b) Wie groß ist der Dampfdruck des Wassers bei 25 °C bzw. 95 °C?

A2 Warum beträgt die Siedetemperatur des Wassers in einem Schnellkochtopf 120 °C?

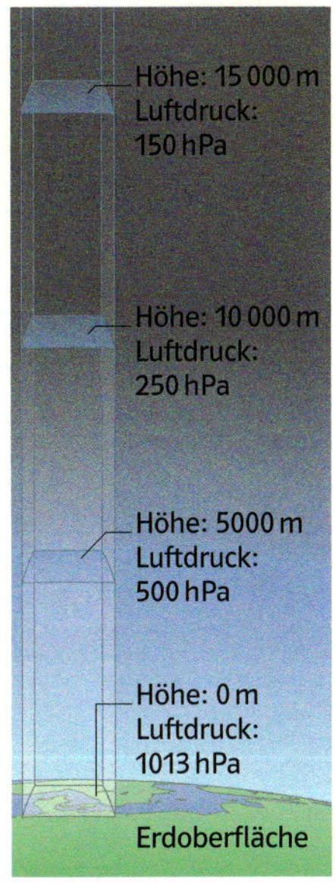

B3 Der Luftdruck hängt von der Höhe ab

Temperatur in °C	Dampfdruck in hPa
0	6
10	12
20	23
30	42
40	74
50	123
60	199
70	312
80	474
90	701
100	1013

B4 Dampfdruck des Wassers in Abhängigkeit von der Temperatur

1.10 Impulse Energie und Änderung des Aggregatzustandes

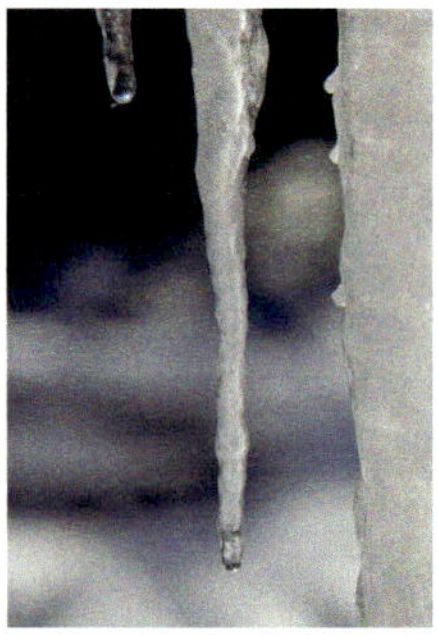

Thermische Energie und Änderung des Aggregatzustandes. Jeder Körper kühlt in einer kälteren Umgebung ab, sofern er nicht selbst thermische Energie produziert. Wir kennen dieses Phänomen auch von Lebewesen, wie z. B. Fröschen und Eidechsen, die bei sinkender Umgebungstemperatur abkühlen, da sie thermische Energie an die kältere Umgebung abgeben. Andererseits können Vögel und Säugetiere ihre Körpertemperatur über der Umgebungstemperatur halten, da sie ständig so viel thermische Energie produzieren, wie sie an die Umgebung verlieren.

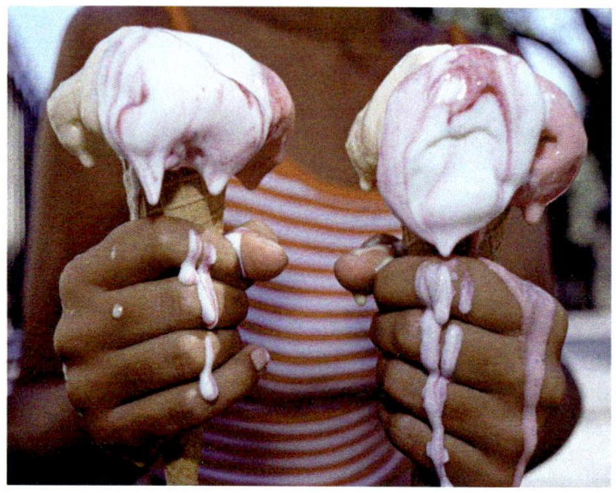

Wasser wird zu Eis. Denke dir ein Experiment zur Verfolgung des Temperaturverlaufs des Wassers beim Gefrieren aus. Führe das Experiment durch und stelle den Verlauf in einem Diagramm dar.

Kühlung. Es wird berichtet, dass Alexander der Große auf seinen Feldzügen den Wein für seine Legion während einer Belagerung folgendermaßen kühlen ließ: Dreißig Gräben wurden mit Schnee gefüllt und anschließend die Weinkrüge in den Schnee gesteckt.
Vom römischen Kaiser Bassianus ist überliefert, dass er sich im Sommer in seinen Garten Schnee anhäufen ließ. Mit dieser „Klimaanlage" konnte er sich an dem aufkommenden frischen Windhauch erfreuen.

A1 Bei 0 °C liegen flüssiges Wasser und Eis nebeneinander vor. Erkläre, worauf die länger anhaltende kühlende Wirkung von Eis bzw. Schnee beruht.

Verfolgt man die Temperatur beim Schmelzen und Sieden eines Stoffes, so zeigt sich in beiden Fällen eine Besonderheit (Kap. 1.4, B2 und B3): Solange der Stoff schmilzt bzw. siedet, steigt dessen Temperatur nicht weiter an, obwohl er sich in einer Umgebung mit höherer Temperatur, z. B. in einem Topf auf einer heißen Herdplatte, befindet. Der Stoff nimmt beim Schmelzen bzw. beim Sieden thermische Energie aus der Umgebung auf. Diese wird benötigt, damit die Vorgänge überhaupt ablaufen können. Erst nachdem die gesamte Stoffportion verdampft bzw. geschmolzen ist, steigt die Temperatur an.

Beim Kondensieren und Erstarren eines Stoffes bleibt ebenfalls die Temperatur des Stoffes so lange konstant, bis die gesamte Stoffportion flüssig bzw. fest geworden ist. Bei diesen beiden Vorgängen wird thermische Energie (Kondensations- bzw. Erstarrungsenergie) frei.

Bedeutung der Aggregatzustandsänderungen für Leben und Umwelt. Die Aggregatzustandsänderungen des Wassers haben vielfältige Bedeutung für alle Lebewesen sowie Klima und Wetter. Stellt in Gruppen Nachforschungen zu den folgenden Themen an. Jede Gruppe präsentiert der Klasse später ihre Ergebnisse.

Gruppe 1: Frieren und Schwitzen. Beim Verlassen der Duschkabine und des Schwimmbeckens im Freibad wird einem kühl, vor allem dann, wenn ein Wind weht, auch wenn die Luft wärmer ist als das Wasser im Schwimmbecken. Bei heißem Wetter und bei Fieber dagegen bildet unser Körper Schweiß.

Gruppe 2: Frostschutz. Bei drohendem Nachtfrost sprühen manche Obstbauern abends Wasser in die Luft und über die Pflanzen.

Gruppe 3: Polareis. Im Sommer schmelzen riesige Mengen von Eis in der Polarregion und bilden sich im Winter wieder. Welche Bedeutung hat dies für den Temperaturverlauf auf der Erde?

Gruppe 4: Neblig und sternenklar. Zur Vorhersage der nächtlichen Tiefsttemperatur verwenden Meteorologen unter anderem die Messung der Luftfeuchtigkeit. (Tipp: Je geringer die Luftfeuchtigkeit ist, umso tiefer ist die Temperatur, bei der der Wasserdampf zu kondensieren beginnt).

Gruppe 5: Klima. Übertrage die Daten aus [B1] in ein Diagramm. Suche die Orte in einem Atlas. Beschreibe und erkläre die Unterschiede im jährlichen Verlauf der Monatstemperaturen.

Monat	S	N
Januar	4,9	−19,0
Febr.	5,5	−17,2
März	7,4	−10,7
April	9,2	−0,2
Mai	11,6	10,0
Juni	14,2	16,3
Juli	15,5	18,7
Aug.	15,6	16,0
Sept.	13,8	9,9
Okt.	10,8	1,5
Nov.	7,7	−9,7
Dez.	6,3	−16,9

B1 Mittlere Monatstemperaturen in °C in Shannon/Irland (S) und Nowosibirsk/Russland (N)

1.11 Dichte

Die **Dichte** wird meist in der Einheit g/cm³ angegeben.

1 ml = 1 cm³

Masse und **Volumen** werden immer von Stoffportionen bestimmt. Deswegen ist der Wortteil „-portion" hier nicht notwendig und entfällt von nun an.

Im Folgenden bedeutet
m(Stoff): **Masse** einer Stoffportion

Im Folgenden bedeutet
V(Stoff): **Volumen** einer Stoffportion

B1 Würfel mit gleichem Volumen sind wegen ihrer unterschiedlichen Dichte verschieden schwer

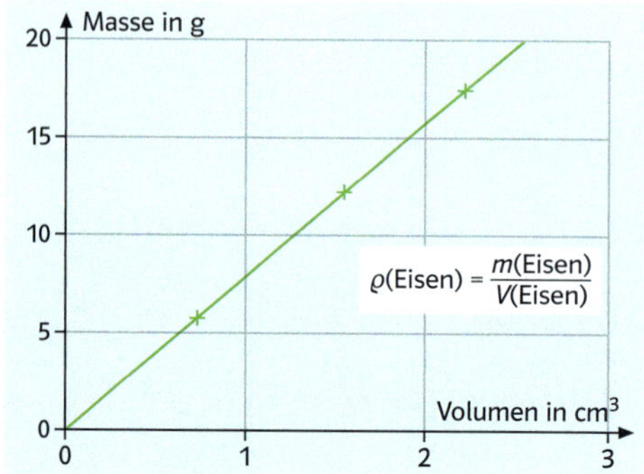

B2 Proportionale Zuordnung von Masse und Volumen bei Körpern aus dem gleichen Stoff

Von jedem Stoff lässt sich eine Portion mit einem beliebigen *Volumen* abmessen. Das Volumen einer Stoffportion ist kein für den Stoff typisches Kennzeichen. Ebenso kann man von jedem Stoff eine beliebige *Masse* bereitstellen. Auch die Masse einer Stoffportion ist *keine typische Stoffeigenschaft*.

Dichte als Stoffeigenschaft. Bestimmt man die Volumina verschiedener Portionen des gleichen Stoffes und deren jeweilige Masse und trägt sie in einem Diagramm auf, erhält man Messpunkte, die sich zu einer Ursprungsgeraden verbinden lassen. Es liegt eine *proportionale Zuordnung von Masse und Volumen* vor. Für die verschiedenen untersuchten Stoffportionen hat der Quotient aus Masse und Volumen den gleichen Wert.

Untersucht man in der entsprechenden Weise andere Stoffe, ergeben sich ebenfalls Ursprungsgeraden, die aber im Diagramm eine andere Steigung zeigen. Der Quotient aus Masse und Volumen hat also einen anderen, für den jeweiligen Stoff typischen Wert. Er wird **Dichte** (Massendichte) genannt. Das Zeichen ist der griechische Buchstabe ϱ (Rho).

$$\text{Dichte} = \frac{\text{Masse}}{\text{Volumen}} \qquad \varrho(\text{Stoff}) = \frac{m(\text{Stoffportion})}{V(\text{Stoffportion})}$$

Dichten, vor allem die der Gase, sind abhängig von *Temperatur* und *Druck*. Tabellenwerte im Buch beziehen sich meist auf einen Druck von 1013 hPa und eine Temperatur von 20 °C.

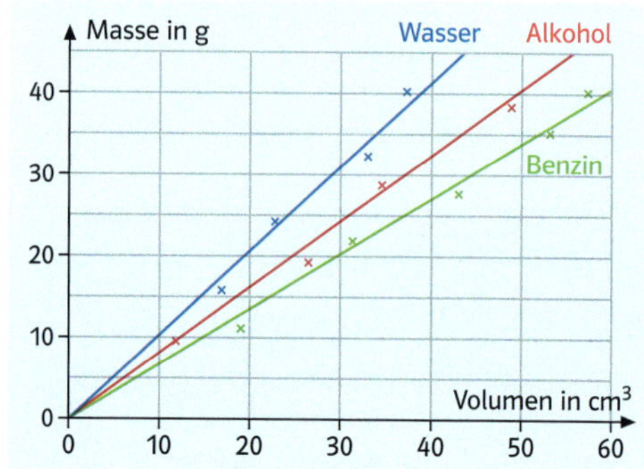

B3 Volumen und Masse einiger flüssiger Stoffportionen im Diagramm (Messwerte)

Bestimmung der Dichte von Feststoffen und Flüssigkeiten. Wenn Masse und Volumen eines Körpers bekannt sind, lässt sich die Dichte des Stoffes leicht berechnen. Die Masse wird mithilfe der Waage ermittelt, das Volumen eines Körpers kann z. B. durch Wasserverdrängung bestimmt werden [B4]. Zur Bestimmung der Dichte flüssiger Stoffe misst man mit einem Messzylinder oder einer Pipette das Volumen einer Flüssigkeitsportion und bestimmt durch Wägung deren Masse.

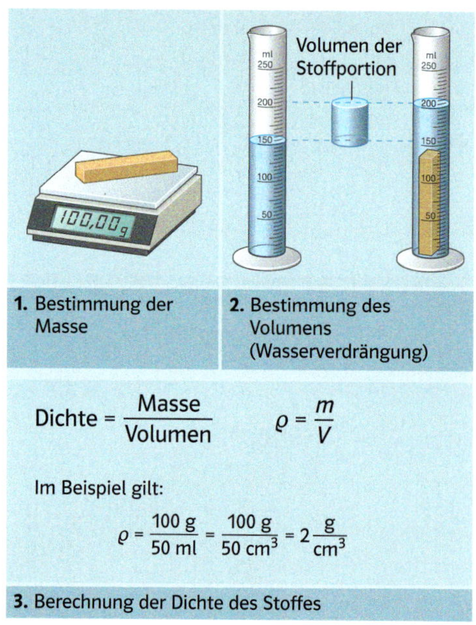

B4 Bestimmung der Dichte eines Feststoffs

Bestimmung der Dichte von Gasen. Auch von gasförmigen Stoffen lässt sich die Dichte bestimmen. Dazu kann z. B. eine Apparatur nach [B6] mit einer Gaswägekugel benutzt werden. Nachdem aus ihr ein Teil der Luft mit einem Kolbenprober abgesaugt worden ist, wird sie gewogen. Anschließend füllt man den Kolbenprober mit dem Gas, dessen Dichte bestimmt werden soll und lässt eine Portion mit bekanntem Volumen einströmen. Nach erneuter Wägung wird die Masse der eingeströmten Gasportion berechnet. Danach wird die erhaltene Masse durch das Volumen der Gasportion dividiert. Da man bei Gasdichten in der Einheit g/cm³ (g/ml) sehr kleine Werte erhält, gibt man diese Dichten auch in g/dm³ (g/l) an.

$$1\frac{g}{ml} = 1000\frac{g}{l}$$

Stoffe	Dichte in g/cm³
Stickstoff	0,00116
Sauerstoff	0,00133
Alkohol	0,79
Wasser	1,0
Quecksilber	13,55
Magnesium	1,74
Aluminium	2,70
Eisen	7,87
Kupfer	8,93
Blei	11,34
Gold	19,32

B5 Dichten einiger Stoffe (20 °C)

V1 Bestimme durch Abwiegen die Masse eines Aluminiumstückes. Ermittle das Volumen [B4]. Berechne die Dichte des Aluminiums.

V2 Baue eine Apparatur nach [B6] auf und bestimme die Dichte der Luft.

A1 Ein Messzylinder, der im leeren Zustand 73 g wog, wurde mit 50 cm³ Alkohol gefüllt. Die Waage zeigte nun 112,5 g an. Berechne die Dichte des Alkohols.

A2 Berechne mithilfe von [B5] das Volumen eines Eisenstückes der Masse $m = 3$ g.

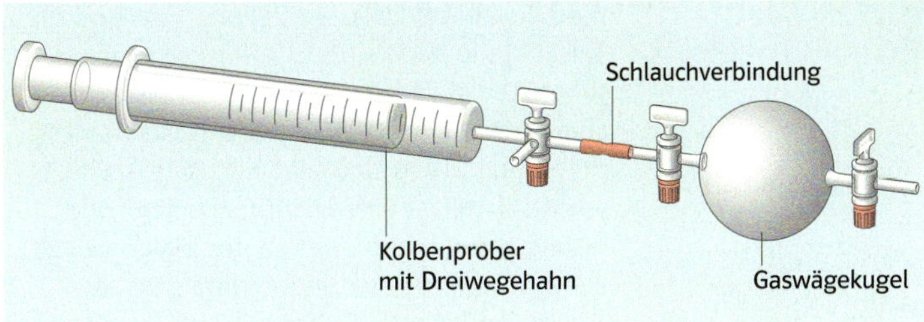

B6 Apparatur zur Bestimmung der Dichte von Gasen

Der Quotient aus Masse und Volumen ist eine charakteristische Stoffeigenschaft und wird Dichte genannt. Die Dichte wird meist in g/cm³ angegeben.

Praktikum Bestimmung des Zuckergehaltes eines Cola-Getränkes

Geräte und Chemikalien:
5 Messkolben (100 ml), Erlenmeyerkolben (250 ml), Messzylinder (250 ml), Waage, Haushaltszucker, Cola-Getränk, dest. Wasser.

Durchführung:
1. Gib in je einen vorher gewogenen Messkolben 4 g, 8 g, 12 g, 16 g Haushaltszucker.
2. Fülle die Kolben zu etwa 2/3 mit dest. Wasser und schüttle, bis sich der Zucker vollständig gelöst hat.
3. Fülle nun mit Wasser bis zur Eichmarke auf, vermische den Inhalt und kontrolliere noch einmal das Volumen.
4. Bestimme die Masse der gefüllten Kolben und berechne die Masse der jeweiligen Zuckerlösung, indem du die Masse des jeweiligen leeren Messkolbens von der des gefüllten subtrahierst.
5. Miss etwa 120 ml Cola-Getränk ab und schüttle es im Erlenmeyerkolben gut aus bzw. entferne die Kohlensäure durch Rühren.
6. Gib in den fünften vorher gewogenen Messkolben 100 ml des geschüttelten Cola-Getränkes und bestimme die Masse.

Auswertung:
a) Berechne die Dichten der hergestellten Zuckerlösungen und erstelle ein Diagramm (waagerechte Achse: Masse des Zuckers in 100 ml Lösung (in $\frac{g}{100\,ml}$); senkrechte Achse: Dichte der Zuckerlösung (in g/cm³)).
b) Bestimme rechnerisch die Dichte des Cola-Getränkes und ermittle grafisch mithilfe des in (a) hergestellten Diagramms die Masse des Zuckers in 100 ml Getränk.

1.12 Löslichkeit und Gehaltsangaben bei Lösungen

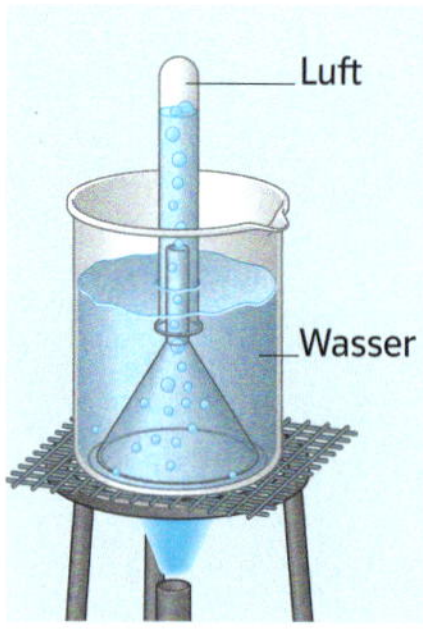

B1 Auch Luft löst sich in Wasser

Wird Kochsalz in Wasser gegeben, so sind die Salzkristalle nach einiger Zeit nicht mehr zu sehen. Die kleinsten Teilchen des Salzes sind aber noch vorhanden, wie eine Geschmacksprobe zeigt. Man sagt, das Kochsalz hat sich gelöst. Dabei ist eine Lösung, die Kochsalzlösung, entstanden. Dies ist ein anderer Stoff, der z. B. eine andere Siedetemperatur als Wasser oder Kochsalz besitzt. Außer vielen weiteren Feststoffen löst Wasser auch Flüssigkeiten und Gase, wie z. B. alkoholische Getränke und Mineralwasser zeigen. Auch Luft löst sich in Wasser [B1]. Lässt man Mineralwasser offen stehen oder erhitzt es, wird das Gas wieder aus der Lösung freigesetzt und entweicht aus der Flüssigkeit. Fette, Öle und Lacke lassen sich in Wasser nicht lösen.
Für viele dieser Stoffe kann man Benzin als **Lösungsmittel** verwenden. So kann man Fettflecken in der Kleidung mit Benzin entfernen [B4]. Nagellackentferner [B3], Pinselreiniger und „Fleckenwasser" enthalten andere Lösungsmittel als Wasser.

B2 Mineralwasser: Kohlenstoffdioxidgas in Wasser gelöst

Löslichkeit in Wasser. Löst man nach und nach immer mehr Kochsalz in einer bestimmten Portion Wasser, so dauert es immer länger, bis die jeweils zugesetzte Portion gelöst ist. Nach Zugabe von 36 g Kochsalz zu 100 g Wasser erhält man eine **gesättigte Lösung** [V1]. Sie nimmt kein weiteres Kochsalz mehr auf. Überschüssiger Feststoff setzt sich als Bodenkörper ab.

Von wasserlöslichen Stoffen lösen sich unterschiedlich große Stoffportionen in gleichen Mengen Wasser. Leicht löslich sind z. B. Zucker

B3 Lösungsmittel: Nagellackentferner

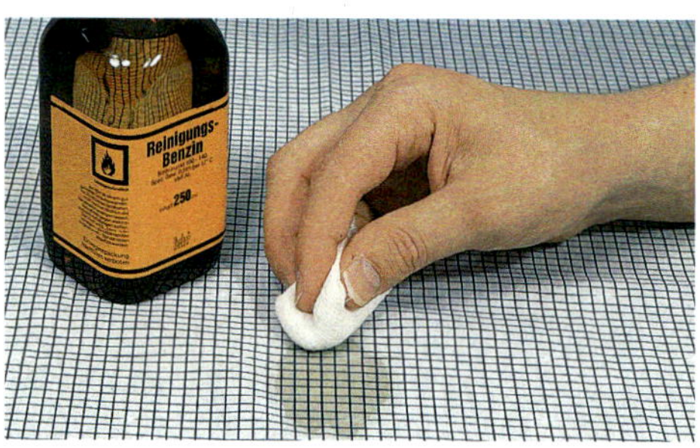

B4 Fettfleckentfernung. Anwendung eines geeigneten Lösungsmittels

Stoffe	Löslichkeit in g pro 100 g Wasser
Zucker	203,9
Kochsalz	35,88
Kaliumnitrat (Salpeter)	31,66
Soda	21,66
Kalium-aluminium-sulfat (Alaun)	6,01
Gips	0,20
Löschkalk	0,12
Sauerstoff	0,0042
Stickstoff	0,0019
Kalkstein	0,0015

B5 Löslichkeit einiger Stoffe in Wasser bei 20 °C

und Kochsalz, schwer löslich sind Stoffe wie Gips oder Löschkalk. In welchem Maße sich ein Stoff in einem Lösungsmittel löst, wird durch seine Löslichkeit ausgedrückt [B5].

Die Löslichkeit gibt an, wie viel Gramm eines Stoffes sich in 100 g Lösungsmittel lösen.

Im Unterschied dazu gibt der **Massenanteil** an, wie viel Gramm des Gelösten sich in 100 g fertiger Lösung befinden. Wurden z. B. 10 g Kochsalz in 90 g Wasser gelöst, liegt eine 10-prozentige Lösung vor. Sie hat einen **Massenanteil** an Salz von $w = 10\,\%$.

Flüssigkeiten, die Stoffe lösen, heißen Lösungsmittel. Gelöst werden können Feststoffe, Flüssigkeiten und Gase.

Löslichkeit und Temperatur. Erwärmt man eine gesättigte wässrige Lösung von Kaliumnitrat, die sich über einem Bodenkörper von ungelöstem Kaliumnitrat befindet, so löst sich dieses auf. Beim Abkühlen bilden sich lange Kaliumnitratkristalle. Wiederholtes Erwärmen und Abkühlen führen zum gleichen Ergebnis. Die Löslichkeit von Kaliumnitrat ist temperaturabhängig, sie nimmt beim Erwärmen zu. Auch bei anderen Stoffen wie z. B. Alaun (Kalium-aluminium-sulfat) ändert sich die Löslichkeit mit der Temperatur, bei Kochsalz

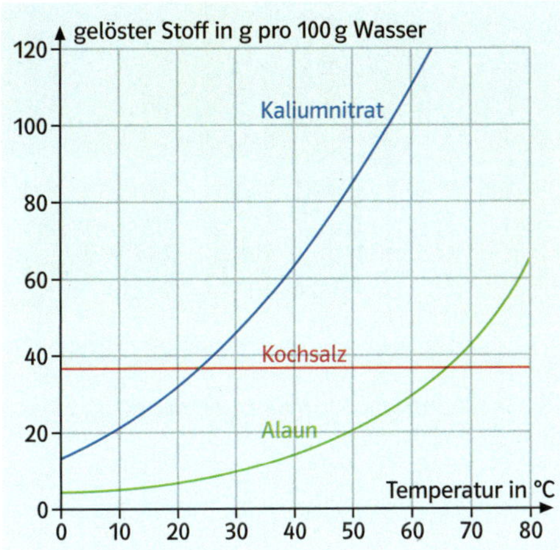

B6 Einfluss der Temperatur auf die Löslichkeit verschiedener Stoffe in Wasser

dagegen fast nicht [B6]. Angaben über Löslichkeiten müssen deshalb einen Hinweis auf die Temperatur enthalten.

Die Löslichkeit eines Stoffes in einem bestimmten Lösungsmittel bei einer bestimmten Temperatur ist eine messbare Stoffeigenschaft.

Lösen und Kristallisieren. Den Lösungsvorgang kann man gut mit dem Teilchenmodell beschreiben. Löst man z. B. Kochsalzkristalle in Wasser, kann man sich vorstellen, dass sich die kleinsten Teilchen des Wassers zwischen die kleinsten Teilchen des Kristalls schieben und ihre Ablösung von der Oberfläche erleichtern. Die kleinsten Teilchen des Salzes verteilen sich dann aufgrund ihrer Eigenbewegung (Kap. 1.6) im Wasser [B8]. Diese selbstständige Durchmischung (Diffusion) ist dafür verantwortlich, dass immer mehr kleinste Teilchen des Salzes vom Kristall abgelöst werden können.

Lässt man das Wasser verdunsten, bildet sich wieder kristallines Salz. Wasserteilchen verschwinden aus der Lösung, die Abstände zwischen den kleinsten Teilchen des Salzes werden immer kleiner. Schließlich werden die Anziehungskräfte wirksam. Die kleinsten Teilchen lagern sich zu regelmäßigen Körpern zusammen. Es entstehen wieder Kristalle.

V1 Gib in ein Becherglas 100 g Wasser und löse unter Umrühren 30 g Kochsalz auf. Füge nach und nach Portionen von je 1 g hinzu, bis ein Bodenkörper bestehen bleibt. Wie viel Gramm Kochsalz lösen sich?

V2 Ermittle die Siedetemperatur der gesättigten Kochsalzlösung (Kap. 1.4).

V3 Gib in zwei Reagenzgläser je 5 g Wasser. Füge 3 g Kochsalz bzw. Kaliumnitrat hinzu und erwärme die Gläser im Wasserbad auf 70 °C. Beschreibe die Beobachtungen und erkläre sie mithilfe von [B6].

V4 Gib einen Kristall Kaliumpermanganat auf den Boden eines mit Wasser gefüllten, ruhig stehenden Gefäßes [B7]. Wie sind die Beobachtungen zu erklären?

A1 Nenne je drei in Wasser leicht lösliche, schwer lösliche und unlösliche Stoffe.

A2 Alkohol löst sich gut in Wasser. Warum ist in keinem Tabellenwerk die Wasserlöslichkeit von Alkohol angegeben?

A3 Wie viel Gramm Kaliumnitrat müssen wenigstens zu 50 g Wasser gegeben werden, um bei 40 °C (60 °C) eine gesättigte Lösung zu erzielen?

A4 Eine warm gesättigte Lösung von Alaun in Wasser wurde über Nacht stehen gelassen. Am Morgen war ein Bodensatz sichtbar. Eine daneben stehende gesättigte Kochsalzlösung blieb unverändert. Erkläre.

A5 Erkläre unter Verwendung des Teilchenmodells die Vorgänge, die ablaufen, wenn ein Kochsalzkristall sich in unbewegt stehendem Wasser auflöst. Wieso kann der Vorgang durch Umrühren oder Erwärmen beschleunigt werden?

A6 In 50 g Wasser werden 5 g Kochsalz gelöst. Berechne den Massenanteil des Salzes in der Lösung.

A7 In 100 g Meerwasser sind ca. 3,5 g Salz enthalten. Gib den Massenanteil des Salzes im Meerwasser an.

A8 Welche Arbeitsschritte sind notwendig, um 1 kg einer Kochsalzlösung mit $w = 1\%$ herzustellen?

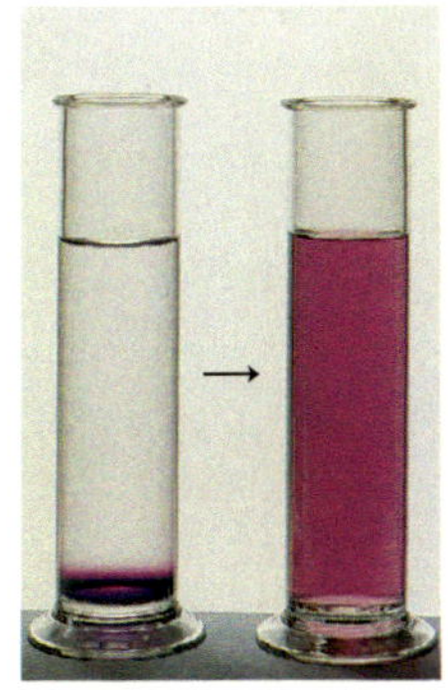

B7 Diffusion. Die kleinsten Teilchen eines farbigen Stoffes verteilen sich aufgrund ihrer Eigenbewegung im Wasser

B8 Lösungsvorgang in der Modellvorstellung

1.13 Saure und alkalische Lösungen

Manche Pflanzen besitzen farbige Säfte, also wässrige Lösungen von natürlichen Farbstoffen. Viele dieser Pflanzenfarbstoffe verändern ihre Farbe, wenn sie mit sauren Lösungen wie Zitronensaft oder Speiseessig in Berührung kommen. So wird violetter Rotkohlsaft rot, wenn er mit Essig vermischt wird [B1] oder Schwarztee schwach gelb, wenn dieser mit Zitronensaft versetzt wird [B2]. Speiseessig oder Zitronensaft sind keine Reinstoffe, sondern ihre Eigenschaft, sauer zu sein, wird durch Stoffe hervorgerufen, die in Wasser gelöst vorliegen.

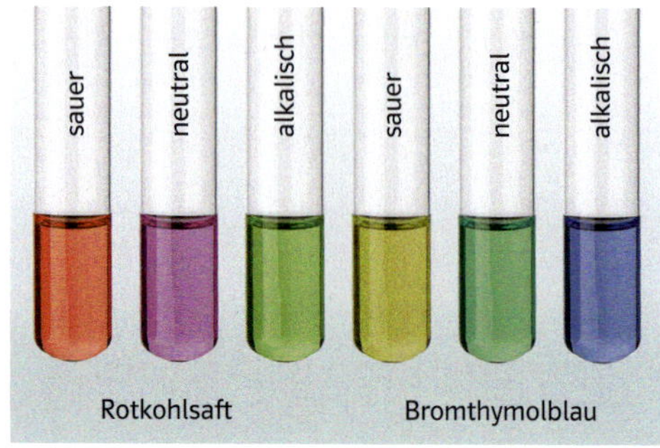

B3 Indikatorfarben in sauren, neutralen und alkalischen Lösungen

B1 Farbumschlag von Rotkohl bei Zusatz von Essig.

Löst man etwas Haushaltsnatron in Wasser und vermischt diese Lösung mit violettem Rotkohlsaft, färbt er sich blaugrün. Eine ähnliche Farbe zeigt Rotkohlsaft auch mit Seifenlösung. Es sind alkalische Lösungen, die diese Farbänderung hervorrufen.
Man bezeichnet Lösungen, die weder sauer noch alkalisch sind, als neutral. Auch der Reinstoff Wasser ist neutral.

Wässrige Lösungen können sauer, neutral oder alkalisch sein.

indicare lat. anzeigen

Indikatoren. Farbstoffe, die in sauren, neutralen oder alkalischen Lösungen unterschiedliche Farben zeigen, heißen Indikatoren. Neben pflanzlichen Farbstoffen verwendet man synthetisch hergestellte Indikatoren wie z. B. Bromthymolblau oder Phenolphthalein.

Indikatoren zeigen durch Farben an, ob Lösungen sauer, neutral oder alkalisch sind.

B2 Farbänderung von Schwarztee bei Zugabe von Zitronensaft

In der Regel werden Indikatoren als Lösung eingesetzt.
Der Indikator Phenolphthalein zeigt mit der Farbe rotviolett an, dass eine alkalische Lösung vorliegt, in sauren oder neutralen Lösungen ist er farblos.

V1 **Experimentelle Hausaufgabe.** Schneide einige Rotkohlblätter in kleine Stücke und koche sie in einem kleinen Kochtopf in wenig Wasser etwa 1 Minute. Verteile den abgesiebten, abgekühlten Rotkohlsaft in kleine Marmeladengläser und teste damit die Lösungen folgender Alltagsstoffe: Speiseessig, Entkalker, Essigreiniger, Neutralreiniger, Zucker, Speisesalz, Kern- oder Schmierseife, Haushaltsnatron, Soda. Stelle die Beobachtungen in einer Tabelle zusammen, unterscheide darin saure, neutrale und alkalische Lösungen.

V2 Füge zu frisch hergestelltem Schwarztee etwas Zitronensaft und beobachte die auftretende Veränderung.

V3 Löse folgende Stoffe in Wasser:
a) Essig,
b) Citronensäure,
c) Zucker,
d) Speisesalz,
e) Haushaltsnatron,
f) Kernseife
und teste sie mit Bromthymolblaulösung. Woran erkennst du, welche dieser Lösungen neutral und welche alkalisch sind?

V4 Stelle durch vorsichtiges Mischen von farbigen Lösungen aus [V3] neutrale Lösungen her. Protokolliere dein Vorgehen.

B4 Universalindikator-Papier mit pH-Skala

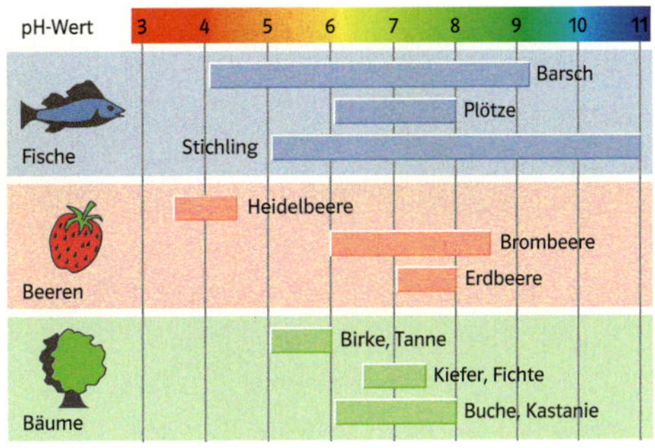

B5 Optimale pH-Bereiche für Fische und Pflanzen in Gewässern und Böden

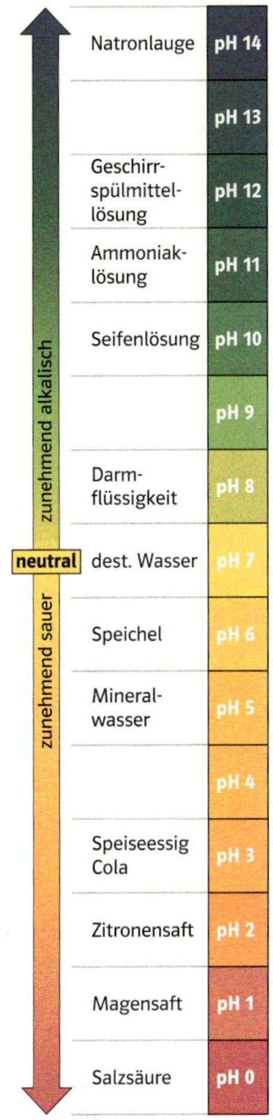

B6 pH-Werte ausgewählter wässriger Lösungen und deren Farben nach Zugabe von Universalindikator

Zur genaueren Feststellung, ob eine Lösung mehr oder weniger sauer (bzw. alkalisch) ist, wird Universalindikator verwendet. Er zeigt mit charakteristischen Farben stark oder schwach saure, neutrale sowie stark bzw. schwach alkalische Lösungen an.

Der pH-Wert. Zur exakten Kennzeichnung wie sauer oder alkalisch eine Lösung ist, wird der pH-Wert angegeben. Saure Lösungen haben einen pH-Wert kleiner als 7, neutrale Lösungen genau den pH-Wert 7 und alkalische Lösungen einen pH-Wert größer als 7. Meistens verwendet man eine Skala, die von 0 bis 14 reicht.

Der pH-Wert gibt an, wie sauer oder alkalisch eine Lösung ist bzw. ob sie neutral ist.

Der richtige pH-Wert von Gewässern und Böden ist lebenswichtig für Pflanzen und Tiere [B5]. Für die Mehrzahl der Fische sollte der pH-Wert der Gewässer zwischen 5 und 9,5 liegen. Die Kiemen von Jungfischen, Kaulquappen oder Molchen werden bei niedrigeren pH-Werten verätzt und Fischlaich kann absterben. Für die meisten Bodenorganismen liegt der optimale pH-Wert bei 6 bis 7. Bei Abweichungen wird z. B. das Pflanzenwachstum unter anderem dadurch beeinträchtigt, dass die von den Pflanzen benötigten Mineralsalze nicht zur Verfügung stehen.

Der pH-Wert der menschlichen Haut liegt zwischen 5 und 5,5. Daher spricht man vom „Säuremantel" der Haut. Er kann durch alkalische Lösungen, z. B. Seifenlösung, angegriffen werden.

Neutralisieren. Eine saure und eine alkalische Lösung können so miteinander vermischt werden, dass eine neutrale Lösung entsteht. Zum Erkennen der neutralen Lösung ist der Zusatz eines Indikators notwendig.

V5 Ein Zaubertrick: Gib ca. 2 cm hoch Natriumcarbonatlösung in ein Reagenzglas, in ein zweites Essigsäurelösung. Füge jeweils ein wenig Rotkohlsaft aus [V1] hinzu. Lass nun mithilfe einer Pipette die Essigsäurelösung am Rand des Reagenzglases mit der Natriumcarbonatlösung langsam hinunterfließen. Beobachte [B7].

V6 Ermittle mit Universalindikatorpapier den pH-Wert von Speiseessig bzw. Seifenlösung.

V7 Prüfe mit Indikatorlösung, ob ein seifenfreies Waschstück tatsächlich eine Lösung mit einem pH-Wert pH ≈ 5,5 erzeugt.

A1 Erkläre, was man unter einem Indikator versteht.

A2 Beschreibe, wie man eine bestimmte Menge Essig neutralisieren könnte.

A3 Bei welchem pH-Wert im Gartenboden gedeihen Erdbeerpflanzen am besten? Warum können im gleichen Boden Heidelbeerpflanzen kaum wachsen?

B7 Ein Zaubertrick

1.14 Praktikum Kartoffel – Untersuchung eines Lebensmittels

B2 Weltweit werden über 300 Kartoffelsorten angebaut

Wichtige Inhaltsstoffe bezogen auf 100 g gekochter Kartoffeln	
Stärke	15,4 g
Ballaststoffe	2,5 g
Eiweiß	2,0 g
Vitamin C	0,014 g

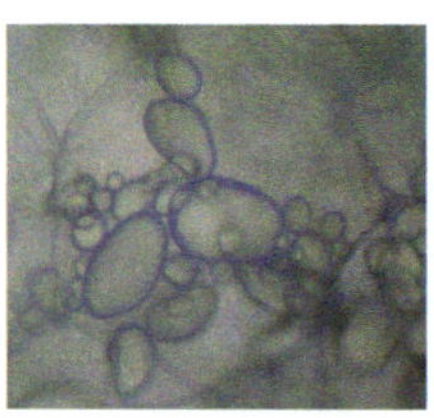

B1 Mikroskopisches Bild von Stärkekörnern in einer Kartoffelzelle

Kartoffeln in der Ernährung. Die Heimat von Kartoffelpflanzen ist das Hochland von Peru und Bolivien in Südamerika. Sie bilden unterirdisch wachsende Sprossknollen als Speicherorgane – die Kartoffeln – und sind ein beliebtes, sehr bekömmliches Grundnahrungsmittel, das mit unterschiedlichen Garungsmethoden zubereitet in vielen Gerichten serviert wird. Allerdings dürfen rohe Kartoffeln nicht verzehrt werden, sie sind schwer verdaulich und enthalten einen Giftstoff, der beim Erhitzen vernichtet wird. In diesem Praktikum werden Kartoffeln untersucht, um Eigenschaften von Inhaltsstoffen und die Bedeutung der Kartoffel als wichtiger Energiespender kennen zu lernen.

V1 Untersuchung einer rohen Kartoffel

Geräte und Chemikalien:
Küchenmesser, Porzellanschale, Spatel, Iodlösung, Teststäbchen für Vitamin C (Ascorbinsäure), Kartoffel.

Durchführung:
Schabe von einer geschälten Kartoffel etwas Zellmaterial ab und gib es in eine Porzellanschale.

a) *Test auf Vitamin C*
Halte einen Teststreifen entsprechend der Gebrauchsanweisung zum Nachweis von Vitamin C in den flüssigen Zellbrei.

b) *Test auf Stärke*
Nimm etwas von dem Material mit dem Spatel auf, spüle es mit Wasser in ein Reagenzglas und schüttle kräftig. Füge 1 – 2 Tropfen Iodlösung hinzu, schüttle erneut und lass das Reagenzglas ruhig stehen.

Auswertung: Gib an, welche Inhaltsstoffe nachgewiesen sind.

V2 Untersuchung von gekochten Kartoffeln

Geräte und Chemikalien:
Becherglas 250 ml, Reagenzglas, Porzellanschale, Küchenmesser, Gabel, Gasbrenner, Dreifuß, Iodlösung, Teststäbchen für Vitamin C, Kartoffel.

Durchführung:
Schäle eine mittelgroße Kartoffel. Teile sie in vier Teile und gib sie zum Kochen in das Becherglas mit Wasser. Wenn die Flüssigkeit zu sieden beginnt, stelle eine kleine Flamme ein und lass ca. 15 – 20 Minuten weiter kochen. Kontrolliere durch Anstechen mit der Gabel, ob die Kartoffeln gar sind. Entnimm die Kartoffeln und lass zur weiteren Untersuchung die Kartoffeln und das Kartoffelwasser abkühlen.

a) *Test auf Stärke*
Fülle einen Teil des abgekühlten Kartoffelwassers in das Reagenzglas und füge einige Tropfen Iodlösung zu. Teste auch die gekochte Kartoffel.

b) *Test auf Vitamin C*
Zerdrücke eine Probe mit der Gabel in der Porzellanschale, stelle durch Zufügen einer kleinen Portion Wasser einen Brei her und benetze das Teststäbchen damit.

Auswertung:
a) Gib an, welche Inhaltsstoffe nachgewiesen sind.
b) Welche Erkenntnisse über die Löslichkeit von Stärke ergeben sich? Ziehe auch die Ergebnisse von [V1] hinzu.
c) In vielen Kochbüchern steht, dass Kartoffeln am besten in der Schale gegart werden („Pellkartoffeln"). Welchen Vorteil hat das Garen in der Schale?

V3 **Energieinhalt von Stärke**

Geräte und Chemikalien:
Gasbrenner, Glasrohr, Spatellöffel, Kartoffelstärke.

Durchführung:
Abzug! Nimm auf den Löffel eine kleine Portion Stärke und blase mithilfe des Glasrohres aus sicherer Entfernung stoßweise kleine Proben in den heißen Bereich der rauschenden Brennerflamme.

Auswertung:
Deute die Beobachtungen. Welcher Hinweis auf die Bedeutung der Stärke als Lebensmittel ergibt sich?

V4 **Herstellung von Bratkartoffeln**
(Experiment, das zu Hause ausgeführt wird)

Geräte und Materialien:
Gekochte Kartoffeln, Bratpfanne, Margarine, Pfannenwender, Salz.

Durchführung:
Bitte deine Eltern, dir die notwendigen Küchengeräte zur Verfügung zu stellen. Lass dir von ihnen genau beschreiben, wie Bratkartoffeln hergestellt werden, ziehe auch ein Kochbuch zu Rate. Viel Erfolg bei dieser Küchentätigkeit!

Auswertung:
Vergleiche – vor dem Verzehr der Bratkartoffeln – durch Anlegen einer Tabelle die Eigenschaften der gekochten, aber ungebratenen Kartoffeln mit denen der Bratkartoffeln (Geschmack, Geruch, Aussehen, Festigkeit). Überlege, ob während des Bratens neue Stoffe entstanden sind.

B3 Würzige Bratkartoffeln

B4 Knusprige Pommes frites

Hinweis:
Bratkartoffeln kann man auch aus rohen, ungekochten Kartoffeln herstellen. Mit rohen Kartoffeln darf aber keine Geschmacksprobe ausgeführt werden.

A1 Ermittle, wie Pommes frites hergestellt werden, und stelle einen ähnlichen Vergleich an wie in [V4].

A2 Informiere dich im Internet über Inhaltsstoffe und Herstellung von Kartoffelchips.

B5 Energiereiche Kartoffelchips

Kartoffeln als Energiespender

Kartoffeln sind ein wichtiger Energielieferant, stehen aber zu Unrecht in dem Ruf, dass ihr Verzehr wegen ihres Energieinhaltes zu Übergewicht führen würde, dass sie dick machen. Der Energieinhalt eines Lebensmittels wird durch Verbrennung ermittelt und als spezifischer Brennwert bezeichnet. Er gibt Auskunft, wie viel Energie in Form eines bestimmten Lebensmittels dem Körper zugeführt wird.

A3 Analysiere die Zahlenangaben und gib an, worauf die Unterschiede im spezifischen Brennwert der Kartoffelprodukte zurückzuführen sind.

Lebensmittel	spezifischer Brennwert in kJ / (100 g)
Kartoffeln gekocht	291
Kartoffel, roh	295
Bratkartoffeln	508
Pommes frites	1105
Kartoffelchips	2254
Margarine	3023
Kokosfett (z. Fritieren)	3741

1.15 Impulse Eigenschaftskombination und Steckbrief

B1 Kristallform von Zucker (oben) und Salz (unten)

Zucker und Salz sind Lebensmittel, die im Haushalt gelegentlich verwechselt werden, wenn sie in fein gemahlenem Zustand vorliegen. Beide Stoffe sind farblos und wasserlöslich. Durch den jeweiligen Geschmack oder beim Betrachten der Kristallformen lassen sie sich unterscheiden [B1].

Erst mehrere Eigenschaften kennzeichnen einen Stoff. Um einen Stoff eindeutig zu beschreiben, muss man mehrere und für den Stoff typische Eigenschaften heranziehen. Am Beispiel des Schwefels lässt sich das gut zeigen. Schwefel erhält man meist in Form von gelben Kristallen oder als gelbes Pulver [B2]. In dieser Form unterscheidet er sich nicht sehr von anderen gelben pulverförmigen Stoffen. Typisch für ihn aber ist sein Verhalten beim Erhitzen.

Schwefel schmilzt zunächst bei 119 °C zu einer honiggelben, leicht beweglichen Flüssigkeit, die bei weiterem Erhitzen rotbraun und zähflüssig wird. Schließlich nimmt die Beweglichkeit der Schmelze wieder zu, die Farbe wird noch dunkler. Bei einer Temperatur von 444 °C siedet die Schmelze, es entsteht rotbrauner Schwefeldampf. Im oberen Teil des Reagenzglases resublimiert Schwefeldampf zu gelbem Schwefelpulver. Auch die Untersuchung der Brennbarkeit zeigt ein für Schwefel typisches Ergebnis: Schwefel verbrennt mit blauer Flamme, dabei entsteht ein stechend riechendes Gas.

B2 Schwefelkristalle und Schwefelpulver

Sein Aussehen, sein Verhalten beim Erhitzen, Brennbarkeit, Schmelz- und Siedetemperatur kennzeichnen den Stoff eindeutig als Schwefel. Nur bei ihm treten diese Eigenschaften kombiniert auf.

Jeder Stoff hat eine für ihn typische Eigenschaftskombination

Stellt man die Eigenschaften eines Stoffes zusammen, so erhält man seinen **Steckbrief**. Mit dessen Hilfe kann man den Stoff identifizieren und ihn von anderen Stoffen sicher unterscheiden. In einen Steckbrief können alle Eigenschaften aufgenommen werden, die wir bisher kennengelernt haben. Zur Identifizierung des Stoffes reicht allerdings meist schon eine Auswahl weniger Eigenschaften aus.

Zustandsform:	fest
Farbe:	gelb
Geruch	geruchlos
Verformbarkeit	spröde
elektrische Leitfähigkeit:	keine
Löslichkeit	in Wasser nicht löslich
Schmelztemperatur	119 °C
Siedetemperatur:	444 °C (Dampf rotbraun)
Dichte:	2,07 g/cm³
Verhalten beim Erhitzen:	schmilzt, dann typische Veränderungen
Brennbarkeit:	brennt mit blauer Flamme

B3 Steckbrief für Schwefel

V1 Erwärme Schwefel im Reagenzglas langsam bis zum Sieden. Beschreibe die Veränderungen.

V2 Man entzündet eine Probe Schwefel in einem Verbrennungslöffel unter dem Abzug.

A1 **a)** Nenne die Stoffeigenschaften, die in einen Steckbrief aufgenommen werden können.

b) Gib an, welche dieser Eigenschaften sich nur mit einem Messgerät ermitteln lassen?

A2 Stelle Steckbriefe für Eisen, Kupfer, Kochsalz und Zucker auf.

► Struktur der Materie

1.16 Stoffklassen

B1 Ätherische Öle sind flüchtige Stoffe

Vergleicht man die Steckbriefe einzelner Stoffe, findet man bei verschiedenen Stoffen gemeinsame Eigenschaftskombinationen [B4]. Diese Stoffe kann man zu einer **Stoffklasse** zusammenfassen.

Drei wichtige Stoffklassen. Stoffe, die niedrige Schmelz- und Siedetemperaturen haben, werden zur Gruppe der **flüchtigen Stoffe** gerechnet. Die meisten dieser Stoffe sind bei Zimmertemperatur flüssig oder gasförmig, sie leiten den elektrischen Strom nicht. In diese Stoffklasse gehören z. B. Wasser, Alkohol, ätherische Öle und alle Gase.
Stoffe, die wie Kochsalz Kristalle bilden können, hart und spröde sind und eine hohe Schmelztemperatur haben, zählt man zu den **salzartigen Stoffen**. Viele Salze lösen sich in Wasser, wenn auch ihre Löslichkeiten recht unterschiedlich sind. Die wässrigen Lösungen der Salze können wie ihre Schmelzen den elektrischen Strom leiten. Außer Kochsalz gehören in diese Stoffklasse z. B. Gips, Calcit und Kupfersulfat [B2].

B2 Salzartige Stoffe: Gips, Calcit und Kupfersulfat

B3 Quecksilber, das einzige bei Zimmertemperatur flüssige Metall. Seine Dämpfe sind sehr giftig

Eine weitere Stoffklasse bilden die **Metalle**. Sie haben als kompakte Stücke einen typischen Oberflächenglanz und sind verformbar durch Hämmern, Biegen, Walzen oder Ziehen. Sie leiten den elektrischen Strom und zeigen eine gute Wärmeleitfähigkeit. In diese Stoffklasse gehört außer den bekannten Metallen wie Eisen, Kupfer, Gold und Silber auch das Quecksilber, das einzige bei Zimmertemperatur flüssige Metall [B3].

Nicht alle Stoffe können in diese drei Stoffklassen eingeordnet werden. So gehört Zucker z. B. nicht in die Stoffklasse der Salze, obwohl er Kristalle bildet und sich gut in Wasser löst. Seine wässrige Lösung leitet jedoch nicht den elektrischen Strom und beim Schmelzen zersetzt er sich. Auch Eiweiß, Stärke und Kunststoffe gehören zu keiner dieser Stoffklassen.

A1 Gib an, welche der in [B4] aufgeführten Eigenschaften von Titan und Gold typisch sind für Metalle.

A2 Schreibe in einer tabellarischen Übersicht die Eigenschaften auf, die die Mitglieder der Stoffgruppen flüchtige Stoffe, Salze, Metalle gemeinsam haben. Begründe, warum Zucker zu keiner dieser Klassen gehört.

A3 Ermittle, zu welchen Stoffklassen die folgenden Stoffe gehören: Blei, Sauerstoff, Alaun, Quecksilber, Wasser, Calcit.

Titan

Zustandsform:	*fest*
Farbe/ Oberfläche:	*grau/ glänzend*
Härte:	*hart*
Verformbarkeit:	*gut*
elektrische Leitfähigkeit:	*gut*
Schmelztemperatur:	*1660 °C*
Dichte:	*4,51 g/cm³*

Gold

Zustandsform:	*fest*
Farbe/ Oberfläche:	*gelb/ glänzend*
Härte:	*weich*
Verformbarkeit:	*gut*
elektrische Leitfähigkeit:	*gut*
Schmelztemperatur:	*1064 °C*
Dichte:	*19,32 g/cm³*

B4 Steckbriefe von Titan und Gold

► Struktur der Materie

1.17 Impulse Lernzirkel: Ermittlung von Steckbriefen

B1 Kupferblech

B2 Kochsalz bildet würfelförmige Kristalle

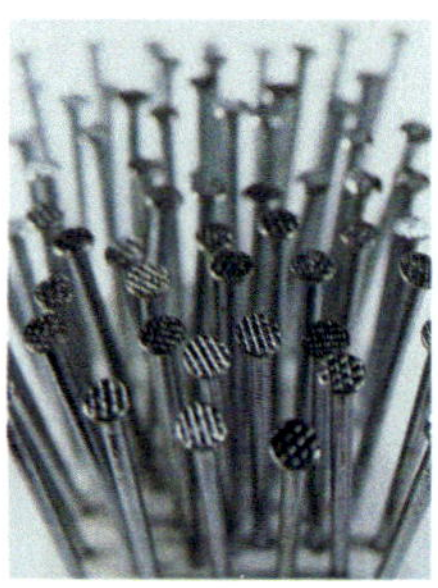

B3 Eisennägel

Die Chemie beschäftigt sich mit den Eigenschaften von Stoffen, da diese deren Einsatzmöglichkeiten bestimmen. Durch die Ermittlung einiger Eigenschaften lässt sich ein Stoff kennzeichnen. Im Folgenden sollen die Eigenschaften der Stoffe: Eisen, Kupfer, Zucker, Kochsalz, gebrannter Kalk, Schwefel und Campher zu einem Steckbrief des jeweiligen Stoffes zusammengestellt werden. Zu jedem Stoff sollen auch wenigstens zwei Steckbriefe auf Plakaten präsentiert werden. Achtet auf die Gestaltung der Plakate: Übersicht, Schriftgröße, Unterstreichung, evtl. Zeichnung.

Hinweis: Wenn eine Station besetzt ist oder du die Station schneller als deine Mitschüler durchlaufen hast, lies das Kapitel „Möglichkeiten zur Unterscheidung von Stoffen" (Kap. 1.2) und bearbeite die zugehörigen Aufgaben.

Station 1: Aussehen und Geruch der Stoffe

Geräte und Chemikalien: Lupe, Zahnstocher, weiße und schwarze Papierstreifen; Eisenpulver, Eisennagel, Kupferpulver, Kupferblech, Zucker, Kochsalz, gebrannter Kalk, Schwefel, Campher.

Sicherheitshinweis: Schutzbrille! Gebrannter Kalk darf nicht ins Auge gelangen, Gefahr der Verätzung!

Durchführung: Gib jeweils kleine Proben der Stoffe auf Papierstreifen und betrachte die Proben unter der Lupe.
Führe auch Geruchsproben durch.

Aufgaben:

a) Informiere dich auf Seite 11 über die Durchführung der Geruchsprobe und die Eigenschaften, die zur Charakterisierung des Aussehens herangezogen werden.

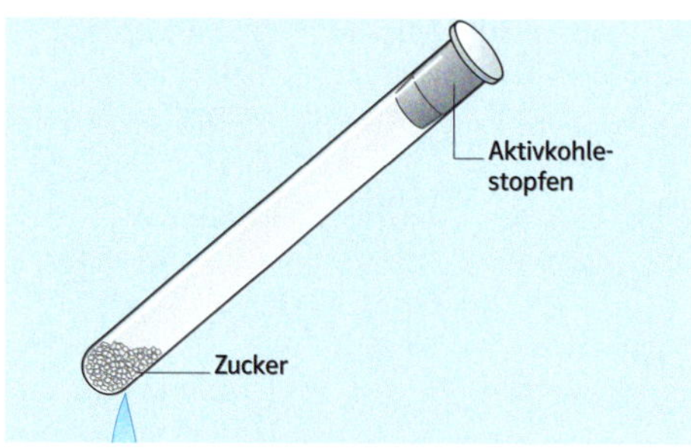

B4 Reagenzglas mit Aktivkohlestopfen

Steckbrief:	....
Aussehen:	....
Geruch:	....
Veränderungen beim Erhitzen:	....
Löslichkeit in Wasser:	....
elektrische Leitfähigkeit:	....
Magnetisierbarkeit:	....
Schmelztemperatur:	....
Siedetemperatur:	....
Verwendung in Alltag und Technik:	....

B5 Angaben, die der Steckbrief aufweisen soll

b) Trage die ermittelten Eigenschaften in die einzelnen Steckbriefe ein.

Station 2: Erhitzen der Stoffe

Geräte und Chemikalien: Spatel, Tiegelzange, Reagenzglasständer, Reagenzglasklammer, Reagenzgläser, Aktivkohlestopfen, Watte, Brenner; Eisenpulver, Eisennagel, Kupferpulver, Kupferblech, Zucker, Kochsalz, gebrannter Kalk, Schwefel, Campher.

Sicherheitshinweis: Schutzbrille! Gebrannter Kalk darf nicht ins Auge gelangen, Gefahr der Verätzung!

Durchführung:

a) Fasse den Eisennagel mit der Tiegelzange und erhitze ihn dann in der nicht leuchtenden und anschließend in der rauschenden Flamme. Wiederhole den Versuch mit dem Kupferblech. Gib auch jeweils einen Spatel Eisenpulver bzw. Kupferpulver in ein Reagenzglas und erhitze es mit der nicht leuchtenden und der rauschenden Flamme.

b) Erhitze Proben von Zucker, Schwefel und Campher nur bis zum Schmelzen. Das Reagenzglas mit dem Zucker wird dazu mit einem Aktivkohlestopfen verschlossen [B4]. In den oberen Teil der Reagenzgläser mit der Schwefel- bzw. Campherprobe wird ein lockerer Wattepfropf gedrückt.
Nimm die Reagenzgläser nach dem Schmelzen der Proben aus der Flamme.

Aufgabe: Trage die beobachteten Veränderungen, aber auch das Nichteintreten einer Veränderung in den Steckbrief ein.

Station 3: Löslichkeit in Wasser

Geräte und Chemikalien: Spatel, Reagenzgläser, passender Stopfen, Reagenzglasständer;
Eisenpulver, Kupferpulver, Zucker, Kochsalz, gebrannter Kalk, Schwefel, Campher.
Sicherheitshinweis: Schutzbrille! Gebrannter Kalk darf nicht ins Auge gelangen, Gefahr der Verätzung!
Durchführung: Gib jeweils eine kleine Probe der zu untersuchenden Stoffe in ein Reagenzglas, das zu einem Drittel mit Wasser gefüllt ist. Verschließe mit einem Stopfen und schüttle kräftig [B7].
Aufgabe: Trage die Beobachtungen in die Steckbriefe ein.

Station 4: Ermittlung messbarer Eigenschaften

Aufgaben:
a) Suche die Siede- und Schmelztemperaturen der Stoffe: Eisen, Kupfer, Zucker, Kochsalz und Schwefel.
Schmelztemperatur von Campher: 178 °C,
Siedetemperatur von Campher: 205 °C,
Schmelztemperatur von gebranntem Kalk: 2600 °C,
Siedetemperatur von gebranntem Kalk: ca. 2850 °C
b) Welcher Zusammenhang besteht zwischen der Schmelz-, der Siedetemperatur und der Zustandsform (dem Aggregatzustand) eines Stoffes bei Zimmertemperatur?

Station 5: Elektrische Leitfähigkeit und Magnetisierbarkeit

Geräte und Chemikalien: Stelltransformator, Stromstärkemessgerät, 3 Experimentierkabel, 2 Krokodilklemmen, Leitfähigkeitsprüfer, Reagenzgläser, Stopfen, Spatel, Papierstreifen, Magnet, Papierhandtücher;
Eisenpulver, Kupferpulver, Zucker, Kochsalz, gebrannter Kalk, Schwefel, Campher.
Sicherheitshinweis: Schutzbrille! Gebrannter Kalk darf nicht ins Auge gelangen, Gefahr der Verätzung!

Durchführung:
a) Fülle in jeweils ein Reagenzglas etwa 1 cm hoch eine Probe des Stoffes. Bringe den Leitfähigkeitsprüfer in die Probe. Miss die Stromstärke bei ca. 5 V. Gib anschließend dest. Wasser in das Reagenzglas, schüttle.
Prüfe in der in [B6] gezeigten Apparatur die elektrische Leitfähigkeit. Der Leitfähigkeitsprüfer muss nach jedem Versuch abgespült und mit Papier getrocknet werden.
b) Prüfe die Magnetisierbarkeit, indem du den Magneten an eine Probe des jeweiligen Stoffes heranführst.
Aufgabe: Trage deine Beobachtungen in die Steckbriefe ein.

Station 6: Verwendung der ausgewählten Stoffe in Alltag und Technik

Aufgaben:
Ermittle Verwendungsmöglichkeiten der untersuchten Stoffe in Alltag und Technik. Informationen zu Campher findest du im Lexikon oder Internet, zu den restlichen untersuchten Stoffen im Buch.

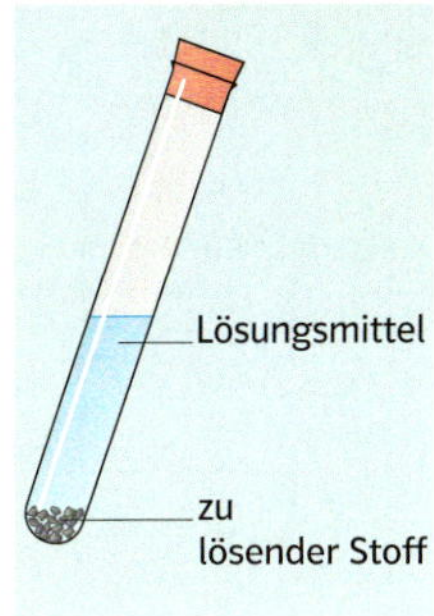

B7 Untersuchung der Löslichkeit

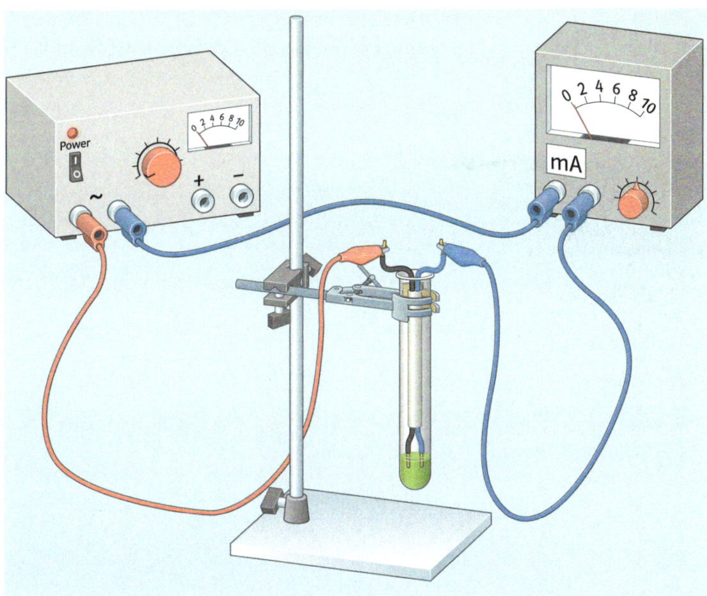

B6 Elektrische Leitfähigkeit

1.18 Durchblick Zusammenfassung und Übung

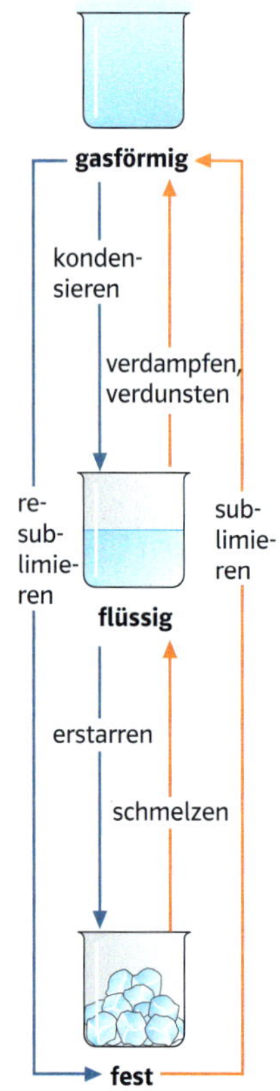

B1 Aggregatzustände und ihre Übergänge

Stoffeigenschaften
Stoffe kann man an ihren Eigenschaften erkennen. Dazu gehören z. B. Farbe, Schmelz- und Siedetemperatur, Dichte und Löslichkeit.

Aggregatzustände und ihre Übergänge, Schmelz- und Siedetemperatur. Neben der Dichte sind Schmelz- und Siedetemperatur Größen, die mit Zahlen belegt werden können und der Kennzeichnung von Stoffen dienen.

Teilchenmodell
Alle Stoffe sind aus kleinsten Teilchen aufgebaut. Sie werden meist als Kugeln dargestellt.

Dichte
Masse (m) und Volumen (V) sind Eigenschaften einer Stoffportion, aber nicht typisch für den Stoff. Der Quotient m/V ergibt eine für den Stoff typische Größe, die Dichte ρ (Rho).

$$\rho = \frac{m}{V}$$

Sie wird meist in der Einheit g/cm³ angegeben. Dichten sind abhängig von Druck und Temperatur, besonders die Dichten von Gasen.

Löslichkeit
Die Löslichkeit eines Stoffes gibt an, wie viel Gramm eines Stoffes sich in 100 g Lösungsmittel (z. B. Wasser) lösen. Lösungen haben andere Eigenschaften als die reinen Lösungsmittel (z. B. Dichte, Siedetemperatur). Die Löslichkeit vieler Stoffe nimmt mit steigender Temperatur zu.

Saure und alkalische Lösungen
Saure und alkalische Lösungen färben Indikatoren und können sich gegenseitig neutralisieren.

Identifizierung von Stoffen
Viele Stoffe stimmen in einzelnen Eigenschaften miteinander überein. Zieht man jedoch mehrere Eigenschaften heran, lassen sich Stoffe sicher identifizieren. Der Satz von Eigenschaften eines Stoffes wird auch Steckbrief genannt.

Stoffklasse
Stoffe mit gemeinsamen Eigenschaftskombinationen lassen sich zu Stoffklassen zusammenfassen. Wichtige Stoffklassen sind die Gruppen der flüchtigen Stoffe, der Salze und der Metalle.

Aggregatzustand	fest	flüssig	gasförmig
Abkürzung Beispiel	s (solid) Aluminium(s)	l (liquid) Alkohol(l)	g (gaseous) Sauerstoff(g)
Ordnung der Teilchen und Bewegung	Schwingen um feste Gitterplätze	keine festen Plätze, gegeneinander beweglich	kein Zusammenhalt, ungeordnete Bewegung
Wirkung der Anziehungskräfte zwischen den Teilchen	sehr stark	stark	schwach bzw. nicht vorhanden
Darstellung im Modell	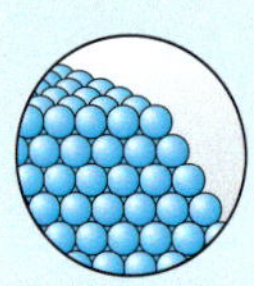	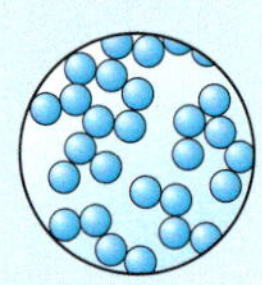	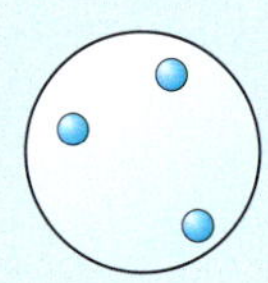

B2 Aggregatzustände und Teilchenmodell

A1 Beim Erhitzen von Wasser entweicht die darin gelöste Luft. Was folgt daraus für die Löslichkeit von Luft in Wasser?

A2 23 cm^3 eines Stoffes haben eine Masse von 181 g. Berechne die Dichte. Um welchen Stoff könnte es sich dabei handeln (Kap 1.11)?

A3 Der antike Mathematiker und Physiker ARCHIMEDES (287 - 212 v. Chr.) erhielt von dem Herrscher von Syrakus den Auftrag, eine goldglänzende Krone auf ihre Reinheit zu untersuchen. Bestand sie aus reinem Gold oder war es Fälschung, bei der ein anderer, weniger wertvoller Stoff lediglich mit einer dünnen Goldschicht überzogen wurde? Die Krone darf nicht zerstört werden. Wie kann man vorgehen?

A4 Die in [B3] abgebildeten Getränkeflaschen befinden sich in einem mit Wasser gefüllten Gefäß. Material und Volumen der Flaschen sind gleich. Sie sind mit jeweils 0,5 l Getränk gefüllt. Recherchiere, worauf der Unterschied zurückzuführen ist.

A5 Der Duft eines Parfüms, das in einem offenen Gefäß auf den Tisch gestellt wird, ist nach einiger Zeit im ganzen Raum wahrnehmbar, ohne dass eine Luftströmung vorhanden ist.
a) Nenne den Fachausdruck für diese selbstständig erfolgende Durchmischung.
b) Erkläre die ablaufenden Vorgänge mit dem Teilchenmodell.

A6 Erstelle einen Steckbrief für Wasser.

A7 Wenn an manchen schönen Wintertagen die Sonne auf schneebedeckte Felder scheint, kann man beobachten, dass immer mehr Schnee verschwindet, obgleich die Temperatur bei Tag und Nacht weit unter der Gefriertemperatur liegt. Erkläre die Beobachtungen unter Anwendung des Kugelteilchenmodells.

A8 Gib an, welche Vorgänge durch die Begriffe Sublimation und Resublimation gekennzeichnet werden.

A9 Schüttelt man die Kartusche eines Campingbrenners, spürt man, dass er eine Flüssigkeit enthält. Öffnet man das Ventil, entströmt ein Gas. Erkläre!

A10 Zeichne einen Versuchsaufbau, mit dessen Hilfe die elektrische Leitfähigkeit bestimmt werden kann. Gib an, welche der folgenden Stoffe den elektrischen Strom leiten: Kupfer, Glas, Gold, Graphit, Porzellan, Eisen.

Horizonte Chemie im Kochtopf

Ein Kochrezept für 100 g Spaghetti lautet: Fülle einen Topf etwa zur Hälfte mit ca. 1 l Wasser und salze dieses mit einem Teelöffel Salz (5 g). Bringe das Salzwasser dann zum Kochen und füge die Spaghetti hinzu. Lasse die Nudeln unter gelegentlichem Umrühren leicht sprudelnd weiterkochen. Nach 7 - 8 Minuten sind sie kernig-bissfest („al dente"). Nach Belieben Spaghetti in Öl oder Butter schwenken und servieren.

A11 Gib an, was man unter einer gesättigten Lösung versteht (vgl. Kap. 1.12).

A12 Berechne, ob es sich bei dem gesalzenen Spaghettiwasser um eine gesättigte Lösung handelt.

A13 Bestimme den Massenanteil des Salzes im kochenden Salzwasser. Gehe bei der Berechnung davon aus, dass bereits 5 ml Wasser verdampft sind.

A14 Welche Rückschlüsse auf das Herstellungsverfahren des verwendeten Speisesalzes lassen sich aus der Packungsangabe „Siedesalz" ziehen?

A15 In der Anleitung zur Zubereitung wird vorgeschlagen, die Spaghetti nach dem Kochen in Öl oder Butter zu schwenken. Viele Köche geben jedoch schon einige Tropfen Öl in das Salzwasser, bevor die Nudeln gekocht werden. Erkläre, welche Aufgaben das zugesetzte Öl bei dieser Vorgehensweise erfüllt.

B3 Gefüllte Getränkeflaschen in Wasser

B4 Spaghetti al dente

1.19 Reinstoff und Stoffgemisch

B2 Granit, ein natürliches Stoffgemisch aus Feldspat, Quarz und Glimmer

B3 Rührteig ist ein Gemisch aus Eiern, Mehl, Salz, Butter und weiteren Zutaten

Art. 2715

KUPFER

fein gepulvert
reinst
Korngröße kleiner als 63 µm
Cu
Atomgewicht 63,55

Typanalyse

Gehalt (Cu)	99,5 %
In Salpetersäure unlösl. Anteile	0,05 %
Silber (Ag)	0,005 %
Blei (Pb)	0,05 %
Zinn (Sn)	0,005%
Eisen (Fe)	0,005 %
Mangan (Mn)	0,005 %
Antimon (Sb)	0,005 %
Arsen (As)	0,0002 %

B1 Chemikalienetikett. Selbst „reinste" Stoffe enthalten meist noch Beimengungen anderer Stoffe

Stoffgemische in unserer Umwelt. Wir haben bisher zahlreiche Stoffe kennengelernt und erfahren, dass Stoffe bestimmte Eigenschaften besitzen. Dabei haben wir meist Stoffe verwendet, die nicht mit anderen Stoffen vermischt waren. In der Chemie werden solche Stoffe als **Reinstoffe** bezeichnet. Reinstoffe sind durch ihre messbaren Eigenschaften eindeutig gekennzeichnet.

Die Mehrzahl der Stoffe, die uns täglich begegnen, sind jedoch **Stoffgemische**.
Sie bestehen aus verschiedenen Reinstoffen. So sieht man bereits mit bloßem Auge, dass Granit [B2] nicht einheitlich aufgebaut ist. Bei näherem Betrachten erkennt man, dass er aus drei verschiedenen festen Bestandteilen besteht: aus rötlichem Feldspat, weißem Quarz und schwarzem Glimmer [V1a]. Granit ist ein Stoffgemisch, das in seine Bestandteile zerlegt werden kann [V1c].
Steinsalz, Sandstein und Gartenerde sind Gemische von festen Stoffen, die ebenfalls in der Natur vorkommen. Für viele Zwecke im Alltag stellt man sich Stoffgemische her, beispielsweise beim Mischen von Farben und Zubereiten von Medikamenten, bei der Herstellung von Beton, bei der Zubereitung von Speisen und bei der Herstellung von Teig [B3].

Wie das Chemikalienetikett [B1] zeigt, enthalten selbst viele Reinstoffe, die im Chemielabor verwendet werden, immer noch geringe Mengen an Verunreinigungen. Die Herstellung von möglichst reinen Stoffen ist eine wichtige und schwierige Aufgabe des Chemikers.
Die Bestandteile eines Gemisches fester Stoffe kann man an ihren Eigenschaften erkennen. So erkennt man die Bestandteile des Granits an ihrer Farbe. Häufig reicht das Auge nicht mehr aus und man muss ein Mikroskop zu Hilfe nehmen [V2].

Arten von Stoffgemischen. Reinstoffe treten in drei Aggregatzuständen auf. Man unterscheidet deshalb verschiedene Arten von Gemischen.
Ist ein fester, wasserunlöslicher Stoff in Wasser fein verteilt, handelt es sich um eine **Suspension (Aufschlämmung)**. So entsteht eine Suspension bei der Verteilung von Lehm oder Sand in Wasser. Nach einiger Zeit setzt sich der feste Bestandteil des Gemisches am Boden des Gefäßes ab [B5]. Suspensionen entstehen auch, wenn feste, unlösliche Stoffe statt in Wasser in anderen flüssigen Stoffen fein verteilt werden.
Wasser und Speiseöl sind zwei nicht ineinander lösliche Flüssigkeiten, was von einer Salatsoße her bekannt ist. Schüttelt man Wasser mit Speiseöl, erhält man eine milchige Flüssigkeit, eine **Emulsion**. Emulsionen entstehen, wenn eine Flüssigkeit in feinen Tropfen in einer anderen Flüssigkeit verteilt wird. Die Öl-Wasser-Emulsion entmischt sich nach kurzer Zeit, das Öl scheidet sich über dem Wasser ab [B5]. Eine über längere Zeit haltbare Emulsion ist Milch, ein Gemisch von sehr kleinen Fetttröpfchen in Wasser.

Stoffgemisch (Beispiele)	Aggregatzustand der Reinstoffe	Benennung
Granit, Steinsalz	fest-fest	Feststoffgemisch (Gemenge)
Lehmwasser, Kochsalzlösung	fest-flüssig	Suspension, Lösung
Fetttropfen in Milch, Weinbrand	flüssig-flüssig	Emulsion, Lösung
Wassertropfen in Luft, Seifenblasen	flüssig-gasförmig gasförmig-flüssig	Nebel, Schaum
Sprudel	fest-flüssig-gasförmig	Lösung
Rußkörnchen in der Luft	fest-gasförmig	Rauch

B4 Einteilung und Benennung von Stoffgemischen nach dem Aggregatzustand der Ausgangsstoffe

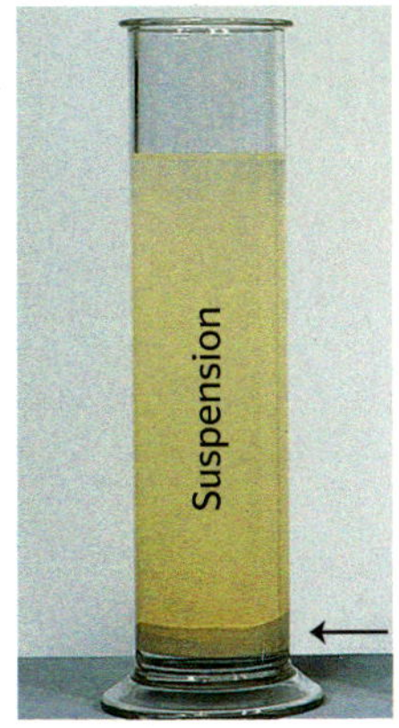

B5 Suspension mit Bodenkörper

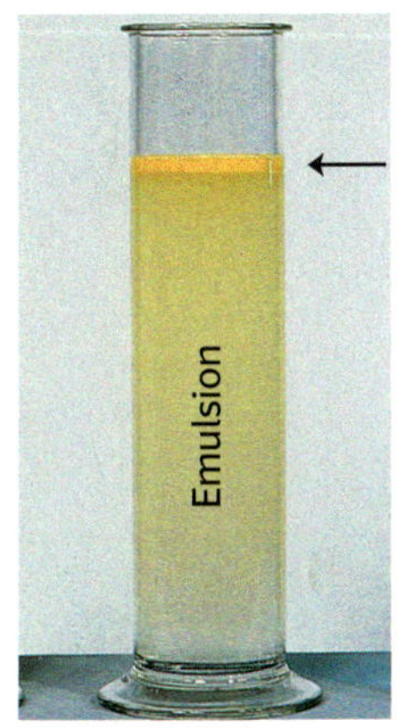

B6 Emulsion mit Ölschicht oben

B7 Nur Lösungen sind homogen

Schweben feinste Flüssigkeitströpfchen in einem Gas, spricht man von **Nebel**; bei einem **Schaum** befinden sich dagegen Gasblasen in einer Flüssigkeit. Ein Gemisch aus feinen Feststoffteilchen in einem Gas nennt man **Rauch**.

Ein Stoffgemisch, bei dem die verschiedenen Bestandteile noch zu erkennen sind, ist *nicht einheitlich* aufgebaut. Man bezeichnet solche Stoffgemische als **heterogen** (griech. ungleichartig). Feststoffgemische, Suspensionen und Emulsionen sind heterogene Stoffgemische. Daneben gibt es Stoffgemische, in denen man auch bei stärkster Vergrößerung mit dem Mikroskop keine einzelnen Bestandteile erkennen kann. Diese Gemische sehen völlig *einheitlich* aus und besitzen nur *einen* Satz von Stoffeigenschaften, *nicht* die Eigenschaften mehrerer Stoffe. Solche Stoffgemische nennt man **homogen** (griech. gleichartig).

Die **Lösung** von blauem Kupfersulfat in Wasser ist ein homogenes Stoffgemisch [B7]. Solche Lösungen haben wir bereits in Kap. 1.12 kennengelernt. Lösungen entstehen auch, wenn zwei ineinander lösliche Flüssigkeiten vermischt werden (z. B. Alkohol und Wasser) oder ein gasförmiger Stoff sich in einer Flüssigkeit löst (z. B. Kohlenstoffdioxid in Wasser).

Bei heterogenen Gemischen sind die unterschiedlichen Bestandteile noch zu erkennen, z. B. mit der Lupe. Homogene Gemische sehen selbst unter dem Mikroskop einheitlich aus, sie besitzen nur einen Satz von Stoffeigenschaften.

V1 **a)** Untersuche Granit mit einer Lupe. Wie viele Bestandteile kannst du erkennen?
b) Untersuche auf die gleiche Weise Steinsalz.
c) Zerkleinere möglichst grobkörnigen Granit und sortiere mit einer Pinzette die verschiedenen Bestandteile.

V2 Mische gleich große Portionen
a) Eisen- und Schwefelpulver,
b) Zucker und Kochsalz.
Betrachte die Gemische unter dem Mikroskop. An welchen Eigenschaften kann man die Bestandteile erkennen?

V3 Gib jeweils einen der folgenden Stoffe in Wasser und schüttle: Zucker, Sand, Kreidepulver, Speiseöl, Kochsalz, Benzin, Alkohol. Benenne die Gemische. Welche sind homogen, welche heterogen?

A1 Ordne die folgenden Stoffe nach Reinstoffen und Stoffgemischen: Kupfer, Meerwasser, Limonade, Kochsalz, Papier, Aluminium, Apfelsaft, Leitungswasser, Schwefel, Milch, Tee.

A2 Gib an, ob Aufschlämmungen oder Lösungen entstehen, wenn man folgende Stoffe mit Wasser schüttelt:
a) Mehl, **b)** Sand, **c)** Zucker, **d)** Spülmittel, **e)** Kochsalz, **f)** Holzkohlepulver.

A3 Zu welchem Gemischtyp gehört ein Gemisch aus **a)** Benzin und Wasser, **b)** Sand und Wasser, **c)** Alkohol und Wasser, **d)** Zucker und Wasser, **e)** Zucker und Mehl?

1.20 Vom Steinsalz zum Kochsalz

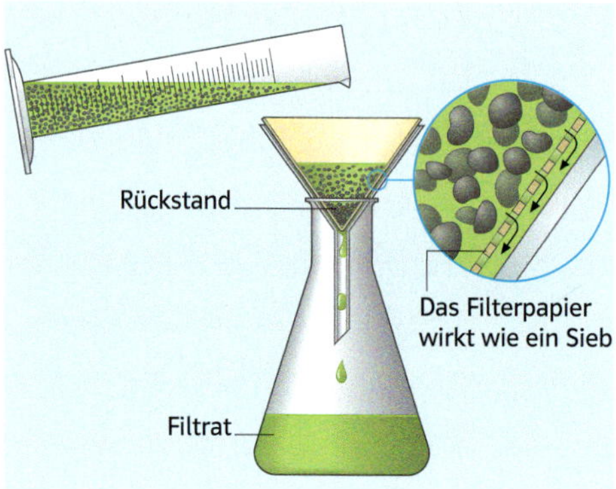

B3 Filtrieren. Feststoff und Flüssigkeit werden durch den Filter getrennt

B1 Steinsalz, ein natürliches Gemisch aus Kochsalz und Gestein

B2 Eindampfen. Der gelöste Stoff (Kochsalz) wird vom Lösungsmittel (Wasser) getrennt

In der Natur kommt Steinsalz in großen Lagerstätten vor. Untersucht man einen rohen Steinsalzbrocken, so erkennt man, dass Steinsalz ein Gemisch aus Kochsalz und Gestein ist [B1]. Wie lässt sich daraus der Reinstoff Kochsalz abtrennen?

Steinsalz wird in seine Bestandteile getrennt. Eine Trennung durch Auslesen aufgrund der unterschiedlichen Farbe der Gemischbestandteile wäre zu mühsam. Außerdem wäre eine vollständige Abtrennung nicht möglich.

Zur Trennung nutzt man die unterschiedlichen *Löslichkeiten* der Stoffe in Wasser aus. Kochsalz ist in Wasser sehr gut löslich, das Begleitgestein dagegen kaum. Gibt man zu zerkleinertem Steinsalz Wasser, erhält man eine Suspension. Das Kochsalz löst sich, grobkörniges Begleitgestein setzt sich am Gefäßboden ab.

Durch **Sedimentierenlassen (Absetzenlassen)** und **Dekantieren (Abgießen)** erfolgt eine grobe Trennung von Salz und Gestein. Die Lösung ist allerdings noch durch Verunreinigungen getrübt.

Schneller und vollständiger erfolgt die Trennung der Salzlösung vom Gestein durch **Filtrieren** [B3]. Ein Filter wirkt wie ein Sieb mit sehr feinen Poren. Die unlöslichen Bestandteile verbleiben aufgrund ihrer Größe als **Rückstand** auf dem Filter. Die Salzlösung kann ungehindert die Filterporen passieren. Die hindurchgeflossene Lösung, das **Filtrat**, ist klar [V1b].

Durch Filtrieren können unlösliche Stoffe von gelösten Bestandteilen getrennt werden.

Wir gewinnen Kochsalz aus der Salzlösung. Um aus der Salzlösung das feste Kochsalz zu gewinnen, muss das Wasser entfernt werden. Durch Stehenlassen der Salzlösung an der Luft würde das Wasser nach einiger Zeit verdunsten. Diese Methode ist jedoch sehr zeitraubend. Schneller geht es, wenn man die Salzlösung bis zum Sieden erhitzt [V2a]. Es verdampft nur Wasser. Nach völligem **Eindampfen** bleibt in der Schale das weiße Kochsalz zurück [B2].

Durch Eindampfen können viele feste Stoffe aus Lösungen zurückgewonnen werden.

Damit ist es gelungen, mithilfe von vier Trennverfahren: Sedimentieren, Dekantieren, Filtrieren und Eindampfen, den Reinstoff Kochsalz vom Begleitgestein abzutrennen.

Stoffgemische können durch geeignete Trennverfahren in Reinstoffe getrennt werden.

V1 Zerkleinere rohes Steinsalz und gib reichlich Wasser hinzu. Statt Steinsalz kann auch ein Gemisch aus Kochsalz und Sand verwendet werden.
a) Dekantiere einen kleinen Teil der überstehenden Lösung.
b) Filtriere einen Teil der Flüssigkeit von [V1a]. Verwende dazu einen Glastrichter und ein Filterpapier. Prüfe die Farbe des Filtrats. Bewahre das Filtrat für [V2a] auf.

V2 **a)** Gib das Filtrat von [V1] in eine (schwarz glasierte) Porzellanschale und dampfe die Lösung vorsichtig ein (Schutzbrille!).
b) Stelle eine Kochsalzlösung her und dampfe sie vorsichtig in einer Porzellanschale ein (Schutzbrille!). Fertige ein Versuchsprotokoll an. Vergleiche die Rückstände aus (a) und (b) miteinander.

Industrielle Salzgewinnung. Kochsalz gewinnt man heute zumeist aus Steinsalz, das in Bergwerken abgebaut wird. Eines der größten Steinsalzbergwerke Europas befindet sich in Borth am Niederrhein mit einer jährlichen Förderung von 2,5 bis 3 Mio. t aus einer Fördertiefe von 800 bis 1000 m [B7].
Die Salzlagerstätten haben sich hier vor etwa 250 Mio. Jahren in einem randlichen Becken eines Meeres gebildet, das damals weite Teile Norddeutschlands überdeckte. Sie erstrecken sich über etwa 50 km als „niederrheinische Salzpfanne" von Rheinberg bis Winterwijk in einer Tiefe von 500 bis 1000 m und einer Mächtigkeit von etwa 200 m.

Der Salzabbau im Bergwerk erfolgt durch Sprengung. Das losgesprengte Steinsalz wird mit Baggern auf Lastkraftwagen geladen [B4] und zu einem Brecher gebracht, der die Salzbrocken so weit zerkleinert, dass das Salz über Förderbänder zum Schacht und von da zur Oberfläche transportiert werden kann. Durch den Abbau entstehen im Salz stabile Hohlräume, die 20 m breit und bis zu 20 m hoch sein können. Dazwischen bleiben Pfeiler mit etwa gleicher Breite stehen.
Das gewonnene Steinsalz muss je nach Verwendungszweck noch gereinigt werden. Hierzu wird es gelöst, die so erhaltene Salzlösung (Sole) wird filtriert und in Verdampfungsapparaturen eingedampft [B6]. Auch bei der Salzgewinnung in Salinen werden als Trennverfahren Sedimentieren und Eindampfen angewandt. In schwierig abzubauenden Salzlagern mit relativ reinem Kochsalz leitet man Wasser durch ein Bohrloch in die Salzlagerstätte, wodurch das Salz gelöst wird und die unlöslichen Gesteinsbestandteile im entstehenden Hohlraum zu Boden sinken. Die Sole wird herausgepumpt und ebenfalls in Verdampfungsapparaturen eingedampft. Das so gewonnene **Siedesalz** wird vorwiegend als Speisesalz verwendet.

In südlichen Ländern gewinnt man unter Ausnutzung von Sonnenenergie **Meersalz** in Salzgärten durch Verdunsten von Meerwasser [B5].

B5 Salzgewinnung in Salzgärten durch Verdunsten von Meerwasser

A1 Gib an, worauf die Trennwirkung eines Papierfilters beim Filtrieren beruht.

A2 Warum ist die Gewinnung von Meersalz aus Nordseewasser in Salzgärten wirtschaftlich nicht sinnvoll?

A3 Aus rohem Steinsalz soll reines Kochsalz hergestellt werden. Gib die notwendigen Schritte an und benenne die betreffenden Trennverfahren.

A4 Informiere dich über die Verwendung von Kochsalz in Haushalt, Alltag und Technik. Erstelle eine Tabelle.

B7 Salzbergwerk. Förderturm in Borth

B4 Abbau von Steinsalz im Bergwerk

B6 Blick in eine Saline.

1.21 Trinkwasser aus Salzwasser

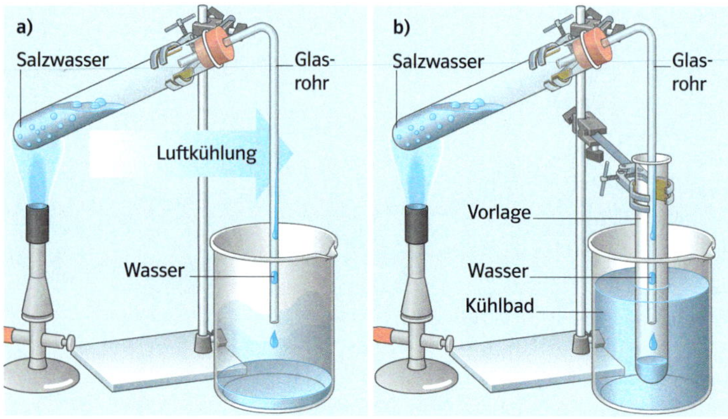

B1 a) Kondensation in luftgekühltem Glasrohr, b) Kondensation in wassergekühlter Vorlage

Wegen seines hohen Salzgehalts ist Meerwasser als Trinkwasser und zur Bewässerung nicht geeignet. So enthält ein Liter Nordseewasser ca. 32 Gramm Salz. In vielen südlichen Ländern herrscht Trinkwassermangel, obwohl sie ans Meer grenzen. Es ist deshalb für die dort lebenden Menschen eine wichtige Aufgabe, Meerwasser zu entsalzen.

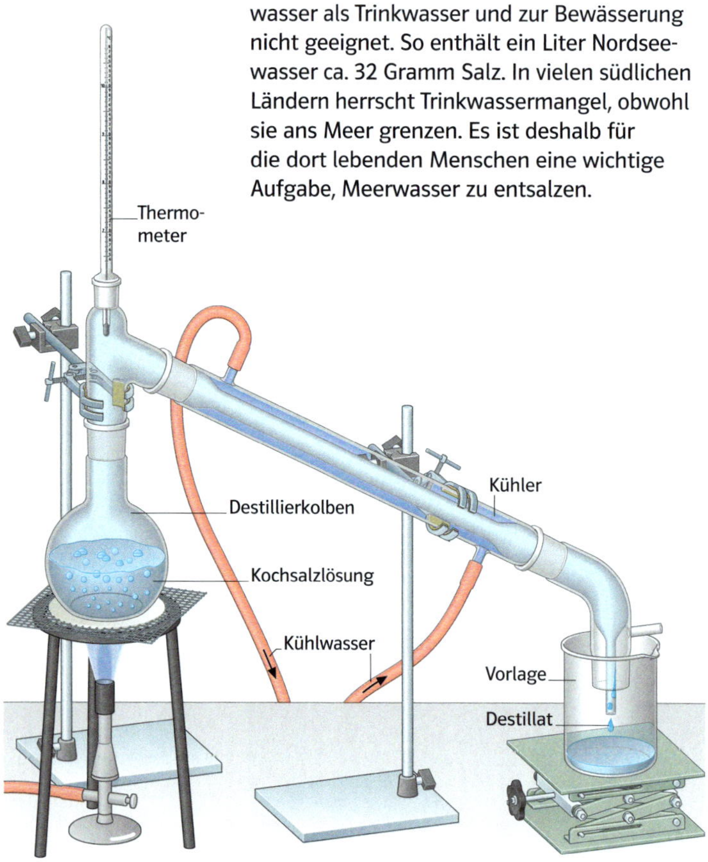

B2 Destillationsapparatur mit Gegenstromkühler. Der Wasserdampf kondensiert vollständig

Wie kann man aus einer Salzlösung *Trinkwasser* gewinnen? Durch Filtrieren ist eine Trennung nicht möglich. Dampft man die Salzlösung ein oder lässt das Wasser verdunsten, erfolgt zwar eine Trennung, das Wasser entweicht jedoch als Dampf. Wir müssen also eine Apparatur bauen, mit der man den Wasserdampf *auffangen* und wieder *verflüssigen* kann.

Wir entwickeln eine Destillationsapparatur. Hält man in den Dampf von siedendem Salzwasser eine Glasplatte, so schlägt sich der Wasserdampf nieder, er kondensiert. Das kondensierte Wasser schmeckt nicht mehr salzig [V1]. Das Salz bleibt also im Siedegefäß zurück. Auf diese Weise lässt sich nur wenig reines Wasser gewinnen. Günstiger ist es, den Dampf in einem langen Glasrohr kondensieren zu lassen [B1a]. Die Ausbeute ist aber immer noch gering, weil sich das Rohr erwärmt und der Wasserdampf deshalb ohne zu kondensieren entweicht. Ein besseres Ergebnis wird erreicht, wenn man das Auffanggefäß, die Vorlage, zusätzlich von außen mit kaltem Wasser kühlt [B1b].

Eine weitere Verbesserung wird erzielt, wenn man das Kondensationsrohr mit einem Glasrohr umgibt, das mit Wasser gefüllt ist. In der Praxis verwendet man einen **Kühler** [B2]. Sein Kühlmantel wird von unten her von kaltem Wasser durchströmt, sodass der Dampf mit einer immer kühler werdenden Gefäßwand in Berührung kommt (Gegenstromprinzip). Man erhält **destilliertes Wasser** (von lat. destillare, herabträufeln). Es ist ein Reinstoff, er enthält keine gelösten Bestandteile mehr.

Destilliertes Wasser hat im Vergleich zu Leitungswasser einen faden Geschmack und ist ungenießbar. Trinkwasser ist eine Lösung aus Wasser und Mineralsalzen [V4]. Diese Mineralsalze sind für den Menschen lebensnotwendig, sie verleihen dem Trinkwasser den typischen Geschmack.

Die Trennung eines Stoffgemischs durch Verdampfen und anschließendes Kondensieren heißt Destillation.

Entsalzung von Meerwasser. In einigen südlichen Ländern wird die Destillation von Meerwasser zur Gewinnung von Trinkwasser angewandt. In großen Anlagen wird Meerwasser durch Sonneneinstrahlung erwärmt. Das verdunstete Wasser kondensiert an kühlen Teilen der Anlage und wird in Sammelrinnen aufgefangen [B3]. Vor der Verwendung als Trinkwasser werden ihm geringe Mengen an Mineralsalzen zugefügt. Nachteilig ist der große Flächenbedarf dieser Anlagen und die Abhängigkeit von der Sonneneinstrahlung.

Anlagen unterschiedlichster Größe sind mit dem heute modernsten Verfahren, der **Membranfiltration** möglich [B4]. Dabei wird Meerwasser unter hohem Druck (bis 80 MPa) durch Kunstofffolien mit Poren (Membranen) gepresst. Die Poren sind so bemessen, dass sie für Wasserteilchen durchlässig sind, jedoch nicht für die Teilchen des Salzes. [B5]

V1 Erhitze Kochsalzlösung in einem Becherglas zum Sieden (Siedesteine!). Halte mit einer Reagenzglasklammer ein gut gesäubertes Uhrglas in den Dampf. Prüfe Farbe und Geschmack der kondensierten Flüssigkeit.

V2 Baue eine Apparatur nach [B1a] auf und destilliere Kochsalzlösung (Schutzbrille!). Verwende dann eine gekühlte Vorlage nach [B1b]. Wie wirkt sich die Veränderung aus?

V3 Baue eine Destillationsapparatur nach [B2] auf und destilliere Kochsalzlösung. Vergleiche das Destillat mit der Ausgangslösung und fertige eine Zeichnung der Apparatur an.

V4 Dampfe Leitungswasser in einer (schwarz glasierten) Porzellanschale oder im Reagenzglas vorsichtig ein. Ist Leitungswasser ein Reinstoff?

A1 Welche Gemische lassen sich durch Destillation trennen? Begründe.

A2 Vergleiche destilliertes Wasser, Meerwasser, Regenwasser (Geschmack, Reinstoff oder Stoffgemisch, Entstehungsweise).

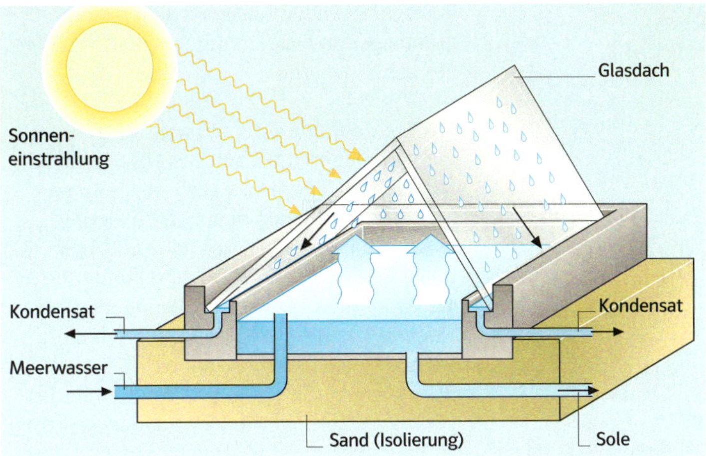

B3 Schemabild einer Destillationsanlage zur Entsalzung von Meerwasser

B4 Anlage zur Entsalzung von Meerwasser nach dem Membranverfahren auf Gran Canaria

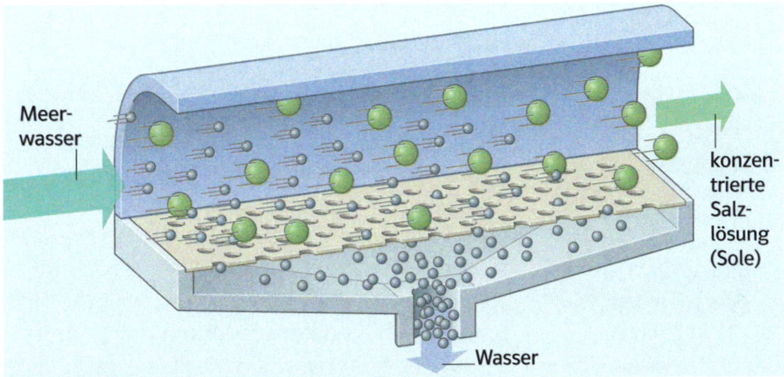

B5 Schematische Darstellung der Membranfiltration zur Entsalzung von Meerwasser

1.22 Exkurs Destillation

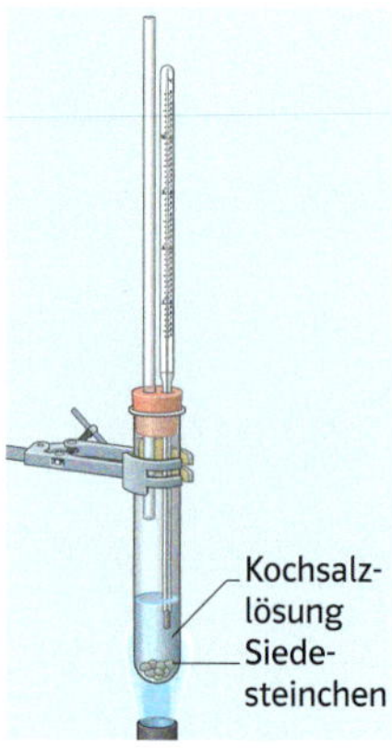

B1 Apparatur zur Bestimmung der Siedetemperatur

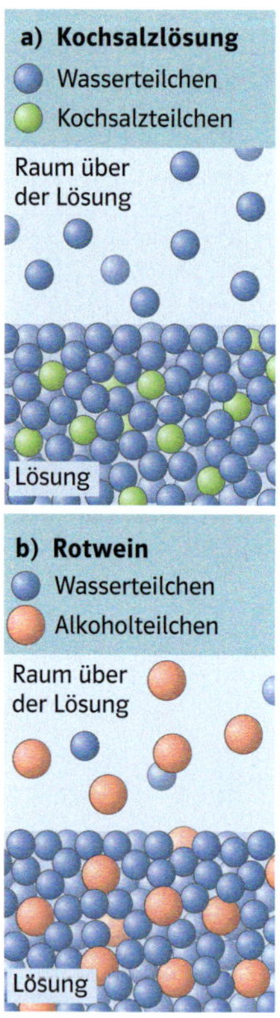

B2 Destillation im Teilchenmodell

Im nachfolgenden Abschnitt sollen einige grundlegende Aspekte der Destillation näher betrachtet werden.

Siedetemperatur einer Lösung. Untersucht man die Siedetemperatur der Lösung eines Feststoffs in einer Flüssigkeit, so stellt man fest, dass die Lösung eine höhere Siedetemperatur besitzt als das reine Lösungsmittel. Diese Siedetemperatur ist charakteristisch für die Zusammensetzung der Lösung. Wird sie in einem offenen Gefäß zum Sieden erhitzt, steigt ihre Siedetemperatur langsam an. Durch das stetige Verdampfen und Wegführen des Lösungsmittels nimmt der Anteil der gelösten Komponente in der Flüssigkeit immer mehr zu. Dabei steigt die Siedetemperatur an.

Destillation einer Salzlösung. Erhitzt man eine Salzlösung in einer Destillationsapparatur [V2], so steigt die Siedetemperatur der Salzlösung ebenfalls an, am Kühler kondensiert aber eine Flüssigkeit mit konstanter Siedetemperatur. Es ist also ein Reinstoff kondensiert, das Lösungsmittel Wasser.
Diese Vorgänge sollen mithilfe des Teilchenmodells betrachtet werden: Offensichtlich sind auch bei zunehmender Siedetemperatur der Lösung nur die Teilchen des Lösungsmittels Wasser in der Lage, die Lösung zu verlassen und in den Raum oberhalb der Flüssigkeit zu gelangen [B2a], dies verändert sich während des gesamten Siedevorgangs nicht.
Die Teilchen des gelösten Salzes bleiben aufgrund ihrer Teilcheneigenschaften in der Flüssigkeit zurück und reichern sich an. Im Laufe der Destillation kommt es so zu einer vollständigen Trennung in das Lösungsmittel und den gelösten Stoff.
Die Ursache für die Trennung in die beiden Bestandteile liegt in den *unterschiedlichen Anziehungskräften* ihrer Teilchen begründet, die zwischen den Teilchen des Kochsalzes sehr viel größer sind als zwischen den Wasserteilchen. Diese Kräfte sind auch für die unterschiedlichen Siedetemperaturen der beiden Reinstoffe verantwortlich (Kochsalz: ca. 1460 °C, Wasser 100 °C).

Verändert sich die Siedetemperatur einer Flüssigkeit während des Siedevorgangs, so liegt eine Lösung vor.

Destillation von Rotwein. Rotwein ist ein homogenes Gemisch – hauptsächlich aus Wasser und Alkohol. Bei seiner Destillation [V3] verändert sich die Siedetemperatur der Flüssigkeit im Kolben wie auch die der am Kühler kondensierenden Flüssigkeit. Dies weist auf das Vorliegen eines sich in der Zusammensetzung ändernden Gemisches hin. Die Untersuchung der Flüssigkeitsportionen in den verschiedenen Vorlagen auf Geruch und Brennbarkeit zeigt, dass zunächst hauptsächlich Alkohol abdestilliert, gefolgt von einem Alkohol-Wasser-Gemisch und schließlich hauptsächlich Wasser.
Die Anziehungskräfte zwischen den Alkoholteilchen sind geringer als die zwischen den Wasserteilchen, sodass bei tieferen Temperaturen zunächst mehr Alkoholteilchen und weniger Wasserteilchen aus der Lösung in den Raum über der Flüssigkeit gelangen. Im Gegensatz zur Flüssigkeit sind hier wesentlich mehr Alkohol- als Wasserteilchen vorhanden [B2b], Alkoholteilchen sind also angereichert. Erst bei höheren Temperaturen gelangen auch vermehrt Wasserteilchen in diesen Bereich.
Die eher *ähnlichen Anziehungskräfte* zwischen den Wasser- bzw. Alkoholteilchen schlagen sich auch in den eher ähnlichen Siedetemperaturen der Reinstoffe nieder (Alkohol 78 °C, Wasser 100 °C).

V1 Bestimme in einer Apparatur nach [B1] die Siedetemperaturen von Wasser und einer konzentrierten Kochsalzlösung.

V2 Destilliere eine Salzlösung in einer Apparatur mit Zweihalskolben und Innenthermometer. Beobachte die Temperatur der Lösung und die der Gasphase.

V3 Man führt [V2] mit Rotwein durch und wechselt mehrmals die Vorlage. Prüfe die verschiedenen Destillate auf Geruch und Brennbarkeit.

► Energie ► Struktur der Materie

1.23 Exkurs Weitere Trennverfahren

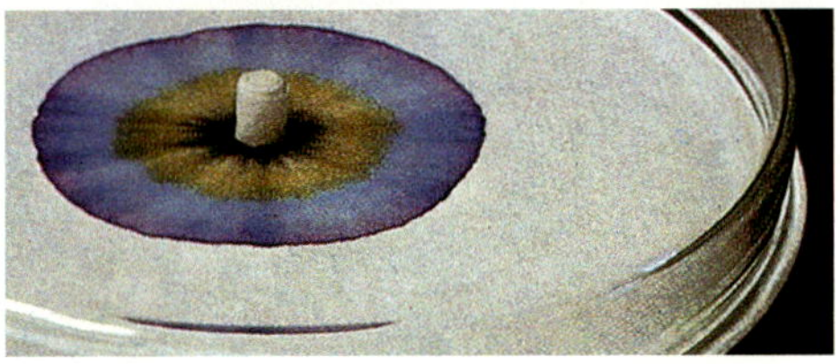

B1 Papierchromatografie. Schwarze Filzschreiberfarbe wird in einzelne Farbstoffe aufgetrennt

Feststoffe verschiedener *Dichten* können mithilfe einer Flüssigkeit getrennt werden, deren Dichte so gewählt wird, dass der eine Stoff nach oben steigt, während der andere zu Boden sinkt (**Schwimmtrennung** [V1]). Zwei ineinander nicht lösliche Flüssigkeiten lassen sich mit dem *Scheidetrichter* dadurch trennen, dass man die Flüssigkeit mit der größeren Dichte unten ablässt [B4]. Durch **Zentrifugieren** [B2] kann das Entmischen einer Suspension oder Emulsion beschleunigt werden.
Schwefel lässt sich aus schwefelhaltigem Gestein aufgrund seiner niedrigen *Schmelztemperatur* durch **Ausschmelzen** gewinnen. Auch das Auslassen von Fett z. B. beim Herstellen von Geflügelschmalz beruht auf diesem Prinzip. Beim **Extrahieren (Herauslösen)** nutzt man die unterschiedliche *Löslichkeit* der Gemischbestandteile aus. So kann Pflanzenfett aus Samen mit geeigneten Lösungsmitteln herausgelöst (extrahiert) werden.

B2 Zentrifugieren beschleunigt das Absetzen

Trennverfahren	Anwendungsbeispiele	Unterschiedliche Eigenschaften
Schwimmtrennung	Erzaufbereitung	Dichte
Zentrifugation	Blutbestandteile trennen	Dichte
Sedimentation	Abwasserreinigung	Dichte
Ausschmelzen	Schwefelgewinnung	Schmelztemperatur
Eindampfen	Soßenzubereitung	Siedetemperatur
Destillation	Weinbrennen	Siedetemperatur
Magnettrennung	Müllsortierung	Magnetisierbarkeit
Entstaubung	Elektrofilter	Elektrostatische Anziehung
Filtration	Wasserreinigung	Teilchengröße
Chromatografie	Farbstoffgemischtrennung	Haftfähigkeit
Extraktion	Fettgewinnung	Löslichkeit

B3 Einige Trennverfahren und ihre Anwendung

Mithilfe der **Chromatografie** (Hafttrennung) lassen sich *kleinste Portionen* von Gemischen schnell und schonend auftrennen. Trägt man Filzstiftfarbe um das Loch eines durchbohrten Rundfilters auf und tränkt dieses von innen mit einem Fließmittel, so entstehen verschiedene Farbzonen [B1, V2].
Der Farbstoff ist demnach ein Gemisch. Die Auftrennung kommt dadurch zustande, dass die verschiedenen Farbstoffe an den Papierfasern unterschiedlich fest haften, d.h. unterschiedlich **adsorbiert** werden. Farbstoffe mit der geringsten *Haftfähigkeit* werden vom Fließmittel am weitesten vom Start wegbefördert. Da die Trennung auf Papier stattfindet, spricht man von **Papierchromatografie**.

B4 Trennung zweier Flüssigkeiten im Scheidetrichter. Oben Benzin (angefärbt), unten Wasser

V1 Stelle im Becherglas eine Mischung aus Sand und Styroporkügelchen her und fülle mit Wasser auf. Erkläre deine Beobachtungen.

V2 Untersuche die Zusammensetzung schwarzer und anderer Filzstiftfarben [B1]. Der Papierdocht taucht in eine mit Wasser gefüllte Schale. Protokolliere die Versuche.

A1 Warum lässt sich ein Gemisch aus Alkohol und Wasser im Scheidetrichter nicht trennen?

A2 Worauf ist die in [B1] gezeigte Trennung von Farbstoffen zurückzuführen?

A3 Wie lässt sich ein Gemisch aus Sand, Sägespänen und Kochsalz trennen?

1.24 Praktikum Stofftrennung durch Chromatografie

B1 Etikett von Schokolinsen

Viele Lebensmittel werden von ihren Herstellern mit Farbstoffen versetzt. Oft soll dadurch der natürliche Farbton, der z. B. durch Kochen verloren gegangen ist, wieder erreicht werden. Manche Zuckerwaren werden oberflächlich angefärbt, damit sie bunt und lustig aussehen. Nur amtlich zugelassene Farbstoffe dürfen dabei verwendet werden. Sie müssen auf dem Warenetikett angeführt werden [B1] und sind an ihren in Europa einheitlichen E-Nummern zu erkennen [B2].

Die Mehrzahl dieser Farbstoffe ist künstlich hergestellt. Diese Farbstoffe können aus Lebensmitteln herausgelöst und mithilfe der Papierchromatografie untersucht werden. Häufig wird dabei die sogenannte aufsteigende Methode angewandt.
Als Untersuchungsobjekt eignen sich mit einer Zuckerglasur überzogene bunte Schokolinsen (z. B. Smarties, m&m) oder Lakritzstäbchen.

E-Nr.	Name	Farbe	Herkunft
101	Lactoflavin	gelb	natürliches Vitamin
104	Chinolingelb	gelb	künstlicher Farbstoff
120	Cochenille	rot	Naturfarbstoff
122	Azorubin	rot	künstlicher Farbstoff
124	Cochenillerot A	rot	künstlicher Farbstoff
131	Patentblau V	blau	künstlicher Farbstoff
132	Indigotin I	blau	künstlicher Farbstoff
140	Chlorophyll	grün	natürliches Blattgrün
141	kupferhaltiges Chlorophyll	grün	natürliches Blattgrün
142	Brillantsäuregrün BS	blaugrün	künstlicher Farbstoff
151	Brillantschwarz BN	schwarz/violett	künstlicher Farbstoff
153	medizinischer Kohlenstoff	schwarz	Pflanzen
160e	Carotinal	orangerot	naturidentischer Farbstoff
161	Xanthophylle	gelb	natürlicher Blattfarbstoff
163	Anthocyane	rot, blau, braun	Schalen roter Trauben
171	Titandioxid	weiß	Mineralstoff

B2 Zugelassene Lebensmittelfarbstoffe. Unvollständige Liste

V1 Farbstoffe auf Wanderschaft

Geräte und Materialien: 2 Bechergläser (100 ml), Messzylinder (10 ml), Trennkammer (z. B. Marmeladenglas mit Deckel), Chromatographiepapier, Schere, Pasteurpipette, Föhn oder Reisebügeleisen, Büroklammern bzw. Heftapparat, bunte Schokolinsen, Salzwasser (Massenanteil 1 %), Brennspiritus.

Durchführung:

a) *Extraktion der Farbstoffe*: Übergieße jeweils 4 gleichfarbige Linsen oder Stäbchen im Becherglas mit 2 ml Wasser und schüttle kurz. Sobald sich der größte Teil des Farbstoffs – und nicht zu viel von der Zuckerglasur – abgelöst hat, trenne die farbige Lösung durch Dekantieren ab.

b) *Fließmittel*: Verwende als Fließmittel die Kochsalzlösung. Alternativ hat auch Brennspiritus (Vorsicht! Leicht entzündlich!) als Fließmittel gute Trennwirkung.

c) *Vorbereitung des Chromatografiepapiers*: Schneide von einem Bogen mit der Schere ein Rechteck aus, das mit Büro- oder Heftklammern zu einer Röhre geschlossen die Höhe und Weite des Glases ausfüllt, aber ohne die Glaswand zu berühren. Entnimm den Papierzylinder wieder, öffne die Klammern.

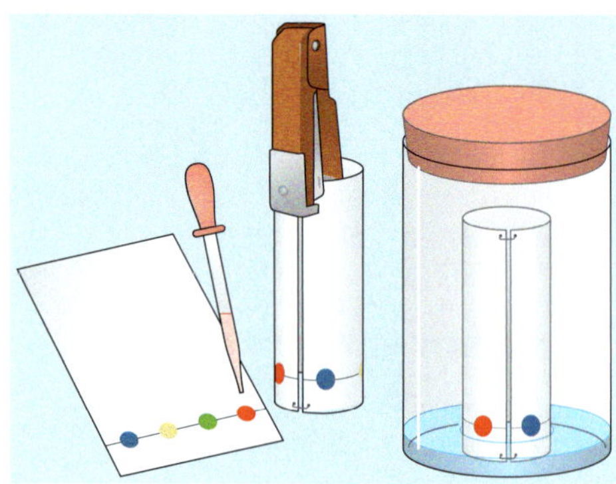

B3 Vorbereitung des Chromatografiepapiers

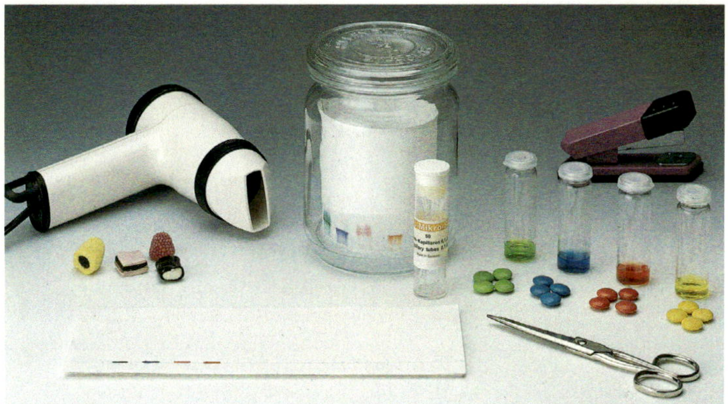

B4 Arbeitsplatz zur Untersuchung von Lebensmittelfarbstoffen mithilfe von Papierchromatografie

d) *Vorbereitung der Trennkammer:*
Fülle in ein verschließbares Glas 0,5 bis 1 cm hoch Fließmittel und verschließe es.
e) *Auftragen der Farbstofflösungen:*
Mit Bleistift ziehst du dann in etwa 2 cm Abstand vom Rand an der Längsseite des Papiers eine parallele Linie. Markiere in gleichmäßigen Abständen darauf so viele Punkte wie Farbstofflösungen aufgetragen werden sollen. Auch von der Außenkante muss jeweils 2 cm Abstand bleiben.
Entnimm mit der kapillaren Spitze einer Pasteurpipette etwas Farbstofflösung, halte die Spitze auf den ersten Markierungspunkt, damit die Flüssigkeit einfließen kann. Der Fleck sollte höchstens 5 mm groß sein. Notiere an der Oberkante des Papiers mit Bleistift Farbe und Namen der Süßigkeit. Verwende für jede weitere Farbe eine gesonderte Pipette. Nach dem Auftragen werden die Punkte durch kurzes Bügeln (Stufe 1,5) oder Föhnen getrocknet. Um die Farbmenge zu erhöhen, kannst du den Vorgang bis zu vier Mal wiederholen.
f) *Entwicklung des Chromatogramms:*
Verschließe den Papierzylinder erneut und stelle ihn mit den Farbflecken nach unten in das Fließmittel, verschließe die Kammer mit dem Deckel. Vermeide jetzt jede Erschütterung der Kammer.
Auswertung: Entnimm das Papier kurz bevor die Fließmittelfront die Oberkante des Papiers erreicht hat bzw. nach einer Steighöhe von ca. 10 cm (nach ca. 30 min). Entferne die Heftklammern und breite das Rechteck auf einem Handtuchpapier zum Trocknen aus.
An der Strecke, die ein Farbstoff in einer bestimmten Zeit zurücklegt – also an seiner Wanderungsgeschwindigkeit – kann z. B. ein Lebensmittelchemiker jeden Farbstoff eindeutig erkennen.

Fehlerquellen und ihre Beseitigung
- zu schwache Farbflecken: extrahiere erneut mit weniger Flüssigkeit oder trage insgesamt mehr Farbstofflösung auf
- nicht gut getrennte Farbzonen: erzeuge beim Auftupfen kleinere Farbflecken, vergrößere die Steighöhe oder probiere ein anderes Fließmittel
- in der Längsrichtung verschmierte Farbzonen: trage weniger Farbstofflösung auf und trockne das Papier sorfältiger.

Exkurs Hindernislauf für Farbstoffe

Schneide einen Kreis mit ca. 10 cm Durchmesser aus einem weißen Kaffeefilter, bohre mit einem Bleistift ein Loch in die Mitte. Schneide aus dem Rest einen 2 cm breiten Streifen und fertige ein 2 cm hohes Röllchen daraus, das du halb in das Loch steckst. Zeichne nahe um die Mitte Ringlinien und beliebige kleine Muster mit verschieden farbigen wasserlöslichen Filzstiften (auch schwarz!) darauf und lasse trocknen. Weiter außen kannst du mit dem Finger einen Kreis aus einigen kleinen Salatöltropfen aufbringen. Fülle ein Trinkglas mit Wasser, lege das Papier waagrecht so auf den Rand, dass nur der „Docht" eintaucht. Beobachte und erkläre!

1.25 Praktikum Untersuchung von Orangenlimonade

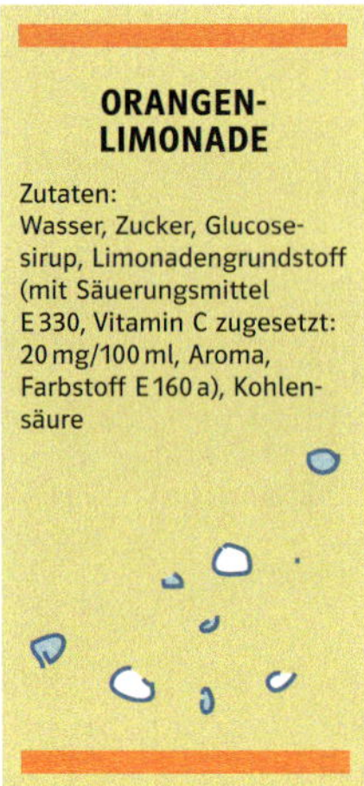

B1 Orangenlimonade. Das Etikett gibt an, welche Zutaten bei der Herstellung verwendet werden

Orangenlimonade ist beliebt, weil sie den Durst löscht, auf der Zunge prickelt, zugleich süß und säuerlich schmeckt und nach Orangen duftet. Es gibt keinen Reinstoff, der alle diese Eigenschaften besitzt. Orangenlimonade ist ein Gemisch aus mehreren Stoffen.

In den folgenden Experimenten soll Orangenlimonade in verschiedene Bestandteile getrennt werden. Außerdem werden einige Inhaltsstoffe nachgewiesen.

Da im Verlauf der Untersuchungen auch eine Geschmacksprobe ausgeführt werden soll, ist ein sorgfältiges Arbeiten mit sauberen Geräten unerlässlich.

V1 Filtration

Geräte und Chemikalien: Glastrichter, Filtriergestell, Becherglas, Filterpapier.
Durchführung:
a) Filtriere etwa 20 ml Limonade unter Verwendung eines Filterpapiers.
b) Wiederhole die Filtration mit einer doppelten Lage Filterpapier.
Auswertung: Überlege, wie der Ausgang des Experimentes zu erklären ist.

V2 Ausschütteln

Geräte und Chemikalien: Glaskolben, Stopfen, Glasrohr, Schlauch, Becherglas, Kalkwasser.
Durchführung: Gib etwa 100 ml Limonade in einen Erlenmeyerkolben. Schüttle kräftig und leite das entstehende Gas in eine Waschflasche mit Kalkwasser.
Auswertung: Notiere das Versuchsergebnis. Gib an, welcher Stoff abgetrennt wurde.

V3 Einsatz der Trennsäule

Geräte und Chemikalien: Glasrohr (Durchmesser ca. 2 cm, Länge ca. 15 cm), Gummistopfen mit Bohrung, Glashahn, Glaswolle, Glasstab, Trichter, Becherglas, Tonerde.
Durchführung: Gib in ein senkrecht eingespanntes Glasrohr („Säule"), das unten mit einem Hahn verschlossen werden kann, einen Bausch Glaswolle oder Watte und drücke ihn mit einem Glasstab leicht an. Fülle nun etwa 4 cm hoch Tonerde ein und schlämme sie mit Wasser auf, bis sie vollständig durchfeuchtet ist. Lass überstehendes Wasser ablaufen und schließe dann den Hahn. Bedecke die Oberfläche der Tonerdefüllung locker mit einem weiteren Bausch Glaswolle und gib vorsichtig 20 ml ausgeschüttelte Limonade aus [V2] in das Glasrohr und lass sie durch die Tonerde laufen. Schütte die ersten 5 ml der ablaufenden Flüssigkeit weg und fange den übrigen Teil in einem Becherglas auf.
Auswertung: Prüfe das Aussehen der Säule und des Filtrats und fertige eine Zeichnung von der Versuchsapparatur an.

Exkurs Limonaden

Limonaden sind süße, alkoholfreie, mit Kohlenstoffdioxid („Kohlensäure") versetzte Erfrischungsgetränke. Der Name leitet sich von dem italienischen Wort für Zitrone (Limone) ab. Die meisten Limonaden werden aus einem so genannten *Limonadengrundstoff* hergestellt. Er wird z. B. aus Zitronen oder Orangen gewonnen und kann verschiedene Zusatzstoffe enthalten. Dazu gehören Zucker, natürliche Aromastoffe, für den Genuss zugelassene Säuren (z. B. Citronensäure), Vitamin C, natürliche Farbstoffe (z. B. Carotin) und ein Stabilisator (z. B. Johannisbrotkernmehl). Der Stabilisator bewirkt, dass sich die feinen Stückchen aus dem Fruchtfleisch nicht am Boden absetzen. Klare Limonaden enthalten keinen Limonadengrundstoff.

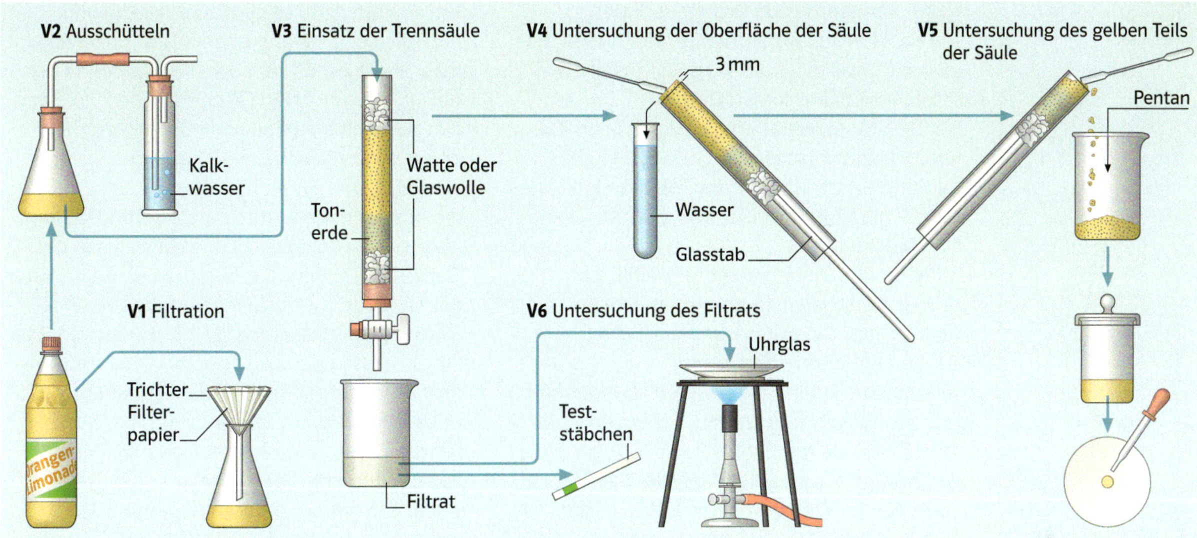

B2 Untersuchung von Orangenlimonade

V4 Untersuchung der Oberfläche der Säule

Geräte und Chemikalien: Glasstab, Spatel, Reagenzglas, Wasser.

Durchführung: Entferne den Glashahn und schiebe den Inhalt der Säule vorsichtig mit dem Glasstab nach oben, bis er etwa 3 mm weit aus dem Glasrohr herausschaut. Betrachte genau die Oberfläche. Hebe anschließend mit einem Spatel den herausragenden Teil der Füllung ab, gib ihn in ein Reagenzglas mit Wasser, schüttle und lass das Reagenzglas anschließend einige Minuten ruhig stehen.

Auswertung: Gib an, welcher Teil der Limonade abgetrennt wurde.

V5 Untersuchung des gelben Teils der Säule

Geräte und Chemikalien: Spatel, Becherglas (50 ml), Glasstab, kleines verschließbares Gläschen, Filterpapier, Tropfpipette, Pentan.

Durchführung: Schiebe mit einem Glasstab den gesamten gelben Teil der Säule heraus und gib ihn in ein kleines Becherglas. Füge etwa 2 bis 3 ml Pentan (Vorsicht! Leicht entzündlich!) hinzu und rühre um. Fülle die entstehende gelbe Flüssigkeit in ein kleines verschließbares Gläschen. Gib einen Tropfen davon mit einer Pipette auf ein Filterpapier, wedele es kurz hin und her und setze einige weitere Tropfen auf dieselbe Stelle.

Auswertung: Stelle nach dem vollständigen Verdunsten des Pentans Aussehen und Geruch des Filterpapiers an der Eintropfstelle fest. Gib an, welche Inhaltsstoffe der Limonade in der gelben Flüssigkeit vorliegen.

V6 Untersuchung des Filtrats

Geräte und Chemikalien: Brenner, Keramik-Drahtnetz, Dreifuß, Becherglas, Uhrglas, Teststäbchen für Vitamin C (Ascorbinsäure).

Durchführung:

a) Führe mit einem kleinen Teil der klaren Flüssigkeit vorsichtig eine Geschmacksprobe durch.

b) Tauche ein Vitamin-C-Teststäbchen in das Filtrat.

c) Gieße einen Teil des Filtrats auf ein Uhrglas, stelle es auf den Dreifuß und erhitze es vorsichtig über einer ganz kleinen Flamme.

Auswertung: Notiere die Versuchsergebnisse und gib an, welche Stoffe nachgewiesen sind.

A1 Ermittle die Zutaten einiger Orangen- und Zitronenlimonaden anhand des jeweiligen Etiketts.

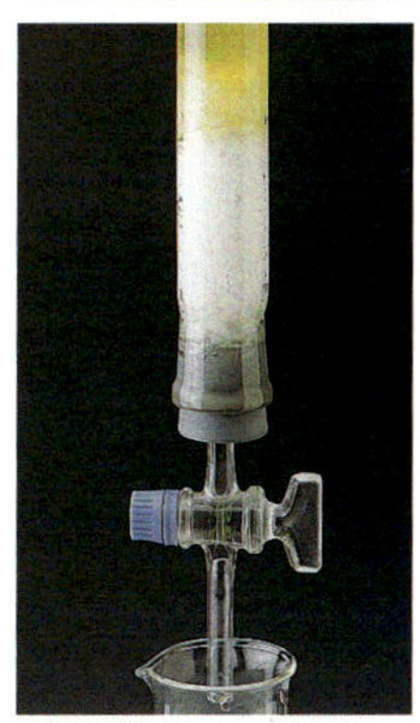

B3 Arbeitsplatz mit Geräten zur Untersuchung von Limonade

1.26 Praktikum Lebensmittel – interessante Gemische

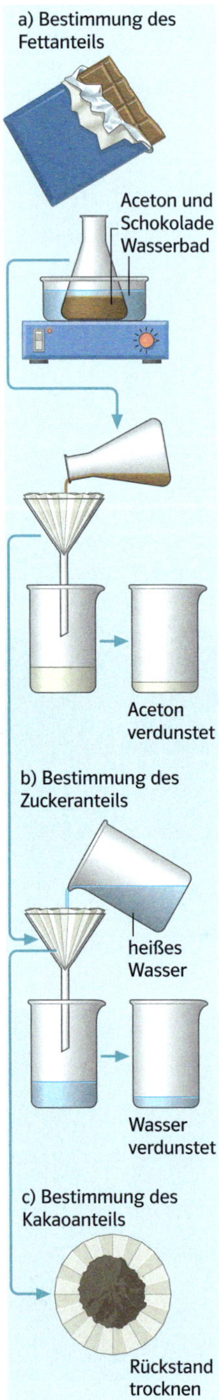

B1 Auftrennung von Schokolade

V1 Orangenöl aus Orangenschalen

Die Schalen von Zitrusfrüchten enthalten bis zu 5 % Öl, das die Frucht u. a. vor Insekten, Pilzen und Bakterien schützt.

Geräte und Materialien: Feine Küchenreibe, Kerze, Abdampfschale, Mörser mit Pistill, Faltenfilter mit Trichter und Halterung, kleines Gefäß mit Schraubverschluss, Heptan, Orange.

Durchführung:

a) Schäle die Orange etwa zur Hälfte und drücke die Schalenstücke gegen eine Kerzenflamme aus. Die Außenseite der Schale muss zur Kerzenflamme hinweisen.

b) Reibe die Schale der zweiten Orangenhälfte mit der Küchenreibe in den Mörser und zerkleinere sie mit einem Pistill. Gib gerade so viel Heptan zu, dass das Material bedeckt ist, zerreibe die Maische weiter. Filtriere das Gemisch durch den Faltenfilter und stelle das Gefäß mit dem Filtrat zum Verdunsten des Lösungsmittels in den Abzug. Prüfe anschließend den Geruch des Rückstandes.

Auswertung:

a) Notiere deine Beobachtungen.

b) Welche Eigenschaften besitzt das Orangenöl?

c) Gib die durchgeführten Trennverfahren an. Welche Eigenschaften der Bestandteile wurden für die Trennung genutzt?

V2 Untersuchung von Schokolade

Schokolade besteht vor allem aus Zucker, Fett (z. B. Kakaobutter) und Kakao. Diese Bestandteile lassen sich einfach auftrennen.

Geräte und Materialien: Erlenmeyerkolben (100 ml), Messzylinder (100 ml), Bechergläser (2 × 100 ml, 1 × 150 ml), Heizplatte, Wasserbad, Thermometer, Faltenfilter mit Trichter und Halterung, Waage, Messer, Aceton (Propanon), destilliertes Wasser, Zartbitterschokolade.

Durchführung:

a) Wiege etwa 10 g zerkleinerte Schokolade in den Erlenmeyerkolben ab und notiere die genaue Masse. Bestimme ebenfalls die Masse des Faltenfilters.

b) Gib zur Bestimmung des Fettanteils 30 ml Aceton zu und löse die Schokolade unter Umschwenken und leichtem Erwärmen im Wasserbad (30 bis 40 °C). Filtriere das Gemisch und fange das Filtrat in einem zuvor gewogenen Becherglas auf, spüle den Erlenmeyerkolben mit 20 ml erwärmtem Aceton und filtriere diese Lösung ebenfalls in das Becherglas. Stelle es bis zur nächsten Stunde in den Abzug. Bewahre den Filter mit Filterrückstand auf. Bestimme nach dem vollständigen Verdunsten des Acetons die Masse des Rückstands.

c) Bestimme die Masse eines leeren Becherglases und notiere sie. Zur Bestimmung des Zuckeranteils wird der Filterrückstand im Filter mit ca. 80 ml portionsweise zugegebenem erwärmtem Wasser (ca. 60 °C) gewaschen. Das Filtrat wird in dem zuvor gewogenen Becherglas aufgefangen und vorsichtig auf der Heizplatte oder im Trockenschrank bei 80 °C eingedampft. Anschließend wird die Masse des Becherglases bestimmt.

d) Zur Bestimmung des Kakaoanteils (überwiegender Teil des Filterrückstands) wird der Faltenfilter mit Rückstand getrocknet und seine Masse bestimmt.

Auswertung:

1. Notiere deine Beobachtungen.

2. Berechne die Massen von Zucker und Fett und ihren Massenanteil in Prozent nach

$$w(\text{Bestandteil}) = \frac{m(\text{Bestandteil})}{m(\text{Schokolade})} \cdot 100\,\%$$

3. Berechne den Massenanteil des Kakaos.

4. Überlege, welche Eigenschaften der einzelnen Komponenten die oben beschriebenen Trennvorgänge ermöglichen? Recherchiere die Zusammensetzung von Vollmilchschokolade und Zartbitterschokolade.

V3 Salz aus gesalzenen Erdnüssen

Bei gesalzenen Erdnüssen haftet das Salz nur an der Oberfläche der Erdnüsse.

Durchführung: Plane zunächst einen Versuch, mit dem man den Salzgehalt von Erdnüssen ermitteln könnte.

Führe nach Rücksprache mit deinem Chemielehrer diesen Versuch durch und bestimme den Massenanteil des Kochsalzes bei gesalzenen Erdnüssen.

1.27 Exkurs Rund um den Kaffee

Herstellung von Kaffee. Nach der Ernte in den Hauptanbaugebieten in Mittel- und Südamerika, Indonesien und Vietnam werden die Kaffeefrüchte („Kaffeekirschen"), die meist zwei Kaffeebohnen enthalten, zum Freilegen der Bohnen geschält, die anschließend getrocknet werden.
Dieser Rohkaffee wird in die Verbraucherländer transportiert und geröstet. Der Röstprozess, der zu dem typischen Aussehen und Aroma der Kaffeebohnen führt, dauert bei Temperaturen von 200 bis 250 °C etwa 10 bis 15 Minuten. Der Kaffee kommt in Form von Bohnen oder als Pulver in den Handel, letzteres zur Konservierung des Aromas vakuumverpackt.

Herstellung eines Kaffeegetränks. Zur Bereitung eines Kaffegetränks wird im Haushalt häufig eine Kaffeemaschine als Extraktionsgerät eingesetzt. Heißes Wasser dient als Extraktionsmittel, das aus dem eingesetzten Kaffeepulver die Wirk-, Farb- und Aromastoffe extrahiert. Die in Wasser unlöslichen Bestandteile bleiben im Filter zurück.

B1 Kaffeemaschine

Coffeinfreier Kaffee. Da das im Kaffee enthaltene Coffein nicht für jedermann verträglich ist, trinken viele Konsumenten entcoffeinierten Kaffee. Zu seiner Herstellung wird das Coffein vor dem Rösten aus dem Rohkaffee herausgelöst. Dies geschieht heute mit *flüssigem Kohlenstoffdioxid* unter einem Druck von mehr als 12 MPa. Das gelöste Coffein wird in einem Abscheider an Aktivkohle adsorbiert. Das Kohlenstoffdioxid wird so lange im Kreislauf geführt, bis der Rohkaffee nur noch einen Massenanteil an Coffein von $w < 0{,}1\,\%$ aufweist. Die Aromastoffe bleiben bei diesem Verfahren im Rohkaffee. Anschließend werden die Kaffeebohnen getrocknet und in üblicher Weise geröstet.

Löslicher Kaffee. Zu seiner Herstellung mit Hilfe der schonenden Gefriertrocknung wird das Kaffeepulver zunächst mit etwa 180 bis 200 °C heißem Wasser unter Druck extrahiert. Dieser Kaffeeextrakt wird anschließend bei −40 °C tiefgefroren.
Die Abtrennung des gefrorenen Wassers erfolgt in Vakuumbehältern, in denen das Wasser unter stark vermindertem Druck sublimiert, zurück bleibt löslicher Kaffee.

A1 Benenne alle Trennverfahren, die bis zur Bereitung einer Tasse löslichen coffeinfreien Kaffees – ausgehend vom Rohkaffee – erforderlich sind.

A2 Ein relativ modernes Verfahren ist die Bereitung eines Kaffeegetränks mithilfe sogenannter Kaffeepads. Informiere dich über die Funktionsweise sowie über dabei eventuell eingesetzte Trennverfahren.

A3 Tee ist ein ähnlich belebendes Getränk wie Kaffee.
a) Informiere dich über die Herstellung von Schwarzem Tee sowie die wichtigsten Anbauländer.
b) Zeichne ein Fließschema mit allen erforderlichen Arbeitsschritten, ausgehend vom Teestrauch, zur Bereitung einer Tasse Schwarzen Tees.
c) Markiere an dem Schema von (**b**) die zum Einsatz kommenden Trennverfahren und benenne jeweils die zugrunde liegenden unterschiedlichen Stoffeigenschaften, die eine Trennung möglich machen.

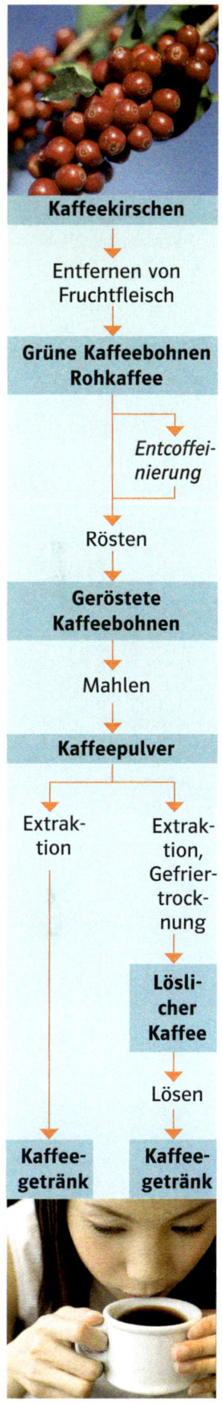

B2 Herstellung von Kaffee

1.28 Praktikum Herstellung von Gummibärchen

B1 Verführerisch fruchtige Gummibärchen – ob gelb, grün, rot, oder farblos – sie schmecken so oder so fast unwiderstehlich gut

V1 Wir stellen Gummibärchen her.
Weingummi und insbesondere sein typischer Vertreter, das Gummibärchen, sind bei Jung und Alt sehr beliebt. Das Rezept zu seiner Herstellung erfordert ein wenig Zeit, macht aber auch Spaß. Allerdings muss man sich bei den einzelnen Arbeitsschritten genau an die Vorschriften halten. Besonders exakt müssen die Temperaturbedingungen eingehalten werden, denn die verwendeten Stoffe können durch zu starke Erwärmung leicht zersetzt werden. **Alle Geräte und Materialien müssen peinlich sauber sein.**

Geräte und Materialien: Heizplatte, (evtl. Wasserbad), 3 Bechergläser (1 x 400 ml; 2 x 200 ml), Waage, Messzylinder (50 ml oder 100 ml), Glasstab, Thermometer (bis 120 °C), kleines Backblech mit Rand, Backofen oder Trockenschrank, Holzleiste, Pinzette, kleiner Trichter, Spatel, Mais- oder besser Weizenstärke als Trennmittel, Muster-Weingummi oder Formstempel aus selbsthärtender Modelliermasse oder Salzteig, Haushaltszucker, Weinsäure, Natriumhydrogencarbonat (Natron), Gelatine (am besten Blattgelatine), Fruchtaromen (z. B. Apfelaroma, Orangenaroma) oder Colaaroma; Lebensmittelfarben.

Durchführung:
a) *Vorbereitung des Stärkebetts:*
Fülle ein Backblech mit Stärke und trockne sie einige Stunden bei ca. 100 °C im Backofen (oder Trockenschrank). Verteile die Stärke mit Hilfe einer Holzleiste so, dass eine glatte Oberfläche auf der Höhe der Kanten entsteht. Halte ein Gummibärchen oder ein anders geformtes Weingummi von hinten mit einer Pinzette und drücke reihenweise Negativformen in das Stärkebett. Hierzu kann auch ein Formstempel mit einem selbst gestalteten Motiv oder aber nur ein Reagenzglasboden verwendet werden. Alternativ können auch Konfektförmchen aus Metall, Einsätze von Pralinenschachteln oder temperaturbeständige Eiswürfelbehälter zum Einsatz kommen, jeweils eingepudert mit Stärke.

b) *Herstellung von Invertzucker:*
Gib 67 g Haushaltszucker mit einer Spatelspitze Weinsäure in ein 200-ml-Becherglas und gieße 33 ml Wasser hinzu. Erhitze unter Rühren auf 70 °C bis 80 °C und halte das Gemisch ca. 30 Minuten auf dieser Temperatur. Gib danach zur Neutralisation eine Spatelspitze Natriumhydrogencarbonat hinzu. Nach dem Aufschäumen ist der Sirup fertig.
Man kann diesen Arbeitsschritt einsparen, wenn man gleich Invertzucker (m = 100 g) verwendet. Das Gemisch kann auch einige Tage vor der Bärchen-Bereitung hergestellt werden.

c) *Herstellung der Gießmasse:*
Verrühre in dem 400-ml-Becherglas 30 g Gelatine mit 50 ml Wasser und lasse sie 15 Minuten quellen. Mische in dem zweiten 200-ml-Becherglas 80 g Haushaltszucker mit 25 ml Wasser, erhitze das Gemisch auf genau 115 °C und nimm es dann sofort von der Platte.

Schmilz jetzt die Gelatine vorsichtig unter Rühren auf der Heizplatte (alternativ in einem 80°C heißen Wasserbad). Kontrolliere, dass die Temperatur 75 °C nicht überschreitet. Nimm das Becherglas mit Gelatine von der Heizplatte, und gieße den Sirup aus Invertzucker und danach die Zuckerlösung zur Gelatine und verrühre gut. Gib einige Tropfen Fruchtaroma und einige Spatelspitzen Äpfelsäure zu dem Gemisch, um ihm einen fruchtigen Geschmack zu verleihen, und färbe es mit 1 bis 2 Tropfen passendem Lebensmittelfarbstoff. Lasse die Masse etwas abkühlen und schöpfe den evtl. entstandenen Schaum ab.

d) *Gießen der Gummibärchen:*
Fülle den mit heißem Wasser sauber gespülten Trichter mit der fertigen Gießmasse, während du den Auslauf mit dem Finger verschließt. Halte den gefüllten Trichter über die Formen, öffne den Auslauf und lasse sie volllaufen. Die Stärke des Stärkebetts darf auf keinen Fall wärmer sein als Zimmertemperatur. Spüle den Glastrichter, wenn er leer ist, mit heißem Wasser aus und befülle ihn erneut im warmen Zustand. Nach einigen Stunden, am besten über Nacht, sind die Gummibärchen ausgehärtet. Wenn man die Oberfläche der Bärchen mit wenig Stärke bestäubt, kleben sie nicht zusammen. Hinweis: Lege das gebrauchte Geschirr sofort in warmes Wasser und säubere es anschließend.

V2 Variationen:

a) Geräte: Zusätzlich 2 Bechergläser (200 ml).
Durchführung: Untersuche die Wirkung der Zutaten, indem du nach dem Eingießen von Sirup und Zuckerlösung zur Gelatine [V1c] die Masse in drei Portionen teilst (weitere Bechergläser vorher mit heißem Wasser ausspülen). Gehe wie folgt vor:
Portion 1: Zusatz von Aromen und Äpfelsäure
Portion 2: Zusatz von Aromen
Portion 3: Keinerlei weitere Zusätze
Auswertung: Beschreibe Aussehen und Geschmack der Gummibärchen.

b) Geräte: Zusätzlich 2 Bechergläser (200 ml), Blaubeersaft, Rote-Rüben-Saft.
Durchführung: Setze der in [V1c] hergestellten Gießmasse keine Lebensmittelfarbstoffe zu und teile die Masse in drei Portionen (weitere Bechergläser vorher mit heißem Wasser ausspülen).
Portion 1: Ohne Zusatz von Farbstoff
Portion 2: Zusatz einiger Tropfen Blaubeersaft
Portion 3: Zusatz einiger Tropfen-Rote Rüben-Saft (Bereitung siehe [V3]).
Auswertung: Beschreibe Aussehen und Geschmack der Gummibärchen.

c) Geräte/Materialien: Becherglas (100 ml), Fruchtsirup.
Durchführung: Gehe vor wie in [V1c] beschrieben, verwende jedoch nur 40 g Haushaltszucker in 15 ml Wasser. Rühre nach dem Zusammengeben von Gelatine und Zuckerlösung 20 g Fruchtsirup ein.
Auswertung: Beschreibe Aussehen und Geschmack der Gummibärchen.

d) Stelle z. B. rote Gummibärchen mit Zitronengeschmack oder gelbe mit Erdbeer- oder Himbeergeschmack her. Koste selbst und lasse Mitschüler kosten. Was fällt auf?

V3 Bereitung von Rote-Rüben-Saft
Geräte/Materialien: Becherglas (200 ml), Mixer, Messer, Leinentuch, Teller, 1 Rote Rübe
Durchführung: Schäle die Rote Rübe und schneide sie in kleine Würfel. Zerhacke diese nicht zu fein im Mixer und presse den Saft der Masse durch ein feines Leinentuch in ein Becherglas.

c) Herstellen der Gießmasse

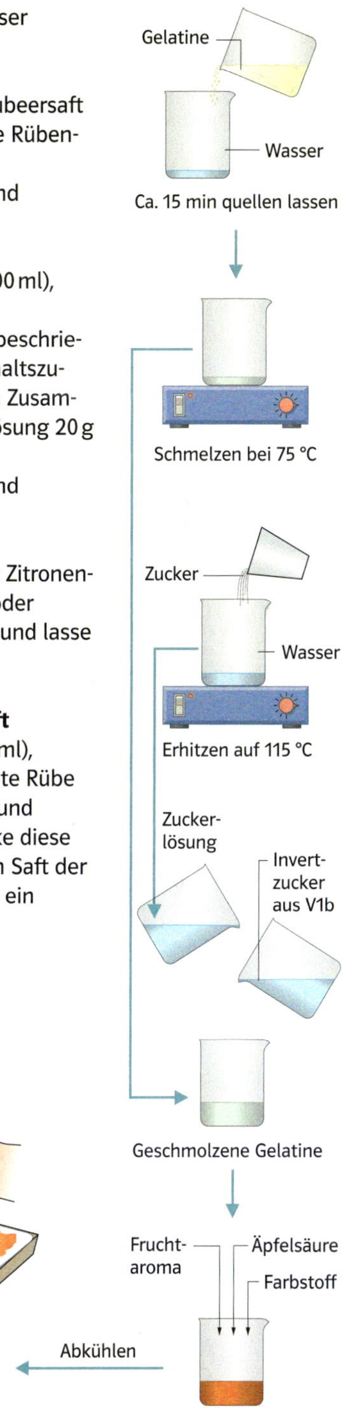

d) Gießen der Gummibärchen

1.29 Neue Stoffe entstehen

B1 Angaben auf einem Brausebeutel

Chemiker untersuchen nicht nur die Eigenschaften von Stoffen und suchen nach Verfahren zur Trennung von Stoffgemischen. Neue Stoffe aus vorhandenen Stoffen herzustellen, ist ebenfalls ein wichtiges Aufgabengebiet.

Viele Lebensmittel werden erst durch Garen genießbar und schmackhaft. Dabei finden Stoffumwandlungen statt. Auch beim Verbrennen von Holz, Erdgas, Benzin oder Öl für Heizzwecke und zur Fortbewegung spielen sich stoffliche Veränderungen ab.

B2 Das Gas bildet sich erst, wenn die Brause in Wasser gelangt

Die chemische Reaktion. Brausepulver enthält einige Zutaten, wobei die wichtigsten Weinsäure, Natron und Zucker bzw. Süßstoffe sind. Gibt man Brausepulver in Wasser, so löst es sich nicht nur, sondern es ist eine lebhafte Gasentwicklung zu beobachten. Gelangen die Gasbläschen an die Zungenschleimhaut, empfindet man ein Prickeln.

Dieses Gas ist nicht im Brausepulver enthalten. Das Gas bildet sich erst, wenn das Brausepulver in das Wasser gelangt [B2]. Ein neuer Stoff, auch ein Gas, kann nur dann gebildet werden, wenn ein oder mehrere Ausgangsstoffe vorhanden sind.

Einen Vorgang, bei dem aus einem oder mehreren Ausgangsstoffen neue Stoffe entstehen, bezeichnet man als chemische Reaktion.

Fällt Zucker auf eine heiße Herdplatte, stinkt und qualmt es. Die Vorgänge lassen sich im Reagenzglas nachvollziehen.

Erwärmt man Zucker langsam und vorsichtig in einem Reagenglas [V2], bildet sich zuerst eine gelbe Schmelze. Bei weiterem Erhitzen entsteht zunächst ein tiefbrauner, dann schwarzer poröser Stoff und grauer bis schwarzer, gesundheitsschädlicher Rauch. Nach anfänglich süßlichem Geruch ist später ein unangenehmer, abstoßender Geruch wahrnehmbar.
Die beim Erhitzen entstandenen Stoffe haben keinerlei Ähnlichkeiten mit dem Ausgangsstoff Zucker. Es ist wieder eine chemische Reaktion abgelaufen, bei der neue Stoffe entstanden sind.

Die bei einer chemischen Reaktion neu gebildeten Stoffe nennt man Reaktionsprodukte. Die Reaktionsprodukte weisen andere Eigenschaften auf als die Ausgangsstoffe.

V1 Als Grundzutaten eines Brausepulvers benötigst du Weinsäure, Natron und Zucker bzw. Süßstoffe.
a) Entwirf eine Versuchsdurchführung, mit der sich herausfinden lässt, welcher Stoff oder welche Kombination von Stoffen zur Gasbildung führt.
b) Überprüfe deine Überlegungen experimentell.

V2 Fülle in ein Reagenzglas ca. 1 cm hoch Zucker und erhitze **unter dem Abzug** zunächst vorsichtig und anschließend kräftig.

A1 Zähle einige dir bekannte Vorgänge aus der Umwelt und dem Alltag auf, bei denen neue Stoffe entstehen.

Chemische Reaktionen lassen sich gezielt beeinflussen. Beim Erhitzen von Zucker entstehen Rauch und ein poröser Feststoff, Produkte, die nicht genutzt werden können. Erhitzt man dagegen Zucker mit einem Zusatz [V3], so kann Zuckerkulör (Zuckerfarbstoff) gewonnen werden. Dieser Farbstoff verleiht Cola-Getränken, Soßen, Whiskey und Süßigkeiten ihre hell- bis tiefbraune Farbe. Chemiker können viele chemische Reaktionen so verändern und steuern, dass gewünschte Reaktionsprodukte entstehen.

Chemische Reaktionen in unserer Umwelt. In unserer Umwelt laufen ständig chemische Reaktionen ab, ohne dass diese uns immer bewusst sind. Das *Rosten* von Eisen kann zum Einsturz von Brücken und Gebäuden führen. Unter dem Einfluss des *sauren Regens* verändern Skulpturen ihr Aussehen und werden Wälder geschädigt.

Unsere *Verdauung* ist ein Prozess von langsam ablaufenden chemischen Reaktionen. Die beim Abbau aus den Nährstoffen gebildeten Bausteine gelangen durch die Dünndarmwand in das Blut und werden zu den Körperzellen transportiert. Die im Körper des Menschen ablaufenden chemischen Reaktionen ermöglichen Denken, Bewegung, Aufrechterhaltung der Körpertemperatur und vieles mehr.

V3 **a)** Bedecke den Boden eines kleinen Becherglases (100 ml) etwa 1 cm hoch mit Zucker, setze einen gehäuften Spatellöffel Pottasche (Kaliumcarbonat) zu. Mische die beiden Stoffe durch kräftiges Schütteln des Becherglases. Fülle so viel Wasser zu dem Gemisch, dass dieses gerade bedeckt ist. Erhitze den Inhalt des Becherglases unter kräftigem Umrühren auf der Heizplatte, bis er tiefbraun ist.
b) Prüfe die Löslichkeit des Rückstands in Wasser.

A2 Ermittle, welche Aufgaben die folgenden Verdauungsorgane haben: Mundhöhle und Rachenraum, Speiseröhre, Magen, Leber, Gallenblase, Bauchspeicheldrüse, Dünndarm, Dickdarm, Enddarm.

Exkurs Karamellbonbon zum Selbermachen

Zutaten: Butter, Zucker, süße Sahne
1. Ein Eckchen Butter wird in einer kleinen Pfanne bei mittlerer Temperatur erhitzt, bis sie flüssig ist.
2. 1 Esslöffel Zucker wird hinzugefügt und gut mit der flüssigen Butter durchmischt.
3. Nun gibt man 2 Teelöffel süße Sahne hinzu und verrührt das Ganze gut.
4. Unter leichtem Schäumen wird das Gemisch allmählich braun und dickflüssig. (Immer gut rühren!) Es darf nicht zu dunkel werden, sonst wird Karamell bitter!
5. Wenn das Gemisch hellbraun und cremig geworden ist, gibt man es mit einem Löffel auf etwas Backpapier und lässt es erkalten.

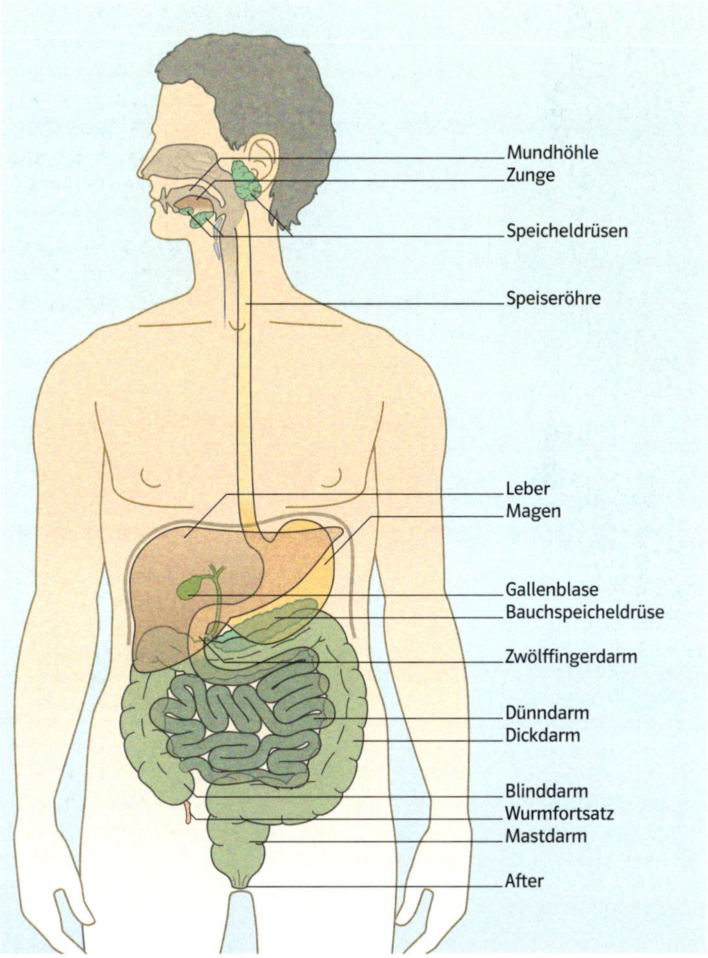

B3 Verdauungsorgane

1.30 Impulse Richtige Ernährung

B1 Energie im Überfluss

Durch Hunger und Durst meldet der Körper seinen Nahrungsbedarf an. Viele Menschen essen und trinken jedoch mehr, als ihr Körper tatsächlich braucht. Kommt noch ein Mangel an Bewegung hinzu, so entsteht schnell Übergewicht, welches zu ernsthaften Problemen mit der Gesundheit führen kann. Eine ausgewogene Ernährung ist wichtig für unser körperliches Wohlbefinden.

Der Energiebedarf. Die Umwandlung der in der Nahrung enthaltenen Energie ermöglicht alle Funktionen des Körpers. Dazu gehören nicht nur die Muskelarbeit, sondern auch alle übrigen Tätigkeiten, z. B. die der Sinnes- und Verdauungsorgane und des Nervensystems, ebenso die Aufrechterhaltung der Körpertemperatur. Die dazu notwendige Energie wird durch Stoffumwandlung vor allem von Fetten oder Ölen sowie Kohlenhydraten (Zucker, Stärke) zur Verfügung gestellt. Der Energieinhalt von 1 g eines Fettes oder Öles ist mehr als doppelt so hoch wie der von 1 g eines Kohlenhydrates. Auch ein ruhender Mensch hat einen Energiebedarf, der **Grundumsatz** genannt wird. Er ist abhängig von Alter und Geschlecht, aber auch von Größe und Gewicht eines Menschen. Bei körperlicher Aktivität kommt der **Leistungsumsatz** hinzu. Aus der Summe ergibt sich der **Gesamtumsatz**. Grund- und Leistungsumsatz werden aus dem Sauerstoffverbrauch ermittelt [B2]. Er hängt sehr stark davon ab, ob z. B. viel Fahrrad gefahren oder Sport betrieben wird. Geistige Tätigkeiten, Lernen für eine Klassenarbeit oder Erledigen von Hausaufgaben sind ebenfalls energieaufwändig.

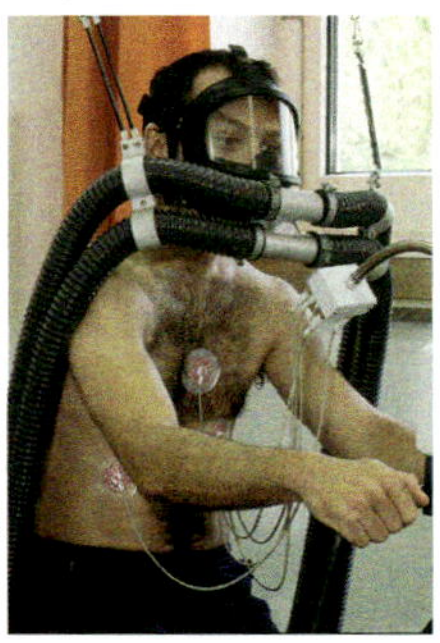

B2 Messung des Leistungsumsatzes

Energiegleichgewicht. Unserem Körper muss so viel energiereiche Nahrung zugeführt werden, wie für den täglichen Gesamtumsatz notwendig ist.

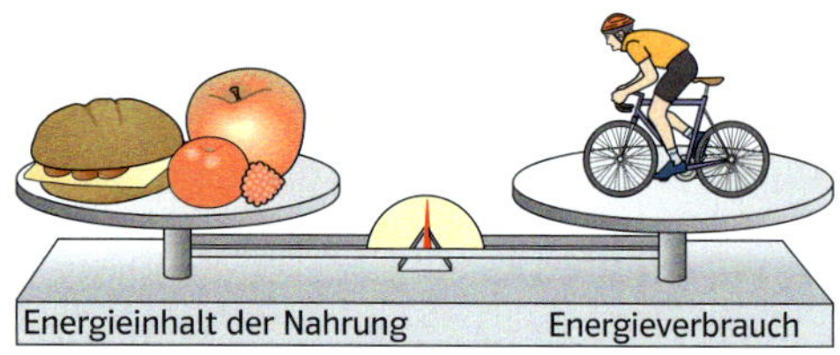

B3 Energiegleichgewicht

Eine bewegungsarme Lebensweise führt zu einem geringen Energiebedarf. Wird zusätzlich zu den Mahlzeiten auch noch „nebenher" genascht, erfährt das Energiegleichgewicht eine Störung.

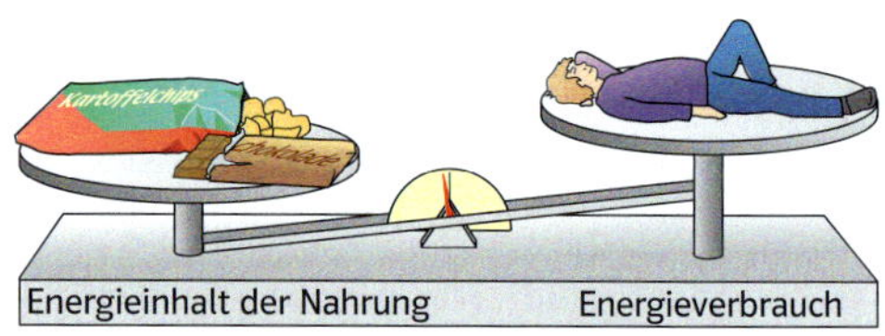

B4 Gestörtes Energiegleichgewicht

Die Folge ist Zunahme des Körpergewichtes durch erhöhten Fettansatz. Damit kann ein Teufelskreis beginnen, denn manche übergewichtige Menschen haben erst recht keine große Neigung, sich zu bewegen.
Bei sportlicher Lebensweise können und müssen große Mengen an energiereichen Nährstoffen verzehrt werden. Das Energiegleichgewicht bleibt erhalten.

Exkurs Bestimmung des Energieinhalts von Lebensmitteln

Der Energieinhalt eines Nahrungsmittels wird als **Brennwert** ermittelt. Dazu verbrennt man genau abgewogene Proben von Nahrungsmitteln in einem mit Wasser umgebenen Gefäß (Kalorimeter). Aus der Temperaturerhöhung des Wassers und weiteren Versuchsdaten lässt sich der Energieinhalt ermitteln.

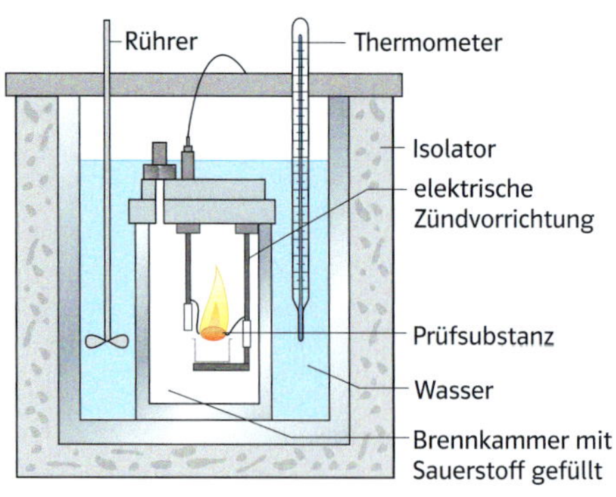

Aufbau eines Kalorimeters

Wichtige Inhaltsstoffe der Nahrung. Außer **Kohlenhydraten** und **Fetten** müssen dem Körper auch weitere Stoffe zugeführt werden, die nicht nur der Energieversorgung dienen. Sie erfüllen andere wichtige Aufgaben im Stoffwechsel des Körpers.
Eiweiße dienen als Baustoffe und werden u.a. zum Muskelaufbau verwendet. **Vitamine** und **Mineralstoffe** sind für die Gesundheit unerlässlich. Sie dienen zur Regelung von Körperfunktionen. Mineralstoffe sind auch z.B. am Aufbau von Knochen und Zähnen beteiligt. Als **Ballaststoffe**, werden unverdauliche Bestandteile der Nahrung bezeichnet z.B. Cellulose, die aber keineswegs überflüssig sind. Sie sorgen für eine gesunde Darmfunktion und eine geregelte Verdauung.

Die Nahrung muss eine Vielzahl von Stoffen in einem bestimmten Verhältnis zueinander enthalten. Diese Bedingung erfüllt kein Lebensmittel allein. Es enthält jeweils nur einen Teil der benötigten Stoffe. Je abwechslungsreicher die Nahrung zusammengestellt wird, desto eher lässt sich eine Unterversorgung an einem bestimmten Stoff vermeiden.

Getränke. Jeden Tag gibt unser Körper etwa 2,5 l Flüssigkeit mit dem Harn, dem Schweiß und der Atemluft ab. Dieser Verlust muss ersetzt werden. Über die feste Nahrung wird etwa 1 l zugeführt, die restlichen 1,5 l liefern Getränke. Sie versorgen nicht nur den Körper mit dem benötigten Wasser, sie können auch wichtige Stoffe enthalten, z.B. Mineralstoffe. Auch der übermäßige Genuss von energiereichen Getränken kann zu Übergewicht führen [B5].

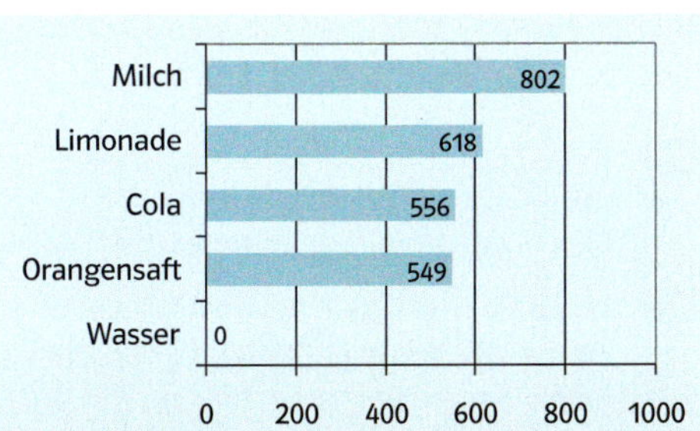

B5 Energieinhalt von Getränken in kJ/(300 ml)

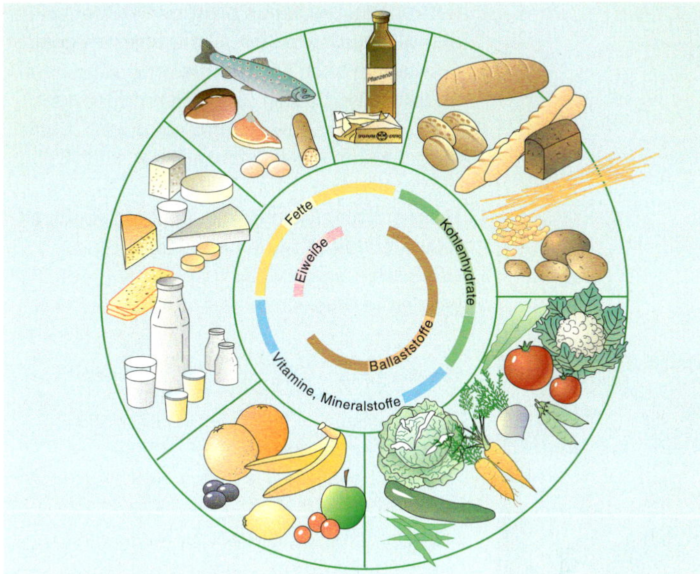

B6 Ernährungskreis – auf die richtige Mischung kommt es an

Zubereitung der Mahlzeiten. Von großer Bedeutung für eine vollwertige Ernährung ist die Zubereitung der Lebensmittel. Sie sollten zwar möglichst naturbelassen verzehrt werden, allerdings werden manche Lebensmittel erst durch Erhitzen gut verdaulich bzw. verträglich. Gekocht werden sollte möglichst kurz und mit wenig Wasser, damit Inhaltsstoffe nicht zerstört oder herausgelöst werden.

A1 „Tiramisu enthält viel Energie." Was ist gemeint? Wie kann die Energie bestimmt werden?

A2 Nenne wichtige Gruppen von Nährstoffen und gib ihre Bedeutung für den menschlichen Körper an.

A3 Was versteht man unter Ballaststoffen? Welche Funktion haben sie?

A4 Viele Lebensmittel enthalten „versteckte Fette", die auf den ersten Blick nicht auffallen. Ermittle den Fettgehalt von jeweils 100 g der in der Randspalte genannten Lebensmittel. Stelle das Ergebnis in einem Diagramm dar.

A5 Ermittle den Energieinhalt weiterer Getränke und vergleiche mit [B5].

Lebensmittel mit versteckten Fetten
Erdnüsse
Salzstangen
Kartoffelchips
Fertigpizza
Wurstaufschnitt
Streichkäse

Energiegehalt von 300 ml verschiedener Getränke in Würfelzuckereinheiten

Wasser	0
Orangensaft	12
Cola	12
Limonade	13
Milch	17

1.31 Exkurs Zusatzstoffe in Lebensmitteln

Nahrungsmittel sollen nicht nur haltbar sein und sättigen, sie sollen auch gut schmecken und zudem noch appetitanregend aussehen. In der Europäischen Union verwendet man dazu vielfältige Zusatzstoffe, die durch einheitliche E-Nummern gekennzeichnet sind [B3].

Lebensmittelzusatzstoffe. Zu den Lebensmittelzusatzstoffen zählen alle Stoffe, die Lebensmitteln bewusst zugesetzt werden. Sie werden in Gruppen eingeteilt:

B1 Angabe der Zusatzstoffe auf einem Etikett

Verwendung	E-Nummer
Farbstoffe	100 – 199
Konservierungsstoffe	200 – 299
Antioxidantien	300 – 321
Säurungsmittel	322 – 399
Gelier-, Verdickungs-und Feuchthaltemittel	400 – 469
verschiedene Zusatzstoffe	500 – 949
Süßstoffe	950 – 998

B3 Grobe Einteilung von Zusatzstoffen nach ihrem Verwendungszweck

Es dürfen nur solche Zusatzstoffe verwendet werden, die von einer Expertenkommission als gesundheitlich unbedenklich eingestuft worden sind. Auf Fertigpackungen von Lebensmitteln muss der Gruppenname, der den Verwendungszweck des Zusatzstoffes angibt, sein Name oder seine E-Nummer angegeben sein. Bei unverpackten Lebensmitteln z. B. in einer Metzgerei können die Angaben auch in einem Aushang bekannt gemacht werden.

B2 Cola enthält den Farbstoff Zuckerkulör

Farbstoffe. Viele Lebensmittel wären ohne zugesetzte Farbstoffe wenig attraktiv. Margarine ist normalerweise weißlich. Margarine wird durch Zusatz von β-Carotin (E 160) gelblich eingefärbt. Der Farbstoff Riboflavin (E 101) hat eine orange-gelbe Farbe und kommt oft in Creme-Speisen vor. Cola bekommt ihre typische Farbe durch den Farbstoff Zuckerkulör (E 150d).

Süßstoffe. Speisen und Getränke für Diabetiker werden anstelle von Zucker mit Süßstoffen wie z. B. Cyclamat (E 952) oder Saccharin (E 954) versetzt. Auch „Light"-Getränke enthalten Süßstoffe statt Zucker. Süßstoffe sind als Energieträger unbedeutend und beeinflussen damit das Energiegleichgewicht nicht.

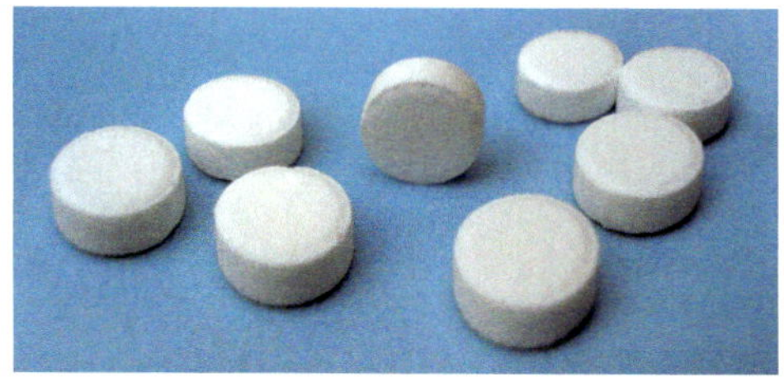

B4 Süßstofftabletten mit Cyclamat

Verdickungs- und Geliermittel. Das am häufigsten verwendete Geliermittel ist Pektin (E440). Es ist ein natürlich vorkommender, pflanzlicher Stoff, der zum Andicken von Marmelade oder Fruchtgelee verwendet wird. In Ketchup oder Fertigsoßen ist als Verdickungsmittel Xanthan (E 415) enthalten.

B5 Ketchup enthält Xanthan als Verdickungsmittel

Emulgatoren. Zur Herstellung vieler Lebensmittel z. B. Speiseeis, Margarine, Mayonnaise, bei denen Öl bzw. Fett und Wasser miteinander vermischt werden, werden Emulgatoren benötigt. Sie sorgen nicht nur für die Entstehung der Emulsion, sondern stabilisieren sie auch, indem sie die Entmischung verhindern. Ein natürlicher Emulgator ist Eigelb.

A1 Finde heraus, welcher Farbstoff die Bezeichnung E 120 trägt. Woraus wird er hergestellt? Wozu wird er verwendet?

A2 Welchem Zweck dienen „Light"-Getränke? Vergleiche, welche Zusatzstoffe aufgelistet sind.

Konservierungsstoffe werden Lebensmitteln zugesetzt, um sie in dem Zustand zu erhalten, in dem sie sich bei der Herstellung befanden. Sie unterbinden das Wachstum von Mikroorganismen, durch deren Stoffwechselprodukte die Lebensmittel sonst verderben oder sogar giftig würden.
Wichtige Konservierungsmittel sind Sorbinsäure und Benzoesäure sowie deren Salze (Sorbate bzw. Benzoate). Sie sind nur für bestimmte Lebensmittel und nur in so geringen Mengen zugelassen, dass sie für den Menschen unschädlich sind. E 202 ist die Kennzeichnung für den Konservierungsstoff Kaliumsorbat, der z. B. in Margarine oder Marmelade verwendet wird. Während Sorbinsäure/Sorbate als unbedenklich gelten, können Benzoesäure/Benzoate Allergien auslösen. Kaliumsorbat ist in manchen „Light"-Produkten zu finden, z. B. Margarine mit verringertem Fettgehalt oder Marmelade mit reduziertem Zuckergehalt. Übliche Margarine bzw. Marmelade enthält keinen besonderen Konservierungsstoff.

Als weitere Konservierungsmittel werden Nitrite eingesetzt. Sie sind nur für gepökeltes Fleisch zugelassen und bewirken, dass die rote Farbe des Fleisches beim Erhitzen (z. B. bei der Wurstherstellung) erhalten bleibt. Beim Braten oder Grillen können jedoch gesundheitsschädliche Stoffe entstehen.

Selbst hergestellte Lebensmittel, wie z. B. Kartoffelsalat, brauchen keinen Konservierungsstoff, wenn sie bald nach der Herstellung gegessen werden. Kartoffelsalat aus dem Lebensmittelgeschäft enthält dagegen Konservierungsstoffe.

Zwischen dem Herstellungs- und Verzehrtermin liegt in der Regel ein größerer, aber durch das Verfallsdatum begrenzter Zeitabschnitt.

Säuerungsmittel verleihen Speisen eine bestimmte Geschmacksrichtung. Manche Säuerungsmittel, wie z. B. Citronensäure (E 330) in Obstsäften und Gemüsesoßen hat zugleich auch eine konservierende Wirkung.

Ein wichtiger **Geschmacksverstärker**, der z. B. in Tütensuppen zum Einsatz kommt, ist Natriumglutamat (E 621). Es steht allerdings im Verdacht, in hohen Dosierungen gesundheitsschädlich zu sein.

A3 Ordne die rechts abgebildeten Lebensmittel einem dazu passenden Konservierungsverfahren zu.

A4 „So wenig wie möglich, so viel wie nötig." Überlege, wie im Hinblick auf die verschiedenen Lebensmittelzusatzstoffe diese Aussage zu verstehen ist.

Verfahren	Wirkungsprinzip
Konservierungsstoffe	Verhinderung des Wachstums von Mikroorganismen
Säuern oder Kühlen	Hemmung des Wachstums von Mikroorganismen
Gefrieren	Unterbrechung des Wachstums von Mikroorganismen
Einkochen	Abtöten von Mikroorganismen, anschließend dichter Verschluss
Trocknen (Dörren), Zuckern , Salzen	Entzug des für Mikroorganismen lebensnotwendigen Wassers
Räuchern	Abtöten von Mikroorganismen durch Rauchstoffe
Pasteurisieren (Erhitzen auf 60 – 90 °C)	Abtöten von Mikroorganismen
Sterilisieren (Erhitzen auf 110 – 135 °C)	Vollständige Abtötung von Mikroorganismen

B6 Einige Konservierungsverfahren im Überblick.
Mit verschiedenen Konservierungsmethoden können den Mikroorganismen die Lebensgrundlagen entzogen werden und damit Lebensmittel über kürzere oder längere Zeit haltbar gemacht werden

B7 Konservierte Lebensmittel

1.32 Durchblick Zusammenfassung und Übung

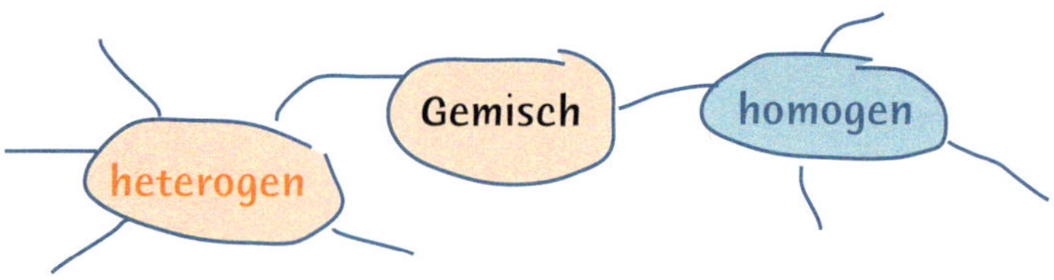

B1 Ausschnitt einer Mindmap zum Thema „Gemische“

Trennverfahren	Grundlage der Trennung	Anwendungsbeispiele
Auslesen	Aussehen (z. B. Farbe oder Partikelgröße)	Trennen von Müll, Sortieren von Diamanten
Sieben	Partikelgröße	Absieben von Spaghetti
Filtrieren	Partikelgröße	Zubereiten von Kaffee
Sedimentieren	Dichte	Trennen von Lehmwasser, Reinigen von Abwasser
Dekantieren	Dichte	Trennen von Lehmwasser, Gold waschen
Zentrifugieren	Dichte	Entrahmen von Milch
Schwimmtrennung	Dichte	Trennen von Kunststoffmüll
Extrahieren	Löslichkeit	Zubereiten von Tee, Gewinnen von Speiseöl
Chromatografieren	Löslichkeit, Haftfähigkeit	Trennen von Farbstoffgemischen
Ausschmelzen	Schmelztemperatur	Gewinnung von Fett und Speiseöl
Eindampfen	Siedetemperatur	Gewinnen von Salz
Destillieren	Siedetemperatur	Herstellen von Branntwein, Auftrennen von Erdöl

B2 Trennverfahren und ihre Grundlagen

B3 Gemische und Teilchenmodell

Reinstoffe
Reinstoffe sind Stoffe, die aus nur einem Stoff bestehen. Sie sind durch messbare Eigenschaften, wie Schmelz-, Siedetemperatur und Dichte gekennzeichnet. Sie besitzen wenigstens eine typische Kombination von Eigenschaften (einen typischen Satz von Eigenschaften).

Stoffgemische
Stoffgemische bestehen aus unterschiedlichen Reinstoffen. Sind die verschiedenen Bestandteile erkennbar, liegt ein heterogenes Gemisch vor. Demgegenüber sind bei homogenen Gemischen auch bei stärkster Vergrößerung unter dem Mikroskop die unterschiedlichen Bestandteile nicht sichtbar. Auch homogene Gemische sind durch nur einen Satz von Eigenschaften gekennzeichnet, der sich aber mit der Zusammensetzung ändert. Sofern die Bestandteile bekannt sind, kann von den Eigenschaften auf die Zusammensetzung des Gemischs geschlossen werden.

Bezeichnungen der Stoffgemische
Je nach Aggregatzustand der beteiligten Stoffe gibt es für einige Stoffgemische wichtige Bezeichnungen. Vervollständige in deinem Heft die Mindmap [B1] unter Verwendung folgender Bezeichnungen: Schaum, Suspension, Lösung, Emulsion, Rauch, Legierung, Nebel, Feststoffgemische. Gib für jedes Gemisch ein bis zwei Beispiele an sowie die daran beteiligten Bestandteile.

Trennverfahren
Zur Trennung von homogenen und heterogenen Stoffgemischen gibt es unterschiedliche Trennverfahren, die von den Eigenschaften der Gemischbestandteile abhängen [B2].

Gemische und Teilchenmodell
[B3] zeigt die Modellvorstellung der Teilchenanordnung in einigen Gemischen. Zeichne entsprechende Abbildungen für folgende Gemische (jeweils aus zwei Bestandteilen): Legierung, Gasgemisch, Emulsion, Schaum und Nebel.

A1 Handelt es sich bei den folgenden Beispielen um einen Reinstoff oder ein Gemisch: Brausepulver, Regenwasser, destilliertes Wasser, Sekt, Brennspiritus, Zucker, geschlagene Sahne?

A2 Handelt es sich bei den folgenden Gemischen um ein homogenes oder ein heterogenes Gemisch?
Milch, Rotwein, Tinte, Rauch, Lehmwasser, Schaumstoff, Mineralwasser, Parfum. Begründe deine Entscheidung.

A3 Welches Gemisch bildet sich beim Mischen der folgenden Stoffe mit Wasser: Zucker, Salz, Öl, Essig, Sand, Alkohol?

A4 Gib an, wie man folgende Gemische trennen kann:
a) Schwefelpulver, Eisenspäne,
b) Sand, Eisenspäne, Kochsalz,
c) Sand, Sägespäne, Kochsalz, Wasser,
d) Sand, Iod.
Nenne jeweils die unterschiedlichen Stoffeigenschaften, die eine Trennung möglich machen.

A5 Welches Trennverfahren wird angewandt
a) beim Entfernen eines Fettflecks aus Textilien?
b) beim Entrahmen von Milch in der Milchzentrifuge?
c) beim Aufsaugen von Schmutz mit dem Staubsauger?
d) bei der Saftzubereitung im Obst- bzw. Gemüseentsafter?

A6 Zur Gewinnung von Speiseöl aus ölhaltigen Früchten und Samen, z. B. aus Oliven oder Sonnenblumenkernen, wird ein Teil des Öls nach dem Zerkleinern zunächst durch Pressen gewonnen (kaltgepresstes Öl [B6]). Das restliche Öl im Presskuchen wird mit einem Lösungsmittel extrahiert. Anschließend werden Öl und Lösungsmittel durch Destillation wieder voneinander getrennt. Worauf beruhen die angewendeten Trennverfahren?

A7 Warum darf durch Öl und Benzin verunreinigtes Wasser einer Autowaschanlage nur gereinigt über einen Ölabscheider [B4] in die Kanalisation gelangen? Erkläre seine Arbeitsweise. Welche Verunreinigungen können auf diese Weise nicht abgetrennt werden?

A8 Informiere dich über das Verfahren der Dialyse (Blutwäsche) und beschreibe den dabei ablaufenden Trennvorgang.

A9 Auf den Etiketten mancher Fruchtsaftgetränke oder auch Medikamente steht: „Vor Gebrauch schütteln". Erläutere.

A10 Die Saugfiltration ist ein Verfahren, das sich vor allem in technischen Anlagen, die einem Dauerbetrieb ausgesetzt sind, bewährt hat. Das Filtrat wird in das Innere einer rotierenden Trommel mit einer porösen Oberfläche gesaugt. Erläutere die Arbeitsweise der Apparatur [B5]. Welcher Vorteil ergibt sich im Vergleich mit der Apparatur in Kap. 1.20 [B3]?

B6 Olivenöl, zu Aufgabe 6

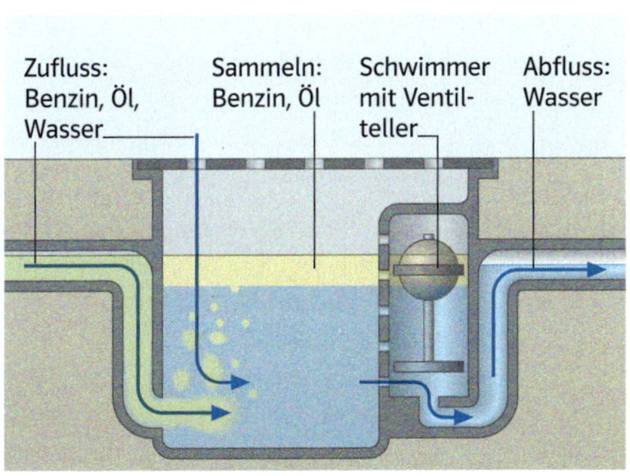

B4 Ölabscheider, zu Aufgabe 7

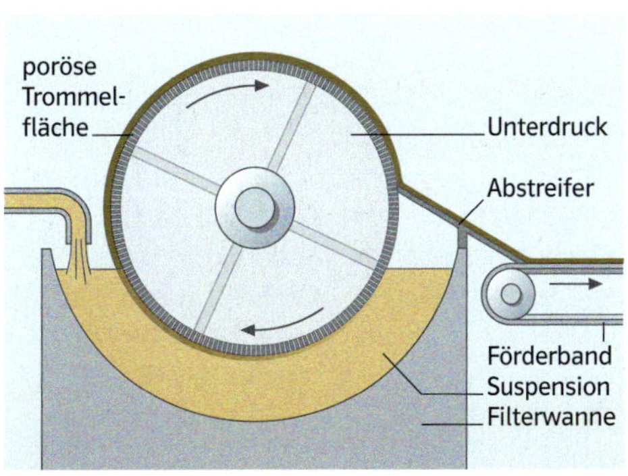

B5 Saugfiltration, zu Aufgabe 10

1.33 Horizonte Darstellung von Anteilen im Kreisdiagramm

B1 Ein Kuchen wird in gleiche Anteile geteilt.

Die wichtigsten Nährstoffe Kohlenhydrate, Fette und Eiweiße sollen in einer ausgewogenen Ernährung in einem bestimmten Massenverhältnis zueinander stehen. Das lässt sich in Prozent ausdrücken. Die Summe der Massenanteile der drei Nährstoffe entspricht 100 %.
Auf die drei Nährstoffe entfallen:

Kohlenhydrate	ca. 55 %
Fett	ca. 30 %
Eiweiß	ca. 15 %

Diese Anteile können anschaulich in einem Diagramm dargestellt werden, z. B. in einem Kreisdiagramm. In diesem Diagramm stellt die Fläche eines Kreisausschnittes („Kuchenstück") den Anteil eines Nährstoffes an der Gesamtmasse dar. Die gesamte Kreisfläche entspricht 100 %. Um den Kreisausschnitt zu konstruieren, muss der Winkel am Kreismittelpunkt berechnet werden.

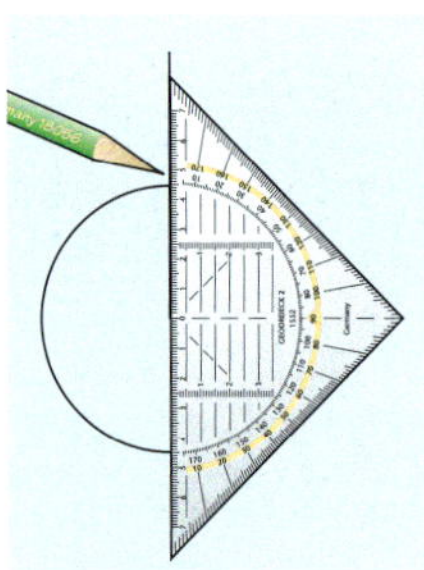

B2 Kreis zeichnen, Mittelpunkt markieren und Radius eintragen

Erstellung des Kreisdiagrammes.
1. Berechne zunächst für die oben angegebenen Anteile die zugehörigen Winkel entsprechend der folgenden Anleitung:

100 % entsprechen Winkel $\alpha_{ges} = 360°$
1 % entspricht Winkel $\alpha_{ges}/100 = 3{,}6°$

55 % entsprechen Winkel $\alpha_1 = 55 \cdot 3{,}6° = 198°$

30 % entsprechen $\alpha_2 = ?$
15 % entsprechen $\alpha_3 = ?$

2. Zeichne mit dem Zirkel einen Kreis mit einem Radius r ≈ 5 cm und markiere den Mittelpunkt.
3. Zeichne einen beliebigen Radius ein [B2]. Trage an diesen Radius den berechneten Winkel für einen der Nährstoffe, z. B. für Kohlenhydrate mit 198 ° (= 180 ° + 18 °), an [B3].
4. Zeichne in ähnlicher Weise die nächsten Winkel ein. Der letzte Winkel ergänzt die bereits eingezeichneten zu 360 ° (Kontrolle!).
5. Male die Kreisausschnitte mit verschiedenen Farben aus und beschrifte das Diagramm [B4].

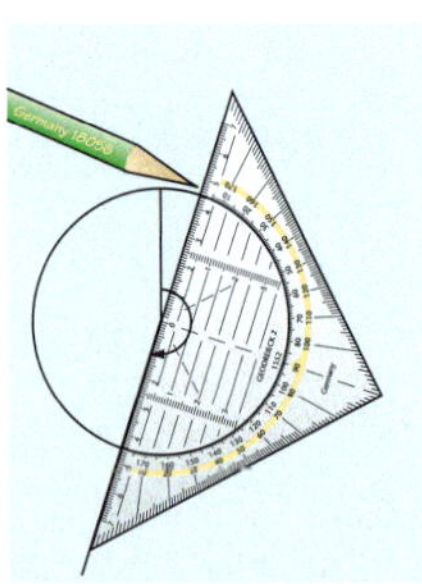

B3 Winkel abmessen und einzeichnen

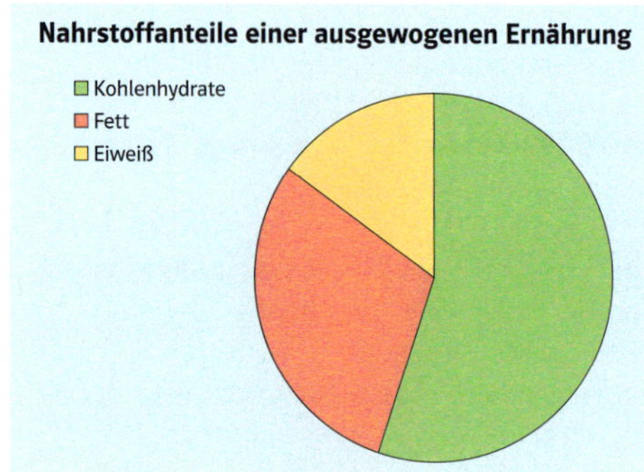

B4 Fertiges Kreisdiagramm mit Legende

Kreisdiagramm mit dem Computer.
Mit einem Tabellenkalkulationsprogramm lassen sich leicht Diagramme erstellen, wenn die benötigten Werte in einer Tabelle vorliegen. Dazu bieten viele Programme einen „Diagrammassistenten" als Hilfestellung an.

A1 Für einen Hamburger werden in einem Schnellrestaurant auf einem Informationsblatt die folgenden Angaben über den Nährstoffgehalt gemacht:

Kohlenhydrate	30 g
Fett	9 g
Eiweiß	13 g

a) Berechne die Gesamtmasse der drei Nährstoffe und bestimme den prozentualen Anteil jedes Nährstoffes an dieser Gesamtmasse.
b) Berechne die zugehörigen Winkel für das Erstellen des Kreisdiagrammes. Runde die Ergebnisse, sodass ganzzahlige Werte entstehen. Zeichne das Diagramm und vergleiche es mit [B4].

A2 Informiere dich in deinem Tabellenkalkulationprogramm über die Funktionsweise der „Diagrammassistenten". Lass dir ggf. von einem erfahrenen Mitschüler helfen.

A3 Ermittle aus einer Nährwerttabelle den Nährstoffgehalt für Kartoffelchips. Erstelle dazu am Computer ein Kreisdiagramm und vergleiche es mit dem Diagramm [B4].

2 Stoff- und Energieumsätze bei chemischen Reaktionen

In unserer Umwelt spielen sich viele Vorgänge ab, die mit stofflichen Veränderungen verbunden sind. Chemische Reaktionen werden zur Erzeugung einer Vielfalt von Produkten und zur Energiegewinnung durchgeführt. Auffallend sind vor allem die chemischen Reaktionen, die mit einer heftigen Feuererscheinung verlaufen.

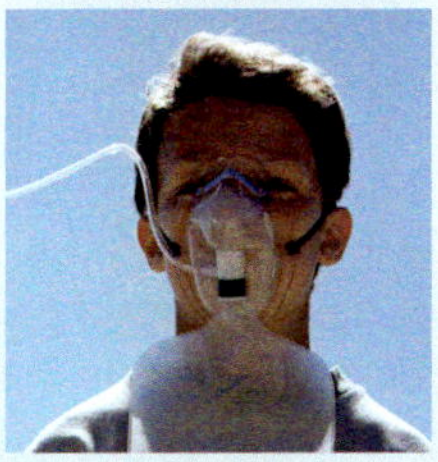

Kupferdächer überziehen sich mit der Zeit mit einer grünen Schicht. Das Rosten von Eisen verursacht große Schäden.

Speisen werden beim Kochen fortwährend erhitzt. Bei vielen stofflichen Veränderungen wird Wärme an die Umgebung abgegeben. Eine Wunderkerze muss entzündet werden, erst dann glüht sie auf und sprüht Funken.

Wenn „ein Brand ausgebrochen ist" oder „Flammen aus dem Dachstuhl schlagen" … verbinden wir damit die Vorstellung einer Verbrennung.

Feuerwerkskörper brennen mit einem Funkenregen ab oder explodieren mit lautem Knall. Ohne Sauerstoff können sie jedoch nicht abbrennen.

Sauerstoff ist auch für Lebewesen wichtig. Laufen auch im tierischen Körper Verbrennungsprozesse ab?

Online-Link
756084-0200

2.1 Brände und Brandbekämpfung

B1 Frühgeschichtliches Entzünden des Feuers

B2 Für ein Grillfeuer braucht man Luft

B3 Sicherheitsstreichhölzer

Feuer und Flamme

Das Feuer hat die Entwicklung der Menschheit ganz wesentlich mitbestimmt. Seit mehreren hunderttausend Jahren beherrschen und nutzen Menschen das Feuer. Es war immer verbunden mit Faszination, Wärme, Geborgenheit und Schutz, andererseits aber auch mit Furcht vor seiner zerstörenden Wirkung.

A1 Stelle Vermutungen an, wie die frühgeschichtlichen Menschen an ihr erstes Feuer gelangten.

A2 Recherchiere, welche Methoden die frühgeschichtlichen Menschen verwendeten, um Feuer zu machen.

A3 Zu welchen Zwecken kann man Feuer nutzen? Zähle auf.

A4 Bei welchen Gebrauchsgegenständen (früher und heute) benötigt man Feuer zur Herstellung? Nenne einige Beispiele.

A5 Zähle einige Gefahren auf, die vom Feuer ausgehen.

Brand und Brennbarkeit

Seit Einführung der Streichhölzer im Jahre 1832 ist das Feuermachen einfach und unkompliziert geworden. Trotzdem gelingt es nicht immer, ein Feuer zu entzünden.

Um Feuer in Gebäuden möglichst gefahrlos nutzen zu können und ein unkontrolliertes Ausbreiten zu verhindern, sind bestimmte technische Vorkehrungen erforderlich.

A6 Nenne alle Dinge, die man braucht, um Feuer zu machen.

A7 Wie würdest du vorgehen, wenn du ein Lagerfeuer vorbereiten und entzünden solltest?

A8 Unter welchen Bedingungen brennt ein Feuer ganz schlecht oder gar nicht?

A9 Um ein Grillfeuer richtig in Gang zu bringen, bläst man, z. B. mit einem Blasebalg, Luft hinein. Erkläre.

A10 Holz und Benzin sind brennbare Stoffe. Warum ist es viel schwieriger, Holz zu entzünden als Benzin?

A11 Fülle den Einschub einer Streichholzschachtel aus Pappe halb voll mit Wasser und halte ihn vorsichtig über die Flamme eines Teelichts. Was geschieht? Versuche eine Erklärung.

B4 Streichholzschachtel in Kerzenflamme

A12 Recherchiere Aufbau und Funktion der heute verwendeten Sicherheitsstreichhölzer sowie die Funktion eines modernen Gasfeuerzeugs.

A13 Nenne einige technische Vorkehrungen, mit deren Hilfe Feuer in Gebäuden relativ gefahrlos genutzt werden kann. Aus welchen Materialien bestehen sie? Erläutere.

B5 Feuerwehr beim Löscheinsatz

Die Kunst des Feuerlöschens

Seit dem Beginn der Nutzung des Feuers mussten die Menschen nicht nur Möglichkeiten kennen, wie man Feuer macht, sondern auch wie man Feuer löscht. So kann z. B. ein nicht sachgerecht eingerichtetes Lagerfeuer rasch außer Kontrolle geraten.

A14 Welche Methoden sind dir bekannt, um Feuer wieder unter Kontrolle zu bringen oder um es zu löschen?

A15 Wenn es brennt, soll man vor dem Verlassen des Zimmers alle Fenster schließen und darauf achten, dass die Zimmertür ebenfalls gut verschlossen ist. Versuche eine Erklärung.

A16 Meist denkt man beim Löschen von Bränden an die Verwendung von Wasser als Löschmittel. Dies würde jedoch z. B. bei brennendem Fett in der Küche zu großen Stichflammen und einer Explosion führen. Informiere dich über das Löschen von Fettbränden in der Küche.

A17 Zur Wahl des richtigen Löschmittels werden die brennbaren Stoffe in Brandklassen eingeteilt. Recherchiere, welche Brandklassen es gibt und welche Löschmittel hierfür vorgesehen sind. Lege eine Tabelle an.

B6 Ausgebranntes Lagerfeuer

Verbrannt ist nicht vernichtet

Ist ein Lagerfeuer ausgebrannt, bleibt am Ende ein Haufen Asche übrig. Der größte Teil des Holzes ist offensichtlich verschwunden.

A18 Was ist deiner Meinung nach die Asche?

A19 Was ist mit dem größten Teil des Holzes geschehen?

A20 In der Diskussion um den sauren Regen werden Gase wie Schwefeldioxid und die Stickstoffoxide genannt, bei der Diskussion um die Veränderung des Klimas das Gas Kohlenstoffdioxid. Informiere dich, woher diese Gase stammen und wie sie in die Luft gelangen.

B7 Abgase aus Feuerungsanlagen

2.2 Luft und Verbrennung

B1 Brennendes Holz mit Asche und Glut (links) Lagerfeuer (rechts)

Verbrennungen erleben wir als Flammen, aber auch als kaum sichtbare Glut in alltäglichen Erscheinungen. Die meisten Verbrennungen, die wir direkt beobachten können, finden an der Luft statt. Vieles deutet darauf hin, dass die Luft Einfluss auf die Verbrennung hat.

B2 Eine Kerzenflamme erzeugt Licht

Luft ermöglicht die Verbrennung. Ein Windstoß bringt eine Glut zum Aufflammen. Mit einem Blasebalg kann ein Grillfeuer entfacht werden. Findet im Kaminofen eine Verbrennung statt, wird Luft angesaugt oder eingeblasen, die entstehenden Abgase entweichen durch den Schornstein. Die rauschende Flamme des Gasbrenners erhält man bei geöffneter Einstellschraube. Dabei wird Luft angesaugt und mit Gas vermischt. Brennt eine Kerze, so strömt Luft aus der Umgebung zur Flamme. Die entstehenden heißen Verbrennungsgase entweichen nach oben. Wird die Luftzufuhr unterbrochen, erlischt die Flamme [B3, V1].

B3 Teelicht unter Glas

Verbrennung und Energieabgabe. Die Kerzenflamme erzeugt Licht und strahlt an ihre Umgebung ständig Wärme ab. Um Wärme zu nutzen, werden Energieträger wie Erdgas, Heizöl oder Kohle in großen Mengen in Heizanlagen und Heizkraftwerken verbrannt. Das dabei anfallende Verbrennungsprodukt Kohlenstoffdioxid entsteht auch bei der Verbrennung von Kraftstoffen in den Motoren von Kraftfahrzeugen.

Wird bei einem Lagerfeuer ein Stapel Holz verbrannt [B1], so bleiben nur wenig Asche und einige verkohlte Stücke zurück. Diese Holzkohle kann weiter verbrannt werden. Bei der Verbrennung von Holz und Holzkohle entsteht ebenfalls Kohlenstoffdioxid.

Die eingesetzten Stoffe, die **Ausgangsstoffe**, werden bei der Verbrennung unter Energieabgabe in neue Stoffe, die **Reaktionsprodukte**, umgewandelt.

Eine Verbrennung ist eine chemische Reaktion. Unter Energieabgabe entstehen Reaktionsprodukte.

Viele Vorgänge in unserer Umwelt, bei denen neue Stoffe entstehen, sind nur schwer zu durchschauen. Leichter lassen sich diese chemischen Reaktionen erfassen, wenn dabei von wenigen, bekannten Reinstoffen ausgegangen wird und wenn dabei lediglich ein fester Reinstoff entsteht. Solche Reaktionen können im nachfolgenden Praktikum untersucht werden.

V1 Stülpe über ein brennendes Teelicht ein Glas, das mit der Unterlage dicht abschließt. Wiederhole den Versuch mit einem größerem Glas. Deute deine Beobachtungen.

V2 Stelle ein Becherglas mit kaltem Wasser auf ein Keramik-Drahtnetz und erhitze mit der rauschenden Flamme nur so lange, bis sich am Becherglas eine Veränderung beobachten lässt. Beschreibe und deute diese.

A1 Werden brennbare Stoffe entzündet, verlaufen die Reaktionen mit Beteiligung der Luft bei hohen Temperaturen. Es gibt aber auch Verbrennungen bei niedrigen Temperaturen. Nenne Beispiele.

► Chemische Reaktion

2.3 Praktikum Erhitzen von Metallen an der Luft

V1 Ist Eisen brennbar?

Geräte, Stoffportionen aus Eisen:
Gasbrenner, Stativ, Klemme, Muffe, Tiegelzange, Waage, Eisennagel, Eisenwolle (Stahlwolle), Eisenpulver.

Durchführung:

a) Halte einen Eisennagel mit der Tiegelzange in die rauschende Brennerflamme. Untersuche den Nagel nach dem Erkalten.

b) Halte einen Teil eines Bausches Eisenwolle in die rauschende Brennerflamme, bis Rotglut sichtbar wird, und nimm den Bausch aus der Flamme.
Wiederhole den Versuch. Schwenke den Bausch kräftig hin und her.

c) Lasse wie in [B1] abgebildet Eisenpulver in die Brennerflamme rieseln.

d) Wiege einen Bausch Eisenwolle. Führe den Versuch b) durch und wiege wieder nach dem Erkalten.

Aufgaben:

1. Notiere für alle Vesuche die Beobachtungen. Vergleiche die jeweils verwendete Stoffportion vor und nach dem Versuch.
2. Deute das unterschiedliche Verhalten der Eisenportionen bei den Versuchen a), b), c).
3. Deute das Ergebnis von Versuch d).

V2 Erhitzen von Kupfer und Silber

Geräte und Stoffportionen: Gasbrenner, Tiegelzange, Stativmaterial, Glasrohr, Porzellanschale, Kupferblech, Silberblech.

Durchführung:

a) Halte einen Teil des Kupferblechs in die rauschende Flamme, sodass es kurze Zeit glüht und lasse abkühlen. Verfahre in gleicher Weise mit dem Silberblech.

b) Baue den Versuch auf, wie es die Skizze [B2] zeigt, und erhitze das Kupferblech mit der rauschenden Flamme etwa fünf Minuten lang. Lasse den Inhalt des Rohres in die Porzellanschale fallen.

Aufgaben:

1. Notiere die Beobachtungen des Versuches [V2a] und deute sie.
2. Beschreibe die Veränderungen des Kupferblechs bei Versuch b). Vergleiche mit a).
3. Für den Verlauf des Versuches b) ist es wichtig, dass das Glasrohr schräg eingespannt ist. Deute den Versuchsverlauf.

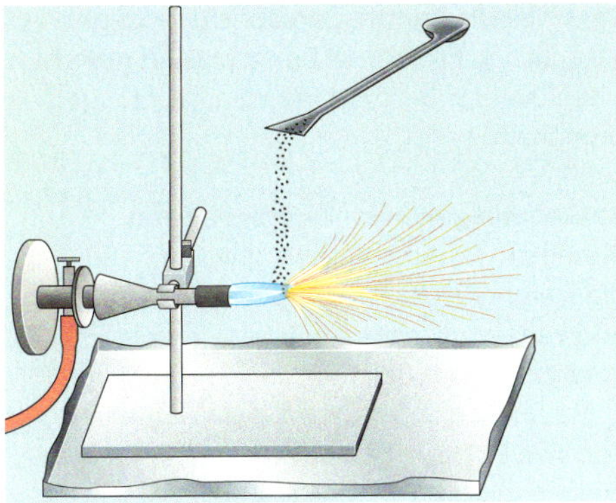

B1 Versuchsaufbau zu V1c

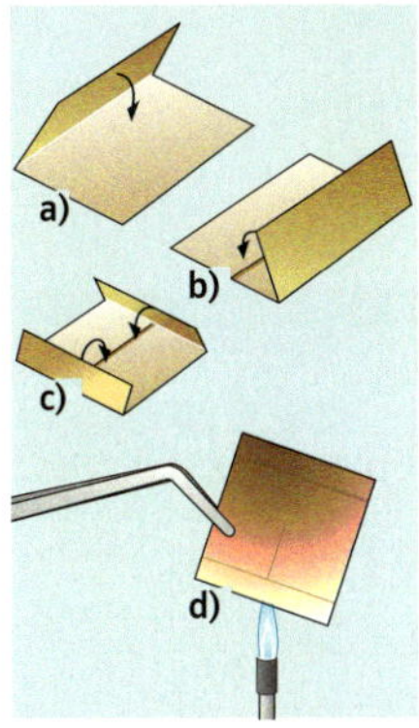

B3 Kupferbriefversuch

V3 „Kupferbrief"

Geräte und Materialien: Gasbrenner, Tiegelzange, Hammer, Porzellanschale, Kupferblech.

Durchführung: Falte ein Kupferblech wie es [B3] zeigt. Hämmere das Briefchen so zusammen, dass die Flächen dicht aufeinander liegen. Erhitze in der rauschenden Brennerflamme. Unterbrich einige Male, schwenke das Briefchen außerhalb der Flamme und erhitze wieder. Lasse das Kupferbriefchen in der Porzellanschale abkühlen und öffne es.

Aufgabe:
Vergleiche die Innen- mit der Außenseite. Erkläre das Versuchsergebnis.

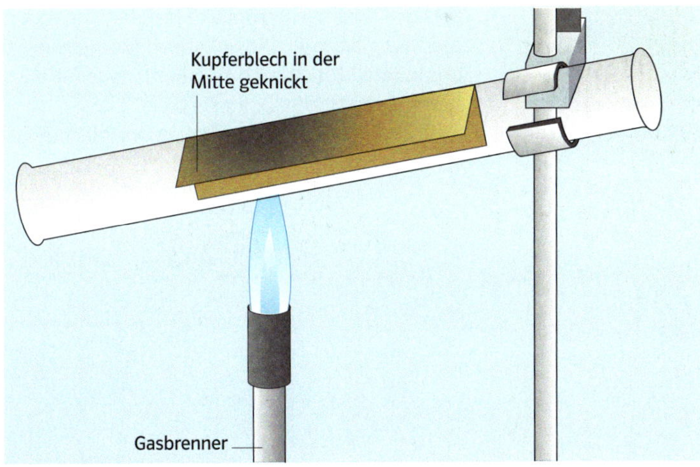

B2 Versuchsaufbau zu V2b

2.4 Verbrennung von Metallen

Dass Metalle brennen, entspricht nicht der alltäglichen Erfahrung. Dennoch sind manche Metalle unter bestimmten Voraussetzungen brennbar.

B1 Magnesium brennt mit heller weißer Flamme

Beobachtungen beim Verbrennen von Metallen. Hält man ein Magnesiumband in die Flamme eines Brenners, entzündet es sich und verbrennt mit grellweißer Flamme [B1]. Es entsteht ein weißer, ascheartiger Stoff, der keine Ähnlichkeit mehr mit dem Metall hat. Wird Eisenwolle entzündet (Kap. 2.3, V1b), so beobachtet man ein lebhaftes Aufglühen. Es entsteht ein blauschwarzer, spröder Stoff. Bei der Verbrennung von Eisen ist keine Flamme zu sehen. Zu den Metallen, die nicht verbrennen, gehören Gold und Platin.

Manche Metalle können verbrennen. Dabei entstehen unter Wärmeabgabe neue Stoffe.

B2 Eisenwolle verbrennt ohne Flamme, sie verglüht

Verbrennung und Zerteilungsgrad. Versucht man, einen Eisennagel anzuzünden (Kap. 2.3, V1a), so zeigt sich, dass er - im Gegensatz zu Eisenwolle - nicht brennt. Er überzieht sich lediglich mit einer dünnen blauschwarzen Schicht. Lässt man dagegen Eisenpulver (Kap. 2.3, V1c) durch die Flamme eines Brenners rieseln oder bläst es durch die Flamme, so verbrennt es unter Funkensprühen. Mit zunehmender Zerteilung reagiert Eisen bei der Verbrennung heftiger. Dies gilt auch für andere brennbare Metalle und darüber hinaus für alle brennbaren Stoffe. Beim Zerteilen einer Stoffportion vergrößert sich die Oberfläche sehr stark [B3]. Die Luft kommt dadurch mit vielen Stellen in Kontakt, an denen dann die Verbrennung gleichzeitig und damit heftiger ablaufen kann.

Eine Stoffportion verbrennt umso heftiger, je stärker sie zerteilt ist.

Verbrennungsvorgänge können ganz verschieden ablaufen: schnell oder langsam, mit oder ohne Flamme. Explosionen und Verpuffungen sind sehr schnelle Verbrennungen, es wird in kurzer Zeit, d.h. auf einmal, viel Energie frei.

Die Rolle der Luft bei der Verbrennung. Dass Luft die Verbrennung von Eisen ermöglicht, lässt sich eindeutig nachweisen. Wird Eisenwolle in einem Verbrennungsrohr entzündet [V1], so verglüht sie hell aufleuchtend, solange Luft durch das Rohr gesaugt wird. Bei Unterbrechung der Luftzufuhr erlischt das Glühen. Andere brennbare Metalle verhalten sich ähnlich. Bestimmt man die Masse von Eisenwolle vor dem Verglühen und danach, so stellt man fest, dass die Masse des Reaktionsproduktes größer ist [B4, V2]. Verursacht die Luft diese Massenzunahme?

Sauerstoff in der Luft. Will man prüfen, ob die gesamte Luft bei der Verbrennung reagiert, verbrennt man in einer geschlossenen Apparatur Eisenwolle in einer abgemessenen Luftportion [V3a, B5]. Es zeigt sich, dass das Volumen nur um etwa ein Fünftel abnimmt. Eine Wiederholung des Experimentes mit einer größeren Portion Eisenwolle führt zum gleichen Ergebnis.

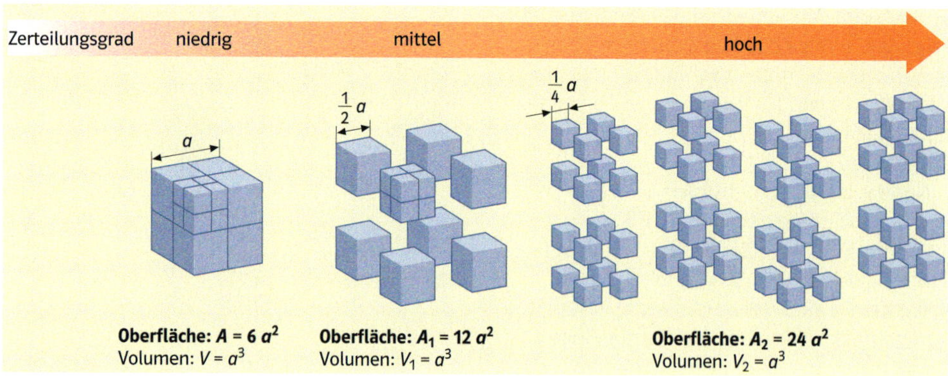

B3 Beim Zerteilen einer Stoffportion vergrößert sich die Oberfläche

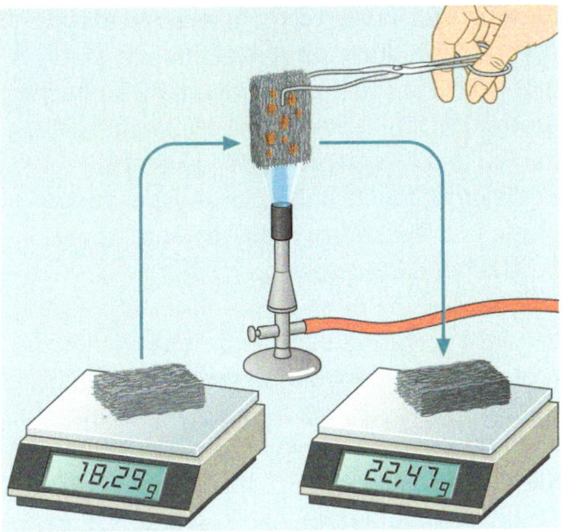

B4 Massenzunahme beim Verbrennen

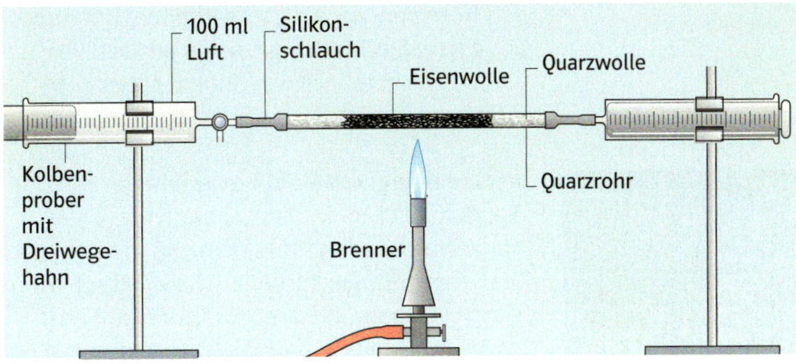

B5 Ermittlung des Sauerstoffanteils der Luft

Nur ein Teil der Luft reagiert also bei der Verbrennung. Der bei der Verbrennung reagierende Teil der Luft ist der Sauerstoff. In dem verbleibenden Restgas erstickt die Flamme eines Holzspans [V3b]. Dieses Restgas ist im Wesentlichen Stickstoff mit einem geringen Anteil anderer Gase.
Im Sauerstoff flammt dagegen ein Holzspan, der an der Luft nur glimmt, auf. Durch diese *Glimmspanprobe* kann Sauerstoff nachgewiesen werden.

Luft ist ein Gasgemisch. Der Volumenanteil des Sauerstoffs beträgt etwa ein Fünftel, der des Stickstoffs etwa vier Fünftel. Die Verbrennung ist eine Reaktion mit Sauerstoff.

V1 Fülle in ein Verbrennungsrohr Eisenwolle und verbinde es mit einer Wasserstrahlpumpe. Erhitze das Verbrennungsrohr, entferne den Brenner nach Entzündung der Eisenwolle und sauge stoßweise Luft durch das Rohr. Was beobachtest du?

V2 Wiege einen Bausch Eisenwolle vor und nach der Verbrennung.

V3 **a)** Baue eine Apparatur nach [B5] auf. Schiebe die eingeschlossene Luftportion (100 ml) mehrmals über die erhitzte Eisenwolle. Lies das Volumen des Restgases ab und ermittle den Verbrauch.
b) Drücke das Restgas in ein Reagenzglas und halte einen brennenden Holzspan hinein.

A1 Nenne Maßnahmen, durch die sich die Temperatur bei der Verbrennung eines Stoffes erhöhen lässt.

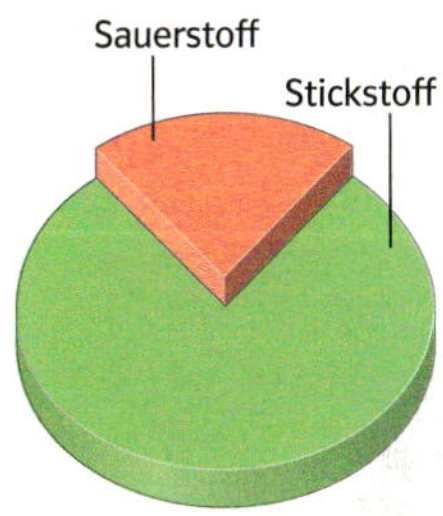

B6 Luft enthält zu ca. 21 % Sauerstoff (Volumenanteil)

Exkurs Durchtrennen einer Eisenplatte mit einem Schneidbrenner

Auf Baustellen kann man oft beobachten, dass Eisenplatten mit Schneidbrennern zerteilt werden. Zunächst erhitzt man das Metall mit der Brennerflamme. Danach schließt man die Zufuhr des brennbaren Gases und lässt nur noch reinen Sauerstoff auf die glühende Metalloberfläche strömen. Das Metall reagiert mit dem Sauerstoff unter starker Wärmeentwicklung. Es bildet sich ein heftiger Funkenregen von reagierendem Eisen und weggeschleudertem Reaktionsprodukt. Zurück bleibt ein schmaler Spalt.

2.5 Metalle reagieren mit Sauerstoff

Ein Holzspan, der an Luft nur glimmt, flammt in reinem Sauerstoff auf. Offensichtlich verläuft die Verbrennung in reinem Sauerstoff heftiger als an Luft.

B1 Eisenwolle verbrennt in Sauerstoff

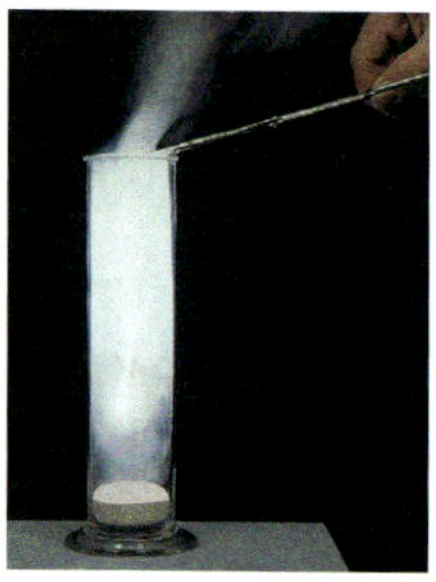

B2 Magnesium verbrennt in Sauerstoff

Verbrennung von Metallen in reinem Sauerstoff. Eisenwolle, die an der Luft nur verglüht, verbrennt in reinem Sauerstoff unter lebhaftem Funkensprühen [V1, B1]. Magnesium verbrennt in Sauerstoff rasch und noch heftiger als in Luft. Das Reaktionsprodukt zeigt sich als weißer Rauch, der sich teilweise an der Glaswand niederschlägt [V1, B2].
Während sich eine Schicht aus Kupferpulver auf einer Magnesiarinne nicht entzünden lässt, kommt es in Sauerstoff zu einer Reaktion unter Aufglühen [V3].
Bei diesen Versuchen unterscheiden sich die Reaktionsprodukte nicht von denen, die bei der Verbrennung der betreffenden Metalle an Luft entstehen.

Neue Stoffe aus Metallen und Sauerstoff. Wenn man ein Magnesiumband an einem Ende entzündet, pflanzt sich die Reaktion schnell durch das ganze Band fort [B2].
Es entsteht ein weißer, einheitlicher Feststoff, ein Reinstoff, dessen Eigenschaften keine Verwandtschaft mit den Ausgangsstoffen erkennen lassen. Durch eine chemische Reaktion ist ein neuer Stoff entstanden. Bei der Reaktion von Eisenwolle in Sauerstoff erhält man blauschwarze, spröde Brocken. Die Stoffe Eisen und Sauerstoff sind nicht mehr vorhanden. Auch in diesem Fall haben die Ausgangsstoffe zu einem neuen Stoff reagiert.

Metall/Metalloxid Name	Metall Eigenschaften	Metalloxid Eigenschaften
Magnesium/ Magnesiumoxid	silberglänzend; Schmelztemp. 649 °C	weiß, spröde; Schmelztemp. 2802 °C
Eisen/ Eisenoxid	grau glänzend; Schmelztemp. 1535 °C	blauschwarz, spröde; Schmelztemp. 1594 °C
Kupfer/ Kupferoxid	rötlich glänzend; Schmelztemp. 1083 °C	schwarz, spröde; Schmelztemp. 1330 °C
Silber/ Silberoxid	silberglänzend; Schmelztemp. 962 °C	schwarz, spröde; zersetzt sich ab 160 °C

B3 Eigenschaften einiger Metalle und ihrer Oxide

Metalle und Sauerstoff reagieren zu Metalloxiden. Metalle – mit Ausnahme von Platin und Gold – reagieren mit Sauerstoff zu neuen Stoffen. Es läuft eine chemische Reaktion ab, bei der aus *Ausgangsstoffen* (Edukten) *Reaktionsprodukte* entstehen. Ausgangangsstoffe und Reaktionsprodukte haben völlig veschiedene Eigenschaften [B3].

Die Reaktionsprodukte, die bei Reaktionen der Metalle mit Sauerstoff entstehen, heißen **Oxide** (von griech./lat. Oxygenium, Sauerstoff). Beispiele sind: Magnesiumoxid, Eisenoxid und Kupferoxid.
Metalloxide unterscheiden sich deutlich von den Metallen, aus denen sie entstehen können. Es sind spröde Stoffe mit hoher Schmelztemperatur.

Das Reaktionsschema. Chemische Reaktionen lassen sich durch eine Schreibweise darstellen, die man als Reaktionsschema bezeichnet. Dieses lautet für die Reaktion von Magnesium und Sauerstoff:

Magnesium + Sauerstoff ⟶ Magnesiumoxid

Lies:
Magnesium und Sauerstoff reagieren zu Magnesiumoxid

Zwischen den Namen der Ausgangsstoffe und Reaktionsprodukte steht der Reaktionspfeil. Er bezeichnet die Richtung der chemischen Reaktion. Auf der linken Seite des Reaktionsschemas stehen die Ausgangsstoffe, auf der rechten Seite, nach der Pfeilspitze, die Reaktionsprodukte. Der Reaktionspfeil wird gelesen als „reagieren zu". Das „+"-Zeichen ist als aufzählendes „und" zu verstehen.

V1 Brennende Eisenwolle bzw. ein brennendes Magnesiumband wird in ein mit Sauerstoff gefülltes hohes Glasgefäß gehalten, dessen Boden mit Sand bedeckt ist. (Vorsicht! Schutzbrille!)

Für die Reaktionen von Metallen mit Sauerstoff gilt allgemein:

Metall + Sauerstoff ⟶ Metalloxid

Eine Reaktion, bei der ein Stoff mit Sauerstoff reagiert, nennt man Oxidation.

Oxidationen unter gleichen Bedingungen. Bei den bisher beobachteten Verbrennungen reagierten die Metalle offensichtlich unterschiedlich heftig. Da hierbei auch der Zerteilungsgrad (Kap. 2.4, B3) eine wichtige Rolle spielt, kann ein Vergleich der Heftigkeit, mit der die Oxidationen verschiedener Metalle verlaufen, nur durch Metallportionen gleicher Korngröße erfolgen.

Man lässt jeweils Pulver von Kupfer, Eisen und Magnesium in die rauschende Brennerflamme rieseln. Nach Zündung in der Flamme kommt es außerhalb dieser zur Reaktion mit dem Sauerstoff der Luft [V2]. Dabei zeigen sich deutliche Unterschiede in der Helligkeit der Flamme und damit in der Heftigkeit der Reaktion [B4].

Von den untersuchten Metallen zeigt Kupfer die geringste und Magnesium die größte Heftigkeit der Oxidationsreaktion. Es ergibt sich folgende Reihenfolge:

Zunahme der Heftigkeit ⟶
Kupfer, Eisen, Magnesium

Metalle, die heftig mit Sauerstoff reagieren, z. B. Magnesium, Zink, Eisen, werden **unedle Metalle** genannt. Ihnen stehen die **Edelmetalle** gegenüber. Kupfer und Silber stehen dazwischen. Silber reagiert unter normalen Bedingungen nicht mit Sauerstoff, jedoch unter höherem Druck. Edelmetalle sind die einzigen Metalle, die in der Natur als metallische Stoffe (gediegen) vorkommen.

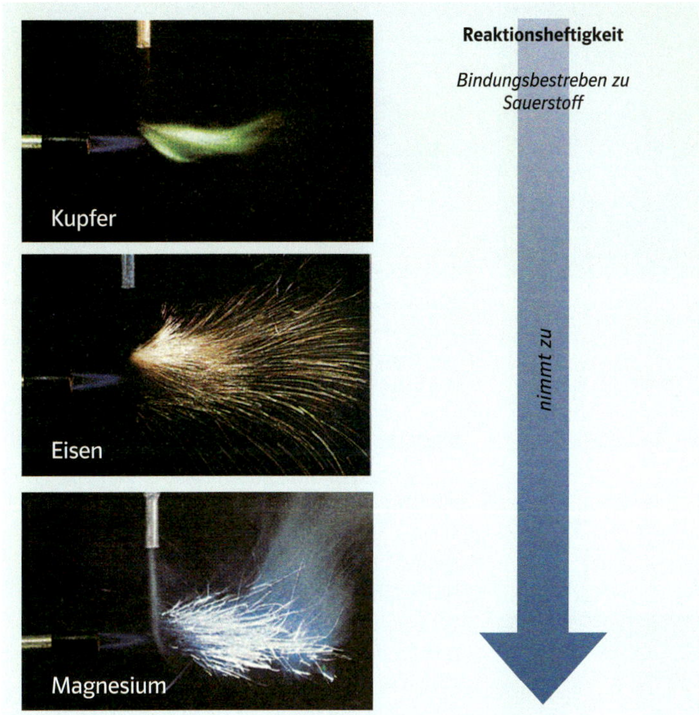

B4 Reaktionsheftigkeit bei der Oxidation verschiedener Metalle

V2 Lasse jeweils eine kleine Portion Kupfer-, Eisen- und Magnesiumpulver gleicher Korngröße von oben in die rauschende Flamme eines waagerecht eingespannten Brenners rieseln. Verwende dazu einen kleinen Trichter.

V3 Fülle ein Glasgefäß mit Sauerstoff. Gib auf eine Magnesiarinne eine Schicht Kupferpulver. Halte die Rinne mit einer Klammer, erhitze an einem Ende auf Rotglut und schiebe die Rinne in das waagerecht gehalterte Gefäß. Führe den Versuch auch mit Eisenpulver und Zinkpulver durch.

A1 Vergleiche die beiden Versuche: „Eisen reagiert mit Luft bzw. mit Sauerstoff". Begründe den Unterschied.

A2 Bleche unedler Metalle verlieren ihren Glanz, wenn sie längere Zeit an der Luft aufbewahrt werden [B5]. Suche nach einer Erklärung.

B5 Magnesiumband

2.6 Praktikum Metalle reagieren mit Schwefel

B1 Silbersulfid auf einem Silberlöffel

B2 Natürlich vorkommende Metallsulfide
Oben: Zinnober (Quecksilbersulfid)
unten: Bleiglanz (Bleisulfid)

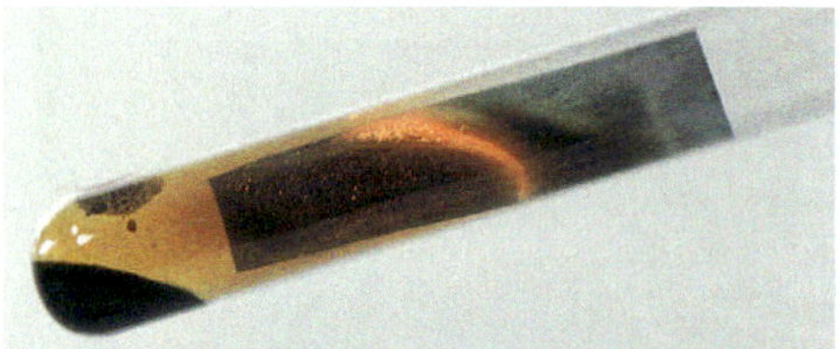

B3 Ein neuer Stoff aus Kupfer und Schwefel

Metalle und Schwefel reagieren zu Metallsulfiden. Bei der Reaktion eines Metalles mit Schwefel entsteht ein Metallsulfid. Der Name des Reaktionsprodukts wird aus dem Namen des Metalls mit der Endung „sulfid" gebildet.

V1 Kupfer reagiert mit Schwefel

Geräte und Chemikalien: Gasbrenner, Stativ, Klemme, Muffe, Tiegelzange, Kupferblech (2 cm x 4 cm, Dicke 0,1 mm), Schwefel (erbsengroße Stücke), Luftballon.
Durchführung: Gib in ein Reagenzglas etwa 6 Schwefelstücke und spanne es fast waagerecht ein. Schiebe den Kupferblechstreifen als „Dach" gefaltet bis zur Mitte in das Reagenzglas und verschließe es dicht mit einem Luftballon. Erhitze das Kupferblech und bringe den Schwefel zum Sieden, sodass der Schwefeldampf über das heiße Kupferblech streicht. Ziehe den noch heißen, veränderten Streifen mit einer Pinzette aus dem Reagenzglas und halte ihn kurz in die nicht leuchtende Brennerflamme, sodass noch anhaftender Schwefel verbrennt. (Abzug!)
Aufgabe:
Protokolliere die Versuchsbeobachtungen.

V2 Untersuchung des Produktes aus [V1]

Geräte und Chemikalien: Becherglas, 2 Reagenzgläser, Reibschale mit Pistill, Spatel, Lupe, Kupfer, Schwefel.
Durchführung:
a) Halte zur Untersuchung der Wärmeleitfähigkeit ein dünnes Stück Schwefel, ein Kupferblech und den blauschwarzen Streifen aus [V1] in heißes Wasser.
b) Versuche, den blauschwarzen Streifen zu verbiegen. Vergleiche mit einem Kupferblechstreifen und einem Stück Schwefel.
c) Zerreibe den blauschwarzen Stoff und betrachte eine kleine Portion unter der Lupe. Verfahre ebenso mit einem Gemisch aus Kupfer- und Schwefelpulver.
d) Fülle zwei Reagenzgläser etwa zur Hälfte mit Wasser und gib in das erste eine kleine Portion des zerriebenen blauschwarzen Stoffes und in das andere eine kleine Portion des Kupfer-Schwefel-Gemisches. Schüttle kräftig und lass die Reagenzgläser eine Weile stehen.
Aufgabe:
Vergleiche den erhaltenen Stoff aus [V1] mit Kupfer und Schwefel. Stelle die Versuchsbeobachtungen übersichtlich zusammen und deute sie. Formuliere das Reaktionsschema.

V3 Eisen reagiert mit Schwefel

Geräte und Chemikalien: Gasbrenner, Stativmaterial, Reibschale mit Pistill, Spatel, Reagenzglas, Magnet, Eisenpulver, Schwefelpulver, Luftballon, Schutzbrille.
Durchführung: Mische 14 g Eisenpulver und 8 g Schwefelpulver.
a) Gib eine Hälfte des Gemisches in ein Reagenzglas, spanne dieses leicht schräg ein. Verschließe das Reagenzglas dicht mit einem Luftballon. Erhitze das Gemisch am Boden des Reagenzglases mit der rauschenden Brennerflamme. Nimm den Brenner weg, wenn das Gemisch aufglüht, und beobachte den weiteren Verlauf.
b) Untersuche den entstandenen Stoff im Vergleich zu Eisen und Schwefel. Gehe dazu wie in [V2c] und [V2d] vor und untersuche zusätzlich die Magnetisierbarkeit der verschiedenen Stoffe.
Aufgaben:
1. Protokolliere den Versuchsverlauf.
2. Stelle die Versuchsergebnisse in einer Tabelle zusammen und deute sie.

V4 Silber reagiert mit Schwefel

Führe [V1] entsprechend mit einem Silberblech durch. Vergleiche die Ausgangsstoffe und den neuen Stoff miteinander.
Verreibe etwas Schwefelpulver auf der Oberfläche eines versilberten Gegenstandes und wische nach einiger Zeit ab. Deute deine Beobachtung.

2.7 Verbindungen und elementare Stoffe

Viele Metalloxide kommen in der Natur vor [B3]. Aus ihnen können Metalle gewonnen werden. Lässt sich auch das wertvolle Silber aus Silberoxid gewinnen?

Zerlegung von Silberoxid. Wird Silberoxid vorsichtig erhitzt, entsteht aus dem schwarzen ein weißgrauer Feststoff, während ein Gas entweicht [B1]. Unterbricht man die Wärmezufuhr, hört die Gasentwicklung auf. Wird weiter erhitzt, entsteht wieder ein Gas, so lange bis der schwarze Stoff ganz verschwunden ist. Der erhaltene Rückstand lässt sich zu einer silberglänzenden Kugel zusammenschmelzen und kann zu einem biegsamen Plättchen ausgehämmert werden. Im aufgefangenen Gas flammt ein glimmender Span auf (Glimmspanprobe).
Silberoxid ist in Silber und Sauerstoff zerlegt worden. Die Zerlegung eines Metalloxids ist eine chemische Reaktion.

Silberoxid ⟶ Silber + Sauerstoff

Der Reinstoff Silberoxid ist in die Stoffe Silber und Sauerstoff zerlegt worden, aus denen er auch gebildet werden kann. Weder Silber noch Sauerstoff können durch eine chemische Reaktion in weitere Stoffe **zerlegt** werden. Silber und Sauerstoff sind **elementare Stoffe** oder Elemente. Silberoxid ist eine Verbindung.

Elementare Stoffe, sind Reinstoffe, die sich nicht in andere Stoffe zerlegen lassen.

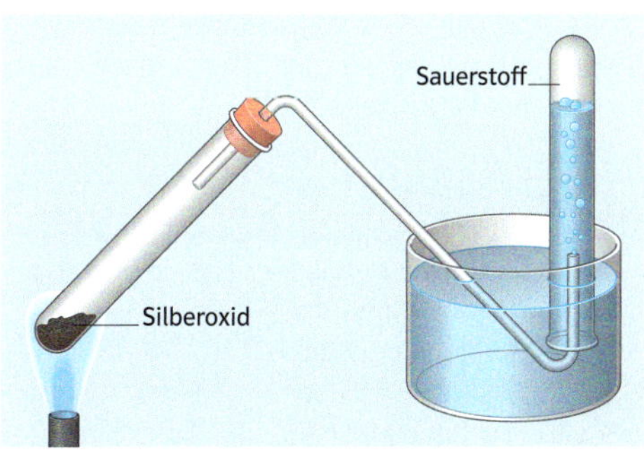

B1 Zerlegung von Silberoxid durch Wärmezufuhr

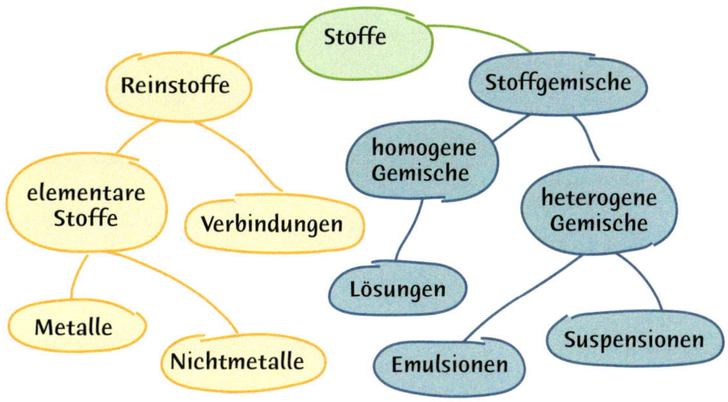

B2 Einteilung der Stoffe. Eine Möglichkeit zur Ordnung der Vielzahl der Stoffe

Verbindungen sind Reinstoffe, die sich in wenigstens zwei elementare Stoffe zerlegen lassen.

Analyse von griech. analysein, auflösen

Synthese von griech. synthesis, Verknüpfung

Die Zerlegung (Analyse) von Silberoxid ist die *Umkehrung* der chemischen Reaktion zur Bildung (Synthese) von Silberoxid aus den elementaren Stoffen Silber und Sauerstoff. Grundsätzlich lässt sich jedes Metalloxid in die elementaren Stoffe Metall und Sauerstoff zerlegen. Im Schullabor gelingt dieses aber nur bei sehr wenigen Metalloxiden, weil die dazu notwendigen hohen Temperaturen nicht erreicht werden.

Man kennt heute über 100 elementare Stoffe. Die meisten davon sind Metalle.

V1 Schutzbrille! Man gibt etwa 0,5 g Silberoxid in ein Reagenzglas und verbindet dieses über ein Gasableitungsrohr mit einem mit Wasser gefüllten Reagenzglas [B1]. Das Silberoxid wird mit kleiner Flamme vorsichtig erhitzt. Nach kurzer Zeit wird das Erhitzen für einen Moment unterbrochen und die Gasentwicklung beobachtet; anschließend wird sofort weiter erhitzt. Vor dem Ende des Erhitzens wird das Gasableitungsrohr aus dem Wasser genommen. In beiden Reagenzgläsern wird das Glimmspanprobe durchgeführt. Den enthaltenen Feststoff schmilzt man zusammen.

B3 Natürlich vorkommende Metalloxide. Oben: Magnetitoktaeder, unten: Cuprit

2.8 Chemische Reaktion und Energie

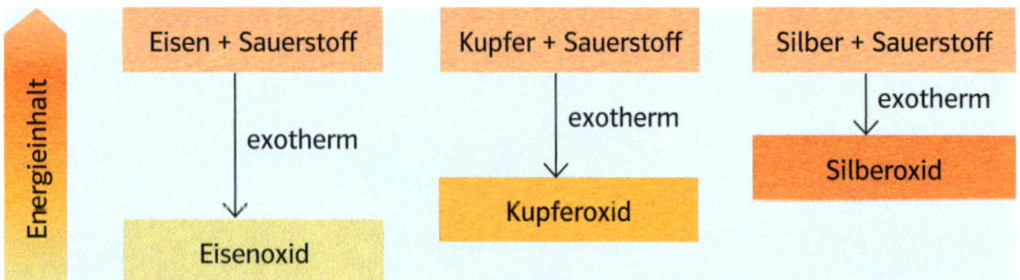

B1 Exotherme Reaktionen. Der Energieinhalt der Ausgangsstoffe ist größer als der der Produkte

Manche Metalle reagieren heftig mit Sauerstoff unter sichtbarer Energieabgabe (Kap. 2.5). Warum müssen die Ausgangsstoffe aber zunächst erhitzt werden? Wie kommt das Verbrennen und Verglühen zustande?

Exotherme und endotherme Reaktionen. Erhitzt man Eisenwolle in einem kleinen Bereich bis zum Glühen und hält sie in Sauerstoff, so pflanzt sich die Reaktion unter hellem Aufglühen durch die ganze Stoffportion fort (Kap. 2.4, B2). Während der Reaktion ist das entstehende Eisenoxid sehr heiß. Die Wärme, die das Glühen verursacht, kann nicht von außen kommen. Sie muss bei der Reaktion selbst frei werden.
Dies lässt sich so erklären: Das Gemisch der Ausgangsstoffe hat einen bestimmten Energieinhalt. Das daraus gebildete Reaktionsprodukt hat ebenfalls einen bestimmten Energieinhalt, dieser ist aber kleiner als der der Ausgangsstoffe. Der Unterschied zwischen den Energieinhalten zeigt sich bei der Reaktion. Es wird viel mehr Energie in Form von Wärme (thermischer Energie) abgegeben, als vorher mit dem Brenner zugeführt worden ist.

B2 Auslösen einer chemischen Reaktion

Chemische Reaktionen, die unter Energieabgabe verlaufen, nennt man exotherme, solche, die nur unter andauernder Energiezufuhr ablaufen, endotherme Reaktionen.

Meist wird die Energie bei chemischen Reaktionen in Form von thermischer Energie zugeführt oder abgegeben.

Neben der **Bildung** neuer Stoffe ist die Abgabe oder Aufnahme von Energie ein Hinweis auf eine chemische Reaktion.

Im Reaktionsschema wird der exotherme oder endotherme Verlauf einer Reaktion auf folgende Weise festgehalten:

Silber + Sauerstoff ⟶ Silberoxid | **exotherm**

Silberoxid ⟶ Silber + Sauerstoff | **endotherm**

Bei der **Bildung** der Metalloxide wird jeweils ein bestimmter Energiebetrag frei. Je größer dieser Energiebetrag ist, desto mehr Energie muss dem Metalloxid zur **Zerlegung** zugeführt werden. Bei den Oxiden unedler Metalle gelingt die Zerlegung daher nur bei sehr hohen Temperaturen.

Die Oxidation der Metalle ist eine umkehrbare chemische Reaktion.

Auch Reaktionen der Metalle mit Schwefel zu Metallsulfiden verlaufen exotherm. Der frei werdende Energiebetrag ist bei der Bildung von Eisensulfid größer als bei der Bildung von Kupfersulfid. Wie bei der Bildung der betrachteten Oxide ist der frei werdende Energiebetrag bei der Bildung von Silbersulfid am kleinsten.

Auslösen einer chemischen Reaktion. Obwohl bei der Reaktion von Eisen und Sauerstoff sehr viel Energie frei wird, kommt die Reaktion erst durch Zufuhr thermischer Energie in Gang. Es genügt allerdings, nur einen kleinen Teil der Eisenwolle oder des Eisenpulvers zu erhitzen und mit Sauerstoff zusammenzubringen. Hat die Reaktion an einer Stelle eingesetzt, reicht die dort frei werdende thermische Energie aus, dass die Reaktion weiterläuft.

V1 Mische 7 g Eisenpulver und 4 g Schwefelpulver und häufe das Gemisch auf einem Keramik-Drahtnetz auf. Berühre das Gemisch mit einer glühenden Stricknadel. (Abzug! Schutzbrille!)

A1 Notiere jeweils einen exothermen und endothermen Vorgang aus deinem Alltag.

2.9 Chemische Reaktion und die Masse der Stoffe

Bei der exothermen Reaktion des Eisens mit Sauerstoff ist der Energieinhalt des Eisenoxids geringer als derjenige der Ausgangsstoffe (Kap. 2.8). Wir konnten feststellen, dass bei dieser Reaktion das Eisenoxid eine größere Masse als die eingesetzte Eisenportion besitzt (Kap. 2.4). Wie verhält es sich aber, wenn man alle Massen der Stoffe vor und nach der Reaktion bestimmt?

Erhaltung der Masse bei der Bildung von Metalloxiden. Um bei der Oxidation des Eisens auch die Masse des Sauerstoffs zu berücksichtigen, muss die Reaktion in einer geschlossenen Apparatur durchgeführt werden. Vergleicht man die Masse der Ausgangsstoffe Eisen und Sauerstoff mit der Masse des Reaktionsproduktes Eisenoxid, so stellt man keinen Unterschied fest [V1]. Allgemein gilt für die Reaktion der Metalle mit Sauerstoff:

Metall	+	Sauerstoff	$\longrightarrow$	Metalloxid
m_1	+	m_2	=	m_3

Gesetz von der Erhaltung der Masse. Verbrennt man Streichhölzer [V2] in einem verschlossenen Reagenzglas und bestimmt die Masse des Reagenzglases mit Inhalt vor und nach der Reaktion, so stellt man ebenfalls keine Änderung der Masse fest. Bei einer beliebigen chemischen Reaktion lässt sich auch mit sehr empfindlichen Waagen **keine Massenänderung** feststellen.

Ende des 18. Jahrhunderts machte der französische Chemiker Antoine Laurent Lavoisier die Chemie zu einer messenden Wissenschaft. Lavoisier führte viele chemische Reaktionen in geschlossenen Apparaturen durch. Von ihm stammt das *Gesetz von der Erhaltung der Masse.*

Bei jeder chemischen Reaktion ist die Gesamtmasse der Reaktionsprodukte gleich der Gesamtmasse der eingesetzten Stoffe (Edukte).

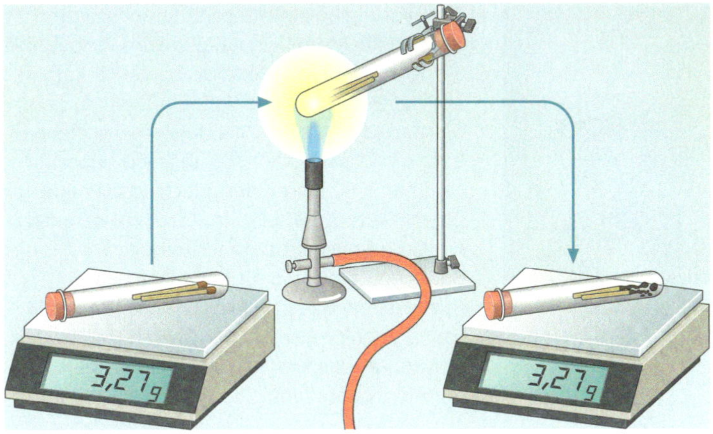

B1 Massenerhaltung. Masse des Reagenzglases mit Inhalt vor und nach der Reaktion ist gleich

V1 Man leitet Sauerstoff in einen Kolben, dessen Boden mit Sand bedeckt ist, und verschließt ihn mit einem Stopfen, in dem zwei Stricknadeln stecken, die einen Eisenwollebausch tragen. Man bestimmt die Masse der Apparatur. Gezündet wird durch eine Spannung von einigen Volt. Nach dem Abkühlen wird erneut gewogen.

V2 Gib in ein Reagenzglas zwei Streichhölzer mit dem Kopf zum Boden. Verschließe das Reagenzglas mit einem Stopfen. Befestige den Stopfen zusätzlich mit einem Klebeband am Reagenzglasrand. Bestimme die Masse des Reagenzglases mit Inhalt. Bringe durch Erhitzen des Reagenzglasbodens (Schutzbrille!) die Streichhölzer zum Entzünden. Bestimme nach dem Abkühlen erneut die Masse. Lege in deinem Heft eine geeignete Tabelle an.
a) Übertrage deine Werte in die Tabelle.
b) Trage die Werte der anderen Gruppen in deine Tabelle ein.
c) Deute die Versuchsergebnisse.

A1 Bei der Zerlegung von 464 mg Silberoxid werden 432 mg Silber gebildet. Wie groß ist die Masse der gebildeten Sauerstoffportion?

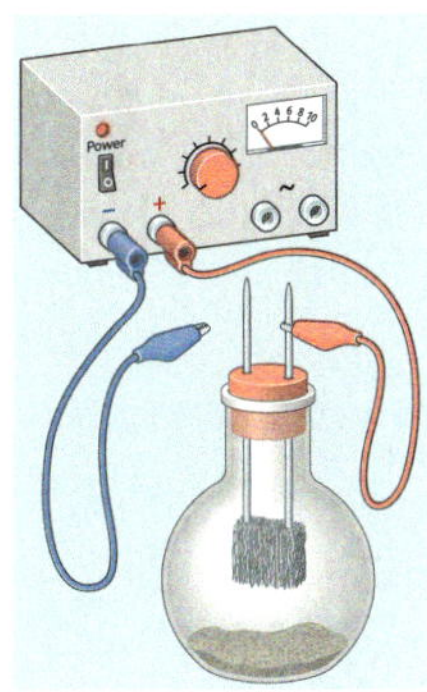

B2 Zu Versuch 1

B3 Antoine Laurent Lavoisier (1743–1794)

2.10 Atome als kleinste Teilchen

B1 John Dalton (1766 – 1844)

Atom
von griech. atomos, unteilbar

B2 Zeichen von Dalton

Zur Deutung bestimmter Stoffeigenschaften hat sich die Modellvorstellung vom Aufbau der Stoffe aus kleinsten Teilchen bewährt (Kap. 1.6). Lassen sich solche Vorstellungen auch zur Deutung chemischer Reaktionen heranziehen? Über die Existenz kleinster Teilchen hat schon vor über 2000 Jahren der griechische Philosoph Demokrit (460 - 371 v. Chr., Kap. 1.5) spekuliert. Aus dem Griechischen stammt auch die Bezeichnung **Atome** für diese Teilchen.
Aber erst die Gesetze, die durch die Untersuchung der Massen bei chemischen Reaktionen gewonnen wurden, führten zu einer begründeten Atomvorstellung.

Die Atomvorstellung nach Dalton. Erst vor 200 Jahren entwickelte der englische Gelehrte John Dalton [B1] bei der Untersuchung von Gasen eine weitergehende Vorstellung: Jeder elementare Stoff besteht aus einer Atomart. Alle Atome einer Atomart sind untereinander gleich. Sie unterscheiden sich von den Atomen anderer elementarer Stoffe in ihrer Größe und Masse. Diese anschauliche Vorstellung von Atomen als winzigen Kügelchen mit bestimmter Masse bezeichnet man als **Dalton-Atommodell**. Mit ihm lassen sich einige grundlegende Sachverhalte der Chemie auf einfache und anschauliche Weise deuten.
Die Masse eines Atoms ist unvorstellbar klein; entsprechend groß ist die Anzahl der Atome einer Stoffportion. Dalton hielt die Masse eines einzelnen Atoms für nicht messbar. Seine Versuche zeigten jedoch, dass das Wasserstoffatom die kleinste Masse besitzt.

Chemische Zeichen. Um verschiedene Atomarten zu kennzeichnen, verwendete Dalton Zeichen [B2]. Durch Kombination dieser Zeichen versuchte er die Zusammensetzung von Verbindungen anzugeben.

Heute verwendet man Zeichen, die auf den schwedischen Naturwissenschaftler Jöns Jakob Berzelius (1779–1848) zurückgehen. Diese Zeichen, die aus einem großen Buchstaben oder einem großen und einem kleinen Buchstaben für die Atome bestehen, leiten sich meist von den lateinischen oder griechischen Namen für die elementaren Stoffe ab.

Elementarer Stoff und Element. Die Stoffe Kupfer, Eisen und Sauerstoff sind Beispiele für elementare Stoffe. Ein **elementarer Stoff** besteht aus Atomen einer Atomart, die sich von den Atomen anderer elementarer Stoffe in ihrer Masse und Größe unterscheiden. Für die Atomarten wird der Begriff **Element** verwendet.

Elementname		Zeichen für das Atom
deutsch	lat./griech.	
Wasserstoff	Hydrogenium	H
Kohlenstoff	Carboneum	C
Stickstoff	Nitrogenium	N
Sauerstoff	Oxygenium	O
Magnesium	Magnesium	Mg
Aluminium	Aluminium	Al
Schwefel	Sulfur	S
Eisen	Ferrum	Fe
Kupfer	Cuprum	Cu
Zink	Zincum	Zn
Silber	Argentum	Ag
Blei	Plumbum	Pb

B3 Zeichen für Atome einiger Elemente

A1 Warum reicht zur Kennzeichnung der Atomarten nicht ein Buchstabe aus?

A2 Suche drei Elemente und ihre Zeichen aus dem Tabellenanhang heraus, die nach Ländern benannt sind.

► Struktur der Materie

2.11 Impulse Elemente Bingo

Heute sind über 100 chemische Elemente bekannt. Aber keine Sorge – du musst nicht alle Zeichen (Symbole) auswendig lernen! Die Zeichen für Atome der Elemente, die häufig im Unterricht eingesetzt werden, prägen sich allmählich ein; du kannst sie jedoch auch spielerisch, z. B. in einer Partnerarbeit, erlernen:

Vorbereitung:
a) Jeder von euch beiden zeichnet für das Elemente-Bingo auf ein Blatt Papier ein Quadrat mit der Seitenlänge von ca. 8 cm und unterteilt dieses große Quadrat in 16 kleine Quadrate.
b) Tragt beide in die 16 Quadrate eures Spielfeldes 16 unterschiedliche Elementsymbole ein. Wenn ihr beiden eure *Spielscheine* ausgefüllt habt (nicht abgucken!), beginnt das Spiel.

Spielbeginn:
Nenne einen Elementnamen und schreibe diesen auf ein zweites Blatt. Hast du ein Element deines Partners erraten, sagt dieser „Bingo!".
Du darfst so lange weitere Elementnamen nennen, wie du Treffer erzielst.
Bei einem Nichttreffer nennt dein Partner Elementnamen und schreibt diese auf.

Hast du alle Elemente deines Partners erraten, ruft dieser dreimal „Bingo!" Hat dein Partner alle deine Elemente erraten, rufst du dreimal „Bingo".
Dann vergleicht ihr eure beiden Spielscheine. Habt ihr Elementsymbole den Elementnamen falsch zugeordnet oder die Zeichen nicht korrekt geschrieben, gibt es für jede falsche Zuordnung oder für jedes falsche Zeichen 2 Punkte Abzug.
Für jedes getroffene Element erhält jeder von euch einen Punkt.

Sieger ist der, der die meisten Punkte erzielt hat. In einer Spielrunde kann jeder Spieler also maximal 16 Punkte erreichen.

Silber
Lateinisch argentum
Englisch silver,
Deutsch Silber,
Französisch argent.

Das chemische Symbol „Ag" wurde 1814 von J. J. BERZELIUS eingeführt.

Die Griechen nannten das Silber „argyros", d. h. glänzend, davon leiteten die Römer „argentum" ab.

Der deutsche und der englische Name gehen wahrscheinlich auf das althochdeutsche „silabar" zurück, das wiederum auf das assyrische „sirapiim" zurückzuführen ist, dieses bedeutet „weißes Metall".

Ergebnis des Beispiels: Sina: 13 Treffer; Peter: 16 Treffer, 2 Zeichen falsch (M für Mangan, richtig Mn; Ka für Kalium, richtig K) 16 – 4 = 12 Punkte; Sina ist die Siegerin!

Ein Beispiel für eine Elemente-Bingo-Spielsituation

2.12 Chemische Reaktion und Teilchenmodell

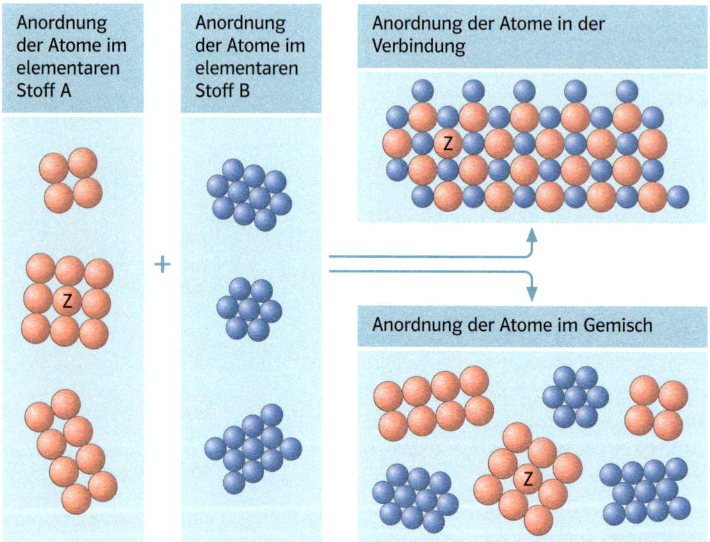

B1 Teilchenmodell zur chemischen Reaktion und der Herstellung eines Gemisches bei zwei elementaren Feststoffen

Kupfer und Sauerstoff reagieren zu Kupferoxid. In dieser Verbindung ist weder der elementare Stoff Kupfer noch der elementare Stoff Sauerstoff enthalten. Trotzdem ist es möglich, durch starkes Erhitzen aus Kupferoxid die beiden elementaren Stoffe herzustellen. Bei einer chemischen Reaktion tritt keine Änderung der Masse auf, obwohl die Edukte nicht mehr existieren. Wie lassen sich diese bemerkenswerten Tatsachen deuten?

Chemische Reaktion als Atomumgruppierung. Die folgende Betrachtung lässt sich durch die Reaktion zweier elementarer Feststoffe zu einer Verbindung veranschaulichen. Geht man davon aus, dass die Atome der Edukte bei einer chemischen Reaktion nicht zerstört werden, so müssen die Atome der Edukte in der Verbindung noch enthalten sein.

In einem Gemisch zweier elementarer Feststoffe liegen selbst bei kleinster Zerteilung immer noch riesige Atomverbände der beiden Atomarten nebeneinander vor, welche die jeweiligen Stoffeigenschaften unverändert aufweisen.
Zwischen den Atomen wirken Anziehungskräfte. Ihre Größe hängt von der Atomart ab.

Reagieren die Atomverbände der Edukte, entsteht ein neuer Verband durch die größeren Anziehungskräfte zwischen den Atomen der beiden Atomarten. Dadurch erhalten im Teilchenverband der Verbindung die Atome jeder Atomart als Nachbarn Atome der anderen Atomart [B1, Atom Z]. Für eine bestimmte Verbindung ist das Anzahlverhältnis der Atome beider Atomarten immer gleich, im einfachsten Fall 1:1.

Kennzeichen einer chemischen Reaktion ist die Entstehung einer neuen Teilchenstruktur mit anderen Anziehungskräften zwischen den Teilchen. Damit ist eine Änderung des Energieinhalts verbunden.

In einem Stoff liegt immer die gleiche, ganz bestimmte Atomgruppierung vor, in unterschiedlichen Stoffen findet man verschiedene Anordnungen. Die auftretenden Anziehungskräfte zwischen den Atomen wirken der Trennung entgegen.

Mit dem Dalton-Atommodell lässt sich die chemische Reaktion als Umgruppierung der Atome und Ausbildung einer neuen Atomanordnung deuten.

Das Gesetz von der Erhaltung der Masse lässt sich durch die Umgruppierung der Atome bei chemischen Reaktionen deuten: Bei einer chemischen Reaktion gehen Atome weder verloren noch entstehen weitere Atome.

A1 Bleiben die Atomanordnungen der Stoffe bei der Bildung der Verbindung Kupfersulfid oder bei der Herstellung eines Gemischs aus Kupfer und Schwefel erhalten? Begründe.

A2 Ist der Zusammenhalt der Atome in den Edukten Eisen und Schwefel größer oder kleiner als im Produkt Eisensulfid? Erläutere.

A3 Interpretiere das Gesetz von der Erhaltung der Masse mit dem Dalton-Atommodell.

► Chemische Reaktion ► Struktur der Materie

2.13 Durchblick Zusammenfassung und Übung

Chemische Reaktion
Einen Vorgang, bei dem aus Ausgangsstoffen, den Edukten, neue Stoffe entstehen, bezeichnet man als chemische Reaktion. Die neuen Stoffe nennt man Reaktionsprodukte.

Verbrennung
Die chemische Reaktion eines Stoffes mit Sauerstoff ist eine Verbrennung. Eine Verbrennung kann auch ohne Licht und Feuererscheinung ablaufen. Verbrennen Stoffe mit Luft reagiert nur der Sauerstoff. Luft ist ein Gasgemisch; der Sauerstoffanteil beträgt etwa ein Fünftel.

Oxidation
Die Reaktion eines Stoffes mit Sauerstoff bezeichnet man als Oxidation. Bei der Oxidation eines Metalls entsteht ein **Metalloxid.** Edle Metalle, z. B. Gold und Platin, reagieren nicht mit Sauerstoff.

Reaktionsschema
Das Reaktionsschema beschreibt eine chemische Reaktion mit den Namen der Ausgangsstoffe vor und der Reaktionsprodukte nach dem Reaktionspfeil.

Energie bei chemischen Reaktionen
Chemische Reaktionen, die unter Energieabgabe verlaufen, sind **exotherme** Reaktionen; solche, die nur unter dauernder Energiezufuhr ablaufen, **endotherme** Reaktionen. Chemische Reaktionen werden durch Zufuhr thermischer Energie **ausgelöst.**

Elementare Stoffe und Verbindungen.
Elementare Stoffe sind Reinstoffe, die sich nicht in andere Stoffe zerlegen lassen. Verbindungen sind Reinstoffe, die sich aus Elementen aufbauen und sich in wenigstens zwei elementare Stoffe zerlegen lassen.

Atome, Zeichen für Atome
Nach DALTON sind die Atome eines elementaren Stoffes untereinander gleich. Sie unterscheiden sich von den Atomen anderer elementarer Stoffe in ihrer Größe und Masse. Die Atome der elementaren Stoffe werden durch Zeichen (Symbole) gekennzeichnet, die aus einem großen Buchstaben oder einem großen und einem kleinen Buchstaben bestehen.

Gesetz von der Erhaltung der Masse
Bei jeder chemischen Reaktion ist die Gesamtmasse der Reaktionsprodukte gleich der Gesamtmasse der Edukte. Bei jeder chemischen Reaktion bleibt die Gesamtzahl der Atome erhalten. Eine chemischen Reaktion lässt sich als **Atomumgruppierung** deuten.

A1 Aus Kupfer und Sauerstoff entsteht Kupferoxid. Beschreibe diesen Vorgang durch Begriffe, die sich auf diese Reaktion anwenden lassen.

A2 Setze aus dem „Buchstabensalat" [B2] die Namen von sechs elementaren Stoffen zusammen. Ein Bruchstück darf nur einmal vorkommen. Gib auch die Zeichen der Atome für die Elemente an.

A3 Chemische Reaktionen werden durch zwei scheinbar im Widerspruch stehende Prinzipien „Erhaltungsprinzip" und „Vernichtungsprinzip" gedeutet.
Was wird bei einer chemischen Reaktion „vernichtet" und was bleibt „erhalten"?

A4 Worin liegt der grundlegende Unterschied zwischen dem Mischen und Trennen von Stoffen und einer chemischen Reaktion?

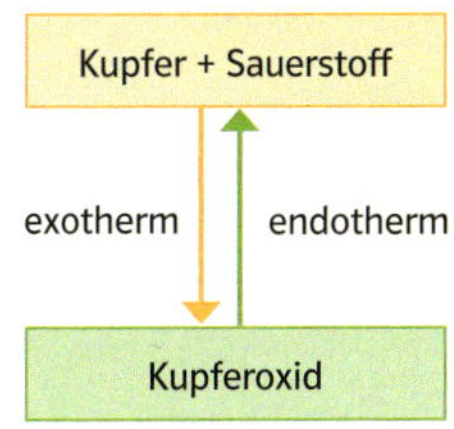

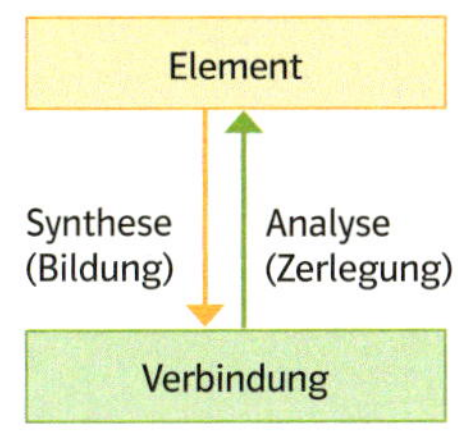

Buchstabensalat:
WAS, ECK, FEL, GO, TIN, STO, BER, LD, PLA, IUM, SER, QU, SCHWE, ALUM, FF, SIL, IN

B2 Zu Aufgabe 2

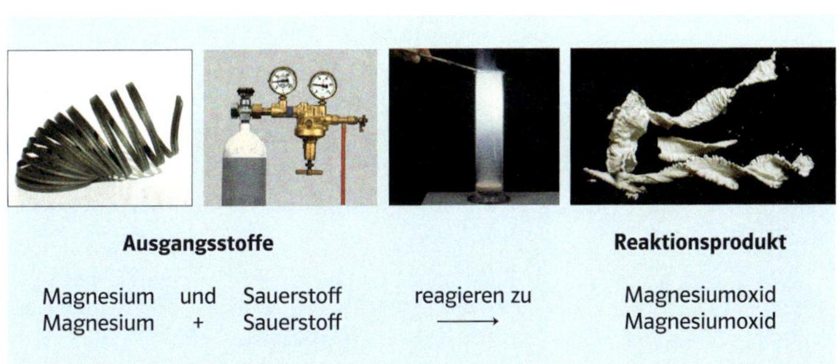

B1 Chemische Reaktion

2.14 Impulse Feuer

Feuer ABC

A	*Asche*
B	*Blitz*
C	
•	
•	
•	
Z	

Seit mehreren hunderttausend Jahren beherrschen und nutzen Menschen das Feuer. Das Feuer hat die Entwicklung des Menschen, seine Kultur und Zivilisation ganz wesentlich mitbestimmt. Für die Menschen war Feuer immer verbunden mit Faszination, Wärme, Schutz, aber auch mit Furcht vor seiner zerstörerischen Wirkung. So ist es auch nicht verwunderlich, dass das Feuer und die damit verbundenen Phänomene auch heute noch in vielen Redensarten eine so bedeutende Rolle spielen wie sonst keine andere Erscheinung.

A1 Versuche Wörter von A bis Z zu finden, die etwas mit Feuer zu tun haben. Sammelt die Begriffe der ganzen Klasse und ordnet diese nach zusammengehörenden Aspekten.

A2 Suche weitere Redensarten, die einen Zusammenhang zu Feuer und Bränden haben. Welche Eigenschaften und Erscheinungen des Feuers stecken jeweils dahinter? Interpretiere die Redensarten.

Wir sind Feuer und Flamme für eine Sache und haben eine zündende Idee, die sich wie ein Lauffeuer ausbreitet. Manchmal sitzen wir auf heißen Kohlen, sind vor Wut entbrannt oder haben mehrere Eisen im Feuer. Man kann angefeuert oder gefeuert werden, einen Streit schüren, Öl ins Feuer gießen, …

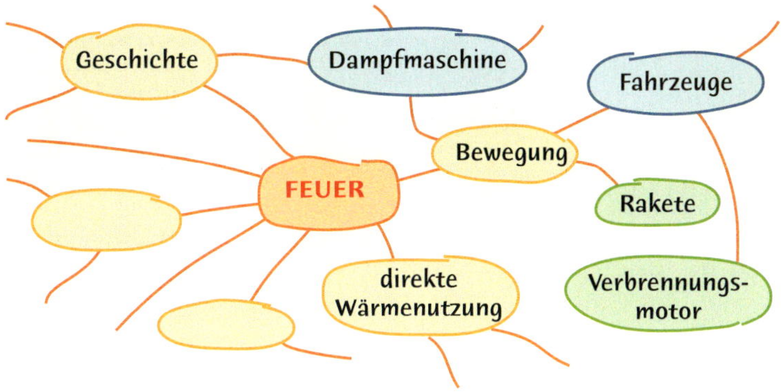

Einige Tipps und mögliche Fragestellungen zur Arbeit in den Arbeitsgruppen (vgl. A4)

- Sammeln von Informationen zu Methoden des Feuermachens von der Steinzeit bis heute
- Recherche im Orts- oder Stadtarchiv über große Brände
- Sammeln (und Interpretieren) von Gedichten, in denen „Feuer" vorkommt
- Zu welchen Zwecken kann man Feuer nutzen?
- Bei welchen Gebrauchsgegenständen (früher und heute) benötigt(e) man Feuer zur Herstellung?
- Ursachen und Folgen von Waldbränden
- Rodung von Wald durch Feuer (einst und heute)
- Feuer und Lebensmittelkonservierung
- Bedeutung von Feuer in der Religion
- Wo und wie wurde die Wärme des Feuers in Bewegung umgesetzt? Auswirkungen solcher Erfindungen auf Wirtschaft und Gesellschaft
- Technische Konstruktionen von Feuerstellen

A3 Schaut euch die Bilder auf diesen Seiten an und bringt weitere Bilder und Texte (z. B. aus Zeitungen) zum Thema Feuer mit. Findet anhand dieser Materialien Bereiche, in denen Feuer eine Rolle spielt, z. B. Handwerk, Literatur und Kunst, Werbung, Feuer und Landschaft, Feuerwehr …
Erstellt gemeinsam eine Mindmap (s. Abb. oben).

A4 Wenn ihr eine grobe Mindmap erstellt habt, teilt eure Klasse in verschiedene Arbeitsgruppen auf. Aufgabe der Arbeitsgruppen soll es sein, einzelne Themenbereiche zu bearbeiten. Ein Vertreter oder ein Team der jeweiligen Arbeitsgruppen referiert vor der Klasse. Gemeinsam könnt ihr nun weitere wichtige Begriffe an noch losen Ästen der Mindmap anbringen und evtl. dabei noch weitere Bereiche finden. Um die Mindmap jeweils zu verändern und zu erweitern, könnt ihr z. B. eine Steck-, eine Magnettafel, eine Pinnwand oder Folienteile auf dem Tageslichtprojektor benutzen.

A5 Wenn ihr eine Mindmap habt, überlegt euch gemeinsam, ob es Verknüpfungen zwischen verschiedenen Bereichen gibt (z. B. zwischen Dampfmaschine und Geschichte), sodass ein Netz entsteht. Tragt diese Verknüpfungen mit einer anderen Farbe ein.

A6 Entscheidet, wie ihr das Gesamtergebnis aus den Aufgaben A1 bis A6 präsentieren möchtet (z. B. auf Stellwänden, indem ihr noch Kurzfassungen der Referate an die entsprechenden Stellen des Netzes anhängt, oder durch eine Computerpräsentation).

2.15 Praktikum Lagerfeuer

B1 Am Lagerfeuer

Ein Feuer im Freien darf nur an genehmigten Plätzen entzündet werden. Am besten geeignet ist ein mit Steinen gesicherter Grillplatz.

Für ein Lagerfeuer müssen trockenes Holz, Äste und Wurzeln gesammelt werden. Zunächst wird über zerknülltem Zeitungspapier das Kleinmaterial aufgeschichtet, größere Hölzer werden ringsherum so aufgestellt, dass eine Art lockerer Kegel entsteht, durch den die Luft hindurchströmen kann [B4]. Nach dem Entzünden des Zeitungspapiers wird das Lagerfeuer mit viel Luft in Gang gebracht.
Das Feuer muss dann ständig beaufsichtigt werden. Wenn starker Wind aufkommt, muss man das Feuer sofort löschen. In der Nähe von Gebäuden oder leicht entzündlichen Stoffen darf kein Feuer entfacht werden.

B2 Was brennt am besten?

Aufgabe
Erkunde einen Platz, an dem eine Feuerstelle vorhanden ist und ein Feuer gemacht werden darf.

B3 Eine Flamme wird erstickt

V1 Was brennt am besten?
Geräte und Materialien: Schutzbrille, feuerfeste Handschuhe, feuerfeste Unterlage, Tiegelzange, Teelicht, Streichhölzer, Zeitungspapier, Papiertüte, Schreibpapier, Stroh, Watte, Heu, dünne und dicke Ästchen, Tannen- oder Kieferzapfen, Holzkohle oder andere Brennmaterialien, Wasserflasche, Wasser.
Durchführung:
a) Ziehe die Handschuhe an. Stelle ein brennendes Teelicht auf die feuerfeste Unterlage in der Feuerstelle. Halte kleine Stücke eines Brennmaterials mit der Tiegelzange über die Flamme des Teelichts [B2]. Beobachte, ob die Materialien Feuer fangen.
b) Feuchte Papier und kleine Ästchen mit Wasser an. Wie schnell fängt das Material jetzt Feuer?
Auswertung: Erstelle ein Versuchsprotokoll. Gib zuerst an, welches Brennmaterial du verwendet hast. Beschreibe anschließend, welche Stoffe schnell Feuer fangen und wie sich die Feuchtigkeit auswirkt.

V2 Ein Lagerfeuer aufschichten
Material: Schutzbrille, feuerfeste Handschuhe, Streichhölzer, versch. Brennmaterialien.
Durchführung: Schichte aus verschiedenen Brennmaterialien ein Lagerfeuer auf und entzünde es [B4]. Beobachte, in welcher Reihenfolge die Stoffe Feuer fangen.
Aufgaben:
1) Warum werden locker zerknüllte Papierseiten ins Feuer gelegt und nicht die gefaltete Zeitung?
2) Warum darf im Lagerfeuer kein Kunststoff verbrannt werden?

V3 Feuer löschen
Material: Sand, Schaufel.
Durchführung: Lösche das Lagerfeuer mit Sand [B3]. Beobachte die Feuerstelle so lange, bis du sicher bist, dass in der Asche keine Glut mehr vorhanden ist.
Aufgaben:
1) Unter welchen Bedingungen kann sich ein Feuer wieder entzünden?
2) Die Feuerwehr lässt an einer Brandstelle eine Brandwache zurück. Nenne Gründe.

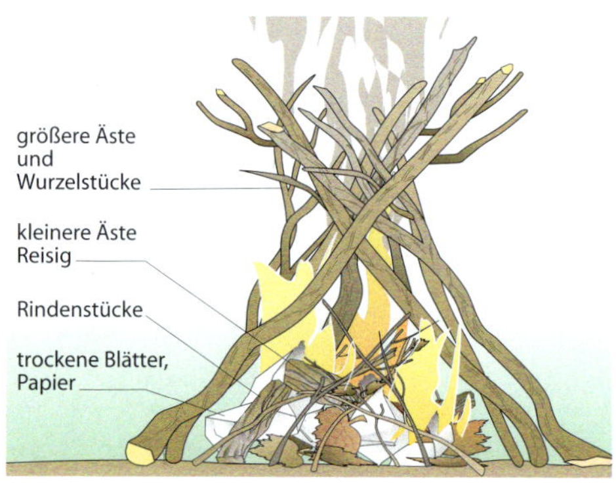

B4 Aufbau eines Lagerfeuer

2.16 Praktikum Untersuchung einer Kerzenflamme

V1 Die Kerzenflamme
Materialien: Kerze, feuerfeste Unterlage (z. B. Fliese), Zündhölzer.
Durchführung:
a) Entzünde eine Kerze und beobachte die Flamme. Welche Veränderungen lassen sich beobachten?
b) Beobachte die Flamme einer brennenden Kerze. Wie viele Zonen sind zu erkennen? Zeichne die Kerzenflamme.
c) Blase die Flamme aus und beobachte etwa eine Minute.
Auswertung:
Notiere deine Beobachtungen.

V2 Was verbrennt in der Kerzenflamme?
Geräte und Materialien: Kerze, feuerfeste Unterlage, Zündhölzer, Metallrohr (d = 6 bis 8 mm; l ca. 6 cm), Klammer.
Durchführung:
a) Entzünde die Kerze, warte etwa zwei Minuten und blase wieder aus. Führe sofort ein brennendes Zündholz in die Nähe des Dochtes.
b) Halte das Metallröhrchen mit einer Klammer unmittelbar über das Dochtende einer brennenden Kerze. Führe ein brennendes Zündholz an die Öffnung des Röhrchens.
Auswertung:
Beschreibe und deute die Beobachtungen. Was ist der Brennstoff der Kerze?

V3 Die Aufgabe des Dochtes
Geräte und Materialien: Feuerfeste Unterlage, Porzellantiegel, dicker, kurzer Baumwollfaden, Speiseöl, Tiegelzange.
Durchführung:
a) Halte den Baumwollfaden an einem Ende zwischen Daumen und Zeigefinger und lass das untere Ende einige Zeit in das Speiseöl hängen.
b) Halte den Faden jetzt mit der Tiegelzange und führe ein brennendes Streichholz an das obere Ende des Fadens.
Auswertung:
Beschreibe deine Beobachtungen. Welche Aufgaben hat der Docht der Kerze?

V4 Die Flammenzonen
Materialien: Kerze, feuerfeste Unterlage, Zündhölzer, mehrere Holzstäbchen.
Durchführung:
a) Halte einen Augenblick dünne Holzstäbchen mit ihren Mitten in verschiedenen Höhen in eine Kerzenflamme.
b) Halte ein Holzstäbchen zwischen beiden Händen und führe es durch den unteren Teil der Flamme. Wiederhole es mehrmals, bis ein Mikadostäbchen entstanden ist.
Auswertung:
Beschreibe deine Beobachtungen. Wo ist die Flamme der Kerze besonders heiß?

V5 Warum leuchtet eine Kerzenflamme?
Geräte und Materialien: Kerze, feuerfeste Unterlage, Porzellanschale, Tiegelzange, Glasrohr mit Biegung, Zündhölzer, Spatel, Kohlepulver.
Durchführung:
a) Zünde die Kerze an und halte in einem Abstand von etwa 1 cm eine Porzellanschale über die Flamme.
b) Blase eine Spatelspitze Kohlepulver in die Kerzenflamme.
Auswertung:
Beschreibe und deute deine Beobachtungen. Warum leuchtet die Kerzenflamme?

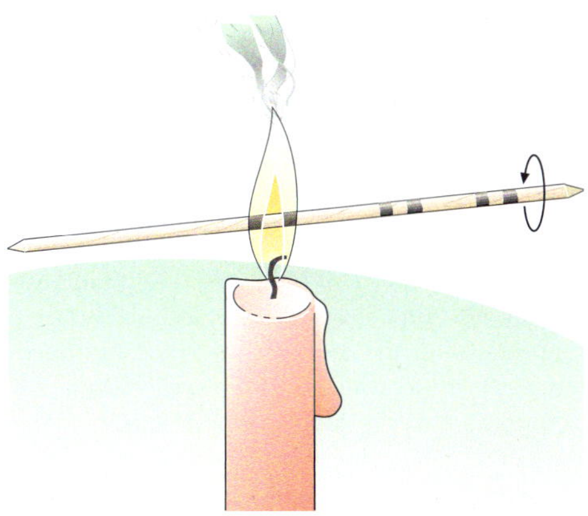

B1 Zu Versuch 4: Mikadostäbchen selbst gemacht

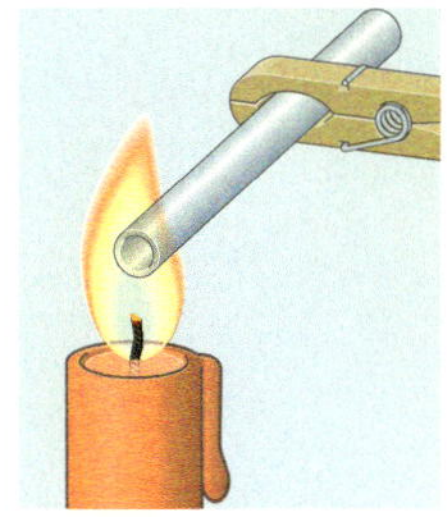

B2 Zu Versuch 2

B3 Zu Versuch 3

2.17 Flamme und Feuer

B1 MICHAEL FARADAY (1791 – 1867)

„Lectures on the chemical history of a candle" war das Thema einer experimentellen Vorlesungsreihe, die der berühmte englische Physiker und Chemiker MICHAEL FARADAY 1860 für Londoner Schüler hielt. Dabei ging er von einer Reihe von Fragen aus, z. B:

- Warum sieht die Flamme nicht einheitlich aus?
- Was brennt in der Kerzenflamme?
- Warum brennt der Docht nicht bis zur Wachsoberfläche ab?
- Warum leuchtet die Kerzenflamme?
- Warum bleibt die Kerzenflamme gleich groß?

An einer Kerzenflamme lassen sich verschiedene Zonen beobachten. In der dunklen Zone ist die Temperatur wesentlich niedriger als im leuchtenden Bereich [B3]. Im dunklen Innenbereich liegt gasförmiger Brennstoff vor. Beim Ausblasen der Flamme kondensiert und erstarrt dieser und ist als weißer Nebel bzw. Rauch sichtbar. Kurz nach dem Ausblasen fängt der gasförmige Brennstoff beim Zünden sofort wieder Feuer. Beim Anzünden einer Kerze wird durch die Energiezufuhr etwas Wachs geschmolzen, das zur Dochtspitze strömt und dort verdampft.

Flammtemperaturen in °C	
Feuerzeuggas	−60
Wundbenzin	−20
Alkohol	8
Petroleum	>30
Heizöl	>50
Kerzenwachs (Paraffin)	>100

B2 Verschiedene Brennstoffe haben unterschiedliche Flammtemperaturen

Eine Flamme wird immer durch brennende Gase gebildet. Damit diese entzündet werden können, muss eine Mindesttemperatur, die **Flammtemperatur**, erreicht sein [V1]. Diese ist die niedrigste Temperatur einer Flüssigkeit, bei der sich genügend Gase entwickeln, die mit Luft ein entflammbares Gasgemisch bilden [B2]. Damit die Reaktion mit Sauerstoff und die Bildung einer Flamme erfolgen, muss z. B. durch eine Zündquelle die Temperatur des Gasgemisches auf die Zündtemperatur erhöht werden. Sinkt die Temperatur des brennenden Gases unter die Zündtemperatur, so erlischt die Flamme [V2].

Über der Kerzenflamme entweichen die heißen Verbrennungsgase nach oben.

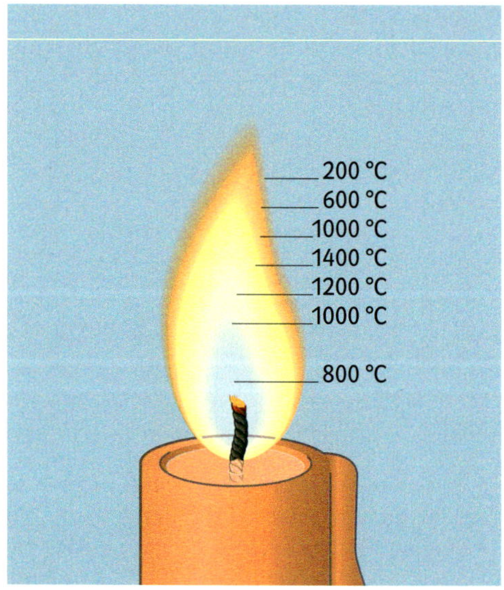

B3 Temperaturverteilung in einer Kerzenflamme

V1 **a)** Man gibt in eine Porzellanschale eine kleine Portion Wundbenzin und in eine zweite Schale eine kleine Portion Petroleum. Man bringt jeweils langsam einen brennenden Holzspan zu den Flüssigkeitsoberflächen.
b) Im Behälter eines Teelichts wird etwas Wachs (ohne Docht) geschmolzen und weiter erhitzt. Man hält von Zeit zu Zeit einen brennenden Span über den Behälter.

V2 Halte mit einer Pinzette ein kleines Drahtnetz aus Kupfer waagerecht über die dunkle Zone der Kerzenflamme.

V3 Gib in eine Porzellanschale eine kleine Portion Petroleum. Halte mit einer Tiegelzange einen Docht in die Flüssigkeit und prüfe am Dochtende mit einem brennenden Span.

A1 Erläutere die Funktion des Dochtes.

A2 Warum bildet sich bei einer ruhig brennenden Kerze ein Wachssee, der sich nicht vergrößert?

A3 Warum wird beim Entzünden einer Kerze die Flamme zunächst kleiner und anschließend wieder größer? Erkläre.

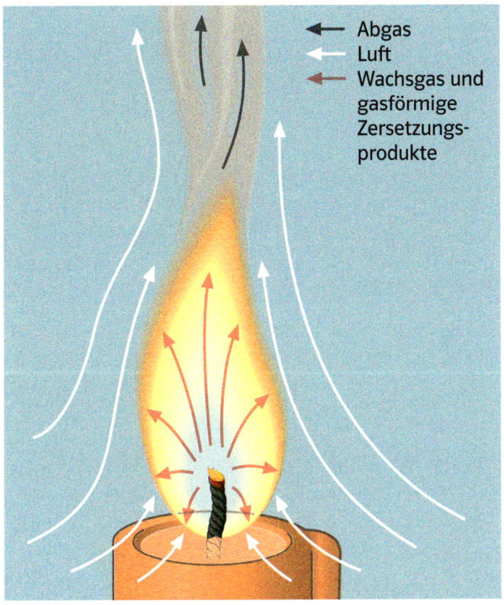

B4 Gasströme in und an der Kerzenflamme

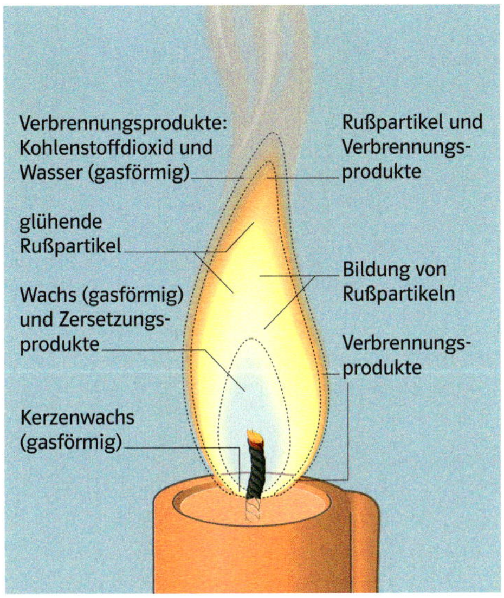

B5 Zonen der Kerzenflamme

Gleichzeitig strömt Luft aus der Umgebung zur Flamme. In ihrer Nähe kommt es durch Erwärmung ebenfalls zu einer Aufwärtsbewegung. Gasförmiger Brennstoff diffundiert vom Docht nach außen. Gleichzeitig diffundiert Sauerstoff in die Flamme und reagiert mit dem Brennstoff [B4]. Durch die Reaktionswärme wird das nach außen strömende Gas heißer, es entstehen brennbare, gasförmige Zersetzungsprodukte und Kohlenstoff [V4]. Die winzigen Kohlenstoffpartikel glühen bei den vorliegenden Temperaturen und verursachen das gelbe Leuchten [B5]. Im schmalen Flammensaum außerhalb des gelben Bereichs erfolgt die Reaktion zu Kohlenstoffdioxid.

V4 Halte einen Eisennagel waagerecht in die Kerzenflamme, sodass die Nagelspitze das Dochtende berührt. Nimm den Nagel aus der Flamme und betrachte die Oberfläche. Putze den Nagel mit einem Tuch, bevor du den Versuch an verschiedenen Stellen der Kerzenflamme wiederholst.

A4 Taucht man ein brennendes Zündholz in Petroleum, so erlischt es. Versucht man dies mit stark erhitztem Petroleum, so entzündet sich das Petroleum. Erläutere das unterschiedliche Verhalten.

Exkurs Stoff- und Energiefluss bei einer brennenden Kerze

Damit eine Kerze zu brennen beginnt und von alleine weiterbrennt, müssen viele verschiedene Vorgänge ablaufen. Wachs muss schmelzen, verdampfen und sich zersetzen. Das Wachs muss auf die Flammtemperatur und das Gasgemisch aus brennbaren Gasen und Sauerstoff muss weiter bis zur Zündtemperatur erhitzt werden, bis eine Oxidation unter Flammenerscheinung erfolgt. Alle Vorgänge bis zur Verbrennung sind endotherm. Damit eine Kerzenflamme weiterbrennt, muss ein ausreichender Anteil der bei der Oxidation frei werdenden thermischen Energie an die Stellen zurückgeführt werden, wo die endothermen Vorgänge ablaufen. Wird dieser Energiefluss unterbunden, so erlischt die Flamme. Dies geschieht z. B. beim Ausblasen.

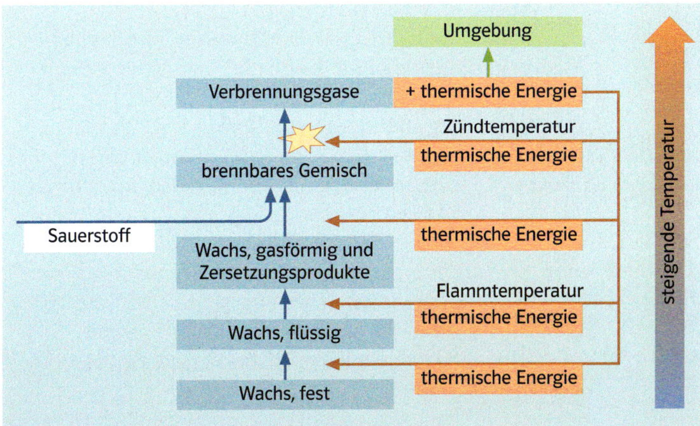

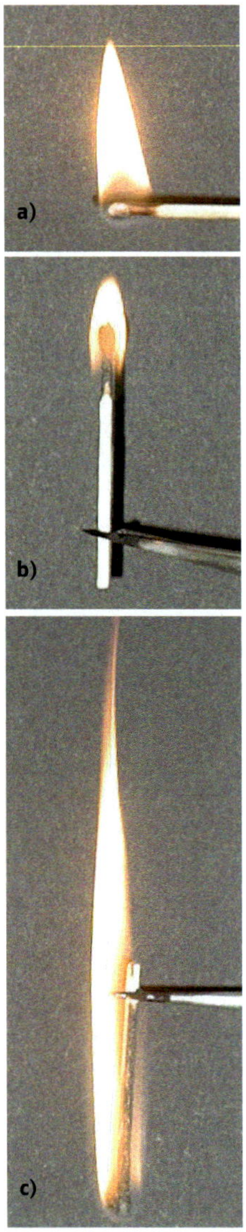

B6 Zündholzflammen

B7 Brennendes Zündholz mit flüssigem Zersetzungsprodukt

Brennbarer Stoff	Zündtemperatur in °C
Wundbenzin	220
Schreibpapier	233
Fichtenholz	280
Heizöl	350
Wachs (Paraffin)	400
Alkohol	425
Erdgas	650

B8 Zündtemperaturen einiger brennbarer Stoffe

Die Flamme eines Holzspans. Wie bei der Kerze muss auch in der Flamme eines Holzspans aus dem festen Brennstoff ein brennbares Gas entstehen. Erhitzt man Holz unter Luftabschluss, entsteht ein brennbares Gas [V5]. Führt man diese Reaktion in einem Reagenzglas durch, lässt sich beobachten, dass bei der Zersetzung von Holz auch eine Flüssigkeit entsteht [V6].

Brennt ein waagerecht gehaltenes Zündholz, lässt sich am Flammensaum beobachten, dass sich auf der Oberfläche des Holzes ein Flüssigkeitsfilm bildet [B7].

Auflodern oder Erlöschen? Bei einem senkrecht gehaltenen Holzspan, der oben brennt, entweicht die thermische Energie nach oben und die Flammenbasis kühlt ab. Damit wird die Temperatur für die weitere Gasbildung nicht mehr erreicht, die Flamme wird kleiner und erlischt möglicherweise [B6b]. Dagegen vergrößert sich eine aufwärts steigende Flamme durch den nach oben gerichteten Luftstrom. Beginnt ein Holzspan am unteren Ende zu brennen, erfolgt die Sauerstoffzufuhr wie bei der Kerzenflamme. Während bei der brennenden Kerze die Brennstoffzufuhr begrenzt ist, nimmt beim Span die Gasbildung durch die aufsteigende Flamme zu, die dadurch immer größere Bereiche erfasst [B6c].

Bei brennendem Holz lodert die Flamme auf, wird kleiner oder erlischt, je nachdem wie viel von der Reaktionsenergie an das Holz zurückgeführt wird. Während beim oben brennenden Span die Gasbildung schnell aufhört, reicht die von der Kerzenflamme zur Wachsoberfläche zurückstrahlende thermische Energie aus, um den Wachssee zu bilden. Dieser ermöglicht zusammen mit dem Docht einerseits die fortwährende Zufuhr des Brennstoffs und andererseits durch seine Begrenzung eine gleich bleibende Flamme.

Ein Stoff kann sich entzünden, ohne dass dazu eine Flamme oder ein Zündfunken erforderlich ist. Eine Entzündung erfolgt auch dann, wenn die *Zündtemperatur* eines Stoffs erreicht ist. Es ist die niedrigste Temperatur, bei der ein Stoff in Berührung mit Luft zu brennen beginnt [B8]. Ein Holzspan und ein Holzscheit der gleichen Holzart entzünden sich bei der gleichen Temperatur.
Wie der Holzspan brennt auch ein dickes Holzscheit weiter, wenn seine Temperatur nicht unter die Zündtemperatur abfällt.

V5 Wickle zwei Zündhölzer, von denen zuvor die Zündköpfe entfernt wurden, in Aluminiumfolie. Stich an einem Ende kleine Löcher in die Oberseite der Folie. Halte das Päckchen mithilfe einer Tiegelzange in die Kerzenflamme. Beschreibe den Rückstand.

V6 (Abzug!) In einem waagerecht eingespannten Reagenzglas mit angesetztem Glasrohr mit Spitze werden Holzstückchen erhitzt. Man prüft an der Öffnung des Glasrohres mit einem brennenden Span, ob brennbare Gase entstanden sind.

B9 Holzkohleproduktion (18. Jhdt.)

Entzündbarkeit. Holzwolle ist leichter zu entzünden als ein großes Holzstück – wie ist dies zu erklären? Die Temperatur für die Zersetzung von Holz und die Zündtemperatur der dadurch entstehenden Gase sind doch in beiden Fällen gleich. Damit Holz, wie jeder andere Brennstoff, brennt und ohne zusätzliche Zufuhr thermischer Energie von außen weiterbrennt, muss die durch die Reaktion entstehende thermische Energie ausreichen, um den Brennstoff in der Nähe der Flamme zu zersetzen und die Zersetzungsprodukte auf die Zündtemperatur zu bringen. Kommt ein kleiner Span der Holzwolle mit einer Flamme in Berührung, steigt die Temperatur des Spans in kurzer Zeit stark an. Je kleiner die *Masse einer Stoffportion* ist, der eine immer gleiche Menge an thermischer Energie zugeführt wird, desto höher wird dessen Temperatur. Die Höhe der Temperatur wird allerdings auch durch die gleichzeitig abgegebene thermische Energie der erwärmten Portion an die Umgebung bestimmt. Die Luft um die Späne leitet die thermische Energie nur wenig ab.

Ein weiterer Faktor, der die Temperatur beeinflusst, ist die *Geschwindigkeit der Energie liefernden Reaktion*. Durch den hohen Zerteilungsgrad und die dadurch große Oberfläche läuft die Oxidation an der Holzwolle schnell ab. Die Reaktionsenergie entsteht in kurzer Zeit. Dadurch steigt die Temperatur des Holzes stark an, da der Verlust thermischer Energie durch Abgabe an die Umgebung relativ klein bleibt. Diese Tatsache ist in einem anderen Bereich leicht verständlich: Mit der rauschenden Brennerflamme des Gasbrenners gelingt es leicht, das Wasser in einem großen Topf zum Sieden zu bringen. Mit der leuchtenden Brennerflamme des Brenners wird man es möglicherweise nie erreichen, auch wenn insgesamt in beiden Fällen die gleiche Gasmenge verbrannt und damit die gleiche thermische Energie zugeführt wurde.
Der *Verlust an thermischer Energie an die Umgebung* ist bei der langsameren Zufuhr thermischer Energie insgesamt größer.

Lagerfeuer wissenschaftlich. Diese Kenntnisse kann man z. B. beim Errichten eines Lagerfeuers nutzen. Papier, trockenes Gras und dünne Äste liegen ganz unten. Sie schaffen beim Brennen die notwendige Zersetzungs- und Zündtemperatur für die darüber liegenden Schichten immer größerer Holzstücke. Bei deren Anordnung muss weiter darauf geachtet werden, dass seitlich genügend Luft einströmen kann. Durch zeltartig gegenüberstehende Holzscheite wird der Verlust thermischer Energie an die Umgebung verringert.

Verschiedene Holzarten leiten die thermische Energie von der Oberfläche, an der die Reaktion stattfindet, unterschiedlich schnell ab. Daher hängt das Gelingen eines Lagerfeuers auch von der *richtigen Holzwahl* ab. Feuchtes Holz ist ungeeignet, weil das Verdampfen des Wassers thermische Energie kostet. Dadurch erlöschen die Flammen und es „qualmt". Die Zündtemperatur wird nicht mehr erreicht und die Zersetzungsprodukte des Holzes kondensieren in der kühlen Luft. Das Holz „schwelt" nur noch.

Die Kunst der **Holzkohleherstellung** besteht darin, die Zersetzungstemperatur des Holzes zu halten, jedoch die Oxidation der entstehenden Kohle zu unterbinden. Bei alten Verfahren geschieht dies durch geschicktes Schichten des Holzes und Abdecken mit Erde [B9].

Staubexplosionen. Stäube besitzen eine riesige Oberfläche. Die Verbrennung von Stäuben brennbarer Stoffe, z. B. Holzstaub oder Mehl, verläuft deshalb sehr schnell. Durch die dabei entstehende hohe Temperatur dehnen sich die Luft, die gasförmigen Zersetzungs- und Oxidationsprodukte stark aus. Es erfolgt eine Explosion [B11].

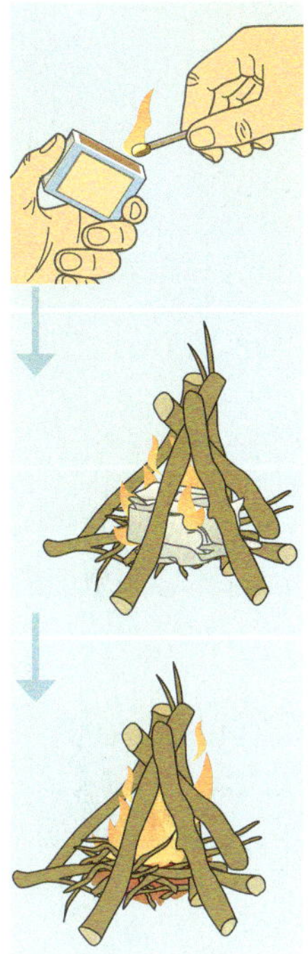

B10 Lagerfeuer

B11 Holzstaubexplosion

2.18 Nichtmetalle reagieren mit Sauerstoff

B1 Glimmender Holzspan

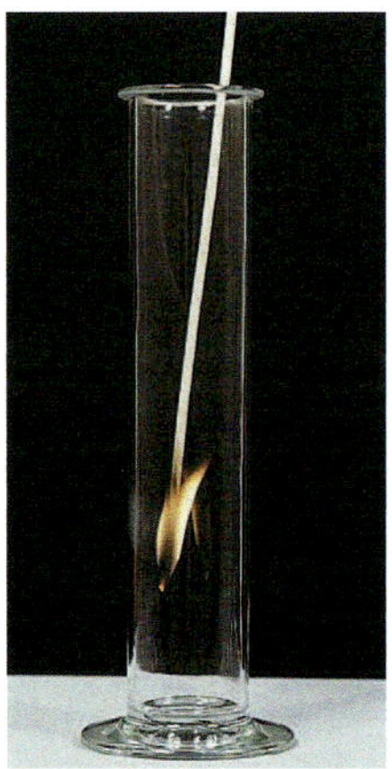

B2 Glimmspanprobe

B3 Mit Schwefeldioxid haltbar gemachtes Trockenobst

Verbrennungs- und Oxidationsreaktionen wurden bisher nur bei Metallen näher betrachtet (Kap. 2.4). Brennstoffe wie Kohle oder Koks bestehen größtenteils aus Kohlenstoff; Heizöl, Benzin und Holz enthalten Kohlenstoffverbindungen. Kohlenstoff gehört wie Schwefel zu den Nichtmetallen. Deren Verhalten gegenüber Sauerstoff soll im Folgenden näher untersucht werden.

Die Glimmspanprobe. Um zu überprüfen, ob die Reaktionsgefäße bei den Versuchen ausreichend mit Sauerstoff gefüllt sind, kann man die Glimmspanprobe durchführen: Entzündet man einen Holzspan, bläst die Flamme aus und hält den noch glimmenden Span in Sauerstoff, so flammt er wieder auf [B1, B2, V1].

Mit der Glimmspanprobe kann Sauerstoff nachgewiesen werden.

Schwefeldioxid. Erhitzt man Schwefel, so schmilzt er und entzündet sich. An der Luft verbrennt Schwefel mit schwach blauer, in reinem Sauerstoff mit leuchtend blauer Flamme [B4]. Dabei bildet sich ein farbloses, gasförmiges, giftiges Oxid mit stechendem Geruch. Dieses Gas heißt Schwefeldioxid [V2a]. Die Bezeichnung gibt an, dass die Teilchen des Schwefeldioxids aus einem Schwefel- und zwei Sauerstoffatomen bestehen:

Schwefel + Sauerstoff ⟶ Schwefeldioxid

Schimmelpilze und Bakterien werden von Schwefeldioxid abgetötet. Deshalb wird es zum Haltbarmachen von Früchten und anderen Lebensmitteln [B3], ebenso zur Desinfektion von Wein- und Bierfässern aus Holz eingesetzt. Schwefeldioxid bleicht Blüten- und andere Farbstoffe [V2b]. Brennstoffe wie Kohle und Heizöl enthalten Verbindungen des Schwefels. Aus diesen entsteht bei der Verbrennung Schwefeldioxid. Weil dieses die Umwelt belastet, müssen entweder die Schwefelverbindungen vor der Verbrennung entfernt oder das Schwefeldioxid den Abgasen entzogen werden.

Verbrennung von Holzkohle. Holzkohle besteht fast ausschließlich aus Kohlenstoff, enthält aber zudem geringe Anteile von Mineralsalzen. Sie wurden zu Lebzeiten der Bäume von den Wurzeln in Wasser gelöst aufgenommen. Bei der Gewinnung von Holzkohle aus Holz bleiben diese Mineralsalze enthalten. Zündet man Holzkohle an, so glüht sie bei Luftzufuhr und in Sauerstoff hell auf und verglüht langsam [B5, V3]. Dabei entsteht farbloses, geruchloses Kohlenstoffdioxidgas, das in die Luft entweicht. Die Mineralsalze bleiben als hellgraue, fast weiße Asche zurück.

Nachweis von Kohlenstoffdioxid. Schüttelt man ein Gefäß, in dem sich Kohlenstoffdioxid und Kalkwasser befinden, so bildet sich eine weiße Suspension [B7, V3]. Ein Reaktionsprodukt von Kohlenstoffdioxid mit Kalkwasser ist für die Trübung verantwortlich. Nach einer Weile setzt sich der Feststoff am Gefäßboden ab, es hat sich ein Niederschlag gebildet.

Die Trübung von Kalkwasser ist ein Nachweis für Kohlenstoffdioxid (Kalkwasserprobe).

Eigenschaften von Kohlenstoffdioxid. Die Dichte des Kohlenstoffdioxids ist etwa 1,5-mal so groß wie die der Luft. Kohlenstoffdioxid lässt sich deshalb umgießen wie eine Flüssigkeit und sammelt sich am Boden eines Raumes oder Gefäßes. Es ist nicht brennbar. Aus der großen Dichte und seiner Nichtbrennbarkeit ergibt sich seine Verwendung als Feuerlöschmittel [V4].

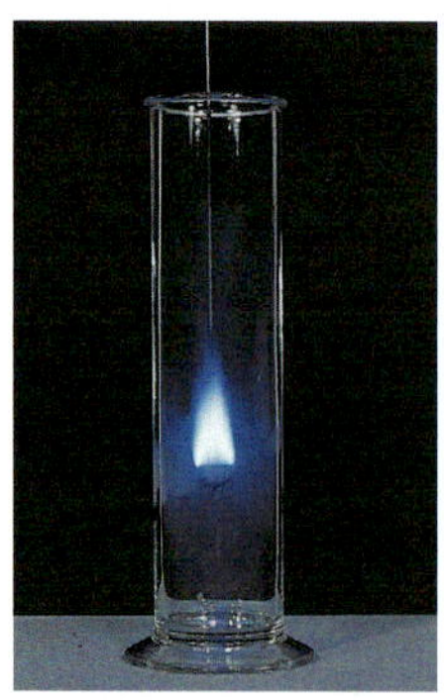

B4 Schwefel verbrennt in Sauerstoff

B5 Holzkohle verbrennt in Sauerstoff

B6 Trockeneis beim Tiefkühlen von Lebensmitteln

Verwendung von Kohlenstoffdioxid. Unter Druck verflüssigt kommt Kohlenstoffdioxid in grauen Stahlflaschen in den Handel. Festes Kohlenstoffdioxid wird als **Trockeneis** bezeichnet. Unter normalen Bedingungen sublimiert es und schmilzt nicht. Dabei kühlt es seine Umgebung stark ab. Trockeneis eignet sich daher zur Kühlung von Lebensmitteln bei der Herstellung und auf Transportwegen [B6].

In vielen Mineralwässern ist „natürliches" Kohlenstoffdioxid gelöst, das z. B. bei vulkanischer Tätigkeit entstanden ist. Limonaden und manchen alkoholischen Getränken wird es zugesetzt, um einen erfrischenden Geschmack zu bewirken.

Mit steigendem Druck nimmt die Löslichkeit von Kohlenstoffdioxid in Wasser zu. Deshalb wird es in Getränke hineingepresst und entweicht sofort nach dem Öffnen der Flaschen zu einem großen Teil. In Gaststätten drückt Kohlenstoffdioxid das Bier zum Zapfhahn und bildet mit dem Bier den Schaum.

Kohlenstoffmonooxid, ein gefährliches Gas. Verbrennen Kohlenstoff oder dessen Verbindungen bei unzureichender Luftzufuhr, so entsteht neben Kohlenstoffdioxid das *giftige, farblose, geruchlose Gas* Kohlenstoffmonooxid. Auch Kohlenstoffdioxid kann bei hohen Temperaturen (ca. 900 °C) mit Kohlenstoff zu Kohlenstoffmonooxid reagieren. Kohlenstoffmonooxid verbrennt mit *blauer Flamme* zu Kohlenstoffdioxid [B8]. Dies kann man als Nachweis verwenden.

Eingeatmetes Kohlenstoffmonooxid wird im Vergleich zu Sauerstoff etwa 300-mal so stark an den roten Blutfarbstoff gebunden. Dadurch wird der Sauerstofftransport blockiert. Eine Kohlenstoffmonooxidvergiftung ist die Folge. Die Abgase von Fahrzeugen ohne Katalysator enthalten Kohlenstoffmonooxid. Bereits ein Volumenanteil von 1 % in der Atemluft kann tödlich wirken. Sofortige Sauerstoffbeatmung dient als lebensrettende Gegenmaßnahme.

B7 Nachweis von Kohlenstoffdioxid

V1 Entzünde einen Holzspan an einem Ende, blase die Flamme aus und halte den nur noch glimmenden Holzspan in einen mit Sauerstoff gefüllten Standzylinder.

V2 **a)** Schwefel wird entzündet (Abzug!) und dann in einen mit Sauerstoff gefüllten Zylinder eingebracht.
b) Anschließend wird eine rote Rose oder Nelke in den abgedeckten Zylinder getaucht. Für einige Minuten lässt man den Standzylinder abgedeckt stehen.

V3 Bedecke den Boden eines kleinen, mit Sauerstoff gefüllten Standzylinders mit Kalkwasser. Senke auf einem Verbrennungslöffel ein Stück entzündete Holzkohle hinein. Entnimm den Löffel, verschließe den Zylinder und schüttle. Beobachte und erkläre.

V4 Stelle in eine Glaswanne brennende Kerzen verschiedener Länge. Fülle mehrere Bechergläser mit Kohlenstoffdioxid und gieße das Gas durch einen Trichter mit weiter Öffnung in das Glasbecken um.

A1 Formuliere das Reaktionsschema für die Reaktion von Graphit mit Sauerstoff (Graphit besteht aus Kohlenstoffatomen).

A2 Begründe, warum die im Heizöl vorhandenen Schwefelverbindungen vor dessen Verbrennung entfernt werden.

A3 Der gasförmige Anteil des Tabakrauchs enthält etwa 73 % Stickstoff, 10 % Sauerstoff, 9,5 % Kohlenstoffdioxid, 4,2 % Kohlenstoffmonooxid und 3,3 % andere Gase (die Angaben sind Volumenanteile). Woran denkst du bei diesen Angaben?

A4 Recherchiere die Symptome einer Kohlenstoffmonooxidvergiftung.

B8 Kohlenstoffmonooxid verbrennt mit blauer Flamme

2.19 Energie aus Verbrennung

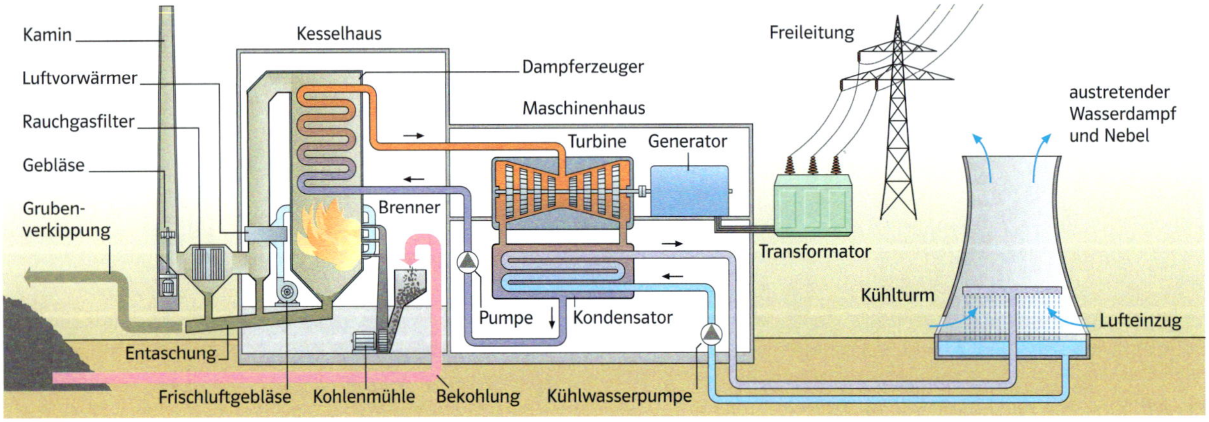

B1 Gewinnung elektrischer Energie im Kohlekraftwerk

Unser heutiges Leben ist mit einer hohen Energienutzung verbunden. Handys, CD- und DVD-Spieler, Fernsehgeräte, Computer, aber auch Kraftfahrzeuge benötigen zum Betrieb ständig Energie.

In der Natur findet man Energieträger wie z. B. Stein- und Braunkohle, Erdöl, Erdgas, Wasser, Wind und Uran. Diese sind häufig nicht direkt nutzbar, oder sie stehen nur an Stellen zur Verfügung, die weit von den Verbrauchsorten entfernt sind. Daher erzeugt man in Kraftwerken z. B. durch Verbrennen von Kohle, Öl und Erdgas Strom, der auch über weite Entfernungen transportiert werden kann. Heizöl und Treibstoffe gewinnt man in Raffinerien aus den verschiedenen Bestandteilen des Erdöls.

Zentrale Reaktion der Energieversorgung. Über 80 % der Energie in Deutschland werden über Verbrennungsreaktionen erschlossen. Die Verbrennung stellt somit die zentrale exotherme Reaktion für unsere Energieversorgung dar. Zur Produktion von Strom und heißem Wasser für Fernwärme werden in Kraftwerken Kohle, Öl oder Gas verbrannt, in den Heizungen der Gebäude Heizöl oder Erdgas und in den Verbrennungsmotoren der Fahrzeuge kommen Treibstoffe aus Erdöl (Benzin oder Diesel) zum Einsatz.

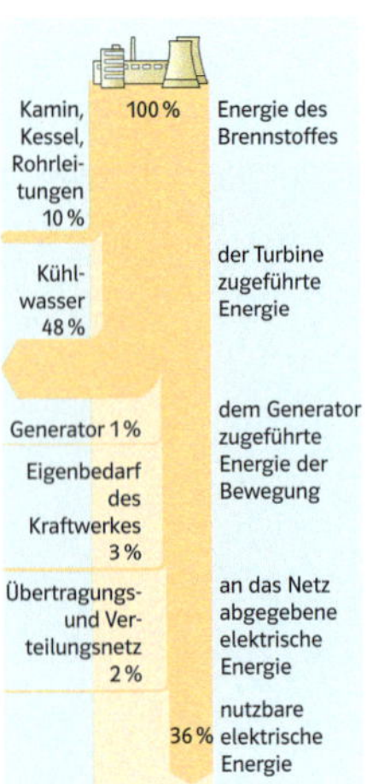

B2 Verbleib der Energie des Kraftwerks

Energieumwandlung. Die eingesetzten Energieträger bestehen aus Kohlenstoff (Kohle) oder bestehen, wie Heizöl und Erdgas, zum größten Teil aus Kohlenstoffverbindungen. Verbrennt Kohlenstoff, entsteht Kohlenstoffdioxid; gleichzeitig wird thermische Energie (Wärme) abgegeben. Bei dieser exothermen Reaktion ist also der Energieinhalt von Sauerstoff und Kohlenstoff größer als der von Kohlenstoffdioxid bei gleicher Temperatur.

In Kraftwerken wird Wasserdampf erzeugt, der eine Turbine antreibt, sodass Bewegungsenergie vorliegt. Diese wird im Generator in elektrische Energie umgewandelt [B1]. Dabei gilt allerdings, dass nur etwas mehr als ein Drittel als nutzbare elektrische Energie zum Verbraucher gelangt [B2]. Energieumwandlungen sind immer mit einem Verlust an nutzbarer Energie verbunden. Da Energie aber weder erzeugt noch vernichtet werden kann, muss ein großer Teil der bei der chemischen Reaktion frei werdenden thermischen Energie anderweitig wirksam werden, z. B. in der Erwärmung des Kühlwassers. Mittels der *Wärme-Kraft-Kopplung* wird daher in geeigneten Kraftwerken die Energie des Kühlwassers zusätzlich für Heizzwecke genutzt und damit der *Wirkungsgrad* des Kraftwerks erhöht.

Sowohl bei der Umwandlung von Bewegungsenergie in elektrische Energie im Generator als auch beim Fließen der elektrischen Energie zu den Haushalten erwärmen sich die Leitungen. Diese Energie ist für den Nutzer ohne Wert, man spricht von einer **Energieentwertung**. Ebenso erfolgt in den Verbrennungsmotoren der Kraftfahrzeuge eine beträchtliche Energieentwertung. Nur etwa 25% der chemischen Energie des Treibstoffs wird in Bewegungsenergie umgewandelt, der größte Teil wird als thermische Energie an die Umgebung abgegeben.

Verbrannt ist nicht vernichtet. Ein großer Teil der Energie, die uns heute zur Verfügung steht, wird durch Verbrennen fossiler Brennstoffe (Kohle und Kohlenstoffverbindungen) gewonnen. Da dabei an sichtbaren Verbrennungsprodukten nur etwas Asche zurückbleibt und Treibstoffe sogar nahezu ohne Rückstände verbrennen, hat man sich lange Zeit wenig Gedanken über den gesamten Umfang der Reaktionsprodukte gemacht.
Auch für eine Verbrennungsreaktion gilt das Gesetz von der Erhaltung der Masse [Kap. 2.9]. Ein Kohlekraftwerk, das täglich etwa 4000 t Steinkohle verbrennt, produziert nur 240 t Asche, jedoch etwa 14 000 t Kohlenstoffdioxid, die unsichtbar entweichen. Während heute die im Rauchgas ebenfalls enthaltenen, die Umwelt belastenden Stoffe Schwefeldioxid und Stickstoffoxide weitgehend aus dem Gasstrom entfernt werden, besteht eine solche Möglichkeit für das den Treibhauseffekt verstärkende Kohlenstoffdioxid derzeit nicht. Außerdem reicht der Vorrat fossiler Brennstoffe nur noch für eine begrenzte Zeit. Aus diesen Gründen wird heute versucht, alternative Energiequellen zu erschließen [B3].

Stille Verbrennung – Energie zum Leben. Auch in jeder lebenden Zelle finden Verbrennungs-(Oxidations-)vorgänge statt. Die Nährstoffe aus der Nahrung sind Kohlenstoffverbindungen (z.B. Fette, Eiweiße und Kohlenhydrate). Sie werden durch den eingeatmeten Sauerstoff stufenweise oxidiert. Ein Erwachsener verbraucht hierzu im Ruhezustand etwa 20 Liter Sauerstoff in der Stunde. Man bezeichnet diese exothermen Reaktionen als *langsame* oder *stille* Verbrennung bzw. *stille* Oxidation. Sie ermöglichen den Stoffwechsel fast aller Lebewesen und die Arbeit der Zellen jedes Organismus [B4].

Als Verbrennungsprodukte bei der Energiegewinnung in den Zellen entstehen vor allem Wasser und Kohlenstoffdioxid, die als Verbrennungsprodukte ausgeschieden werden:

Bezogen auf 1 Liter Luft	**Einatemluft**	**Ausatemluft**
Sauerstoff	209 ml	160 ml
Kohlenstoffdioxid	0,4 ml	40 ml

A1 Informiere dich über die Beseitigung von Müll in Müllverbrennungsanlagen [B6]. Stelle Vor- und Nachteile dieser „thermischen Verwertung“ heraus.

A2 Weshalb trübt ausgeatmete Luft Kalkwasser stärker als eingeatmete Luft? Gib eine Erklärung [B5].

A3 Begründe, weshalb es möglich ist, dass die Körpertemperatur eines Menschen wesentlich höher sein kann als die Zimmertemperatur?

B4 Sportler benötigen besonders viel Energie

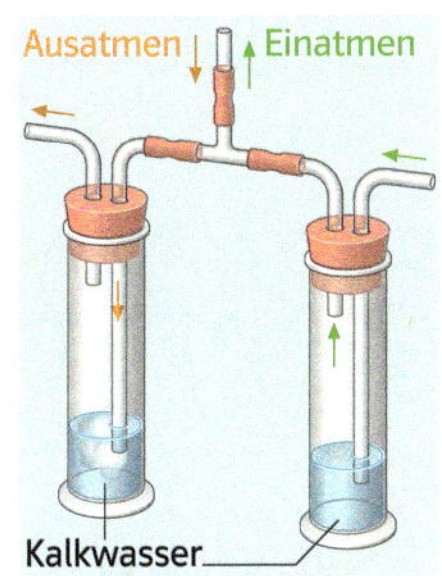

B5 Apparatur zur Untersuchung der Atemluft

B6 Müll wird bei ca. 1000 °C verbrannt

B3 Alternative Energiequellen

2.20 Praktikum Grundlagen der Brandbekämpfung

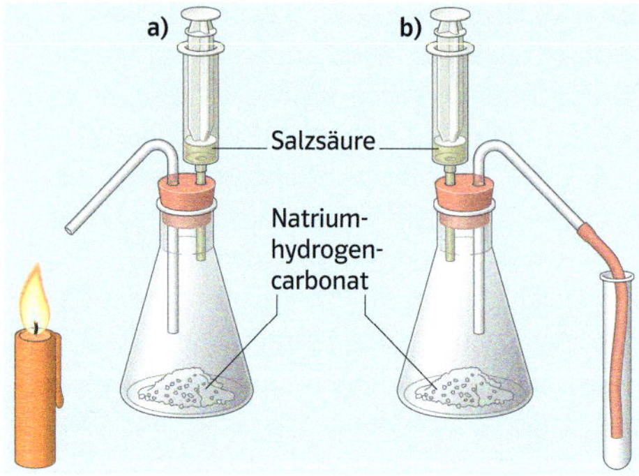

B2 Zu Versuch 2

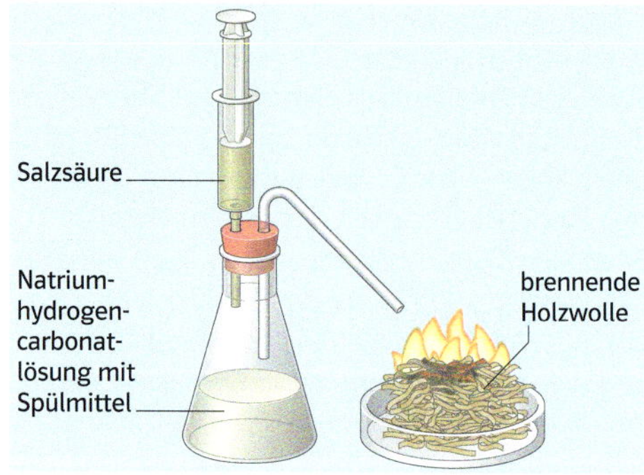

B3 Zu Versuch 3

V1 Möglichkeiten zum Löschen eines Brandes

Geräte und Materialien: Schutzbrille, feuerfeste Unterlage, Holzwolle, Tiegelzange, Zündhölzer, Keramik-Drahtnetz, Spritzflasche mit Wasser.

Durchführung: Gib einige kleinere Portionen der Holzwolle nebeneinander auf die feuerfeste Unterlage. Entzünde ein Knäuel. Suche nach mehreren Möglichkeiten, die Ausbreitung des Feuers mit den dir zur Verfügung gestellten Geräten und Materialien zu verhindern.

Auswertung: Wie viele Möglichkeiten hast du gefunden? Erkläre jeweils die Grundlagen deiner Vorgehensweise.

V2 Ein wirksames Löschmittel

Geräte und Chemikalien: Schutzbrille, Kerze, Zündhölzer, Stopfen mit zwei Bohrungen, gewinkeltes Glasrohr, 2 Erlenmeyerkolben (50 ml), Einwegspritze (5 ml), Schlauchstück (l = 17 cm), Spatel, Reagenzglas, Reagenzglasklammer, Reagenzglasgestell, Holzspan, Natriumhydrogencarbonat, Salzsäure ($w \approx 3{,}6\,\%$), Kalkwasser.

Durchführung:

a) Zünde die Kerze an. Gib in den Erlenmeyerkolben einen Spatel Natriumhydrogencarbonat. Halte den Erlenmeyerkolben so, dass die Öffnung des gewinkelten Glasrohres knapp über der Kerzenflamme ist [B2a]. Spritze anschließend durch die zweite Bohrung des Stopfens 5 ml Salzsäure auf das Natriumhydrogencarbonat in dem Kolben. Achte darauf, dass die zweite Bohrung verschlossen bleibt.

b) Verfahre wie in [B2b], leite also das Gas über das Schlauchstück in ein Reagenzglas. Untersuche das Gas mit den dir bekannten Nachweisreaktionen.

Auswertung:

a) Beschreibe und deute deine Beobachtungen.

b) Welches Gas hast du zur Brandbekämpfung eingesetzt?

V3 Modell eines Kohlenstoffdioxid-Schaumlöschers

Geräte und Chemikalien: Schutzbrille, Erlenmeyerkolben (300 ml), Stopfen mit zwei Bohrungen, gebogenes Glasrohr, Einwegspritze (20 ml), Porzellanschale, feuerfeste Unterlage, kleines Reagenzglas, Holzwolle, Natriumhydrogencarbonatlösung ($w = 5\,\%$), Salzsäure ($w = 3{,}6\,\%$), Spülmittel.

Durchführung: Gib in den Erlenmeyerkolben 100 ml Natriumhydrogencarbonatlösung und ca. 3 ml Spülmittel. Baue das Gerät entsprechend [B3] auf und gib in die Einwegspritze 15 ml Salzsäure. Drücke den Stempel in den Zylinder, damit die Salzsäure zu der Flüssigkeit im Erlenmeyerkolben fließt. Halte den Stempel hinuntergedrückt. Richte das Glasrohr auf brennende Holzwolle in einer Porzellanschale.

V4 Ein erstaunliches Versuchsergebnis

Geräte und Materialien: Kerze, dicker Kupferdraht, Tiegelzange, Zündhölzer.

Durchführung: Zünde die Kerze an. Wickle aus dem Kupferdraht eine Wendel und halte diese über die Flamme [B1].

Auswertung: Beschreibe und deute deine Beobachtungen.

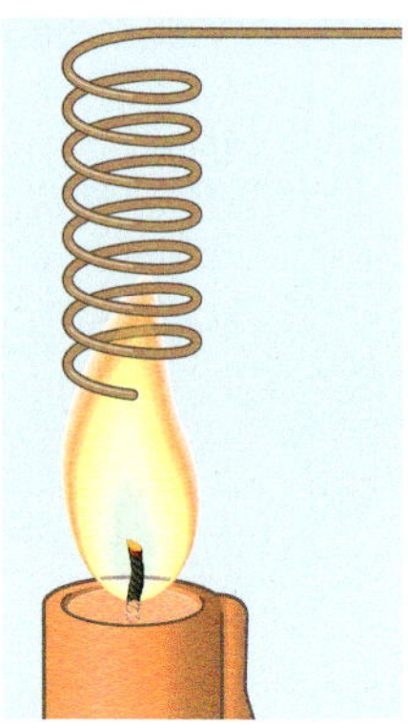

B1 Zu Versuch 4

2.21 Brände verhüten und löschen

B1 Was entzündet sich zuerst?

Schon die Urmenschen waren der zerstörenden Gefahr des Feuers ausgesetzt. Feuer entstanden meist durch Blitzschlag. Um sich zu retten, blieb nur die Flucht vor den Flammen. So ist es nicht verwunderlich, dass wir, wie auch fast alle Tiere, eine natürliche Furcht vor Feuer besitzen. Spätestens seit dem Beginn der Nutzung des Feuers mussten die Menschen Vorsorgemaßnahmen treffen, um eine unkontrollierte Ausbreitung zu verhindern. Kennt man die Voraussetzungen für die Entstehung von Feuer [B2], so kann man bei seiner *Verhütung* und *Bekämpfung* überlegt vorgehen.

Zur Entstehung eines Feuers sind *Brennstoff*, *Sauerstoff* und das Erreichen der *Zündtemperatur* notwendig [B2]. Wird eine dieser Voraussetzungen nicht erfüllt, kann kein Feuer entstehen.

Brandverhütung. Um den Ausbruch von Bränden zu verhindern, ist es notwendig, die Gefahren zu kennen, die von verschiedenen Brennstoffen ausgehen. Besonders leicht entzündlich sind Feststoffe mit hohem Zerteilungsgrad (z. B. Watte, Holz- und Eisenwolle oder Papier), Flüssigkeiten mit niedrigen Flammtemperaturen (z. B. Benzin, Spiritus, Aceton) und brennbare Gase (z. B. Erdgas, Propan und Butan).

Spiritus auf Grillkohle geschüttet

Mann stand an Wurstbude in hellen Flammen – Lebensgefahr

Leicht entzündliche Stoffe dürfen nicht in der Nähe starker Wärmequellen gelagert werden. Beim Transport und der Lagerung von leicht entzündlichen Stoffen dürfen gesetzlich festgelegte Mengen nicht überschritten werden.

Besonders gefährlich ist es, wenn brennbare Stoffe zusammen mit Brand fördernden Stoffen gelagert werden. Diese Stoffe fördern die Oxidation des Brennstoffs. Brand fördernde Stoffe sind z. B. Sauerstoff und Kaliumnitrat. Leicht entzündliche und Brand fördernde Stoffe werden mit entsprechenden Gefahrensymbolen gekennzeichnet (S. 12). Besondere Vorsicht ist beim Umgang mit Flüssigkeiten geboten, die Dämpfe mit hoher Dichte bilden. Solche Dämpfe „fließen" nach unten [B3], sammeln sich auf dem Boden oder fließen über Treppenabgänge oder durch Abflussrohre und können sich so auch an weit entfernten Zündquellen entzünden. Gleiches gilt auch für Gase mit hohen Dichten, z. B. Butan (Campinggas). Gasflaschen mit solchen Gasen dürfen nicht „unter Erdniveau", also z. B. im Keller gelagert werden.

Explosive Gemische. Brennbare Gase und leicht verdunstende brennbare Flüssigkeiten können mit Luft explosive Gasgemische bilden. Eine Explosion kann aber nur erfolgen, wenn der Anteil des brennbaren Gases zwischen zwei Extremwerten liegt, der unteren und der oberen Explosions- oder Zündgrenze [V1, B4]. Ein explosives Gemisch liegt z. B. vor, wenn der Volumenanteil von Autobenzin in Luft zwischen etwa 1 % und 7 % liegt. So kann sich z. B. durch geringe Benzinreste in einem scheinbar leeren Benzinkanister ein explosives Gemisch bilden.
Aus Sicherheitgründen soll beim Umgang mit leicht verdunstenden Flüssigkeiten, z. B. Reinigungsbenzin, im Freien gearbeitet oder zumindest für gute Raumdurchlüftung gesorgt werden, um die Bildung explosiver Gemische zu vermeiden.

B2 Verbrennungsdreieck

B3 Umgießen von Dämpfen mit hoher Dichte

B4 Bestimmung der Zündgrenze

B5 Maßnahmen zur Brandbekämpfung – Beispiele

Auch beim **Löschen eines Brandes** sorgt man dafür, dass mindestens eine der Voraussetzungen, die zur Entstehung eines Brandes notwendig sind, nicht mehr gegeben ist.

Entzug des brennbaren Stoffes. Nach Möglichkeit werden alle brennbaren Stoffe aus der Nähe eines Feuers entfernt. Hat sich das Feuer allerdings schon stark ausgebreitet, verhindern Hitze, Rauch und bei Gebäudebränden die Einsturzgefahr ein Näherkommen an den Brandherd. Bei Waldbränden kann das Feuer häufig durch das Anlegen breiter Gräben und Schneisen zum Stillstand gebracht werden.

Abkühlen unter die Zündtemperatur. Größere Brände werden meist mit Wasser bekämpft. Es kühlt die brennenden Teile so stark ab, dass die Zündtemperaturen der brennbaren Stoffe unterschritten werden. Beim Verdampfen des Wassers wird der Umgebung weiter Wärme entzogen. Es bildet sich ein Teppich aus Wasser und Wasserdampf über dem Brandherd und behindert die Luftzufuhr. Tanks mit brennbaren Gasen oder Flüssigkeiten, die sich in der Nähe eines Brandes befinden, werden auch mit Wasser bespritzt, damit die Zündtemperatur erst gar nicht erreicht wird. Ist bei einem Autounfall Benzin ausgelaufen, muss verhindert werden, dass dieses durch Fremdzündung (z. B. Zigarette) entzündet wird.

Entzug des Sauerstoffs. Beim Löschen mit Wasser verdrängt der gebildete Wasserdampf die Luft. Brennendes Benzin lässt sich allerdings nicht mit Wasser löschen, da es wegen seiner geringeren Dichte auf dem Wasser schwimmt und weiterbrennt [V2]. In diesem Fall helfen andere Löschmittel, z. B. Kohlenstoffdioxid. Es hat den Vorteil, dass es aufgrund seiner hohen Dichte eine Gasschicht über der Oberfläche bildet, die der Luft den Zutritt verwehrt. Bei heftigen Bränden wird das Kohlenstoffdioxid allerdings so stark verwirbelt, dass es nicht mehr schützend wirkt. Deshalb verwendet man häufig Schaum als Löschmittel, der auch Oberflächen von brennenden Flüssigkeiten bedecken kann. Zur Erhöhung der Wirksamkeit wird anstelle von Luft auch Kohlenstoffdioxid im Schaum eingesetzt. Der Inhalt von Pulverlöschern [B6] unterbricht meist schlagartig die Reaktion des brennenden Stoffes mit Sauerstoff. Das Pulver bildet zusätzlich eine Decke über dem Brandherd. In der Hitze schmilzt das Pulver und überzieht die Oberfläche mit einer Glasur. Bei einigen Löschpulvern entsteht in der Hitze noch Kohlenstoffdioxid. Wenn die Kleidung eines Menschen brennt, kann man das Feuer mit einer Decke oder durch Wälzen auf dem Boden zum Erlöschen bringen.

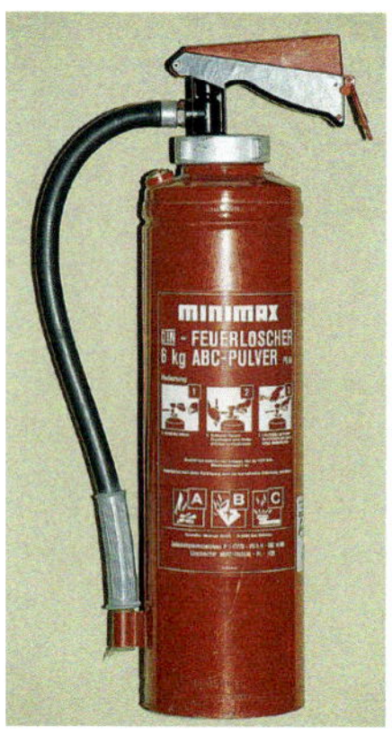

B6 ABC-Löscher

	Voraussetzungen zur Verbrennung	Maßnahmen zur Brandbekämpfung
a	Brennstoff	Entfernen des brennbaren Stoffes
b	Zündtemperatur	Abkühlen unter die Zündtemperatur
c	Sauerstoff	Unterbrechung der Luftzufuhr

B7 Möglichkeiten der Brandbekämpfung

Veränderung der Mengenanteile. Bei Bränden in Kohlebergwerken kann, z. B. durch Einleiten von Stickstoff, der Sauerstoffanteil so verringert werden, dass kein zündfähiges Gemisch mehr vorliegt.

V1 ⚠ Man gibt 4 bis 6 Tropfen Wundbenzin in ein Zündrohr, verschließt es mit dem Deckel und wendet das Rohr zur Durchmischung mehrfach. Wenn die Flüssigkeit völlig verdunstet ist, wird das Gemisch gezündet. Der Versuch wird mit veränderter Tropfenanzahl wiederholt. (Schutzscheibe, Schutzbrille!)

V2 ⚠ (Schutzscheibe, Schutzbrille!) Man gibt etwas Benzin in ein Porzellan- oder Metallschälchen, welches in einer Auffangwanne aus Metall steht (z. B. großes Kuchenblech). Das Benzin wird entzündet. Zunächst wird versucht, das Benzin durch Abdecken mit einem Stück Karton zu löschen. Wenn der Brand erlischt, wird das Benzin erneut angezündet. Anschließend spritzt man vorsichtig Wasser aus einer Spritzflasche auf das Benzin, bis die Schale überläuft.

Brandklasse A Brände fester Stoffe, die normalerweise unter Glutbildung verbrennen (Holz, Kohle, Papier, Stroh, Faserstoffe, Textilien)	**Brandklasse B** Brände von flüssigen oder flüssig werdenden Stoffen (Benzin, Benzol, Heizöl, Ether, Alkohol, Stearin, Harze, Teer)	**Brandklasse C** Brände von Gasen (Acetylen, Wasserstoff, Methan, Propan, Stadtgas, Erdgas)	**Brandklasse D** Brände von Metallen (Aluminium, Magnesium, Natrium, Kalium)	**Brandklasse F** Brände von Speiseölen und -fetten (pflanzliche oder tierische Öle und Fette) in Frittier- und Fettbackgeräten
Löschmittel - Wasser (W) - Schaum (S) - Pulver für Glutbrände (PG)	**Löschmittel** - Schaum (S) - Pulver (P-PG) - Kohlenstoffdioxid (K)	**Löschmittel** - Pulver (P-PG) - Kohlenstoffdioxid (K)	**Löschmittel** - Pulver für Metallbrände (PM) - Steinsalz - trockener Sand	**Löschmittel** - Topfdeckel - Speziallöschmittel (F), (Flüssiglöschmittel der Brandklasse F-Feuerlöscher)

B8 Brandklassen und Löschmittel

Richtige Wahl des Löschmittels. Vorsicht! Brennendes heißes, flüssiges Fett oder Wachs dürfen auf keinen Fall mit Wasser in Berührung kommen. Da Wasser eine größere Dichte besitzt als diese Flüssigkeiten, geht es darin unter und verdampft dabei schlagartig. Der Wasserdampf reißt den heißen Brennstoff mit nach oben. Dadurch wird der Brennstoff in feine Tröpfchen zerteilt, die sofort entflammen.

V3 (Vorsicht! Abzug, Schutzscheibe, Schutzmantel, Schutzbrille, Lederhandschuhe!) Ein Teelicht (ohne Docht) wird auf einen Dreifuß mit Drahtnetz gestellt und von unten mit dem Brenner erhitzt. Von Zeit zu Zeit wird mit einem brennenden Holzspan geprüft, ob sich das Wachs entzünden lässt. Sobald das Wachs brennt, wird vorsichtig mit einer langen Pipette ein Tropfen Wasser in das flüssige Wachs getropft.

A1 **a)** Informiere dich über die Geräte und Materialien zur Brandbekämpfung und den Fluchtweg im Chemieraum.
b) Erkundige dich über das Verhalten im Brandfall an deiner Schule.

A2 Ordne die Beispielsituationen von [B5] den allgemeinen Maßnahmen zur Brandbekämpfung a–c [B7] zu. Beschreibe, was in [B5] jeweils getan wird.

A3 Festes Kohlenstoffdioxid („Kohlensäureschnee"), das sich bei Einsatz eines Kohlenstoffdioxidlöschers bilden kann, ist ein wirksameres Löschmittel als Wasser. Erkläre.

Dabei können sehr hohe Stichflammen und Explosionen entstehen [V3, B9]! Brennendes Fett kann durch Abdecken (Topfdeckel) gelöscht werden.

Brennende Metalle reagieren heftig mit Wasser, Kohlenstoffdioxid und dem Inhalt von Pulverlöschern. Man bedeckt deshalb den Brandherd des Metallbrands mit Sand, Salz oder Zement.

Nach der Zugehörigkeit eines brennenden Stoffes zu einer der fünf **Brandklassen** [B8] richtet sich die Wahl des einzusetzenden Löschmittels.

B9 Fettexplosion

Aus 1 l Wasser entstehen mehr als 1000 l Wasserdampf

Exkurs Sprinkleranlagen

In vielen Kaufhäusern, Theaterräumen, Werkstätten und Lagerräumen sind zum Brandschutz Sprinkleranlagen (von engl. to sprinkle, sprühen) eingebaut. Diese bestehen aus Druckwasserleitungen, welche die zu schützenden Räume durchziehen. In regelmäßigen Abständen sind diese Leitungen mit Brausen, den Sprinklern, versehen.

Die Öffnungen der Sprinkler sind häufig durch Glasfässchen mit einer Flüssigkeit verschlossen. Bricht an einer Stelle des Raumes ein Brand aus, erwärmt sich die Flüssigkeit und dehnt sich aus, bis das Glasfässchen bei einer bestimmten Temperatur (z. B. 68 °C) platzt. Das Wasser strömt aus der Leitung, prallt auf den Sprühteller und regnet auf das Feuer. Dieses ist meist schon gelöscht, bevor die Feuerwehr eintrifft.

Sprinkleranlagen können auch ein anderes Löschmittel anstelle des Wassers enthalten. Beispielsweise können die Sprinkler durch eine niedrig schmelzende Metalllegierung verschlossen sein.

2.22 Durchblick Zusammenfassung und Übung

B1 Aus Flamme (links) wird Glut (rechts)

Verbrennung
Reaktion eines Stoffes mit Sauerstoff unter Abgabe *von Wärme und Licht* (häufig in Form von Flammen oder Glut). In den Zellen der Lebewesen läuft eine *stille Verbrennung* (stille Oxidation) ab. Diese exotherme Reaktion liefert die Energie für die Arbeit der Zellen jedes Organismus.

B2 Bestimmung der Flammtemperatur

Flammtemperatur
Die Flammtemperatur ist die niedrigste Temperatur, bei der sich genügend Gase entwickeln, die mit Luft ein entflammbares Gasgemisch bilden [B2].

Zündtemperatur
Bei Erreichen der Zündtemperatur durch oder ohne Zündquelle erfolgt eine Reaktion mit Sauerstoff unter Bildung einer Flamme.

Nachweisreaktionen
Sauerstoff wird mit der *Glimmspanprobe* nachgewiesen; die *Trübung von Kalkwasser* ist ein Nachweis für Kohlenstoffdioxid.

B3 Verbrennungsdreieck

Flamme
Eine Flamme wird durch *brennbare Gase* gebildet.

Kerzenflamme
In einer Kerzenflamme sind verschiedene Zonen zu erkennen. In der leuchtenden Zone glühen winzige Rußpartikel.

Explosionen
Brennbare Gase, leicht verdunstende Flüssigkeiten und Stäube von brennbaren Feststoffen bilden mit Luft explosive Gemische, wenn der Anteil des Brennstoffs zwischen der oberen und unteren *Explosionsgrenze* liegt.

Löschen eines Brandes [B3]
- Entzug des brennbaren Stoffes
- Abkühlen unter die Zündtemperatur
- Entzug von Sauerstoff

Nichtmetalloxide
Nichtmetalle reagieren mit Sauerstoff zu Nichtmetalloxiden. Diese meist farblosen Gase entweichen in die Atmosphäre und *belasten* die Umwelt.

Energieversorgung
Die Verbrennungsreaktion ist die *zentrale Reaktion* unserer Energieversorgung. Verbrannt werden hauptsächlich *fossile Energieträger*. Dies führt zu einer Erhöhung des Kohlenstoffdioxidgehalts der Atmosphäre. Ziel muss sein, verstärkt *alternative, regenerative Energiequellen* zu erschließen.

Energieumwandlung
Eine Energieumwandlung ist immer mit einem *Verlust an nutzbarer Energie* verbunden *(Energieentwertung)*. So wird in einer Glühlampe weniger als 10 % der Energie des aufgenommenen Stroms in Licht umgewandelt, der größte Teil der Energie geht durch die starke Erwärmung der Glühbirne verloren [B4].

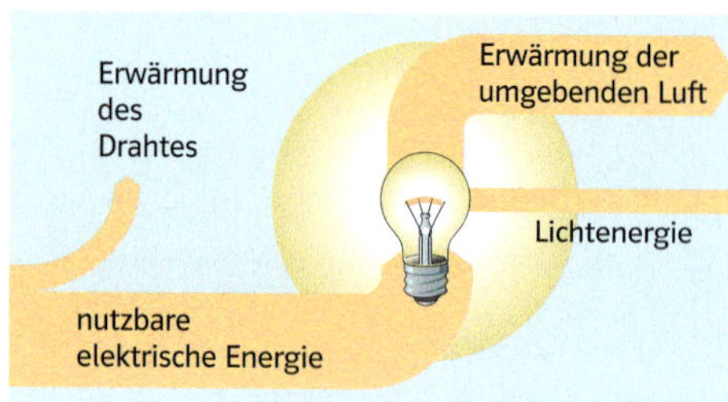

B4 Nur ein kleiner Teil der elektrischen Energie wird in Licht umgewandelt

A1 Warum ist die Formulierung „eine Wunderkerze brennt ab" nicht richtig? Schreibe eine richtige Formulierung auf.

A2 Im Zigarettenrauch sind unter anderem verschiedene Stickstoffoxide enthalten. Informiere dich über die Wirkung dieser Oxide auf Menschen und Pflanzen.

A3 Warum leuchtet ein Bausch Eisenwolle beim Verglühen heller auf, wenn man ihn an der Luft bewegt? Gib eine Erklärung.

A4 In der Nähe von Neapel, in der Hundsgrotte, wurden Hunde und andere kleine Tiere bewusstlos oder drohten zu ersticken [B6]. Aus vulkanischem Gestein strömte Kohlenstoffdioxid in die Grotte.
a) Erwachsene Personen konnten sich in der Grotte gefahrlos bewegen. Erkläre.
b) Warum betritt ein Kellermeister den Gärkeller mit einer brennenden Kerze, obwohl der Keller ausreichend beleuchtet ist? Erläutere.

A5 Sauerstoff soll aus einer Kunststoffspritze ohne Kontakt mit der Luft in ein Reagenzglas umgefüllt werden. Du hast zusätzlich ein Gefäß mit Wasser und einen Schlauch zur Verfügung. Wie gehst du vor? Mache einen Vorschlag mithilfe einer Skizze.

A6 Erstelle eine Mindmap auf DIN-A-3-Papier (Querformat) zum Kapitel „Stoff- und Energieumsätze bei chemischen Reaktionen".
a) Übertrage die nummerierten Überschriften (ohne Praktikum, Impulse und Exkurse).
b) Notiere mit einer neuen Farbe jeweils die wichtigsten Begriffe.

A7 Untermauere die Behauptung „Luft ist ein Gasgemisch und keine Verbindung".

A8 Entnimm einer Tageszeitung oder dem Internet, welche Nichtmetalloxide in der Luft enthalten sind. Erstelle über mehrere Tage ein Diagramm, in dem du den Volumenanteil (senkrechte Achse) gegen die Zeit (waagerechte Achse) aufträgst.

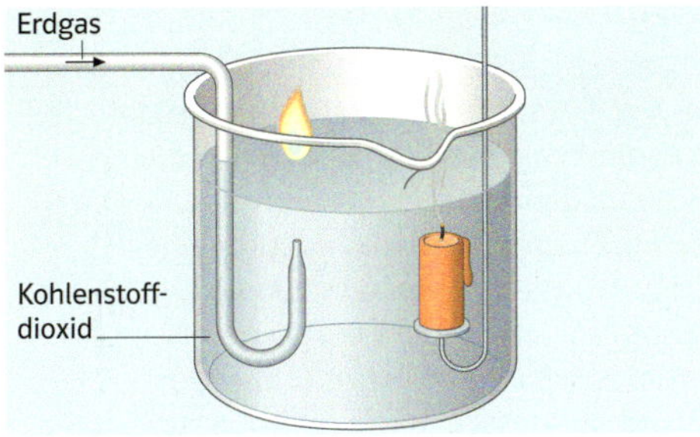

B5 Zu Aufgabe 10

A9 Schlage für verschiedenartige Brände jeweils geeignete Löschmethoden und Löschmittel vor.

A10 Taucht man eine brennende Kerze in in ein großes, mit Kohlenstoffdioxid gefülltes Becherglas, so erlischt sie. Verfährt man mit der Erdgasflamme oder einem brennenden Gasfeuerzeug ebenso, so hebt die Flamme von der Gasaustrittsöffnung ab und brennt an der Oberfläche des „Kohlenstoffdioxidsees" weiter [B5]. Begründe das unterschiedliche Verhalten.

A11 Auch in den Zellen der Lebewesen finden Oxidationen statt. Beantworte folgende Fragen:
a) Welche Stoffe werden dabei oxidiert?
b) Wodurch unterscheiden sich diese Oxidationen von Verbrennungen an der Luft?
c) Wozu dient die frei werdende thermische Energie?

B6 „Kohlenstoffdioxidsee" am Boden einer Grotte

2.23 Horizonte Eine Dokumentation erstellen

In der Chemie werden Experimente und deren Ergebnisse in einem Protokoll dokumentiert (S. 15). Auch Sammlungen und übersichtliche Anordnungen von Fotos, Schriftstücken, Schaubildern, Skizzen und Zeichnungen zu einem Thema eignen sich gut für eine Dokumentation. Dazu können die Ergebnisse einer Recherche oder eines Experimentes anschaulich in Form eines Plakats, einer Wandzeitung oder auch einer Ausstellung im Schulgebäude zusammengestellt werden.

Verfügt die Schule über eine eigene Homepage, so lassen sich die Ergebnisse auch „online" (also im *World Wide Web*) einer breiteren Öffentlichkeit zugänglich machen.

Exkurs Der Mensch und das Feuer

Feuerspucker

Waldbrand

Hamburger Brand (1842)

Der Beginn der gezielten Nutzung des Verbrennungsprozesses zur Erzeugung von Feuer und Wärme erfolgte vor mehreren hunderttausend Jahren durch unsere menschlichen Vorfahren. Inzwischen beherrscht der moderne Mensch die Handhabung des Feuers nahezu perfekt. Dennoch können noch immer große Gefahren bei Feuer drohen: Am 24. März 1999 brach im **Mont-Blanc-Tunnel** zwischen Frankreich und Italien ein schwerer Brand aus. Erst nach 53 Stunden gelang es der Feuerwehr, den Brand unter Kontrolle zu bringen. Das Feuer forderte das Leben von 39 Menschen. Die leidvollen Erfahrungen haben dazu beigetragen, dass der Mont-Blanc-Tunnel zur Referenz in Sachen Sicherheit für die Reisenden wurde. Dies zeigt, wie wichtig die Dokumentation und Weitergabe von Informationen ist, um aus Fehlern lernen zu können und derartige Unglücke zukünftig zu vermeiden.

Jugendfeuerwehr bei einer Übung

A1 Erstelle zum Thema „Feuerwehr" eine Dokumentation.

a) Sammle Informationen. Organisiere zuerst bei der Feuerwehr einen Besuchstermin für die Klasse oder lade einen Feuerwehrmann ein. Suche auch im Internet (Homepage der Feuerwehr) oder in Büchern Informationen zur Feuerwehr.

b) Wähle Informationen aus.
Nach einem ersten Überblick über das Stoffangebot, z. B. Jugendfeuerwehr, Ausrüstung der Feuerwehr, Brandursachen usw., wähle ein interessantes Thema aus. Arbeite möglichst in Gruppen.

c) Ordne die Informationen.
Nun müssen die unterschiedlichen Informationen und Themen zusammengetragen und sinnvoll geordnet werden. Eine Möglichkeit zeigt [B1].

d) Erstelle eine Dokumentation.
Welche Möglichkeiten gibt es hier (z. B. Plakatwand, Schaukasten)?

Tipps für eine Plakatwand:

- Text-, Bild- und Anschauungsmaterial sollen gleichgewichtig nebeneinander stehen.
- Die Dokumentation sollte nicht überladen sein (weniger ist mehr!).
- Der Textteil sollte kurz und informativ sein und in möglichst großer Schrift dargestellt werden.

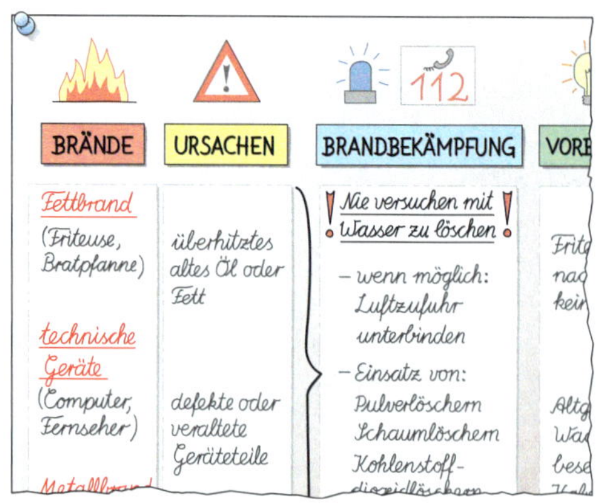

B1 Brände und Brandbekämpfung als Plakat

3 Luft und Wasser

Reines Wasser und saubere Luft sind wichtige Grundlagen für ein gesundes Leben.

Die Qualität von Luft und Wasser ist durch Schadstoffe bedroht, die von Menschen produziert werden.

Eine wichtige Aufgabe des Umweltschutzes ist es, die Lebensgrundlage für Menschen, Tiere und Pflanzen zu erhalten.

- Luft ist notwendig, um Verbrennungen zu unterhalten. Die erzeugte Wärme kann vielfältig genutzt werden. Dabei wird aber auch das für das Klima schädliche Kohlenstoffdioxid erzeugt.

- Die Wasservorräte der Erde sind begrenzt und ungleich verteilt. Luft und Wasser sind schutzbedürfige Lebensräume für Pflanzen und Tiere.

- Die Untersuchung der Luft zeigt, dass sie ein Gemisch ist. Wasser ist hingegen ein Reinstoff, aus dem sich durch eine chemische Reaktion zwei Gase gewinnen lassen.

- Bei der Untersuchung das Wassers lernen wir Wasserstoff kennen. Er wird als Energieträger der Zukunft angesehen.

- Viele chemische Reaktionen werden durch einen Katalysator beeinflusst.

Online-Link
756084-0300

3.1 Nachhaltiger Umgang mit Ressourcen

Luft zum Atmen
In der internationalen Raumstation „ISS" (International Space Station) ist die Luftversorgung lebenswichtig für die Bewohner. Dabei reicht es nicht, nur Sauerstoff beständig nachzuliefern, auch auf die ausgeatmete Luft muss geachtet werden.

B1 Die internationale Raumstation ISS

A1 Überlege, welches Gas beständig aus der ausgeatmeten Luft der Bordbesatzung entfernt werden muss. Tipp: Dein Biologiebuch könnte dir von Nutzen sein.

Luftreinhaltung und menschliche Eingriffe
Schon in früheren Zeiten stellte man fest, dass die Luft oft nicht sauber war.

B2 Im Ruhrgebiet Mitte des 19. Jahrhunderts

A2 Recherchiere im Internet, indem du in einer Suchmaschine deiner Wahl die Suchbegriff „Umweltverschmutzung 19. Jahrhundert" eingibst. Du wirst feststellen, dass das Problem der Luftreinhaltung schon sehr alt ist.

B3 Ein wieder entfachtes Feuer

Eine Verbrennung läuft nur ab, wenn dem Brennstoff genügend Sauerstoff zugeführt wird. Durch Veränderung der Luftzufuhr lässt sich die Verbrennung in einem Ofen steuern.

A3 Warum kann man eine Kerzenflamme ausblasen, während andererseits ein Feuer durch Anblasen entfacht werden kann?

Wasser ist eine Verbindung
HENRY CAVENDISH (1731–1810), ein britischer Chemiker und Privatgelehrter, entdeckte 1766 den Wasserstoff und wies nach, dass Wasser eine Verbindung ist.

A4 Recherchiere die Geschichte der Entdeckung des Wasserstoffs durch H. CAVENDISH.

B4 Der Forscher Henry Cavendish

A5 Informiere dich über die Wissenschaftler JOSEPH PRIESTLEY, KARL WILHELM SCHEELE UND ANTOINE LAURENT LAVOISIER, die alle mit der Analyse der Luft und der in ihr enthaltenen Gase befasst waren.

Gase wie die Luft lassen sich mit einer Vorrichtung, die man auch als pneumatische Wanne bezeichnet, portionsweise auffangen. Der erste, von dem diese Vorrichtung zur Untersuchung der Luft benutzt wurde, war JOSEPH PRIESTLEY im Jahre 1772.

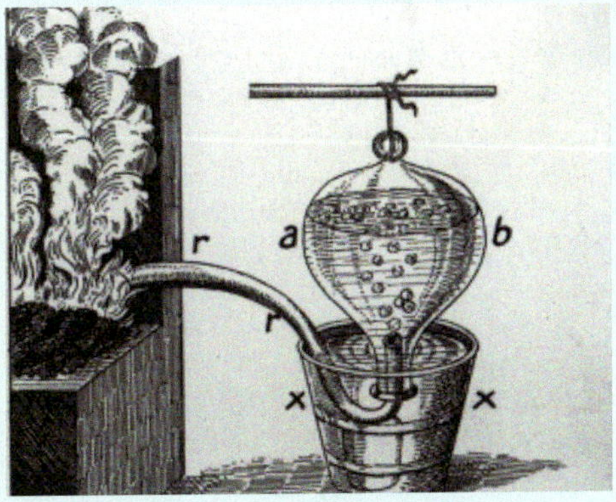

B5 Pneumatische Wanne (18. Jh.)

A6 Informiere dich, wie man mit einer pneumatischen Wanne in der Schule Gase auffängt.

A7 Wirft man eine Brausetablette in Wasser, entsteht ein Gas. Dieses Gas kann man mit einer selbst gebauten pneumatischen Wanne auffangen. Nimm dazu ein hohes, schmales Trinkglas, fülle es bis an den Rand mit Wasser und stülpe es umgekehrt in eine Schüssel, die bis ca. zur Hälfte mit Wasser gefüllt ist. Damit bei diesem Vorgang kein Wasser ausfließt, kannst du das Trinkglas mit einem Bierdeckel verschließen, den du später wieder aus der Schüssel entfernst. Wenn du jetzt eine Brausetablette unter die Trinkglasöffnung legst, machst du eine erstaunliche Entdeckung.

Wasser zum Trinken
In früheren Zeiten war die Versorgung mit Wasser sehr mühsam. Es musste z. B. aus einem Ziehbrunnen gefördert und in einem Eimer oder in einer Kanne transportiert werden. Heute ist jede Wohnung mit fließendem Wasser versorgt. Häuser und die meisten Wohnungen besitzen Wasserzähler.

B6 Sauberes und erfrischendes Trinkwasser

A8 Ermittle den Wasserverbrauch deiner Familie über eine Woche hinweg und berechne den täglichen Verbrauch pro Person.

Gewässer als Lebensraum
Gewässer sind Lebensräume für zahlreiche Arten von Pflanzen und Tieren. Viele Wassertiere kommen zum Atmen regelmäßig an die Wasseroberfläche, andere leben ständig untergetaucht.

B7 Lebensraum Wasser

A9 Überlege, woher Wasserpflanzen das für ihre Fotosynthese notwendige Kohlenstoffdioxid erhalten? Wie versorgen sich Wassertiere mit dem für ihren Stoffwechsel lebensnotwendigen Sauerstoff?

3.2 Die Luft, die wir atmen

B1 Der Himmel, jede Menge Luft zum Atmen

Die Luft – ohne sie gäbe es kein Leben. Pflanzen, Tiere, Menschen atmen sie, Vögel und Flugzeuge nutzen sie zur Fortbewegung, in ihr spielt sich das Wettergeschehen ab. Was ist Luft und woraus besteht sie?

B2 Flüssige Luft

Luft, ein Gasgemisch. Stellt man eine Kerze in eine abgeschlossene Luftportion, erlischt sie nach kurzer Zeit. Eine genauere Untersuchung zeigt, dass nicht die gesamte Luft durch das Verbrennen der Kerze verbraucht wurde. Ein Teil ist verschwunden, dafür wurde Kohlenstoffdioxid gebildet, das jetzt vermehrt in der Luft vorhanden ist [V1]. Der verschwundene Luftanteil ist Sauerstoff, der mit dem Kerzenwachs unter anderem zu Kohlenstoffdioxid reagiert hat (Kap. 2.17). In der restlichen Luft erstickt eine Flamme. Den Hauptbestandteil dieses Gemisches verschiedener Gase nennt man daher Stickstoff.

Die Zusammensetzung der Luft. Kühlt man Luft auf eine Temperatur unterhalb von −200 °C ab, wird sie *flüssig* [B2]. Aus ihr lassen sich durch Destillation einzelne Luftbestandteile aufgrund ihrer unterschiedlichen Siedetemperaturen abtrennen [B4]. Bei dieser Destillation erhält man aus 100 l Luft 78,08 l Stickstoff und 20,95 l Sauerstoff. Im restlichen Anteil von 0,97 % der Luft findet man alle weiteren Gase, wie die sogenannten *Edelgase*, die 0,93 % ausmachen. Kohlenstoffdioxid ist mit einem Anteil von ca. 0,04 % vertreten. Außer Wasserdampf, der in wechselnden Anteilen vorkommt, enthält Luft noch viele weitere Gase, die in so geringen Konzentrationen vorkommen, dass man sie als *Spurengase* bezeichnet.

Luft besteht zu etwa 78 % aus Stickstoff und zu 21 % aus Sauerstoff. Die übrigen Gase sind mit einem Anteil von ca. 1 % in der Luft vorhanden.

Exkurs Gewinnung flüssiger Luft nach dem Lindeverfahren

Wird eine Luftportion komprimiert, so steigt ihre Temperatur. Vergrößert man hingegen den Gasraum, sinkt die Temperatur. Führt man die beim Komprimieren frei werdende Wärme ab und dekomprimiert die Luft wieder – vergrößert man also den Gasraum–, so wird diese kälter, als sie vorher war. Durch mehrfaches Wiederholen dieses Vorgangs erhält man bei einer Temperatur von ca. −200 °C *flüssige Luft*.

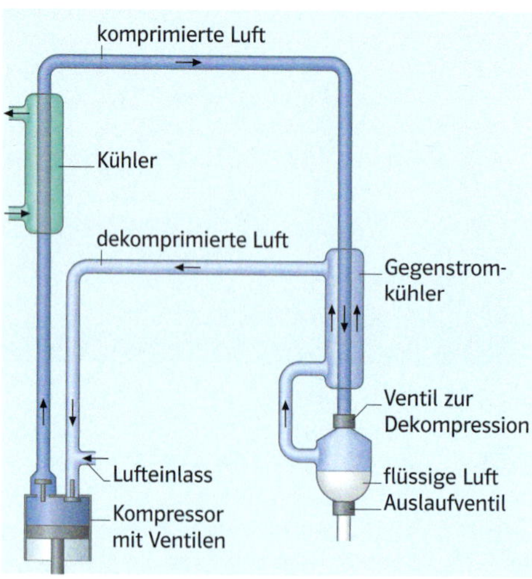

Eigenschaften	Sauerstoff	Stickstoff
Farbe	farblos	farblos
Geruch	geruchlos	geruchlos
Geschmack	geschmacklos	geschmacklos
Aggregatzustand (Zimmertemperatur)	gasförmig	gasförmig
Dichte (20 °C, Normdruck)	1,33 g/l	1,16 g/l
Schmelztemperatur	−219 °C	−210 °C
Siedetemperatur	−183 °C	−196 °C
Ermöglicht Verbrennung	ja	nein
Löslichkeit in Wasser (20 °C, Normdruck)	gering, (31 cm^3/l)	gering, (12,8 cm^3/l)

B3 Eigenschaften von Sauerstoff und Stickstoff

Die Luftbestandteile. Der Hauptbestandteil der Luft, **Stickstoff**, ist ein geruch-, geschmack- und farbloses Gas. Er reagiert nur bei sehr hohen Temperaturen mit Sauerstoff zu Stick(stoff)oxiden. Die Flamme eines Holzspans erlischt, wenn nur Stickstoff vorhanden ist (Nachweismöglichkeit). Stickstoffverbindungen werden von allen Lebewesen benötigt, allerdings können sie bis auf wenige Ausnahmen, wie z. B. die Knöllchenbakterien in den Wurzeln von **Leguminosen**, das Stickstoffgas nicht direkt nutzen. Pflanzen nehmen Stickstoffverbindungen aus dem Boden auf. Tiere und Menschen erhalten das Element Stickstoff aus der pflanzlichen Nahrung.

In flüssigem Stickstoff, also bei einer Temperatur von unter − 196 °C, werden Zellkulturen und Organe aufbewahrt. Er wird auch in der Kältetechnik, z. B. beim Schockgefrieren von Lebensmitteln, verwendet.

Sauerstoff, der etwa ein Fünftel des Volumens der Luft ausmacht, ist bei Temperaturen von unter − 183 °C eine hellblaue Flüssigkeit. Im Gaszustand ist er farblos und hat weder Geruch noch Geschmack. Er wird in reiner Form z. B. in Schneidbrennern, in der Gießerei, als Raketentreibstoff und zum Beatmen im Krankenhaus verwendet.
Oxidationen laufen in reinem Sauerstoff äußerst heftig ab. Leben ist daher nur in verdünntem Sauerstoff möglich. 1772 wurde Sauerstoff von dem schwedischen Apotheker CARL WILHELM SCHEELE entdeckt, der ihn als „Feuerluft" bezeichnete.
Seinen heutigen Namen verdankt Sauerstoff ANTOINE LAURENT LAVOISIER. Er nannte ihn 1779 oxygène (oxygenium von oxis, griech. sauer und genein, griech. erzeugen).

Die **Edelgase** Helium, Neon, Argon, Krypton und Xenon reagieren mit anderen Stoffen nicht. Sie sind daher auch nicht brennbar. Helium wird wegen seiner geringen Dichte als Füllgas für Luftballons, Luftschiffe und Fesselballons verwendet.

Reklameleuchtschriften stellt man aus Röhren mit Neonfüllung her. Besonders hell leuchtende Glühlampen sind mit Krypton gefüllt, um ein Durchschmelzen des Glühfadens zu verhindern; er kann in diesen Lampen auf 2500 °C erhitzt werden und so heller leuchten. Argon ist das bei weitem häufigste Edelgas in der Luft. Man verwendet es als Schutzgas beim Elektroschweißen; es hält den Sauerstoff der Luft von der heißen Schweißstelle fern und verhindert so das Verbrennen des Eisens. Gasentladungsröhren wie Leuchtstoffröhren und Energiesparlampen sind u. a. mit Argon oder anderen Edelgasen gefüllt. In besonders hell leuchtenden Autolampen verwendet man Xenon als Gasfüllung.

Kohlenstoffdioxid ist lebensnotwendig für das Wachstum grüner Pflanzen. Menschen und Tiere atmen es aus. Der zunehmende Anteil des Kohlenstoffdioxids durch das Verbrennen von fossilen Brennstoffen wie Erdgas, Erdöl und Kohle hat Einfluss auf das Klima der Erde.

V1 Fülle eine Glasschale etwa 2 cm hoch mit Kalkwasser. Entzünde ein Teelicht und lass es ggf. mithilfe einer Korkscheibe in der Glasschale schwimmen. Stülpe nun ein Becherglas über die brennende Kerze.

A1 Beschreibe, wie man in [V1] feststellen kann, dass Kohlenstoffdioxid gebildet wurde.

A2 Beschreibe die Gewinnung von Sauerstoff nach dem Linde-Verfahren.

A3 In Lexika liest man, dass Argon mit einem Anteil von 0,93 % in der Luft vorhanden ist. Was sagt das über die Konzentration der übrigen Edelgase aus?

A4 Auf welchem Wege gelangen Stickstoffverbindungen in den Körper des Menschen?

A5 Gib einige Verwendungsmöglichkeiten für Edelgase an.

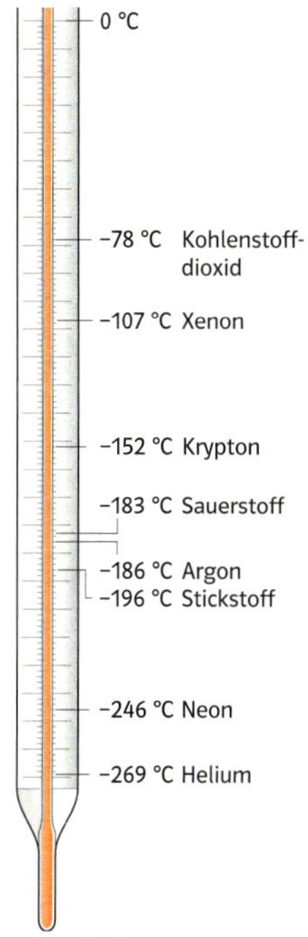

B4 Siedetemperaturen einiger Luftbestandteile

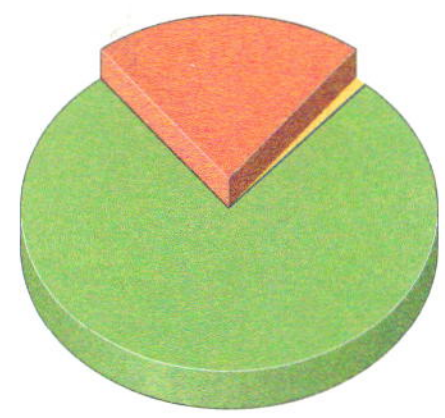

78,08 % Stickstoff
20,95 % Sauerstoff
0,93 % Edelgase
0,04 % Kohlenstoffdioxid

B5 Zusammensetzung der Luft (Volumenanteile)

B6 CARL WILHELM SCHEELE (1742 - 1786)

3.3 Verbrennungsprodukte der Luft

Außer Stickstoff und Sauerstoff enthält die Luft viele andere Gase, die nur in äußerst geringen Konzentrationen vorkommen, deren Wirkungen aber zum Teil erheblich sind.

B1 Schäden durch sauren Regen

Schadstoffe in der Luft. Wenn Benzin, Erdgas, Heizöl und Kohle verbrannt werden, entstehen außer Kohlenstoffdioxid und Wasser häufig die Gase Stickstoffdioxid und Schwefeldioxid sowie Schwebstoffe und Verbindungen, die man als „Flüchtige Organische Verbindungen" bezeichnet. Bei unvollständiger Verbrennung, d.h., wenn nicht genügend Sauerstoff für die Verbrennung vorhanden ist, entsteht **Kohlenstoffmonooxid.** Dieses ist für Menschen und Tiere ein sehr giftiges Gas. Es lässt sich allerdings zu Kohlenstoffdioxid oxidieren.

B2 Umweltzone nach der Feinstaubrichtlinie 2008

Schwefeldioxid. Wenn Stoffe Schwefelverbindungen enthalten, bildet sich bei ihrer Verbrennung **Schwefeldioxid.** In der feuchten Luft entstehen daraus Lösungen, die den Regen sauer machen (Kap. 1.13). Durch diesen sauren Regen werden Gesteine, die Kalk enthalten, zerstört [B1], Eisen rostet schneller. Außerdem wird Schwefeldioxid für Waldschäden mitverantwortlich gemacht.

Stickstoffdioxid. Viele Verbrennungsprozesse laufen bei hohen Temperaturen ab. Dabei reagieren auch Stickstoff und Sauerstoff in der Luft miteinander. Das so gebildete **Stickstoffdioxid** hat ähnliche Schadwirkungen wie Schwefeldioxid; so trägt es ebenfalls zum sauren Regen bei. Zudem ist es an der Erzeugung des in den unteren Luftschichten sehr schädlichen **Ozons** beteiligt.

B3 Umweltplakette für ein Fahrzeug, welches die Abgasnorm Euro 4 erfüllt

Feinstäube. In der Luft befinden sich auch Schwebstoffe, die z. B. beim Betrieb von Dieselfahrzeugen, beim Bremsen und beim Reifenabrieb entstehen. Man bezeichnet sie als **Feinstäube.** Diese schädigen die Atmungsorgane. Sie können sogar, wenn sie fein genug sind, durch die Lungenbläschen ins Blut gelangen und so als Gifte wirken.

Viele Städte haben *Umweltzonen* [B2] eingerichtet, die nur noch mit einer am Fahrzeug angebrachten Plakette [B3] befahren werden dürfen.

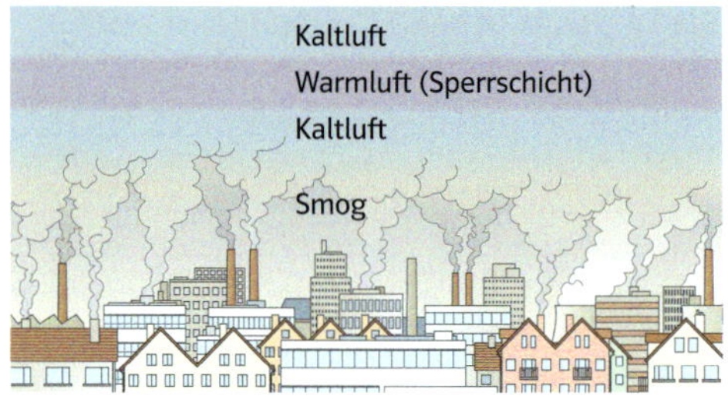

B4 Smogbildung durch Inversionswetterlage

Smog. Schädliche Stoffe, die in der Luft entstehen, werden in der Regel durch den Wind weiträumig verteilt. Bei ungünstigen Wetterlagen ist diese Verteilung eingeschränkt. Normalerweise nimmt die Temperatur vom Boden zu höheren Luftschichten ab. Warme Abgase können so nach oben steigen und sich verteilen, da wärmere Gase eine geringere Dichte haben als kältere. Bei einer *Inversionswetterlage* (von lat. inversus, umgekehrt) liegt jedoch eine warme Luftschicht über einer kalten [B4]. Die warme Luft wirkt wie eine Sperrschicht und verhindert, dass die von unten kommende warme Luft weiter aufsteigen und sich verteilen kann. Da es bei derartigen Wetterlagen auch nur geringe Luftbewegung gibt, bildet sich, besonders über Städten und Industrieregionen, eine Glocke aus Dunst, Staub und schädlichen Gasen. Diese Mischung wird als Smog bezeichnet (von engl. smoke, Rauch und fog, Nebel). Smogsituationen sind besonders gefährlich für Menschen, die an Herz- oder Kreislauferkrankungen leiden, Menschen mit Atemwegsbeschwerden, alte Menschen und Kleinkinder. Für derartige Wettersituationen hat der Staat Smogalarmpläne erstellt, die bei Überschreiten von Grenzwerten in Kraft gesetzt werden. Ein Smogalarm ermöglicht, abgestuft nach dem Grad der Belastung mit schädlichen Stoffen (Schadstoffen), die sofortige Einleitung von Maßnahmen zur Verminderung der Luftverunreinigung.

A1 Erstelle eine tabellarische Übersicht über Herkunft und Schadwirkung der im Text genannten Schadstoffe:
Schadstoff | Herkunft | Wirkung

3.4 Kohlenstoffdioxid und der Treibhauseffekt

Obwohl das beim Verbrennen von Holz, Kohle und Öl entstehende Kohlenstoffdioxid kein gesundheitsschädliches Gas ist, hat es doch weit reichende Auswirkungen auf das Klima der Erde.

Der Treibhauseffekt. Die mittlere Temperatur auf der Erde, das ist die Temperatur, die aus vielen Temperaturmessungen in allen Teilen der Erde berechnet wird, liegt heute bei 15 °C. Ohne Gase wie Kohlenstoffdioxid und Wasserdampf in der Luft läge sie bei – 18 °C. Diese und andere Gase in der Atmosphäre sorgen dafür, dass die Wärme, die von der Sonne eingestrahlt wird, länger im Bereich der Erde gehalten wird [B1]. Da der Effekt derselbe ist wie bei einem Treibhaus, bei dem ebenfalls die eingestrahlte Wärme einige Zeit „gefangen" ist, spricht man vom (natürlichen) *Treibhauseffekt*.

Der Einfluss des Menschen. Kohle, Erdgas und Erdöl sind aus Pflanzen und Kleinstlebewesen entstanden, die vor einigen Millionen Jahren Kohlenstoffdioxid aus der Luft zum Aufbau von Biomasse verwendet haben. Werden sie zur Energieerzeugung verbrannt, entsteht wieder Kohlenstoffdioxid – mehr als von Pflanzen der Luft entzogen wird [B2]. Der Anstieg des Kohlenstoffdioxidgehalts in der Atmosphäre hat eine Erhöhung des Treibhauseffekts zur Folge. Dieser vom Menschen verursachte *(anthropogene)* Treibhauseffekt führt dazu, dass sich die Atmosphäre stärker erwärmt. Die mittlere Temperatur auf der Erde steigt und dadurch verändert sich auch das Klima.

A1 Ermittle die Rolle von Kohlenstoffdioxid und Sauerstoff beim Stoffwechsel der Pflanzen.

A2 Gib die durch den natürlichen Treibhauseffekt verursachte Erhöhung der mittleren Temperatur an.

A3 Bedeutet eine Zunahme der mittleren Temperatur um 2 °C, dass es überall auf der Erde um 2 °C wärmer wird? Begründe deine Antwort.

A4 Recherchiere Möglichkeiten, wie man die Entstehung von Kohlenstoffdioxid einschränken kann.

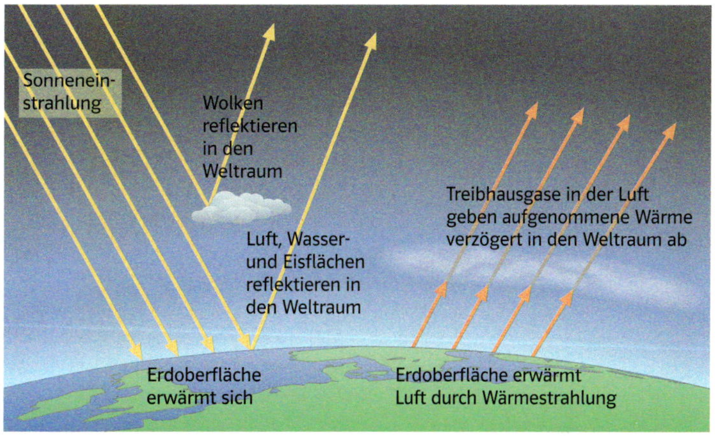

B1 Der Treibhauseffekt

ppm, parts per million
Einheit für Anteile

$1\,\text{ppm} = \frac{1}{1\,000\,000}$

vgl. auch

$1\,\% = \frac{1}{100}$

$1\,‰ = \frac{1}{1000}$

(Die Einheit ppm wird von DIN-Normen nicht empfohlen.)

Klimaforscher sagen eine Erhöhung der mittleren Temperatur zwischen 1,5 °C und 4,5 °C voraus, deren verheerende Folgen nur abgeschätzt werden können. Vorschläge zur Beseitigung des überschüssigen Kohlenstoffdioxids scheiterten bisher an den gewaltigen Mengen. Aus jeder Tonne Kohlenstoff entstehen bei der Verbrennung etwa 3,67 Tonnen Kohlenstoffdioxid.

Will man also eine sehr schnelle Klimaveränderung – man spricht von einer *Klimakatastrophe* – verhindern, muss man die Entstehung von Kohlenstoffdioxid einschränken. Das geht aber nur dadurch, dass man weniger Kohle, Erdgas und Erdöl verbrennt. Durch Vereinbarungen versuchen die Staaten, den Ausstoß von Kohlenstoffdioxid zu beschränken.

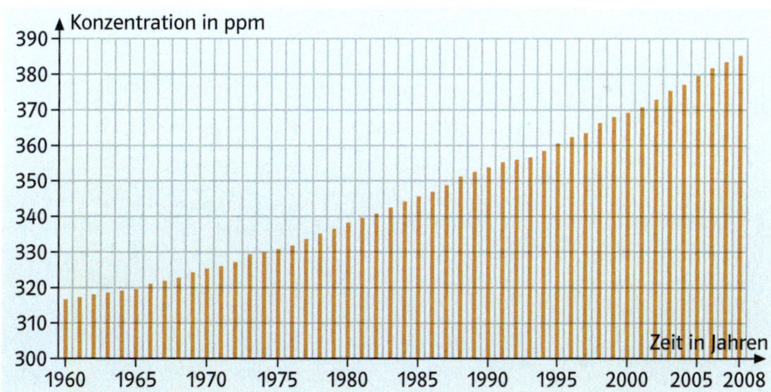

B2 Entwicklung des Kohlenstoffdioxidanteils der Atmosphäre auf der Nordhalbkugel (Mauna Loa, Hawaii)

3.5 Exkurs Reinhaltung der Luft

B2 Kohlekraftwerk mit Rauchgasentschwefelungs- und -entstickungsanlage

Für die Gesundheit von Mensch und Tier ist saubere Luft notwendig. Die im Verkehr, in der Industrie und in Kraftwerken entstehenden Schadstoffe müssen daher aus der Abluft entfernt werden.

B1 Absorberturm

Abluftreinigung in Kraftwerken. Beim Verbrennen von Braun- oder Steinkohle entstehen neben festen Rückständen in Form von Flugstaub oder Asche auch Gase wie Kohlenstoffdioxid, Schwefeldioxid und Stickstoffoxide. Die festen Bestandteile werden mit Filtern entfernt, sie können z. B. in der Bauindustrie verwendet werden. Die gasförmigen Schadstoffe Schwefeldioxid und die Stickstoffoxide werden in besonderen Anlagen in ungefährliche Stoffe umgewandelt.

Entschwefelung. Kohle enthält Schwefelverbindungen, die beim Verbrennen zu Schwefeldioxid reagieren.

Lässt man Kohlenstaub in einer **Wirbelschichtfeuerung** zusammen mit Kalksteinmehl verbrennen, reagiert das entstehende Schwefeldioxid zu Gips. Dasselbe Prinzip wird auch in der **Rauchgasentschwefelungsanlage** angewandt. In hohen *Absorbertürmen* [B1] wird dem Rauchgas eine Suspension von Löschkalk (Kalkmilch) entgegen gesprüht. Zusammen mit dem Sauerstoff aus der Luft entsteht Gips, der getrocknet und zum Teil zu Gipskartonplatten verarbeitet wird.

Entstickung. In einem weiteren Schritt werden aus dem entstaubten und von Schwefeldioxid befreiten Rauchgas die Stickstoffoxide entfernt. Dies geschieht in der *Rauchgasentstickungsanlage* (DENOX-Anlage), in der die Stickstoffoxide mit Ammoniak bei Temperaturen von 300 bis 400 °C an einem Katalysator zu Stickstoff reagieren.

A1 Schon im 16. Jahrhundert hat man in Metallhütten das Rauchgas gereinigt, indem man es erst in einen Raum auf dem Dachboden und von dort durch den Kamin nach draußen leitete. Was wollte man wohl damit bezwecken?

A2 Beschreibe den Weg des Rauchgases in einem Kraftwerk.

A3 Begründe die Aussage, dass die in Kraftwerken entstehenden Schadstoffe in ungefährliche Stoffe umgewandelt werden.

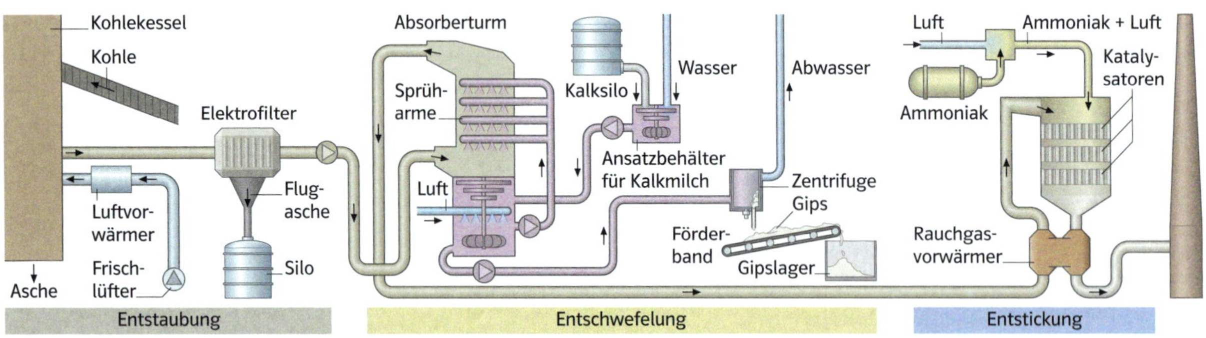

B3 Luftreinhaltung in einem Kohlekraftwerk

Beim Betrieb von Motoren in Kraftfahrzeugen entstehen bei der Verbrennung von Benzin oder Diesel Schadstoffe, die ebenfalls aus den Abgasen entfernt werden müssen.

Schadstoffe im Abgas. Benzin und Dieselkraftstoff sind Gemische von Kohlenwasserstoffen, Verbindungen von Kohlenstoff und Wasserstoff. Beim Verbrennen reagieren sie aber nicht nur zu Kohlenstoffdioxid und Wasser, durch unvollständige Verbrennung entsteht auch das giftige *Kohlenstoffmonooxid*. Ein geringer Teil des Benzins wird nicht oxidiert, sondern wird zu neuen *Kohlenwasserstoffen* umgewandelt. Bei den hohen Temperaturen im Zylinder des Motors reagiert ein Teil des Stickstoffs der eingesaugten Luft zu *Stickstoffoxiden*.

Die Abgasreinigung. Die Aufgabe des **Abgaskatalysators** ist es, die entstandenen Schadstoffe zu unschädlichen Stoffen reagieren zu lassen. Er besteht aus einem Keramikblock, der von wabenförmigen Röhren durchzogen ist, dem *Keramikwabenkörper* [B5]. Auf der rauen Oberfläche der dünnen Kanäle ist Platin oder ein anderes Edelmetall, wie z. B. Rhodium oder Palladium, in fein verteilter Form aufgetragen. Man braucht für einen ganzen Katalysatorblock etwa zwei Gramm Edelmetallpulver. An der großen Oberfläche des Katalysators reagieren die vom Motor kommenden heißen Gase miteinander. Aus Kohlenwasserstoffen, Kohlenstoffmonooxid, Stickstoffoxiden und restlichem Sauerstoff entstehen so unter idealen Bedingungen nur Kohlenstoffdioxid, Wasser und Stickstoff.

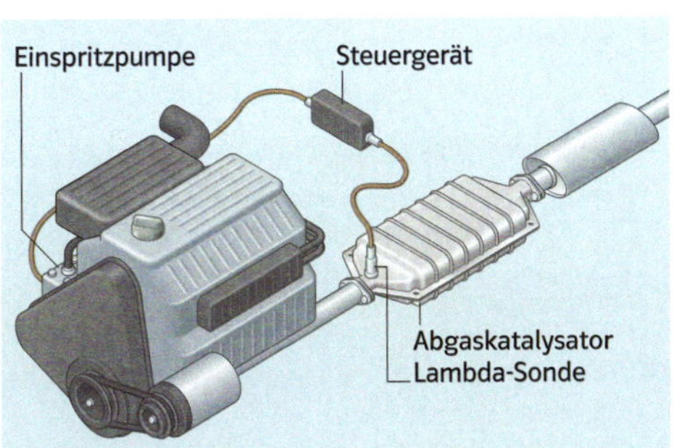

B4 Katalysator und Lambda-Sonde

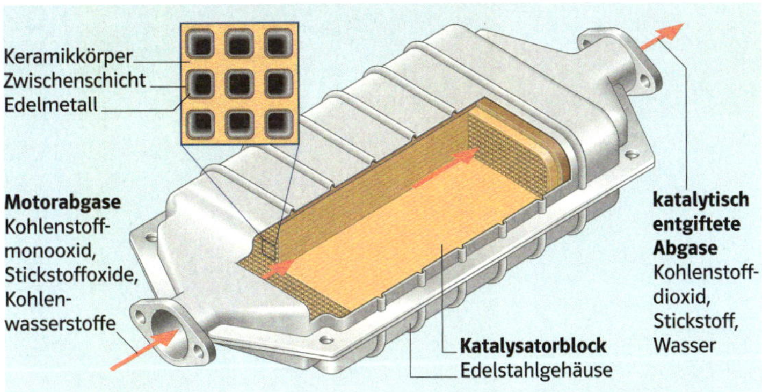

B5 Schemabild eines Abgaskatalysators mit vergrößerter Darstellung des platinbeschichteten Keramikkörpers

Damit diese Bedingungen erreicht werden, misst eine Sonde, die *Lambda-Sonde*, den Sauerstoffanteil des Abgases [B4]. Durch die Steuerung des Benzin-Luft-Verhältnisses kann die Zusammensetzung des Abgases so beeinflusst werden, dass nahezu alle Schadstoffe umgewandelt werden. Der Abgaskatalysator wirkt also *nicht* als Filter.

Rußfilter. Busse und Lastkraftwagen fahren meist mit Dieselmotoren, aber auch der Anteil der PKWs mit Dieselmotoren nimmt zu. Bei der Verbrennung von Dieselkraftstoff entsteht jedoch Ruß, der einen erheblichen Teil des gefährlichen Feinstaubs ausmacht. Rußpartikel stehen im Verdacht, Krebs zu erzeugen. Um sie aus dem Abgas zu entfernen, benötigt man einen Filter [B6]. In den feinen Kanälen des Filters aus Siliciumcarbid, einer harten Keramik, die auch hohe Temperaturen aushält, werden die Rußpartikel zurückgehalten. In einem weiteren Schritt werden sie zu Kohlenstoffdioxid verbrannt.

A4 Stelle die Wirkung des Abgaskatalysators mit eigenen Worten dar.

A5 Ermittle aus den Informationen in Kap. 3.3 die weiteren Anteile des Feinstaubs.

A6 Beschreibe, worin sich ein Abgaskatalysator und Rußfilter unterscheiden.

B6 Rußfilter in einem Dieselkraftwagen

3.6 Bedeutung und Gefährdung des Wassers

B1 Unsere Erde aus dem Weltraum betrachtet

Seit dem Beginn der Raumfahrt wird die Erde als der *Blaue Planet* bezeichnet [B1]. Meere und Ozeane, die ca. drei Viertel der Oberfläche bedecken, treten vom Weltraum aus betrachtet als blaue Flächen hervor und sind für den Farbeindruck verantwortlich.

Vorkommen des Wassers. Der weitaus größte Teil des auf der Erde vorkommenden Wassers ist Salzwasser. Nur ein kleiner Anteil von ca. 3 % ist Süßwasser. Vom Süßwasser wiederum befindet sich nur ein kleiner Teil in Bächen, Flüssen und Seen. Der größte Teil des Süßwassers liegt verborgen im Grundwasser oder als Bodenfeuchtigkeit vor.
Wasser wird Süßwasser genannt, wenn es sehr wenig oder kein Salz gelöst enthält. Es ist aber, auch wenn es sauber ist, kein reines Wasser. In ihm sind unterschiedliche Stoffe gelöst, die es von der Erdoberfläche, der Luft oder aus dem Boden aufgenommen hat.

Der Kreislauf des Wassers. Das gesamte Volumen des Wassers auf der Erde wird auf ca. 1,34 Milliarden Kubikkilometer geschätzt. Davon befinden sich etwa 97 % als Meerwasser in den Ozeanen. Der Rest ist auf verschiedene Wasserspeicher verteilt. Nur etwa 1 % des gesamten Volumens an Wasser steht als Süßwasser zur Verfügung.
Die verschiedenen Wasservorkommen, z. B. in Ozeanen, Grundwasser, Flüssen, Seen und in der Atmosphäre, sind über einen globalen Wasserkreislauf miteinander verbunden [B2]. Dabei spielen neben einem Transport des flüssigen und gasförmigen Wassers vor allem die Übergänge zwischen den Aggregatzuständen eine wichtige Rolle.

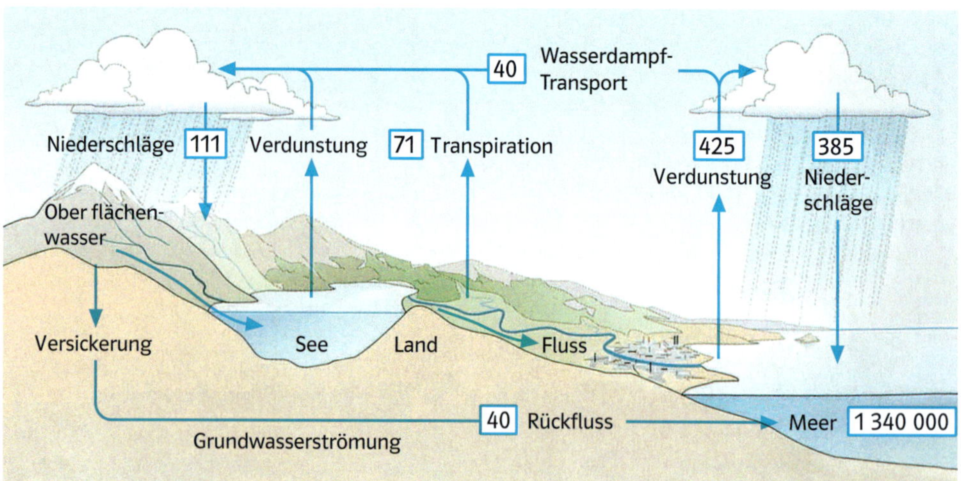

B2 Der globale Wasserkreislauf. Angaben in 1000 km³

B3 Wasserversorgung – gestern und heute

B4 Kondensierter Wasserdampf über Kühltürmen

Wasserverbrauch. Für viele Menschen ist die Versorgung mit Trinkwasser eine Selbstverständlichkeit. In früheren Zeiten gab es in Städten und Dörfern nur wenige Wasserstellen bzw. Brunnen, denen Trinkwasser in guter Qualität entnommen werden konnte. Hohe Ansprüche an Lebensqualität und Hygiene haben den Wasserverbrauch pro Person weit über das für die Lebenserhaltung notwendige Maß von ca. 3 l/Tag auf etwa 130 l/Tag ansteigen lassen. Früher wurde das Trinkwasser nur aus Grundwasser gewonnen. Das reicht aber schon lange nicht mehr aus. Es muss zusätzlich Oberflächenwasser eingesetzt werden. Wasser ist zu einer knapper werdenden *Ressource* (frz. la ressource; Mittel, Quelle) geworden, mit der sparsam umgegangen werden muss.

Gefährdung des Wassers. Das Leben in Flüssen und Seen wird durch ungenügend oder überhaupt nicht geklärte Abwässer gefährdet. Die eingeleiteten Abfallstoffe werden von Kleinorganismen unter Sauerstoffverbrauch abgebaut. Reicht der Sauerstoffgehalt nicht aus, entstehen giftige Abbauprodukte. Düngemittel aus überdüngten landwirtschaftlichen Flächen führen zu verstärktem Wachstum von Wasserpflanzen. Absterbende Pflanzen werden ebenfalls unter Sauerstoffverbrauch abgebaut. Eine starke Erwärmung des Wassers kann zu Sauerstoffmangel und Fischsterben führen, da die Löslichkeit des Sauerstoffs in Wasser bei steigender Temperatur abnimmt. Deshalb müssen warme Abwässer von Industriebetrieben und Kraftwerken vor dem Einleiten in Flüsse gekühlt werden. Viele in Haushalt, Landwirtschaft und Industrie verwendete Stoffe, wie Reinigungs- und Spritzmittel, können durch ihre Giftwirkung das Wasser gefährden und auch ins Trinkwasser gelangen.

Überwachung der Wasserqualität. Gesundheitsämter und Umweltbehörden lassen die Qualität des Oberflächenwassers, des Grundwassers und des Trinkwassers regelmäßig überwachen. Für den Gehalt zahlreicher Verunreinigungsstoffe gibt es gesetzlich festgelegte Höchstgrenzen. Wenn sie nicht überschritten werden, ist eine gesundheitliche Beeinträchtigung nach dem Stand der Wissenschaft nicht zu erwarten.

V1 Erhitze Leitungs- oder Quellwasser in einem Becherglas. Dampfe anschließend das Wasser vollständig ein. Deute die Beobachtungen.

A1 Gib an, welche Bedingungen zu einem Fischsterben in einem Gewässer führen können.

A2 Beschreibe die in [B2] dargestellten Vorgänge und suche Teilkreisläufe des Wassers heraus.

A3 Welche Folgen für den Kreislauf des Wassers ergeben sich durch die zu erwartende weitere Erwärmung der Erde (Klimaveränderung)?

B5 Täglicher Wasserverbrauch einer Person

3.7 Praktikum Wasseruntersuchung

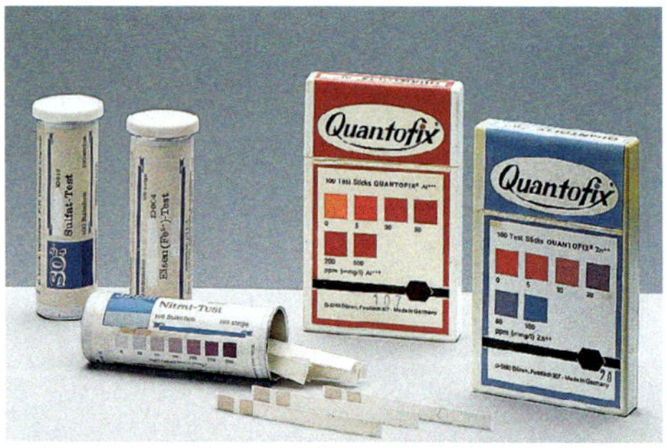

B1 Teststäbchen zur Wasseruntersuchung

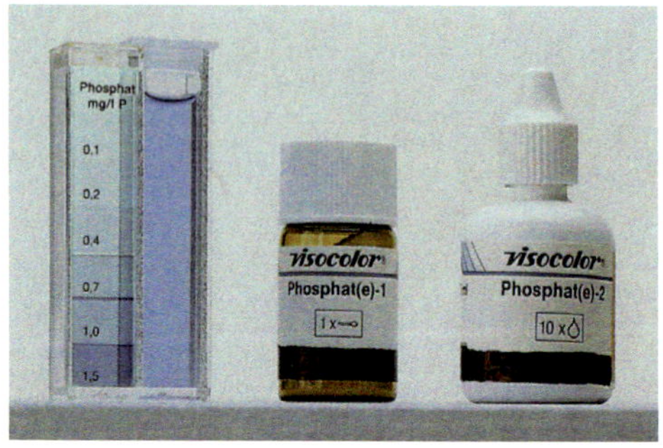

B3 Phosphatbestimmung mit Komparator

Untersuchungsmethoden. Wasserproben lassen sich mit **Teststäbchen** [B1] schnell und preiswert untersuchen (Schnelltestverfahren). Teststäbchen sind ca. 7 cm lange und 0,5 cm breite Kunststoff-Folien, auf deren Ende ein spezielles Nachweisreagenz (Reagenzpapier) aufgebracht ist. Es ist mit einem dünnen Netz gegen Verunreinigungen und Abrieb geschützt. Damit die Probelösung gleichmäßig eindringen kann, ist das Reagenzpapier mit einem Saugpapier unterlegt. Es gibt auch Teststäbchen, die mit Nachweisreagenzien für mehrere Stoffe (z. B. für Nitrat und Nitrit) versehen sind. Bei einer anderen Methode werden fertige **Reagenziensätze** [B3] benutzt. Die Messungen sind etwas aufwändiger als die mit Teststäbchen, führen dafür jedoch zu genaueren Ergebnissen. Ein Reagenziensatz besteht aus Pipetten oder Tropfern, Messgefäßen und Nachweislösungen, die nach einer genauen Gebrauchsanleitung zu benutzen sind.
Bei der biologischen Untersuchung werden die im Wasser lebenden Organismen bestimmt.

Protokoll der chemischen Untersuchung einer Wasserprobe:
angefertigt von Anabel, Johanna und Cedric

Datum: 12.09.2008	Uhrzeit: 16.00 Uhr
Temperatur:	18 °C
Entnahmestelle:	Erft bei Bergheim
Aussehen:	leicht trübe, einige Schwebstoffe
Geruch:	leicht modrig
pH-Wert:	6,2 (pH-Meter)
Rückstand beim Eindampfen:	Es bleibt ein weißer Fleck zurück
Gesamthärte:	14 °dH (Reagenziensatz)
Sauerstoffgehalt:	8,2 mg/l
relative Sättigung:	89,3 %
Nitratgehalt:	30 mg/l (Teststäbchen)
Phosphatgehalt:	4 mg/l (Teststäbchen)

B2 Protokoll einer Gewässeruntersuchung

Alle wichtigen Angaben werden in einem *Protokoll* festgehalten [B2]. Wichtig für die folgenden Untersuchungen ist die richtige Entnahme der Proben. Die verwendeten Gefäße müssen einwandfrei sauber sein. Es dürfen keine Deckel verwendet werden, die zur Abdichtung mit Pappe unterlegt sind. Die Untersuchung wird so bald wie möglich nach der Probenentnahme vorgenommen. Bei Untersuchungen im Freien muss ein **Entsorgungsgefäß** mitgeführt werden.

A1 Überlege, ob sauberes Trinkwasser gleichbedeutend mit chemisch reinem Wasser ist.

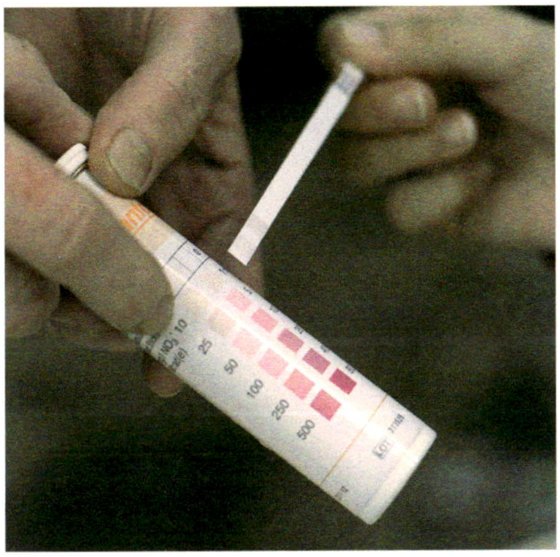

B4 Ermittlung des Nitratgehaltes durch Farbvergleich

V1 Probe auf Aussehen und Geruch

Geräte und Materialien: Wasserprobe, dest. Wasser, 2 Bechergläser, weißes Papier.

Durchführung:

a) Fülle eine Probe des zu untersuchenden Wassers und dest. Wasser in je ein Becherglas. Halte ein weißes Blatt dahinter und vergleiche die Trübung.

b) Prüfe den Geruch und wechsle mehrmals zwischen der Wasserprobe und dem dest. Wasser hin und her.

c) Trage die Ergebnisse der Prüfungen ins Versuchsprotokoll ein.

V2 Untersuchung mit Teststäbchen

Geräte und Materialien: Wasserprobe, Becherglas, Teststäbchen z. B. für Härte, Phosphat, Nitrat und Nitrit.

Durchführung:

a) Lies vor der Durchführung eines Tests die Gebrauchsanleitung für die Benutzung der Teststäbchen durch.

b) Führe den Test vorschriftsmäßig aus und ermittle das Ergebnis durch Vergleich mit der beiliegenden Farbskala [B4].

c) Trage die Werte in das Versuchsprotokoll ein.

Auswertung: Überprüfe, ob die untersuchte Wasserprobe hinsichtlich des Nitrat(Nitrit)-Gehaltes Trinkwasserqualität aufweist.

Goldfisch	um 7,0
Guppy	7,0 - 7,5
Molly	7,0 - 7,5
Neonsalmler	6,2 - 6,5
Panzerwels	um 7,0
Platy	7,0 - 7,5
Rotauge	6,5 - 7,0
Schwertträger	7,0 - 7,5
Segelflosser	6,5 - 7,0
Sumatrabarbe	6,5 - 7,0
Süßwasseraquarium (Gesellschaftsbecken)	5,5 - 7,5
Trinkwasser (Trinkwasserverordnung)	6,5 - 9,5

B5 pH-Bereiche zur Aufzucht beliebter Aquarienfische

V3 Bestimmung des pH-Wertes

Geräte und Materialien: Wasserprobe, pH-Messgerät oder Reagenziensatz zur pH-Wert-Bestimmung (z. B. für Aquarien).

Durchführung: Führe die pH-Wert-Bestimmung nach der Bedienungsanleitung des pH-Messgerätes bzw. des Reagenziensatzes durch.

Auswertung: Vergleiche den ermittelten pH-Wert mit den Tabellenangaben in [B5] und trage ihn in das Versuchsprotokoll ein.

Hinweis: Normales pH-Papier ist für den Einsatz bei der Wasseruntersuchung ungeeignet. Die Farbstoffe werden ausgewaschen, bevor der Farbumschlag sichtbar wird. pH-Teststäbchen „nichtblutend" können verwendet werden.

V4 Eindampfen einer Wasserprobe

Geräte und Materialien: Porzellanschale (schwarz glasiert), Brenner, Dreifuß, Filterpapier, Glastrichter, Wasserprobe.

Durchführung: Filtriere einen Teil der Wasserprobe und dampfe das klare Filtrat in der Porzellanschale ein [B6]. Trage das Ergebnis in das Untersuchungsprotokoll ein.

Auswertung: Deute das Versuchsergebnis.

Einige Grenzwerte aus der Trinkwasserverordnung in mg/l

Blei	0,01
Nitrat	50
Nitrit	0,5
Quecksilber	0,001
Sulfat	240

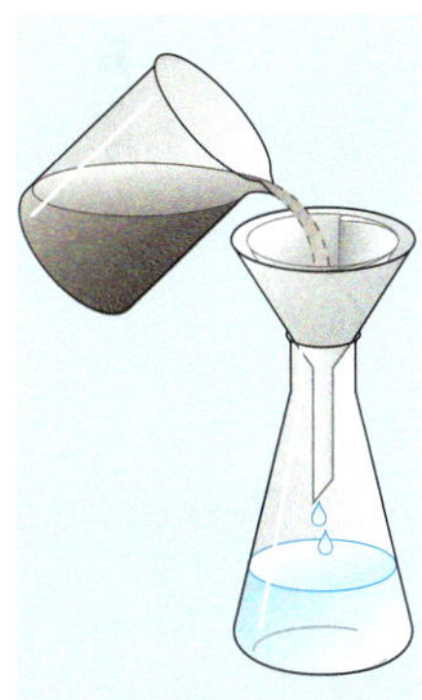

B6 Eindampfen einer filtrierten Probe

V5 Bestimmung des Sauerstoffgehaltes

Geräte und Materialien: Gerät zur Probenentnahme, Becherglas, Reagenziensatz zur Sauerstoffbestimmung, Thermometer.

Probenentnahme: Bei der Probenentnahme zur Bestimmung des Sauerstoffgehaltes darf die Wasserprobe nur so wenig wie möglich in Kontakt mit Luftsauerstoff kommen. Keinesfalls kann man das Wasser einfach in eine Flasche gluckern lassen. Bei Verwendung einer Apparatur wie in [B8] verdrängt das einströmende Wasser von unten her die Luft aus der Flasche, ohne zu plätschern. Um zu verhindern, dass Sauerstoff verbrauchende Vorgänge nach der Entnahme aus dem Gewässer in der Probeflasche ablaufen, wird die folgende Bestimmung unmittelbar anschließend durchgeführt.

Durchführung:

a) Verschließe den Schlauch der vollständig gefüllten Probenflasche durch Abknicken und drehe die Flasche auf den Kopf. Lass nun zuerst einen kleinen Teil des Inhaltes ablaufen. Es handelt sich um die Wasserportion, die zuerst in die Flasche gelangt ist und noch mit Luft in Kontakt gekommen ist.

b) Gib eine Wasserportion zur Temperaturbestimmung in ein Becherglas.

c) Spüle dann die Sauerstoff-Flasche (mit schräg abgeschnittenem Stopfen) mehrere Male mit dem zu prüfenden Wasser. Fülle sie dann randvoll, indem du das Schlauchende bis fast auf ihren Boden absenkst. Die Entnahmegeschwindigkeit lässt sich durch Zusammendrücken bzw. Abknicken des Schlauches [B8, rechts], rechts) regulieren. Wenn das Gefäß überläuft, hebe das Schlauchende langsam heraus und unterbrich das weitere Auslaufen.

d) Führe nun entsprechend der Gebrauchsanweisung des Reagenziensatzes den Nachweis durch.

Auswertung:

1. Bestimme anhand der Tabelle [B7] den maximalen Sauerstoffgehalt (Sättigungsgehalt) bei der vorliegenden Temperatur.

2. Berechne den Quotienten aus dem gemessenen Sauerstoffgehalt und dem Sättigungsgehalt (relative Sättigung).

3. Trage alle Daten in das Versuchsprotokoll ein.

Hinweis: Bei starker Fotosynthese-Tätigkeit von Wasserpflanzen kann die relative Sättigung 100 % übersteigen.

ϑ in °C	$\beta(O_2)$ in mg/l	ϑ in °C	$\beta(O_2)$ in mg/l	ϑ in °C	$\beta(O_2)$ in mg/l	ϑ in °C	$\beta(O_2)$ in mg/l
0	14,16	10	10,92	20	8,84	30	7,53
1	13,77	11	10,67	21	8,68	31	7,42
2	13,40	12	10,43	22	8,53	32	7,32
3	13,05	13	10,20	23	8,38	33	7,22
4	12,70	14	9,98	24	8,25	34	7,13
5	12,37	15	9,76	25	8,11	35	7,04
6	12,06	16	9,56	26	7,99	36	6,94
7	11,76	17	9,37	27	7,86	37	6,86
8	11,47	18	9,18	28	7,75	38	6,76
9	11,19	19	9,01	29	7,64	39	6,68

Beispiel:

Wassertemperatur: 13 °C

gemessener Sauerstoffgehalt: 8,7 mg/l

Sättigungsgehalt: 10,2 mg/l

relative Sättigung: $\frac{8{,}7\,\text{mg/l}}{10{,}2\,\text{mg/l}} \cdot 100\,\% = 85{,}3\,\%$

B7 Ermittlung der relativen Sauerstoffsättigung (Tabelle und Rechenbeispiel)

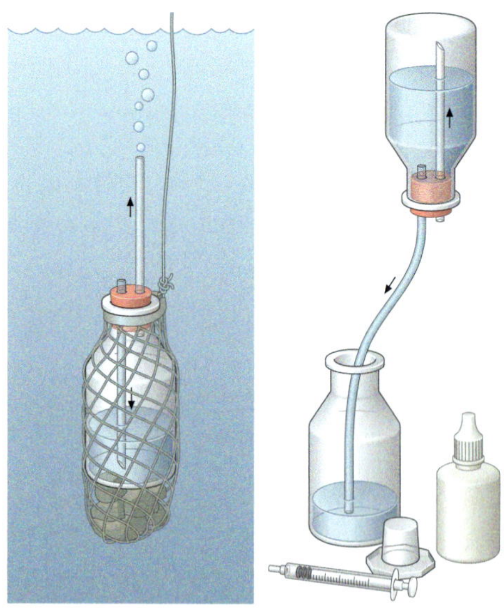

B8 Apparatur zur Entnahme einer Wasserprobe

Biologische Gewässeruntersuchung. Viele Wasserorganismen haben ganz bestimmte Anforderungen an die **Gewässergüte** und zeigen durch ihre An- oder Abwesenheit die Qualität des Wassers an (Zeigerorganismen). Aus der Art der vorgefundenen Organismen, ihrer Anzahl und dem Artenreichtum des Gewässers kann in einem komplizierten Berechnungsverfahren die Güteklasse bestimmt werden. Auch Ergebnisse chemischer Untersuchungen werden berücksichtigt. Hier ist vor allem der Sauerstoffgehalt zu nennen, der von Stufe zu Stufe abnimmt. Die Einteilung der Gewässergüte erfolgt in 4 Güteklassen und 3 Zwischenstufen [B9], deren Übergänge fließend sind. Sie werden durch unterschiedliche Farben gekennzeichnet.

A2 Führe eine biologische Untersuchung eines Fließgewässers (z. B. eines Baches) durch. Prüfe, ob dein Biologie-Buch genügend Angaben dazu enthält oder erbitte von deinem Biologie-Lehrer zusätzliche Unterlagen. Lass dir von ihm auch die nötigen Geräte (Glasschale, Lupe, Pinzette) aushändigen. Benutze nach Möglichkeit Gummihandschuhe. Auf welche Güteklasse weisen die gefundenen Organismen hin?

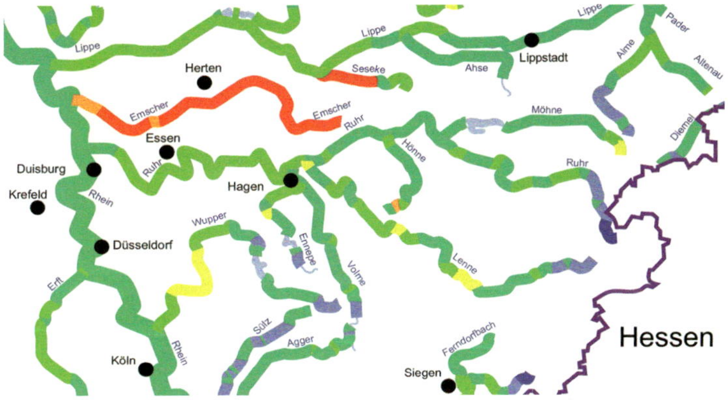

Gewässergüte der Fließgewässer

I	unbelastet bis sehr gering belastet
I-II	gering besastet
II	mäßig belastet
II-III	kritisch belastet
III	stark verschmutzt
III-IV	sehr stark verschmutzt
IV	übermäßig verschmutzt

B10 Gewässergütekarte von Nordrhein-Westfalen (Ausschnitt), 2004

Güteklasse	wichtige Zeigerorganismen		Beschreibung
I	**Steinfliegenlarve** Hakenkäfer Strudelwürmer	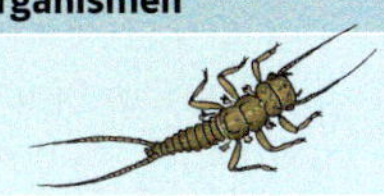	Das Wasser ist klar und nährstoffarm mit mäßiger Besiedelung durch Moose, Strudelwürmer, Steinfliegenlarven und Hakenkäfer.
I bis II	**Köcherfliegenlarve** Steinfliegenlarve Strudelwürmer Hakenkäfer		Klares Wasser, dichte Besiedelung mit Algen, Moosen und Blütenpflanzen. Man findet außerdem Eintagsfliegen-, Köcherfliegenlarven, Hakenkäfer und Strudelwürmer.
II	**Eintagesfliegenlarve** Köcherfliegenlarve Kleinkrebse Schnecken Blütenpflanzen	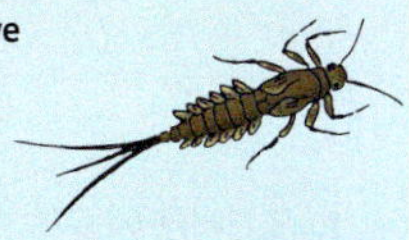	Dichte Besiedelung mit Algen und Blütenpflanzen, Bachflohkrebsen, Wasserasseln, Schnecken und Insektenlarven.
II bis III	**Egel** Schnecken Kleinkrebse Grünalgenkolonien Muscheln		Trübung durch organische Substanzen. Örtlich Auftreten von Faulschlamm. Dichte Besiedelung mit Algen und Blütenpflanzen. Zu finden sind Egel, Wasserasseln, Schecken, Kleinkrebse, Laichkräuter und Teichrosen.
III	**Wasserasseln** Wimpertierchenkolonien Rollegel	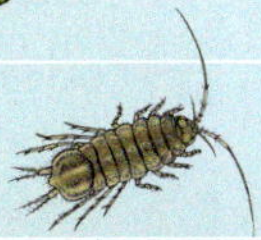	Trübung durch Abwasser. An einigen Stellen Ablagerung von Faulschlamm. Zeitweiliges Fischsterben wegen Sauerstoffmangels. Rollegel und Wasserasseln, sowie im Schlamm Rote Zuckmückenlarven und Schlammröhrenwürmer.
III bis IV	**Zuckmückenlarven** Schlammröhrenwürmer		Trübung durch Faulschlamm. Steine auf der Unterseite schwarz. Zahlreiche Schlammröhrenwürmer und Rote Zuckmückenlarven im Schlamm.
IV	Schwefelbakterien		Schwarzer Boden durch abgelagerten Faulschlamm. Starker Geruch des Wassers nach faulen Eiern. Außer Schwefelbakterien kaum Lebewesen.

B9 Gewässergüte. Das Vorhandensein bestimmter Organismen lässt Rückschlüsse auf die Güteklasse zu

3.8 Exkurs Eine besondere Eigenschaft des Wassers

B1 Schwimmender Eisberg

B2 Geplatzte Flasche

Im Winter frieren Gewässer von oben zu. Wenn die Eisdecke dick genug ist, macht es großen Spaß, auf einem zugefrorenen See spazieren zu gehen oder mit Schlittschuhen eiszulaufen.

Anomalie des Wassers. Wird warmes Wasser abgekühlt, nimmt sein Volumen bis zum Erreichen einer Temperatur von 4 °C ab. Bei weiterer Abkühlung nimmt das Volumen wieder zu. Das bedeutet, dass Wasser bei 4 °C die größte Dichte ($\varrho = 1\,g/cm^3$) hat.
Während des Erstarrungsprozesses nimmt das Volumen trotz gleichbleibender Temperatur stark zu. Eis mit einer Temperatur von 0 °C hat also eine geringere Dichte als flüssiges Wasser bei gleicher Temperatur (ϱ(Eis, 0 °C) ≈ $0{,}92\,g/cm^3$). Diese Besonderheiten, die außer Wasser nur wenige Flüssigkeiten zeigen, werden kurz als die *Anomalie des Wassers* bezeichnet

Überleben in einem winterlichen Gewässer. Im Winter wird das Wasser an der Oberfläche eines Gewässers durch kalte Luft abgekühlt. Es sinkt wegen der zunehmenden Dichte nach unten.

Wird eine Oberflächentemperatur von 4 °C unterschritten, sinkt das Wasser nicht mehr ab.

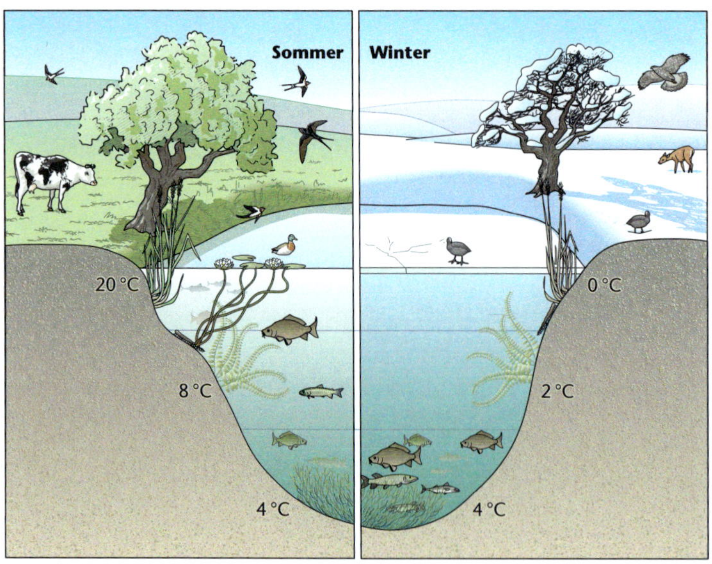

B3 Temperaturschichtung in einem See

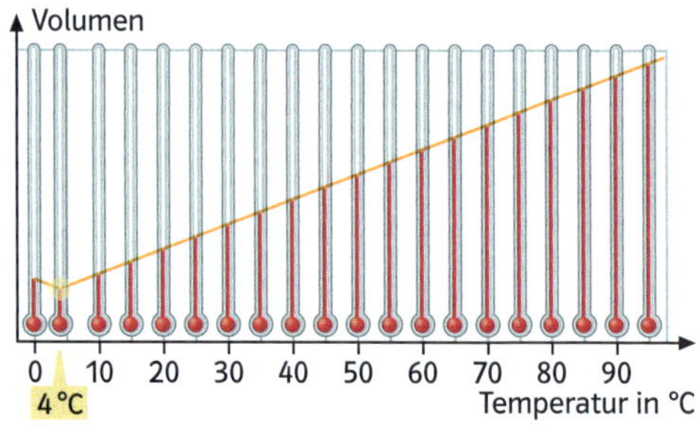

B4 Volumenausdehnung von Wasser

In der Tiefe sammelt sich also Wasser mit einer Temperatur von 4 °C, während sich das Wasser an der Oberfläche weiter abkühlt und evtl. eine Eisschicht bildet. Fische und andere Tiere können so unter der Eisdecke eines Gewässers überleben, ohne einzufrieren. Da ihre Lebensaktivität in der Kälte sehr gering ist, verbrauchen sie den im Wasser gelösten Sauerstoff nur langsam.

Frostsprengung. Wenn man im Sommer Mineralwasser oder andere Getränke in Glasflaschen zur Schnellkühlung in den Gefrierschrank stellt und vergisst, sie nach kurzer Zeit wieder zu entnehmen, kann die Flasche platzen. Der Inhalt, der sich beim Erstarrungsprozess ausdehnt, übt einen so großen Druck auf die Glaswand aus, dass die Flasche zerstört wird. Auch Straßen können im Winter duch Frostaufbrüche beschädigt werden, wenn Wasser unter die Asphaltdecke gelangt und dort erstarrt.

V1 Schmilz im Reagenzglas Kerzenwachs und lasse in die Schmelze ein Stück festes Wachs fallen. Beobachte und vergleiche mit [B1]. Lasse anschließend das Wachs erstarren. Deute die Beobachtungen.

A1 Gib an, was mit der Anomalie des Wassers gemeint ist.

A2 Erkläre die Entstehung der Temperaturschichtung in einem See im Sommer bzw. Winter.

3.9 Gewinnung von Trinkwasser

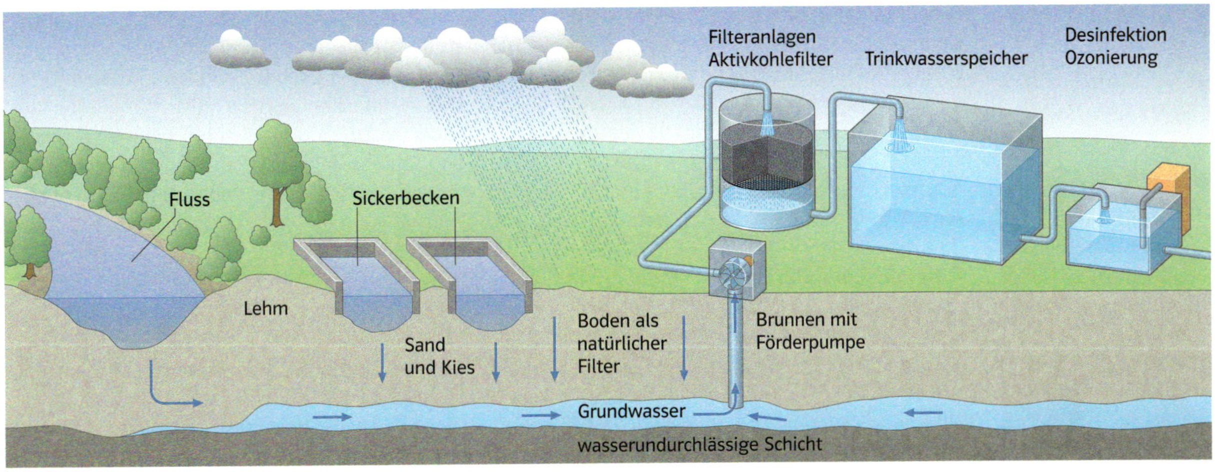

B1 Filtration von Oberflächenwasser durch Sand und Kiesschichten. Das so gereinigte Wasser wird anschließend noch weiter zu Trinkwasser aufbereitet

Trinkwasser ist unser wichtigstes Nahrungsmittel, an das sehr hohe Anforderungen gestellt werden. Es soll klar, farb- und geruchlos sowie ohne Geschmack und möglichst frei von Keimen sein. Außer zum Trinken und Kochen wird Trinkwasser im Haushalt für viele weitere Zwecke benötigt. Der tägliche Wasserverbrauch in Deutschland liegt bei ca. 130 Litern pro Einwohner. Um diesen enormen Wasserverbrauch zu decken, muss ständig neues Trinkwasser gewonnen bzw. Schmutzwasser gereinigt werden.

Gewinnung von Trinkwasser durch Filtration. Ein großer Teil des Trinkwassers wird aus **Grundwasser** gewonnen, das den Anforderungen an Trinkwasser am besten entspricht. Das Grundwasservorkommen reicht bei uns zur Versorgung aber nicht mehr aus, es muss durch mehr oder weniger stark verschmutztes **Oberflächenwasser** ergänzt werden. Wie das Regenwasser auf dem Weg zum Grundwasser lässt man deshalb das Wasser von Flüssen und Seen aus Sickerbecken [B1] langsam durch Sand- und Kiesschichten sickern, die wie riesengroße Filter viele der Schmutzstoffe zurückhalten. Gelöste Verunreinigungen werden hierbei jedoch nicht entfernt. Das aus dem Grundwasser hochgepumpte Wasser muss deshalb noch große **Aktivkohlefilter** durchlaufen.

Aktivkohle kann durch Verkohlen von Holz gewonnen werden. Die winzigen Aktivkohlepartikelchen sind schwammartige Gebilde mit vielen Hohlräumen [B2]. Sie haben dadurch eine besonders große Oberfläche, an der viele Stoffe haften bleiben [V1]. Dies bezeichnet man als **Adsorption**.
Zur Abtötung von Krankheitskeimen wird das so gereinigte Wasser noch mit Chlor oder Ozon versetzt.

adsorbere lat. ansaugen

V1 Gib in verschiedene Standzylinder
a) verdünnte Methylenblaulösung,
b) verdünnte Eosinlösung (rote Tinte),
c) verdünntes Eau de Cologne,
d) abgestandenes Blumenwasser,
e) Lösung von braunem Kandiszucker,
f) Kochsalzlösung.
Füge 1 bis 2 Spatellöffel Aktivkohle hinzu, schüttle kräftig und filtriere durch einen Papierfilter. Prüfe die Filtrate auf Farbe und Geruch. Dampfe einige Tropfen der Filtrate von (e) und (f) vorsichtig auf einem Uhrglas ein. Deute das Ergebnis.

A1 Welche Trennverfahren finden bei der Trinkwassergewinnung Anwendung?

A2 **a)** Wofür wird Trinkwasser im Haushalt verwendet? Zähle auf.
b) Wie könnte man wertvolles Trinkwasser im Haushalt einsparen?

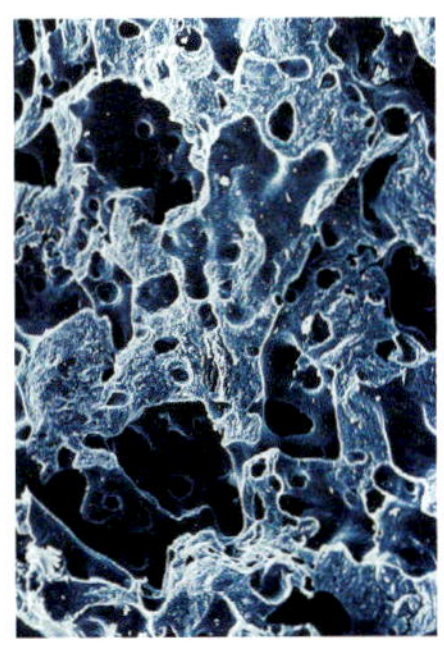

B2 Aktivkohle bei 33 000-facher Vergrößerung

3.10 Abwasserreinigung

B1 Rechen

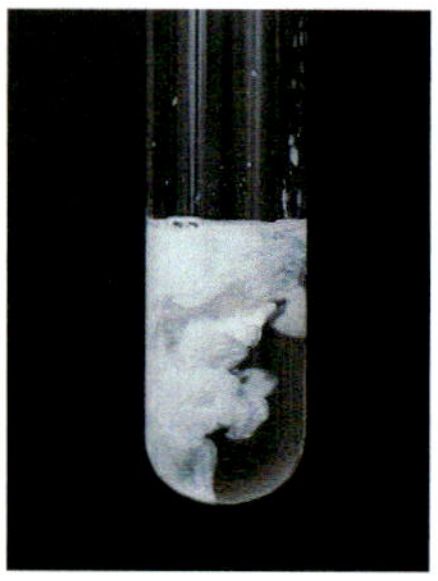

B2 Fällungsreaktion

Bis zum Beginn des 20. Jahrhunderts wurden in Deutschland Abwässer ungeklärt in Flüsse abgeleitet. Mit zunehmender Bevölkerungsgröße reichte die Selbstreinigungskraft der Gewässer jedoch nicht mehr aus, um die eingeleiteten Stoffe abzubauen. Durch Abwasser verseuchte Flüsse trugen zur Ausbreitung von Infektionskrankheiten bei.

Funktion einer Kläranlage. In einer Kläranlage erfolgt die Reinigung der Abwässer in mehreren Stufen. Die erste Stufe bildet die **mechanische Klärung**. Zunächst fließt das Wasser durch Grob- und Feinrechen, die wie ein Kamm grobe Verunreinigungen zurückhalten, dann folgen Absetzbecken und Ölabscheider, in denen mitgeführte ungelöste Stoffe mit geringerer bzw. größerer Dichte als Wasser entfernt werden.

Die zweite Stufe bildet die **biologische Klärung**. Sie ist die wichtigste Stufe. Hier bauen Kleinstlebewesen den größten Teil der im Abwasser enthaltenen Stoffe ab: In sauerstoffarmen Becken werden von Bakterien Nitrate und Phosphate entfernt. Im Belebtschlammbecken werden unter ständiger Sauerstoffzufuhr organische Stoffe abgebaut. Der Sauerstoff gelangt entweder durch starke Verwirbelung von oben oder durch Einblasen von Pressluft in das Becken.

Die dritte Stufe bildet die **chemische Klärung**. Schadstoffe, wie z. B. Phosphate, die in der biologischen Stufe nur unvollständig abgebaut werden, werden durch Zusatz von Chemikalien („Fällungsmitteln") in unlösliche Stoffe umgewandelt. Sie setzen sich als Flocken ab oder werden abfiltriert.

Klärschlamm. In den verschiedenen Stufen der Kläranlage fällt Klärschlamm an, der in Faultürmen von Bakterien unter Bildung von **Faulgas** vergoren wird. Das Faulgas ist brennbar und kann zu Heizzwecken oder zum Betrieb der Pumpen der Kläranlage genutzt werden.

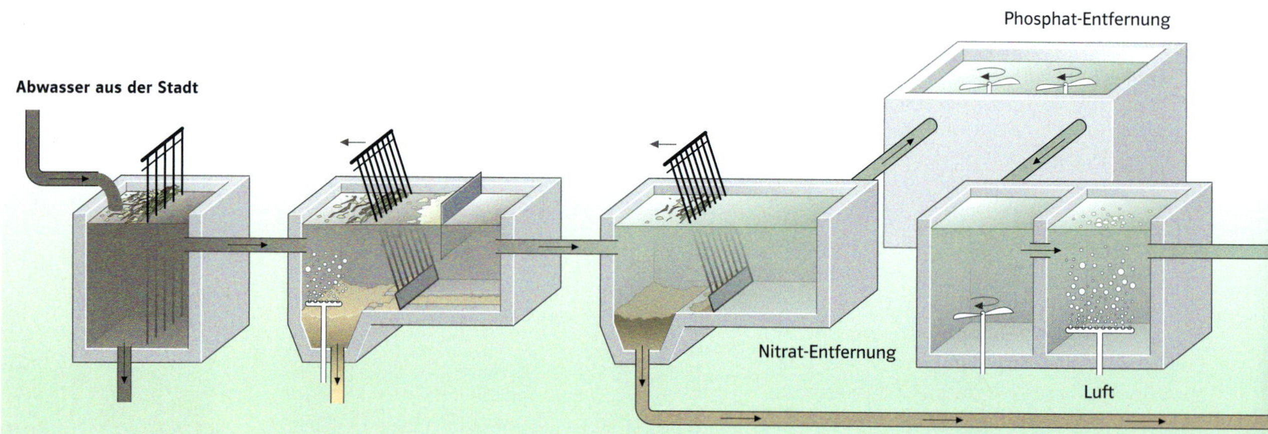

Rechen
Durch ein Gitter und Siebe werden grobe Bestandteile des ankommenden Abwassers zurückgehalten.

Sandfang
In das Sandfangbecken wird Luft gepumpt. Dadurch trennt sich der Sand von organischen Stoffen. Er setzt sich ab und wird mit einem Bodenräumer entfernt. Schwimmstoffe (z. B. Fette und Öle) werden von einer Tauchwand aufgehalten und entfernt. Bevor das Wasser in das Vorklärbecken gelangt, werden wasserunlösliche Stoffe wie Fette und Öle zurückgehalten.

Vorklärbecken
Die Fließgeschwindigkeit wird herabgesetzt. Das Wasser fließt nun so langsam, dass sich die meisten Schwebstoffe im Wasser als Schlamm absetzen können. Dieser Rohschlamm wird abgepumpt und im Faulturm gelagert.

Belebtschlammbecken
Im hinteren Becken nehmen Bakterien Phophat auf, und zwar mehr, als sie für ihr eigenes Wachstum benötigen. Im darauf folgenden linken Becken entfernen Bakterien Nitrat unter Bildung von Stickstoff aus dem Abwasser. Im rechten Becken bauen Bakterie unter ständiger Zufuhr von Sauerstoff organische Stoffe ab. Sie nehmen dabei den größeren Teil der noch enthaltenen Nitrate und Phosphate in ihre Zellen auf. Sie wachse teilen sich und bilden den Belebtschlamm.

mechanische Klärung

biologische Klärung

Der zurückbleibende ausgegorene Schlamm wird verbrannt oder gelagert (deponiert). Er kann auch als Dünger eingesetzt werden, wenn er frei von Schadstoffen ist.

A1 Nitrate und Phosphate sind Stoffe, die als Pflanzendünger eingesetzt werden. Recherchiere, warum sie aus dem Abwasser entfernt werden müssen?

A2 Gib an, welche Aufgabe und Wirkungsweise die in der Kläranlage eingesetzten Fällungsmittel haben.

A3 Bereite ein Referat vor zum Thema: "Reinigung des Abwassers in den 3 Stufen einer Kläranlage".

B3 Luftbild einer Kläranlage

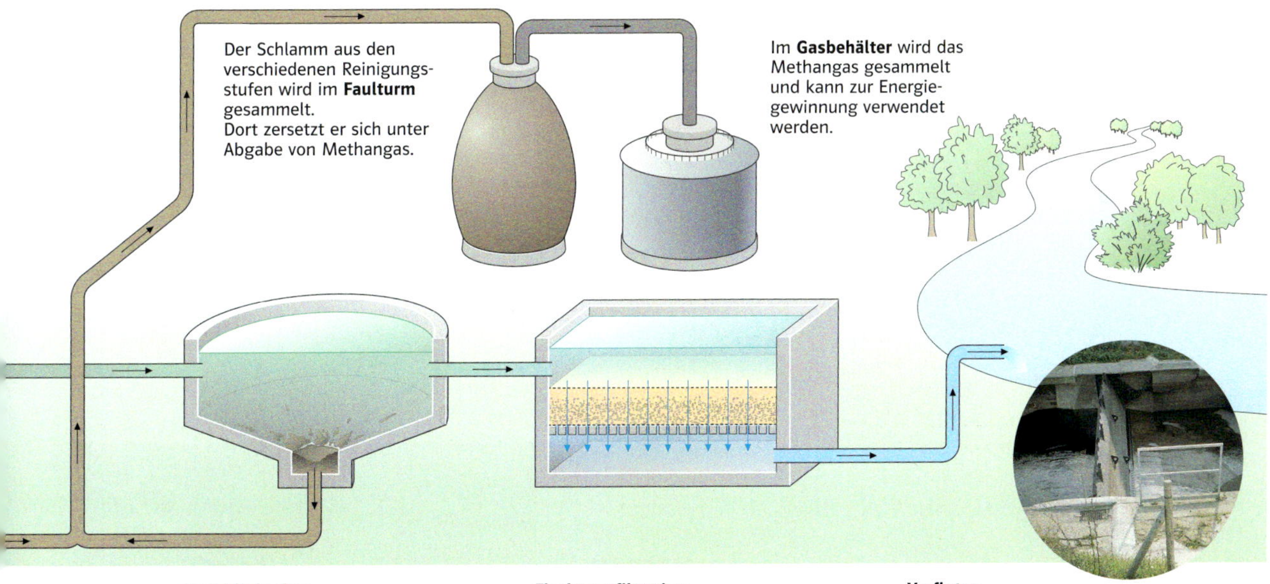

Nachklärbecken
Hier bleibt das Wasser einige Zeit stehen, damit sich die Flocken des Belebtschlamms absetzen können. Ein Teil des abgesetzten Belebtschlamms wird in den Faulturm gepumpt, der andere Teil kann nochmals in das Belebtschlammbecken zurückgepumpt werden, um erneut die biologische Stufe zu durchlaufen.

Flockungsfiltration
Zum Schluss wird das Wasser von eventuell noch vorhandenen Phosphaten befreit. Dies geschieht mithilfe der Flockungsfiltration. Durch Zusatz eines Fällungsmittels entstehen aus gelösten Phosphaten unlösliche Stoffe. Sie bilden Flocken und werden abfiltriert. Außerdem können Krankheitserreger entfernt werden. Das Wasser hat nun fast Trinkwasserqualität.

Vorfluter
Über den Vorfluter, meist ein Fließgewässer, gelangt das gereinigte Wasser wieder in den natürlichen Wasserkreislauf.

chemische Klärung

3.11 Wasser – eine Verbindung?

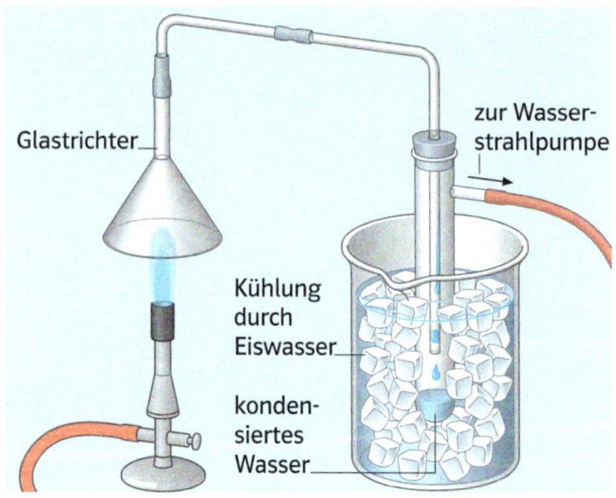

B2 Apparatur zum Sammeln des Kondensats aus der Brennerflamme

An kalten Wintertagen bilden sich hinter den Auspuffrohren von Kraftfahrzeugen Nebelwolken [B3]. Wenn im Chemieraum viele Gasbrenner in Betrieb sind, beschlagen häufig die Fensterscheiben. Offenbar entsteht in den Flammen der Gasbrenner und im Automotor auch Wasserdampf, der an der kalten Luft oder den kalten Fensterscheiben zu Wassertröpfchen kondensiert.

Diese Beobachtungen lassen vermuten, dass bei der Verbrennung von Benzin und Brennergas Wasser gebildet wird.

Wasser – ein Verbrennungsprodukt. Saugt man die Verbrennungsgase einer Brennerflamme durch ein gut gekühltes Reagenzglas, so kondensiert bald eine größere Flüssigkeitsportion [B2]. Die Siedetemperatur der Flüssigkeit beträgt 100 °C und die Dichte 1 g/cm³. Bei der Verbrennung des Brennergases entsteht also Wasser als Reaktionsprodukt.

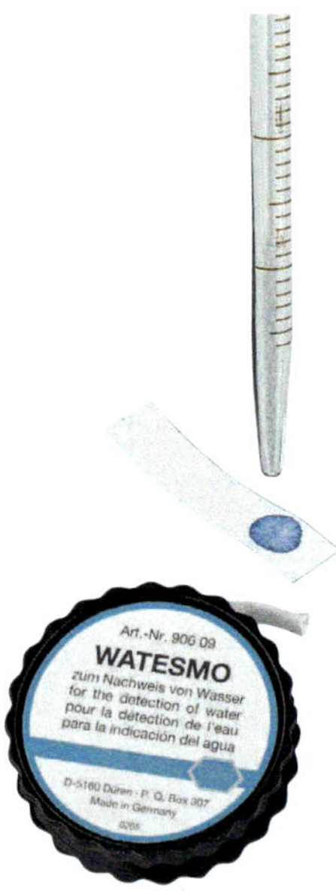

B1 Wassernachweis mit Watesmopapier

B3 Nebelbildung durch kondensierenden Wasserdampf aus Autoabgasen

Ein einfacher und schneller Nachweis für Wasser kann mit weißem Kupfersulfat durchgeführt werden.

Kupfersulfat wird bei Berührung mit Wasser blau [B4]. Auch mit dem Wassertestpapier Watesmo lässt sich Wasser nachweisen [B1].

V1 Stelle den Gasbrenner nach [B2] unter einen Glastrichter und sauge mit der Wasserstrahlpumpe die heißen Verbrennungsgase ab.

V2 Gib auf weißes Kupfersulfat etwas dest. Wasser. Wiederhole die Probe mit der Flüssigkeit aus [V1] sowie zum Vergleich mit Benzin.

V3 ⚠ Man füllt in ein schwer schmelzbares Reagenzglas ca. 2 cm hoch Sand und tropft aus einer Pipette so viel Wasser zu, dass ein dicker Brei entsteht. In die Mitte des Reagenzglases schiebt man ein Knäuel blank geschmirgeltes Magnesiumband und verschließt das Glas mit Stopfen und Gasableitungsrohr (Stahlwollesicherung!). Man erhitzt das Magnesium bis zur beginnenden Rotglut und entwickelt durch schwaches Erhitzen des Sandes Wasserdampf. Wenn das Metall aufglüht, wird nur noch schwach erhitzt, sodass sich weiterhin Wasserdampf entwickelt. An der Spitze des Gasableitungsrohres entzündet man das austretende Gas. [B5] Schutzbrille! Schutzscheibe!)

B4 Wassernachweis. Weißes Kupfersulfat wird blau

► Struktur der Materie

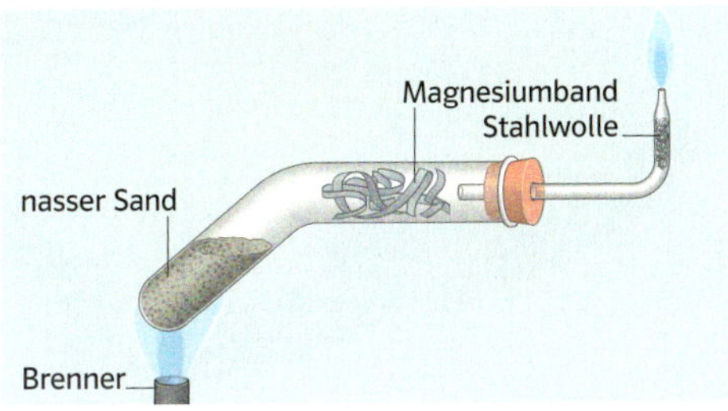

B5 Reaktion von Wasser mit Magnesium

Da Wasser bei Verbrennungsreaktionen entsteht, könnte es eine Sauerstoffverbindung sein. Diese Vermutung kann mit einem Experiment überprüft werden. Dazu benötigt man ein reaktionsfreudiges Metall.

Wasser – eine Sauerstoffverbindung? In einem Reagenzglas wird Wasserdampf über erhitztes Magnesium geleitet [V3, B5]. Das Magnesium glüht auf, das Glühen wandert durch die Metallportion, zurück bleibt ein weißer Feststoff. Kurz nach dem Aufglühen des Magnesiums lässt sich an der Spitze des Glasrohres ein Gas entzünden. Hält man über die Brennerflamme ein kaltes, trockenes Becherglas, so kondensiert eine Flüssigkeit. Diese lässt sich als Wasser identifizieren. Magnesium reagiert mit Wasser zu Magnesiumoxid und einem brennbaren Gas. Das brennbare Gas ist Wasserstoff.
Es hat eine Oxidation stattgefunden.

Magnesium + Wasser ⟶ Magnesiumoxid + Wasserstoff

Da Magnesium mit Wasser heftig reagieren kann, darf Wasser auch nicht zum Löschen von Magnesiumbränden verwendet werden.

Wasser ist eine Sauerstoffverbindung, ein Oxid.

A1 Zeichne eine Apparatur, mit der sich das bei der Reaktion von Magnesium mit Wasser entstehende Gas auffangen lässt.

A2 Begründe mit [V3], dass Wasser eine Verbindung und kein elementarer Stoff ist.

Exkurs LAVOISIER untersuchte die Zusammensetzung des Wassers

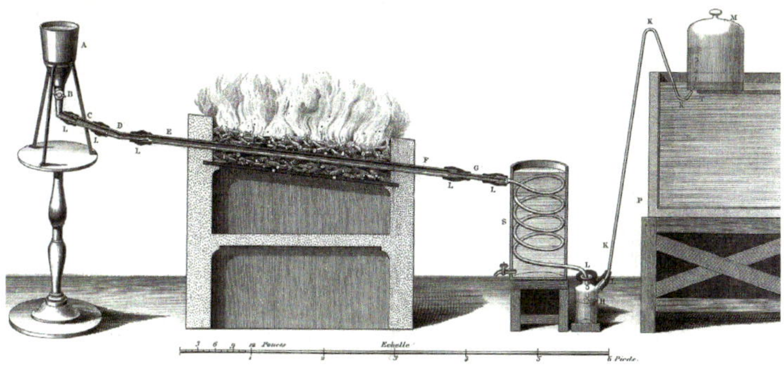

ANTOINE LAURENT LAVOISIER (1743–1794) gilt als Begründer der modernen Chemie. Seine Untersuchungen und Überlegungen haben entscheidend zu den heutigen Vorstellungen von den Elementen und Verbindungen beigetragen. LAVOISIER fand heraus, dass bei Verbrennungen der brennbare Stoff mit Sauerstoff reagiert. Eine weitere bahnbrechende Erkenntnis ist ihm und anderen Wissenschaftlern seiner Zeit zu verdanken. Bis in das 18. Jahrhundert ging man davon aus, dass Wasser ein elementarer Stoff sei. LAVOISIER ordnete das Wasser den Verbindungen zu. Dieser Gedanke entwickelte sich, als LAVOISIER einen Schmied bei der Arbeit beobachtete: Nach dem Abkühlen von glühendem Eisen in Wasser war die Eisenoberfläche oxidiert. Aus dieser alltäglichen Beobachtung und seinen Überlegungen entstand das folgende Experiment:

Er ließ einen eisernen Flintenlauf mit zerkleinerten Eisennägeln füllen und in einem Ofen bis zum Glühen erhitzen. Dann leitete er Wasserdampf durch das Rohr. Das austretende Gas fing er über Wasser auf. Da aus dem aufgefangenen Gas durch Verbrennung wieder Wasser entstand, nannte er es Hydrogenium (griech.: Wasserbildner). Im deutschen Sprachraum heißt dieses Gas Wasserstoff.

3.12 Eigenschaften des Wasserstoffs

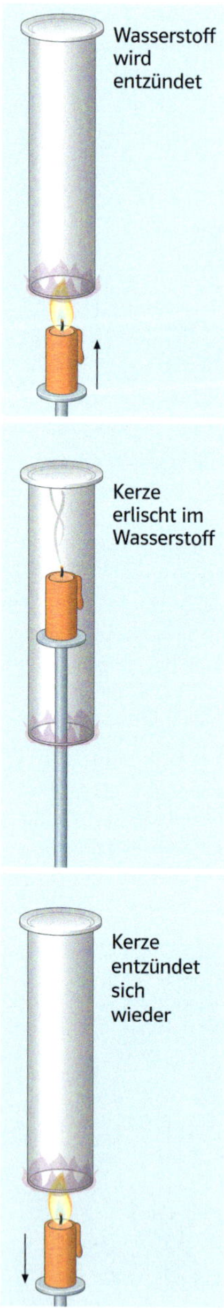

B1 Eine Kerze erlischt in Wasserstoff

Wasserstoff ist ebenso wie Sauerstoff ein elementarer Stoff. Im Folgenden werden einige seiner Eigenschaften untersucht und vorgestellt.

Eigenschaften des Wasserstoffs. Wasserstoff ist ein farb- und geruchloses Gas und deshalb mit unseren Sinnesorganen nicht wahrnehmbar.
Ein mit Wasserstoff gefüllter Ballon steigt auf. Wasserstoff muss also eine geringere Dichte als Luft besitzen. Er hat sogar die *geringste Dichte aller Stoffe*. Die Dichte des Wasserstoffs beträgt nur 1/14 der Dichte der Luft, deshalb entweicht er auch sehr schnell aus einem Reagenzglas, dessen Öffnung nach oben gerichtet ist [V1].

Beim Einbringen einer brennenden Kerze in einen mit Wasserstoff gefüllten Zylinder [V2] *entzündet* sich der Wasserstoff am Rand, weil dort der zur Verbrennung notwendige Sauerstoff vorhanden ist. Im Innern erlischt die Kerze, beim Herausziehen wird die Kerze wieder entzündet [B1].

Wasserstoff hat die geringste Dichte aller Stoffe. Er ist brennbar, unterhält die Verbrennung jedoch nicht.

Stoffeigenschaft	Eigenschaft des Wasserstoffs
Farbe	farblos
Geruch	geruchlos
Geschmack	geschmacklos
Aggregatzustand (20 °C)	gasförmig
Löslichkeit in Wasser	sehr gering
Brennbarkeit	brennbar, bildet mit Luft und Sauerstoff explosive Gemische
Schmelztemperatur	−259 °C
Siedetemperatur	−253 °C
Dichte (20 °C)	0,083 g/l

B2 Eigenschaften des Wasserstoffs bei 1013 hPa (Normdruck)

B3 Katastrophe von Lakehurst

Wegen seiner geringen Dichte wurde der Wasserstoff früher als Füllgas für Zeppeline verwendet. Als der mit 200 000 m³ Wasserstoff gefüllte deutsche Zeppelin „Hindenburg" am 6. Mai 1937 in Lakehurst (USA) in Brand geriet und innerhalb weniger Minuten völlig vernichtet wurde [B3], war dies zunächst das Ende der Zeppelinluftfahrt. Heute werden Luftschiffe mit dem nicht brennbaren Edelgas Helium gefüllt.

Wasserstoff wird gasförmig in Druckgasflaschen (rote Flaschenschulter) oder tiefkalt verflüssigt in vakuumisolierten Tanks transportiert und gelagert.

V1 Zwei Reagenzgläser werden mit Wasserstoff gefüllt. Das eine wird mit der Öffnung nach oben, das andere umgekehrt festgehalten. Nach kurzer Zeit versucht man, den Wasserstoff zu entzünden. (Schutzbrille!)

V2 ⚠ Man bringt in einen mit Wasserstoff gefüllten, mit der Öffnung nach unten eingespannten dickwandigen Zylinder rasch eine brennende Kerze ein und zieht sie wieder heraus. (Schutzbrille! Schutzscheibe!) Erkläre die Beobachtungen.

A1 Vergleiche die Eigenschaften von Sauerstoff, Stickstoff, Wasserstoff und Kohlenstoffdioxid und gib den Nachweis für jeden der Stoffe an.

Gefahren beim Umgang mit Wasserstoff. Vermischt sich Wasserstoff mit Luft, so bildet sich ein Gemisch, das beim Zünden *explosionsartig* verbrennt. Noch heftiger erfolgt die Verbrennung von Wasserstoff im Gemisch mit reinem Sauerstoff. Man bezeichnet solche explosiven Gasgemische als **Knallgas**.

Außer Wasserstoff können auch andere *brennbare Gase* wie Erdgas oder Campinggas und Dämpfe von brennbaren Flüssigkeiten wie Benzin und Alkohol mit Luft *explosive Gas-Luft-Gemische* bilden.

Man muss die unerwünschte Entstehung solcher gefährlichen Gemische verhindern. Wo sie dennoch entstehen können (z. B. an Tankstellen und in Garagen), muss jede *Entzündungsmöglichkeit* (Rauchen, offenes Feuer, elektrische Funken) vermieden werden.

Wasserstoff bildet mit Luft explosionsfähige Gemische, wenn der Volumenanteil des Wasserstoffs zwischen 4 % und 75 % liegt. Dies ist ein sehr breiter Bereich. Erdgas (Methan) bildet bei einem Volumenanteil von 5 % bis 15 % explosionsfähige Gemische mit Luft.

Die Knallgasprobe. Tritt aus einer Apparatur Wasserstoff aus, entzündet man ihn. Damit wird die Bildung eines explosiven Gasgemischs verhindert. Vor dem Entzünden muss jedoch geprüft werden, ob reiner Wasserstoff oder das gefährliche Knallgas entströmt. Dazu füllt man am besten ein kleines Reagenzglas durch Wasserverdrängung mit dem aus der Apparatur ausströmenden Gas [B4].

Das Reagenzglas mit dem Gas nähert man mit der nach unten weisenden Öffnung der Brennerflamme [B5]. Brennt das Gas *ruhig* ab, so handelt es sich um *reinen Wasserstoff*, der gefahrlos entzündet werden kann. Verbrennt es dagegen mit einem *pfeifenden Geräusch*, so liegt das gefährliche *Knallgas* vor. In diesem Fall muss die Probe so oft wiederholt werden, bis kein Geräusch mehr auftritt.

Mit der Knallgasprobe kann Wasserstoff nachgewiesen werden.

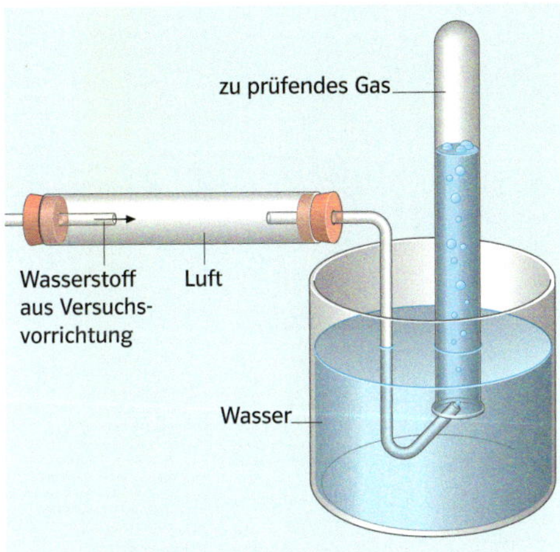

B4 Herstellung eines Prüfgemischs zur Durchführung der Knallgasprobe

V3 Man lässt Wasserstoff nach [B4] durch ein mit Luft gefülltes Glasrohr strömen, fängt das entweichende Gas in vier Reagenzgläsern auf und hält sie mit der Öffnung an die Brennerflamme. (Schutzbrille!)

A2 Bei der Ausführung der Knallgasprobe entsteht
a) ein laut pfeifendes Geräusch,
b) ein schwaches, dumpfes Geräusch.
Welche Schlussfolgerung ist zu ziehen?

A3 Beim Füllen eines Gefäßes mit Wasserstoff darf keine Flamme in der Nähe sein. Begründe.

B5 Knallgasprobe

3.13 Bildung und Zerlegung von Wasser

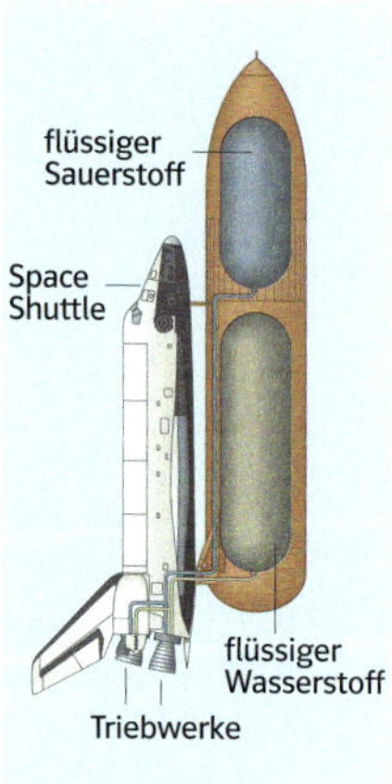

B1 Aufbau eines Spaceshuttles

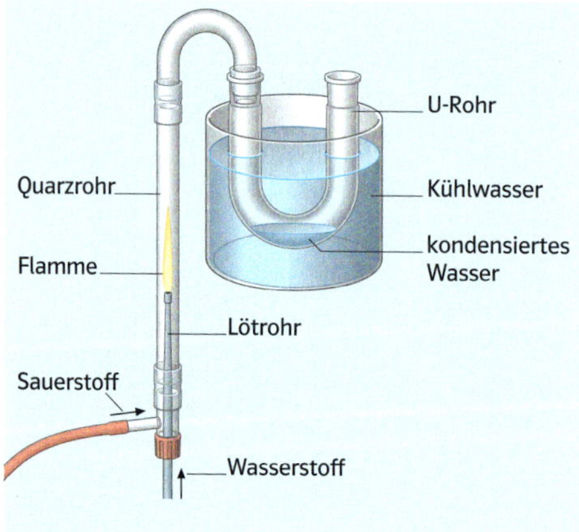

B3 Bildung von Wasser aus Wasserstoff und Sauerstoff

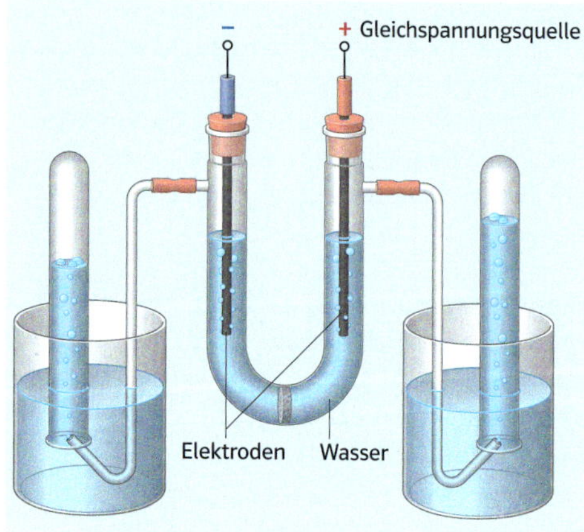

B4 Zerlegung von Wasser

Wasser ist eine Verbindung, die mindestens aus den Elementen Sauerstoff und Wasserstoff besteht (Kap. 3.11). Es ist möglich, dass bei der Reaktion von Magnesium mit Wasser (Kap. 3.11, B5) noch andere Stoffe entstehen, die nicht identifiziert worden sind. Gelingt es aber, nur aus Wasserstoff und Sauerstoff Wasser herzustellen, ist dies eine Bestätigung dafür, dass Wasser eine Verbindung aus diesen beiden Elementen ist.

Reaktion von Wasserstoff und Sauerstoff. Beim Verbrennen von Wasserstoff an der Luft und in reinem Sauerstoff [V1, V2] entsteht Wasser in einer stark *exothermen* Reaktion. Wasser ist ein Oxid des Wasserstoffs, also Wasserstoffoxid:

Wasserstoff + Sauerstoff ⟶ Wasser (-stoffoxid) | exotherm

Wasser ist **eine Verbindung** aus den **Elementen Sauerstoff und Wasserstoff.**

B2 Verbrennung von Wasserstoff an der Luft. Es bildet sich Wasser

Die Reaktion von Wasserstoff mit Sauerstoff in der Technik. Viele *Raketen* führen in ihren Tanks flüssigen Wasserstoff und flüssigen Sauerstoff mit. In den Triebwerken verbrennt dann der Wasserstoff mit dem Sauerstoff. Durch die freigesetzte thermische Energie entsteht ein hoher Druck – er erzeugt den Schub der Rakete.

Ingenieuren ist es gelungen, Wasserstoff anstelle von Benzin als Treibstoff für Autos einzusetzen.

Zerlegung von Wasser. Die Bildung von Wasser aus den Elementen ist eine *umkehrbare Reaktion*. Die Zerlegung verläuft jedoch nur unter ständiger Energiezufuhr, z. B. durch elektrischen Strom [B4]. Es ist eine *endotherme* Reaktion.

V1 Man hält ein trockenes Becherglas über eine Wasserstoffflamme. (Schutzbrille!)

V2 ⚠ Man entzündet Wasserstoff an einer Lötrohrspitze und führt die höchstens 1 cm hohe Flamme in die Apparatur nach [B3] ein, in die von der Seite her langsam Sauerstoff einströmt. Dieser Strom wird so reguliert, dass mit dem glimmenden Holzspan am offenen Ende des U-Rohres Sauerstoff nachgewiesen werden kann (Schutzscheibe! Schutzbrille!). Führe mit der Flüssigkeit den Wassernachweis durch.

A1 Stelle Vor- und Nachteile zusammen, wenn für den Betrieb eines Autos Wasserstoff anstelle von Benzin eingesetzt wird.

A2 In einer Apparatur nach [B4] wird leitfähig gemachtes Wasser durch elektrische Energie zerlegt (Elektrolyse). Wie lassen sich die entstandenen Gase identifizieren?

3.14 Moleküle und molekulare Stoffe

Nach dem Teilchenmodell (Kap. 1.7) liegen die kleinsten Teilchen eines Stoffs in den verschiedenen Aggregatzuständen unverändert vor. Bei Zufuhr von Energie (Wärme) verändern sich mit zunehmender Temperatur ihr Abstand und ihre Geschwindigkeit, d.h., die Anziehungskräfte zwischen den kleinsten Teilchen werden schwächer. Die kleinsten Teilchen der Salze und vieler Metalle (Kap. 1.16) benötigen eine starke Wärmezufuhr, um ihre Abstände zu vergrößern. Die Stoffe haben relativ hohe Schmelz- und Siedetemperaturen [B2].

Stoff	Schmelztemperatur ϑ_{sm} in °C	Siedetemperatur ϑ_{sd} in °C
Wasser	0	100
Alkohol	−117	78
Glycerin	18	290
Stickstoff	−210	−196
Argon	−189	−186
Sauerstoff	−218	−183

Stoff	Schmelztemperatur ϑ_{sm} in °C
Kupfersulfid	1130
Eisensulfid	1193
Kochsalz	800
Silbersulfid	830
Kaliumnitrat	334
Kupferoxid (rot)	1230

B2 Schmelz- und Siedetemperaturen von molekularen Stoffen und Salzen

Moleküle. In Stoffen, die bei Zimmertemperatur gasförmig oder flüssig sind, wie Stickstoff, Sauerstoff, Kohlenstoffdioxid und Wasser, sind die Anziehungskräfte zwischen den Teilchen geringer. Die Teilchen dieser Stoffe liegen in Form kleiner Atomverbände vor. Solche Atomverbände nennt man **Moleküle**. Stoffe, die aus Molekülen aufgebaut sind, gehören zur Gruppe der molekularen Stoffe. Diese Stoffe haben meist niedrige Schmelz- und Siedetemperaturen.

In Molekülen sind zwei oder mehr Atome fest miteinander verbunden. Beim Schmelzen oder Sieden werden nur die Abstände zwischen diesen Molekülen vergrößert, die Moleküle selbst bleiben erhalten. Die Verknüpfung von Atomen zu einer Gruppe ist nicht beliebig. Jeder molekulare Stoff besteht aus Molekülen ganz bestimmter Zusammensetzung.

Moleküle können in elementaren Stoffen und in Verbindungen auftreten. In den meisten gasförmigen elementaren Stoffen, wie z.B. Stickstoff, Sauerstoff und Wasserstoff, sind zwei gleiche Atome zu einem Molekül verbunden. Eine Ausnahme machen die Edelgase, ihre kleinsten Teilchen sind Atome.

Die Anzahl und die Art der Atome, die fest miteinander verbunden sind, wird in der **Summenformel** angegeben. So gibt z.B. H_2O an, dass ein Wassermolekül aus zwei Wasserstoffatomen und einem Sauerstoffatom besteht.

A1 Erkläre den Unterschied in den Schmelz- und Siedetemperaturen zwischen molekularen Stoffen und Salzen mit den Anziehungskräften zwischen den Teilchen.

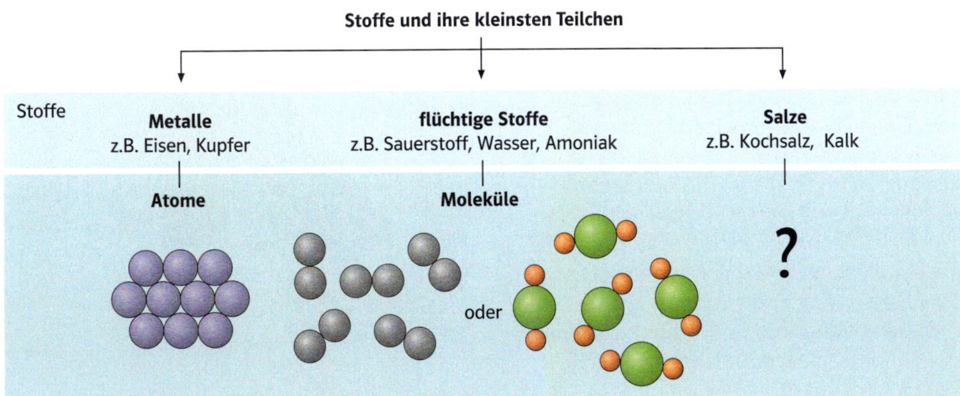

B1 Stoffe und ihre kleinsten Teilchen

H_2O die tief gestellte Zahl gibt die Anzahl der Atome dieser Atomsorte im Molekül an

B3 Summenformel für Wasser

3.15 Aktivierungsenergie und Katalysator

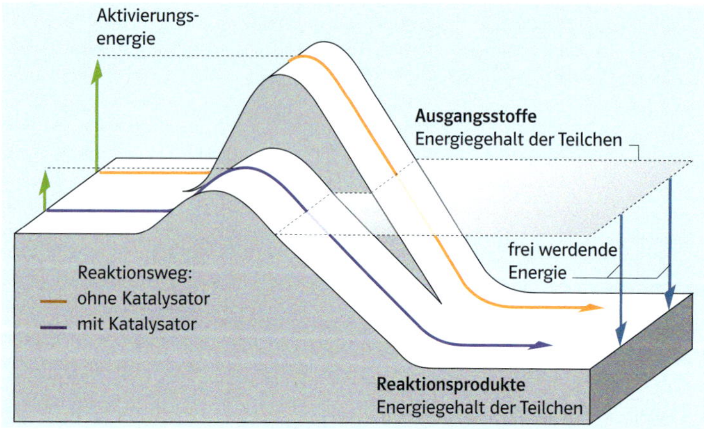

B1 Aktivierungsenergie mit und ohne Katalysator im Modell.

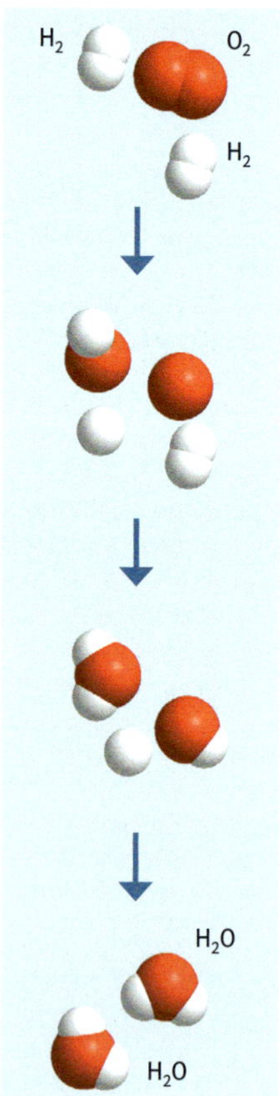

B2 Zusammenstöße mit großer Wucht führen zur Bildung neuer Teilchen

Bei Zimmertemperatur reagieren Wasserstoff und Sauerstoff nicht miteinander. Ein Knallgasgemisch kann unbegrenzt aufbewahrt werden, ohne dass eine messbare Wasserportion gebildet wird.

Auslösen der Knallgasreaktion. Nach Zufuhr von Energie, z. B. Entzünden durch die Brennerflamme oder durch einen Funken, reagieren Wasserstoff und Sauerstoff explosionsartig zu Wasser. Es genügt, das Gasgemisch in einem *kleinen Bereich* zu erhitzen, um die Reaktion auszulösen. Die Reaktion breitet sich vom Ort der Entzündung mit großer Geschwindigkeit aus.

Aktivierungsenergie. Stoffe können nur miteinander reagieren, wenn die Teilchen der Ausgangsstoffe zusammenstoßen [B2]. Allerdings führt nicht jeder Zusammenstoß dazu, dass aus den Teilchen der Ausgangsstoffe die Teilchen der Reaktionsprodukte entstehen. Ein Zusammenstoß muss mit genügend großer Wucht erfolgen, damit eine Reaktion eintreten kann. Bei Zufuhr von Wärme bewegen sich die Teilchen schneller, als Folge finden auch mehr Zusammenstöße mit einer genügend großen Wucht statt.
Die Energie, mit der die Teilchen für das Eintreten der Reaktion wenigstens zusammenstoßen müssen, wird **Aktivierungsenergie** genannt.

Die Tatsache, dass bei einer Reaktion der Wasserstoff- und Sauerstoffmoleküle zu Wassermolekülen eine Energiebarriere überwunden werden muss, lässt sich anschaulich beschreiben.

Zur Bildung der Wassermoleküle müssen sowohl Sauerstoff- als auch Wasserstoffmoleküle in Atome getrennt werden. Dies geschieht durch Vergrößerung der Abstände zwischen den Atomen und Überwindung der Bindungskräfte zwischen den Atomen in den Molekülen. Dazu muss Energie aufgewendet werden. Bilden sich die Wassermoleküle aus den Wasserstoff- und Sauerstoffatomen, wird Energie frei. Die Wassermoleküle werden aber sicher nicht in einem, sondern in mehreren Schritten gebildet.

Um die Reaktion auszulösen, genügt es, zur Spaltung der Ausgangsmoleküle an einer Stelle des Gemisches Aktivierungsenergie zuzuführen. Die frei werdende Energie bei der Bildung von H_2O-Molekülen liefert die Aktivierungsenergie für die Spaltung weiterer H_2- bzw. O_2-Moleküle. Es breitet sich eine *Kettenreaktion* aus.

Das Auslösen einer chemischen Reaktion durch Zufuhr von Aktivierungsenergie kann man mit dem Anstoßen des ersten Dominosteines in einem Wettbewerb am „Domino Day" vergleichen. Ist der erste Stein gefallen, fallen nacheinander alle Dominosteine [B3].

B3 Domino-Effekt

Wasserbildung mit Platin als Katalysator. Lässt man Wasserstoff über eine Keramikperle strömen, die fein verteiltes Platin enthält, so beobachtet man nach kurzer Zeit, dass die Perle zu glühen beginnt [B4]. Schließlich entzündet sich der Wasserstoff oberhalb der Perle und verbrennt mit dem Sauerstoff der Luft zu Wasser. Die Reaktion kommt also unter diesen Bedingungen ohne äußere Energiezufuhr in Gang.
Mit Platin als Katalysator ist die Aktivierungsenergie der Reaktion kleiner als ohne [B1]. Die Reaktion setzt schon bei Zimmertemperatur in merklichem Ausmaß ein.

Den Vorgang erklärt man sich so: Die Wasserstoff- und Sauerstoffmoleküle haften an der Platinoberfläche. Zwischen den Platinatomen und den Wasserstoff- und Sauerstoffmolekülen wirken Anziehungskräfte [B5]. Dieses führt dazu, dass die Atome in den Molekülen weniger fest zusammenhalten.
Die Moleküle werden leichter gespalten. Nach der Bildung der Wassermoleküle und ihrer Ablösung von der Platinoberfläche liegt das Platin unverändert vor. Es kann wieder eingesetzt werden.
Die bei der Bildung des Wassers frei werdende Energie erwärmt die Perle bis zur Rotglut. Die Temperatur reicht aus, dass sich der ausströmende Wasserstoff entzündet.

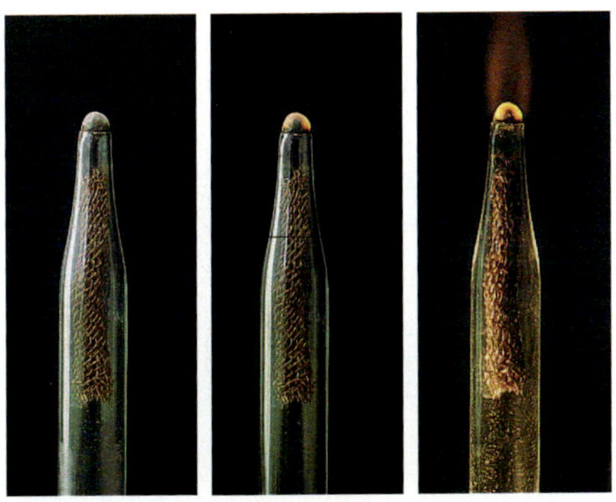

B4 Entzündung von Wasserstoff an einem Platinkatalysator

Weitere Einsatzgebiete von Katalysatoren. Katalysatoren spielen bei sehr vielen chemischen Reaktionen in der Industrie, z. B. bei der Synthese von Schwefelsäure, aber auch im Körper von Mensch, Tier und Pflanze eine große Rolle. So läuft z. B. die Verdauung der Nahrung im menschlichen Körper unter dem Einfluss von Biokatalysatoren (Enzymen) bei Körpertemperatur, also ca. 37 °C, ab.

Auch bei der Reinigung von Autoabgasen spielen Katalysatoren (Platin und andere Metalle) eine wichtige Rolle (Kap 3.5).

Einen Stoff, der durch Herabsetzung der Aktivierungsenergie eine chemische Reaktion beschleunigt oder bei einer niedrigeren Temperatur ermöglicht, nennt man Katalysator. Er nimmt an der Reaktion teil, liegt aber nach der Reaktion unverändert vor.

V1 Man leitet mit einer Lötrohrspitze oder einem Glasröhrchen Wasserstoff auf mit Platin belegte Keramikperlen, die auf einem Drahtnetz liegen. Der Gasstrom darf nicht zu schwach, aber auch nicht zu stark eingestellt sein. Er wird so geregelt, dass die Perlen zu glühen beginnen.

A1 Beschreibe die Schritte, die zur Bildung von Wassermolekülen aus Wasserstoff- und Sauerstoffmolekülen führen [B2].

A2 Verreibt man feines Kupfer- und Schwefelpulver in einer Reibschale, setzt plötzlich die chemische Reaktion der Kupfersulfidbildung ein. Erkläre den beschriebenen Sachverhalt.

A3 Gib an, worauf die katalytische Wirkung von Platin bei der Wasserbildung beruht.

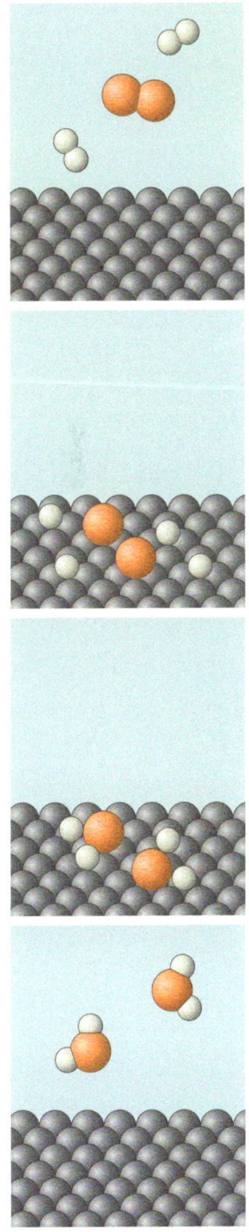

B5 Platin als Katalysator. Der Katalysator erleichtert die Spaltung der Wasserstoff- und Sauerstoffmoleküle

3.16 Praktikum Chemische Reaktion und Katalysator

V1 Reaktion von Wasserstoff ohne Flamme
Geräte, Materialien: verschlossenes mit Wasserstoff gefülltes Reagenzglas, Katalysatorperlen, Watesmopapier, Pinzette.
Durchführung: Öffne das Reagenzglas kurz und gib ca. 6 Katalysatorperlen dazu. Lass die Perlen langsam im Reagenzglas hin- und herrollen. Befühle das Glas außen entlang des Weges der Perlen. Ziehe den Stopfen ab und wische das Reagenzglas mit Watesmopapier aus.
Aufgaben:
a) Beschreibe und deute deine Beobachtungen.
b) Verändern sich die Katalysatorperlen?

V2 Wasserstoffperoxid und Katalysator
Wasserstoffperoxid (H_2O_2) ist ein häufig eingesetztes Oxidationsmittel, weil es in Wasser und Sauerstoff zerfällt [B1]. Der entstehende Sauerstoff oxidiert viele Stoffe.

Wasserstoffperoxid ⟶ Wasser + Sauerstoff | exotherm

Bei Zimmertemperatur ist Wasserstoffperoxid sowohl in reinem wie in gelöstem Zustand beständig. Erst beim Erwärmen auf höhere Temperaturen zerfällt es, unter Umständen gar explosionsartig. Durch Katalysatoren lässt sich die Zerfallsgeschwindigkeit des Wasserstoffperoxids stark erhöhen.

Geräte, Materialien, Chemikalien: Wasserstoffperoxidlösung ($w \approx 5\%$), Katalysatorperlen, Holzspan, Feuerzeug, Reagenzglas, Reagenzglasständer, Teesieb, Trichter, Becherglas (100 ml).
Durchführung:
a) Fülle ein Reagenzglas zu etwa einem Drittel mit der Wasserstoffperoxidlösung. Gib in die Lösung etwa 4 Katalysatorperlen. Prüfe den Gasraum mit einem glimmenden Holzspan.
b) Gieße den Reagenzglasinhalt durch ein Teesieb in ein Becherglas (100 ml), spritze die Katalysatorperlen mit dest. Wasser ab.
c) Wiederhole den Versuch (a) mit den abgespritzten Katalysatorperlen.
Achtung: Die Wasserstoffperoxidlösung darf nicht auf die Haut oder in die Augen gelangen! Wenn es doch passiert ist, wird mit viel Wasser gespült.
Aufgaben:
a) Beschreibe deine Beobachtungen.
b) Haben sich die Katalysatorperlen verändert?
c) Können die Katalysatorperlen weitere Male verwendet werden. Begründe!

V3 Biokatalysator in Kartoffeln
Geräte, Materialien, Chemikalien: Wasserstoffperoxidlösung ($w \approx 5\%$), rohe Kartoffel, gekochte Kartoffel, Reibschale mit Pistill, Reagenzglas, Reagenzglasständer, Holzspan.
Durchführung:
a) Zerquetsche ein kleines Stück rohe Kartoffel. Gib den Brei in ein Reagenzglas, das zu einem Drittel mit der Wasserstoffperoxidlösung gefüllt ist. Führe nach kurzem Abwarten die Glimmspanprobe durch.
b) Wiederhole den Versuch mit einem Stückchen einer gekochten Kartoffel.
Achtung: Die Wasserstoffperoxidlösung darf nicht auf die Haut oder in die Augen gelangen! Wenn es doch passiert ist, wird mit viel Wasser gespült.
Aufgabe: Beschreibe und deute deine Beobachtungen.

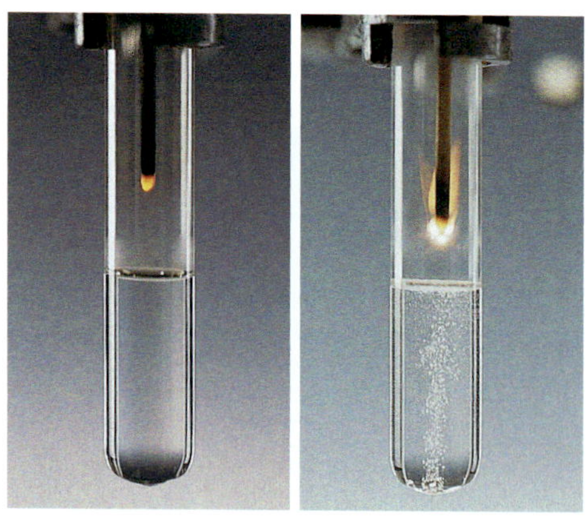

B1 Platin ist ein vielseitiger Katalysator, es katalysiert auch den Zerfall von Wasserstoffperoxid

3.17 Durchblick Zusammenfassung und Übung

Wasser
- eine Verbindung, die aus Molekülen (H_2O) besteht
- kann endotherm in Wasserstoff und Sauerstoff zerlegt und aus diesen exotherm wieder gebildet werden

Wasser ⟶ Wasserstoff + Sauerstoff
Wasserstoff + Sauerstoff ⟶ Wasser

Wasserstoff
- ist der elementare Stoff mit der geringsten Dichte
- besteht aus zweiatomigen Molekülen (H_2)
- ist brennbar
- bildet mit Sauerstoff ein explosives Gemisch
- kann durch die Knallgasprobe nachgewiesen werden

Anomalie des Wassers
Beim Abkühlen von warmem Wasser verringert sich das Volumen, bis eine Temperatur von 4 °C erreicht wird. Danach nimmt das Volumen des flüssigen Wassers wieder zu. Beim Erstarrungsprozess erfolgt eine Volumenzunahme, wobei die Temperatur konstant bleibt. Dies ermöglicht ein Überleben von Wassertieren im Winter, weil das Wasser nicht von unten her zufriert und Eis auf dem Wasser schwimmt.

Akivierungsenergie
Die Energie, mit der die Teilchen für das Eintreten der Reaktion wenigstens zusammenstoßen müssen, wird Aktivierungsenergie genannt.

Katalysator
Einen Stoff, der durch Herabsetzung der Aktivierungsenergie eine chemische Reaktion beschleunigt oder bei einer niedrigeren Temperatur ermöglicht, nennt man Katalysator. Er nimmt an der Reaktion teil, liegt aber nach der Reaktion unverändert vor.

Moleküle
nennt man Atomverbände, die in allen Aggregatzuständen erhalten bleiben. Stoffe, die aus Molekülen bestehen, molekulare Stoffe, haben meist relativ niedrige Schmelz- und Siedetemperaturen.

Schadstoffe in der Luft
Beim Verbrennen von Erdöl, Kohle oder Holz können die Gase Kohlenstoffmonooxid, Schwefeldioxid und Stickstoffdioxid entstehen. Sie schädigen Pflanzen, Tiere und Menschen. Als Schadstoffe wirken in der Luft ebenso das Gas Ozon und die Feinstäube, die bei Verbrennungsprozessen und im Verkehr entstehen.

Smog
Vor allem im Winter kann es zu Inversionswetterlagen kommen, in denen die Abgase nicht mehr weiträumig verteilt werden können. Zusammen mit der Luftfeuchtigkeit bilden sie dann Smog, der die Atemwege schädigt.

Treibhauseffekt
Erwärmung der unteren Schichten der Atmosphäre, die durch Treibhausgase wie z. B. Wasser(dampf) und Kohlenstoffdioxid hervorgerufen wird. Man unterscheidet den natürlichen Treibhauseffekt von ca. 33 °C, der das Leben auf der Erde erst ermöglicht und den vom Menschen verursachten (den anthropogenen) Treibhauseffekt. Dieser kann die mittlere Temperatur auf der Erde um 1,5 bis 4,5 °C erhöhen, unter anderem durch das zusätzlich erzeugte Kohlenstoffdioxid.

Reinigung von Abgas
Rauchgase in Kraftwerken:
- Stäube werden in Filteranlagen entfernt
- Schwefeldioxid wird in der Entschwefelungsanlage mit Kalkmilch in Gips umgewandelt
- Stickstoffdioxid reagiert in der Entstickungsanlage mit Ammoniak an Katalysatoren zu Stickstoff

Autoabgase:
- Kohlenwasserstoffe, Kohlenstoffmonooxid und Stickstoffoxide reagieren am Katalysator zu Wasser, Kohlenstoffdioxid und Stickstoff

B1 In Raktentriebwerken verbrennt Wasserstoff mit Sauerstoff

B2 Frostaufbruch durch gefrierendes Wasser

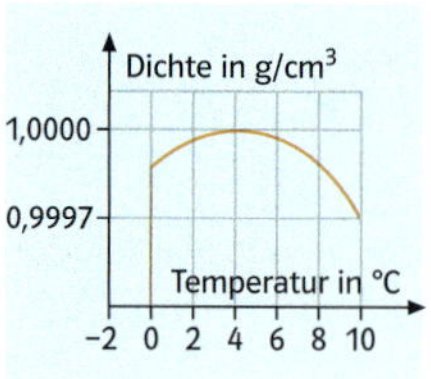

B4 Dichteanomalie von Wasser

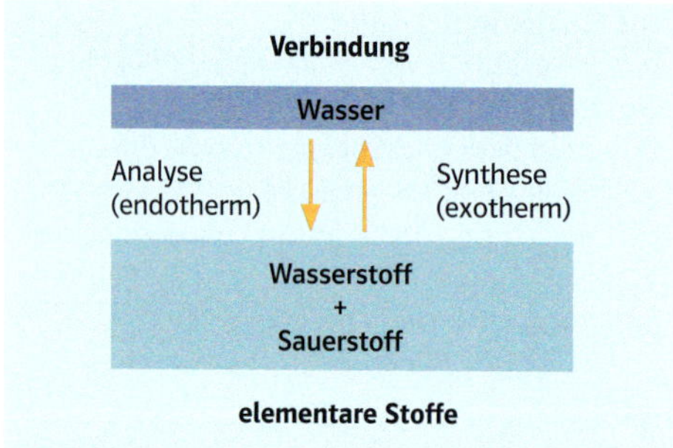

B6 Bildung und Zerlegung von Wasser

A1 Die Zerlegung einer Verbindung in die elementaren Stoffe wird Analyse genannt. Die Herstellung von Verbindungen aus den elementaren Stoffen oder anderen Verbindungen nennt man Synthese [B6]. Der Ausdruck "Analyse" wird mit anderer Bedeutung auch bei der Untersuchung eines Gemisches gebraucht, wenn einzelne Bestandteile bestimmt werden. Nenne einige Beispiele für Synthesen bzw. Analysen.

A2 Gib unter Auswertung von [B4] an, was mit der Dichteanomalie des Wassers gemeint ist und beschreibe die Auswirkungen auf das Leben in einem Gewässer.

A3 Es gibt zahlreiche mit dem Wortteil „-wasser" zusammengesetzte Begriffe. Was bedeuten: Salzwasser, Süßwasser, Brackwasser, Grundwasser, Abwasser?

B5 Schutzmaske

B7 „Big Ben" in London bei Nebel

A4 Erläutere anhand von Kap. 3.10 die Funktion der verschiedenen Teile einer Kläranlage.

A5 Beschreibe, wie man ermitteln kann, dass Luft ein Gasgemisch ist. Überlege einen Versuch, mit dem man zeigen kann, dass Luft zu einem Fünftel aus Sauerstoff besteht (Tipp: siehe im Kap. 2.4 nach).

A6 Kohlenstoffdioxid ist ein natürlicher Bestandteil der Luft, kann aber auch schädlich für das Klima sein. Stelle die unterschiedliche Betrachtungsweise dar.

A7 Der natürliche Treibhauseffekt beträgt 33 °C. Erkläre, wie man zu dieser Temperaturdifferenz kommt.

A8 Auf dem Mauna Loa in Hawaii misst man jedes Jahr einen höheren Anteil von Kohlenstoffdioxid in der Luft. Deute diesen Befund.

A9 Bei Smog ist es neblig [B7] und viele Menschen müssen husten, weil die Luft die Atemwege reizt.
a) Erkläre, warum die Luft bei Smog die Atemwege reizt.
b) Recherchiere, wie man versucht, die Belastung durch Schadstoffe bei Smog gering zu halten.

A10 Verbrennungsprodukte, die in die Luft gelangen, sind Kohlenstoffdioxid, Wasser, Schwefeldioxid und Stickstoffdioxid. Schreibe die Elemente auf, aus denen die genannten Verbrennungsprodukte aufgebaut sind. Gib die Elemente an, die nicht in den verbrannten Verbindungen gewesen sein mussten, die also von außen hinzugekommen sein können.

A11 Zur Erzeugung von Wärme und Strom verbrennt man Holz, Kohle, Erdöl und Erdgas. Bei diesen Prozessen entsteht Kohlenstoffdioxid. Nenne und beschreibe Möglichkeiten, wie man Wärme und / oder Strom auch ohne Verbrennen erzeugen kann.

Wissensdatenbank „Energie“

B1 Luftbildaufnahme eines Wasserkraftwerks

B2 Rapsanbau zur Gewinnung von Biodiesel

Regenerative Energien. Mit der Industrialisierung, die im 18. Jahrhundert in England begann, und dem damit verbundenen Anstieg des Energiebedarfs bis heute, fanden zunehmend Kohle, Öl und Gas bei der Energieerzeugung Verwendung (Kap. 2.19). Die Begrenztheit der Vorräte führt neben der Umweltbelastung bei deren Verbrennung dazu, dass den erneuerbaren Energiequellen eine immer größere Bedeutung zukommt. Anders als Kohle, Öl und Gas gelten die regenerativen Energieträger als nach „menschlichem Ermessen unerschöpflich“. Unter Nutzung der Sonnenenergie werden diese regenerativen Energieträger ständig erneuert.

Wasserkraft. Wasser verdunstet und gelangt nach der Kondensation zurück in einen höher gelegenen Stausee einer Talsperre [B1]. Lässt man das aufgestaute Wasser durch Rohrleitungen über eine tiefer gelegene Turbine abfließen, so treibt deren Bewegung einen Generator an, der elektrische Energie erzeugt. In diesem Kreislauf ist die Wasserkraft eine Quelle erneuerbarer und somit regenerativer Energie.

Bioenergie. Pflanzen benötigen für ihr Wachstum Sonnerenergie, welche sie in Stoffwechselprozessen in energiereiche Verbindungen überführen. Diese z. B. im Rapsöl [B2] gespeicherte Energie kann in Verbrennungsmotoren zum Antrieb von Kraftfahrzeugen genutzt werden.

Solarenergie (Fotovoltaik). Solarzellen [B4] wandeln die Energie des Sonnenlichts direkt in elektrische Energie um. Damit lassen sich insbesondere Geräte mit geringem Stromverbrauch mit Energie versorgen.

Windkraft. Seit vielen Jahrhunderten nutzen Menschen die Energie des Windes zum Antrieb von Mühlen [B5] und Segelbooten. In modernen Windkraftanlagen treibt der Wind einen Rotor an, der mit einem Generator (Dynamo) verbunden ist. Auf diese Weise wird die Windenergie zur Erzeugung elektrischer Energie eingesetzt.

Brennstoffzellen. Mithilfe des elektrischen Stroms, den man in einer Solarzelle erzeugt hat, kann man Wasser in seine elementaren Stoffe Wasserstoff und Sauerstoff zerlegen (Kap. 3.13). Anschließend lässt sich der gebildete Wasserstoff in einer Brennstoffzelle kontrolliert mit Sauerstoff zu gasförmigem Wasser verbrennen. Die dabei erzeugte chemische Energie wird in elektrische Energie umgewandelt und kann z. B. einen Elektromotor antreiben [B3].

B4 Notufsäule mit Solarmodul

B5 Windmühle

regenerare lat. wiederherstellen, erneuern

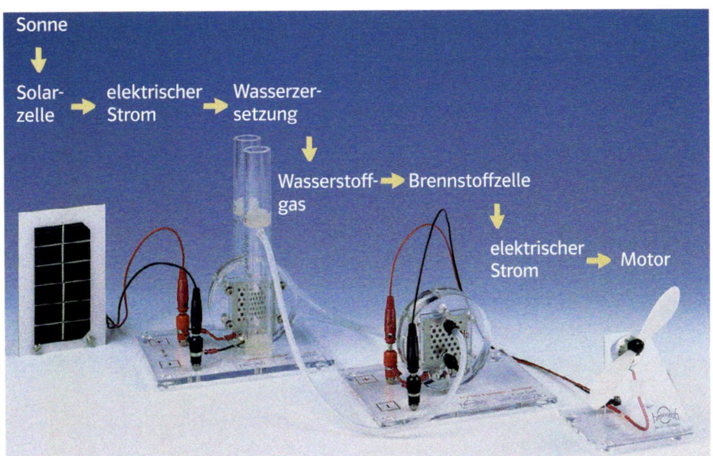

B3 Modellaufbau zur solaren Wasserstofftechnik

brain engl. Gehirn, Verstand

to storm engl. stürmen

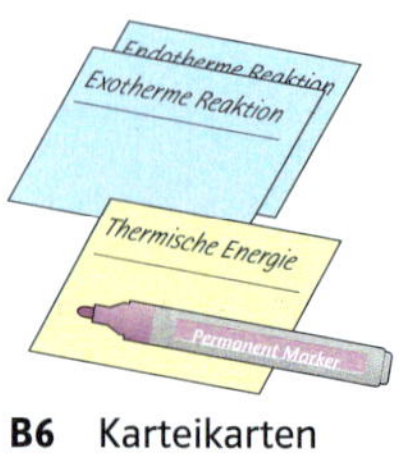

B6 Karteikarten bringen Ordnung in die Ideensammlung

Bei der Nutzung regenerativer Energie werden weniger – im Idealfall sogar gar keine – Schadstoffe freigesetzt. Sie gilt daher als umweltfreundlich. Insbesondere tragen erneuerbare Energien weder zur globalen Erwärmung (Kap. 3.4) noch zum Abschmelzen der Gletscher und dem damit verbundenen Anstieg des Meeresspiegels bei.

Wissensdatenbank „Energie“ Ihr bekommt von eurer Lehrerin oder eurem Lehrer den Auftrag einen Karteikasten zum Thema „Energie“ zu erstellen.

Sammeln mit Brainstorming: Dazu ist es sinnvoll, die Ideen und Gedanken in der Klasse erst zu sammeln und in weiteren Schritten nach ihrer Wichtigkeit zu sortieren und zu ordnen.

B7 Leere Kärtchen zum Notieren der Gedanken

1. Sammelt in Form eines Brainstormings die Ideen ungeordnet und notiert sie auf Zetteln oder Karteikarten [B7].
2. Nutzt dazu verschiedene Informationsquellen (Heft, Buch, Internet, Bibliothek) und befragt auch Mitschüler und Mitschülerinnen.
3. Heftet die Notizen an eine Pinnwand oder Tafel.

Sortieren und Ordnen. Um einen Überblick zu gewinnen, müssen die Ideen nun in ein Ordnungssystem gebracht werden. Arbeitet dazu an der Pinnwand, einem großen Tisch oder an der Tafel.

4. Fasst ähnliche Gedanken zusammen.

Als Orientierung können folgende Oberbegriffe dienen: Energiebegriff in der Chemie, Energieformen, Energieumwandlung, Energie im Alltag, Energiebedarf, Energiegewinnung, Energievorräte, regenerative Energie, …

5. Ordnet die Informationen nach ihrer Wichtigkeit.
6. Sortiert weniger wichtige Informationen aus.

Tipp: Für gleichartige Informationen gleiche Stift- oder Karteikartenfarben verwenden - das verschafft zusätzliche Ordnung.

Themenblöcke erstellen. Nachdem ihr eure Ideen gesammelt, sortiert und geordnet habt, könnt ihr einen Karteikasten mit den bisherigen Ergebnissen ausstatten.

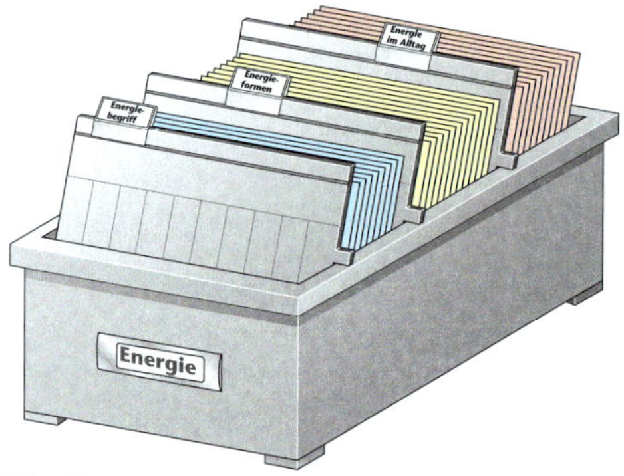

B8 Ein Karteikasten als Wissensdatenbank

7. Nutzt die beim Ordnen gefundenen Oberbegriffe, um den Karteikasten in Themenblöcke zu gliedern.
8. Sortiert die Karteikarten entsprechend ihrer Zugehörigkeit zum jeweiligen Themenblock ein.

Am vorläufigen Ende eurer gemeinsamen Arbeit ist eine *Wissensdatenbank* zum Thema „Energie“ entstanden. Im Laufe des Chemieunterrichts können jedoch weitere Informationen in Form von Karteikarten oder auch Bildern und aktuellen Textbeiträgen ergänzt werden. So lässt sich der Karteikasten dann auch als Ausgangpunkt für ein Referat oder eine Präsentation nutzen.

4 Metalle und Metallgewinnung

Wir essen mit Besteck aus nicht rostendem Stahl, kaufen Sauerkraut in Weißblechdosen, trinken Eistee aus Aluminiumdosen. Stahl, Weißblech und Aluminium kommen nicht in der Natur vor. Sie müssen aus Rohstoffen aus der Natur gewonnen werden. Durch Recycling kann der Einsatz natürlicher Rohstoffe verringert werden.

Metalle waren und sind wichtige Werkstoffe. In vielen Generationen erlernten Menschen Verfahren der Metallgewinnung. Häufig half der Zufall. Der Handel oder die Einwanderung und Anwerbung von Fachkräften sorgten für die Verbreitung der Kenntnisse.

Viele Metalle werden aus Metalloxiden und Metallsulfiden gewonnen, die in Erzen vermischt mit Gestein vorkommen. Für die wirtschaftliche Gewinnung ist der Anteil eines Metalls bzw. seiner Verbindung im Erz entscheidend. Bei seltenen und teuren Metallen genügen kleine Anteile.

Müll ist häufig viel zu wertvoll, um auf Deponien gebracht oder verbrannt zu werden. Eisenschrott wird in Stahlwerken benötigt. Sammeln und Recyceln vermindern die Umweltbelastung und führen zum Einsparen von Energie.

Online-Link
756084-0400

4.1 Aus Rohstoffen werden Gebrauchsgegenstände

Metalle, Mineralien, Erze
Die meisten Metalle werden aus Mineralien gewonnen. Als Mineral (Mehrzahl: Minerale, auch Mineralien) definieren Mineralogen natürlich vorkommende Feststoffe mit einer einheitlichen chemischen Zusammensetzung. Erz ist ein mit dem Gestein verwachsenes Mineral oder Mineralgemenge, aus dem gewinnbringend ein Metall gewonnen werden kann.

B1 Einige Mineralien bzw. Erze

A1 Welche Metalle lassen sich aus den oben im Bild gezeigten Mineralien bzw. Erzen gewinnen?

A2 Recherchiere, welches Metall sich aus Zinnober gewinnen lässt.

A3 Stelle Faktoren zusammen, von denen es abhängt, ob ein Erzvorkommen gewinnbringend ausgebeutet werden kann.

Kochtöpfe aus Edelstahl
Hochwertige Metallkochtöpfe haben einen besonders dicken, plan geschliffenen Boden.

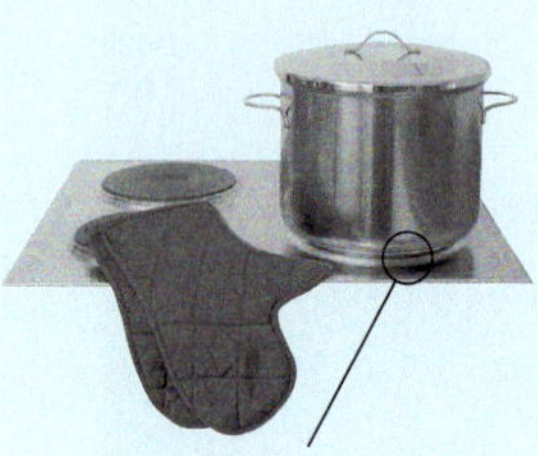

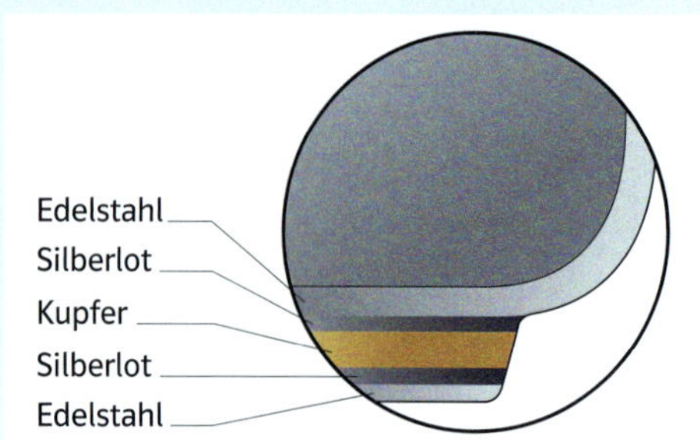

B2 Die fünf Schichten eines Kochtopfbodens

A4 Erläutere, welche Eigenschaften Metalle für Kochtöpfe besonders geeignet machen.

A5 Begründe, warum im Topfboden die mittlere Kupferschicht nach oben und unten von Edelstahl abgedeckt ist. Welchen Zweck erfüllt das Silberlot?

Metalle leiten Wärme
Wir rühren den heißen Kaffee oder Tee mit dem Löffel um. Steckt man den Löffel sofort danach in den Mund, kann es passieren, dass man sich die Lippen und die Zunge verbrennt.

A6 Klebe jeweils zwei Erbsen mit Butter an Löffeln aus Stahl, Kunststoff und Silber. Stelle die Löffel in eine Tasse mit heißem Wasser. Decke die Tasse mit einem Brettchen ab. Beschreibe und deute deine Beobachtungen.

B3 In welcher Reihenfolge fallen die Erbsen?

A7 Metalleigenschaften lassen sich ändern, indem man verschiedene Metalle zusammenschmilzt. Auf diese Weise entstehen homogene Gemische mit metallischen Eigenschaften. Sie werden als Legierungen bezeichnet.
a) Ermittle, aus welchen Metallen die Legierungen Weißgold und Rotgold hergestellt werden.
b) Ein kleines Rätsel: Es wird für die Herstellung einer Kupferlegierung benötigt und schmilzt schon bei 232 °C. Um welches Metall handelt es sich? Gib auch seine Dichte und das Zeichen für das Element an.

Eisen aus dem Müll

Das Recycling von Metallen und anderen Stoffen wird immer bedeutender. Recycling spart Rohstoffe und Energie.

B4 Die Zusammensetzung des Hausmülls

A8 Ein Gemisch aus Sand, Salz, Eisenspänen und Schnitzeln aus einem Jogurtbecher soll als Modellmüll getrennt werden. Den Modellmüll erhältst du von deinem Lehrer.
a) Wende deine Kenntnisse über Trennverfahren und Stoffeigenschaften an und entwirf einen Plan zur Trennung des Modellmülls.
b) Erkläre deinen Plan einem Mitschüler.
c) Führe die Experimente durch, nachdem du die Materialien zusammengestellt und deinem Lehrer dein Vorhaben erklärt hast.
d) Erstelle ein Versuchsprotokoll.

A9 In den meisten Orten wird der Haushaltsmüll getrennt eingesammelt.
Sammle und bewerte Argumente, die für und die gegen die Mülltrennung sprechen.

Kupfer – Recycling durch Kälte

Kupferkabel bestehen aus sehr reinem Kupfer. Eine umweltschonende Methode zur Rückgewinnung des Kupfers ist das Einfrieren der alten Kabel mit flüssigem Stickstoff. Die Kunststoffummantelung wird dadurch spröde und lässt sich abschlagen.

A10 Ermittle, z. B. aus der Tageszeitung, den Kupferpreis.

A11 Erkläre, warum für Stromkabel Kupfer und nicht Eisen oder Silber eingesetzt wird.

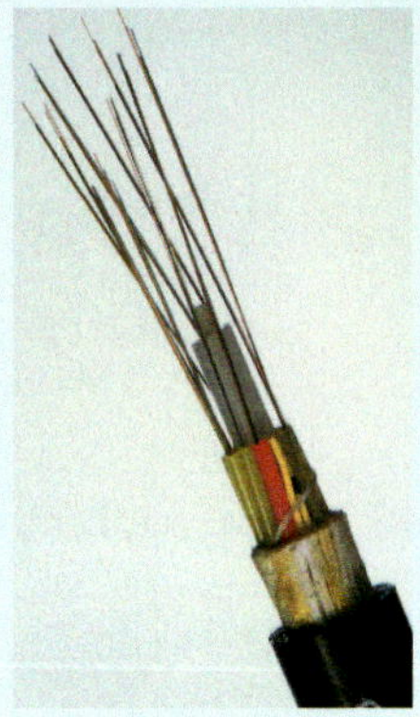

B6 Kupferkabel

Unsere Euro-Münzen

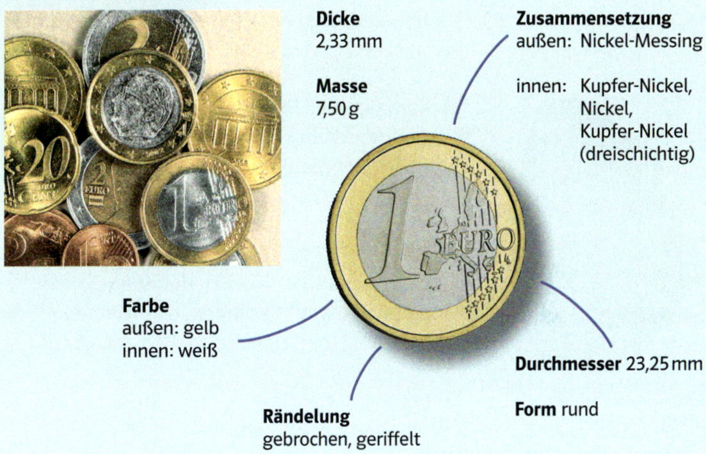

B5 Aufbau und Eigenschaften der 1-Euro-Münze

A12 Recherchiere für die anderen Euro- und Cent-Stücke die Angaben wie im Beispiel für die 1-Euro-Münze.

A13 Welche Münzen bestehen aus Stahl mit einer Kupferauflage?

A14 Untersuche die Magnetisierbarkeit der Euro- und Cent-Stücke. Unterscheide zwischen stark, schwach und nicht magnetisierbar.

4.2 Stoffklasse der Metalle

B1 Bronzeplastik aus Ninive (um 2300 v. Chr.)

B4 Gold auf Quarzgestein

Metalle werden von Menschen seit mehreren Tausend Jahren für Gebrauchs- und Schmuckgegenstände und zur Herstellung von Münzen verwendet. Die Möglichkeit, Metalle zu gewinnen und zu bearbeiten, führte zu starken technischen und kulturellen Veränderungen.

B2 Magneteisenerz, ein Eisenerz

Vorkommen der Metalle. Bis auf wenige Ausnahmen müssen die Metalle aus ihren Erzen, im Bergbau geförderten Mineralien, gewonnen werden [B2]. Darauf deutet auch der Name „Metall" hin: „metallon" ist das griechische Wort für Grube oder Bergwerk. Gold und Silber gehören zu den wenigen Metallen, die man gediegen, d.h. in metallischer Form, an manchen Stellen findet [B4].

Einteilung der Metalle. Ihre Seltenheit und ihre Bedeutung als Schmuckmetall oder als Zahlungsmittel machen Gold und Silber sehr wertvoll. Aber nicht nur deshalb gehören sie zu den Edelmetallen. Im Gegensatz zu anderen Metallen behalten **Edelmetalle** ihren Glanz auch an feuchter Luft. Das **Halbedelmetall** Kupfer überzieht sich bei Wind und Wetter nach einger Zeit mit einer schwarzen oder grünen Schicht. **Unedle Metalle** wie z.B. Eisen sind an feuchter Luft nicht lange unverändert beständig: Eisen rostet.

Die Dichte ist eine weitere Möglichkeit, Metalle zu ordnen. So bezeichnet man Metalle, deren Dichte kleiner ist als $\varrho = 5\,g/cm^3$, als **Leichtmetalle**, alle übrigen als **Schwermetalle**. Die bekanntesten Leichtmetalle sind Magnesium und Aluminium. Beispiele für Schwermetalle sind Gold und Blei.

Legierungen. Die Bedeutung vieler Werkmetalle hängt eng mit ihrer Verformbarkeit zusammen. Dadurch wird eine Bearbeitung z.B. durch Schmieden möglich. Für metallische Werkzeuge ist die Verformbarkeit jedoch ein Nachteil. Werden verschiedene Metalle zusammengeschmolzen, entstehen Legierungen [B3]. Diese haben andere Eigenschaften als die reinen Metalle. Aus den recht weichen Metallen Kupfer und Zinn entsteht so die wesentlich härtere und bei niedrigeren Temperaturen schmelzende Bronze. In der Bronzezeit wurden aus ihr z.B. Skulpturen und Werkzeuge hergestellt [B1]. Auch Eisen wird in reiner Form kaum verwendet. Wenn man von Eisen spricht, ist fast immer Stahl gemeint. Das sind Legierungen, die Eisen als Hauptbestandteil und daneben noch andere Metalle und Kohlenstoff enthalten. Die verschiedenen Stahlsorten haben ganz unterschiedliche Eigenschaften.

Name der Legierung	Verwendungsbeispiele	Zusammensetzung Massenanteile
Neusilber (Alpaka)	Modeschmuck, Kern von versilbertem Besteck	30 – 70 % Kupfer 11 – 26 % Nickel 12 – 44 % Zink
Glockenbronze	Glocken, Skulpturen	75 – 80 % Kupfer 20 – 25 % Zinn
Messing	Beschläge, Armaturen Schrauben, Schmuck	60 – 70 % Kupfer 30 – 40 % Zink
Nordisches Gold	10-, 20-, 50-Ct-Münzen	89 % Kupfer 5 % Aluminium 5 % Zink 1 % Zinn
Stahl (Edelstahl, V2a)	„rostfreie" Gegenstände aus Eisen, Besteck	68 – 88 % Eisen 12 – 18 % Chrom 0 – 14 % Nickel

B3 Legierungen

A1 Notiere Eigenschaften, die die Mitglieder der Stoffklasse „Metalle" gemeinsam haben.

A2 Warum finden reine Metalle als Werkstoffe kaum Verwendung?

A3 Wie lässt sich feststellen, ob ein Gegenstand aus Gold oder Messing besteht?

4.3 Exkurs Wichtige Metalle

Metall	Eigenschaften/Verwendung
	**Aluminium** (ϱ = 2,70 g/cm^3; ϑ_{sm} = 660 °C) ist ein silberglänzendes Leichtmetall. Wegen seiner geringen Dichte wird Aluminium als Bau- und Konstruktionsmetall (z. B. für Bauverkleidungen, Reflektoren, Stromschienen) verwendet. Es dient auch als Verpackungsmaterial, z. B. für Dosen oder Folien. Aluminium ist gut elektrisch leitfähig und witterungsbeständig.
	**Blei** (ϱ = 11,35 g/cm^3; ϑ_{sm} = 327 °C) ist ein dunkelblaugraues, weiches Schwermetall. Es ist ein wichtiges Gebrauchsmetall für Gewichte (siehe Bild: Senkblei), Dachabdeckungen und Autobatterien. Auch als Strahlenschutz (Bleischürze) wird es eingesetzt. Als Staub und Rauch ist Blei giftig.
	**Chrom** (ϱ = 7,19 g/cm^3; ϑ_{sm} = 1857 °C) ist ein silberglänzendes, zähes Schwermetall. Wegen seines schönen, glänzenden Aussehens wird es häufig zum Verkleiden von Gegenständen (z. B. Radkappe, Stoßstange, Küchengeräte) verwendet.
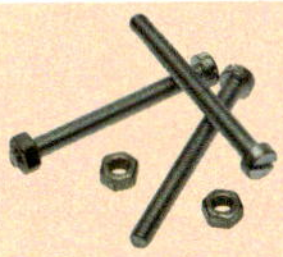	**Eisen** (ϱ = 7,87 g/cm^3, ϑ_{sm} = 1535 °C) und seine Legierungen (Stähle) sind die häufigsten Gebrauchsmetalle unserer Zeit. Brücken, Tore, Nägel, Zäune und vieles mehr werden aus Eisenmetallen gefertigt. Gegenstände aus reinem Eisen rosten, wenn sie längere Zeit feuchter Luft ausgesetzt sind.
	**Gold** (ϱ = 19,32 g/cm^3; ϑ_{sm} = 1064 °C) ist ein weiches, sehr dehnbares, gelb glänzendes Edel- und Schmuckmetall. In der Zahnmedizin verwendet man als „Zahngold" Gold legiert mit Platin und anderen Edelmetallen. Als dünne Folie (Blattgold) wird Gold auch oft für Computerchips verwendet.
	**Kupfer** (ϱ = 8,93 g/cm^3; ϑ_{sm} = 1083 °C) ist ein rot glänzendes Buntmetall. Wegen seiner hohen elektrischen Leitfähigkeit wird es für Stromkabel verwendet. Auch viele Dächer, Brauereikessel, Wasserleitungen und Kunstgegenstände sind aus Kupfer. Nach jahrelanger Verwitterung bildet sich Patina, ein hellgrüner, giftiger Belag. Große Bedeutung hat Kupfer auch in seinen Legierungen wie Rotgold, Messing, Neusilber, Zinn- und Aluminiumbronze.
	**Quecksilber** (ϱ = 13,55 g/cm^3; ϑ_{sm} = −39 °C) ist silbrig glänzend und bei Zimmertemperatur flüssig. Verwendet wird Quecksilber als Füllung in vielen Flüssigkeitsthermometern und für Mini-Spannungsquellen in „Knopf-Zellen". Quecksilberdämpfe sind giftig.
	**Silber** (ϱ = 10,50 g/cm^3; ϑ_{sm} = 962 °C) ist ein hell glänzendes Edelmetall und wird z. B. für Münzen, Schmuckstücke oder Bestecke verwendet. Der Silbergehalt lässt sich aus einem eingedrückten Stempel ersehen. Die Zahl 800 gibt z. B. an, dass eine Legierung mit einem Silbergehalt von 80 % vorliegt. Der Restbestandteil ist Kupfer. Als Kernmaterial dient Neusilber oder Edelstahl. Mit Quecksilber legiertes Silber, Silberamalgam, wird für Zahnfüllungen verwendet.
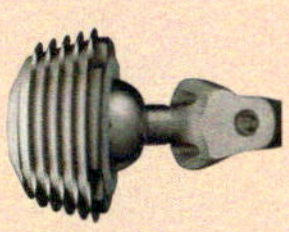	**Titan** (ϱ = 4,51 g/cm^3; ϑ_{sm} = 1660 °C) ist ein grau glänzendes, zähes Metall. Titan wird als Verkleidung im Flugzeug- und Raketenbau oder in der Medizin für künstliche Gelenke (siehe Bild) verwendet. Aber auch als Schmuckmetall (z. B. für Brillengestelle) ist es in Mode gekommen.

A1 Ordne die abgebildeten Metalle nach ihrer Dichte und teile sie in Leicht- und Schwermetalle ein. Suche im Anhang nach weiteren Leichtmetallen.

4.4 Exkurs Geschichte der Metallgewinnung

Erze In der Natur vorkommende Feststoffgemische, aus denen es sich lohnt, Metalle aus ihren Verbindungen zu gewinnen.

Gediegen Kommt ein Metall in der Erdkruste als elementarer Feststoff vor, so liegt es gediegen vor.

B2 Kultwagen in Bronze aus Acholshausen (Bayern) um 1000 v. Chr.

B3 Waffen der frühen Eisenzeit. Von links nach rechts: Dolchscheide, Dolch, Lanze, 6.–5. Jh. v. Chr.

Die Frühgeschichte der Menschheit wird heute eingeteilt in die Steinzeit, Bronzezeit und Eisenzeit. Diese Einteilung richtet sich nach dem Material, aus welchem die Werkzeuge, Geräte und Waffen überwiegend gefertigt waren, die in der jeweiligen Zeit und in den verschiedenen Regionen verwendet wurden.
Es ist nicht bekannt, wo die ersten Metalle bearbeitet wurden; die Archäologen sind sich nicht einig, ob Menschen zuerst Gold oder Kupfer oder irgendein anderes Metall benutzten. Es ist jedoch sehr wahrscheinlich, dass zunächst nur in der Natur gediegen vorkommende Metalle wie Gold oder Kupfer bearbeitet wurden.

Kupfer aus Erz. Einen riesigen Fortschritt machten die Menschen, als sie entdeckten, dass man Kupfer aus Erzen gewinnen kann. Der älteste bekannte Ort der Gewinnung von Kupfer aus Kupfererz, der etwa 4100 v. Chr. besiedelt wurde, ist im heutigen Iran entdeckt worden. In der Folgezeit wurde das Kupfer in einem geschlossenen Ofen aus Erz und Holz gewonnen. Holz wurde schließlich durch Holzkohle ersetzt.
Brennende Holzkohle kann unter Luftzufuhr so stark erhitzt werden, dass reines und flüssiges Kupfer aus den Erzen hergestellt werden kann. Die Öfen wurden deshalb später an Berghängen errichtet, sodass der Hangwind zum Feuer geleitet werden konnte.

B1 Faustkeil aus der Steinzeit

Die Schmiede lernten auch die Entwicklung von Gussformen und das Gießen von geschmolzenem Kupfer zu Plastiken, Werkzeugen und Waffen. Waffen und Werkzeuge aus Kupfer ließen sich leicht verbiegen und wurden stumpf.

Bronze. Die Nachteile des Kupfers weist die Bronze nicht auf. Bronze, eine Legierung des Kupfers mit einem Zinnanteil von 10 bis 15 %, ist härter als Kupfer. Äxte und Messer aus Bronze lassen sich leicht schärfen. Bronze kann leicht geschmolzen und in Formen gegossen werden. Feste Bronze lässt sich gut hämmern. Auch heute noch wird sie zur Herstellung von Schmuck, Gefäßen und Denkmälern verwendet.
In Mitteleuropa dauerte die Bronzezeit ungefähr von 2200 bis 800 v. Chr. In dieser Zeit wurden der Bergbau für Kupfer- und Zinnerze intensiviert, die Erzaufbereitung weiterentwickelt und die Technik der Metallverarbeitung verfeinert.

A1 Erläutere, warum im Rennfeuerofen gewonnenes Eisen mehrfach aufgeheizt und geschmiedet werden musste.

A2 Warum ist es günstig, in einem selbst gebauten Rennfeuerofen die Luft mithilfe eines Föhns einzublasen?

B4 Schüler gewinnen Eisen aus dem von ihnen errichteten Rennfeuerofen

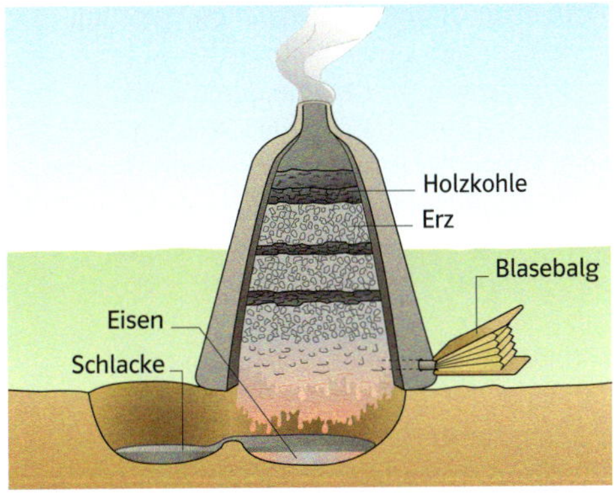

B5 Schnitt durch einen Rennfeuerofen mit Füllung

Von der Bronze- zur Eisenzeit. Bronze wurde allmählich durch den Werkstoff Eisen abgelöst. Eisen bzw. Stahl ist besser für die Herstellung von Nägeln, Pflügen und Waffen geeignet.

Die Eisengewinnung wurde wahrscheinlich an mehreren Orten der Erde, mehr als 1000 Jahre vor Chr., unabhängig voneinander „erfunden". In Mitteleuropa haben erstmals die Kelten um etwa 800 v. Chr. Eisenerze verarbeitet.
In niedrigen Öfen erhitzten sie Eisenerze im Holzkohlefeuer unter kräftiger Luftzufuhr. Es bildete sich ein Klumpen aus Eisen und Schlacke. Durch wiederholtes Erhitzen und Schmieden wurde die Schlacke entfernt und das Eisen bearbeitet. Im späten Mittelalter baute man hohe Stücköfen. Ihr Erzeugnis wurde als Eisen„stück" bezeichnet.

Auf dem Holzschnitt [B6] aus dem Jahre 1556 benutzen Schmiede die grundlegenden Techniken der Eisengewinnung und Eisenbearbeitung. Im Hintergrund gewinnt ein Arbeiter das Erz in einem Schmelzofen aus Ziegeln. In seiner Nähe hämmern zwei Männer Roheisenstücke zusammen, während der Schmied im Vordergrund mit einem mechanisch betriebenen Hammer ein Stück Metall bearbeitet. Durch die Steigerung der Temperatur im Stückofen ließ sich Roheisen in geschmolzener Form gewinnen. Mit zunehmender Größe der Öfen entwickelte sich die Bezeichnung **Hochofen**. Er wurde anfangs mit Holzkohle, später mit Koks aus Steinkohle betrieben.

B6 Eisengewinnung und -bearbeitung im Mittelalter

Massenanteil	Element
über 10 %	O, Si
1–10 %	Fe, Al, Ca, Na, K, Mg
0,1–1 %	Ti, H, P, Mn
0,01–0,1 %	Cu, Zn, C, S, Ni, Cr
0,001–0,01 %	Sn, Li, Pb

B7 Massenanteile verschiedener Elemente in der Erdkruste

4.5 Reduktion von Metalloxiden

B1 Eisen reagiert mit Kupferoxid

Viele in der Natur vorkommende Erze, aus denen Metalle gewonnen werden, sind Oxide. Im Prinzip können Metalle durch Erhitzen der Metalloxide erhalten werden, ähnlich wie z. B. auch Silber aus Silberoxid gewonnen werden kann. Silberoxid lässt sich durch Erhitzen in die elementaren Stoffe Silber und Sauerstoff zerlegen [V1].

Silberoxid ⟶ Silber + Sauerstoff

Durch diese Reaktion lässt sich Silber aus Silberoxid gewinnen. Man nennt diese Reaktion **Reduktion** (von lat. reducere, zurückführen). Die Reduktion ist die Umkehrung der Oxidation.

Da bei der Reaktion unedler Metalle mit Sauerstoff ein großer Energiebetrag frei wird (Kap. 2.5), sind die entsprechenden Oxide sehr **stabil** und man benötigt zu deren Reduktion durch Erhitzen sehr hohe Temperaturen. Daher ist dieses Verfahren zur Gewinnung solcher Metalle wenig geeignet.

Ein Metall reagiert mit einem Metalloxid.
Ein Gemisch aus Eisen und Kupferoxid glüht nach kurzem Erhitzen auf [V2, B1 oben]. Eine Glühfront bewegt sich durch das Gemisch hindurch. Nach dem Erkalten erkennt man rötliche Kupferkügelchen und grauschwarzes Eisenoxid. Das schwarze Kupferoxid reagiert mit dem grauen Eisen zu rötlichem Kupfer und grauschwarzem Eisenoxid [B1 unten]. Diese Reaktion verläuft exotherm. Eisenoxid reagiert dagegen mit Kupfer nicht.
Eisen wird zu Eisenoxid **oxidiert**, gleichzeitig wird Kupferoxid zu Kupfer **reduziert**. Bei der Reaktion zwischen Kupferoxid und Eisen laufen Reduktion und Oxidation *gleichzeitig* ab. Eine solche Reaktion bezeichnet man als **Red**uktions-**Ox**idations-Reaktion, abgekürzt **Redoxreaktion**.

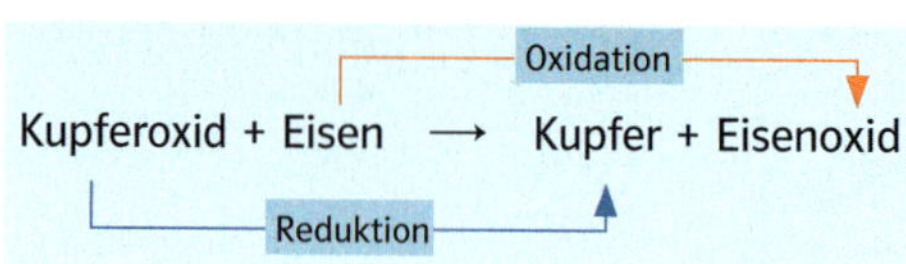

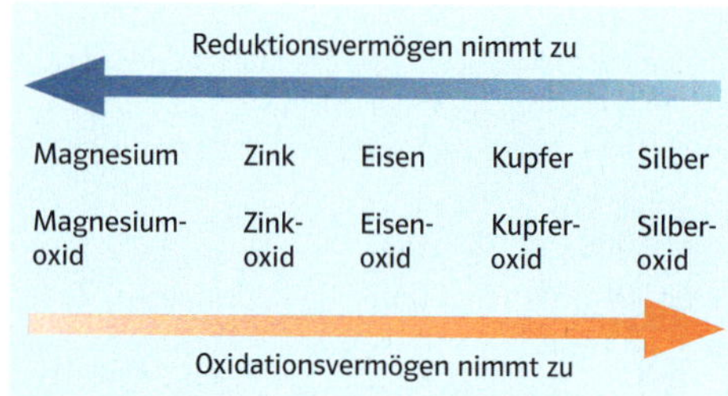

B2 Reduktions- und Oxidationsvermögen einiger Metall/Metalloxid-Paare

Stoffe, die wie Kupferoxid andere Stoffe oxidieren, nennt man **Oxidationsmittel**. Sie selbst werden reduziert. Bei der Bildung von Oxiden aus den elementaren Stoffen ist Sauerstoff also das Oxidationsmittel.
Stoffe, die wie Eisen einen anderen Stoff reduzieren, nennt man **Reduktionsmittel**. Sie selbst werden oxidiert. Je unedler ein Metall ist, desto stärker wirkt es als Reduktionsmittel [B2].

V1 Gib eine kleine Portion Silberoxid in ein Reagenzglas und erhitze schwach mit dem Brenner. Halte dabei das Reagenzglas möglichst steil mit der Öffnung nach oben. Prüfe den Gasraum des Reagenzglases mit der Glimmspanprobe.

V2 Mische 1,6 g schwarzes Kupferoxidpulver und 0,8 g Eisenpulver. Erhitze das Gemisch im Reagenzglas bis zum ersten Aufglühen und entferne das Reagenzglas sofort aus der Brennerflamme. (Schutzbrille!)

V3 ⚠ Man mischt 0,5 g Kupferoxid- und 0,4 g Zinkpulver, bringt das Gemisch auf eine Magnesiarinne oder Porzellanscherbe und erhitzt es. (Schutzbrille! Schutzscheibe!)

V4 ⚠ Ein Gemisch aus einer Spatelspitze Kupferoxid- und Magnesiumpulver auf einer Magnesiarinne oder Porzellanscherbe wird mit der Brennerflamme berührt. (Schutzbrille! Schutzscheibe! Schutzhandschuhe!)

A1 Formuliere für die in [V4] ablaufende Reaktion das Reaktionsschema und kennzeichne die Oxidation und die Reduktion.

Thermitverfahren. Redoxreaktionen, bei denen starke Reduktionsmittel eingesetzt werden, können teilweise sehr heftig und unter äußerst starker Wärmeentwicklung ablaufen. Ein Gemisch aus rotem Eisenoxidpulver und Aluminiumgrieß dient zum Schweißen von Eisenteilen wie z. B. Schienen [B3]. Es liefert nach Zündung in wenigen Sekunden weißglühendes, flüssiges Eisen. Beim Abkühlen erstarrt es und verbindet dabei die Eisenteile miteinander. Bei der stark exothermen Reaktion werden Temperaturen bis zu 2400 °C erreicht.

Eisenoxid + Aluminium ⟶ Eisen + Aluminiumoxid

Kohlenstoff reagiert mit Metalloxiden. Bei der Redoxreaktion zwischen einem Metall und einem Metalloxid verbacken die neu gebildeten Stoffe häufig miteinander. Das neue Gemisch muss dann mühsam getrennt werden. Dieser Nachteil entfällt, wenn das Reduktionsmittel zu einem gasförmigen Stoff oxidiert wird. Erhitzt man ein Gemisch aus schwarzem Kupferoxid und Kohlenstoff [V6], so glüht es auf. Im Kalkwasser perlen Gasblasen hoch, das Kalkwasser trübt sich [B5]. Nach dem Erkalten erkennt man im Reagenzglas einen rötlichen Feststoff. Kupferoxid und Kohlenstoff reagieren in einer exothermen Reaktion zu Kupfer und Kohlenstoffdioxid.

Kupferoxid + Kohlenstoff ⟶ Kupfer + Kohlenstoffdioxid

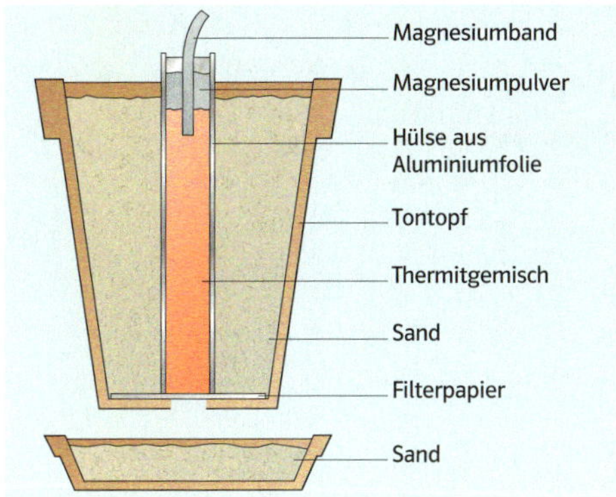

B4 Thermitreaktion. Versuchsaufbau

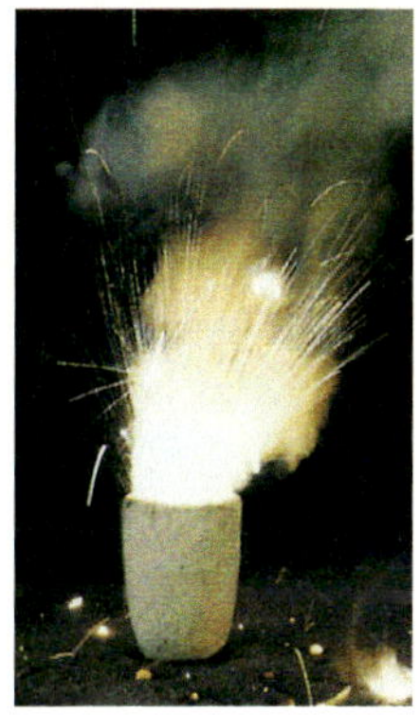

B6 Thermitreaktion

V5 ⚠ Man mischt 15 g rotes Eisenoxidpulver, 5 g Aluminiumgrieß und 0,5 g Aluminiumpulver und schüttet das Gemisch in eine Hülse aus Aluminiumfolie, die in einem mit Sand gefüllten Blumentopf steckt [B4]. Auf das Gemisch gibt man etwas Magnesiumpulver und zündet mit einem Magnesiumband. (Schutzscheibe! Schutzbrille!)

V6 Gib in ein Reagenzglas ein Gemisch aus 2 g Kupferoxidpulver und 0,2 g trockenem Holzkohlepulver. Verschließe das Reagenzglas mit einem Stopfen, in dem ein gewinkeltes Glasrohr steckt, das in Kalkwasser eintaucht [B5]. Erhitze, bis die Reaktion einsetzt. Löse noch während der Reaktion den Stopfen! (Schutzbrille!)

A2 Mit welchen der in [B2] aufgeführten Metallen kann man Eisenoxid reduzieren?

B3 Verschweißen von Eisenbahnschienen

B5 Kohlenstoff reduziert Kupferoxid

4.6 Reduktion und konstantes Massenverhältnis

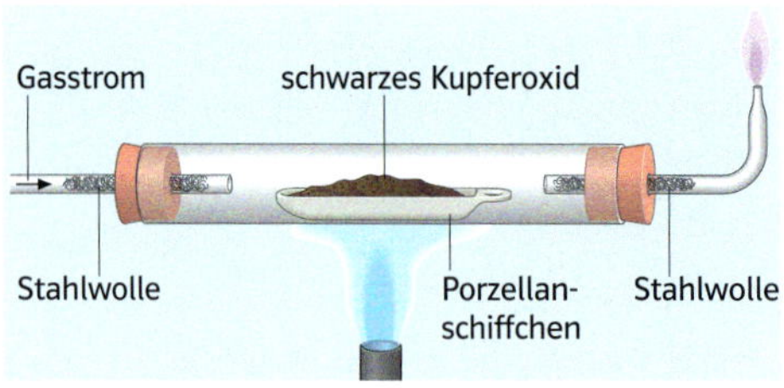

B1 Reduktion von Kupferoxid mit Wasserstoff

quantitas lat. Größe, Menge

Aus Kupferoxid kann Kupfer gewonnen werden. Aber wie viel Kupfer lässt sich aus einer Kupferoxidportion tatsächlich gewinnen?

Quantitative Reduktion. Kupferoxid lässt sich mit Wasserstoff vollständig reduzieren. Die Masse des Kupferoxids und Kupfers kann leicht bestimmt werden.

Kupferoxid + Wasserstoff ⟶ Kupfer + Wasser

Aus Gründen der Vereinfachung schreibt man statt *m*(Stoffportion) oft nur *m*(Stoff); *m*(Kupfer) bedeutet also "Masse der Kupferportion".

Führt man eine Versuchsreihe [V1] mit Kupferoxidportionen unterschiedlicher Massen durch, so findet man den folgenden Zusammenhang zwischen der Masse der Kupferoxidportion und der Masse der Kupferportion [B2]: Das Verhältnis der Masse der gewonnenen Kupferportion zur Masse der eingesetzten Kupferoxidportion hat immer den gleichen Zahlenwert. Er beträgt 0,8.

m(Kupfer) : *m*(Kupferoxid) = 0,8

Damit kann man die Masse der Kupferportion, die sich aus einer beliebigen Kupferoxidportion gewinnen lässt, berechnen.

m(Kupfer) = *m*(Kupferoxid) · 0,8

Aus einer Kupferoxidportion lässt sich also nur eine Kupferportion ganz bestimmter Masse gewinnen. Dieses beruht darauf, dass schon im Kupferoxid das Massenverhältnis *m*(Kupfer) : *m*(Sauerstoff) konstant (unveränderlich) ist, dieser Quotient ist etwa 4. Der genaue Wert liegt bei 3,97.

Gesetz von den konstanten Massenverhältnissen. Für viele Reaktionen kann man charakteristische konstante Massenverhältnisse ermitteln.

Das Massenverhältnis der elementaren Stoffe, aus denen ein Verbindung entsteht oder in die sie zerlegt werden kann, ist konstant.

Dieses Gesetz wurde bereits 1799 von dem französischen Chemiker Joseph Louis Proust (1754-1826) formuliert.

V1 ⚠ Versuchsreihe: In ein Porzellanschiffchen wägt man jeweils 200 bis 300 mg getrocknetes schwarzes Kupferoxid ein. Die Masse wird genau bestimmt. Das Schiffchen wird in ein Verbrennungsrohr geschoben. Anschließend leitet man Wasserstoff ein, den man nach negativem Ausfall der Knallgasprobe an der Glasrohrspitze entzündet. Das Schiffchen wird erhitzt, bis sich in ihm reines Kupfer gebildet hat, das man an seiner Farbe erkennt. Nachdem das Schiffchen im Wasserstoffstrom erkaltet ist, nimmt man es heraus und ermittelt die Änderung der Masse [B2].

A1 Trage **a)** die Masse der Kupferportionen in Abhängigkeit von der Masse der Kupferoxidportion in ein Diagramm und **b)** die Masse der Kupferportionen in Abhängigkeit von der Masse der Sauerstoffportionen in ein weiteres Diagramm ein. Welcher Zusamenhang besteht jeweils zwischen den Massen der Stoffportionen?

Nr. des Versuchs	*m*(Kupferoxid) in mg	*m*(Kupfer) in mg	*m*(Sauerstoff) in mg	$\frac{m(\text{Kupfer})}{m(\text{Kupferoxid})}$	$\frac{m(\text{Kupfer})}{m(\text{Sauerstoff})}$
1	200	160	40	0,8	4,0
2	230	184	46	0,8	4,0
3	250	200	50	0,8	4,0
4	280	224	56	0,8	4,0

B2 Die quantitative Reduktion von Kupferoxid

4.7 Praktikum Untersuchung von Metalleigenschaften

Getränkedosen sind beliebt und Bestandteil unseres Alltags. Andererseits sind sie Quelle für ein ständiges Ärgernis, wenn die leeren Dosen einfach weggeworfen werden. Besser ist es, sie einer Wiederverwertung („Recycling") zuzuführen. Das ist allerdings problematisch bei Dosen, die aus verschiedenen Materialien bestehen.

B1 Getränkedosen in bunter Vielfalt

V1 Prüfung des Materials einer Getränkedose

Geräte und Materialien: Schutzbrille, Getränkedose, Magnet, Schere, Kombizange, Tiegelzange, Gasbrenner.

Durchführung:

a) Berühre Boden, Zylinder und Deckel einer Getränkedose mit einem Magneten.

b) Schneide aus einem nicht magnetischen Teil eine Probe des Materials.

c) Prüfe das Verhalten der Probe beim Erhitzen in der rauschenden Brennerflamme (Abzug!).

Auswertung: Erläutere, welche Hinweise auf die Materialien sich aus den Untersuchungen ergeben.

V2 Einwirkung von sauren Lösungen auf das Material einer Getränkedose

Saure Lösungen reagieren mit unedlen Metallen, z.B. Eisen [B2]. Dabei entstehen gelöste Verbindungen dieser Metalle. Gelöste Eisenverbindungen kann man mit einem speziellen Nachweismittel erkennen.

Geräte, Materialien, Chemikalien: Schutzbrille, Erlenmeyerkolben, 6 Reagenzgläser, Reagenzglasständer, Tropfpipette, Spatel, 6 Streifen vom magnetischen Material der Getränkedose (ca. 0,5 cm · 4 cm), Schmirgelpapier, Lösung von rotem Blutlaugensalz ($w = 1\,g/(100\,g$ Lösung)), Eisen(II)-sulfat, verdünnte Salzsäure, Zitronensaft, Essig.

Durchführung:

a) Löse einige Kristalle Eisensulfat in einem Reagenzglas in wenig Wasser und gib einen Tropfen der Lösung des roten Blutlaugensalzes hinzu.

b) Schmirgel drei der sechs Metallstreifen.

c) Fülle zwei Reagenzgläser zu je einem Viertel mit verdünnter Salzsäure. Füge zu jedem ca. 5 Tropfen der Lösung des roten Blutlaugensalzes hinzu und schüttle um. Gib in das eine Reagenzglas einen angeschmirgelten, in das andere einen unbehandelten Streifen der Getränkedose.

d) Verfahre mit den anderen sauren Lösungen (Zitronensaft, Essig) in entsprechender Weise.

e) Beobachte die im Verlauf von 15 - 20 Minuten auftretenden Veränderungen.

f) Lass den Reagenzglasständer mit den Reagenzgläsern bis zur nächsten Chemiestunde stehen und beobachte wieder.

Auswertung: Beschreibe und deute deine Beobachtungen.

Aufgaben:

a) Erläutere die Erkenntnisse über die Materialien, aus denen die untersuchten Dosen bestehen.

b) Welcher Nachteil beim Recycling ergibt sich, wenn eine Getränkedose aus verschiedenen Materialien besteht?

Exkurs Schutzschicht für Eisen

Eisen rostet an feuchter Luft und reagiert mit sauren Lösungen. Es ist deshalb ungeeignet zur Aufbewahrung von Getränken und Lebensmitteln. Erst nach der Erfindung des Weißblechs war es möglich, Konservendosen einzusetzen. Weißblech ist ein mit einer dünnen Zinnschicht überzogenes Eisen- bzw. Stahlblech. Es wird nicht von sauren Lösungen angegriffen und rostet nicht, solange die Oberfläche unbeschädigt ist. Konserven- und Getränkedosen sind innen zusätzlich noch mit einem elastischen Kunstharz überzogen. Er verhindert, dass der Geschmack des Inhaltes durch Kontakt mit dem Weißblech verändert wird. Eine äußere Lackierung dient als zusätzlicher Rostschutz und um Verletzungen der Zinnschicht durch Stöße zu vermeiden.

B2 Magnesium reagiert mit Salzsäure, Kupfer jedoch nicht

4.8 Ötzi und sein Kupferbeil

B1 Die Mumie wird aus dem Eis freigelegt

B3 Ötzis Kupferbeil, das weltweit einzigartig ist

Im Herbst 1991 fand ein Bergsteigerehepaar am Tisenjoch in den Ötztaler Alpen [B4] eine Mumie, von der man heute weiß, dass sie über 5000 Jahre alt ist. Sie wird aufgrund des Fundortes als „Ötzi" oder auch „Frozen Fritz" bezeichnet. Durch das Abtauen des Gletschers ist Ötzi mit seinen Kleidungs- und Ausrüstungsgegenständen wieder zum Vorschein gekommen [B1].

B2 So war Ötzi im Hochgebirge gekleidet und ausgestattet (Modell)

Heute befindet sich die Mumie in einem Museum in Bozen in Südtirol. Die Mumie ist schon über 150-mal mithilfe moderner Methoden untersucht worden.

Das Kupferbeil. Der ungefähr 1,58 m große Ötzi [B2] hat im Übergang von der Stein- zur Bronzezeit gelebt. Die Forscher sind sich darüber einig, dass Ötzi im Alter von ca. 47 Jahren eines gewaltsamen Todes gestorben ist, weil unter seinem linken Schulterblatt eine Pfeilspitze steckte und an seiner Kleidung das Blut von vier verschiedenen Menschen klebte. Man fand bei der Gletscherleiche ein vollständig erhaltenes Kupferbeil [B3]. Die Klinge besteht zu 99 % aus Kupfer. Ötzi muss ein angesehener Mann gewesen sein, da Kupfer zu seiner Zeit sehr wertvoll war. Nach sorgfältigen Untersuchungen stammt das Kupfer für das Beil aus dem Salzburger Land.

B4 Vor 5300 Jahren stieg ein Mann in die eisigen Höhen der Ötztaler Alpen

B5 Zwei Kupfermineralien. Malachit (grün) und Azurit (blau)

Kupfergewinnung. Da es im Alpenraum keine Kupfervorräte in gediegener Form gibt, wohl aber Kupferverbindungen in Erzen, ist davon auszugehen, dass die Menschen dort bereits vor 5000 Jahren in der Lage waren, aus Erzen Kupfer zu gewinnen. In den Alpen kommt Malachit vor [B5]. Malachit enthält Kupfercarbonat ($CuCO_3$). Der grüne Malachit wird heute vor allem zur Herstellung von Schmuck verwendet [B6].

Erhitzt man Malachit oder Kupfercarbonat in einem Reagenzglas [V1], so entstehen Kupferoxid und Kohlenstoffdioxid.

Kupfercarbonat ⟶ Kupferoxid + Kohlenstoffdioxid

Kupferoxid lässt sich mit Holzkohle zu elementarem Kupfer reduzieren.

Kupferoxid + Kohlenstoff ⟶ Kupfer + Kohlenstoffdioxid

Ötzi und seine Zeitgenossen konnten also Kupfer aus Malachit herstellen. Die Metallarbeiter haben damals Malachit im Feuer erhitzt und das entstandene Produkt mit Holzkohle versetzt. So konnten sie den Werkstoff Kupfer gewinnen, aus dem sie dann Werkzeuge und Waffen herstellten.
Die Entdeckung der Kupferherstellung ist vermutlich einem Zufall zu verdanken. In manchen Gebieten überzogen jungsteinzeitliche Töpfer ihre Tongefäße gerne mit einer Farbschicht. Die Gefäße wurden dazu im Holzkohlefeuer gebrannt. Als die Töpfer ihre Gefäße mit einem grünen Farbüberzug aus Malachit färben wollten, erhielten sie im Holzkohlefeuer keine grüne Glasur, sondern es zeigte sich ein glänzender, vollkommen neuer Stoff auf den Gefäßen. Damit war die Gewinnung von Kupfer aus einem Erz gelungen.

Moderne Kupfergewinnung. Heute gewinnt man Kupfer aus Kupferkies, der aus dem Sulfid ($CuFeS_2$) besteht. Mit Kohlenstoff lassen sich Metalle nur aus Oxiden gewinnen. Deshalb müssen sulfidische Erze zuerst mit Sauerstoff in Oxide überführt werden, dabei entsteht auch Schwefeldioxid. Diese Reaktion bezeichnet man als "Rösten".

Metallsulfid + Sauerstoff ⟶ Metalloxid + Schwefeldioxid

Erst dann kann die eigentliche Metallgewinnung beginnen:

Metalloxid + Kohlenstoff ⟶ Metall + Kohlenstoffdioxid

V1 Erhitze ca. 2 g Kupfercarbonat in einem Reagenzglas, bis die blaugrüne Farbe verschwunden ist. Füge nach dem Erkalten ca. 0,2 g Holzkohlepulver zu und schüttle kräftig. Erhitze das Gemisch anschließend kräftig.
Schütte nach Beendigung der Reaktion den Reagenzglasinhalt in ein mit Wasser gefülltes Becherglas.
Beschreibe deine Beobachtungen.

A1 Plane ein Experiment, mit dem man das beim Erhitzen des Malachits bzw. Kupfercarbonats gebildete Kohlenstoffdioxid nachweisen kann. Fertige auch eine Versuchsskizze an.

A2 Recherchiere weitere Ergebnisse der Forschung über das Leben, die Kleidung und Ausrüstung von Ötzi.

B6 Schmucksteine aus Malachit

4.9 Der Hochofen – ein großtechnischer Prozess

Magneteisenerz (Magnetit)

Roteisenerz (Hämatit)

Pellets

B1 Eisenerze sind Ausgangsstoffe zur Eisengewinnung

B2 Koks

B4 Hochofenanlage

Eisen ist das wichtigste Gebrauchsmetall. Es kommt in der Natur nicht gediegen, sondern nur in Verbindungen vor. Die Rot- und Braunfärbungen vieler Böden und Gesteine beruhen auf dem Vorhandensein von Eisenverbindungen. Von Eisenerzen spricht man, wenn deren Eisenanteil mehr als 20 % beträgt. Eisenerze werden jedoch erst abgebaut, wenn der Eisenanteil 30 % überschreitet. Bei Erzen wie Hämatit und Magnetit handelt es sich um Eisenoxide, mit anhaftendem Gestein. Aus ihnen lässt sich durch Reduktion Eisen gewinnen. Dazu wird Steinkohlenkoks eingesetzt.

Steinkohlenkoks wird durch starkes Erhitzen von Steinkohle unter Luftabschluss gewonnen. Steinkohlenkoks besteht aus fast reinem Kohlenstoff in Form von Graphit.

B3 Erzhafen Duisburg-Schwelgern

Der Hochofen. Eine Fabrik zur Gewinnung und Verarbeitung von Eisen heißt heute noch „Eisenhütte", obwohl sich die mittelalterlichen Holzhütten zu eindrucksvollen Anlagen gewandelt haben. Die Menschen, die dort arbeiten, nennen sich immer noch „Eisenhüttenleute". Das Eisen wird in bis zu 50 m hohen Öfen, den Hochöfen, gewonnen. Fülleinrichtungen und Rohrleitungen verleihen dem Hochofen eine Gesamthöhe bis zu 100 m. Seine Wände bestehen aus feuerfesten Auskleidungen, die von einem Stahlmantel umgeben sind. Darin sind Kühlelemente eingelassen, durch die fortwährend Wasser fließt.

Roheisenherstellung im Hochofen. Die Erze für die Eisengewinnung werden am Ort ihrer Förderung meist schon aufbereitet, um den größten Teil des Gesteins, die „Gangart", von den Eisenoxiden abzutrennen. Diese werden mit noch wenigen Gesteinsbeimengungen zu kugelförmigen Pellets verbacken. Der Hochofen wird von oben abwechselnd mit Koks und **Möller**, einem Gemisch aus Pellets und Zuschlägen, beschickt. Die Zuschläge (Kalk oder Feldspat) sind notwendig, um die restlichen Gesteinsbestandteile der Pellets in niedrig schmelzende Schlacke zu überführen.

A1 Kennzeichne für die Gesamtreaktion von Eisenoxid mit Kohlenstoff zu Eisen und Kohlenstoffdioxid den Oxidations- und den Reduktionsvorgang.

A2 Warum befinden sich am oberen Ende des Hochofens zwei Glocken und nicht nur eine?

A3 Wie viele Güterzüge müssen täglich zum Hochofen fahren, um Erz, Koks und Zuschläge heranzuschaffen, wenn ein Güterzug aus 50 Güterwagen besteht und jeder Wagen 30 t fasst?

A4 Das Massenverhältnis von Eisen zu Eisenoxid beträgt im roten Eisenoxid: $m(\text{Eisen}) : m(\text{Eisenoxid}) = 0{,}7$. Berechne die Masse der Eisenportion, die sich aus 1 t Eisenoxid gewinnen lässt.

Von unten wird erhitzte Luft über eine Ringleitung in den Hochofen eingeblasen. Die untere Koksschicht reagiert mit dem Sauerstoff der über 800 °C heißen Luft zu Kohlenstoffdioxid. Da bei dieser Reaktion sehr viel Wärme frei wird, steigt die Temperatur auf über 1600 °C, in einem kleinen Bereich sogar auf über 2000 °C. Kohlenstoffdioxid reagiert mit der darüber liegenden Koksschicht fast vollständig zu Kohlenstoffmonooxid. Dieses reduziert den größten Teil des Eisenoxids zu Eisen und wird selbst zu Kohlenstoffdioxid oxidiert.

Bis zur Schmelzzone ist der Hochofen kegelförmig aufgebaut, da sich die Ausgangsstoffe und die Reaktionsprodukte von oben nach unten durch die Temperaturzunahme ausdehnen.

Das flüssige Eisen und die Schlacke sammeln sich im unteren Teil des Hochofens. Das flüssige Roheisen wird durch Sandrinnen in Spezialbehälter geleitet. In diesen wird es ohne Wärmeverluste in Stahlwerke und Gießereien transportiert.

Die Schlacke, die auf dem flüssigen Roheisen schwimmt, verhindert auch, dass das Eisen durch die heiße Luft wieder oxidiert wird. Die Schlacke ist ein wertvolles Nebenprodukt. Sie wird vor allem im Straßenbau und zur Herstellung von Zement verwendet.

B5 Hochofenabsstich

Einsatz	Abgabe
15 800 t Erz (Pellets)	11 000 t Roheisen
2 300 t Zuschläge	3 500 t Schlacke
5 000 t Koks	23 500 t Gichtgas und Staub
15 000 t Heißwind	
96 000 t Kühlwasser	96 000 t erwärmtes Kühlwasser

Ein Hochofen ist durchschnittlich 10 Jahre in Betrieb. Man lässt ihn nie ausgehen, da er sonst abgebrochen und neu aufgebaut werden müsste.

B6 Massenbilanz für einen Hochofen je Arbeitstag

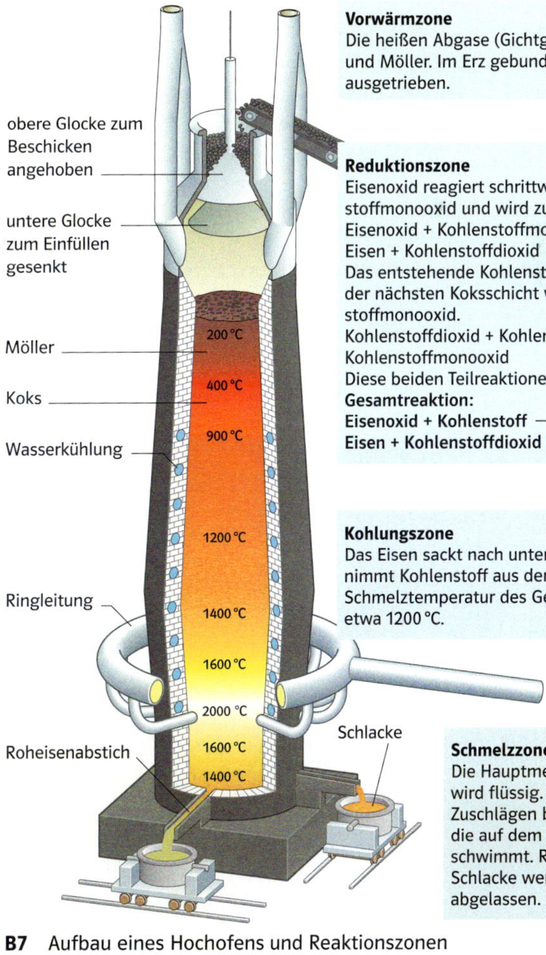

Vorwärmzone
Die heißen Abgase (Gichtgas) trocknen Koks und Möller. Im Erz gebundenes Wasser wird ausgetrieben.

↓

Reduktionszone
Eisenoxid reagiert schrittweise mit Kohlenstoffmonooxid und wird zu Eisen reduziert.
Eisenoxid + Kohlenstoffmonooxid ⟶ Eisen + Kohlenstoffdioxid
Das entstehende Kohlenstoffdioxid reagiert in der nächsten Koksschicht wieder zu Kohlenstoffmonooxid.
Kohlenstoffdioxid + Kohlenstoff ⟶ Kohlenstoffmonooxid
Diese beiden Teilreaktionen ergeben die **Gesamtreaktion:**
Eisenoxid + Kohlenstoff ⟶ Eisen + Kohlenstoffdioxid

↓

Kohlungszone
Das Eisen sackt nach unten durch und nimmt Kohlenstoff aus dem Koks auf. Die Schmelztemperatur des Gemischs beträgt etwa 1200 °C.

↓

Schmelzzone
Die Hauptmenge des Eisens wird flüssig. Aus Gangart und Zuschlägen bildet sich Schlacke, die auf dem Roheisen schwimmt. Roheisen und Schlacke werden getrennt abgelassen.

B7 Aufbau eines Hochofens und Reaktionszonen

4.10 Stahl – ein Hightech-Produkt

B1 Gusseisen

Roheisen enthält bis zu 10 % Beimischungen (Kohlenstoff, Phosphor, Silicium, Schwefel). Es ist hart und spröde und schmilzt beim Erhitzen plötzlich, ohne vorher zu erweichen. Roheisen kann weder geschmiedet noch gewalzt werden. Nur ein kleiner Teil des Roheisens wird deshalb in Gießereien zu Gusseisen [B1] verarbeitet. Man stellt daraus vor allem Maschinenfüße und Gehäuse her.

Vom Roheisen zum Stahl. Entzieht man dem Roheisen alle Beimischungen, erhält man reines Eisen. Es lässt sich nicht verwenden, da es zu weich ist. Durch unvollständiges Entfernen der Beimischungen erhält man schmiedbaren, beim Erhitzen allmählich erweichenden Stahl. Er hat einen Kohlenstoffanteil von weniger als 2 %.
Zur Erzeugung von Stahl lässt man das Roheisen mit Sauerstoff reagieren. Bei diesem Prozess, dem „Frischen", werden die unerwünschten Bestandteile oxidiert. Zwei Verfahren beherrschen heute die Stahlherstellung.

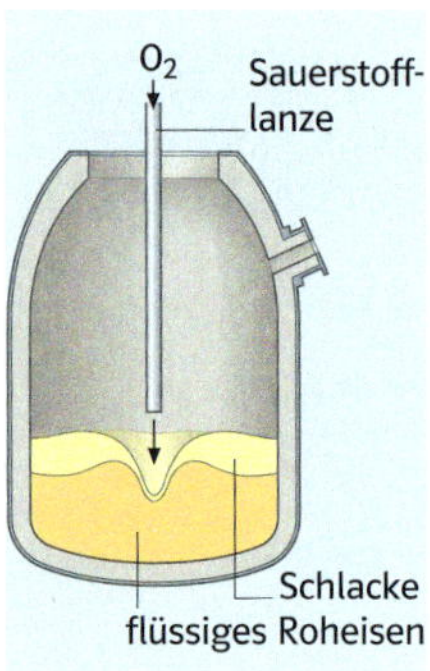

B2 Konverter mit Sauerstofflanze

Sauerstoffaufblasverfahren. Beim Sauerstoffaufblasverfahren werden bis zu 400 t Roheisen und Schrott in ein schwenkbares Gefäß, den **Konverter** [B3] gefüllt. Aus einer mit Wasser gekühlten Stahllanze wird von oben unter hohem Druck ein Sauerstoffstrahl auf die Roheisenschmelze gerichtet [B2].

B3 Konverter für das Sauerstoffaufblasverfahren

Während der Blaszeit von 10 bis 20 Minuten werden unter kräftiger Durchmischung die unerwünschten Begleitstoffe bevorzugt oxidiert. Alle Reaktionen mit Sauerstoff verlaufen exotherm. Dadurch steigt die Temperatur während des Frischens auf etwa 1700 °C. Bei diesem Prozess wird der Kohlenstoff als letzter Begleitstoff oxidiert. Deshalb kann durch die Blaszeit der gewünschte Kohlenstoffgehalt eingestellt werden.

Gasförmige Oxide entweichen durch die Konverteröffnung, die anderen bilden mit zugegebenem Kalk eine Schlacke, die auf der Oberfläche schwimmt. Am Ende des Frischvorgangs wird der Konverter gekippt. Der flüssige Stahl fließt durch ein Abstichloch aus. Die Schlacke wird durch Kippen des Konverters zur anderen Seite ausgegossen. Durch den Einsatz von Schrott werden Energie und Rohstoffe eingespart. Die kontrollierte Zugabe von Zusätzen, z. B. von Chrom und Nickel, führt zu Stahlsorten mit gewünschten Eigenschaften, z. B. nicht rostender Stahl.

Elektrolichtbogenverfahren. Bei diesem Verfahren werden **Elektroschmelzöfen** [B5] eingesetzt, die bis zu 300 t Roheisen, Schrott, Erz und Zuschläge in einer feuerfest ausgemauerten Wanne aufnehmen. Die elektrische Energie wird über Kohleelektroden zugeführt. Sie erzeugen einen Lichtbogen, der das Material im Ofen zum Schmelzen bringt. Das Eisenoxid, das in dem Erz und Schrott enthalten ist, oxidiert unerwünschte Beimischungen, vor allem den Kohlenstoff. Dabei entstehen Kohlenstoffmonooxid und auf dem Metallbad schwimmende Schlacke. Diese wird mit einem Schieber von der Oberfläche abgezogen. Zum Ablassen des Stahls wird der Ofen in Kipplage gebracht. Der gesamte Vorgang dauert ca. 1,5 Stunden.
Beim Elektrolichtbogenverfahren kann der Kohlenstoffanteil der Schmelze sehr genau eingestellt werden. Außerdem können Legierungsbestandteile eingesetzt werden, die beim Aufblasverfahren oxidiert würden. Deshalb lassen sich im Lichtbogen hochwertige Spezialstähle herstellen.

B4 Stahlblechrollen für Autokarosserien

Stahlverarbeitung. Flüssiger Stahl kann in Formen gegossen werden (Gussstahl), dabei entstehen beispielsweise Schiffsschrauben und andere Maschinenteile. Meistens wird Stahl in heißem Zustand weiterverarbeitet. Auf vollautomatischen Walzstraßen werden Stahlträger oder dünne Bleche hergestellt [B4].

Stahlsorten. Durch geringe Zusätze von Stahlveredlern werden die Eigenschaften der Stähle wesentlich verbessert. Stahlveredler können Aluminium, Chrom, Cobalt, Kupfer, Mangan, Molybdän, Nickel, Niob, Silicium, Titan, Vanadium, Wolfram oder andere Metalle sein. In Deutschland werden etwa 2500 Stahlsorten hergestellt. Eine auch im Küchenbereich häufig verwendete Stahlsorte ist V2A-Stahl. Je nach den Zusätzen erhält man nicht rostende oder hitzebeständige Stähle, unmagnetische Stähle oder Stähle mit außerordentlich hohen magnetischen Eigenschaften, Stahlsorten mit besonderer Härte, Säurebeständigkeit oder Zugfestigkeit. So bewirken z. B. Zusätze von Chrom und Wolfram mehr Härte, Zusätze von Nickel und Vanadium mehr Zähigkeit.

A1 Beschreibe den Unterschied in der Zusammensetzung und den Eigenschaften von Roheisen, Eisen und Stahl [B6].

A2 Bereite ein Referat zu der Gewinnung, der Zusammensetzung und den Eigenschaften von Stählen vor. Recherchiere dazu auch, welche Länder die größten Stahlhersteller und Stahlverbraucher sind. Recherchiere diese Daten auch für Deutschland.

A3 „Nirosta" ist ein eingetragenes Warenzeichen. Was wird durch diesen Begriff ausgedrückt?

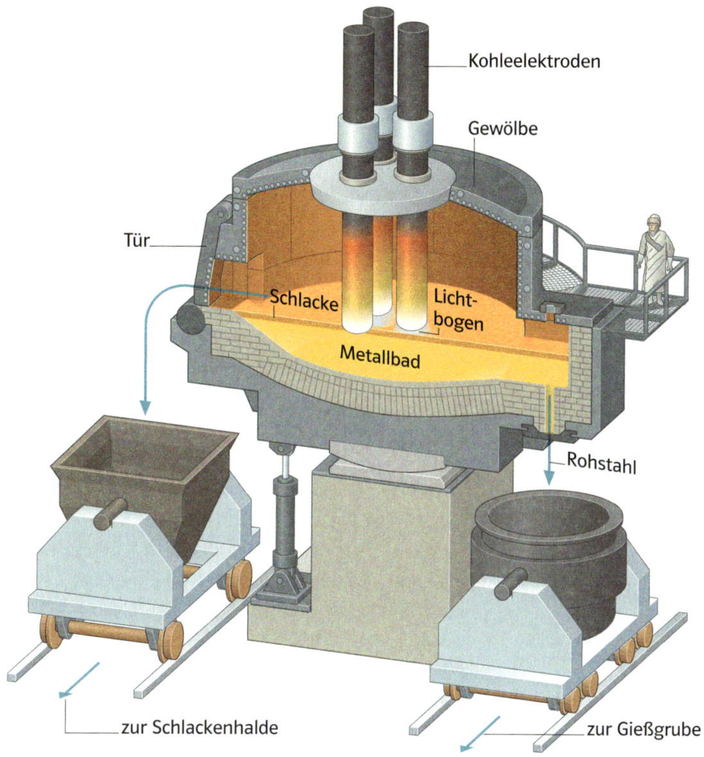

B5 Elektroschmelzofen

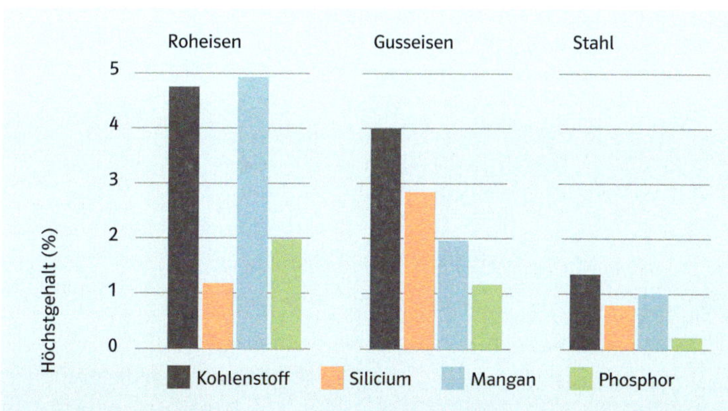

B6 Zusammensetzung von Eisenwerkstoffen im Vergleich

4.11 Durchblick Zusammenfassung und Übung

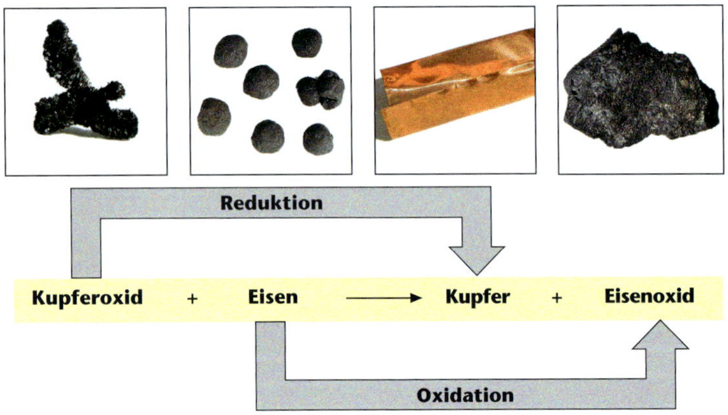

B1 Die Redoxreaktion

Erze
Rohstoffe aus Metallverbindungen und Gestein (Gangart). Der Metallanteil ist entscheidend für die Ausbeutung der Erzlagerstätten. Vor der Gewinnung der Metalle aus ihren Verbindungen muss das Gestein weitgehend entfernt werden.

Metalle
Stoffe, die den elektrischen Strom leiten, eine gute Wärmeleitfähigkeit aufweisen und als Stücke glänzen, gehören zu den Metallen. Viele Metalle lassen sich leicht verformen und damit bearbeiten.

Legierung
Ein metallischer Stoff, der aus mindestens zwei Metallen oder je einem Metall und einem Nichtmetall besteht, gehört zu den Legierungen. Legierungen haben andere Eigenschaften als die Metalle und Nichtmetalle, aus denen sie bestehen.

Leicht- und Schwermetalle
Metalle, deren Dichte größer als 5 g/cm³ ist, gehören zu den Schwermetallen, alle übrigen zu den Leichtmetallen. Die meisten Metalle sind Schwermetalle.

Reduktion
Eine chemische Reaktion, bei der Sauerstoff abgegeben wird, ist eine Reduktion.

Reduktionsmittel
Ein Stoff, der in der Lage ist, andere Stoffe zu reduzieren, wird als Reduktionsmittel bezeichnet. Er wird dabei selbst oxidiert.

Redoxreaktion
Eine Reaktion, bei der Reduktion und Oxidation gleichzeitig stattfinden, nennt man Redoxreaktion.

Oxidationsmittel
Ein Stoff, der in der Lage ist, andere Stoffe zu oxidieren, wird als Oxidationsmittel bezeichnet. Er wird dabei selbst reduziert.

Recycling
Die Wiederverwertung bereits benutzter Rohstoffe wird Recycling genannt.

Stahl
Eisen- Kohlenstoff-Legierung, mit einem Kohlenstoffanteil von weniger als 2 %

Gesetz von den konstanten Massenverhältnissen
Das Massenverhältnis der elementaren Stoffe, aus denen eine Verbindung entsteht oder in die sie zerlegt werden kann, ist konstant.

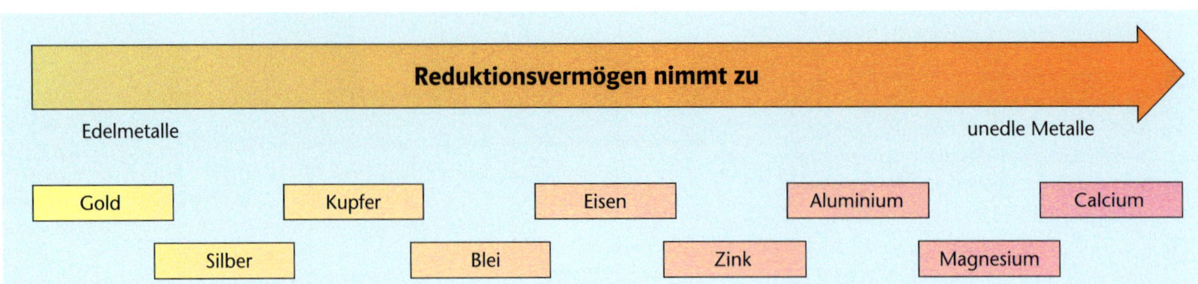

B2 Reduktionsvermögen einiger Metalle

A1 Welche Metalle sind es?
a) Zeichen: Pb
b) Schmelztemperatur: ϑ_{Sm} = 1535 °C
c) Dichte: ϱ = 19,32 g/cm³
d) Siedetemperatur: ϑ_{Sd} = 356 °C

A2 Setze aus dem Buchstabensalat [B4] fünf Fachbegriffe zusammen. Ein Bruchstück darf nur einmal eingesetzt werden.

A3 Suche aus der Tabelle der chemischen Elemente im Anhang das Schwermetall mit der höchsten und das mit der geringsten Dichte.

A4 Früher hatten alle Fahrräder einen Stahlrahmen. Heute haben viele einen Rahmen aus Aluminium. Welche Vorteile hat Aluminium gegenüber Stahl? Nenne weitere Beispiele dafür, dass Aluminium Stahl, zumindest teilweise, abgelöst hat.

A5 In der Tabelle findest du die Daten zum Recycling von Weißblech. Die Angaben der Tabelle beziehen sich auf die Herstellung von 100 Weißblechdosen. Bewerte das Recycling von Weißblech.

Rohstoffverbrauch	**aus neuem Stahl**	**aus Recyclingstahl**
Eisenerz	15,60 kg	0
Zinnerz	0,72 kg	0
Weißblechschrott	0,80 kg	8,50 kg
Kalk	1,85 kg	0,06 kg
Wasser	106,50 l	83,50 l
Abfälle		
Schlacke	2,50 kg	0,30 kg
Staub	0,40 kg	0,10 kg
Abraum beim Abbau der Erze	721,50 kg	0
Luftschadstoffe		
Kohlenstoffdioxid	19,20 kg	8,20 kg
Stickstoffoxide	0,03 kg	0,02 kg
Energieeinsatz		
Verfahrensenergie	212,60 MJ	126,30 MJ
Transportenergie	19,90 MJ	5,60 MJ

A6 Erhitzt man in einem Tiegel, in dem Holzkohlepulver und gelbes Bleioxid übereinander geschichtet sind, mit der nicht leuchtenden Brennerflamme, so bildet sich im Tiegel ein blaugrauer, metallisch glänzender, flüssiger Stoff, der beim Abkühlen erstarrt. Gleichzeitig entweicht ein gasförmiger Stoff, der Kalkwasser trübt.
a) Formuliere das Reaktionsschema. Kennzeichne die Oxidation und die Reduktion.
b) Wird die Reaktion quantitativ durchgeführt, erhält man die folgenden Messwerte.

B3 Zu Aufgabe 6

Nr. des Versuchs	*m*(Bleioxid)	*m*(Blei)	*m*(Sauerstoff)	$\frac{m(\text{Blei})}{m(\text{Sauerstoff})}$
1	3,712 g	3,445 g		
2	4,885 g	4,536 g		
3	5,778 g	5,364 g		
4	6,422 g	5,962 g		

c) Übertrage die Tabelle in dein Heft, vervollständige und werte sie grafisch aus.

A7 Lege auf das Kammrätsel eine Folie oder Klarsichthülle und trage die fehlenden Begriffe und Namen ein. Die Buchstaben der markierten Felder ergeben das Lösungswort.

① Legierung für Glocken und Skulpturen
② Verläuft unter Energieabgabe, ist also …
③ Reaktion mit Sauerstoff
④ Rötliches, weiches, biegsames Metall
⑤ Legierungsbestandteil für rostfreie Bestecke
⑥ Verläuft unter andauernder Wärmezufuhr, ist also …
⑦ Fließt aus dem Hochofen
⑧ Wird im Hochofen eingesetzt
⑨ Viele Dosen sind aus diesem Metall

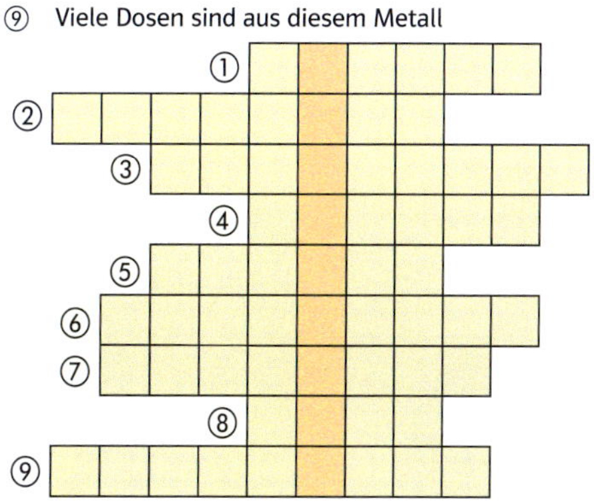

Buchstabensalat:
Oxi, ofen, Schwer, reak, Re, tion, tion, Hoch, tall, dox, Re, da, duk, me, tion

B4 Zu Aufgabe 2

A8 **Metalle und Kunststoffe aus Haushalt und Altfahrzeugen.** In Deutschland werden jährlich ca. 2 Millionen Autos verschrottet. Jedes besteht zu etwa 60 % aus Metallen und zu etwa 40 % aus Nichtmetallen. Auch im Haushalt fallen jährlich 330 000 t wieder verwertbare Metalle an. Davon sind 90 % Eisen und 10 % Aluminium und weitere Nicht-Eisenmetalle (NE-Metalle).

a) Sammle Informationen über Metallabfälle im Haushalt.
b) Benenne die Teile eines Autos, die aus wiederverwertbaren Kunststoffen bestehen.
c) Recherchiere, wie eine Schredderanlage funktioniert.
d) Bereite ein Referat zur Wiederverwertung der Metalle aus Altfahrzeugen vor.

B5 Presse, Teil einer Schredderanlage

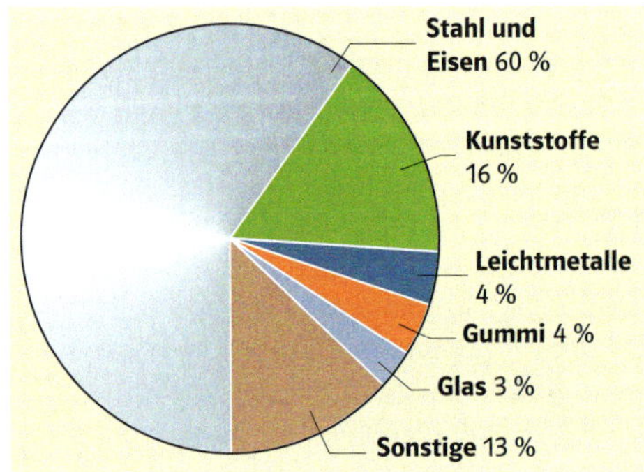

B6 Massenanteile der verschiedenen Materialien von Altfahrzeugen

Horizonte Clever suchen im Internet

Im WWW (World Wide Web) findest du sehr aktuelles Wissen. Auf weit mehr als einer Milliarde Webseiten findest du nützliche Informationen für deine Hausaufgaben oder ein Referat. Sich in diesem gigantischen Angebot zurechtzufinden, ist nicht einfach. Dafür gibt es im Internet findige Helfer: die Suchmaschinen. Diese führen dich durch das Labyrinth der Webseiten.

Wähle zuerst einen sinnvollen Suchbegriff, z. B. „Thermitverfahren". Wenn du feststellst, dass deine Abfrage eine zu große Zahl an gefundenen Seiten ergibt, musst du genauer fragen. Verknüpfe dazu zwei Begriffe, diese müssen nur durch ein Leerzeichen getrennt sein oder man setzt ein „+" (bzw. „und" oder „and") zwischen die Begriffe. Gibt man beispielsweise die Begriffe „Thermitverfahren + Erfinder" ein, werden nur noch Seiten angezeigt, die beide Suchworte gleichzeitig enthalten.

Suche im Internet mithilfe der Verknüpfungsfunktion nach Anwendungsmöglichkeiten für das Thermitverfahren.

5 Elementgruppen, Atombau und Periodensystem

Die große Zahl von Stoffen in unserer Umwelt lässt uns oft Zusammenhänge übersehen. Viele Stoffe haben ähnliche Eigenschaften.
Es liegt also nahe, Stoffe zu gruppieren und Ordnung zu schaffen, um die stoffliche Vielfalt durchschaubar zu machen. Modelle helfen, Zusammenhänge zu erkennen und zu verstehen.

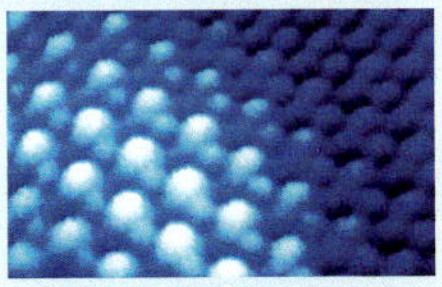

Reaktionsgleichungen und Massenberechnungen lassen sich mithilfe des einfachen Dalton'schen Atommodells verstehen.
Welcher Zusammenhang besteht aber zwischen den Eigenschaften der elementaren Stoffe und ihren Atomarten? Um darauf eine Antwort geben zu können, lernen wir ein weiteres Atommodell kennen.

Dimitrij Mendelejew und Lothar Meyer formulierten unabhängig voneinander erstmals ein System, in dem ähnliche Elemente gesetzmäßig in sich wiederholenden Reihen angeordnet sind, ein periodisches System der Elemente.
Worin ist diese Anordnung begründet? Wir werden sehen, dass ein für die Atome aller Elemente gemeinsames Bauprinzip uns diese Anordnung verstehen lässt.

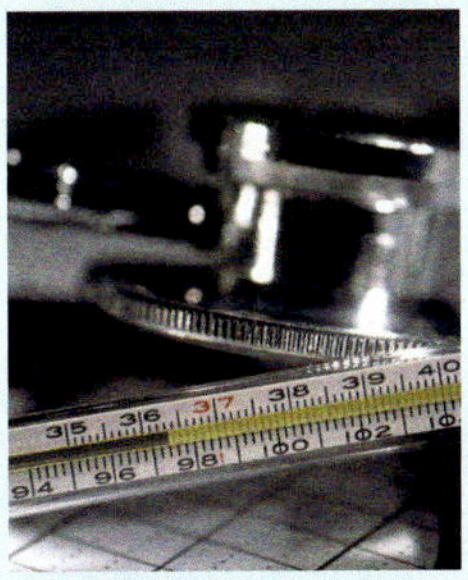

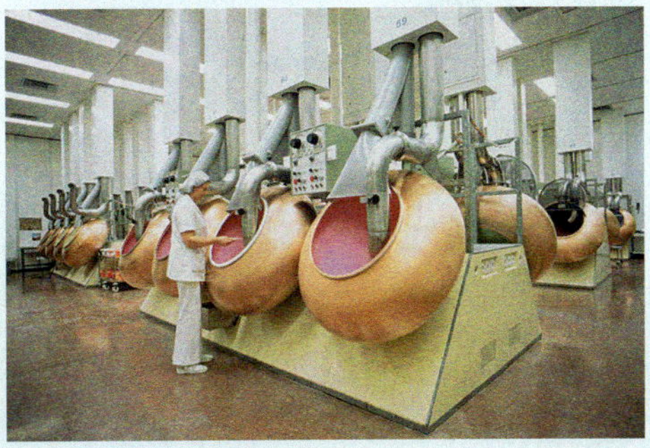

Online-Link
756084-0500

5.1 Böden und Gesteine – Vielfalt und Ordnung

Aus tiefen Quellen. Mineralwasser wird aus großen Tiefen gewonnen, es stammt aus zum Teil urzeitlichen Quellen. In ihm sind mehr Salze, die man auch Mineralien nennt, gelöst als im Trinkwasser.

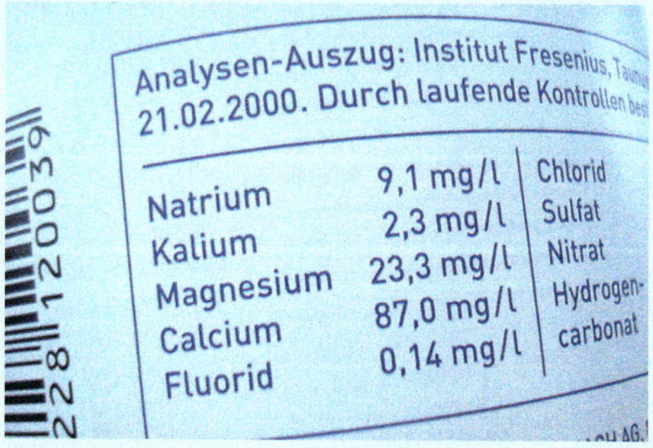

B1 Etikett einer Mineralwasserflasche

A1 Vergleiche die auf dem Etikett genannten Inhaltsstoffe mit den Elementen im Periodensystem der Elemente auf der letzten Umschlagseite des Buches. Was stellst du fest?

A2 Erhitze etwa ein Viertel Liter Mineralwasser in einem kleinen Topf auf dem Herd. Beobachte genau, was geschieht. Wenn das Wasser verdampft ist, nimm den Topf vom Herd und untersuche den Rückstand. Schreibe deine Beobachtungen auf. Tipp: Der Topf lässt sich gut mit Essig oder Essigreiniger wieder reinigen.

B2 Dolomitgebirge in den Alpen

Böden und Gesteine. Der feste äußere Teil der Erde, die Erdkruste, ist im Verlauf von Jahrmillionen entstanden. Die auch heute noch immer stattfindenden Veränderungen nehmen im Vergleich zur menschlichen Lebenserwartung so viel Zeit in Anspruch, dass wir sie kaum bemerken. Manchmal, bei Vulkanausbrüchen und Erdbeben, bekommt man jedoch einen Eindruck von solchen Veränderungen. Aus vulkanischem Gestein und aus verfestigten Ablagerungen, den Sedimentgesteinen, hat sich im Laufe der Erdgeschichte durch Einwirken von Wind und Wasser und durch Temperaturschwankungen der Boden gebildet. Er stellt die oberste Erdschicht dar. In ihm leben Pflanzen und Tiere, die ihn weiter verändern.

B3 Marmorabbau in Carrara

A3 Erarbeitet in einer Gruppenarbeit eine Ausstellung verschiedener Gesteine, wie z. B. Dolomit, Sandstein, Granit, mit einer Darstellung ihrer Entstehung.

Natürliche Baustoffe. Gebäude werden seit mehr als 5000 Jahren aus Stein errichtet. Die Steine wurden im Steinbruch gewonnen, zu Quadern behauen und aufeinander geschichtet. Man verwendete Sandstein, Kalkstein (Marmor) und Granit, je nachdem in welcher Gegend gebaut wurde. Die Steine wurden durch Zement, den man ebenfalls aus Gesteinen gewinnt, zusammengehalten. In Gegenden, in denen man keine Möglichkeit zum Steinabbau fand, wurden aus Ton Ziegelsteine gebacken, die dann als Baustoff dienten.

Heute verwendet man Baustoffe, die man in eine Form bringen kann, ohne sie zu behauen: Kalk, Sand, Beton und porenhaltige Steine aus Ton und anderen Materialien. Sie sind Verbindungen der Elemente Calcium, Magnesium und Aluminium.

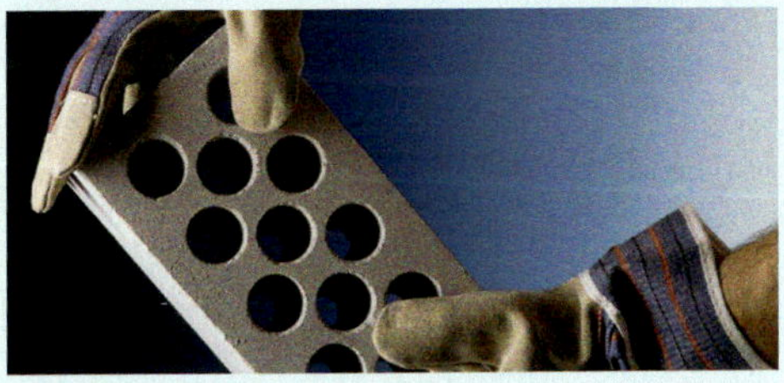

B4 Kalksandstein mit Hohlräumen

A4 Moderne Bausteine haben häufig Poren oder Röhren. Benenne den Zweck dieser Hohlräume.

A5 Zement ist ein Gemisch, das vorwiegend Kalk enthält. Kalk ist in Beton und Kalksandstein enthalten. Man gewinnt ihn im Kalksteinbruch. Was ist Kalk? Worin unterscheidet sich Kalk von Branntkalk und Löschkalk? Was geschieht im Kalkwerk?
Stelle die Antworten auf diese Fragen in einer Mindmap zusammen.

Gesteine und Mineralien. Baryt, Schwerspat, ist das Mineral, aus dem Barium hergestellt werden kann. Aus Strontianit kann man Strontium gewinnen. Beide Metalle sind wenig bekannt, werden aber, wenn auch in geringem Umfang, für wichtige Anwendungen gebraucht.

B5 Barytrose (links), Strontianit (rechts)

A6 Informiere dich, wie man Barium und Strontium aus den Mineralen gewinnt und wo sie eingesetzt werden.

Aus Halit (Steinsalz) kann man **Chlor** herstellen. **Chlor** ist ein wichtiger Grundstoff für die chemische Industrie. Außer für die Synthese von Kunststoffen wird Chlor auch zum Desinfizieren und Bleichen verwendet.

B6 Halit (Steinsalz)

A7 Recherchiere im Internet **a)** die industrielle Herstellung von Chlor und **b)** die Verwendung von Chlor als Bleichmittel für Cellulose. Fertige eine Übersicht (Plakat) an, aus der auch hervorgeht, wie problematisch der Stempel „Chlorfrei gebleicht" ist. Welche Alternativen gibt es?

Erze. Gesteine, aus denen man Metalle gewinnen kann, bezeichnet man als Erze. Zwei wichtige Eisenmineralien, die in Eisenerzen vorkommen, sind Hämatit, ein Eisenoxid, und Pyrit, ein Eisensulfid.

B7 Hämatit (links) und Pyrit (rechts)

A8 Aus dem Eisenoxid Hämatit gewinnt man Eisen durch Reduktion mit Wasserstoff oder Kohlenstoff. Formuliere das Reaktionsschema und kennzeichne Reduktion und Oxidation.

A9 Pyrit wird „geröstet", bevor man Eisen daraus erzeugen kann; dabei reagiert Sauerstoff mit Eisensulfid. Welche Stoffe entstehen wohl bei diesem Vorgang? Einer der beiden ist ein stechend riechendes Gas.

B8 Siegel für „Chlorfrei gebleichtes Papier"

5.2 Die Reaktionsgleichung

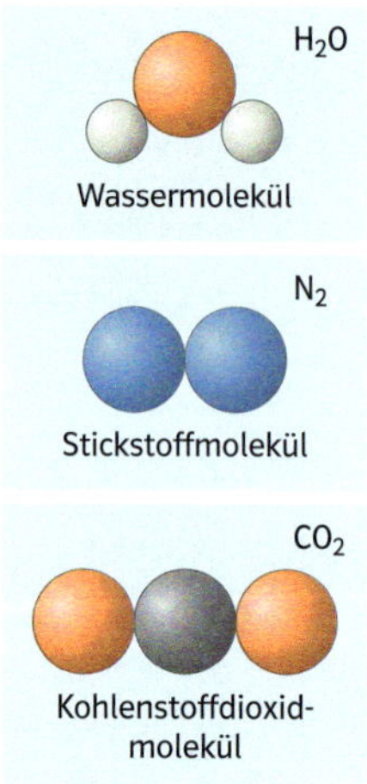

B1 Modelle von Molekülen

Die Bildung von Kupfersulfid, einem Erz (Kap. 5.1, Erze) aus Kupfer und Schwefel, lässt sich mit einem Reaktionsschema beschreiben. Eine Reaktionsgleichung macht genauere Aussagen über das Verhältnis, in dem die Atome miteinander reagieren (Kap. 5.5, Praktikum). Dafür benötigt man einfache Formeln.

Formeln für Moleküle und Atomverbände. H_2O ist die Formel für ein Wassermolekül, N_2 die für ein Stickstoffmolekül und CO_2 die Formel für ein Kohlenstoffdioxidmolekül [B1]. Mit den Formeln von Molekülen werden die Anzahl und die Art der Atome angegeben, die fest miteinander verbunden sind.

Nicht alle Verbindungen bestehen aus Molekülen. Bei den Reaktionen der Metalle mit Sauerstoff oder Schwefel bestehen die Verbindungen aus Atomverbänden. In diesen liegen die Atome der Ausgangsstoffe in einem bestimmten, festen Anzahlverhältnis vor. Im Atomverband des schwarzen Kupferoxids ist die Anzahl der Kupferatome gleich der Anzahl der Sauerstoffatome. Das Anzahlverhältnis ist 1:1 und wird durch die Verhältnisformel wiedergegeben. Für Kupferoxid ist die **Verhältnisformel** Cu_1O_1. In einer vereinfachten Schreibweise für die Verhältnisformeln wird der Index 1 nicht geschrieben. Die übliche Schreibweise ist also: CuO. Das Anzahlverhältnisse 2:1 liegt dagegen z.B. in den Atomverbänden des Silberoxids und des Kupfersulfids vor. Die Verhältnisformeln sind hier Ag_2O bzw. Cu_2S. Verhältnisformeln werden experimentell bestimmt.

Deutsch:	Kupfer und Schwefel reagieren zu Kupfersulfid $2\,Cu + S \longrightarrow Cu_2S$	
Englisch:	Copper and sulfur react to produce cuprous sulfide $2\,Cu + S \longrightarrow Cu_2S$	
Griechisch:	Χαλκός και θείον αντιδρούν εις σουλφίδιον του χαλκού $2\,Cu + S \longrightarrow Cu_2S$	
Russisch:	При реакции меди с серой образуется сульфид меди. $2\,Cu + S \longrightarrow Cu_2S$	
Arabisch:	حامض الكبريت مع النحاس الأحمر= (ينتج من تفاعلهما) كبريتيد النحاس الأحمر $2\,Cu + S \longrightarrow Cu_2S$	

B2 Reaktionsgleichungen sind international verständlich

Elementargruppen. Verhältnisformeln geben das Anzahlverhältnis der Atomarten in einem Teilchenverband an. Anschaulicher ist es, durch die Formel eine Atomgruppe zu kennzeichnen [B3]. Kupfersulfid ist ein Atomverband aus Kupfer- und Schwefelatomen, auf zwei Kupferatome kommt ein Schwefelatom. Man kann sich das Kupfersulfid aus kleinen Einheiten mit je zwei Kupfer- und einem Schwefelatom denken. Solche gedachten Einheiten in salzartigen Stoffe nennt man **Elementargruppen.**

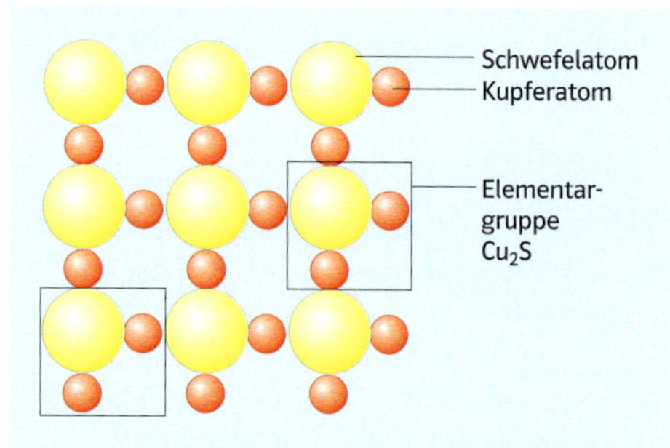

B3 Verhältnisformel von Cu_2S

Die Reaktionsgleichung. Das Reaktionsschema für die Reaktion des Kupfers mit Schwefel lautet:

Kupfer + Schwefel ⟶ Kupfersulfid

Die Kupferatome und die Schwefelatome reagieren aber nur dann vollständig miteinander, wenn das Anzahlverhältnis der Kupferatome zu den Schwefelatomen 2:1 ist. Schreibt man in ein Reaktionsschema statt der Namen für die Stoffe die Zeichen und Formeln für die Atome und Moleküle bzw. Elementargruppen, muss man dafür sorgen, dass die Anzahl der Atome der einzelnen Atomarten auf beiden Seiten des Reaktionspfeils gleich sind. Diese Schreibweise für eine chemische Reaktion heißt deshalb **Reaktionsgleichung**.

$$2\,Cu + S \longrightarrow Cu_2S$$

Wird Kupferoxid durch Zink reduziert, verläuft die Reaktion vollständig, wenn das Anzahlverhältnis der Zinkatome zu den Elementargruppen des Kupferoxids 1 :1 ist. Damit lautet die Reaktionsgleichung:

$Zn + CuO \longrightarrow ZnO + Cu$

Für Reaktionsgleichungen, die sich nicht so einfach aufstellen lassen, ist es vorteilhaft, nach folgenden Schritten vorzugehen [B4]:

1. **Schritt: Aufstellen des Reaktionsschemas; z. B.:**

   Magnesium + rotes Eisenoxid ⟶ Magnesiumoxid + Eisen

2. **Schritt: Zuordnung der Zeichen für die Atome und der Formeln für die Elementargruppen zu den Stoffnamen:**

   $Mg + Fe_2O_3 \mid MgO + Fe$

   Damit erhält man noch keine Reaktionsgleichung, da die Anzahlen der Atome jeder Art vor und nach der Reaktion nicht gleich sind.

3. **Schritt: Einfügen der Multiplikatoren: „Einrichten von Gleichungen"**
   Durch Vervielfachen der Anzahlen der Atome und eventuell der Elementargruppen erhält man die Reaktionsgleichung.

   $3\ Mg + Fe_2O_3 \longrightarrow 3\ MgO + 2\ Fe$

Beachte: Beim Einrichten der Reaktionsgleichung darf die Formel für die Verbindung nicht verändert werden.

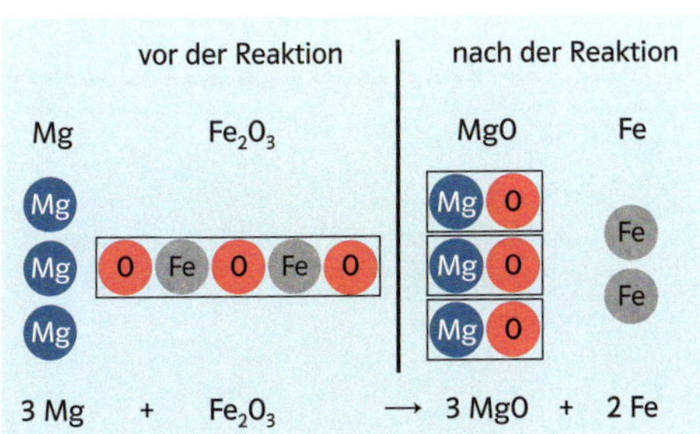

B4 Aufstellen einer Reaktionsgleichung

Reaktionsgleichungen mit Atomen und Molekülen. Kohlenstoff reagiert mit Sauerstoff zu Kohlenstoffdioxid. Kohlenstoff, in Form des elementaren Stoffs Graphit [B5], besteht aus Kohlenstoffatomen. Der elementare Sauerstoff besteht aus Molekülen, in denen je zwei Sauerstoffatome miteinander fest verbunden sind. Die Verbindung Kohlenstoffdioxid besteht aus Molekülen, in denen jeweils ein Kohlenstoffatom mit zwei Sauerstoffatomen verbunden sind. Wie für Reaktionen mit Stoffen, die aus Elementargruppen aufgebaut sind, gelten zur Aufstellung der Reaktionsgleichung die gleichen Schritte [B4].

Kohlenstoff + Sauerstoff ⟶ Kohlenstoffdioxid

$C + O_2 \longrightarrow CO_2$

Reaktionsgleichungen mit Atomen, Molekülen und Elementargruppen. Kupfer reagiert mit Sauerstoff zu Kupferoxid. Der elementare Stoff Kupfer besteht aus Atomen, Kupferoxid ist eine Verbindung, die aus Elementargruppen besteht.

Kupfer + Sauerstoff ⟶ Kupferoxid

$2\ Cu + O_2 \longrightarrow 2\ CuO$

Für das Einrichten einer Reaktionsgleichung gilt, dass die Formeln für die Teilchen nicht verändert werden dürfen.

Links und rechts vom Reaktionspfeil muss die Anzahl der Atome einer jeden Atomart gleich sein.

A1 Hält man ein brennendes Magnesiumband in einen mit Kohlenstoffdioxid gefüllten Standzylinder, so brennt es weiter. Auf dem Boden und den Wänden des Gefäßes setzen sich weißes Magnesiumoxid und Ruß ab [B6]. Die kleinsten Teilchen des Rußes sind Kohlenstoffatome. Gib das Reaktionsschema an und stelle die Reaktionsgleichung auf.

B5 Graphit

B6 Magnesium reagiert mit Kohlenstoffdioxid

5.3 Atome und ihre Masse

B1 John Dalton (1766 – 1844)

Die Masse eines Atoms ist unvorstellbar klein. Der englische Gelehrte John Dalton hielt die Masse eines einzelnen Atoms für nicht messbar. Seine Versuche zeigten jedoch, dass von allen Atomen das Wasserstoffatom die kleinste Masse hat. Diese Masse wählte Dalton als Bezugseinheit und berechnete, wie viel Mal so groß die Massen der Atome anderer Elemente sind.

Die atomare Masseneinheit. Daltons Atommassen waren noch sehr ungenau. Die Zahlenwerte wurden aber von vielen Chemikern laufend verbessert und ergänzt. Heute lässt sich dagegen die Masse eines einzigen Atoms jeder Atomart genau ermitteln. Dabei wurden die bisherigen Zahlenwerte bestätigt und weiter präzisiert. Für das Atom mit der geringsten Masse, das Wasserstoffatom, ergibt sich folgender Wert:

m(Wasserstoffatom) =
0,000 000 000 000 000 000 000 001 674 g

$$\frac{1}{10} = \frac{1}{10^1} = 10^{-1}$$

$$\frac{1}{100} = \frac{1}{10^2} = 10^{-2}$$

$$\frac{1}{10^{24}} = 10^{-24}$$

Es ist nicht zweckmäßig, die Masse einer Mücke in Tonnen anzugeben. Ebenso ist eine Angabe der Atommasse in Gramm sehr umständlich, deshalb wurde die **atomare Masseneinheit u** (von engl. unit, Einheit) eingeführt. Die heute festgelegte atomare Masseneinheit weicht geringfügig von der Masse des Wasserstoffatoms ab:

1 u = 0,000 000 000 000 000 000 000 001 661 g =
1,661 · 10^{-24} g (1,661 quadrillionstel Gramm)

Für das Wasserstoffatom ergibt sich damit:
m_t(Wasserstoffatom) = 1,008 u ≈ 1 u

Zeichen für das Atom	Atommasse in u
H	1,008
C	12,01
N	14,01
O	16,00
Mg	24,31
Al	26,98
S	32,07
Fe	55,85
Cu	63,55
Zn	65,41
Ag	107,87
Pb	207,2

B2 Zeichen für Atome einiger Elemente und deren Atommassen

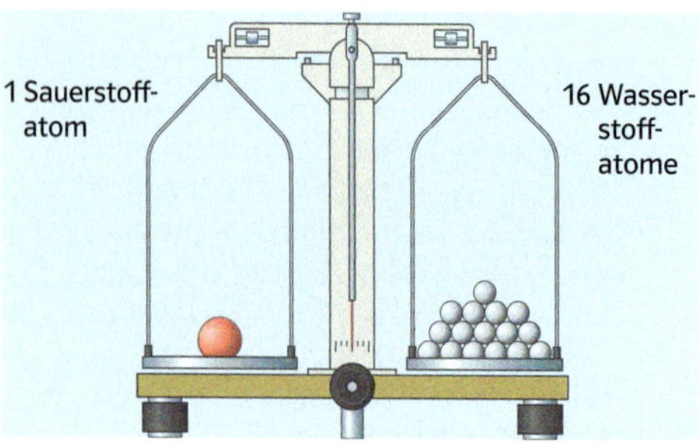

B3 Veranschaulichung von Atommassen.
m(Sauerstoffatom) = 16 · m(Wasserstoffatom)

Ein Sauerstoffatom, m_t(Sauerstoffatom) = 16,00 u, besitzt damit ungefähr die Masse von 16 Wasserstoffatomen. Die Masse eines Atoms in der Einheit u gibt damit ziemlich genau an, wie viel Mal so groß die Masse dieses Atoms im Vergleich zu der eines Wasserstoffatoms ist.

Exkurs Atommassenbestimmung im Modell

Im Modellversuch werden rollende Kugeln durch eine seitlich wirkende Kraft umso stärker abgelenkt, je kleiner die Masse der Kugel ist. Kugeln gleicher Masse gelangen an dieselbe Stelle. Im Gerät zur Bestimmung der Atommassen (Massenspektrometer) erhalten die Atome zunächst eine elektrische Ladung und werden dann beschleunigt. Die Teilchen erfahren durch elektrische und magnetische Kräfte eine Ablenkung, die von der Masse des Teilchens abhängt. Die Masse eines geladenen Teilchens unterscheidet sich von der Masse des Atoms, aus dem es entsteht, nur geringfügig. Lässt man die Atome auf einen Film auftreffen, kann man aus dem Ort der Registrierung der Atome ihre Ablenkung sichtbar machen. Da Teilchen gleicher Masse gleich weit abgelenkt werden, ergibt sich ein Streifenmuster. Es heißt Massenspektrum.

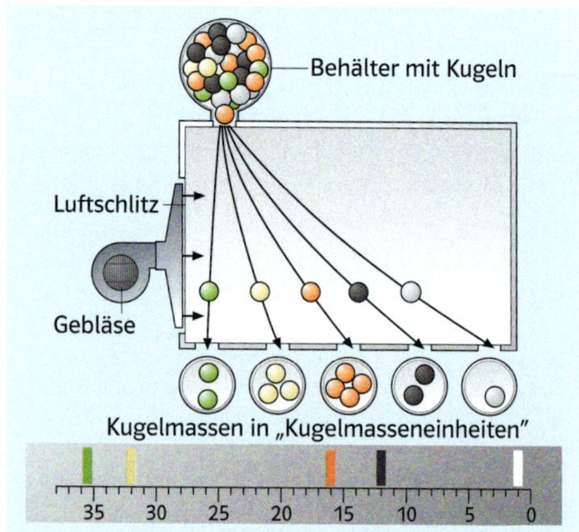

A1 Suche in der Tabelle im Anhang die Zeichen und Atommassen für folgende Elemente heraus: Helium, Titan, Chrom, Gold und Platin.

A2 Ein Atom hat die Masse 26,98 u. Um welches Atom handelt es sich?

5.4 Exkurs Formeln ermitteln

Eine Verhältnisformel lässt sich durch die Elementargruppe veranschaulichen. Die Elementargruppe enthält die Atome der Atomarten in einem bestimmten Anzahlverhältnis, dem ein bestimmtes Massenverhältnis entspricht. Beides gilt auch für den gesamten Teilchenverband. Die „Massenverhältnisse können durch Versuche ermittelt werden.

Vom Massenverhältnis zum Anzahlverhältnis. Aus schwarzem Kupferoxid kann man durch Reduktion mit Wasserstoff Kupfer gewinnen. Die Masse des Sauerstoffs ergibt sich aus der Differenz der Massen von Kupferoxid und Kupfer. Damit erhält man aus dem Experiment:

$m(\text{Kupfer}) : m(\text{Sauerstoff}) = 4:1$

Dies bedeutet, dass die Masse der Kupferatome im Teilchenverband des Kupferoxids 4 (genau 3,97) mal größer ist als die Masse der Sauerstoffatome.

Für die folgende Überlegung kann man die Masse aller Kupferatome und die Masse aller Sauerstoffatome in einer Kupferoxidportion getrennt betrachten [B1].

Mit der Atommasse $m_t(\text{Cu}) = 63{,}55\,\text{u}$ und $m_t(\text{O}) = 16\,\text{u}$ ergibt sich für eine Portion aus Kupfer- bzw. Sauerstoffatomen:

$$m(\text{Kupfer}) = N(\text{Cu}) \cdot m_t(\text{Cu}) = N(\text{Cu}) \cdot 63{,}55\,\text{u}$$
$$m(\text{Sauerstoff}) = N(\text{O}) \cdot m_t(\text{O}) = N(\text{O}) \cdot 16{,}00\,\text{u}$$

Für das Massenverhältnis ergibt sich damit:

$$\frac{m(\text{Kupfer})}{m(\text{Sauerstoff})} = \frac{3{,}97}{1} = \frac{N(\text{Cu}) \cdot 63{,}55\,\text{u}}{N(\text{O}) \cdot 16{,}00\,\text{u}}$$

Für das Anzahlverhältnis erhält man daraus:

$$\frac{N(\text{Cu})}{N(\text{O})} = \frac{3{,}97 \cdot 16{,}00\,\text{u}}{1 \cdot 63{,}55\,\text{u}} = \frac{1}{1}$$

Das Anzahlverhältnis der Kupfer- und Sauerstoffatome in Kupferoxid ist $N(\text{Cu}) : N(\text{O}) = 1:1$.

Die Verhältnisformel des schwarzen Kupferoxids ist also CuO.

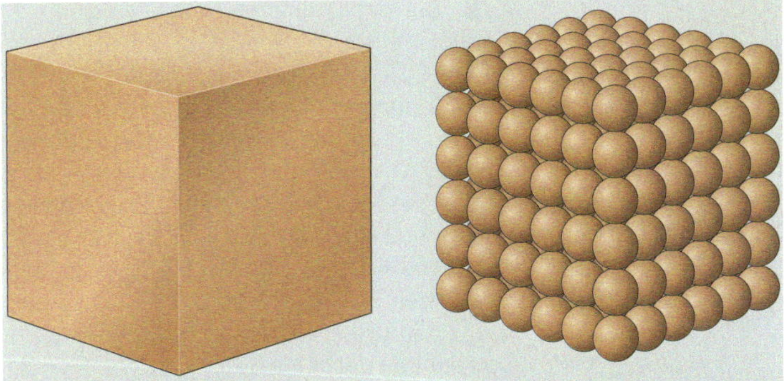

m (Stoffportion) = m (Teilchenverband)

m (Kupferportion) = N (Cu) · m_t (Cu)
Anzahl der Kupferatome · Masse eines Kupferatoms

B1 Stoffportion und Teilchenverband. Zusammenhang zwischen Massen und Teilchenzahl

Schwarzes und rotes Kupferoxid. Neben dem schwarzen Kupferoxid gibt es ein rotes Kupferoxid mit einer ganz anderen Eigenschaftskombination. Verschiedene Verhältnisformeln sind daher denkbar. Man geht zur Überprüfung von einfachen Formeln aus, z. B. Cu_2O, und berechnet aus dem Anzahlverhältnis das Massenverhältnis.
Für ein Anzahlverhältnis der Kupfer- und Sauerstoffatome von $N(\text{Cu}) \cdot N(\text{O}) = 2:1$ ergibt sich:

$$\frac{m(\text{Kupfer})}{m(\text{Sauerstoff})} = \frac{N(\text{Cu}) \cdot m_t(\text{Cu})}{N(\text{O}) \cdot m_t(\text{O})} = \frac{2 \cdot 63{,}55\,\text{u}}{1 \cdot 16{,}00\,\text{u}} = \frac{7{,}94}{1}$$

Durch Reduktion des roten Kupferoxids mit Wasserstoff kann die Verhältnisformel Cu_2O bestätigt werden, denn dabei ergibt sich das berechnete Massenverhältnis:

$m(\text{Kupfer}) : m(\text{Sauerstoff}) = 8:1$

A1 Das Massenverhältnis für die Elementportionen in der Verbindung Silbersulfid beträgt

$m(\text{Silber}) : m(\text{Schwefel}) = 6{,}73:1$

Ermittle die Verhältnisformel.

Teilchenmasse m_t
$m_t(X)$ steht für die Masse eines Teilchens X.

N Zeichen für die Anzahl

B2 Schwarzes und rotes Kupferoxid

5.5 Praktikum Formeln ermitteln

Nicht vergessen:
Bei allen Versuchen Schutzbrille tragen!

V1 Die Verhältnisformel von Silberoxid

Geräte: Schutzbrille, Reagenzglas, Stativ, Klemme, Muffe, Gasbrenner, Waage.

Durchführung: Für die Versuchsreihe werden Massen von 500 mg bis 700 mg Silberoxid eingesetzt.
Wiege eine Silberoxidportion im Reagenzglas genau ab. Erhitze vorsichtig mit kleiner fächelnder Flamme so lange, bis nur noch ein weißgraues Pulver vorliegt. Lasse es abkühlen, wiege das Reagenzglas mit der Silberportion und ermittle deren Masse.

Auswertung:
Lege in deinem Heft eine Tabelle wie [B1] an.

a) Trage deine Werte in die Tabelle ein.
b) Übertrage die Werte der anderen Gruppen in deine Tabelle.
c) Berechne den Mittelwert.
d) Berechne für die Atome der beiden Elemente im Teilchenverband des Silberoxids mit den Gleichungen

$m(\text{Silber}) = N(\text{Ag}) \cdot m_t(\text{Ag})$ und
$m(\text{Sauerstoff}) = N(\text{O}) \cdot m_t(\text{O})$

das Anzahlverhältnis. Welche Verhältnisformel ergibt sich für Silberoxid?

V2 Überprüfung der Verhältnisformel von Kupfersulfid

Es gibt zwei verschiedene Kupfer-Schwefel-Verbindungen mit den Verhältnisformeln CuS und Cu_2S.
Berechne zur Bestätigung einer dieser Formeln aus dem jeweiligen Anzahlverhältnis der Atome das Massenverhältnis mithilfe folgender Gleichung:

$$\frac{m(\text{Kupferportion})}{m(\text{Schwefelportion})} = \frac{N(\text{Cu}) \cdot m_t(\text{Cu})}{N(\text{S}) \cdot m_t(\text{S})}$$

Achtung!
Beim Experimentieren mit Schwefel können giftige Schwefeloxide entstehen. Daher den Versuch unter dem Abzug durchführen

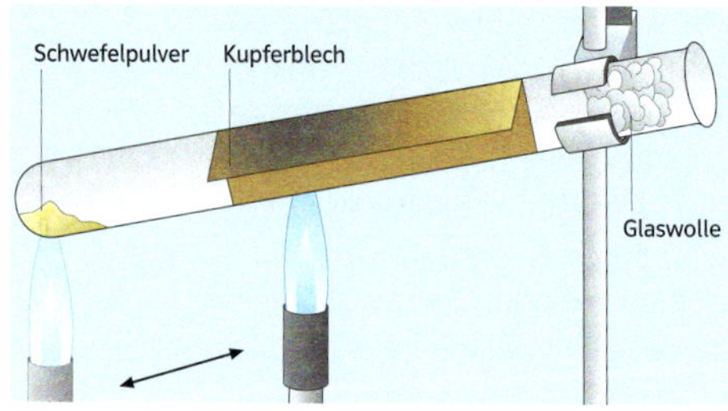

B2 Bestimmung eines Massenverhältnisses

Vergleiche dein Ergebnis mit dem im folgenden Versuch ermittelten Massenverhältnis.

Geräte, Materialien, Chemikalien:
Schutzbrille, 2 Reagenzgläser, Glaswolle, Stativ, Klemme, Muffe, Gasbrenner, Pinzette, Waage, Kupferblech (0,1 mm dick), Schwefelpulver.

Durchführung: Gib unter dem Abzug in ein Reagenzglas etwa 1 g Schwefel und spanne das Reagenzglas schräg ein. Schiebe in die Mitte des Reagenzglases ein genau abgewogenes (etwa 0,5 g; 1 g; 1,3 g) Kupferblech, das zuvor entlang der Mitte geknickt wurde. Verschließe das Reagenzglas locker mit einem Glaswollebausch [B2]. Erhitze anschließend das Kupferblech und dann den Schwefel, sodass der Schwefeldampf über das heiße Kupferblech streicht. Entferne nach der Reaktion den Kupfersulfidstreifen vorsichtig mit der Pinzette aus dem ersten Reagenzglas und gib ihn in ein zweites Reagenzglas, das ebenfalls wie das erste Reagenzglas verschlossen wird. Erhitze das Reaktionsprodukt kräftig, um noch anhaftenden Schwefel zu entfernen. Wiege das Reaktionsprodukt nach dem Abkühlen.
Lege in deinem Heft eine Tabelle wie in [B1] an.

Auswertung:
a) Berechne die Masse der reagierenden Schwefelportion.
b) Trage deine Werte in die Tabelle ein.
c) Übertrage die Werte der anderen Gruppen in deine Tabelle.
d) Berechne den Mittelwert.

Vergleiche das experimentell ermittelte Massenverhältnis mit den berechneten Werten. Welche Verhältnisformel lässt sich für Kupfersulfid bestätigen?

Nr. der Gruppe	*m*(Silberoxid)	*m*(Silber)	*m*(Sauerstoff)	$\frac{m(\text{Silber})}{m(\text{Sauerstoff})}$
1				
2				
3				

B1 Tabelle für V1 und V2

5.6 Exkurs Massenberechnung

Frage: Wie groß ist die Masse des Kupfers, das sich aus 1 t schwarzem Kupferoxid durch Reduktion mit Kohlenstoff gewinnen lässt?

1. Reaktionsgleichung:

$$2\,CuO \;+\; C \;\longrightarrow\; 2\,Cu \;+\; CO_2$$

1 Kupferatom kann aus 1 Elementargruppe des schwarzen Kupferoxids gewonnen werden.

2. Massenverhältnis:

$$\frac{m(\text{Kupfer})}{m(\text{Kupferoxid})} = \frac{m_t(Cu)}{m_t(CuO)} \quad \Big| \cdot m(\text{Kupferoxid})$$

3. Für die gesuchte Masse ergibt sich:

$$m(\text{Kupfer}) = \frac{m_t(Cu)}{m_t(CuO)} \cdot m(\text{Kupferoxid})$$

4. Einsetzen der Werte nach Berechnung der Teilchenmasse der Elementargruppe CuO

$$m(\text{Kupferportion}) = \frac{63{,}55\,u}{79{,}55\,u} \cdot 1\,t = 0{,}799\,t$$

Ergebnis: Aus 1 t schwarzem Kupferoxid können 799 kg Kupfer gewonnen werden.

B1 Beispiel für eine Massenberechnung

Chemische Reaktionen führt man durch, um Stoffe zu gewinnen. Deshalb ist es wichtig zu wissen, wie viel man unter bestimmten Bedingungen von einem Stoff erhalten kann. Dies lässt sich mit der Verhältnisformel oder der Reaktionsgleichung ausrechnen.

Berechnungen von Massen aus Verhältnisformeln und Reaktionsgleichungen. Wird Kupfer aus schwarzem Kupferoxid gewonnen, entsteht aus einer Elementargruppe des Kupferoxids ein Kupferatom [B1].
Das Massenverhältnis der Stoffportionen ist gleich dem der Teilchen. Multipliziert man die Gleichung mit der bekannten Masse, erhält man die gesuchte Masse. Die Masse der Elementargruppe ergibt sich aus der Masse ihrer Atome.

Pyrit

Elementargruppe

Verhältnisformel
Formel der Elementargruppe
FeS_2

$m(\text{Pyritportion}) = N(FeS_2) \cdot m_t(FeS_2)$

Reaktionsgleichung für die Zerlegung der Pyritportion und Massenermittlung:

Teilchenverband	$N\,FeS_2$	$\longrightarrow$	$N\,Fe$	+	$2\,N\,S$
	$N \cdot m_t(FeS_2)$	=	$N \cdot m_t(Fe)$	+	$2\,N \cdot m_t(S)$
	$N \cdot 120\,u$	=	$N \cdot 55{,}8\,u$	+	$2\,N \cdot 32{,}1\,u$
Stoffportionen	120 g	=	55,8 g	+	64,2 g
	1 g	=	55,8 g/120	+	64,2 g/120

Aus 120 g Pyrit können 55,8 g Eisen und 64,2 g Schwefel gebildet werden.

B2 Verhältnisformel, Reaktionsgleichung, Massenermittlung

Aus Pyrit, einem Eisensulfid, kann sowohl Eisen als auch Schwefel gewonnen werden. Die Reaktionsgleichung für die Zerlegung des Pyrits lautet:

$$FeS_2 \;\longrightarrow\; Fe \;+\; 2\,S$$

Aus einer Elementargruppe des Pyrits entstehen ein Eisenatom und zwei Schwefelatome. Die Masse eines Teilchenverbands ergibt sich immer aus dem Produkt der Anzahl und der Masse der Teilchen. Es ist deshalb möglich, bei Kenntnis der Formel Massenberechnungen vorzunehmen [B2].

A1 Wie groß ist die Masse der Eisenportion, die sich aus 1 t Pyrit (FeS_2) gewinnen lässt?

A2 Wie groß muss die Masse der Schwefelportion sein, die vollständig mit 2,5 t Kupfer zu Kupfersulfid (Verhältnisformel: Cu_2S) reagiert?

A3 Es gibt zwei unterschiedliche Kupferoxide. Rotes Kupferoxid (Cu_2O) und schwarzes Kupferoxid (CuO). Aus welchem der beiden Kupferoxide lässt sich mehr Kupfer gewinnen? Berechne jeweils dessen Masse, wenn von beiden Oxiden 1 kg eingesetzt wird.

A4 Eine Elementargruppe aus Zink- und Schwefelatomen hat die Masse 97,5 u. Wie lautet die Verhältnisformel?

5.7 Masse und Teilchenzahl

Atomare Masseneinheit u

$1\,u = \frac{1}{6 \cdot 10^{23}}\,g$

$1\,g = 6 \cdot 10^{23}\,u$

$1\,mol = 6 \cdot 10^{23}$

$6 \cdot 10^{23} = \frac{1\,g}{1\,u}$

$\frac{1\,g}{1\,u} = 1\,mol$

$1\,u = \frac{1\,g}{1\,mol}$

$1000 = 10^3$
$1\,000\,000 = 10^6$
$1\,000\,000\,000 = 10^9$

Sehr große Zahlen lassen sich übersichtlich als Potenzen mit der Basis 10 schreiben.

B1 Zehnerpotenzen erleichtern den Überblick

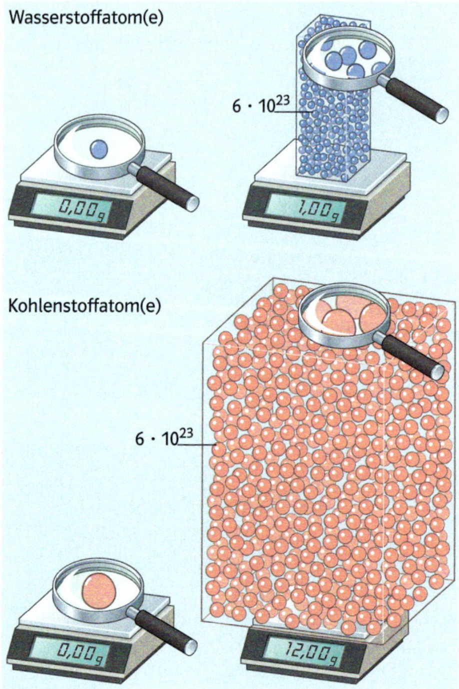

B3 Bestimmung von Atommassen im Gedankenexperiment

Stoffportion	Teilchen	Teilchenmasse m_t	Teilchenanzahl N	Stoffmenge n
12,0 g Kohlenstoff	C	12,0 u	$6 \cdot 10^{23}$	n(C) = 1 mol
64,2 g Schwefel	S	32,1 u	$2 \cdot 6 \cdot 10^{23}$	n(S) = 2 mol
32,0 g Sauerstoff	O_2	32,0 u	$6 \cdot 10^{23}$	$n(O_2)$ = 1 mol
22,0 g Kohlenstoffdioxid	CO_2	44,0 u	$0{,}5 \cdot 6 \cdot 10^{23}$	$n(CO_2)$ = 0,5 mol
162,8 g Zinkoxid	ZnO	81,4 u	$2 \cdot 6 \cdot 10^{23}$	n(ZnO) = 2 mol
44,0 g Eisensulfid	FeS	87,9 u	$0{,}5 \cdot 6 \cdot 10^{23}$	n(FeS) = 0,5 mol

B2 Teilchenanzahl und Stoffmenge von Stoffportionen

In einer Reaktionsgleichung stehen Zahlen und Zeichen für Atome. Aus der Reaktionsgleichung lässt sich ablesen, in welchem Anzahlverhältnis z. B. Zink- und Schwefelatome vollständig zu Zinksulfid reagieren. Allerdings können die Zink- und Schwefelatome nicht gezählt, sondern nur die Zink- und Schwefelportionen gewogen werden.
Welcher Zusammenhang besteht zwischen der Masse und der Teilchenanzahl?

Zählen mit der Waage. Ein Wasserstoffatom besitzt die winzige Masse 1 u. Selbst die genaueste Waage würde bei einem Wasserstoffatom 0 g anzeigen, denn 1 u sind nur $\frac{1}{6{,}022 \cdot 10^{23}}\,g$.

Wenn ein Wasserstoffatom etwa $\frac{1}{6 \cdot 10^{23}}\,g$ wiegt, dann wiegen $6 \cdot 10^{23}$ Wasserstoffatome 1 g. Mithilfe des Umrechnungsfaktors lässt sich also der Zusammenhang zwischen der Masse und der Teilchenanzahl herstellen.

Dieses gilt nicht nur für Wasserstoffatome, sondern für alle Teilchen wie Atome und Moleküle und es gilt auch für Elementargruppen. Ein H_2O-Molekül hat die Masse 18 u, demnach haben $6 \cdot 10^{23}$ Wassermoleküle die Masse 18 g. Will man also mit Massen und Anzahlen rechnen, ist es sinnvoll, „Packungseinheiten" von $6 \cdot 10^{23}$ Teilchen zu verwenden, denn eine Packungseinheit wiegt genauso viel in g wie ein einzelnes Teilchen in u [B3].

Die Stoffmenge *n*. Es ist allerdings etwas umständlich, mit $6 \cdot 10^{23}$ zu rechnen. Diese Anzahl wird daher in der Einheit Mol (Einheitenzeichen: mol) zusammengefasst.
Mit dem genaueren Wert gilt:

$6{,}022 \cdot 10^{23} = 1\,mol$.

Verwendet man die Einheit Mol, spricht man statt von der Anzahl von der Stoffmenge *n*.
Beispiel: *n* (C) = 1 mol.
Die Stoffmenge hat den Vorteil, dass mit kleinen Zahlen gerechnet werden kann.

Wozu wird die Einheit „Mol" benötigt? Aus der Reaktionsgleichung

$Zn + S \longrightarrow ZnS$

lässt sich ablesen, dass ein Zinkatom mit einem Schwefelatom zu einer Elementargruppe Zinksulfid reagiert.
Es gilt auch: 1 mol Zinkatome reagiert mit 1 mol Schwefelatome zu 1 mol Zinksulfid-Elementargruppen.

Die molare Masse. 24,3 g Magnesium enthalten **$6 \cdot 10^{23}$** bzw. 1 mol Magnesiumatome. Zur doppelten Masse gehört die doppelte Anzahl der Atome. Trägt man für einige Massen die jeweilige Stoffmenge in einem Diagramm auf, lassen sich die Punkte zu einer Ursprungsgeraden verbinden. Es liegt eine proportionale Zuordnung von Masse und Stoffmenge vor. Geht man in entsprechender Weise bei Massen anderer Stoffe und deren zugehörigen Teilchen (Atome, Moleküle, Elementargruppen) vor, erhält man ebenfalls Ursprungsgeraden, die aber jeweils eine andere Steigung zeigen [B4]. Für jeden Stoff ist der Quotient aus Masse und Stoffmenge ein charakteristischer konstanter Wert, der als molare Masse bezeichnet wird.

$$\text{molare Masse} = \frac{\text{Masse}}{\text{Stoffmenge}} \qquad M = \frac{m}{n}$$

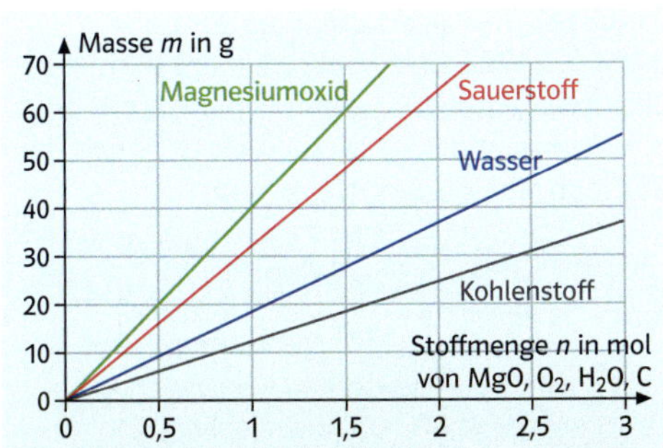

B4 Zusammenhang zwischen Masse und Stoffmenge. Die Masse ist proportional zur Stoffmenge

1) Ein Großhändler möchte wissen, wie viele Schrauben in einer Lieferung von 25 Packungseinheiten (PE) enthalten sind und welche Masse die Lieferung hat?

Bekannt: 1 PE = 1000, m_t(Schraube) = 1,8 g
Gesucht: N(Schrauben), m(Schrauben)

Lösung:
N(Schrauben) = 25 PE = 25 · 1000 = 25 000
m(Schrauben) = N(Schrauben) · m_t(Schraube)
= 25 000 · 1,8 g = 45 000 g
= 45 kg

2) Zink ist ein Metall, das z.B. bei Dachrinnen verwendet wird. Wie viele Atome befinden sich in einer Zinkportion der Stoffmenge n(Zn) = 25 mol? Welche Masse hat diese Zinkportion?

Bekannt: 1 mol = $6 \cdot 10^{23}$, m_t(Zn) = 65,4 u
Gesucht: N(Zn), m(Zink)

Lösung:
N(Zn) = 25 mol = $25 \cdot 6 \cdot 10^{23} = 150 \cdot 10^{23}$
m(Zink) = N(Zn) · m_t(Zn)
= $150 \cdot 10^{23} \cdot 65{,}4\,\text{u}$
= $150 \cdot 10^{23} \cdot 65{,}4 \cdot \frac{1}{6 \cdot 10^{23}}\,\text{g}$
= 1635 g ≈ 1,64 kg
Einfachere Berechnung mit der Stoffmenge
m(Zink) = m_t(Zn) · n(Zn)
= 65,4 u · 25 mol
= $64{,}5 \frac{\text{g}}{\text{mol}} \cdot 25\,\text{mol}$
= 1635 g ≈ 1,64 kg

B5 Rechenbeispiel für Teilchenanzahlen und Massen

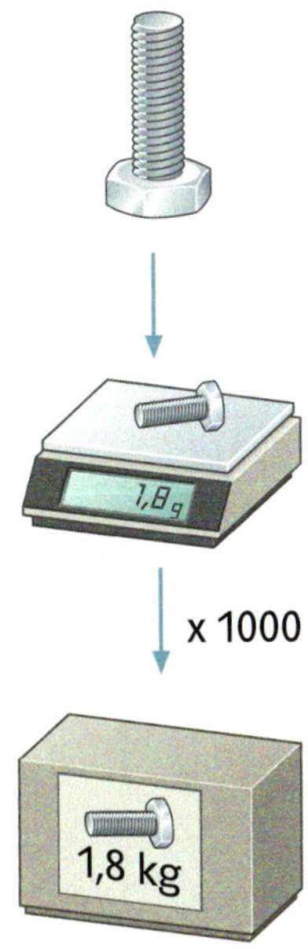

B7 Wie viele Schrauben sind in einer Packungseinheit?

A1 Ermittle die Anzahl der Eisenatome und der Sauerstoffatome in einer Portion von 79,8 g rotem Eisenoxid (Fe_2O_3).

	2 Mg	+ O_2	⟶ 2 MgO
Teilchenanzahl N	2	1	2
oder	200	100	200
oder	$2 \cdot 6 \cdot 10^{23}$	$1 \cdot 6 \cdot 10^{23}$	$2 \cdot 6 \cdot 10^{23}$
Stoffmengen n	2 mol	1 mol	2 mol
Massen m			
$N \cdot m_t$	2 · 24,3 u	+ 1 · 32,0 u	= 2 · 40,3 u
mit 1 u = 1 g/1 mol			
$n \cdot m_t$	2 mol · 24,3 g/mol	+ 1 mol · 32,0 g/mol	= 2 mol · 40,3 g/mol
	48,6 g	+ 32,0 g	= 80,6 g

B6 Teilchenanzahl, Stoffmenge und Masse am Beispiel der Reaktion des Magnesiums mit Sauerstoff.

5.8 Exkurs Volumen und Teilchenanzahl von Gasen

B1 AMEDEO AVOGADRO (1776–1856)

Gase nehmen im Gegensatz zu festen und flüssigen Stoffen bei gleicher Masse einen viel größeren Raum ein. So hat z. B. 1 g Wasser im flüssigen Zustand bei 20 °C und 1013 hPa ein Volumen von etwa 1 cm³. Verdunstet diese Wasserportion, so nimmt das Wasser das ca. 1300fache Volumen, also 1300 cm³ ein.

Ein Stoff im gasförmigen Zustand besteht aus einzelnen frei beweglichen Teilchen, die im Vergleich zu ihrer eigenen Größe weit voneinander entfernt sind. Der leere Raum zwischen den einzelnen Teilchen bestimmt das Volumen einer Gasportion.
Die *Teilchengröße* hat auf das *Volumen* des Gases *keinen Einfluss*.

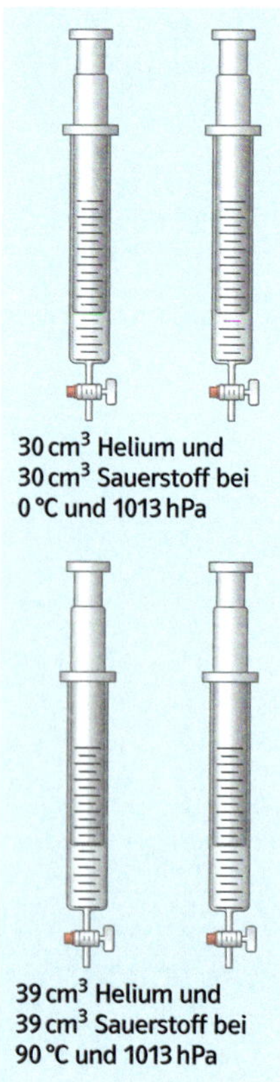

B2 Volumenvergrößerung bei der Erwärmung von Gasen

Das Volumen von Gasportionen bei Temperatur- und Druckänderungen. Erwärmt man z. B. 30 cm³ Helium, Sauerstoff oder Luft von 0 °C auf 90 °C, so weisen alle drei Gasportionen ein Volumen von etwa 39 cm³ auf. Erwärmt man Portionen gleichen Volumens *verschiedener Gase*, so beobachtet man also bei *gleicher Temperaturerhöhung* immer die gleiche *Volumenvergrößerung*. Portionen verschiedener Flüssigkeiten und Feststoffe gleichen Volumens dehnen sich im Gegensatz zu den Gasen unterschiedlich stark aus. Auch bei gleicher Druckänderung ist die Änderung des Volumens bei allen Gasen gleich groß, wenn die Temperatur gleich bleibt.

Dieses *Gleichverhalten der Gase* legt die Vermutung nahe, dass in gleichen Volumina verschiedener Gase unter gleichen Bedingungen gleich viele Teilchen enthalten sind. Diese Vermutung formulierte der italienische Physiker AMEDEO AVOGADRO bereits 1811 als Hypothese.

In gleichen Volumina verschiedener Gase sind gleich viele Teilchen enthalten, wenn der Druck der Gasportionen und deren Temperatur gleich sind.

Das molare Volumen. Nach AVOGADRO müssen Gasportionen mit gleichen Teilchenanzahlen auch gleiche Volumina besitzen.
Diese Gemeinsamkeit aller Gase wird besonders deutlich bei der Betrachtung des

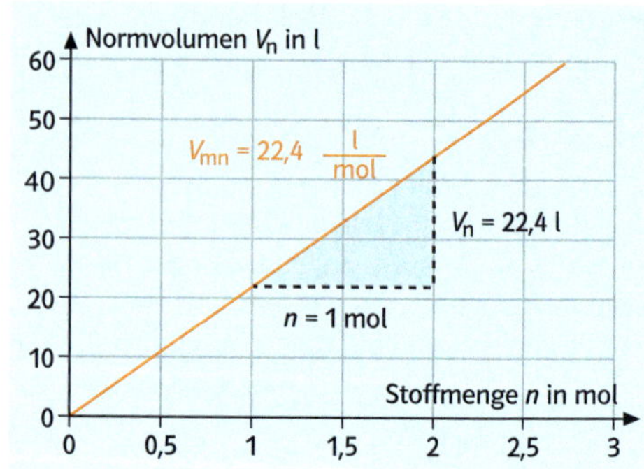

B3 Zusammenhang zwischen Stoffmenge und Volumen bei Gasen

Zusammenhangs zwischen dem Volumen einer Gasportion und deren Stoffmenge. Für alle gasförmigen Stoffe ergibt sich derselbe Zusammenhang.

Charakteristisch ist der Quotient aus dem Volumen V und der Stoffmenge n. Man bezeichnet diesen als molares Volumen V_m.

$V_m = \frac{V}{n}$ Einheit: $\frac{\text{Liter}}{\text{Mol}}$ (Zeichen: $\frac{l}{mol}$)

Bei gleichem Druck und gleicher Temperatur haben alle Gase (im Gegensatz zu Flüssigkeiten und Feststoffen) das gleiche molare Volumen. Bei *Normbedingungen* ist das molare Volumen von Gasen $\boldsymbol{V_{mn} = 22{,}4\ l/mol}$. Bei *Zimmertemperatur* (etwa 20 °C) und einem Luftdruck, der nicht weit vom Normdruck (1013 hPa) abweicht, kann man mit dem Wert **24 l/mol** rechnen. (Der Index n in V_{mn} steht für „Norm" und ist nicht mit dem kursiven „*n*" für Stoffmenge zu verwechseln.)

A1 **a)** Berechne die molare Masse bzw. Teilchenmasse für Sauerstoffteilchen.
Hilfen: Für Gase gilt: $M = \rho \cdot V_{mn}$
ρ(Sauerstoff) = 1,429 g/l bei Normbedingungen.
b) Warum ist das Ergebnis ein Hinweis darauf, dass Sauerstoff aus Molekülen und nicht aus Atomen besteht?

5.9 Durchblick Zusammenfassung und Übung

B1 Bleiglanz

Masse Stoff	26,98 g Aluminium	12,01 g Graphit	18,02 g Wasser	32,0 g Sauerstoff	87,92 g Eisensulfid
Stoffportion	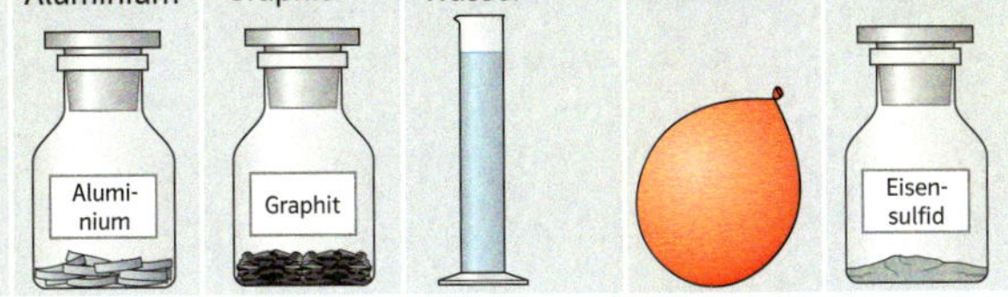				
Stoffmenge	1 mol	1 mol	1 mol	1 mol	1 mol
Teilchenanzahl	$6{,}022 \cdot 10^{23}$	$6{,}022 \cdot 10^{23}$	$6{,}022 \cdot 10^{23}$	$6{,}022 \cdot 10^{23}$	$6{,}022 \cdot 10^{23}$
Teilchenart	Al-Atome	C-Atome	H_2O-Moleküle	O_2-Moleküle	FeS-Gruppen
Teilchenmasse	26,98 u	12,01 u	18,02 u	32,00 u	87,92 u

B2 Verschiedene Stoffportionen enthalten Teilchen in der gleichen Anzahl

Reaktionsgleichung
Stehen im Reaktionsschema an Stelle der Namen für die Stoffe die Formeln, erhält man die Reaktionsgleichung. Die Anzahl der Atome auf beiden Seiten des Reaktionspfeils muss gleich sein.

Verhältnisformel, Elementargruppe
Die Zusammensetzung einer Verbindung wird durch die Verhältnisformel angegeben. Sie besteht aus den Zeichen und dem Anzahlverhältnis der Atome. Eine Elementargruppe ist eine gedachte Einheit in einem Atomverband. Mit den Formeln von Molekülen werden dagegen die Anzahl und Art der Atome angegeben, die fest miteinander verbunden sind.

Atommasse
Die Masse von Atomen wird durch die Einheit u angegeben. Die Masse des Wasserstoffatoms ist $m_t(H) \approx 1\,u$.

Massenverhältnis und Teilchenanzahl
Mithilfe von Teilchenmassen und Anzahl der Teilchen lassen sich Massenverhältnisse von Stoffportionen berechnen.

Masse und Teilchenanzahl
Der Quotient aus Masse einer Stoffportion und der Masse eines Teilchens des Atomverbands ergibt die Teilchenanzahl. Diese wird in der Einheit Mol angegeben.

$1\,mol = 1\frac{g}{u} \approx 6 \cdot 10^{23}$

A1 Das wichtigste Bleierz besteht hauptsächlich aus Bleiglanz. [B1]. Aus diesem Sulfiderz wird Blei gewonnen, indem Bleisulfid mit Luft zu Bleioxid und Schwefeldioxid reagiert. Umgesetzt wird jedoch nur ein Anteil von zwei Dritteln der Gesamtmasse des Bleisulfids. Das restliche Drittel des Bleisulfids lässt man dann unter Luftabschluss mit dem entstandenen Bleioxid zu Blei und Schwefeldioxid reagieren.
a) Formuliere für die beschriebenen Reaktionen die Reaktionsschemata.
b) Ermittle mithilfe der Massen für die Elementargruppen bzw. für die Moleküle die jeweiligen Formeln und formuliere damit die Reaktionsgleichungen.

m_t (Bleisulfid)	239,3 u
m_t (Bleioxid)	223,2 u
m_t (Sauerstoff)	32 u
m_t (Schwefeldioxid)	64,1 u

A2 Berechne die Masse der Bleiportion, die aus einer Tonne Bleisulfid hergestellt werden kann.

A3 Der Inhalt einer Packung Bastelperlen hat die Masse 496 g. Wie viele Perlen sind enthalten, wenn die Masse von 10 Perlen 8 g beträgt?

B3 Bastelperlen

A4 Graphit ist ein Stoff, der z. B. in Bleistiftminen enthalten ist und zum Schmieren von Türschlössern verwendet wird. Eine Graphitportion enthält $3 \cdot 10^{23}$ Kohlenstoffatome. Gib ihre Anzahl in der Einheit Mol an. Welche Masse hat die Graphitportion?

5.10 Alkalimetalle – eine Elementgruppe

Die bisher behandelten Metalle unterscheiden sich trotz gemeinsamer Eigenschaften deutlich voneinander. Im Gegensatz dazu gibt es eine Gruppe von Metallen mit außergewöhnlichen und auffällig ähnlichen Eigenschaften.

Schon die Aufbewahrung ist überraschend. Lithium-, Natrium- und Kaliumstücke werden in Paraffinöl aufbewahrt. Rubidium und Caesium sind in Ampullen eingeschmolzen.
Lithium, *Natrium*, *Kalium*, *Rubidium* und *Caesium* bilden die Elementgruppe der *Alkalimetalle*. Die Zeichen der Atome sind: Li, Na, K, Rb, Cs.

B1 Schneiden von Natrium an Luft

Vergleich der Eigenschaften. So wie die Lithium-, Natrium- und Kaliumstücke aussehen und aufbewahrt werden, könnte man bezweifeln, dass es sich dabei um Metalle handelt. Überraschenderweise lassen sie sich mit dem Messer schneiden. Es zeigt sich, dass die Stücke von einer Kruste überzogen sind. Die frischen Schnittflächen glänzen silbrig. Sie überziehen sich aber schnell wieder mit einem matten Belag. Beim etwas zähen Lithium zeigt sich der Glanz ein wenig länger als beim weichen Natrium, dessen Schnittfläche sofort wieder matt wird. Das noch weichere Kalium überzieht sich schon während des Schneidens mit einer matt bläulichen Schicht.
Lithium, Natrium und Kalium leiten den elektrischen Strom.

B2 Alkalimetalle. Rubidium (links) und Caesium (Mitte) werden in Ampullen, die anderen unter Paraffinöl aufbewahrt

Glanz, Verformbarkeit und elektrische Leitfähigkeit zeigen, dass Metalle vorliegen.

Lithiumstücke schwimmen auf Paraffinöl. Von diesen Feststoffen hat Lithium die geringste Dichte. Auch Natrium und Kalium haben kleinere Dichten als Wasser [B4].

Alkalimetalle haben niedrige Schmelztemperaturen. Lediglich Lithium schmilzt bei einer Temperatur von über 100 °C. Erhitzt man frisch geschnittene Stückchen von Lithium, Natrium und Kalium gleicher Größe auf einem Keramik-Drahtnetz, sodass alle von der erhitzten Stelle gleich weit entfernt sind, entzündet sich Kalium sehr schnell und brennt mit hellvioletter Flamme. Es folgt Natrium mit leuchtend gelber Flamme. Zuletzt brennt Lithium sehr hell. Die Flamme zeigt einen roten Saum. Rubidium und Caesium sind so reaktionsfreudig, dass sie in Glasampullen aufbewahrt werden. Kommen Caesium bzw. Rubidium mit Luft in Berührung, so entzünden sie sich schon bei Zimmertemperatur.

Die Reaktion der Alkalimetalle mit Wasser. Legt man ein kleines entrindetes Stückchen Natrium auf ein nasses Filterpapier, schmilzt das kantige Stückchen durch die bei der exothermen Reaktion mit Wasser frei werdende thermische Energie sofort zu einer Kugel und entzündet sich. Wird ein frisch geschnittenes Natriumstückchen in eine große mit Wasser gefüllte Schale geworfen, bildet sich sofort eine Kugel, die auf der Wasseroberfläche zischend hin- und herfährt und eine Spur von Gasbläschen hinterlässt. Die Kugel wird schnell kleiner und verschwindet.

B3 Die Reaktion des Natriums mit Wasser verläuft stark exotherm

► Struktur der Materie

Element	Zeichen für das Atom	Dichte in g/cm³	Schmelztemperatur in °C	Siedetemperatur in °C	Härte	Entzündungstemperatur	Heftigkeit der Reaktion mit Wasser	Flammenfärbung
Lithium	Li	0,53	180	1342	nimmt ab ↓	nimmt ab ↓	nimmt zu ↓	karminrot
Natrium	Na	0,97	98	883				gelb
Kalium	K	0,86	63	760				violett
Rubidium	Rb	1,53	39	686				dunkelrot
Caesium	Cs	1,88	28	669				blau

B4 Eigenschaften der Alkalimetalle im Vergleich. Viele Eigenschaften, in denen sich die Alkalimetalle ähnlich sind, ändern sich in abgestufter Weise

Ein Stückchen Lithium reagiert bei diesem Versuch wie Natrium, jedoch langsamer und ohne zu schmelzen. Gelangt ein Stückchen Kalium auf die Wasseroberfläche, schmilzt es und entzündet sich sofort. Rubidium und Caesium reagieren mit Wasser explosionsartig.

Bei der Reaktion der Alkalimetalle mit Wasser entstehen Wasserstoff und ein gelöster Stoff. Dampft man die jeweilige Lösung ein, so bleibt ein weißer Feststoff zurück. Bei diesen festen Reaktionsprodukten handelt es sich um eine Alkalimetall-Wasserstoff-Sauerstoff-Verbindung. Diese Verbindungen werden **Alkalimetallhydroxide** genannt. Die Reaktionen verlaufen exotherm.

Beispiel Natrium:
$$2\,Na + 2\,H_2O \longrightarrow 2\,Na(OH) + H_2$$

Für die Hydroxide der Alkalimetalle ergeben sich folgende Verhältnisformeln:
Li(OH), Na(OH), K(OH), Rb(OH), Cs(OH).

Die Atomgruppe OH, die **Hydroxidgruppe**, ist verantwortlich für die alkalische Lösung, die bei der Reaktion mit Wasser entsteht.
Dies wird durch die Rotfärbung von Phenolphthalein angezeigt.

Vorkommen der Alkalimetalle. In der Natur kommen diese Metalle nur in Form ihrer Verbindungen vor. Der Name al-kali ist das arabische Wort für Pottasche, eine Kaliumverbindung, die man aus Pflanzenasche gewinnen kann.

Wie die Verbindungen des Kaliums sind auch die des Natriums schon seit mehreren tausend Jahren bekannt. Natron (von ägyptisch Neter) und Soda sind Natriumverbindungen, die in Salzseen und Salzablagerungen vieler Trockengebiete vor kommen. Im Alltag begegnet uns Natron z. B. im Back- und Brausepulver, Soda in vielen Waschmitteln. Kalium und Natrium wurden als erste Alkalimetalle 1807 entdeckt.

Flammenfärbung. Bringt man eine Natriumverbindung in die nichtleuchtende Brennerflamme, leuchtet diese wie die Flamme des brennenden Natriums intensiv gelb. Auch die anderen Alkalimetalle und ihre Verbindungen erzeugen charakteristische Flammenfarben [B5].

A1 Erkläre, warum ein Natriumbrand nicht mit Wasser gelöscht werden darf. Schlage ein Löschmittel für einen kleinen Natriumbrand vor.

A2 Auf einem Etikett einer Mineralwasserflasche ist zu lesen „Kalium 2,3 mg/l" (Kap. 5.1, B1). Begründe, dass das Mineralwasser nicht den elementaren Stoff Kalium enthalten kann.

V1 (Schutzbrille!) Man erhitzt im Reagenzglas ein kleines Stück Natrium unter Paraffinöl.

V2 (Schutzbrille!) Man prüft die elektrische Leitfähigkeit eines Natriumstücks aus der Vorratsflasche. Dazu berührt man zunächst mit den beiden Elektroden die Oberfläche. Danach werden die Elektroden in das Natriumstück gesteckt.

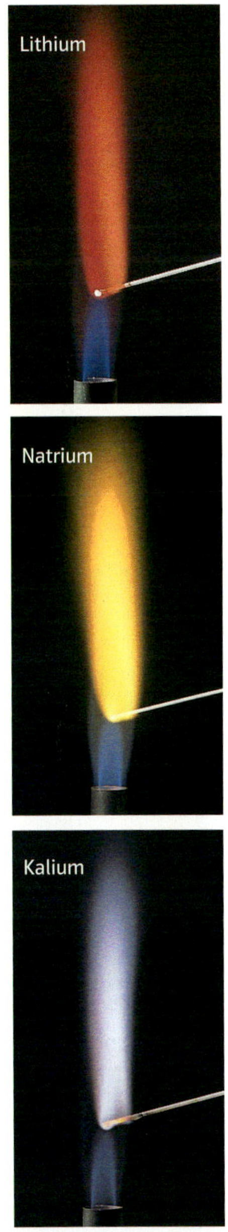

B5 Flammenfärbung durch Verbindungen der Alkalimetalle

5.11 Exkurs Erdalkalimetalle

B1 Calciumkörner

Ähnliche Eigenschaften wie bei den Alkalimetallen findet man bei den Elementen Beryllium, Calcium, Magnesium, Strontium und Barium. Da ihre Verbindungen wesentlich am Aufbau des Erdmantels beteiligt sind, bezeichnet man die Elementgruppe als Erdalkalimetalle.

Calcium. Das Metall Calcium wird im Labor meist in Form von Körnern, die man manchmal auch unter Paraffinöl aufbewahrt, verwendet [B1]. Reines Calcium glänzt silbrig und leitet den elektrischen Strom. Wird es an der Luft aufbewahrt, überzieht es sich mit einem matten, grauen Belag, der sich abschleifen lässt [V1]. Die glänzende Fläche wird nach einiger Zeit wieder matt. Wird ein Calciumkorn erhitzt, brennt es mit heller, rötlicher Flamme. Dabei entsteht ein weißer Rauch. In dieser Reaktion reagiert Calcium mit Sauerstoff zu Calciumoxid, einem Feststoff mit der Verhältnisformel CaO. Die Reaktionsgleichung lautet:

$$2\,Ca + O_2 \longrightarrow 2\,CaO$$

Mit Wasser reagiert Calcium unter Bildung von Wasserstoff und Calciumhydroxid [V2, B2]. Seine Formel lautet $Ca(OH)_2$, die Atomgruppe OH ist in dieser Verbindung doppelt so häufig vertreten wie die Calciumatome.

$$Ca + 2\,H_2O \longrightarrow Ca(OH)_2 + H_2$$

Sowohl Calciumoxid als auch Calciumhydroxid ergeben mit Wasser alkalische Lösungen [V2].

B2 Reaktion von Calcium mit Wasser

A1 Gebrannter Kalk und gelöschter Kalk sind Baustoffe (Kap. 5.1). Gelöschter Kalk wird aus gebranntem Kalk (Calciumoxid) und Wasser hergestellt.
a) Formuliere die Reaktionsgleichung für die Bildung des gelöschten Kalks aus Branntkalk.
b) Warum sollte ein Bauarbeiter bei der Herstellung des gelöschten Kalks eine Schutzbrille tragen?

V1 (Schutzbrille! Hautkontakt vermeiden!) Bringe ein größeres Calciumkorn mithilfe einer Tiegelzange oder einer Pinzette unter die Öffnung eines mit Wasser gefüllten Reagenzglases. Das Reagenzglas steht umgekehrt in einem Becherglas, das als pneumatische Wanne dient. Wiederhole den Versuch so lange, bis das Reagenzglas mindestens bis zur Hälfte mit Gas gefüllt ist. Nimm das Reagenzglas aus dem Wasser heraus und halte es mit der Mündung über eine Flamme (Knallgasprobe). Gib in eine Probe der im Versuch entstandenen Flüssigkeit einen Tropfen Phenolphthaleinlösung.

V2 Gib ein Stück abgeschliffenes Magnesiumband in ein Reagenzglas mit Wasser. Beobachte etwa zwei Minuten und füge dann einige Tropfen Phenolphthaleinlösung zu.

V3 (Blinzeln! Nicht in das Licht schauen! Feuerfeste Unterlage verwenden!) Ein Stück Magnesiumband wird in der Brennerflamme entzündet und außerhalb der Brennerflamme gehalten.

B3 Reaktion von Magnesium mit Wasser

Element	Zeichen für das Atom	Atommasse in u	Dichte in g/cm³	Schmelztemperatur in °C	Härte	Heftigkeit der Reaktion mit Wasser	Flammenfärbung	Verhältnisformel des Oxids	Verhältnisformel des Hydroxids
Magnesium	Mg	24,3	1,74	649	nimmt zu	nimmt zu	--	MgO	$Mg(OH)_2$
Calcium	Ca	40,1	1,54	839			orange	CaO	$Ca(OH)_2$
Strontium	Sr	87,6	2,60	769	nimmt zu		karminrot	SrO	$Sr(OH)_2$
Barium	Ba	137,3	3,51	725			grün	BaO	$Ba(OH)_2$

B4 Eigenschaften der Erdalkalimetalle im Vergleich

► Struktur der Materie

Magnesium. Das Metall Magnesium zeigt ähnliche Reaktionen wie Calcium. Magnesium wird häufig als Band oder in Form von Spänen verwendet. An der Luft wird die Metalloberfläche nach einiger Zeit matt. Magnesium verbrennt mit weißem, gleißend hellem Licht zu Magnesiumoxid, MgO [V5]. Auch Magnesium reagiert mit Wasser, die Reaktion ist jedoch nicht so heftig wie die mit Calcium [V4, B3]. Das in dieser Reaktion gebildete Magnesiumhydroxid, $Mg(OH)_2$, ist noch weniger in Wasser löslich als Calciumhydroxid. Magnesiumoxid reagiert kaum mit Wasser.

Strontium und Barium. Diese beiden Metalle reagieren wesentlich heftiger mit Sauerstoff und Wasser als Magnesium und Calcium. Strontium und Barium müssen daher unter Paraffinöl aufbewahrt werden. In ihrem Verhalten sind sie den Alkalimetallen noch ähnlicher als Calcium und Magnesium. Strontium- und Bariumverbindungen werden als „Farbgeber" in Feuerwerken eingesetzt. Strontium ist für die rote, Barium für die grüne Farbe verantwortlich [B6].

A2 Schreibe in einer Tabelle die Eigenschaften des Calciums und des Natriums auf. Vergleiche.

A3 Magnesium verbrennt in Sauerstoff mit grell leuchtendem Licht zu Magnesiumoxid. Formuliere die Reaktionsgleichung.

A4 Brennendes Magnesium kann man nicht mit Wasser löschen. Warum nicht?

A5 Schreibe die Verhältnisformeln der Hydroxide von Lithium, Natrium, Kalium, Calcium, Magnesium und Barium auf. Vergleiche.

A6 Magnesiumfackeln werden zur Beleuchtung bei Tauchgängen in Tiefen verwendet, in denen Unterwasserscheinwerfer zerstört würden. Allerdings trübt sich beim Verbrennen des Magnesiums die Umgebung sehr schnell, sodass die Sicht eingeschränkt wird. Erkläre, worauf diese Trübung des Wassers in der Umgebung der brennenden Fackel zurückzuführen ist.

Praktikum Flammenfärbung

Bringt man Proben von Alkalimetallen, einigen Erdalkalimetallen oder ihren Verbindungen in die nicht leuchtende Flamme eines Gasbrenners, so zeigen sich charakteristische Flammenfärbungen, die zum Nachweis der jeweiligen Elemente dienen können.

Geräte und Chemikalien: Schutzbrille! Gasbrenner, Stativ, Doppelmuffe, Universalklemme, Becherglas (100 ml), 8 Uhrgläser, 2 Magnesiastäbchen, Cobaltglas, Tropfpipette; Lithiumchlorid, Natriumchlorid, Kaliumchlorid, Strontiumchlorid, Bariumchlorid, Speisesalz, Pflanzenasche, Backpulver, unbekannte Alkali- oder Erdalkalimetallverbindung, Salzsäure ($c \approx 2$ mol/l).

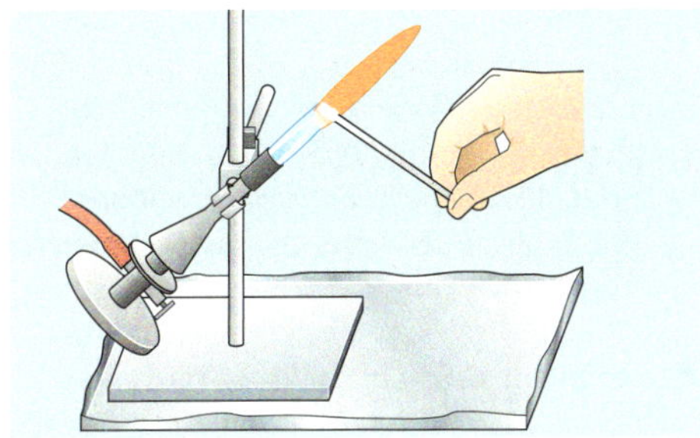

B5 Versuchsaufbau

Durchführung: Spanne den Gasbrenner wie in [B5] gezeigt ein. Tauche ein Magnesiastäbchen in die verdünnte Salzsäure (im Becherglas) und glühe es in der rauschenden Brennerflamme so lange aus, bis die Flamme nicht mehr gefärbt ist. Tauche dann das abgekühlte Magnesiastäbchen noch einmal kurz in die Salzsäure ein, damit es befeuchtet ist, und tupfe es auf die Kristalle der Probe. Halte nun das Stäbchen mit der Stoffprobe etwas oberhalb des hellblauen Innenkegels der rauschenden Brennerflamme. Beobachte die Flammenfärbung und notiere die Farbe.
Reinige das Magnesiastäbchen vor jeder weiteren Untersuchung einer neuen Probe durch Eintauchen in Salzsäure und Ausglühen. Betrachte die Flammen auch durch das Cobaltglas.

Auswertung:
1. Beschreibe das Aussehen der Flammen.
2. Welche Alkali- oder Erdalkalielemente sind in den Verbindungen des Speisesalzes, der Pflanzenasche (z. B. Holzasche), des Backpulvers oder der unbekannten Substanz enthalten?
3. Bei welchen Proben war das Cobaltglas nützlich? Erkläre seinen Nutzen.

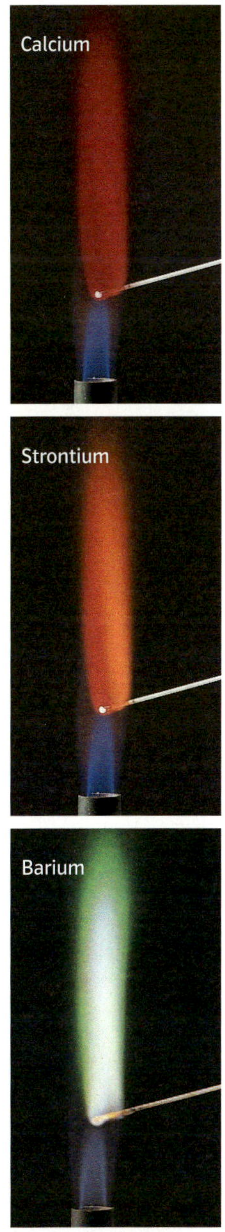

B6 Flammenfärbungen durch Verbindungen der Erdalkalimetalle

5.12 Halogene

B1 Bleichende Wirkung von Chlor. Farbstoffe werden zerstört

Die in diesem Kapitel vorgestellten Elemente Fluor, Chlor, Brom und Iod sind Nichtmetalle, die alle gesundheitsschädlich bis sehr giftig sind.

Chlor ist ein stechend riechendes, gelbgrünes Gas, das seinen Namen von dieser Farbe erhalten hat (von griech. chloros, grün). Es besitzt eine höhere Dichte als Luft [B5]. Chlor löst sich in Wasser. In 100 g Wasser lösen sich ca. 0,74 g Chlor, das entspricht einem Volumen von ca. 0,25 l (bei 25 °C und 1013 hPa).
Chlor kann im Labor aus seinen Verbindungen, Calciumhypochlorit bzw. Salzsäure, hergestellt werden [V1]. Industriell wird es aus Kochsalz gewonnen.

Giftwirkung von Chlor. Eingeatmetes Chlor verätzt die Schleimhäute der Atemwege und die Lungenbläschen. Beim Experimentieren sind daher besondere Vorsichtsmaßnahmen erforderlich, die verhindern, dass Chlorgas in die Atemluft gelangt. Experimente werden deswegen entweder unter dem Abzug ausgeführt oder es werden Aktivkohlefilter auf die Öffnungen der Apparatur aufgesetzt. Solche Filter werden auch in Atemschutzgeräten eingesetzt, um bei Unglücksfällen eventuell enthaltenes Chlor aus der Atemluft zu adsorbieren.

Vorsicht

Nicht zusammen mit Säuren und sauren Reinigern, z. B. WC-Reinigern und Entkalkern, verwenden. Es können gefährliche Chlordämpfe entstehen.
Bei Spritzern in die Augen sofort mit Wasser ausspülen.
Bei irrtümlicher Einnahme viel Wasser oder Milch trinken. In beiden Fällen sofort Arzt aufsuchen.

B2 Sicherheitshinweise auf dem Etikett eines Sanitärreinigers

Verwendung. Viele Farbstoffe werden von Chlor gebleicht [B1]. Sie verlieren ihre ursprüngliche Farbe, werden „bleich", weil sich ihre Moleküle bei der Reaktion mit Chlor verändern. Auf dieser Reaktionsfähigkeit beruht auch der Einsatz von Chlor zum Bleichen von Papier und Textilien. Alle Farbstoffe darin werden zerstört. Chlorbleichlaugen und manche Haushaltsreiniger [B2] enthalten Chlorverbindungen, die zu Chlorgas und anderen Reaktionsprodukten reagieren können.
Ein wichtiger Einsatzbereich für Chlor liegt in der Wasseraufbereitung. Bei der *Chlorung* wird dem Trinkwasser Chlor oder Chlordioxid zugesetzt, damit sich in den Leitungen keine Bakterien ansiedeln und vermehren können.

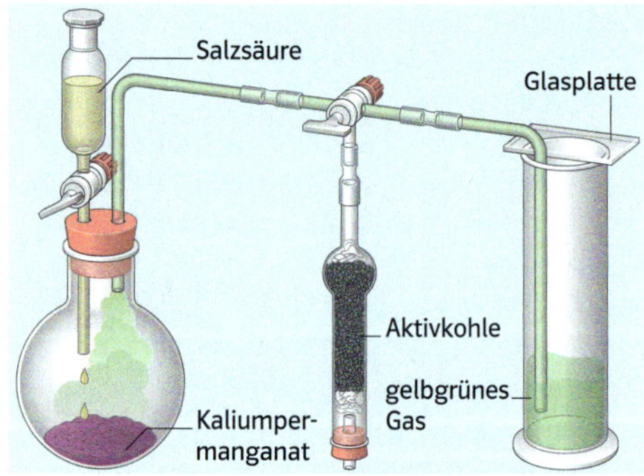

B3 Herstellung von Chlor aus Salzsäure

Um die Gesundheit nicht zu gefährden, wird die Dosierung möglichst niedrig gehalten: in Trinkwasser 0,1 mg Chlor, in Schwimmbädern dagegen 0,3 bis 0,6 mg Chlor pro Liter Wasser. Zur Herstellung von PVC (Polyvinylchlorid) und anderen Kunststoffen sowie vielen weiteren Produkten kommt Chlor in der Industrie in großen Mengen zum Einsatz.

V1 (Vorsicht! Abzug!) Zur Herstellung von Chlor lässt man halbkonzentrierte Salzsäure mit Calciumhypochlorit oder Kaliumpermanganat [B3] reagieren. Die Standzylinder mit dem aufgefangenen Chlorgas verschließt man sofort.
Ein mit Aktivkohle als Adsorptionsmittel gefülltes Rohr wird angeschlossen.

V2 (Abzug!) In ein Gefäß mit Chlor gibt man farbige Blüten [B1] oder ein angefeuchtetes Stück farbig gemustertes Textilgewebe.

V3 (Abzug!) Man gibt in ein mit Bromdampf bzw. Chlorgas gefülltes Gefäß etwas Aktivkohle und schüttelt.

V4 **a)** Versuche, im Reagenzglas durch Schütteln etwas Iod in Wasser zu lösen.
b) Wiederhole den Versuch mit Alkohol (Brennspiritus) als Lösungsmittel.

A1 Welches Volumen an Chlor benötigt man im Durchschnitt, um 1 l Schwimmbadwasser zu chloren?

B4 Halogene Chlor, Brom, Iod (von links) und ihre Farben im gasförmigen Zustand

Halogen	Molekülformel	Atommasse (u)	Farbe (Gas)	Schmelztemperatur in (°C)	Siedetemperatur in (°C)	Dichte bei 20 °C (g/ml)	Gefahrensymbol
Fluor	F_2	19	hellgelb	−219	−188	0,0016	T+, C
Chlor	Cl_2	35,5	gelbgrün	−101	−35	0,0030	T, N
Brom	Br_2	80	rotbraun	−7	59	3,12	T+, C, N
Iod	I_2	127	violett	113	184	4,93	Xn, N

B5 Die Eigenschaften der Halogene verändern sich innerhalb der Elementgruppe in gleichmäßiger Weise

Brom ist eine leicht verdunstende, rotbraune, sehr giftige Flüssigkeit. Der unangenehme Geruch der Bromdämpfe (von griech. bromos, übel riechend) hat dem Element den Namen gegeben. Bei Kontakt mit Brom kann es zu starker Reizung der Augen und der Atmungsorgane kommen, auf der Haut entstehen tief gehende Verätzungen.

Iod ist bei Zimmertemperatur ein Feststoff, der in Form von metallisch glänzenden, grauschwarzen Plättchen vorliegt. Bereits bei geringer Erwärmung sublimiert er merklich. Dabei entsteht violetter Ioddampf. Der Farbe des Dampfes (von griech. iodes, veilchenblau) verdankt das Element seinen Namen. Ioddämpfe sind giftig.

Fluor ist ein hellgelbes Gas mit einem chlorähnlichen Geruch. Es verursacht schwere Verätzungen der Atemwege und der Haut. Wegen seiner außerordentlichen Reaktionsfähigkeit ist im Umgang mit Fluor größte Vorsicht geboten. Viele Stoffe reagieren mit Fluor unter Flammenerscheinung. Weil es auch Glas zerstört, wird Fluor in Kupfergefäßen aufbewahrt.

Elementgruppe. Viele Eigenschaften der Elemente Fluor, Chlor, Brom und Iod ändern sich gleichmäßig in einer Reihe vom Fluor zum Iod [B5]. Man fasst diese Elemente zu einer Elementgruppe zusammen, die man Halogene nennt. Die Halogene bestehen aus zweiatomigen Molekülen: F_2, Cl_2, Br_2, I_2.

Exkurs Die Arbeitsplatzgrenzwerte

	Halogene			
AGW	**Fluor**	**Chlor**	**Brom**	**Iod**
β in mg/m³	0,16	1,5	0,7	1,1
σ in ml/m³	0,1	0,5	0,1	0,1

Beschäftigte, die mit Gefahrstoffen arbeiten, müssen vor den Auswirkungen giftiger Stoffe in der Atemluft geschützt werden. Auch sehr kleine Anteile geruchloser, giftiger Stoffe können die Gesundheit gefährden.
Dem Schutz der Gesundheit am Arbeitsplatz dienen die **A**rbeitsplatz**g**renz**w**erte (**AGW**).
Sie geben die höchstzulässige Konzentration eines Arbeitsstoffes als Gas, Dampf oder Schwebstoff in der Luft am Arbeitsplatz an. Bei Einhaltung der Werte wird bei einer wöchentlichen Arbeitszeit von 40 Stunden nach gegenwärtigem Stand der Wissenschaft auch bei langfristiger Einwirkung die Gesundheit i. Allg. nicht beeinträchtigt.
Die AGW werden immer wieder überprüft und neu festgesetzt, wenn es medizinisch erforderlich und messtechnisch möglich ist. Bei den AGW ist zwischen der Massenkonzentration β (Einheit mg/m³) und der Volumenkonzentration σ (Einheit ml/m³ = ppm, parts per million) zu unterscheiden.

A2 Der Umgang mit Iod ist weniger gefährlich als der mit anderen Halogenen. Der Arbeitsplatzgrenzwert σ (Einheit ml/m³) ist aber genauso hoch wie der von Brom und Fluor. Wie ist das zu erklären?

5.13 Halogene sind Salzbildner

B1 Natrium reagiert heftig mit Chlor

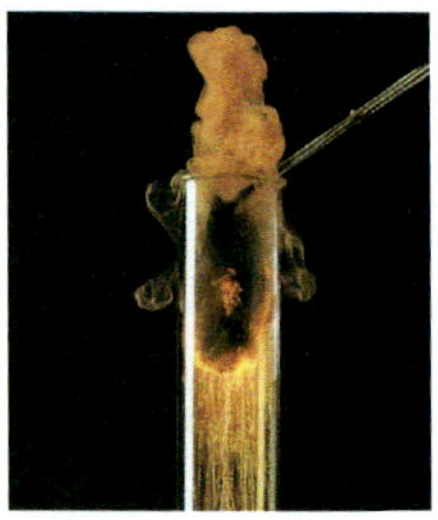

B2 Reaktion von Eisenwolle mit Chlor

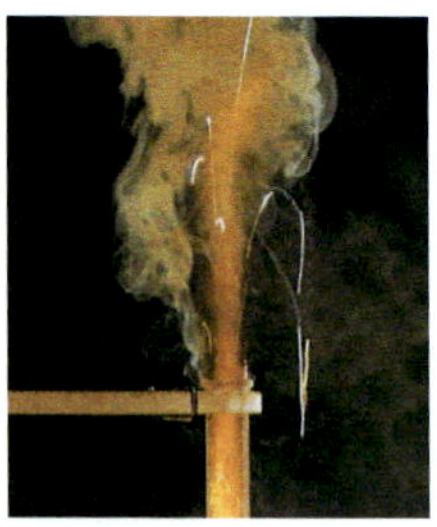

B3 Reaktion von Brom mit Aluminium

B4 Bromwasser reagiert mit Kupfer

Halogen bedeutet **Salzbildner** (von griech. hals für Salz und griech. gennan, bilden). Wenn Halogene Salze bilden können, müssen sie reaktionsfähige elementare Stoffe sein. Als Reaktionspartner wählen wir zuerst verschiedene Metalle, wie z. B. Natrium.

Reaktion von Chlor mit Natrium. Lässt man Chlorgas auf geschmolzenes Natrium einwirken [B1, V1], so setzt unter Aussendung von gelbem Licht eine heftige Reaktion ein. Dabei verschwindet die gelbgrüne Farbe des Chlors und es entsteht ein *weißer Feststoff*, der als **Kochsalz** identifiziert werden kann. Zum Beispiel löst er sich gut in Wasser und es sind nach dem Verdunsten des Lösungsmittels die für Kochsalz typischen quaderförmigen Kristalle zu erkennen.

Natrium(s) + Chlor(g) ⟶ Natriumchlorid(s)
$2\,Na + Cl_2 \longrightarrow 2\,NaCl$

Im Gegensatz zu den Ausgangsstoffen ist Natriumchlorid ein lebensnotwendiger Stoff, den jeder Mensch in kleinen Mengen mit der Nahrung aufnehmen muss (Kap. 6.7).

Andere Metallchloride lassen sich aus dem jeweiligen Metall durch Reaktion mit Chlor synthetisieren. Mit Eisen erhält man *Eisenchlorid* [B2, V2], mit Kupfer *Kupferchlorid*.

$2\,Fe + 3\,Cl_2 \longrightarrow 2\,FeCl_3$
$Cu + Cl_2 \longrightarrow CuCl_2$

Alle drei Reaktionen verlaufen exotherm, jedoch mit unterschiedlicher Heftigkeit. Von den eingesetzten Metallen reagiert Natrium am heftigsten, Kupfer am wenigsten heftig. Natrium ist also am reaktionsfähigsten. Entsprechend ist die Bindungsfestigkeit im Endprodukt Natriumchlorid am größten, im Kupferchlorid dagegen am kleinsten. Die Metalle verhalten sich in ihrer Reaktionsfähigkeit und Bindungsfestigkeit mit Chlor ähnlich wie mit Sauerstoff oder mit Schwefel.

Bromide und Iodide. Aus Aluminium und Brom entsteht in einer exothermen Reaktion *Aluminiumbromid* [B3, V3]:

$2\,Al + 3\,Br_2 \longrightarrow 2\,AlBr_3$

Kupfer reagiert mit in Wasser gelöstem Brom zu löslichem Kupferbromid [B4, V4].
Aus Magnesium und Iod entsteht in einer exothermen Reaktion *Magnesiumiodid* [V5]. Die Reaktion wird durch Zugabe von Wasser ausgelöst.

$Mg + I_2 \longrightarrow MgI_2$

Die Reaktionsprodukte aus Metallen und Halogenen, die **Metallhalogenide**, sind feste Stoffe mit meist hohen Schmelztemperaturen, viele lösen sich gut in Wasser.
Die Ähnlichkeit der Eigenschaften dieser Stoffe mit denen des Natriumchlorids („Salz") führte zum Oberbegriff **Salze** zunächst für alle Verbindungen aus Metallen und Halogenen, Metallhalogeniden.

Metall + Halogen ⟶ Metallhalogenid

So wird verständlich, warum Halogene als **Salzbildner** bezeichnet werden.

V1 (Abzug, Schutzbrille!)
a) In ein bis zum Erweichen erhitztes Reagenzglas bläst man ca. 2 cm über dem Boden ein Loch. Ein erbsengroßes, entkrustetes Natriumstück wird darin erhitzt. Kurz bevor sich das Natrium entzündet, taucht man das Reagenzglas in einen Zylinder mit Chlor.
b) Der entstandene weiße Stoff wird in möglichst wenig Wasser gelöst. Einen Tropfen der Lösung lässt man auf einem Objektträger eintrocknen und betrachtet den Rückstand unter dem Mikroskop.

V2 (Abzug!) Ein Standzylinder, dessen Boden mit Sand bedeckt ist, wird mit Chlor gefüllt. In das Gas wird erhitzte Eisenwolle getaucht. Der Versuch wird mit erhitztem Kupferblech wiederholt.

Zu den Salzen zählen auch *Oxide* und *Sulfide*. Salze entstehen z. B. bei der Reaktion von *Metallen* und *Nichtmetallen*. Zur systematischen Benennung von Salzen wird zuerst das Metall genannt, dann die Stammsilbe aus dem griechischen bzw. lateinischen Namen des Nichtmetalls mit angehängter Endung **-id**.

Reaktionsfähigkeit der Halogene. Vergleicht man die Reaktionsfähigkeit der Halogene Chlor, Brom und Iod mit jeweils *demselben* Metall [B5, V6], stellt man fest, dass auch die Halogene eine unterschiedliche Reaktionsfähigkeit zeigen. Sie nimmt von Chlor über Brom zum Iod hin ab.

Abnehmende Reaktionsfähigkeit →

F_2 Cl_2 Br_2 I_2

Dies entspricht einer Abnahme der Bindungsfestigkeit in den Kupferhalogeniden von Kupferchlorid bis Kupferiodid.

In der Elementgruppe der Halogene erkennt man eine abgestufte Änderung der jeweiligen Eigenschaften. Auch die Reaktionsfähigkeit mit Metallen ist eine Stoffeigenschaft. Sie nimmt von Fluor zu Iod hin ab.

Nachweis von Halogeniden. Gibt man zu Lösungen von Chloriden Silbernitratlösung, so entsteht jeweils eine weiße, trübe Flüssigkeit, eine Suspension, in der sich sofort ein weißer flockiger Feststoff absetzt. Man sagt: *Es ist ein weißer Niederschlag ausgefallen*. Das feste weiße Produkt ist aus den in beiden Lösungen enthaltenen Teilchen durch Umgruppierung dieser Teilchen entstanden. Der neue Stoff heißt *Silberchlorid*.
Entsprechend erhält man bei der Reaktion von Bromiden mit Silbernitratlösung weißgelbes *Silberbromid*, bei Iodiden gelbes *Silberiodid*. An der Farbe des Niederschlags ist erkennbar, welches Halogenid vorliegt.

Silbernitratlösung ist ein Nachweismittel für in Wasser gelöste Chloride, Bromide und Iodide. Man kann sie an der Farbe des Niederschlags unterscheiden.

V3 (Abzug!) In ein Reagenzglas füllt man ca. 1 cm hoch Brom und stellt es in Sand. Hierzu gibt man frisch abgerissene, aufgerollte Alufolie (ca. 5 cm x 3 cm).

V4 (Abzug!) Man gibt im Reagenzglas zu Bromwasser etwas Kupferpulver bzw. Zinkpulver und schüttelt kräftig. Beobachte die Farbänderung.

V5 (Abzug!) Man verreibt 1 g Magnesiumpulver mit ca. 2 g Iod und bildet daraus einen flachen Kegel. Man tropft etwas Wasser auf das Gemisch.

V6 (Abzug!) Man hält eine Kupferfolie (Blattmetall) in je einen Standzylinder mit Chlor-, Brom- und Ioddampf. Vergleiche die Reaktionsabläufe.

V7 Stelle jeweils eine Lösung von Natriumchlorid, Kaliumchlorid, Calciumchlorid, Natriumbromid, Kaliumbromid, Natriumiodid und Kaliumiodid in dest. Wasser her und gib in jedes Reagenzglas einige Tropfen Silbernitratlösung. (Vorsicht! Silbernitratlösung darf nicht in die Augen gelangen!) Beschreibe deine Beobachtungen.

A1 Formuliere für die Reaktionen von Aluminium mit Chlor und Kupfer mit Brom die Reaktionsgleichungen. Die Formel für Aluminiumchlorid ist: $AlCl_3$, die für Kupferbromid: $CuBr_2$.

A2 Vergleiche die Reaktionsfähigkeiten in den Elementgruppen der Alkalimetalle und der Halogene.

A3 Natriumchlorid, -bromid und -iodid sind weiße kristalline Substanzen. Proben von ihnen werden auf je ein Uhrglas gegeben und so vertauscht, dass ihre Herkunft nicht mehr erkennbar ist. Wie können die Substanzen identifiziert werden? Erstelle eine Versuchsplanung. Gib die zu erwartenden Ergebnisse an.

B5 Reaktion von Halogenen mit Kupfer. Die Reaktionsfähigkeit nimmt von Chlor (oben) über Brom (Mitte) zu Iod (unten) ab

5.14 Impulse Geschichte der Salzgewinnung

B1 Lüneburger Heide

Brauch:
Den neuen Haus- bzw. Wohnungsbewohnern bringen Gäste nach dem Umzug Brot und Salz mit. Diese drücken den Wunsch aus, dass kein Mangel an Lebensmitteln eintreten möge.

Natriumchlorid nimmt unter den in der Natur vorkommenden Salzen eine Sonderstellung ein. Es war in der Geschichte das teuer gehandelte „weiße Gold" und aller Einfallsreichtum wurde aufgeboten, um dieses Produkt zu gewinnen.

Siedesalz. Die Salzgewinnung durch Erhitzen von Sole (Salzlösung) war in Mitteleuropa die gebräuchlichste Herstellungsmethode [B2]. Man nutzte Solequellen oder laugte vorhandene Salzlager durch Zuleiten von Wasser aus; die entstehende Sole wurde in Brunnen gefördert und erhitzt. Dies erfolgte in Salinen. Die Betriebe konnten nur wirtschaftlich arbeiten, wenn billiges Brennmaterial in großen Mengen zur Verfügung stand. Viele Jahrhunderte lang war man auf Holz angewiesen; der Betrieb von Salinen führte zur Entwaldung ganzer Landstriche. So bildete sich z. B. die Lüneburger Heide aufgrund der Entwaldung durch den hohen Holzbedarf der Salinen von Lüneburg. Mit Beginn des Eisenbahnzeitalters konnte auch Kohle eingesetzt werden. Je geringer der Massenanteil des Salzes in der Sole ist (z. B. in Bad Kreuznach ca. 2 %, in Bad Dürkheim ca. 1 %), desto mehr Brennmaterial muss eingesetzt werden, um z. B. 1 kg Salz zu gewinnen. Zur Nutzung auch der salzärmeren Quellen baute man **Gradierwerke**: große, offene Gebäude mit Gestellen, gefüllt mit Schwarzdornreisig, über die die Sole herabrieselte und mehrfach umgepumpt wurde. Dadurch, dass die Sole über das Gradierwerk rieselte, verdunstete ein Teil des Wassers und hinterließ eine Lösung mit höherem Salzgehalt, die mit einem geringeren Aufwand an Brennmaterial eingedampft werden konnte. Heute spielen die Gradierwerke für die technische Salzgewinnung keine Rolle mehr. Trotzdem stehen sie noch in vielen Solebädern [B3], da der Aufenthalt in „salzhaltiger Luft" in der Umgebung der Gradierwerke eine ähnlich lindernde oder heilende Wirkung auf die Erkrankung der Atemwege besitzt wie ein Spaziergang am Meer.

B2 Salzgewinnung in Schwäbisch Hall um 1715

Steinsalz. Im 19. Jahrhundert wurden in Deutschland neue Salzlagerstätten erbohrt, die dann bergmännisch abgebaut werden konnten. Eines der größten Salzbergwerke der Welt liegt in Borth am Niederrhein. Auf einer Fläche von 88 km² wird die 200 Meter mächtige Salzlagerstätte abgebaut.

Das Borther Steinsalz ist bekannt für seine hohe Reinheit. Im Jahr werden etwa 2 Mio. t Steinsalz gefördert. Dieses wird aufbereitet und als Speisesalz, in der Medizin und der chemischen Industrie verwendet. Ein großer Absatzbereich ist auch der Einsatz als Streu- oder Auftausalz im Straßenverkehr.

B3 Großes Gradierwerk in Bad Salzuflen

B4 Salztransport im Mittelalter

Hinweise auf Salz in Ortsnamen. Die Salzvorkommen, besonders die Solequellen, waren häufig Keimzellen sich entwickelnder Siedlungen. Orts- und Flussnamen wie -salz, -sulz, -sol oder -hall (von kelt. hal, Sal) weisen noch heute auf alte Stätten der Salzgewinnung hin.

Salzstraßen. Häufig waren die ersten Straßen und Wege, die angelegt wurden, Salzstraßen, wie z. B. die erste Handelsstraße Roms, die „via salaria". Auch Deutschlands erste Straßen waren Salzhandelswege. So exportierte man z.B. Salz von Reichenhall aus nach Bayern, Württemberg, Böhmen und in die Schweiz.

Wasserwege. Besonders günstig war der Salztransport auf dem Wasser. Lübeck war z. B. der Verschiffungshafen für das Lüneburger Salz, das zunächst mit dem Schiff nach Lauenburg (Elbe) und dann mit Pferdefuhrwerken nach Lübeck transportiert wurde. Von Lübeck ging das Salz nach Friesland und vor allem nach Skandinavien, wo aufgrund des Hering- und Kabeljau-Fangs ein hoher Bedarf bestand. Die Salinen Lüneburgs stellten mit einer Produktion von ca. 22 000 t Salz pro Jahr im 16./17. Jahrhundert die größte Industrieansiedlung in Mitteleuropa dar. Schon 1390 wurde der Elbe-Trave-Kanal gegraben, der Lüneburg direkt mit Lübeck verband. Die Bedeutung Lüneburgs zeigt sich auch in der Aufnahme der Stadt in den Bund der Norddeutschen Hanse.
Wie die Produktion von Salz führte auch der Salzhandel zu Gründungen bzw. zur Entwicklung von Siedlungen, an Furten oder Brücken der Handelsstraßen, an Flussmündungen, Umladeplätzen, Maut- oder Zollstationen.

Salz und Geld. Arabischen Schriftstellern zufolge wurden in manchen Gebieten Afrikas Salz und Gold im Verhältnis 1:1 getauscht. Salz war jedoch nicht nur Tauschmaterial, sondern wurde auch als Zahlungsmittel verwendet.

Auch in Europa verweist Salz auf Geld. Im 13. Jahrhundert wurde in Schwäbisch Hall zur Bezahlung der Salinenarbeiter der „Häller" (später: Heller) geprägt. Er verbreitete sich in ganz Süddeutschland und ist auch heute noch in vielen Redensarten enthalten wie z. B. „auf Heller und Pfennig", „bis zum letzten Heller" oder „keinen roten Heller mehr besitzen".

Die Gewinnung von Salz brachte den entsprechenden Städten Blüte und großen Reichtum. In den Städten kam es zur Herausbildung einer selbstbewussten Bürgerschaft mit wachsendem politischen Einfluss gegenüber den Landesherren. Das städtische Selbstbewusstsein zeigte sich auch im Stadtbild mit entsprechend prachtvollen Bauten.

A1 Zur Schonung der Salinen-Wälder bestand schon vor ca. 500 Jahren in Bad Reichenhall die Vorstellung des „ewigen Waldes"; d.h., es durfte in einem Jahr nur so viel Holz gefällt werden, wie in dieser Zeit auch wieder nachwuchs. In welchen Bereichen spricht man heute von nachhaltiger Nutzung nachwachsender Rohstoffe?

A2 Was versteht man unter Sole?

A3 Erläutere mit eigenen Worten die frühere und heutige Aufgabe eines Gradierwerkes.

A4 Der Hellweg verbindet einige Städte des Ruhrgebietes. Die Deutung des Namens als Salzweg trifft wahrscheinlich nur auf Teile dieser Straße zu. Recherchiere mindestens vier Städte, die am Hellweg liegen, und die weitere Bedeutung des Namens Hellweg.

A5 Recherchiere, wie die ausgehöhlten Salzlagerstätten heute genutzt werden.

B5 Händleinheller, Schwäbisch Hall, 14. Jhdt.

5.15 Der Boden

B1 Bodenprofil

Der Boden ist ein Teil der belebten oberen Erdkruste (Kap. 5.1, Böden und Gesteine). Er entsteht als Verwitterungsprodukt von Gesteinen im Zusammenspiel mit organischen Substanzen. An seinem Aufbau sind Tonmineralien (Verbindungen von Aluminium, Calcium, Eisen, Kalium, Magnesium, Natrium, Silicium und Sauerstoff) sowie Humusstoffe (pflanzliche und tierische Stoffe abgestorbener Organismen) beteiligt.

Aufbau des Bodens. Wenn eine Baugrube ausgehoben wird, kann man häufig eine Schichtung des Bodens erkennen [B1]. Die oberste Schicht, der **A-Horizont**, ist der von Pflanzen durchwurzelte Oberboden, der **B-Horizont** enthält nur noch wenige organische Bestandteile, der **C-Horizont** besteht nur noch aus teilweise verwittertem Gestein.

Böden sind nicht einheitlich aufgebaut [B2], sie kommen meist als Mischformen vor. So findet man z. B. lehmigen Sand, sandigen Lehm oder lehmigen Ton.

Durchmesser von Bodenbestandteilen in mm	
Steine	> 20
Kies	20 bis 2
Sand	2 bis 0,05
Schluff	0,05 bis 0,002
Ton	< 0,002

Bodenart	Zusammensetzung
Steinboden	überwiegend Gestein, wenig Feinerde
Sandboden	etwa drei Viertel Sand, ein Viertel Feinerde
Lehmboden	Sand und Ton zu gleichen Teilen
Tonboden	überwiegend Ton, weniger Sand

B2 Bodenarten

Düngung des Bodens. Pflanzen benötigen außer Licht und Kohlenstoffdioxid aus der Luft Wasser und in ihm gelöste Mineralsalze zum Wachsen. Stellt der Boden diese Salze nicht in ausreichendem Maß zur Verfügung, müssen sie ihm zugeführt werden. Das geschieht durch die Düngung. Ein Gärtner oder Landwirt muss die Menge des zugefügten Düngers genau auf das zum guten Wachstum der Pflanzen nötige Maß einstellen, sonst wird der Boden überdüngt und die Pflanzen wachsen nicht wie gewünscht.

Exkurs Bodenversalzung in Trockengebieten

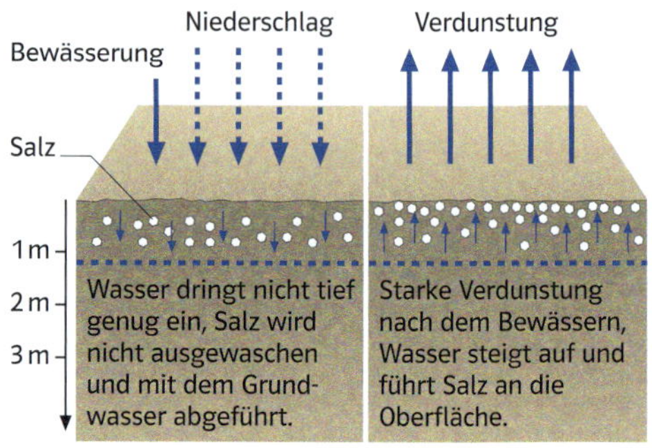

Salz kommt in Salzseen und Salzpfannen vieler Trockengebiete vor. Es werden dort auch Salze ausgeschieden, wenn Süßwasser mit geringem Salzgehalt lange Zeit ständig verdunstet. Der Bau von Staudämmen ermöglichte es, durch Bewässerung viele Trockengebiete landwirtschaftlich intensiv zu nutzen. Inzwischen trifft man aber auch immer häufiger auf verödete Felder inmitten des Kulturlandes. Auf Böden sind weiße Salzflecken oder Krusten zu erkennen, die Erde ist hart und rissig. Durch Bewässerung werden Salze des Bodens gelöst. Sie gelangen durch ständige Verdunstung laufend nach oben und scheiden sich ab. Auf versalztem Boden können keine Nutzpflanzen mehr wachsen.

1. Gib mit Hilfe eines Atlasses Trockengebiete mit ausgedehnten Bewässerungsflächen an.
2. In Trockengebieten gibt es große Salzseen und ausgedehnte Salzsümpfe. Erkläre diesen Sachverhalt und stelle einige Beispiele zusammen.
3. Eine Maßnahme gegen die Bodenversalzung ist der Bau von Entwässerungskanälen, die salzhaltiges Grundwasser aufnehmen und ableiten. Erläutere mit Hilfe der oben stehenden Grafik dieses Verfahren.

Salzkrusten auf einem Feld

5.16 Praktikum Salz im Boden – schädlich für Pflanzen?

Jeden Winter liest man in der Zeitung, dass man kein Streusalz verwenden soll, da die Pflanzen an der Straße geschädigt werden.

Flüssigkeitstransport in der Pflanze. Eine Pflanze entnimmt dem Boden Wasser und mit ihm gelöste Stoffe. Eine wesentliche Ursache für den Flüssigkeitstransport in Pflanzen liegt in der Osmosewirkung der Zellmembran.
Im Bodenwasser, das die Pflanzen entnehmen, sind im Wesentlichen Salze (Mineralstoffe) gelöst. Wie viel Salz (z. B. Natriumchlorid) eine Pflanze verträgt, hängt vor allem von der Pflanzenart ab. So leben am Meeresrand oder im Wattenmeer Salz tolerierende Pflanzen, die **Halophyten**, wie z. B. der Queller [B2]. Sie haben Mechanismen, die sie befähigen, überschüssiges Salz auszuscheiden. Pflanzen an den Straßen, die mit Streusalz im Winter belastet werden, haben diese Fähigkeit nicht.

Osmose. Trennt man eine Salzlösung durch eine feinporige Wand (Membran) von reinem Wasser, beobachtet man eine Zunahme des Volumens der Lösung [B3]. Wassermoleküle sind durch die Membran in die Salzlösung eingedrungen und haben sie verdünnt. Sie sind klein genug, um durch die feinen Poren zu gelangen, die Salzteilchen sind hierfür zu groß [B4]. Diesen Vorgang, bei dem Lösungsmittelmoleküle durch halbdurchlässige Membranen diffundieren und eine Lösung verdünnen, nennt man **Osmose**.
Zellen von Pflanzen sind von halbdurchlässigen Membranen umgeben. Kommt eine Zelle mit Wasser in Berührung, kann dieses in die Zelle eindringen, da gelöste größere Teilchen nicht nach außen können. Durch die Wasseraufnahme entsteht in den Zellen ein Druck, der sie strafft und der Pflanze Halt gibt. Kommt eine Zelle mit einer Salzlösung in Berührung, tritt Wasser aus der Zelle aus, wenn die Salzkonzentration außerhalb der Zelle größer ist als in der Zelle. Fehlt Wasser in den Zellen, welkt die Pflanze und fällt in sich zusammen.

V1 Wie viel Salz verträgt Basilikum?
Geräte und Chemikalien: Messbecher, Teelöffel, Esslöffel, Kochsalz, Wasser, 3 Basilikumpflanzen.

Durchführung: Besorgt im Supermarkt drei Töpfchen mit Basilikum. Stellt zwei Salzlösungen her, für die verdünntere Lösung gebt einen Teelöffel Kochsalz in 0,5 l Wasser, für die konzentriertere Lösung gebt einen Esslöffel Kochsalz in 0,5 l Wasser. Die beim Lösen entstehende Trübung kann unberücksichtigt bleiben, sie rührt her von weiteren Inhaltsstoffen im verwendeten Kochsalz. Die Trübstoffe setzen sich mit der Zeit am Boden ab. Für euren Versuch benötigt ihr drei Gießlösungen: **a)** Leitungswasser, **b)** verdünnte und **c)** konzentrierte Kochsalzlösung.
Stellt die drei Basilikumpflanzen auf kleine Teller ans Fenster. Gießt sie mit den drei Lösungen und notiert den Gießzeitpunkt. Beobachtet die Pflanzen zunächst im Abstand von ca. einer dreiviertel Stunde. Gießt sie evtl. nach 1,5 Stunden noch einmal. Schreibt die Beobachtungszeitpunkte jeweils auf, notiert den Zustand der Pflanzen, ihr könnt auch Fotos zu diesen Zeitpunkten machen.
Setzt die Beobachtung etwa einen Tag lang (24 Stunden) fort.

Auswertung: Stellt die Ergebnisse (Beobachtungszeiten, Beschreibung, Zeichnungen, Fotos der Pflanzen) auf einem Plakat zusammen und präsentiert sie eurer Klasse. Erstellt eine Beurteilung zum Einfluss des Salzes auf die Basilikumpflanzen.

B1 Basilikum - eine Kräuterpflanze

B2 Queller - eine Salzpflanze im Watt

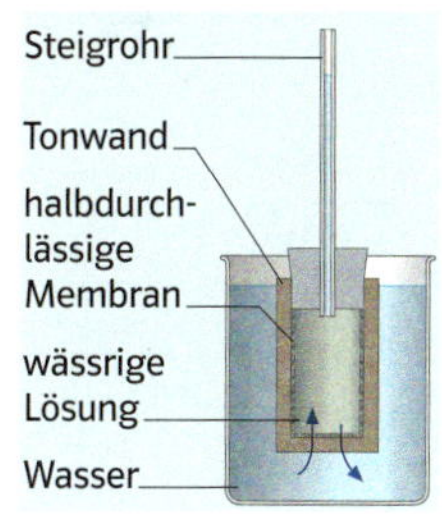

B3 Versuch zur Osmose

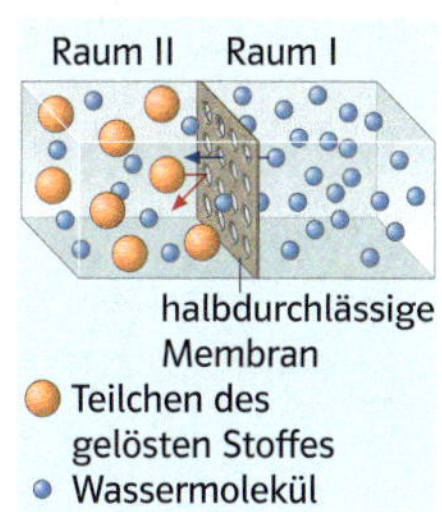

B4 Osmose im Teilchenmodell

5.17 Durchblick Zusammenfassung und Übung

B1 Alkalimetalle

Alkalimetalle
Eine Gruppe von sehr reaktionsfähigen Metallen, die in ihren Eigenschaften sehr ähnlich sind. Zu ihr gehören (Reihenfolge nach steigender Atommasse): Lithium (Li), Natrium (Na), Kalium (K), Rubidium (Rb), Caesium (Cs) und das radioaktive Element Francium (Fr).

Erdalkalimetalle
Eine Gruppe von Elementen, die den Alkalimetallen ähnlich sind. Sie unterscheiden sich von diesen im Wesentlichen in der Zusammensetzung ihrer Verbindungen. Zu ihr gehören: Beryllium (Be), Magnesium (Mg), Calcium (Ca), Strontium (Sr), Barium (Ba) und das radioaktive Element Radium (Ra).

B2 Erdalkalimetalle

Verbindungen der Alkali- und Erdalkalimetalle
Alle Alkalimetalle bilden Hydroxide der Zusammensetzung MOH und Chloride der Zusammensetzung MCl. Alle Erdalkalimetalle bilden Hydroxide der Zusammensetzung $M(OH)_2$ und Chloride der Zusammensetzung MCl_2. (M steht hier jeweils für das Alkali- oder Erdalkalimetallatom).

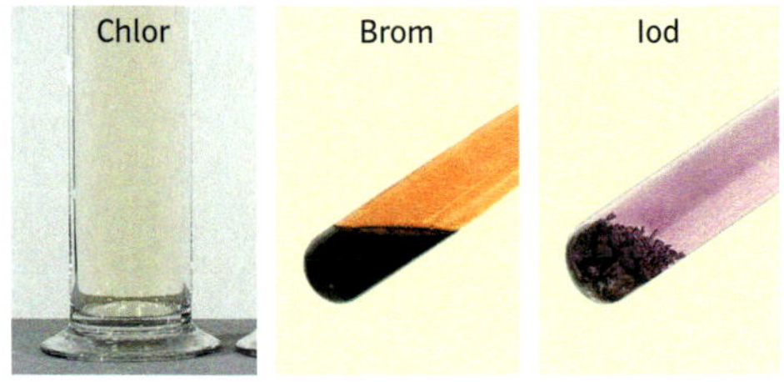

B3 Die Halogene

Halogene
Zur Elementgruppe der Halogene (Salzbildner) gehören die Elemente Fluor (F), Chlor (Cl), Brom (Br) und Iod (I) sowie das radioaktive Element Astat (At). Bei Zimmertemperatur sind die elementaren Stoffe Fluor und Chlor gasförmig, Brom flüssig und Iod fest. Die Farben im Gaszustand sind charakteristisch: Fluor hellgelb, Chlor gelbgrün, Brom braunorange, Iod violett.

Eigenschaften, Reaktionsfähigkeit
In den Elementgruppen der Alkali- und Erdalkalimetalle sowie der Halogene erkennt man eine abgestufte Änderung der jeweiligen Eigenschaften. Die Reaktionsfähigkeit der Alkali- und Erdalkalimetalle nimmt mit steigender Atommasse zu, die Reaktionsfähigkeit der Halogene nimmt mit steigender Atommasse ab.

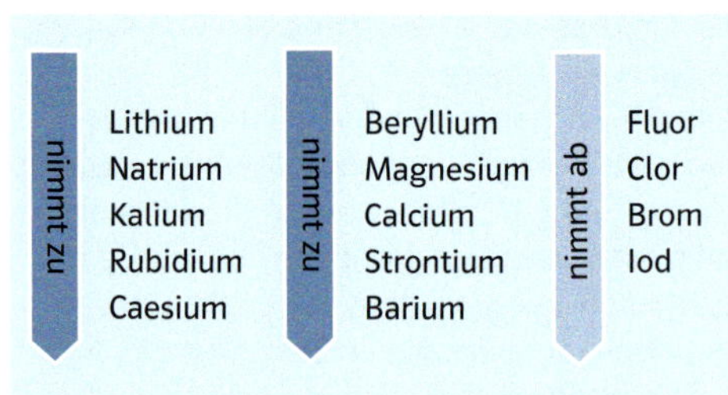

B4 Reaktionsfähigkeit der Elemente der drei Elementgruppen

A1 Frische Schnittflächen eines Natriumstücks überziehen sich an feuchter Luft sofort mit einem grauen Belag. In völlig trockener Luft könnte man den Glanz längere Zeit beobachten. Was schließt du daraus?

A2 Alkali-, Erdalkalimetalle und Halogene kommen in der Natur nicht als elementare Stoffe vor, dagegen gibt es viele Verbindungen dieser Elemente. Erkläre.

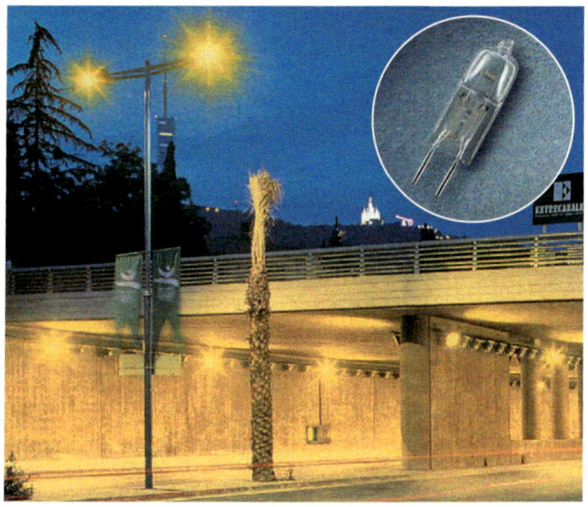

B5 zu Aufgabe 3

A3 An vielen Straßen und Straßenkreuzungen hat man Lampen aufgestellt, die ein intensiv gelbes Licht ausstrahlen. In der Lampe befindet sich eine Glasröhre, in der sich unter geringem Druck ein unter diesen Bedingungen gasförmiges Metall befindet. Bei Energiezufuhr durch den elektrischen Strom leuchtet es gelb. Um welches Metall kann es sich handeln?

A4 Bariumhydroxid ist wie Calciumhydroxid nur mäßig in Wasser löslich. Seine wässrige Lösung heißt Barytwasser. Wie Kalkwasser kann man Barytwasser zum Nachweis von Kohlenstoffdioxid einsetzen, auch hier entsteht eine Trübung beim Einleiten von Kohlenstoffdioxid. Welche Formel hat Bariumhydroxid?

A5 Die Formeln einiger Alkali- und Erdalkalihalogenide lauten: $LiCl$, $BaCl_2$, $NaBr$, MgI_2, KI, $CaBr_2$. Gib die Namen der Verbindungen an. Ordne die Formeln nach Alkali- und Erdalkalimetallverbindungen. Erkläre die Unterschiede.

A6 Kochsalz enthält in geringen Mengen hygroskopisches (Wasser anziehendes) Magnesiumchlorid. Diesem Salz ist es zuzuschreiben, dass das Salz „klebrig" wird und die Löcher des Salzstreuers verstopft. In vielen Haushalten ist es üblich, Reis in den Salzstreuer zu geben, um das Salz rieselfähig zu halten. Was bewirkt der Reis?

A7 Ein Detektiv vermutet bei seinem täglichen Abendessen im Restaurant, dass der Koch aus den zurückgelassenen Knochen am nächsten Tag eine Suppe kocht. Er macht ein Experiment: Auf die Reste seines Abendessens gibt er etwas Lithiumchlorid. Am Abend darauf lässt er die aufgetischte Suppe zurückgehen, füllt aber vorher eine Probe in ein Röhrchen und untersucht diese im Labor. Schreibe auf, wie seine Untersuchung im Labor ablaufen wird. Wie stellt er fest, ob die Suppe mit Restknochen gekocht wurde?

A8 Plane einen Versuch, in dem du nachweisen kannst, dass sich in einem Gemisch neben Natriumchlorid auch Kaliumchlorid befindet.

A9 Übertrage und vervollständige die folgende Mindmap in deinem Heft z. B. mit diesen Begriffen: Barium, Brom, Caesium, Calcium, Chlor, Fluor, Iod, Kalium, Lithium, Magnesium, Rubidium, Strontium, Flammenfärbung, Silbernitratprobe, gelb, rot, violett, blau, grün, ziegelrot, orange, dunkelrot, weißer Niederschlag, weißgelber Niederschlag, gelber Niederschlag.

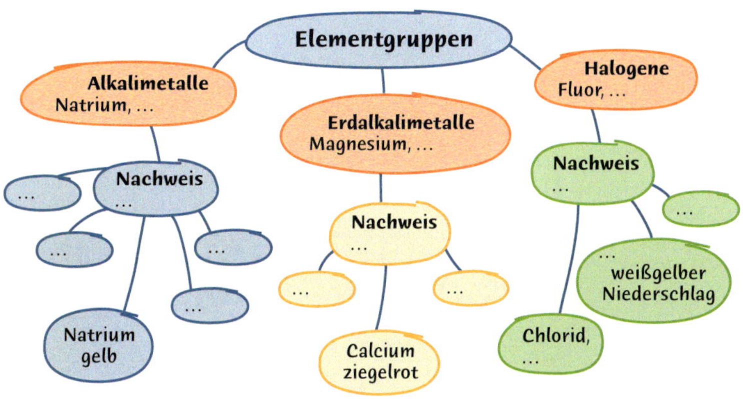

5.18 Elementgruppen und Periodensystem

Exkurs Die Elementgruppe der Edelgase

Element, Zeichen des Atoms	Atommasse in u	Siedetemperatur in °C	Dichte (20 °C, 1013 hPa) in g/l	1 l Luft enthält (ml)	Licht der Leuchtstoffröhre
Helium, He	4,0	−269	0,17	0,0046	gelb
Neon, Ne	20,2	−246	0,84	0,016	rot
Argon, Ar	39,9	−186	1,66	9,3	violett
Krypton, Kr	83,8	−152	3,48	0,0011	gelbgrün
Xenon, Xe	131,3	−107	5,49	0,00008	violett

B1 Die Edelgase bilden eine Elementgruppe

Eine Gruppe von Elementen, die ihre Verwandtschaft auf besonders einfache Weise erkennen lassen, sind die *Edelgase* [B1]. Diese wurden erst Ende des 19. Jahrhunderts entdeckt. Die elementaren Stoffe Helium, Neon, Argon, Krypton und Xenon sind alle in der Luft enthalten. Ihr Anteil ist, mit Ausnahme des Argons, sehr gering. Es zeigte sich, dass das zuerst entdeckte Argon (von griech. argos, träge) mit keinem anderen Stoff reagiert. Entsprechend verhielten sich die anderen oben erwähnten elementaren Stoffe. Deshalb nannte man sie wegen ihres „edlen Charakters" Edelgase. Erst seit 1962 weiß man, dass Krypton und Xenon in besonderen Fällen reagieren.

Wegen ihrer Reaktionsträgheit werden Edelgase als Schutzgase verwendet, um unerwünschte Reaktionen zu verhindern, z. B. die Oxidation von Metallen beim Schweißen. Edelgase erzeugen in Leuchtstoffröhren charakteristische Farben [B2]. Viele Glühlampen sind mit Krypton und Xenon gefüllt, um ein Durchschmelzen der Glühwendel zu erschweren. Dadurch kann die Glühtemperatur auf über 2500 °C gesteigert und damit die Lichtausbeute erhöht werden. Alle Edelgase sind farblos und geruchlos; sie bestehen aus einzelnen, nicht gebundenen Atomen.

B2 Anwendungsbeispiele für die Edelgase

Ein auffälliges Ausstattungsmerkmal des Chemiesaals ist eine besondere Tabelle, in der die Zeichen aller Atomarten stehen. In diesem als *Periodensystem der Elemente* bezeichneten System sind die Elemente in Reihen und Spalten angeordnet.

Das System der Elemente von Mendelejew und Meyer. Bis Mitte des 19. Jahrhunderts waren etwa 50 Elemente bekannt. Zahlreiche Forscher beschäftigte damals die chemische Verwandtschaft der Elemente. Es wurden bereits Elemente mit ähnlichen Eigenschaften zu Gruppen zusammengefasst, z. B. Lithium, Natrium und Kalium.

Der russische Forscher Dimitrij Mendelejew [B3] und der deutsche Chemiker Lothar Meyer [B4] ordneten die Elemente nach steigender Atommasse. Beide erkannten unabhängig voneinander in der Abfolge der Elemente eine Regelmäßigkeit. So folgte z. B. auf jedes Alkalimetall als siebtes Element wieder ein Alkalimetall [B6a]. Auf jedes Element bis zum Element Calcium (Ca) folgte als siebtes Element wieder ein Element mit ähnlichen Eigenschaften. In der Reihe fehlen die damals noch unbekannten Edelgase.
Teilt man die Reihe in Abschnitte, die jeweils mit dem Alkalimetall beginnen, und stellt diese untereinander, so erhält man [B6b]. Hier stehen jeweils die verwandten Elemente untereinander.
In Mendelejews System der Elemente stehen verwandte Elemente nebeneinander [B5].

B3 Dimitrij Mendelejew (1834–1907)

B4 Lothar Meyer (1830–1895)

MENDELEJEW ordnete die ihm bekannten Elemente nicht alle fortlaufend an, sondern hielt Plätze für noch nicht entdeckte Elemente frei. Er versah diese mit einem Fragezeichen. Durch Vergleich mit den daneben stehenden Elementen gelang es ihm, manche Eigenschaften von fehlenden Elementen, z. B. Gallium (Ga) [B8] und Germanium (Ge) vorherzusagen.

Periodensystem der Elemente. MENDELEJEWS System konnte durch viele Elemente erweitert werden. Heute sind mehr als 110 bekannt. Die aktuelle Anordnung der Elemente entspricht im Wesentlichen den Systemen von MENDELEJEW und MEYER. Verwandte Elemente stehen jetzt in Spalten untereinander. Reihen von Elementen, die jeweils mit einem Alkalimetall beginnen, nennt man *Perioden*. Eine solche Anordnung zeigt das periodische Auftreten verwandter Elemente und wird daher *Periodensystem* (PSE) genannt.

Untereinander in Spalten stehende Elemente gehören zu einer Elementgruppe. Das Periodensystem in [B7] enthält nur die Elemente der Hauptgruppen. Ein PSE, das auch die Elemente der Nebengruppen berücksichtigt, befindet sich in diesem Buch hinter dem Anhang. Die erste Periode umfasst nur zwei Elemente – Wasserstoff und Helium –, die dadurch eine Sonderstellung einnehmen. Wasserstoff wird meist der ersten Hauptgruppe zugeordnet, obwohl er nicht zu den Alkalimetallen gehört. Bei einer Anordnung nach steigender Atommasse müsste Kalium (K) vor Argon (Ar) und Iod (I) vor Tellur (Te) stehen. Um zu erreichen,

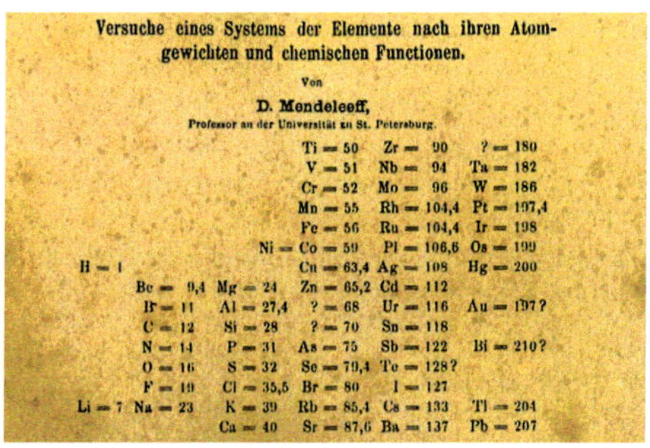

Versuche eines Systems der Elemente nach ihren Atomgewichten und chemischen Functionen.

Von

D. Mendeleeff,

Professor an der Universität zu St. Petersburg.

			Ti = 50	Zr = 90	? = 180
			V = 51	Nb = 94	Ta = 182
			Cr = 52	Mo = 96	W = 186
			Mn = 55	Rh = 104,4	Pt = 197,4
			Fe = 56	Ru = 104,4	Ir = 198
		Ni =	Co = 59	Pl = 106,6	Os = 199
H = 1			Cu = 63,4	Ag = 108	Hg = 200
	Be = 9,4	Mg = 24	Zn = 65,2	Cd = 112	
	B = 11	Al = 27,4	? = 68	Ur = 116	Au = 197?
	C = 12	Si = 28	? = 70	Sn = 118	
	N = 14	P = 31	As = 75	Sb = 122	Bi = 210?
	O = 16	S = 32	Se = 79,4	Te = 128?	
	F = 19	Cl = 35,5	Br = 80	I = 127	
Li = 7	Na = 23	K = 39	Rb = 85,4	Cs = 133	Tl = 204
		Ca = 40	Sr = 87,6	Ba = 137	Pb = 207

B5 MENDELEJEWS System der Elemente von 1869

a) Anordnung nach steigender Atommasse in u

Li	Be	B	C	N	O	F	Na	Mg	Al	Si	P	S	Cl	K	Ca
6,9	9	10,8	12	14	16	19	23	24,3	27	28,1	31	32,1	35,5	39,1	40,1

b) Verwandte Elemente werden untereinander gestellt. Für die Elemente stehen die Zeichen ihrer Atome.

Li	Be	B	C	N	O	F
Na	Mg	Al	Si	P	S	Cl
K	Ca					

B6 Ansatz zur Ordnung der Elemente

Perioden	I	II	III	IV	V	VI	VII	VIII
1	1,0 $_{1}H$							4,0 $_{2}He$
2	6,9 $_{3}Li$	9,0 $_{4}Be$	10,8 $_{5}B$	12,0 $_{6}C$	14,0 $_{7}N$	16,0 $_{8}O$	19,0 $_{9}F$	20,2 $_{10}Ne$
3	23,0 $_{11}Na$	24,3 $_{12}Mg$	27,0 $_{13}Al$	28,1 $_{14}Si$	31,0 $_{15}P$	32,1 $_{16}S$	35,5 $_{17}Cl$	39,9 $_{18}Ar$
4	39,1 $_{19}K$	40,1 $_{20}Ca$	69,7 $_{31}Ga$	72,6 $_{32}Ge$	74,9 $_{33}As$	79,0 $_{34}Se$	79,9 $_{35}Br$	83,8 $_{36}Kr$
5	85,5 $_{37}Rb$	87,6 $_{38}Sr$	114,8 $_{49}In$	118,7 $_{50}Sn$	121,8 $_{51}Sb$	127,6 $_{52}Te$	126,9 $_{53}I$	131,3 $_{54}Xe$
6	132,9 $_{55}Cs$	137,3 $_{56}Ba$	204,4 $_{81}Tl$	207,2 $_{82}Pb$	209,0 $_{83}Bi$	209 $_{84}Po$	210 $_{85}At$	222 $_{86}Rn$

B7 PSE der Hauptgruppenelemente. Die Ordnungszahl steht unter, die Atommasse in u über der Atomart

dass in einer Gruppe immer nur Elemente mit ähnlichen Eigenschaften stehen, mussten die Entdecker an einigen Stellen des Periodensystems die Plätze von jeweils zwei Elementen vertauschen. Dabei hatte das Ordnungsprinzip der chemischen Ähnlichkeit Vorrang vor der Atommasse. Die sich so ergebende Reihenfolge der Elemente wurde durch eine *Ordnungszahl* festgelegt.

A1 Warum fehlte im Periodensystem von MENDELEJEW die 8. Hauptgruppe?

A2 In welchem Bereich des Periodensystems der Hauptgruppenelemente stehen die dir bekannten Metalle bzw. Nichtmetalle?

A3 Nenne die Gruppe und Periode, in der das Element Stickstoff bzw. das Element Magnesium steht. Gib jeweils die Ordnungszahl und die Atommasse an.

A4 Welche Ordnungsprinzipien wurden bei der Aufstellung des PSE berücksichtigt?

B8 Gallium schmilzt wie vorhergesagt in der Hand

5.19 Elektrische Ladung im Atom

B1 Oben: Nachweis der Ladung einer Kunststofffolie mit dem Elektroskop
unten: Nachweis der Polung: Die Glimmlampe leuchtet am negativen Pol

MENDELEJEW und anderen Forschern seiner Zeit gelang es noch nicht, die Rätsel zu lösen, die das Periodensystem aufgab. Er gab aber einen wichtigen Hinweis: „Aller Wahrscheinlichkeit nach liegt die Ursache in der inneren Mechanik der Atome und Moleküle." Durch welche Erkenntnisse erhalten wir „Einblicke" in das Atominnere?

Stoffe können sich elektrisch aufladen. Verbindet man ein Metallstück mit dem Pol einer Spannungsquelle, wird es elektrisch aufgeladen. Gegenstände können sich jedoch auch ohne Spannungsquelle *elektrisch aufladen*. Reibt man eine Kunststofffolie mit Papier [V2], so ziehen sich beide gegenseitig an. Werden zwei Folien jeweils mit Papier gerieben und zusammengebracht, so stoßen sie sich ab. Am Zeigerausschlag des Elektroskops ist zu erkennen, dass Folie und Papier elektrisch aufgeladen sind [B1, oben]. Mit der Glimmlampe lässt sich zeigen, dass die Folie bei unserem Versuch *positiv* und das Papier *negativ* aufgeladen wird [B1, unten].

Alle Stoffe besitzen positive und negative Ladungen. Ladung kann portionsweise mit einem Ladungsträger, z. B. mit einer Metallkugel mit Isoliergriff, transportiert werden. Auch im Stromkreis erfolgt der Ladungstransport durch Ladungsträger. Es handelt sich dabei um geladene Teilchen. Sie sind in allen Gegenständen, die weder positiv noch negativ aufgeladen sind, enthalten. Die positiven und negativen Ladungsportionen sind hier gleich groß und heben sich in ihrer Wirkung nach außen auf. Sie neutralisieren sich.
Durch innige Berührung (z. B. beim Reiben) können Ladungsportionen von einem Gegenstand auf einen anderen übertragen werden. Dabei kann ein Überschuss an positiver oder negativer Ladung entstehen. Gleichnamig aufgeladene Gegenstände stoßen sich ab, zwischen entgegengesetzt aufgeladenen wirkt eine Anziehungskraft.

In Metallen lassen sich geladene Teilchen verschieben, wie der folgende Versuch zur elektrischen Influenz zeigt. Bringt man eine positiv oder negativ geladene Kugel in die Nähe einer neutralen, isoliert aufgehängten Metallkugel, so wird diese angezogen.
Die zunächst gleichmäßig verteilten positiven und negativen Ladungen werden durch die von der geladenen Kugel ausgehenden Kraft getrennt [B2]. Dabei müssen die Ladungsträger gegeneinander verschoben worden sein, eine Ladungstrennung hat stattgefunden.

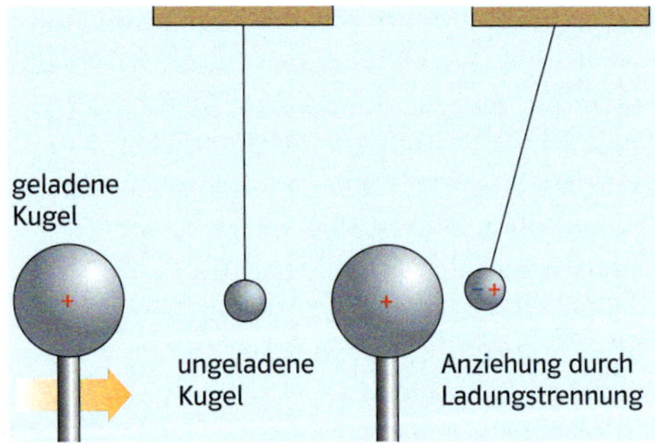

B2 Elektrische Influenz. Die isoliert aufgehängte Metallkugel wird von der geladenen Kugel angezogen

Welche Ladungsträger sind beweglich?
In einem luftleeren (evakuierten) Glaskolben befindet sich eine Metallplatte und ihr gegenüber eine Glühwendel aus dünnem Draht. Die Metallplatte ist positiv geladen, wenn sie mit einem positiv geladenen Elektroskop verbunden wird [B3]. Glüht die Drahtwendel, kann beobachtet werden, dass der Zeigerausschlag zurückgeht. Das Elektroskop wird entladen.

V1 Reibe nacheinander zwei Acetatfolien (Arbeitsprojektorfolien) mit Papier. Halte beide Folien parallel und nähere sie einander.

V2 Reibe zwei Acetatfolien mit je einem gleich großen, dicht aufliegenden Blatt Papier. Trenne das Papier von der Folie und lege eine Folie kurz auf die Metallplatte eines Elektroskops [B1]. Verbinde die zweite Folie mit einer geerdeten Glimmlampe. Führe diese Versuche auch mit dem zum Reiben verwendeten Papier durch.

Wird das Elektroskop und damit auch die Metallplatte negativ aufgeladen, verändert sich der Zeigerausschlag dagegen nicht.
Das Elektroskop wird nicht entladen. Dieser glühelektrische Effekt ist ein Hinweis darauf, dass in Metallen nur Teilchen mit negativer Ladung beweglich sind. Die Glühwendel gibt negativ geladene Teilchen ab, die zur positiv geladenen Platte gelangen, von der negativ geladenen aber abgestoßen werden. Diese Teilchen heißen **Elektronen**.
Sie haben alle die gleiche, im Vergleich zu den Atomen, sehr geringe Masse. Die gleich große Ladung der Elektronen ist die vom Betrag her kleinste auftretende negative Ladungsportion, die *negative Elementarladung*.

Fließt Strom durch einen metallischen Leiter, so bedeutet dies, dass Elektronen fließen. Sie stammen von den Metallatomen.
Der festsitzende positive Rest des Atoms ist charakteristisch für das betreffende Metall und besitzt fast die ganze Masse des Metallatoms. Auch Verbindungen von Nichtmetallatomen können Elektronen abgeben [V2]. In fast allen Teilchenverbänden aus Nichtmetallatomen sind Elektronen aber kaum beweglich.

Von den Atomen aller Atomarten lassen sich Elektronen abspalten. Sie sind Bauteilchen der Atome.

A1 Wie lässt sich die Ladungsart einer elektrisch geladenen Kugel nachweisen?

A2 Was lässt sich beobachten, wenn zwei baugleiche Elektroskope, von denen eines positiv, das andere bis zum gleichen Ausschlag negativ aufgeladen ist, mit einem Experimentierkabel verbunden werden?

A3 Der Zeiger eines ungeladenen Elektroskops schlägt aus, wenn sich diesem eine geladene Kugel nähert, ohne dass ein Kontakt erfolgt. Erkläre.

A4 Beim glühelektrischen Effekt bleibt der Zeigerausschlag des negativ aufgeladenen Elektroskops erhalten. Nenne die Ursache.

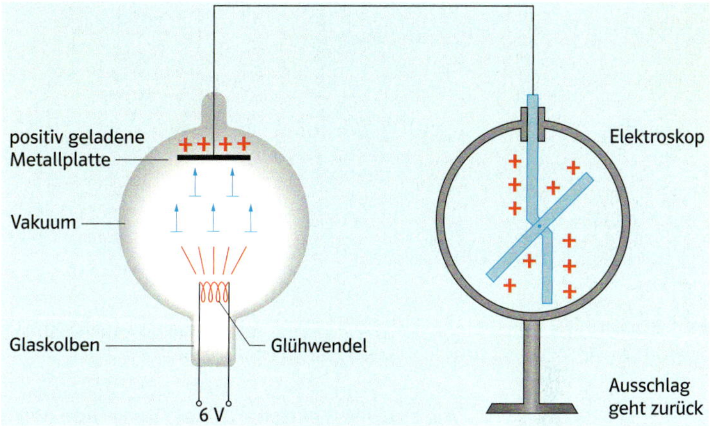

B3 Glühelektrischer Effekt. Ein glühender Metalldraht sendet negative Ladung aus

Exkurs Marie Curie

Wesentliche Erkenntnisse über den Atombau ergaben sich durch die Entdeckung der Radioaktivität. 1896 beobachtete der Physiker Henri Becquerel, dass Uranverbindungen unsichtbare Strahlen aussenden, die eine lichtgeschützte Fotoplatte schwärzen. Von Marie Curie wurden diese Untersuchungen weitergeführt. Dabei entdeckte sie, dass die Strahlung des Uranerzes Pechblende intensiver ist als die des Urans. Auf der Suche nach der Ursache fand sie zwei stark strahlende Elemente, die in winzigen Spuren im Erz enthalten sind. Marie Curie, die auch den Begriff Radioaktivität prägte, gab ihnen die Namen Radium (von lat. radius, Strahl) und Polonium (nach Polen, dem Land ihrer Herkunft).
Zusammen mit ihrem Ehemann, dem Physiker Pierre Curie, entdeckte sie, unabhängig von den zeitgleichen Forschungsergebnissen Rutherfords, dass Radium drei verschiedene Strahlenarten aussendet, α-, β- und γ- Strahlen.
Bis 1902 hatte Marie Curie in mühevoller und gefährlicher Arbeit aus zwei Tonnen Pechblende 100 mg Radiumchlorid gewonnen.
Ein Jahr später erhielt sie den Nobelpreis für Physik, zusammen mit ihrem Ehemann und Henri Becquerel. Für ihre Forschung auf dem Gebiet der Radiochemie wurde sie 1911 mit dem Nobelpreis für Chemie ausgezeichnet.

Zunächst waren die Gefahren, die von radioaktiver Strahlung ausgehen, nicht bekannt. Zunehmend an den Folgen durch Strahlung leidend, starb Marie Curie 1934, ein Jahr vor der Auszeichnung ihrer Tochter Irene Joliot-Curie mit dem Nobelpreis. Sie erhielt ihn zusammen mit ihrem Ehemann Frederic Joliot für die gemeinsame Forschung auf dem Gebiet der Radiochemie.

5.20 Das Kern-Hülle-Modell

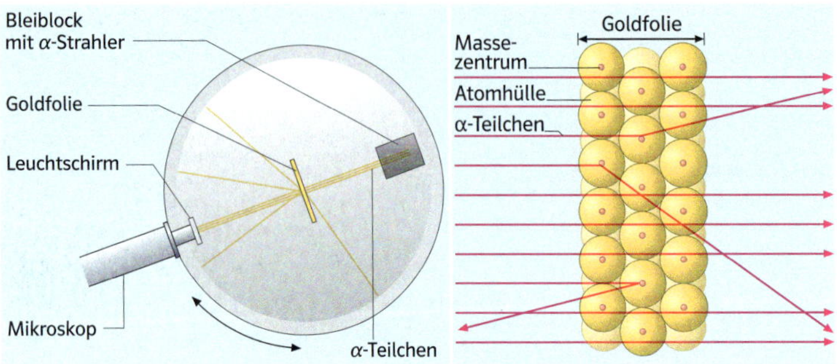

B1 Streuversuch. Durch Drehen von Folie und Strahlungsquelle ließen sich die abgelenkten α-Teilchen erfassen. Nur wenige wurden abgelenkt

Wie sind die Elektronen eines Atoms und der positiv geladene Atombestandteil angeordnet? Wir betrachten dazu Experimente, die zu einem Kern-Hülle-Modell des Atoms geführt haben.

Experimente zum Atombau. Zu Beginn des 20. Jahrhunderts zeigten Versuche mit Kathodenstrahlen, dass stark beschleunigte Elektronen dünne Metallschichten durchdringen können, obwohl diese aus vielen Lagen dicht gepackter Atome bestehen. Daraus wurde geschlossen, dass die Atome keine massiven Kugeln sein können, sondern zum größten Teil aus leerem Raum bestehen.

Um weitere Aufschlüsse über den Bau der Atome zu erhalten, bestrahlte der Physiker Ernest Rutherford [B2] ebenfalls dünne Metallschichten. Er verwendete dazu jedoch die von ihm entdeckten α-Strahlen, eine von radioaktiven Elementen ausgehende Strahlenart. Die schnell fliegenden Teilchen dieser Strahlung sind positiv geladen und ihre Masse ist ungefähr 7000-mal so groß wie die Masse eines Elektrons. Als Strahlenquelle diente ein Radiumpräparat in einem Bleiblock. Rutherford erhielt dadurch einen scharf begrenzten Strahl von α-Teilchen. Diesen richtete er in einer evakuierten Apparatur auf eine dünne Goldfolie [B1].

B2 Ernest Rutherford (1871 – 1937)

Um auf den weiteren Weg der α-Teilchen schließen zu können, benutzte Rutherford einen Leuchtschirm. Auf diesem ließen sich Lichtblitze beobachten, die von den auftreffenden α-Teilchen verursacht wurden. Zur Auswertung des Experiments mussten die Blitze mühsam ausgezählt werden. Später war es möglich, für derartige Untersuchungen das von Rutherfords Mitarbeiter Hans Geiger entwickelte Zählgerät (Geigerzähler) einzusetzen. Als experimenteller Befund ergab sich, dass nahezu alle α-Teilchen die Goldfolie (mit einer Schichtdicke von etwa 2000 Atomen) ungehindert durchdrangen. Nur ein sehr geringer Anteil wurde deutlich abgelenkt [B1].

Atomkern und Atomhülle. Rutherford ging davon aus, dass die α-Teilchen abgelenkt werden, wenn sie in die Nähe von positiv geladenen Teilchen gelangen [B1, V1]. Aus den Versuchsergebnissen schloss er, dass die positiv geladenen Teilchen und mit ihnen fast die ganze Masse eines Goldatoms in einem winzigen Bereich vereinigt sind. Dieser liegt im Zentrum des Atoms und wird Atomkern genannt. Die Größe des Atomkerns konnte berechnet werden. Der Kerndurchmesser beträgt etwa 1/100 000 des Atomdurchmessers [B3].
Aus den Bahnen der abgelenkten α-Teilchen ergab sich, dass der Kern des Goldatoms eine hohe positive Ladung besitzt. Untersuchungen mit Folien verschiedener Metalle führten zu entsprechenden Ergebnissen.

Durch seine Untersuchungen kam Rutherford zu einer Modellvorstellung vom Bau der

V1 Modellversuch zur Ablenkung von α-Teilchen in Atomen: Ein mit Aluminiumbronze überzogener Tischtennisball wird an einem langen Faden aufgehängt. Dicht daneben stellt man eine große, isolierte Metallkugel und lädt diese mit einem geriebenen Kunststoffstab auf. Die kleine Kugel wird durch Berührung mit der großen Kugel gleichsinnig aufgeladen. Man lässt die kleine Kugel an der großen vorbeipendeln und beobachtet die Bahn.

Atome. Danach enthalten alle Atome einen **positiv geladenen Atomkern** und eine **negativ geladene Atomhülle**. Der Atomkern besitzt nahezu die gesamte Masse des Atoms.
Die positive Ladung des Kerns wird durch die negative Ladung der Elektronen ausgeglichen, die sich im Anziehungsbereich des Kerns befinden und die Atomhülle bilden. Dieser kugelförmige Raum wird auch als *Elektronenhülle* bezeichnet [B5a].

Heute weiß man, dass die Elektronen sich nicht auf Bahnen bewegen. Ein Elektron kann überall in der Elektronenhülle angetroffen werden. Der Weg eines Elektrons in der Hülle lässt sich nicht verfolgen. Die Ladung des Elektrons ist damit über die gesamte Hülle verteilt. Um die Verteilung zu veranschaulichen, denken wir uns viele Momentaufnahmen des Elektrons übereinandergelegt [B5b]. Je dichter die Punkte erscheinen, desto größer ist die Wahrscheinlichkeit, das Elektron in diesem Bereich zu finden.

Elementarteilchen. Die Größe der positiven Ladung der Atomkerne ist charakteristisch für eine Atomart. Von allen Atomkernen hat der Kern des Wasserstoffatoms die kleinste Masse. Seine Ladung ist die kleinste positive Ladungsportion, die *positive Elementarladung*. Ihr Betrag entspricht dem der negativen Elementarladung, der Ladung eines Elektrons.
Den Kern des Wasserstoffatoms nennt man **Proton** (von griech. proton, das Erste). Protonen sind am Aufbau der Kerne aller Atomarten beteiligt und sind wie die Elektronen Atombausteine. Mit Ausnahme des Wasserstoffatomkerns enthalten alle anderen Atomkerne einen weiteren *Kernbaustein*: das **Neutron**. Neutronen besitzen keine Ladung. Die Masse eines Neutrons unterscheidet sich nur wenig von der Masse eines Protons. *Elektronen*, *Protonen* und *Neutronen* sind Bauteilchen der Atome. Man nennt sie **Elementarteilchen**. In B4 sind wichtige Daten dieser Elementarteilchen zusammengefasst.

	Elektron	**Proton**	**Neutron**
Zeichen	e^-	p^+	n
Masse in kg	$9{,}109 \cdot 10^{-31}$	$1{,}673 \cdot 10^{-27}$	$1{,}675 \cdot 10^{-27}$
Masse in u	0,0005	1,0073	1,0087
Ladung in Elementarladungen	−1	+1	0

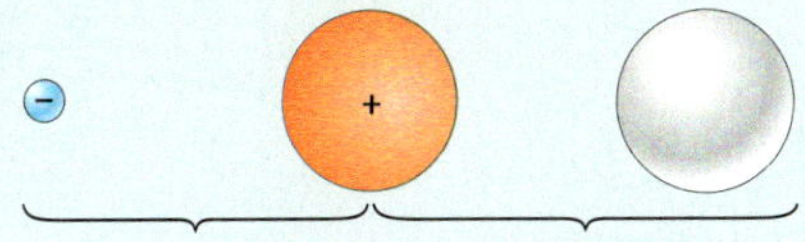

B4 Bauteilchen der Atome. Die Elementarteilchen unterscheiden sich in ihrer Masse und Ladung

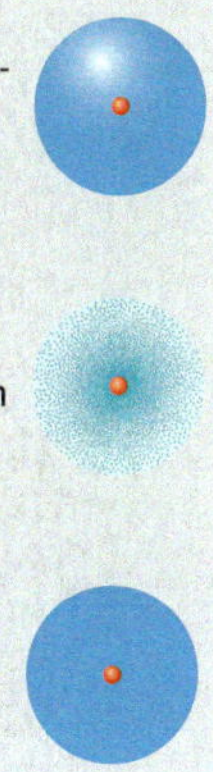

B5 Kern-Hülle-Modell eines Atoms in verschiedenen Darstellungen. Der positiv geladene Kern (rot) wird vom negativ geladenen Elektron umhüllt (blau)

A1 In einer Metallportion liegen die Atome dicht aneinander. Welche Länge würde sich ergeben, wenn die Atomkerne eines Metallstabes von 1 m Länge dicht aneinander liegen würden?

B3 Veranschaulichung der Größenverhältnisse im Atom

5.21 Atomkern und Isotope

Atom		Zusammensetzung des Atomkerns Proton Neutron	Zeichen
Wasserstoff			$^{1}_{1}H$
Helium			$^{4}_{2}He$
Lithium			$^{7}_{3}Li$
Beryllium			$^{9}_{4}Be$
Bor			$^{11}_{6}B$
Kohlenstoff			$^{12}_{6}C$

B1 Schematische Darstellung der Kerne von Atomen der Elemente mit der Ordnungszahl 1 bis 6

Welche Informationen kann man der Kennzeichnung des Atoms einer Atomart und des Atomkerns entnehmen?

Allgemein:

Nukleonenzahl (Massenzahl)
Protonenzahl (Kernladungszahl)

$^{A}_{Z}X$

Zeichen für das Atom

Nukleonenzahl (A)
– Protonenzahl (Z)
= Anzahl der Neutronen

Atommasse in u
Ordnungszahl

$^{m}_{Z}X$

Aus dem Zahlenwert der Atommasse erhält man durch Runden auf eine natürliche Zahl die Nukleonenzahl (Massenzahl) eines Atomkerns der Atomart.

Beispiel: Aluminiumatom:

Atommasse in u
Ordnungszahl

$^{26,98}_{13}Al$

Für die Nukleonenzahl ergibt sich durch Runden 27.

Atomkern:

Nukleonenzahl (Massenzahl)
Protonenzahl

$^{27}_{13}Al$

Anzahl der Neutronen:
27 – 13 = 14

B2 Kennzeichnung des Atoms einer Atomart und des Atomkerns

Die Zugehörigkeit zu einer Atomart ist durch den Atomkern festgelegt.

Aus Streuversuchen RUTHERFORDS mit verschiedenen Metallfolien (Kap. 5.20) gelang es, nicht nur die Größe, sondern auch die Ladung der betreffenden Atomkerne zu bestimmen. Sie ist ein ganzzahliges Vielfaches der positiven Elementarladung. Die Anzahl der Elementarladungen des Kerns, d.h., die Anzahl der Protonen, nennt man die **Kernladungszahl**.
Die Bestimmung der Kernladungszahlen, zeigte, dass diese mit den Ordnungszahlen der Elemente im Periodensystem übereinstimmen.

Erst mit der Entdeckung der Neutronen war es möglich, auch die Zusammensetzung der Atomkerne anzugeben.

Die Atomkerne verschiedener Atomarten. Bei den Atomen der Elemente, die im Periodensystem aufeinander folgen, nimmt die Anzahl der Protonen (und Elektronen) jeweils um 1 zu [B1]. Der Kern des Wasserstoffatoms besteht nur aus einem Proton. Der Kern des Sauerstoffatoms enthält 8 Protonen. Da die Masse des Protons etwa 1u und die Masse z.B. des Sauerstoffatoms 16u beträgt, muss dessen Kern 8 Neutronen enthalten. Die Masse der Elektronen ist gegenüber der Masse des Atomkerns verschwindend klein. Seine Masse entspricht daher ziemlich genau der Atommasse.
Zur Kennzeichnung eines Atoms und seines Kerns wird die in [B2] erläuterte Schreibweise verwendet. Die Kernbausteine Protonen und Neutronen bezeichnet man als **Nukleonen** und den Atomkern als **Nuklid**. Die Nukleonen werden im Kern durch riesige Kräfte zusammengehalten, die durch einfache Modellvorstellungen nicht erklärt werden können.
Die Anzahl der Nukleonen nennt man die Massenzahl. Sie unterscheidet sich unwesentlich von der Atommasse.

Ein Atomkern wird durch Protonen- und Nukleonenzahl, das Atom durch Ordnungszahl und Atommasse gekennzeichnet.

Atome, deren Kerne sich nur in der Anzahl ihrer Neutronen unterscheiden, werden **isotope Atome** genannt oder kurz: **Isotope** (von griech. isos, gleich und topos, Platz). Isotope sind Bestandteil eines Elements und stehen daher am gleichen Platz im Periodensystem.

Es gibt nur 22 Elemente, die **Reinelemente**, deren Atome mit jeweils nur einer Atomkernsorte vorkommen [B5]. Allein bei diesen Elementen ist die Massenzahl und der Zahlenwert der Atommasse annähernd gleich groß. Für die Atome dieser Atomarten erhält man bei der Massenbestimmung mit dem Massenspektrometer (Kap. 5.3) nur einen Wert. Für die Atome aller übrigen Atomarten ergeben sich für die Atommassen mehrere Werte.
Atome z. B. mit der Kernladungszahl 12 haben nicht die Masse 24,3 u, sondern drei verschiedene Massen: 24,0 u, 25,0 u, 26,0 u. Daraus folgt, dass es drei Arten von Magnesiumatomen gibt. Das Verfahren der Massenbestimmung liefert zugleich die Teilchenzahlanteile. Da die Isotopenzusammensetzung von Magnesiumportionen unterschiedlichen Ursprungs gleich ist, lässt sich eine allgemeingültige mittlere Atommasse für Magnesium berechnen [B3].

Elemente, die aus einem Isotopengemisch bestehen, werden als **Mischelemente** bezeichnet.

Isotope unterscheiden sich nicht in ihrem chemischen Verhalten. Man verwendet deshalb dieselben Zeichen für die isotopen Atome.

A1 Gib die Anzahl der Nukleonen, Protonen, Neutronen und Elektronen für folgende Atome an: $_{9}F$, $_{53}I$, $_{79}Au$.

A2 Schweres Wasser (D_2O) ist zu einem geringen Anteil Bestandteil des Wassers. In einigen wenigen Kernkraftwerken wird schweres Wasser eingesetzt.
In solchen Schwerwasserreaktoren entstehen aus Deuterium durch Neutroneneinfang geringe Mengen Tritium. Erkläre, wodurch sich Deuterium- und Tritiumatome von Wasserstoffatomen unterscheiden.

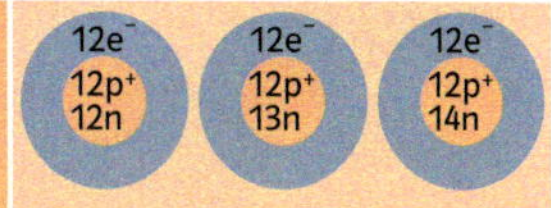

isotope Magnesiumatome			
Masse der Atome	24,0	25,0 u	26,0 u
Teilchenzahlanteil	79,0 %	10,0 %	11,0 %
mittlere Atommasse	0,79 · 24,0 u + 0,10 · 25,0 u + 0,11 · 26,0 u = 24,3 u		

B3 Das Mischelement Magnesium besteht aus einem Gemisch von isotopen Atomen

Eine Ausnahme bilden die drei Wasserstoffisotope, für die verschiedene Zeichen verwendet werden [B4], da sie sich in ihrer Masse erheblich unterscheiden. Damit hat der Wasserstoff gegenüber allen anderen Isotopengemischen eine Sonderstellung.

Alle Atomarten mit einer größeren Protonenzahl als 83 sind **radioaktiv**, sie setzen sich jeweils aus einer großen Anzahl isotoper Atome zusammen. Von Radium kennt man über 30 isotope Radiumatome. Die Atomkerne verändern sich durch die von ihnen ausgehende Strahlung. Dieser radioaktive Zerfall kann z. B. zur Altersbestimmung von Kohlenstoffverbindungen genutzt werden (Kap. 5.21). In der Strahlentherapie werden manche Krebserkrankungen mithilfe der Strahlung radioaktiver Isotope bekämpft. Im Periodensystem ist für die radioaktiven Elemente nur die Kernsorte mit der geringsten Zerfallsgeschwindigkeit eingetragen, mit der dazu gehörenden Angabe der Protonen- und Nukleonenzahl.

Exkurs Die atomare Masseneinheit

In der Natur gibt es drei verschiedene isotope Kohlenstoffatome: $^{12}_{6}C$, $^{13}_{6}C$, $^{14}_{6}C$. Aus der Häufigkeit der isotopen Atome ergibt sich der durchschnittliche Wert $m_t(C)$ = 12,01 u. Die Definition der atomaren Masseneinheit beruht auf der Masse des häufigsten Kohlenstoffisotops $^{12}_{6}C$, für die genau 12,00 u festgelegt wurde. Damit ist

$$1\,u = \frac{m_t(1\ ^{12}_{6}C)}{12}.$$

Für Mischelemente werden die mittleren Atommassen angegeben.
Beispiele: $m_t(H)$ = 1,008 u, $m_t(Li)$ = 6,941 u(Einheit ml/m³ = ppm, parts per million) zu unterscheiden.

Wasserstoff	$^{1}_{1}H$
Deuterium	$^{2}_{1}H$, D
Tritium	$^{3}_{1}H$, T

B4 Wasserstoffisotope und deren Benennung

9 Elemente der Hauptgruppen sind Reinelemente:

$_{4}Be$
$_{9}F$
$_{11}Na$
$_{13}Al$
$_{15}P$
$_{33}As$
$_{53}I$
$_{55}Cs$
$_{83}Bi$

B5 Reinelemente der Hauptgruppen

$m_t(X)$: Masse eines Teilchens X

$^{12}_{6}C$	98,9 %
$^{13}_{6}C$	1,1 %
$^{14}_{6}C$	<10⁻¹⁰ %

B6 Anteile der isotopen Atome beim Mischelement Kohlenstoff

5.22 Exkurs Wann lebte Ötzi?

B2 Ötzi, die Mumie aus dem Eis

Ötzi lebte vor über 5000 Jahren. Nie zuvor ist es in Mitteleuropa gelungen, eine so gut erhaltene Mumie eines hohen Alters samt Kleidung und Ausrüstung zu untersuchen. Wie ist es möglich, das Alter von Überresten aus weit zurückliegenden Zeiten der Menschheitsgeschichte zu ermitteln?
Unter dem Einfluss kosmischer Strahlung entsteht das radioaktive Kohlenstoffisotop $^{14}_{6}C$ in der oberen Atmosphäre. Deshalb enthält auch ein geringer Anteil der Kohlenstoffdioxidmoleküle der Luft dieses Isotop. Pflanzen stellen während der Fotosynthese Kohlenstoffverbindungen aus Kohlenstoffdioxid her.

Isotop	$T_{1/2}$
$^{220}_{86}Rn$	55,6 s
$^{131}_{53}I$	8,02 d
$^{137}_{55}Cs$	33 a
$^{226}_{88}Ra$	1600 a
$^{14}_{6}C$	5730 a

B1 Halbwertszeiten einiger radioaktiver Isotope

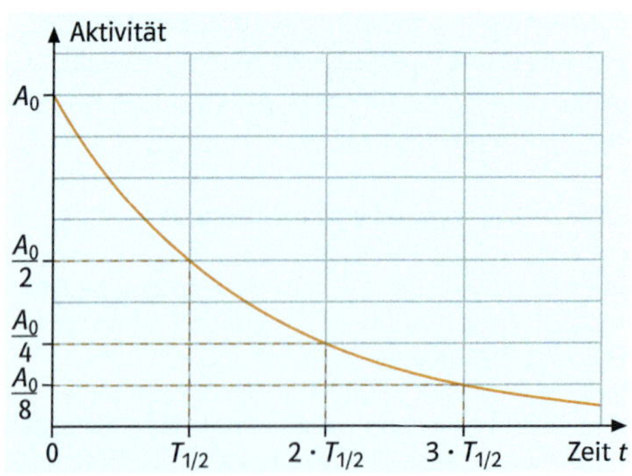

B3 Halbwertszeit. In jeweils gleichen Zeitabschnitten verringert sich die Aktivität auf den halben Wert

Die beiden Isotope $^{14}_{6}C$ und $^{12}_{6}C$ finden sich nach der Aufnahme des Kohlenstoffdioxids durch die lebende Pflanze darin im gleichen Verhältnis $N(^{14}_{6}C) : N(^{12}_{6}C)$ wieder wie im Kohlenstoffdioxid der Luft. Dies gilt auch für Kohlenstoffverbindungen, die in einem jeden Glied der Nahrungskette vorkommen, solange ein Organismus lebt.
Enthält ein Fund Kohlenstoffverbindungen, wie dies z. B. bei Haaren, Leder und Holz der Fall ist, kann das Alter aus dem Zerfall des radioaktiven Kohlenstoffisotops ermittelt werden.
Bei der Feststellung des Alters arbeiten Wissenschaftler aus vielen Wissenschaftsbereichen zusammen.

Radioaktiver Zerfall und Halbwertszeit. Radioaktive Stoffe senden Strahlen aus (Kap. 5.19). Die Strahlen stammen aus Atomkernen bestimmter Isotope (Kap. 5.21). Beim Aussenden der Strahlen ändert sich z. B. die Anzahl der Nukleonen oder das Anzahlverhältnis von Protonen und Neutronen. Diese Kernumwandlung wird auch als radioaktiver Zerfall bezeichnet. Es zerfallen jedoch nicht alle Kerne gleichzeitig. Die Anzahl der Zerfälle pro Zeiteinheit, die **Aktivität**, wird mit abnehmender Anzahl der noch vorhandenen ^{14}C-Kerne immer geringer. Verfolgt man die abnehmende Aktivität eines radioaktiven Isotops, so erhält man eine für dieses Isotop typische Zerfallskurve [B3]. In jeweils gleichen Zeitabschnitten verringert sich die Aktivität einer Probe immer auf den halben Wert. Dieser Zeitabschnitt wird als **Halbwertszeit $T_{1/2}$** bezeichnet. Nach der Zeit $T_{1/2}$ ist die Aktivität einer Probe also nur noch halb so groß wie zu Beginn einer Messung. Jedes radioaktive Isotop besitzt eine charakteristische Halbwertszeit [B1].

Radioaktiver Zerfall als Zeitmesser. Die Altersbestimmung einer Probe ist möglich, wenn die Zerfallskurve eines enthaltenen Isotops bekannt ist. Misst man die heutige Aktivität A_F der Probe eines Fundes, kann man das Alter ermitteln, wenn auch die ursprüngliche Aktivität A_0 bekannt ist [B5].

Radiocarbonmethode. Zur Altersbestimmung von organischen Überresten früher lebender Organismen müssen aus den noch vorhandenen organischen Verbindungen Proben aus reinem Kohlenstoff hergestellt werden. Nach dem Tod eines Lebewesens verringert sich wegen des fehlenden Nachschubs der Anteil des ^{14}C-Isotops durch den radioaktiven Zerfall. Damit startet der Zeitmesser. Je weiter der Tod in der Vergangenheit zurückliegt, desto geringer ist die heute messbare Aktivität. Um Ötzis Alter zu ermitteln, benötigt man aus dem Fund eine Probe, die gleich viele Kohlenstoffatome enthält wie eine Vergleichsprobe aus unserer Zeit. Die Aktivität der Probe unserer Zeit setzt man der ursprünglichen Aktivität A_0 gleich. Mit den Aktivitäten A_0 und A_F (wobei $A_F \approx 0{,}55 \cdot A_0$) ergab sich für Ötzis Alter ca. 5000 Jahre [B5].

Nach 50000 Jahren kommt die Radiocarbonmethode (C-14-Methode) an ihre Grenzen, das ^{14}C-Isotop ist dann schlecht nachweisbar.

Radiocarbonmethode und Jahresringdatierung. Die Altersbestimmung durch die Radiocarbonmethode ergibt immer ein zu geringes Alter. Die Ursache dafür ist der über lange Zeiträume nicht gleichbleibende ^{14}C-Anteil in der Atmosphäre. Damit ist die Anfangsaktivität der Probe eines Fundes mit der Aktivität der entsprechenden heutigen Probe nicht identisch. Um das jeweilige Radiocarbonalter zu korrigieren, benötigt man Proben, deren Alter zusätzlich auf eine andere Weise als mit der Radiocarbonmethode bestimmt werden kann. Damit lassen sich gemessenen Aktivitäten genauere Altersangaben zuordnen.

Dies gelingt z. B. durch alte Holzbauwerke, deren Entstehungszeit durch Urkunden exakt belegt ist. Besonders geeignet für eine Datierung sind zudem Baumscheiben. Die Jahresringe eines Baumes zeigen ein charakteristisches Muster [B4]. Es spiegelt die Temperaturschwankungen während der Lebenszeit des Baumes wider. Durch Überlappung der Jahresringmuster von Holzfunden unterschiedlichen Alters (Holzbauwerke und Baumscheiben) kann ein „Jahresringkalender" erstellt werden [B4]. Vergleicht man die Aktivitäten der Proben, deren Alter bekannt ist, mit den Aktivitäten der Proben mit unbekanntem Alter, so lassen sich dem Radiocarbonalter Kalenderjahre zuordnen.

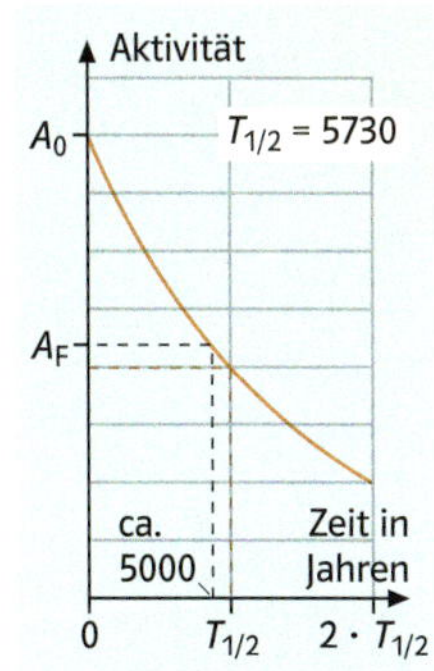

B5 Altersbestimmung des Ötzi-Fundes nach der Radiocarbonmethode

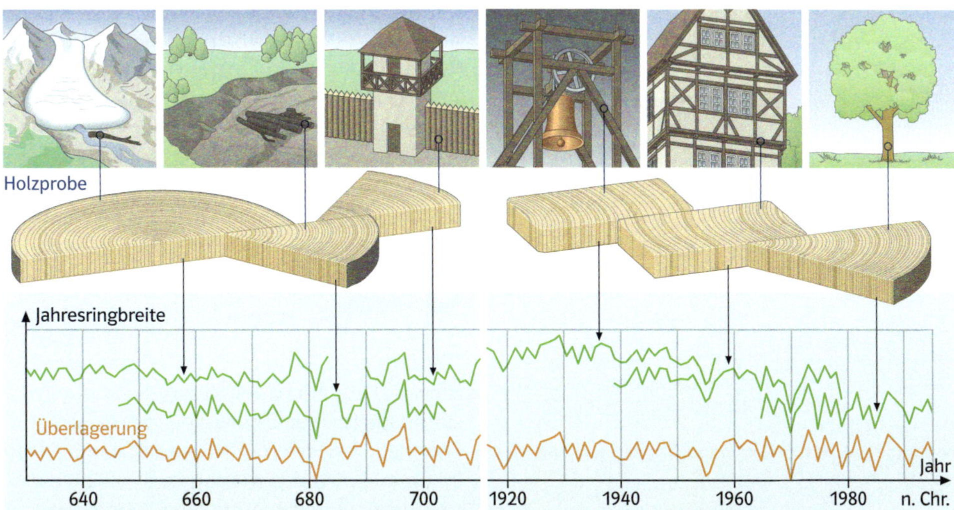

B4 Aus den Jahresringen z. B. von in Gletschereis oder Mooren eingeschlossen Bäumen oder von alten Bauhölzern werden Kurven der Ringbreiten gewonnen und zu einem Kalender zusammengefügt

5.23 Exkurs Atomhülle – Abspaltung von Elektronen

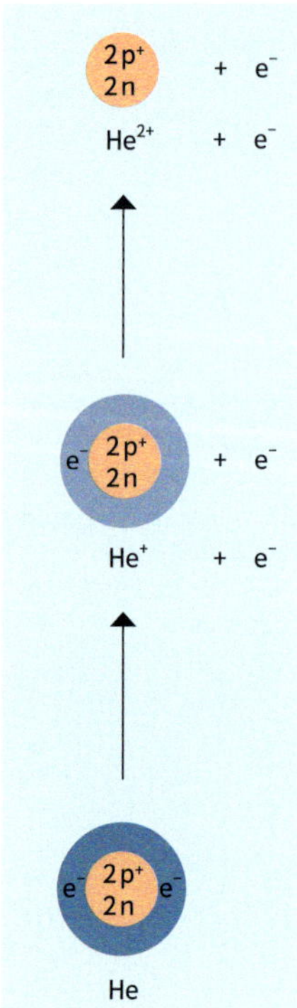

B1 Abspaltung von Elektronen aus Heliumatomen.
Es entstehen positiv geladene Heliumionen

Durch Energiezufuhr lassen sich aus der Atomhülle Elektronen abspalten. Dabei ist es möglich, schrittweise Elektronen zu entfernen. Damit erhält man Informationen über den Aufbau der Atomhülle.

Die Bildung von Ionen aus Atomen. Schaltet man eine Leuchtstoffröhre ein, leitet die Gasfüllung den elektrischen Strom. Wenn das Gas aus Helium besteht, bewegen sich geladene Teilchen, die aus Heliumatomen entstanden sind. Durch Abspaltung von Elektronen werden positiv geladene Heliumatome gebildet. Atome, die als geladene Teilchen wirken, nennt man Ionen (von griech. ion, das Wandernde). Zur Kennzeichnung eines Ions verwendet man das Zeichen für das Atom und gibt zusätzlich die Ladung des Ions in Elementarladungen an, z. B. He^{+}, He^{2+} [B1]. Die Abspaltung von Elektronen aus der Atomhülle wird Ionisierung genannt.

Ionisierungsenergie. Die Energie, die gerade ausreicht, um ein Elektron aus einem Atom oder aus einem bereits vorliegenden Ion abzuspalten, bezeichnet man als *Ionisierungsenergie*. Damit die Energiebeträge für die Ionisierung verschiedener Atomarten vergleichbar sind, müssen die Angaben für jeweils gleiche Teilchenanzahlen erfolgen.

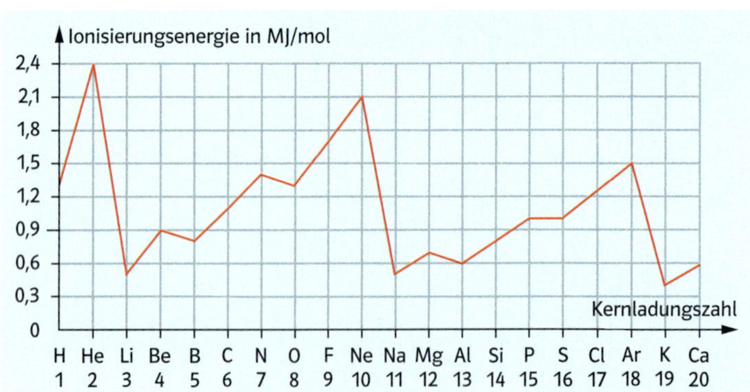

B2 Erste Ionisierungsenergien für die Atome mit Kernladungszahlen von 1 bis 20

Erste Ionisierungsenergien von Atomen. Ein Elektron wird vom Kern umso stärker angezogen, je größer dessen positive Ladung ist. Man müsste also erwarten, dass die Energie für die Abspaltung eines Elektrons mit steigender Kernladungszahl der Atome zunimmt. Durch die experimentell ermittelten Ionisierungsenergien wird diese Erwartung nur zum Teil bestätigt. In [B2] erkennt man, dass die Ionisierungsenergien bis zu den Edelgasatomen ansteigen und zu den darauf folgenden Alkalimetallatomen stark abfallen. Je weiter ein Elektron vom Kern entfernt ist, desto geringer ist der Energieaufwand, um dieses Elektron abzuspalten, da die Anziehung durch den Atomkern mit zunehmender Entfernung schwächer wird. Aus der im Vergleich zu den Edelgasatomen geringen Ionsierungsenergie der Alkalimetallatome folgt, dass *ein* Elektron dieser Atome im Mittel weiter vom Kern entfernt ist als bei Edelgasatomen.

Ionisierungsenergien von Ionen. Die erforderliche Energie zur Abspaltung eines Elektrons aus einem einfach positiv geladenen Ion ist größer als die erste Ionisierungsenergie. Die Abspaltung eines weiteren Elektrons muss gegen die stärkere Anziehung des positiv geladenen Ions erfolgen. Für jedes weitere abzutrennende Elektron wird die Ionisierungsenergie jeweils größer. In [B3] sind die Ionisierungsenergien für alle Elektronen des Aluminium- und Schwefelatoms dargestellt. Auffällig ist ein jeweils zweimaliges sprunghaftes Ansteigen der Ionisierungsenergie bei den Ionen, die noch 10 bzw. 2 Elektronen besitzen (Al^{3+} und S^{6+} bzw. Al^{11+} und S^{14+}). Diese Ergebnisse geben Hinweise auf ein gemeinsames Bauprinzip für die Elektronenhüllen aller Atome.

Die Ionisierungsenergien eines Atoms geben Hinweise auf Energieunterschiede im Atom. Ist zur Abspaltung eines Elektrons ein hoher Energiebetrag erforderlich, so hat das Elektron im Atom eine niedrige Energie. Eine kleine Ionisierungsenergie bedeutet eine hohe Energie des Elektrons im Atom.

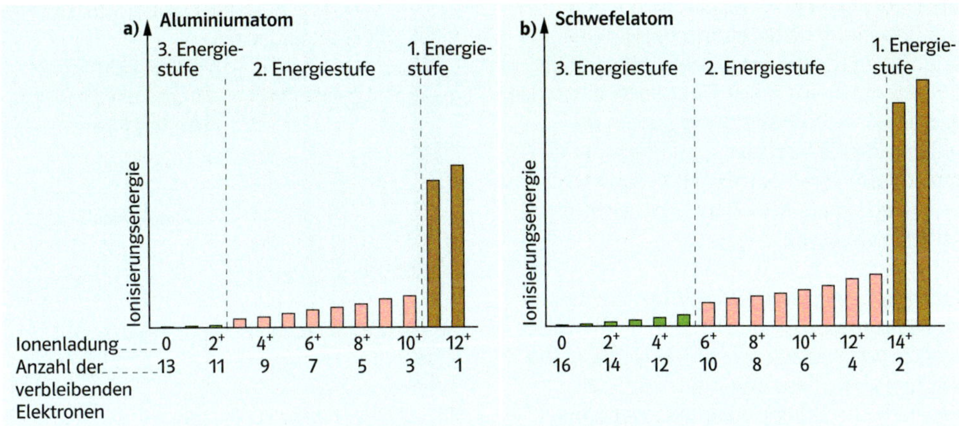

B3 Ionisierungsenergien für alle Elektronen des Aluminium- (a) und des Schwefelatoms (b)

Energieänderung bei der Elektronenaufnahme von Schwefelionen. Die zugeführte Ionisierungsenergie wird wieder abgegeben, wenn ein Ion ein Elektron aufnimmt. Nimmt ein Atomkern nacheinander Elektronen auf, bis das ungeladene Atom vorliegt, werden von Elektron zu Elektron immer geringere Energiebeträge frei. Diese sind in [B4a] für die Entstehung des Schwefelatoms aus dem Atomkern durch schrittweise Aufnahme von Elektronen veranschaulicht. Diese Darstellung entspricht dem umgekehrten Vorgang der in [B3] gezeigten schrittweisen Abspaltung von Elektronen. Da bei der Aufnahme von Elektronen die entsprechenden Energiebeträge frei gesetzt werden, besitzt das jeweils entstehende Ion und am Ende das Atom eine geringere Energie. Daher sind die Energiebeträge „nach unten" aufgetragen.

Energiestufen in der Atomhülle. Die frei werdenden Energiebeträge bei der Elektronenaufnahme durch Schwefelionen [B4a] lassen auf einen großen Unterschied in der Energie der Elektronen im Atom schließen.
Im Schwefelatom gibt es drei Gruppen von Elektronen, die sich drei sehr verschiedenen Energiezuständen zuordnen lassen [B4b]. Die Elektronen einer Gruppe, deren Energien im Atom gleich sind und sich von anderen deutlich unterscheiden, werden jeweils einer Energiestufe zugeordnet.

Auch für Elektronen der gleichen Energiestufe ist die bei der Elektronenaufnahme frei werdende Energie für ein nachfolgend aufgenommenes Elektron geringer als für das vorausgegangene. Die Aufnahme jeweils eines weiteren Elektrons erfolgt durch ein Ion, dessen positive Ladung bei jeder Elektronenaufnahme und damit die Anziehungskraft weiter abnimmt.

A1 Zeichne ein Diagramm für die schrittweise Ionisierung der Atomart Sauerstoff. Die aufzuwendende Energiebeträge (in MJ/mol) sind:
1,3; 3,4; 5,3; 7,5; 11,0; 13,3; 71,3; 84,1.

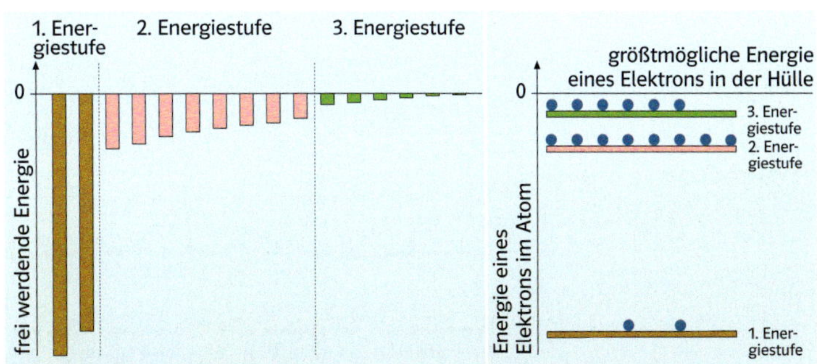

B4 Frei werdende Energie bei der Elektronenaufnahme durch Schwefelionen (a) und Energiestufen für die Elektronen des Schwefelatoms (b)

5.24 Energiestufen- und Schalenmodell der Atomhülle

Bei einer chemischen Reaktion kommen Atome verschiedener Atomarten miteinander in Berührung und beeinflussen gegenseitig ihre Atomhüllen. Da den Elektronenhüllen der Atome für deren Reaktionsverhalten die entscheidende Bedeutung zukommt, ist es erforderlich, ihren Aufbau näher zu betrachten. Dazu werden die Atome zunächst als isolierte Teilchen angesehen.

Energiestufen in der Atomhülle. Ein Elektron im Atom lässt sich zunächst mit einem Körper vergleichen, der auf dem Erdboden liegt. Um ihn zu heben, muss Arbeit verrichtet, also mechanische Energie zugeführt werden. Je mehr Energie zugeführt wird, desto höher steigt der Körper. Wie eine Rakete würde er bei entsprechender Energiezufuhr schließlich den Anziehungsbereich der Erde verlassen.

Auch das Elektron eines Atoms vergrößert durch Zufuhr von Energie seine „Höhe", d.h. seinen Abstand vom Atomkern, und verlässt durch einen genügend hohen Energiebetrag den Anziehungsbereich des Kerns. Zurück bleibt ein positiv geladenes Atom, da die positive Kernladung nicht mehr durch die negative Ladung der Elektronenhülle ausgeglichen wird. Ein Körper kann bei entsprechender Energiezufuhr jede beliebige Höhe und damit jeden beliebigen Energiezustand einnehmen. Dagegen ergaben Untersuchungen der Atomhülle für das Elektron nur ganz bestimmte Energiezustände.

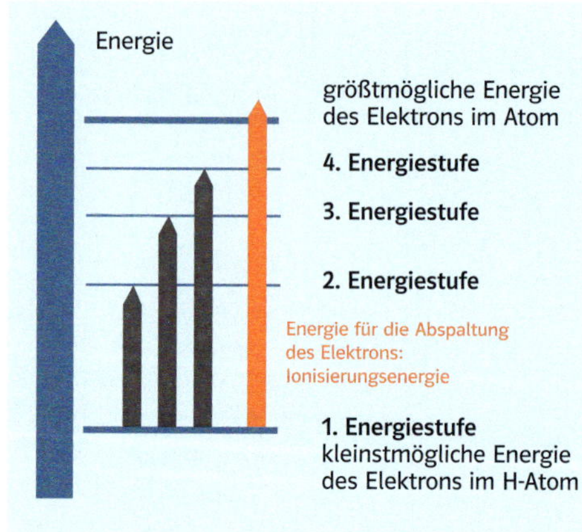

B2 Energiestufenschema für das Wasserstoffatom (dargestellt sind nur die Energiestufen 1 bis 4)

Diese sind mit den Sprossen einer Leiter vergleichbar. Dem Elektron können nur Energiebeträge zugeführt werden, die den Übergängen zwischen den Energiestufen entsprechen. Das Elektron des Wasserstoffatoms besetzt die 1. Energiestufe [B2]. Neben den dargestellten gibt es weitere Energiestufen. Zwischen diesen werden die Abstände, d.h., die Energieunterschiede, immer kleiner.

Durch Zufuhr z.B. von elektrischer Energie werden Elektronen einer Atomart auf höhere Energiestufen überführt. Diese Zustände sind jedoch kurzlebig. Unter Energieabgabe „fallen" die Elektronen wieder auf die tiefste Energiestufe zurück. Die höchste Energiestufe wird als **Ionisierungsgrenze** bezeichnet.

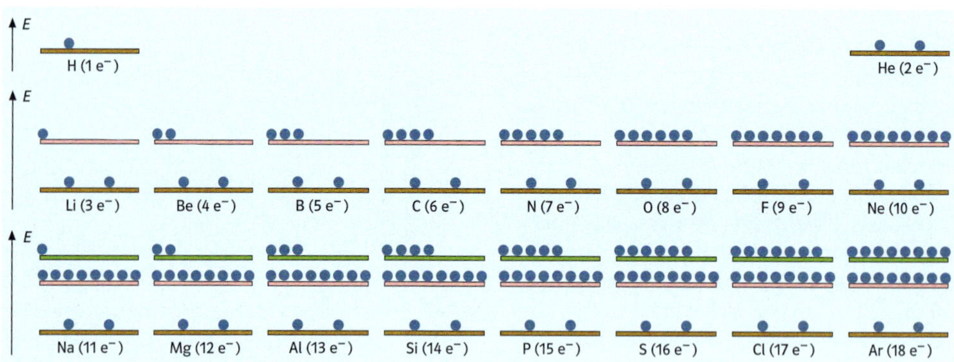

B1 Energiestufen. Die Elektronen der Atome lassen sich verschiedenen Energiestufen zuordnen

Reicht der Betrag der zugeführten Energie darüber hinaus, wird das Elektron abgespalten und ein positiv geladenes Atom, ein Ion, gebildet.

Zuordnung von Elektronen zu Energiestufen. Elektronen besetzen in den Atomen aller Elemente jeweils den Zustand geringster Energie, der zur Verfügung steht. Dies ist für das Elektron des Wasserstoffatoms die 1. Energiestufe [B1] Auch die beiden Elektronen des Heliumatoms haben auf der 1. Energiestufe die geringste Energie. Während zwei Elektronen des Lithiumatoms, wie die aller anderen Atome, ebenfalls die 1. Energiestufe besetzen, beginnt mit dem 3. Elektron die Besetzung der 2. Energiestufe. Zu dieser können bis zu acht Elektronen gehören. Mit einem weiteren Elektron wird beim Natriumatom die Besetzung der 3. Energiestufe begonnen.

Für die Atome der 1. bis 3. Periode ist die Besetzung der 1. bis 3. Energiestufe in [B1] veranschaulicht.

Die Elektronenhüllen der Atome aller Elemente haben ein gemeinsames Bauprinzip, mit jeweils gleichen maximalen Elektronenzahlen auf den entsprechenden Energiestufen. Diese liegen bei den verschiedenen Atomen nicht auf gleicher Höhe. Auch die Abstände zwischen den Stufen sind verschieden.

Schalenmodell der Atomhülle. Die Elektronen befinden sich in einem kugelförmigen Raum, der den Atomkern umgibt. Dieser Bereich kann verschieden groß sein. Den kleinsten **Aufenthaltsraum** haben die Elektronen der niedrigsten Energiestufe. Mit zunehmender Energiestufe der Elektronen wird der Durchmesser ihres Aufenthaltsraums größer. Wir können uns die Aufenthaltsräume verschiedener Elektronen in einem Atom vorstellen als verschieden große Kugeln mit einem gemeinsamen Mittelpunkt, dem Atomkern. Man kann die Aufenthaltsräume von Elektronen derselben Energiestufe zu einem gemeinsamen Raum zusammenfassen.

Die Hülle eines Atoms, dessen Elektronen zu drei verschiedenen Energiestufen gehören, lässt sich durch drei konzentrische Kugeln veranschaulichen [B3]. Die Elektronen der zweiten Energiestufe befinden sich hauptsächlich in dem Raum zwischen der ersten und der zweiten Kugelfläche. Dieser Raum ist eine Kugelschale. Ebenso befinden sich die Elektronen der dritten Energiestufe in der anschließenden Kugelschale. Entsprechendes gilt für die Elektronen der höheren Energiestufen. Diese Modellvorstellung vom Bau der Atomhülle nennt man Schalenmodell.

A1 Zeichne für ein Kaliumatom die Energiestufen und verteile die Elektronen darauf.

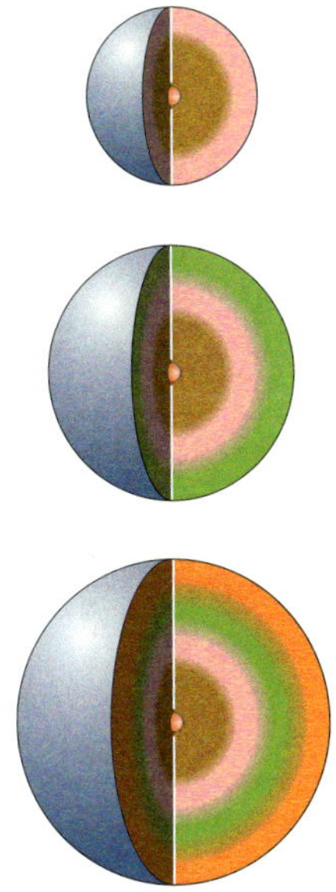

B3 Modelle verschiedener Atomhüllen

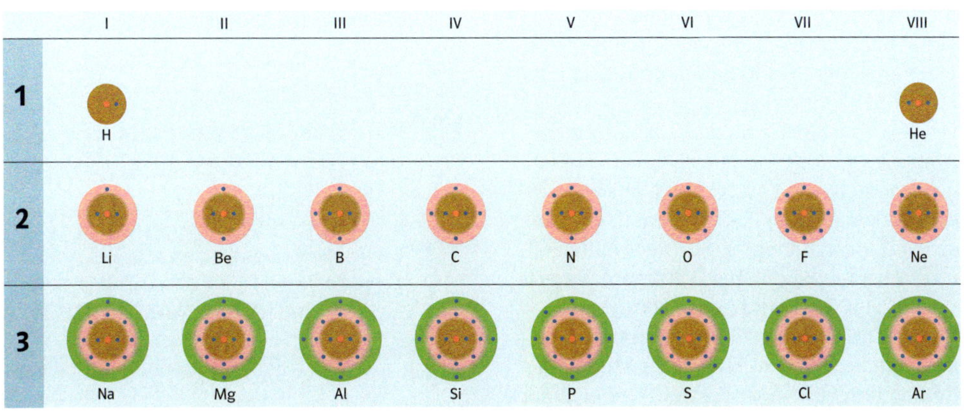

B4 Schalenmodell der Atomhülle.

Die Elektronen der verschiedenen Energiestufen sind den entsprechenden Kugelschalen zugeordnet. Diese sind bei den verschiedenen Atomen zur besseren Übersicht gleich groß dargestellt

5.25 Atombau und Periodensystem

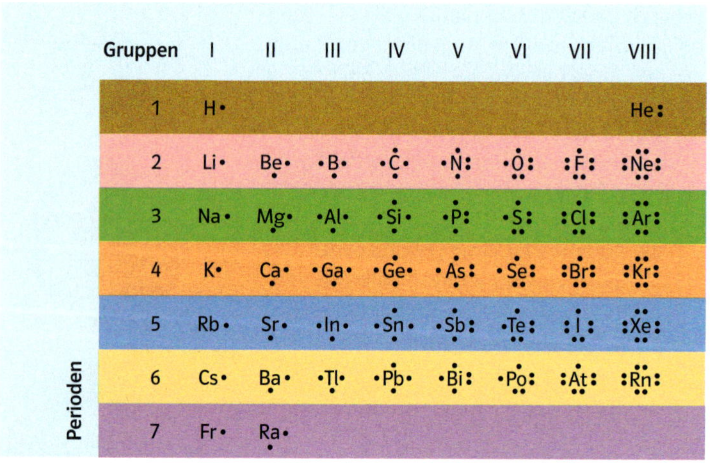

B1 Außenelektronen. Ihre Anzahl entspricht der Gruppennummer (mit Ausnahme des Heliumatoms)

Unsere bisherigen Betrachtungen zeigen, dass offenbar ein Zusammenhang besteht zwischen der Stellung der Elemente im Periodensystem und dem Bau ihrer Atome. Entscheidend für diesen Zusammenhang ist der Aufbau der Atomhülle.

Periodensystem der Elemente. In [B4], Kap. 5.23, entspricht die Anordnung der Atome der Anordnung der jeweiligen Elemente im Periodensystem. Wir erkennen, dass die Atome in einer Periode jeweils die gleiche Anzahl von Schalen besitzen. Beim Übergang vom Edelgasatom zum Alkalimetallatom wird eine neue Schale aufgebaut. Die untereinander stehenden Atome unterscheiden sich in der Anzahl der Schalen, besitzen jedoch in der äußersten Schale die gleiche Anzahl von Elektronen. Nur das Heliumatom weicht davon ab.
Die Elektronen der äußersten Schale eines Atoms nennt man **Außenelektronen**. Außenelektronen werden auch häufig **Valenzelektronen** genannt. Dies ist besonders dann sinnvoll, wenn die Beteiligung der Außenelektronen an Bindungen (Valenzen) betrachtet wird. Bei Edelgasatomen spricht man daher vorrangig von Außenelektronen. Sie bestimmen das chemische Verhalten und die Stoffeigenschaften der Elemente einer Gruppe. Deshalb genügt es häufig, für ein Atom nur die Außenelektronen anzugeben. Sie können durch Punkte um das Zeichen für das Atom dargestellt werden [B1]. Die Elektronen der inneren Schalen bilden zusammen mit dem Atomkern den **Atomrumpf**.

Die Atome der Hauptgruppenelemente zeigen dasselbe Aufbauprinzip. So besitzt z. B. ein Caesiumatom (Cs) (6. Periode, I. Hauptgruppe) sechs Schalen. Die äußerste Schale umfasst ein Elektron. Die Nummer der Periode, in der ein Element steht, und die Anzahl der Schalen seiner Atome stimmen überein. Die Nummer der Hauptgruppe entspricht der Elektronenanzahl auf der äußersten Schale.

Nebengruppenelemente. Im Periodensystem sind die Elemente nach steigender Protonenanzahl geordnet. Diese ist gleich der Elektronenanzahl. In dem in Kap. 5.18, [B7] dargestellten Periodensystem stellen wir jedoch fest, dass auf das Calciumatom (Ca) mit 20 Elektronen das Galliumatom (Ga) mit 31 Elektronen folgt. Weitere Lücken finden wir auch nach $_{38}$Sr und $_{56}$Ba. In diesem Periodensystem sind in der 4. und 5. Periode je 10 Atome nicht berücksichtigt. In der 6. Periode fehlen 24 Atome. Das Periodensystem hinten im Buch zeigt jeweils 10 dieser Atomarten in den **Nebengruppen**.

A1 Welche Gemeinsamkeiten besitzen die Atome **a)** derselben Hauptgruppe, **b)** derselben Periode?

A2 Zeichne den Schalenaufbau eines Iodatoms. Zeichne nur die Außenelektronen ein.

A3 Wodurch unterscheidet sich ein Heliumatom von den übrigen Edelgasatomen?

A4 Wasserstoff gehört nicht zu den Alkalimetallen, steht aber wie diese in der ersten Hauptgruppe.
Gib dafür eine Begründung.

A5 Recherchiere, welche Elemente des Periodensystems häufig auf den Etiketten von Mineralwasserflaschen aufgeführt sind (Kap. 5.1).

5.26 Durchblick Zusammenfassung und Übung

Atomkern
Der Atomkern besteht aus **Protonen** und **Neutronen**. Diese beiden Teilchenarten bezeichnet man als **Nukleonen** und die Anzahl der Nukleonen als **Massenzahl**.

Kernladungszahl
Die Kernladungszahl entspricht der **Ordnungszahl**. Diese gibt die Stellung des Elements im Periodensystem an.
Die Anzahl der Protonen entspricht der positiven Ladung eines Atomkerns und wird als **Kernladungszahl** bezeichnet.

Isotope
Atome, deren Kerne sich nur in der Anzahl ihrer Neutronen unterscheiden, werden **isotope Atome** genannt oder kurz: **Isotope**. Isotope sind Bestandteil eines Elements und stehen daher am gleichen Platz im Periodensystem.

Mischelement und Reinelement
Elemente, die aus einem Isotopengemisch bestehen, nennt man **Mischelemente**. Elemente, für die nur eine Atomkernsorte (ein Nuklid) existiert, nennt man **Reinelemente**.

Elektronenhülle
Elektronen bilden die Hülle, die den Atomkern umgibt. Die Anzahl der Elektronen in der Elektronenhülle ist gleich der Anzahl der Protonen im Kern.

Ionisierungsenergie
Die Ionisierungsenergie ist die Energie, die einem Atom oder Ion zugeführt werden muss, um ein Elektron abzuspalten. Wird von einem Mol Teilchen ein Mol Elektronen abgespalten, wird die Ionisierungsenergie in der Einheit MJ/ mol angegeben.

Schalenmodell
Die Elektronen befinden sich in verschiedenen **Aufenthaltsräumen**, die als Kugelschalen vorliegen. Jeder Schale entspricht eine bestimmte **Energiestufe**.

Hauptgruppen
Die Hauptgruppen sind die senkrechten Spalten des gekürzten Periodensystems

Außenelektronen, Valenzelektronen
Die Elektronen der äußersten Schale werden **Außenelektronen** genannt. Für die Elemente der 1. bis 7. Hauptgruppe werden die Außenelektronen auch als **Valenzelektronen** bezeichnet. Sie bestimmen wesentlich die Eigenschaften eines Elements.

Atomrumpf
Den Atomkern zusammen mit den Elektronen der inneren Schalen nennt man den **Atomrumpf**. Ihn umgeben die Außenelektronen.

Elementgruppen
Die Atome der Elemente einer Hauptgruppe besitzen jeweils die gleiche Anzahl von Außenelektronen. Ihre Anzahl ergibt sich aus der Nummer der Hauptgruppe.
Wasserstoff und Helium nehmen dabei eine Sonderstellung ein.

Edelgase
Die Atome der Edelgase bilden die achte Hauptgruppe. Edelgasatome haben die maximale Anzahl an Außenelektronen.
Die Edelgase Helium, Neon und Argon gehen überhaupt keine Reaktionen ein. Die übrigen Edelgase reagieren in sehr seltenen Fällen mit Fluor bzw. mit Sauerstoff.

Das Atom ist aufgebaut aus **Elementarteilchen**

	Proton
Symbol	p^+
Masse in u	≈ 1
Ladung	+1
im Kern	

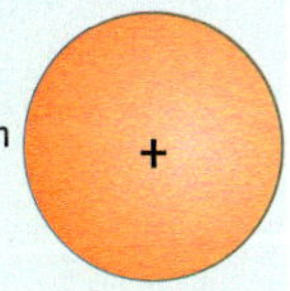

	Neutron
Symbol	n
Masse in u	≈ 1
Ladung	0
im Kern	

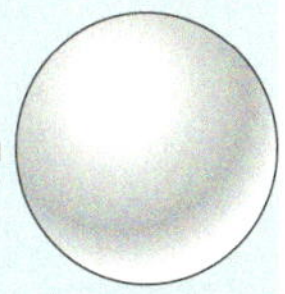

	Elektron
Symbol	e^-
Masse in u	≈ 0,0005
Ladung	−1
in der Hülle	

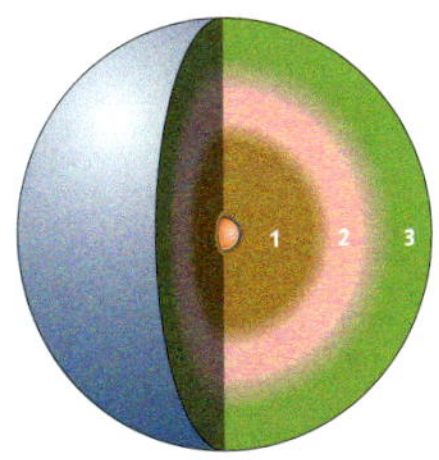

Das Energiestufenmodell liefert eine energetische Darstellung der Atomhülle.

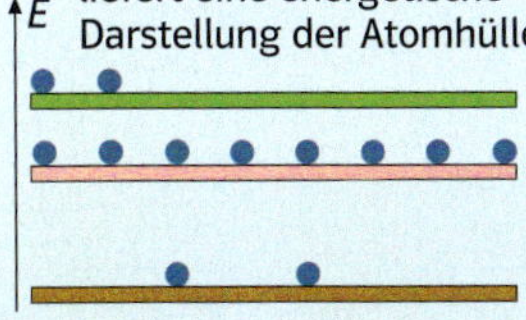

Das Schalenmodell liefert eine räumliche Darstellung der Atomhülle.

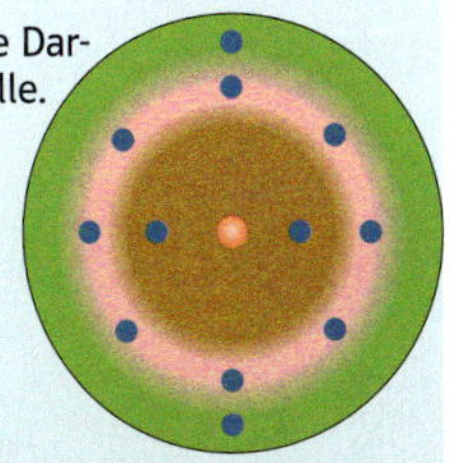

Energiestufenmodell des Magnesiumatoms

Schalenmodell im Querschnitt

Jeder Energiestufe kann eine Schale zugeordnet werden.

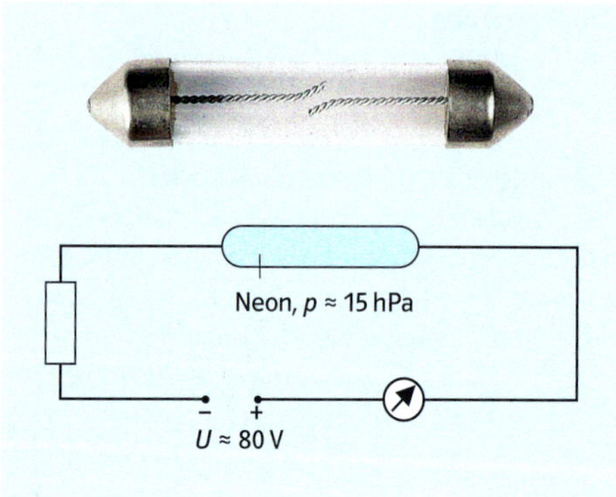

B2 Zu Aufgabe 2

A1 Nenne Eigenschaften einiger Edelgase. Welche Verwendungsmöglichkeiten ergeben sich daraus?

A2 Wird die an einer Glimmlampe [B2] angelegte Spannung erhöht, so beginnt bei 80 V der Strom zu fließen und das Gas leuchtet rot auf. Unter diesen Bedingungen wird von Neonatomen jeweils ein Elektron abgespalten. Zeichne das Energiestufenschema für das Neonion.
Welchem Atom entspricht das erhaltene Schema?

A3 Nenne eine Gemeinsamkeit und einen Unterschied der Elektronenhüllen eines Chlor- und Bromatoms.

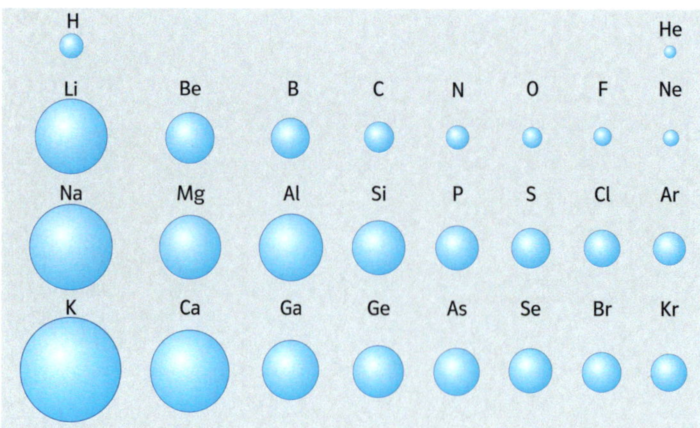

B1 Durchmesser verschiedener Atome. Die Atome der Hauptgruppenelemente der ersten vier Perioden sind im richtigen Größenverhältnis gezeichnet

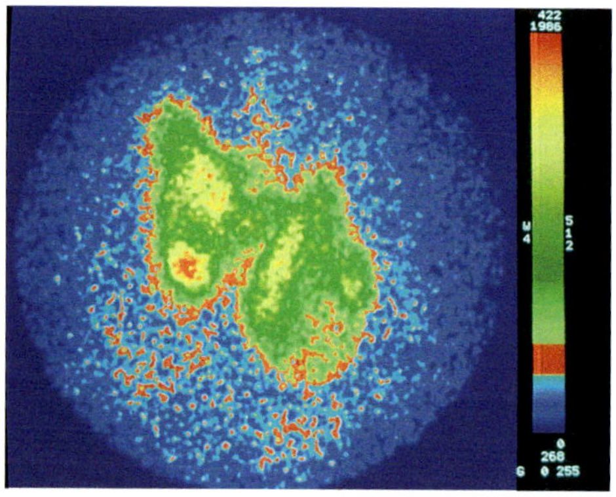

B3 Szintigramm einer Schilddrüse

A4 Bei Verdacht auf eine Schilddrüsenerkrankung wird ein radioaktives Iodpräparat verabreicht. Die dadurch von der Drüse ausgehende Strahlung wird registriert und mithilfe eines Computerprogramms dargestellt [B3]. Nenne den Grund dafür, dass die Schilddrüse neben den natürlichen Iodverbindungen auch solche des in der Natur nicht vorkommenden radioaktiven Iods (^{131}I) aufnehmen kann.
Vorteilhaft ist es inzwischen, die Untersuchung mit einem Technetiumpräparat durchzuführen. Was könnte dafür sprechen?

A5 Formuliere eine Aussage zu folgenden Begriffen über den Atombau:
a) Ordnungszahl, **b)** Massenzahl, **c)** Kernladungszahl, **d)** Nummer der Hauptgruppe, **e)** Nummer der Periode?

A6 Erkläre den Verlauf der Atomdurchmesser innerhalb einer Gruppe [B1] und innerhalb einer Periode. Woran könnte es liegen, dass das Galliumatom kleiner als das Aluminiumatom ist? Beachte die Kernladungszahlen von Calcium und Gallium.

A7 Das Element Chlor besteht aus zwei Atomsorten mit den Massen 35,0 u und 37,0 u. Die mittlere Atommasse beträgt 35,5 u. Berechne den Anteil der beiden isotopen Atomarten im Element.

A8 Erläutere den Unterschied folgender Formulierungen: $^{24}_{12}Mg$ und $^{24,3}_{12}Mg$.

5.27 Horizonte Dem Periodensystem auf der Spur

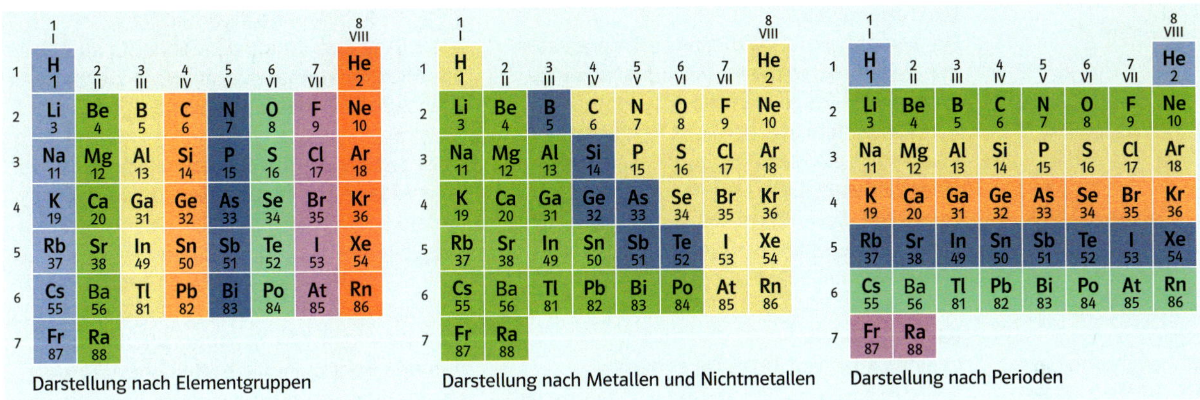

B1 Periodensystem der Elemente in verschieden eingefärbten Darstellungen

In dieser Aufgabe sollt ihr als Gruppe eine Präsentation (Ausstellung) vorbereiten und ein Spiel herstellen, mit dem man die Elementsymbole und die Anordnung der Elemente im Periodensystem (kurz: PSE) erlernen kann. Dazu werden euch verschiedene Hilfen gegeben.

A1 Verschafft euch einen Überblick über die Vielfalt der Periodensysteme, in gedruckter oder interaktiver Form, indem ihr der Suchmaschine im Internet den Auftrag gebt, „Periodensysteme" zu suchen.
a) Gruppiert die Periodensysteme in solche in Langform und solche in Kurzform. Was unterscheidet beide Darstellungen? Nennt die Vorteile der jeweiligen Form.
b) In den farbigen Darstellungen werden die Farben für Eigenschaften verwendet, welche die Elemente bzw. die elementaren Stoffe im Periodensystem gemeinsam haben. Das sind zum einen die Elementgruppeneigenschaften und zum anderen? Seht euch dazu auch [B1] an.
c) In manchen Abbildungen des Periodensystems, wie z. B. auch in diesem Buch werden den Elementsymbolen Bilder der elementaren Stoffe zugeordnet. Ihr könnt ähnlich wie in diesem PSE aus gleichen kleinen Kartons eine Schauwand aufbauen, in der ihr die elementaren Stoffe, die euch eure Lehrkraft aus der chemischen Sammlung gibt, wie im PSE anordnet.

A2 Verfasst einen historischen Überbick zur Geschichte des Periodensystems. Verwendet dazu die Informationen aus diesem Kapitel sowie eigene Recherchen in Lexika oder im Internet. Nicht nur MENDELEJEW und MEYER (Kap. 5.18) haben sich mit der Periodizität der Elementeigenschaften beschäftigt.

A3 Im Folgenden werden euch Anleitungen zu verschiedenen ungewöhnlichen Darstellungen des PSE gegeben, die ihr selbst basteln könnt. Sie vermitteln weitere Kenntnisse und sind ein Blickfang für eure Ausstellung. In allen Fällen werden nur die Hauptgruppen des PSE dargestellt.

Das Helixmodell.
Ihr benötigt eine Papprolle z. B. aus einer Küchenpapierrolle (ca. 26 cm lang, Durchmesser ca. 4,5 cm) und einen ca. 3 cm breiten und ca. 80 cm langen Papierstreifen, den ihr aus drei längsgeschnittenen DIN-A-4 Blättern herstellen könnt. Den Streifen teilt ihr in 42 gleich große Abschnitte auf (Abstand 1,9 cm) und schreibt die Elementsymbole der Hauptgruppenelemente bis Ba hinein, zwischen H und He bleiben 6 Felder frei. Den Streifen legt ihr dann so um die Papprolle, dass Elemente einer Gruppe jeweils untereinander stehen und klebt ihn fest. Bei der farbigen Ausgestaltung sind eurer Fantasie keine Grenzen gesetzt [B4]. Welche Aussage des PSE wird hier besonders deutlich?

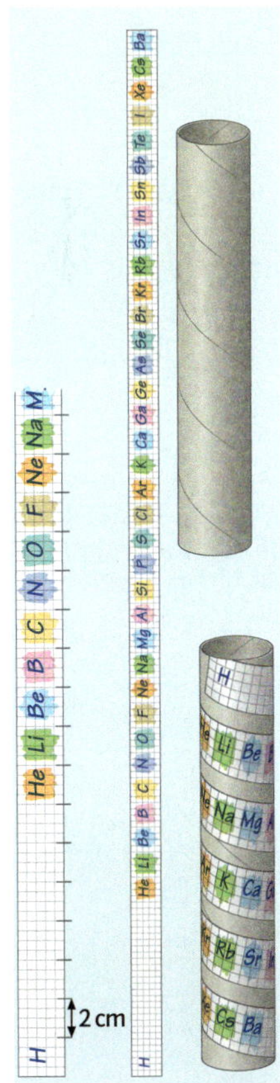

B2 Das Helixmodell

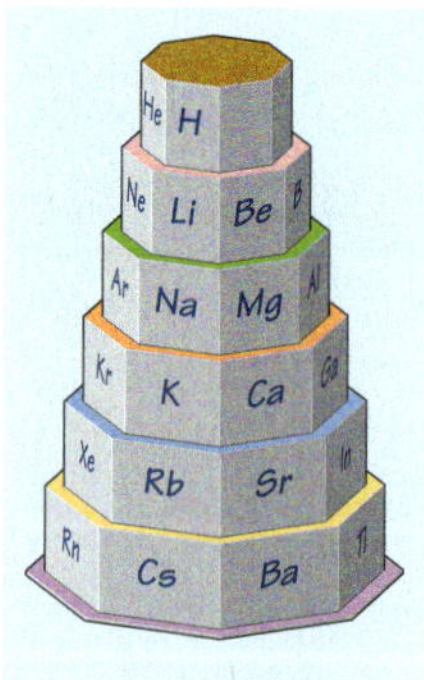

B3 Das Periodensystem der Elemente als Turm - ein Beispiel

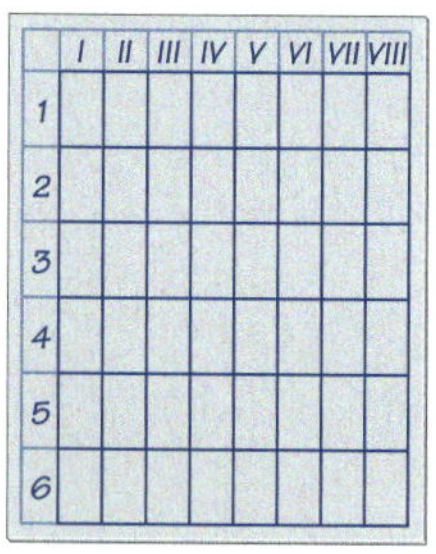

B4 Zu A4: So sieht das fertige Spielfeld aus

Das Turmmodell.
Ein achteckiger Turm soll das Periodensystem der Elemente darstellen. Der Turm hat sechs Etagen, jede Etage steht für eine Periode im Periodensystem. Auf den acht Flächen jeder Etage steht ein Elementsymbol, die Elemente einer Elementgruppe stehen untereinander. Entwickelt diesen Turm selbst.
Welche Eigenschaft der Elemente wird in diesem Modell besonders betont?

Das Ringmodell.
In einen Kreis von 24 cm Durchmesser (r = 12 cm) werden fünf weitere konzentrische Kreise (r_1 = 2 cm, r_2 = 4 cm, r_3 = 6 cm, r_4 = 8 cm, r_5 = 10 cm) gezeichnet. Entlang der äußeren Linie wird eine Kreisscheibe ausgeschnitten. Nun werden die Elementsymbole der Elemente der verschiedenen Perioden auf den Kreissegmenten verteilt. Dazu schreibt ihr am besten die Elementsymbole der Elementgruppen radial (sternförmig) von innen nach außen. In das Feld in der Mitte kommen natürlich nur zwei Elemente. Schneidet nun Halbkreise entlang der Kreislinien aus, in der Mitte sollte ein Steg von etwa 1 cm Länge stehen bleiben. (Man erreicht das, indem man beiderseits eines Durchmessers Parallelen im Abstand von 0,5 cm vom diesem zeichnet.) Die erhaltenen halben Ringe werden jeweils nach vorn und nach hinten geknickt, z. B. der zweite nach vorn und hinten, der dritte nach hinten und vorn und so fort [B5].
Was wird mit diesem Modell besonders veranschaulicht?

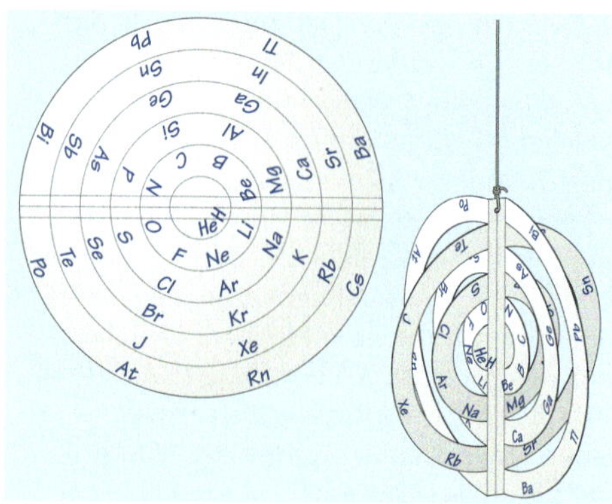

B5 Ringmodell des Periodensystems als Mobile

A4 Ein **Periodensystem-Puzzle** kann euch helfen, die Anordnung der Elemente im PSE zu erlernen. Ihr könnt es zusammen spielen, aber auch zum Selbstlernen verwenden.

Dazu benötigt ihr 42 Blanko-Karteikarten und eine Vorlage aus Pappe oder starkem Papier, auf die 8 Karten in der Breite und 6 Karten in der Höhe hochkant hineinpassen. Der Kartenbreite und -höhe entsprechend wird dieses Rechteck in 48 Felder eingeteilt (Filzstift). In die Felder könnt ihr Perioden- und Gruppennummer eintragen. Die Karteikarten werden nach folgendem Muster für alle Elemente der Hauptgruppen beschriftet.

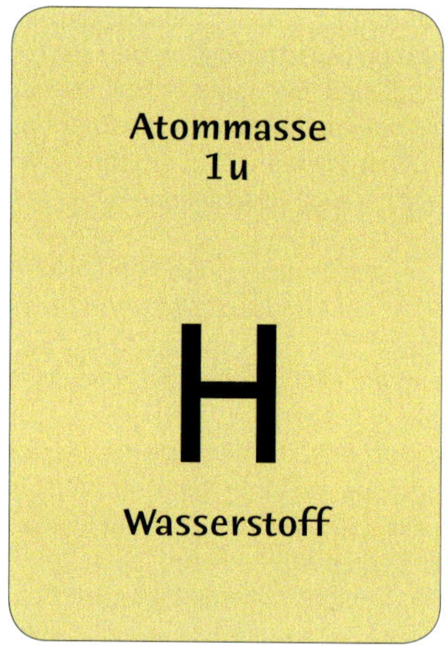

B6 Beispiel für die Spielkarte „Wasserstoff"

Jeder Spieler bekommt eine bestimmte Anzahl Karten, die er an die entsprechende Stelle in der Vorlage legen muss.

Derjenige, der in einer voher von euch festgelegten Zeit die meisten Karten an die richtige Stelle legt, hat gewonnen.

6 Ionenbindung und Elektronenübertragung

„Salz ist unter allen Edelsteinen, die uns die Erde schenkt, der kostbarste."
Dieser Auffassung war JUSTUS VON LIEBIG (1803-1873), ein bedeutender deutscher Chemiker.

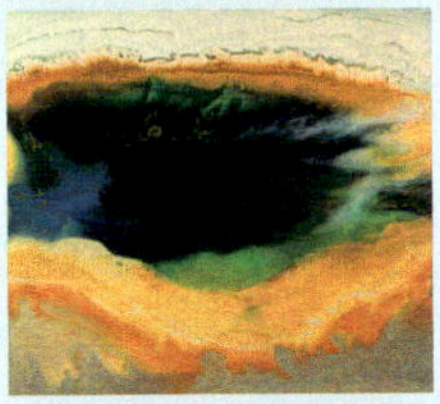

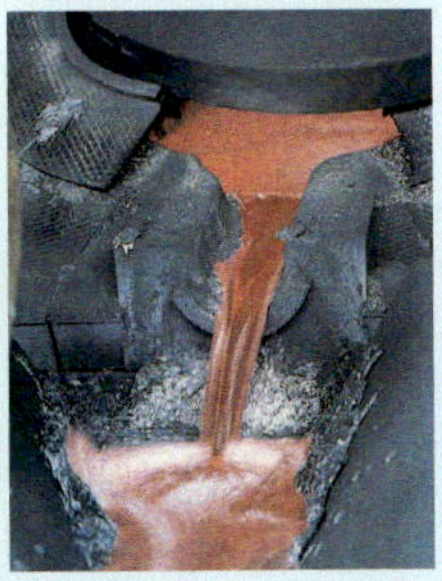

- Kochsalz ist für den menschlichen Körper lebensnotwendig. Man muss täglich 2 – 3 g zu sich nehmen. Verletzte Personen mit hohem Blutverlust erhalten als Ersatz eine Kochsalz-Infusionslösung.

- Salze sind aus positiv und negativ geladenen Teilchen aufgebaut. Der Zusammenhalt zwischen ihnen bestimmt die Eigenschaften der Salze.

- Die meisten Metalle kommen nicht als elementare Stoffe vor sondern als Salze. Damit aus den geladenen Teilchen der Salze Metallatome gebildet werden, ist eine chemische Reaktion, eine Elektronenübertragung, nötig. Sie findet unter Energiezufuhr statt.

- Auch wenn Eisen rostet, ist eine Elektronenübertragung die Ursache.

- Die meisten Mineralien sind Salze. Ein kleiner Teil von ihnen wird als Edelsteine oder Schmucksteine verwendet.

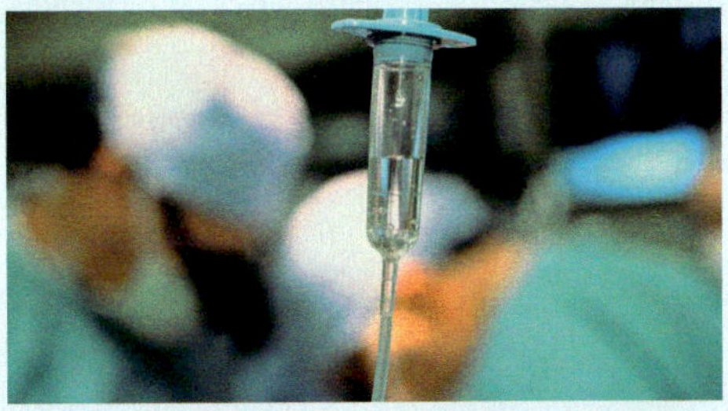

Online-Link
756084-0600

6.1 Die Welt der Mineralien

B1 Georgius Agricola (1494 – 1555)

Bergbau

Der Arzt Georgius Agricola suchte in Bergwerken nach Mineralien zum Einsatz für Heilzwecke. Durch den Kontakt mit den Bergleuten wuchs sein Wissen über Mineralien. In seinem ersten Lehrbuch „De Natura Fossilium" schrieb er diese Erkenntnisse nieder. 200 Jahre lang behielt sein zweites, größtes Werk „De Re Metallica" (Vom Berg- und Hüttenbau) höchsten wissenschaftlichen Rang.

B3 „Schmelzen" von Erz (aus „De Re Metallica")

Fossil von lat. fossilis, (aus)gegraben
Die Bezeichnung „Fossil" wurde erstmalig 1546 von Agricola in seinem Standardwerk „De Natura Fossilium" verwendet.

A1 Die Gewinnung von Metallen aus Erzen nannte man „Schmelzen" von Erz. Begründe, warum der Vorgang durch diesen Begriff „Schmelzen" nicht treffend beschrieben wird.

B2 Riesensalzkristall im Erlebnis Bergwerk Merkers

Mineralsalzlagerstätten

Vor ca. 500 Millionen Jahren gelangten durch Vulkanausbrüche glühende, flüssige Gesteine, die Magmen, aus dem Erdinnern zur Oberfläche. Beim Abkühlen kristallisierten zuerst die Mineralien mit den höchsten Schmelztemperaturen. Andere lösten sich in dem im Magma eingeschlossenen heißen Wasser. Diese gesättigte Lösung durchfloss Hohlräume im Gestein. Im Laufe der Zeit kristallisierten die gelösten Mineralien teilweise zu riesigen Kristallen aus und trugen zur Bildung von Minerallagerstätten bei.

A2 Erstelle eine Bildergalerie von Mineralien mit Angaben zu deren Eigenschaften und Verwendung.

Fossilien

Fossilien entstehen, wenn Reste von Tieren und Pflanzen versteinern. Die weichen Teile werden von Bodenlebewesen zersetzt. Finden die mineralischen Anteile der Knochen und Schalen, eingebettet im Schlamm eines Sees, Schutz vor Umwelteinflüssen, werden sie durch den Druck vermehrter Ablagerungen verdichtet. Das ursprüngliche Material reagiert in vielfältiger Weise mit den Stoffen aus seiner Umgebung. Langsam werden Schalen und Knochen zu hartem Gestein. Meist bleiben Poren, durch die mineralhaltige Lösungen eindringen können. In den Jahrmillionen während und nach seiner Entstehung ist das Fossil den Verformungen der Erdkruste ausgesetzt. Seine mineralische Zusammensetzung ändert sich weiter, was auch zu seiner Zerstörung führen kann.

B4 Ammonit mit Mineralienkristallen, Fundort: Minden, Porta Westfalica

A3 Erkläre, warum man in älteren Gesteinsschichten kaum Fossilien findet.

A4 Die Hohlräume in einer versteinerten Schale z. B. eines Ammoniten sind häufig mit wunderschönen Mineralienkristallen ausgekleidet [B4]. Erkläre die Bildung dieser Kristalle.

Mineralien – von weich bis hart

Speckstein ist ein Mineral, das sehr leicht mit Werkzeugen für Holz bearbeitet werden kann. Seit der Antike dient Speckstein aber z. B. auch für hitzebeständiges Kochgeschirr und bis heute für den Bau von Heizöfen. Gemahlen nutzt man ihn z. B. als Talkum in Hautpudern. Korund dagegen ist wegen seiner besonderen Härte das am häufigsten eingesetzte Schleifmittel.

B5 Trenn- und Schleifscheiben mit Korund

A5 Um Mineralien zu klassifizieren, prüfte FRIEDRICH MOHS die Ritzbarkeit der Mineralien wechselseitig. Beschreibe, wie er vorging, um seine Härteskala aufzustellen [B6].

A6 Obsidian ist vulkanisches Gestein, das fast ausschließlich aus Glas besteht. Wie kannst du unter Verwendung der Mineralien aus [B6] die Härte von Obsidian bestimmen?

A7 Korund (Aluminiumoxid) ist bis 2000 °C hitzebeständig. Diamant ist zwar härter, aber er verbrennt bei Temperaturen über 800 °C.
a) Warum verbrennt Korund auch bei noch höheren Temperaturen nicht?
b) Nenne das bei der Verbrennung von Diamant zu erwartende Reaktionsprodukt.

Salze und Gesundheit

Der menschliche Körper enthält ca. 3,5 kg Mineralien. Eine ausreichende Mineralzufuhr mit der Nahrung ist unentbehrlich, weil auch mineralhaltige Teile wie z. B. die Knochen ständig erneuert werden.

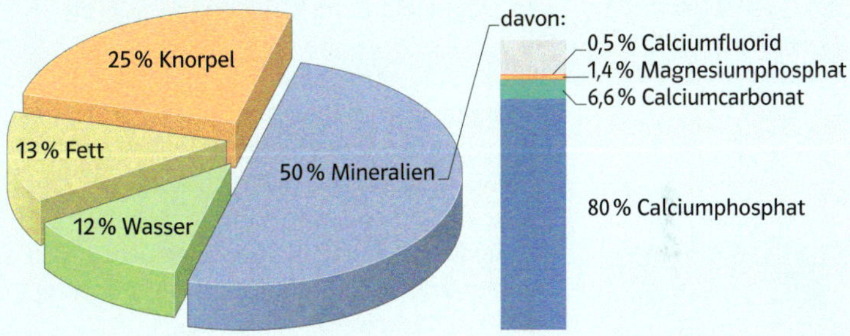

B7 Aufbau menschlicher Knochen

A8 Liste anhand von [B7] die Namen der metallischen und nichtmetallischen Elemente auf, die im mineralischen Anteil des Knochens vorkommen. Nutze die Tabellen hinten im Buch.

A9 Lege einen gut gereinigten Hühnerknochen für 3–4 Tage in ein Schraubglas mit Essigessenz (25 %ige Essigsäurelösung). Vorsicht! Es darf keine Essigessenz in die Augen kommen!
a) Entnimm den Knochen (Gummihandschuh), wasche ihn gründlich unter fließendem Wasser.
b) Prüfe auf Härte und Biegsamkeit. Beschreibe die Veränderungen.
c) Entscheide anhand [B7], ob durch die Einwirkung der Säure im „Essigbad" die mineralischen Anteile des Knochens oder die übrigen Bestandteile entfernt wurden. Begründe.

Talk	Gips	Calcit	Fluorit	Apatit	Orthoklas	Quarz	Topas	Korund	Diamant
Mit dem Fingernagel zu schaben	Mit dem Fingernagel ritzbar	Mit einer Münze ritzbar	Mit einem Messer leicht ritzbar	Mit einem Messer schwer ritzbar	Mit der Stahlfeile leicht ritzbar	Mit der Stahlfeile ritzbar	Mit der Stahlfeile schwer ritzbar	Mit der Stahlfeile sehr schwer ritzbar	Nicht ritzbar. Ritzt alle anderen

B6 Die Härteskale nach MOHS

6.2 Ionen in wässrigen Lösungen

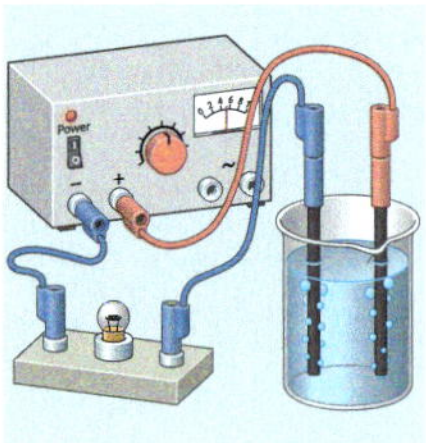

B1 Prüfung der elektrischen Leitfähigkeit

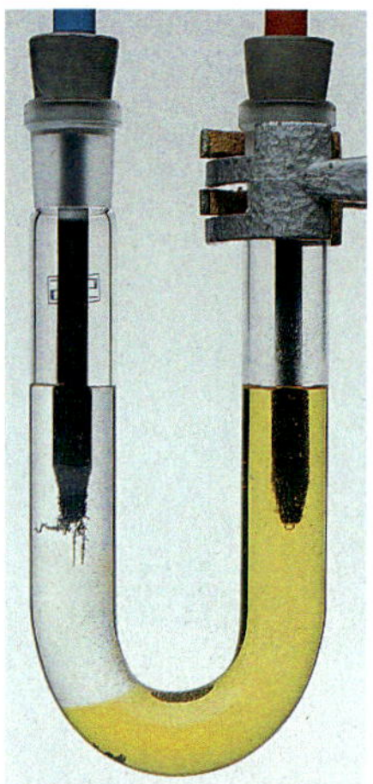

B2 Beobachtungen bei der Leitfähigkeitsprüfung von Zinkiodidlösung

Von Nichtmetallen mit Ausnahme von Graphit unterscheiden sich Metalle u.a. dadurch, dass sie im festen Zustand den elektrischen Strom gut leiten. Im Metall bzw. Graphit sind also bewegliche Elektronen vorhanden. Salze sind Verbindungen aus Metall und Nichtmetall. Wie verhalten sich Salze bei Leitfähigkeitsprüfungen?

Elektrische Leitfähigkeit von wässrigen Lösungen. Um Lösungen auf elektrische Leitfähigkeit zu prüfen, taucht man zwei Graphitstäbe in die jeweilige Lösung ein, die mit je einem Pol einer Spannungsquelle verbunden sind [V1]. Die wässrigen Lösungen der drei Salze, nicht jedoch die Zuckerlösung, zeigen elektrische Leitfähigkeit.

Um die Ursache der Leitfähigkeit von Salzlösungen zu ergründen, ist es hilfreich, die Oberflächen der beiden Graphitelektroden genau zu beobachten, während z.B. eine Zinkiodidlösung den Strom leitet [V2]:
Am Graphitstab, der mit dem Minuspol der Gleichspannungsquelle verbunden ist, wird allmählich ein hellgrauer Belag eines Feststoffes sichtbar. Es handelt sich um metallisches Zink. In der Umgebung des anderen Graphitstabes, am positiven Pol, zeigen sich gelbe Schlieren aus Iod, das in Wasser gelöst ist.
Wie lassen sich diese experimentellen Befunde deuten?

Ladungsträger in Salzlösungen. Eine Voraussetzung für Stromfluss ist der Transport von Ladung. Dies bedeutet, dass in der Zinkiodidlösung geladene Teilchen vorliegen, die sich während des Stromflusses bewegen. Durch die Wirkung der beiden Pole der Spannungsquelle werden die Teilchen in der Lösung jeweils in eine bestimmte Richtung gelenkt. Die Elektrode, die mit dem positiven Pol verbunden ist, ist positiv geladen und zieht negativ geladene Teilchen an. Umgekehrt ist die Elektrode am Minuspol negativ geladen und zieht positiv geladene Teilchen an.
Die experimentellen Befunde lassen sich jetzt deuten.

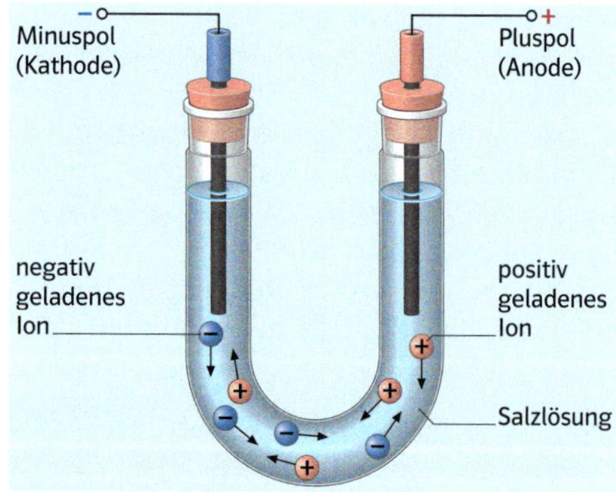

B3 Ionen wandern zu der jeweils entgegengesetzt geladenen Elektrode

Zur negativ geladenen Elektrode *wandern* die *positiv* geladenen Zinkteilchen, weil sich entgegengesetzt geladene Körper anziehen. Da die andere Elektrode positiv geladen ist, *wandern* zu ihr die *negativ* geladenen Iodteilchen [B3]. Diese geladenen Teilchen heißen **Ionen** (von griech. ion, das Wandernde; Kap. 5.21).

Ionen sind Atome (oder auch Moleküle), die elektrisch positiv oder negativ geladen sind.

V1 Versuchsaufbau wie [B1]. Löse in je einem Reagenzglas etwas Natriumchlorid, Kaliumiodid, Zinkchlorid und Zucker in dest. Wasser. Prüfe nacheinander, beginnend mit dem Wasser, die elektrische Leitfähigkeit der Flüssigkeiten. Spüle den Leitfähigkeitsprüfer nach jedem Versuch.
Beschreibe deine Beobachtungen.

V2 Versuchsaufbau wie in [B2]. Fülle Zinkiodidlösung in ein U-Rohr. Verschließe die beiden Schenkel mit je einem Stopfen, in dem eine Graphitelektrode steckt. Verbinde die Elektroden mit den Polen einer Gleichspannungsquelle und baue eine Glühlampe (0,1 A) in den Stromkreis ein. Erhöhe die Spannung langsam, bis das Lämpchen leuchtet. Schalte nach einigen Minuten die Spannung ab. Beschreibe und deute deine Beobachtungen.

► Chemische Reaktion

Zuckerlösung enthält keine Ionen und leitet den elektrischen Strom deshalb nicht [V1].

Lösungen, die bestimmte Ionen enthalten, sind sowohl für jede Pflanze als auch für Mensch und Tier lebensnotwendig. Demnach müssen wir die Ionen täglich mit unserer Nahrung zu uns nehmen. In welchen Lebensmitteln sind Ionen enthalten?

Mineralwasser. Betrachtet man z. B. das Etikett einer Mineralwasserflasche genauer, findet man dort eine Liste der enthaltenen Ionen.
In einer Spalte stehen die *positiv geladenen* Ionen *(Kationen)*, in der anderen die *negativ geladenen* Ionen *(Anionen)* [B4]. Zudem erkennt man, dass sowohl einfach als auch mehrfach geladene Ionen vorkommen.
Die Frage ist, wie diese Ionen in das Mineralwasser kommen. Wurden sie zugesetzt oder sind sie als natürliche Bestandteile darin enthalten?

Bereits der Aufdruck „Natürliches Mineralwasser" lässt den Schluss zu, dass die enthaltenen Stoffe nicht zugesetzt werden. Auf seinem Weg bis zur oberirdischen Quelle durchströmt das Wasser viele Gesteinsschichten, die zum Teil etwas angelöst werden. Gesteine bestehen aus *Mineralien*. Viele Mineralien sind Salze. Deshalb sind im Gestein Ionen vorhanden, die sich im Mineralwasser wiederfinden.

HEILWASSER

Analyse			Anionen		mg/kg
Kationen		mg/kg	Chlorid	Cl^-	117,00
Kalium	K^+	31,00	Fluorid	F^-	0,30
Natrium	Na^+	973,20	Sulfat	SO_4^{2-}	318,50
Lithium	Li^+	2,35	Nitrat	NO_3^-	0,58
Ammonium	NH_4^+	0,91	Hydrogencarbonat	HCO_3^-	3001,00
Calcium	Ca^{2+}	136,30	Hydrogenphosphat	HPO_4^{2-}	0,37
Magnesium	Mg^{2+}	107,00			
Strontium	Sr^{2+}	1,00	Metakieselsäure	H_2SiO_3	11,62
Eisen	Fe^{3+}	0,02	Metaborsäure	HBO_2	11,61

natürliches Mineralwasser ohne Zusatz von Kohlenstoffdioxid

Abfülldatum 12 07 2006 Mehr als 3 Jahre haltbar 0,7 l

B4 Etikett eines Mineralwassers

B5 Sportler trinken ein mineralstoffhaltiges Getränk

Hochleistungssportler trinken nach Wettkämpfen meist mineralstoffhaltige Getränke [B5], um die Mineralsalze, die mit dem Schweiß ausgeschieden wurden, zu ersetzen.

Ionen im Organismus. Mineralsalze benötigt der tierische bzw. der pflanzliche Körper nur in geringer Menge, daher rührt ihre Bezeichnung als *Spurenelemente* im Zusammenhang mit unserer Ernährung. Mineralsalze sind also keine Nährstoffe, aus denen Energie gewonnen werden kann. Bei Mineralsalzmangel treten Krankheiten auf. Einerseits sind Ionen direkte Bauteilchen zur Bildung von Knochen und Zähnen, andererseits sind sie z. B. Bestandteile von Katalysatoren für viele chemische Reaktionen in den Zellen. Mangel an Iodidionen z. B. führt zu Störungen der Schilddrüsenfunktion, zum Kropf. Eisenionen, die z. B. in den Mineralsalze der Erdbeere enthalten sind, sind Bestandteil des Hämoglobins, dem Farbstoff der roten Blutkörperchen [B6]. Hämoglobin ist für den Sauerstofftransport zuständig.

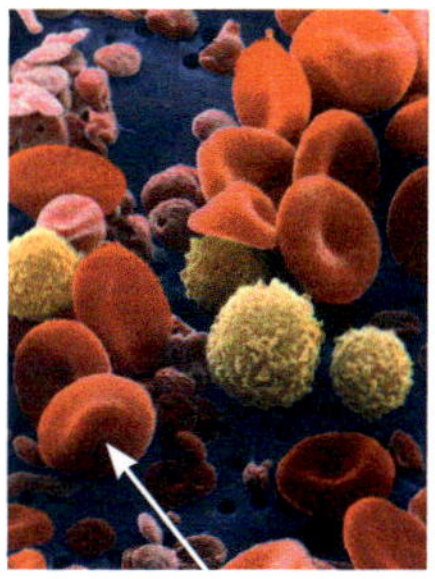

B6 Rote Blutkörperchen

A1 **a)** Sammle die Etiketten von wenigstens 4 verschiedenen Mineralwasserflaschen. Klebe sie in dein Heft und vergleiche in einer Tabelle die Gehalte von mehreren positiven bzw. negativen Ionen.
b) Worauf sind die unterschiedlichen Werte zurückzuführen?

A2 Setze aus dem Namen je eines Kations und eines der Anionen den Namen eines Metallhalogenids zusammen. Gib drei solche Beispiele an.

6.3 Natriumchlorid und andere Ionenverbindungen

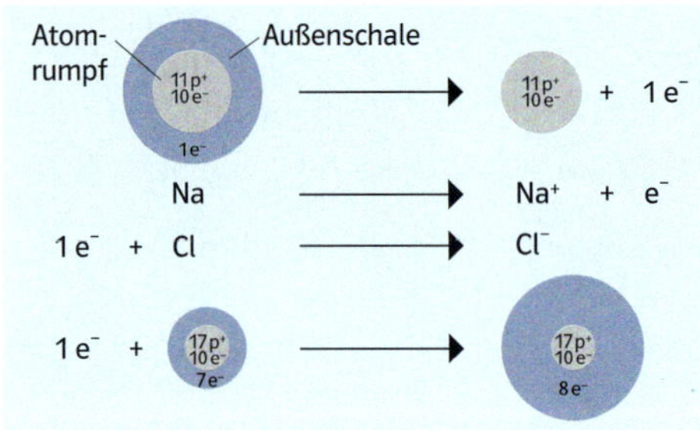

B2 Ionen entstehen durch Abgabe oder Aufnahme von Elektronen

Durch Reaktion von Natrium mit Chlor entsteht Natriumchlorid (Kap 5.13). Das Metall Natrium ist aus Atomen aufgebaut, Chlor aus zweiatomigen Molekülen, Natriumchlorid dagegen aus Ionen. Wie entstehen während der Reaktion aus den Atomen Ionen?

Bildung von Ionen. Bei der Reaktion von Natrium mit Chlor gibt jedes Natriumatom jeweils das *Valenzelektron* ab. Die positive Ladung des Kerns wird dann durch die Elektronen der Hülle nicht mehr ausgeglichen. Es ist ein positiv geladenes Ion entstanden [B2]; das Symbol dafür ist Na^+. Je ein abgegebenes Elektron wird von jeweils einem Chloratom in dessen äußerste Schale (Energiestufe) aufgenommen. Dadurch entstehen negativ geladene Chloridionen (Cl^-). Bei dieser chemischen Reaktion gehen Elektronen von einem Natriumatom auf ein Chloratom über. Allgemein lassen sich diese Vorgänge auch auf die Bildung anderer Salze übertragen.

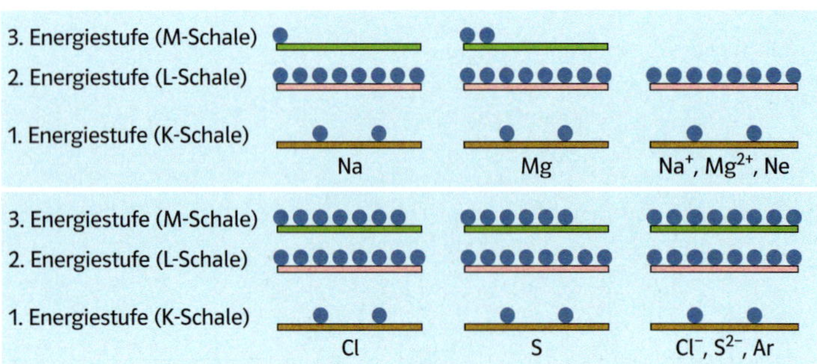

B1 Elektronenverteilung in der Hülle von Atomen, zugehöriger Ionen und entsprechenden Edelgasatomen

Wie Metallhalogenide sind auch Metalloxide oder Metallsulfide Salze. Bei ihrer Bildung geben *Metallatome* Elektronen ab, *Nichtmetallatome* nehmen Elektronen auf.

Bei der Reaktion von Metallen und Nichtmetallen zu Salzen geben die Metallatome Elektronen ab, es entstehen Kationen, die Nichtmetallatome nehmen Elektronen auf, es bilden sich Anionen. Salze sind also Ionenverbindungen.

Natriumionen, Kaliumionen und alle anderen *Alkalimetallionen* sind einfach positiv geladen, unabhängig davon, in welchem Salz sie vorkommen. *Halogenidionen* sind entsprechend einfach negativ geladen.
In Salzen gibt es auch mehrfach positiv geladene Metallionen, z.B. die Ionen von *Erdalkalimetallen*, z.B. Ca^{2+} und Mg^{2+}. Wonach richtet sich die Anzahl der abgegebenen oder aufgenommenen Elektronen?

Ionenladung und Edelgasregel. Bei der Entstehung von Natriumionen gibt jedes Natriumatom sein Valenzelektron ab.
Danach weist das entstandene *Natriumion* die gleiche *Elektronenanzahl und -verteilung* auf wie ein Atom des im Periodensystem vor ihm stehenden *Edelgases Neon*.
Entsprechend erhält ein *Chloratom* durch die *Aufnahme eines Elektrons* die *Atomhülle* eines Atoms des *Edelgases Argon*. Die Außenschale der Edelgasatome (außer Helium) hat 8 Elektronen. Man spricht von einem **Elektronenoktett**.

Erdalkalimetallatome werden durch Abgabe der beiden Valenzelektronen zu zweifach positiv geladenen Ionen. Dadurch haben sie wieder jeweils die Elektronenanzahl und -verteilung eines Edelgasatoms. Sind als Nichtmetalle Sauerstoff oder Schwefel an der Reaktion beteiligt, nehmen ihre Atome jeweils zwei Elektronen in ihre äußerste Schale auf. Sulfid- und Oxidionen sind zweifach negativ geladen und besitzen beide die Elektronenhülle eines Edelgasatoms.

► Energie

Wenn bei Reaktionen von Atomen Ionen entstehen, so haben diese meist die gleiche Elektronenanzahl und -verteilung in den Schalen wie ein Edelgasatom. Diesen Zusammenhang bezeichnet man als Edelgasregel.

Die Vorgänge bei der Ionenbildung können durch Teilreaktionsgleichungen verdeutlicht werden.

$Na \longrightarrow Na^{+} + 1\,e^{-}$ $\quad Cl + 1\,e^{-} \longrightarrow Cl^{-}$

$Mg \longrightarrow Mg^{2+} + 2\,e^{-}$ $\quad O + 2\,e^{-} \longrightarrow O^{2-}$

Ionenladungen und Formeln von Ionenverbindungen. Die Einzelladungen der positiv und negativ geladenen Ionen bestimmen gemeinsam das Anzahlverhältnis der Ionen in der Verbindung. Die Gesamtzahl der positiven Ladungen muss mit der Summe der negativen Ladungen übereinstimmen. Bei gleicher Ladungszahl der positiv und negativ geladenen Ionen ergeben sich Verhältnisformeln wie NaCl, LiBr, MgO oder auch CaS. Bei der Kombination von einfach und zweifach geladenen Ionen erhält man z. B. folgende Verhältnisformeln: Li_2O, $MgCl_2$ oder Na_2S.

Ladung der Nichtmetallionen / **Ladung der Metallionen**	**–**	**2–**
+	KBr NaCl	Na_2S Li_2O
2+	CaF_2 BaF_2	CaO CaS

B3 Ermittlung von Verhältnisformeln

Für das Aufstellen der Verhältnisformel einer Ionenverbindung kann **a)** das Aufschreiben der Zeichen für die Ionen und **b)** das anschließende Ausgleichen der Ladungen eine Hilfe darstellen.

Beispiel: Verhältnisformel von Aluminiumoxid (Korund, B4 bis B7) **c)**:

a) Al^{3+}, O^{2-}	**b)** Al^{3+} Al^{3+} / O^{2-} O^{2-} O^{2-}	**c)** Al_2O_3

B4 Korund-Schleifpapiere mit unterschiedlichen Körnungen

A1 **a)** Zu welcher Elementgruppe gehören Natrium und Kalium?
b) Warum kann in unserem Körper niemals elementares Natrium sein? (Kap 5.10)

A2 Vergleiche die Protonen-, Neutronen- und Elektronenzahlen eines Natriumatoms mit denen eines Natriumions. Wodurch unterscheidet sich das Ion vom Atom?
Führe diesen Vergleich auch für das Chloratom und Chloridion durch.

A3 Zitate aus einer Zeitung: „Der Körper eines Erwachsenen enthält durchschnittlich 100 g Natrium, 140 g Kalium…" oder: „Der menschliche Körper braucht 14 Metalle, um richtig zu funktionieren…" oder: „Im menschlichen Blut sind 3 g Eisen enthalten. Bei Anämie herrscht oft Eisenmangel im Blut…"
Wie ist diese Ausdrucksweise in der Alltagssprache zu verstehen? Erkläre.

A4 **a)** Überlege dir selbst Namen von Salzen, die aus Alkali- oder Erdalkalionen sowie aus Halogenid-, Sulfid- bzw. Oxidionen aufgebaut sind.
b) Gib die jeweiligen Ionen mit ihren Ladungen an, aus denen diese Salze aufgebaut sind.
c) Stelle die zugehörigen Verhältnisformeln auf.
d) Übertrage das Schema [B3] in dein Heft und ergänze es um die von dir aufgestellten Verhältnisformeln.

A5 Ermittle anhand der des Caesiumchloridgitters [B8], von wie vielen entgegengesetzt geladenen Ionen als nächsten Nachbarn jedes Kation bzw. Anion dieses Ionengitters umgeben ist.

A6 Gib die Verhältnisformel für Caesiumchlorid an.

B5 Verschiedene Kristalle aus Korund (Aluminiumoxid)

B6 Aluminiumoxid (Pulver)

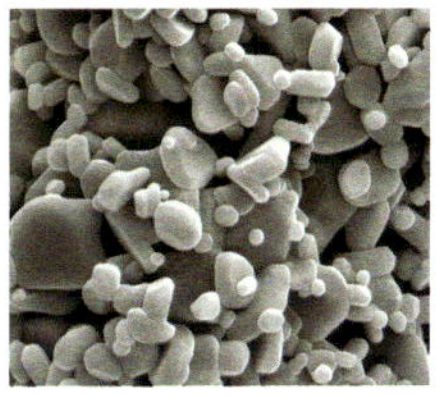

B7 Elektronenmikroskopische Aufnahme von Al_2O_3

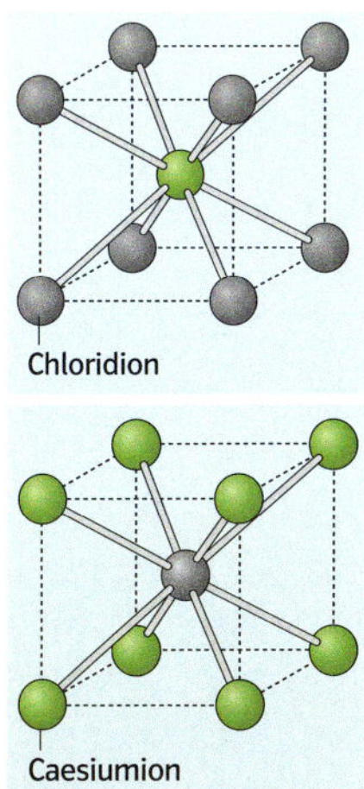

B8 Ausschnitt aus dem Caesiumchloridgitter

6.4 Das Natriumchloridgitter

Aus Natrium und Chlor kann sich Natriumchlorid bilden. Natriumchlorid besteht aus Ionen. Kationen und Anionen ziehen sich an. Da Ladungen nach allen Richtungen im Raum wirken, können von einem positiv geladenen Natriumion mehrere benachbarte negativ geladene Chloridionen angezogen werden. Ebenso kann ein Chloridion mehrere Natriumionen anziehen. Dagegen stoßen sich Ionen mit gleichnamiger Ladung ab.

Ionenverband. Bei der Reaktion von Natrium mit Chlor entsteht eine riesige Anzahl von Natriumionen und Chloridionen. Diese gruppieren sich so, dass sich eine *größtmögliche Anziehung* und *geringstmögliche Abstoßung* ergibt.

Die Bindung, die auf der Anziehung entgegengesetzt geladener Ionen beruht, bezeichnet man als Ionenbindung.

B1 Natriumchloridkristalle

Es bildet sich ein *Ionenverband*, in dem die Ionen regelmäßig angeordnet sind. In [B3] ist die räumliche Anordnung dieser Ionen zu erkennen. Ein Natriumion ist von sechs Chloridionen umgeben; um jedes Chloridion ordnen sich sechs Natriumionen. Jedes Ion hat also sechs nächste Nachbarn. Insgesamt ist die Anzahl der beiden Ionensorten im Ionenverband gleich; die *Verhältnisformel* NaCl bestätigt sich.

Die regelmäßige Anordnung der Ionen in einem Ionenverband nennt man **Ionengitter**. In [B3] erkennt man, dass die Ionen an den Ecken von Würfeln sitzen, die durch die Verbindungslinien zwischen den Mittelpunkten der Ionen gebildet werden.

Berücksichtigt man, dass die Natriumionen nur etwa den halben Durchmesser der Chloridionen haben, und beachtet man außerdem die tatsächlichen Abstände zwischen den Ionen, so ergibt sich das Modell in [B2]. Sowohl im Kristall als auch im Modell kann man rechtwinklige, würfelförmige Strukturen erkennen.

Ionenverbindungen mit Natriumchloridstruktur. Viele Feststoffe sind Ionenverbindungen. In einigen *Salzen* sind die Ionen so angeordnet wie die Natrium- und Chloridionen im festen Natriumchlorid. Beispiele sind viele Halogenide, z. B. Lithiumchlorid, Kaliumchlorid, Kaliumbromid. Man sagt, diese Ionenverbindungen haben *Natriumchloridstruktur*.

A1 Zeichne ein Schnittbild durch den Ionenverband des Natriumchloridgitters.

A2 Suche einen Grund für die unterschiedliche Größe von Natrium- und Chloridionen.

B2 Raumerfüllung im Natriumchloridgitter

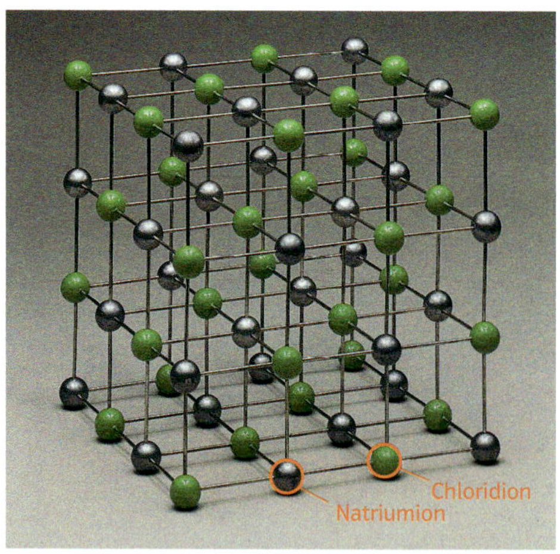

B3 Modell des Ionengitters von Natriumchlorid

6.5 Exkurs Gitterbildung und Energie

Geschmolzenes Natrium reagiert heftig mit Chlor unter Energieabgabe in Form von Licht und Wärme (Kap 5.13). Was ist die Ursache dafür, dass diese Reaktion exotherm verläuft?

Gitterenergie. Auch bei Zimmertemperatur reagieren Natrium und Chlor miteinander [V1]. Weil die Freisetzung der Energie dabei sehr langsam erfolgt, führt sie nicht zu einer starken Temperaturerhöhung. Die notwendigen Reaktionsschritte von den Ausgangsstoffen bis zum Reaktionsprodukt sind hierbei gleich wie beim Versuch mit dem geschmolzenen Natrium.
Um einzelne Natriumatome aus dem Atomverband zu erhalten, ist Energie erforderlich, ebenso zur Spaltung von Chlormolekülen in Chloratome.
Zur Bildung von Natriumionen muss Energie zugeführt werden (**Ionisierungsenergie**), während bei der Bildung von Chloridionen Energie frei wird. Die bei der Aufnahme eines Elektrons in ein neutrales Atom auftretende Energieänderung heißt **Elektronenaffinität**. Bildet man die Summe aus Ionisierungsenergie und Elektronenaffinität, so stellt man fest, dass ein hoher Energiebetrag aufgebracht werden muss. Aus der Beobachtung, dass sich bei der Reaktion von Natrium mit Chlor das Reaktionsprodukt Natriumchlorid als kristalliner Feststoff zeigt, kann man schließen, dass sich am Ende der Reaktion die Ionen in einer regelmäßigen Teilchenanordnung formiert haben. Bei der Bildung dieses Ionengitters aus den einzelnen Ionen wird sehr viel Energie, die **Gitterenergie**, frei. Die Freisetzung der Gitterenergie ist die Ursache dafür, dass die Reaktion von Natrium und Chlor insgesamt *exotherm* verläuft. Die Folge der *Freisetzung* von Gitterenergie ist, dass im Ionengitter ein Zusammenhalt besteht, welcher der Vergrößerung des Abstands der Ionen entgegenwirkt. Erst bei *Zufuhr* von Energie, z. B. in Form von Wärme, wird die Ionenbeweglichkeit höher und damit der Ionenabstand größer.

V1 Ein kleines frisch entkrustetes Natriumstück lässt man in einem mit Chlor gefüllten, abgedeckten Standzylinder ein bis zwei Tage unter dem Abzug stehen. Man löst den entstandenen spröden Stoff in Wasser (Achtung! Natriumreste reagieren mit Wasser! Schutzbrille!) und stellt die Lösung einige Tage an einen ruhigen Ort. Betrachte die Kristalle unter der Lupe.

A1 Erkläre, warum die Bildung von Natriumchlorid aus den elementaren Stoffen eine exotherme Reaktion ist, obwohl für die Bildung der Ionen ein hoher Energiebetrag aufgebracht werden muss.

A2 **a)** Beschreibe in fünf Stichpunkten die in B1 dargestellten Teilschritte.
b) Stelle die Schritte in Reaktionsgleichungen bzw. schematisch dar.

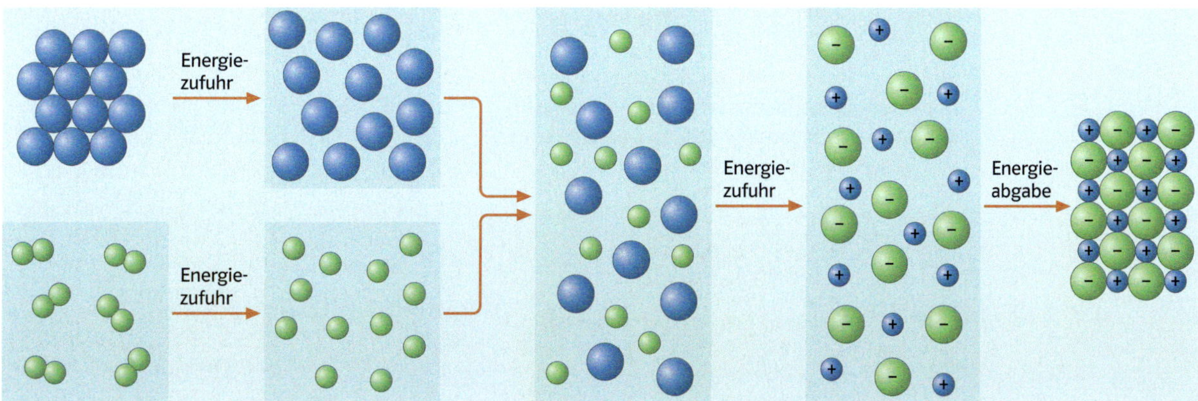

B1 Bildung des Natriumchloridgitters. Die Synthese von Natriumchlorid lässt sich in gedachte Teilschritte zerlegen

6.6 Salz

Entstehung von Salzlagerstätten

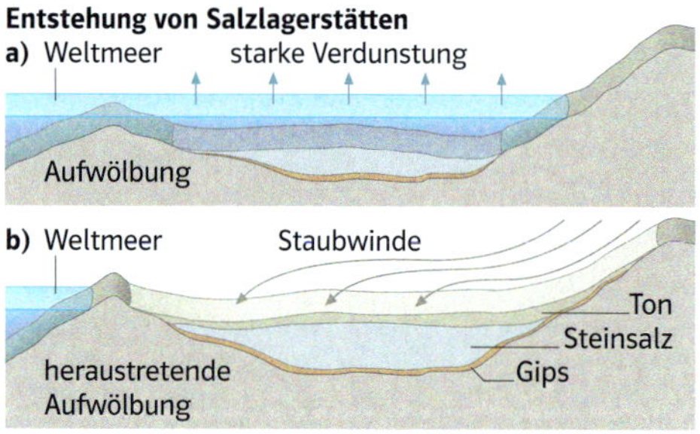

Kochsalz (Natriumchlorid), oft nur als „Salz“ bezeichnet, war zu allen Zeiten ein wertvolles Wirtschaftsgut. Noch heute zählt dieser lebensnotwendige Stoff zu den wichtigsten mineralischen Rohstoffen. Wir betrachten nun Salz aus verschiedenen Blickwinkeln wie Entstehung und Gewinnung, Verwendung und Bedeutung im Körper.

Entstehung von Salzlagerstätten. Salzlagerstätten sind Meeresablagerungen vergangener Erdzeitalter. Die großen Salzlager Deutschlands entstanden vor ca. 200 Millionen Jahren, als große Teile Mitteleuropas von Meeren bedeckt waren. Die durch Verwitterung von Gesteinen entstandenen löslichen Salze wurden durch Flüsse ins Meer transportiert. Durch Aufwölbung am Meeresgrund entstanden flache Becken, in denen bei dem damals herrschenden heißen Klima das Wasser schnell verdunstete, sodass ständig frisches Meerwasser nachströmte. Dadurch nahm der Salzgehalt in den Becken zu. Zuerst begannen sich die schwer löslichen Salze Kalk und Gips abzusetzen. Mit zunehmendem Salzgehalt des Wassers kam es zur Abscheidung von Kochsalz. Dies erfolgte über große Zeiträume, ohne dass weitere lösliche Salze auskristallisierten. Wurden die Becken vom Meer abgetrennt, bildeten sich Kalium- und Magnesiumsalze über dem Kochsalz. Staub und Sand bedeckten die Salzschichten und schützten sie vor Witterungseinflüssen. Bei einer anschließenden Landsenkung konnte das Becken erneut überflutet werden und der Vorgang wiederholte sich. Im Laufe der Jahrmillionen senkten sich die Salzschichten weiter ab und wurden von neuen Gesteinsschichten überdeckt.

A1 Wo befinden sich in Deutschland große Steinsalzlagerstätten?

A2 Über manchen Steinsalzlagerstätten liegen Kalkstein- und Gipsschichten. Wie lässt sich dies erklären?

Meersalzgewinnung in Salzgärten. In warmen Küstengebieten spielt auch heute noch das Jahrtausende alte Verfahren der Salzgewinnung in Salzgärten eine bedeutende Rolle. Dort wird über Kanäle Meerwasser in flache Becken geleitet. Man lässt das Wasser verdunsten, bis der größte Teil des Kochsalzes auskristallisiert ist. Die restliche Lösung, aus der sich noch zusätzlich die gesamten leichter löslichen Salze abscheiden würden, wird abgeleitet. Aus 1 m³ Meerwasser werden in diesen Salzgärten ca. 23 kg Kochsalz gewonnen.

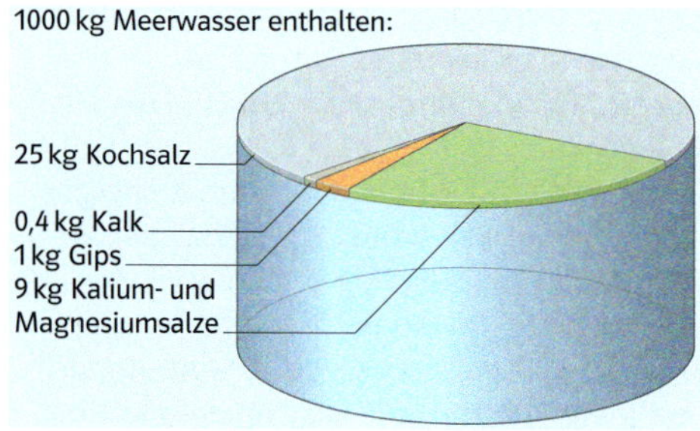

Kochsalz aus Meerwasser. Der Gehalt an gelösten Salzen beträgt für die Weltmeere 34 bis 37 g pro kg Meerwasser. Lässt man 1000 kg dieser Lösung verdunsten, so erhält man ca. 25 kg Kochsalz neben ca. 10 kg Kalium-, Magnesium-, Calciumsalzen und Spuren weiterer Salze.

A3 In den Salzgärten leitet man Meerwasser schrittweise in eine Reihe miteinander verbundener Verdunstungsbecken. Warum gelingt es, durch dieses Verfahren fast reines Kochsalz herzustellen?

A4 Bei welchen Gesundheitsstörungen wird ein Aufenthalt am Meer mit Solebädern usw. (Thalassotherapie) empfohlen?

A5 In welchen Produkten des Alltags findet man Meersalz?

Erstarrungstemperatur von Salzlösungen. Um vereiste Straßen aufzutauen oder Eisbildung zu verhindern, kann man Salz streuen. Da hohe Salzkonzentrationen für Pflanzen schädlich sind, wird Auftausalz oft nur noch an gefährlichen Stellen erhöhter Unfallgefahr eingesetzt.
Gibt man Kochsalz auf Eis, so schmilzt dieses. Die Erstarrungstemperatur von Salzlösungen liegt tiefer als die des Wassers. Der Salzbedarf steigt mit fallender Temperatur, unter ca. −21 °C lässt sich Eis durch Salzzugabe nicht mehr schmelzen. Bei sehr tiefer Temperatur ist der Einsatz von Salz aus Umwelt- und Kostengründen nicht vertretbar.

A6 Informiere dich über
a) die Hauptinhaltsstoffe von isotonischen Getränken und erkläre deren Bedeutung.
b) den osmotischen Druck im Biobuch.

A7 Einige der Inhaltsstoffe aus [A6] sind auch in Mineralwasser enthalten.
Welche sind es?

Hinweis: Bei den Inhaltsstoffen der Getränke ist in der Regel z. B. nicht Natriumchlorid aufgeführt, sondern „Natrium" und „Chlorid". Außer Natriumchlorid sind noch andere Natriumverbindungen und andere Chloride enthalten.

Salz- und Wasserhaushalt. Betrachtet man rote Blutkörperchen unter dem Mikroskop und gibt wenig Wasser dazu, so ist statt der roten runden Scheibchen nun keine Struktur mehr erkennbar. Die Blutkörperchen sind geplatzt, da Wasser in sie eingedrungen ist. Gibt man die roten Blutkörperchen dagegen in eine Lösung mit hohem Salzgehalt, bewirkt diese, dass Wasser aus ihnen austritt und sie daher schrumpfen. Die Blutkörperchen bleiben unverändert, wenn man sie in eine Salzlösung gibt, deren Salzgehalt dem Gehalt der im Blut gelösten Stoffe entspricht (isotonische Salzlösung). Unser Blut und die übrigen Körperflüssigkeiten müssen einen bestimmten Massenanteil an gelösten Salzen besitzen. Dieser Massenanteil entspricht einer Kochsalzlösung mit w(Natriumchlorid) = 0,9 %, die man auch *physiologische Kochsalzlösung* nennt. Mit ihr kann man bei starkem Blutverlust das Blutvolumen wieder ergänzen.

Salz- und Wasserhaushalt unseres Körpers hängen eng zusammen und werden vor allem durch die Nieren reguliert. Bei Salzüberschuss muss die Niere Salz über den Harn ausscheiden. Überhöhte Salzaufnahme mit der Nahrung kann die Niere überlasten. Mit dem Schweiß verliert unser Körper Salz. Sportler, die sich über längere Zeit größeren körperlichen Anstrengungen aussetzen (z. B. Läufer), nehmen häufig „isotonische" Getränke zu sich.

Eisrezept ohne „Strom" oder „Historisches Eis"

Mische in einem Joghurtbecher 2 Esslöffel süße Sahne mit 1 Teelöffel Zucker und 1 Teelöffel Schokopulver oder Marmelade.
Gib in ein 400-ml-Becherglas ca. 7 Eiswürfel, etwas Wasser und 2–3 Esslöffel Salz. Verfolge mit einem Thermometer die Temperatur der Mischung, gib evtl. noch Salz zu, bis ca. -10 °C erreicht sind. „Bette" den Joghurtbecher in die Kältemischung, umhülle alles mit einem Handtuch, öffne nach ca. 15 min.
Guten Appetit!

Kältemischung. Vermischt man Eis mit Salz, so schmilzt das Eis nicht nur, sondern die Temperatur der Mischung sinkt während des Schmelzens deutlich ab. Diese „künstliche Kälteerzeugung" ist schon seit dem 16. Jahrhundert bekannt. Sie diente zur Kühlung von Getränken und zur Bereitung von Speiseeis. Diese schon von französischen Königen hoch geschätze Methode hielt sich bis zur Mitte des 20. Jahrhunderts. Sie wurde erst lange nachdem CARL VON LINDE (1842–1934) die Kältemaschine, die heute in jedem Kühlschrank steckt, erfunden hatte, verdrängt.

6.7 Eigenschaften von Ionenverbindungen

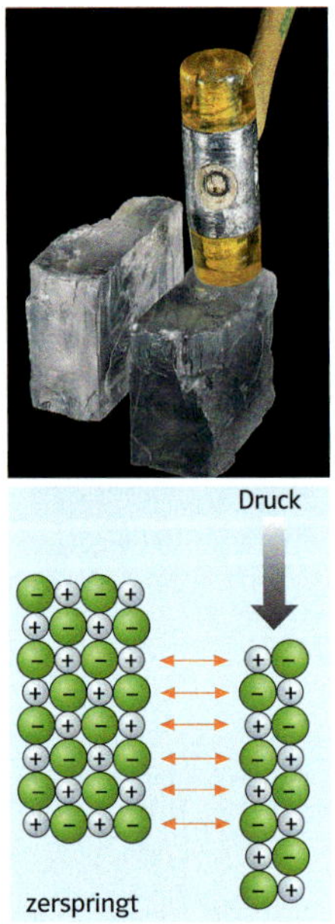

B1 Sprödigkeit der Salzkristalle

Salze haben einige typische Eigenschaften. Salzlösungen und auch Salzschmelzen leiten den elektrischen Strom. Salzkristalle sind hart, spröde und schmelzen erst bei hohen Temperaturen. Ihr Aufbau aus Ionen macht dies verständlich.

Sprödigkeit. Kochsalzkristalle zerspringen, wenn man mit dem Hammer auf sie schlägt. Diese *Sprödigkeit* resultiert daraus, dass bei der *Verschiebung der Schichten* um den Durchmesser eines Ions gleichgeladene Ionen nebeneinander liegen. Die *Abstoßungskräfte* überwiegen, die Schichten stoßen sich ab, der Kristall wird gespalten [B1].

Schmelztemperatur. Bei Energiezufuhr durch Erwärmung schwingen die Ionen immer stärker um ihre Gitterplätze, bis sie bei sehr hohen Temperaturen ihre Gitterplätze verlassen und das Ionengitter zusammenbricht. Das Salz schmilzt. Die Ionenbeweglichkeit ist so hoch, dass eine Ordnung im Gitter nicht mehr möglich ist. Wie in jeder Flüssigkeit gibt es immer noch *Anziehungskräfte* zwischen den Teilchen. Um die Schmelztemperatur zu erreichen, muss ein bestimmter Energiebetrag zugeführt werden. In der Reihe Kaliumchlorid, Kaliumbromid und Kaliumiodid zeigen die Schmelztemperaturen eine regelmäßige Abstufung. Dies gilt auch für die entsprechenden Natriumhalogenide [B3]. Vergleicht man die Anziehungskräfte zwischen den Ionen verschiedener Größe, wird diese Regelmäßigkeit verständlich. Die Anziehungskräfte sind umso größer, je geringer der Abstand zwischen den Mittelpunkten der Ionen ist. Auch die Abstoßungskräfte zwischen gleichnamig geladenen Ionen beeinflussen die Schmelztemperatur. Dies zeigt sich beim Vergleich der Schmelztemperaturen von Natrium- und Kaliumiodid.

Erdalkalimetalloxide schmelzen bei wesentlich höheren Temperaturen als Alkalimetallhalogenide. Die sehr hohen Schmelztemperaturen der Erdalkalimetalloxide lassen sich auf die großen Anziehungskräfte zwischen den jeweils zweifach geladenen Ionen zurückführen.

MgO	CaO	NaF	NaCl	NaBr	NaI	KI
2800	2570	992	801	747	660	681

B3 Schmelztemperaturen einiger Salze mit Natriumchloridstruktur (in °C)

Die Anziehungskräfte zwischen Ionen sind umso größer, je höher ihre Ladung und je geringer ihr Abstand ist.

Leitfähigkeit. Auch beim Lösen eines Salzes in Wasser verlassen die Ionen ihre Gitterplätze. In der Flüssigkeit sind Ionen und Wassermoleküle beweglich.

A1 **a)** Gib eine Erklärung dafür, dass ein Salzkristall spröde ist.
b) Warum bilden die möglichen Spaltebenen bei Natriumchlorid Winkel von 90°?

A2 Erkläre, worauf die elektrische Leitfähigkeit von Meerwasser, aber auch Badewasser beruht.

A3 Vergleiche die Radien der Atome und Ionen in [B2]. Welche Aussagen lassen sich machen?

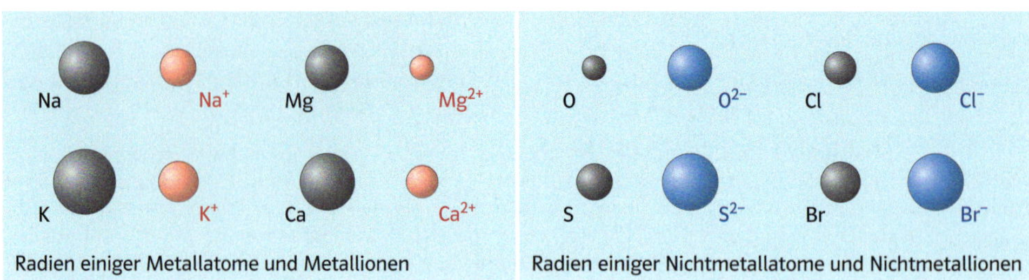

B2 Radien von Atomen und Ionen

6.8 Praktikum Kristallzüchtung

B1 Kristalle haben regelmäßige Formen

Die natürliche Bildung von Kristallen mit leuchtenden Farben und typischen Formen kannst du im Experiment nachvollziehen. Aus der verdunstenden gesättigten Lösung sortieren sich die Ionen langsam, gemäß ihrer Eigenschaften, zur Anordnung im Ionengitter. Es bildet sich ein Kristall, auf dem sich sich weitere Ionenschichten langsam auflagern. Seine vollendete geometrische Form kann sich nur dann ausbilden, wenn ein kleiner Kristall (Startkristall) in die Lösung hängt. Mit etwas Geduld erhältst du nach wenigen Wochen einige Zentimeter große Exemplare.

Geräte und Chemikalien: (Schutzbrille!)
2 Becherglaser (150 ml, hohe Form), Erlenmeyerkolben (250 ml), Kristallisierschale, Becherglas (400 ml), Messzylinder (100 ml), Spatel, Gasbrenner, Dreifuß, Keramik-Drahtnetz, Thermometer, Trichter, Filterpapier, blaues Kupfersulfat oder Alaun (Kalium-aluminiumsulfat), dest. Wasser, Schraubdeckelglas, Kunstfasernähgarn, Papierhandtuch.

Durchführung:

a) Herstellen einer gesättigten Lösung
Gib zu ca. 120 ml dest. Wasser im 150-ml-Becherglas unter ständigem Rühren portionsweise Kupfersulfat oder Alaun, bis sich ein Bodenkörper gebildet hat und erwärme dann auf höchstens 50 °C. Füge weiteren Feststoff zu, bis ein Bodenkörper bleibt. Lass die Lösung abkühlen und filtriere sie in einen Erlenmeyerkolben.

b) Gewinnung von Startkristallen
Filtriere einen Teil der klaren, gesättigten Lösung aus Versuch **a)** in die Kristallierschale ab, bis sie 2 cm hoch steht. Decke das Glas mit Filterpapier ab, stelle es an einen erschütterungsfreien, nicht zu kühlen Ort. Warte ein bis zwei Tage ab, bis sich größere Kristalle am Boden gebildet haben.
Entnimm mithilfe der Pinzette einen größeren Kristall, tupfe ihn mit Papier trocken und ritze mit einem Nagel vorsichtig kleine Rillen in die Kanten. Lege eine dünnen Nähfaden durch die Rillen und verknote ihn zu einer Schlaufe. Bewahre einen weiteren Startkristall in einem Schraubgläschen auf.

c) Kristallwachstum
Filtriere die Lösung aus dem Erlenmeyerkolben in ein 150-ml-Becherglas. Spritze den eingebundenen Kristall kurz mit dest. Wasser ab, trockne ihn mit Papier, hänge ihn z. B. an einem Bleistift oder Hölzchen in die Lösung. Bedecke wieder mit Filterpapier und stelle das Becherglas an einen gleichmäßig temperierten Ort. Kontrolliere die Lösung alle zwei Tage. Wenn sich am Boden, der Wand oder der Oberfläche der Flüssigkeit weitere Kristalle gebildet haben, filtriere die Lösung in das andere saubere 150-ml- Becherglas. Spritze nach Entnahme den Kristall wieder kurz mit dest. Wasser ab und hänge ihn wieder in die Lösung.

d) Aufbewahrung des Kristalls
Wenn dir die Größe ausreichend erscheint, nimm den Kristall heraus, tupfe ihn mit Papier ab. Die Kristalle sind viele Jahre haltbar.

A1 Du stellst nach 2 Tagen fest, dass in der Schlaufe des Fadens kein Kristall mehr hängt. Auf dem Boden des Glases finden sich aber einige Kristalle. Suche nach einer Erklärung.

A2 Wozu dient das aufgelegte Filterpapier?

A3 Vom Kristall am Faden sinken Schlieren herab. Was wirst du nach einiger Zeit beobachten?

A4 Skizziere die Form des Kristalls.

a) Herstellen einer gesättigten Lösung

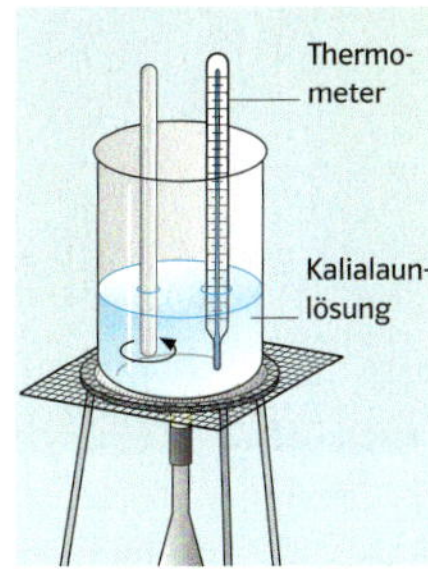

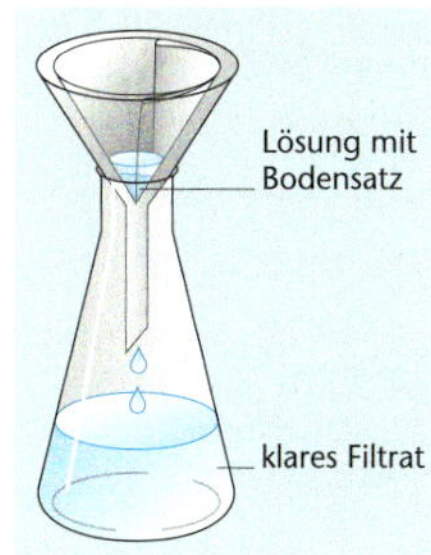

b) Gewinnung von Startkristallen

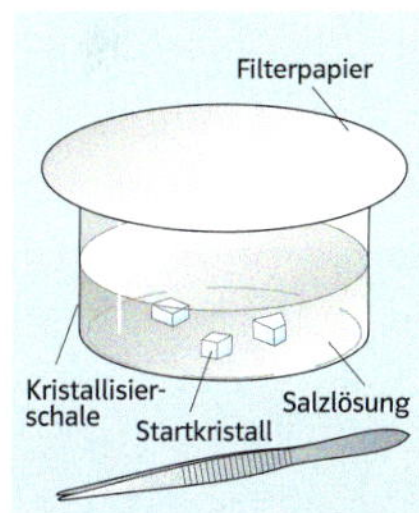

Kristalle werden gezüchtet

c) Kristallwachstum

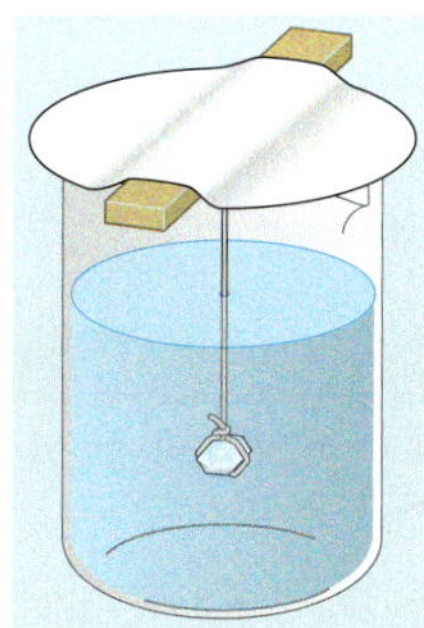

6.9 Impulse Kristalle und Mineralien

B1 Bergkristall ist eine Form des Minerals Quarz, das aus Siliciumdioxid (SO_2) besteht.

Diamant griechisch adamas, unbezwingbar, unüberwindlich

Der Begriff Kristall leitet sich vom griechischen Wort krystallos für Eis ab. Die ersten Funde von Bergkristallen wurden für Eis gehalten und so als Kristall bezeichnet.

Mineral. Die Bergiffe Kristall und Mineral sind eng verknüpft. Minerale sind feste natürliche Bestandteile der Erdkruste. Sie sind meist kristalline Stoffe, denen eine chemische Formel zugeordnet werden kann.

Kristalle. Heute bezeichnet man die meisten Feststoffe als kristallin, deren Teilchen regelmäßig angeordnet sind. Kristalle können sich aus Atomen, Ionen oder Molekülen zusammensetzen. So bestehen Metallkristalle aus Atomen, die Kristalle von Mineralien meist aus Ionen. Schneekristalle enthalten regelmäßig angeordnete Wassermoleküle. Bei Schneeflocken kann man ca. 80 verschiedene Formen beobachten [B4]. Alle weisen eine sechsgliedrige Symmetrie auf, die aus dem Bau des Wassermoleküls verständlich (Kap. 7.6) wird. Weitere kristalline Stoffe aus Molekülen sind Zucker, Vitamine, Eiweiße, Diamant und Graphit.

Kristalleigenschaften. Kristalle sind durch ebene Flächen begrenzt. Manche Kristalle zeigen je nach Blickrichtung verschiedene Farben. Spaltet man einen Kristall durch Krafteinwirkung, so springt er nicht beliebig, sondern nur in ganz bestimmten Richtungen. Die Bruchstücke weisen die gleichen Winkel auf wie der ursprüngliche Kristall. Durchsichtigkeit, Lichtbrechung, Farbe und Glanz sind weitere typische Eigenschaften von Kristallen.

Kristallisation. Kristalle können sich aus Lösungen, Gasen oder Schmelzen bilden. Äußere Einflüsse wie Druck und Temperatur erschweren oder stören eine regelmäßige Herausbildung der Kristallflächen. Für den technischen Einsatz benötigt man Kristalle mit möglichst idealem Aufbau. Diesen kann man nur durch künstliche Kristallzüchtung erreichen. Es bedarf eines großen technischen Aufwandes, um die Kristallisationsgeschwindigkeit und damit die Teilchenanordnung zu steuern. Am besten gelingt dies heute, wenn man von einer Schmelze ausgeht.

Kristalle als Schmucksteine. Schmucksteine üben ihre Faszination durch die Form und die Lichteffekte ihrer Kristalle aus. Schon im Altertum galt der Diamant als „König" dieser Edelsteine.
Bis 1814 der Beweis erbracht wurde, dass Diamant nur aus dem Element Kohlenstoff besteht, hielt man ihn für eine Abart des Bergkristalls. Diamant entsteht im Erdinnern unter extrem hohem Druck. Durch vulkanische Prozesse kommt er an die Oberfläche, wo man ihn z. B auf dem Gestein Kimberlit [B2] findet. Diamanten sind klar, ihre Farbe variiert von gelblich, rosa, bräunlich, grünlich, blau oder sogar schwarz. Durch den Schliff wird der Diamant zum Brillanten [B5] und das natürliche Farbspiel noch gesteigert.

B2 Rohdiamant auf Kimberlit (Südafrika)

B3 Ein Rohdiamant wird geschliffen

B4 Hexagonale Schneekristalle des Wassers

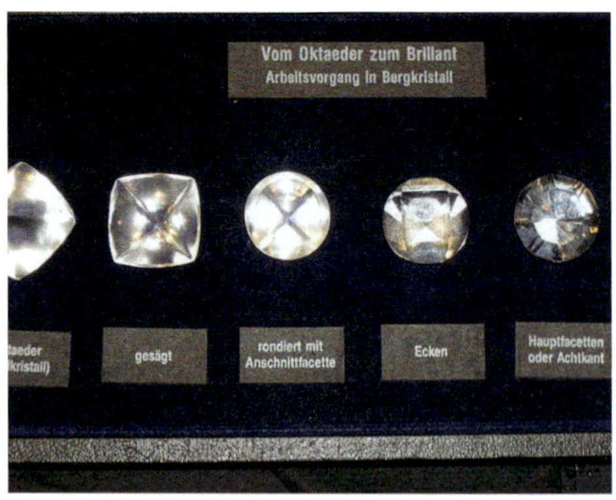

B5 Vom Rohdiamanten zum Brillanten

6.10 Exkurs Silicium – Vom Sand zum Computerchip

Silicium – das „Computermetall". Der Fortschritt der heutigen Computertechnik ist eng mit der Entwicklung immer leistungsfähigerer Mikrochips verbunden. Der Grundstoff der Mikrochips, das Silicium, wird aus Sand gewonnen [B1].

Sand – Grundstoff der Siliciumproduktion. Sand besteht überwiegend aus Siliciumdioxid SiO_2. Zur Gewinnung von Silicium wird Sand mit Kohlenstoff (Koks oder Holzkohle) in einem elektrischen Brennofen auf 1800 °C erhitzt. Bei dieser hohen Temperatur wird Siliciumdioxid zu Silicium reduziert, wobei Kohlenstoffmonooxid frei wird:

$$SiO_2 + 2\,C \longrightarrow Si + 2\,CO$$

Das bei diesem Prozess entstandene Rohsilicium [B2] besteht zu 98 % aus Siliciumatomen. Für die Verwendung in der Computerindustrie ist es noch nicht rein genug.

Vom Rohsilicium zum Reinstsilicium. Für die Chipindustrie wird hochreines Silicium mit einem Reinheitsgrad von 99,9999999 % benötigt. Dies bedeutet, dass auf 1 Milliarde Siliciumatome höchstens 1 Fremdatom kommen darf. In einem komplizierten und aufwändigen Verfahren wird deshalb das Rohsilicium in mehreren Schritten in hochreines Silicium überführt. Dazu wird es zunächst in eine flüssige Siliciumverbindung umgewandelt. Diese Flüssigkeit wird in großen Destillationsanlagen von allen Verunreinigungen befreit. Aus der gereinigten Schmelze werden dann Stäbe aus reinstem Silicium gewonnen. Ein solcher Siliciumstab kann eine Länge von über 2 m und einen Durchmesser von 30 cm besitzen und über 150 kg wiegen [B3].

Vom Reinstsilicium zum Computerchip. Die Siliciumstäbe werden in einem weiteren Verfahren in dünne Scheiben zerschnitten. Diese Siliciumscheiben nennt man Wafer. Aus einem Wafer können dann bis zu 1000 Chips zum Einsatz in der Computerindustrie hergestellt werden [B4].

B1 Sand, Grundstoff für die Siliciumproduktion

B2 Gewinnung von flüssigem Rohsilicium

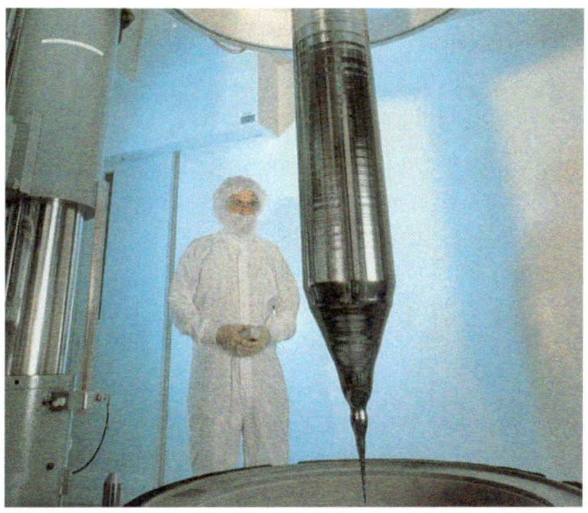

B3 Siliciumstab aus der Schmelze

B4 Chips auf einem Wafer

6.11 Die Metallbindung

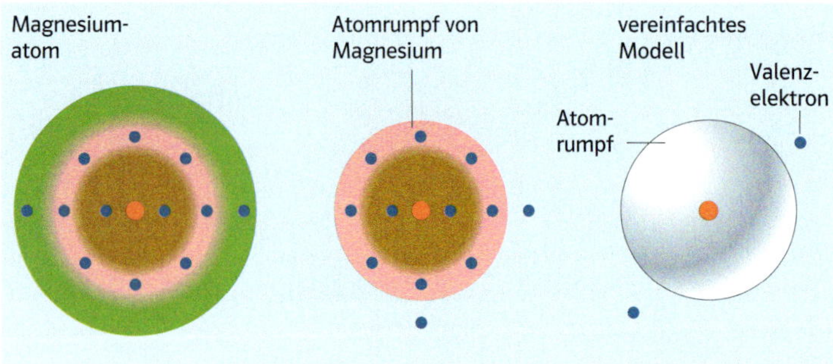

B1 Magnesiumatom: Atomrumpf und Valenzelektronen

Eine wässrige Natriumchloridlösung leitet den elektrischen Strom, während dies bei festem Natriumchlorid nicht der Fall ist. Diese Fähigkeit haben wir auf die frei beweglichen Ionen in der Lösung zurückgeführt.

Erklärung der elektrischen Leitfähigkeit von Metallen. Die hohe elektrische Leitfähigkeit von Metallen kann aber nicht auf dem Vorhandensein frei beweglicher Ionen beruhen, weil Metalle bei Zimmertemperatur – mit Ausnahme von Quecksilber – Feststoffe sind. Demnach müssen andere Ladungsträger im Metall den Stromfluss bewirken.

Metallatome haben meist nur wenige Valenzelektronen. Diese lassen sich leicht vom restlichen Teil des Atoms entfernen. Bei den Magnesiumatomen entstehen aus den neutralen Atomen durch Abgabe von jeweils zwei Elektronen zweifach positiv geladene **Atomrümpfe** [B1].

Im Metall werden die positiven Atomrümpfe, die sich aufgrund ihrer gleichen Ladung abstoßen würden, durch die negativ geladenen Elektronen zusammengehalten [B2, links]. Die Elektronen können sich zwischen den Atomrümpfen frei bewegen und sind nicht mehr an einzelne Metallatome gebunden. Man sagt, die Elektronen sind **delokalisiert**.

Weil sich die Elektronen im Metall wie die Teilchen eines Gases bewegen, spricht man von einem **Elektronengas**. In dieses sind die Atomrümpfe eingebettet. Sie sind, ähnlich wie die Ionen in einem Salzkristall, in einem **Metallgitter** angeordnet. Durch die Einbettung in das Elektronengas haben sie aber erheblich mehr Bewegungsmöglichkeiten als die Kationen und Anionen eines Ionengitters. Der Zusammenhalt wird durch die Anziehung zwischen den positiv geladenen Atomrümpfen und den negativ geladenen Elektronen bewirkt und als **Metallbindung** bezeichnet.

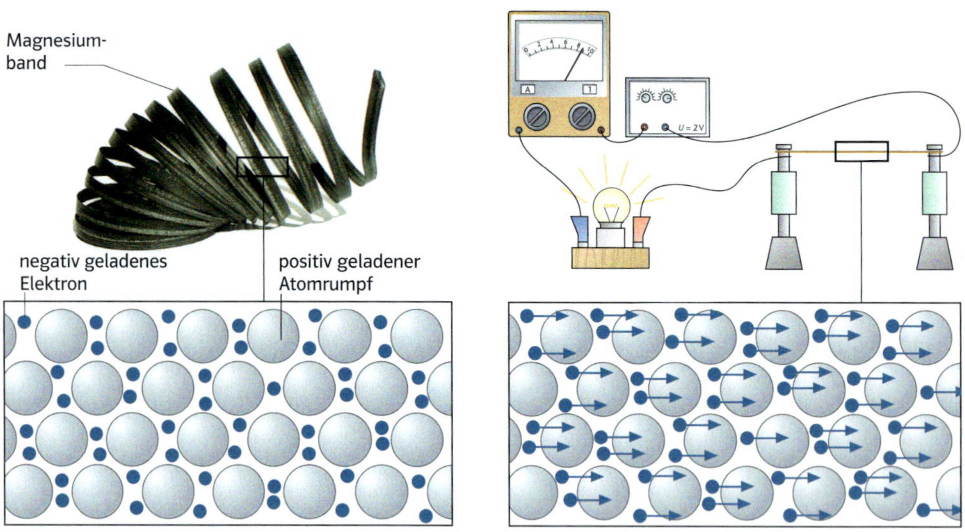

B2 Atomrumpfmodell und Verhalten der Elektronen bei Anlegen einer elektrischen Spannung

Die hohe Beweglichkeit der Elektronen zwischen den Atomrümpfen bewirkt die elektrische Leitfähigkeit der Metalle. Elektrischer Strom im Metall ist nichts anderes als der Fluss von Elektronen [B2, rechts].

Eine Metallbindung wird durch die Anziehung zwischen positiv geladenen Atomrümpfen und negativ geladenen Elektronen (Elektronengas) bewirkt.

Untersuchungen zeigen, dass Metalle bei niedrigen Temperaturen den elektrischen Strom besser leiten als bei hohen. Das hängt damit zusammen, dass die Atomrümpfe im Metallgitter durch Energiezufuhr zum stärkeren Schwingen gebracht werden und dadurch der Zwischenraum zwischen ihnen geringer wird. Der freie Elektronenfluss zwischen den Atomrümpfen wird auf diese Weise behindert und so die elektrische Leitfähigkeit des Metalls herabgesetzt.

Erklärung der Wärmeleitfähigkeit. Erhitzt man ein Metall, so wird sowohl den Atomrümpfen als auch dem Elektronengas Energie zugeführt. Die positiv geladenen Metallatome beginnen zu vibrieren und zu schwingen. Dadurch können sie sich gegenseitig anstoßen und so die Energie auf benachbarte Teilchen übertragen. Die Folge ist, dass sich die Wärmeenergie über das ganze Metall ausbreitet. An der Wärmeleitung nehmen aber auch die delokalisierten Elektronen teil, wenn sie zusätzlich Bewegungsenergie bekommen. Bei hohen Temperaturen überwiegt die Energieübertragung durch die Atomrümpfe, bei niedrigen Temperaturen die durch die frei beweglichen Elektronen.

Erklärung der Verformbarkeit. Im Ionengitter eines Salzes sind die Kationen und Anionen fest an ihre Plätze gebunden. Elektrostatische Anziehungskräfte zwischen ihnen bewirken den Zusammenhalt. In Metallen dagegen haben die Teilchen eine größere Bewegungsfreiheit. Beim Verformen eines Metalls werden die Atomrümpfe und Elektronen immer so verschoben, dass – im Gegensatz zu einem Ionengitter – keine neuen Bindungssituationen entstehen können. Das Elektronengas hält weiterhin die Atomrümpfe zusammen [B3].

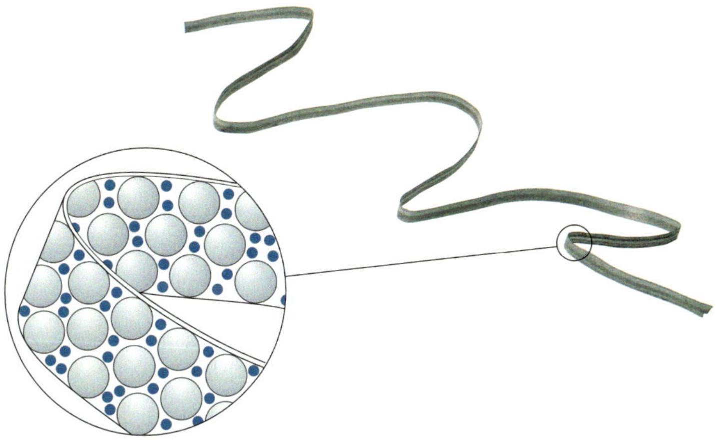

B3 Metalle lassen sich gut verformen

Legierungen. Metallschmelzen mischen sich gut. Beim Abkühlen entstehen Legierungen. Das Metallgitter der Legierung besteht aus Atomrümpfen verschiedener Metalle. Es werden also unterschiedliche Atomrümpfe durch das Elektronengas zusammengehalten [B4].

Weil eine Legierung einen ähnlichen Aufbau wie ein reines Metall hat, ist auch sie elektrisch leitfähig, ein guter Wärmeleiter, verformbar und zeigt eine glänzende Oberfläche. Aber Eigenschaften wie Dichte, Härte und Beständigkeit gegenüber Chemikalien können im Vergleich zu den reinen Metallen weitgehend andere sein.

B4 Schicht im Metallgitter einer Legierung aus drei verschiedenen Metallen

6.12 Durchblick Zusammenfassung und Übung

B1 Kubischer Kristall des Minerals Pyrit (FeS_2) aus Navajun, Spanien

B2 Zinkkristalle (abgeschieden während einer Destillation bei 1200 °C)

B3 Feingeschliffener Kristall

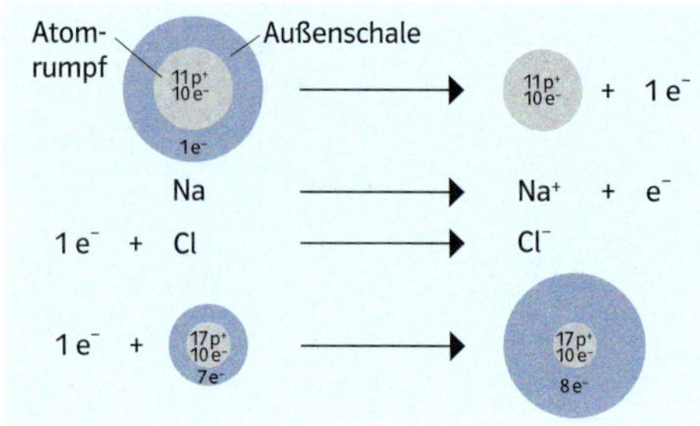

B4 Ionenbildung

Ionenbildung

Wenn Atome ein oder mehrere Elektronen abgeben, entstehen elektrisch positiv geladene Ionen, die Kationen.
Bei der Aufnahme von einem oder mehreren Elektronen in die äußere Schale entstehen elektrisch negativ geladene Ionen, die Anionen.

Kationbildung: Mg $\longrightarrow$ $Mg^{2+} + 2e^-$
Anionbildung: $Cl + e^-$ $\longrightarrow$ Cl^-

Salze sind Ionenverbindungen.

Bei der Reaktion eines Metalls mit einem Nichtmetall entstehen Salze aus Kationen und Anionen. Die Ionen können nach allen Richtungen entgegengesetzt geladene Ionen anziehen. Sie bilden einen riesigen geordneten Ionenverband, ein Ionengitter. Es liegt dann eine Ionenverbindung, ein Salz, vor.

Verhältnisformel

Sie gibt das Anzahlverhältnis der positiven und negativen Ionen im Ionenverband an. Die Summe aller Ionenladungen ist Null. In einer Verhältnisformel ist das Produkt aus Ladung und Anzahl der Ionen deshalb für beide Ionenarten der Verbindung gleich.

z. B. $(Al^{3+})_2\,(O^{2-})_3$
$2 \cdot (+3) + 3 \cdot (-2) = 0$, also $2 \cdot 3 = 3 \cdot 2$

Ionenbindung

Der Zusammenhalt, der auf der Anziehung geladener Ionen beruht und der Vergrößerung des Abstands der Ionen entgegenwirkt, heißt Ionenbindung.

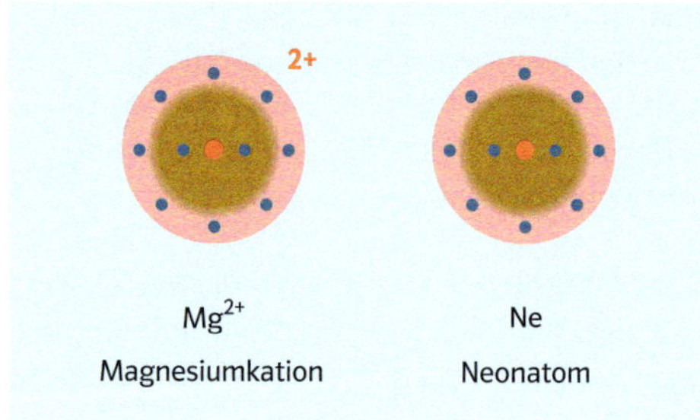

B5 Mg^{2+}-Ion bzw. Ne-Atom mit je allen Elektronen.

Edelgasregel

Die Ionen weisen oft die gleiche Elektronenanzahl und -anordnung in den Schalen auf wie ein Edelgasatom.

Eigenschaften von Salzen

Salze haben hohe Schmelz- und Siedetemperaturen, sind nicht verformbar, sondern spröde, leiten als Schmelze oder in wässriger Lösung den elektrischen Strom.
Viele Eigenschaften der Salze erklären sich aus dem hohen Zusammenhalt der Ionen im Gitter.

Gitterenergie

Die freiwerdende hohe Gitterenergie ist die Ursache für den exothermen Ablauf einer Reaktion, bei der ein Salz aus den elementaren Stoffen gebildet wird. (Es ist nicht etwa die Bildung der Ionen mit Edelgaskonfiguration.)

Kristall

Kristalle sind von ebenen Flächen begrenzt. Wenn Kristalle zerbrechen, zeigen die Bruchstücke jeweils Winkel, die für den Stoff typisch sind. Die Eigenschaften von Kristallen werden durch die innere Anordnung der kleinsten Teilchen verursacht. Viele Feststoffe können Kristalle bilden.

Metallbindung

Die Bindung zwischen den Metallatomen wird dadurch bewirkt, dass sich die Außenelektronen aller Atome zwischen den positiven Atomrümpfen im ganzen Kristall bewegen und durch ihre negative Ladung die Atomrümpfe zusammenhalten.

A1 Fluor, Chlor und Brom treten in der Natur nicht als elementare Stoffe auf, dagegen gibt es viele Verbindungen dieser Elemente. Gib eine Erklärung.

A2 Gibt man Kochsalz auf Eis, so schmilzt dieses. Die notwendige Dosierung des Streusalzes hängt von der Außentemperatur und der Schichtdicke ab.
a) Stelle die Wertepaare von [B9] in einem Diagramm dar (horizontale Achse: m(Salz))
b) Ermittle, wie viel Salz nötig ist, um bei einer Temperatur von −10 °C eine 1 m^2 große Eisschicht mit der Dicke von 1 mm zum Schmelzen zu bringen. Verwende als Dichte für Eis $\varrho = 1\,g/cm^3$.

A3 Magnesiumoxid soll aus Magnesium und Sauerstoff hergestellt werden.
a) Welche Ionen bilden sich während dieser chemischen Reaktion?
b) Welche Edelgasatome weisen dieselbe Elektronenanordnung auf wie Magnesium- bzw. Oxidionen?

A4 Gib die Elektronenanzahl und -verteilung auf die verschiedenen Energiestufen für die folgenden Ionen an:
Na^+, Mg^{2+}, Al^{3+}, N^{3-}, O^{2-}, F^-.

A5 Von wie vielen entgegengesetzt geladenen Ionen als nächsten Nachbarn ist jedes Kation bzw. Anion im Zinksulfidgitter umgeben [B6]?

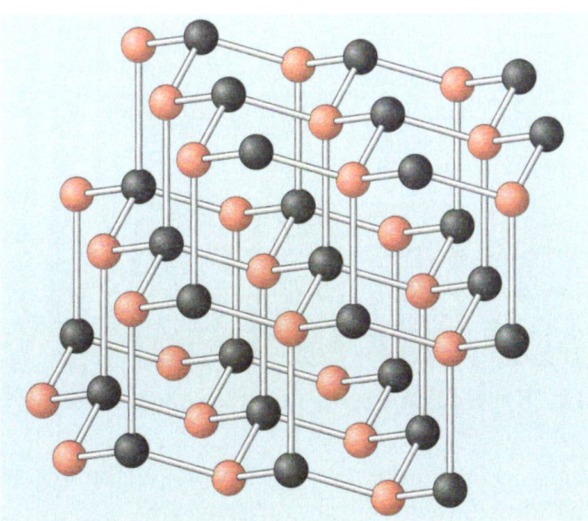

B6 Zinksulfidgitter

B7 Zu Aufgabe 2

A6 **a)** Ein Atom hat 79 Protonen und 79 Elektronen. Notiere das Zeichen für das Atom und nenne seinen Namen. Wie viele Neutronen hat es? Gib auch die Teilchenmasse m_t an.
b) Ein Teilchen hat die Teilchenmasse $m_t = 19{,}0\,u$. Es besitzt 10 Elektronen. Welches Teilchen ist es? Wie viele Protonen besitzt es?

A7 Stoffe können aus Ionen, Molekülen oder Atomen aufgebaut sein. Ordne jedem Stoff die entsprechende Teilchenart zu: Alkohol, Aluminiumoxid, Sauerstoff, Stickstoff, Neon, Kupfer, Natriumiodid, Wasser, Eis, Zucker, Kohlenstoffdioxid, Zinkbromid, Silberchlorid.

A8 Die Energie, die bei der Bildung eines Ionengitters aus den isolierten Ionen frei wird, heißt Gitterenergie.
a) Welche Regeln lassen sich aus der Tabelle in [B8] ableiten?
b) Suche mithilfe von [B10] nach Ursachen.

Gitterenergien in kJ/mol				
LiF −1039	LiCl −850	LiBr −802	LiI −742	
NaF −920	NaCl −780	NaBr −740	NaI −692	MgO −3929
KF −816	KCl −710	KBr −680	KI −639	CaO −3477
RbF −780	RbCl −686	RbBr −558	RbI −621	SrO −3205
CsF −749	CsCl −651	CsBr −630	CsI −599	BaO −3042

B8 Zu Aufgabe 6

m(Kochsalz) in 100 g Wasser gelöst (in g)	Erstarrungstemperatur (in °C)
1	−0,6
5	−3,2
10	−6,4
15	−9,5
18,8	−12

B9 Zu Aufgabe 2

Ionenradien in pm (1 pm = 10^{-12} m)			
Li^+ 60	Be^{2+} 31	O^{2-} 140	F^- 136
Na^+ 95	Mg^{2+} 65	S^{2-} 184	Cl^- 181
K^+ 133	Ca^{2+} 99	Se^{2-} 198	Br^- 195
Rb^+ 148	Sr^{2+} 113	Te^{2-} 211	I^- 216
Cs^+ 169	Ba^{2+} 135		

B10 Zu Aufgabe 6

6.13 Metalle schützen und veredeln

B1 Verrostete Schraubenschlüssel

Dem Rost auf der Spur – Korrosion

Metalle wie Eisen, Aluminium, Kupfer, Zink, Chrom, Gold, Silber, Titan sind wichtige Werkstoffe. Bei der Auswahl eines zweckmäßigen Metalls wägt man ab zwischen der Verfügbarkeit, dem Preis und den Eigenschaften, wie z. B. der Beständigkeit der Oberfläche.

Durch Witterungseinflüsse, Kontakt mit Lebensmitteln, Hautschweiß usw. kann die Oberfläche eines Metalls verändert werden. Diesen Vorgang nennt man Korrosion (von lat. corrodere, zernagen), bei Eisen und Stahl spricht man von Rosten.

A1 Aus welchen Atomarten könnte die Verbindung Rost aufgebaut sein?

A2 Dächer oder Münzen aus Kupfer überziehen sich mit einer schwarzen oder grünen Schicht. Vergleiche die Oberflächenveränderungen von Eisen und Kupfer. [B1, B3]

B3 Grünspan und Flecken von schwarzem Kupferoxid auf einem Kupferdach

A3 Um die Stabilität von Beton zu erhöhen, werden Gitter aus Stahl eingegossen. Obwohl diese oft schon vor dem Einbau verrostet sind [B2], erfüllen sie im Betonguss lange Zeit ihren Zweck. Treten aber z. B. bei Brücken durch Erschütterungen feine Risse im Beton auf, droht oft bald der Abriss.

Welche Auswirkung hat es auf die Schadstelle im Beton, wenn der Stahl im Riss unter den Einfluss von Luft und Feuchtigkeit gerät? Begründe.

B2 Rostiges Stahlgitter

Unedel – und dennoch geschützt

1820 wurde in Les Baux, einem kleinen Ort in Südfrankreich, das rötliche Erz Bauxit entdeckt. Aus Bauxit wird Aluminiumoxid gewonnen. Um daraus reines Aluminium zu erhalten, muss das Oxid mithilfe des elektrischen Stromes bei einer Temperatur von über 1000 °C in seine elementaren Stoffe zerlegt werden.

B4 Flüssiges Aluminium

A4 Erkläre, was Aluminium trotz der hohen Energie, die für seine Herstellung benötigt wird, zu einem wertvollen Werkstoff macht.

Aluminium ist zwar ein unedles Metall, seine Oberfläche überzieht sich aber beim Kontakt mit Luft mit einer schützenden Oxidschicht. Diese Oxidschicht kann durch **el**ektrolytische **Ox**idation des **Al**uminiums (**Eloxal**verfahren) verstärkt und anschließend eingefärbt werden. Dazu wird das Aluminiumblech an dem positiv geladenen Pol einer Spannungsquelle angeschlossen. Durch die Zufuhr elektrischer Energie werden den Aluminiumatomen die Außenelektronen entzogen. Aus der Lösung, in welche das Aluminium taucht, kommen Oxidionen hinzu.

B5 Thermosflaschen aus eloxiertem Aluminium

A5 Formuliere eine Reaktionsgleichung für die Ionisierung der Aluminiumatome. Gib das Zeichen für ein Oxidion an.

Verzinken oder Verzinnen?
Eisen bzw. Stahl ist der häufigste metallische Werkstoff. In den meisten Einsatzbereichen ist der Schutz vor Korrosion unerlässlich. Obwohl Zink unedler ist als Eisen, wird es am häufigsten als Überzugsmetall gewählt. Durch Einwirkung von Luft bildet sich auf dem Zink eine Schutzschicht aus Zinksalzen.

A6 Beim Feuerverzinken taucht man die gereinigten Bleche in 450°C heißes, flüssiges Zink. Beim Herausheben bleibt auf der Oberfläche eine Schicht aus reinem Zink haften, das beim Erkalten langsam kristallisiert. Erkläre, wie die ungleichmäßige Oberflächenstruktur (Zinkblume) zustande kommt.

B6 Zinkblume auf Zinkblech

Konserven sind oft in Weißblechdosen verpackt. Das Stahlblech der Dose ist beidseitig mit Zinn beschichtet, innen zusätzlich mit Kunstharzlack. Zinn ist zwar edler als Eisen, wenn aber die Zinnschicht beschädigt wird, korrodiert das Eisen darunter viel schneller als ohne Kontakt mit Zinn.

A7 Dem Verbraucher wird empfohlen, verbeulte Konservendosen zu meiden. Erkläre.

B7 Verzinnte und innen lackierte Konservendose

Veredeln durch Legieren oder Beschichten?
Die Veredelung von Metallen lässt sich durch Legieren oder durch Beschichten mit einem edleren Metall bewirken. Aus Stahl können durch Legieren hochwertige Stahlqualitäten hergestellt werden. Als Veredler werden dem aus Roheisen gewonnenen flüssigen Stahl andere Metalle oder Nichtmetalle in passenden Anteilen zugesetzt. Man erhält auf diese Weise nichtrostende oder hitzebeständige, nicht magnetisierbare oder besonders stark magnetisierbare, besonders harte, säurebeständige oder zugfeste Stähle.

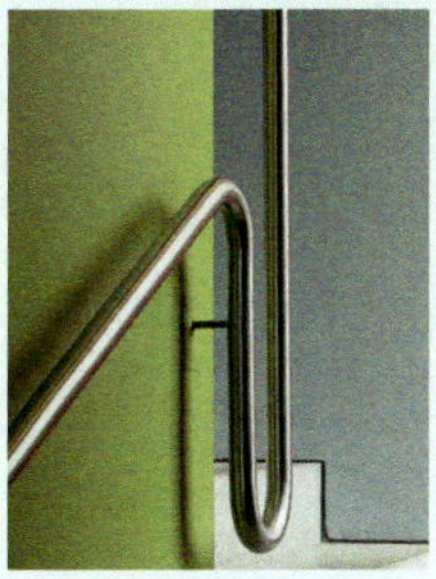

B9 Treppengeländer aus Edelstahl

A8 Welche der genannte Stahleigenschaften sind für den Nahrungsbereich nötig?

B8 Reines Metall, legiert oder galvanisch überzogen?

Einfacher Schmuck oder Bestecke sind oft aus Legierungen gefertigt. Durch eine hauchdünne Edelmetallauflage erhöht sich die Oberflächenreflexion und damit die optische Gefälligkeit erheblich. Solche Beschichtungen erfolgen mithilfe von elektrischem Strom (galvanisch). Dabei werden die Atome des Edelmetalls praktisch Schicht für Schicht aufgebracht.

A9 **a)** Recherchiere, was der Stempel in [B10] über die Edelmetallanteile im Material des Ringes aussagt.
b) Was ist Sterlingsilber?

B10 Silberstempel und Anhänger aus Sterlingsilber

6.14 Rost

B1 Mikroaufnahme von Rost

B4 Eisen rostet

Der wirtschaftliche Schaden, der durch das Rosten von Eisenteilen entsteht, liegt in der Bundesrepublik Deutschland jährlich bei über 30 Milliarden Euro.

Oxidation ohne Flammenerscheinung. Werden Gegenstände aus Eisen ungeschützt der Luft und Feuchtigkeit ausgesetzt, bildet sich eine rotbraune Schicht aus Rost [B4]. Eisen hat mit Sauerstoff aus der Luft zu Eisenoxid reagiert. Rost hat nichts mehr von der Festigkeit oder dem Glanz des Eisens. Er ist weder magnetisch, noch leitet er den elektrischen Strom. Rost ist ein neuer Stoff mit völlig anderen Eigenschaften. Die Oxidation von Eisen findet ohne erkennbare Licht- und Wärmeabgabe statt. Man bezeichnet sie deshalb als langsame Oxidation. Die Rostschicht ist locker und spröde, wie die Mikroaufnahme zeigt [B1]. Sauerstoff und Feuchtigkeit können sie leicht durchdringen und an das darunter liegende Metall gelangen. Auf diese Weise können im Laufe der Zeit selbst dicke Eisenteile durchrosten.

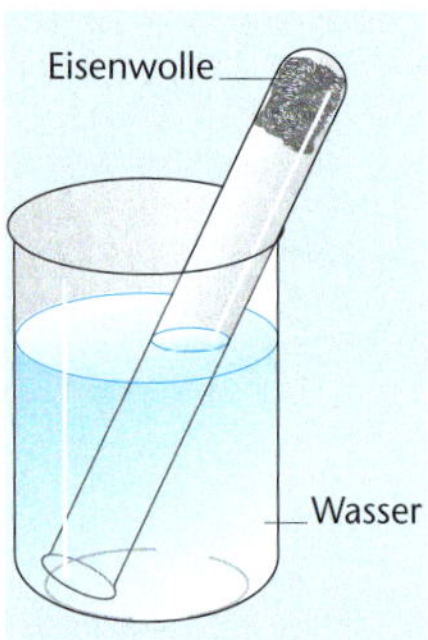

B2 Zum Praktikum: Eisenwolle unter Wasser

Rostschutz. Um Eisenteile vor Rost zu schützen, muss der Zutritt von Luft und Wasser verhindert werden. Autos werden lackiert, Eisengitter und -tore mit Rostschutzfarbe gestrichen [B3] oder mit Kunststoff überzogen, eiserne Kochtöpfe emailliert und Gartengeräte wie Spaten und Harken eingeölt.

B3 Rostschutz kann ganz schön mühselig sein

Auch andere Metalle verändern sich an der Luft. Dabei überziehen sie sich zum Teil mit einer festen, dichten Oxidschicht, die vor weiterer Oxidation schützt. So bewahrt eine Oxidschicht z. B. Blei, Aluminium und Zink vor weiterer Oxidation.

Praktikum Dem Rost auf der Spur

Geräte und Materialien: (Schutzbrille!) 6 Reagenzgläser, 2 passende Gummistopfen, 6 Bechergläser (250 ml), 6 gleiche Portionen entfettete Stahlwolle, Klebeband, Filzschreiber, Stofflappen oder Papier, Zinkstaub, Nähmaschinen- oder Paraffinöl, Kunststoffspritze (60 ml) mit Schlauch.

Durchführung:
Folgende Versuchsreihe wird erstellt:

Glas	Versuchsansatz
1	trockene Stahlwolle mit Luft
2	trockene Stahlwolle mit Sauerstoff
3	feuchte Stahlwolle mit Luft
4	feuchte Stahlwolle mit Sauerstoff
5	angefeuchtete Stahlwolle, mit Zinkstaub eingerieben (mit Läppchen oder Papier)
6	trockene Eisenwolle mit Öl gefettet (Lappen oder Papier)

Schiebe die 6 vorbereiteten Stahlwolleportionen jeweils bis zum Boden in die Reagenzgläser. Lass die Kunststoffspritze mit Sauerstoffgas befüllen, drücke das Gas zügig in Glas (2) und (4). Verschließe sofort mit den Gummistopfen. Stelle die Reagenzgläser jeweils kopfüber in ein mit Wasser gefülltes Becherglas [B2]. Ziehe unter Wasser die Stopfen ab.

Auswertung:
a) Übernimm die Tabelle ins Heft. Vergleiche nach einigen Tagen das Gasvolumen und den Umfang des Rostens und notiere deine Ergebnisse in die Tabelle.

Glas	Abnahme des Gasvolumens	Rostbildung
1		
2		
3		
4		

b) Der Begriff Korrosion kommt von lat. corrodere, zernagen. Erkläre anhand deiner Versuchsergebnisse, ob diese Bezeichnung für das Rosten von Eisen zutrifft.

6.15 Elektronenübergänge – Redoxreaktionen

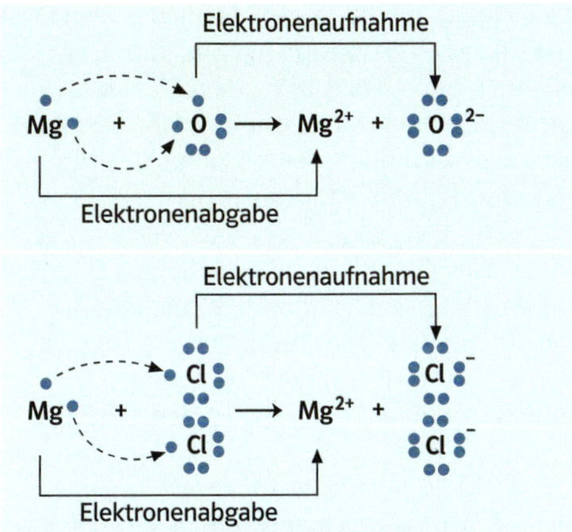

B1 Elektronenübergänge von Metallatomen zu Nichtmetallatomen führen zur Bildung von Ionen

Hält man ein brennendes Magnesiumband in Sauerstoff [B3] oder in Chlor [V1, B2], so bildet sich in beiden Fällen unter Aufleuchten ein weißes Pulver, das zum Teil als Rauch entweicht. Die zu beobachtenden *Veränderungen* der Stoffe sind sehr ähnlich. Die beiden Reaktionsprodukte, Magnesiumoxid bzw. Magnesiumchlorid, sind beide weiße Salze. Aus den *Atomen* des Metalls bzw. den *Atomen* der Nichtmetalle wurden *Ionen* gebildet. Diese Parallelen führten zur Einführung einheitlicher Begriffe in Bezug auf die Veränderungen bei den *Teilchen*.

Oxidation und Elektronenabgabe. Die *stoffliche* Veränderung bei der Reaktion von Magnesium oder anderen Metallen mit Sauerstoff wird als *Oxidation* definiert.
Diese Erklärung der Oxidation wird nun vor dem Hintergrund der Kenntnisse über die *Veränderungen in der Elektronenhülle erweitert* und verallgemeinert. Während der Oxidation eines *Metalls* entstehen aus seinen *Atomen* durch Abgabe eines oder mehrerer Elektronen positiv geladene Ionen.
Unabhängig vom anderen Reaktionspartner [V1, B2, B3] bekommt der Vorgang der *Elektronenabgabe* aus den Magnesiumatomen die einheitliche Bezeichnung *Oxidation*.

Magnesiumatome werden also bei der Bildung von Magnesiumoxid oder Magnesiumchlorid *oxidiert*.

Dieser Oxidationsbegriff ist auch nicht mehr auf Metalle oder Metallatome beschränkt. *Oxidation* bedeutet nach diesem Verständnis ganz *allgemein* die *Abgabe von Elektro*nen. Diese können von einem Atom oder einem anderen Teilchen abgegeben werden.

Reduktion und Elektronenaufnahme. Analog zur Oxidation definiert man *Reduktion* allgemein als *Elektronenaufnahme*. Während der Bildung von Salzen nehmen die Nichtmetallatome ein oder mehrere Elektronen in ihre äußere Schale auf, sie werden reduziert.

Redoxreaktionen. Aus experimentellen und alltäglichen Erfahrungen wissen wir, dass sich z. B. Metalle nicht ohne Weiteres verändern. So wird Eisen erst oxidiert, wenn Sauerstoff und Feuchtigkeit vorhanden sind oder wenn wir es an der Luft erhitzen. Wir haben auch gesehen, dass Eisenpulver in der Brennerflamme sehr viel heftiger zu Eisenoxid verbrennt als Eisenwolle. Die Reaktionsheftigkeit nimmt also mit dem Zerteilungsgrad zu.

Reaktionen können nur dann ablaufen, wenn die reagierenden *Stoffe* in Kontakt sind. Es liegt nahe, dass auch die Veränderung der Teilchen auf direktem Kontakt beruht. Teilchen können nur dann Elektronen *abgeben*, wenn andere Teilchen sie *aufnehmen*. Teilchen, die Elektronen abgeben, heißen auch **Donatoren**. Die aufnehmenden Teilchen bezeichnet man als **Akzeptoren**.

Die Abgabe von Elektronen wird Oxidation, die Aufnahme Reduktion genannt. Elektronenübergänge vom Donator zum Akzeptor heißen Redoxreaktionen.

Elektronendonatoren sind Reduktionsmittel

Elektronenakzeptoren sind Oxidationsmittel

B2 Magnesium reagiert mit Chlor

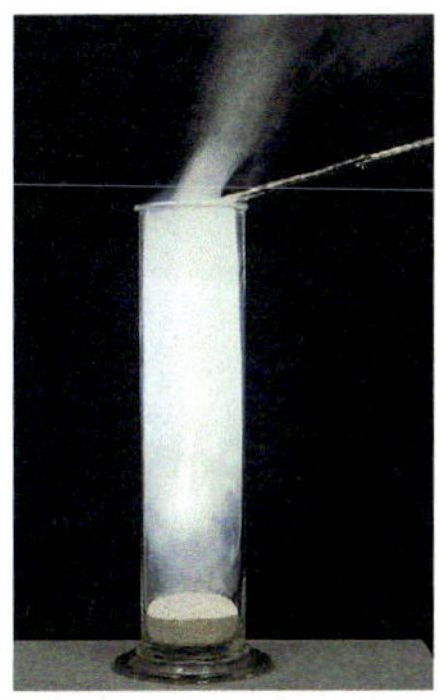

B3 Magnesium reagiert mit Sauerstoff

In diesem Sinne ist die Bildung eines Metalloxids eine Redoxreaktion.
Man kann den Oxidationsvorgang und den Reduktionsvorgang jeweils als Reaktionsgleichung darstellen.
Beispiel: Bildung von Magnesiumoxid

Oxidation	$2\,Mg \longrightarrow 2\,Mg^{2+} + 4\,e^-$
Reduktion	$O_2 + 4\,e^- \longrightarrow 2\,O^{2-}$
Redoxreaktion	$2\,Mg + O_2 \longrightarrow 2\,Mg^{2+} + 2\,O^{2-}$

Redoxreaktionen finden nicht nur in der chemischen Industrie, sondern auch im Stoffwechsel tierischer und pflanzlicher Zellen statt. Auch Vitamine gehen häufig Redoxreaktionen ein.

Vitamin C als Oxidationshemmer. Beim Stehen an der Luft werden Fleisch und Wurst grau, Apfelmus oder auch ein frisch geschnittener Apfel dunkel. Dies ist Folge der Reaktion natürlicher Inhaltsstoffe mit Sauerstoff, vor allem an deren Oberfläche. Durch Zusatz von „Antioxidantien" wie *Vitamin C* (*Ascorbinsäure*) wird dies verhindert, denn *Vitamin C* wirkt reduzierend [Praktikum].

Durch diese Vitaminfunktion schützt sich unser Organismus vor bestimmten Krankheiten, die durch schädliche Oxidationsvorgänge in den Zellen verursacht werden können. Vitamin-C-reiche Ernährung ist deshalb sinnvoll.
Um die *reduzierende Wirkung von Vitamin C* sichtbar zu machen, bedient man sich der Iod-Stärke-Reaktion [Praktikum, a]. Solange Iod vorhanden ist, sieht man eine tiefblaue oder dunkelviolette Färbung. Durch Vitamin C werden Iodatome zu Iodidionen reduziert, die Farbe verschwindet.
Vitamin-C-Moleküle werden oxidiert.
Insgesamt läuft eine Redoxreaktion ab.

Praktikum Redoxreaktionen in Lebensmitteln

Geräte und Materialien: Becherglas (100 ml), Glasstab, Reagenzgläser mit Gestell, Spatel, 1%ige Lösung von Speisestärke (z. B. Kartoffelmehl oder Püreepulver), Wasser, Iodlösung (z. B. Betaisodona-Lösung® aus der Apotheke), Vitamin C (Ascorbinsäure), frisch gepresster Orangen- oder Zitronensaft.
Durchführung:
a) Rühre 3 g Stärke in 20 ml Wasser und gib diese Suspension in 80 ml siedendes Wasser, lass auf 20 °C abkühlen, füge dann einige Tropfen Iodlösung zu.
b) Fülle 4 Reagenzgläser etwa zur Hälfte mit dieser Flüssigkeit. Gib zum einen etwas Vitamin-C-Pulver, zum anderen wenig Orangensaft, zum dritten Zitronensaft.
c) Du kannst noch weitere Lebensmittel untersuchen, z. B. ausgepressten Saft einer Traubenbeere, Saft von rohem Sauerkraut, Saft einer Tomate usw.

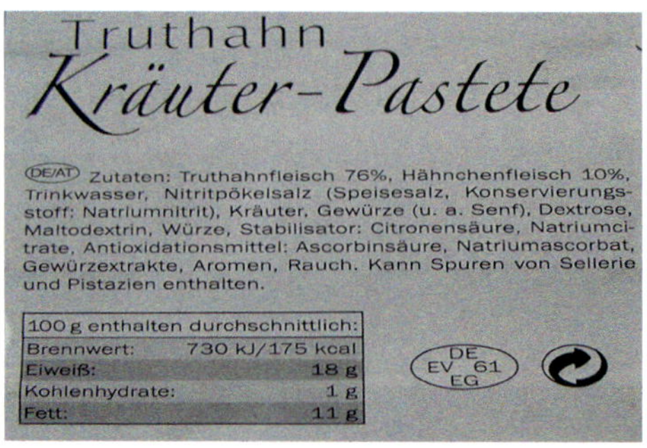

B4 Vitamin C als Oxidationshemmer

V1 (Abzug!) Man entzündet ein Stück Magnesiumband und taucht es in ein hohes mit Chlor gefülltes Glasgefäß, dessen Boden mit Sand bedeckt ist.

V2 **a)** Stelle einen blank geschmirgelten Eisennagel in Kupfersulfatlösung. Beobachte und erkläre.
Hinweis: Fe^{2+}-Ionen können nachgewiesen werden, wenn man zu der Lösung, in der man diese Ionen vermutet, eine wässrige Lösung von rotem Blutlaugensalz tropft. Wenn Fe^{2+}-Ionen vorliegen, tritt eine tiefblaue Farbe auf.
b) Stelle ein Kupferblech in Silbernitratlösung (Schutzbrille! Nicht in die Augen bringen!). Beschreibe und deute deine Beobachtungen.

V3 Stelle je zwei kurze Reagenzgläser mit Silbernitrat-, Zinkchlorid- und Kupfersulfatlösung bereit. Schmirgle je zwei Blechstücke der Metalle Silber, Zink und Kupfer blank. Tauche jeweils ein Blechstück in die Salzlösungen. Beschreibe und deute.

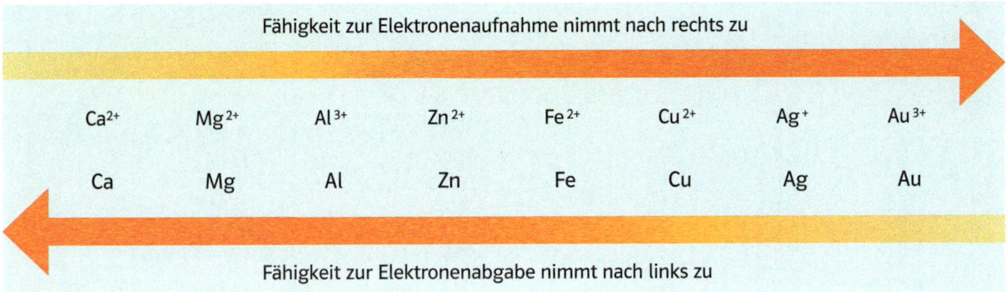

B5 Reihe der Metallionen und Metallatome

Redoxreaktionen in Lösungen. Redoxreaktionen können auch stattfinden, wenn man Metalle und Salzlösungen, die andere Metallionen enthalten, miteinander in Kontakt bringt. Ein Eisennagel überzieht sich in einer Kupfersalzlösung mit einer Kupferschicht [B6]. Zwischen den Eisenatomen und den Kupferionen findet eine Redoxreaktion statt:

Reduktion:	$Cu^{2+} + 2\,e^- \longrightarrow Cu$
Oxidation:	$Fe \longrightarrow Fe^{2+} + 2e^-$
Redoxreaktion:	$Fe + Cu^{2+} \longrightarrow Fe^{2+} + Cu$

Gibt man umgekehrt ein Kupferblech in eine Eisensalzlösung, so scheidet sich kein Eisen ab. Kupferatome geben keine Elektronen an Eisenionen ab. Taucht man dagegen ein Kupferblech in eine Silbersalzlösung, so überzieht es sich mit einer dunkelgrauen Schicht aus fein verteiltem Silber [B7].
Führt man entsprechende Versuche mit weiteren Metallen und Metallsalzlösungen durch, erhält man eine Reihe, in der links unedle und rechts edle Metalle mit ihren Ionen stehen [B5]. Jedes Metallatom dieser Reihe kann an ein rechts von ihm stehendes Metallion Elektronen abgeben. Links stehen Metallatome, die starke Reduktionsmittel sind; rechts angeordnete Metallionen sind starke Oxidationsmittel.

B6 Eisennagel in Kupfersulfatlösung

B7 Kupferblech in Silbernitratlösung

A1 **a)** Stelle für die Zerlegung von Silberoxid die Teilreaktionsgleichungen auf.
b) Benenne das Teilchen, das oxidiert wird, und das, welches reduziert wird.

A2 Rotes Eisenoxid reagiert mit Aluminium nach folgender Reaktionsgleichung:
$Fe_2O_3 + 2\,Al \longrightarrow Al_2O_3 + 2\,Fe$
a) Schreibe diese Redoxgleichung mit Ionenladungen auf.
b) Formuliere die Gleichung für die Oxidation und die Reduktion getrennt. Kennzeichne die Elektronenabgabe und die Elektronenaufnahme.
c) Welches Teilchen verändert seine Elektronenanzahl nicht?
d) Nenne die Teilchen, die als Elektronendonatoren bzw. -akzeptoren wirken.

A3 An welche Metallionen in [B5] können Kupferatome Elektronen abgeben? Von welchen Metallatomen können Cu^{2+}-Ionen Elektronen aufnehmen?

A4 Um Eisen- und Stahlteile vor Rost zu schützen (Kap. 6.14), können sie verzinkt werden. Beim Feuerverzinken taucht man die Eisen- oder Stahlteile in eine Schmelze aus flüssigem Zink, dessen Temperatur bei etwa 450 °C liegt.
a) Erläutere, warum das verzinkte Eisen nicht rostet.
b) Begründe, dass es sich beim Feuerverzinken nicht um eine Redoxreaktion handelt.

6.16 Elektronenübergänge bei Elektrolysen

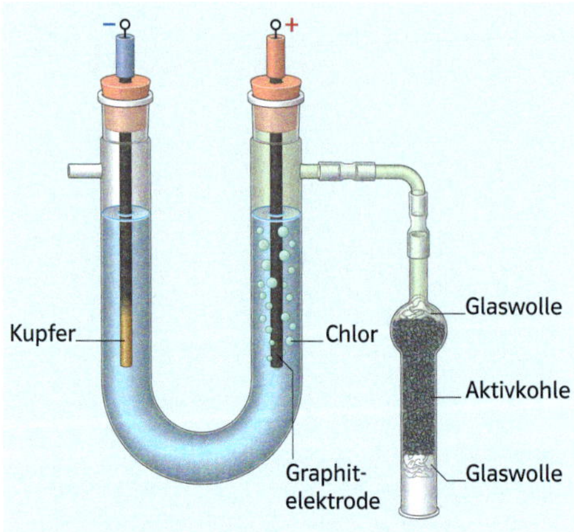

B1 Elektrolyse einer Kupferchloridlösung

B2 Bleibaum

Kationen sind positiv geladene Ionen. Sie wandern bei der Elektrolyse zum negativ geladenen Pol

Anionen sind negativ geladene Ionen. Sie wandern bei der Elektrolyse zum positiv geladenen Pol

Kathode ist der Minuspol bei der Elektrolyse

Anode ist der Pluspol bei der Elektrolyse

Eine der notwendigen Voraussetzungen für den Stromfluss in einer Salzlösung sind bewegliche Ionen. Diese wandern durch das Anlegen einer Spannung jeweils zu der Elektrode, welche die zur Ionenladung entgegengesetzte elektrische Ladung besitzt. Bilden sich auf der Elektrodenoberfläche neue Stoffe, so läuft dort eine chemische Reaktion ab.

Elektrolyse einer Kupferchloridlösung. In eine wässrige Kupferchloridlösung tauchen zwei Elektroden, die mit den Polen einer Gleichspannungsquelle leitend verbunden sind [V1]. An der Elektrode, die mit dem Minuspol verbunden ist, beobachtet man die Abscheidung von rötlich braunem Kupfer [B1]. Diese Elektrode, die **Kathode**, besitzt einen *Elektronenüberschuss* und zieht *positiv geladene Ionen* an. In unserem Beispiel sind dies *Cu^{2+}-Ionen*. Durch die Aufnahme von je zwei Elektronen werden Kupferionen zu Kupferatomen *reduziert*. Verbinden sich diese Kupferatome zu einem großen Verband, liegt metallisches Kupfer vor.

Kathodenreaktion:

$Cu^{2+} + 2e^- \longrightarrow Cu$

An der Elektrode, die mit dem Pluspol verbunden ist, beobachtet man die Entwicklung von Chlor. An dieser Elektrode, der **Anode**, herrscht *Elektronenmangel*: Sie zieht *negativ geladene Ionen* an, hier *Cl^--Ionen* (Chloridionen). Die ankommenden Chloridionen geben jeweils ein Elektron an die Anode ab; die entstehenden *Chloratome* verbinden sich zu Chlormolekülen.

Anodenreaktion:

$2\,Cl^- \longrightarrow 2\,Cl + 2\,e^-$

$2\,Cl \longrightarrow Cl_2$

V1 (Abzug!) Versuchsaufbau wie in [B1]. Fülle in ein U-Rohr eine Kupferchloridlösung. Verschließe die beiden Schenkel mit je einem Stopfen, in dem eine Graphitelektrode steckt. Verbinde die Elektroden mit den Polen einer Gleichspannungsquelle und schalte eine Glühlampe (0,1 A) in den Stromkreis.Verschließe das U-Rohr an der Anodenseite mit einem Luftballon oder einem Aktivkohlefilter. Erhöhe langsam die Spannung, bis das Lämpchen leuchtet. Schalte den Strom nach ca. 5 min ab und nimm die Kathode aus der Lösung.

A1 Bei der Elektrolyse einer Lösung von Bleichlorid (Verhältnisformel $PbCl_2$) bildet sich an einer Elektrode ein „Bleibaum" [B2].
a) An welcher Elektrode scheidet sich das Blei ab?
b) Welcher elementare Stoff bildet sich an der anderen Elektrode?
c) Formuliere die Reaktionsgleichungen für die Reaktionen an den Elektroden und für die Elektrolysereaktion.

► Chemische Reaktion

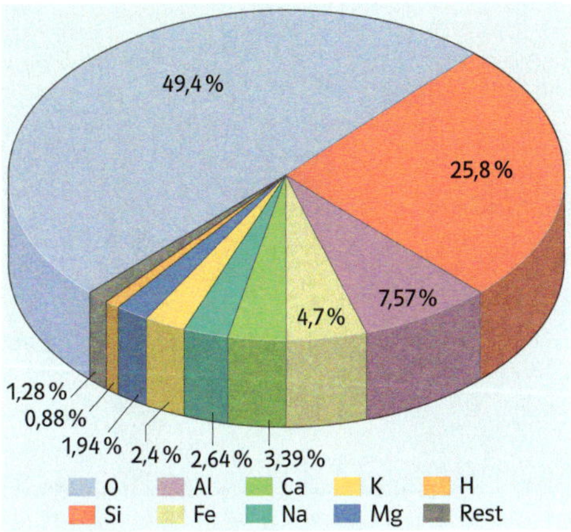

B3 Häufigkeit einiger Elemente in der Erdkruste in Massenanteilen (10 Elemente haben bereits einen Massenanteil von 99,5%)

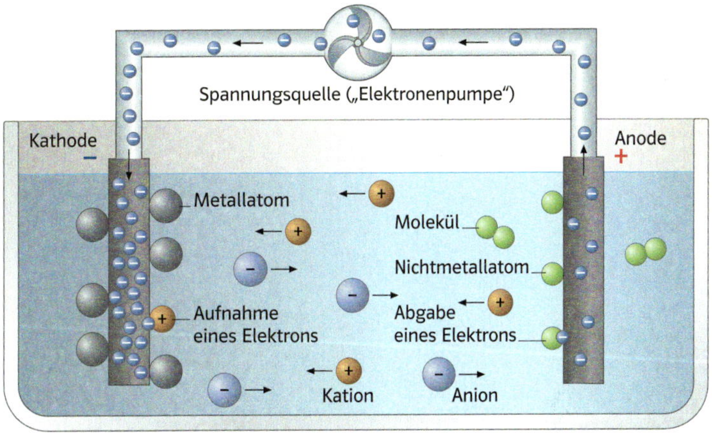

B4 Vorgänge bei der Elektrolyse im Modell auf der Teilchenebene

An der Kathode werden so viele Elektronen abgegeben, wie an der Anode aufgenommen werden.
Die Spannungsquelle liefert der Kathode ständig so viele Elektronen nach, wie sie der Anode entzieht. Die Gleichspannungsquelle kann man sich vorstellen wie eine Elektronenpumpe [B4]. Die gesamte Elektrolysereaktion läuft nur unter Energieaufwand ab. Diese Energie wird durch die Spannungsquelle geliefert.

Die Elektrolyse ist eine endotherme Redoxreaktion, die durch Zufuhr elektrischer Energie beim Anlegen elektrischer Spannung hervorgerufen wird.

Aus einer Lösung des Salzes Kupferchlorid werden durch eine endotherme Redoxreaktion die elementaren Stoffe Kupfer und Chlor gebildet.
Die Elektrolyse von Kupferchlorid ist die Umkehrung der Synthese. Derselbe Energiebetrag, der bei der Synthese aus Kupfer und Chlor (Kap 5.13) freigesetzt wird, muss bei der Elektrolyse zugeführt werden, hier in Form elektrischer Energie.

Sowohl die Synthese als auch die Zerlegung sind Redoxreaktionen. An der positiv geladenen Elektrode gibt der *Elektronendonator* Elektronen ab, an der negativ geladenen Elektrode nimmt der *Elektronenakzeptor* Elektronen auf. Durch das Verbindungskabel und die Elektroden werden die Elektronen vom Donator auf den Akzeptor übertragen.

Aluminiumgewinnung durch Elektrolyse.
Silbrig glänzendes Aluminium hat für den modernen Industriestaat eine ähnliche Bedeutung wie das Eisen für Gallier und Kelten vor 2500 Jahren.
Heute werden weltweit ca. 30 Millionen Tonnen Aluminium pro Jahr elektrolytisch produziert, davon ca. 3 Millionen (10%) in der Europäischen Union, ca. 650 000 Tonnen in Deutschland.
Der Anteil des Elementes Aluminium in der Erdkruste ist relativ hoch [B3]. Allerdings kommt Aluminium nicht gediegen vor, sondern nur in Form seiner Verbindungen, wie z.B. als Aluminiumoxid („Tonerde").

Erst vor gut 100 Jahren wurde es möglich, diese Verbindungen für die Aluminiumproduktion in einem großtechnischen Verfahren nutzbar zu machen. Wegen seiner hohen Stabilität kann Aluminiumoxid nur durch hohe Energiezufuhr reduziert werden.

B6 Aluminium – ein Leichtmetall

Als Reduktionsmittel käme nur ein Metall infrage, das noch unedler ist als Aluminium. Dieses müsste ebenfalls erst aufwändig aus seinen Verbindungen hergestellt werden. Als großtechnisches Verfahren eignet sich daher nur die Elektrolyse.

Auf der Pariser Weltausstellung 1867 wurde das neue Prinzip zur Aluminiumgewinnung *durch Elektrolyse aus geschmolzenem Aluminiumoxid* unter dem Titel *„Silber aus Lehm"* eine Sensation.

B5 Küchenutensilien teilweise aus Aluminium

Jedoch ist auch diese Elektrolyse nur unter riesigem Energieaufwand möglich. Für 1 t Aluminium benötigt man etwa 15 000 kWh. Eine mittelgroße *Aluminiumhütte* verbraucht ebenso viel Energie wie die Großstadt Essen. Es wird verständlich, dass sich die großtechnische Umsetzung erst verwirklichen ließ, als WERNER VON SIEMENS gegen Ende des 19. Jahrhunderts die *Dynamomaschine* zur Gewinnung elektrischer Energie aus mechanischer Energie entwickelt hatte. Dabei wird eine Turbine durch strömendes Wasser angetrieben, dessen Bewegungsenergie aus der Lageenergie stammt. Auch die hohe Schmelztemperatur von Aluminiumoxid war ein Problem, das erst bewältigt werden musste. Worin liegen die Vorteile von Aluminium als Gebrauchsmetall? Aluminium ist zwar ein sehr unedles Metall, dennoch braucht es keinen Korrosionsschutz. Es ist wegen seiner

B7 Verarbeitung von geschmolzenem Aluminium

nur etwa $\frac{2}{10\,000}$ mm dicken, aber sehr dichten Oxidschicht ausreichend korrosionsbeständig und somit ein vielseitig einsetzbares Metall.

Der größte Anteil wird für den Fahrzeugbau benötigt. Neben der Korrosionsbeständigkeit bietet das Leichtmetall den Vorteil eines viel niedrigeren Verbrauchs an Treibstoff. Durch eine hohe *Recyclingrate* wird auch die Produktion wirtschaftlicher, denn dabei wird im Vergleich zur Neuproduktion 95 % weniger an elektrischer Energie verbraucht!

A2 **a)** Welche Stoffe entstehen bei der Elektrolyse einer wässrigen Zinkiodidlösung?
b) Formuliere die Anoden- und die Kathodenreaktion.
c) Formuliere die Gesamtreaktionsgleichung.
d) Kennzeichne darin die Oxidation/Reduktion als Elektronenübergänge; benenne den Elektronendonator bzw. -akzeptor.

A3 Welches Metall (Kap 6.15) kommt für die Reduktion von Aluminiumoxid infrage? Begründe deine Wahl.

A4 **a)** Formuliere die Reaktionsgleichung für die Gewinnung von Aluminium aus einer Schmelze von Tonerde durch Elektrolyse. Kennzeichne Oxidation und Reduktion.
b) An welchem Pol wird sich Aluminium abscheiden?

6.17 Exkurs Korrosionsschutz durch Elektrolyse

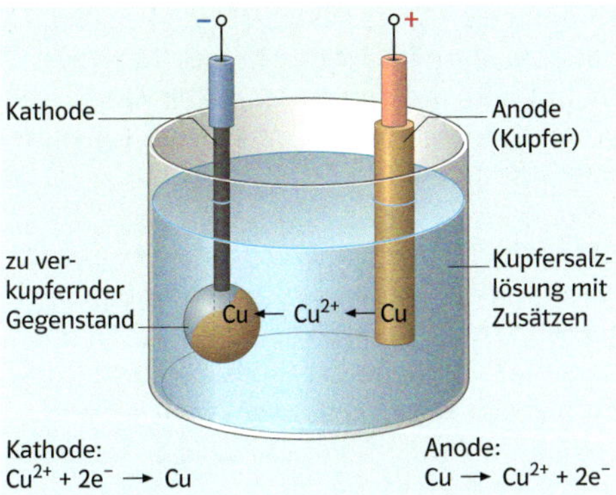

B1 Schema einer elektrolytischen Verkupferung

Viele Gegenstände aus Alltag und Technik erhalten zum Schutz vor Umwelteinflüssen oder aus optischen Gründen Metallüberzüge.

Galvanisieren. In der Technik wird zum Verkupfern, Vernickeln, Versilbern oder Vergolden häufig das Elektrolyseverfahren angewandt.
Dazu wird der Gegenstand aus unedlem Metall, der überzogen werden soll, als Kathode (Minuspol) geschaltet [B1]. Die Lösung enthält die Ionen des Metalls, aus dem der Überzug bestehen soll. Diese positiv geladenen Ionen werden von der Kathode angezogen und dort durch Aufnahme von Elektronen zu Metallatomen reduziert.
Das Metall scheidet sich ab. Der entstehende Überzug ist oft nur wenige hundertstel Millimeter dick.

B2 Vergoldeter Füllfederhalter

Um die Konzentration der Metallionen konstant zu halten, kann man eine Anode aus dem Überzugsmetall verwenden. An dieser entstehen dann genauso viele Ionen, die in Lösung gehen, wie an der Kathode Atome des Metalls abgeschieden werden.
Lösungen zum Verkupfern, Vernickeln oder Versilbern kann man auf diese Weise immer wieder verwenden.
Zum Vergolden ist eine spezielle Lösung notwendig, deren Gehalt an Ionen nicht aus einer entsprechenden Anode „nachgeliefert" wird. Diese Lösung muss immer wieder erneuert werden.
Die Salzlösungen enthalten noch Zusätze, die dazu beitragen, dass ein möglichst gleichmäßiger halbglänzender oder hochglänzender Metallüberzug entsteht.

Soll ein nichtmetallischer Gegenstand mit Metall überzogen werden, muss er zunächst durch Auftragen eines graphit- oder metallhaltigen Leitlackes elektrisch leitfähig gemacht werden, damit er als Kathode geschaltet werden kann.

Bevor Gegenstände verchromt, versilbert oder vergoldet werden, wird zuerst eine Schicht Nickel aufgebracht. Ein Fahrradlenker aus Stahl wird z. B. zunächst verkupfert, damit er nicht rostet. Kupfer aber bildet mit Stoffen aus der Luft einen dunklen oder gar grünen Belag. Da sich eine Chromschicht nicht direkt auf Kupfer auftragen lässt, wird der Fahrradlenker anschließend vernickelt und erhält erst dann einen dünnen, glänzenden und harten Chromüberzug.

A1 Hochwertige Brillengestelle werden galvanisch vergoldet. Welche Elektrode bildet das Brillengestell?

A2 Benenne die Reaktionen, die bei der elektrolytischen Verkupferung an der Kathode bzw. an der Anode ablaufen.

B3 Vergoldetes Schmuckstück

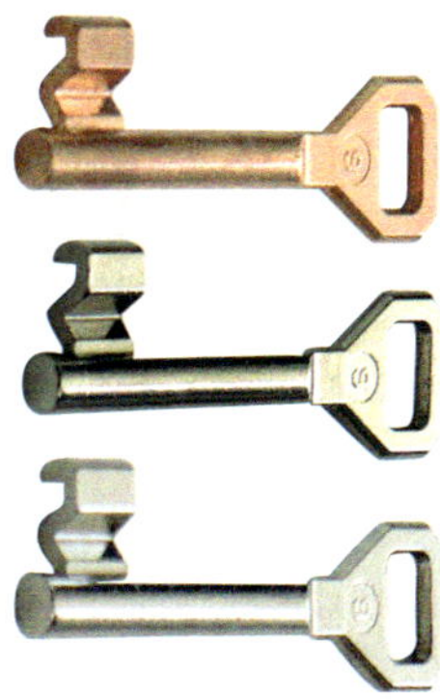

B4 Verkupfert, vernickelt, verchromt

6.18 Praktikum Vergolden eines Kupfergegenstandes

Stromdichte J

$J = \frac{I}{A}$

I: Stromstärke

A: Elektrodenfläche

$1\,\mu m = \frac{1}{1\,000\,000}\,m$

$= \frac{1}{1000}\,mm$

V1 Vergolden auf Kupfer

Geräte, Materialien, Chemikalien: Schutzbrille, kleine Bürste, feinkörniges Scheuermittel, sauberer Lappen oder Silberputztuch, Papiertücher, Elektroden aus Edelstahl [B1], Glasstab, Kristallisierschale, Gefäß für die Entfettung (b), 3 Kaffeefilter oder Filterpapiere, Edelstahlblechstreifen, evtl. Glasmurmeln, Pinzette, Spannungsquelle, Stromstärkemessgerät, 2 Krokodilklemmen, 2 Experimentierkabel, Gegenstand mit Kupferoberfläche (z. B. Kupfermünze), Messingbürste, Brennspiritus oder Aceton (z. B. ölfreier Nagellackentferner), Goldelektrolyt (gebrauchsfertig käuflich).

Durchführung:

a) Der Gegenstand mit Kupferoberfläche muss zuerst mithilfe der kleinen Bürste und der Scheuermilch sehr gründlich gereinigt und abgespült werden. Poliere ihn anschließend mit einem fettfreien Tuch oder einem Silberputztuch blank.

b) Bedecke dann den Gegenstand zur völligen Entfettung in einem Gefäß mit Aceton oder Spiritus.

Alle weiteren Schritte werden mit einer Pinzette ausgeführt.

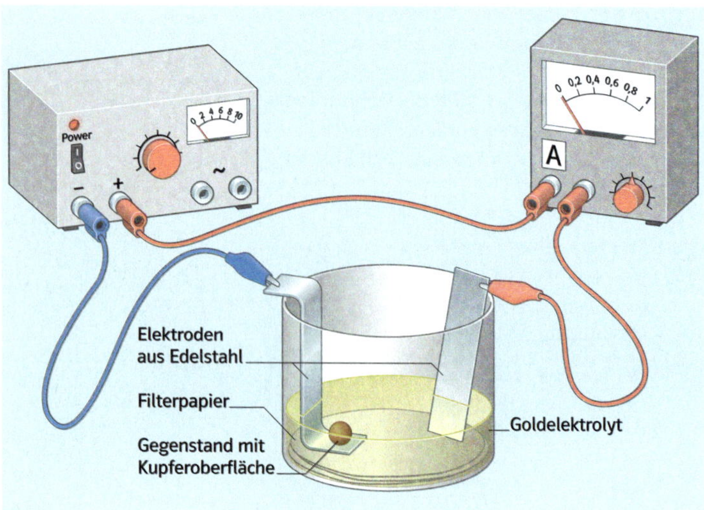

B1 Versuchsanordnung zum Vergolden

c) Nimm die Münze aus der Flüssigkeit und halte sie unter fließendes Wasser. Wenn die Münze fettfrei ist, muss sie überall vom Wasser benetzt werden. Im anderen Fall muss das Entfetten wiederholt werden.

d) Lege den Boden einer möglichst kleinen Kristallisierschale mit drei Schichten Filterpapier aus. Lege den Gegenstand darauf und bedecke ihn gerade mit Goldsalzlösung. Erhöhe den Flüssigkeitsspiegel evtl. mithilfe von Murmeln, um Goldsalzlösung zu sparen.

e) Lege den Edelstahlblechstreifen von innen an die Wand der Schale und schließe daran den Pluspol an. Verbinde die andere Edelstahlelektrode mit dem Minuspol und bringe den Gegenstand damit in Kontakt.

f) Elektrolysiere bei 4 – 5 Volt ca. 2 min. Notiere die Stromstärke und vergleiche mit den Angaben im Text.

g) Spüle mit Wasser ab und poliere eventuell. Die Lösung wird aufbewahrt.

Das eigentliche Vergolden läuft sehr schnell ab. Bereits nach 30 Sekunden ist die Auflage so stark, dass der Gegenstand eine geschlossene Goldoberfläche hat. Nach zwei Minuten Beschichtungszeit ist eine Stärke erreicht, die derjenigen einer professionellen Vergoldung entspricht.

Der Prozess läuft deshalb so schnell ab, weil eine relativ hohe Stromdichte von $J = 100$ bis $500\,mA/cm^2$ vorliegt. Im Vergleich zu den Schichtdicken beim Verkupfern ist diese Goldschicht immer noch hauchdünn. Vergoldet oder echt vergoldet darf ein Gegenstand dann genannt werden, wenn seine Goldschicht $0{,}1\,\mu m$ stark ist. Bei nicht allzu teurem Schmuck wird diese Stärke kaum überschritten. Bei teuren Brillengestellen und Uhrgehäusen kann man von ungefähr $0{,}2\,\mu m$ Goldauflage ausgehen.

6.19 Durchblick Zusammenfassung und Übung

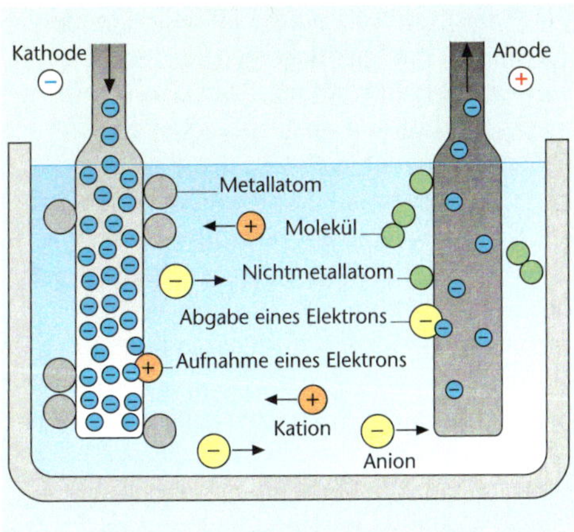

B1 Elektrolyse auf einen Blick

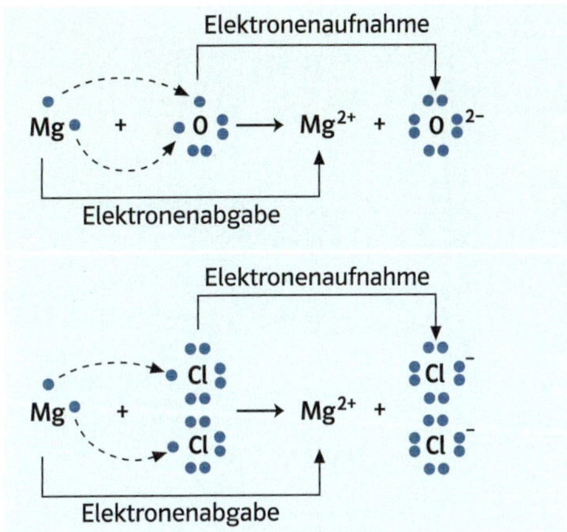

B2 Elektronenübergang: Magnesium reagiert mit Sauerstoff (oben) und Chlor (unten)

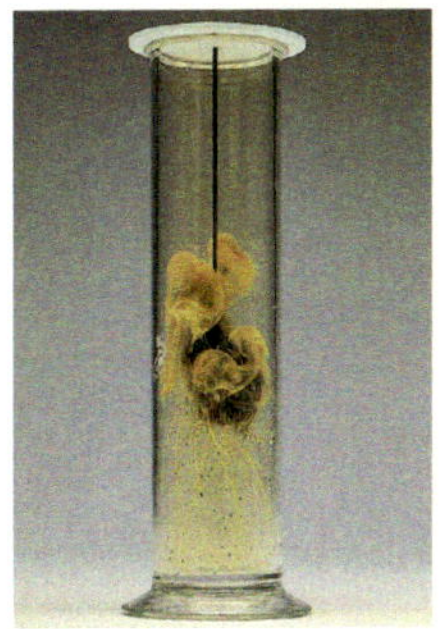

B3 Kupfer reagiert mit Chlor

Elektrolyse
Elektrolyse ist eine endotherme Redoxreaktion, die beim Anlegen einer Spannung durch Zufuhr elektrischer Energie erzwungen wird. Reaktionsgleichung (Beispiel):

$Cu^{2+} + 2\,Cl^{-} \longrightarrow Cu + Cl_2$ | endotherm

Kathode
Bei der Elektrolyse ist die Kathode der Minuspol, die negativ geladene Elektrode. Die positiv geladenen Kationen werden von der Kathode angezogen und dort reduziert:
Elektronenaufnahme $Cu^{2+} + 2\,e^{-} \longrightarrow Cu$

Anode
Bei der Elektrolyse ist die Anode der Pluspol, die positive geladene Elektrode. Die negativ geladenen Anionen werden von der Anode angezogen und dort oxidiert:
Elektronenabgabe $2\,Cl^{-} \longrightarrow Cl_2 + 2\,e^{-}$

Donator-Akzeptor-Reaktion
Redoxreaktionen finden nur statt, wenn Teilchen vorhanden sind, die Elektronen abgeben können und solche, die diese Elektronen aufnehmen.
- Reduktionsmittel sind **Elektronendonatoren**, sie selbst werden oxidiert.
- Oxidationsmittel sind **Elektronenakzeptoren**, sie selbst werden reduziert.

Korrosion und Rost
Witterungseinflüsse können die Oberfläche von Metallen zerstören, diesen Vorgang nennt man Korrosion. Rost entsteht bei der chemischen Reaktion von Eisen mit Sauerstoff und Wasser. Eisen kann durch einen Überzug aus Zinn (Weißblech) oder aus Zink vor Korrosion geschützt werden.

B4 Korrosion

A1 Formuliere die Reaktionsgleichung für die Redoxreaktionen in [B2]. Welches Teilchen wirkt jeweils als Elektronendonator bzw. – akzeptor? Gib auch die Energieänderung an.

A2 Ein Zinkstab wird in eine Lösung von Kupferchlorid gestellt. Es bildet sich eine Schicht aus Kupfer auf dem Zink. In der Lösung lassen sich mit einem Reagenz Zinkionen nachweisen.
a) Formuliere die Reaktionsgleichung zu diesen Beobachtungen.
b) Wende die Begriffe Oxidationsmittel, Reduktionsmittel, Elektronendonator und -akzeptor auf dieses Beispiel an.
c) Vergleiche die Fähigkeiten der Teilchen zur Elektronenaufnahme bzw. -abgabe.
d) Welche Beobachtung erwartest du, wenn du ein Kupferblech in eine Zinkchloridlösung ($Zn^{2+} + 2Cl^{-}$) stellst?

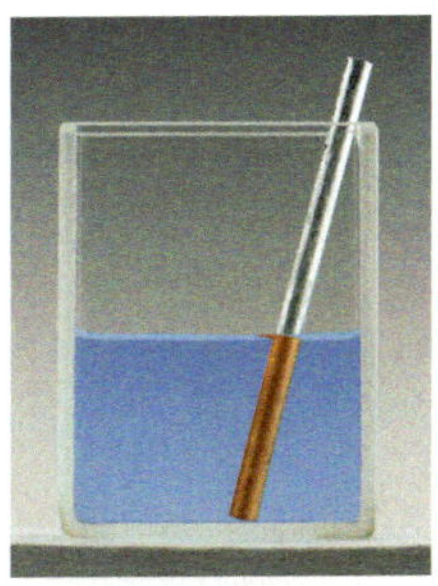

B5 Zinkstab in Kupferchloridlösung

A3 Worauf beruht die elektrische Leitfähigkeit von Metallen, von Salzlösungen und Salzschmelzen?

6.20 Horizonte Fachsprachen-Trainer

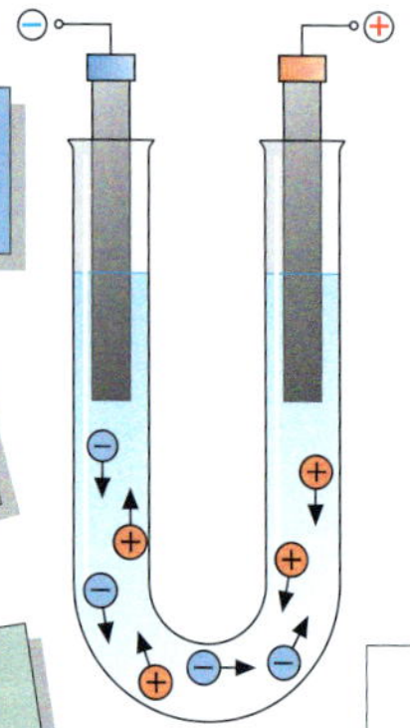

Oxidation

Pluspol

geben Elektronen ab

Nichtmetall-atome(n)

Nichtmetall-ionen

Reduktion

an der

Anode	ist die	positiv geladene(n) Elektrode

Anionen	sind	negativ geladene Ionen

		Minuspol
Kationen		
	wandern zum/zur	Kathode
positiv geladene Ionen		
		negativ geladene(n) Elektrode

Metallionen	nehmen Elektronen auf	und	werden zu	Metall-atome(n)

Der Fachsprachen-Trainer hilft beim Einüben von Sätzen mit Fachbegriffen. Korrekte Formulierungen kann man sich dann einfacher merken. Schreibt man Fachbegriffe und einzelne Satzteile auf verschiedenfarbige Kärtchen, kann man damit vollständige Sätze bilden. Das Satzmuster lässt sich so leicht erkennen und einüben. Jedes Satzmuster setzt sich aus bestimmten Fachbegriffen und verbindenden Satzteilen zusammen.

a) Anfertigen von Satzmusterteilen auf Kärtchen am Beispiel der Elektrolyse
Schreibe auf rote Kärtchen alle Fachbegriffe, die auf eine positive Ladung hinweisen. Schreibe auf blaue Kärtchen Begriffe, die auf negative Ladungen hindeuten und auf grüne Kärtchen solche ohne Ladung.
Auf weißen Kärtchen stehen verbindende Satzteile.

b) Partnerarbeit im Trainingslager Stelle in Partnerarbeit einfache Satzmuster auf. Beschreibe dazu die Vorgänge bei einer Elektrolyse an der Anode und an der Kathode.

c) Lernplakate mit Satzmuster Klebe Satzmuster in der richtigen Reihenfolge auf Plakate und hänge sie im Fachraum aus.

d) An Beispielen trainieren
Verwende die Satzmuster zur Erklärung der Elektrolyse folgender Salze:
Natriumchlorid NaCl, Kaliumchlorid KCl, Kupferchlorid $CuCl_2$, Kaliumiodid KI, Zinkiodid ZnI_2.

e) Weitere Trainingsgebiete
Mit dem Fachsprachen-Trainer kann man auch andere Themen einüben, z. B. die Bildung von Ionen oder Molekülen.

7 Unpolare und polare Elektronenpaarbindung

Typische Eigenschaften von Salzen lassen sich mit ihrem Aufbau aus Ionen erklären. Es gibt aber auch Stoffe mit gänzlich anderen Eigenschaften.

Die elementaren Stoffe Wasserstoff, Sauerstoff und Stickstoff sind Gase, Brom und Iod gehen leicht in den Gaszustand über. Diesen Stoffen ist gemeinsam, dass sie aus Molekülen bestehen, die nur aus zwei Atomen aufgebaut sind.

Die leichte Verdampfbarkeit molekularer Stoffe weist darauf hin, dass zwischen den Molekülen nur schwache Kräfte wirken. Die Moleküle selbst bleiben aber auch im Gaszustand erhalten. In den Molekülen müssen die Atome also fest aneinander gebunden sein.

Zwischen den Molekülen verschiedener Stoffe gibt es Unterschiede in den Wechselwirkungen, die unter anderem von ihrem Molekülbau abhängen. Warum besitzt die Verbindung aus Wasserstoff und Sauerstoff so ganz andere Eigenschaften als die gasförmigen elementaren Stoffe, aus denen Wasser entstehen kann?

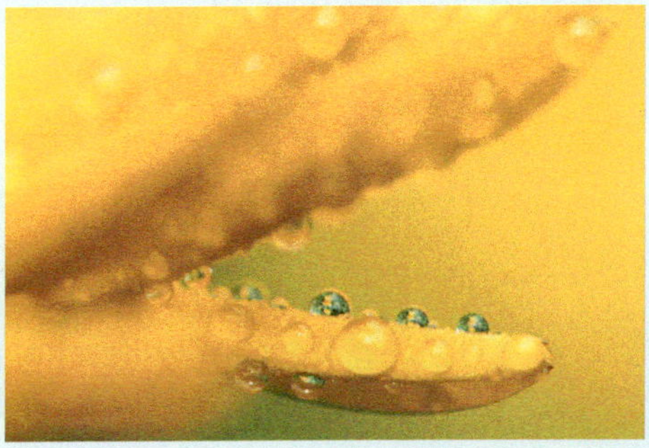

Online-Link
756084-0700

7.1 Wasser – mehr als ein Lösungsmittel

B1 Eine Nordpol-Expedition

B2 Eiskristalle

Eisberge

Auf Bildern von Nordpol-Expeditionen sieht man endlose Eisflächen. Man hat den Eindruck, als befände sich der Fotograf auf festem Land. Wissenschaftler sagen jedoch für die Zukunft im Sommer einen eisfreien Nordpol voraus; dort ist dann das Nordpolarmeer.

A1 Schwimmt der „Boden“ aus Eis über dem Nordpol? Wie ist das möglich? Warum schwimmen Eisberge?

Eiskristalle

Hat man im Winter die Möglickeit, bei tiefen Temperaturen Eiskristalle mit der Lupe zu betrachten, erkennt man viele verschiedene Formen. Eins ist ihnen gemeinsam: Sie haben alle eine sechseckige Symmetrie. Diese kann man aus dem Aufbau des Eiskristalls ableiten.

B3 Modelle für Wasserstrukturen

A2 Ein Modellversuch zum Aufbau eines Eiskristalls. Du benötigst 12 kleine Wattekugeln oder Perlen. Klebe jeweils drei zu Drillingen zusammen. Zwei dieser Drillinge klebst du mit zwei Kugeln so zusammen, dass die nicht verklebten Kugeln auf Parallelen zu liegen scheinen [B3]. Man könnte diese Kugeln so zusammenlegen, dass keine Lücke zwischen ihnen bleibt. Man kann sie jedoch auch so übereinander legen, dass, wie im Bild gezeigt, ein sechseckiger freier Raum bleibt.

Im Eiskristall entspricht jede Kugel einem Wassermolekül. Jedes Wassermolekül ist von vier anderen umgeben. Das würde man auch in deinem Modell sehen, wenn man viele solcher Einheiten hintereinander legte. Der sechseckige Raum würde dann zu einer Röhre. Diese sechseckige Struktur bewirkt die sechseckige Symmetrie der Eiskristalle. Die Wassermoleküle liegen in ihnen nicht ganz dicht zusammen.

Wassertropfen

Wasser erscheint häufig, als sei es mit einer Haut überzogen. Wassertropfen bleiben an Pflanzenstängeln hängen. Fällt ein Tropfen ins Wasser, springt manchmal eine Wasserkugel zurück.

B4 Wassertropfen

A3 Ursache für die Phänomene ist die Oberflächenspannung des Wassers. Was ist damit gemeint? Sie muss mit den Eigenschaften der Wassermoleküle zusammenhängen. Eine Erklärung findest du in diesem Kapitel.

B5 Eine Brausetablette löst sich auf

Wasser als Lösungsmittel
Gibt man eine Vitamin-Brausetablette in ein Glas mit Wasser, sprudelt es heftig [B5]. Wasser löst die Tablette und es entsteht in einer chemischen Reaktion Kohlenstoffdioxid. Das gleiche geschieht, wenn man Brausepulver in den Mund nimmt. Hier dient der wässrige Speichel als „Vermittler" zwischen den Inhaltsstoffen.

A4 Informiere dich auf der Tablettenverpackung und auf der Brausepulvertüte über die Inhaltsstoffe. Siehst du Gemeinsamkeiten? Welche Eigenschaft des Wassers wird in allen Fällen ausgenutzt?

Wasser als Reaktionspartner
Um zu zeigen, dass es sich bei einer Flüssigkeit um Wasser handelt, verwendet man im Chemieunterricht manchmal weißes Kupfersulfat. Mit Wasser wird das Salz blau [B6].

B6 Weißes Kupfersulfat färbt sich mit Wasser blau

A5 Bei diesem Wassernachweis entsteht Kupfersulfat, welches nun „Kristallwasser" enthält. Man nannte es früher „Kupfervitriol. Ermittle die Formel für „Kupfervitriol" und versuche, eine Erklärung für den Begriff „Kristallwasser" zu finden.

Kristallisationswäre
In Apotheken und Sanitätshäusern kann man Wärmekissen, wie in [B7] abgebildet, kaufen. Im aktivierten Zustand befindet sich in ihnen eine Flüssigkeit und ein Stahlplättchen.

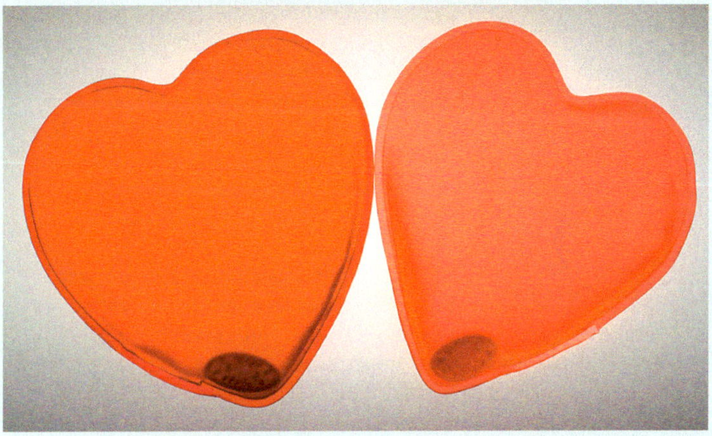

B7 Wärmekissen mit Stahlklicker

A6 Besorge dir ein Wärmekissen und klicke das Stahlplättchen. Was beobachtest du? Zum Aktivieren lege den Beutel in ca. 60 °C heißes Wasser und beobachte den Inhalt. Wenn keine Veränderung mehr zu beobachten ist, lass den Beutel an einem ruhigen Ort langsam abkühlen. Ordne den Vorgängen die Begriffe exotherm und endotherm zu. Informiere dich über gesättigte und übersättigte Lösungen. Ziehe zur Deutung der Vorgänge auch den Begriff Kristallwasser heran.

Wasser wird „abgelenkt"

A7 Reibe einen Kamm aus Kunststoff mit einem Mikrofasertuch. Halte ihn dann in die Nähe (Vorsicht, er darf nicht nass werden!) eines ganz feinen Wasserstrahls. Deute deine Beobachtung mithilfe der Abbildung [B8]. Tipp: Nimm auch [B6] in Kap. 7.5 zu Hilfe.

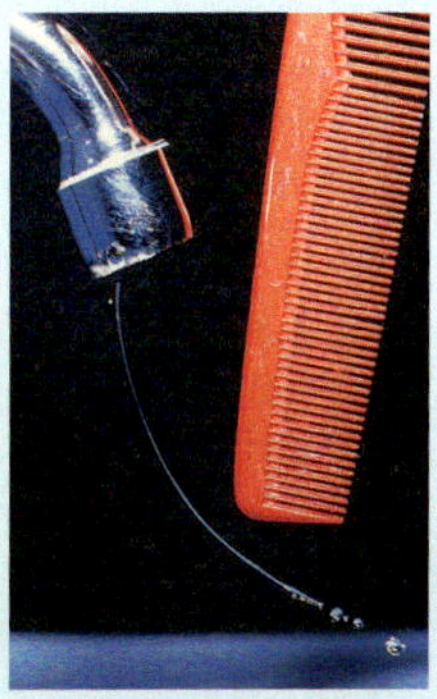

B8 Ablenkung eines Wasserstrahls

7.2 Die Bindung in Molekülen

Um eine Vorstellung davon zu bekommen, wie die Atome in Molekülen zusammenhalten, betrachten wir zunächst einmal das einfachste Molekül, das Wasserstoffmolekül.

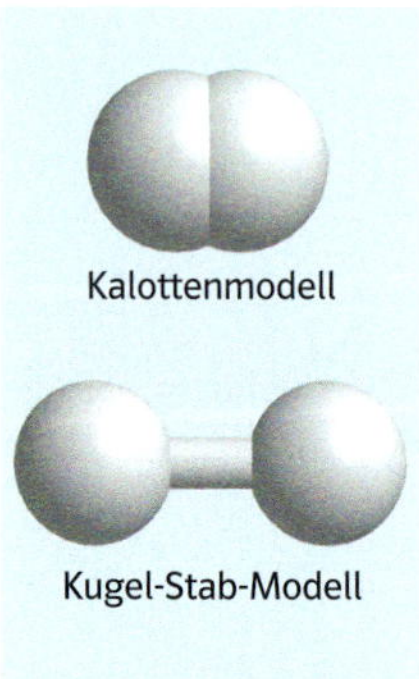

B1 Molekülmodelle des Wasserstoffmoleküls

Kalotte, (fr.): Kugelabschnitt

Die Bindung im Wasserstoffmolekül. Aus Kapitel 5.20 ist bekannt, dass sich in einem Atom die Elektronen in einem Raumbereich befinden, der den Kern kugelförmig umgibt. Im Wasserstoffatom wird dieser Raum von einem Elektron eingenommen. Die negative Ladung ist über den ganzen Bereich verteilt und hat keine scharfe Begrenzung. Man spricht daher von einer *Elektronenwolke.*

Im Wasserstoffmolekül durchdringen sich die Elektronenwolken der beiden Wasserstoffatome, die beiden Elektronen befinden sich bevorzugt im Anziehungsbereich beider Kerne. Zwischen diesen kommt es zu einer Verdichtung der negativen Ladung, zu der beide Elektronen gleich viel beitragen. Die beiden Elektronen bilden eine gemeinsame Elektronenwolke um beide Kerne, die dadurch zusammengehalten werden [B2]. Die Bindung zwischen den beiden Wasserstoffatomen wird **Atombindung** genannt, die beiden Elektronen, die die Bindung bewirken, bezeichnet man als **bindendes Elektronenpaar**. Statt Atombindung sagt man daher zu dieser Bindung auch *Elektronenpaarbindung*.
Das Elektronenpaar wird in der Molekülformel durch einen Strich zwischen den Atomsymbolen angegeben:

H—H

Zur Trennung verbundener Atome ist Energie erforderlich. Die vom Betrag her gleiche Energie – die **Bindungsenergie** – wird frei, wenn zwischen Atomen eine Bindung entsteht. Das Wasserstoffmolekül ist also energieärmer und damit stabiler als die beiden einzelnen Wasserstoffatome.
Die beiden verbundenen Atomkerne haben keinen festen Abstand voneinander. Sie schwingen aufeinander zu oder voneinander weg, daraus ergibt sich ein mittlerer Abstand, der **Bindungsabstand**.

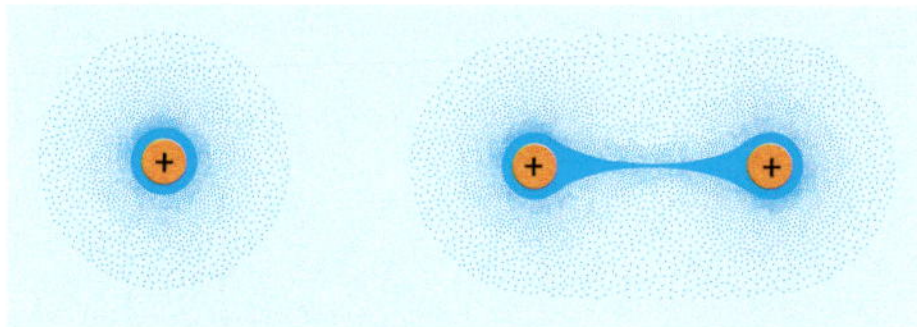

B2 Wasserstoffatom und Wasserstoffmolekül

Das Heliumatom. Die Hülle des Heliumatoms enthält nur ein Elektron mehr als die eines Wasserstoffatoms. Trotz dieses scheinbar geringen Unterschieds bilden Heliumatome keine Moleküle.
Der Grund besteht darin, dass bereits die Elektronenwolke eines Heliumatoms von zwei Elektronen gebildet wird. In einer gemeinsamen Elektronenwolke mit einem weiteren Heliumatom müssten sich mehr als zwei Elektronen aufhalten. Es hat sich jedoch gezeigt, dass eine Elektronenwolke aus höchstens zwei Elektronen bestehen kann. Das Elektronenpaar des Heliumatoms wird durch einen Strich am Atomsymbol angegeben:

He|

Elektronenanordnung weiterer Atome. In der zweiten Periode des PSE finden auf der äußersten Schale maximal acht Elektronen Platz, die Außenelektronen. Ihnen stehen insgesamt vier Elektronenwolken zur Verfügung. Von den Atomen des Lithiums bis zu denen des Kohlenstoffs werden nach und nach vier Elektronenwolken mit *je einem* Elektron gebildet. Beginnend mit den Atomen des Stickstoffs werden Elektronenwolken mit einem weiteren Elektron aufgefüllt, sodass jeweils *Elektronenpaare* vorhanden sind. Die acht Außenelektronen der Neonatome bilden schließlich vier Elektronenpaare.

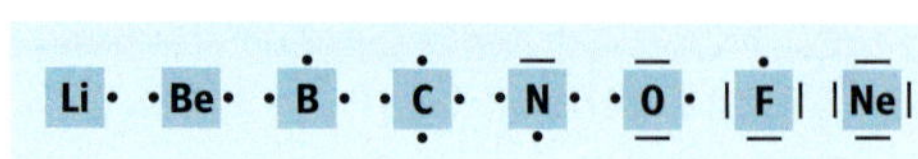

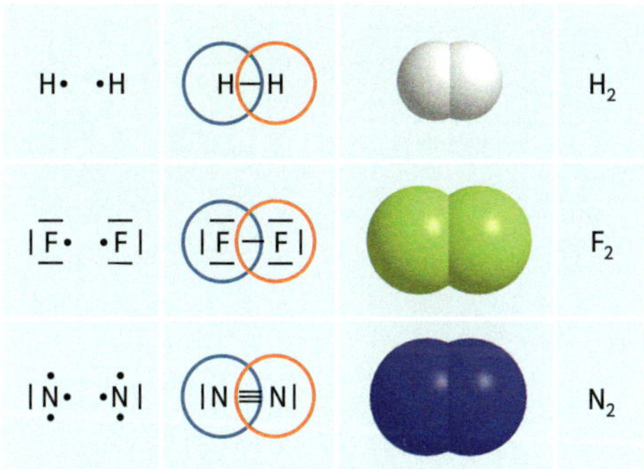

B3 Bildung von Molekülen aus Atomen. Es bilden sich bindende Elektronenpaare

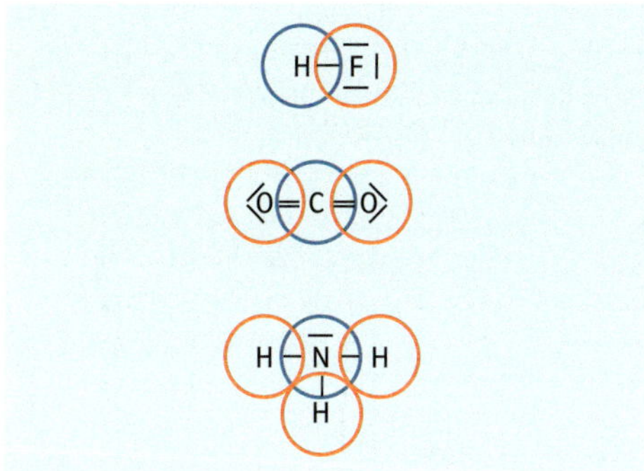

B4 Anwendung der Edelgasregel zur Ermittlung der bindenden und nicht bindenden Elektronenpaare in Molekülen

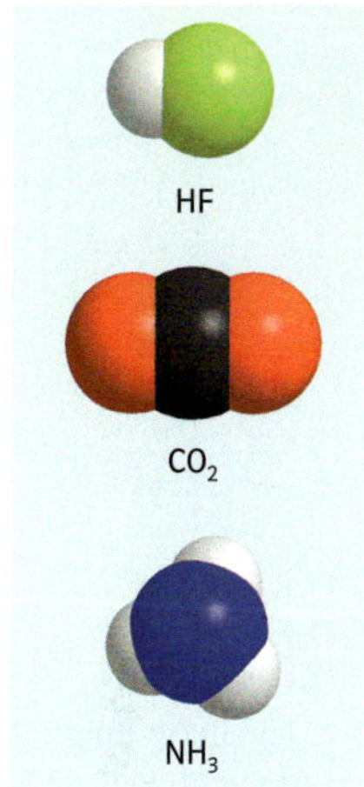

B5 Kalottenmodelle einiger Moleküle

Die im Periodensystem jeweils unter Lithium bis Neon angeordneten Elemente weisen die gleiche Anordnung ihrer Außenelektronen auf.

Halogenwasserstoffmoleküle. Bei der Bildung von Molekülen spielen nur die Valenzelektronen der Atome eine Rolle.
Das Fluorwasserstoffmolekül besteht aus einem Fluoratom und einem Wasserstoffatom, seine Summenformel ist HF. Beide Atome liefern je ein Elektron zum bindenden Elektronenpaar. Die übrigen drei Elektronenpaare des Fluoratoms sind an der Bindung nicht beteiligt, man nennt sie **nicht bindende Elektronenpaare**. Auch für die übrigen Halogenwasserstoffverbindungen ergibt sich diese Elektronenanordnung.

$H-\overline{\underline{F}}|$ $H-\overline{\underline{Cl}}|$ $H-\overline{\underline{Br}}|$ $H-\overline{\underline{I}}|$

Mehrfachbindungen. Auch Stickstoffmoleküle bestehen aus zwei Atomen. Die Bindung zwischen den Stickstoffatomen erfolgt durch drei Elektronenpaare. Man bezeichnet diese Bindung als **Dreifachbindung** [B3]. Sind zwei Elektronenpaare an einer Bindung beteiligt, spricht man von einer **Doppelbindung (Zweifachbindung)**. Man findet sie z. B. im Kohlenstoffdioxidmolekül [B4].

Anwendung der Edelgasregel. Atomen vieler Moleküle kann man acht Außenelektronen, d. h. vier Elektronenpaare, zurechnen [B4]. Es liegt also die gleiche Anzahl an Außenelektronen vor wie bei den Edelgasatomen. Die bereits für Ionen formulierte Edelgasregel (Kap. 6.3) lässt sich auch auf Moleküle übertragen:

In vielen Molekülen kann man jedem Atom so viele Elektronenpaare zurechnen wie dem Edelgasatom, das in derselben Periode des PSE wie das betreffende Atom steht.

So kann man im Fluorwasserstoffmolekül dem Fluoratom acht Elektronen, dem Wasserstoffatom zwei Elektronen zurechnen, die bindenden Elektronen werden dabei für jedes Atom gezählt [B3, B4].

A1 Gib die Anordnung der Außenelektronen für die Atome der Elemente der 3. Periode an.

A2 Erläutere, warum Edelgase aus einzelnen Atomen und nicht aus Molekülen bestehen.

A3 Formuliere entsprechend B3 die Bildung eines **a)** Wassermoleküls (H_2O) und **b)** eines Kohlenstoffdioxidmoleküls (CO_2).

A4 Ermittle unter Anwendung der Edelgasregel die Molekülformel für ein Molekül aus einem Kohlenstoff- und mehreren Chloratomen.

7.3 Der räumliche Bau von Molekülen

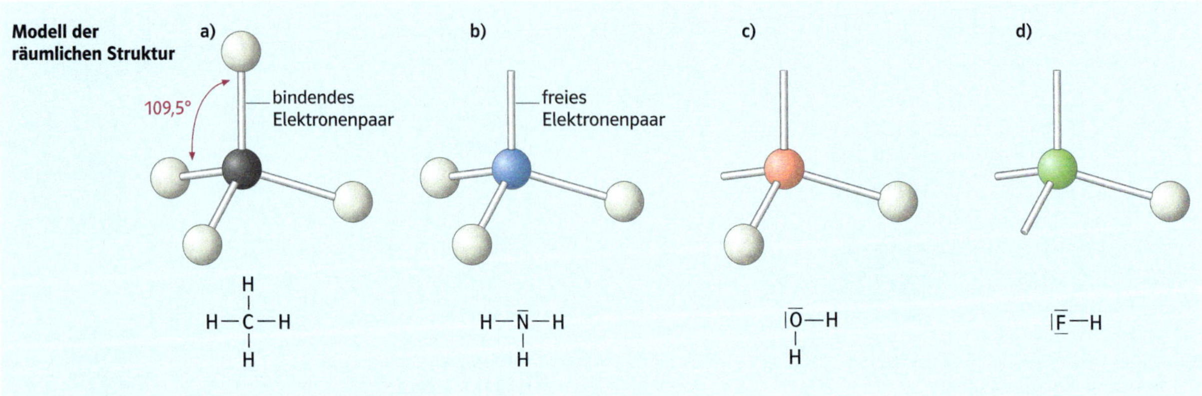

B1 Ableitung einiger Molekülstrukturen aus der tetraedrischen Anordnung der bindenden und nicht bindenden Elektronenpaare: **a)** tetraedrisch, **b)** pyramidal, **c)** gewinkelt, **d)** linear (gestreckt)

Während man für Moleküle, die nur aus zwei Atomen bestehen, keine Überlegungen zum räumlichen Aufbau anstellen muss, sind bereits bei dreiatomigen Molekülen verschiedene räumliche Anordnungen denkbar. So findet man z. B. beim Wassermolekül eine gewinkelte Struktur, im Kohlenstoffdioxidmolekül dagegen sind die Atome linear angeordnet.

Elektronenpaare und Molekülstruktur. Eine Modellvorstellung, die diese Befunde erklärt, ist das **E**lektronen**p**aar-**A**bstoßungs-Modell (EPA-Modell), das 1957 von RONALD J. GILLESPIE entwickelt wurde. Er nahm an, dass sich Elektronenpaarwolken im Molekül gegenseitig abstoßen. Sie ordnen sich so an, dass sie den größtmöglichen Abstand voneinander einnehmen. Für ein Molekül, in dem ein Atom mit vier weiteren Atomen verbunden ist, ergibt sich die Form eines Tetraeders [B2]. Tatsächlich findet man diese Struktur bei den Molekülen der einfachsten Kohlenstoff-Wasserstoff-Verbindung, dem Methan CH_4. Im Methanmolekül bilden die Verbindungslinien von zwei Wasserstoffatomen mit dem Kohlenstoffatom einen Winkel von 109,5°, den Tetraederwinkel. Das Kohlenstoffatom befindet sich im Zentrum des Tetraeders [B1a]. Für die zeichnerische Darstellung ist es bequemer, statt der voluminösen „Wolken“ Elektronenpaare gemäß dem Kugel-Stab-Modell (Kap. 7.2) darzustellen.

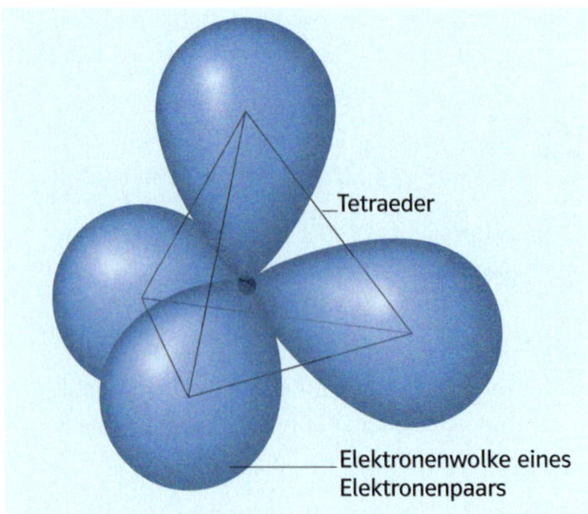

B2 Vier Elektronenpaarwolken ordnen sich durch Abstoßung tetraedrisch an

Neben den bindenden Elektronenpaaren werden in gleicher Weise auch die nicht bindenden Elektronenpaare im EPA-Modell berücksichtigt. Im NH_3-Molekül stoßen sich die bindenden Elektronenpaare der Wasserstoffatome und das nicht bindende Elektronenpaar gegenseitig ab. Dadurch ergibt sich wie im CH_4-Molekül eine tetraedrische Anordnung der Elektronenpaare, allerdings sind nur drei Ecken des Tetraeders mit Wasserstoffatomen besetzt [B1b].

Auch im Wassermolekül sind vier Elektronenpaare tetraedrisch angeordnet. Aus der Lage der beiden bindenden Elektronenpaare ergibt sich ein gewinkeltes Molekül [B1c].

Um den räumlichen Aufbau eines Moleküls zu zeichnen, ist es nicht immer sinnvoll, auch die Bindungswinkel exakt anzugeben. Besonders schwierig ist dies bei Molekülen, deren Atome nicht in einer Ebene liegen. Man zeichnet daher in der **Strukturformel** die Bindungspartner und die freien Elektronenpaare der Atome jeweils rechtwinklig an die vier Seiten des Atomsymbols [B1]. Die bindenden Elektronenpaare sind dann auf den Bindungspartner gerichtet.

Mehrfachbindungen im EPA-Modell. Im EPA-Modell werden Mehrfachbindungen gebogen dargestellt. Auf andere Elektronenpaare wirkt die Doppel- oder Dreifachbindung jeweils fast wie eine einfache Bindung.

So betragen die Bindungswinkel zwischen den Bindungen eines C-Atoms im Ethenmolekül und den drei Bindungspartnern jeweils 120° [B3]. Im Ethinmolekül ist das C-Atom nur mit zwei weiteren Atomen verbunden, es tritt eine Dreifachbindung auf. Die Bindungspartner des C-Atoms sind linear angeordnet, sie haben den bei festen Bindungslängen größtmöglichen Abstand voneinander [B3]. Die gleichen Verhältnisse liegen vor, wenn das C-Atom mit zwei Bindungspartnern über jeweils eine Doppelbindung verbunden ist. Auch das Molekül des Kohlenstoffdioxids ist linear gebaut [B4].

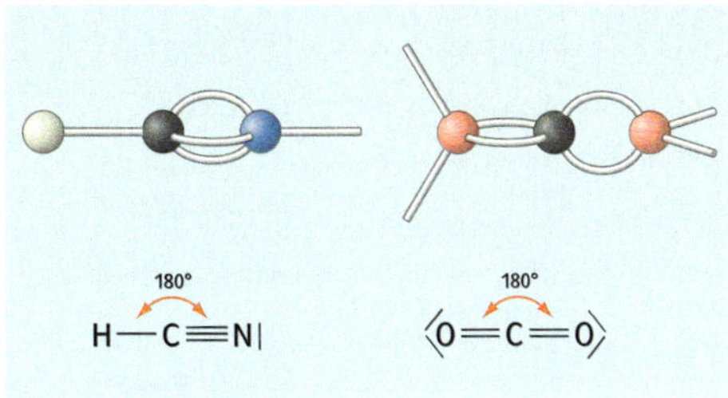

B4 Gestreckter Molekülbau bei C-Atomen mit zwei Bindungspartnern

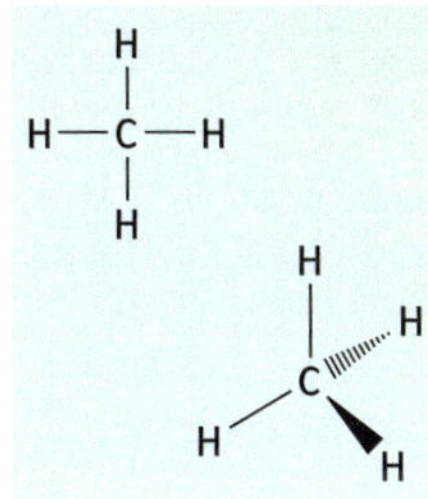

B5 Strukturformeln von Methan

A1 **a)** Baue ein Tetraeder aus Pappe oder Papier. Zeichne dazu ein gleichseitiges Dreieck (*a* = 16 cm) mit Klebelaschen [B7]. Zeichne zwischen den Mittelpunkten der Seiten Verbindungslinien. Falte die nun entstandenen äußeren Dreiecke nach innen. Verklebe die Kanten.
b) Wie kannst du mit zwei Tetraedermodellen Einfach-, Doppel- und Dreifachbindungen darstellen?

A2 Warum sind die vier H-Atome des CH_4-Moleküls nicht quadratisch angeordnet? Begründe mit dem EPA-Modell.

A3 Baue Strukturmodelle von CCl_4, H_2S, C_2H_6, C_2H_4, C_2H_2. Zeichne auch die Strukturformeln.

A4 Erläutere die unterschiedliche Darstellung der Formel des Methanmoleküls in [B5].

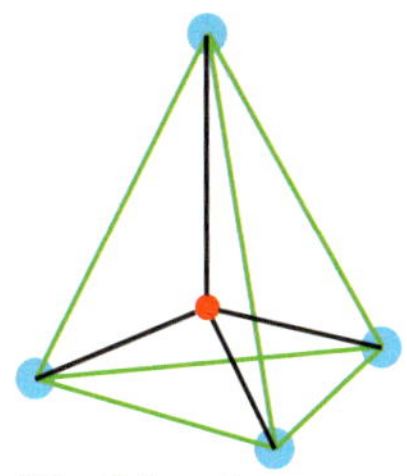

B6 Tetraeder

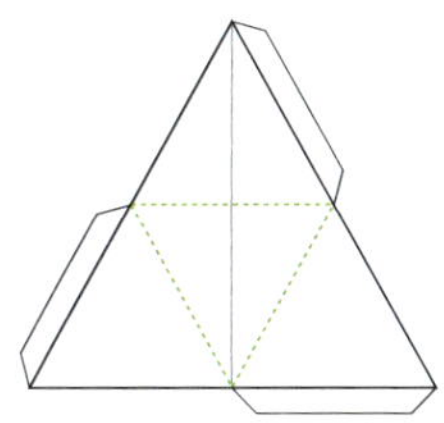

B7 Schnittanleitung zu A1

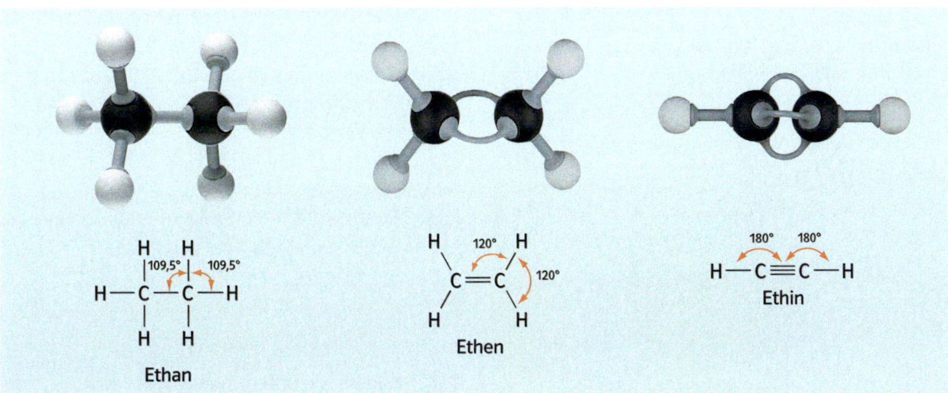

B3 Kohlenwasserstoffmoleküle mit Einfach-, Zweifach- und Dreifachbindung

7.4 Exkurs Riesenmoleküle aus Kohlenstoffatomen

Modifikationen sind elementare Stoffe derselben Atomart. Nur die Anordnung der Atome ist in den verschie-denen Modifikationen unterschiedlich

Diamant	Graphit
farblos, durchsichtig, stark lichtbrechend	schwarz, glänzend
sehr hart	sehr weich
schwer spaltbar	leicht spaltbar
keine elektrische Leitfähigkeit	gute elektrische Leitfähigkeit
Dichte 3,5 g/cm³	Dichte 2,3 g/cm³
schmilzt nicht, sondern wandelt sich in Graphit um	Sublimationstemperatur ca. 3650 °C

B2 Eigenschaften von Diamant und Graphit

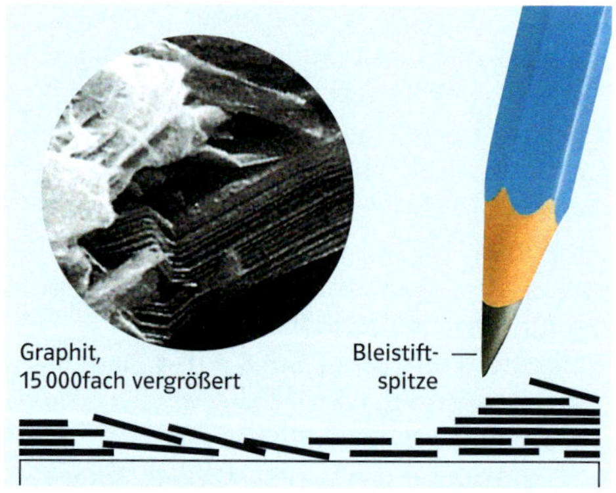

B4 Bleistiftminen. Beim Reiben spalten sich Graphitblättchen ab

Im Jahre 1772 veröffentlichte der französische Gelehrte Antoine Laurent Lavoisier die Ergebnisse seines berühmten Experiments „La destruction du diamant par le feu". Während man bereits früher festgestellt hatte, dass Diamanten bei hohen Temperaturen „verschwinden", wies Lavoisier nach, dass beim Verbrennen eines Diamanten Kohlenstoff dioxid entsteht. Ein Diamant muss demnach aus Kohlenstoffatomen bestehen, wie auch Graphit (Ruß), der ebenfalls nur zu Kohlenstoffdioxid verbrennt. Man bezeichnet Diamant und Graphit als **Modifikationen** des Elements Kohlenstoff.

Diamant ist der härteste aller natürlich vorkommenden Stoffe. Diamanten sind farblos und leiten den elektrischen Strom nicht. Man findet sie im Gestein alter Vulkanschlote und deren Verwitterungsschutt. Nur ein kleiner Teil dieser Rohdiamanten ist zur Herstellung von Schmuckstücken geeignet [B1]. Die meisten finden als Industriediamanten Verwendung z. B. in Bohrköpfen und Schneidwerkzeugen. Diamanten lassen sich unter hohem Druck und bei hohen Temperaturen aus Graphit herstellen.

B1 Diamantschmuck. Der farblose Edelstein kann durch Lichtbrechung farbenprächtig funkeln

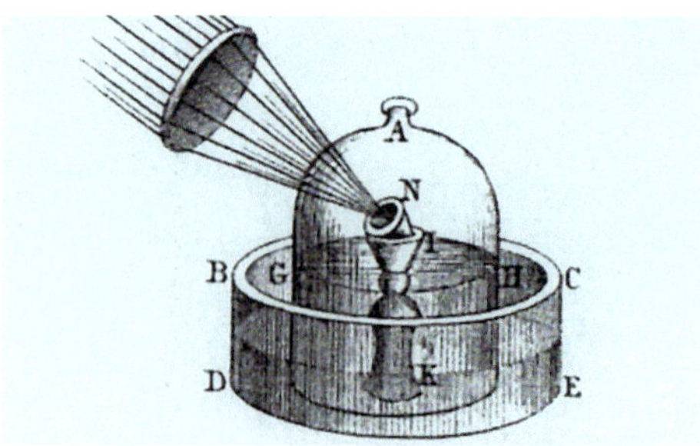

B3 Verbrennung eines Diamanten. Zeichnung aus den „Œuvres" von Antoine Laurent Lavoisier (1743–1794)

Graphit ist ein schwarzer, sehr weicher Stoff, der in kristallinem Zustand glänzt. Beim Gleiten über Papier spalten sich kleine Plättchen ab und hinterlassen eine schwarze Spur [B4]. Aus dieser Eigenschaft leitet sich sein Name ab (von griech. graphëin, schreiben). Zur Herstellung von Elektroden und als Schleifkontakt in Elektromotoren wird Graphit wegen seiner guten Leitfähigkeit für den elektrischen Strom verwendet. Graphit ist Bestandteil von Tonern, also Pulvergemischen, die in Kopierern und Laser-Druckern z. B. die Schrift auf dem Papier erzeugen. Graphit kann aus Koks gewonnen werden. Auch Ruß und Holzkohle bestehen zum größten Teil aus winzigen Graphitkristallen.

A1 Ermittle aus [B3], wie Lavoisier nachgewiesen hat, dass der Diamant nur aus Kohlenstoff besteht.

A2 Erkläre die unterschiedlichen Dichten von Diamant und Graphit mit ihrem Aufbau.

A3 Erkläre die Unterschiede in der elektrischen Leitfähigkeit von Diamant und Graphit mit ihrem Aufbau.

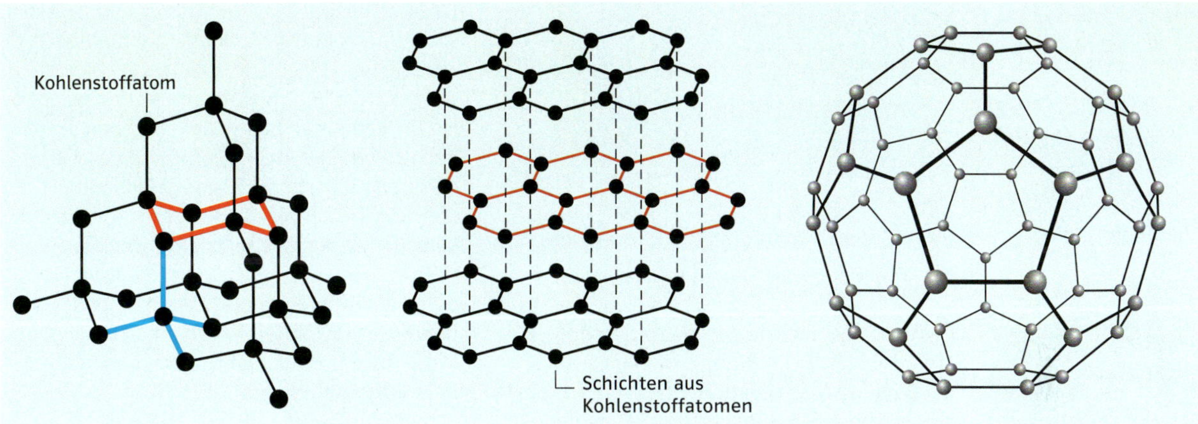

B5 Aufbau von Diamant (links), Graphit (Mitte) und Buckminsterfulleren (rechts). Das Molekül ist aus 60 C-Atomen aufgebaut

Aufbau von Diamant und Graphit. Im Kristallgitter des Diamanten hat jedes Kohlenstoffatom vier Nachbarn, die es tetraedrisch umgeben. Zwischen den Kohlenstoffatomen bestehen Elektronenpaarbindungen, von jedem C-Atom gehen vier Einfachbindungen zu seinen Nachbarn aus. Damit erklärt man die große Härte des Diamanten. In dem sich so ergebenden **Diamantgitter** liegt jedes Atom einer Schicht in den Lücken der Atome der vorherigen Schicht. Man kann *gewellte Sechsringe* von C-Atomen erkennen, vier Atome eines solchen Rings bilden ein Rechteck, ein Atom liegt über dessen Ebene, eins darunter [B5].

Das **Graphitgitter** besteht aus vielen übereinanderliegenden ebenen Schichten. Jedes C-Atom ist mit drei weiteren C-Atomen verbunden, die Bindungswinkel betragen 120°. Je drei Elektronen eines C-Atoms sind an diesen Bindungen beteiligt, das vierte Elektron ist ähnlich wie bei Metallen über die ganze Schicht beweglich. Dies erklärt die gute elektrische Leitfähigkeit des Graphits. In jeder Schicht kann man ebene Sechsringe von C-Atomen erkennen [B5]. Der Abstand zwischen den verschiedenen Schichten beträgt etwa das Zweieinhalbfache des Abstandes zwischen den Atomen derselben Schicht. Die Schichten lassen sich leicht gegeneinander verschieben, Graphit ist daher sehr weich.

Fullerene. In neuerer Zeit gelang es Forschern, eine dritte Modifikation des Kohlenstoffs aus Graphit z. B. durch Verdampfung im elektrischen Lichtbogen herzustellen. Nach dem amerikanischen Ingenieur BUCKMINSTER FULLER, der durch den Bau von Kuppeln bekannt geworden ist, werden die käfigartigen Moleküle Fullerene genannt. Die aus diesen Molekülen aufgebauten Stoffe heißen **Fullerite**. Sie sind bei Zimmertemperatur kristallin, weich und sehr elastisch. Das bekannteste Fulleren ist das Buckminsterfulleren, ein aus 60 C-Atomen bestehendes kugelförmiges Molekül, dessen Struktur an einen Fußball erinnert [B5, rechts]. Wie im Graphit hat auch hier jedes Atom drei Bindungspartner, das vierte Elektron ist über die Kugeloberfläche frei beweglich.

Eine weitere Klasse der Fullerene bilden die Nanotubes, Röhren aus Sechsecknetzen von Kohlenstoffatomen [B6]. Nanotubes können je nach der Geometrie der Sechsecknetze als elektrische Leiter oder als Halbleiter verwendet werden. Sie werden z. B. in der Nanoelektronik verwendet. Hier versucht man winzige Schaltkreise im Nanometerbereich (1 Nanometer = 1 millionstel Millimeter) herzustellen, die Nanotubes dienen darin als elektrische Leiter.

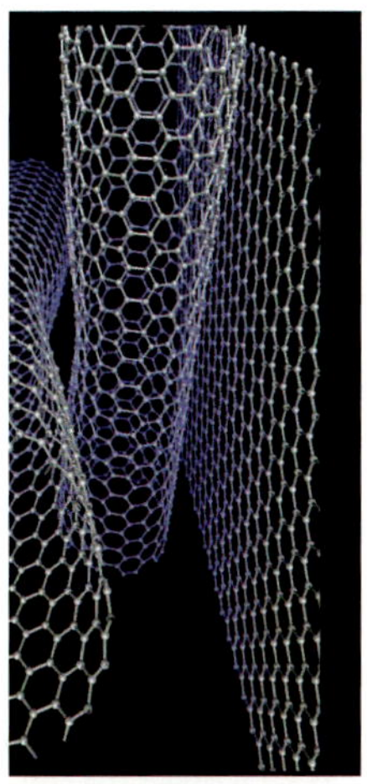

B6 Nanotubes aus Sechsecknetzen von Kohlenstoffatomen. In Längsrichtung sind die Röhrchen elektrische Leiter

7.5 Die polare Atombindung

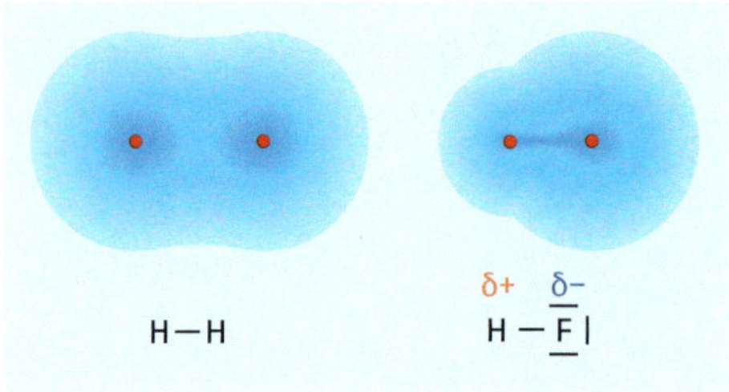

B3 Wasserstoff- und Fluorwasserstoffmolekül

B1 LINUS PAULING (1901–1994)

In Molekülen, die wie das Wasserstoffmolekül aus zwei gleichen Atomen bestehen, erfolgt die Bindung zwischen den Atomen durch eine gemeinsame Elektronenwolke. Die beiden Elektronen, die sie bilden, befinden sich im Anziehungsbereich der Kerne. Die Bindung führt zu einer Verdichtung der negativen Ladung zwischen den Kernen [B3, links]. Die bindende Elektronenwolke ist symmetrisch um beide Kerne angeordnet. Sind zwei unterschiedliche Atome verbunden, wie z. B. im Fluorwasserstoffmolekül, hat das Auswirkungen auf die Ladungsverteilung.

Die Bindung im Fluorwasserstoffmolekül. Das Fluorwasserstoffmolekül ist ein Dipolmolekül, die Ladungsverteilung zwischen den verbundenen Atomkernen ist unsymmetrisch. Die Bindungselektronen im Fluorwasserstoffmolekül werden von den beiden Kernen verschieden stark angezogen; die Elektronenwolke ist zum Fluoratom verschoben [B3, rechts].

Hauptgruppen						
I	II	III	IV	V	VI	VII
H 2,1						
Li 1,0	Be 1,5	B 2,0	C 2,5	N 3,0	O 3,5	F 4,0
Na 0,9	Mg 1,2	Al 1,5	Si 1,8	P 2,1	S 2,5	Cl 3,0
K 0,8	Ca 1,0	Ga 1,6	Ge 1,8	As 2,0	Se 2,4	Br 2,8
Rb 0,8	Sr 1,0	In 1,7	Sn 1,8	Sb 1,9	Te 2,1	I 2,5

B2 Elektronegativitätswerte von einigen Hauptgruppenelementen nach PAULING

Dadurch besitzt das Fluoratom einen Überschuss an negativer Ladung. Hier befindet sich die negativ geladene Seite des Dipols, während die Wasserstoffseite positiv geladen ist. Die Ladungen beider Seiten heben sich nach außen auf. An der Fluorseite des Moleküls befindet sich die negative **Teilladung** (Zeichen: δ−), an der Wasserstoffseite die entsprechende positive Teilladung (Zeichen: δ+) [B3]. Immer wenn zwei unterschiedliche Atome durch eine Atombindung miteinander verbunden sind, können Teilladungen vorliegen. Diese Art der Bindung bezeichnet man als **polare Atombindung**.

Elektronegativität. Die Art und die Größe der Teilladung eines gebundenen Atoms wird durch seine Anziehungskraft auf die Bindungselektronen bestimmt. Diese Anziehung hängt ab von der Ladung des Atomkerns und der Anzahl der Elektronenschalen. Bei gleicher Anzahl von Schalen werden die Außenelektronen und damit auch die Bindungselektronen umso stärker angezogen, je größer die Ladung des Kerns ist.

Mit zunehmender Anzahl der Schalen wird die Anziehung zwischen Kern und Außenelektronen schwächer. Um die Fähigkeit eines Atoms, Bindungselektronen anzuziehen, mit anderen Atomen vergleichen zu können, führte LINUS PAULING 1932 das Konzept der Elektronegativität ein. Die Elektronegativität (*EN*) eines Atoms wird durch eine Zahl angegeben. Da von allen Atomen das Fluoratom die Elektronen einer Atombindung am stärksten anzuziehen vermag, ordnete PAULING ihm den größten Elektronegativitätswert, die Zahl 4, zu. Die Elektronegativität nimmt bei den Elementen einer Periode von links nach rechts zu, in einer Hauptgruppe dagegen von oben nach unten ab [B2]. Da auch Metallatome Atombindungen ausbilden können, wurden auch ihnen Elektronegativitätswerte zugeordnet.

Sind zwei Atome miteinander verbunden, so besitzt das elektronegativere die negative Teilladung.

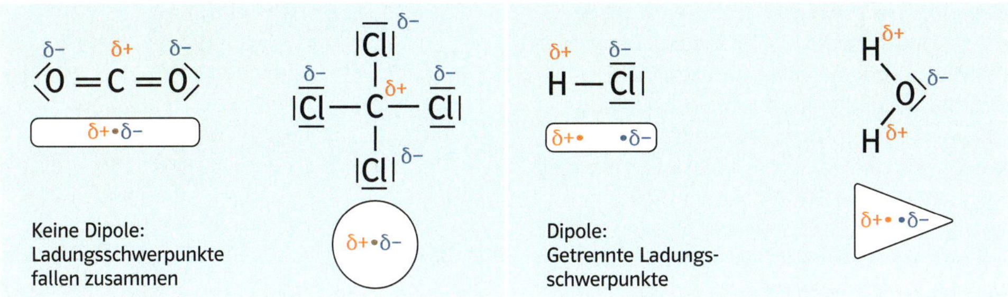

B4 Nur bei unsymmetrischen Molekülen ergibt sich aus der Ladungsverteilung ein Dipol.

Moleküle mit Teilladungen. Im Kohlenstoffdioxidmolekül (CO_2) liegen zwei polare Bindungen vor. Die elektronegativeren Sauerstoffatome tragen je eine negative Teilladung. Das Kohlenstoffatom trägt die positive Teilladung, deren Betrag so groß ist wie die beiden negativen Teilladungen zusammen. Obwohl die Bindungen im Kohlenstoffdioxidmolekül polar sind, ist es kein Dipol, da der Schwerpunkt der negativen Teilladungen mit dem Zentrum der positiven Teilladung zusammenfällt [B4, links]. Dies ist bei allen Molekülen der Fall, bei denen die Teilladungen symmetrisch angeordnet sind. Auch das tetraedrisch gebaute CCl_4-Molekül ist deshalb kein Dipol.

Alle Halogenwasserstoffmoleküle sind wie das Fluorwasserstoffmolekül ebenfalls Dipole. Da die Elektronegativität vom Fluoratom zum Iodatom abnimmt, ist das Fluorwasserstoffmolekül von allen Halogenwasserstoffmolekülen der stärkste Dipol. Man kann das mithilfe der Elektronegativitätsdifferenzen, ΔEN, zeigen:

$\Delta EN(\text{HF}) = 4{,}0 - 2{,}1 = 1{,}9$
$\Delta EN(\text{HI}) = 2{,}5 - 2{,}1 = 0{,}4.$

Im Wassermolekül (H_2O) sind die Atome winkelförmig angeordnet [B4, rechts]. Deshalb fallen hier die Schwerpunkte der Teilladungen nicht zusammen, das Wassermolekül ist ein Dipolmolekül. Dies lässt sich im Experiment zeigen: Ein Wasserstrahl wird von einem negativ geladenen Kunststoffstab angezogen [B6]. Dabei richten sich die Wassermoleküle so aus, dass positive Teilladungen zum Kunststoffstab zeigen.

Je größer die Elektronegativitätsdifferenz ist, desto größer ist die Polarität der Bindung. Dadurch lässt sich die Bindung einem Bindungstyp zuordnen [B5].

A1 Erkläre die erkennbaren Tendenzen bei den Elektronegativitätswerten der Elemente in [B2] mithilfe des Aufbaus der Atome.

A2 Ordne die folgenden Bindungen nach steigender Polarität: N—H, C—H, F—H, O—H. Begründe deine Antwort mithilfe der *ΔEN*-Werte.

A3 Schreibe die folgendnen Verbindungen als Strukturformeln: CH_4, H_2S, CO, ClF, NH_3. Ordne dann den beteiligten Atomen Teilladungen zu.

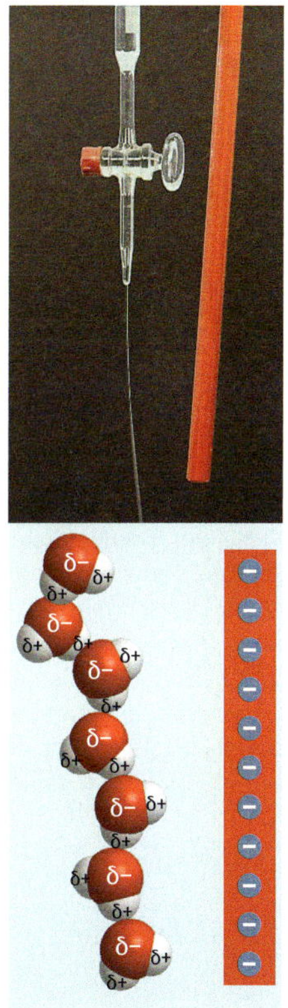

B6 Ablenkung eines Wasserstrahls durch einen geladenen Kunststoffstab.
Unten: Modellvorstellung

Verbindung	**NaCl**	**$MgCl_2$**	**$AlCl_3$**	**$SiCl_4$**	**PCl_3**	**SCl_2**	**Cl_2**
ΔEN	2,1	1,8	1,5	1,2	0,9	0,5	0
Bindungstyp	Ionenbindung	Ionenbindung	Feststoff: Bindung mit Ionencharakter; Schmelze/Dampf: Al_2Cl_6-Moleküle	Polare Atombindung			Unpolare Atombindung
	← zunehmende Polarität der Bindung						

B5 Elektronegativitätsdifferenzen und Bindungstypen am Beispiel der Chloride der 3. Periode

7.6 Wasser – Molekülbau und Stoffeigenschaften

Wasser ist ein außergewöhnlicher Stoff, der erst bei 100 °C siedet. Stoffe die aus Molekülen ähnlicher Größe bestehen, weisen viel niedrigere Siedetemperaturen auf. Eisberge schwimmen auf Meerwasser, d.h., festes Wasser hat eine geringere Dichte als flüssiges. Bei allen anderen Stoffen ist die Dichte der festen Form größer als die der flüssigen. Diese und weitere interessante Eigenschaften des Wassers werden vom Bau des H_2O-Moleküls bestimmt.

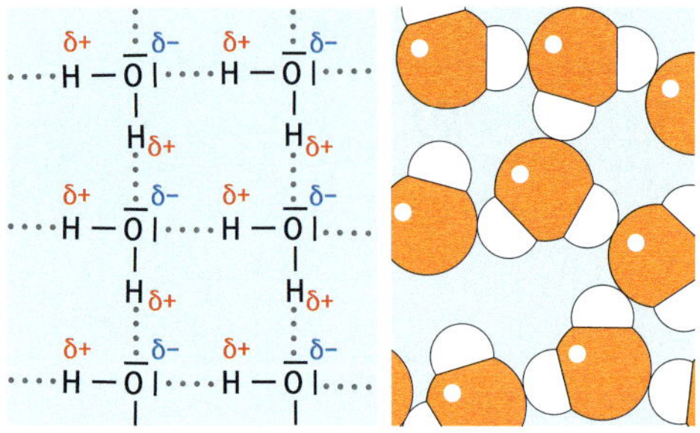

B2 Wasserstoffbrücken zwischen Wassermolekülen

Exkurs Wechselwirkungen zwischen unpolaren Molekülen

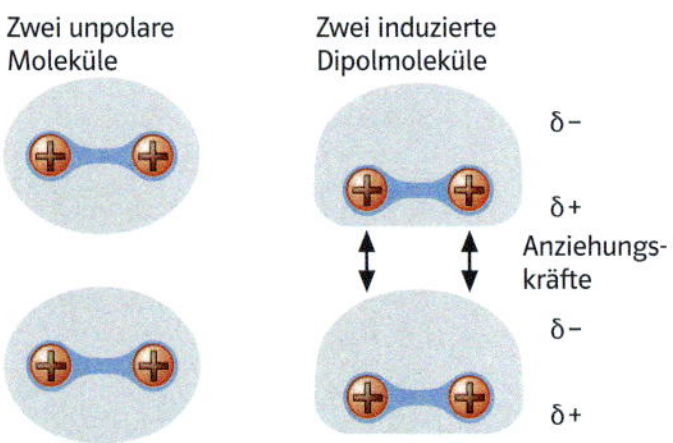

Die elementaren Stoffe Wasserstoff, Stickstoff, Sauerstoff, Fluor und Chlor sind bei Zimmertemperatur gasförmig. Ihre niedrigen Siedetemperaturen lassen darauf schließen, dass in den Gasen nur geringe Kräfte zwischen den jeweiligen Molekülen wirken. Die Siedetemperaturen sind allerdings nicht gleich, sie steigen vom Wasserstoff zum Chlor hin an. Die unterschiedlichen Siedetemperaturen zeigen, dass die Kräfte, die zwischen den jeweiligen Molekülen (H_2, N_2, O_2, F_2, Cl_2) wirken, unterschiedlich groß sind. Man erklärt die Wechselwirkungen zwischen unpolaren Molekülen mit dem kurzzeitigen Auftreten einer unsymmetrischen Verteilung der Elektronen im einzelnen Molekül. So entstehen schwache Dipole („spontane Dipole“), die auf benachbarte Teilchen einwirken und auch sie zu Dipolen machen („induzierte Dipole“). Diese relativ schwachen Anziehungskräfte nennt man **Van-der-Waals-Kräfte**. Sie werden in der Regel bei gleichem Bau der Moleküle mit steigender Elektronenzahl stärker. Die Kräfte zwischen den ebenfalls zweiatomigen Molekülen von Brom und Iod sind bereits so stark, dass diese Stoffe bei Zimmertemperatur flüssig bzw. fest sind.

B1 Eisberg. Etwa ein Zwölftel davon ragt aus dem Wasser

Das Wassermolekül als Dipol. Als Verbindung zwischen Wasserstoff- und Sauerstoffatomen ist das Wassermolekül ein Dipol. Wegen der stark polaren O—H-Bindungen (Elektronegativitätsdifferenz $\Delta EN(\text{O—H}) = 1{,}4$) und der gewinkelten Molekülstruktur sind H_2O-Moleküle Dipole. Das Sauerstoffatom trägt eine negative Teilladung, die Wasserstoffatome jeweils eine positive.

Wasserstoffbrücken. Die für derart kleine Moleküle hohe Siedetemperatur des Wassers deutet auf einen besonders starken Zusammenhalt zwischen den Wassermolekülen hin. Dieser ist auf eine Wechselwirkung zwischen den Molekülen zurückzuführen, die man **Wasserstoffbrücke** nennt. Wasserstoffbrücken bilden sich zwischen Wasserstoffatomen eines Wassermoleküls und Sauerstoffatomen eines anderen. Ein Wasserstoffatom kann sich dem Sauerstoffatom sehr stark nähern und eine Wechselwirkung mit einem nicht bindenden Elektronenpaar eingehen. Da das Sauerstoffatom im Wassermolekül zwei nicht bindende Elektronenpaare besitzt und mit zwei Wasserstoffatomen verbunden ist, kann ein Wassermolekül mit jeweils vier Nachbarmolekülen über Wasserstoffbrücken verbunden sein [B2]. Wasserstoffbrücken können ständig wieder gelöst und mit anderen Molekülen neu gebildet werden.
Auch zwischen anderen Molekülen, wie z.B. HF (Fluorwasserstoff) und NH_3 (Ammoniak), können sich Wasserstoffbrücken ausbilden. Bei diesen Molekülen sind ebenfalls stark elektronegative Atome, die nicht bindende Elektronenpaare aufweisen, mit Wasserstoffatomen verbunden.

B3 Ein Wassertropfen

Die Oberflächenspannung des Wassers. Die Wasseroberfläche eines gefüllten Glases lässt sich über den Rand hinaus vergrößern, wenn man weitere Wassertropfen hinzugibt (Kap. 7.1, Wassertropfen) – die Wasseroberfläche scheint mit einer Haut umgeben [V2]. Dieses Phänomen beruht ebenfalls auf den Wechselwirkungen zwischen den Wassermolekülen – den Wasserstoffbrücken. Diese werden von den Molekülen im Inneren der Flüssigkeit nach allen Seiten ausgebildet [B6]. Da alle Moleküle an der Oberfläche zum Inneren der Flüssigkeit gezogen werden, sie diesem Zug wegen der dort schon vorhandenen Moleküle jedoch nicht folgen können, erscheint die Oberfläche wie eine gespannte elastische Haut.

Das Molekülgitter von Eis. Die regelmäßige Form von Schneekristallen gibt einen Hinweis darauf, dass die Wassermoleküle im festen Zustand regelmäßig angeordnet sind. Im Eis bilden die Wassermoleküle ein Kristallgitter, in dem jedes Sauerstoffatom tetraedrisch von vier Wasserstoffatomen umgeben ist. Zwei dieser Wasserstoffatome sind über Atombindungen mit dem Sauerstoffatom verbunden, zwei über Wasserstoffbrücken. Da der O-H-Abstand im Wassermolekül geringer ist als der in einer Wasserstoffbrücke, sind die H-Atome nicht symmetrisch zwischen den O-Atomen verteilt. Es ergibt sich ein weitmaschiges Gitter mit durchgehenden Hohlräumen von sechseckigem Querschnitt [B4]. Wegen dieser Struktur besitzt Eis eine geringere Dichte als Wasser und schwimmt auf diesem (Kap. 7.1, Eisberge). Das Schmelzen von Eis und das Erstarren von Wasser ist mit dem Auflösen und Bilden der Wasserstoffbrücken verbunden. Wenn Eis schmilzt, bricht sein Kristallgitter zusammen. Es bilden sich kleinere Bruchstücke und die Anzahl der Hohlräume nimmt ab.
Als Folge davon nimmt die Dichte zu. Auch im flüssigen Wasser existieren noch Bruchstücke des Eisgitters, sie werden mit zunehmender Temperatur kleiner. Dadurch nimmt das Volumen der Wasserportion weiter ab und die Dichte zu. Ab 4 °C dehnt sich das Wasser aus wie andere Flüssigkeiten auch, weil seine Moleküle wegen der stärker werdenden Molekülbewegung mehr Platz benötigen. Es werden immer mehr Wasserstoffbrücken gelöst, aber auch neue gebildet. Gewässer frieren wegen dieser „Dichteanomalie" des Wassers von ober her zu [B5].

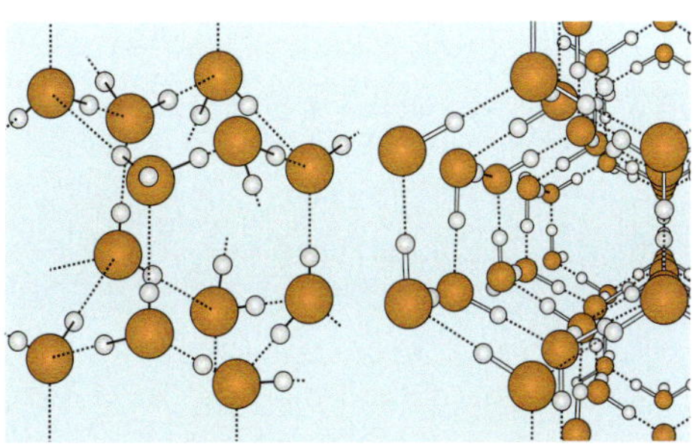

B4 Molekülgitter von Eis. Es entstehen Hohlräume

V1 Gib einen Wassertropfen auf eine Münze. Berühre seine Oberfläche mit einer Nadel, beobachte durch eine Lupe.

V2 Fülle ein Reagenzglas mit Wasser. Gib mithilfe einer Pipette vorsichtig weitere Wassertropfen hinzu.

A1 Gefrierendes Wasser kann Steine sprengen. Worauf beruht diese Sprengwirkung?

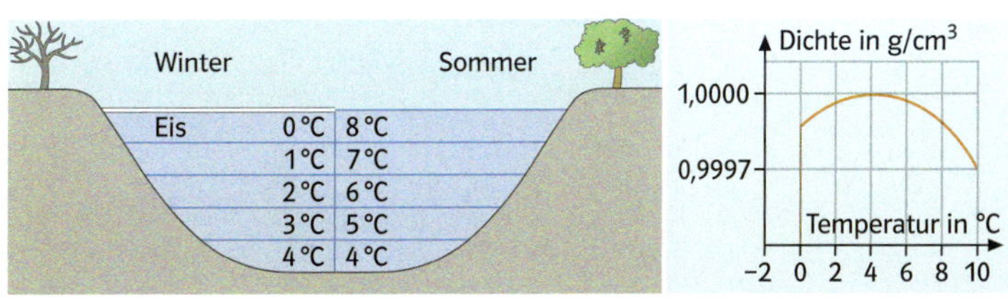

B5 Wasser hat bei 4 °C seine größte Dichte. Das Wasser mit der größten Dichte befindet sich am Boden des Teichs

B6 Kräfte zwischen den Teilchen einer Flüssigkeit

B7 Eiskristall

7.7 Wasser als Lösungsmittel

Hydratation von griech. hydor, Wasser

B2 Wetteranzeiger

Wasser ist für viele Salze und molekulare Stoffe ein gutes Lösungsmittel (Kap. 7.1). So findet man z. B. im Mineralwasser verschiedene Ionen und gelöste Gase.

Vorgänge beim Lösen eines Salzkristalls. Beim Lösen von Natriumchlorid werden die Ionen des Gitters voneinander getrennt und sind in der Lösung beweglich. Wie kommt es, dass ein Ionengitter, in dem große Anziehungskräfte wirken, durch Wassermoleküle „zerteilt" werden kann?
Von den Ionen an der Oberfläche des Kristalls werden die Dipolmoleküle des Wassers angezogen und lagern sich am Gitter an [B1]. Sie umgeben die Ionen und bewirken so deren Trennung vom Gitter. Ionen, die sich an Ecken und Kanten befinden, sind besonders leicht zugänglich. Auf diese Ionen wirken geringere Gitterkräfte ein als auf die Ionen im Inneren. Dieser Vorgang kann sich bis zum völligen Abbau des Gitters wiederholen.

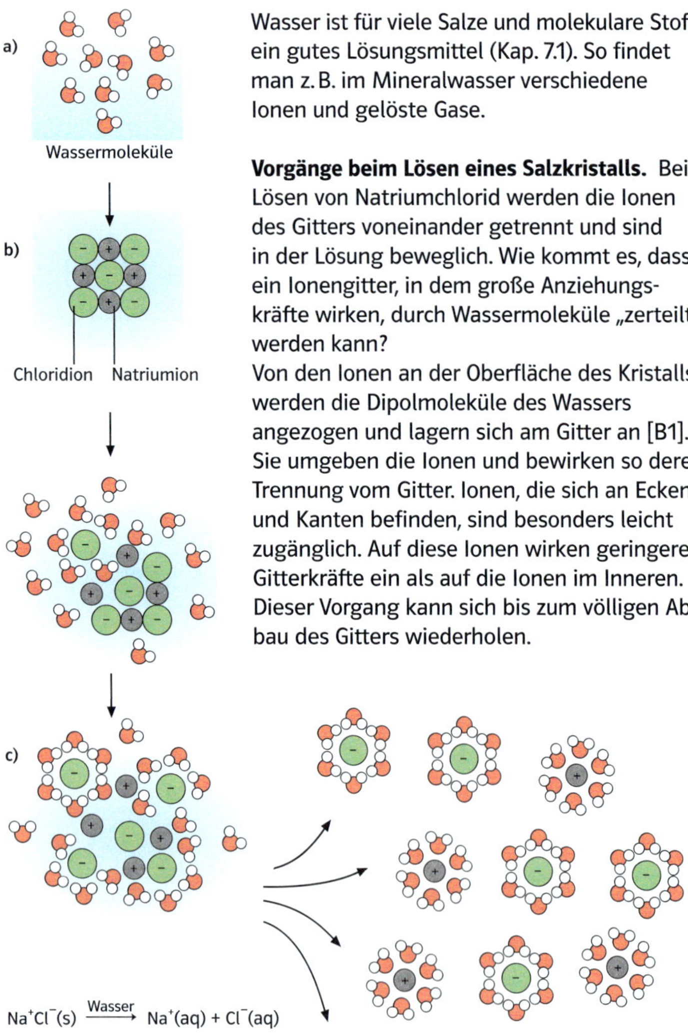

B1 Zerteilung des Ionengitters durch Wassermoleküle

In der Lösung besitzen alle Ionen eine vollständige Hülle von Wassermolekülen, die **Hydrathülle.** Um hydratisierte Ionen zu kennzeichnen, verwendet man das Zeichen aq (von lat. aqua, Wasser) und schreibt z. B. $Na^+(aq)$ bzw. $Cl^-(aq)$.

Salzhydrate. Viele Ionen verlieren ihre Hydrathülle nicht vollständig, wenn das Wasser einer Salzlösung verdampft oder verdunstet. Ein Teil der Wassermoleküle wird mit in das Kristallgitter eingebaut. Es entstehen Salzhydrate. Die Anzahl der zu einer Elementargruppe gehörenden Wassermoleküle wird in der Formel angegeben: z. B. $CoCl_2 \cdot 6\ H_2O$ [sprich: Cobaltchlorid mit 6 H_2O], Cobaltchlorid-Hexahydrat. Dieses Salz wird z. B. in Feuchtigkeitsanzeigern eingesetzt [B2]. Das rosafarbene Hexahydrat kann bei trockenerer Umgebungsluft Kristallwasser abgeben und wird dann zum tiefblauen Tetrahydrat, $CoCl_2 \cdot 4\ H_2O$. In feuchterer Luft wird der Vorgang umgekehrt, es entsteht wieder das Hexahydrat. Durch Erwärmen lässt sich auch das blassblaue wasserfreie Cobaltchlorid ($CoCl_2$) herstellen.

Wasser als Lösungsmittel für molekulare Stoffe. Nicht nur an Ionen, sondern auch an Dipolmoleküle können sich Wassermoleküle anlagern und sie aus einem Molekülgitter abtrennen. Aus diesem Grund sind auch Stoffe, die nicht aus Ionen aufgebaut sind, wie z. B. Zucker, wasserlöslich.

A1 Deute die in [B1] dargestellten Vorgänge beim Lösen von Natriumchlorid in Wasser.

A2 Erläutere, warum und wie Wassermoleküle in der Lage sind, sowohl positiv als auch negativ geladene Ionen zu umhüllen.

A3 Gib an, was mit dem Begriff Hydratation ausgedrückt wird, und erläutere die Bedeutung des Zeichens „aq".

A4 Was bedeutet die Formel $CaCl_2 \cdot 6\ H_2O$?

7.8 Exkurs Temperaturänderung beim Lösen von Salzen

Löst man wasserfreies Calciumchlorid in Wasser, stellt man einen starken Anstieg der Temperatur fest. Beim Lösen von Kaliumchlorid jedoch sinkt die Temperatur [V1].

Lösen von Salzen unter Erwärmen. Viele Lösungsvorgänge verlaufen wie das Lösen von Calciumchlorid unter Temperaturerhöhung ab. Hier wird offenbar bei der Bildung hydratisierter Ionen mehr Energie frei, als für das Herauslösen der Ionen aus dem Ionengitter aufgewendet werden muss. Beim Umhüllen eines Ions mit Wassermolekülen, der **Hydratation**, wird Energie frei, man bezeichnet sie als **Hydratationsenergie**. Um ein Ion aus dem Kristallgitter herauszulösen, muss diese dem Betrag nach mindestens so groß sein wie die Energie, die die Ionen im Gitter zusammenhält, die **Gitterenergie**. Wenn der Betrag der Hydratationsenergie größer ist als der der Gitterenergie, erfolgt eine Ablösung unter Wärmeabgabe. Man spricht von einem **exothermen Lösungsvorgang** [B2].

Lösen von Salzen unter Abkühlen. Manche Salze wie z. B. Kaliumchlorid lösen sich unter Abkühlung [V1]. In diesen Fällen wird die Gitterenergie nicht ganz von der Hydratation aufgebracht. Den fehlenden Anteil liefert die thermische Energie des Wassers, das sich dadurch abkühlt. Hier findet ein **endothermer Lösungsvorgang** statt [B2].

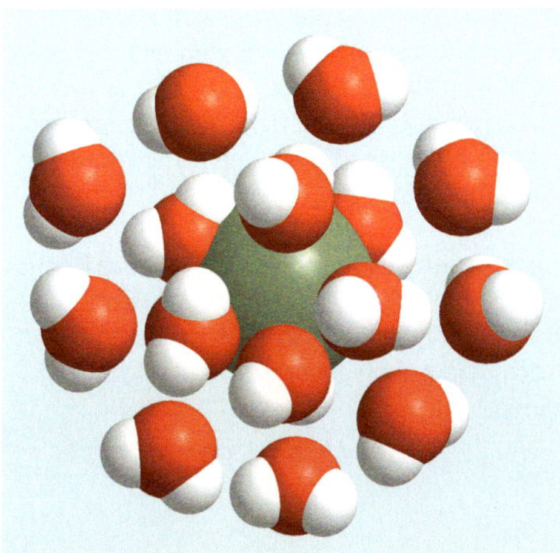

B1 Kation in einer Hydrathülle

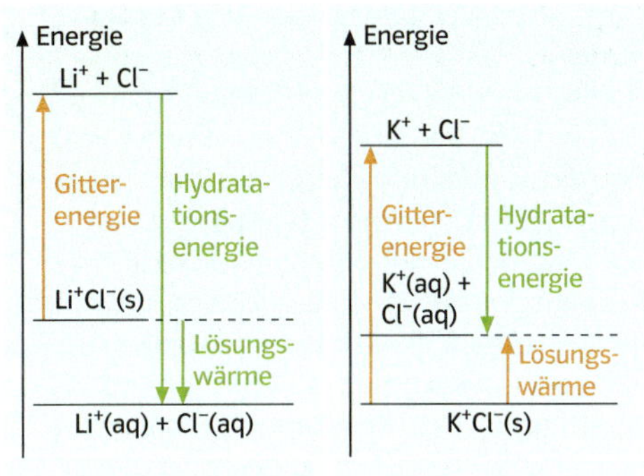

B2 Hydratationsenergie und Gitterenergie beim Lösen von Lithiumchlorid und Kaliumchlorid in Wasser

Gitterenergie und Löslichkeit. Ist die Gitterenergie dem Betrage nach viel größer als die Hydratationsenergie, ist die Löslichkeit der Salze sehr gering. Die unterschiedlichen Gitterenergien sind die Ursache für die unterschiedlichen Löslichkeiten der Salze.

Lösungsvorgang ohne Temperaturänderung der Lösung:
Hydratationsenergie = Gitterenergie
Exothermer Lösungsvorgang:
|Hydratationsenergie| > |Gitterenergie|
Endothermer Lösungsvorgang:
|Hydratationsenergie| < |Gitterenergie|

V1 Fülle in je ein Reagenzglas etwa 0,5 cm hoch **a)** Calciumchlorid, **b)** Kaliumchlorid, **c)** Natriumchlorid. Gib in jedes Reagenzglas etwa 3 cm hoch Wasser mit bekannter Ausgangstemperatur. Bestimme die Temperaturänderung und erkläre die Unterschiede.

A1 Wasserfreies Calciumchlorid wird als Trocknungsmittel für feuchte Räume eingesetzt. Erläutere seine Trocknungseigenschaft unter Verwendung der Begriffe Hydratationsenergie und Gitterenergie.

A2 Beschreibe die in [B2] dargestellten Lösungsvorgänge. Welcher ist exotherm, welcher endotherm?

A3 Beim Auflösen von Natriumchlorid tritt keine Temperaturänderung ein. Erkläre.

Betrag Der (absolute) Betrag $|x|$ eines Wertes x ist der betreffende Wert ohne Vorzeichen.
Beispiel: $|-5| = 5$

B3 Trocknungsmittel

7.9 Praktikum Kristallisationswärme

Natriumacetat ist ein Salz der Essigsäure

V1 Kristallisationswärme von Natriumacetat

Geräte, Materialien, Chemikalien: Schutzbrille, Reagenzglas, Becherglas, Thermometer, Waage, Natriumacetat-Trihydrat ($CH_3COONa \cdot 3\ H_2O$).

Durchführung: Gib etwa 5 g Natriumacetat-Trihydrat und einige Tropfen Wasser in ein Reagenzglas und stelle es so lange in ein Bad mit siedendem Wasser, bis eine völlig klare Flüssigkeit entstanden ist. Schwenke das Glas vorsichtig so, dass Reste von Natriumacetat-Trihydrat, die an der Wand beim Einfüllen hängen geblieben sind, von der Schmelze aufgenommen werden. Stelle das Glas in einen Ständer und lass die Flüssigkeit langsam bis auf Zimmertemperatur abkühlen. (Hinweis: Wenn während des Abkühlens Kristalle erscheinen, muss das Glas erneut in siedendes Wasser gestellt werden.) Gib anschließend einige Kristalle Natriumacetat-Trihydrat hinzu. Beobachte den Inhalt des Reagenzglases und prüfe die Temperatur mit dem Handballen.

Auswertung: Deute die Beobachtungen, die im Verlauf des Experiments gemacht wurden.

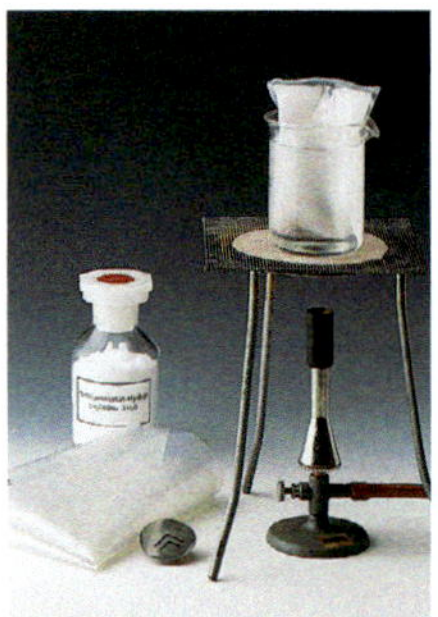

B1 Herstellung eines Wärmebeutels

V2 „Wärme aus dem Plastikbeutel"

Geräte, Materialien, Chemikalien: Schutzbrille, Plastikbeutel, Bügeleisen oder Folienschweißgerät, 2 Blätter Papier, leere Getränkedose, Schere, Thermometer, Waage, Natriumacetat-Trihydrat ($CH_3COONa \cdot 3\ H_2O$).

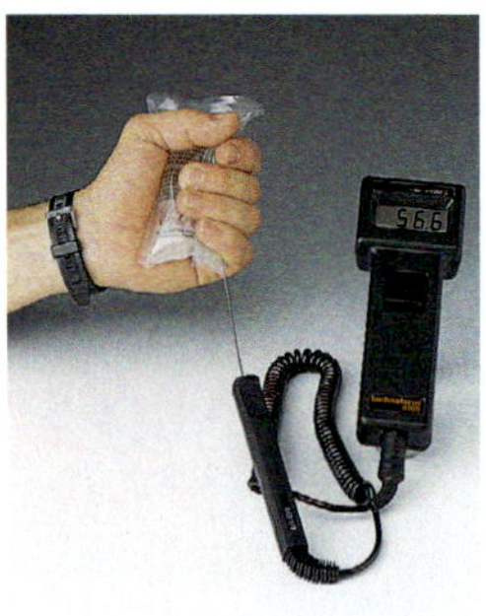

Gebrauchsanleitung

Aktivieren: Fassen Sie das im Beutel befindliche Metallplättchen mit Daumen und Zeigefinger beider Hände an und biegen Sie es leicht hin und her. Der flüssige Inhalt beginnt zu kristallisieren

Reaktivieren: Legen Sie den Beutel für etwa 6 Minuten in kochendes Wasser, bis der Inhalt vollständig geschmolzen ist. Lassen Sie den Beutel abkühlen. Er ist nun für weitere Einsätze als Taschenofen bereit.

Bitte beachten: Zum Reaktivieren keinen Mikrowellenherd benutzen!

B2 Der Taschenwärmer erzeugt angenehme Wärme

Durchführung:

a) Fertige aus einem Plastikbeutel (Tiefkühlbeutel oder Klarsichthülle) mit einem Bügeleisen (Einstellung „Seide", Andrückzeit ca. 2 – 3 Sekunden) einen Beutel von etwa 8 cm Kantenlänge an. Bei Verwendung des Bügeleisens muss darauf geachtet werden, dass das angeschmolzene Plastikmaterial weder an der Unterlage noch am Bügeleisen festklebt. Deshalb wird der zu schweißende Bereich zwischen zwei Papierblätter gelegt. Sie werden unmittelbar nach dem Bügelvorgang entfernt.

b) Schneide aus dem Blech einer Getränkedose ein rundes Stück mit einem Durchmesser von etwa 2,5 cm aus und entferne mit Schmirgelpapier sorgfältig scharfe Schnittkanten. Ritze in die Mitte zwei gewinkelte Kerben ein und drücke mit dem Daumen eine Wölbung hinein. Es entsteht ein unter Spannung stehendes Metallplättchen („Knackfrosch").

c) Gib in den angefertigten Beutel 30 g Natriumacetat-Trihydrat, etwa 3 ml Wasser und das vorbereitete Metallplättchen. Drücke möglichst vollständig die Luft aus dem Beutel und schweiße ihn mit dem Folienschweißgerät oder dem Bügeleisen zu.

d) Lege den Beutel für ca. 5 bis 10 Minuten in kochendes Wasser, bis das Natriumacetat vollständig geschmolzen ist.

e) Lass danach den Beutel langsam erkalten. (Der Inhalt soll flüssig bleiben. Falls doch Kristalle erscheinen, muss der Beutel noch einmal in kochendes Wasser gelegt werden.)

f) Knicke das im Beutel eingeschlossene Metallplättchen einige Male hin und her, bis die Kristallisation beginnt.

g) Verfolge den Ablauf der Kristallisation und prüfe mit der Hand oder einem Thermometer die Temperatur.

Nach Ablauf des Experiments kann der Beutel erneut in heißes Wasser gelegt werden, bis wieder eine klare Schmelze entstanden ist. Nach dem Abkühlen ist er wieder einsatzbereit.

7.10 Durchblick Zusammenfassung und Übung

In **Elektronenpaarbindungen** werden Atome in einem Molekül über gemeinsame Elektronenpaare zusammengehalten.

H-H	ein Elektronenpaar	Einfachbindung
⟨O=C=O⟩	zwei Elektronenpaare	Doppelbindung
|N≡N|	drei Elektronenpaare	Dreifachbindung

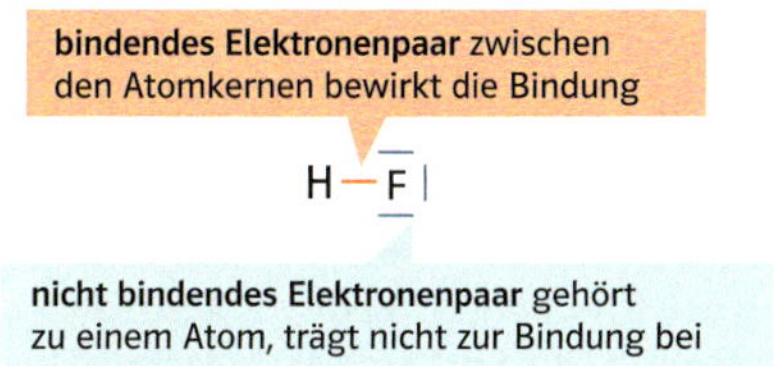

Edelgasregel
Bei vielen Molekülen befinden sich 4 Elektronenpaare um einen Atomrumpf. Bei diesen 4 Elektronenpaaren handelt es sich sowohl um bindende als auch nicht bindende.

Elektronenpaarabstoßungs(EPA)-Modell
Das EPA-Modell erklärt den räumlichen Bau von Molekülen mit mehr als zwei Atomen. Bindende und nicht bindende Elektronenpaare nehmen den größtmöglichen Abstand zueinander ein (4 Elektronenpaare: Tetraeder, 3 Elektronenpaare: Dreieck, 2 Elektronenpaare: Linie). Elektronenpaare in einer Doppelbindung (Dreifachbindung) werden wie ein Elektronenpaar gesehen.

Modifikationen
Die Atome eines Elements sind im elementaren Stoff unterschiedlich angeordnet. Beispiel für Kohlenstoffmodifikationen: Graphit und Diamant.

Polare Atombindung
Eine Bindung zwischen zwei Atomen unterschiedlicher Elektronegativität führt zur polaren Atombindung. Die Ladungsverteilung zwischen den verbundenen Atomkernen ist unsymmetrisch. Das eine Atom des Moleküls trägt eine positive (δ+), das andere eine negative Teilladung (δ−).

Elektronegativität
Zahl, die angibt, wie stark ein Atom die Elek-tronen einer Bindung zu sich zieht.

Elektronegativität nimmt zu ↑	Elektronegativität nimmt zu ⟶			
	C 2,5	N 3,0	O 3,5	F 4,0
	Si 1,8	P 2,1	S 2,5	Cl 3,0
	Ge 1,8	As 2,0	Se 2,4	Br 2,8

Die Polarität einer Bindung steigt mit zunehmender **Elektronegativitätsdifferenz ΔEN**.

	H—I	H—Br	H—Cl	H—F
ΔEN:	0,4	0,7	0,9	1,9

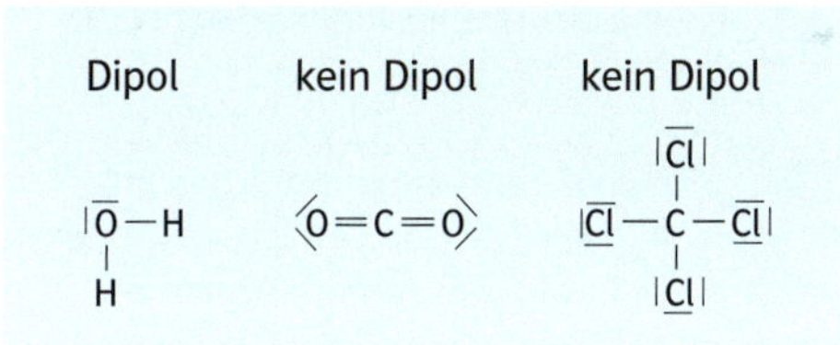

Unsymmetrische Moleküle mit mehreren polaren Bindungen sind **Dipole**. Symmetrische Moleküle können keine Dipole sein.

Wasserstoffbrücken
Polar gebundene Wasserstoffatome in Dipolmolekülen, deren weitere Atome nicht bindende Elektronenpaare aufweisen, bilden Wasserstoffbrücken aus. Diese sind die stärksten zwischenmolekularen Wechselwirkungen, die man kennt.

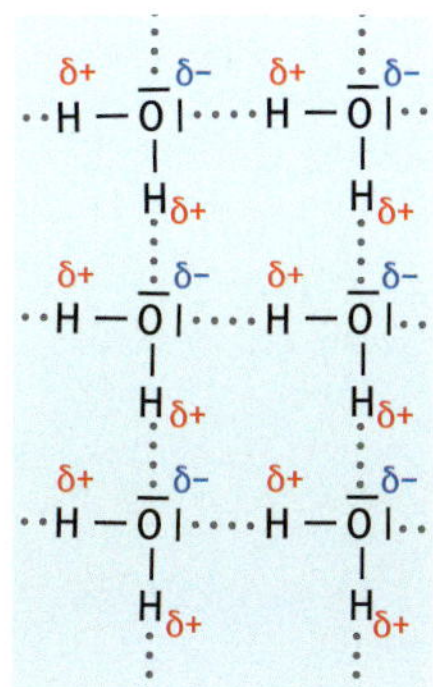

Mit Wasserstoffbrücken zwischen Wassermolekülen lassen sich die besonderen **Eigenschaften des Wassers** wie die hohe Siedetemperatur, die Dichteanomalie und die Oberflächenspannung erklären.

A1 Gib die Strukturformeln folgender Verbindungen mit bindenden und nicht bindenden Elektronenpaaren an: CF_4, NH_3, $CHCl_3$, H_2S. Welche der Moleküle sind Dipole? Versieh die Atome mit den jeweiligen Teilladungen.

A2 Ermittle unter Anwendung der Edelgasregel die Strukturformel des Moleküls CH_2O (Methanal, Formaldehyd). Gib auch die Bindungswinkel an.

A3 Ordne folgende Atome nach steigender Elektronegativität:
a) O, F, H, Na, S, Al,
b) Br, C, O, H, Cl, Mg.

A4 Ordne folgende Bindungen nach steigender Polarität. Ermittle zuvor die Differenzen der Elektronegativitätswerte (ΔEN).
Cl—H, O—H, C—H, Br—H, C—I, C—O, F—H, O—Cl

A5 Erkläre die Unterschiede in der Härte von Graphit und Diamant.

A6 Gletscher können langsam talwärts fließen. Durch vertikal und seitlich einwirkende Kräfte, die von den gewaltigen Eismassen ausgehen, wird eine plastische Verformung des Eises möglich. Durch Abschürfung von Gestein und Mitnahme von Geröll haben Gletscher große Teile Mitteleuropas geformt. Erkläre das Fließen des Gletschers unter Berücksichtigung der Wasserstoffbrücken im Eisgitter.

B1 Zu Aufgabe 8

B2 Zu Aufgabe 6

A7 Feuchte Schwammtücher saugen Wasser besser auf als trockene. Trockene Erde nimmt Wasser nicht so gut auf wie feuchte. Man erklärt dieses Phänomen mit Wasserteilchen, die, wenn sie erst einmal einen Kontakt zu einer Oberfläche haben, andere Wasserteilchen über …
Erkläre weiter.

A8 Ketchup bekommt man häufig nur schwer aus einer Flasche heraus. Eine Möglichkeit, den Ketchupfluss zu beschleunigen, besteht darin, kurz auf den Boden der Flasche zu klopfen [B1]. Der Ketchup fließt dann, dünnflüssig geworden, schnell heraus. Man nennt dieses Phänomen Thixotropie. Eine Erklärung des Phänomens geht von Wasserstoffbrücken aus, die im Ketchup Bestandteile zusammenhalten, die dreidimensionale Strukturen erzeugen. Wenn man nun die Mischung in Bewegung setzt …
Erkläre weiter.

A9 Im flüssigen Ammoniak können sich Wasserstoffbrücken zwischen NH_3-Molekülen ausbilden. Zeichne einen Ausschnitt aus dem Molekülverband.

A10 Schlingt man bei einer Temperatur von unter 0 °C eine Drahtschlaufe um einen Eisblock und hängt ein Gewicht daran, so wandert der Draht langsam durch den Eisblock, ohne ihn zu zerteilen [B3]. Erkläre diese Erscheinung mit der Gitterstruktur des Eises.

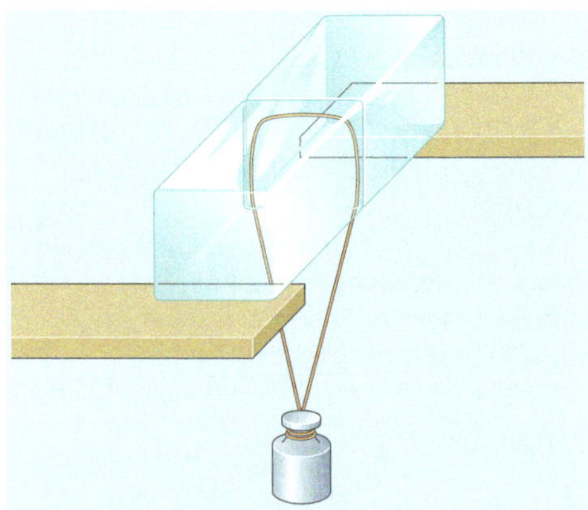

B3 Zu Aufgabe 10

7.11 Horizonte Die Bindung zwischen Atomen

B1 Die Expertenrunde bei der Arbeit

Ein Gruppenpuzzle

Geteilte Arbeit verdoppelt das Wissen. Für den Einzelnen ist es schwierig, sich in kurzer Zeit über alles selbst zu informieren. Man kann sich die Arbeit erleichtern, wenn man das Thema aufteilt und in Gruppen bearbeitet [B1].

In einer Gruppe zum Experten werden.
- Die Klasse ist in Gruppen eingeteilt.
- Jede Gruppe bearbeitet die Aufgaben zu einem bestimmten Thema.
- Jeder in dieser Gruppe recherchiert im Buch, liest Texte und sucht eventuell auch in anderen Informationsquellen. Macht euch Notizen.
- Nach dem Sammeln von Informationen ist es wichtig, die Meinung der anderen zu hören. Besprecht die Ergebnisse in eurer Expertengruppe.

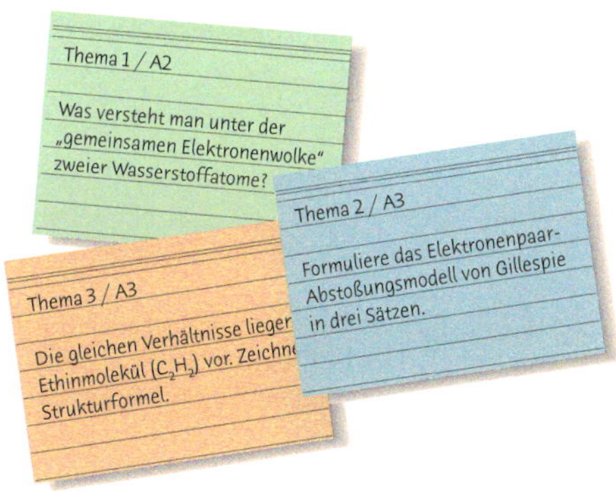

B2 Aufgaben und Antworten griffbereit zur Hand

Alle in der Gruppe sind jetzt Experten für ein Thema.

Die Unterrichtsrunde
Die Experten einer Gruppe verteilen sich einzeln auf die Gruppentische. Es bilden sich neue Gruppen [B3].

B3 In der Unterrichtsrunde finden sich die Experten zu neuen Gruppen zusammen

- In der neuen Gruppe ist jeder Experte für ein bestimmtes Thema.
- Jeder Experte unterrichtet nun die anderen Experten in seinem Thema, so dass schließlich alle von allen profitieren.

In diesem Gruppenpuzzle sollt ihr euch in drei Gruppen mithilfe des Buches zu Experten beim Thema „Die Bindung zwischen Atomen" ausbilden. In der anschließenden Unterrichtsrunde unterrichtet ihr eure Mitschülerinnen und Mitschüler, die in den anderen Themen Experten sind [B4]. Jetzt sind in jeder Gruppe drei Experten.

Die Aufgaben und Fragen auf der nächsten Seite sollen euch zum einen helfen, das notwendige Wissen anzueignen, zum anderen könnt ihr sie zum Unterrichten verwenden. Sie dienen euch dann als „roter Faden" damit ihr nichts vergesst.
Es bietet es sich an, die Aufgaben auch auf Kärtchen zu notieren und eine knappe Antwort auf der jeweiligen Rücksteite zu verfassen [B2].

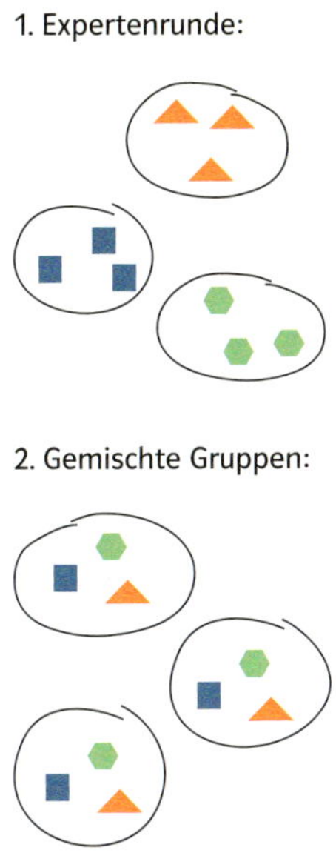

B4 Von der Expertenrunde zur Unterrichtsstunde

Thema 1: Die Bindung in Molekülen

A1 Beschreibe die Verteilung der negativen Ladung im Wasserstoffatom. Wodurch kommt sie zustande?

A2 Was versteht man unter der „gemeinsamen Elektronenwolke" zweier Wasserstoffatome?

A3 Erläutere den Begriff „bindendes Elektronenpaar".

A4 Die Schreibweise für Elektronenpaare nennt man auch LEWIS-Schreibweise. Zeichne die Formel für das Wasserstoffmolekül H_2 in der LEWIS-Schreibweise.

A5 Erläutere die Begriffe „Bindungsenergie" und „Bindungsabstand".

A6 Beschreibe die Anordnung der Elektronen in den Atomen der Elemente der zweiten Periode.

A7 Zeichne die Formeln für die Wasserstoffverbindungen der Elemente Kohlenstoff (C), Stickstoff (N), Sauerstoff (O) und Fluor (F) in der LEWIS-Schreibweise.

A8 Erläutere den Unterschied zwischen bindenden und nicht bindenden Elektronenpaaren.

A9 Verdeutliche die Edelgasregel an den Formeln der Verbindungen aus [A7].

Thema 2: Der räumliche Bau von Molekülen

A1 Warum muss man sich erst bei Molekülen, die aus mehr als zwei Atomen bestehen, Gedanken über deren räumliche Anordnung, machen?

A2 Schreibe Beispiele für lineare und gewinkelte Strukturen auf. Auf die korrekte Verteilung der Elektronenpaare musst du hier keine Rücksicht nehmen.

A3 Formuliere das Elektronenpaar-Abstoßungsmodell von GILLESPIE in drei Sätzen.

A4 Fasse vier mäßig aufgeblasene Luftballons an den Enden zusammen. Es entsteht ein Tetraeder.

A5 Wie kann man mit dem Tetraedermodell die Struktur des Ammoniak- und des Wassermoleküls (NH_3 und H_2O) erklären?

A6 Baue ein Tetraeder aus Pappe oder Papier wie in [A1, S. 245] im Lehrbuch. In der Unterrichtsrunde sollte jedes Mitglied deiner Gruppe solch ein Tetraeder haben.

A7 Mach dir mithilfe dieser Tetraeder die Strukturen des Methanmoleküls (CH_4), des Ammoniakmoleküls (NH_3), des Wassermoleküls (H_2O) und des Fluorwasserstoffmoleküls (HF) klar. Jedes Tetraeder stellt ein Atom (nicht Wasserstoff) dar. Der Atomkern befinde sich im Mittelpunkt des Tetraeders, die vier Elektronenwolken an den Ecken.

A8 In einem Kugel-Stab-Modell werden die Verbindungslinien vom Mittelpunkt des Tetraeders zu den Ecken durch Stäbchen dargestellt. Baue auch mit diesen Modellen die Moleküle aus [A7].

A9 Lege das Stabmodell eines Moleküls so vor dich hin, dass zwei Ecken des Tetraeders zu dir hin, die beiden anderen von dir weg weisen. Projiziere diese Ansicht auf ein Blatt Papier, bringe also das Modell aus dem Raum in die Ebene. Zeichne die entsprechende Formel.

Thema 3: Bindung zwischen Kohlenstoffatomen

A1 Baue zwei Tetraeder aus Pappe oder Papier wie in [A1, S. 245] im Lehrbuch.

A2 Im Stickstoffmolekül sind nur zwei Stickstoffatome miteinander verbunden, das Stickstoffatom besitzt aber drei Bindungsmöglichkeiten. Wie kann man sich die Bindung hier vorstellen? Nimm deine beiden Tetraeder zur Hand: drei Ecken stehen für eine Bindung zur Verfügung, die vierte Ecke hälst du in der Hand.

A3 Die gleichen Verhältnisse liegen im Ethinmolekül (C_2H_2) vor. Zeichne die Strukturformel.

A4 Warum sind die Atome im Ethinmolekül, in dem die Kohlenstoffatome durch eine Dreifachbindung verbunden sind, nach dem Tetraedermodell linear angeordnet?

A5 Erläutere die Verhältnisse in der Doppelbindung im Ethenmolekül (C_2H_4) am Tetraedermodell. Zeichne die Strukturformel.

A6 Erläutere ebenfalls die Struktur des Ethanmoleküls (C_2H_6) am Tetraedermodell.

A7 In einem Kugel-Stab-Modell werden die Verbindungslinien vom Mittelpunkt des Tetraeders zu den Ecken durch Stäbchen dargestellt. Baue für alle drei Kohlenwasserstoffmoleküle aus [A3], [A5] und [A6] Strukturmodelle.

A8 Vergleiche die Bindungslängen der C-C-Bindungen in den drei Molekülen (C—C: 154 pm, C=C: 134 pm, C≡C: 120 pm) mit den Darstellungen im Tetraedermodell.

A9 Das Element Kohlenstoff kommt in verschiedenen Modifikationen vor. Die Bindungen der Kohlenstoffatome untereinander unterscheiden sich vor allem im Graphit und im Diamant. Erkläre die unterschiedlichen Eigenschaften dieser Stoffe mit der Art ihrer Bindungen.

8 Saure und alkalische Lösungen

Säuren und Laugen spielen in Haushalt, Technik und Industrie eine große Rolle. Im Alltag begegnen sie uns als saure und alkalische Lösungen, bei der Zubereitung von Lebensmitteln bis hin zu Inhaltsstoffen verschiedener Reinigungsmittel.

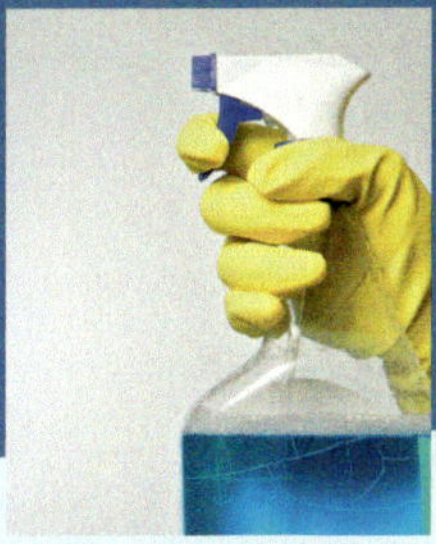

- Laugenbrezeln werden vor dem Backen in Natronlauge getaucht.

- Unser Magensaft enthält Salzsäure. In der Apotheke gibt es Mittel, die einen Überschuss an Magensäure ausgleichen.

- Bei der Verwendung von Glasreinigern fällt häufig ein Geruch nach Ammoniak (Salmiakgeist) auf.

- Saure und alkalische Lösungen können sich in ihrer Wirkung aufheben, sie neutralisieren sich. So werden z. B. Abwässer vor dem Einleiten in die Kläranlage neutralisiert.
Für ein tiefer gehendes Verständnis der Neutralisation ist es hilfreich, die charakteristischen Teilchen von sauren und alkalischen Lösungen kennen zu lernen.

- Bei der Neutralisation spielen die Konzentrationen der zu neutralisierenden und der zugesetzten Lösungen eine wichtige Rolle.

Online-Link
756084-0800

8.1 Reinigungsmittel, Säuren und Laugen im Alltag

B1 Saure Lösungen im Alltag

B3 Milchsäurehaltige Lebensmittel

Säuren in Lebensmitteln
Viele Menschen schätzen den erfrischenden, sauren Geschmack verschiedener Lebensmittel. Dies können Früchte wie Äpfel und Orangen sein, aber auch Zubereitungen, wie z. B. Naturjoghurts, Buttermilch, saure Gurken, Apfelsaftschorle oder Zitronenlimonade [B1, B3].

A1 Informiere dich, durch welche Stoffe bei den oben angegebenen Lebensmitteln der saure Geschmack hervorgerufen wird. Gib an, ob es sich um einen Lebensmittelzusatzstoff handelt oder um einen Bestandteil, der von Natur aus enthalten ist.

A2 Zahlreiche Sauerkonserven werden in Gläsern angeboten, viele aber auch in Konservendosen aus Metall [B4], wobei dann die Innenseite der Dosen z. B. durch einen Lacküberzug geschützt ist. Versuche, hierfür eine Erklärung zu finden. Beachte in diesem Zusammenhang auch die Regel, die besagt, dass man keine angestoßenen, eingedellten Konservendosen kaufen soll.

B2 Duschlotion

B4 Konservendosen - innen beschichtet

Säuren und Laugen in Reinigern
In zahlreichen Reinigungsmitteln, die im Haushalt, aber auch bei industriellen Prozessen eingesetzt werden, sind Säuren oder Laugen enthalten [B5].

A3 Untersuche im Haushalt vorhandene Reiniger, ob sie Säuren oder Laugen enthalten. Gib hierzu auf einer Untertasse jeweils zu einer kleinen Substanzprobe etwas Wasser und halte mit einer Pinzette ein Stückchen Universalindikatorpapier in die Lösungen. Stelle das Ergebnis in Form einer Tabelle dar und vergleiche es mit dem anderer Mitschüler und Mitschülerinnen. Wieso kommen wohl zwei Sorten von Reinigern zum Einsatz?

A4 Informiere dich über die Wirkungsweise von Rohr- bzw. Abflussreinigern, WC- und Glasreinigern.

B5 Haushaltsreiniger

A5 Menschen mit empfindlicher Haut wird empfohlen, beim Duschen keine Seife zu verwenden, sondern ein „seifenfreies Waschstück" oder eine „pH-neutrale Duschlotion" [B2]. Suche eine Erklärung.

A6 Essig wird einerseits in Essigreinigern eingesetzt, andererseits aber auch zum Einlegen von Essiggurken. Erläutere den vielseitigen Einsatz von Essig im Alltag.

A7 Untersuche die Verpackungsaufschriften saurer Reiniger auf Hinweise zur Anwendung auf Marmor. Gib ein Stückchen Marmor zu der Probe eines sauren Reinigers und beobachte.

Alles im neutralen Bereich
In chemischen Labors und bei zahlreichen technischen Prozessen fallen saure und alkalische Lösungen an. Da sie die Lebensbedingungen von Fischen, Pflanzen und Mikroorganismen in Gewässern gefährden, dürfen sie nicht einfach ins Abwasser geschüttet werden. Da sich saure und alkalische Lösungen gegenseitig in ihrer Wirkung aufheben, können sie zur gegenseitigen Neutralisation verwendet werden [B6].

Saure und alkalische Abfälle

Wenn 3/4 voll, mit Natronlauge bzw. Salzsäure neutralisieren (pH = 7). Neutrale Flüssigkeit in den Abguss. Schlamm in Flasche oder Kunststoffbeutel bzw. nach Verfestigen durch Einzementieren zum Müll.

B6 Entsorgungshinweis für saure und alkalische Lösungen

A8 Ein Laborantin setzt bei dem Versuch einer Neutralisation zu 0,1 l saurer Lösung exakt 0,1 l alkalische Lösung zu [B7]. Bei der Prüfung mit Universalindikator stellt sie fest, dass trotz der Verwendung gleicher Volumenportionen keine Neutralisation erfolgt ist. Was hat sie übersehen?

B7 Eine Laborantin bei der Neutralisation

A9 Gib auf eine Untertasse Maschinenspülmittel und etwas Wasser und prüfe den pH-Wert. Gehe dabei wie in [A3] vor. Wiederhole den Versuch mit wenig Klarspüler. Versuche eine Erklärung.

Beim Färben von Haaren werden alkalische Lösungen verwendet, um das Haar für den Färbeprozess „aufzuschließen".

A10 Ermittle aus dem Packungsaufdruck, welche Eigenschaften die Spülung besitzt, die am Ende des Färbevorgangs aufgetragen wird.

Ein Sprichwort lautet zwar „sauer macht lustig", aber andererseits „stößt einem etwas sauer auf". Im übertragenen Sinn bedeutet dies, dass einem etwas missfällt. Es kann einem aber tatsächlich sauer aufstoßen. Dieses **Sodbrennen** löst ein körperliches Unbehagen aus.

A11 Informiere dich, wodurch Sodbrennen hervorgerufen wird [B8].

A12 Gegen Sodbrennen kann man Antazida einnehmen. Wie wirken sie?

B8 Zu üppiges Essen kann einem später sauer aufstoßen

8.2 Salzsäure und Chlorwasserstoff

Eine im Labor häufig gebrauchte Säure ist **Salzsäure**, eine farblose, stark ätzende Flüssigkeit. Man verwendet sie z. B. zum Reinigen oxidierter Metalle („Lötwasser") oder zum Entfernen von Kalkbelägen an Glasgeräten. Stark verdünnte Salzsäure ($w \approx 0{,}3\,\%$) ist Bestandteil des Magensaftes.

Untersuchung von Salzsäure. Öffnet man eine Flasche mit konzentrierter Salzsäure, so entweicht ein stechend riechendes, farbloses Gas, das mit der Feuchtigkeit der Luft Nebel bildet [B1] und ein angefeuchtetes Universalindikatorpapier rot färbt.
Erhitzt man konzentrierte Salzsäure [V1] und leitet das entweichende „Salzsäuregas" auf eine Wasseroberfläche, beobachtet man, dass sich Schlieren bilden. Diese Beobachtung kann man dadurch erklären, dass das Gas sich in Wasser löst und die Lösung eine größere Dichte hat als Wasser. Ein zugesetzter Indikator zeigt an, dass eine saure Lösung vorliegt. Die Vermutung liegt nahe, dass wieder Salzsäure entstanden ist.

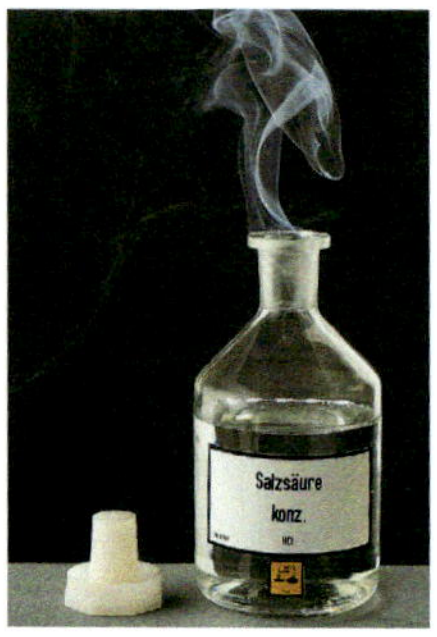

B1 Konzentrierte Salzsäure bildet an der Luft Nebel

Zusammensetzung von Salzsäure. Der Name „Salzsäure" leitet sich von einem Herstellungsverfahren ab, bei dem man Schwefelsäure mit Natriumchlorid – „Salz" – reagieren lässt [V2, B3]. Dabei entsteht ein Gas, das die oben beschriebenen Eigenschaften zeigt und in Wasser eingeleitet Salzsäure bildet. Die Zusammensetzung von Salzsäure kann durch folgende Versuche ermittelt werden.
Gibt man zu Salzsäure Silbernitratlösung [V3], fällt ein weißer Niederschlag von Silberchlorid aus. Salzsäure enthält offenbar Chloridionen.
Der Aggregatzustand des „Salzsäuregases" legt die Vermutung nahe, dass es sich nicht um ein Metallchlorid handelt, sondern um ein Nichtmetallchlorid. Da Salzsäure mit einigen Metallen unter Bildung von Wasserstoff [V4] reagiert, kann man annehmen, dass das „Salzsäuregas" eine Verbindung aus Chlor und Wasserstoff ist. Allerdings könnte der bei der Reaktion eines Metalls mit Salzsäure freigesetzte Wasserstoff auch aus der Reaktion mit dem Lösungsmittel Wasser stammen.

B2 Reaktion von Wasserstoff mit Chlor

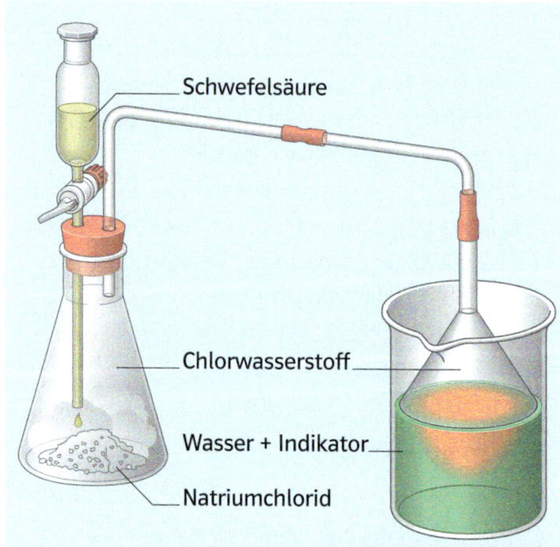

B3 Herstellung von Chlorwasserstoff aus Natriumchlorid und Schwefelsäure

Zur Überprüfung dieser Vermutung versucht man, „Salzsäuregas" aus Wasserstoff und Chlor herzustellen.

Chlorwasserstoff. Taucht man eine Wasserstoffflamme langsam in einen mit Chlor gefüllten Zylinder [V5, B2], so stellt man fest, dass Wasserstoff mit fahlweißer Flamme weiterbrennt und dabei die Farbe des Chlors verschwindet. Es entsteht ein stechend riechendes, farbloses Gas, das mit Feuchtigkeit, die im Zylinder enthalten ist, Nebel bildet. Das in der Reaktion von Wasserstoff mit Chlor entstandene Gas heißt **Chlorwasserstoff**.

Wasserstoff + Chlor ⟶ Chlorwasserstoff

$$H_2 + Cl_2 \longrightarrow 2\,HCl$$

Löst man Chlorwasserstoff in Wasser und untersucht die entstandene Lösung mit Universalindikator- bzw. Silbernitratlösung, beobachtet man eine Rotfärbung bzw. die Bildung eines weißen Niederschlags.

Die Lösung von Chlorwasserstoff in Wasser besitzt also dieselben Eigenschaften wie Salzsäure. Folglich sind Chlorwasserstoff und „Salzsäuregas" identische Gase.

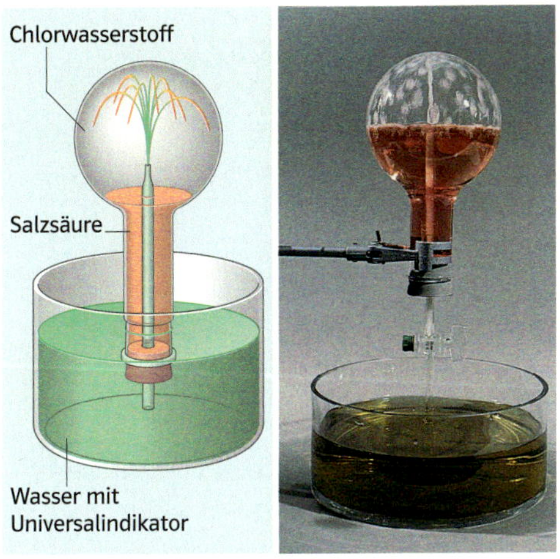

B4 Der Springbrunnenversuch beruht auf der außerordentlich guten Löslichkeit von Chlorwasserstoff in Wasser

Aus Chlorwasserstoff und Wasser entsteht Salzsäure.

Löslichkeit von Chlorwasserstoff. In welchem Ausmaß sich Chlorwasserstoff in Wasser löst, zeigt der *„Springbrunnenversuch"* [B4, V6] besonders eindrucksvoll. Sobald die ersten Wassertropfen in den mit Chlorwasserstoff gefüllten Kolben gelangen, löst sich in ihnen ein großer Teil der Chlorwasserstoffportion. Dadurch entsteht ein starker Unterdruck, der den Springbrunnen entstehen lässt. Ein Liter Wasser kann bei 0 °C und einem Druck von 1013 hPa etwa 500 l Chlorwasserstoff aufnehmen. Verglichen mit anderen Gasen ist diese Löslichkeit ungewöhnlich groß, denn bei gleichen Bedingungen lösen sich etwa 1,7 l Kohlenstoffdioxid bzw. nur 0,05 l Sauerstoff in einem Liter Wasser. Aus der Farbänderung im Kolben kann man schließen, dass sich eine saure Lösung gebildet hat. Die saure Lösung ist Salzsäure.

Magensäure ist Salzsäure. In der Magenschleimhaut wird in speziellen Zellen, den so genannten Belegzellen, die Magensäure produziert. Als Bestandteil des Magensaftes hat sie mehrere Funktionen. Sie hemmt das Bakterienwachstum und ermöglicht die Verdauung eiweißhaltiger Nahrung.

V1 Konzentrierte Salzsäure wird erhitzt. Das freigesetzte Gas wird durch ein doppelt rechtwinklig gebogenes Glasrohr mit einem umgedrehten Trichter zunächst auf Wasser, dann auf Wasser mit zugesetztem Universalindikator geleitet.

V2 (Abzug!) In einem Gasentwickler wird auf Natriumchlorid konz. Schwefelsäure getropft. Das entstehende Gas leitet man auf Wasser, das mit Universalindikator angefärbt wurde [B3].

V3 (Vorsicht! Silbernitratlösung darf nicht in die Augen gelangen!) Gib zu verdünnter Salzsäure einige Tropfen Silbernitratlösung.

V4 Gib in ein Reagenzglas verdünnte Salzsäure und füge ein Stück Magnesiumband (oder eine Spatelspitze Eisenpulver) zu. Fange das entstehende Gas in einem Reagenzglas auf und führe die Knallgasprobe damit durch. (Vorsicht!)

V5 (Abzug!) Eine Wasserstoffflamme wird langsam in einen Standzylinder mit Chlor getaucht [B2]. Nach Beendigung der Reaktion gießt man etwas Wasser in den Zylinder, verschließt ihn sofort mit einer Glasplatte und schüttelt. Der Inhalt des Zylinders wird auf 2 Reagenzgläser verteilt und Universalindikator- bzw. Silbernitratlösung zugesetzt (Vorsicht! Silbernitratlösung darf nicht in die Augen gelangen!).

V6 (Schutzscheibe!) Wie in [V2] stellt man Chlorwasserstoff her und füllt damit einen trockenen Rundkolben (Abzug!). Als Verschluss dient ein durchbohrter Gummistopfen mit einem ausgezogenen Glasrohr (die Spitze zeigt in den Kolben) [B4]. Das andere Ende des Glasrohres wird in eine Wanne mit Wasser getaucht, das mit Universalindikator angefärbt wurde.

A1 Beschreibe zwei Methoden zur Herstellung von Salzsäure.

A2 Warum kann man durch Eindampfen von konzentrierter Salzsäure (w = 37 %) keine wasserfreie Salzsäure (w = 100 %) erhalten?

A3 Erkläre das Zustandekommen des Springbrunnens in [B4] in Einzelschritten.

Salzsäure ist eine saure Lösung, die durch exotherme Reaktion von Chlorwasserstoff mit Wasser entsteht

8.3 Gemeinsamkeiten saurer Lösungen

B1 Essig
w(Essigsäure) ≈ 5%

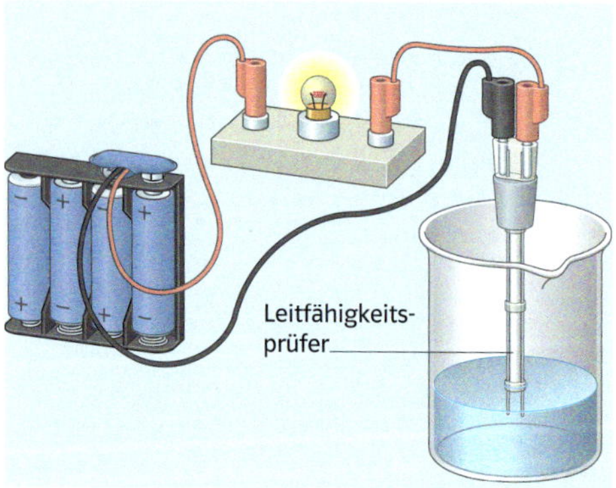

B4 Leitfähigkeitsprüfung einer Citronensäurelösung

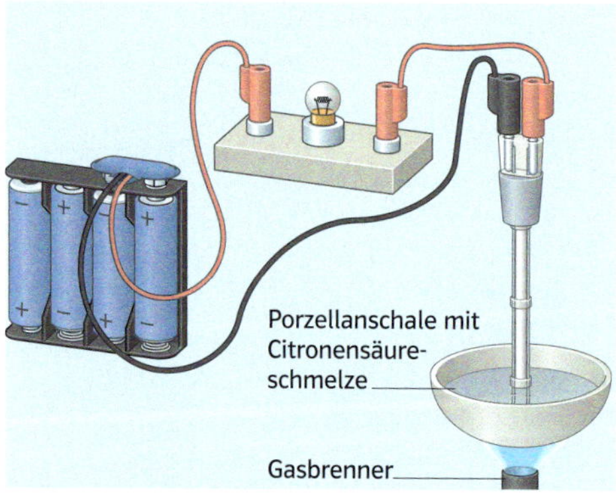

B5 Leitfähigkeitsprüfung einer Citronensäureschmelze

Säuren werden in Alltag und Technik für viele Zwecke verwendet. So findet man z.B. Citronensäure in Limonade, Essigsäure in Sauerkonserven oder in Haushaltsreinigern. Salzsäure dient in Spezialreinigern zur Entfernung von Ablagerungen. Dabei nutzt man die unterschiedlichen Eigenschaften dieser Stoffe. Der Sammelbegriff „Säuren" lässt jedoch vermuten, dass sie auch Gemeinsamkeiten aufweisen.

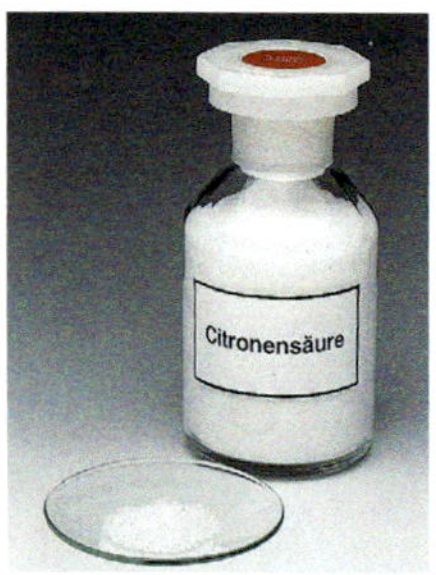

B2 Citronensäure ist ein Reinstoff

Säuren und saure Lösungen. Säuren sind feste, flüssige oder gasförmige Reinstoffe. Häufig spricht man auch dann von Säuren, wenn die wässrigen Lösungen der Säuren gemeint sind [B1, B3]. Bei sauren Lösungen wird *je nach dem Anteil der gelösten Säure* häufig auch von **konzentrierten** oder **verdünnten Säuren** gesprochen.

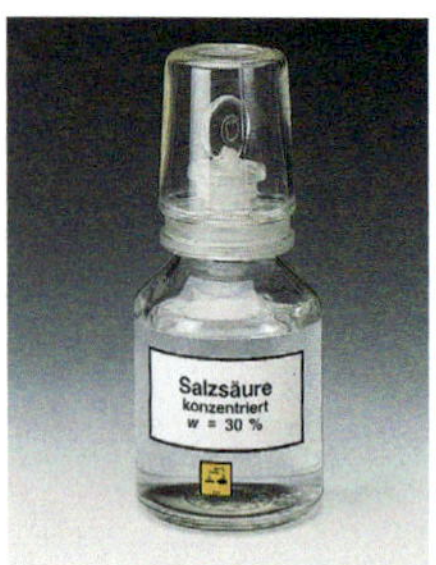

B3 Salzsäure ist eine saure Lösung

Gemeinsamkeiten saurer Lösungen. Zitronensaft und Speiseessig schmecken sauer und bewirken wie Salzsäure charakteristische Farben von Indikatorlösungen [V1]. In Autobatterien dient verdünnte Schwefelsäure der Ermöglichung des Stromflusses. Eine Überprüfung verschiedener saurer Lösungen ergibt [V2a, b; B4], dass sie alle den elektrischen Strom leiten.

Saure Lösungen leiten den elektrischen Strom.

Saure Lösungen zeigen hier die gleichen Eigenschaften wie Salzlösungen.
Da die elektrische Leitfähigkeit von Lösungen nur durch frei bewegliche Ionen verursacht werden kann, müssen in sauren Lösungen Ionen vorhanden sein.
Prüft man dagegen die elektrische Leitfähigkeit einer Citronensäureschmelze [B5], so zeigt sich, dass diese im Gegensatz zur Salzschmelze den elektrischen Strom nicht leitet.

Genau wie geschmolzene Säuren zeigen meist auch wasserfreie flüssige Säuren keine Leitfähigkeit. Sie tritt erst ein, wenn man die Säure mit Wasser versetzt.
Aus diesen Beobachtungen kann man schließen, dass Säuren aus *Molekülen* bestehen. Die Ionen *bilden* sich also erst dann, wenn eine Säure zu Wasser gegeben wird, durch eine chemische Reaktion.

Säuren bestehen aus Molekülen. In sauren Lösungen liegen Ionen vor.

Die Beobachtung, dass alle sauren Lösungen z.B. mit dem Indikator Bromthymolblau gelb gefärbte Lösungen bilden, deutet darauf hin, dass diese Lösungen gleiche Ionen enthalten. Welche Ionen das sind, soll nun am Beispiel der Salzsäure dargestellt werden.

Welche Ionen enthält Salzsäure? Gibt man zu Salzsäure Silbernitratlösung, bildet sich ein weißer Niederschlag aus Silberchlorid. Aus der Bildung von Silberchlorid muss man folgern, dass in Salzsäure Chloridionen (Cl^--Ionen) enthalten sein müssen. Da Salzsäure aus Chlorwasserstoff und Wasser gebildet wird, müssen die Chloridionen in der Salzsäure aus Chlorwasserstoffmolekülen entstanden sein. Nach Abtrennung des Chloridions bleibt ein Wasserstoffion zurück.
Wasserstoffionen (H^+-Ionen) sind identisch mit Protonen. Da Protonen keine Elektronenhülle besitzen, sind sie extrem klein. Sie haben nur 1⁄100 000 der Größe anderer Ionen und üben folglich sehr hohe Anziehungskräfte auf die Elektronen der Wassermoleküle in ihrer näheren Umgebung aus. Jedes Proton wird deshalb sofort von einem Wassermolekül [B6] gebunden. Für die Bindung stellt das Wassermolekül ein nicht bindendes Elektronenpaar zur Verfügung, das damit zum bindenden Elektronenpaar wird. Dieses aus einem Proton und einem Wassermolekül gebildete **H_3O^+-Ion** wird **Oxoniumion** genannt.
Bei der Bildung des Oxoniumions aus einem Chlorwasserstoff- und einem Wassermolekül findet ein **Protonenübergang** statt.

Sowohl die H_3O^+- als auch die Cl^--Ionen sind zusätzlich von einer Hülle aus Wassermolekülen, einer **Hydrathülle**, umgeben. Die hydratisierten Oxoniumionen werden manchmal auch **Hydroniumionen** genannt.

Typische Teilchen in sauren Lösungen. Welche Ionen in Salzsäure bewirken die gelbe Farbe der Bromthymolblaulösung? Wären die Chloridionen die Ursache für diese Farbänderung, so müsste der Indikator die Farbe auch in einer Natriumchloridlösung zeigen. Da diese Lösung aber neutral ist, muss die saure Wirkung der Salzsäure auf die *H_3O^+-Ionen* zurückzuführen sein. Alle sauren Lösungen enthalten diese Ionen. Die Oxoniumionen bewirken also die charakteristischen Eigenschaften saurer Lösungen.

Oxoniumionen (H_3O^+-Ionen) sind die für alle sauren Lösungen typischen Teilchen.

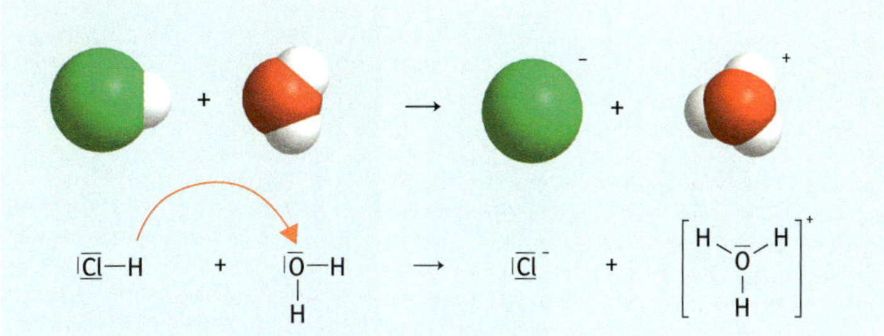

$$HCl + H_2O \longrightarrow Cl^- + H_3O^+$$

B6 Bildung eines Oxoniumions durch Abgabe eines Protons von einem Chlorwasserstoffmolekül an ein Wassermolekül

Die Bildung von sauren Lösungen ist durch Protonenübergänge erklärbar. *Teilchen*, die bei einer Reaktion Protonen abgeben, werden **Protonendonatoren** genannt. Allerdings kann ein Proton nur deshalb übergehen, weil ein Akzeptor vorhanden ist. Diejenigen *Teilchen*, die Protonen aufnehmen, werden **Protonenakzeptoren** genannt.

Donator von lat. donare, geben

Akzeptor von lat. acceptare, annehmen

Teilchen, die bei einer Reaktion Protonen abgeben, werden Protonendonatoren genannt. Teilchen, die bei der Reaktion Protonen aufnehmen, heißen Protonenakzeptoren.

Bei der Bildung der sauren Lösung Salzsäure aus Chlorwasserstoff und Wasser ist das Chlorwasserstoffmolekül der Protonendonator und das Wassermolekül der Protonenakzeptor.

V1 Prüfe verdünnte Salzsäure sowie Lösungen von Citronensäure oder Essigsäure mit Bromthymolblau als Indikatorlösung.

V2 Prüfe die elektrische Leitfähigkeit [B4 und B5] **a)** von verdünnter Salzsäure, **b)** einer Citronensäurelösung, **c)** einer Citronensäureschmelze.

A1 Eine Essigsäurelösung (z. B. Essig) leitet im Gegensatz zu reiner Essigsäure den elektrischen Strom. Deute diesen Unterschied.

A2 Warum kommen in sauren Lösungen keine freien Protonen (H^+-Ionen) vor?

8.4 Exkurs Saure Lösungen und Salzbildung

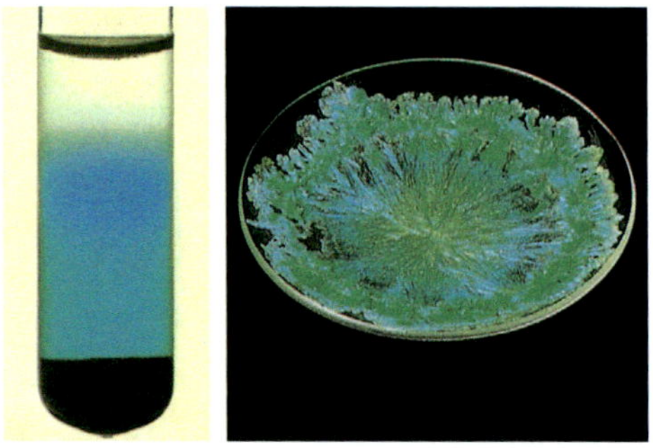

B2 Links: Kupferoxid reagiert mit Salzsäure. Rechts: Beim Eindampfen bleibt Kupferchlorid zurück

Kennzeichnend für saure Lösungen ist, dass sie manche Metalle „angreifen". Worin besteht dieser „Angriff"?

Reaktionen von sauren Lösungen mit Metallen. Gibt man Natrium zu konzentrierter Salzsäure, so bildet sich neben Wasserstoff ein weißer Niederschlag [V1, B1] aus Natriumchlorid. Nicht immer lässt sich jedoch die Salzbildung direkt beobachten. Reagiert z. B. Magnesium mit Salzsäure, so entsteht eine Lösung. Wird diese eingedampft, so bleibt ein weißer Feststoff zurück, dessen Lösung den elektrischen Strom leitet. Sie enthält also Ionen. Aus den Magnesiumatomen sind Magnesiumionen entstanden. Sie liegen in der Lösung neben den Chloridionen der Salzsäure hydratisiert vor. Beim Eindampfen bleibt dann festes Magnesiumchlorid zurück.

B1 Reaktion von Natrium mit konz. Salzsäure

B3 Magnesium reagiert mit Salzsäure, Kupfer nicht

$$Mg + 2\ H_3O^+ + 2\ Cl^- \longrightarrow Mg^{2+} + 2\ Cl^- + H_2 + 2\ H_2O$$

Die Chloridionen bleiben bei der Reaktion unverändert; die eigentliche Reaktion erfolgt nur zwischen den Oxoniumionen und Magnesiumatomen. Dabei läuft folgende Redoxreaktion ab: Magnesiumatome geben Elektronen ab und aus den H_3O^+-Ionen entstehen durch Elektronenaufnahme Wasserstoffmoleküle [B4].
Wie Magnesium reagieren auch andere unedle Metalle [B3] mit Salzsäure oder anderen sauren Lösungen. Kupfer, Quecksilber und Edelmetalle reagieren nicht.

Unedle Metalle reagieren mit sauren Lösungen unter Bildung von Wasserstoff und den entsprechenden Salzen, die häufig gelöst vorliegen.

Reaktionen von sauren Lösungen mit Metalloxiden. Lässt man Metalloxide mit Salzsäure oder anderen sauren Lösungen reagieren, bilden sich auch Salzlösungen, aber es ist keine Gasentwicklung zu beobachten.
So bildet sich z. B. bei der Reaktion von schwarzem Kupferoxid mit Salzsäure [B2] eine blaue Lösung. Nach dem Eindampfen erhält man blaugrünes Kupferchlorid. Die eigentliche Reaktion lässt sich als Protonenübergang von den Oxoniumionen auf die Oxidionen des Kupferoxids beschreiben.

$$Cu^{2+}O^{2-} + 2\ H_3O^+ + 2\ Cl^- \longrightarrow Cu^{2+} + 2\ Cl^- + 3\ H_2O$$

Metalloxide reagieren mit sauren Lösungen zu Wasser und den entsprechenden Salzlösungen.

V1 (Schutzbrille! Abzug!) Man gibt in einem kleinen Standzylinder ein linsengroßes Natriumstückchen auf konz. Salzsäure und fügt nach der Reaktion jeweils ein weiteres Natriumstückchen hinzu. Man gießt die überstehende Lösung ab, löst einen Teil des Salzes in wenig Wasser und dampft einen Teil der Lösung ein. Den übrigen Teil lässt man verdunsten und betrachtet die auftretenden Kristalle unter der Lupe.

V2 **a)** Gib in ein Reagenzglas zu verdünnter Salzsäure Calciumkörner. Fange das entstehende Gas auf und führe mit ihm die Knallgasprobe durch.
b) Gib anschließend so lange Calciumkörner zu der Salzsäure, bis die Gasentwicklung aufhört. Filtriere die Calciumreste ab und dampfe die Lösung ein. Löse den eingedampften Stoff in Wasser. Prüfe die elektrische Leitfähigkeit der Lösung, auch im Vergleich zu Wasser, und setze anschließend einige Tropfen Silbernitratlösung zu.
c) Wiederhole den Versuch (a) und setze einmal anstelle der Calciumkörner Kupferblech ein, das nächste Mal Zinkblech.

V3 **a)** Gib in ein Reagenzglas etwas schwarzes Kupferoxid, setze verdünnte Salzsäure zu und erwärme kurz.
b) Filtriere die Kupferoxidreste ab und dampfe die Lösung in einer Porzellanschale vorsichtig ein.
c) Wiederhole (a) und (b) mit Magnesiumoxid und Zinkoxid.

Oxidation: $Mg \longrightarrow Mg^{2+} + 2\,e^-$

Reduktion: $2\,H_3O^+ + 2\,e^- \longrightarrow H_2 + 2\,H_2O$

Die Wasserstoffbildung aus H_3O^+-Ionen in Teilreaktionsgleichungen zerlegt:

$$H_3O^+ \longrightarrow H_2O + H^+$$
$$H^+ + e^- \longrightarrow H$$
$$2\,H \longrightarrow H_2$$

B4 Reaktion von Magnesium mit Salzsäure als Redoxreaktion

Elektrolyse von Salzsäure

Mit verdünnter Salzsäure wird eine Elektrolyse durchgeführt. Man beobachtet an beiden Elektroden eine Gasentwicklung. Am Minuspol (Kathode) entsteht Wasserstoff und am Pluspol (Anode) Chlor.

Anode: $2\,Cl^- \longrightarrow Cl_2 + 2\,e^-$
Kathode: $2\,H_3O^+ + 2\,e^- \longrightarrow H_2 + 2\,H_2O$

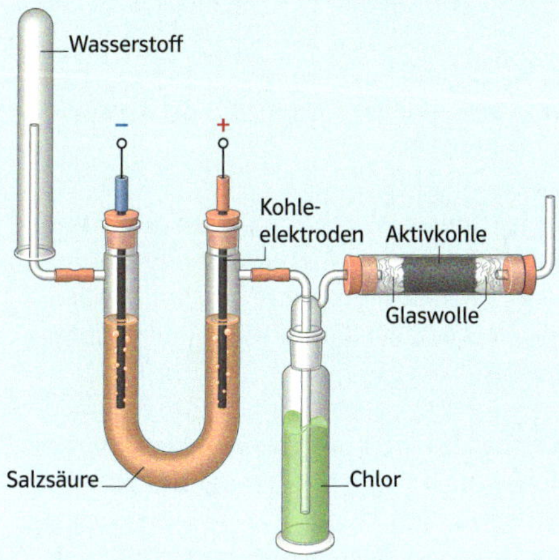

A1 Formuliere die Reaktionsgleichung für die Reaktion von Aluminiumoxid mit Salzsäure und markiere darin den Protonenübergang. Benenne die Teilchen, die als Protonendonator bzw. Protonenakzeptor fungieren.

A2 Notiere die Reaktionsgleichung für die Reaktion von Zink mit Salzsäure zu Zinkchlorid, Wasserstoff und Wasser. Stelle dabei die Elektronenübergänge (Oxidation und Reduktion) als Teilgleichungen dar.

A3 Notiere zu [V3c] die Reaktionsgleichungen und benenne die Verbindungen, die nach dem Eindampfen der Salzlösungen übrig bleiben.

A4 **a)** Beschreibe, wie man die beiden Gase nachweisen kann, die bei der Elektrolyse von Salzsäure (Exkurs) entstehen.
b) Welche Rückschlüsse auf die Zusammensetzung von Salzsäure kann man aus dem Experiment ziehen?

8.5 Natriumhydroxid und Natronlauge

B1 Natrium reagiert mit Wasser, das mit Phenolphthalein versetzt wurde

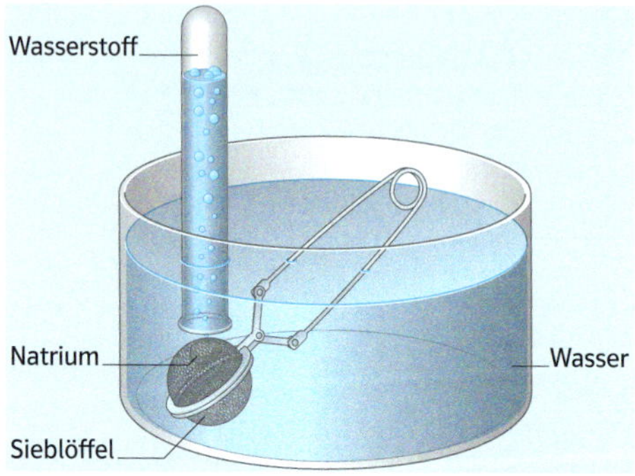

B4 Auffangen des Wasserstoffs bei der Reaktion von Natrium mit Wasser

Einige unedle Metalle reagieren mit Wasser unter Bildung von Wasserstoff und einer alkalischen Lösung (Kap. 5.10). Am Beispiel von Natrium soll diese Reaktion betrachtet werden.

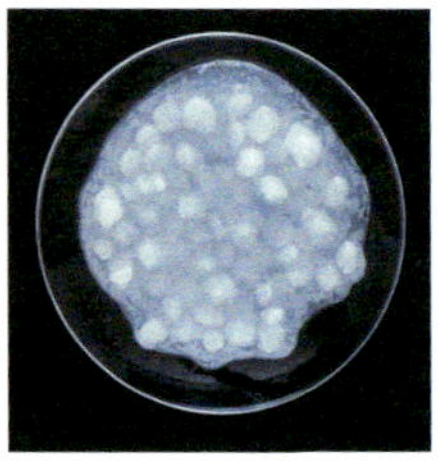

B2 Natriumhydroxid zerfließt an der Luft

Natrium reagiert mit Wasser. Lässt man ein Natriumstückchen mit einer größeren Wasserportion reagieren [V1], bildet sich aus dem kantigen Metallstückchen sofort eine Kugel, die sich zischend auf der Wasseroberfläche hin und her bewegt und Schlieren bildet. Dabei wird die Natriumkugel schnell kleiner und verschwindet. Führt man die Reaktion mit Wasser durch, dem Phenolphthalein zugesetzt ist, zeigt Rotviolettfärbung die Bildung einer **alkalischen Lösung** an [B1]. Das zischende Geräusch rührt von einem entstehenden Gas her. Die Gasentwicklung kann man beobachten, wenn man ein Natriumstück mit einem Sieblöffel unter Wasser drückt [B4]. Bei dem Gas handelt es sich um *Wasserstoff*. Lässt man Natrium mit einer kleinen Wasserportion reagieren [V3] und dampft die entstandene Lösung ein, erhält man einen weißen Feststoff [B5]. Um welche Verbindung handelt es sich dabei?

Es gibt zwei Möglichkeiten:

$$2\,Na + H_2O \longrightarrow Na_2O + H_2$$
$$2\,Na + 2\,H_2O \longrightarrow 2\,NaOH + H_2$$

Sowohl Natriumoxid (Na_2O) als auch Natriumhydroxid (NaOH) sind weiße Feststoffe. Beide sind Salze, und zwar Verbindungen aus Metall und Nichtmetall. Die Erklärung erfolgt durch ein Experiment.

Natriumhydroxid. Erhitzt man den Feststoff, der aus der Reaktion von Natrium mit Wasser [V3] stammt, zusammen mit Zinkpulver, entsteht ein Gas, das man als Wasserstoff identifizieren kann [V4]. Offensichtlich stammt der Wasserstoff aus dem untersuchten Feststoff, d.h., die Verbindung enthält gebundene Wasserstoffatome. Sie heißt **Natriumhydroxid**, die Verhältnisformel ist **NaOH**.

Die Reaktionsgleichung für die Reaktion von Natrium mit Wasser lautet:

$$2\,Na + 2\,H_2O \longrightarrow 2\,NaOH + H_2$$

Im Handel ist Natriumhydroxid meist in Form kleiner Körner oder Plätzchen [B3] erhältlich. Lässt man Natriumhydroxidplätzchen offen stehen, so zerfließen sie allmählich [B2]. Natriumhydroxid entzieht der Luft Wasserdampf – es ist **hygroskopisch**.

Natriumhydroxid kann starke Verätzungen auf der Haut verursachen (Kap. 8.1, A5). Besonders gefährdet sind Augen und Schleimhäute.

Die ältere Benennung **Ätznatron** weist unter anderem auf diese Gefahren hin. In einigen Haushaltsreinigern, z.B. Abflussreinigern (Kap. 8.7, Praktikum) oder Backofenreinigern, ist Natriumhydroxid enthalten.

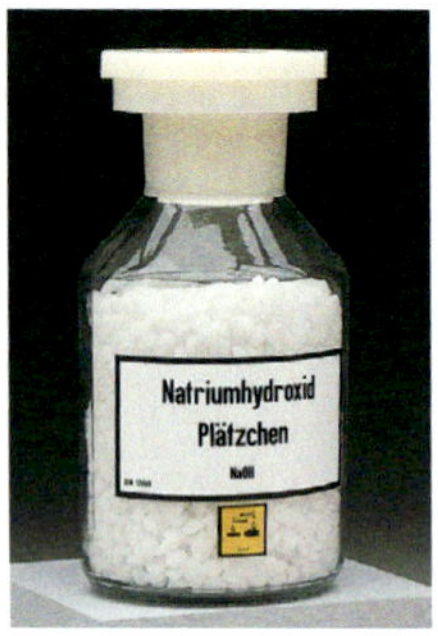

B3 Natriumhydroxidplätzchen

B5 Eindampfen der alkalischen Lösung aus der Reaktion von Natrium und Wasser. Es bleibt ein weißer Feststoff zurück

Natronlauge. Löst man Natriumhydroxid in wenig Wasser [V5], so stellt man eine deutliche *Temperaturerhöhung* fest. Der Lösungsvorgang verläuft also unter Abgabe von thermischer Energie. An der Farbänderung der zugesetzten Phenolphthaleinlösung erkennt man, dass die Lösung alkalisch ist. Die wässrige Lösung von Natriumhydroxid nennt man Natronlauge. Wie Natriumhydroxid, so wirkt auch dessen Lösung ätzend auf Haut und Schleimhäute. Beim Umgang mit Natronlauge ist es daher sehr wichtig, eine Schutzbrille und Schutzhandschuhe zu tragen.

Als sehr bedeutende Industriechemikalie wird Natronlauge in großer Menge durch Elektrolyse aus Natriumchloridlösung erzeugt. Natronlauge wird u.a. bei der Herstellung von Aluminium, Farben, Kunststoffen, Papier, Seife und Textilien benötigt.

Bäcker benutzen zur Herstellung von Laugengebäck Natronlauge mit einem Massenanteil von $w = 4\,\%$. Der Teig wird vor dem Backen kurz in die Lauge getaucht [B6]. Beim Backen reagiert die Lauge mit dem Teig zu Stoffen, die den typischen Geschmack des Laugengebäcks ausmachen. Außerdem bildet sich dabei die glatte, tiefbraune Oberfläche des Laugengebäcks.

B6 Laugenbrezeln werden vor dem Backen in verdünnte Natronlauge getaucht

A1 **a)** Erkläre den Unterschied zwischen Natriumhydroxid und Natronlauge. **b)** Warum nennt man Natriumhydroxid auch Ätznatron?

A2 Erkläre, warum es zu einer Massenzunahme kommt, wenn Natriumhydroxid in einem offenen Gefäß aufbewahrt wird.

V1 (Schutzscheibe!) Eine große runde Glaswanne wird etwa zur Hälfte mit Wasser gefüllt und mit einigen Tropfen Spülmittel versetzt (verhindert, dass Natrium an der Glaswand haftet). Man wirft ein sorgfältig entrindetes, etwa linsengroßes Stückchen Natrium auf das Wasser. (Vorsicht, das Reaktionsprodukt kann zerspritzen!

V2 ⚠ Ein etwa linsengroßes Stück Natrium mit **frischen(!)** Schnittflächen wird sofort in einen Sieblöffel gegeben und in einer Wanne unter Wasser gedrückt. Das entstehende Gas fängt man in einem großen Reagenzglas auf und führt die Knallgasprobe durch.

V3 (Schutzscheibe!) Man lässt ein kleines krustenfreies Natriumstückchen in einer Porzellanschale mit wenig Wasser reagieren und dampft die entstandene Lösung ein. Dann prüft man, ob sich das entstandene Produkt in Wasser löst, und gibt zu einer Probe etwas Phenolphthaleinlösung.

V4 In einem Reagenzglas werden 20 Natriumhydroxidplätzchen mit etwa 2 g Zinkpulver durch Schütteln vermischt. Man verschließt das Reagenzglas mit einem durchbohrten Stopfen, in dem eine Glasdüse mit Stahlwollesicherung steckt. Das Gemisch wird kräftig erhitzt. Nach der Knallgasprobe kann das entstehende Gas an der Spitze der Glasdüse entzündet werden.

V5 Fülle in ein Reagenzglas ca. 5 ml Wasser und miss die Temperatur. Gib 1 g Natriumhydroxid (ca. 10 Plätzchen) hinzu, rühre und verfolge die Temperaturänderung. Verdünne eine Probe mit etwas Wasser und setze Indikatorlösung zu.

V6 Fülle ein Reagenzglas ca. 2 cm hoch mit Wasser und erhitze Haar- oder Wollebüschel darin. Stelle das Glas danach in den Regenzglasständer und füge sofort 3 Natriumhydroxidplätzchen zu. (Achtung, heftige Reaktion möglich!)

Hydroxid Verkürzte Form des Hydrogeniumoxids

hygroskopisch von griech. hygros, feucht oder nass und skopein, anschauen, auf etwas gerichtet sein

B7 Laugengebäck

8.6 Gemeinsamkeiten alkalischer Lösungen

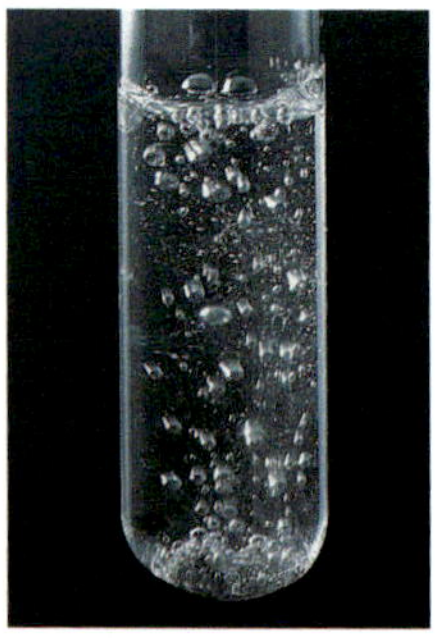

B1 Calcium reagiert mit Wasser

Wie Natrium reagieren auch die Alkalimetalle Lithium und Kalium mit Wasser in exothermen Reaktionen zu Wasserstoff und den entsprechenden Hydroxiden.

Kaliumhydroxid mit der Verhältnisformel **KOH** hat ähnliche Eigenschaften wie Natriumhydroxid. So löst es sich auch exotherm in Wasser. Die Lösung nennt man **Kalilauge**. Sie wird u.a. in der Seifenindustrie und in Batterien eingesetzt.

Lithiumhydroxid hat die Verhältnisformel **LiOH.** Aus ihm werden z.B. „Lithiumseifen" hergestellt, die als Schmiermittel im Kfz-Bereich eingesetzt werden.

Calciumhydroxid. Das Erdalkalimetall Calcium verhält sich gegenüber Wasser ähnlich wie die Alkalimetalle. Gibt man einige Calciumstückchen auf Wasser [V1], sinken diese zunächst aufgrund ihrer höheren Dichte zu Boden. Gleichzeitig trübt sich die Flüssigkeit und die Calciumstückchen werden kleiner. Calcium reagiert mit Wasser unter Bildung eines brennbaren Gases – Wasserstoff. Zurück bleibt eine weiße Suspension. Durch Filtration erhält man einen weißen Feststoff und eine alkalische Lösung.

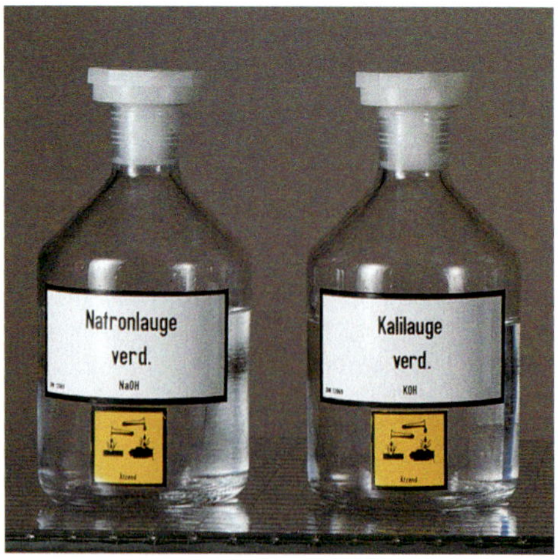

B2 Alkalische Lösungen

Der weiße Feststoff ist auch ein Hydroxid: **Calciumhydroxid** mit der Verhältnisformel **CaO_2H_2**. Das Entstehen der alkalischen Lösung ist auch hier auf die **OH-Atomgruppe** zurückzuführen. Man schreibt deshalb **$Ca(OH)_2$**. Damit lautet die Reaktionsgleichung:

$$Ca + 2\,H_2O \longrightarrow Ca(OH)_2 + H_2$$

Die Löslichkeit von Calciumhydroxid in Wasser ist im Gegensatz zu den Alkalimetallhydroxiden nur gering. Die **Calciumhydroxidlösung** nennt man auch **Kalkwasser** [B3]. Es wird unter anderem als Nachweismittel für Kohlenstoffdioxid eingesetzt.

Wie saure Lösungen besitzen auch alkalische Lösungen einige gemeinsame Eigenschaften. Diese Lösungen leiten den elektrischen Strom und bewirken bei Indikatorlösungen charakteristische Farben.
Welche Teilchen haben die alkalischen Lösungen gemeinsam?

Hydroxidionen. Da alkalische Lösungen den elektrischen Strom leiten [V3a], bestätigt sich, dass sie als Salzlösungen Ionen enthalten.

B3 Herstellen von Kalkwasser aus einer Suspension von Calciumhydroxid

Aus der Tatsache, dass auch die Schmelzen der genannten Hydroxide den elektrischen Strom leiten [V2], kann man folgern, dass sie aus Ionen bestehen. Es liegen Metallionen und OH^--Ionen vor. Man bezeichnet die OH^--Ionen als **Hydroxidionen**. Die Kationen und Anionen sind schon im festen Zustand vorhanden und bilden ein Ionengitter [B6].
Aus festem Natriumhydroxid werden beim Lösen bewegliche, hydratisierte Na^+- und OH^--Ionen und die Temperatur der Lösung nimmt zu [B5]. Es wird also *Hydratationsenergie* freigesetzt. Die Reaktionsgleichung für das Lösen von Natriumhydroxid lautet:

$$Na^+OH^-(s) \xrightarrow{\text{Wasser}} Na^+(aq) + OH^-(aq) \mid \text{exotherm}$$

Da in den genannten alkalischen Lösungen unterschiedliche Metallionen enthalten sind, müssen die gemeinsamen Eigenschaften auf die Hydroxidionen zurückgeführt werden.

Alle alkalischen Lösungen enthalten Hydroxidionen (OH^--Ionen).

Alkalische Lösungen entstehen nicht nur bei Lösungsvorgängen von Hydroxiden, sondern auch z. B. bei der Reaktion von Calciumoxid mit Wasser. Die Hydroxidionen entstehen hier in einer exothermen Reaktion:

$$Ca^{2+}O^{2-}(s) + H_2O \longrightarrow Ca^{2+}(aq) + 2\ OH^-(aq)$$

Bei dieser Reaktion werden die Hydroxidionen durch einen Protonenübergang von Wassermolekülen auf die Oxidionen im Calciumoxid gebildet.

Stoff	Formel (Ionen)	wässrige Lösung
Natriumhydroxid	Na^+OH^-	Natronlauge
Kaliumhydroxid	K^+OH^-	Kalilauge
Calciumhydroxid	$Ca^{2+}(OH^-)_2$	Kalkwasser

B4 Hydroxide und Laugen im Überblick

V1 In ein Becherglas (250 ml), das zur Hälfte mit Wasser gefüllt ist, gibt man zwei Spatellöffel voll Calciumstückchen. Mit einem brennenden Holzspan entzündet man anschließend das sich bildende Gas. Nachdem die Reaktion beendet ist, wird die Suspension filtriert und das klare Filtrat mit Phenolphthaleinlösung geprüft.

V2 (Schutzhandschuhe und Schutzscheibe!) Sorgfältig entwässertes Natriumhydroxid wird in einem Nickeltiegel, der in einem Tondreieck sitzt, geschmolzen. Dann prüft man mit zwei Zinkelektroden die elektrische Leitfähigkeit der Schmelze.

V3 **a)** Prüfe die Leitfähigkeit von verdünnter Natron- oder Kalilauge.
b) Prüfe die Lösungen mit Phenolphthaleinlösung.

A1 Benenne alle Teilchen, die in verdünnter Kalilauge vorkommen.

A2 Stelle die Lösungsvorgänge für Kalium- und Calciumhydroxid in Wasser mit Formeln dar.

A3 Gibt man Lithiumoxid in Wasser, entsteht eine alkalische Lösung. Erkläre, wie die für eine alkalische Lösung typischen Teilchen entstehen.

A4 Eine Citronensäureschmelze leitet den elektrischen Strom nicht, jedoch leitet eine Schmelze aus Natriumhydroxid. Erkläre.

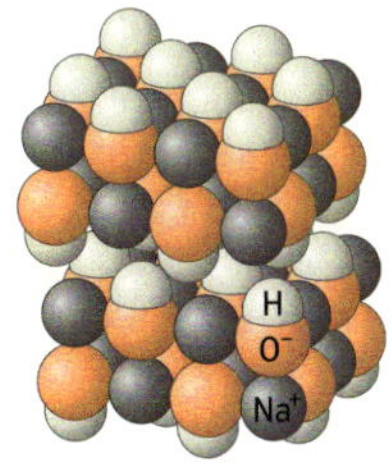

B6 Ionengitter von Natriumhydroxid

B7 Hydroxidion, Kalottenmodell

OH^-

Verhältnisformel

$[\,|\overline{\underline{O}}-H\,]^-$

Strukturformel

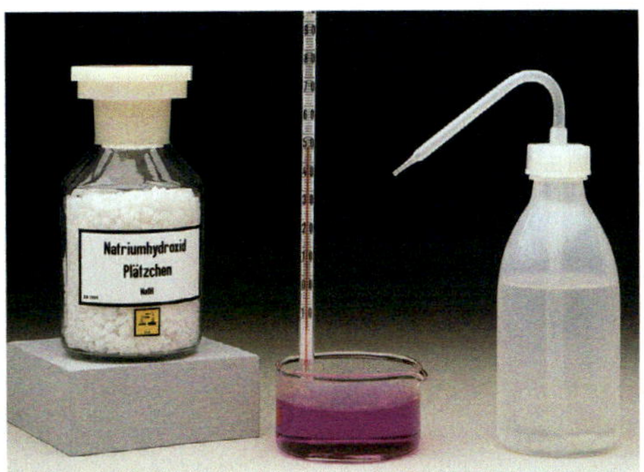

B5 Natriumhydroxid löst sich unter Erwärmen in Wasser. Die Lösung ist alkalisch

8.7 Praktikum Untersuchung eines Abflussreinigers

B1 Abfluss

Ein Abflussreiniger bietet scheinbar eine problemlose Möglichkeit, Verstopfungen im Abfluss zu beseitigen. Ein Blick auf die Liste der Inhaltsstoffe zeigt jedoch, dass diese Mittel für die Umwelt und für die eigene Gesundheit nicht unbedenklich sind [B3].

V1 Inhaltsstoffe und Wirkung

Der Abflussreiniger ist ein Gemisch verschiedener Stoffe. Die Liste der Inhaltsstoffe nennt drei Bestandteile: Aluminium, Natriumhydroxid und „Salze". Diese Stoffe sollen Haare und Seifenreste im Abfluss zersetzen und „lösen".

Wichtige Zusatzinformation:

Eine Blaufärbung von feuchtem Universalindikatorpapier rührt von dem Gas Ammoniak her. Ammoniak entsteht z. B. in einer Reaktion von Wasserstoff mit Kalium- oder Natriumnitrat.

Geräte und Chemikalien:

Schutzbrille, Schutzhandschuhe, Petrischale, Holzstäbchen, Reagenzgläser, Reagenzglashalter und -ständer, Löffelspatel, Holzspan, Thermometer, Abflussreiniger, Natriumhydroxidplätzchen, Aluminium (Gries, Körner), Universalindikatorpapier, Wasser, Nitrat-Teststäbchen, Phenolphthaleinlösung, Natronlauge mit $c(\text{NaOH}) = 1\,\text{mol/l}$.

Durchführung:

a) Gib einen Spatellöffel Abflussreiniger in eine Petrischale und sortiere die drei Bestandteile mit einem Holzstäbchen.

b) Zur Identifizierung der weißen Bestandteile wird eine kleine Probe der „glasig-weißen" Kügelchen im Reagenzglas in wenig Wasser gelöst und mit Phenolphthaleinlösung geprüft. Eine Probe der „reinweißen" Kügelchen in wässriger Lösung wird mit Nitrat-Teststäbchen getestet.

c) Nach Identifikation der Bestandteile werden deren Funktionen überprüft:

- *Natriumhydroxid:* Fülle in ein Reagenzglas ca. 2 cm hoch Wasser und erhitze ein Haarbüschel darin. Stelle das Reagenzglas in den Ständer und füge mit der Pinzette drei Natriumhydroxidplätzchen zu. (Achtung, heftige Reaktion möglich!)
  Eine weitere Funktion von Natriumhydroxid findest du, indem du drei Natriumhydroxidplätzchen im Reagenzglas in wenig Wasser (etwa 1 cm hoch) löst und die Temperaturänderung erfasst.
- *Aluminium:* Gib zu einigen Aluminiumkörnchen im Reagenzglas höchstens 1 cm hoch Natronlauge (Vorsicht!). Beobachte die Mischung eine Zeit lang. Zur Durchführung der Knallgasprobe wird ein brennender Holzspan so in den oberen Teil des Reagenzglases gehalten, dass er die Reagenzglaswand nicht berührt (Vorsicht!).
- *Salze:* Gib zu einer kleinen Probe des original Abflussreinigers im Reagenzglas vorsichtig etwas Wasser. Halte ein angefeuchtetes Stück Indikatorpapier *über* die Öffnung des Reagenzglases. Führe anschließend die Knallgasprobe wie unter „Aluminium" beschrieben durch.

Auswertung:

1. Welche wichtige Sicherheitsvorschrift fehlt auf dem Etikett des Abflussreinigers?

2. Welchen Bestandteil des vorliegenden Gemisches kannst du in der Petrischale ohne Weiteres identifizieren? An welcher Eigenschaft hast du ihn erkannt?

3. Erkläre die Funktionen der drei Bestandteile beim Reinigungsvorgang.

4. Welche Sicherheitsfunktion haben die Salze?

5. Bewerte den Einsatz des Abflussreinigers im Haushalt und nenne Alternativen.

B2 Abflussreiniger

B3 Etikett mit Inhaltsstoffen im Abflussreiniger

8.8 Praktikum Formeln von Hydroxiden

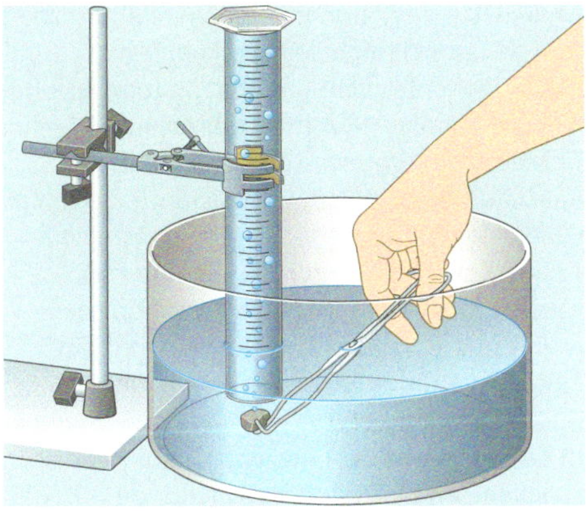

B1 Versuchsaufbau zu V1

Aus Experimenten mit Alkali- und Erdalkalimetallen wissen wir, dass bei der Reaktion dieser Metalle mit Wasser die entsprechenden Metallhydroxide (bzw. deren wässrige Lösungen) und Wasserstoff entstehen.

Lithiumhydroxid und Calciumhydroxid. Vergleicht man die Reaktionsgleichungen für die erwarteten Reaktionen der Metalle M und M mit Wasser, fällt auf, dass sich bei gleichen Stoffmengen der eingesetzten Metalle die Stoffmengen des entstehenden Wasserstoffs um den Faktor zwei unterscheiden:

$$2\,M + 2\,H_2O \longrightarrow 2\,M(OH) + 1\,H_2$$
$$2\,M + 4\,H_2O \longrightarrow 2\,M(OH)_2 + 2\,H_2$$

Arbeitsauftrag:
Experimentell sollen die Wasserstoffvolumina bestimmt werden, die jeweils aus einer genau abgewogenen Lithium- bzw. Calciumportion bei der Reaktion mit Wasser entstehen. Aus diesen Volumina [B2] berechnet man dann jeweils die Stoffmengen des freigesetzten Wasserstoffs und aus den eingewogenen Metallportionen die Metallstoffmengen. Man bildet dann das Stoffmengenverhältnis von Lithium bzw. Calcium zu Wasserstoff und vergleicht mit den aus der Reaktionsgleichung abgeleiteten Stoffmengenverhältnissen.

V1 Reaktion von Lithium bzw. Calcium mit Wasser

Geräte und Chemikalien:
Schutzbrille, Messzylinder (100 ml), Glasschale, Tiegelzange, Lithium, Calcium, Phenolphthaleinlösung, Wasser.

a) Reaktion von Lithium mit Wasser

Durchführung:
Versuchsaufbau wie in [B1]. Halte ein genau abgewogenes Stück Lithium (m(Li) = 50 mg) mit der Tiegelzange unter die Öffnung des mit Wasser gefüllten Messzylinders. Lies nach Beendigung der Reaktion das Volumen des entstandenen Wasserstoffs ab und prüfe die Flüssigkeit in der Glasschale mit Phenolphthaleinlösung.

b) Reaktion von Calcium mit Wasser

Durchführung:
Wie in (a), nur Calcium statt Lithium.

Auswertung:
1. Notiere deine Beobachtungen.
2. Berechne jeweils die Stoffmenge [B2] der eingesetzten Lithium- bzw. Calciumportion.
3. Berechne jeweils die Stoffmenge [B2] der entstandenen Wasserstoffportion (setze V_m = 24 l/mol ein).
4. Berechne das Stoffmengenverhältnis $n(Li) : n(H_2)$ bzw. $n(Ca) : n(H_2)$ und notiere die Verhältnisformeln der beiden Hydroxide.

Die Stoffmenge n der Metallatome erhält man, wenn die Masse der eingesetzten Metallportion m (in g) durch die molare Masse M des Metalls (in g/mol) dividiert wird.

$$n(\text{Li}) = \frac{m(\text{Lithium})}{M(\text{Li})} \qquad n(\text{Ca}) = \frac{m(\text{Calcium})}{M(\text{Ca})}$$

Die Stoffmenge der Wasserstoffmoleküle erhält man, wenn das Volumen der Wasserstoffportion (in l) durch das molare Volumen (in l/mol) dividiert wird.

$$n(H_2) = \frac{V(\text{Wasserstoff})}{V_m}$$

B2 Beispiel zur Berechnung der Stoffmengenverhältnisse

8.9 Ammoniak und Ammoniumchlorid

B1 Dunkles Haar mit blonden Strähnen

Den typischen stechenden Geruch von **Ammoniak** kann man in Friseursalons beim Blondieren oder Färben der Haare wahrnehmen. Durch Ammoniak quillt das Haar auf und wird so zur Aufnahme von Farbstoffmolekülen vorbereitet. Auch bei der Benutzung von Fensterreinigern fällt häufig Ammoniakgeruch auf. Ammoniak ist ein farbloses, stechend riechendes Gas mit der Molekülformel NH_3.

Ammoniak und Ammoniaklösung. Von Wasser werden beträchtliche Portionen Ammoniak aufgenommen [V1, B2], bei Zimmertemperatur etwa 700 l Ammoniak von 1 l Wasser. Die dabei entstandene Ammoniaklösung wird auch *Ammoniakwasser* genannt. Die Ammoniaklösung ist alkalisch, sie muss also Hydroxidionen enthalten. Wie werden diese Hydroxidionen gebildet? Sie entstehen durch eine Reaktion der Ammoniakmoleküle mit den Wassermolekülen. Dabei gehen Protonen von den Wassermolekülen auf die Ammoniakmoleküle über. Die bei dieser Protonenübergangsreaktion [B5a] gebildeten positiv geladenen Ionen heißen **Ammoniumionen (NH_4^+).**

B2 Der Ammoniakspringbrunnen

$$NH_3(g) + H_2O(l) \longrightarrow NH_4^+(aq) + OH^-(aq)$$

Insgesamt reagiert aber nur ein geringer Anteil der Ammoniakportion mit Wasser, der größte Teil liegt in Wasser nur gelöst vor und entweicht daraus schon bei Zimmertemperatur.

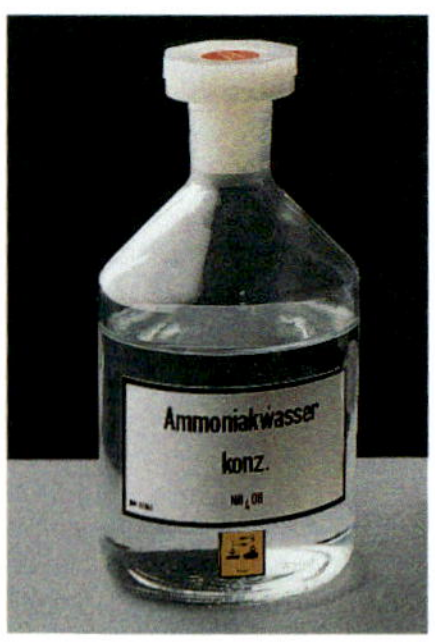

B3 Ammoniakwasser

Aufbau des Ammoniakmoleküls und zwischenmolekulare Wechselwirkungen. Im Ammoniakmolekül sind die drei polaren N—H-Bindungen und das freie Elektronenpaar tetraedrisch angeordnet. Somit ergibt sich eine unsymmetrische Ladungsverteilung, die Ammoniakmoleküle sind Dipole. Die Polarität der N—H-Bindung ist so groß, dass *Ammoniakmoleküle untereinander* und in der Ammoniaklösung *mit Wassermolekülen Wasserstoffbrücken* ausbilden können. Hierauf ist die gute Löslichkeit des Ammoniaks in Wasser zurückzuführen.

Bedeutung des Ammoniaks. Die Weltproduktion an Ammoniak beläuft sich auf etwa 100 Millionen Tonnen pro Jahr. Ammoniak wird nach dem **Haber-Bosch-Verfahren** aus Stickstoff und Wasserstoff hergestellt. Drei Viertel der Produktion werden zur Herstellung von Düngemitteln verwendet. Daneben bildet Ammoniak die Basis zur Herstellung von Kunststoffen, Farb- und Sprengstoffen sowie Medikamenten und Pflanzenschutzmitteln. Flüssiges Ammoniak wird u.a. in Kältemaschinen eingesetzt.
In der Natur entsteht Ammoniak bei der bakteriellen Zersetzung pflanzlicher und tierischer Eiweiße, so z.B. durch Zersetzung der in den Exkrementen der Nutztiere enthaltenen Eiweiße. Der Stallgeruch bei der Viehhaltung ist daher vor allem auf Ammoniak zurückzuführen.

V1 (Schutzscheibe!) Man füllt einen Rundkolben mit Ammoniakgas und verschließt ihn mit einem Stopfen, in dem ein Glasrohr steckt. Die Öffnung des Glasrohres hält man dann in Wasser, dem Indikator zugesetzt ist [B2].

V2 Man nimmt zwei gleichgroße Standzylinder und pipettiert in den ersten 2–3 Tropfen konzentrierte Salzsäure und in den zweiten 2–3 Tropfen konz. Ammoniaklösung. Dann stellt man den Zylinder, der Chlorwasserstoff enthält, mit der Öffnung auf den Zylinder mit Ammoniak [B4].

A1 Gib für das Stickstoff- und das Wasserstoffatom die Elektronegativitäten an. Kennzeichne die positive und negative Seite der N—H-Bindung.

A2 Leitet eine Ammoniaklösung den elektrischen Strom? Begründe deine Entscheidung.

A3 Ammoniak weist im Vergleich zu Stickstoff oder Chlorwasserstoff eine hohe Siedetemperatur (–33 °C) auf. Worauf könnte dies beruhen?

Ammoniumchlorid. Bringt man konzentrierte Ammoniaklösung in die Nähe von konzentrierter Salzsäure [V2], so entsteht ein weißer Rauch, ohne dass die Flüssigkeiten miteinander in Kontakt kommen. Es müssen also die Gase Ammoniak und Chlorwasserstoff miteinander reagiert haben. Dieser Vorgang wird häufig zum Nachweis einer der beiden Stoffe benutzt. Führt man die Reaktion in einer geschlossenen Apparatur durch [B4], scheidet sich ein weißer Stoff ab. Er ist in Wasser leicht löslich und in der Lösung lassen sich Chloridionen nachweisen. Aus den beiden Gasen ist also ein Salz entstanden [B5b]:

$$HCl(g) + NH_3(g) \longrightarrow NH_4^+Cl^-(s)$$

Das Salz heißt **Ammoniumchlorid**, umgangssprachlich nennt man es **Salmiak** [B6].
Die Ammonium- und Chloridionen bilden im Ammoniumchlorid ein Ionengitter.
Die Bildung von Ammoniumchlorid ist ein weiteres Beispiel für eine Protonenübergangsreaktion. Das Chlorwasserstoffmolekül ist der **Protonendonator** und das Ammoniakmolekül der **Protonenakzeptor**.

B4 Bildung von Ammoniumchlorid aus Ammoniak und Chlorwasserstoff

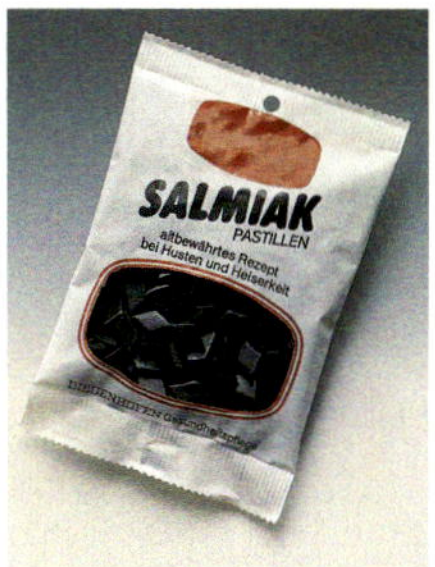

B6 Ammoniumchlorid in Salmiakpastillen wirkt schleimlösend

Exkurs Das Donator-Akzeptor-Prinzip

Um die Gemeinsamkeiten von Protonenübergangsreaktionen als Funktionen von Teilchen herauszustellen, wurden 1923 von dem dänischen Wissenschaftler JOHANNES NICOLAUS BRØNSTED (1879–1947) die Begriffe Säure und Base definiert.

Teilchen, die bei einer Reaktion Protonen abgeben, nennt man Säuren (Protonendonatoren). Teilchen, die bei einer Reaktion Protonen binden, nennt man Basen (Protonenakzeptoren).

Beispiel: Bei der Bildung von Ammoniumchlorid ist das Chlorwasserstoffmolekül die Säure und das Ammoniakmolekül die Base [B5b].

Das allgemeine Funktionsprinzip, nach dem sowohl die Säure-Base-Reaktionen als auch die Redoxreaktionen erklärt werden können, ist das **Donator-Akzeptor-Prinzip.** Bei Säure-Base-Reaktionen sind es Protonendonatoren bzw. -akzeptoren und bei Redoxreaktionen die Elektronendonatoren bzw. -akzeptoren.

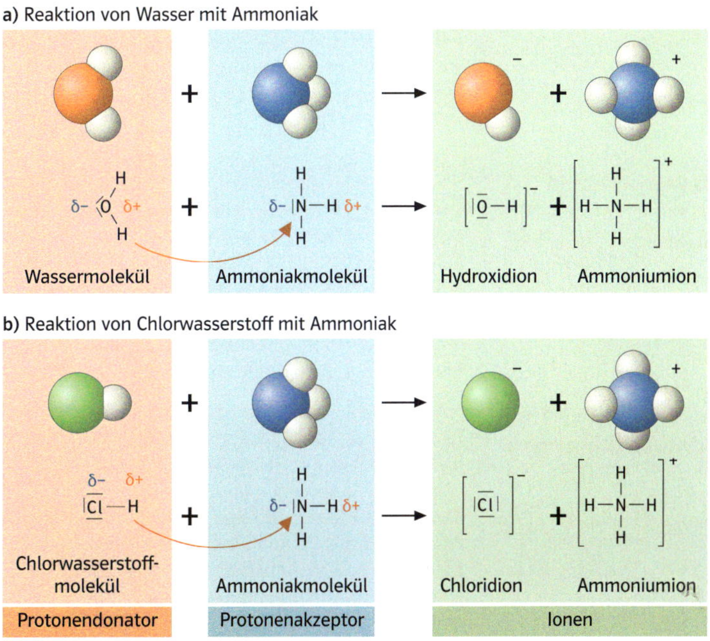

B5 Protonenübergangsreaktionen

8.10 Die Neutralisation

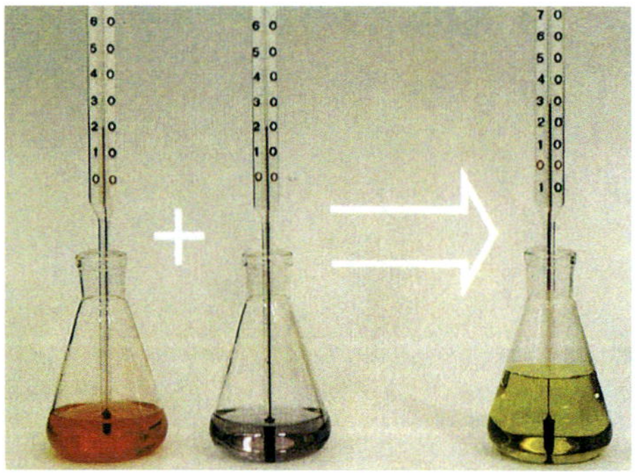

B1 Neutralisation von Salzsäure mit Natronlauge. Ein zugesetzter Indikator zeigt den Neutralpunkt an

Nach einem Experiment sollte Natronlauge nicht in den Ausguss geschüttet werden. Wie könnte sie entsorgt werden? In der Schule gibt es Entsorgungsgefäße, z. B. eines für saure und alkalische Lösungen.

Alkalisch und sauer ergibt neutral? Mischt man verdünnte Natronlauge, der Universalindikatorlösung zugesetzt wurde, tropfenweise mit verdünnter Salzsäure [V1], so ändert das Gemisch seine Farbe und die Temperatur nimmt zu. Nach dem Zusatz einer bestimmten Salzsäureportion wird es gelbgrün. Es ist somit eine Lösung entstanden, die weder alkalisch noch sauer ist. Sie ist neutral und der pH-Wert ist 7 [B4].

B2 Eindampfen der neutralisierten Lösung. Natriumchlorid bleibt zurück

Stellt man mit Stoffportionen von Natronlauge und Salzsäure gleicher Stoffmenge ohne Indikatorzusatz die neutrale Lösung her und dampft die Lösung ein, bleibt ein weißes Salz als Rückstand [B2]. Aus den Natrium- und Chloridionen ist Natriumchlorid entstanden.

A1 Welche Hinweise gibt es dafür, dass beim Zusammengeben von Salzsäure und Natronlauge eine chemische Reaktion stattfindet?

A2 Formuliere die Reaktionsgleichungen in der Ionenschreibweise für die Reaktionen von **a)** Kalilauge mit Salzsäure und **b)** Kalkwasser (Calciumhydroxidlösung) mit Salzsäure. Markiere jeweils die Protonenübergänge.

A3 Warum fällt bei der Reaktion von konz. Natronlauge mit konz. Salzsäure Natriumchlorid aus, bei der Reaktion der verdünnten Lösungen dagegen nicht?

A4 Zum Kalken des Bodens gegen die Folgen des sauren Regens wird häufig Calciumoxid (Branntkalk) eingesetzt. Welche Reaktionsprodukte entstehen bei der Reaktion von Calciumoxid mit Salzsäure? Warum kann man diese Reaktion auch als Neutralisation bezeichnen?

Exkurs Antazida

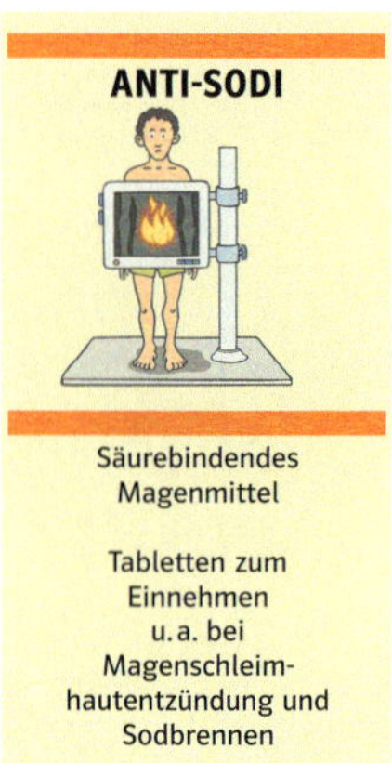

Im Magensaft befindet sich Salzsäure mit w = 0,1 bis 0,5 %. Sie aktiviert die eiweißspaltenden Enzyme. Da Salzsäure ätzend wirkt, kann es bei Störungen der Magensäureproduktion zu „Sodbrennen" kommen. Dabei steigt Magensaft in der Speiseröhre auf und verursacht ein unangenehmes Brennen.

Es gibt verschiedene säurebindende Medikamente, die die Magensäure teilweise neutralisieren und damit dem Sodbrennen entgegenwirken. Sie werden als **Antazida** bezeichnet und sind in Apotheken erhältlich. Als Antazida kommen unterschiedliche anorganische Substanzen zum Einsatz, z. B. ein Gemisch aus Aluminiumhydroxid [$Al(OH)_3$] und Magnesiumhydroxid [$Mg(OH)_2$].

Beim Zusammengeben von Salzsäure und Natronlauge ist eine Temperaturerhöhung messbar, dies weist auf eine chemische Reaktion hin. Die Reaktionsgleichung in Ionenschreibweise lautet:

$$[Na^+, OH^-] + [H_3O^+, Cl^-] \longrightarrow [Na^+, Cl^-] + 2\,H_2O$$

Ionen in der Natronlauge	Ionen in der Salzsäure	Ionen in der neutralen Lösung

Aus der Reaktionsgleichung geht hervor, dass nicht alle Teilchen an der Reaktion beteiligt sind. *Nur die H_3O^+- und OH^--Ionen reagieren miteinander* unter Bildung von Wassermolekülen. Die Natriumionen aus der Natronlauge und die Chloridionen aus der Salzsäure verändern sich nicht, sie liegen demnach auch in der neutralen Lösung vor. Reagiert konzentrierte Salzsäure mit konzentrierter Natronlauge, so ist das gebildete Salz als Feststoff sichtbar [V2]. Es entsteht so viel Natriumchlorid, dass seine Löslichkeit überschritten wird und es ausfällt.

V1 **a)** Gib in einem Reagenzglas zu verdünnter Natronlauge (w = 5 %), der Universalindikator zugesetzt ist, tropfenweise verdünnte Salzsäure (w = 5 %), bis der Indikator gelbgrün ist. Miss die Temperatur der Natronlauge, der Salzsäure und der entstandenen Lösung.
b) Schüttle die Lösung zur Entfernung des Indikators mit Aktivkohle und filtriere. Lass die Flüssigkeit des Filtrats verdunsten und betrachte den Rückstand unter der Lupe.

V2 ⚠ (Vorsicht, starke Wärmeentwicklung! Schutzbrille und Schutzscheibe!) Man gibt in einen Erlenmeyerkolben konz. Natronlauge und setzt langsam tropfenweise konz. Salzsäure zu.

V3 Ein im Mörser pulverisiertes Gemisch aus 1,6 g Citronensäure (wasserfrei) und 1,0 g Natriumhydroxid wird mit einem langen Trichter so in ein Reagenzglas gefüllt, dass der Reagenzglasrand sauber bleibt. Dann wird das Glas schräg über dem Gasbrenner vorsichtig erhitzt. Sobald die Reaktion einsetzt, wird das Reagenzglas aus der Flamme genommen. Den Beschlag am Glas mit einem Wassernachweismittel überprüfen.

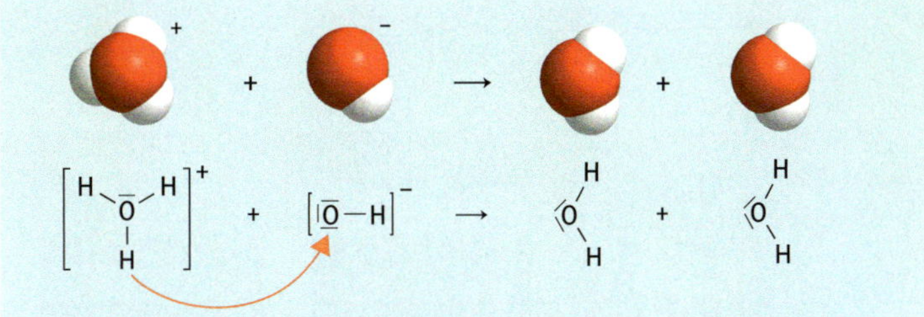

$$H_3O^+ + OH^- \longrightarrow 2\,H_2O \quad |\,\text{exotherm}$$

Oxonium-ion + Hydroxid-ion ⟶ Wassermoleküle | exotherm

B3 Neutralisation und Protonenübergang im Modell und mit Formeln

Neutralisation. Nicht nur Salzsäure und Natronlauge, sondern auch andere saure und alkalische Lösungen können miteinander zu neutralen Lösungen reagieren. Dabei entstehen immer Wasser und ein Salz, das meistens gelöst vorliegt. Bei der Reaktion wird immer Energie freigesetzt.

Berücksichtigt man bei der Formulierung der Reaktionsgleichung für die Neutralisation in wässrigen Lösungen nur die reagierenden Teilchen, ergibt sich eine vereinfachte Schreibweise [B3, vorletzte Zeile].

Bei einer Neutralisation reagieren Oxoniumionen mit Hydroxidionen exotherm zu Wassermolekülen.

Führt man die Neutralisation als Feststoffreaktion von Natriumhydroxid mit Citronensäure durch, kann man auch die Wasserbildung beobachten [V3].

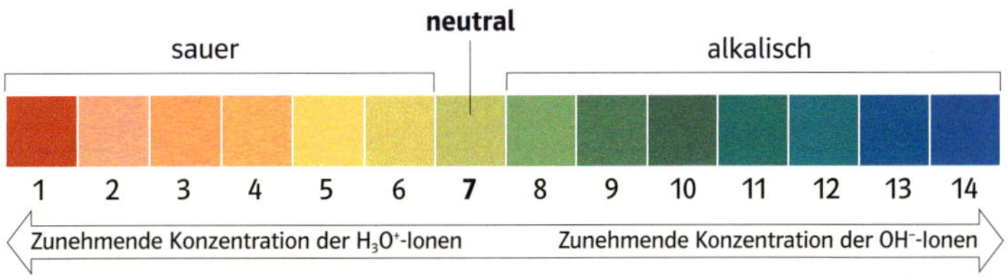

B4 Der pH-Wert ist ein Maß für den sauren, alkalischen oder neutralen Charakter einer Lösung. Die Konzentration der Oxonium- (H_3O^+) und Hydroxidionen (OH^-) bestimmen den pH-Wert einer Lösung.

8.11 Haut und Haare – alles im neutralen Bereich

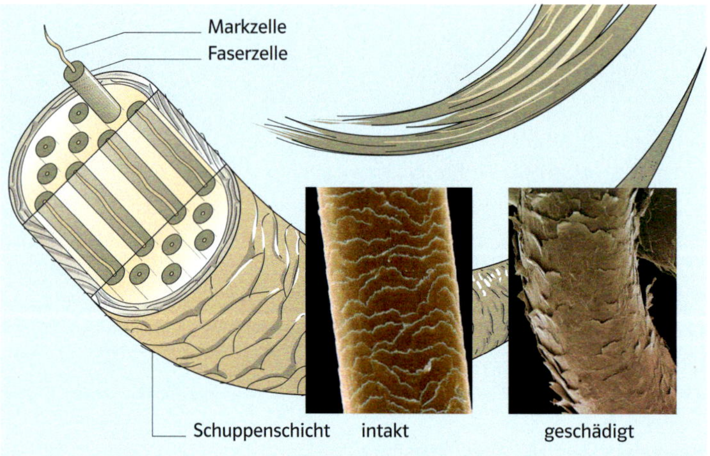

B1 Aufbau des Haares

Auf einem Quadratzentimeter Kopfhaut wachsen etwa 100 Haare. Sie wachsen in der Woche zwischen 2 und 2,5 mm und haben einen Durchmesser von 4 bis 12 Hundertstel Millimeter. Das Haar erhält seine Farbe durch ein natürliches Pigmentgemisch (Melanine), das in dem Haarkörper eingelagert ist. Je nach Anteil der verschiedenen Melanintypen entstehen die unterschiedlichen Haarfarben.

Pigment feine, unlösliche Farbkörnchen

Der Aufbau des Haares. Der Haarschaft ist der sichtbare Teil des Haares, er ist aus drei Schichten aufgebaut [B1].
In der Mitte befinden sich die schwammigen Markzellen, umhüllt werden sie von den Faserzellen mit den Farbpigmenten. Sie bestimmen die Farbe, Festigkeit und Elastizität des Haares.

B2 Für jeden Geschmack hält der Fachhandel (rechts) das richtige Blondiermittel bereit

Um die Faserschicht liegt schützend, wie bei einem Tannenzapfen, die Schuppenschicht. Sie ist durchsichtig, durch sie schimmern die Farbpigmente des Haares hindurch. Sie hält das Haarinnere zusammen und schützt das Haar vor Austrocknung und Einwirkung von Chemikalien. Der Gerüststoff des Haares ist Keratin, ein Eiweißstoff (Protein), der auch in Horn und Nägeln enthalten ist.

Das Färben der Haare. Hierbei unterscheidet man drei Möglichkeiten: Das Blondieren der Haare, das Tönen und das eigentliche Färben.

Das Blondieren des Haares beruht auf der oxidativen Zerstörung der Melanin-Pigmente der Haare, meist mithilfe von Wasserstoffperoxid [V2]. Das Blondiermittel [B2] enthält neben weiteren Hilfsstoffen zusätzlich noch Ammoniaklösung, die zu einem alkalischen Reaktionsgemisch führt. Dadurch wird die Schuppenschicht gespreizt [V1], das Haar quillt, sodass anschließend die Farbpigmente von dem Wasserstoffperoxid angegriffen werden können. Ferner wird in alkalischer Lösung die Entwicklung von Sauerstoff aus Wasserstoffperoxid gefördert. Die Spreizung der Schuppenschicht wird anschließend durch eine Spülung mit einer schwach sauren Lösung rückgängig gemacht. Das Haar zieht sich wieder zusammen und schließt sich, seine Spannkraft und Elastizität erhöhen sich. Zwischen der alkalischen Lösung und der sauren Lösung läuft eine Neutralisationsreaktion ab (Kap. 8.10). Dabei werden auch evtl. vorhandene hautschädigende Reste der alkalischen Lösung von der Kopfhaut entfernt.

V1 (Schutzbrille!) Nimm 2 Haare. Tauche ein Haar für einige Minuten in Ammoniaklösung ($w \approx 5\,\%$). Betrachte beide Haare unter dem Mikroskop.

V2 (Schutzbrille!) In ein Reagenzglas gibt man mit Aceton entfettete dunkle Haare zu einer Wasserstoffperoxidlösung ($w \approx 5\,\%$). Anschließend setzt man noch 1 ml verd. Ammoniaklösung ($w \approx 5\,\%$) zu und lässt einige Stunden stehen.

Das Tönen. Tönungen sind Gemische aus unterschiedlichen Farbpigmenten. Sie lagern sich unterschiedlich fest an das Keratingerüst des Haares an. Bei der Haarwäsche werden diese Farbpigmente wieder unterschiedlich rasch ausgewaschen.

Das Färben des Haares erfolgt meist in zwei Schritten. Zunächst wird mithilfe eines Oxidationsmittels wie beim Blondieren der natürliche Farbstoff des Haares zerstört. Im zweiten Schritt reagiert die im Färbegemisch enthaltene Vorstufe der eigentlichen Farbmoleküle mit dem Oxidationsmittel und bildet dabei große Farbmoleküle [B4]. Diese können nicht mehr aus dem Haar herausgespült werden. Wie beim Blondieren wird beim Färben im alkalischen Medium gearbeitet [V4], weil durch die gespreizte Schuppenschicht das Eindringen der Stoffe in das Innere des Haares erleichtert wird.
Der Färbevorgang wird auch hier durch eine schwach saure Haarspülung beendet, die eine Neutralisation bewirkt.

Dauerwelle. Bei der Anlage einer Dauerwelle müssen in den Keratinmolekülen durch zugesetzte Stoffe (Wellflüssigkeit) Atombindungen gelöst und neue gebildet werden. Auch bei diesem Vorgang wird anfänglich die Schuppenschicht durch die verwendete alkalische Lösung gespreizt [V4]. Am Ende des Prozesses erfolgt durch die leicht saure Fixierflüssigkeit eine Neutralisation.

Die menschliche Haut ist aus drei Schichten aufgebaut: Oberhaut, Lederhaut und Unterhaut [B3]. Sie schützt sich selbst durch den Aufbau eines **Säureschutzmantels** (Hydrolipidschicht) gegen Mikroorganismen. Wenn die zur Reinigung eingesetzten waschaktiven Substanzen (Tenside) alkalische Lösungen bilden, wie z.B. Seife [V5], kann der Säureschutzmantel durch Reaktion mit den Hydroxidionen abgebaut werden. Dadurch wird die Haut trocken, rissig und angreifbar durch Mikroorganismen. Heute werden daher synthetische Tenside eingesetzt, die schwach saure Lösungen bilden und damit gut hautverträglich sind [V5].

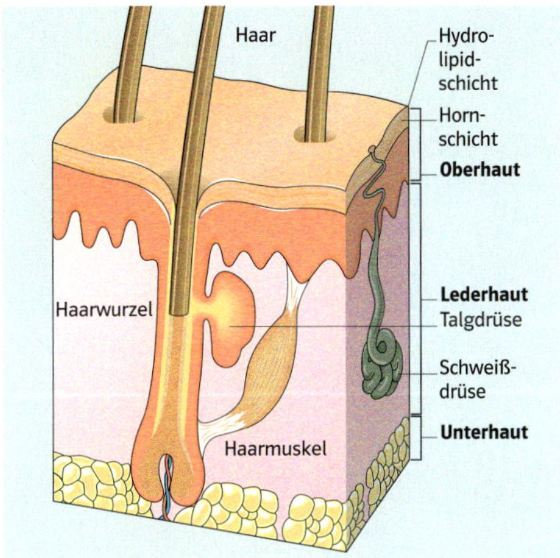

B3 Querschnitt durch die menschliche Haut

B5 Mikroaufnahme der Haut

V3 Gib einige Tropfen verschiedener Haarpflegeprodukte (Shampoo, Haarwässer, Tönungen. Färbemittel, Spülung) auf feuchtes Universalindikatorpapier.

V4 Gib einige Tropfen der Wellflüssigkeit und der Fixierflüssigkeit auf feuchtes Universalindikatorpapier.

V5 Gib einige Tropfen verschiedener Hautpflegeprodukte (Seifenlösung, Duschgel, Hautcreme usw.) auf feuchtes Universalindikatorpapier.

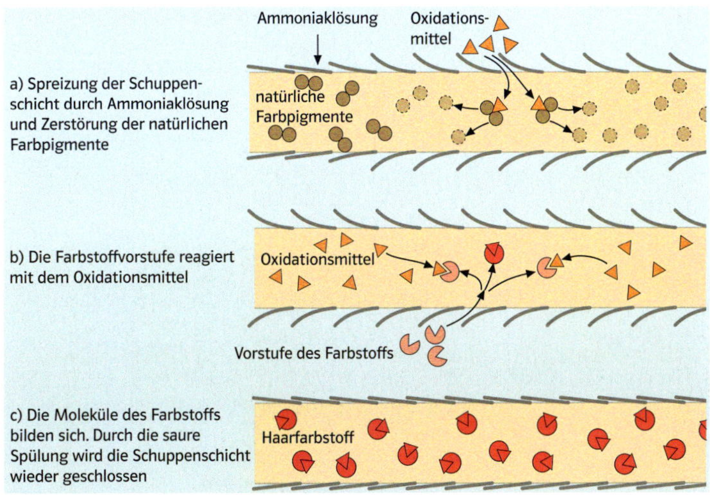

B4 Färbevorgang schematisch

8.12 Die Konzentration saurer und alkalischer Lösungen

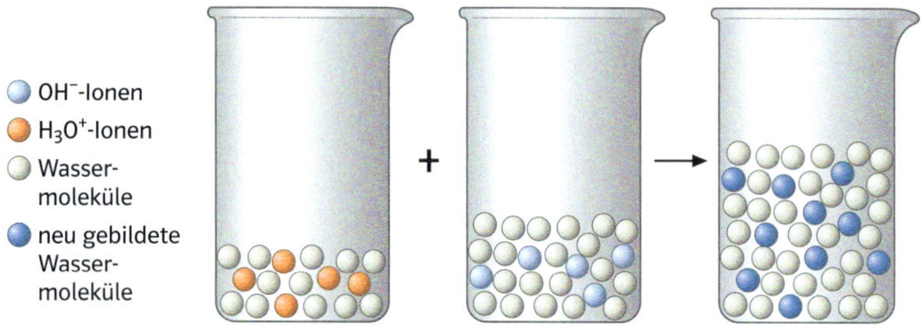

B1 Neutralisation unterschiedlicher Volumina einer sauren und einer alkalischen Lösung. Es sind nur die reagierenden Ionen berücksichtigt

$HCl + H_2O \longrightarrow H_3O^+ + Cl^-$

$$n(HCl) = n(H_3O^+) = 1\,mol$$
$$N(HCl) = N(H_3O^+) = 6 \cdot 10^{23}$$

$$m_t(HCl) = 36{,}5\,u$$
$$m(\text{Chlorwasserstoff}) = m_t(HCl) \cdot N = 36{,}5\,u \cdot 6 \cdot 10^{23} = 36{,}5\,g$$

$$n(NaOH) = n(OH^-) = 1\,mol$$
$$N(NaOH) = N(OH^-) = 6 \cdot 10^{23}$$

$$m_t(NaOH) = 40\,u$$
$$m(\text{Natriumhydroxid}) = m_t(NaOH) \cdot N = 40\,u \cdot 6 \cdot 10^{23} = 40\,g$$

B2 Herstellung von Lösungen mit Stoffmengen von jeweils 1 mol Oxonium- bzw. Hydroxidionen

Welche Masse hat die Natriumhydroxidportion, die zur Herstellung von 1 l einer Natronlauge mit der Stoffmengenkonzentration c(NaOH) = 0,5 mol/l benötigt wird?

$$c(NaOH) = \frac{n(NaOH)}{V(\text{Natronlauge})} = 0{,}5\,\frac{mol}{l}$$

$$n(NaOH) = c(NaOH) \cdot V(\text{Natronlauge}) = 0{,}5\,mol/l \cdot 1\,l = 0{,}5\,mol$$

$$m(\text{Natriumhydroxid}) = 0{,}5\,mol \cdot m_t(NaOH) = 0{,}5\,mol \cdot 40\,u = 0{,}5\,mol \cdot 40 \cdot 1\,\frac{g}{mol} = 20\,g$$

B3 Zusammenhang Stoffmengenkonzentration und Masse des gelösten Stoffs

Gibt man jeweils eine beliebige Portion Salzsäure und Natronlauge zusammen, so ist die erhaltene Lösung entweder noch sauer oder bereits alkalisch. Nur eine der Portionen hat vollständig reagiert, von der anderen ist noch ein Rest vorhanden.
Unter welchen Bedingungen reagieren eine saure und eine alkalische Lösung zu einer neutralen Lösung?

Lösungen mit gleicher Teilchenanzahl. Aus der Reaktionsgleichung der bei der Neutralisation reagierenden Ionen ergibt sich:

$$H_3O^+ \quad + \quad OH^- \quad \longrightarrow \quad 2\,H_2O$$

Eine *vollständige Reaktion* erfolgt nur dann, wenn die *Anzahl der Oxoniumionen und der Hydroxidionen gleich* ist [B1]. Mithilfe der Teilchenmassen m_t lassen sich Portionen mit einer bestimmten Anzahl N von Teilchen herstellen. Es besteht dieser Zusammenhang:

$1\,u \cdot 6 \cdot 10^{23} = 1\,g$
und damit $1\,u = 1\,\frac{g}{mol}$

Wird die Teilchenanzahl $N = 6 \cdot 10^{23}$ durch die Einheit 1 mol zusammengefasst, so wird die Größe Teilchenanzahl N durch die Größe Stoffmenge n beschrieben. Dieser Sachverhalt wird in [B2] für Portionen von Natronlauge und Salzsäure mit gleicher Anzahl von Hydroxid- bzw. Oxoniumionen veranschaulicht.

Die Stoffmengenkonzentration. Die Teilchenanzahl N in einer Lösung ist proportional zu ihrem Volumen. Damit ist der Quotient aus Teilchenanzahl und Volumen der Lösung eine konstante Größe, die **Teilchenanzahlkonzentration**.
Der Quotient aus Stoffmenge und Volumen der Lösung ist die **Stoffmengenkonzentration** c.

$$c = \frac{n}{V(\text{Lösung})} \qquad \text{Einheit: } \frac{mol}{l}$$

Am Beispiel $c(NaOH) = 0{,}5\,mol/l$ wird der Zusammenhang von Stoffmengenkonzentration, Masse der Natriumhydroxidportion und dem Volumen der Natronlauge erläutert [B3].

1. Es werden z. B. 40,0 g Natriumhydroxid abgewogen, in einem Becherglas in wenig destilliertem Wasser gelöst und anschließend in einen Messkolben (1 l) gegossen.
2. Das Becherglas wird mit dest. Wasser nachgespült und der Becherglasinhalt ebenfalls in den Messkolben geleert.
3. Der Messkolben wird nach und nach mit dest. Wasser bis zur Ringmarke gefüllt, dabei wird das Gemisch mehrmals gut geschüttelt.

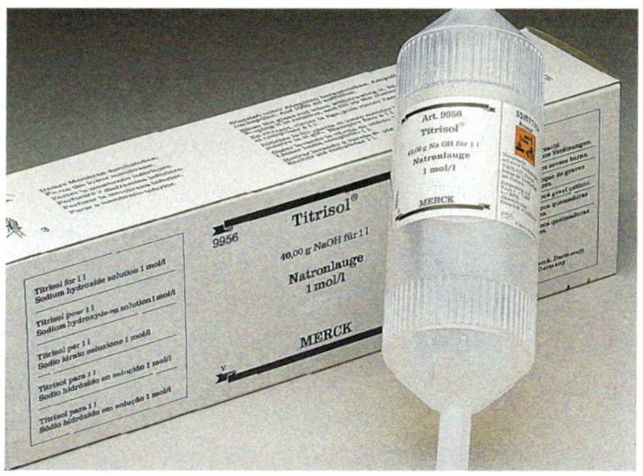

B4 Beispiel für die Herstellung einer Natronlauge mit der Stoffmengenkonzentration $c(\text{NaOH}) = 1\,\frac{\text{mol}}{\text{l}}$

Die Herstellung einer Lösung bestimmter Stoffmengenkonzentration, z. B. Salzsäure, durch abgewogene Stoffportionen ist oft nicht genau genug. Salzsäure ließe sich auf diese Weise nicht herstellen.

Maßlösungen. Zur Herstellung von Lösungen genauer Konzentrationen sind im Handel Ampullen mit Lösungen erhältlich, die nur verdünnt werden müssen. Der Ampulleninhalt wird in einen Messkolben gegeben und mit destilliertem Wasser bis zur Ringmarke aufgefüllt, um die auf dem Etikett angegebene Konzentration zu erreichen [B4]. Noch einfacher, aber teuer ist der Einsatz von Maßlösungen, die schon mit der gewünschten Konzentration geliefert werden [B5].

Häufig ist eine Maßlösung der Konzentration $c = 1\,\text{mol/l}$ vorrätig, die bei Bedarf einer Lösung geringerer Konzentration entsprechend verdünnt werden muss.

Beispiel: Benötigt wird ein Volumen von 100 ml Salzsäure der Konzentration $c = 0{,}1\,\text{mol/l}$. Man füllt eine kleine Portion Salzsäure der Konzentration $c_1 = 1\,\text{mol/l}$ in ein Becherglas, entnimmt mit einer Pipette $V_1 = 10\,\text{ml}$, gibt diese in einen Messkolben ($V_2 = 100\,\text{ml}$) und füllt schrittweise unter mehrmaligem Umschwenken bis zur Ringmarke mit dest. Wasser auf. Dabei bleibt die Stoffmenge $n(\text{H}_3\text{O}^+)$ gleich, es gilt:

$$n(\text{H}_3\text{O}^+) = c_1(\text{H}_3\text{O}^+) \cdot V_1(\text{Salzsäure}) = c_2(\text{H}_3\text{O}^+) \cdot V_2(\text{Salzsäure})$$

Die Konzentration der verdünnten Lösung ist:

$$c_2(\text{H}_3\text{O}^+) = \frac{c_1(\text{H}_3\text{O}^+) \cdot V_1(\text{Salzsäure})}{V_2(\text{Salzsäure})} = \frac{1\,\text{mol/l} \cdot 10\,\text{ml}}{100\,\text{ml}} = 0{,}1\,\frac{\text{mol}}{\text{l}}$$

A1 In 0,5 l Natronlauge ist 1 mol Natriumhydroxid gelöst. Welche Stoffmengenkonzentration hat die Lösung?

A2 **a)** Welches Volumen einer Natronlauge der Konzentration $c(\text{NaOH}) = 0{,}1\,\text{mol/l}$ benötigt man, um 250 ml Natronlauge der Konzentration $c(\text{NaOH}) = 0{,}05\,\text{mol/l}$ herzustellen?
b) Welche Masse hat die darin gelöste Natriumhydroxidportion?

A3 Wie viele H_3O^+-Ionen sind in 100 ml Salzsäure der Konzentration $c(\text{HCl}) = 0{,}1\,\text{mol/l}$?

A4 Wie viele OH^--Ionen sind in 100 ml Natronlauge der Konzentration $c(\text{NaOH}) = 1\,\text{mol/l}$ enthalten?

A5 Welche Masse hat eine Kaliumhydroxidportion, die in 1 l Kalilauge der Konzentration $c(\text{KOH}) = 0{,}5\,\text{mol/l}$ gelöst ist?

B5 Eine saure und eine alkalische Maßlösung

8.13 Praktikum Konzentrationsermittlung durch Titration

In einem Labor muss häufig die Konzentration einer sauren oder alkalischen Lösung bestimmt werden. Dabei nutzt man die Tatsache, dass sich Lösungen mit jeweils gleicher Anzahl von H_3O^+- bzw. OH^--Ionen neutralisieren, wie aus der Reaktionsgleichung für die Neutralisation folgt.

$$H_3O^+ + OH^- \longrightarrow 2\,H_2O$$

Titration. Bei der Durchführung der Neutralisation gibt man eine saure oder alkalische Lösung bekannter Konzentration (**Maßlösung**) zu einer alkalischen bzw. sauren Lösung unbekannter Konzentration (**Probelösung**), die einen Indikator enthält. Es wird so viel Maßlösung zugegeben, bis der Indikator eine neutrale Lösung anzeigt. Aus dem Volumen der verbrauchten Maßlösung, ihrer Konzentration und dem Volumen der Probelösung lässt sich die Konzentration der Probelösung bestimmen.

Beispiel: Zur Neutralisation von 20 ml Natronlauge (Probelösung) werden 25 ml Salzsäure der Konzentration $c(\text{HCl}) = 0{,}1\,\text{mol/l}$ (Maßlösung) benötigt.

Berechne
a) die Konzentration der Natronlauge sowie
b) die Stoffmenge und
c) die Masse des in der Probelösung gelösten Natriumhydroxids.

a) Konzentration der Natronlauge:
$n(\text{NaOH}) = n(\text{OH}^-) = n(\text{H}_3\text{O}^+) = n(\text{HCl})$
$c(\text{NaOH}) \cdot V(\text{Natronlauge}) = c(\text{HCl}) \cdot V(\text{Salzsäure})$

$$c(\text{NaOH}) = \frac{c(\text{HCl}) \cdot V(\text{Salzsäure})}{V(\text{Natronlauge})} = \frac{0{,}1\,\text{mol/l} \cdot 25\,\text{ml}}{20\,\text{ml}} = 0{,}125\,\text{mol/l}$$

b) Stoffmenge des Natriumhydroxids in der Probelösung:
$n(\text{NaOH}) = n(\text{HCl}) = c(\text{HCl}) \cdot V(\text{Salzsäure})$
$= 0{,}1\,\text{mol/l} \cdot 0{,}025\,\text{l}$
$= 0{,}0025\,\text{mol}$

c) Masse des Natriumhydroxids in der Probelösung:
$m(\text{Natriumhydroxid}) = n(\text{NaOH}) \cdot m_t(\text{NaOH})$
$= 0{,}0025\,\text{mol} \cdot 40\,\text{u}$
$= 0{,}0025\,\text{mol} \cdot 40\,\text{g/mol}$
$= 0{,}1\,\text{g}$

V1 Bestimmung der Konzentration einer Natronlauge

Geräte und Chemikalien:
Schutzbrille, Stativmaterial, Bürette, Erlenmeyerkolben (100 ml), Pipette (20 ml), Pipettierhilfe, Tropfpipette, Bromthymolblaulösung oder Phenolphthaleinlösung, Salzsäure (c(HCl) = 0,1 mol/l), Natronlauge unbekannter Konzentration.

Durchführung:
a) Fülle die Bürette mit Salzsäure und notiere den genauen Flüssigkeitsstand.
b) Gib mithilfe der Pipette genau 20 ml der Natronlauge in den Erlenmeyerkolben.
c) Setze drei Tropfen Bromthymolblau- oder Phenolphthaleinlösung zu und tropfe Salzsäure unter ständigem Umschwenken des Erlenmeyerkolbens zu, bis der Indikator von Blau nach Grün bzw. von Rotviolett nach Farblos umschlägt.
d) Lies den Flüssigkeitsstand an der Bürette ab und ermittle das Volumen der verbrauchten Salzsäure.
e) Überprüfe das ermittelte Volumen durch eine zweite Titration.

Aufgabe:
Berechne die Konzentration der Natronlauge, die Stoffmenge und Masse des gelösten Natriumhydroxids.

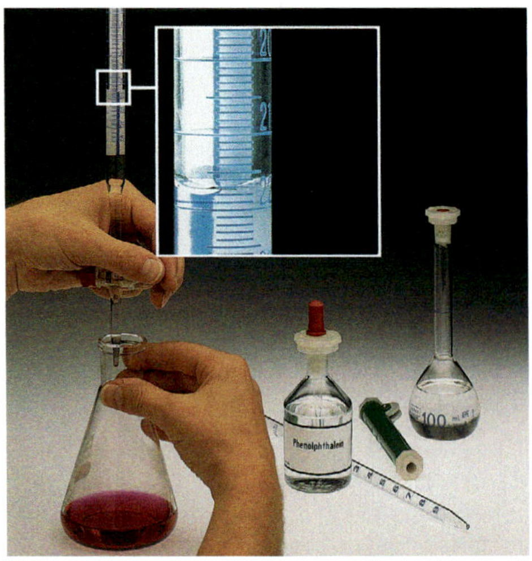

B1 Durchführung einer Titration von Natronlauge (Probelösung) mit Salzsäure (Maßlösung)

8.14 Exkurs Schweflige Säure, Schwefelsäure und Sulfate

In Vulkangasen kommt das stechend riechende Schwefeldioxid vor. Auch bei der Verbrennung von Kohle und Heizöl entsteht Schwefeldioxid, da diese Stoffe Schwefelverbindungen enthalten, die ebenfalls verbrennen.

Schwefeldioxid. Es handelt sich um ein giftiges Gas mit stechendem Geruch. Weil es Schimmelpilze und Bakterien abtötet, wird Schwefeldioxid u.a. zum Desinfizieren („Ausschwefeln") von Fässern vor der Wein- und Mostbereitung, zur Gärungshemmung in Wein und Fruchtsäften und zur Konservierung von Lebensmitteln verwendet [B1].
Da Schwefeldioxid Farbstoffe zerstören kann [B2], wird es auch als Bleichmittel eingesetzt. Schwefeldioxid ist ein Umweltgift, das mitverantwortlich ist für den „sauren Regen".

Schweflige Säure. Schwefeldioxid bildet mit Wasser eine saure Lösung. Dies lässt sich dadurch erklären, dass Schwefeldioxid zunächst mit Wasser zu Schwefliger Säure reagiert:

$$H_2O + SO_2 \longrightarrow H_2SO_3$$

Sie bildet in Wasser H_3O^+-Ionen und zwei Arten von Anionen:

$$H_2SO_3 + H_2O \longrightarrow H_3O^+ + HSO_3^-$$

$$HSO_3^- + H_2O \longrightarrow H_3O^+ + SO_3^{2-}$$

Die SO_3^{2-}-Ionen heißen Sulfitionen, die HSO_3^--Ionen Hydrogensulfitionen (von lat. hydrogenium, Wasserstoff), da sie noch gebundene Wasserstoffatome enthalten.
Wie andere saure Lösungen bildet auch die Schweflige Säure Salze. Außer den Sulfiten, z.B. Magnesiumsulfit ($MgSO_3$), gibt es – entsprechend den in der Lösung enthaltenen Anionen – eine weitere Reihe von Salzen, die Hydrogensulfite, z.B. Calciumhydrogensulfit ($Ca(HSO_3)_2$). Schweflige Säure zerfällt beim Erwärmen wieder in Schwefeldioxid und Wasser. Solche Säuren bezeichnet man als **unbeständige Säuren**.

$$H_2SO_3 \longrightarrow H_2O + SO_2$$

Schwefeltrioxid. Neben farblosem Schwefeldioxid bildet sich bei der Verbrennung von Schwefel auch etwas weißer Rauch, der auch bei der Reaktion von Schwefeldioxid mit Sauerstoff an geeigneten Katalysatoren entsteht. Bei der Oxidation von Schwefeldioxid bildet sich Schwefeltrioxid (SO_3), ein weißer Feststoff.

Schwefelsäure. Schwefeltrioxid bildet mit Wasser Schwefelsäure:

$$SO_3 + H_2O \longrightarrow H_2SO_4$$

Sie ergibt mit weiterem Wasser eine saure Lösung.
Im Gegensatz zu Schwefliger Säure zerfällt Schwefelsäure beim Erwärmen nicht, sie ist eine **beständige Säure**.

Verwendung der Schwefelsäure. Sie ist eine der wichtigsten Industriechemikalien mit einer vielseitigen Verwendbarkeit. Der größte Teil der Schwefelsäure wird zu anderen chemischen Produkten weiterverarbeitet wie z.B. Düngemitteln, Farbstoffen, Waschmitteln, Sprengstoffen und Arzneimitteln.
Daneben ist sie eine im Labor häufig eingesetzte Chemikalie. Ferner wird sie in der Mineralölindustrie, beim Verchromen sowie in der Elektrotechnik verwendet („Batteriesäure" für ca. 600 Millionen Fahrzeuge weltweit).

V1 (Abzug!) Zerreibe einen Apfel. Lasse einen Teil des Breis an der Luft stehen und gib den Rest in ein Gefäß mit Schwefeldioxid. Vergleiche nach einigen Stunden.

A1 Schweflige Säure riecht nach Schwefeldioxid. Gib dafür eine Erklärung.

A2 Stelle Reaktionsgleichungen auf für die Bildung von Schwefeltrioxid durch Oxidation von
a) Schwefel und
b) Schwefeldioxid.

B1 Mit Schwefeldioxid haltbar gemachtes Trockenobst

B2 Entfärbung von Blüten durch Schwefeldioxid

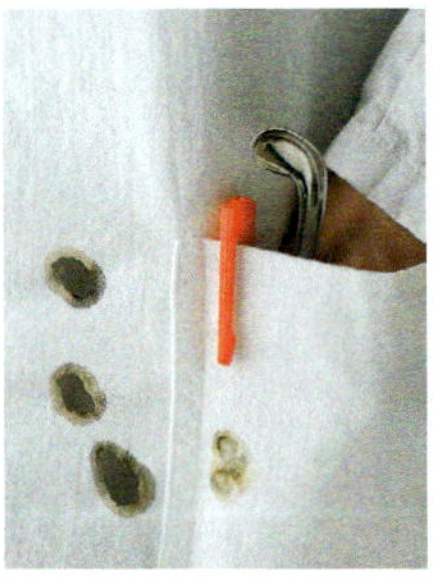

B3 Schwefelsäure zerstört Baumwollgewebe

Konzentrierte Schwefelsäure. Sie besitzt einen Massenanteil von 96 % bis 98 % und ist eine farblose, ölige Flüssigkeit mit einer Siedetemperatur von 338 °C und einer Dichte von $\varrho = 1{,}84\,g/ml$. Konzentrierte Schwefelsäure nimmt aus feuchter Luft Wasserdampf auf. Sie ist **hygroskopisch** und wird daher als Trockenmittel in **Exsikkatoren** (von lat. exsiccare, austrocknen) und zum Trocknen von Gasen verwendet. Auf Stoffe wie Zucker oder Holz wirkt die Säure verkohlend [V3]. Auch Kleidungsstücke [B3], Haut und Haare werden zerstört.

Verdünnen von Schwefelsäure. Bei der Herstellung von Schwefelsäurelösungen ist besondere Vorsicht angebracht. Gibt man konzentrierte Schwefelsäure in Wasser, wird eine erhebliche Wärmemenge frei [V2]. Schwefelsäure darf man nur verdünnen, indem man kleine Portionen unter Umrühren in Wasser gibt. Man darf niemals Wasser in konzentrierte Schwefelsäure gießen. Aufgrund seiner geringeren Dichte vermischt es sich nicht sofort mit der Schwefelsäure. An der Berührungsfläche von Wasser und Säure bilden sich durch örtliche Überhitzung Dampfblasen, sodass Säure aus dem Gefäß spritzen kann. Die starke Wärmeentwicklung deutet auf eine chemische Reaktion von Schwefelsäure mit Wasser hin.

Konzentrierte Schwefelsäure enthält im Wesentlichen H_2SO_4 - Moleküle. Mit zunehmender Verdünnung reagieren diese vermehrt mit Wassermolekülen zu Ionen. Es entstehen H_3O^+-Ionen und zwei Arten von Anionen:

$$H_2SO_4 + H_2O \longrightarrow H_3O^+ + HSO_4^-$$

$$HSO_4^- + H_2O \longrightarrow H_3O^+ + SO_4^{2-}$$

Die HSO_4^--Ionen heißen **Hydrogensulfationen**, die SO_4^{2-}-Ionen **Sulfationen**. In verdünnter Schwefelsäure liegen fast ausschließlich Sulfationen vor.

Reaktionen der verdünnten Schwefelsäure. Verdünnte Schwefelsäure zeigt die typischen Reaktionen saurer Lösungen. Mit unedlen Metallen, z. B. Magnesium, entstehen Wasserstoff und eine Lösung von Magnesiumsulfat ($MgSO_4$) [V4]. Mit Metalloxiden entstehen die entsprechenden Salzlösungen; so erhält man z. B. mit Kupferoxid (CuO) eine Lösung von blauem Kupfersulfat.

V2 (Schutzbrille,Schutzhandschuhe). Man gibt unter Umrühren konzentrierte Schwefelsäure in kleinen Mengen zu Wasser und stellt die Temperaturänderung fest.

V3 (Schutzbrille, Schutzhandschuhe, Abzug!). In einem Becherglas, das in einer Glasschale steht, wird ein dickflüssiger Sirup aus Zucker und wenig Wasser hergestellt. Man gießt ebenso viel konzentrierte Schwefelsäure zu.

V4 Gib in ein Reagenzglas mit einigen Zinkkörnern bzw. einigen Stückchen Magnesiumband etwas verdünnte Schwefelsäure. Prüfe das entstandene Gas mit der Knallgasprobe.

A3 Formuliere für die Reaktionen von [V4] jeweils die Reaktionsgleichung.

B4 Erst das Wasser, dann die Säure, sonst geschieht das Ungeheure!

Sulfate, Kupfersulfat. Erhitzt man blaues Kupfersulfat, so entweicht Wasserdampf, und es entsteht ein weißes Salz. Diese Reaktion ist umkehrbar. Bei Zugabe von Wasser bildet sich in exothermer Reaktion wieder das blaue Salz. Der Vorgang beruht darauf, dass blaues Kupfersulfat Kristallwasser enthält. Die Wassermoleküle sind in einem bestimmten Anzahlverhältnis in das Ionengitter des Salzes eingebaut. Da der Kristallwasseranteil für bestimmte Salze typisch ist, wird er auch in der Verhältnisformel angegeben. Sie lautet für das blaue Kupfersulfat $CuSO_4 \cdot 5\,H_2O$ (lies: Kupfersulfat mit 5 H_2O). Das weiße Kupfersulfat ist kristallwasserfrei.

$$CuSO_4 \cdot 5\,H_2O \longrightarrow CuSO_4 + 5\,H_2O$$

In Salzhydraten sind Wassermoleküle in die Ionengitter der Salze eingebaut. Wassermoleküle und Ionen stehen jeweils in einem bestimmten Anzahlverhältnis.

Calciumsulfat. Das Salz mit der Verhältnisformel $CaSO_4 \cdot 2\,H_2O$ kommt als Gips in der Natur vor. Er bildet oft schöne Kristalle [B6]. Gips fällt auch in großen Mengen bei der Rauchgasentschwefelung in Kraftwerken an. Durch Erhitzen auf ca. 130 °C („Gips brennen") erhält man **gebrannten Gips**. Er besitzt nur noch ein Viertel des Kristallwassers. Angerührt mit Wasser, erhärtet der gebrannte Gips innerhalb kurzer Zeit („der Gips bindet ab"). Gebrannten Gips verwendet man zur Herstellung von Innenputz, Gipskartonplatten zur Konstruktion von Trennwänden und Gipsverbänden [B7].

Nachweis von Sulfationen. Gibt man Bariumchloridlösung zu Schwefelsäure- oder Sulfatlösungen, so fällt ein weißer, feinkristalliner Niederschlag aus. Aus Barium- und Sulfationen entsteht schwer lösliches Bariumsulfat [V5].

$$Ba^{2+}(aq) + SO_4^{2-}(aq) \longrightarrow BaSO_4(s)$$

Hydrogensulfate, saure Salze. Nicht nur Lösungen von „Säuren", sondern auch manche Salzlösungen sind sauer [V6]. Die sauren Eigenschaften verursachenden H_3O^+-Ionen müssen demnach durch die Reaktion dieses Salzes mit Wasser entstehen. Kaliumhydrogensulfat ($KHSO_4$) bzw. Natriumhydrogensulfat ($NaHSO_4$) enthalten Hydrogensulfationen, die mit Wassermolekülen H_3O^+-Ionen bilden.

$$HSO_4^- + H_2O \longrightarrow H_3O^+ + SO_4^{2-}$$

Natriumhydrogensulfat ist Bestandteil mancher WC-Reiniger.

V5 Gib zu Schwefelsäure- bzw. Sulfatlösungen einige Tropfen Bariumchloridlösung. Wiederhole den Versuch mit Leitungswasser.

V6 Löse etwas Natriumhydrogensulfat in Wasser und prüfe die Lösung mit Universalindikator. Wiederhole den Versuch mit Natriumsulfat.

A4 Wie kann man prüfen, ob Gips in Wasser zu einem geringen Teil löslich ist?

A5 Weshalb wird die Oberfläche von blauem Kupfersulfat weiß, wenn man konzentrierte Schwefelsäure dazugibt?

B6 Gipskristalle

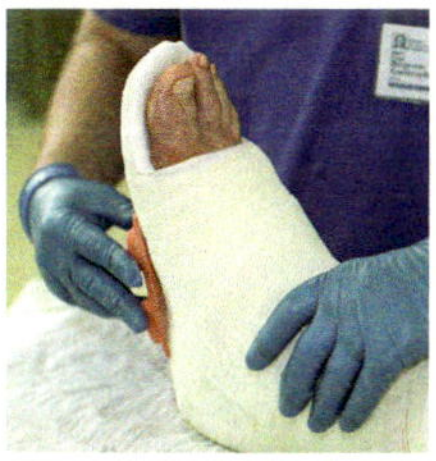

B7 Gipsverband

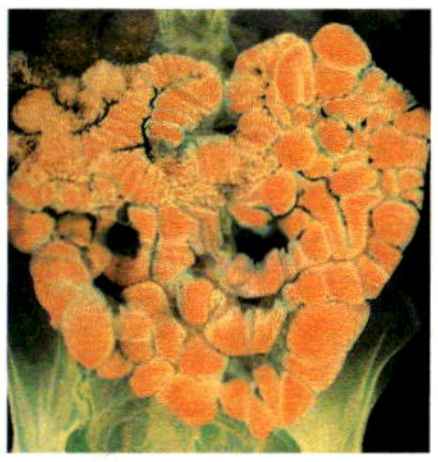

B8 Bariumsulfat als Kontrastmittel im Darmtrakt

Name	Formel	Verwendung
Blaues Kupfersulfat	$CuSO_4 \cdot 5\,H_2O$	Bekämpfung von Pilzkrankheiten (Obst- und Weinbau); Kunstseideherstellung
Calciumsulfat (Gips)	$CaSO_4 \cdot 2\,H_2O$	Stuckarbeiten, Tafelkreide, Gipsabdrücke, Estrichgips
Bariumsulfat	$BaSO_4$	Röntgenkontrastmittel, Füllmaterial für Kunstdruckpapiere
Natriumsulfat (Glaubersalz)	$Na_2SO_4 \cdot 10\,H_2O$	Gelöst in Heilwässern, Glasherstellung, Färberei
Magnesiumsulfat (Bittersalz)	$MgSO_4 \cdot 7\,H_2O$	Gelöst in Heilquellen, Herstellung von Düngern und Feuerlöschmitteln
Natriumhydrogensulfat	$NaHSO_4$	WC-Reiniger

B5 Zusammensetzung und Verwendung der wichtigsten Sulfate im Überblick

8.15 Exkurs Salpetersäure und Nitrate

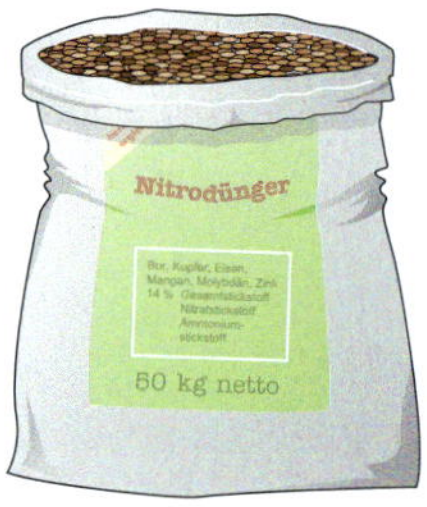

B1 Stickstoffdünger

Reine Salpetersäure (Summenformel HNO_3) mit $w = 100\,\%$ ist eine farblose Flüssigkeit (Siedetemperatur 84 °C), die an der Luft Nebel bildet. Sie wird auch als **„rauchende Salpetersäure"** bezeichnet. Eine Salpetersäurelösung mit einem Massenanteil von 65 % bis 69 % wird **konzentrierte Salpetersäure** genannt. Verdünnt man Salpetersäure mit Wasser, reagiert sie vollständig zu H_3O^+- und hydratisierten Nitrationen (NO_3^--Ionen).

$$HNO_3 + H_2O \longrightarrow H_3O^+ + NO_3^-$$

Verwendung. In Deutschland werden jährlich ca. 3 Millionen Tonnen Salpetersäure produziert. Der größte Teil davon dient der Gewinnung von Nitraten für Düngemittel. Ferner wird die Salpetersäure zur Herstellung von Medikamenten, Pflanzenschutzmitteln, Farb-, Kunst- und Sprengstoffen (z. B. Dynamit) verwendet.

Herstellung von Salpetersäure. Aufgrund des schon gegen Ende des 19. Jahrhunderts stark zunehmenden Bedarfs an Stickstoffdünger versuchte man, mit Stickstoff und Sauerstoff aus der Luft Salpetersäure zu gewinnen. Eines dieser Verfahren ist die „Luftverbrennung" [B3], bei der der reaktionsträge Stickstoff mit Sauerstoff im elektrischen Lichtbogen bei über 3000 °C in einer stark endothermen Reaktion zu Stickstoffmonooxid reagiert, das weiter zu

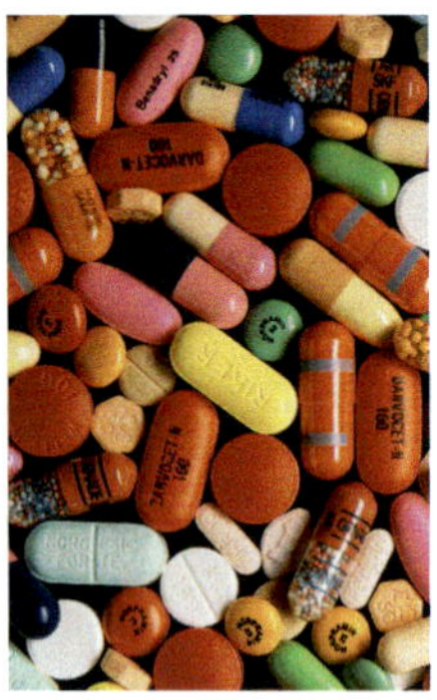

B2 Salpetersäure dient zur Herstellung von Medikamenten

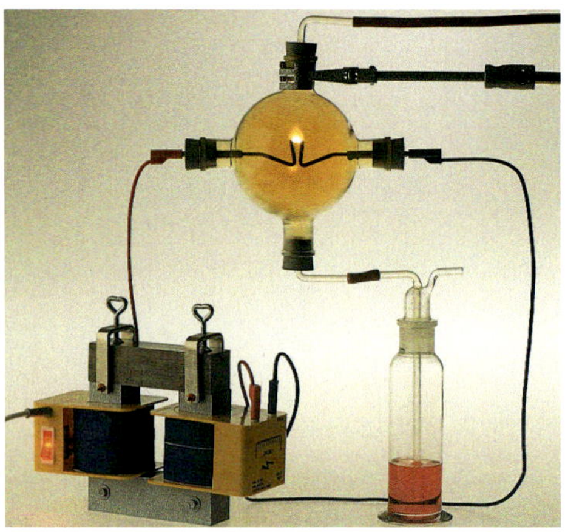

B3 Luftverbrennung. Stickstoff reagiert mit Sauerstoff im elektrischen Lichtbogen

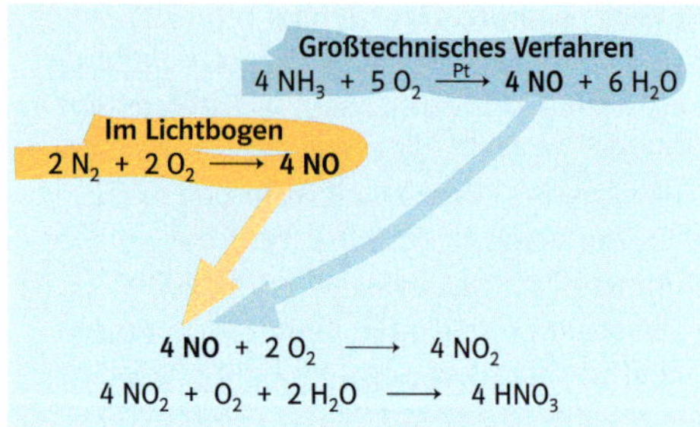

B4 Herstellung von Salpetersäure

Stickstoffdioxid oxidiert wird. Es bildet mit Wasser und Sauerstoff Salpetersäure [B3]. Das Verfahren spielte wegen des hohen Energiebedarfs nur für kurze Zeit eine Rolle.

Großtechnisch wird Salpetersäure folgendermaßen hergestellt: Zunächst verbrennt man Ammoniak zu Stickstoffmonooxid mit Platin als Katalysator. Die weiteren Schritte, vom Stickstoffmonooxid ausgehend, können [B4] entnommen werden.

Vorkommen und Verwendung einiger Nitrate. Bedeutende Lagerstätten für Kaliumnitrat (Kalisalpeter von lat. sal petrae, Felsensalz) liegen in Indien und China, für Natriumnitrat (Natronsalpeter) vor allem in der Wüste Atacama in Nordchile (Chilesalpeter). Chilesalpeter war lange Zeit ein wichtiges Welthandelsgut, um dessen Lagerstätten sogar Krieg geführt wurde (Salpeterkrieg 1879 – 1883). Früher diente Salpeter vor allem zur Herstellung von Schießpulver und Sprengmitteln für den Bergbau.
Seit Mitte des 19. Jahrhunderts finden Nitrate immer stärker Anwendung als Mineraldünger.

Die Lösung von Silbernitrat ($AgNO_3$) dient zum Nachweis von Halogeniden.

A1 In der Luft liegt Stickstoff neben Sauerstoff vor, ohne dass eine Reaktion eintritt. In [B3] läuft jedoch eine Reaktion ab. Erkläre den Unterschied.

8.16 Exkurs Phosphorsäure und Phosphate

Phosphorsäure. Reine Phosphorsäure ist ein Feststoff (Schmelztemperatur 42 °C). Eine Phosphorsäurelösung mit einem Massenanteil von *w*(Phosphorsäure) = 85 % wird **konzentrierte Phosphorsäure** genannt und ist eine farblose, ölige Flüssigkeit. Phosphorsäure kann aus Tetraphosphordecaoxid hergestellt werden, das beim Verbrennen von Phosphor entsteht. Der Feststoff ist aus Molekülen aufgebaut, die die Formel P_4O_{10} haben. **Tetraphosphordecaoxid** bildet mit Wasser in einer exothermen Reaktion Phosphorsäure.

$$P_4O_{10} + 6\,H_2O \longrightarrow 4\,H_3PO_4$$

Phosphorsäure ergibt mit Wasser eine saure Lösung, die H_3O^+-Ionen und Anionen, hier **Dihydrogenphosphat** ($H_2PO_4^-$)-, **Hydrogenphosphat** (HPO_4^{2-})- und **Phosphat** (PO_4^{3-})-Ionen enthält. Die Konzentration der Hydrogenphosphationen in der Lösung ist gering, noch geringer ist die der Phosphationen. Den Anionen entsprechend bildet Phosphorsäure *drei Reihen von Salzen*, die *Dihydrogenphosphate*, die *Hydrogenphosphate* und die *Phosphate*.
Phosphorsäure wird vor allem zur Herstellung von Düngemitteln und Rostumwandlern [V1] gebraucht. Da sie ungiftig ist, wird Phosphorsäure als Zusatz zu Erfrischungsgetränken verwendet, um diesen einen sauren Geschmack zu verleihen.

Phosphate. Das wichtigste in der Natur vorkommende Phosphat ist Calciumphosphat (Apatit, Phosphorit), das große Lager in Nordafrika, den USA und in Russland bildet. Calciumphosphat ist in Wasser nur sehr wenig löslich. Durch „Aufschließen" mit Schwefelsäure kann es in lösliches Dihydrogenphosphat überführt werden.

$$Ca_3(PO_4)_2 + 2\,H_2SO_4 \longrightarrow 2\,CaSO_4 + Ca(H_2PO_4)_2$$

Das entstehende Salzgemisch („Superphosphat") ist ein wichtiger Mineraldünger. Für seine Erzeugung werden etwa 60 % der Weltproduktion an Schwefelsäure eingesetzt.

Phosphate in Organismen. Phosphationen sind für alle Organismen lebenswichtig. Diese Ionen sind am Aufbau der Zellmembranen und der Erbsubstanz (DNA) beteiligt. Auch ATP-Moleküle (Adenosintriphosphat), die in Organismen als universelle Energieüberträger fungieren, können ohne Phosphationen nicht gebildet werden. Knochen und Zähne haben einen hohen Anteil an Calciumphosphat. Pflanzen entziehen die für ihr Wachstum notwendigen Phosphationen dem Boden. Menschen und Tiere nehmen sie mit der Nahrung auf.
Phosphationen führen in Gewässern zu einer starken Förderung des Pflanzenwachstums, v. a. der Algen („Überdüngung"), und können so zu einer Gefährdung der Umwelt führen.

B1 Eiskristallbildung wird durch Phosphate verhindert

Phosphorsäure und Phosphate in Lebensmitteln

Cola-Getränke: Phosphorsäure zur Geschmacksgebung und Säuerung
Backwaren: Phosphate begünstigen die Entwicklung von Kohlenstoffdioxid beim Backen
Brühwürste: Phosphate erhöhen die Wasserbindefähigkeit
Schmelzkäse: Phosphate als Schmelzsalz verhindern das Verklumpen
Speiseeis: Phosphate verhindern die Bildung von Eiskristallen und geben Cremigkeit
Instantpudding: Phosphate erhöhen die cremige Konsistenz

Tetraphosphordecaoxid ist auch bekannt unter dem Namen (Di)phosphorpentaoxid

V1 (Schutzbrille!) Streiche Phosphorsäure dünn auf ein rostiges Eisenblech und trockne durch Erwärmen. Versuche, den Belag abzuwaschen.

A1 Nenne Namen und Formeln von Alkalimetallsalzen, die sich von der Phosphorsäure ableiten.

A2 Warum ist Calciumphosphat zur Düngung ungeeignet. Wie lässt sich daraus ein geeigneter Dünger herstellen?

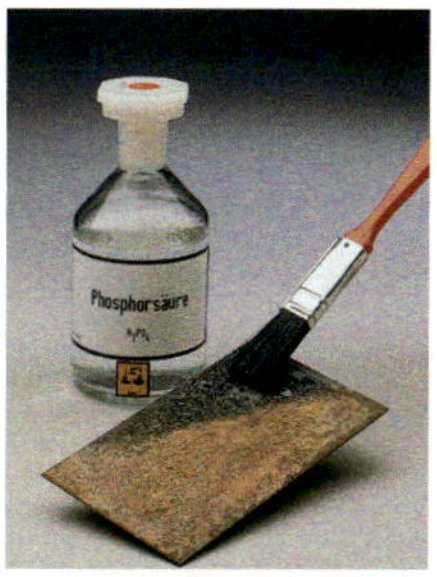

B2 Rostumwandlung durch Phosphorsäure. Dabei entsteht eine schützende Phosphatschicht

8.17 Exkurs Waldschäden durch Verbrennungsprodukte

Fotooxidantien sind starke Oxidationsmittel, die unter dem Einfluss des Sonnenlichtes entstehen

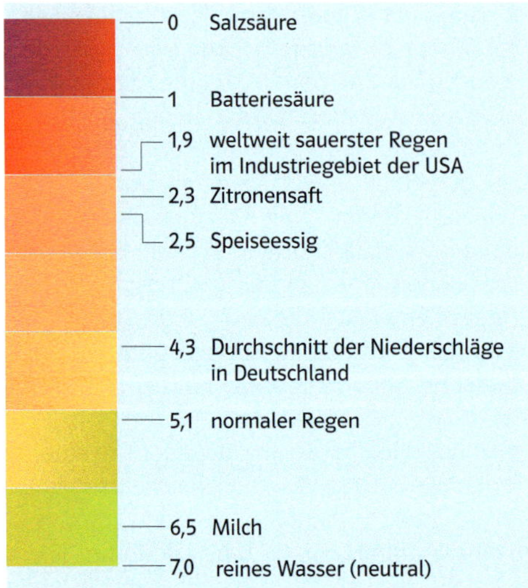

B2 pH-Werte von saurem Regen im Vergleich

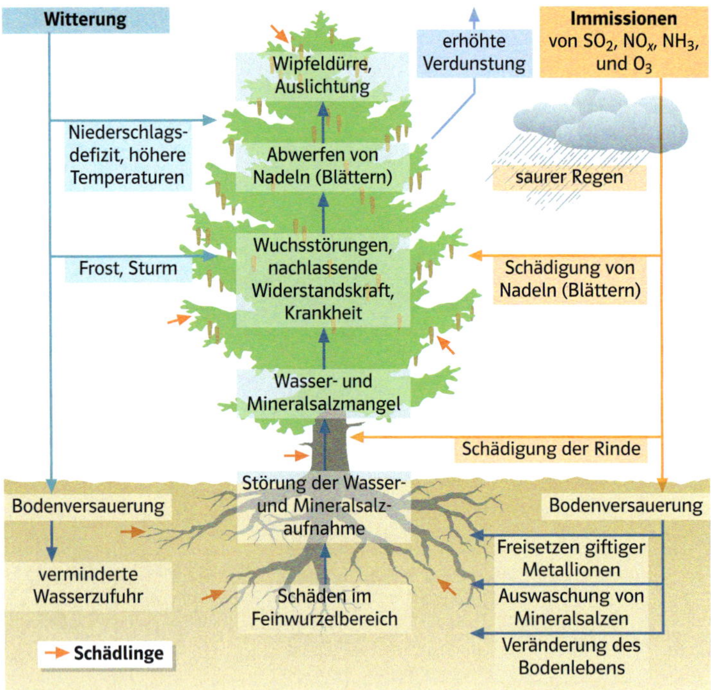

B1 Entstehung und Wirkung von saurem Regen

Da Kohle, Erdöl und Erdölprodukte (z. B. Benzin, Diesel- und Heizöl) unter anderem Schwefelverbindungen enthalten, entsteht bei deren Verbrennung auch Schwefeldioxid (Kap. 8.14). Laufen die Verbrennungsvorgänge bei hohen Temperaturen ab, wird zudem der Stickstoff der Luft oxidiert (Kap. 8.15) und es entstehen Stickstoffoxide. Sie sind z. B. in den Abgasen von Kraftfahrzeugen enthalten. Dabei werden zuerst NO-Moleküle gebildet, die in einem zweiten Schritt in der Atmosphäre zu NO_2-Molekülen oxidiert werden. Häufig wird von Stickstoffoxiden (NO_x) gesprochen, wenn es unerheblich ist, welches Oxid gemeint ist.

Entstehung des sauren Regens. Die gebildeten Oxide – SO_2 und NO_2 – reagieren mit Luftfeuchtigkeit und Wasser zu Schwefliger Säure bzw. Salpetersäure. Aus Schwefliger Säure entsteht z. T. unter der katalytischen Einwirkung von Staubpartikeln Schwefelsäure. Diese Säuren liegen dann in feinster Verteilung in der Luft vor (z. B. als winzige Tröpfchen, Aerosole). Durch den Regen werden die Säuren aus der Luft ausgewaschen, sodass eine saure Lösung, der **saure Regen**, entsteht [B1, B2].

Saurer Regen und Waldschäden. Der saure Regen gilt als ein Verursacher von Waldschäden, die in den 80er-Jahren des vergangenen Jahrhunderts aufgetreten sind. Nach heutigen Erkenntnissen ist die Gesamtheit der Luftverschmutzungen dafür verantwortlich. Als mögliche Auslöser oder Verstärker werden auch Schwermetallverbindungen und Fotooxidantien (z. B. Ozon) genannt. Sie entstehen unter Einfluss des Sonnenlichtes aus Stickstoffoxiden und Kohlenwasserstoffen und schädigen durch ihre oxidierende Wirkung. Insgesamt kennt man etwa 3000 Verbindungen, die zur Luftverschmutzung beitragen. Über die genauen Zusammenhänge von Luftverschmutzung und Waldsterben gibt es jedoch verschiedene Theorien. Ziemlich sicher ist, dass bei einer Vorbelastung durch klimatische Schwankungen mehrere Faktoren zusammenwirken, z. B. Luftschadstoffe, Übersäuerung, Mangel an Mineralsalzen, tierische Schädlinge (z. B. Borkenkäfer) und Mikroorganismen.

Auswirkungen von übersäuertem Boden. Durch die Übersäuerung des Bodens wird zunächst seine natürliche Zusammensetzung gestört. So tötet die saure Lösung nützliche Bodenbakterien ab, die aus dem Humus Mineralstoffe freisetzen, welche für das Wachstum der Bäume notwendig sind. Außerdem werden giftige Schwermetallionen aus nicht löslichen und daher unschädlichen Verbindungen im Boden freigesetzt. Als Folge dieser Veränderungen sterben die Feinwurzeln ab und es kommt zu Störungen im Wasserhaushalt und bei der Versorgung mit Mineralsalzen. Die Widerstandskraft der Bäume wird geschwächt. Sie werden anfällig für Krankheiten und andere natürliche Belastungen wie Trockenperioden, Frost und Schädlingsbefall. Unter normalen Verhältnissen können sie den Bäumen in der Regel wenig anhaben.

Ein hoher Nitratgehalt des Bodens stellt ebenfalls ein großes Problem dar. Vor allem Nadelbäume wachsen dann sehr schnell und entziehen dem Boden viele Mineralstoffe. Das Wurzelsystem wird nicht ausreichend entwickelt. Darunter leidet die Wasserversorgung der Bäume in Trockenzeiten, die Standfestigkeit ist verringert.
Durch den sauren Regen werden nicht nur Jungbäume im Aufwachsen behindert, sondern auch ausgewachsene Bäume erheblich geschädigt. Äußerlich sind diese Schädigungen zunächst an Blatt- und Nadelabwurf zu erkennen. Schließlich sterben die Bäume ab [B3].

B3 Waldschäden als Folge des sauren Regens und anderer Luftschadstoffe

Luftverunreinigungen schädigen mehrfach. Neben den Schädigungen, die über die Wurzeln einwirken, können gasförmige Schadstoffe auch direkt auf Nadeln und Blätter der Bäume einwirken. Über die Spaltöffnungen kann Schwefeldioxid in das Blattinnere eindringen und dort mit Wasser zu Schwefliger Säure reagieren. Diese zerstört den für die Fotosynthese wichtigen Pflanzenfarbstoff Chlorophyll und die Zellmembranen [V1]. Bei Nadelbäumen zeigen sich die Schäden in Nadelverlust und schlaff herabhängenden Zweigen v.a. bei Fichten („Lamettasyndrom"). Die Blätter erkrankter Laubbäume haben nur matte Farben, vergilben früh und fallen schneller ab.
In einigen Gebieten ist es zu einem großflächigen **Waldsterben** gekommen. Die Folgen sind unabsehbar, v.a. für den Schutz des Grundwassers, die Speicherung der Niederschläge, das Klima, die Vermeidung von Bodenerosion und die Beschaffenheit der Luft.

Einwirkung auf Bauwerke. Auch Gebäude werden durch den sauren Regen geschädigt [B4]. Er bewirkt, dass aus Kalkstein oder Sandstein mit kalkhaltigen Bindemitteln Gips entsteht.

$$CaCO_3 + 2\,H_3O^+ + SO_4^{2-} \longrightarrow CaSO_4 \cdot 2\,H_2O + CO_2 + H_2O$$

Bei feuchter Witterung löst sich der Gips allmählich auf.

V1 Man gibt in zwei Petrischalen mit angefeuchtetem Filterpapier je 25 Kressesamen und stellt eine davon in eine mit Autoabgasen gefüllte Plastiktüte. Nach 60 min nimmt man die Schale heraus. Stelle beide Schalen an einen hellen Ort und vergleiche nach 2 bis 3 Tagen die Spross- und Wurzellängen der Keimlinge.

A1 Was ist mit NO_x gemeint?

A2 a) Erstelle ein Pfeilschema, das – beginnend mit der Verbrennung von Benzin oder Kohle – die Entstehung des sauren Regens aufzeigt. b) Auf welche Weise werden Bäume durch sauren Regen geschädigt?

B4 Gesteinskorrosion. Figur an einer Kirche oben 1900, unten 1985, später restauriert

8.18 Durchblick Zusammenfassung und Übung

B1 Oxoniumion, Kalottenmodell

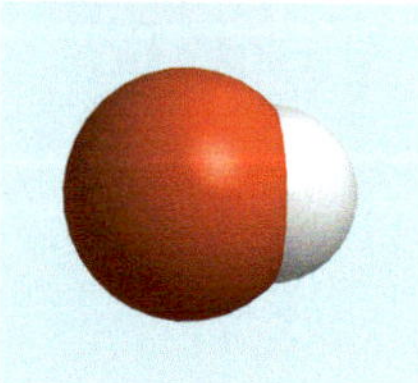

B2 Hydroxidion, Kalottenmodell

Saure Lösungen enthalten Ionen, die den Farbumschlag des Universalindikators nach Rot bewirken: H_3O^+-Ionen (Oxoniumionen).

Säuren
Essigsäure und andere Säuren [B3] bestehen aus Molekülen. In sauren Lösungen liegen Ionen vor.

Chlorwasserstoff
- ist eine Säure,
- ist gasförmig,
- besteht aus HCl- Molekülen.

Ammoniak
- ist ein stechend riechendes Gas,
- löst sich sehr gut in Wasser,
- reagiert auch zu einem geringen Teil mit Wasser, dabei bildet sich eine alkalische Lösung,
- besteht aus NH_3- Molekülen

Neutralisation
Reagieren OH^--Ionen mit H_3O^+-Ionen zu H_2O - Molekülen, so handelt es sich um eine Neutralisation.

Säure		Anionen		Formel eines Salzes (Beispiel)
Schweflige Säure	H_2SO_3	Hydrogensulfition	HSO_3^-	$NaHSO_3$
		Sulfition	SO_3^{2-}	Na_2SO_3
Schwefelsäure	H_2SO_4	Hydrogensulfation	HSO_4^-	$NaHSO_4$
		Sulfation	SO_4^{2-}	Na_2SO_4
Salpetersäure	HNO_3	Nitration	NO_3^-	$NaNO_3$
Phosphorsäure	H_3PO_4	Dihydrogenphosphation	$H_2PO_4^-$	NaH_2PO_4
		Hydrogenphosphation	HPO_4^{2-}	Na_2HPO_4
		Phosphation	PO_4^{3-}	Na_3PO_4
Schwefelwasserstoff	H_2S	Hydrogensulfidion	HS^-	NaHS
		Sulfidion	S^{2-}	Na_2S
Chlorwasserstoff *)	HCl	Chloridion	Cl^-	NaCl

*) Das Reaktionsprodukt von Chlorwasserstoff und Wasser ist Salzsäure. Sie enthält H_3O^+- und Cl^--Ionen

B3 Wichtige Säuren und ihre Salze

Alkalische Lösungen enthalten Ionen, die den Farbumschlag des Universalindikators nach Blau bewirken: OH^--Ionen (Hydroxidionen).

Hydroxide
Beispiele in [B4]. Hydroxide bilden in Wasser alkalische Lösungen.

Salzsäure
- ist eine wässrige Lösung
- kann aus Chlorwasserstoff und Wasser gebildet werden
- enthält Oxonium- und Chloridionen

Ammoniaklösung (Ammoniakwasser)
- ist eine alkalische Lösung,
- enthält NH_3 - Moleküle, NH_4^+- (Ammoniumionen) und OH^--Ionen in Wasser gelöst.

Saure und alkalische Lösungen leiten den elektrischen Strom. Sie enthalten Ionen, die diese Leitfähigkeit bewirken.

Titration
Die Konzentration von alkalischen oder sauren Lösungen kann durch Titration auf Basis der Neutralisation ermittelt werden.

Stoffmengenkonzentration c
Für c gilt: $c = n/V$, Einheit: mol/l.
Beispielsweise enthält eine alkalische Lösung mit $c(OH^-) = 1\,mol/l$ in 1 Liter Lösung 1 mol oder $6 \cdot 10^{23}$ Hydroxidionen.

Protonenübergang
- Teilchen, das ein Proton abgibt (Protonendonator),
- Teilchen, das ein nichtbindendes Elektronenpaar besitzt und damit ein Proton aufnehmen kann (Protonenakzeptor).

Stoff	Verhältnisformel	wässrige Lösung (Lauge)
Natriumhydroxid	NaOH	Natronlauge
Kaliumhydroxid	KOH	Kalilauge
Calciumhydroxid	$Ca(OH)_2$	Kalkwasser

B4 Hydroxide, deren Verhältnisformeln und Bezeichnung der wässrigen Lösungen

A1 Schlage vier unterschiedliche Möglichkeiten vor, Calciumchlorid herzustellen, und formuliere hierfür die Reaktionsgleichungen.

A2 In einer geschlossenen Apparatur lässt man V = 30 ml Chlor mit Wasserstoff gleichen Volumens reagieren. Nach Abschluss der Reaktion ist das Gesamtgasvolumen unverändert. Gibt man nun etwas Wasser in das Gefäß, verringert sich das Gasvolumen um 60 ml. Deute mithilfe von [B5] und dem Satz von AVOGADRO das Ergebnis des Experiments.

A3 Ammoniumchlorid wird durch Energiezufuhr in Ammoniak und Chlorwasserstoff zerlegt. Notiere die Reaktionsgleichung und markiere den Protonendonator und den Protonenakzeptor. Erkläre außerdem die in [B6] erkennbaren Farben des feuchten Universalindikatorpapieres.

A4 Zur Neutralisation von V = 100 ml Natronlauge der Konzentration $c(NaOH)$ = 1 mol/l benötigt man V = 100 ml Salzsäure mit $c(HCl)$ = 1 mol/l. Um die gleiche Portion Kalkwasser (Calciumhydroxidlösung) mit $c(Ca(OH)_2)$ = 1 mol/l zu neutralisieren, benötigt man das doppelte Volumen an gleichkonzentrierter Salzsäure. Gib eine Erklärung für diesen Unterschied.

A5 Erkläre folgendes Versuchsergebnis: Das beim Auftropfen von konzentrierter Schwefelsäure auf Natriumchlorid (Kochsalz) entstehende Gas wird über geschmolzenes Natrium geleitet. Unter grellem Aufleuchten bildet sich ein weißer, salzartiger Feststoff und ein Gas, das mit der Knallgasprobe identifiziert werden kann.

A6 Für die Neutralisation von V = 100 ml Salzsäure der Konzentration $c(HCl)$= 0,1 mol/l werden V = 10 ml Natronlauge der Konzentration $c(NaOH)$ = 1 mol/l verbraucht. Berechne die Masse der Natriumchloridportion, die beim Eindampfen der neutralen Salzlösung zurückbleibt.

A7 Protonenpumpenhemmer vermindern die Bildung von Magensäure. Recherchiere im Internet.

A8 Gibt man Silbernitratlösung zu Leitungswasser, so tritt eine schwache weiße Trübung auf. Gib eine Erklärung.

A9 Konzentrierte Salzsäure (w = 37 %) wird auch rauchende Salzsäure genannt. Warum ist diese Bezeichnung nicht korrekt.

Rätsel
Schreibe die in den Klammern jeweils fett gedruckten Buchstaben der Begriffe von (1.) bis (14.) hintereinander, dann ergibt sich das Lösungswort. Die zweite Zahl in der Klammer gibt an, wie viele Buchstaben der jeweilige Begriff hat.

1. Name des Gases, dessen Molekülformel NH_3 ist (**5**, 8)
2. Eigenschaft einer Lösung mit pH < 7 (**4**, 5)
3. das typische Ion in allen sauren Lösungen (**6**, 10)
4. andere Benennung für ein „freies" H^+-Ion (**4**, 6)
5. Eigenschaft einer Lösung, deren pH = 7 ist (**5**, 7)
6. Trivialname für Magnesiumoxid (**2**, 8)
7. Eigenschaft einer Lösung mit pH > 7 (**5**, 9)
8. Produkt der Reaktion von Ammoniak mit Chlorwasserstoff (**6**, 15)
9. Produkt aus der Reaktion von Chlorwasserstoff mit Wasser (**5**, 10)
10. die bekannteste alkalische Lösung (**2**, 11)
11. Bedeutung des Gefahrensymbols „N" (**6**, 17)
12. das typische Ion in allen alkalischen Lösungen (**7**, 11)
13. Teilchen in Schmelzen und Lösungen von Salzen, die die elektrische Leitfähigkeit bewirken (**2**, 5)
14. Bedeutung des Gefahrensymbols „C" (**6**, 7)

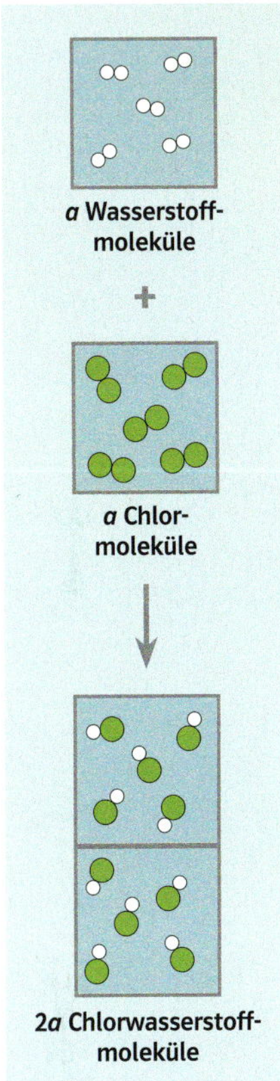

B5 Zu Aufgabe 2

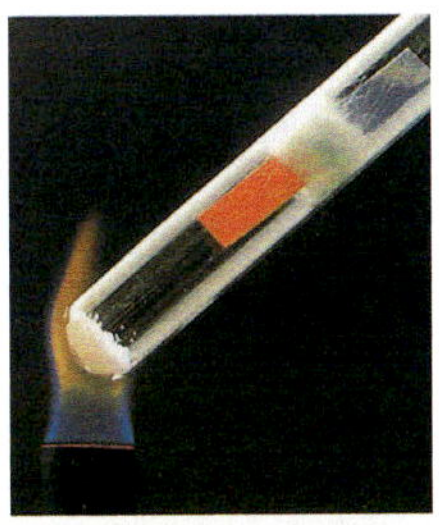
B6 Thermische Zerlegung von Ammoniumchlorid

8.19 Horizonte Chemie im Beruf

Die chemische Industrie bietet vielfältige Möglichkeiten für eine Berufsausbildung auf ganz unterschiedlichen Ausbildungswegen. So ist eine Ausbildung im dualen System mit Schule und Betrieb ebenso möglich, wie eine kooperative Ausbildung in Zusammenarbeit eines Betriebs mit einer Hochschule.

B1 Typische Arbeitssituation im Labor

Vorüberlegungen

Überlege dir, wo deine Interessen und deine Stärken liegen. Für eine Ausbildung in der chemischen Industrie ist es Voraussetzung, Spaß an der Technik und an den Naturwissenschaften zu haben. Beobachtungsgabe, sorgfältiges Arbeiten, Geduld und Konzentrationsvermögen sind ebenso Voraussetzungen für eine erfolgreiche Berufsausbildung, wie handwerkliches Geschick, Zuverlässigkeit und die Bereitschaft, immer wieder Neues zu lernen. Genauso wichtig ist der Umgang mit Menschen und die Lust, Verantwortung zu übernehmen.

Informationen sammeln

Informiere dich vorher über die Ausbildungsmöglichkeiten und den Betrieb, bei dem du dich bewirbst. Eine gute Möglichkeit ist auch die Teilnahme an einem Praktikum im Rahmen der Berufsorientierung . Informationen im Internet bieten z. B. **www.chemie4you.de**, der Verband der chemischen Industrie (**www.vci.de**), der Arbeitgeberverband Chemie (**www.bavc.de**) sowie die großen Chemiefirmen. Die Hochschule Niederrhein (**www.hs-niederrhein.de**) bietet kooperative Ausbildung (Berufsausbildung und Studium) an. Weitere Informationen zu Ausbildungsplätzen in der Chemie erhältst du aus den großen Tageszeitungen und von der Bundesagentur für Arbeit (**www.arbeitsagentur.de**).

Ausbildungsberuf	Schwerpunkt	Dauer	Voraussetzungen
Chemikant/in	Bedienung und Überwachung von Produktionsanlagen. Durchführung von Maßnahmen zur Wartung und vorbeugenden Instandhaltung	3,5 Jahre (Dual: Betrieb- Schule)	Hauptschule Typ 10A
Chemie-Laborant/-in Chemisch-technischer Assistent/-in (CTA)	Herstellung, Verarbeitung und Analyse von Stoffen und Zubereitungen in Laboratorien und Technika von Forschung, Entwicklung, Überwachung und Produktion.	3,5 Jahre (Dual: Betrieb- Schule) 2 Jahre (Berufskolleg)	Fachoberschulreife; mittlerer Bildungsabschluss
Pharmazeutisch-technischer Assistent/-in (PTA)	Herstellung und Untersuchung von Arzneimitteln; Kundenberatung und gesundheitliche Aufklärung in Apotheken	2 Jahre (Berufskolleg)	Fachoberschulreife; mittlerer Bildungsabschluss
Bachelor of Engineering (Chemieingenieurwesen)	Anlagenplanung und Apparatebau, chemische , thermische und mechanische Verfahrenstechnik	4 Jahre (Kooperation Betrieb – Hochschule)	Fachhochschulreife oder Abitur + Ausbildungsplatz
Bachelor of Science (Chemie und Biotechnologie)	Einsatz in Vertrieb, Einkauf oder Service im Bereich von "Life Science" an der Schnittstelle zwischen Technik und Management	4 Jahre (Kooperation Betrieb – Hochschule)	Fachhochschulreife oder Abitur + Ausbildungsplatz
Master of Science	Einsatz in Forschung, Produktion und Behörden	Bachelor 3 Jahre Master 2 Jahre Promotion 3 Jahre	Allgemeine Hochschulreife (Abitur)

B2 Übersicht über mögliche Chemie-Berufe (Auswahl)

Optionale Vertiefung

9 Mineralsalze – Düngung – Boden

Angesichts der steil anwachsenden Weltbevölkerung und des in vielen Teilen der Welt herrschenden Hungers spielt die Versorgung mit Lebensmitteln eine sehr große Rolle.

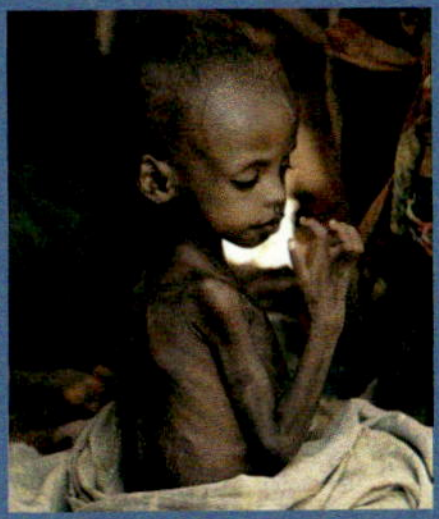

Im 19. Jahrhundert, als große Hungersnöte in Europa vorkamen, erkannte der Chemiker JUSTUS VON LIEBIG, dass die Pflanzen zum Wachsen bestimmte Mineralstoffe in einem ausgewogenen Verhältnis benötigen. JUSTUS VON LIEBIG wurde damit zum Begründer der Mineraldüngung. Seitdem konnten durch gezielten Einsatz von Mineraldünger die Ernteerträge erheblich gesteigert werden.

Die Verwendung von Mineraldünger kann aber auch Nachteile mit sich bringen. Aus überdüngten Böden können Düngesalze ausgeschwemmt werden, welche dann über das Grundwasser ins Trinkwasser gelangen und so unsere Gesundheit beeinträchtigen.

In Oberflächengewässern führen ausgewaschene Düngesalze zu übermäßigem Pflanzenwachstum („Eutrophierung"). Durch Zersetzung des biologischen Materials entsteht Sauerstoffmangel, der Gewässer zum „Umkippen" bringen kann.

Online-Link
756084-0900

9.1 Pflanzenwachstum und Düngung

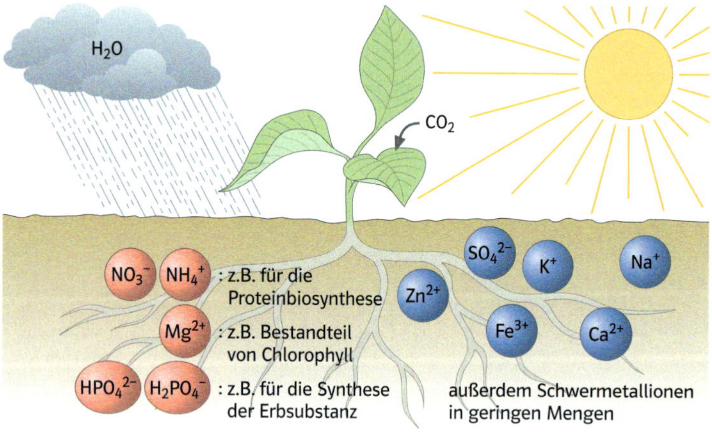

B1 Lebensgrundlage der Pflanze. Neben Licht, Wärme, Wasser und Kohlenstoffdioxid benötigt sie außerdem verschiedene Elemente in Form gelöster Salze

Die enorme Zunahme der Erdbevölkerung verschärft zunehmend das Problem der Versorgung mit Nahrungsmitteln. Eine ausreichende *Ernährung* ist nur dann möglich, wenn die nutzbaren Flächen bestmöglich bewirtschaftet werden. Ihr Ertrag hängt u.a. stark vom Ausmaß der Düngung ab.

Nährstoffe der Pflanzen. Basis für das pflanzliche Wachstum ist die Fotosynthese. Zum Aufbau von Kohlenstoffverbindungen entnehmen die Pflanzen der Luft Kohlenstoffdioxid. Alle übrigen Substanzen, Wasser und die Ionen der Mineralsalze, stammen aus dem Boden. Die Ionen werden von den Wurzeln aufgenommen [B1]. Insgesamt gibt es 17 für alle Pflanzen essenzielle (lebenswichtige) Elemente.

Warum gedüngt werden muss. Die Elemente durchlaufen in der unberührten Natur einen geschlossenen Kreislauf.
Auf landwirtschaftlich intensiv genutzten Flächen werden die Stoffe diesem Kreislauf mit der Ernte entzogen. Die geernteten Produkte werden u.U. weit wegtransportiert und gelangen nicht mehr in den Boden zurück, der dadurch rasch an Mineralsalzen verarmt. Die Erträge nehmen ab. Die verloren gegangenen Salze müssen durch Wirtschaftsdünger (Mist, Gülle, Kompost) oder industriell hergestellten Mineraldünger wieder zugeführt werden.

Exkurs Hydrokultur zur Identifizierung essenzieller Elemente

Mithilfe von Hydrokulturen lässt sich feststellen, ob ein bestimmtes Element für eine Pflanze essenziell ist. Dazu werden zwei Lösungen von Mineralsalzen hergestellt. Eine Lösung enthält zum Vergleich alle notwendigen Ionen im richtigen Verhältnis zueinander und in einer für die Pflanze verwertbaren Form. Der anderen Lösung fehlen z.B. Kaliumionen. Sie ist aber ansonsten genauso zusammengesetzt. Geringes Wachstum und verfärbte Blätter zeigen, dass Kaliumionen für die getestete Pflanze essenziell sind.

V1 (Schutzbrille!) Gib zu Holzkohlenasche verdünnte Salzsäure und filtriere den Rückstand ab. Führe mit dem Filtrat Nachweisproben auf Kalium-, Phosphat- und Sulfationen durch (Kap. 9.4).
Prüfe mit Teststäbchen auf Calcium- und Eisenionen.

A1 Erstelle eine Tabelle mit den Ionen aus [B1] und deren Namen, z.B. NO_3^-/Nitration.

► Struktur der Materie

9.2 Der Kreislauf des Stickstoffs

Die Tatsache, dass die für das Wachstum wichtigen *Elemente* Kreisläufe durchlaufen, hat schon der Chemiker JUSTUS VON LIEBIG 1840 formuliert [B2]. Zu den Elementen, die von besonderer Bedeutung für das Wachstum von Pflanzen, Tieren und Menschen sind, gehört der Stickstoff.

Kreislauf des Elements Stickstoff. Stickstoffverbindungen dienen den Pflanzen z. B. zum Aufbau von Eiweißstoffen. Nur wenige Pflanzen wie die Leguminosen, zu denen Lupine und Klee gehören, können mithilfe von Bakterien in ihren Wurzeln (Knöllchenbakterien) Stickstoff aus der Luft verarbeiten. Die anderen sind auf Nitrat- oder Ammoniumionen aus dem Boden angewiesen. Tiere und Menschen können ihren Stickstoffbedarf aus pflanzlichem Eiweiß decken.

Ausscheidungen von Tieren und Menschen sowie abgestorbene Pflanzen und Körper toter Tiere werden im Boden unter Bildung von Ammoniak bzw. Ammoniumsalzen abgebaut. Diese können wieder zu Nitraten oxidiert werden.

Ein Teil des Ammoniaks wird diesem Kreislauf durch Bakterien entzogen, die Ammoniak in Stickstoff umwandeln. Der gebildete Stickstoff wird an die Atmosphäre abgegeben. Bei Gewittern können mithilfe von Blitzen aus Stickstoff und Sauerstoff Stickstoffoxide entstehen. Diese können zu Salpetersäure reagieren und mit dem Regenwasser in den Boden gelangen.

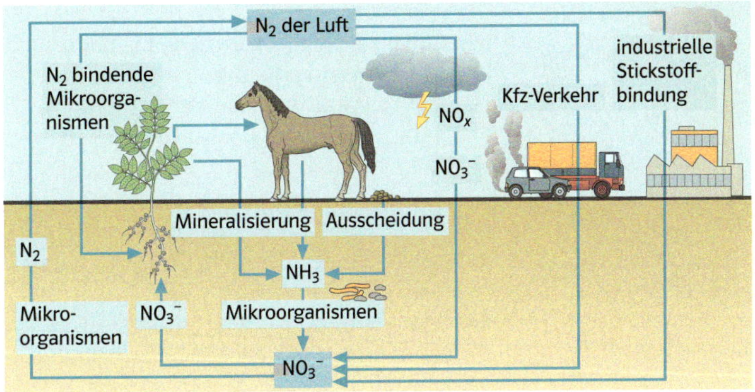

B1 Kreislauf des Stickstoffs

Der Stickstoffkreislauf wird durch die landwirtschaftliche Nutzung gestört, da ein großer Teil der Stickstoffverbindungen mit der Ernte weggeführt wird. Mit der Wirtschaftsdüngung durch Mist oder Gülle können dem Boden entzogene Stickstoffverbindungen zumindest teilweise wieder ersetzt werden.
Bis zum Anfang des 20. Jahrhunderts stand im Wesentlichen nur der hauptsächlich in Chile abgebaute Natronsalpeter (Chilesalpeter, $NaNO_3$) als zusätzlicher Dünger zur Verfügung (Kap. 8.15).

Seit 1913 kann mit dem Haber-Bosch-Verfahren großtechnisch Ammoniak aus Wasserstoff und Stickstoff hergestellt werden. Durch eine nachfolgende Oxidation des Ammoniaks können Nitrate zur Herstellung von Düngemitteln gewonnen werden. Etwa 85 % des weltweit produzierten Ammoniaks werden zu Düngemitteln verarbeitet.

A1 Beschreibe durch Auswertung von B1, auf welchen Wegen Stickstoffverbindungen in den Boden gelangen können.

A2 In der ökologischen Landwirtschaft verzichtet man auf Mineraldünger. Wie können dem Boden trotzdem die notwendigen Stickstoffverbindungen zugeführt werden?

A3 Erstelle mithilfe von [Kap. 8.15, B4] ein Pfeilschema, das die Herstellung von Natriumnitrat aus Luftstickstoff mithilfe der technischen Ammoniaksynthese zeigt.

Kohlensäure, Ammoniak und Wasser enthalten in ihren Elementen die Bedingungen zur Erzeugung aller Thier- und Pflanzenstoffe, während ihres Lebens. Kohlensäure, Ammoniak und Wasser sind die letzten Producte des chemischen Prozesses ihrer Fäulniß und Verwesung. Alle die zahllosen, in ihren Eigenschaften so unendlich verschiedenen, Producte der Lebenskraft nehmen nach dem Tode die ursprünglichen Formen wieder an, aus denen sie gebildet worden sind. Der Tod, die völlige Auflösung einer untergegangenen Generation, ist die Quelle des Lebens für eine neue.

B2 Text von JUSTUS VON LIEBIG über den Kreislauf der Elemente aus dem Jahre 1840 (Auszug)

9.3 Mineraldünger

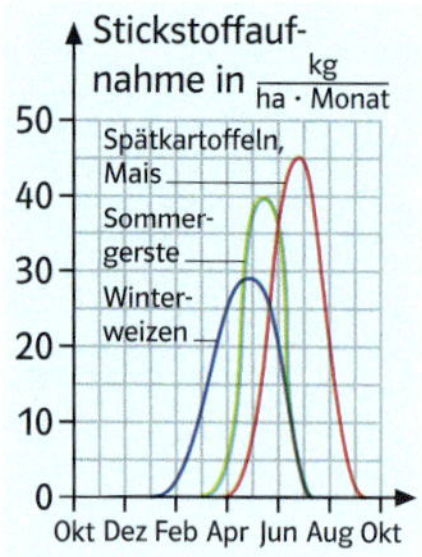

B1 Stickstoffbedarf einiger Pflanzen während des Wachstums

Durch landwirtschaftliche Nutzung werden den Böden wichtige, essenzielle Elemente entzogen. Dieser Verlust kann durch den Einsatz von Wirtschaftsdünger nur teilweise und unter Verzicht auf Höchsterträge ausgeglichen werden.
Durch Mineraldünger können dem Boden die Nährstoffe zugeführt werden, die für einen optimalen Ertrag notwendig sind.

Richtiges Düngen. Vor dem Einsatz von Mineraldünger wird häufig eine Bodenuntersuchung durchgeführt. Danach wird der richtige Dünger ausgewählt. Aber nicht nur die richtige Zusammensetzung des Düngers, auch die Wahl des Zeitpunktes der Düngung ist von großer Wichtigkeit [B1].
Pflanzen haben nicht in allen Entwicklungsstadien den gleichen Bedarf. Dünger, der zum falschen Zeitpunkt eingesetzt wird, kann durch Auswaschung zu einer Belastung der Umwelt führen.

A1 Erläutere LIEBIGS Fassmodell.

A2 Ermittle aus [B1] den richtigen Zeitpunkt für die Düngung von Winterweizen, Sommergerste und Mais.

Exkurs JUSTUS VON LIEBIG

JUSTUS VON LIEBIG

Entzug mit der Erntemasse in kg pro ha		
Element	Weizen	Mais
N	25 bis 35	18 bis 22
P	4 bis 6	3 bis 4
K	17 bis 21	3 bis 5
Ca	3 bis 6	1
Mg	1 bis 3	1 bis 2

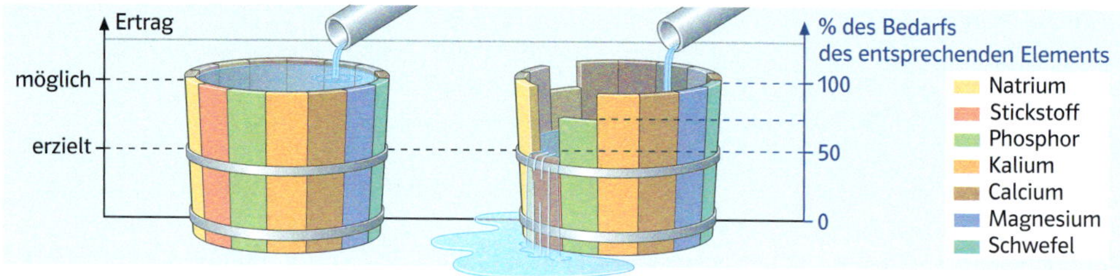

Der Chemiker J. v. LIEBIG (1803 – 1873) wirkte von 1824 bis 1852 als Professor an der Universität Gießen und danach an der Universität München. Viele seiner Studenten sind bedeutende Chemiker geworden. Zu seinen wichtigsten Verdiensten gehören die Entwicklung der organischen Elementaranalyse und die Förderung der Agrarchemie.

Unter dem Eindruck von Hungersnöten in Europa erforschte LIEBIG Möglichkeiten, durch gezielte Düngung die Ernteerträge zu steigern. Seine Forschungen ergaben, dass Pflanzen bestimmte Elemente in einer verwertbaren Form und in einem ausgewogenen Verhältnis zueinander benötigen. Er veranschaulichte dies mit dem **Fassmodell.**
100%ige Bedarfsdeckung bedeutet z.B. beim Weizen für das Element Stickstoff 25 – 35 kg/ha bzw. für Phosphor 4 – 6 kg/ha. Die ersten der von LIEBIG entwickelten Düngemittel erwiesen sich allerdings als Fehlschläge. Aus Angst, dass die Mineralsalze mit dem Regen ausgewaschen werden, brachte er diese in wasserunlöslicher Form ein. Dadurch standen die Mineralstoffe aber nur in einer Form zur Verfügung, die die Pflanzen nicht aufnehmen konnten.

Fassmodell	Realität
Fassdaube	Element
Wasserstand	Ertrag
Länge der Fassdaube	Verhältnis der vorhandenen Menge des Elements im Boden zum Bedarf am Element
Länge der Fassdaube im intakten Fass	100%ige Bedarfsdeckung des Elements
Die kürzeste Fassdaube begrenzt die Höhe des Wasserstands im Fass.	Das im Vergleich zu seinem Bedarf im geringsten Maße vorhandene Element begrenzt den Ertrag.
Eine andere, höhere Fassdaube als die kürzeste ermöglicht nicht, dass der Wasserstand im Fass erhöht wird.	Ein verstärkter Einsatz eines anderen Elements ermöglicht keinen höheren Ertrag.

► Struktur der Materie

9.4 Praktikum Mineraldünger

Ein Volldünger ist ein mineralischer Dünger mit Düngesalzen in einem Mischungsverhältnis, das auf durchschnittliche Böden abgestimmt ist. Er enthält Stickstoffverbindungen wie Nitrate und Ammoniumverbindungen, zudem Phosphate und Sulfate. Als Kationen liegen in diesen Salzen außer Ammonium- meist Kalium-, Magnesium- und Calciumionen vor.
Wir werden einen Volldünger auf die Anwesenheit verschiedener wichtiger Ionen überprüfen. Um die Ergebnisse der Untersuchung festzuhalten, wird ein Protokoll angefertigt.

Du erhältst von deinem Lehrer eine Düngerprobe. Löse sie in destilliertem Wasser und filtriere, falls die Flüssigkeit trübe ist.

V1 Prüfung auf Kaliumionen
Geräte und Chemikalien: Magnesiastäbchen, Cobaltglas, Brenner, gelöste Düngerprobe.
Durchführung: Befeuchte ein Magnesiastäbchen mit der Düngerlösung und halte es in die nicht leuchtende Brennerflamme. Betrachte die Flamme durch das Cobaltglas. Eine violette Flammenfärbung zeigt die Anwesenheit von Kaliumionen an.

V2 Prüfung auf Calciumionen
Geräte und Chemikalien: Reagenzglas, Essigsäure ($c = 2\,\text{mol/l}$), gelöste Düngerprobe, Ammoniumoxalatlösung (gesättigt).
Durchführung: Gib zu 2 ml der Probe 1 ml Essigsäure und versetze mit 5 Tropfen Ammoniumoxalatlösung. Eine sofortige Bildung eines farblosen Niederschlages zeigt größere Mengen an Calciumionen an, bei geringeren Konzentrationen tritt der Niederschlag erst nach längerer Zeit oder nach Erwärmen auf.

B1 Ein Volldünger

V3 Prüfung auf Eisenionen
Geräte und Chemikalien: Reagenzgläser, Lösung von rotem Blutlaugensalz ($\beta = 0{,}5\,\text{g}/(100\,\text{ml})$), Lösung von gelbem Blutlaugensalz ($\beta = 0{,}5\,\text{g}/(100\,\text{ml})$).
Durchführung: Gib zu 10 ml der Probe 0,5 ml der Lösung von rotem Blutlaugensalz. Ein tiefblaue Färbung zeigt Fe^{2+}-Ionen an.
Gib zu 10 ml der Probe 0,5 ml der Lösung von gelbem Blutlaugensalz. Eine tiefblaue Färbung zeigt Fe^{3+}-Ionen an.

V4 Prüfung auf Ammoniumionen
Geräte und Chemikalien: Reagenzglas, Brenner, Natriumhydroxidplätzchen, gelöste Düngerprobe.
Durchführung: Mische im Reagenzglas eine Probe des Düngers (fest) mit einigen Natriumhydroxidplätzchen (Schutzbrille!). Erhitze das Gemisch mit der nicht leuchtenden Brennerflamme (Abzug!). Halte über die Reagenzglasöffnung ein angefeuchtetes Indikatorpapier. Blaufärbung zeigt Ammoniak an, das aus den Ammoniumionen entsteht.

V5 Prüfung auf Sulfationen
Geräte und Chemikalien: Reagenzglas, Brenner, Salzsäure ($c = 2\,\text{mol/l}$), Bariumchloridlösung ($\beta = 10\,\text{g}/(100\,\text{ml})$), gelöste Düngerprobe.
Durchführung: Gib zu ca. 2 ml der Probe 1 ml Salzsäure und 5 Tropfen Bariumchloridlösung. Ein feinkristalliner Niederschlag zeigt Sulfationen an. Evtl. muss etwas erwärmt werden.

V6 Prüfung auf Nitrationen
Geräte und Chemikalien: Reagenzglas, Teststäbchen Nitrat-Test, gelöste Düngerprobe.
Durchführung: nach Gebrauchsanweisung.

V7 Prüfung auf Phosphationen
Geräte und Chemikalien: Reagenzglas, Teststäbchen Phosphat-Test, gelöste Düngerprobe.
Durchführung: nach Gebrauchsanweisung.

Nicht vergessen:
Bei allen Versuchen Schutzbrille tragen!

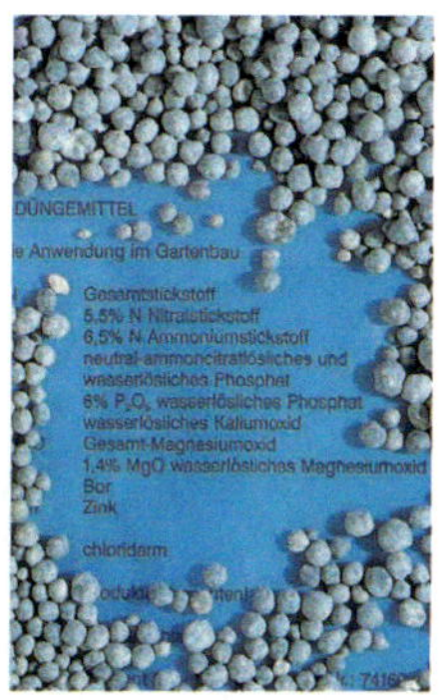

B2 Mineraldünger

9.5 Belastung der Umwelt durch Nitrate und Phosphate

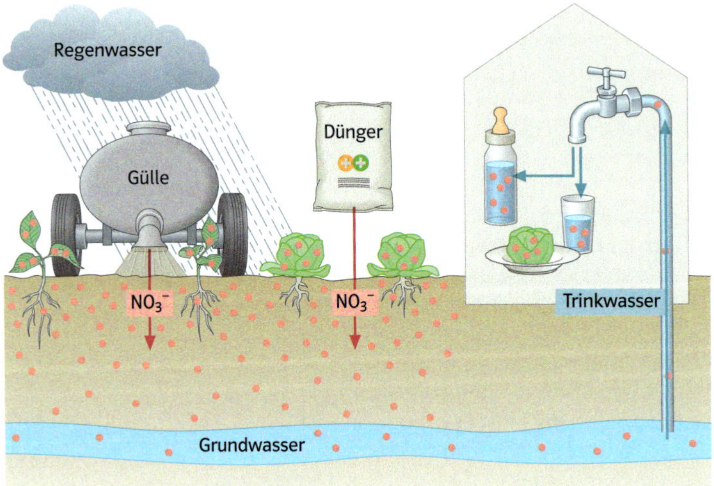

B1 Überschüssige Nitrationen werden aus dem Boden ausgewaschen und gelangen ins Trinkwasser

Das Düngen mit Kompost, der aus abgestorbenen Pflanzen entsteht, ist eine sehr umweltverträgliche Methode, die oft in Gärten angewandt wird. Die im Kompost gebundenen Mineralsalze werden infolge des bakteriellen Abbaus nur schrittweise freigesetzt. Dagegen sind die Bestandteile des Mineraldüngers zwar sofort verfügbar, sie können andererseits aber auch z. B. durch Regen ausgewaschen werden und die Umwelt belasten.

Trinkwassergefährdung. Wenn Düngemittel bei sehr intensiv betriebener Landwirtschaft oder intensiv betriebenem Gartenbau in zu großen Mengen eingesetzt werden, können sie durch Regenwasser ausgewaschen werden und ins Oberflächen- oder Grundwasser gelangen. Vor allem die gut löslichen Nitrate können zur Belastung des Trinkwassers führen. Durch bestimmte Bakterien können Nitrationen (NO_3^-) zu Nitritionen (NO_2^-) reduziert werden. Letztere gehen mit dem Hämoglobin des Blutes eine chemische Reaktion ein. Das so veränderte Hämoglobin ist nicht mehr in der Lage, seine Funktion als Sauerstofftransportmittel zu erfüllen. Besonders gefährdet sind Säuglinge.

Aus Nitriten können im menschlichen Körper auch krebserregende Stoffe (Nitrosamine) entstehen.

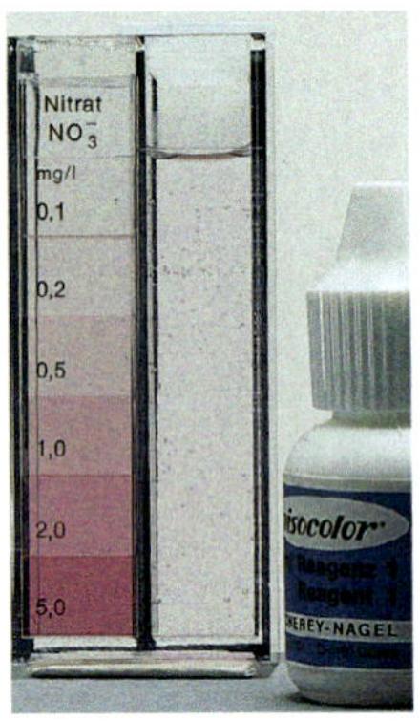

B2 Nitratnachweis

Nitrat in Lebensmitteln. Düngung kann zu einer Anreicherung von Nitrationen in Pflanzen und damit auch in unserer Nahrung führen. Produkte aus ökologischem Landbau schneiden in dieser Hinsicht in vielen Fällen besser ab als konventionell produzierte.

Eutrophierung von Gewässern. Die Zufuhr an Mineralsalzen, vor allem an Phosphaten und Nitraten, hat für Gewässer ein starkes Pflanzenwachstum zur Folge. Dieser Vorgang wird **Eutrophierung** genannt. Übermäßiges Pflanzenwachstum führt zu einer entsprechenden Vermehrung tierischer Organismen, die den Sauerstoff des Gewässers verbrauchen. Pflanzen und tierische Organismen sterben ab und sinken zu Boden. Bei ihrer Zersetzung wird zusätzlich Sauerstoff verbraucht. Schließlich kann Fäulnis eintreten, wobei Giftstoffe, u. a. auch Schwefelwasserstoff, entstehen. Tiere und Pflanzen sterben. Man sagt, das Gewässer „kippt um".

Kläranlagen. Da auch Haushaltsabwässer große Mengen an Nitraten und Phosphaten enthalten, ist es notwendig, diese in Kläranlagen zu entfernen. Phosphate werden durch Zusatz von Eisenverbindungen als schwer lösliches Eisenphosphat ausgefällt. Nitrationen werden durch Bakterien unter Bildung von Stickstoffmolekülen (Kap 9.2) entfernt.

V1 Untersuche Proben verschiedener Gewässer mit Teststäbchen auf Ammonium-, Nitrat- und Phosphationen.

V2 Gib zu einer Gewässerprobe bzw. zu einer Lösung von Kaliumdihydrogenphosphat Eisenchloridlösung ($FeCl_3$) mit w = 10 %.

A1 Welche Gefährdungen für den Menschen gehen von Nitrationen in Lebensmitteln oder Trinkwasser aus?

A2 Gut mit Nährstoffen versorgte, eutrophe Gewässer können für die meisten Organismen lebensfeindlich werden. Beschreibe die Folgenkette.

A3 Gib an, wie in Kläranlagen gelöste Phosphate und Nitrate entfernt werden.

9.6 Untersuchung eines Bodens

Der Boden ist ein Teil der belebten oberen Erdkruste. Er ist Lebensraum für viele Pflanzen und Tiere. Unsere Ernährung hängt von der Qualität landwirtschaftlich genutzter Böden ab.

Aufbau des Bodens. Bodenanschnitte [B2] legen oft ein vertikales Profil frei, das drei Schichten erkennen lässt. Die oberste Schicht, der **A-Horizont**, ist der durchwurzelte Oberboden, der verwittertes Gestein, organisches Material und lebende Organismen enthält. Der **B-Horizont** beinhaltet nur wenig organisches Material. Der **C-Horizont** besteht aus dem nur teilweise verwitterten Gestein.

Humus. Das sich zersetzende organische Material, das aus abgefallenen Blättern und anderen Pflanzenteilen, toten Organismen, Pilzen und Bakterien besteht, wird Humus genannt. Er entsteht durch die Aktivität von zahlreichen Organismen, z. B. Bakterien oder Pilzen. Sie bauen das organische Material nach und nach ab und setzen die mineralischen Bestandteile frei. Diese werden, sofern sie nicht sofort von Pflanzen bzw. ihren Wurzeln aufgenommen werden, von Bodenpartikeln aufgrund ihrer Ladung festgehalten.

Ionenaustauschprozesse im Boden. Vor allem Kationen wie K^+-, Ca^{2+}- und Mg^{2+}-Ionen werden an negativ geladenen Oberflächen von Tonpartikeln gebunden. Anionen sind weniger fest an Bodenpartikel gebunden und werden leicht durch z. B. Chloridionen ersetzt.
Andererseits müssen die Tonpartikel die gebundenen Kationen auch wieder zur Aufnahme durch Pflanzenwurzeln freigeben. Dies geschieht durch Austausch der Kationen mit Oxoniumionen. Auch Pflanzen steuern Oxoniumionen zur Bodenlösung bei: Kohlenstoffdioxid wird über die Wurzel abgegeben, bildet mit Wasser Kohlensäure, die dann zu Oxonium-, Hydrogencarbonat- und Carbonationen reagiert [B1].
Durch die Einwirkung von Streusalz können Na^+-Ionen in den Boden gelangen und die von Pflanzen benötigten Kationen verdrängen, die dann mit dem Regen ausgewaschen werden. Dadurch gehen wichtige Pflanzennährsalze verloren.

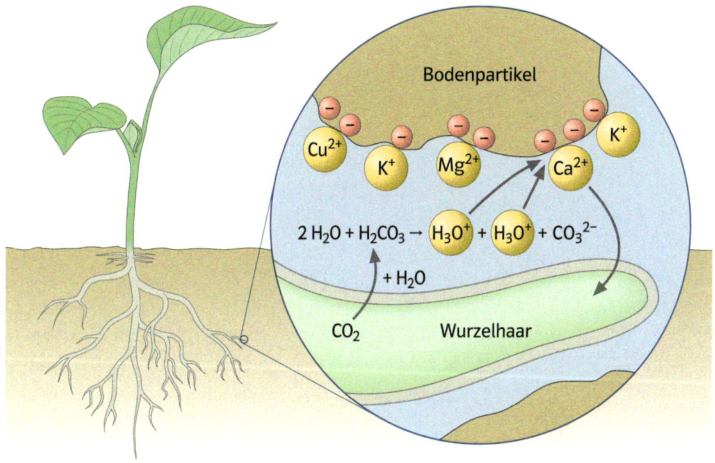

B1 Kationenaustausch im Boden

pH-Wert des Bodens. Vom pH-Wert des Bodens hängt es ab, wie gut die Mineralsalze für die Pflanzen verfügbar sind. Der optimale pH-Wert liegt für die meisten Pflanzen bei pH = 6,5.
In einem schwach alkalischen Boden können schwer lösliche Verbindungen, z. B. Eisenhydroxid oder Eisenphosphat entstehen. Die Eisenionen dieser Salze stehen den Pflanzen nicht mehr zur Verfügung. Unterhalb von pH = 6 werden viele Kationen durch Ionenaustausch ausgewaschen und gehen für die Pflanzen verloren.

Probenentnahme. Bodenproben werden aus der durchwurzelten Zone entnommen, und zwar bei Grünland aus einer Tiefe bis zu 10 cm, bei Ackerland aus bis zu 30 cm. Sie werden luftdicht verpackt und mit Angaben zur Nutzungsart des Bodens und Tiefe der Probenentnahme gekennzeichnet.

Bodenextrakte. Für die Bestimmung der Ionen müssen diese von den Bodenpartikeln, an die sie gebunden sind, getrennt und in Lösung gebracht werden. Dazu stellt man bestimmte Auszüge her. Ein Extrakt mit Calciumchloridlösung dient zur Bestimmung von pH-Wert, Nitrit-, Nitrat- und Ammoniumionen. Ein Extrakt mit Calciumlactatlösung (Salz der Milchsäure) wird zur Bestimmung von Phosphat- und Kaliumionen verwendet (Kap. 9.7).

B2 Bodenprofil mit erkennbaren Horizonten

9.7 Praktikum Untersuchung eines Bodens

V1 Bestimmung des pH-Wertes
Geräte und Chemikalien: Schutzbrille, Becherglas (500 ml), Messzylinder (100 ml), Waage, pH-Messgerät, Teststäbchen oder Reagenzien zur Untersuchung von Aquarienwasser, Spatel, Glasstab, Calciumchloridlösung ($c(CaCl_2)$ = 0,0125 mol/l), Bodenproben.
Durchführung: Vermische im Becherglas 100 g einer Bodenprobe und 100 ml Calciumchloridlösung und rühre das Gemisch ca. 1 min mit dem Glasstab. Filtriere, nachdem die Suspension weitere 5 min gestanden hat. Bestimme anschließend den pH-Wert.

V2 Bestimmung des Kalkgehaltes
Geräte und Chemikalien: Schutzbrille, Laborwaage (Ablesbarkeit 0,01 g), Erlenmeyerkolben (200 ml), Becherglas (100 ml), Spatel, Bodenproben (ca. 1 Std. bei 105 °C getrocknet), verd. Salzsäure (c = 2 mol/l, vom Lehrer vorher durch Zugabe von ca. 1 g Marmor mit Kohlenstoffdioxid gesättigt).

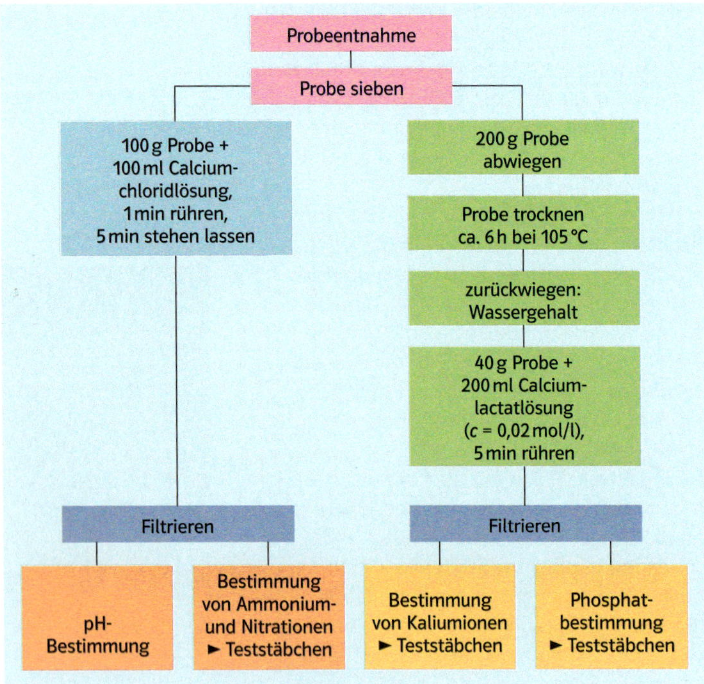

B1 Arbeitsschema zur Bodenanalyse: Bestimmung des pH-Werts, der Anwesenheit von Ammonium- und Nitrationen, Kalium- und Phosphationen

Durchführung: Wiege im Erlenmeyerkolben ca. 20 g der Bodenprobe ab und notiere den genauen Wert. Gib in das Becherglas etwa 50 ml der verdünnten Salzsäure. Stelle beide Gefäße auf die Waage und stelle die Anzeige auf Null. Gieße die Salzsäure zur Bodenprobe, stelle das entleerte Becherglas wieder auf die Waage und verfolge die Massenabnahme. Blase nach Beendigung der Gasentwicklung kräftig in den Erlenmeyerkolben, um das noch im Kolben verbliebene Kohlenstoffdioxid zu entfernen. Bestimme anschließend die Abnahme der Masse.
Auswertung: Die Massenabnahme ist auf das entwichene Kohlenstoffdioxid zurückzuführen. Aus 2,27 g Kalk (Calciumcarbonat, $CaCO_3$) entsteht 1 g Kohlenstoffdioxid.
Berechne die Masse des Kalks in der Bodenprobe und den Massenanteil w in Prozent.

$$w = \frac{m(\text{Kalk})}{m(\text{Bodenprobe})} \cdot 100\,\%$$

V3 Boden als Ionenaustauscher
Geräte und Chemikalien: Schutzbrille, Blumentopf, Watte, 2 Bechergläser (250 ml), 3 Bechergläser (50 ml), Stativ mit Ring, Messzylinder (100 ml), Bodenprobe, Eisenchloridlösung ($w(FeCl_3)$ = 0,4 %), verd. Schwefelsäure (c = 1 mol/l), Kaliumthiocyanat-Lösung (w(KSCN) = 10 %).
Durchführung: Lege etwas Watte auf das Abflussloch des Blumentopfes und fülle ihn mit der gut durchfeuchteten Bodenprobe. Hänge den Topf in den Stativring und stelle das Becherglas darunter. Übergieße die Bodenprobe mit 100 ml Eisenchloridlösung. Prüfe die durchgelaufene Flüssigkeit mit 2 bis 3 Tropfen Kaliumthiocyanat-Lösung auf Fe^{3+}-Ionen (eine rote Färbung zeigt Fe^{3+}-Ionen an). Spüle mit ca. 100 ml Wasser nach. Fange die Spüllösung portionsweise in den kleinen Bechergläsern auf, prüfe sie jeweils auf Fe^{3+}-Ionen. Nimm ein neues Becherglas und gib 50 ml Schwefelsäure auf die Probe. Gieße Wasser nach, prüfe die ablaufende Lösung erneut auf Fe^{3+}-Ionen.

9.8 Durchblick Zusammenfassung und Übung

Mineralsalze
Pflanzen benötigen zahlreiche lebenswichtige Elemente. Kohlenstoff nehmen sie in Form von Kohlenstoffdioxid aus der Luft auf. Alle anderen Elemente werden aus dem Boden aufgenommen. Dazu gehören Stickstoff, Phosphor und Schwefel in ihren Verbindungen (NO_3^-, HPO_4^{2-}, $H_2PO_4^-$ und SO_4^{2-}-Ionen). Außerdem werden verschiedene Metallkationen benötigt, zum Teil in sehr geringen Mengen als Spurenelemente.

Notwendigkeit der Düngung
In naturbelassenen Bereichen durchlaufen die benötigten Elemente geschlossene Kreisläufe. Aus landwirtschaftlich genutzten Böden werden ständig Mineralsalze entnommen und den Kreisläufen entzogen. Ziel der Düngung ist es, die Differenz zwischen dem Mineralsalzbedarf der angebauten Pflanzen und dem Angebot des Bodens auszugleichen.

Düngerarten
Mist, Gülle und Kompost werden als Wirtschaftsdünger bezeichnet. Industriell hergestellter Dünger wird Mineraldünger („Kunstdünger") genannt. Es gibt sehr unterschiedlich zusammengesetzte Mineraldünger. Aus organischen Düngern entstehen nur langsam die verwertbaren Mineralsalze, aus Mineraldünger jedoch unmittelbar nach der Düngung.

Minimumgesetz von Liebig
Auf den Chemiker J. v. LIEBIG, der als Begründer der Agrikulturchemie gilt und den Mineraldünger eingeführt hat, geht die Erkenntnis zurück, dass der landwirtschaftliche Ertrag von dem Element begrenzt wird, das im Vergleich zum Bedarf im geringsten Maße vorhanden ist.

Gefährdung der Umwelt
Mineraldünger, der von Pflanzen nicht aufgenommen wird, kann ausgewaschen werden und z. B. in Gewässer gelangen. Vor allem Nitrat- und Phosphationen können z. B. für Gewässer sehr negative Auswirkungen haben. Nitrationen in Trinkwasser und Lebensmitteln können für den Menschen schädlich sein.

Eutrophierung
Die Anreicherung eines Gewässers an Mineralsalzen führt zu einer starken Vermehrung von Pflanzen (z. B. Algen) und Tieren. Durch Abbau von Pflanzenteilen und toten Organismen kann der Sauerstoff eines Gewässers vollständig aufgezehrt werden. Fäulnisprozesse unter Bildung von giftigen Stoffen treten als Folge auf und zerstören die Lebensgrundlage der meisten Organismen des Gewässers.

Boden als Ionenaustauscher
Vor allem Kationen werden durch Ionenbindung an negativ geladenen Oberflächen von Tonpartikeln gebunden. Die Kationen können im Austausch mit Oxoniumionen freigesetzt werden und liegen dann in der Bodenlösung vor. Somit wird eine Aufnahme durch die Wurzeln möglich.

pH-Wert des Bodens
Ein zu niedriger pH-Wert führt zur Auswaschung von Kationen, die damit den Pflanzen nicht mehr zur Verfügung stehen. Ein zu hoher pH-Wert lässt schwer lösliche Hydroxide, z. B. $Fe(OH)_3$, entstehen. Die so gebundenen Metallionen stehen für Pflanzen auch nicht zur Verfügung.

Humus
Das organische Material der obersten Bodenschicht, das durch die Tätigkeit zahlreicher Kleintiere und Mikroorganismen entstanden ist und weiterzersetzt wird, wird Humus genannt. Humus sorgt für die Krümelstruktur des Bodens, hält Wasser und stellt ein Reservoir für mineralische Stoffe dar. Er er-möglicht auch die Durchlüftung des Bodens.

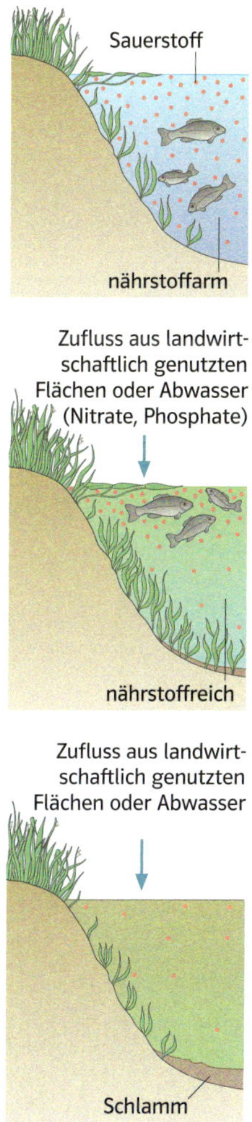

B1 Eutrophierung eines Gewässers durch Phosphate.
Oben: Normales Gewässer.
Mitte: Starkes Pflanzenwachstum durch eingeleitete Phosphate.
Unten: Das Gewässer ist „umgekippt"

B2 Zu Aufgabe 3

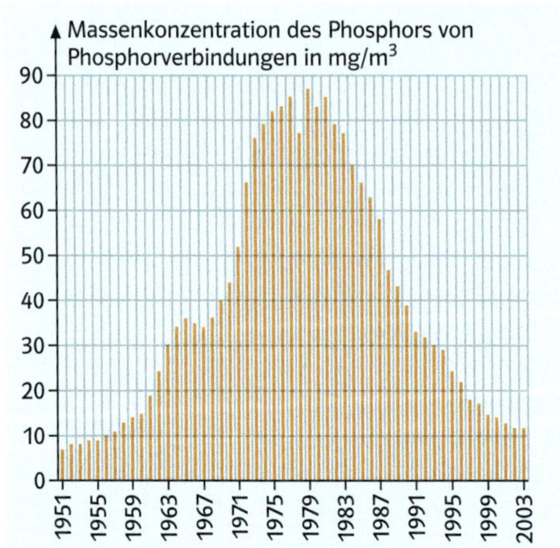

B4 Entwicklung der Phosphatkonzentration im Bodensee

A1 [B4] zeigt die Entwicklung der Phosphatkonzentration im Bodensee. Interpretiere die Abbildung.

A2 In einem naturbelassenen Biotop sind im Boden alle benötigten Mineralsalze vorhanden. Bei landwirtschaftlicher Nutzung müssen diese durch Düngung zugeführt werden, damit die Erträge nicht sinken. Warum ist Düngen nur beim Eingriff des Menschen in die Natur nötig?

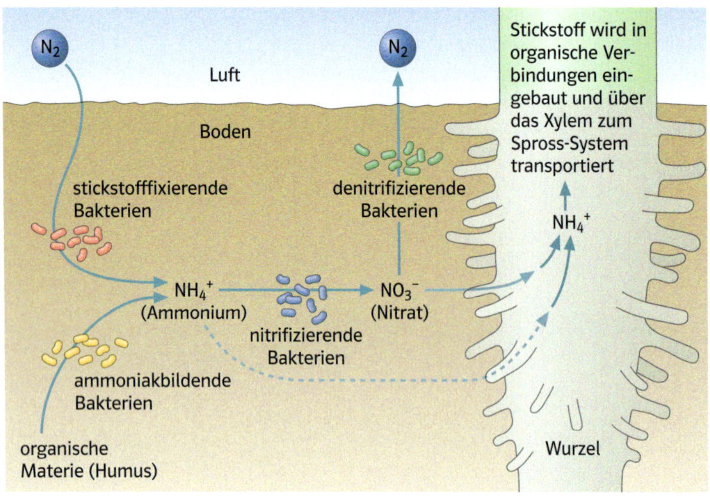

B3 Zu Aufgabe 4

A3 Eine „Großvieheinheit", das entspricht einer Kuh oder sieben Schweinen oder 50 Hühnern, produziert je nach Tierart und Fütterung zwischen 50 und 100 kg Stickstoffverbindungen pro Jahr. Davon entweichen etwa 20 – 40 kg in Gasform als Ammoniak auf dem Weg vom Tier zum Feld. Berechne die Masse der Stickstoffverbindungen, die ein Bauernhof mit 50 Kühen durch Mist oder Gülle auf die Felder ausbringt.

A4 Beschreibe und erkläre die Rolle der Bodenbakterien für den Stickstoffhaushalt des Bodens [B3].

A5 Obst und Gemüse, das aus biologischem Anbau, d.h. ohne Einsatz von Mineraldünger, angebaut wurde, ist zwar etwas teurer als herkömmlich produziertes, wird aber von vielen Verbrauchern bevorzugt. Stelle in einem Vergleich Vor- und Nachteile des Düngens mit Wirtschaftsdünger bzw. Mineraldünger gegenüber. Berücksichtige auch Umweltaspekte.

A6 Nenne wichtige für Pflanzen essenzielle Elemente.

A7 Warum ist es wichtig, den Nitratgehalt von Lebensmitteln und Trinkwasser so niedrig wie möglich zu halten?

A8 Stelle am Beispiel des Magnesiums dar, wie wissenschaftlich ermittelt werden kann, dass ein Element essentiell für eine Pflanzenart ist.

A9 Viele Bauern lassen Bodenuntersuchungen durchführen, um auf dieser Basis die richtige Düngerkombination auszuwählen. Warum ist dies nicht nur aus finanziellen Gründen (Kosten, Ernteertrag) wichtig?

Optionale Vertiefung

10 Anorganische Kohlenstoffverbindungen und Kohlenstoffkreislauf

Das Element Kohlenstoff nimmt wegen der Vielfalt seiner Verbindungen eine Sonderstellung unter den chemischen Elementen ein. Die meisten Kohlenstoffverbindungen gehören zur organischen Chemie.

- Die weitaus größte Menge des Kohlenstoffs ist jedoch in einer einzigen Verbindung, in Calciumcarbonat („Kalk") enthalten. Kalkstein ist in der Natur weit verbreitet.

- Calciumcarbonat, ein Salz der Kohlensäure, ist in Wasser nahezu unlöslich. Wie ist es möglich, dass dort, wo Kalkstein den Untergrund bildet, große Höhlen entstehen konnten?

- Die Salze der Kohlensäure zählt man zur anorganischen Chemie. Bei den chemischen Reaktionen der Kohlensäure und ihrer Salze spielt Kohlenstoffdioxid eine bedeutende Rolle.

- Wir erfahren in diesem Kapitel auch, wie der Gehalt des Kohlenstoffdioxids in der Luft mit einem globalen Kreislauf, dem Kohlenstoffkreislauf zusammenhängt.

Online-Link
756084-1000

10.1 Kohlenstoffoxide und Kohlensäure

	Kohlenstoffdioxid	Kohlenstoffmonooxid
Farbe, Geruch	farb-, geruchlos	farb-, geruchlos
Dichte bei 20 °C	1,83 g/l	1,16 g/l
molare Masse	44,0 g/mol	28,0 g/mol
Schmelztemperatur		−204 °C
Siedetemperatur		−192 °C
Sublimationstemperatur	−78 °C	
Löslichkeit in Wasser (20 °C) (0 °C)	 880 ml/l 1710 ml/l	 23 ml/l 33 ml/l

B1 Eigenschaften von Kohlenstoffdioxid und Kohlenstoffmonooxid

Hämoglobin ist der rote Blutfarbstoff

Bei der Verbrennung von Kohlenstoff oder Kohlenstoffverbindungen kann neben Kohlenstoffdioxid auch **Kohlenstoffmonooxid** entstehen. Die beiden Oxide unterscheiden sich in ihren Eigenschaften deutlich voneinander [B1]. Im Gegensatz zum Kohlenstoffdioxid ist Kohlenstoffmonooxid äußerst giftig. Ein bedeutender Unterschied besteht im Verhalten gegenüber Wasser. Kohlenstoffdioxid löst sich gut in Wasser und reagiert mit diesem zu einem geringen Teil zu Kohlensäure, deren Salze ganze Gebirge bilden.

Exkurs Entkoffeinierung von Rohkaffee mit Kohlenstoffdioxid

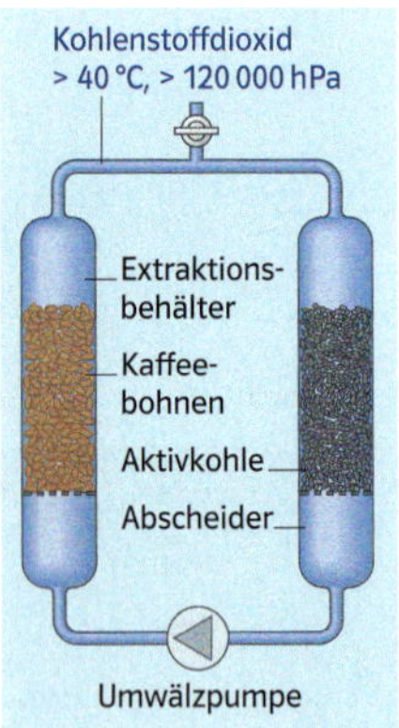

Die grünen Kaffeebohnen werden zunächst mit Wasserdampf auf einen höheren Wassergehalt gebracht. Durch Extraktion mit wassergesättigtem Kohlenstoffdioxid wird die Löslichkeit des Coffeins erhöht und das pflanzliche Gewebe kann im gequollenen Zustand besser von Kohlenstoffdioxid durchdrungen werden. Die Extraktion erfolgt oberhalb von 40 °C und 120 000 hPa. Das gelöste Coffein wird im Abscheider an Aktivkohle adsorbiert. Kohlenstoffdioxid wird so lange im Kreislauf geführt, bis der Rohkaffee einen Rest von weniger als 0,1 % Coffein aufweist. Die Aromastoffe bleiben bei diesem Verfahren im Rohkaffee. Nach der Entnahme werden die grünen Kaffeebohnen getrocknet und in üblicher Weise geröstet.

Kohlenstoffdioxid, Vorkommen und Verwendung. Das Gas entsteht bei der Verbrennung von organischen Brennstoffen. Auch bei der Atmung [V1], Gärung und Zersetzung abgestorbener Organismen wird Kohlenstoffdioxid gebildet. Es ist Bestandteil von vulkanischen Gasen und von Erdgas. Der Volumenanteil von Kohlenstoffdioxid in der Atmosphäre beträgt 0,038 %, in der ausgeatmeten Luft 4 bis 5 %. Pflanzen benötigen zur Fotosynthese Kohlenstoffdioxid.
Hohe Volumenanteile des Gases können in Bergwerken und Höhlen sowie in Gärkellern und Futtersilos auftreten. Kohlenstoffdioxid wird hauptsächlich als Getränkezusatz und im festen Zustand („Trockeneis“) als Kühlmittel verwendet.
Ein weiterer Anwendungsbereich ist der Einsatz des Kohlenstoffdioxids in Hochdruckextraktionsverfahren als schonendes Lösungsmittel für empfindliche Naturstoffe (Exkurs). Dabei liegt bei sehr hohem Druck Kohlenstoffdioxid als Gas mit hoher Dichte vor, in dem ähnlich geringe Abstände zwischen den Molekülen vorliegen wie bei herkömmlichen Lösungsmitteln.

Kohlenstoffmonooxid. Leitet man Kohlenstoffdioxid bei hohen Temperaturen über Kohlenstoff, so entsteht Kohlenstoffmonooxid.

$$C + CO_2 \longrightarrow 2\,CO$$

Bei unvollständiger Verbrennung von Kohle, Erdölprodukten und Erdgas bildet sich Kohlenstoffmonooxid, indem überschüssiger Kohlenstoff mit Kohlenstoffdioxid reagiert. Dadurch gelangen beträchtliche Mengen Kohlenstoffmonooxid in die Atmosphäre. Die Verbesserung der Verbrennungsprozesse und der Einsatz von Abgaskatalysatoren haben zu einer Verringerung der Abgabe dieses Schadstoffs geführt.
Die Giftigkeit des Kohlenstoffmonooxids beruht auf der Reaktion dieses Gases mit *Hämoglobin*. Dadurch wird der Sauerstofftransport im Blut blockiert. Kohlenstoffmonooxid ist auch Bestandteil des Zigarettenrauchs.

Kohlensäure. Leitet man Kohlenstoffdioxid in Wasser ein, so entsteht eine schwach saure Lösung [V2]. Aus diesem Grund wird Kohlenstoffdioxid oft auch fälschlich als *Kohlensäure* bezeichnet. Diese entsteht allerdings erst durch die Reaktion des Kohlenstoffdioxids mit Wasser:

$$CO_2 + H_2O \longrightarrow H_2CO_3$$

Die Kohlensäuremoleküle reagieren mit weiteren Wassermolekülen. Dabei entstehen Hydrogencarbonat- und Oxoniumionen:

$$H_2CO_3 + H_2O \longrightarrow HCO_3^- + H_3O^+$$

Auch die Hydrogencarbonationen können mit Wassermolekülen reagieren, dabei entstehen Carbonat- und Oxoniumionen:

$$HCO_3^- + H_2O \longrightarrow CO_3^{2-} + H_3O^+$$

Von der Kohlensäure gibt es also zwei Arten von Anionen, die **Hydrogencarbonationen** und die **Carbonationen**.

Kohlensäure ist eine unbeständige Säure. Von den Molekülen des gelösten Kohlenstoffdioxids reagieren nur etwa 0,1 % mit Wassermolekülen. Die Bildung von Kohlensäuremolekülen ist eine *unvollständig ablaufende Reaktion*. Auch die Folgereaktionen verlaufen unvollständig.
Öffnet man eine Flasche, die Sprudel enthält, so entweicht Kohlenstoffdioxid. Bei längerem Stehen oder Erwärmen [V3] verliert der Sprudel durch Abgabe von Kohlenstoffdioxid auch seine saure Eigenschaft [B4]. Nimmt der Anteil der Kohlenstoffdioxidmoleküle in der Lösung ab, so wird auch der Anteil der Kohlensäuremoleküle kleiner. Sie zerfallen wieder in die Moleküle, aus denen sie entstanden sind. Die Bildung der Kohlensäure ist nicht nur eine *unvollständig ablaufende*, sondern auch eine *umkehrbare Reaktion*. Kohlensäure als Reinstoff ist nur bei völliger Abwesenheit von Wasser stabil.
Die Löslichkeit von Kohlenstoffdioxid ist außer von der Temperatur auch vom Druck abhängig [V4, B3]. Zur Herstellung von Sprudel wird Kohlenstoffdioxid deshalb unter Druck in Mineralwasser gepresst.

Kohlensäure in unserer Umwelt. An Orten, wo Kohlenstoffdioxid vulkanischen Ursprungs vorkommt, führen Quellen kohlenstoffdioxidreiches Wasser. Sie werden als Säuerlinge bezeichnet. Die Säure entsteht in der Natur auch, indem Regenwasser aus der Luft Kohlenstoffdioxid aufnimmt. Durch die saure Lösung werden Korrosionsvorgänge, wie z. B. das Rosten von Eisen, beschleunigt.

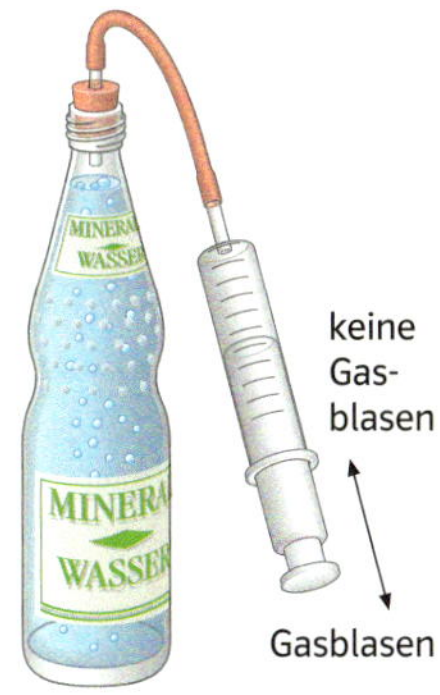

B3 Löslichkeit von Kohlenstoffdioxid unter Druck

V1 Blase mit einem Trinkhalm vorsichtig Atemluft durch Kalkwasser. Auf keinen Fall ansaugen!

V2 Leite Kohlenstoffdioxid längere Zeit durch kaltes, mit Universalindikator versetztes Wasser.

V3 Fülle etwas Sprudelwasser und Universalindikatorlösung in ein Reagenzglas, dem dann ein Stopfen mit Gasableitungsrohr aufgesetzt wird. Erhitze bis zum Sieden und leite das Gas in Kalkwasser.

V4 Öffne und schließe eine Sprudelflasche und beobachte die Gasblasen. Verbinde die Flaschenöffnung mit einem Kolbenprober. Erhöhe bzw. verringere den Druck in der Flasche durch Bewegung des Kolbens [B3].

A1 Formuliere die Reaktionsgleichungen für die Reaktionen, die nach dem Einleiten von Kohlenstoffdioxid in Wasser ablaufen.

B2 Mineralwasser mit Kohlensäure

B4 Sprudel ist nach dem Erhitzen nicht mehr sauer

10.2 Carbonate und Hydrogencarbonate

Name	Formel	Verwendung
Natriumcarbonat (Soda)	$Na_2CO_3 \cdot 10\ H_2O$	bei der Herstellung von Glas, Seife, Waschmitteln und Farbstoffen
Natriumhydrogencarbonat (Natron)	$NaHCO_3$	bei der Herstellung von Brause- und Backpulver; in Feuerlöschern; als Mittel gegen Sodbrennen
Kaliumcarbonat (Pottasche)	K_2CO_3	bei der Herstellung von Kaliseifen (Schmierseifen) und Glas
Calciumcarbonat (Kalk)	$CaCO_3$	als Baustein und Schotter; bei der Herstellung von Zement, Branntkalk, Löschkalk und Düngemitteln

B1 Wichtige Carbonate und Hydrogencarbonate

Kohlensäure bildet zwei Reihen von Salzen. Lösungen der Kohlensäure enthalten zwei verschiedene Sorten von Anionen, die Hydrogencarbonat- und die Carbonationen. Dementsprechend gibt es zwei Reihen von Salzen: Die **Hydrogencarbonate** mit den HCO_3^--Ionen und die **Carbonate** mit den CO_3^{2-}-Ionen.
Zur Herstellung dieser Salze geht man von Hydroxidlösungen aus, in die Kohlenstoffdioxid geleitet wird. Verwendet man Natronlauge, so entsteht eine Natriumcarbonatlösung. Nach dem Eindampfen bleibt **Natriumcarbonat**, Soda, als weißer Feststoff zurück.

$$2\ Na^+ + 2\ OH^- + CO_2 \longrightarrow 2\ Na^+ + CO_3^{2-} + H_2O$$

B2 Kalksteinbruch

Natriumcarbonatlösung reagiert bei weiterem Einleiten von Kohlenstoffdioxid zu **Natriumhydrogencarbonat**, das als kristallines, weißes Reaktionsprodukt ausfällt.

$$2\ Na^+ + CO_3^{2-} + CO_2 + H_2O \longrightarrow 2\ NaHCO_3$$

Kohlenstoffdioxid wird mit Kalkwasser nachgewiesen, dabei entsteht schwer lösliches **Calciumcarbonat** als weißer Niederschlag.

$$Ca^{2+} + 2\ OH^- + CO_2 \longrightarrow CaCO_3 + H_2O$$

Nach längerem Einleiten von Kohlenstoffdioxid löst sich dieser Niederschlag durch die Bildung von hydratisierten Calcium- und Hydrogencarbonationen wieder auf.

$$CaCO_3 + CO_2 + H_2O \longrightarrow Ca^{2+} + 2\ HCO_3^-$$

Mit Ausnahme der Alkalimetallcarbonate sind Carbonate in Wasser schwer löslich [V1].

Vorkommen der Carbonate und Hydrogencarbonate. Diese Verbindungen sind in der Natur in großen Mengen anzutreffen. *Kalkstein* (der im Wesentlichen aus Calciumcarbonat besteht) und *Dolomit* (vor allem aus dem Doppelsalz Calcium-magnesium-carbonat, $MgCa(CO_3)_2$ zusammengesetzt) bilden ganze Gebirgsmassive, wie z. B. die Kalkalpen.
Auch Kreide-Kalk, Jura-Kalk (Schwäbische Alb), Muschelkalk und *Travertin* bestehen zum größten Teil aus Calciumcarbonat. *Kalkspat* (Calcit), dessen Kristalle durch ihre Doppelbrechung des Lichts bekannt sind, ist ganz reines Calciumcarbonat. *Marmor* und *Tropfstein* sind ebenfalls fast reines Calciumcarbonat.

Soda (Natriumcarbonat) und Natron (Natriumhydrogencarbonat) kommen in den Salzseen und Salzpfannen vieler Trockengebiete vor und werden dort bei anhaltender Trockenheit ausgeschieden [B3], z. B. in Ägypten (Natrontal), Ostafrika, USA (Nevada) und Mexiko. Eisenspat (Eisencarbonat, $FeCO_3$), Manganspat (Mangancarbonat $MnCO_3$) und Zinkspat (Zinkcarbonat, $ZnCO_3$) sind wichtige Erze.

Wichtige Carbonate und Hydrogencarbonate. Neben Kalk ist Soda das von der Menge her wichtigste Carbonat [B1]. Bis ca. Mitte des 19. Jahrhunderts wurde sie aus bestimmten

Salzseen gewonnen. Heute wird Soda in einem technischen Prozess hergestellt. Natriumcarbonat kommt wasserfrei oder als Salzhydrat, $NaCO_3 \cdot 10\ H_2O$, Kristallsoda, in den Handel. Kaliumcarbonat findet ähnliche Verwendung wie Soda. Es wird auch als Pottasche bezeichnet, da man es früher in großen Töpfen (Pötten) aus Holzasche [V3] durch Auslaugen (Herauslösen) gewonnen hat.

Reaktion mit sauren Lösungen. Durch saure Lösungen werden Carbonate und Hydrogencarbonate zersetzt, dabei entweicht Kohlenstoffdioxid [V2]. Wegen der leicht wahrnehmbaren Entwicklung des Gases (Aufschäumen) dient diese Reaktion als *Nachweis für Kalkstein* und andere Carbonate [V2b]:

$$CaCO_3 + 2\ H_3O^+ \longrightarrow Ca^{2+} + 3\ H_2O + CO_2$$

Die Eigenschaft der Carbonate und Hydrogencarbonate, mit sauren Lösungen zu reagieren, macht man sich häufig zunutze. So verwendete man früher Natron (Natriumhydrogencarbonat) gegen Sodbrennen (Überschuss an Salzsäure im Magen). Auch beim *Entkalken* von Geräten und Töpfen spielt diese Reaktion eine Rolle. Natriumhydrogencarbonat verwendet man zur Herstellung von *Back-* und *Brausepulver* [B4]. Sie enthalten Gemische aus Natron und festen Säuren. Da sich erst mit Wasser Oxoniumionen bilden, sind die trockenen Gemische beständig.
In Feuerlöschern findet Natriumhydrogencarbonat Verwendung. Das entstehende Kohlenstoffdioxid ist beim *Schaumlöscher* (*Nasslöscher*) Treibgas und Löschmittel zugleich.

Reaktionen beim Erwärmen. Da die Hydrogencarbonate schon bei mäßigem Erhitzen unter Freisetzung von Kohlenstoffdioxid zerfallen, verwendet man Natriumhydrogencarbonat auch in *Pulverlöschern* (*Trockenlöschern*) [V4]. Das in die Flammen geblasene Natron bildet bei den herrschenden Temperaturen Kohlenstoffdioxid, das die Flamme erstickt.

$$2\ NaHCO_3 \longrightarrow Na_2CO_3 + H_2O + CO_2$$

Ammoniumhydrogencarbonat ist ein Bestandteil des *„Hirschhornsalzes"*, das beim Backen als Treibmittel zur Lockerung des Teigs verwendet wird, da es ausschließlich in gasförmige Produkte zerfällt.

V1 Gieße verdünnte Calcium- bzw. Magnesiumchloridlösung und Natriumcarbonatlösung zusammen.

V2 **a)** Gib zu wässriger Natriumcarbonat- bzw. Natriumhydrogencarbonatlösung etwas verdünnte Salzsäure. Prüfe das entstehende Gas mit Kalkwasser.
b) Tropfe verdünnte Salzsäure auf Kalkstein, ein Schneckenhaus, eine Muschelschale, Eierschalen und auf verschiedene Gesteins- und Bodenproben.

V3 Gib etwas Holzasche in ein Reagenzglas, versetze mit einigen Tropfen verdünnter Salzsäure und halte einen Tropfen Kalkwasser an einem Glasstab über das Gemisch.

V4 Erhitze Natriumhydrogencarbonat in einem Reagenzglas. Leite das entstehende Gas in ein Becherglas, in dem eine brennende Kerze steht.

A1 Stelle Reaktionsgleichungen auf:
a) Die wässrigen Lösungen von Calciumchlorid und Natriumcarbonat reagieren miteinander.
b) Natriumhydrogencarbonat reagiert mit Salzsäure.
c) Natriumcarbonat reagiert mit Salzsäure.

A2 Was lässt sich beobachten, wenn Sodalösung mit Kalkwasser versetzt wird? Begründe!

B4 Natriumhydrogencarbonat im Haushalt

B3 Natronsee in Ostafrika

10.3 Rund um den Kalk

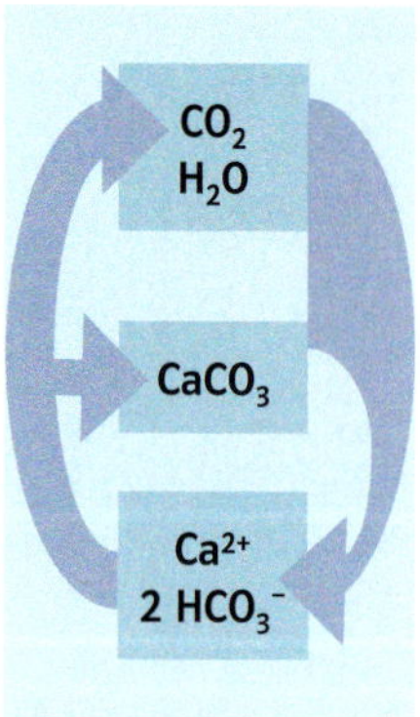

B1 Schema zur Auflösung und Abscheidung des Calciumcarbonats

Als Kalkstein ist Calciumcarbonat, „Kalk", in der Natur weit verbreitet (Kap. 10.2). Es handelt sich meist um Meeresablagerungen. Bei ihrer Bildung waren viele Arten von Organismen wie Muscheln, Korallen, Schnecken, Ammoniten, Seelilien beteiligt. Deren versteinerte Skelette sind in vielen Kalkgesteinen noch erkennbar. Die Kristalle des Marmors haben sich nachträglich aus solchen Ablagerungen in der Tiefe der Erdrinde bei hohen Temperaturen und hohem Druck gebildet.
Kalkstein findet Verwendung als Baustein und zur Herstellung von Zement, Brannt- und Löschkalk.

Auflösung und Abscheidung des Kalks. In Landschaften wie z. B. der Schwäbischen Alb, deren Untergrund aus Kalkstein besteht, gibt es häufig Spalten und Höhlen im Gestein.
Sie entstehen durch die Wirkung des kohlenstoffdioxidhaltigen Wassers, das durch Ritzen und Fugen im Gestein sickert.

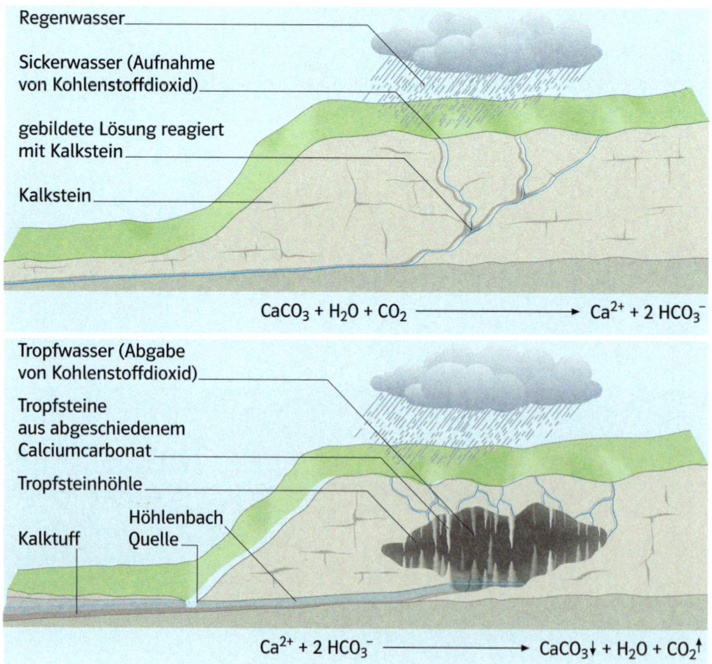

B2 Auflösung und Abscheidung des Kalks in der Natur

Calciumcarbonat ist ein schwer lösliches Salz. Leitet man jedoch Kohlenstoffdioxid in eine Suspension des Calciumcarbonats ein, so erhält man eine klare Flüssigkeit, die Ca^{2+}- und HCO_3^--Ionen enthält. Wird Kohlenstoffdioxid abgegeben, z. B. durch Erhitzen der Lösung, scheidet sich wieder Calciumcarbonat ab [V1, B1].

In der Natur vollzieht sich die Reaktion von Calciumcarbonat zum Hydrogencarbonat ständig. Regenwasser nimmt in der Luft und im Boden Kohlenstoffdioxid auf, sodass es auf Kalkgestein einwirken und tiefe Furchen, Spalten und Höhlen bilden kann [B2]. Dabei entsteht Calciumhydrogencarbonat-Lösung. Verdunstet oder verdampft die Lösung, so entweicht Kohlenstoffdioxid. Calciumcarbonat scheidet sich deshalb wieder ab. Dieser Vorgang zeigt sich in der Natur bei der Bildung von Tropfsteinen, von Kalktuff an Quellen und Bächen oder Kalksinterterrassen [B4].

Hartes und weiches Wasser. Schüttelt man destilliertes Wasser einerseits und Leitungswasser andererseits mit Seifenlösung, so beobachtet man unterschiedlich starke Schaumentwicklung [V2]. Bei starker Schaumbildung spricht man von weichem Wasser, bei wenig von hartem Wasser. Die Wasserhärte wird durch *Calcium-* und *Magnesiumionen* verursacht. Beim Erhitzen einer Lösung, die nur Ca^{2+}-, Mg^{2+}- und HCO_3^--Ionen enthält, entsteht schwer lösliches Calcium- und Magnesiumcarbonat. Damit verschwindet die Wasserhärte. Sie wird als *vorübergehende Härte (temporäre Härte oder Carbonathärte)* bezeichnet. Die abgeschiedenen Carbonate setzen sich als Kesselstein in Töpfen, Rohren oder an Heizspiralen fest [B3].

Sind neben Calcium- und Hydrogencarbonationen auch Sulfationen vorhanden, so bleibt nach dem Erhitzen die *gleiche Anzahl an Ca^{2+}- und SO_4^{2-}-Ionen* in der Lösung zurück. Die Löslichkeit von Calciumsulfat beträgt 0,2 g in 100 g Wasser. Die dadurch noch *vorhandene Härte* wird *bleibende Härte (permanente Härte)* genannt.

B3 Kalkablagerung auf Heizstab und Wassersieb

Seife reagiert in hartem Wasser zu schwer löslicher und damit waschinaktiver Kalkseife. Erst wenn Calciumionen ausgefällt sind, kann sich die Waschwirkung der Seife entfalten. Aus diesem Grund hat man früher der Waschlösung als Enthärtungsmittel Soda zugesetzt [V3]. Die Carbonationen reagieren dabei mit den Calciumionen zu schwer löslichem Calciumcarbonat. Heute benutzt man andere Enthärter, die meist schon in den Waschmitteln enthalten sind.

Kalkbrennen und Kalklöschen. In der Technik wird in Steinbrüchen abgebauter Kalkstein auf ca. 1000 °C erhitzt („gebrannt"). Dabei zerfällt Calciumcarbonat in Kohlenstoffdioxid und Calciumoxid [B5]. Calciumoxid wird auch als Branntkalk bezeichnet. Mit Wasser reagiert dieser in einer stark exothermen Reaktion zu Calciumhydroxid, dem Löschkalk [V4]. Man spricht vom „Kalklöschen".
Mischt man Löschkalk mit Sand und Wasser, erhält man Kalkmörtel. Zum Abbinden muss dieser Kohlenstoffdioxid aus der Luft aufnehmen [V5], dabei entsteht wieder Calciumcarbonat. Seine kleinen Kristalle bilden dabei mit den Sandkörnern ein festes Gefüge. Heute wird Kalkmörtel vor allem für den Außenputz von Gebäuden verwendet.

B4 Kalksinterterrassen in Pamukkale (Türkei)

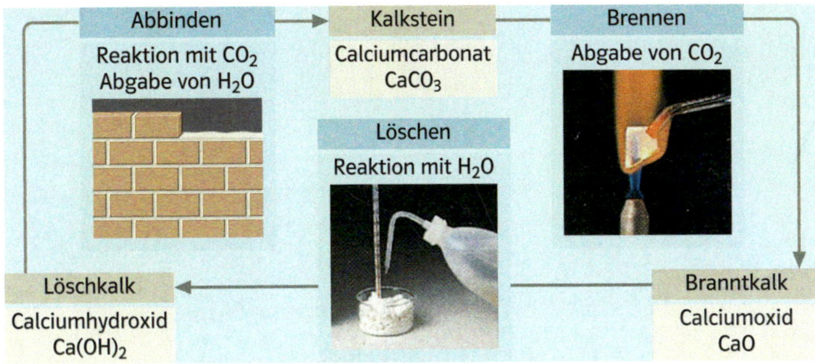

B5 Vom Kalk über den Branntkalk und Löschkalk zum Kalk

V1 Leite in Kalkwasser so lange Kohlenstoffdioxid ein, bis sich der zunächst gebildete Niederschlag von Calciumcarbonat wieder aufgelöst hat. Erhitze die erhaltene Lösung.

V2 Schüttle gleich große Portionen dest. Wasser und Leitungswasser mit der gleichen Menge verd. Seifenlösung. Beobachte die Schaumbildung.

V3 Wiederhole [V2] mit Regenwasser, Mineralwasser, gekochtem Wasser und Leitungswasser, dem zuvor Soda zugesetzt wurde.

V4 (Schutzscheibe!) Man gibt auf Calciumoxidstückchen tropfenweise Wasser und misst die Temperatur.

V5 Mische einen Teil Löschkalk mit drei Teilen Sand und Wasser. Lass eine Probe davon einige Tage an der Luft, eine andere in einem mit Kohlenstoffdioxid gefüllten Glas mit Deckel stehen.
Ermittle jeweils die Dauer bis zum Verfestigen des Mörtels. Tropfe nach dem Erhärten verdünnte Salzsäure auf beide Proben.

A1 Erkläre die Entstehung von Deckentropfsteinen (Stalaktiten).

A2 Wie lässt sich Kalkstein von anderem Gestein unterscheiden?

A3 Formuliere die Reaktionsgleichung für die Enthärtung von hartem Wasser mit Soda.

A4 Welcher Stoff verbleibt als Rückstand beim Eindampfen einer Lösung von Calciumhydrogencarbonat?

A5 Stelle die Reaktionsgleichungen auf für: **a)** Kalklöschen, **b)** Abbinden von Löschkalk.

10.4 Praktikum Kalk und Wasserhärte

B2 Kalkhaltige Proben

Bestimmung des Kalkgehalts. Der Kalkgehalt eines Bodens spielt für die landwirtschaftliche Nutzung und für eine sinnvolle und gezielte Düngung eine wichtige Rolle. Auch die Belastbarkeit eines Bodens durch sauren Regen hängt wesentlich von seinem Kalkgehalt ab. Dieser stammt aus der Verwitterung von kalkhaltigem Gestein, auf dem der Boden entstanden ist. Letztlich stammt dieser Kalk aus Meeresablagerungen wie z. B. Muschelschalen und Schneckengehäusen.

Zur Bestimmung des Kalkgehalts kann z. B. die Reaktion von Kalk mit Salzsäure dienen:

$$CaCO_3 + 2\,H_3O^+ + 2\,Cl^- \longrightarrow Ca^{2+} + 2\,Cl^- + 3\,H_2O + CO_2$$

Für die Reaktion des Calciumcarbonats mit Salzsäure ($c(H_3O^+) = 1\,\frac{mol}{l}$) folgt aus der Reaktionsgleichung:

$$n(CaCO_3) : n(H_3O^+) = \tfrac{1}{2}$$

$$n(CaCO_3) = \tfrac{1}{2}\, n(H_3O^+) = \tfrac{1}{2}\, c(H_3O^+) \cdot V(\text{Salzsäure})$$

$$m(CaCO_3) = n(CaCO_3) \cdot m_t(CaCO_3)$$

$$= 0{,}5\, c(H_3O^+) \cdot V(\text{Salzsäure}) \cdot m_t(CaCO_3)$$

$$m_t(CaCO_3) = 100{,}1\,u = 100{,}1\,\frac{g}{mol} \qquad (1\,u \cdot 1\,mol = 1\,g)$$

$$m(CaCO_3) = 0{,}5 \cdot 1\,\frac{mol}{l} \cdot 100{,}1\,\frac{g}{mol} \cdot V(\text{Salzsäure})$$

$$= 50{,}05\,\frac{g}{l} \cdot V(\text{Salzsäure})$$

$$= 50{,}05\,\frac{mg}{ml} \cdot V(\text{Salzsäure})$$

Mit Salzsäure der Konzentration $c(H_3O^+) = 1\,\frac{mol}{l}$ und $V(\text{Salzsäure}) = 1\,ml$ reagiert eine Kalkportion der Masse $m(CaCO_3) = 0{,}05\,g$.

B1 Berechnung der Masse der Kalkportion, die mit 1 ml Salzsäure ($c(H_3O^+)$ = 1 mol/l) reagiert

Die Masse des Kalks in der Probe kann z. B. durch Bestimmung des Verbrauchs an Salzsäure berechnet werden.

V1 Bestimmung des Kalkgehalts durch Rücktitration

Grundlagen: Damit eine vollständige Reaktion des Kalks gewährleistet ist, wird die Probe mit einem Überschuss an Salzsäure umgesetzt, deren Konzentration bekannt ist.
Um festzustellen, wie viel Salzsäure für die Reaktion verbraucht wurde, wird der noch verbliebene Rest mit Natronlauge titriert.

Geräte und Chemikalien: Schutzbrille, Reibschale mit Pistill, Spatel, Weithals-Erlenmeyerkolben (200 ml), Messpipette (20 ml) mit Pipettierhilfe, Bürette am Stativ, Waage, getrocknete kalkhaltige Proben (z. B. Kalkstein, Bodenproben, Muschelschalen, Schneckenhäuser, Eierschalen [B2]), Salzsäure ($c(H_3O^+)$ = 1 mol/l), Natronlauge ($c(OH^-)$ = 1 mol/l), Bromthymolblaulösung.

Durchführung: Pulverisiere die zu untersuchende Probe in der Reibschale, wiege davon genau 0,5 g in den Erlenmeyerkolben ab und füge 20 ml Salzsäure zu. Koche nach beendeter Gasentwicklung die Lösung kurz auf und gib anschließend 5 Tropfen Bromthymolblaulösung dazu. Notiere den Stand der Natronlauge in der Bürette. Tropfe die Natronlauge langsam unter Umschwenken in den Erlenmeyerkolben, bis der Indikator von Gelb nach Grün umschlägt. Lies den Endstand an der Bürette ab und ermittle den Verbrauch an Natronlauge.

Auswertung:

a) Ermittle das Volumen der Salzsäureportion, die mit dem Kalk reagiert hat. Da die Salzsäure und die Natronlauge in derselben Konzentration eingesetzt werden, neutralisieren sich beide Lösungen bei gleichen Volumina. Das Volumen der zugegebenen Natronlauge ist somit dem Volumen der Salzsäure gleich, die nach beendeter Reaktion mit dem Kalk übrig geblieben ist.

b) Berechne die Masse des Kalks in der Probe. Hinweis: 0,05 g Kalk reagieren mit 1 ml Salzsäure ($c(H_3O^+)$ = 1 mol/l) [B1].

c) Berechne den Massenanteil *w* des Kalks der Probe:

$$w(\text{Kalk}) = \frac{m(\text{Kalk})}{m(\text{Probe})} \cdot 100\,\%$$

Bestimmung der Wasserhärte. Hartes Wasser bringt in vielen Einsatzbereichen Probleme mit sich. Beim Erhitzen, z. B. in Boilern, Heizungen und Haushaltsgeräten, scheidet sich Kalk ab, der die Leitungen verengt und als Überzug auf Heizelementen zu einem höheren Energieverbrauch führt. Um geeignete Vorkehrungen treffen zu können, wie z. B. den Einbau von Enthärtungsanlagen oder die richtige Dosierung von Enthärtern beim Waschen, ist es wichtig, die Wasserhärte zu kennen.
Temporäre und permanente Härte bilden die *Gesamthärte* des Wassers. Sie wird oft noch in Härtegraden (Grad deutscher Härte, Einheitenzeichen °dH) angegeben. 1 °dH entspricht einer Calciumionenkonzentration $c(Ca^{2+})$ = 0,1783 mmol/l, die z. B. durch Lösen von 10 mg Calciumoxid in 1 l Wasser erreicht wird.
Die Wasserhärte ist je nach geologischem Untergrund sehr unterschiedlich [B3].
Die Gesamthärte ist in vier Härtebereiche eingeteilt [B4]. Für die Härte des Leitungswassers wird vom Wasserwerk der Härtebereich angegeben.
Eine qualitative Bestimmung der Gesamthärte ist mit Teststäbchen möglich. Durch eine Farbreaktion lässt sich der Härtebereich einer Wasserprobe angeben. Eine Möglichkeit, die Wasserhärte genauer zu bestimmen, lernen wir durch folgenden Versuch kennen.

V2 Bestimmung der Gesamthärte mit einer Seifenlösung

Grundlagen: Der Seifenverbrauch durch die Bildung von schwer löslichen Calcium- und Magnesiumsalzen („Kalkseifen") ist proportional zur Wasserhärte. Solange bei Zusatz von Seifenlösung diese Salze entstehen, besitzt sie keine Waschwirkung. Dies ist daran zu erkennen, dass keine Schaumbildung erfolgt. Bei bekanntem Gehalt der bis zur Schaumbildung zugesetzten Seifenlösung lässt sich aus dem Verbrauch an Seifenlösung die Wasserhärte ermitteln.

Geräte und Chemikalien: Schutzbrille, Erlenmeyerkolben (250 ml), Stopfen, Messzylinder (100 ml), Bürette, Seifenlösung nach BOUTRON-BOUDET oder PELLET, Wasserproben.

Durchführung: Nach BOUTRON-BOUDET: Gib 40 ml der Probe in den Erlenmeyerkolben. Setze zuerst Portionen von jeweils einem Milliliter, dann kleinere Portionen Seifenlösung aus der Bürette zu. Verschließe und schüttle den Erlenmeyerkolben nach jeder Zugabe kräftig. Die Bildung von Kalkseife ist beendet, wenn sich 5 mm hoch Schaum bildet, der bestehen bleibt. Lies das Volumen der verbrauchten Seifenlösung an der Bürette ab. Wiederhole den Versuch zweimal und ermittle den Mittelwert.
Nach PELLET: Durchführung wie oben, jedoch mit einer Probe von 100 ml.

Hinweis: Bei Wasserhärten über 12 °dH behindert die gebildete Kalkseife die Schaumbildung auch nach dem Endpunkt, sodass dieser schwer zu bestimmen ist. In diesem Fall muss die Probe mit destilliertem Wasser verdünnt werden (BOUTRON-BOUDET: 20 ml Probe + 20 ml dest. Wasser; PELLET: 50 ml Probe + 50 ml dest. Wasser).

Auswertung: Ermittle aus dem Volumen der verbrauchten Seifenlösung die Wasserhärte der Probe nach folgenden Beziehungen:
BOUTRON-BOUDET (bei Verwendung von 40 ml Probe): 1 ml Seifenlösung entspricht 5 °dH.
PELLET (bei Verwendung von 100 ml Probe): 1 ml Seifenlösung entspricht 1 °dH.

Härtebereich	Härtegrad in °dH
1 weich	0–7
2 mittelhart	7–14
3 hart	14–21
4 sehr hart	über 21

B4 Härtebereiche des Wassers

Herkunft des Wassers	Ort	Wasserhärte in °dH
Buntsandstein	Kaiserslautern	1
Grundgebirge (Granit, Gneis)	Freiburg i. Br.	1,5
Quarzite, Grauwacken (Harz)	Braunschweig	2,5
Basalt (Vogelsberg)	Frankfurt a. M.	5
Ruhrschotter	Essen	9
Braunkohlensande	Kiel	16
Eiszeitl. Sande	Hamburg	20
Keuper	Tübingen	25
Muschelkalk	Würzburg	37
Bodenseewasser	Konstanz	ca. 10

B3 Gestein und Wasserhärte

10.5 Der Kohlenstoffkreislauf

Speicher	Art des Vorkommens	m(Kohlenstoff) in 10^9 t
Sedimente	Calciumcarbonat Calcium-magnesium-carbonat Kerogen (Kohlenwasserstoffe, Bitumen)	80 000 000 20 000 000
Meerwasser	Kohlenstoffdioxid Hydrogencarbonat (jeweils gelöst)	40 000
Fossile Brennstoffe	Kohle, Erdöl, Erdgas	5 000
Tote Biomasse	Humus, Torf	1500
Lebende Biomasse	Pflanzen, Tiere	1000
Atmosphäre	Kohlenstoffdioxid	750

B1 Speicher und Massen des Kohlenstoffs auf der Erde

Das Element Kohlenstoff ist in Verbindungen weit verbreitet. In der Anordnung der Elemente nach der Häufigkeit ihres Vorkommens in der Erdkruste steht der Kohlenstoff mit einem Massenanteil von 0,03 % erst an 17. Stelle. Der Umsatz des Kohlenstoffs zwischen Festland, Meer und Atmosphäre ist für unsere Umwelt jedoch von besonderer Bedeutung. Die Übergänge verlaufen nicht in einer Richtung, sondern in einem Kreislauf, dem Kohlenstoffkreislauf der Erde. Dieser globale Kreislauf umfasst die Vorgänge beim Austausch des Elements Kohlenstoff zwischen den Kohlenstoffspeichern [B1]. Zur besseren Übersicht betrachtet man einen *Kreislauf der belebten Natur*, den *biologischen* und einen *Kreislauf der unbelebten Natur*, den *geologischen* Kohlenstoffkreislauf.

B2 Ölschiefer und Schieferöl

Die Kohlenstoffspeicher der Erde. Etwa 99 % der Masse des gesamten Kohlenstoffs ist in den Sedimenten als Carbonat und Kerogen gespeichert. Kerogen (von griech. keros, Wachs) besteht aus organischen Ablagerungen, die vorwiegend in Tongestein enthalten sind. Aus den Sedimenten kann ein kompliziert zusammengesetztes Gemisch organischer Verbindungen von wachsartiger Beschaffenheit gewonnen werden.

Zu den Kerogensedimenten gehören die auf der Erde weit verbreiteten Ölschiefer, die bis zu 10 % organische Substanz enthalten können [B2]. Wesentliche Bestandteile sind Kohlenwasserstoffe mit sehr großen Molekülen.

Die lebende Biomasse ist gegenüber den Sedimenten verschwindend klein. Sie bestimmt zusammen mit dem toten organischen Bodenmaterial den biologischen Kohlenstoffkreislauf.
Der kleinste Speicher ist die Atmosphäre. Selbst relativ kleine Kohlenstoffzuflüsse aus den anderen Speichern, die nicht durch Abflüsse ausgeglichen werden, können eine erhebliche Änderung des Kohlenstoffdioxidgehalts der Atmosphäre verursachen.

Der geologische Kohlenstoffkreislauf. Bei der Verwitterung der Carbonatgesteine werden diese ständig durch das Kohlenstoffdioxid im Regenwasser in lösliche Hydrogencarbonate umgewandelt:

$$CaCO_3 + CO_2 + H_2O \longrightarrow Ca^{2+} + 2\,HCO_3^- \quad (1)$$

Auch bei der Verwitterung von Silicatmineralien (Siliciumverbindungen), aus denen die meisten Gesteine hauptsächlich bestehen, wird Kohlenstoff in Hydrogencarbonationen gebunden.
Für ein einfaches Silicat, das Calciumsilicat, lässt sich dies wie folgt formulieren:

$$CaSiO_3 + 2\,CO_2 + H_2O \longrightarrow Ca^{2+} + 2\,HCO_3^- + SiO_2 \quad (2)$$

A1 Zeichne einen Kohlenstoffkreislauf, der nur Carbonate berücksichtigt. Veranschauliche damit die Verwitterung von Carbonatgestein und die Bildung von Carbonatsedimenten.

A2 Formuliere für die Verwitterung des Dolomits ($CaMg(CO_3)_2$) eine Reaktionsgleichung.

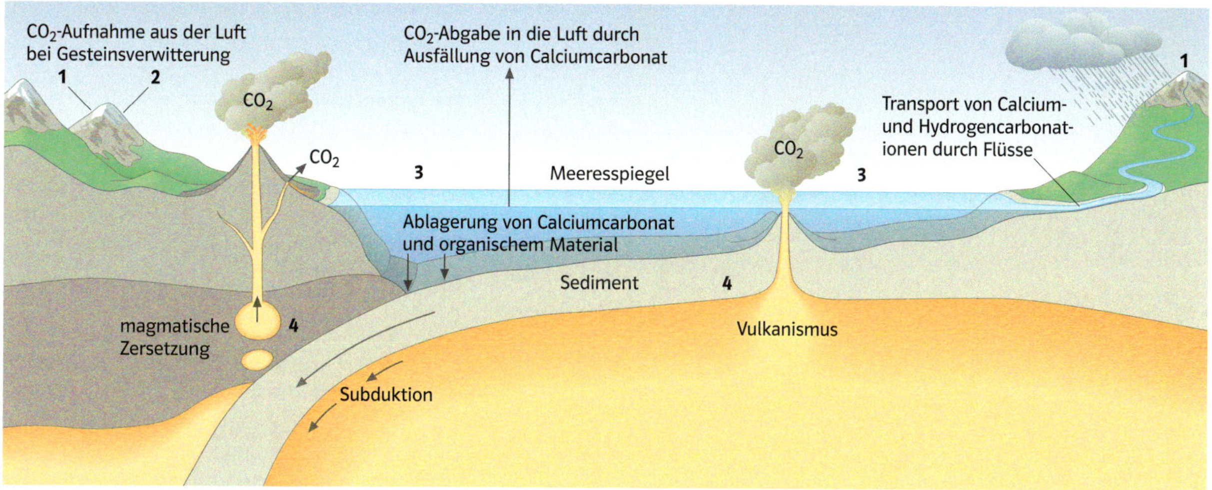

B3 Der geologische Kohlenstoffkreislauf. **1** Verwitterung von Carbonatgestein, **2** Verwitterung von Silicatgestein, **3** Carbonatausfällung im Meer, **4** magmatische Zersetzung von Carbonaten

Bei der Verwitterung des Calciumsilicats bleibt festes Siliciumdioxid zurück. Kerogen verwittert in Gegenwart von Sauerstoff langsam und gibt dabei Kohlenstoffdioxid an die Atmosphäre ab.

Von den gelösten Hydrogencarbonaten wird nur ein geringer Anteil auf dem Festland wieder als Carbonat ausgefällt. Unter Abgabe von Kohlenstoffdioxid an die Atmosphäre bildet sich Kalktuff. Flüsse befördern den größten Teil der Hydrogencarbonate ins Meer. Korallen und die Organismen des Planktons bauen dort aus den Calcium- und Hydrogencarbonationen ihre Außenskelette und Schalen aus Calciumcarbonat auf, dabei wird Kohlenstoffdioxid freigesetzt:

$$Ca^{2+} + 2\,HCO_3^- \longrightarrow CaCO_3 + CO_2 + H_2O \quad (3)$$

Die abgestorbenen Organismen sinken auf den Meeresboden und werden durch weitere Ablagerungen eingebettet. Dieser Vorgang führt zur Neubildung von *Carbonatsedimenten.*

Aus den abgelagerten organischen Stoffen, die teilweise auch durch Flüsse ins Meer geschwemmt werden, entstehen in einem lange andauernden Prozess die Kerogensedimente. Die Carbonatsedimente können durch Verschiebungen in der Erdkruste in große Tiefen gelangen. Dort sind sie sehr hohen Temperaturen ausgesetzt, sodass die Carbonate mit dem umgebenden Gestein aus Quarz und Silicaten reagieren. Bei dieser magmatischen Zersetzung entstehen neue Silicate und Kohlenstoffdioxid [B3].

$$CaCO_3 + SiO_2 \longrightarrow CaSiO_3 + CO_2 \quad (4)$$

Das Gas steigt in Spalten der Erdkruste, oft zusammen mit Magma, nach oben und entweicht entweder in gewaltigen Mengen bei Vulkanausbrüchen oder es tritt in der Umgebung von Vulkanen aus, auch wenn diese längst erloschen sind. Häufig kommt Kohlenstoffdioxid in Mineralwasser gelöst an die Erdoberfläche. Obwohl Kohlenstoffdioxid an allen möglichen Orten austreten kann, geschieht das besonders dort, wo zwei Platten der Erdkruste zusammenstoßen, im Bereich der Subduktionszonen [B3].

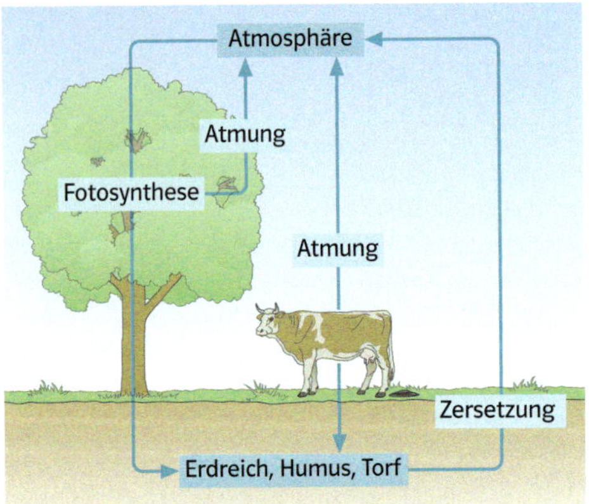

B4 Der biologische Kohlenstoffkreislauf

Bilanz des geologischen Kohlenstoffkreislaufs. Bei der Verwitterung von Carbonat- und Silicatgesteinen und der damit verbundenen Umwandlung in lösliche Hydrogencarbonate wird atmosphärisches Kohlenstoffdioxid verbraucht.
Durch die Bildung von Calciumcarbonat entsteht wieder Kohlenstoffdioxid, das zunächst hauptsächlich im Meerwasser gelöst ist, schließlich aber in die Atmosphäre abgegeben wird. Aus den Reaktionsgleichungen (1), (2) und (3) geht hervor, dass ein Teil des aus der Atmosphäre stammenden Kohlenstoffs bei der Entstehung der Carbonate nicht wieder freigesetzt, sondern in den Sedimenten gespeichert wird. Langfristig würde dies zum Verschwinden des Kohlenstoffdioxids in der Atmosphäre führen.

Durch Untersuchungen der in Eisbohrkernen eingeschlossenen Luft ist der Kohlenstoffdioxidgehalt der Atmosphäre für die letzten 160 000 Jahre ermittelt worden. Es ergaben sich dabei Volumenanteile zwischen ca. 0,02 und 0,03 %. Aus diesen geringen und dazu langsam erfolgenden Schwankungen lässt sich schließen, dass der Atmosphäre in diesem Zeitraum durch den geologischen Kohlenstoffkreislauf in gleichem Maße Kohlenstoffdioxid zugeführt wie entzogen wurde. Über lange Zeiträume hinweg entsprachen die *Abflüsse* des Kohlenstoffs aus der Atmosphäre durch die Verwitterung von Carbonaten und Silicaten und durch die Kerogenbildung den *Zuflüssen* durch die Neubildung von Silicatgestein (4) und durch Kerogenverwitterung.

Der biologische Kohlenstoffkreislauf. Pflanzen entnehmen bei der Fotosynthese Kohlenstoffdioxid aus der Luft. Dabei entsteht in mehreren Schritten zunächst Traubenzucker. Vereinfacht lässt sich die Fotosynthese durch folgende Reaktionsgleichung formulieren:

$$6\ CO_2 + 6\ H_2O \longrightarrow C_6H_{12}O_6 + 6\ O_2$$

Durch weitere Reaktionen entstehen aus Traubenzucker andere Kohlenstoffverbindungen, z. B. Stärke und Cellulose. Zur Gewinnung der Energie für die Stoffwechselprozesse oxidiert die Pflanze einen Teil der Kohlenhydrate zu Kohlenstoffdioxid und Wasser. Diese als Pflanzenatmung bezeichneten Vorgänge lassen sich summarisch als Umkehrung der Fotosynthese formulieren:

$$C_6H_{12}O_6 + 6\ O_2 \longrightarrow 6\ CO_2 + 6\ H_2O$$

Ein Teil des zunächst aufgenommenen Kohlenstoffdioxids gelangt auf diesem Wege wieder in die Atmosphäre.
Auch durch die Atmung der Tiere wird Kohlenstoffdioxid an die Atmosphäre abgegeben. Dieser Beitrag stammt indirekt auch aus Pflanzen, die den Tieren unmittelbar oder über andere tierische Lebewesen als Nahrung dienen.
Nach dem Absterben von Lebewesen beginnt die Zersetzung der organischen Substanz. Aus Pflanzen bildet sich z. B. Humus oder Torf. Bei diesen Abbaureaktionen entsteht neben weiteren Abbauprodukten Kohlenstoffdioxid. Aufbau von Kohlenstoffverbindungen durch Aufnahme von Kohlenstoffdioxid bei der Fotosynthese und Abbau unter Abgabe von Kohlenstoffdioxid durch Pflanzen-, Tier- und Bodenatmung bilden einen Kreislauf des Elements Kohlenstoff, den biologischen *Kohlenstoffkreislauf* [B4]. Auch Meeresorganismen sind an diesem Kreislauf beteiligt. Solange die Biomasse der Erde konstant ist, wird der Gehalt an Kohlenstoffdioxid in der Atmosphäre durch den biologischen Kohlenstoffkreislauf nicht wesentlich verändert.

Atmosphäre und Ozean. An der riesigen Grenzfläche zwischen Meer und Atmosphäre wird Kohlenstoffdioxid in großem Ausmaß, je nach Bedingungen, gelöst oder abgegeben. Der größte Teil des im Oberflächenwasser gelösten Kohlenstoffdioxids gelangt wieder in die Atmosphäre.
Bei der Abkühlung warmer Meeresströmungen nimmt die Dichte des Wassers zu, dieses Wasser sinkt in die Tiefe. Ein Teil des im Oberflächenwasser gelösten Kohlenstoffdioxids wird damit in die Tiefsee befördert und dort gespeichert [B5]. Man nimmt an, dass dadurch der Atmosphäre gegenwärtig mehr Kohlenstoffdioxid entzogen als zugeführt wird.

Fossile Brennstoffe. In bestimmten Epochen der Erdgeschichte erfolgte unter besonderen Bedingungen eine Anhäufung teilweise zersetzter Substanz von Organismen. Diese wurde von Sedimenten überdeckt und unter Sauerstoffabschluss weiter umgewandelt. Produkte dieser Reaktionen findet man heute als Kohle, Erdöl und Erdgas. Bei der Entstehung dieser fossilen Energieträger wurden der Atmosphäre riesige Mengen an Kohlenstoffdioxid entzogen, allerdings sehr langsam und über große Zeiträume.

Heute werden fossile Brennstoffe in großem Ausmaß verbrannt. Dadurch werden der Atmosphäre, gemessen an der Entstehung, in sehr kurzer Zeit große Mengen an Kohlenstoffdioxid zugeführt. Da diese Mengen der Atmosphäre nicht im selben Maße wieder entzogen werden, steigt deren Kohlenstoffdioxidgehalt seit Beginn des Industriezeitalters zunehmend.

Zu dem Anstieg des Kohlenstoffdioxidgehalts der Atmosphäre trägt auch die Brandrodung bei, durch die große Bestände der tropischen Urwälder zerstört werden, um die gerodeten Flächen landwirtschaftlich zu nutzen.
Danach wird nur ein geringer Anteil des freigesetzten Kohlenstoffdioxids wieder von Pflanzen einer vergleichsweise spärlichen Vegetation aufgenommen.

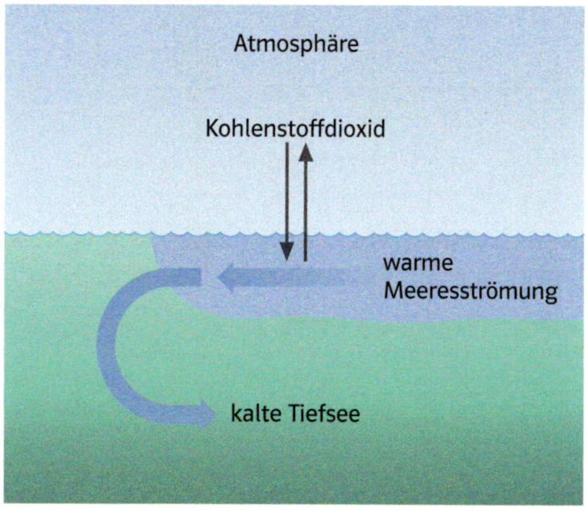

B5 Kohlenstoffdioxid wird durch absinkendes Wasser der Tiefsee zugeführt

Der globale Kohlenstoffkreislauf. Der geologische und der biologische Kohlenstoffkreislauf stehen miteinander in Verbindung. Die Wege des Kohlenstoffs lassen sich in einem Gesamtkreislauf darstellen [B6]. Die auf den verschiedenen Wegen ausgetauschten Kohlenstoffmengen sind durch die Pfeilstärken angedeutet.

A3 Welche Auswirkungen auf den Kohlenstoffdioxidgehalt der Atmosphäre könnte die globale Erwärmung haben?

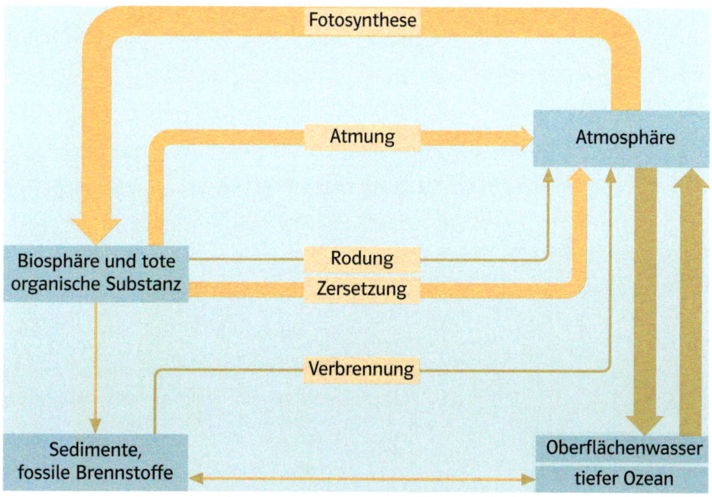

B6 Wege des Kohlenstoffs im Kohlenstoffkreislauf

10.6 Durchblick Zusammenfassung und Übung

Kohlensäure
Durch die Reaktion des Kohlenstoffdioxids mit Wasser entsteht Kohlensäure:

$$CO_2 + H_2O \longrightarrow H_2CO_3$$

Diese Reaktion verläuft unvollständig und ist umkehrbar. Ein Teil der Kohlensäuremoleküle reagiert mit Wassermolekülen zu Oxoniumionen und zu Hydrogencarbonationen

$$H_2CO_3 + H_2O \longrightarrow H_3O^+ + HCO_3^-$$

Die Salze der Kohlensäure
- Hydrogencarbonate mit den HCO_3^--Ionen
- die Carbonate mit den CO_3^{2-}-Ionen

Calciumcarbonat
Kalk (Calciumcarbonat, $CaCO_3$) ist der Hauptbestandteil des Kalkgesteins.

Aus dem schwer löslichen Calciumcarbonat entsteht mit Kohlensäure eine Lösung, die Calcium- und Hydrogencarbonationen enthält.

$$CaCO_3 + H_2CO_3 \longrightarrow Ca^{2+} + 2\,HCO_3^-$$

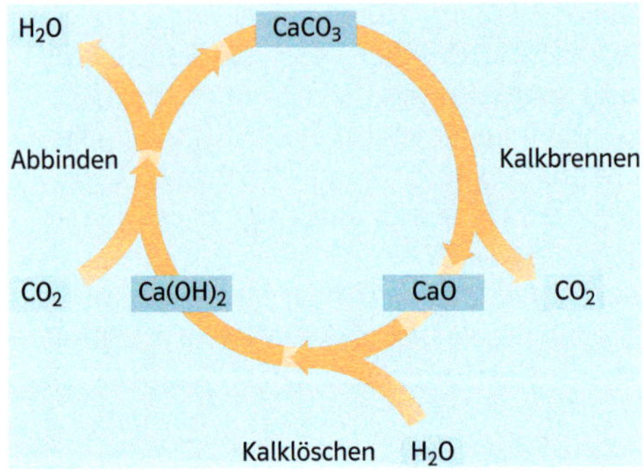

B2 Der Kalk-Kreislauf

Diese Reaktion ist z. B. die Ursache für die Entstehung von Höhlen im Kalkgestein. Die Reaktion ist umkehrbar. Darauf beruht die Bildung von Kalktuff und Kesselstein.

A1 Interpretiere die in [B1] dargestellten Wege der Kohlenstoffverbindungen und ordne ihnen so weit wie möglich chemische Reaktionen zu.

A2 Stelle die in [B2] dargestellten Prozesse als chemische Reaktionsgleichungen dar.

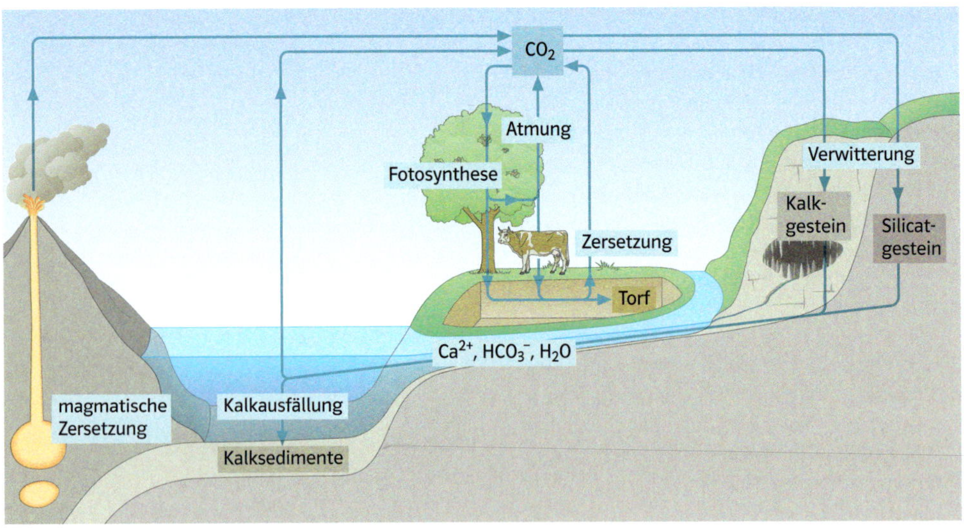

B1 Biologischer und geologischer Kohlenstoffkreislauf

11 Energie aus chemischen Reaktionen

Chemische Reaktionen dienen nicht nur dazu, neue Stoffe herzustellen, sondern sie werden häufig eingesetzt, um die Energie, die bei exothermen Reaktionen abgegeben wird, zu nutzen.

Die meisten Autos fahren heute noch mit Benzin und Diesel, welche Erdölprodukte sind. Mit Erdgas wird geheizt und gekocht. Erdöl und Erdgas decken immer noch den größten Teil des weltweiten Energiebedarfs.

Erdöl bzw. Erdölprodukte sind eigentlich zu wertvoll, um sie zu verbrennen. Erdöl ist beispielsweise auch die Basis für Kunststoffe.

Erdöl und Erdgas werden in naher oder ferner Zukunft verbraucht oder zu teuer sein. Es wird intensiv nach Alternativen für diese Energieträger gesucht. Die Zukunft wird wahrscheinlich einem Energiemix gehören, der die Nutzung von Sonne, Wind und Wasser einschließt.

Der Chemie kommt die Aufgabe zu, Stoffe alternativ zu den Erdölprodukten und zum Erdgas sowie Energiespeicher zu entwickeln.

Online-Link
756084-1100

11.1 Zukunftssichere Energieversorgung

B1 Sichelernte in der Steinzeit

1 kWh = 3600 kJ = 3,6 MJ

kWh: Kilowattstunde
kJ: Kilojoule = 10^3 J
MJ: Megajoule = 10^6 J

Energiebedarf früher und heute
Unsere Vorfahren nutzten wesentlich weniger Energie als wir heute.

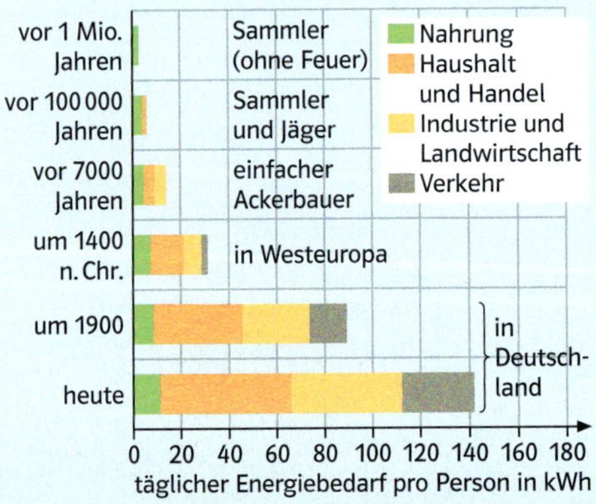

B2 Der Energiebedarf ist stark gestiegen

A1 **a)** Entnimm [B2] den ungefähren Energiebedarf für einen Sammler, einen Sammler und Jäger, einen einfachen Ackerbauern, eine Person in Westeuropa um 1400 n. Chr., eine Person in Deutschland um 1900 und eine heute lebende Person in Deutschland.
b) Gib an, wofür die Personen die Energie benötigten bzw. benötigen und vergleiche.
c) Überlege und erläutere, woher diese Personen die Energie erhielten bzw. erhalten.

Energieverbrauch in Deutschland

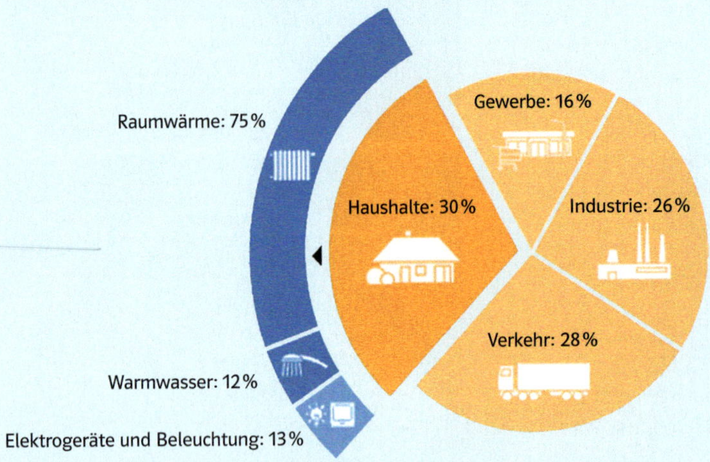

B3 Energieverbrauch in Deutschland

A2 **a)** Ermittle für den Haushalt, in dem du lebst, den Energieverbrauch eines Jahres für die Elektrogeräte und für das Heizen.
Wenn mit Heizöl geheizt wird, setze für 1 Liter Heizöl 10 kWh für deine Berechnungen ein.
b) Wenn zu deinem Haushalt ein oder mehrere Kraftfahrzeuge gehören, befrage deine Eltern oder Geschwister, wie viel Benzin oder Diesel sie im Jahr tanken. Rechne den Benzin- oder Dieselverbrauch in den Energieverbrauch um. Gehe dazu von 8,6 kWh für 1 Liter Benzin und 10 kWh für 1 Liter Diesel aus.
c) Beschreibe, wodurch du, deine Eltern und Geschwister Energie einsparen können.

Energiequellen der Zukunft?
Fossile Brennstoffe wie Benzin und Heizöl aus Erdöl, Erdgas und Kohle stehen nicht unbegrenzt zur Verfügung. Bei ihrer Verbrennung entsteht Kohlenstoffdioxid. Steigt sein Anteil in der Atmosphäre, nimmt die Erderwärmung mit ihren schwer einschätzbaren Folgen zu. Als Alternative zu den fossilen Brennstoffen kommen regenerative (erneuerbare) Energiequellen und nachwachsende Rohstoffe (Biomasse) in Betracht.

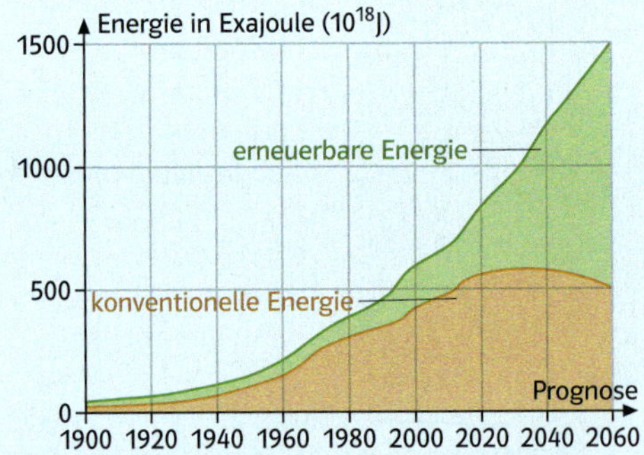

B4 Prognose des gesamten Weltenergiebedarfs

A3 **a)** Beschreibe die Tendenzen, die sich aus [B4] ablesen lassen.
b) Erstelle mithilfe von [B4] ein Diagramm, in dem nur der Verlauf der erneuerbaren Energie von 1960 bis 2060 dargestellt ist.

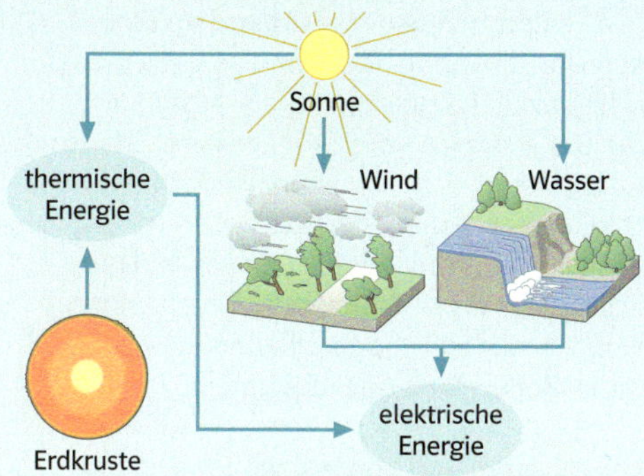

B5 Nutzung regenerativer Energiequellen

	Fossile Brennstoffe	Alternativen zu fossilen Brennstoffen		
		Regenerative Treibstoffe	Sonstige nachwachsende Rohstoffe	Sonstige alternative Stoffquellen
Beispiele	Kohle Erdöl Erdgas	Pflanzenöl Biodiesel Biogas Bioethanol	Holzhack-schnitzel Holzpellets	Wasserstoff aus Solar-Wasser-stoffanlagen
Ent-stehungs-zeitraum	Millionen von Jahren	Kann in einem Menschenleben nachwachsen und/ oder hergestellt werden		

B7 Fossile Brennstoffe und Alternativen

A4 **a)** Erkläre, ob der Kohlenstoffdioxid-kreislauf durch den Einsatz von Holzpellets ausgeglichen ist.
b) Begründe, dass der Einsatz von Holz als Baumaterial sehr sinnvoll ist.

Energie von der Sonne
Bei einer geschätzten „Brenndauer" der Sonne von weiteren 5 Milliarden Jahren ist die Nutzung der Sonnenenergie langfristig möglich.

B6 Sonnensegel liefern Energie für den Betrieb von Satelliten

A5 **a)** Nenne Beispiele für die Nutzung der Sonnenenergie durch den Einsatz der Solar-technik.
b) Welche grundlegenden Probleme sind mit der Nutzung der Sonnenenergie verbunden?
c) Erläutere, dass die Sonnenenergie die Quelle für alle regenerativen Energiequellen ist. Nutze dazu [B5] und [B7].

Energie aus nachwachsenden Rohstoffen
Zucker aus Zuckerrüben kann zum Süßen von Getränken oder zur Herstellung von Lebens- und Genussmitteln eingesetzt werden. Aus dem Zucker kann man aber auch Waschmittel-produkte oder Bioethanol als Ersatz für Benzin gewinnen.

A6 Unterwirf die Gewinnung von Energie aus nachwachsenden Rohstoffen einer kritischen Betrachtung. Beziehe in deine Über-legungen Sachverhalte wie "Monokulturen, Pestizide, Düngung, Preisanstieg für Lebens-mittel" mit ein.
Schreibe deine Überlegungen auf.

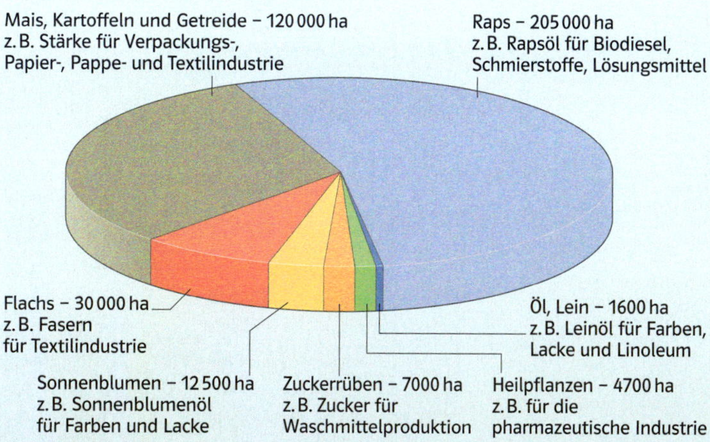

B8 Anbauflächen nachwachsender Rohstoffe in Deutschland und ihre Verwendung

11.2 Erdgas und Erdöl

fossil von lat. fossilis, ausgegraben. „Fossil" bedeutet: urzeitlich, als Versteinerung erhalten

Fossilien sind versteinerte Reste von Pflanzen oder Tieren der erdgeschichtlichen Vergangenheit

fossile Brennstoffe Erdöl, Erdgas, Stein- und Braunkohle zählen zu den fossilen Brennstoffen

Organische Stoffe Verbindungen, die aus Kohlenstoff und weiteren Elementen wie Wasserstoff, Sauerstoff, Stickstoff u. a. bestehen

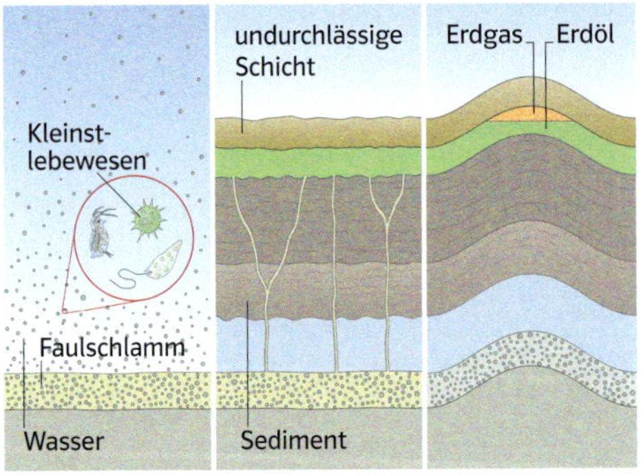

B1 Entstehung von Erdgas und Erdöl

Alle der Erde entstammenden organischen, brennbaren, gasförmigen oder flüssigen Stoffe zählt man zum Erdgas oder Erdöl.

Entstehung. Nach dem heutigen Kenntnisstand sind Erdgas und Erdöl aus den Kohlenhydraten, Eiweißstoffen und Fetten von Wassertieren und -pflanzen entstanden, die vor Jahrmillionen in riesiger Anzahl flache, küstennahe Gewässer besiedelten. Aus absterbenden Mikroorganismen und Sanden, Tonen und Kalken, die meist von Flüssen in die Gewässer verfrachtet wurden, bildete sich eine mächtige, sauerstoffarme Faulschlammschicht [B1].
Nach Überdeckung mit weiteren Sedimenten wandelten sich die organischen Bestandteile der Faulschlammschicht unter dem Einfluss von Druck, Wärme, Bakterien sowie mineralischen und organischen Katalysatoren in die Verbindungen des Erdgases und Erdöls um. Erdgas kann auch im Zusammenhang mit der Bildung von Kohle entstehen.
Erdgas und Erdöl werden, ebenso wie die Kohle, als **fossile Brennstoffe** bezeichnet, weil sie sich aus abgestorbenen Pflanzen und Kleinstlebewesen gebildet haben.

Lagerstätten und Förderung. Erdgas und Erdöl findet man in porösen Ablagerungsgesteinen, die von undurchlässigen Schichten eingeschlossen sind. In die Speichergesteine sind sie häufig erst aus ihren weit entfernten Entstehungsorten hineingewandert. Auf der Suche nach dem Erdgas und Erdöl werden Bohrungen bis zu den Lagerstätten vorgetrieben. Wird das Erdölspeichergestein angebohrt, kann das Erdöl durch den Druck des begleitenden Erdgases und Wassers aus der Bohrmündung fließen. Genügt der Lagerstättendruck nicht oder lässt er im Laufe der Förderung nach, wird das Erdöl an die Erdoberfläche gepumpt.
Die größten Erdgas- und Erdölreserven lagern nach dem heutigen Kenntnisstand im Mittleren Osten, in Russland, einigen zentralasiatischen Staaten und in China.

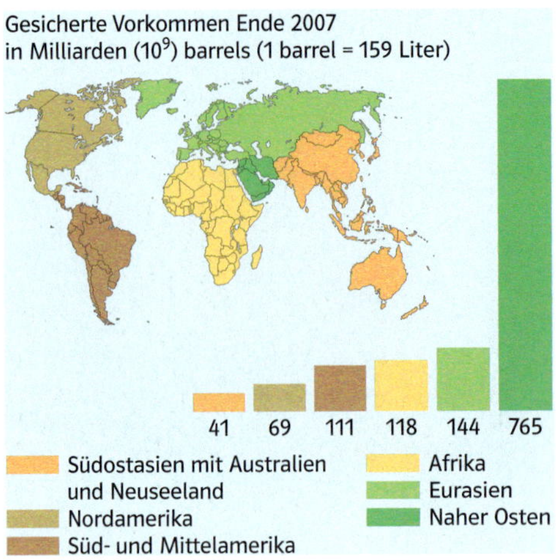

B2 Erdölreserven der Erde

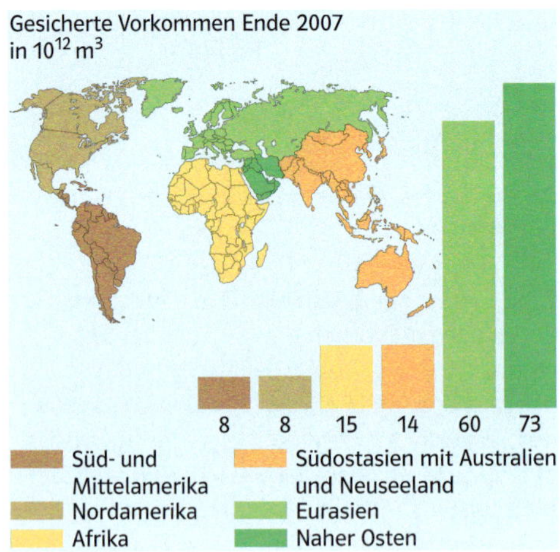

B3 Erdgasreserven der Erde

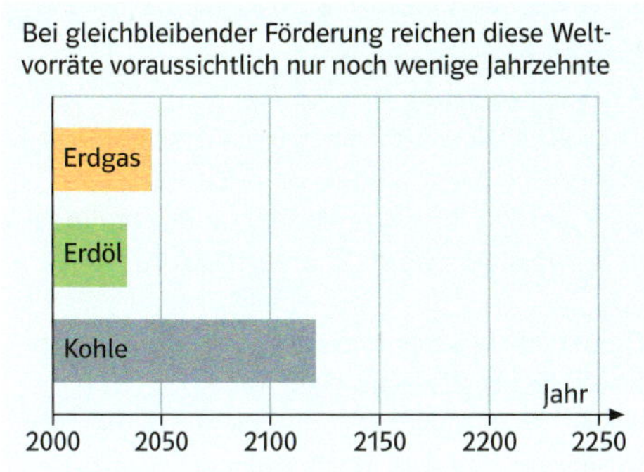

B4 Reichweiten einiger Energieträger

Genaue Voraussagen über das Ende der Förderung und des Einsatzes der fossilen Energieträger sind schwierig. Diese Voraussagen hängen von Faktoren ab wie: Förderung und Verbrauch, Entdeckung neuer Quellen, Erdgas- und Erdölpreisen und alternativem Energieeinsatz. Allerdings ist es recht sicher, dass die in [B4] angegebenen Zeiträume nicht wesentlich überschritten werden können.

Transport. Die meisten Erdgas- und Erdölquellen liegen weit entfernt von den Verbraucherzentren. Das frisch geförderte Rohöl wird an Ort und Stelle in großen Tanks gespeichert und durch Rohrleitungen (Pipelines, [B7]) zur nächsten Erdölraffinerie zur Weiterverarbeitung oder zum nächsten Hafen transportiert. Vor dem Transport muss das Rohöl entgast (von gelöstem Erdgas befreit), entwässert und wegen der Korrosionsgefahr auch entsalzt werden. Rohöl kann bis zu 0,2 % Wasser und 0,02 % Salze gelöst enthalten.

Erdgas ist nur in Rohrleitungen wirtschaftlich transportfähig. Um über weite Entfernungen in Schiffen transportiert zu werden, muss Erdgas vom gasförmigen in den flüssigen Zustand versetzt werden.
Dies geschieht, indem man Erdgas auf −162 °C abkühlt. Dadurch sinkt sein Volumen auf 1/600 seines Ausgangsvolumens. In Spezialschiffen, deren Tanks besonders gut isoliert sind, wird das flüssige Erdgas zum Bestimmungshafen transportiert und dort in das Versorgungsnetz eingespeist. Enthält Erdgas Schwefelwasserstoff, muss dieser vor der Nutzung des Erdgases entfernt werden.
Da der Erdgasverbrauch im Jahresverlauf unterschiedlich ist, wird das Gas in Erdgasspeichern [B6] zwischengelagert. Diese Speicherung in Tiefen von 180 m bis 3000 m dient auch dazu, die Versorgung zu sichern, wenn Erdgaslieferungen ausbleiben.

Gefährdung der Umwelt. Durch Tankerunfälle, Tankerspülungen bzw. Leckagen in Rohrleitungen gelangen Millionen Tonnen Erdöl in die Umwelt. Eine Ölpest führt dazu, dass Fischbestände, Muschelbänke und Böden auf Jahrzehnte verseucht werden.

A1 Warum ist es schwierig, genau das jeweilige Jahr vorauszusagen, in dem das Erdöl bzw. das Erdgas verbraucht sein wird?

A2 Die Alaskapipeline ist in vielen Abschnitten auf Stelzen verlegt worden. Erkläre.

A3 Welche politischen Probleme ergeben sich dadurch, dass die größten Erdgas- und Erdölverbraucher ihr Erdgas und Erdöl importieren müssen?

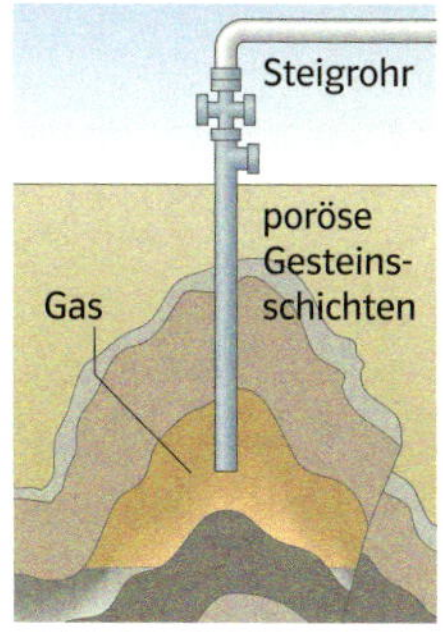

B6 Erdgasspeicher

B7 Pipeline

B5 Erdölraffinerie

11.3 Methan – Hauptbestandteil des Erdgases

Land	Deutschland		Niederlande	Frankreich
Fördergebiet	Weser-Ems Löningen	Emsland Bentheim	Groningen	Lacq
Methan	91,1	85,7	81,4	69,3
Ethan	5,1	1,2	2,7	3,1
Propan	2,1	0,4	0,4	1,1
Butan	0,8	0,2	0,2	0,6
Stickstoff	0,4	6,5	14,3	0,4
Kohlen-stoffdioxid	0,1	5,6	0,9	9,6
Schwefel-wasserstoff	–	–	Spuren	15,2

B1 Zusammensetzung einiger Naturgase (Erdgase), Volumenanteile in Prozent

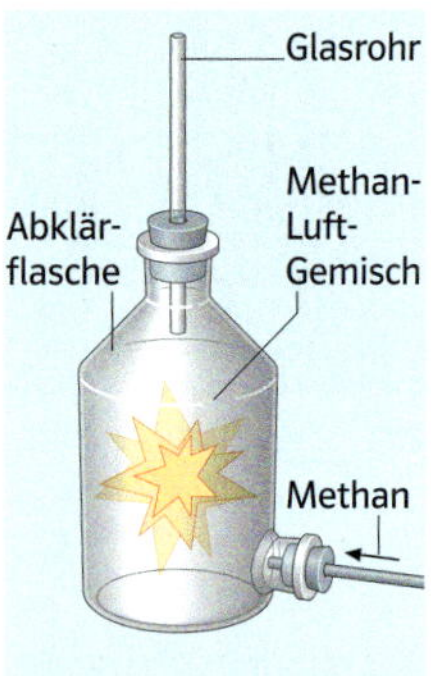

B2 Methan-Luft-Gemische sind explosiv

Erdgas ist ein Stoffgemisch, dessen Hauptbestandteil Methan ist

Vorkommen von Methan. Das in Steinkohlelagerstätten eingeschlossene Grubengas enthält hauptsächlich Methan. Beim Faulen organischer Stoffe unter Luftabschluss in Sümpfen oder am Grunde stark verschmutzter Gewässer bildet sich Sumpfgas, ein Gemisch aus Methan und Kohlenstoffdioxid.

Heute wird die bakterielle Zersetzung organischer Stoffe zunehmend wirtschaftlich genutzt, indem man z. B. aus Gülle oder Klärschlamm Biogas gewinnt [B3]. Biogas besteht überwiegend aus Methan und Kohlenstoffdioxid, daneben enthält es noch Wasserstoff, Stickstoff und Schwefelwasserstoff. Wird Gülle nicht auf die Felder ausgebracht, kann dies dazu beitragen, dass die Umweltbelastung der Felder und Gewässer vermindert wird und wertvolle Rohstoffe geschont werden.
Pflanzenanbau zur Energiegewinnung lohnt sich nur bei hohen Energiepreisen, außerdem werden landwirtschaftliche Flächen der Nahrungsmittelproduktion entzogen.

Eigenschaften des Methans. Methan ist ein farb- und geruchloses Gas, dessen Dichte kleiner als die der Luft ist. Es ist brennbar. Mit Sauerstoff bildet es hochexplosive Gemische. Durch unbemerktes Ausströmen von Erdgas kommt es immer wieder zu folgenschweren Gasexplosionen. Auch die gefürchteten Grubengasexplosionen in Kohlebergwerken („Schlagende Wetter") sind auf Zündung des Methan-Luft-Gemisches zurückzuführen.

V1 (Schutzbrille, -scheibe!) Man führt in einen mit Methan gefüllten und mit der Öffnung nach unten eingespannten, dickwandigen Zylinder rasch eine brennende Kerze ein und zieht sie wieder heraus.

V2 (Schutzbrille, -scheibe!) Man leitet nach [B2] in eine dickwandige Abklärflasche Methan ein und entzündet es nach negativem Ausfall der Knallgasprobe am Ende des Glasrohrs ($l \approx 25\,cm$, $d \approx 1\,cm$). Nach kurzer Zeit wird die Gaszufuhr unterbrochen und das Gaseinleitungsrohr aus der Flasche entfernt.

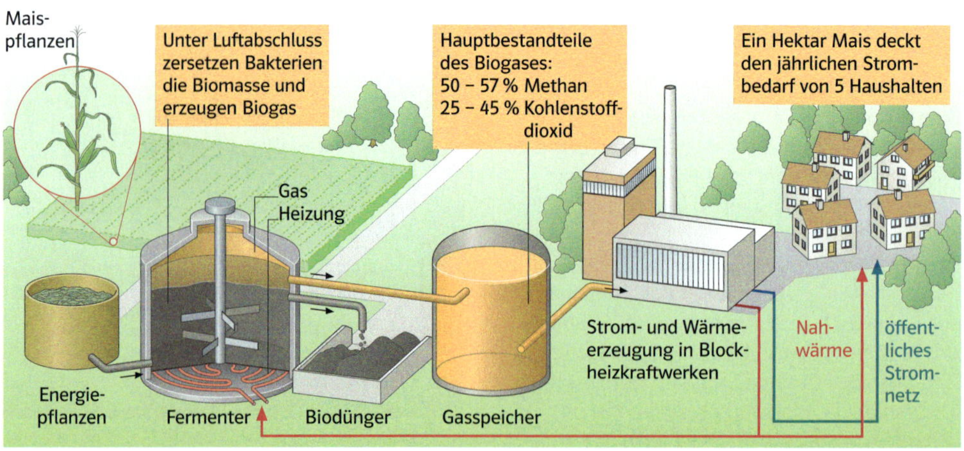

B3 Strom und Wärme aus einer Biogasanlage

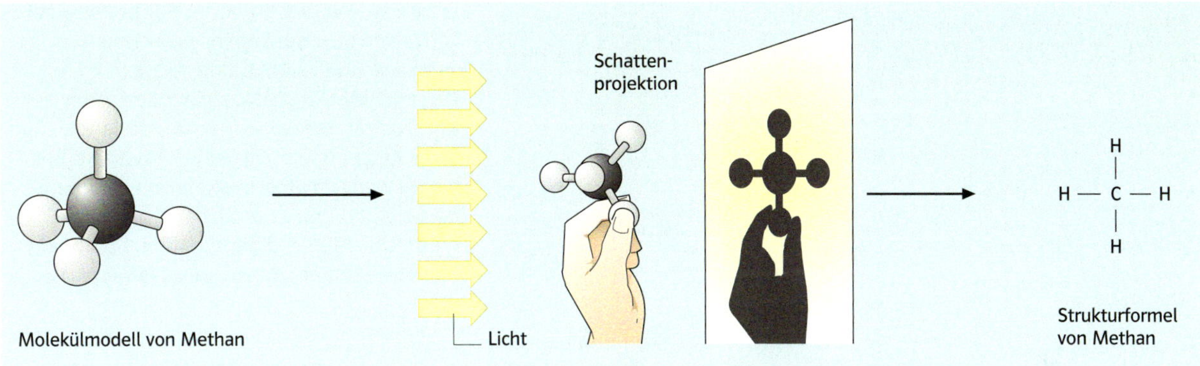

B4 Ableitung der Strukturformel des Methanmoleküls aus der Schattenprojektion des Kugel-Stab-Modells

V3 Man verbrennt Methan unter einem Trichter und saugt die Verbrennungsgase durch ein gut gekühltes U-Rohr und eine Waschflasche mit Kalkwasser. Mit der Flüssigkeit im U-Rohr führt man den Wassernachweis durch.

V4 Sauge mit einem Kolbenprober 200 ml Luft aus einer Gaswägekugel. Bestimme die Masse der Gaswägekugel, fülle anschließend 100 ml Methan in die Gaswägekugel und bestimme erneut die Masse. Berechne die Dichte und mit der Gleichung $M = \varrho \cdot V_m$ die molare Masse des Methans ($V_m = 24\,l \cdot mol^{-1}$). Gib die Masse für ein Methanmolekül an. Wie viele Kohlenstoffatome sind in einem Methanmolekül enthalten? Wie lautet die Summenformel?

A1 Warum wird Erdgas mit einem Geruchsstoff versetzt, bevor es dem Verbraucher zugeleitet wird?

A2 Welches Edelgasatom hat die gleiche Elektronenanzahl wie das Kohlenstoffatom im Methanmolekül?

A3 Beschreibe und erläutere den Weg zur Ermittlung der Summenformel des Methanmoleküls.

Die Summenformel des Methanmoleküls. Bei der Verbrennung von Methan entstehen Kohlenstoffdioxid und Wasser [V3]. Dies ist ein Nachweis dafür, dass am Aufbau eines Methanmoleküls Kohlenstoff- und Wasserstoffatome beteiligt sind.

Kennt man außer den Atomarten, die ein Molekül aufbauen, noch seine Masse, lassen sich Rückschlüsse auf die Summenformel ziehen.
Die Ermittlung der Molekülmasse für ein Methanmolekül ergibt die Masse 16 u [V4]. Am Aufbau eines Methanmoleküls kann nur 1 Kohlenstoffatom beteiligt sein, bei 2 Kohlenstoffatomen müsste die Masse schon größer als 24 u sein. Aus der Differenz von 16 u und 12 u ergibt sich, dass 4 Wasserstoffatome am Aufbau eines Methanmoleküls beteiligt sind. Damit lautet die Summenformel C_1H_4.

Der räumliche Aufbau des Methanmoleküls. Im Methanmolekül bildet jeweils ein Außenelektron des Kohlenstoffatoms mit dem Elektron eines Wasserstoffatoms ein bindendes Elektronenpaar. Werden die vier bindenden Elektronenpaare so um den Atomrumpf des Kohlenstoffatoms angeordnet, dass ihre Winkel maximal sind, ergibt sich daraus eine **tetraedrische Anordnung** der Wasserstoffatome um das Kohlenstoffatom [B5].

Das Kugel-Stab-Modell gibt die räumliche Anordnung der Atome im Molekül zueinander wieder. Bei einer zeichnerischen Darstellung in der Ebene ist die räumliche Wiedergabe nur unzulänglich möglich oder umständlich. Ersetzt man in einer Schattenprojektion des Kugel-Stab-Modells die schwarzen Kreisflächen durch die entsprechenden Zeichen für die Atome, so erhält man die **Strukturformel** des Moleküls [B4].

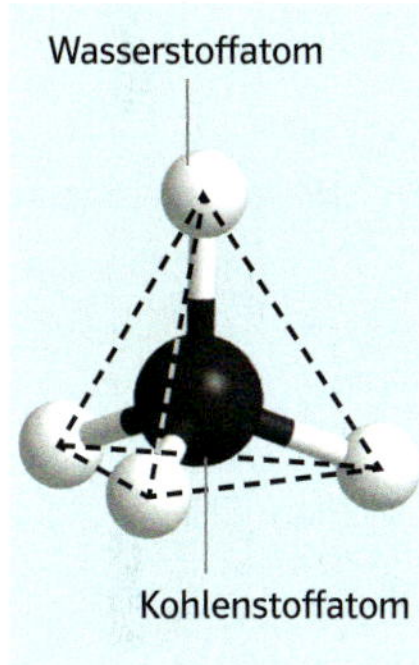

B5 Modell des Methanmoleküls. Das Kohlenstoffatom bildet die Mitte eines Tetraeders

11.4 Die Alkane – eine homologe Reihe

Name	Summenformel	Strukturformel	Kugel-Stab-Modell
Methan	CH_4	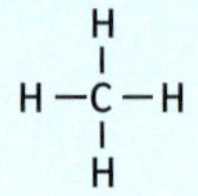	
Ethan	C_2H_6	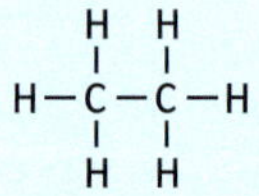	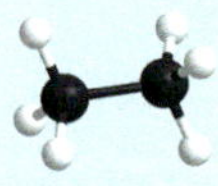
Propan	C_3H_8	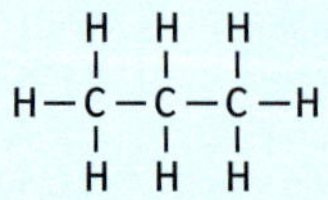	
Butan	C_4H_{10}	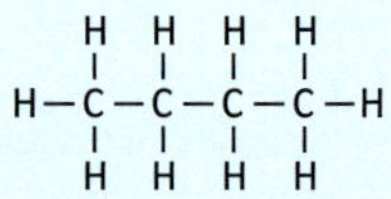	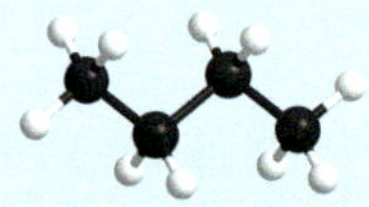

B1 Die ersten Glieder der Alkanreihe

Name des Alkans	Summenformel
Methan	CH_4
Ethan	C_2H_6
Propan	C_3H_8
Butan	C_4H_{10}
Pentan	C_5H_{12}
Hexan	C_6H_{14}
Heptan	C_7H_{16}
Octan	C_8H_{18}
Nonan	C_9H_{20}
Decan	$C_{10}H_{22}$
Undecan	$C_{11}H_{24}$

B2 Homologe Reihe der Alkane

Neben Methan enthält Erdgas Ethan, Propan und Butan. Auch sie sind nur aus Kohlenstoff- und Wasserstoffatomen aufgebaut. Diese Verbindungen sind damit **Kohlenwasserstoffe**.

Homologe Reihe. Ein Vergleich der Kohlenwasserstoffmoleküle in [B1] zeigt, dass jedes Glied dieser Reihe eine CH_2-Gruppe mehr aufweist als das vorhergehende Molekül. Eine solche Reihe von Verbindungen, bei denen sich die Moleküle aufeinanderfolgender Glieder jeweils um eine CH_2-Gruppe unterscheiden, nennt man eine **homologe Reihe.**
Bei bekannter Anzahl n der Kohlenstoffatome eines Moleküls kann man die Anzahl m der im Molekül gebundenen Wasserstoffatome mit $m = 2n + 2$ berechnen. Daraus ergibt sich die allgemeine Summenformel (Molekülformel): C_nH_{2n+2}. Eine Summenformel ergibt sich durch die Addition aller Atome einer Art. Die Kohlenwasserstoffe, deren Moleküle sich nach dieser Formel aufbauen lassen, heißen **Alkane**. Man erkennt sie an der Endsilbe „-an".

Die ersten vier Glieder der Alkane haben traditionelle Namen. Ab fünf C-Atomen im Molekül werden die Namen aus dem griechischen oder lateinischen Wort für die Zahl der Kohlenstoffatome und der Nachsilbe „-an" gebildet [B1, B2].

Isomerie. Versucht man zur Summenformel C_4H_{10} eine Strukturformel zu zeichnen, so kann man auf zwei Strukturformeln kommen. Das eine Molekül ist aus einer Kette von vier Kohlenstoffatomen aufgebaut, das andere aus einer Kette von drei, wobei das mittlere mit einem weiteren Kohlenstoffatom verknüpft ist. Es gibt damit zwei Verbindungen mit unterschiedlichen Eigenschaften. Butan und Isobutan sind ein Beispiel für **Isomere**.

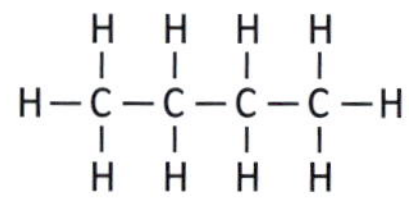

Butan
Sdt. −1 °C

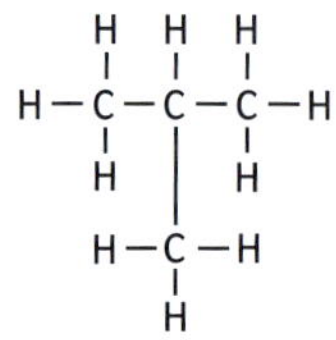

Isobutan
Sdt. −12 °C

Moleküle, die bei gleicher Summenformel unterschiedliche Strukturformeln haben, bezeichnet man als Strukturisomere.

Zur deutlicheren Unterscheidung des Moleküls mit der unverzweigten Kette der Kohlenstoffatome von seinem Isomer wird häufig vor den Namen noch ein „n" gesetzt, also n-Butan (von normales Butan oder Normalbutan).
Da die Zahl der Isomere mit zunehmender Zahl der Kohlenstoffatome [B3] rasch zunimmt, kommt man beim Vorliegen vieler Isomere nicht mit dem Namen für die Anzahl der Kohlenstoffatome und einer Vorsilbe aus. Da die Summenformel eines Alkans ab vier C-Atomen sich nicht nur einem Alkanmolekül

Summenformel	Anzahl der Strukturisomere
C_4H_{10}	2
C_5H_{12}	3
C_6H_{14}	5
C_7H_{16}	9
C_8H_{18}	18
C_9H_{20}	35
$C_{10}H_{22}$	75

B3 Strukturisomere in der Reihe der Alkane

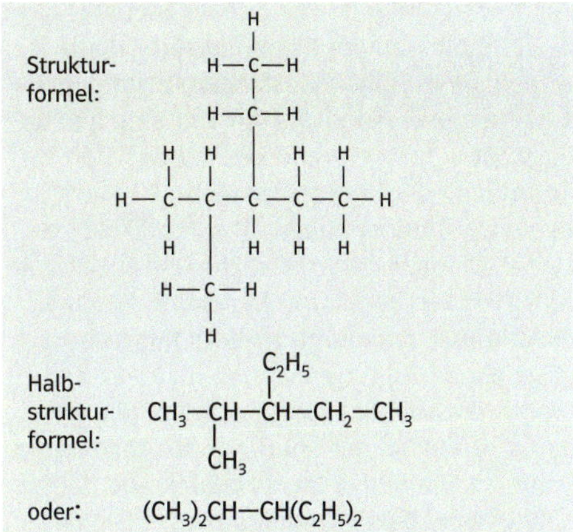

B4 Struktur- und Halbstrukturformel eines Alkans

zuordnen lässt, ist man zur eindeutigen Kennzeichnung eines solchen Moleküls auf die Strukturformel angewiesen.

Halbstrukturformeln. Statt der oft unübersichtlichen vollständigen Strukturformeln verwendet man auch vereinfachte Strukturformeln, die Halbstrukturformeln [B4]. In ihnen werden nach jeweiligem Bedarf Formelteile wie in Summenformeln zusammengefasst. Die Art der Atomverknüpfungen muss dabei eindeutig erkennbar bleiben. Mithilfe der Strukturformeln bzw. der übersichtlichen Halbstrukturformeln lassen sich auch Alkanmoleküle mit mehr als drei C-Atomen durch Anwendung eindeutiger Regeln benennen [B5].

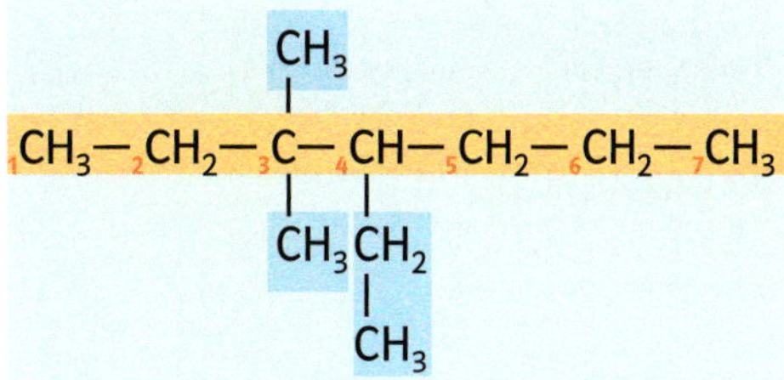

1. **Längste Kette aus Kohlenstoffatomen** ermitteln und benennen. Aus der Zahl der Kohlenstoffatome ergibt sich der Name der Hauptkette.
2. **Seitenketten** benennen und alphabetisch ordnen. Seitenketten erhalten ebenfalls ihren Namen nach der Zahl der Kohlenstoffatome. Anstelle der Endung „an", erhalten die Seitenketten die Endung „yl". Der Name der Seitenkette wird dem Namen der Hauptkette vorangestellt.
3. **Anzahl der gleichen Seitenketten** ermitteln und durch das entsprechende griechische Zahlwort (di-, tri-, tetra-, …) kennzeichnen.
4. **Verknüpfungsstellen zwischen Haupt- und Seitenketten** ermitteln, dabei Hauptketten so durchnummerieren, dass die Verknüpfungsstellen kleinstmögliche Zahlen enthalten.

4-Ethyl-3,3-dimethylheptan

B5 Benennung eines Alkans. Die Länge der Hauptkette bestimmt den Grundnamen der Verbindung

Alkylgruppe:

Allgemein wird der aus einem Alkanmolekül durch Abspaltung eines Wasserstoffatoms hervorgehende „Molekülrest" als Alkylrest oder Alkylgruppe bezeichnet.
Alkylgruppe: $-C_nH_{2n+1}$;
Methylgruppe: $-CH_3$,
Ethylgruppe: $-CH_2-CH_3$ oder $-C_2H_5$

A1 Benenne Isobutan nach der systematischen Nomenklatur.

A2 **a)** Stelle die Halbstrukturformeln für die Moleküle der folgenden Verbindungen auf: 3,3-Dimethylpentan, 3-Methylhexan, 3-Ethylheptan, 3-Ethyl-2-methylhexan, 2,3,3-Trimethylhexan.
b) Welche der Moleküle und Verbindungen sind isomer zueinander?

A3 Benenne die folgenden Alkane:
a) $(C_2H_5)_2CH(C_3H_7)$,
b) $(C_2H_5)(CH_3)CH{-}CH(C_2H_5){-}CH_2{-}CH(C_2H_5)(CH_3)$

Strukturformel	Name	Siedetemperatur in °C
$CH_3-CH_2-CH_2-CH_2-CH_2-CH_3$	Hexan	68
$CH_3-CH(CH_3)-CH_2-CH_2-CH_3$	2-Methylpentan	60
$CH_3-CH_2-CH(CH_3)-CH_2-CH_3$	3-Methylpentan	63
$CH_3-C(CH_3)_2-CH_2-CH_3$	2,2-Dimethylbutan	50
$CH_3-CH(CH_3)-CH(CH_3)-CH_3$	2,3-Dimethylbutan	58

B6 Beispiele für Isomere der Summenformel C_6H_{14}

11.5 Eigenschaften der Alkane

Name	Summenformel	Schmelztemperatur in °C	Siedetemperatur in °C	Dichte in g/cm³	Viskosität
Methan	CH_4	−182	−161	0,47*	
Ethan	C_2H_6	−183	−88	0,57*	
Propan	C_3H_8	−186	−42	0,59*	
Butan	C_4H_{10}	−135	−1	0,60*	
Pentan	C_5H_{12}	−129	36	0,63	
Hexan	C_6H_{14}	−94	68	0,66	
Heptan	C_7H_{16}	−90	98	0,68	nimmt zu
Octan	C_8H_{18}	−56	126	0,70	
Nonan	C_9H_{20}	−53	150	0,72	
Decan	$C_{10}H_{22}$	−30	174	0,73	
⋮	⋮				
Hexadecan	$C_{16}H_{34}$	18	287	0,77	
Heptadecan	$C_{17}H_{36}$	22	302	0,78	

* im flüssigen Zustand (nahe der Siedetemperatur)

B1 Eigenschaften der Alkane im Vergleich

Erdgas und Erdöl sind die Rohstoffquellen für die Alkane. Sie werden hauptsächlich als Energieträger und Ausgangsstoffe in der chemischen Industrie verwendet. Die Verwandtschaft der Glieder der homologen Reihe der Alkane zeigt sich in ihren Eigenschaften und Reaktionen, die sich auf Gemeinsamkeiten des Molekülaufbaus zurückführen lassen.

Eigenschaften und zwischenmolekulare Kräfte. Innerhalb der homologen Reihe der Alkane steigen die Siede- und ab Pentan auch die Schmelztemperaturen an [B1]. Dies lässt auf steigende Anziehungskräfte zwischen den Molekülen mit zunehmender Länge der Kohlenwasserstoffketten schließen. Die C—H-Bindungen der Alkanmoleküle weisen wegen der geringen Elektronegativitätsunterschiede der Bindungspartner nur eine geringe Polarität auf; aufgrund der tetraedrischen Anordnung der Bindungspartner um die Kohlenstoffatome haben Alkanmoleküle keinen Dipolcharakter. Ursache der Anziehung zwischen den unpolaren Molekülen ist eine nicht immer symmetrische Verteilung der Elektronen [B3]. So entstehen für kurze Zeit Dipole, die auf die Elektronenhülle benachbarter Moleküle Anziehungs- bzw. Abstoßungskräfte ausüben und diese dadurch ebenfalls polarisieren. Diese so entstandenen Dipole nennt man **induzierte Dipole**, die daraus resultierenden Anziehungskräfte **Van-der-Waals-Kräfte**.

Mit wachsender Kettenlänge der unverzweigten Alkanmoleküle und damit wachsender Oberfläche nehmen gegenseitige Berührungs- und Polarisierungsmöglichkeiten und damit die Anziehungskräfte zu [B3]; die Siede- und Schmelztemperaturen steigen deshalb. Abweichungen von dieser Regel bei den Schmelztemperaturen rühren daher, dass für die Schmelztemperatur auch die Anordnung der Moleküle im Molekülgitter verantwortlich ist. Bei den höheren Alkanen sind die Anziehungskräfte so groß, dass eine Energiezufuhr eher die Spaltung von Bindungen bewirkt als die Aufhebung der Anziehungskräfte zwischen den Molekülen. Deshalb zersetzen sich Alkane ab etwa Icosan ($C_{20}H_{42}$) unterhalb der Siedetemperatur (bei Normdruck).

Die Anziehungskräfte zwischen den Alkanmolekülen nehmen mit wachsender Kettenlänge zu.

Löslichkeit. Alle Alkane sind ineinander löslich, in Wasser lösen sie sich nur in Spuren. Ob zwei Stoffe ineinander löslich sind, hängt weitgehend von den Eigenschaften der Teilchen ab. Zwischen den unpolaren Alkanmolekülen herrschen Van-der-Waals-Kräfte; zwischen den polaren Wassermolekülen bestehen aber zusätzlich Wasserstoffbrücken.

Methan ist Hauptbestandteil des Erdgases, Camping- und Feuerzeuggas bestehen überwiegend aus Propan und Butan. Flüssige Alkane sind in Benzinen, Diesel- und Heizöl enthalten. Feste Alkane bilden die Paraffine, diese findet man z. B. in Kerzen, Wachsmalstiften und in der Schutzhülle von Schnittkäse.

B2 Verwendung der Alkane im Alltag

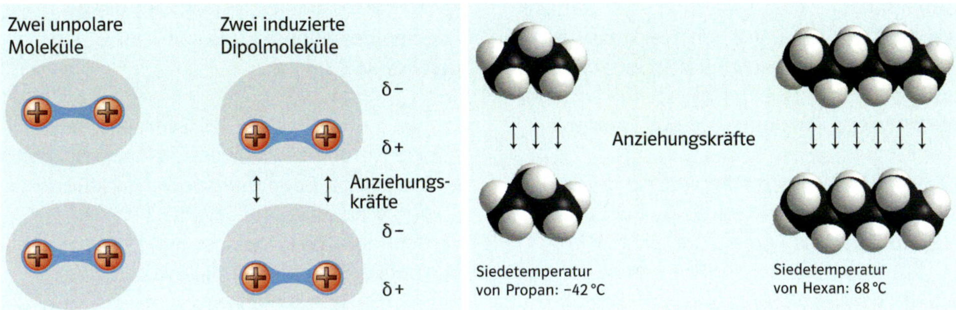

B3 Durch Elektronenverschiebung können Alkanmoleküle zu Dipolmolekülen werden. Die Anziehungskräfte nehmen mit wachsender Kettenlänge zu

lipophil von griech. lipos, Fett und griech. philos, liebend

hydrophil von griech. hydor, Wasser und griech. philos, liebend

Viskosität der Begriff geht auf den zähen Saft der Beeren von Misteln (Viscum) zurück.

Gibt man z. B. Heptan zu Wasser, so können die starken Wasserstoffbrücken zwischen Wassermolekülen nicht durch die viel schwächeren Anziehungskräfte zwischen Heptan- und Wassermolekülen ersetzt werden.

Gibt man Heptan zu Decan, so können die Anziehungskräfte, die die Heptan- und Decanmoleküle jeweils untereinander zusammenhalten, durch die Anziehungskräfte zwischen Heptan- und Decanmolekülen ersetzt werden. Die an den Beispielen gewonnenen Einsichten lassen sich verallgemeinern:

Je ähnlicher sich die Teilchen zweier Stoffe in Bezug auf die Polarität sind, desto besser lösen sich die Stoffe ineinander.

Zur Charakterisierung des Lösungsverhaltens eines Stoffes gegenüber Wasser verwendet man häufig den Begriff **hydrophil** (wasserfreundlich) für Stoffe mit guter Wasserlöslichkeit und **hydrophob** (wassermeidend) für ein gegenteiliges Lösungsverhalten. Außer den Alkanen zählen vor allem Fette zu den ausgesprochen hydrophoben Stoffen. Fettlösliche Stoffe bezeichnet man als **lipophil**, wenig fettlösliche als **lipophob**. Alkane sind lipophil bzw. hydrophob.

Viskosität. In Motoren oder Getrieben verhindern Öl oder Fett, dass sich die bewegenden Teile direkt berühren. Die Reibung ungeschmierter Metallteile führt zu ihrer Erwärmung (Folge ist z. B. der „Kolbenfresser") und raschen Abnutzung. Die Schmierfähigkeit eines Öls hängt von seiner Viskosität (Zähflüssigkeit) ab. Sie muss immer groß genug sein, dass ein ausreichender Schmierfilm an den Oberflächen bewegter Teile bestehen bleibt. Gemische von Kohlenwasserstoffen sind die Grundsubstanzen mineralischer Motorenöle.

Kettenlänge und Viskosität. Das Fließverhalten einer Flüssigkeit bezeichnet man als Viskosität. Sie kann im Kugelfall-Viskosimeter [B4] ermittelt werden. Hohe Viskosität bedeutet Dickflüssigkeit, niedrige Dünnflüssigkeit. Beim Fließen gleiten Moleküle der Flüssigkeit aneinander vorbei, was umso schwieriger ist, je größer die zwischenmolekularen Kräfte sind. Zwischen längerkettigen Kohlenwasserstoffmolekülen herrschen größere Anziehungskräfte als zwischen kürzerkettigen. Daher haben flüssige Kohlenwasserstoffe, die aus erstgenannten Molekülen aufgebaut sind, eine größere Viskosität. Mit steigender Temperatur nimmt die Viskosität einer Flüssigkeit ab.

B5 Der Schmierfilm des Öls vermindert den Verschleiß

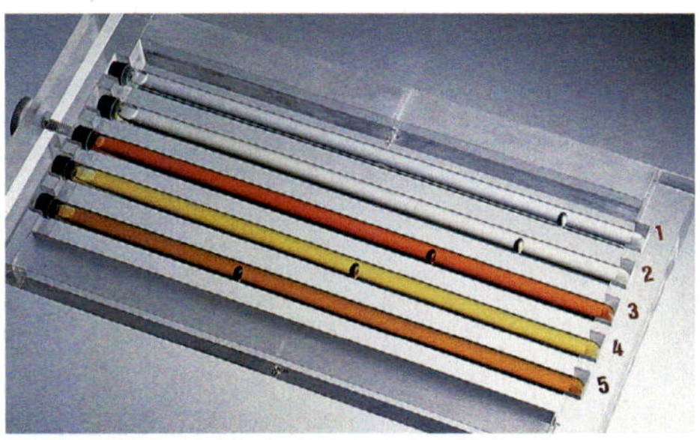

B4 Viskositätsvergleich von Benzin (1), Petroleum (2), Heizöl (3), Fahrradöl (4) und Motorenöl (5)

Hochentzündlich
Flammtemperatur
unter 21 °C

Leicht entzündlich
Flammtemperatur
von 21° C bis 55°

Entzündlich
Flammtemperatur
über 55° bis 100 °C

B6 Flammtemperaturen

Brennbarkeit. Alkane werden meist verbrannt, um die dabei frei werdende Reaktionswärme zu nutzen. Bei ausreichender Sauerstoffzufuhr und genügend hoher Temperatur verbrennen Alkane zu Kohlenstoffdioxid und Wasser.

Verbrennen Alkane an der Luft, so nehmen innerhalb der homologen Reihe die Leuchtkraft der Flamme und die Rußentwicklung zu [B8]. Das Leuchten der Flamme ist auf das Glühen winziger Rußpartikel zurückzuführen, die bei unvollständiger Verbrennung entstehen und erst am Flammensaum mit Luftsauerstoff zu Kohlenstoffdioxid reagieren.
Da die Anzahl und der Anteil der Kohlenstoffatome in den Alkanmolekülen innerhalb der homologen Reihe zunimmt, findet bei gleichem Luftzustrom eine zunehmend unvollständige Verbrennung statt. Die Rußpartikel gelangen zum Teil unverbrannt bis in kältere Randbereiche der Flamme, wo sie nicht mehr reagieren und als Ruß in Erscheinung treten.

Entflammbarkeit und Gefahrenklassen. Brennbare Flüssigkeiten werden nach ihrer Flammtemperatur [B6] in Gefahrenklassen für Transport und Lagerung eingeteilt. Die wasserunlöslichen Flüssigkeiten werden in drei Gefahrenklassen eingeteilt.

Alkane, deren Moleküle klein sind, lassen sich leicht entflammen, da sie bereits bei Zimmertemperatur stark verdunsten. Von diesen Alkanen gehen deshalb Brand- und Explosionsgefahren aus.

Propan, Butan, Pentan und Gemische dieser Alkane werden als Treibmittel eingesetzt, z. B. in Haarsprays, Deodorantsprays, Backofenreinigerschäumen und Sprühlacken. Der Verzicht auf Lacke, Reiniger und Pflegemittel mit Treibmitteln schützt die Umwelt und verringert die Unfallgefahren. Für die Entfernung von Öl, Fett und Kerzenwachs kann Reinigungsbenzin verwendet werden. Dieses besteht im Wesentlichen aus flüssigen Alkanen.
Beim Einsatz von Reinigungsbenzin müssen die Sicherheitsratschläge beachtet werden.

A1 Was sind zwischenmolekulare Kräfte? Ordne die dir bekannten zwischenmolekularen Kräfte nach ihrer Stärke und gib jeweils ein Beispiel für einen Stoff mit den entsprechenden zwischenmolekularen Kräften.

A2 Erkläre die Zunahme der Siedetemperatur und Viskosität von Hexan bis Decan.

A3 Ein Sicherheitshinweis auf einem Reinigerspray für Backofen und Grill lautet: „Nur wenige Sekunden sprühen, um Bildung explosionsfähiger Gemische zu vermeiden." Warum können sich bei diesem Spray explosionsfähige Gemische bilden?

B7 Reinigungsbenzin

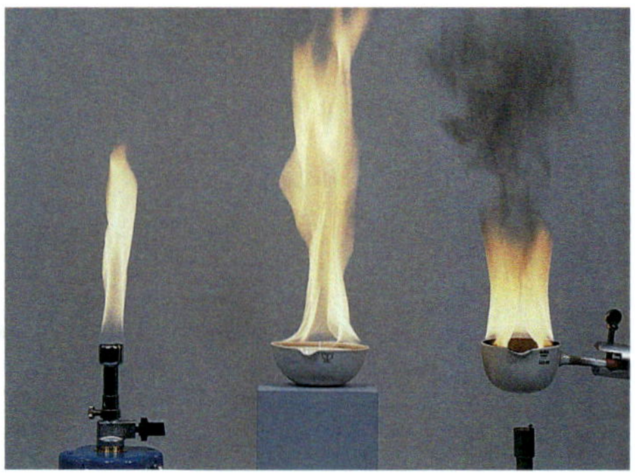

B8 Flammenvergleich
(von links: Butan, Benzin, Paraffinöl)

B9 Flammtemperaturbestimmung. Bei langsamem Erwärmen wird die Temperatur der Flüssigkeit abgelesen, bei der sich die Dämpfe über ihr erstmals entflammen lassen

11.6 Impulse Lernzirkel: Alkane

Station 1: Grundlagen

Aufgaben:

a) Welche allgemeine Summenformel weisen die Alkane auf?

b) Wie viele Isomere gibt es zur Formel C_6H_{14}?

c) Formuliere die Struktur- oder Halbstrukturformeln für die Moleküle der folgenden Alkane: Octan, 3,3-Dimethylhexan; 2-Methylhexan; 3-Ethylhexan; 3-Ethyl-2-methylpentan; 2,3,4-Trimethylhexan. Welche der Moleküle und Verbindungen sind isomer zueinander?

d) In welchen Produkten des Alltags und der Technik kommen die folgenden Alkane vor: Methan, Propan, Butan, Heptan, Paraffin?

Station 2: Entflammbarkeit

Geräte/Materialien/Chemikalien: Schutzbrille, 3 Porzellanschalen, feuerfeste Unterlage, Keramikdrahtnetz, Holzspan, Feuerzeug, Heptan, Paraffinöl (niederer Siedetemperaturbereich), Paraffinöl (hoher Siedetemperaturbereich).

Durchführung: Gib einige Tropfen der drei Flüssigkeiten in jeweils eine Porzellanschale, die auf der feuerfesten Unterlage steht. Nähere die Flamme eines brennenden Holzspans der Oberfläche der Flüssigkeit. Streiche evtl. mehrmals über die Oberfläche der Flüssigkeit. Lösche die brennende Flüssigkeit durch Auflegen des Keramikdrahtnetzes.

Aufgaben:

a) Beschreibe und deute die Beobachtungen.

b) Welcher Zusammenhang besteht zwischen der Entflammbarkeit eines Alkans und den Gefahren, die von dem Alkan ausgehen?

Station 3: Löslichkeit

Geräte/Materialien/Chemikalien: 4 Reagenzgläser, passende Stopfen, Reagenzglasständer, Hexan, Heptan, Paraffinöl, dest. Wasser.

Durchführung:

a) Gib in je ein Reagenzglas einen Fingerbreit Heptan bzw. Paraffinöl. Füge das gleiche Volumen Wasser zu. Schüttle kräftig.

b) Wiederhole das Experiment, gib jetzt aber Hexan zu Heptan bzw. Paraffinöl.

Aufgaben:

a) Beschreibe und deute die Beobachtungen. Gehe dazu auch auf die Anziehungskräfte zwischen den Teilchen ein.

b) Erläutere die Begriffe: hydrophil, hydrophob, lipophil, lipophob.

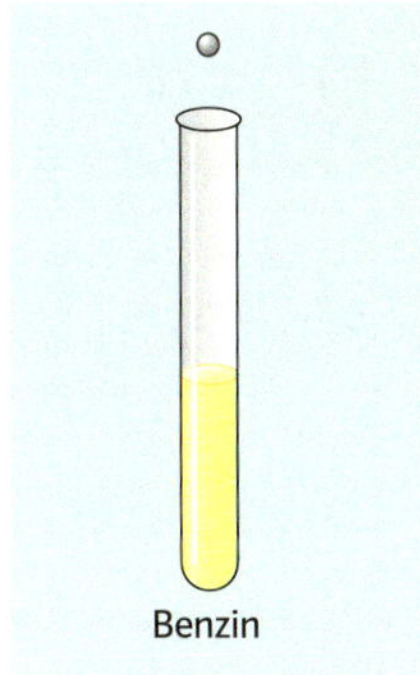

B1 Versuchsaufbau zur Ermittlung der Viskosität

Station 4: Viskosität

Geräte/Materialien/Chemikalien: 3 Reagenzgläser, Reagenzglasständer, 3 kleine Stahlkugeln (z. B. Kugeln aus einem Fahrradtretlager), Magnet, Stoppuhr, Heptan, Petroleumbenzin, Paraffinöl.

Durchführung: Fülle je ein Reagenzglas etwa 10 cm hoch mit Decan, Heptan oder Paraffinöl. Die Füllhöhen müssen genau gleich sein. Lass dann aus Höhe der Reagenzglasöffnung eine Kugel in die jeweilige Flüssigkeit fallen und miss die Zeit, bis die Kugel den Boden des Reagenzglases erreicht hat. Tipp: Wenn du mit dem Magneten außen am Reagenzglas entlangfährst, kannst du so die Kugel wieder aus der Flüssigkeit holen.

Aufgaben:

a) Beschreibe und deute die Beobachtungen. Gehe dazu auch auf die Anziehungskräfte zwischen den Teilchen ein.

b) Gib Beispiele für Produkte aus dem Alltag an, bei denen die Viskosität eine Rolle spielt.

Station 5: Dichte

Geräte/Materialien/Chemikalien: 3 Schnappdeckelgläschen, 3 Vollpipetten (10 ml), Pipettierhilfe, Waage, Paraffinöl (niederer Siedetemperaturbereich), Paraffinöl (hoher Siedetemperaturbereich).

Aufgaben:

a) Entwirf eine Versuchsanleitung zur Bestimmung der Dichten von Heptan und den Paraffinölen und bestimme die Dichten der Flüssigkeiten.

b) Warum sollte ein kleiner Benzinbrand durch Abdecken und keinesfalls durch Bespritzen mit Wasser gelöscht werden?

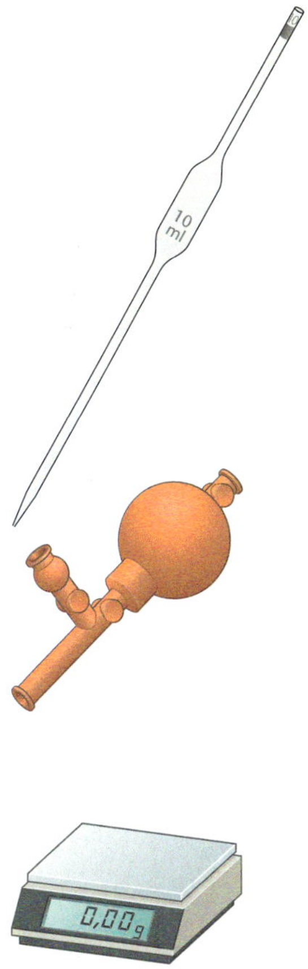

B2 Geräte zur Ermittlung der Dichte

11.7 Exkurs Ethen – ein Alken

Polyethen (Polyethylen, PE) ist vielen als Material für Plastiktragetaschen bekannt. Polyethen wird aus Ethen hergestellt. Ethen gehört zu den bedeutendsten Ausgangsstoffen der chemischen Industrie. In Westeuropa gibt es ein ausgedehntes Ethenfernleitungsnetz, das die Produzenten und Verbraucher von Ethen miteinander verbindet. Im Folgenden wird dargestellt, warum aus Ethen und ähnlich aufgebauten Stoffen sehr viele weitere Stoffe hergestellt werden können.

Eigenschaften des Ethens. Ethen ist eine farblose, süßlich riechende, bei Zimmertemperatur gasförmige Kohlenwasserstoffverbindung. Untersucht man das Reaktionsverhalten von Ethen und vermischt dazu Ethen mit dem reaktionsfreudigen Brom [V1], so beobachtet man, dass die Farbe des Bromdampfes sehr schnell verschwindet. Gleichzeitig bilden sich ölige Tröpfchen. Ethen und Brom haben miteinander reagiert. Das Reaktionsverhalten des Ethens lässt sich aus dem Aufbau der Ethenmoleküle erklären.

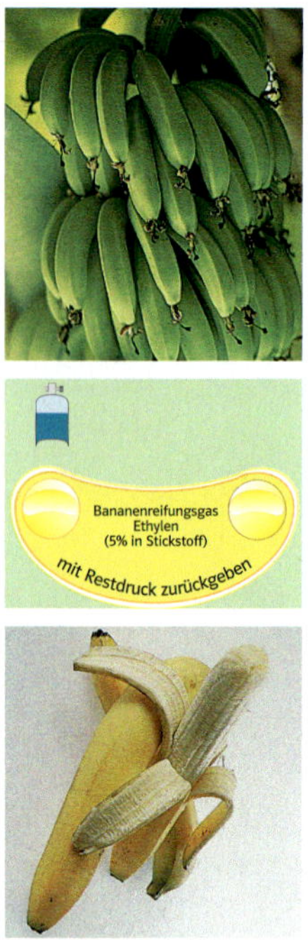

B1 Ethen lässt Bananen reifen

Welche Rolle spielt Ethen beim Reifungsprozess von Früchten? Ethen wird von vielen Pflanzen gebildet und an die Umgebung abgegeben. So produzieren viele Früchte während einer bestimmten Reifungsphase besonders viel Ethen, das auch benachbarte, noch unreife Früchte schneller reifen lässt. In der Praxis wird dieser Einfluss des Ethens auf die Reifung genutzt. So werden Bananen, die ganzjährig grün geerntet werden, in den Verbraucherländern in Reifekammern mit Ethen begast [B1]. Die Bananen reifen dadurch in wenigen Tagen. Legt man zu unreif geernteten Tomaten reife Äpfel, reifen die Tomaten nach, weil die Äpfel Ethen abgeben. Im Freien und in Gewächshäusern lässt sich Ethen nicht anwenden, weil sich das Gas zu schnell verdünnen würde. Deshalb werden Lösungen und Emulsionen von Verbindungen eingesetzt, die erst auf der Pflanze Ethen abgeben. So können Ananaspflanzen eines Feldes mit einem Mittel, das auf der Pflanze Ethen abgibt, besprüht werden, damit alle Früchte gleichzeitig reif werden. Sie können dann zu einem vorbestimmten Termin geerntet und an die Fruchtmärkte geliefert werden.

Aufbau des Ethenmoleküls. Die Summenformel für Ethen lautet C_2H_4. In einem Ethenmolekül sind also zwei Wasserstoffatome weniger gebunden als in einem Ethanmolekül. So stehen zwei weitere Elektronen für eine zweite Bindung zwischen den Kohlenstoffatomen zur Verfügung. Im Ethenmolekül sind die beiden Kohlenstoffatome durch eine Doppelbindung verbunden [B2].

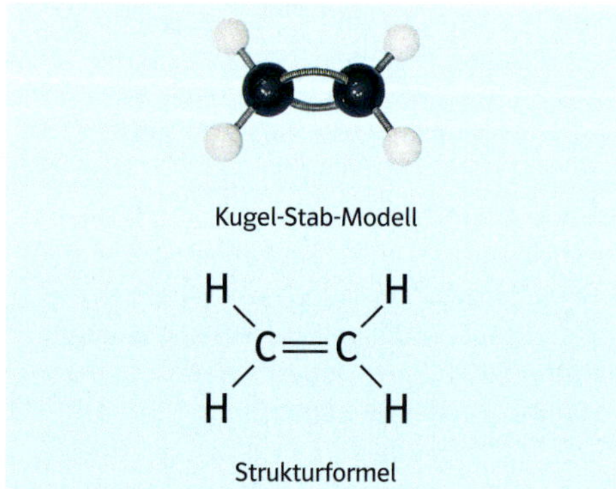

B2 Aufbau eines Ethenmoleküls

Ethenmoleküle können aufgrund der Doppelbindung zusätzlich andere Atome oder Atomgruppen binden. Man spricht von einer **Additionsreaktion** [B3].

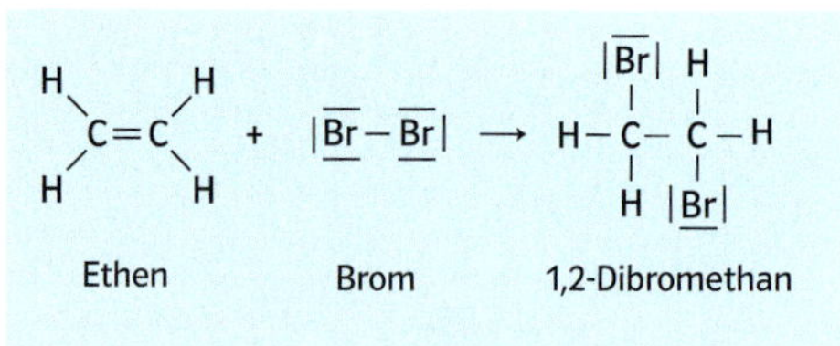

B3 Ethen reagiert mit Brom in einer Additionsreaktion

V1 (Abzug, Schutzhandschuhe, Schutzbrille!) (Anstelle des Ethens wird Propen aufgrund der Giftigkeit und Umweltgefährlichkeit des Dibromethans vorgezogen!) Der Inhalt eines Standzylinders mit Bromdampf und der eines Standzylinders mit Propen werden vermischt.

Ethen ist ein Alken. Das einfachste Kohlenwasserstoffmolekül, das eine C=C-Doppelbindung hat, ist das Ethenmolekül. Es weist zwei Wasserstoffatome weniger als das Ethanmolekül auf. Auch andere Kohlenwasserstoffmoleküle haben zwei Wasserstoffatome weniger als die entsprechenden Alkanmoleküle und dementsprechend Summenformeln, die sich aus der allgemeinen Summenformel C_nH_{2n} ableiten lassen. Diese Verbindungen bilden die homologe Reihe der Alkene, ihre Namen enden mit der Nachsilbe „-en", z. B. Ethen, Propen [B4]. Gebräuchliche Namen im Alltag sind auch Ethylen und Propylen.

Da die Moleküle der Alkene C=C-Doppelbindungen besitzen und damit weitere Atome oder Atomgruppen binden können, gehören die Alkene zu den *ungesättigten Kohlenwasserstoffen* [B5].

Ethen kann mit sehr vielen Stoffen, wie z. B. Brom, Wasserstoff, Ammoniak und Wasser, Additionsreaktionen eingehen. Deshalb gehört Ethen zu den wichtigsten Ausgangsstoffen für die Herstellung organischer Verbindungen.

Durch die Reaktion mit Wasserstoff kann aus einem ungesättigten Kohlenwasserstoff ein gesättigter Kohlenwasserstoff, ein Alkan, hergestellt werden. Bei dieser Reaktion, der **Hydrierung**, entsteht z. B. Ethan aus Ethen.

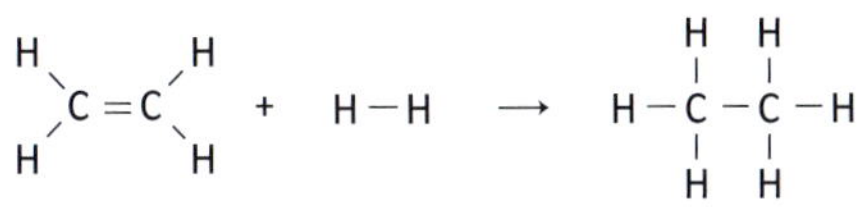

Dehydrierung. Man kann umgekehrt aus Alkanmolekülen durch Abspaltung von Wasserstoffmolekülen Alkenmoleküle herstellen. Diese Reaktion ist eine Dehydrierung.

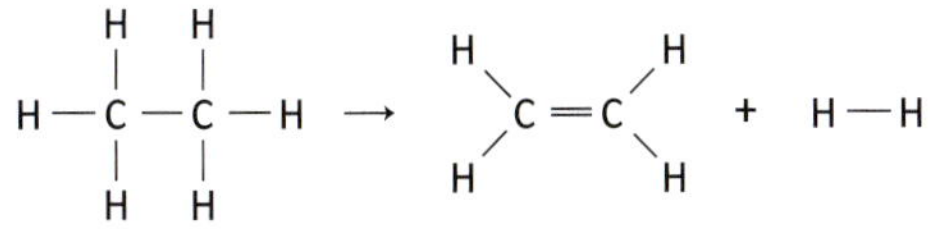

Die Dehydrierung ist ein Beispiel für eine Reaktion, bei der aus Molekülen kleine Moleküle abgespalten werden. Solche Reaktionen heißen **Eliminierungsreaktionen**.

Name des Alkens	Schmelztemperatur	Siedetemperatur
Ethen	−169 °C	−104 °C
Propen	−185 °C	−48 °C
But-1-en	−185 °C	−6 °C
Pent-1-en	−165 °C	30 °C
Hex-1-en	−140 °C	63 °C

B4 Eigenschaften der ersten fünf Alkene

A1 Welche der in Tabelle [B1] aufgeführten Alkene sind bei Zimmertemperatur (20 °C) flüssig, welche gasförmig?

A2 Erkläre die Zunahme der Siedetemperaturen innerhalb der homologen Reihe der Alkene. Zwischen Alkenmolekülen wirken die Van-der-Waals-Kräfte.

A3 Formuliere die Reaktionsgleichungen mit Strukturformeln für die Addition von Wasser an Ethen und die Eliminierung von Bromwasserstoff aus 2-Brompropan. Ermittle auch die Namen der Reaktionsprodukte.

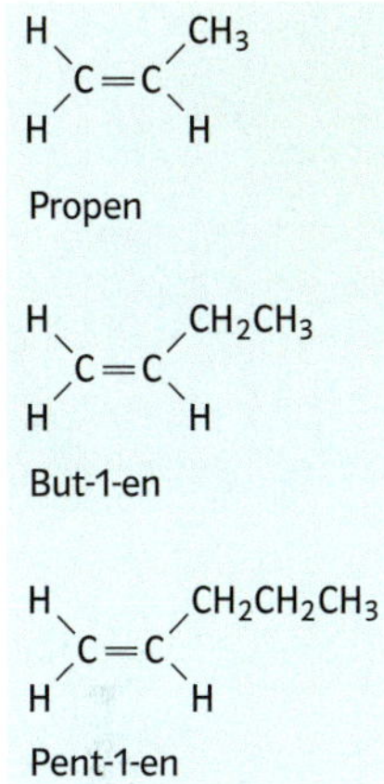

B5 Halbstrukturformeln von Alkenmolekülen

Cis-trans-Isomerie

In einem Ethenmolekül können sich die beiden Molekülhälften nicht um die Bindungsachse zwischen den beiden Kohlenstoffatomen drehen. Es gilt:
Um die C=C-Bindungsachse einer Doppelbindung besteht keine freie Drehbarkeit.
Aus dieser Tatsache folgt, dass es zwei verschiedene 1,2-Dichlorethene gibt, ein *cis*- und ein *trans*-1,2-Dichlorethen. Beim *cis*-1,2-Dichlorethen liegen die beiden Chloratome auf der gleichen Seite der C—C-Achse, beim *trans*-1,2-Dichlorethen stehen sie sich gegenüber.

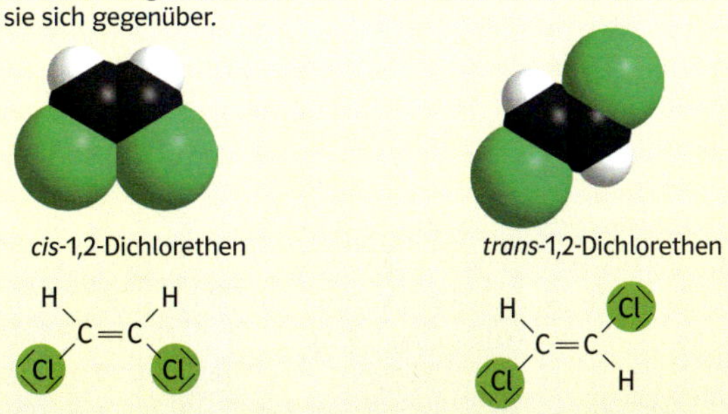

Hier liegt ein weiterer Fall für eine Isomerie vor. Zwei Moleküle haben zwar dieselbe Summenformel, aber verschiedene Strukturformeln. Diese Isomerie nennt man *cis-trans*-Isomerie. Wie andere Isomere unterscheiden sich auch *cis-trans*-Isomere in ihren Eigenschaften.

11.8 Exkurs Die Vielfalt der Kohlenwasserstoffe

B1 Räumliche Molekülmodelle unterstützen das Vorstellungsvermögen

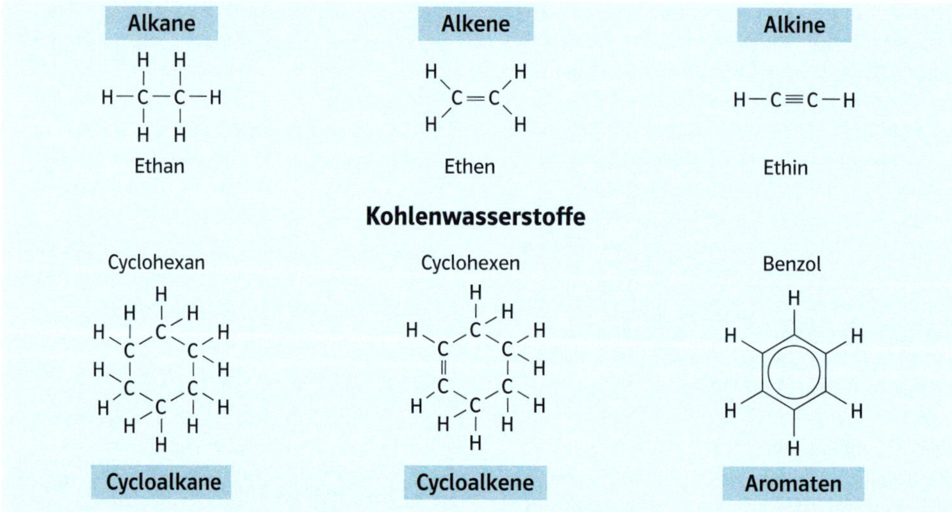

B3 Vertreter wichtiger homologer Reihen von Kohlenwasserstoffen

Kohlenstoffatome können nicht nur durch Einfach-, sondern auch durch Doppel- oder Dreifachbindungen verbunden sein. Zudem gibt es Kohlenwasserstoffmoleküle mit ringförmigen (cyclischen) Molekülgerüsten.

Alkine. Kohlenwasserstoffe, deren Moleküle eine C≡C-Dreifachbindung aufweisen, gehören zu den Alkinen. Die allgemeine Summenformel lautet: C_nH_{2n-2}. Das erste und wichtigste Glied der Alkine ist Ethin. Aufgrund der Dreifachbindung zählt Ethin zu den ungesättigten Verbindungen.

Ethin wird häufig Acetylen genannt. Es kommt in Stahlflaschen in den Handel. Reines Ethin kann explosionsartig zerfallen. Es muss deshalb unter besonderen Bedingungen aufbewahrt werden. Ethin verbrennt an der Luft mit hell leuchtender und stark rußender Flamme. Verbrennt man Ethin in Schweiß- und Schneidbrennern zusammen mit Sauerstoff, so erhält man eine nur wenig rußende, sehr helle und heiße Flamme, die Flammentemperatur kann bis zu etwa 3000 °C betragen, sodass sogar Stoffe wie Stahl leicht geschmolzen werden können.

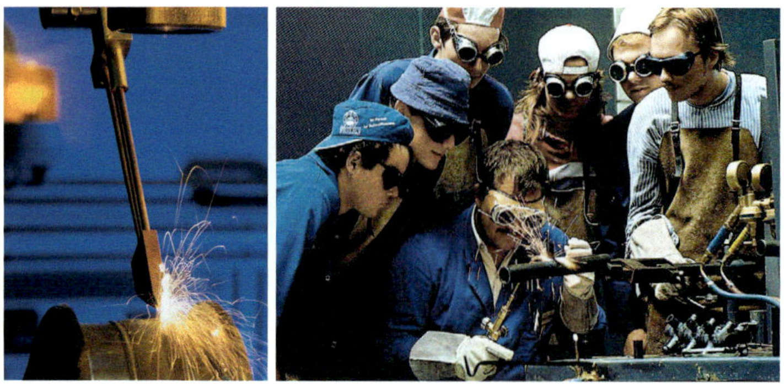

B2 Schweißen und Schneiden

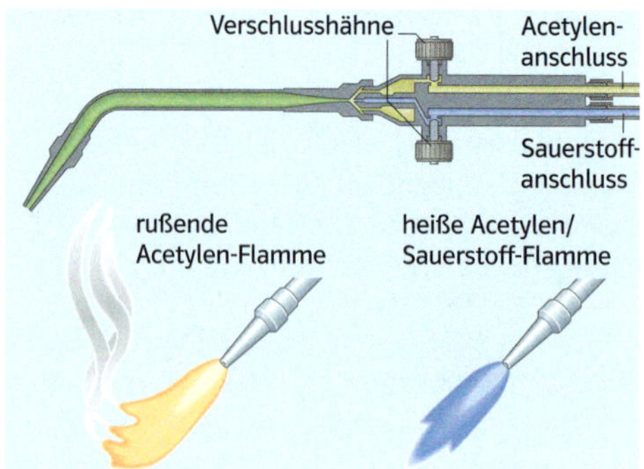

B4 Schweißen mit Acetylen; oben: Schnitt durch den Brenner

Cyclohexan (Summenformel: C_6H_{12}) ist ein **Cycloalkan**, das die Eigenschaften und das Reaktionsverhalten eines vergleichbaren offenkettigen Alkans aufweist. So ist es eine farblose, hydrophobe Flüssigkeit. Der Cyclohexanring ist nicht eben gebaut, bei allen Bindungen liegt auch hier ein Tetraederwinkel vor [B5]. Solche Sechsringe sind die Bausteine vieler Naturstoffe.

Cycloalkene. In ihren Eigenschaften und ihrem Reaktionsverhalten ähneln die Cycloalkene weitgehend den offenkettigen Alkenen. Cyclohexen (Summenformel: C_6H_{10}) ist eine farblose Flüssigkeit mit benzinartigem Geruch. Sie ist löslich in Alkohol, aber unlöslich in Wasser. Cyclohexen wird u. a. als Lösungsmittel in Klebstoffen eingesetzt.

Benzol (Summenformel: C_6H_6) ist eine hydrophobe Flüssigkeit, die an der Luft mit stark rußender Flamme verbrennt. Benzol ist giftig und cancerogen (kann Krebs erzeugen). Trotzdem ist es auch heute noch Bestandteil des Benzins, da Benzol die Qualität des Benzins erhöht.

Auch bei Benzol handelt es sich um einen cyclischen Kohlenwasserstoff. Es lässt sich eine Strukturformel aufstellen, in der sich C—C-Einfachbindungen und C=C-Doppelbindungen abwechseln. Tatsächlich liegen aber im Benzolmolekül weder C—C-Einfach- noch C=C-Doppelbindungen vor. Im Benzolmolekül ist jedes Kohlenstoffatom mit je einem Elektronenpaar mit zwei weiteren Kohlenstoffatomen und einem Wasserstoffatom verbunden. Die verbleibenden sechs Elektronen, von jedem Kohlenstoffatom eines, lassen sich nicht zuordnen. Sie sind über den ganzen Ring verteilt (delokalisiert). Für das Benzolmolekül wird deshalb häufig eine besondere Strukturformel gebraucht, die die Delokalisierung der sechs Elektronen andeuten soll [B6].

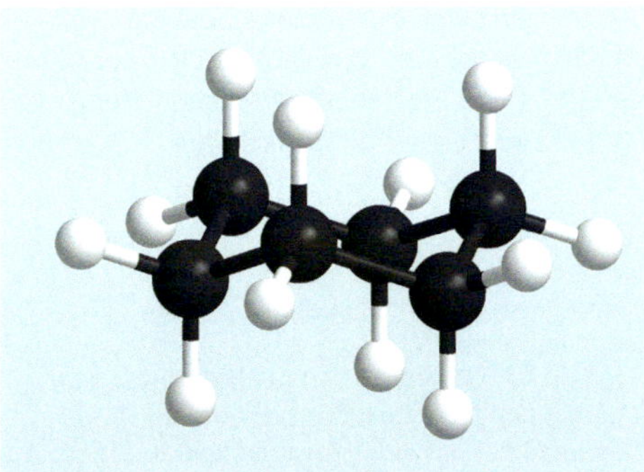

B5 Modell des Cyclohexanrings

Viele Verbindungen, die sich vom Benzol ableiten lassen, sind wohlriechende Stoffe. Sowohl Benzol als auch diese Benzolabkömmlinge gehören zu den Aromaten (von lat. aroma, Wohlgeruch), sie sind wichtige Ausgangsstoffe und Zwischenprodukte für die Herstellung von Farbstoffen, Kunststoffen und Medikamenten.

Wundbenzin. In den verschiedenen Benzinsorten sind unterschiedliche Kohlenwasserstoffe vertreten. Zur Entfernung von Fettflecken oder Pflasterrückständen sollten benzolfreie lipophile Lösungsmittel wie z. B. Wundbenzin verwendet werden. Dieses enthält im Wesentlichen Pentan und seine Isomere. Bei der Verwendung muss das Wundbenzin von Zündquellen ferngehalten werden.

A1 Beschreibe und vergleiche den Molekülaufbau von Ethan, Ethen und Ethin.

A2 Ermittle die Summenformeln von Hexan, Cyclohexan und Cyclohexen.

A3 Bei der Reaktion eines Moleküls eines unbekannten Kohlenwasserstoffs mit Sauerstoffmolekülen werden Kohlenstoffdioxidmoleküle der Gesamtmasse 132 u und Wassermoleküle der Gesamtmasse 54 u gebildet.
a) Stelle die Summen- und Strukturformel für dieses Molekül auf.
b) Zu welcher Stoffklasse gehört dieser Kohlenwasserstoff?

A4 Formuliere eine Reaktion zur Gewinnung von Ethan aus Ethen. Wie heißt diese Reaktion?

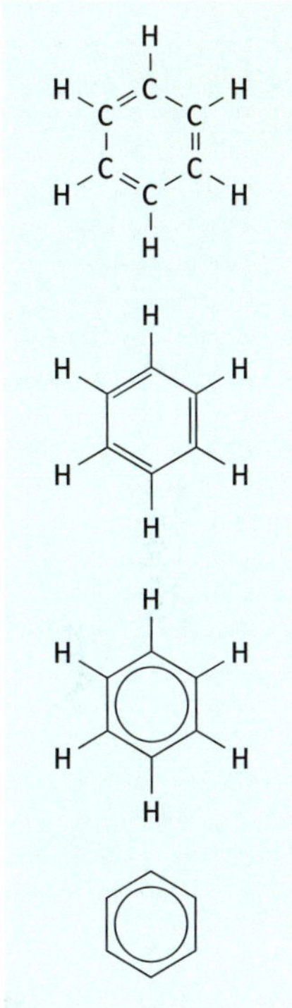

B6 Strukturformeln für Benzolmoleküle

B7 Benzol verbrennt mit rußender Flamme

11.9 Gewinnung von Kohlenwasserstoffen aus Erdöl

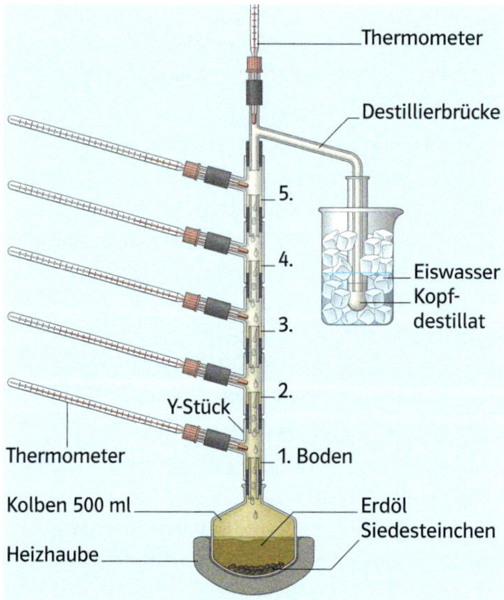

B2 Rohöldestillation im Schulversuch

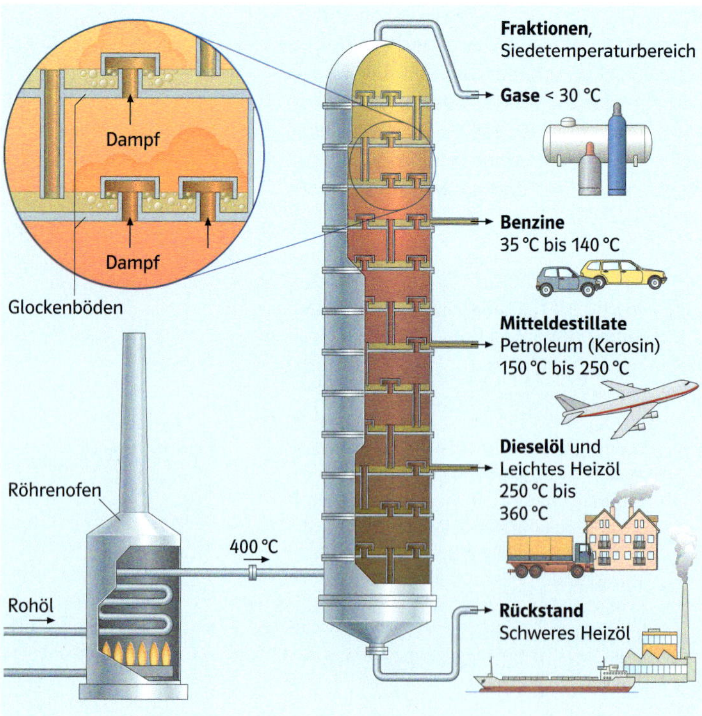

B1 Fraktionierende Destillation bei Atmosphärendruck

Das je nach seiner Herkunft hellbraune bis pechschwarze, dünn- bis dickflüssige Rohöl ist ein Gemisch von weit mehr als tausend verschiedenen Kohlenwasserstoffen. Neben diesen enthält es noch geringe Anteile an organischen Sauerstoff-, Stickstoff- und Schwefelverbindungen. Erst durch die Destillation und Aufarbeitung des Rohöls erhält man Produkte wie z. B. Benzin und Heizöl.

Fraktionierende Destillation. In einer Erdölraffinerie wird das Rohöl schnell in einem Röhrenofen auf 360 °C bis 400 °C erhitzt, wobei es zum größten Teil verdampft. Das Dampf-Flüssigkeits-Gemisch wird seitlich in den unteren Teil des Destillationsturmes geleitet. Dieser ist in seinem Innern durch zahlreiche Zwischenböden („Glockenböden") stockwerkartig unterteilt. Entsprechend der von unten nach oben abnehmenden Temperatur sammeln sich die Bestandteile des Rohöls mit den höheren Siedetemperaturen auf den unteren, die niedriger siedenden auf den oberen Böden. Zur besseren Trennung werden die aufsteigenden Dämpfe durch die über die Durchlässe gestülpten Glocken so umgeleitet, dass sie durch die Flüssigkeitsschichten auf den Boden strömen.

In der Flüssigkeit gelöste noch niedriger siedende Bestandteile verdampfen, im Dampf enthaltene höher siedende Verbindungen kondensieren. Steigt das Niveau der Flüssigkeit über die Oberkante des Durchlassrohres, läuft sie in den nächsttieferen Boden zurück. So findet zwischen zwei Böden ständig eine Destillation statt. Durch diese Destillation erhält man nicht einzelne Reinstoffe, sondern Gemische von Stoffen mit ähnlichen Siedetemperaturen, die **Rohölfraktionen**.

V1 **a)** In einer Apparatur nach [B2] wird Erdöl (aus Gesundheitsgründen: künstliches Rohöl) erhitzt.
b) Die Fraktionen von den verschiedenen Böden werden auf Aussehen, Geruch, Viskosität und Entflammbarkeit untersucht.

Die stufenweise Destillation des Rohöls in Fraktionen wird **fraktionierende Destillation** genannt. Die Rohölfraktionen werden dabei auf bestimmten Böden gesammelt und in Vorratstanks abgeleitet.

Vakuumdestillation – Destillation unter vermindertem Druck. Am Boden des Destillationsturms sammelt sich ein Rückstand, der sich unter Normdruck nicht mehr verdampfen lässt, da sich seine Verbindungen bei Temperaturen über 400 °C zersetzen. Den Rückstand leitet man deshalb nach erneutem Aufheizen in einen zweiten Destillationsturm, in dem eine Destillation unter vermindertem Druck (etwa 50 hPa) stattfindet. Durch die Verminderung des Druckes werden die Siedetemperaturen der Verbindungen des Rückstandes um bis zu 150 °C gesenkt, sodass der Rückstand schon bei niedrigeren Temperaturen in weitere Fraktionen aufgetrennt werden kann.

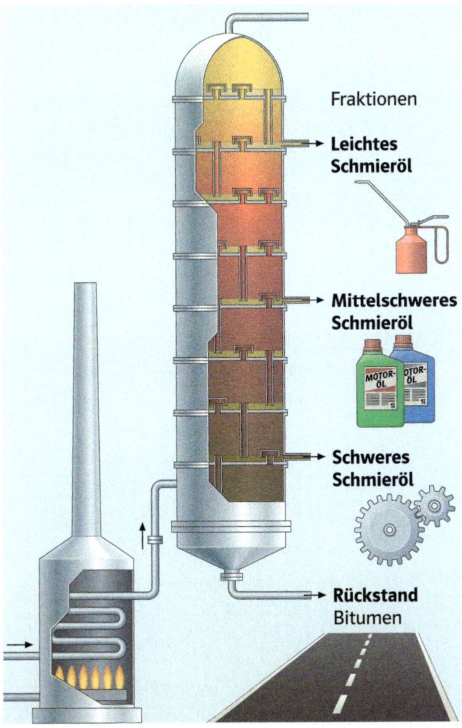

B3 Destillation des Rückstandes der Destillation unter vermindertem Druck

Fraktionen	Siedetemperaturbereich in °C	Flammtemperaturbereich in °C	Dichtebereich in g/cm³	Viskosität
Benzine:				
Leichtbenzin	40 bis 80	−55 bis −35	0,63 bis 0,68	nimmt zu
Mittelbenzin	80 bis 110	−35 bis −15	0,68 bis 0,73	
Schwerbenzin	100 bis 140	−15 bis 21	0,73 bis 0,78	
Mitteldestillate:				
Petroleum/Kerosin	150 bis 250	21 bis 55	0,77 bis 0,83	
Dieselöl/ leichtes Heizöl	250 bis 360	55 bis 100	0,81 bis 0,86	
Schweres Heizöl	nur im Vakuum unzersetzt	100 bis 270	0,90 bis 0,98	
Schmieröle	destillierbar	>200	0,80 bis 0,95	

B4 Eigenschaften einiger Rohölfraktionen im Vergleich

Rohölfraktionen. Die gasförmigen Kohlenwasserstoffe werden z. T. zu Heizzwecken in der Raffinerie verbrannt. Propan und Butane kommen auch als „Flüssiggase" in den Handel [B1]. Um bei entstehendem Überdruck austretende Gase kontrolliert verbrennen zu können, gibt es die Fackel. Benzine und Mitteldestillate müssen vor ihrer Weiterverwendung noch aufbereitet werden. Wichtig ist die Entfernung der Schwefelverbindungen, da bei deren Verbrennung Schwefeldioxid entsteht. Aus den Mitteldestillaten werden Flugzeugtreibstoff (Kerosin), Dieselöl und leichtes Heizöl gewonnen. Ein Teil des bei 400 °C und 1013 hPa nicht mehr verdampfbaren Rückstandes wird als schweres Heizöl in Kraftwerken und Schiffsmotoren eingesetzt. Bei der Vakuumdestillation [B3] gewinnt man Schmieröle und feste Kohlenwasserstoffe, die z. B. zu Kerzen (Paraffinkerzen) weiterverarbeitet werden können. Das Bitumen, der Rückstand der Vakuumdestillation, wird z. B. für Straßenbeläge verwendet.

A1 **a)** Was ist eine Erdölfraktion? **b)** Warum wird der Erdölrückstand bei vermindertem Druck destilliert?

A2 Leichtbenzin weist einen Siedebereich und keine Siedetemperatur auf. Erkläre.

A3 Warum müssen die Schwefelverbindungen aus dem leichten Heizöl entfernt werden?

11.10 Exkurs Kraftfahrzeugbenzin – Verbrennung

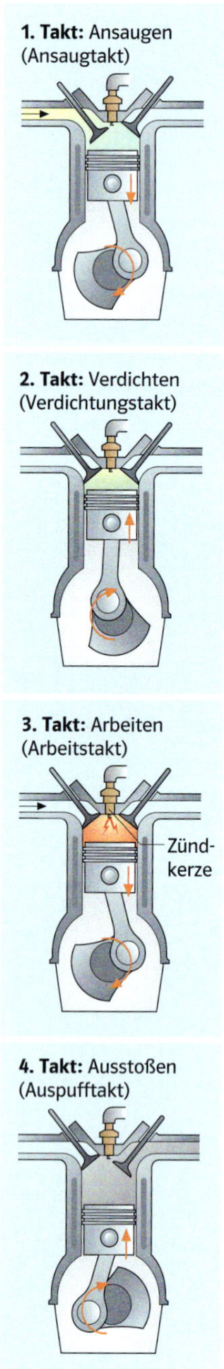

B1 Die vier Takte des Ottomotors

Dieselöl und Benzine werden hauptsächlich als Treibstoffe für Motoren verwendet. Allerdings muss das *Benzin aus der Rohöldestillation* (Kap. 11.9) für die heutigen Motoren noch veredelt werden.

Verbrennung im Benzinmotor. Beim einfachen Ottomotor wird in die Zylinder des Motors ein Gemisch aus Benzin und Luft gesaugt. Bei moderneren Motoren wird das Benzin in den Zylinder gespritzt. Das Benzin-Luft-Gemisch wird durch den Kolben verdichtet (komprimiert). Dabei erwärmt es sich stark und wird schließlich durch den Funken der Zündkerze entzündet. Die entstehenden Verbrennungsgase beanspruchen einen viel größeren Raum als das Ausgangsgemisch. Der Druck im Zylinder wächst deshalb an, der Kolben wird weggedrückt. Durch eine gleichmäßig fortschreitende Verbrennung steigt der Druck zwar rasch, aber nicht schlagartig an; dadurch bewegt sich der Kolben relativ „weich" nach unten.

Die klopfende Verbrennung. Das im Motorzylinder verdichtete Benzin-Luft-Gemisch wird durch den Funken der Zündkerze gezündet. Die Flammfront breitet sich in den Zylinder aus, verdichtet und erwärmt das noch unverbrannte Benzin-Luft-Gemisch.

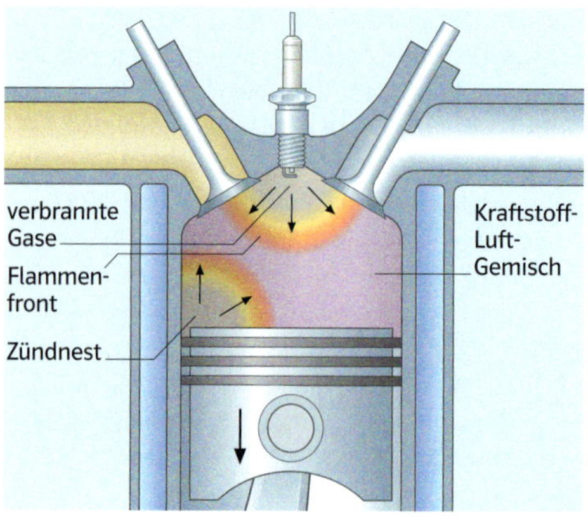

B2 Klopfende Verbrennung

Dies kann zur Zündung von Gemischbestandteilen führen, bevor diese von der Flammfront erreicht werden, die von der Zündkerze ausgeht. Durch solche unerwünschten Sekundärzündungen steigt der Druck im Zylinder plötzlich an. Die harten Druckstöße erzeugen Klopfgeräusche, verringern die Leistung des Motors und erhöhen den Verschleiß.

Klopffestigkeit und Octanzahl. Die Klopffestigkeit von Benzin ist von seiner Zusammensetzung abhängig. In den Motorbenzinen können mehr als 150 verschiedene Kohlenwasserstoffe nachgewiesen werden. Alkangemische aus kettenförmigen, unverzweigten Molekülen sind klopffreudig, da sie sich schon bei niedrigen Temperaturen entzünden. Alkane sind umso klopffester, je mehr Verzweigungen ihre Moleküle aufweisen.

Um die **Klopffestigkeit** von Benzinen vergleichen zu können, benutzt man das besonders klopffeste 2,2,4-Trimethylpentan (Isooctan) als Maß für die Klopffestigkeit. Es besitzt die **Octanzahl** 100, das klopffreudige Heptan die Octanzahl 0. Verhält sich ein Kraftstoff in einem Prüfmotor wie ein Gemisch aus 20 % Heptan und 80 % Isooctan, so hat er die Octanzahl 80.

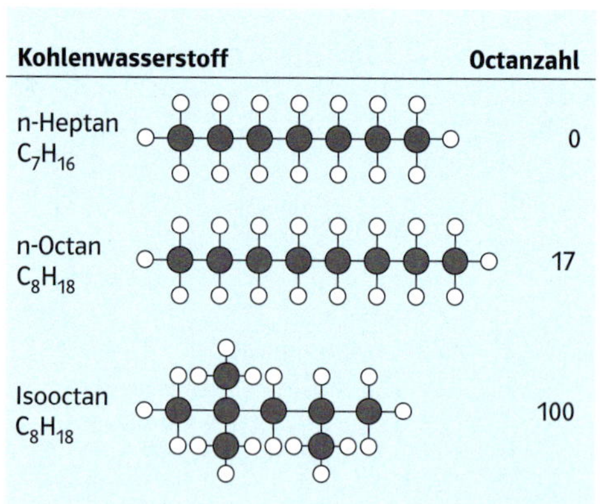

B3 Octanzahl und Kettenlänge bzw. Verzweigung

Die Funktionsweise des Dieselmotors. Im Jahr 1897 gelang es dem Ingenieur RUDOLF DIESEL (1858-1913), den nach ihm benannten Motor zu entwickeln. Beim Viertakt-Dieselmotor wird im ersten Takt nur Luft angesaugt. Diese Luft wird im zweiten Takt vom Kolben stark verdichtet. Das Verdichtungsverhältnis liegt bei etwa 24:1, die Luft wird also auf ein 24stel ihres Ausgangsvolumens verdichtet. Bei Ottomotoren liegt das Verdichtungsverhältnis bei etwa 8:1. Durch die hohe Verdichtung nimmt der Druck stark zu und die angesaugte Luft erhitzt sich auf bis zu 900 °C. Kurz bevor der Kolben den oberen Totpunkt erreicht, wird der Treibstoff, das Dieselöl, eingespritzt. Der Treibstoff entzündet sich selbst. Für den Dieselmotor spricht der geringere Kraftstoffverbrauch gegenüber einem Ottomotor mit vergleichbarer Leistung.

Dieseltreibstoff enthält größere, unverzweigte Kohlenwasserstoffmoleküle als Ottobenzin. Kohlenwasserstoffe aus unverzweigten Molekülketten zeigen eine bessere Zündfähigkeit als solche aus verzweigten Molekülketten. Ein Bestandteil des Dieseltreibstoffs ist z. B. Hexadecan (Cetan).

Treibstoffverbrauch und Kohlenstoffdioxidausstoß. Nach geltendem EU-Recht müssen neben dem Treibstoffverbrauch auch Angaben über die CO_2 - Emissionen des Autos angegeben werden. Im Jahr 2000 betrug der durchschnittliche Kohlenstoffdioxidausstoß pro Pkw in Deutschland etwa 185 g/km. In der EU wird bis 2012 bzw. 2015 angestrebt, den Kohlenstoffdioxidausstoß auf 120 g oder 130 g pro 1 km für die gesamte Flotte einer Automarke zu begrenzen.

A1 Ermittle die Octanzahlen für verschiedene, an Tankstellen erhältliche Benzinsorten.

A2 **a)** Berechne den Kohlenstoffdioxidausstoß für einen Pkw, der 5 l Hexadecan ($C_{16}H_{34}$) für eine Fahrstrecke von 100 km verbraucht. Dichte Hexadecan: $\rho = 0{,}76\ g/cm^3$
b) Benenne Maßnahmen zur Verringerung des Kohlenstoffdioxidausstoßes durch den Pkw-Verkehr.

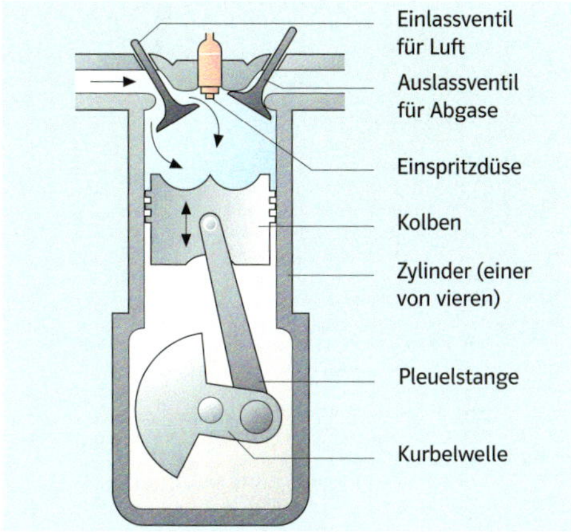

B4 Dieselmotor (Schnittbild)

Ein Pkw verbraucht 8 l Supertreibstoff auf 100 km.
Für die Zusammensetzung des Treibstoffs wird vereinfacht von Heptan ausgegangen.

Frage: Wie viel Kohlenstoffdioxid stößt dieser Pkw bezogen auf 1 km aus?

Lösungsweg:
1) Reaktionsgleichung:

$$C_7H_{16} + 11\ O_2 \longrightarrow 7\ CO_2 + 8\ H_2O$$

Bei der Oxidation von 1 Heptanmolekül werden 7 Kohlenstoffdioxidmoleküle gebildet.

2) Massenverhältnis:

$$\frac{m(\text{Kohlenstoffdioxid})}{m(\text{Heptan})} = \frac{7 m_t(CO_2)}{m_t(C_7H_{16})}$$

3) Auflösen nach der gesuchten Masse:

$$m(\text{Kohlenstoffdioxid}) = \frac{7 m_t(CO_2) \cdot m(\text{Heptan})}{m_t(C_7H_{16})}$$

4) Einsetzen der Werte:

$m_t(CO_2) = 44\ u$
$m_t(C_7H_{16}) = 100\ u$
$m(\text{Heptan}) = \rho(\text{Heptan}) \cdot V(\text{Heptan}) = 0{,}68\ g/cm^3 \cdot 8\,000\ cm^3 = 5{,}44\ kg$

$$m(\text{Kohlenstoffdioxid}) = \frac{7 \cdot 44\ u \cdot 5{,}44\ kg}{100\ u} = 16{,}76\ kg$$

Ergebnis: Auf 100 km stößt der Pkw 16,76 kg Kohlenstoffdioxid aus; auf 1 km stößt er 167,6 g Kohlenstoffdioxid aus.

B5 Beispiel für die Berechnung des Kohlenstoffdioxidausstoßes eines Pkw

11.11 Exkurs Kraftfahrzeugbenzin – Veredelung

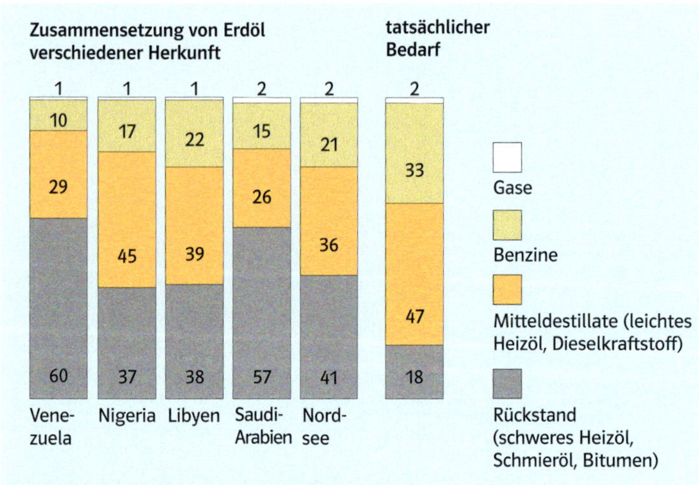

B1 Bedarf an Erdölbestandteilen und deren Vorkommen (in Prozent)

B3 Gefahrenhinweise an einer Tanksäule

Beim Betanken des Kraftfahrzeugs werden die durch den Kraftstoff verdrängten Benzindämpfe aus dem Fahrzeugtank in den unterirdischen Tank der Tankstelle geleitet (Gaspendelverfahren). Bei der Befüllung des Tankstellentanks werden die Benzindämpfe in den Fahrzeugtank des Tanklastwagens geführt.

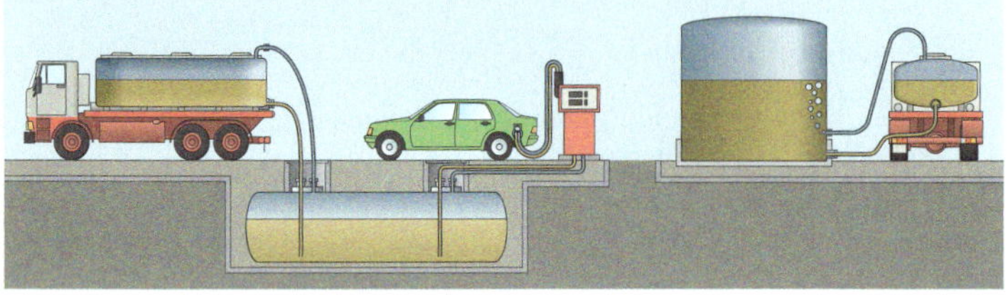

B2 Gasrückführung an der Tankstelle

Die bei der Erdöldestillation gewonnenen Benzinfraktionen haben zu niedrige Octanzahlen bzw. zu hohe Siedetemperaturen. Mithilfe welcher Verfahren kann man dies ändern?

Erhöhung der Klopffestigkeit. Zur Erhöhung der Klopffestigkeit leitet man Benzin bei etwa 500 °C und unter Druck über Platinkatalysatoren. Dabei werden kettenförmige und unverzweigte Kohlenwasserstoffmoleküle in verzweigte und ringförmige umgewandelt. Auf diese Umwandlung von Molekülen, das **Reformieren**, ist es zurückzuführen, dass Benzin einen hohen Anteil an Benzol und insbesondere Benzolabkömmlingen enthält. Benzol ist krebserzeugend, auch viele im Benzin enthaltene Kohlenwasserstoffe sind zumindestens gesundheitsschädlich.

Beim Reformieren werden Kohlenwasserstoffe mit stark verzweigten und ringförmigen Molekülen gewonnen. Dies erhöht die Klopffestigkeit.

Gasrückführung. Bei der Füllung von Tanks z. B. von Tankstellen oder Kraftfahrzeugen verdunsten Kohlenwasserstoffe (etwa 1,4 g pro 1 l Benzin) und damit auch Benzol. Mithilfe von Einrichtungen zur Gasrückführung an Tankstellen [B2] und von Aktivkohlefiltern lassen sich Emissionen um mehr als 90 % vermindern.

Benzin durch Cracken. Der Anteil an Benzin, Dieseltreibstoff und leichtem Heizöl ist im Erdöl wesentlich niedriger als der Anteil am tatsächlichen Bedarf [B1]. In den Raffinerien werden daher die hoch siedenden Fraktionen zu Benzin und Dieseltreibstoff bzw. leichtem Heizöl weiterverarbeitet.
Die Verbindungen des Benzins und Dieseltreibstoffs bestehen aus kleineren und kürzeren Molekülen von Kohlenwasserstoffen als die des schweren Heizöls und Rückstandes der fraktionierenden Destillation. Zur Herstellung von Benzin müssen deshalb die langen Moleküle des schweren Heizöls und Rückstandes aus der Raffinerie in kürzere zerlegt werden. Diese Zerlegung nennt man **Cracken** (von engl. to crack, aufbrechen) [B4].

Crackverfahren. In der Technik werden verschiedene Crackverfahren angewandt.
Beim thermischen Cracken werden die hoch siedenden Fraktionen unter Druck auf etwa 450 °C bis 500 °C erhitzt. Durch die hohe Temperatur geraten die langen Moleküle so stark in Schwingung, dass die C—C-Bindungen aufbrechen.

Beim katalytischen Cracken, das bei etwa 450 °C in Gegenwart eines Katalysators erfolgt, werden ein wesentlich höheres Umwandlungsergebnis und eine bessere Qualität erreicht. Neben Benzin werden beim Cracken, besonders beim katalytischen Cracken, gasförmige, gesättigte und ungesättigte Kohlenwasserstoffe und auch Ruß gewonnen, der sich auf dem Katalysator niederschlägt. Die Trennung des Kohlenwasserstoffgemisches erfolgt durch Destillation.

Der Katalysator wird heute meist in Form eines feinen Pulvers eingesetzt. Dieses Pulver kann wie eine Flüssigkeit fließen und transportiert werden. Der nach der Crackreaktion mit Kohlenstoff beladene Katalysator wird kontinuierlich regeneriert, indem der Ruß abgebrannt wird [B6].

Beim Cracken werden langkettige Moleküle von Kohlenwasserstoffen in kleinere Moleküle zerlegt. Dies erniedrigt die Siedetemperatur.

V1 Man erhitzt in einer Apparatur nach [B5] zunächst den Katalysator und bringt dann das Paraffinöl zum Sieden.
a) Die entweichenden Dämpfe werden durch eine Kühlfalle geleitet und nach Durchführung der Knallgasprobe über einer Glasrohrspitze entzündet.
b) In der gekühlten Vorlage sammelt sich eine Flüssigkeit. Prüfe Entflammbarkeit, Viskosität und Geruch.
Vergleiche mit Benzin und Paraffinöl.

A1 Warum sollte man sich zur Fettentfernung die Hände nicht mit Kraftfahrzeugbenzin waschen?

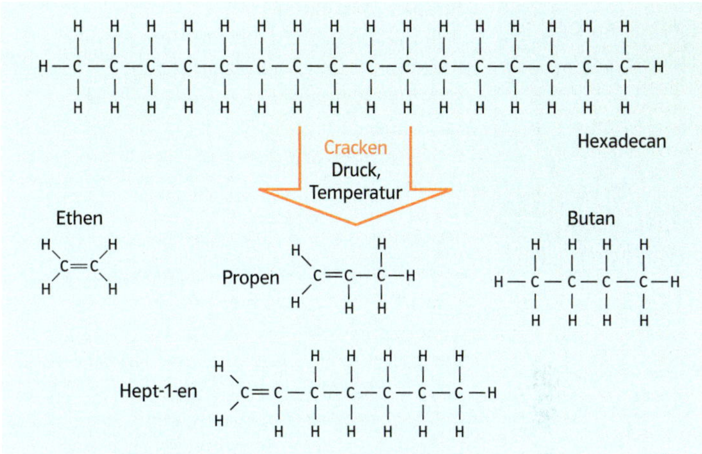

B4 Cracken schematisch. Lange Moleküle werden unter dem Einfluss von Druck und Temperatur in kleinere gespalten

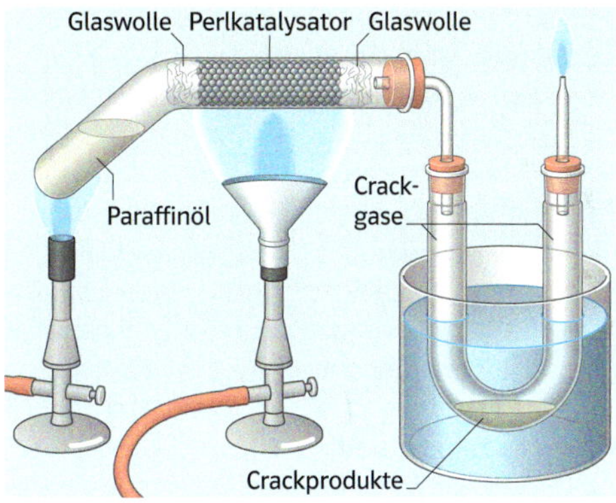

B5 Cracken von Paraffinöl unter Verwendung eines Katalysators

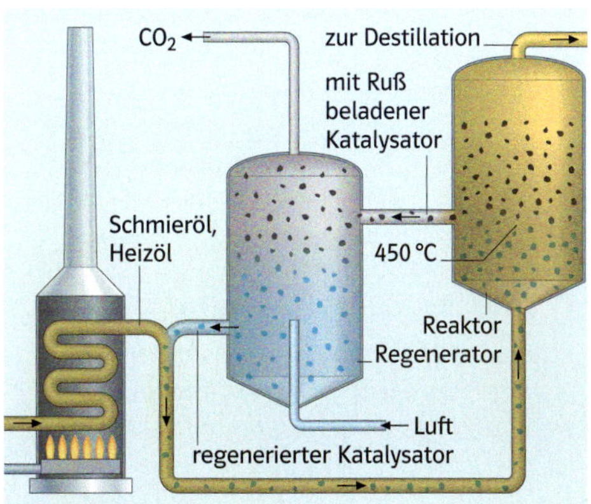

B6 Crackanlage in der Technik

11.12 Impulse Das Ende des Ölzeitalters?

B1 Erdölförderanlage

Billiges Öl ist passé

„Wir nähern uns unerbittlich dem Fördermaximum" – ein Gespräch mit dem Geowissenschaftler Professor FRIEDRICH-WILHELM WELLMER, dem Präsidenten der Bundesanstalt für Geowissenschaften und Rohstoffe in Hannover.

DIE ZEIT: Herr Wellmer, Benzin und Diesel sind sündhaft teuer. Geht uns das Öl aus?
Friedrich-Wilhelm WELLMER: Kurzfristig natürlich nicht. Zwar sind die Ölvorräte in der Erdkruste begrenzt. Irgendwann wird nichts mehr da sein. Aber von diesem Zeitpunkt sind wir noch weit entfernt.
ZEIT: Noch 43 Jahre, wenn Ihre Statistik stimmt.
WELLMER: Vorsicht! 43 Jahre beträgt zwar die so genannte statistische Reichweite des Erdöls, da haben Sie Recht. Das ist aber nur eine Momentaufnahme. Tatsächlich besagt die magische Reichweitenziffer nur eins: Bei gegenwärtigem Verbrauch reichen die heute bekannten Ölreserven rein rechnerisch noch 43 Jahre. In Wirklichkeit aber wachsen die Ölreserven, weil der technische Fortschritt die Ausbeutung von Vorkommen ermöglicht, die früher unerreichbar waren. Zum Beispiel können wir heute Erdöl aus 2000 Meter unter dem Meeresspiegel fördern.
ZEIT: Erleben wir denn nicht schon, dass die weltweite Ölförderung mit der Nachfrage nicht mehr Schritt halten kann?
WELLMER: Richtig. Aber es ist nicht der Mangel an Ölreserven, der die Preise hat steigen lassen, sondern der Mangel an Förderanlagen. Dieser Mangel und die steigende Ölnachfrage, vor allem aus China, haben den Markt aus dem Gleichgewicht gebracht. Es hakt also an der Technik, nicht an vermeintlich leer gepumpten Lagerstätten.
ZEIT: Wirklich? Die größten Ölfelder der Erde geben schon seit Jahren immer weniger her. Gleichzeitig werden immer weniger neue große Vorkommen entdeckt. Ist das nicht eher bedrohlich?

WELLMER: Jeder Rohstoff und jedes Rohstofflager durchläuft einen typischen Lebenszyklus: Zunächst steigt die Förderung, dann verharrt sie auf einem Plateau, um anschließend zu sinken. Dieses Abflachen der Förderung beobachten wir tatsächlich schon bei vielen Ölfeldern – in den USA, in der Nordsee und zunehmend auch anderswo. Deshalb sagen wir, dass das Fördermaximum bei konventionellem Erdöl zwischen 2015 und 2020 erreicht sein wird.
ZEIT: Die Multis beruhigen die Verbraucher mit dem Hinweis auf angeblich riesige Mengen vor allem kanadischer Ölsande.
WELLMER: Die Vorräte davon sind tatsächlich riesig. Sämtliche Ölmultis verfügen auch über Konzessionen, diese Vorkommen auszubeuten. Obendrein haben sie keinerlei Explorationsrisiko, das Öl ist da. Und trotzdem wird es bisher nicht in großem Maßstab gewonnen, weil die Gewinnung teuer ist. Wenn der Ölpreis hoch bleibt oder noch steigt, werden die Multis mit Sicherheit dort investieren. Das heißt aber auch: 30 Dollar pro Fass – das ist passé.
ZEIT: Müssen sich Verbraucher und Politiker auf dauerhaft teures Öl einstellen?
WELLMER: Auf jeden Fall. Die Zeit des billigen Öls ist vorbei.
Ausschnitt aus einem Interview der Wochenzeitschrift Die Zeit, Nr. 36, 26.8.2004; Die Fragen stellte Fritz Vorholz.

A1 Stelle aus dem Interview Faktoren zusammen, die darüber entscheiden, wie lange die Erdölvorräte reichen.

A2 Aus welchen Abschnitten besteht der „Lebenszyklus" eines Rohstofflagers?

A3 Recherchiere die drei Länder, die die größten Erdölverbraucher sind.

A4 Erkunde, was Ölsande sind.

A5 Recherchiere, was Erdöl heute kostet.

11.13 Exkurs Erdgas und Wasserstoff in der Energietechnik

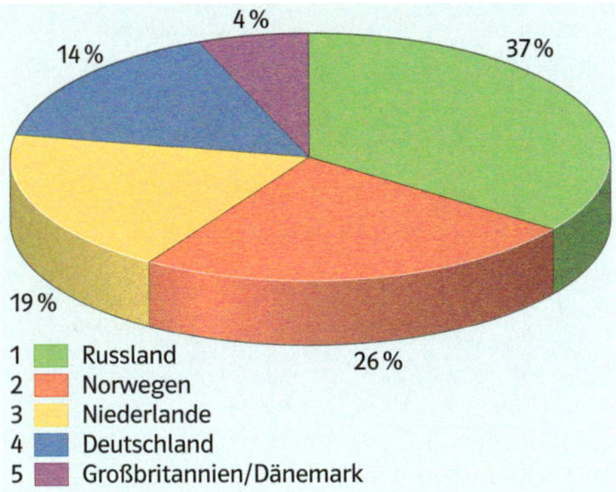

B1 Erdgasbezugsquellen Deutschlands (2008)

Gas	volumenbezogener Brennwert	volumenbezogener Heizwert
Methan	11,1 kWh/m³	10,0 kWh/m³
Propan	28,2 kWh/m³	25,9 kWh/m³
Butan	37,3 kWh/m³	34,4 kWh/m³
Erdgas (Groningen)	9,8 kWh/m³	8,8 kWh/m³

Der Brennwert ist die Energie, die bei vollständiger Verbrennung frei wird, wenn das Abgas auf die Bezugstemperatur (25 °C) zurückgekühlt wird. Hierbei kondensiert der Wasserdampf (der Abgase) und gibt seine Kondensationswärme ab. Um für einen Brennstoff charakteristische Werte zu erhalten, kann man auf das Volumen oder die Masse der Brennstoffportion beziehen.

Heizwert = Brennwert − Kondensationswärme
Brennwert = Heizwert + Kondensationswärme

B3 Brenn- und Heizwerte einiger Gase

In vielen Haushalten wird Erdgas zum Heizen und Kochen verwendet. In Gaskraftwerken nutzt man Erdgas zur Stromerzeugung. Auch Kraftfahrzeuge lassen sich mit Erdgas betreiben.

Erdgas als Energieträger. Wenn Methan verbrennt, wird die frei werdende thermische Energie genutzt. Es werden aber auch die Verbrennungsprodukte Wasser und Kohlenstoffdioxid auf etwa 150 °C erwärmt. Diese Energie wird in alten Heizungsanlagen benötigt, um das Wasser gasförmig durch den Schornstein abzuleiten. Durch Kondensation des Wasserdampfes innerhalb der Anlage würde der Kamin langsam zerstört.
In modernen Heizungsanlagen werden die aufgeheizten Gase auf etwa 40 °C gekühlt, dabei kondensiert auch der Wasserdampf schon innerhalb des Brennwertkessels und gibt seine Kondensationswärme, die auch noch genutzt werden kann, ab.
Da Erdgas kaum Schwefelverbindungen enthält oder diese weitgehend entfernt werden, entsteht bei seiner Verbrennung nur sehr wenig Schwefeldioxid. Erdgas enthält keine Stickstoffverbindungen. Allerdings wird dem Erdgas zur Verbrennung Luft zugeführt. Bei hohen Flammentemperaturen wird ein Teil des Stickstoffs der Luft oxidiert. Eine Verringerung der Stickstoffoxidemissionen kann durch Flammenkühlung und Verbesserung der Brenner erreicht werden. Staub und Ruß fallen bei der Verbrennung von Erdgas kaum an.

Erdgasautos. Erdgasfahrzeuge werden von einigen Autoherstellern in Serienproduktion hergestellt. Diese Autos sind dann entweder rein erdgasbetrieben oder weisen zusätzlich noch einen Benzintank auf [B4]. Letztere werden als bivalente (zweiwertige) Fahrzeuge bezeichnet.
Bei Neufahrzeugen befinden sich mehrere kleine Tanks meist platzsparend unter dem Fahrzeugboden [B2].

B2 Erdgasfahrzeug. Die Tanks befinden sich platzsparend unter dem Fahrzeugboden

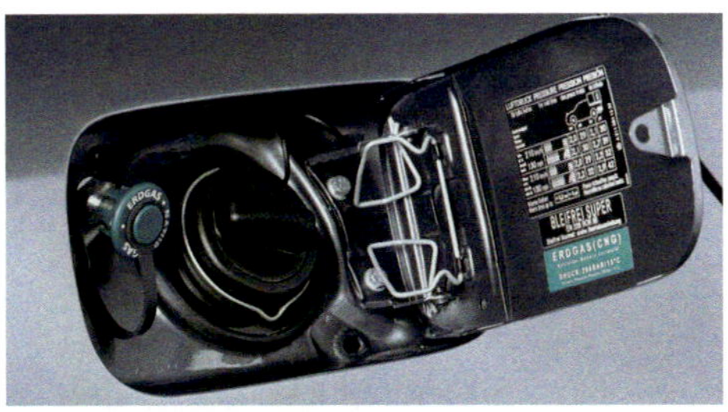

B4 Tankanschluss eines Fahrzeugs mit Benzinanschluss (rechts) und Erdgasanschluss (links)

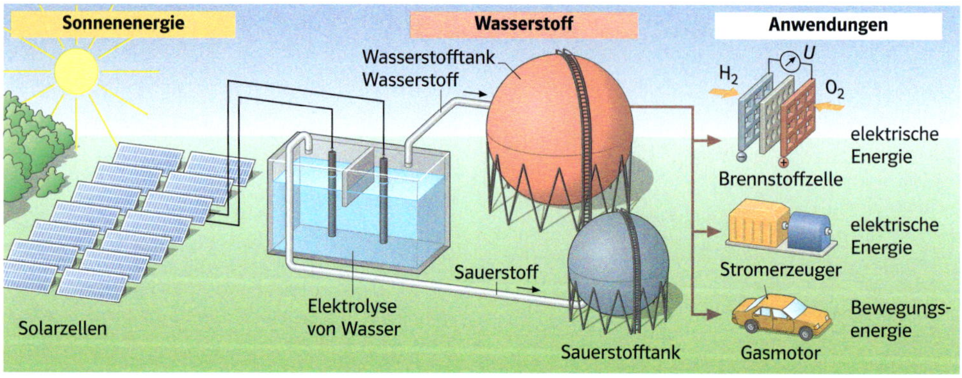

B6 Wasserstoff als Energieträger. Der mithilfe der Sonnenenergie erzeugte Wasserstoff kann vielseitig genutzt werden

Jeden Tag werden Kohle, Erdgas und Erdölprodukte wie Benzin und Heizöl zum Kochen und Heizen, zum Antrieb von Fahrzeugen und zur Erzeugung elektrischer Energie verbrannt. Es gibt unterschiedliche Voraussagen, wie lange Kohle, Erdgas und Erdöl noch in ausreichenden Mengen und zu bezahlbaren Preisen zur Verfügung stehen werden.

Es ist jedoch eine Tatsache, dass die einmal verbrannten Stoffe nicht wieder zur „Energiegewinnung" herangezogen werden können. Sonne, Wind und Wasserkraft hingegen sind unerschöpfliche Energiequellen.

Erneuerbare Energiequellen. Die Ressourcen zur Energieversorgung durch Wasserkraft werden in Deutschland schon fast vollständig ausgenutzt. Unter den klimatischen Bedingungen Mitteleuropas ist das „Einsammeln" der Wind- und insbesondere der Sonnenenergie und ihre Umwandlung in eine nutzbare Energieform noch immer erheblich teurer als die Nutzung der nicht erneuerbaren Energieträger. Wind- und Sonnenenergie haben den Nachteil, dass sie nicht gelagert und transportiert werden können. Die Lücke zwischen der Sonnenenergie als Energiequelle und der Nutzung der Energie in ihren benötigten Formen kann der Wasserstoff schließen.

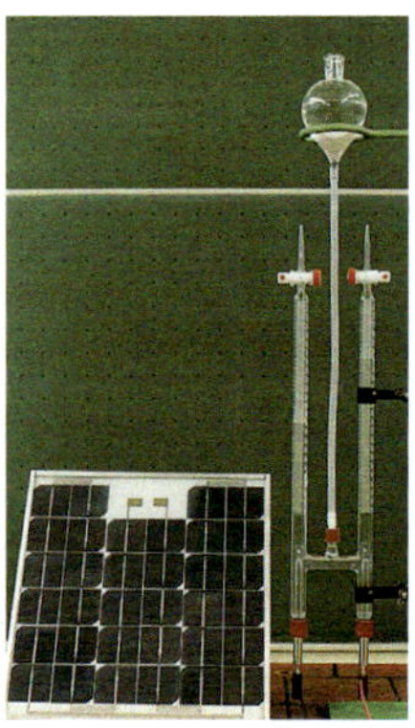

B5 Wasserzerlegung mithilfe des elektrischen Stroms

Wasserstoff als Energieträger. Wasser lässt sich mithilfe elektrischer Energie in Wasserstoff und Sauerstoff zerlegen [V1].

Wasserstoff kann gespeichert und über Gasleitungen transportiert werden. Die in Wasserstoff gespeicherte Energie kann dann durch Verbrennen des Wasserstoffs oder durch Oxidation in Brennstoffzellen freigesetzt werden.

Wird die elektrische Energie zur Zerlegung des Wassers durch die Verbrennung nicht erneuerbarer Energieträger gewonnen, bietet Wasserstoff als Energieträger keine Vorteile. Mit Solarzellen kann Sonnenenergie aber direkt in elektrische Energie umgewandelt werden, die dann zur Spaltung des Wassers eingesetzt werden kann.

V1 Man elektrolysiert im Hofmann'schen Zersetzungsapparat [B5] mit verd. Schwefelsäure oder mit Kalilauge versetztes Wasser. Ist der eine Schenkel bis zur Hälfte mit Gas gefüllt, unterbricht man die Elektrolyse und leitet die Gase in Reagenzgläser. Mit dem am Pluspol entstehenden Gas wird die Glimmspanprobe, mit dem anderen die Knallgasprobe durchgeführt.

A1 Schreibe die Stoffe auf, die bei der Verbrennung von Erdgas mit Luft entstehen können.

A2 Welche Energie wird in modernen Heizungsanlagen im Vergleich zu Altanlagen zusätzlich genutzt?

Primärenergieverbrauch in Megajoule bei einer Reiseentfernung von 100 km je Person	
Flugzeug	1500
Pkw mit Katalysator	1100
Bahn	730
Bus	410
Quelle: Umweltbundesamt	

B7 Primärenergieverbrauch verschiedener Verkehrsmittel

Speicherung von Wasserstoff. In der Schule wird Wasserstoff häufig in 10-l-Stahlflaschen aufbewahrt. In einer gefüllten Stahlflasche steht Wasserstoff meist unter einem Druck von etwa 180 000 hPa (180 bar). Aus der Stahlflasche lassen sich damit etwa 1800 l Wasserstoff entnehmen. Da Wasserstoff bei 20 °C und 1013 hPa eine Dichte von 0,083 g/l hat, haben 1800 l Wasserstoff eine Masse von 150 g.
Bei der Verbrennung von 150 g Wasserstoff wird eine Verbrennungswärme von 21 300 kJ (= 21,3 MJ) frei.

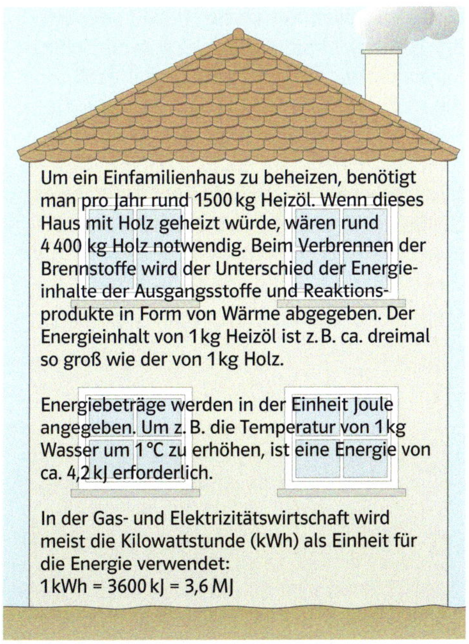

B8 Die Einheit der Energie

Der Tank eines großen Pkws fasst etwa 100 l Benzin. Wollte man mit Wasserstoff die gleiche Fahrstrecke zurücklegen wie mit Benzin, müsste das Volumen des Tanks 15-mal so groß sein. Außerdem müsste er einem Druck von 180 000 hPa standhalten. Ein solcher Tank hätte eine recht große Masse, während der Benzintank aus Kunststoff wenig wiegt. Flüssiger Wasserstoff hat eine wesentlich größere Dichte als gasförmiger. Doch kondensiert Wasserstoff erst bei −253 °C. Auch unter Druck lässt sich Wasserstoff erst bei −240 °C verflüssigen. Flüssiger Wasserstoff kommt daher als Treibstoff für Fahrzeuge nicht infrage.

Eine technische Lösung für die Zukunft könnten *Metallhydridtanks* sein. Wasserstoff wird in einen Tank gepresst, der z. B. eine Eisen-Titan-Legierung enthält. Dabei kann durch das beim Befüllen entstehende Metallhydrid fast so viel Wasserstoff in den Tank gefüllt werden wie bei einem Tank für flüssigen Wasserstoff. Wird die Legierung erwärmt, wird Wasserstoff abgegeben. Bei dieser Form der Speicherung kann es keinesfalls zu einem Unfall durch „Knallgasexplosion" kommen. Wasserstoff kann in Verbrennungsmotoren eingesetzt werden; häufiger wird er aber in Brennstoffzellen für Prototypen von Elektrofahrzeugen genutzt.

A3 Wie groß ist die Masse des Erdgases, die man zur Beheizung des Einfamilienhauses pro Jahr [B8] benötigt?

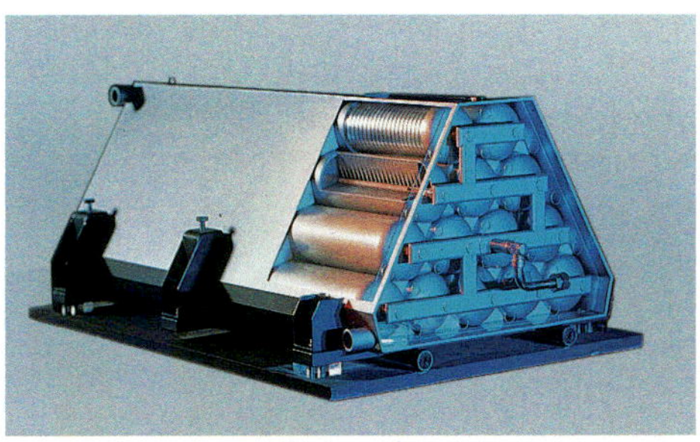

B9 Wasserstoffspeicher in einem Kraftfahrzeug

Heizwerte von 1 kg des Stoffes in MJ	
Holz	14
Braunkohlenbriketts	20
Erdgas	29
Steinkohle	31
Heizöl	41
Benzin	44
Wasserstoff	120

B10 Heizwerte von einigen Brennstoffen und von Wasserstoff

11.14 Biodiesel und Bioethanol – eine Alternative?

B1 Sieht so die Zukunft der Treibstoffe aus?

In allen Industrieländern werden Personen und Güter zum größten Teil mit benzin- und dieselgetriebenen Fahrzeugen befördert. Die Begrenztheit förderwürdigen Erdöls, der rasant gestiegene Bedarf an Treibstoffen und der Preisanstieg für Treibstoffe auf Erdölbasis haben dazu geführt, dass nach Treibstoffen aus nachwachsenden Rohstoffen gesucht wird.

Pflanzenöl als Dieselersatz. Große Hoffnungen setzt man in Pflanzenöle als Ersatz für Dieselkraftstoff [B1]. Pflanzenöle sind Molekülverbindungen und gehören zu den Fetten. Die Moleküle sind aus Kohlenstoff-, Wasserstoff- und Sauerstoffatomen aufgebaut [B2].

In Mitteleuropa erscheint der Anbau von Raps besonders erfolgversprechend. Rapsöl hat einen höheren Siedetemperaturbereich, eine höhere Viskosität und eine höhere Entzündungstemperatur als Diesel. Daher kann reines Rapsöl nicht einfach in Motoren verwendet werden, die für den Betrieb mit mineralischem Diesel konstruiert sind. Soll ein modernes Dieselfahrzeug mit Rapsöl betrieben werden, muss entweder der Motor an den Treibstoff oder der Treibstoff an den Motor angepasst werden.

Umrüstung von Dieselfahrzeugen. Bei der Umrüstung eines Dieselmotors auf Pflanzenölbetrieb werden die Treibstoffleitungen, der Dieselfilter und die Einspritzanlage angepasst. Für den Winterbetrieb muss das Rapsöl meist vorgeheizt werden, da es bei tieferen Temperaturen dickflüssiger wird oder sich sogar Kristalle im Rapsöl bilden. Bereits nach kurzer Zeit fließt kein Kraftstoff mehr durch den Filter zur Einspritzpumpe und das Fahrzeug bleibt stehen.

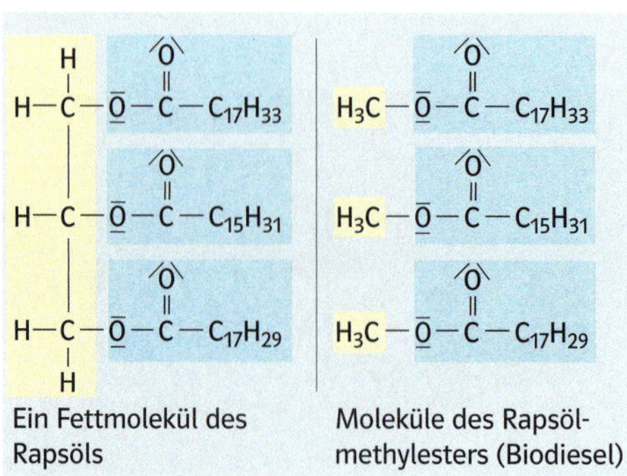

B2 Die Moleküle des Biodiesels sind kleiner als die Moleküle des Rapsöls

B3 Biodiesel, eine Alternative?

Biodiesel aus Rapsöl. Rapsöl kann mit Methanol bei einer Temperatur von 50 °C bis 80 °C und unter Mitwirkung von Katalysatoren so verändert werden, dass aus den großen Molekülen des Rapsöls kleinere Moleküle gebildet werden [B2]. Dieses Gemisch aus unterschiedlichen Molekülen wird als **Rapsölmethylester (RME)** oder Biodiesel bezeichnet. Biodiesel hat ganz ähnliche Eigenschaften wie mineralischer Diesel. Allerdings werden beim Einsatz von Biodiesel z. B. die Dichtungen der Hochdruckpumpen für mineralischen Diesel häufig zerstört. Dieselfahrzeuge müssen deshalb ausdrücklich vom Hersteller für den Betrieb mit Biodiesel freigegeben werden. Außerdem wird auch für die Gewinnung von Methanol Kohle, Erdgas oder Erdöl benötigt.

V1 (Abzug! Schutzbrille). Man gibt in drei Porzellanschalen jeweils eine kleine Portion Diesel bzw. Rapsöl bzw. Rapsölmethylester. Mit dem Gasbrenner versucht man, die drei Flüssigkeiten zu entzünden. Die stark rußenden Flammen können durch Abdecken der Porzellanschalen mit einem Keramik-Drahtnetz erstickt werden.

B4 Ethanol als Treibstoff

Bioethanol. Schon seit einigen Jahrzehnten wird Ethanol als Reinstoff oder im Gemisch mit Benzin als Treibstoff eingesetzt. Die bisherige Zugabe von Ethanol zu Treibstoffen unterliegt den Richtlinien eines jeden Landes. So werden in Schweden Gemische mit 85 % Ethanol angeboten, in Deutschland dürfen gegenwärtig bis zu 5 % Ethanol dem Benzin zugesetzt werden.

Ethanol ist wie Rapsöl eine Molekülverbindung aus Kohlenstoff-, Wasserstoff- und Sauerstoffatomen. Ethanol verbrennt vollständig zu Kohlenstoffdioxid und Wasser. Ethanol hat die Octanzahl 104 (Kap. 11.10). Ein Nachteil des Bioethanols wie auch des Biodiesels ist, dass der Energiegehalt bezogen auf 1 l Treibstoff geringer ist als der von Benzin oder Diesel aus Erdöl. Der Verbrauch von Ethanol ist bei gleicher Fahrstrecke also größer als der von Benzin oder Diesel.

Als Rohstoffe für Bioethanol kommen Pflanzen mit hohen Gehalten an Zucker oder Stärke zum Einsatz, in Südamerika vorwiegend Zuckerrohr, in Nordamerika Mais, in Europa Zuckerrüben und Weizen. Damit steht die Gewinnung von Bioethanol in Konkurrenz zur Nahrungsmittelproduktion. Angestrebt wird die Nutzung von kostengünstigen pflanzlichen Reststoffen wie Stroh und Holzresten oder von "Energiepflanzen" wie Rutenhirse oder Chinaschilf, die keiner intensiven Landwirtschaft bedürfen und auf minderwertigen Böden wachsen.

Energiebilanz. Soll Bioethanol als Benzinersatz eingesetzt werden, muss er eine günstige Energiebilanz aufweisen. In Untersuchungen der Universität Hohenheim wurden die in [B5] dargestellten Energiebeträge ermittelt.

Verfahrensschritte	Energieaufwand bzw. Energieabgabe in MJ pro 1 Tonne Getreide
Getreideproduktion	1367
Getreidelagerung	150
Ethanolproduktion	2500
Schlempetrocknung	2400
Gesamtenergieaufwand	**6417**
Energiebetrag, der bei Verbrennung des Ethanols frei wird	8480
Energiebilanz	**8480 – 6417 = 2063**

B5 Energiebilanz für Bioethanol aus Getreide

Schlempe ist der Rückstand der Alkoholdestillation aus der Maische. Die Schlempe wird getrocknet oder flüssig als Futtermittel, Dünger oder in Biogasanlagen verwendet.

Die Energiebilanz ist zwar günstig, d. h., die Energieabgabe z. B. bei der Verbrennung von Ethanol ist größer als der Energieaufwand zur Produktion des Ethanols. Eine wesentlich günstigere Bilanz kann erzielt werden, wenn auf die Schlempetrocknung verzichtet wird. Aus der Schlempe kann Biogas und Faulschlamm zur landwirtschaftlichen Düngung gewonnen werden. Der Gesamtenergiegewinn könnte auf über 14 000 MJ pro Tonne Getreide gesteigert werden, was etwa dem siebenfachen Energiegewinn entspricht.

Octanzahlen über 100 werden mit anderen Vergleichssubstanzen als Isooctan und Heptan ermittelt.

A1 Rapsöl, Stärke und Zucker sind Lebensmittel. Es ist bedenklich, dass bei uns Lebensmittel als Autotreibstoffe verwendet werden, während in anderen Ländern Menschen hungern.
Formuliere und erläutere deine Meinung zu dieser Aussage.

11.15 Mit dem Elektroauto unterwegs

B1 Sportwagen, der seine Energie aus Akkuzellen erhält, wie sie in Laptops verwendet werden

Das Auto der Zukunft fährt leise, es verbraucht weder Benzin noch Diesel. Es wird von elektrischer Energie aus Akkumulatoren oder Brennstoffzellen angetrieben.

Elektroauto. Der Elektroantrieb hat gegenüber dem Verbrennungsmotor einige Vorteile. Dazu gehören die geringe Geräuschentwicklung und der hohe Wirkungsgrad von über 80 % der eingesetzten elektrischen Energie. Beim Elektroantrieb wird die elektrische Energie direkt in die Vorwärtsbewegung des Fahrzeuges umgesetzt. Beim Verbrennungsmotor hingegen wird die meiste Energie als Wärme an die Umgebung abgegeben. Nur etwa ein Drittel der eingesetzten Energie bewegt das Fahrzeug vorwärts.

Für den Betrieb des Elektromotors benötigt man Akkumulatoren oder Brennstoffzellen. Zurzeit noch fehlende leistungsfähige Energiespeicher schränken den Betrieb von elektrisch angetriebenen Fahrzeugen gegenüber konventionellen Fahrzeugen ein.

In den letzten Jahren hat aber die Akkumulatorentechnik enorme Fortschritte gemacht, sodass die meisten Automobilhersteller dem Elektroauto gegenüber anderen Antriebstechnologien große Zukunftschancen einräumen.

Vom Sprit zum Strom. Heute gibt es bereits einige Automodelle mit Hybridantrieb [B2]. In diesen ist ein Verbrennungsmotor mit wenigstens einem Elektromotor und Akkumulatoren kombiniert.
Das Ziel der Ingenieure in der Automobilbranche ist es, Autos mit reinem Elektroantrieb zu konstruieren, die eine große Reichweite haben und die schnell aufgeladen werden können. Die Möglichkeit der Aufladung der Akkumulatoren aus dem Stromnetz und die Entwicklung preiswerter Akkumulatoren beeinflussen die Zukunft des von Benzin und Diesel unabhängigen Autos.

Die Chemie entwickelt zusammen mit der Technik den Akkumulator, den Energiespeicher. Im Akkumulator wird beim Entladen chemische Energie in elektrische Energie und beim Laden elektrische Energie in chemische Energie umgeformt. In den folgenden Kapiteln wird die Funktionsweise von Akkumulatoren und Brennstoffzellen erklärt.

A1 Begründe, warum es teuer und damit unwirtschaftlich ist, ein Auto sowohl mit einem Elektromotor als auch einem Verbrennungsmotor auszustatten.

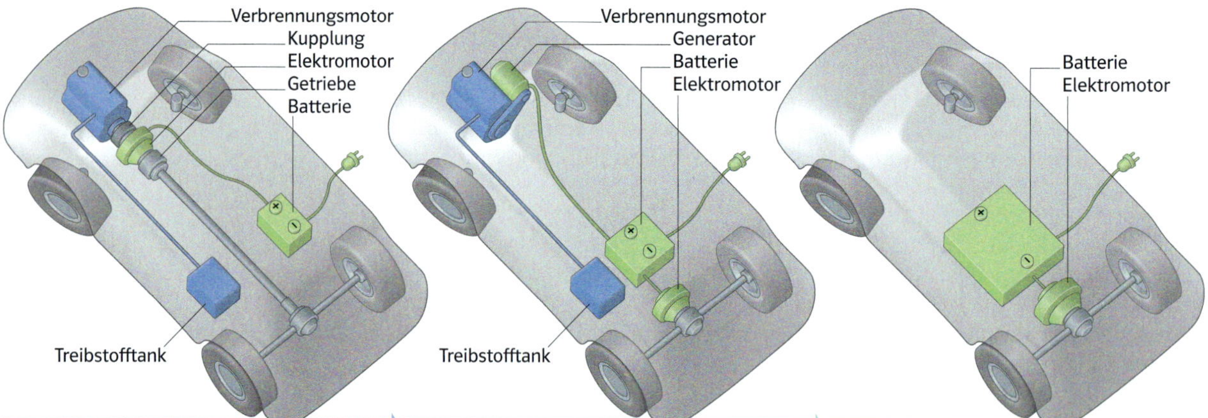

Parallel-Hybrid
Ein Elektromotor unterstützt den Verbrennungsmotor, kann das Auto aber auch über kurze Strecken allein antreiben.

Serieller Hybrid
Nur der Elektromotor treibt die Räder an. Ist die Batterie leer, springt der Verbrennungsmotor an und erzeugt über einen Generator Fahrstrom.

Elektroantrieb
Das Auto fährt ausschließlich mit Strom aus der Batterie. Seine einzige Energiequelle ist die Steckdose

B2 Die Entwicklung zum Elektroauto

11.16 Praktikum Batterien

V1 Elektronenübertragung
Geräte und Chemikalien: Schutzbrille, Eisennagel, Zinkstab, Kupfer(II)-sulfat-Lösung, 2 Bechergläser (100 ml), Schmirgelpapier, Handtuchpapier.
Durchführung: Stelle einen frisch geschmirgelten Eisennagel für ca. 30 Minuten in die Kupfer(II)-sulfat-Lösung [B2]. Wiederhole den Versuch mit einem Zinkstab.
Aufgabe: Deute die Beobachtungen.

V2 Zink-Kupfer-Batterie
Geräte und Chemikalien: Schutzbrille, Becherglas (100 ml), Tonzylinder, Spannungsmessgerät, Kleinelektromotor, Zinkelektrode, Kupferelektrode, 2 Verbindungskabel, Kupfer(II)-sulfat-Lösung (c = 1 mol/l), Kaliumsulfatlösung (c = 1 mol/l).
Durchführung: Stelle den Tonzylinder mit einer Kaliumsulfatlösung in ein Becherglas mit einer Kupfer(II)-sulfat-Lösung. Tauche eine Zinkelektrode in die Kaliumsulfatlösung und eine Kupferelektrode in die Kupfer(II)-sulfat-Lösung. Verbinde die Elektroden zuerst mit einem Spannungsmessgerät [B3] und anschließend mit einem Kleinelektromotor.
Aufgaben:
a) Beschreibe die Beobachtungen.
b) Erläutere die Vorgänge, die beim Fließen des elektrischen Stroms ablaufen.
c) Erkläre, welche Aufgabe der Tonzylinder hat.

Kombiniert man in Versuchen wie [V1] weitere Metalle und Metallsalzlösungen, so erhält man die Reihe der Metallionen und Metallatome. Jedes Metallatom dieser Reihe kann an ein rechts von ihm stehendes Metallion Elektronen abgeben.

Fähigkeit zur Elektronenaufnahme nimmt nach rechts zu

Ca^{2+} Mg^{2+} Al^{3+} Zn^{2+} Fe^{2+} Cu^{2+} Ag^{+} Au^{3+}

Ca Mg Al Zn Fe Cu Ag Au

Fähigkeit zur Elektronenabgabe nimmt nach links zu

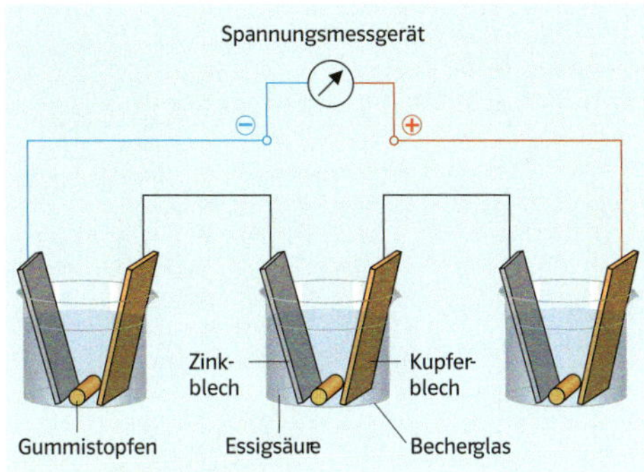

B1 Galvanische Zellen – Reihenschaltung

B2 Eisennagel in Kupfersulfatlösung

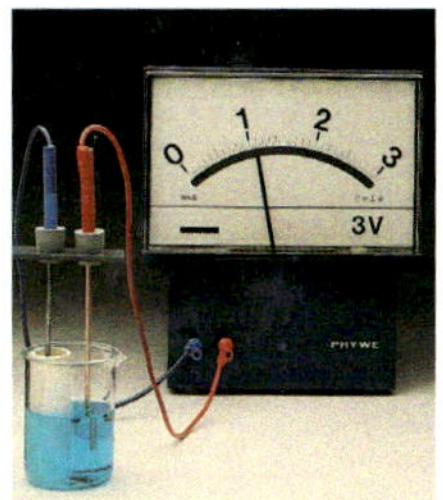
B3 Spannung einer galvanischen Zelle

V3 Reihenschaltung galvanischer Zellen
Geräte und Chemikalien: Schutzbrille, Spannungsmessgerät, Kleinelektromotor, 3 Bechergläser (100 ml), 3 Kupferbleche (3 cm · 6 cm), 3 Zinkbleche (3 cm · 6 cm), 6 Krokodilklemmen, 4 Verbindungskabel, 3 Gummistopfen, Essigsäure (c = 1 mol/l).
Durchführung:
a) Lege in die drei Bechergläser jeweils einen Gummistopfen und fülle die Bechergläser je zur Hälfte mit Essigsäure. Stelle ein Zinkblech und ein Kupferblech so in jedes Becherglas, dass sie durch die Gummistopfen getrennt werden.
b) Miss die Spannung zwischen den Elektroden eines der **galvanischen Zellen**. Ersetze anschließend das Spannungsmessgerät durch den Kleinelektromotor.
c) Schalte zunächst zwei der Zellen und dann alle drei Zellen in Reihe (hintereinander). Miss jeweils die Spannung der in Reihe geschalteten Zellen und tausche anschließend das Spannungsmessgerät gegen den Kleinelektromotor aus [B1].
Aufgaben:
a) Formuliere die Teilgleichungen für die bei Stromfluss an den Elektroden ablaufenden Reaktionen.
b) Erläutere, welche Gesamtspannung sich bei der Reihenschaltung von galvanischen Zellen ergibt.
c) Plane einen Versuch zur Messung der Spannung und Stromstärke bei Parallelschaltung von zwei bzw. drei der galvanischen Zellen.

11.17 Energie aus Batterien und Brennstoffzellen

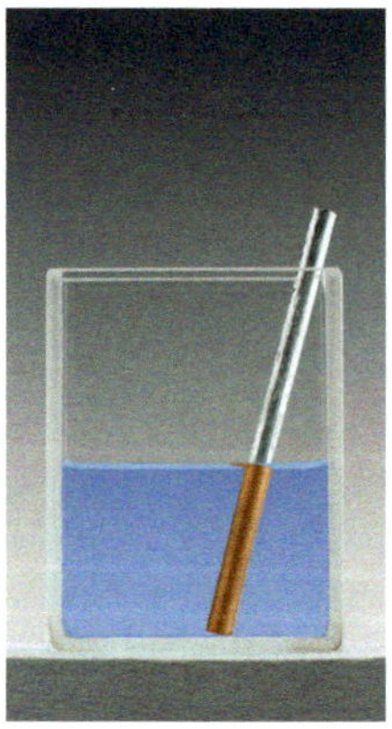

B1 Zinkstab in Kupferchloridlösung

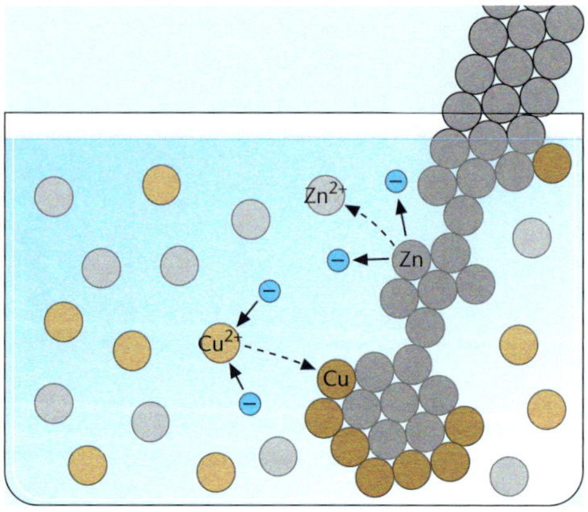

B3 Vorgänge beim Elektronenfluss zwischen Zink und Kupferionen im Modell

Taucht ein Zinkstab in eine Kupferchloridlösung [B1], geben die Zinkatome Elektronen ab, die von Kupferionen aufgenommen werden. Dieses "Fließen" der Elektronen von Atomen zu Ionen entspricht dem Fließen eines elektrischen Stroms, der sich nutzen lässt [B3].

Galvanische Zelle. Der Zinkstab und die Kupferchloridlösung müssen dazu voneinander getrennt werden [B4]. Zwischen beiden muss ein Elektronenfluss durch einen elektrischen Leiter, z. B. einen Metalldraht oder Kohlestift, ermöglicht werden. Der Elektronenfluss kann durch ein Stromstärkemessgerät nachgewiesen oder zum Betreiben eines Motors genutzt werden [B2]. An dem Kohlestift in der Kupferchloridlösung werden aus Kupferionen durch Aufnahme von Elektronen Kupferatome gebildet. In der Lösung bleiben negativ geladene Chloridionen zurück.
Am Zinkstab entstehen gleichzeitig durch Elektronenabgabe positiv geladene Zinkionen. Diese Lösung weist einen Überschuss an positiv geladenen Ionen auf. Zwischen beiden Lösungen muss ein Ladungsausgleich stattfinden können. Dieses kann z. B. durch eine durchlässige Trennwand erreicht werden. Eine solche Anordnung, bei der die Aufnahme und Abgabe von Elektronen räumlich getrennt sind, bezeichnet man als **galvanische Zelle**. Galvanische Zellen werden in Form von Batterien vielfältig genutzt. In allen Batterien findet beim Fließen eines elektrischen Stroms eine **Elektronenübertragung** zwischen den Teilchen der Stoffe statt.

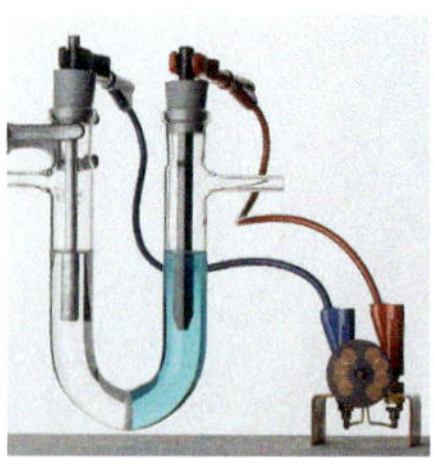

B2 Galvanische Zelle treibt einen Elektromotor an

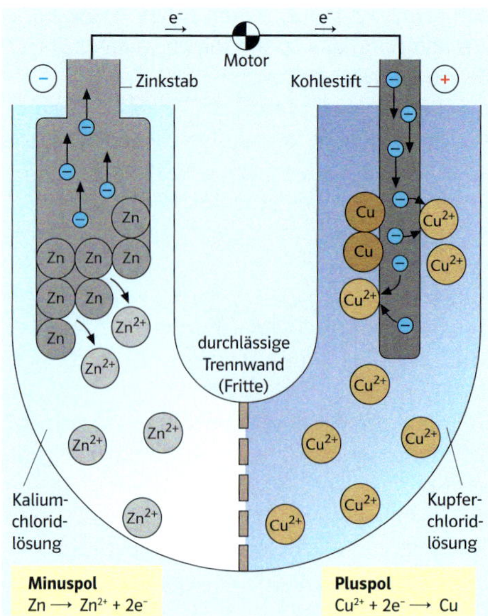

B4 Vorgänge in der galvanischen Zelle

Brennstoffzellen. Bei einer Batterie liegen die an den Elektrodenvorgängen beteiligten Stoffe in der Zelle selbst vor. Durch die vorgegebenen Stoffportionen wird somit die der Batterie entnehmbare elektrische Energie begrenzt. Diese Einschränkung hat zur Entwicklung von speziellen galvanischen Elementen, den Brennstoffzellen, geführt. Brennstoffzellen haben den Vorteil, dass in ihnen chemische Energie fast vollständig in elektrische Energie umgewandelt wird. Unter den Brennstoffzellen ist die Entwicklung der Wasserstoff-Sauerstoff-Brennstoffzelle am weitesten fortgeschritten.

V1 Fülle eine Kupferchlorid- in einen und eine Kaliumchloridlösung in den anderen Schenkel eines U-Rohres mit Fritte. Stelle einen Zinkstab in die Kaliumchlorid- und einen Kohlestab in die Kupferchloridlösung. Schalte zwischen die beiden Elektroden ein Stromstärkemessgerät oder einen Kleinelektromotor. Ziehe nach einigen Minuten den Kohlestab aus der Lösung, lass ihn trocknen und betrachte ihn genau.

Funktionsweise einer Brennstoffzelle. Bei der Reaktion von Wasserstoff mit Sauerstoff wird sehr viel Energie frei. Wenn diese Energie als elektrische Energie genutzt werden soll, dürfen die beiden Reaktionspartner nicht direkt miteinander in Kontakt kommen. In der Brennstoffzelle gibt es zwei Reaktionsräume, die durch eine Elektrolytmembran [B6], das Herzstück der Brennstoffzelle, getrennt sind. Zurzeit werden vor allem *Polymer-Elektrolyt-Membranen (PEM)* aus Kunststoff eingesetzt, die nur für Protonen (positiv geladene Wasserstoffatome) durchlässig sind.

Durch einen Katalysator, der sich auf der Elektrode befindet, werden am Minuspol Wasserstoffmoleküle in Protonen und Elektronen gespalten [B5a]. Die Elektronen wandern über den äußeren Leiter und können Arbeit verrichten [B5b]. Die Elektronen reagieren mit den Sauerstoffmolekülen, es werden Oxidionen gebildet [B5c]. Die Protonen diffundieren durch die Elektrolytmembran und reagieren mit den Oxidionen zu Wassermolekülen [B5d].

Minuspol: $2\,H_2 \longrightarrow 4\,H^+ + 4\,e^-$
Pluspol: $O_2 + 4\,e^- \longrightarrow 2\,O^{2-}$

Gesamte Reaktionsgleichung:
$$2\,H_2 + O_2 \longrightarrow 2\,H_2O$$

Eine Brennstoffzelle ist ein spezielles galvanisches Element, bei dem der Brennstoff (meist Wasserstoff) und Sauerstoff von außen zugeführt werden.

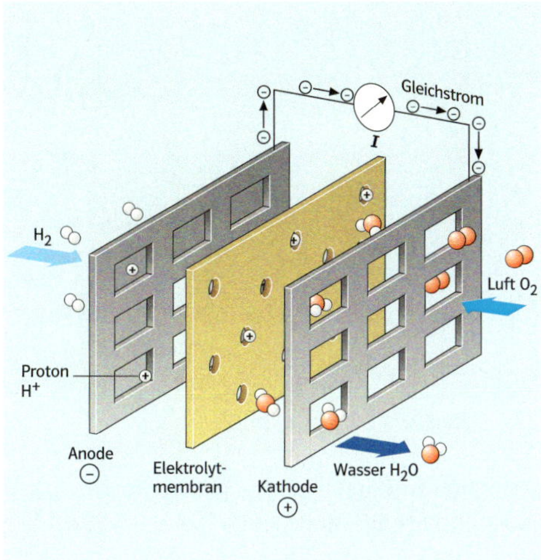

B6 Aufbau und Funktion einer PEM-Brennstoffzelle

In einer Brennstoffzelle wird chemische in elektrische Energie umgewandelt.

Die Wasserstoff-Sauerstoff-Brennstoffzelle hat eine theoretische Spannung von 1,2 V. Erreicht werden in Praxis nur 0,6 bis 0,9 V. Werden mehrere Zellen in Reihe (hintereinander) geschaltet, werden höhere Spannungen erzielt. Mehrere Zellen in Reihe geschaltet bilden einen Stapel, einen so genannten Stack. Die in Kraftfahrzeugen eingesetzten Stacks weisen eine Leistung von 150 bis 250 kW auf.

A1 Welche Spannung weist ein Stapel aus 50 Zellen in etwa auf?

Elektrolyt von griech. elektron, Bernstein und griech. lytikos, auflösbar; ein üblicherweise flüssiger Stoff, der beim Anlegen einer Spannung den elektrischen Strom leitet

Membran von lateinisch membrana, Häutchen; eine Trennschicht, eine dünne Haut

Anode Die Elektrode, an der Teilchen Elektronen abgeben, ist die Anode

Kathode Die Elektrode, an der Teilchen Elektronen aufnehmen, ist die Kathode

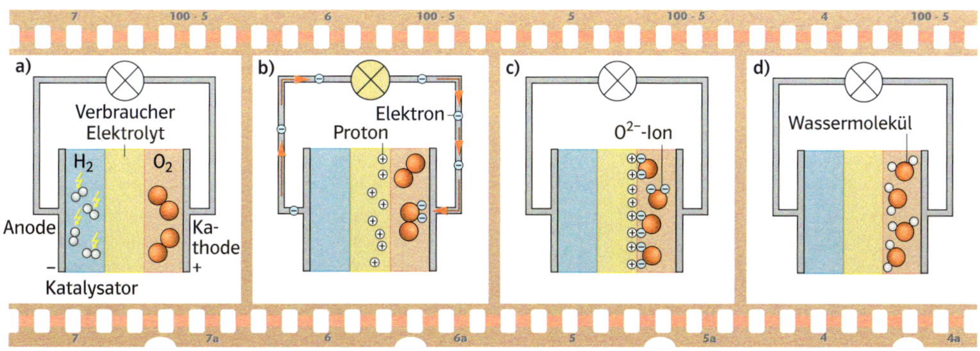

B5 Vorgänge in einer Brennstoffzelle

11.18 Exkurs Energie aus Akkumulatoren

Entladen
Minuspol:
$Pb \longrightarrow Pb^{2+} + 2e^-$
Pluspol:
$Pb^{4+} + 2\,e^- \longrightarrow Pb^{2+}$

Laden
Minuspol:
$Pb^{2+} + 2\,e^- \longrightarrow Pb$
Pluspol:
$Pb^{2+} \longrightarrow Pb^{4+} + 2\,e^-$

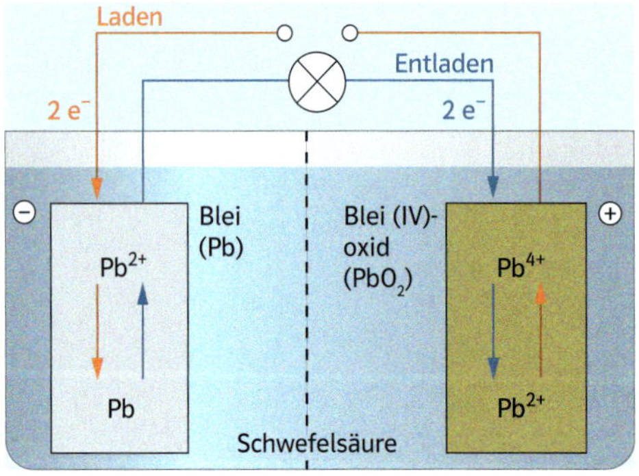

B1 Laden und Entladen im Bleiakku

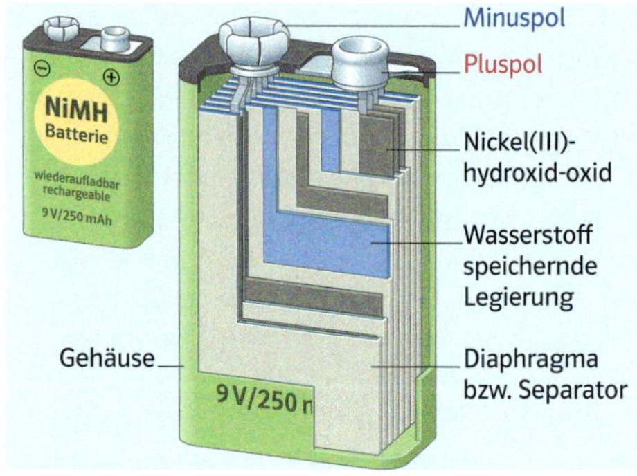

B3 Nickel-Metallhydrid-Akkumulator

Batterien sind galvanische Elemente, die nach ihrer Entladung unbrauchbar geworden sind. Ist ein galvanisches Element wieder aufladbar, spricht man von einem **Akkumulator**.

Akkumulatoren (von lat. accumulare, sammeln) sind wieder aufladbare galvanische Elemente. Kurzform: Akku

Der Bleiakkumulator. Der bekannteste Akkumulator ist der als Starterbatterie in Fahrzeugen eingesetzte Bleiakku. Den Minuspol bilden Platten mit fein verteiltem Blei, der Pluspol besteht aus mit Blei(IV)-oxid beschichtetem Blei. Die Platten tauchen in Schwefelsäure, welche als Elektrolyt dient. Bei der Stromentnahme und dem anschließenden Laden des Bleiakkus laufen Vorgänge wie in [B1] dargestellt ab.

Die zum Laden des Bleiakkus nötige Energie wird durch die Lichtmaschine zugeführt. Da die Vorgänge umkehrbar sind, können Akkus viel länger verwendet werden als Batterien und lassen sich bis zu 1000-mal laden und wieder entladen. Die Spannung pro Zelle beträgt 2 V. In handelsüblichen 12-V-Bleiakkumulatoren sind 6 solcher Zellen hintereinander geschaltet.

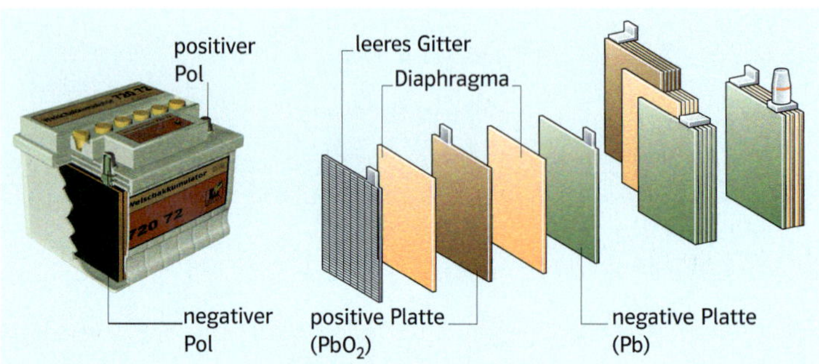

B2 Aufbau eine Bleiakkumulators

Nickel-Metallhydrid-Akkumulator. Der Bedarf an wieder aufladbaren Batterien für Geräte mit hoher Leistungsaufnahme (z. B. Mobiltelefone) und der Ersatz giftiger Stoffe wie Cadmium und Blei haben zur Entwicklung des Nickel-Metallhydrid-Akkumulators geführt [B3]. Unter einem Metallhydrid versteht man eine Metall-Wasserstoff-Verbindung. Neben Nickel sind meist Lanthan oder Cer Bestandteile solcher Verbindungen. Wie beim Bleiakku sind mehrere Zellen – durch Diaphragma getrennt – zusammengeschlossen. Der Elektrolyt ist i. d. R. Kalilauge. Mit diesem Akkumulatortyp kann eine Spannung von ca. 1,2 V erzeugt werden. Die chemischen Reaktionen lassen sich so darstellen:

Entladen
Minuspol: $\text{Metall-H} + OH^- \longrightarrow \text{Metall} + H_2O + e^-$
Pluspol: $NiO(OH) + H_2O + e^- \longrightarrow Ni(OH)_2 + OH^-$

Beim **Laden** laufen die umgekehrten Reaktionen ab. Laden und Entladen lassen sich vereinfacht so wiedergeben:

$$NiO(OH) + \text{Metall-H} \underset{\text{Laden}}{\overset{\text{Entladen}}{\rightleftarrows}} Ni(OH)_2 + \text{Metall}$$

V1 Tauche zwei Bleielektroden in verdünnte Schwefelsäure und verbinde die Elektroden mit einer Gleichspannungsquelle. Elektrolysiere mit einer Spannung von 2,5 V etwa 15 Minuten. Miss anschließend die Spannung des Modellakkus. Beschreibe deine Beobachtungen.

Der **Lithium-Ion-Akkumulator** zeichnet sich durch seine hohe Energiedichte im Vergleich zu anderen Akkumulatoren aus. Darunter versteht man die gewinnbare elektrische Energie bezogen auf die Masse des Akkumulators. Der Lithium-Ion-Akku ist thermisch stabil, weist über den Entladezeitraum eine konstante und hohe Spannung auf. Es gibt unterschiedlich aufgebaute Lithium-Ion-Akkumulatoren.

Beim **Laden** eines Lithium-Ion-Akkumulators fließen von der Stromquelle Elektronen zur negativen Elektrode, welche meist eine Graphit-Einlagerungs-Elektrode ist. Zu dieser Elektrode wandern positiv geladene Lithiumionen, die von der anderen, positiv geladenen Elektrode (Pluspol) stammen. Vom Pluspol werden beim Laden Elektronen abgezogen, die aus der Elektronenabgabe von Metallionen (z. B. Manganionen) der Elektrode stammen.

Minuspol: $Li^+ + e^- \longrightarrow Li$

Pluspol: $Mn^{3+} \longrightarrow Mn^{4+} + e^-$

Beim **Entladen** laufen die umgekehrten Vorgänge ab.

Minuspol: $Li \longrightarrow Li^+ + e^-$

Pluspol: $Mn^{4+} + e^- \longrightarrow Mn^{3+}$

Zwischen den Elektroden werden also Lithiumionen ausgetauscht. Als Elektrolyte dienen organische Lösungsmittel, in denen Lithiumsalze gelöst sind.

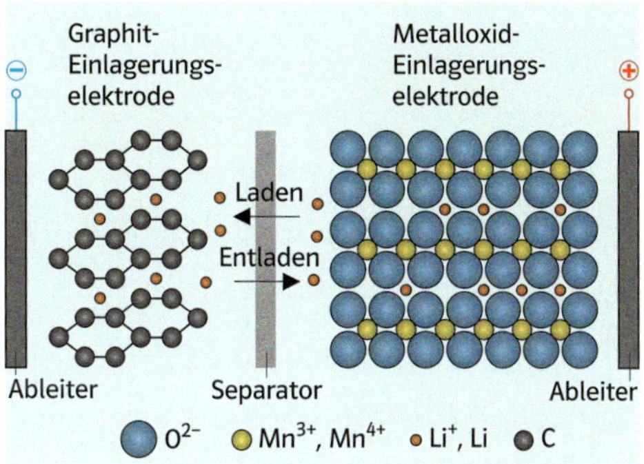

B5 Funktionsweise eines Lithium-Ion-Akkumulators

B6 Ein Lithium-Ion-Akkumulator

Akkumulatoren im Auto. Der Bleiakkumulator wird hauptsächlich als Starterbatterie eingesetzt. Ein erheblicher Nachteil ist seine hohe Masse. So benötigt ein Auto, das mit Bleiakkus und Elektromotoren betrieben wird, einen Teil der gespeicherten Energie für den Transport des Energiespeichers.
Viele der heutigen Hybridautos nutzen Nickel-Metallhydrid-Akkumulatoren. Bei diesen ist das Verhältnis von gespeicherter Energie und Masse wesentlich besser. Ein noch viel besseres Verhältnis von gespeicherter Energie zu seiner Masse weist der Lithium-Ion-Akkumulator auf. Nachdem es gelungen ist, für diesen eine sehr stabile Membran herzustellen, wird diesem Akkumulator die größte Zukunft als Energiespeicher in Kraftfahrzeugen zugetraut.

Typ	Spannung	Minuspol	Pluspol	Elektrolyt	Besondere Merkmale	Anwendungsbeispiele
Zink-Kohle	1,5 V	Zn	MnO_2	$ZnCl_2$	preiswert, umweltverträglich	Taschenlampen, Wecker, Spielzeug
Alkali-Mangan				KOH	hohe Stromstärke bei Dauernutzung	tragbare Audiogeräte
Zink-Luft	1,4 V	Zn	O_2	KOH	hohe Belastbarkeit, umweltverträglich	Hörgeräte, Personenrufgeräte
Bleiakku	2 V	Pb	PbO_2	H_2SO_4	hohe Belastbarkeit, selbstentladend, umweltbelastend	Starterbatterien, Antriebsbatterien, Solartechnik
Nickel-Cadmium-Akku	1,2 V	Cd	NiO(OH)	KOH	hohe Belastbarkeit, geringe Selbstentladung, umweltbelastend	Akkuwerkzeuge, Camcorder, Handys
Nickel-Metallhydrid-Akku	1,2 V	Metall-H	NiO(OH)	KOH	hohe Belastbarkeit, konstante Spannung, umweltverträglich	Camcorder, Handys, tragbare Computer, Elektroautos
Lithiumion-Akku	4 V	C	$LiMn_2O_4$ Li-Salze	org. Lösm.	hohe Zellspannung	Camcorder, Handys, tragbare Computer

B4 Akkumulator- und Batterietypen im Überblick

11.19 Durchblick Zusammenfassung und Übung

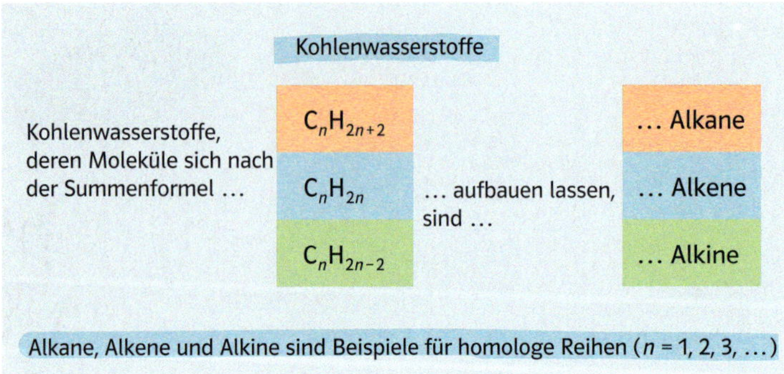

Kohlenwasserstoffe
Verbindungen, die nur aus Kohlenstoff- und Wasserstoffatomen aufgebaut sind, gehören zu den Kohlenwasserstoffen.

Homologe Reihe
Eine Reihe von Verbindungen, bei denen sich die Moleküle aufeinander folgender Glieder jeweils um eine CH_2-Gruppe unterscheiden, bilden eine homologe Reihe.

2 Isomere:

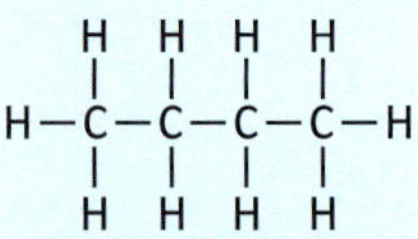

Butan

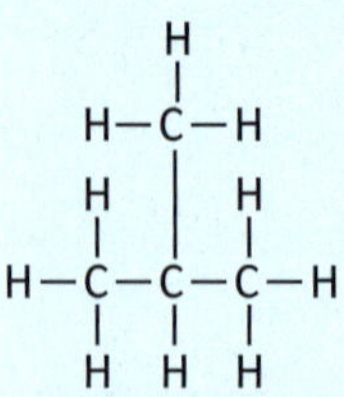

2-Methylpropan

Strukturformel
Eine Formel des Moleküls, in der die bindenden Elektronenpaare angegeben sind und die räumliche Anordnung der Atome berücksichtigt wird. Oft werden auch die nicht bindenden Elektronenpaare angegeben, da auch sie den räumlichen Bau der Moleküle beeinflussen.

Halbstrukturformel
Vereinfachte Strukturformel, in der Formelteile wie in einer Summenformel zusammengefasst werden. Dabei muss erkennbar bleiben, welche Atome miteinander verbunden sind.

Eine Halbstrukturformel für 3-Methylpentan:

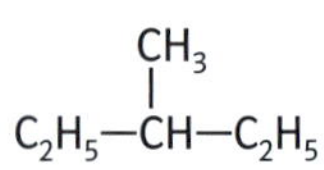

Isomere
Moleküle, die bei gleicher Summenformel unterschiedliche Strukturformeln haben, bezeichnet man als Isomere (Strukturisomere).

Van-der-Waals-Kräfte
Anziehungskräfte zwischen Teilchen, die unter dem Einfluss benachbarter Teilchen temporäre Dipole bilden. Die Van-der-Waals-Kräfte nehmen mit wachsender Kettenlänge und damit auch wachsender Oberfläche zu.

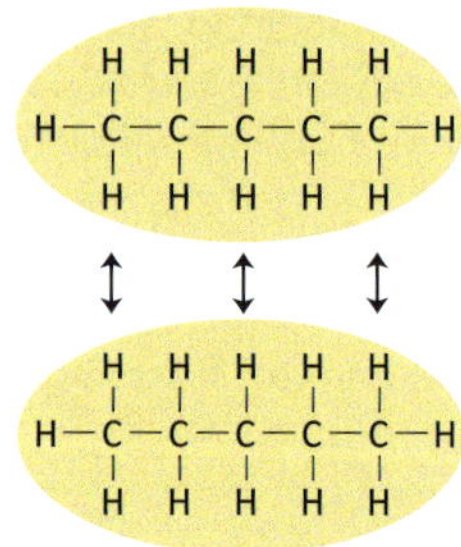

Viskosität
Die Viskosität bezeichnet das Fließverhalten einer Flüssigkeit. Hohe Viskosität bedeutet Dickflüssigkeit, niedrige Dünnflüssigkeit.

Hydrophil und hydrophob
Stoffe mit guter Wasserlöslichkeit bezeichnet man als hydrophil. Die Moleküle sind polar. Stoffe mit geringer Wasserlöslichkeit nennt man hydrophob. Die Moleküle sind unpolar.

Lipophil und lipophob
Fettlösliche Stoffe bezeichnet man als lipophil, wenig fettlösliche als lipophob.

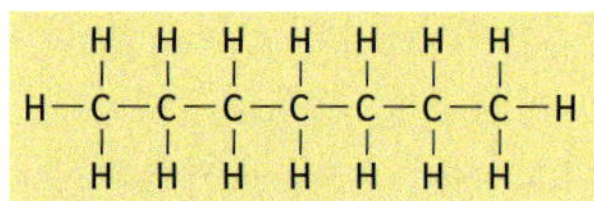

Heptan ist lipophil und hydrophob

Erdöl und Erdgas
Gemische, die im Wesentlichen aus Kohlenwasserstoffen bestehen.

Benzine
Gemische von flüssigen Kohlenwasserstoffen mit einem Siedetemperaturbereich bis ca. 150 °C.

Biodiesel
Kann aus flüssigen Fetten (z. B. Rapsöl) und Methanol gewonnen werden. Biodiesel hat ähnliche Eigenschaften wie Diesel aus Erdöl.

Bioethanol
Wird aus Pflanzen mit hohen Gehalten an Zucker oder Stärke gewonnen. Ethanol kann direkt als Treibstoff oder als Benzinzusatz eingesetzt werden.

Fraktionierende Destillation von Rohöl
Die Trennung des Rohöls durch Destillation in Fraktionen heißt fraktionierende Destillation.

Rohölfraktionen
Gemische von Kohlenwasserstoffen mit ähnlichen Siedetemperaturen.

Reformieren
Kettenförmige Kohlenwasserstoffmoleküle werden in verzweigte oder ringförmige Moleküle zur Erhöhung der Klopffestigkeit umgewandelt.

Cracken
Langkettige Kohlenwasserstoffmoleküle werden in kleine Moleküle gespalten.

Octanzahl
Die Octanzahl gibt die Klopffestigkeit eines Benzins an. Kohlenwasserstoffe aus verzweigten Molekülen sind klopffester als entsprechende Kohlenwasserstoffe, die aus unverzweigten Molekülen bestehen.

Batterien
Batterien sind galvanische Zellen. In ihnen wird durch Elektronenübergänge chemische in elektrische Energie umgewandelt. Die wesentlichen Bauteile einer Batterie sind: Minuspol, Pluspol, Elektrolyt, Membran. Im Gegensatz zu Batterien sind Akkus wiederaufladbar.

Brennstoffzelle
Brennstoffzellen sind aus Minuspol, Pluspol und einer Elektrolytmembran aufgebaut. Durch die Reaktion eines Brennstoffs (meist Wasserstoff) mit Sauerstoff entstehen Wasser und nutzbare elektrische Energie.

A1 **a)** Ein Alkanmolekül hat die Masse 72 u. Gib die Summenformel und die möglichen Strukturformeln an. Benenne die Verbindungen.
b) Wie viele Moleküle Kohlenstoffdioxid entstehen bei der vollständigen Oxidation eines Propanmoleküls?

A2 Butan hat die Siedetemperatur −1 °C, Isobutan (2-Methylpropan) -12 °C. Deute den Unterschied mithilfe der zwischenmolekularen Kräfte [B3].

A3 Erkläre, weshalb sich Henicosan ($C_{21}H_{44}$) beim Erhitzen zersetzt, ohne zu sieden.

A4 Erläutere, weshalb die Viskosität in der homologen Reihe der Alkane mit steigender Kettenlänge der Moleküle zunimmt.

B3 Zu Aufgabe 2

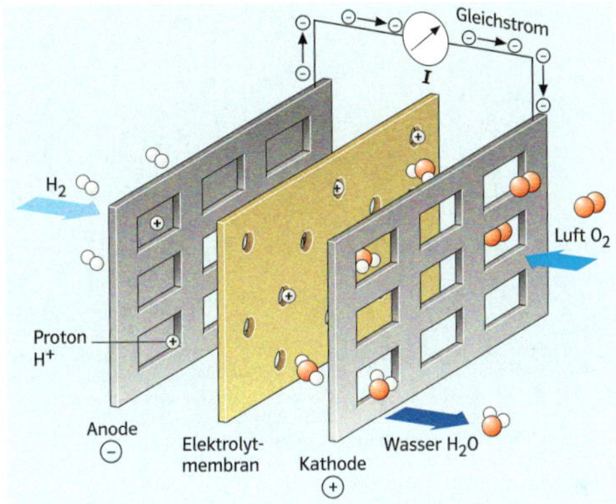

B1 Zu Aufgabe 5

A5 Beschreibe die Vorgänge, die in einer Wasserstoff-Sauerstoff-Brennstoffzelle ablaufen [B1].

A6 Ermittle in Form von Steckbriefen die Vorzüge und Nachteile der in [B2] angegebenen Energieträger.

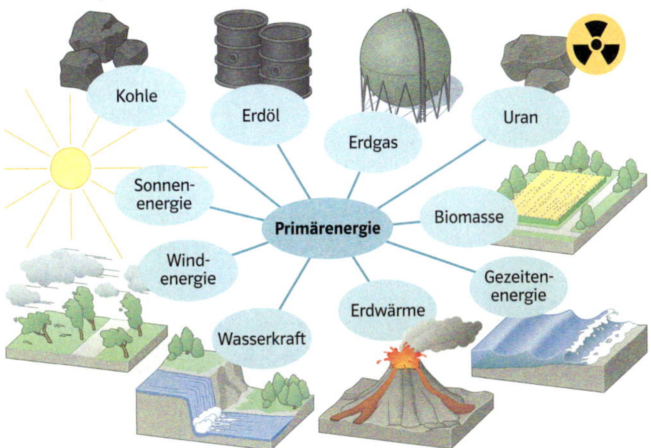

B2 Zu Aufgabe 6

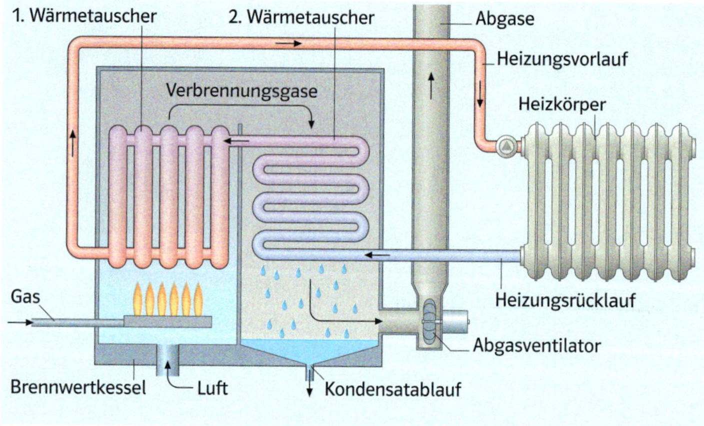

B4 Zu Aufgabe 7

A7 **a)** Ein Bauteil von bestimmten Heizungsanlagen ist der Brennwertkessel. Erläutere das abgebildete Funktionsschema [B4].
b) Wodurch wird der Wasserdampf des Abgases zur Kondensation gebracht? Was bewirkt diese Kondensation im Heizkreislauf?
c) Leite die wahrscheinliche Herkunft der Bezeichnung „Brennwertkessel" her.
Tipp: In anderen Heizungsanlagen müsste der Kessel analog als „Heizwertkessel" bezeichnet werden.

A8 Recherchiere die Vorkommen von Methanhydraten und einige der Probleme, die mit der Förderung der Methanhydrate verknüpft sein sollen [B5].

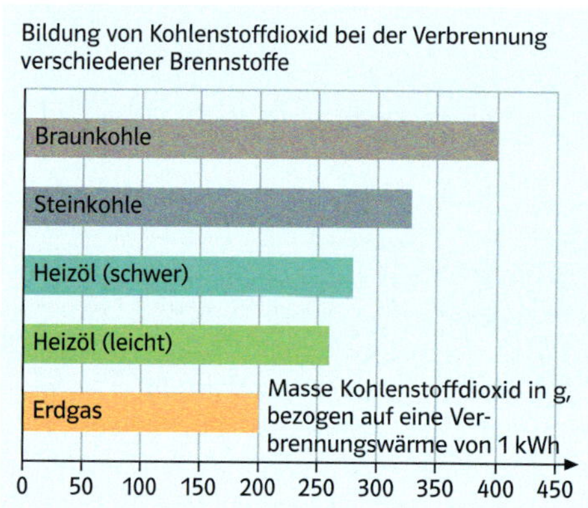

B6 Zu Aufgabe 9

A9 Es gibt mehrere Gründe dafür, Erdgas als einen weniger schädlichen Brennstoff anzusehen als Heizöl. Trage einige Gründe zusammen und beziehe auch [B6] ein.

A10 Überlege und notiere, wie du selbst dazu beitragen kannst, dass weniger fossile Brennstoffe verbrannt und damit Ressourcen eingespart werden und der Ausstoß von Kohlenstoffdioxid reduziert wird.

A11 Wasserstoff bietet als Energieträger nicht unter allen Umständen Vorteile. Was muss bei seiner Herstellung beachtet werden, damit die Vorteile überwiegen?

Die Männer des kanadischen Fischtrawlers Ocean Selector waren überrascht, als sie im November 2000 ihr Grundschleppnetz vor Vancouver Island an Bord zogen. Ihr Fang aus etwa 800 Meter Tiefe bestand nicht aus Fisch, sondern aus rund 1000 kg weißlich aussehender Brocken, die zischten und brennbar waren. Die Brocken waren Methanhydrat. Methanhydrat ist ein Feststoff aus Wasser und Methan, in dem Methan in hoher Dichte in ein Gitter aus Wassermolekülen eingelagert ist. Aus 1 m³ festem Methanhydrat entweichen bei 20 °C und 1013 hPa bis zu 164 m³ Methan und 0,8 m³ Wasser. Methanhydrat bildet sich bei hohen Methangehalten unter Druck und bei niedrigen Temperaturen, z. B. in Meerestiefen ab ca. 400 m. Das Methan stammt meist aus dem Abbau organischer Substanzen. Schätzungen zufolge übertrifft Methanhydrat die Vorkommen an Erdgas und Erdöl bei weitem.
Methanhydrat ist also ein interessanter „Energievorrat". Allerdings soll es bei der Förderung des Methanhydrats zu schwierig zu bewältigenden Umweltproblemen kommen können. Das Methanhydrat festigt den Meeresboden. Methan bewirkt einen viel höheren Treibhauseffekt als Kohlenstoffdioxid.

B5 Zu Aufgabe 8

11.20 Horizonte Biodiesel - Pro und Contra

Diskutieren, Pro und Contra
Diskutieren will gelernt sein. Mitreden und Entscheiden kann man nur auf der Grundlage von Informationen. Ohne Informationen kann man kaum entscheiden, ob es sinnvoll ist, z. B. Diesel oder Biodiesel zu tanken oder ein Auto mit Elektroantrieb zu kaufen. Die einzelnen Arbeitsschritte, die zu einer Diskussion führen, sollen am Beispiel „Biodiesel- Pro und Contra" betrachtet werden.

B1 Diesel oder doch besser Biodiesel in den Tank?

1. Sammelt Daten und Fakten
Zunächst müssen Informationen aus unterschiedlichen Quellen wie Büchern, Zeitschriften, dem Internet usw. gesammelt werden, z. B.
- Wie werden Diesel und Biodiesel gewonnen?
- Welche Rohstoffe werden benötigt?
- Welche Technik steht zur Verfügung?
- Wie hoch ist der Energiebedarf?
- Welche Umweltbelastungen treten auf?
- ...

2. Bewertet die Argumente
Vor einer öffentlichen Diskussion müssen die gesammelten Daten und Fakten bewertet werden, d.h., die Vor- und Nachteile werden zusammengestellt und gewichtet.

3. Bildet Expertengruppen
Die Vielzahl der Informationen kann je nach Interesse auf mehrere Personen verteilt werden.

B2 In der Debatte: Austausch von Argumenten?

Bildet zunächst eine "Dieselgruppe" und eine "Biodieselgruppe". In jeder Gruppe gibt es Experten, die verschiedene Argumente zum Thema vortragen und erklären können, z. B.
- Experte für Rohstoffe
- Experte für Umweltfragen
- Experte für Energiebedarf
- Experte für ...

4. Diskutiert im Plenum
Beim Diskutieren im Plenum werden Pro- und Contra-Argumente für den jeweiligen Treibstoff ausgetauscht. Wenn es mehrere Gruppen für den jeweiligen Treibstoff gibt, muss es nicht zur gleichen Bewertung kommen.
Ein Ergebnis einer Diskussion kann eine Ökobilanz sein. Ein anderes Ergebnis kann auf die Energieversorgung eines Landes abzielen.

Aufgaben und Ideen

A1 Auf der nächsten Seite sind einige Aussagen zum Rapsöl und Biodiesel gesammelt. Nutze diese zum Sammeln von Fakten.

A2 Eine interessante Pro- und Contra-Diskussion lässt sich auch zum Thema "Bioethanol contra Benzin" führen (Kap. 11.14). Eine Hälfte eurer Klasse kann sich auch diesem Thema zuwenden.

Die Ökobilanz berücksichtigt alle Schritte bei Herstellung, Gebrauch und Entsorgung eines Produktes

In der Sachbilanz werden Rohstoffe, Zusatzstoffe, Produkte und Energiebedarf betrachtet.

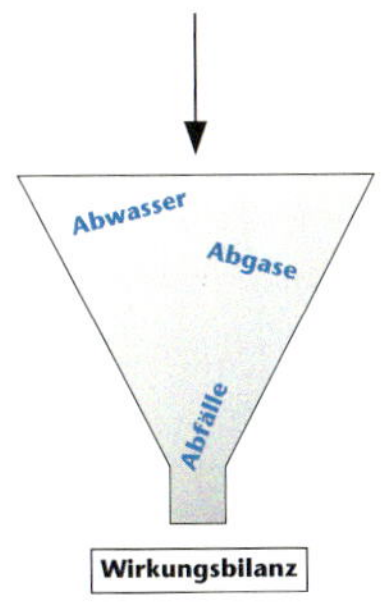

In der Wirkungsbilanz werden die Ergebnisse der Sachbilanz im Hinblick auf Umweltbelastungen (Abfall, Abwasser, Abgas) beurteilt.

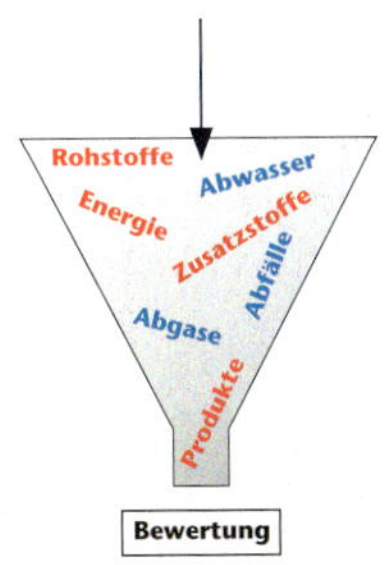

Sach- und Wirkungsbilanz führen zu einer Bewertung, welcher Treibstoff für die Zukunft geeignet ist.

B3 Ein Rapsfeld für die Erzeugung von Biodiesel

Biodiesel ist ein Kraftstoff auf pflanzlicher Basis, der wie Dieselkraftstoff aus Erdöl in einem Verbrennungsmotor eingesetzt werden kann. Das Pflanzenöl wird aus ölhaltigen Pflanzen wie Raps und Ölpalmen gewonnen und bei der Biodieselproduktion zu einem Methylester umgewandelt.

Als Rohstoff für Biodiesel stellt sich unter mitteleuropäischen Verhältnissen Raps als die geeignetste Pflanze mit einem Ölgehalt in den Samen von 40 bis 45 % dar.

Deutschland verbraucht pro Jahr über 50 Millionen Tonnen Diesel und Leichtes Heizöl. Im Inland stehen nicht genügend landwirtschaftliche Nutzflächen zur Verfügung, um eine entsprechende Menge an Pflanzenöl zu produzieren. Es müsste also Pflanzenöl importiert werden, wenn man ganz auf Biodiesel umsteigen will. In vielen asiatischen Ländern, z. B. in Malaysia, hat man Ölpalmen angepflanzt, um Palmöl zu exportieren. Dafür wurde großflächig Regenwald abgeholzt.

Anbau, Düngung, Schädlingsbekämpfung, maschinelle Ernte und Verarbeitung von Raps erfordern einen hohen Energieaufwand. Um einen Liter Biodiesel zu gewinnen, muss mehr als ein halber Liter Dieseltreibstoff aufgewendet werden. Bei importierten Pflanzenölen muss noch der Energieeinsatz für den Transport berücksichtigt werden.

In der EU sind Vogel- und Insektenarten dadurch bedroht, dass brachliegende Flächen, die sich die Natur langsam zurückgeholt hat, jetzt für den Anbau von Energiepflanzen genutzt werden. Doch nicht nur europäische Tierarten sind bedroht, sondern auch die Fauna in den Anbauländern. So werden viele Tiere durch Abholzung des Regenwaldes entweder aus ihrem natürlichen Lebensraum vertrieben, getötet oder sogar ausgerottet.

Raps benötigt für sein Wachstum viel Stickstoff, der durch Düngen zugeführt werden muss. Ein nicht unbeträchtlicher Teil des ausgebrachten Stickstoffdüngers kann allerdings nicht von den Rapspflanzen aufgenommen werden, da ihn Mikroorganismen im Boden in Lachgas (N_2O) umwandeln. Das Distickstoffmonooxid entweicht in die Atmosphäre und wirkt hier als Treibhausgas, dessen Treibhauseffekt ist fast 300-mal so groß wie der von Kohlenstoffdioxid.

Untersuchungen zur Ökobilanz des Biodiesels haben ergeben, dass man mit einem Liter Biodiesel etwa 2,2 kg Klimagase einspart, was im Vergleich zu Dieseltreibstoff eine Einsparung von etwa 60 bis 70 % bedeutet. Besonders bemerkenswert ist, dass Biodiesel fast frei von Schwefelverbindungen ist und somit kaum Schwefeldioxidemissionen verursacht. Auch die CO_2-Bilanz ist fast neutral. Es wird in etwa so viel Kohlenstoffdioxid bei der Verbrennung von Biodiesel freigesetzt, wie die Pflanze beim Wachstum aufgenommen hat. Ferner hängt die Ökobilanz von Biodiesel sehr stark von den Verwendungsmöglichkeiten der Nebenprodukte ab, die bei der Herstellung entstehen (z. B. Glycerin bei der Biodiesel-Produktion), den Ausgangsprodukten (z. B. Reststoffe oder Energiepflanzen) und von den Produktionsmethoden (z. B. Düngemitteleinsatz bei der Herstellung).

Rapsöl und Rapsölmethylester sind biologisch abbaubar. Sie können ohne besondere Sicherheitsvorkehrungen gelagert und transportiert werden.

Organische Chemie

Noch zu Beginn des 19. Jahrhunderts glaubten die Chemiker, dass viele Stoffe wie Zucker und Fette nur in lebenden Körpern aufgebaut werden könnten, aber niemals in den Apparaturen eines Laboratoriums.

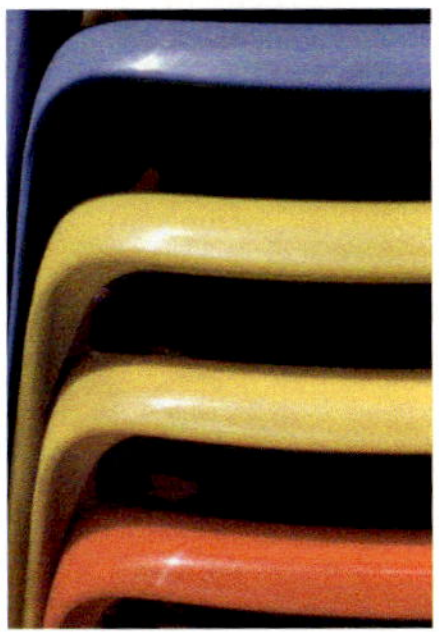

In den Organismen sollte eine besondere Lebenskraft wirken, die Vis vitalis. Vor diesem Hintergrund führte 1806 JÖNS JACOB BERZELIUS (1779–1848) den Begriff organische Chemie für die Chemie der Stoffe ein, die von Organismen hergestellt werden.

Der organischen stand die anorganische Chemie gegenüber. Die Auffassung von einem grundsätzlichen Unterschied zwischen beiden Bereichen der Chemie wurde 1828 durch FRIEDRICH WÖHLER (1800–1882) erschüttert. WÖHLER gelang es, im Labor aus dem anorganischen Salz Ammoniumcyanat die organische Verbindung Harnstoff zu erhalten.

Die Begriffe „organisch" und „anorganisch" haben historische Bedeutung. Die organischen Verbindungen sind Kohlenstoffverbindungen. Zu diesen gehören so unterschiedliche Stoffe wie Erdöl, Erdgas, Kunststoffe, Waschmittel, Arzneimittel, Farbstoffe, Kosmetika und viele weitere Stoffe.

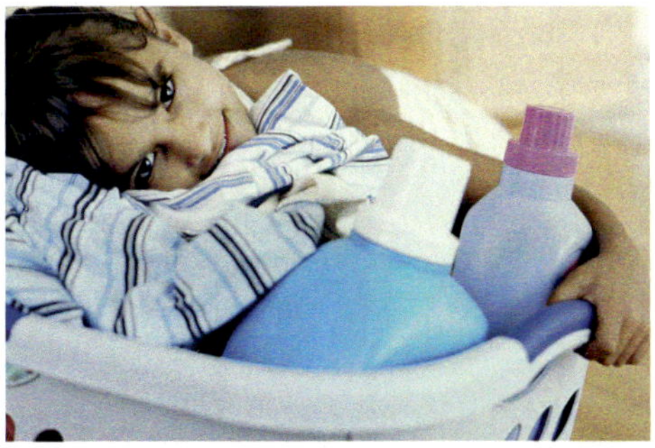

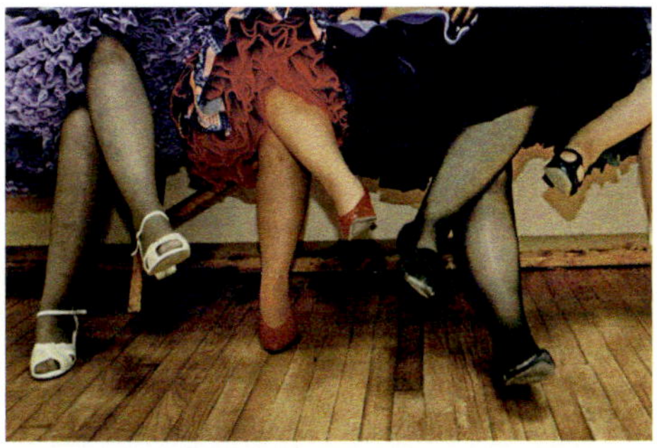

Friedrich Wöhler und die Harnstoffsynthese

B1 FRIEDRICH WÖHLER (1800–1882)

B2 WÖHLERS Entdeckung im Lehrbuch

Herkunft und Studium. FRIEDRICH WÖHLER wurde am 31. Juli 1800 in Eschersheim bei Frankfurt am Main als Sohn eines fürstlichen Stallmeisters geboren. Der Vater erwarb 1806 ein Gut und bewirtschaftete es erfolgreich. Er wurde einer der angesehensten Bürger Frankfurts. In dieser bürgerlichen Umgebung wuchs F. WÖHLER auf, er entwickelte in der Schulzeit erste Interessen an der Chemie und Mineralogie.

1820 begann er das Medizinstudium in Marburg. Im folgenden Jahr wechselte er nach Heidelberg, um dort neben dem Studium der Medizin im chemischen Laboratorium von Professor LEOPOLD GMELIN zu experimentieren. 1823 schloss er das Medizinstudium mit der Promotion ab und wandte sich ganz der Chemie zu. Im gleichen Jahr erhielt er die Gelegenheit, in Stockholm bei JÖNS JAKOB BERZELIUS zu arbeiten. Im Laufe des einjährigen Aufenthalts entwickelte sich zwischen dem jungen Chemiker und dem viel älteren Großmeister der damaligen Chemie eine Freundschaft, die trotz fachlicher Kontroversen ein Leben lang Bestand hatte.

Erfolgreicher Forscher. Von 1825 bis 1831 unterrichtete und forschte WÖHLER in Berlin an der Städtischen Gewerbeschule. 1827 gelang ihm dort die erste Reindarstellung von Aluminium. Er erhielt es durch die Reaktion von Aluminiumchlorid mit Kalium. 1828 folgte die Zufallssynthese des Harnstoffs aus Ammoniumcyanat, die ihn weltberühmt machte.

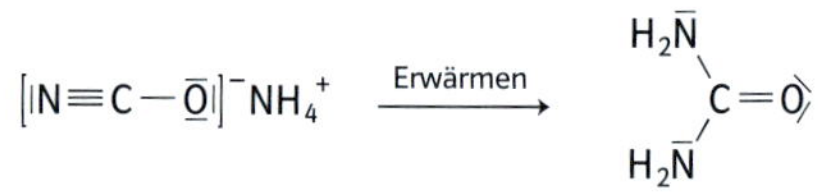

Harnstoff entsteht auf natürliche Weise im Körper von Mensch und Tier als Abbauprodukt von Eiweißen und ist im Urin enthalten.

WÖHLER berichtete in einem Brief vom 22. Februar 1828 seinem Freund und Lehrer Berzelius: „*... muß ich Ihnen erzählen, daß ich Harnstoff machen kann, ohne dazu Nieren oder überhaupt ein Thier, sey es Mensch oder Hund nöthig zu haben ... Es bedürfte nun weiter Nichts als einer vergleichenden Untersuchung mit Pisse-Harnstoff, den ich in jeder Hinsicht selbst gemacht hatte, und dem Cyan-Harnstoff.*"

Noch im Jahr der Harnstoffsynthese, mit 28 Jahren, wurde WÖHLER zum Professor ernannt. 1831 wechselte er von Berlin nach Kassel an die Höhere Gewerbeschule. 1836 übernahm er den Lehrstuhl für Chemie und Pharmazie an der Universität Göttingen. Unter seiner Leitung wurde das Göttinger Labor eine berühmte Lehrstätte, die Studenten aus vielen Ländern anzog. Bis zu seinem Tod im Jahr 1882 wirkte WÖHLER dort.

A1 Recherchiere, auf welchen Gebieten der Chemie WÖHLER im Laufe seines Lebens forschte.

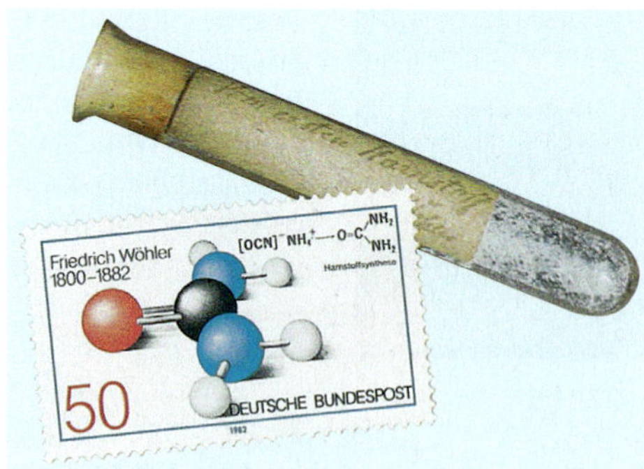

B3 Reagenzglas von WÖHLER mit von ihm hergestelltem Harnstoff, heute im Deutschen Museum in München

Praktikum Qualitative Analyse organischer Verbindungen

V1 Nachweis von Kohlenstoff- und Wasserstoffatomen

Geräte und Chemikalien: Schutzbrille, Porzellanschale, Weithals-Erlenmeyerkolben (250 ml) mit Stopfen, Reagenzglas, durchbohrter Stopfen mit Gasableitungsrohr, Stativ, Doppelmuffe, Universalklemme, Becherglas (100 ml), Gasbrenner, Spatel, Holzspan, frisch filtriertes Kalkwasser, Kupferoxid in Drahtform, weißes Kupfersulfat oder Watesmopapier, Ethanol, Puderzucker.

Durchführung:

a) Gib 2 bis 3 ml Ethanol in die Porzellanschale und entzünde den Stoff mit dem Holzspan. Halte den Weithals-Erlenmeyerkolben mit der Öffnung nach unten über die Flamme. Schütte dann etwas Kalkwasser in den Kolben, verschließe und schüttle kräftig.

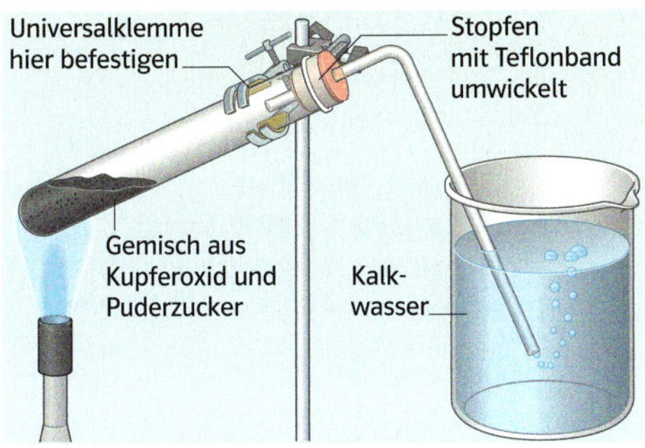

b) Vermische in dem Reagenzglas eine Spatelspitze Puderzucker mit etwa 5 Spateln Kupferoxid. Verschließe das Reagenzglas mit dem durchbohrten Stopfen mit dem Gasableitungsrohr und befestige das Reagenzglas so an dem Stativ, dass das Gasableitungsrohr in das Kalkwasser ragt. Nimm den Brenner in die Hand und erhitze das Reaktionsgemisch kräftig. Ziehe kurz vor dem Ende des Erhitzens das Gasableitungsrohr durch Anheben des Stativs aus dem Kalkwasser. Führe mit den Tröpfchen im Reagenzglas nach Abkühlen den Wassernachweis durch.

Aufgaben:

a) Beschreibe und deute die Beobachtungen.

b) Warum muss bei Durchführung b das Gasableitungsrohr vor dem Ende des Erhitzens aus dem Kalkwasser gezogen werden?

V2 Hinweis auf Sauerstoffatome

Information: Eine Lösung von Iod in flüssigen Sauerstoffverbindungen ist gelb bis braun, eine Lösung von Iod in Verbindungen, die keine Sauerstoffatome enthalten, in der Regel rotviolett bis violett. Ausnahmen bilden einige Schwefel- und Stickstoffverbindungen, die hier aber keine Rolle spielen.

Aufgaben:

a) Wähle eine organische Sauerstoffverbindung und eine organische Kohlenwasserstoffverbindung aus, schlage die Stoffe deiner Lehrkraft als Testsubstanzen vor.

b) Überprüfe die Verbindungen anschließend mit Iod, stelle dazu die Geräte und Materialien zusammen.

V3 Nachweis von Stickstoffatomen und Schwefelatomen

Geräte und Chemikalien: Schutzbrille, Gasbrenner, Reagenzglas, Spatel, Pinzette, konz. Natronlauge in einer Tropfflasche ($w \approx 30\,\%$), gekochtes Eiweiß, Universalindikatorpapier, Bleiacetatpapier, Uhrglas.

Hinweis: (Schutzbrille!) Durch Natronlauge können schwere Verätzungen hervorgerufen werden! Es kann auch zum Herausspritzen heißer Lauge kommen, wenn das Reagenzglas schon aus der Flamme genommen worden ist! Das Bleiacetatpapier ist nur mit der Pinzette anzufassen!

Durchführung:

a) Erhitze in dem Reagenzglas eine kleine Portion gekochtes Hühnereiweiß mit etwa 3 ml konz. Natronlauge kurz zum Sieden. Nimm das Reagenzglas aus der Flamme.

b) Halte mit der Pinzette ein feuchtes Indikatorpapier in die entweichenden Dämpfe über der Reagenzglasöffnung.

c) Gib ein bis zwei Tropfen Flüssigkeit aus dem Reagenzglas auf Bleiacetatpapier, das auf einem Uhrglas liegt.

Aufgaben:

a) Beschreibe und deute die Beobachtungen.

b) Hält man in die Dämpfe über der Reagenzglasöffnung einen Glasstab mit einem Tropfen konz. Salzsäure, bildet sich ein Rauch. Deute diese Beobachtungen.

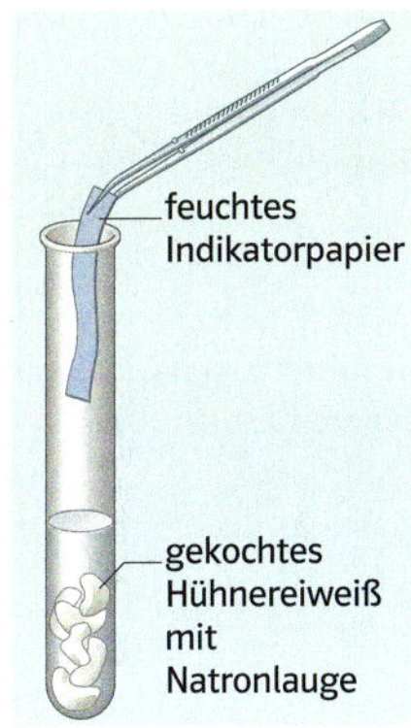

B1 Zum Nachweis von Stickstoffatomen

Organische Kohlenstoffverbindungen

Perioden	Gruppen I	II	III	IV	V	VI	VII	VIII
1	H•							He:
2	Li•	Be	B	C	N	O	F	Ne
3	Na•	Mg	Al	Si	P	S	Cl	Ar
4	K•	Ca	Ga	Ge	As	Se	Br	Kr
5	Rb•	Sr	In	Sn	Sb	Te	I	Xe
6	Cs•	Ba	Tl	Pb	Bi	Po	At	Rn
7	Fr•	Ra						

B1 Häufige Elemente in organischen Verbindungen

Auch die bereits in Kapitel 11 „Energie aus chemischen Reaktionen" vorgestellten Alkane und die weiteren dort genannten Kohlenwasserstoffe gehören zu den organischen Verbindungen

Heute zählt man zur organischen Chemie die Verbindungen, die aus *Kohlenstoff* und weiteren Elementen aufgebaut sind. Die häufigsten davon sind neben dem Kohlenstoff: *Wasserstoff, Sauerstoff* und *Stickstoff*.

Außer diesen vier Elementen spielen noch Schwefel, Phosphor, die Halogene und einige Metalle (Eisen, Magnesium, Kupfer) in manchen organischen Verbindungen eine Rolle.
Auffallend ist, dass nur *wenige Elemente viele Millionen organischer Verbindungen* bilden. Dagegen sind von allen übrigen Elementen zusammen „nur" einige Hunderttausend Verbindungen bekannt.

Vielfalt durch Kohlenstoffatome. Das Kohlenstoffatom steht in der 2. Periode und IV. Gruppe des Periodensystems. Es geht aufgrund seiner vier Valenzelektronen vier Atombindungen (Elektronenpaarbindungen) ein.

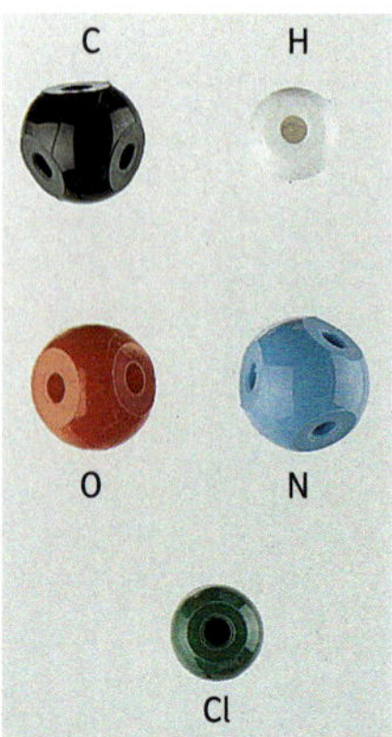

B2 Modelle für Atome organischer Moleküle

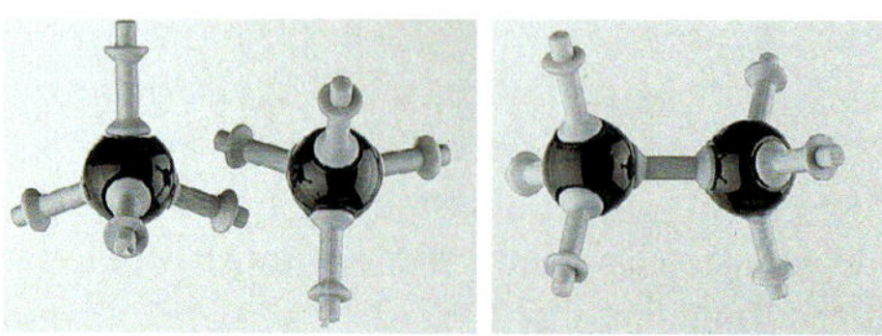

B3 Vierbindigkeit der Kohlenstoffatome

Man sagt, es ist „vierbindig". Diese Vierbindigkeit ermöglicht eine große Vielfalt der Bildung von Verbindungen. Dazu kommt, dass Kohlenstoffatome untereinander Bindungen eingehen können und dadurch die Anzahl der Verknüpfungsvariationen immens zunimmt.

V1 Entzünde eine kleine Portion Alkohol (Ethanol) und sauge die Verbrennungsgase durch ein gekühltes U-Rohr und eine Waschflasche mit Kalkwasser. Bestreue die Flüssigkeit im U-Rohr mit weißem Kupfersulfat oder berühre die Tröpfchen mit Watesmopapier.

V2 In ein Reagenzglas füllt man 2 cm hoch Sand und tränkt diesen mit Alkohol. Man bringt in das waagerecht eingespannte Reagenzglas eine Magnesiarinne mit Magnesiumpulver und verschließt mit einem durchbohrten Stopfen mit Gasableitungsrohr. Zunächst wird das Magnesiumpulver stark erhitzt, danach werden durch gleichzeitiges schwaches Erhitzen des Sandes Alkoholdämpfe darübergeleitet. Die aus dem Rohr entweichenden Gase werden über Wasser aufgefangen und entzündet. (Schutzbrille!) Man gibt das feste Reaktionsprodukt in Wasser und prüft den pH-Wert.

A1 Die experimentelle Untersuchung einer organischen Verbindung hat ergeben, dass die Moleküle dieser Verbindungen aus Kohlenstoff-, Wasserstoff- und Sauerstoffatomen aufgebaut sind. Ein Molekül hat die Masse 46 u.
a) Ermittle mögliche Summenformeln.
b) Baue mithilfe eines Molekülbaukastens verschiedene mögliche Molekülmodelle. Wie viele verschiedene Molekülmodelle lassen sich zusammenbauen?

A2 Wie viele Wasserstoffatome können maximal von 2 Kohlenstoffatomen, die miteinander verknüpft sind, gebunden werden?

► Struktur der Materie

12 Alkohole

Lässt man zuckerhaltige Säfte, z. B. Apfel- oder Traubensaft, längere Zeit stehen, so beginnen sie zu gären. Dieser chemische Vorgang läuft von alleine ab und wird von Hefepilzen ausgelöst.

Schon seit Jahrtausenden werden auf diese Weise alkoholische Getränke hergestellt. Sie enthalten Ethanol. Dieser ist auch ein wichtiger Grundstoff der chemischen Industrie.

Es gibt weitere Alkohole, die mit dem Ethanol chemisch verwandt sind und die alle eine Gemeinsamkeit im Bau ihrer Moleküle aufweisen.
Trotz dieser Gemeinsamkeit treten auch unterschiedliche Eigenschaften und Reaktionsweisen auf.

Zwischen dem Molekülbau, den Eigenschaften der Alkohole und dem Reaktionsverhalten gibt es einen Zusammenhang; dabei lassen sich Ordnungsprinzipien und Regeln erkennen.
Aus den Eigenschaften der Alkohole ergeben sich vielfältige Verwendungsbereiche in Technik und Alltag.

Online-Link
756084-1200

12.1 Der Natur abgeschaut – Alkohole

B1 Weintrauben enthalten bis zu 8% Traubenzucker (Glucose)

B2 Marulafrüchte

B3 Gärrörchen auf einem Holzfass

Vom Traubenzucker zum Alkohol.
Die Umwandlung von Zucker in Alkohol zählt zu den vom Menschen bewusst angewandten biochemischen Reaktionen.
Der in vielen Früchten enthaltene Traubenzucker (Glucose) bildet die Grundlage für die Entstehung des Alkohols Ethanol. Hefen bauen die Glucose mithilfe von Enyzmen (Biokatalysatoren) ab und nutzen die dabei frei werdende Energie für ihre Lebensprozesse. Die Hefezellen bauen die Glucosemoleküle mit oder ohne Sauerstoff ab. Mit Sauerstoff betreiben sie die Zellatmung. Die Abbauprodukte der Zellatmung sind Kohlenstoffdioxid und Wasser. Haben die Hefen keinen Sauerstoff zur Verfügungen, vergären sie den Zucker zu Ethanol und Kohlenstoffdioxid (alkoholische Gärung). Ethanol gehört zur Stoffklasse der Alkohole. Ethanol ist der trinkbare Alkohol.

A1 **a)** Formuliere für die Zellatmung und die alkoholische Gärung je ein Reaktionsschema. Gib auch an, ob es sich um eine exotherme oder endotherme Reaktion handelt.
b) Begründe, warum man bei der Weinherstellung mit Wasser oder Kalkwasser gefüllte Gärröhrchern verwendet [B3].
c) Was würde geschehen, wenn der Gäransatz luftdicht verschlossen bzw. ganz offen wäre?

Torkelnde Elefanten und Affen
Wenn im Krüger-Nationalpark in Südafrika die süßen, gelben Beeren des Marulabaums [B2] hochreif sind, rücken Horden von Elefanten an. Am Baum angekommen, vertilgen die Tiere große Mengen an Beeren. Schon bald verändert sich ihr Verhalten: sie torkeln, ihnen knicken die Beine weg, und sie fallen in einen langen Schlaf.

B4 Ein Elefant verköstigt sich am Marulabaum

A2 Recherchiere, wie es zu diesem ungewöhnlichen Verhalten der Elefanten kommt.

Alkohol – eine Droge

Nach dem Drogen- und Suchtbericht der Bundesregierung raucht ein Drittel der Erwachsenen, 9,5 Millionen Menschen trinken riskant viel Alkohol, 1,3 Millionen sind abhängig. Jeder vierte Jugendliche säuft mindestens einmal pro Monat bis zum Umfallen, 19 500 kamen zuletzt binnen eines Jahres mit Alkoholvergiftung ins Krankenhaus.

B5 Ausschnitt aus einem Zeitungsartikel

A3 **a)** Sammle Meldungen aus Tageszeitungen zum Alkoholmissbrauch von Kindern und Jugendlichen, zu Verkehrsunfällen und Verbrechen unter Alkoholeinfluss.

b) Berechne die Kosten der Behandlung der Alkoholvergiftung von Jugendlichen in einem Jahr, wenn für jeden Fall 500 Euro aufzuwenden sind.
c) Diskutiere Maßnahmen, die der Verführung von Jugendlichen durch Alkohol entgegenwirken könnten.

Alkohol in Kosmetika
In den meisten Kosmetika wie zum Beispiel Gesichts- und Rasierwasser oder Parfums wird Ethanol als Lösungsmittel eingesetzt.
Wird ein Parfüm, Gesichts- oder Rasierwasser auf die Haut aufgetragen, so kühlt sich die Haut in der Umgebung der Auftragsstelle ab.

B6 Rasier- und Gesichtswasser enthält Alkohol als Lösungsmittel.

A4 Erläutere, wie die kühlende Wirkung zustande kommt.

Ethanol als Brennstoff
Tischkocher zum Zubereiten oder Warmhalten von Speisen oder Getränken können mit Brennspiritus oder mit einer Brennpaste betrieben werden. Brennpaste ist ein gallertartiges bis zähflüssiges Gemisch aus Brennspiritus und Calciumacetat.

Brennspiritus ist Ethanol, das durch einen Zusatzstoff ungenießbar gemacht worden ist. Calciumacetat ist ein Salz, das Ethanol bindet und beim Erwärmen frei gibt.

B7 Ein Tischkocher mit Brennpaste

A5 **a)** Erkläre, warum der Umgang mit Brennpaste ungefährlicher ist als der Umgang mit flüssigen Brennspiritus.
b) Welche Stoffe entstehen bei der vollständigen Verbrennung von Ethanol? Ethanolmoleküle sind aus Kohlenstoff-, Wasserstoff- und Sauerstoffatomen aufgebaut.

Frostschutzmittel Glycerin
Glycerin gehört zur Stoffklasse der Alkohole. Es wird bei der Herstellung von Hautcremes genutzt, um die Feuchtigkeit dieser Produkte zu erhalten. Mithilfe von Glycerin und weiteren Stoffen gelingt es dem Zitronenfalter, die langen Wintermonate mit ihren tiefen Temperaturen in Kältestarre an Gräsern oder Sträuchern zu überleben. Durch das Frostschutzmittel Glycerin wird die Gefriertemperatur der Körperflüssigkeit des Falters erniedrigt.

B8 Zitronenfalter in Kältestarre

A6 Plane ein Experiment, mit dem sich die Erniedrigung der Gefriertemperatur durch Glycerins nachweisen lässt.

B9 Brennspiritus ist vergälltes Ethanol

Vergällen bedeutet in der Chemie ungenießbar machen

12.2 Die Herstellung von Alkohol

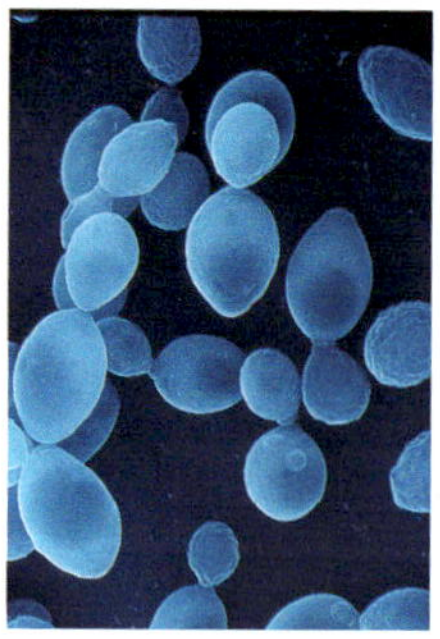

B1 Hefezellen (mikroskopisches Bild)

Alkoholische Getränke sind weit verbreitet. In ihnen ist Alkohol in Wasser gelöst enthalten. Der Alkohol wird diesen Getränken meist nicht zugesetzt, sondern entsteht durch eine chemische Reaktion bei der Herstellung der Getränke. Die Zubereitung alkoholischer Getränke ist schon seit Jahrtausenden bekannt. Die frühe Fähigkeit Alkohol herzustellen ist wohl darauf zurückzuführen, dass die Alkoholentstehung auch ohne Zutun des Menschen in der Natur abläuft.

Alkoholische Gärung. Alkohol entsteht aus Traubenzucker (Glucose), der in vielen Früchten enthalten ist. Unter dem Einfluss der **Enzyme** (Biokatalysatoren) von *Hefepilzen* [B1] entsteht neben Alkohol ein weiteres Reaktionsprodukt, Kohlenstoffdioxid:

$$\text{Traubenzucker} \xrightarrow[\text{Wasser}]{\text{Enzyme}} \text{Alkohol} + \text{Kohlenstoffdioxid}$$

enzymatisch
mithilfe von Enzymen, die als Biokatalysatoren wirken

Diesen Vorgang nennt man alkoholische Gärung. Bei vielen Früchten sind auf ihren Schalen bereits Hefepilze vorhanden, sodass der Gärvorgang von selbst beginnen kann. Er liefert den Hefezellen die für sie lebensnotwendige Energie. Der Presssaft der Früchte reichert sich durch den Gärvorgang langsam mit Alkohol an. So entsteht z. B. Apfelwein. Den Gärvorgang kann man anhand der Bildung von Kohlenstoffdioxid verfolgen. Verschließt man die Gärgefäße, bevor die Gärung völlig beendet ist, so löst sich unter dem steigenden Druck ein großer Teil des Kohlenstoffdioxids in der Flüssigkeit.

Auch aus Pflanzen, die Stärke enthalten, können alkoholische Getränke hergestellt werden, da in Pflanzenzellen aus Stärke enzymatisch Traubenzucker entstehen kann. Dies nutzt man z. B. bei der Bierherstellung, für die man u. a. Gerste benötigt. Auch aus anderen stärkehaltigen Früchten und Knollen, wie Reis und Kartoffeln, kann Alkohol hergestellt werden. In einem *Hefeteig* läuft ebenfalls eine *alkoholische Gärung* ab. Das Kohlenstoffdioxid treibt das Gebäck auf und macht es locker. Der ebenfalls entstehende Alkohol verdampft beim Backvorgang.

Destillation. Die alkoholische Gärung hört von alleine auf, sobald eine Volumenkonzentration von ca. 15 % erreicht ist, da dann die Hefezellen absterben. Höhere Alkoholkonzentrationen lassen sich durch Destillieren („Brennen") erreichen [B2, B3]. Man erhält so *Branntwein*. Im Destillat liegt maximal eine Volumenkonzentration von 96 % vor. Lösungen mit diesem Alkoholgehalt nennt man *Spiritus*, er wird u. a. zur Herstellung von Spirituosen verwendet. Aus steuerlichen Gründen durch Zusätze ungenießbar gemacht („vergällt"), dient er als *Brennspiritus*. Um wasserfreien Alkohol herzustellen, muss das restliche Wasser durch Zusatz eines hygroskopischen Stoffes, z. B. Calciumoxid, entfernt werden.

B2 Technische Alkoholherstellung

B3 Historische Apparatur zur Branntweinherstellung

► Chemische Reaktion

12.3 Praktikum Alkoholische Gärung

V1 Vergärung von Fruchtsäften
Geräte und Materialien: Schutzbrille, Weintrauben oder Äpfel (jeweils ungewaschen), Kalkwasser, Erlenmeyerkolben (Enghals, 250 ml), passender Stopfen (einfach durchbohrt), Glasrohr (doppelt gewinkelt, U-Form), Becherglas (100 ml, hohe Form), Reibschale mit Pistill, Reibe mit Teller für Äpfel.
Durchführung: Drücke in einer Reibschale Weintrauben oder geriebenen Apfel mit einem Pistill aus und fülle den Saft dieser Früchte in den Erlenmeyerkolben. Verschließe ihn mit einem durchbohrten Gummistopfen mit doppelt gewinkeltem Glasrohr, das in das Becherglas mit Kalkwasser eintaucht. Lass die Lösung für Versuch 3 mindestens eine Woche stehen.
Aufgabe: Beschreibe und deute die Beobachtungen.

V2 Bedeutung der Hefe
Geräte und Materialien: Schutzbrille, 2 Erlenmeyerkolben (Enghals, 250 ml), 2 Stopfen (einfach durchbohrt), 2 Gärröhrchen, Waage, Kalkwasser, Wasser, Hefe, Traubenzucker.
Durchführung: Gib jeweils 15 g Traubenzucker und 150 ml Wasser in die Erlenmeyerkolben. Füge einer der Lösungen noch 2 g Hefe zu, schwenke gut um und markiere diesen Kolben. Verschließe die Kolben mit Stopfen und Gärröhrchen mit Kalkwasser. Stelle die Kolben für etwa eine Woche an einen warmen Ort.
Aufgabe: Beschreibe und deute die Beobachtungen.

V3 Brennprobe auf Alkohol
Geräte und Materialien: Schutzbrille, Stativ, Doppelmuffe, Universalklemme, Dreifuß mit Keramikdrahtnetz, Gasbrenner, Holzspan, Siedesteinchen, Rundkolben (100 ml), Glasrohr (ca. 80 cm), Stopfen (einfach durchbohrt), Ansätze von Versuch 1 und 2.
Durchführung: Baue die Apparatur nach [B1] zusammen und befülle den Rundkolben etwa zur Hälfte mit dem Ansatz von Versuch 1. Setze einige Siedesteinchen zu und erhitze langsam bis zum Sieden. Versuche, die Dämpfe mit einem brennenden Holzspan am Ende des Steigrohres zu entzünden. Führe die Probe ebenso mit den Ansätzen von Versuch 2 durch.
Aufgabe: Beschreibe und deute deine Beobachtungen.

V4 Bestimmung des Zuckergehalts von Fruchtsäften
Das Ausmaß der Alkoholbildung bei der Gärung hängt ab vom Zuckergehalt der eingesetzten Lösung. So ist es z. B. im Weinbau sehr wichtig, den Zuckergehalt des Traubensafts zu kennen. Die Bestimmung erfolgt mithilfe eines Aräometers (Senkwaage). Durch Zucker und einige andere Inhaltsstoffe besitzen die Lösungen höhere Dichten als reines Wasser (ρ = 1000 g/l). Als Maß für den Zuckergehalt, v. a. von vergärbarem Fruchtsaft (Most), wird häufig das „Mostgewicht" in der Einheit Oechslegrad (Zeichen: °Oe) angegeben:

$$\text{Mostgewicht} = \left(\frac{\rho(\text{Lösung})}{\text{g/l}} - 1000\right) \text{°Oe}$$

Aus dem Mostgewicht lässt sich die Zuckerkonzentration β(Zucker) und die maximal bei vollständiger Vergärung erreichbare Alkoholkonzentration σ(Alkohol) nach folgenden Beziehungen grob abschätzen:

$$\beta(\text{Zucker}) \approx \frac{\text{Mostgewicht}}{\text{°Oe}} \cdot 2\,\frac{\text{g}}{\text{l}}$$

$$\sigma(\text{Alkohol}) \approx \frac{\text{Mostgewicht}}{8\ \text{°Oe}}\ \%$$

Geräte und Materialien: Schutzbrille, Aräometer mit Standzylinder („Oechslewaage"), verschiedene klare Mostsorten.
Durchführung: Fülle den Standzylinder mit Most und tauche das Aräometer langsam ein. Lies die Skala, wenn das Aräometer frei schwimmt, an der Grenzfläche Luft – Flüssigkeit ab.
Aufgabe: Schätze aus den Messwerten die Zuckerkonzentration der Moste sowie die erreichbare Alkoholkonzentration ab.

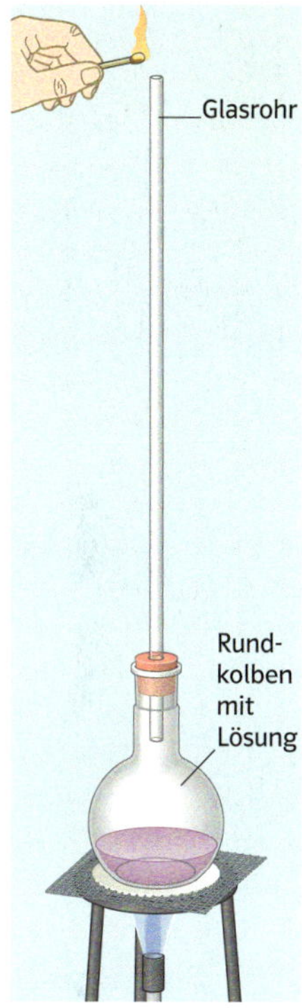

B1 Zu Versuch 3

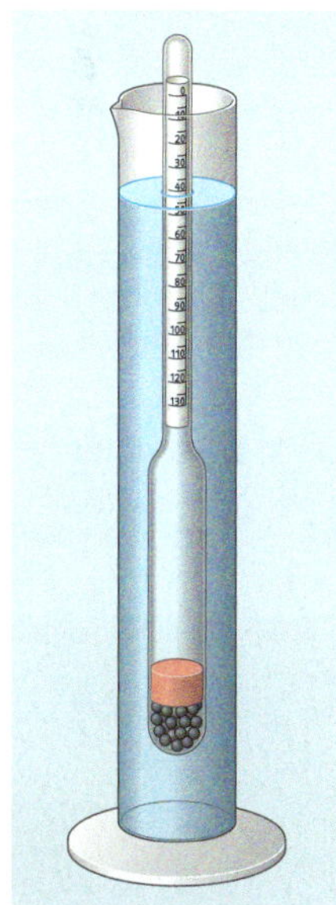
B2 Dichtebestimmung

12.4 Die Herstellung von Bier

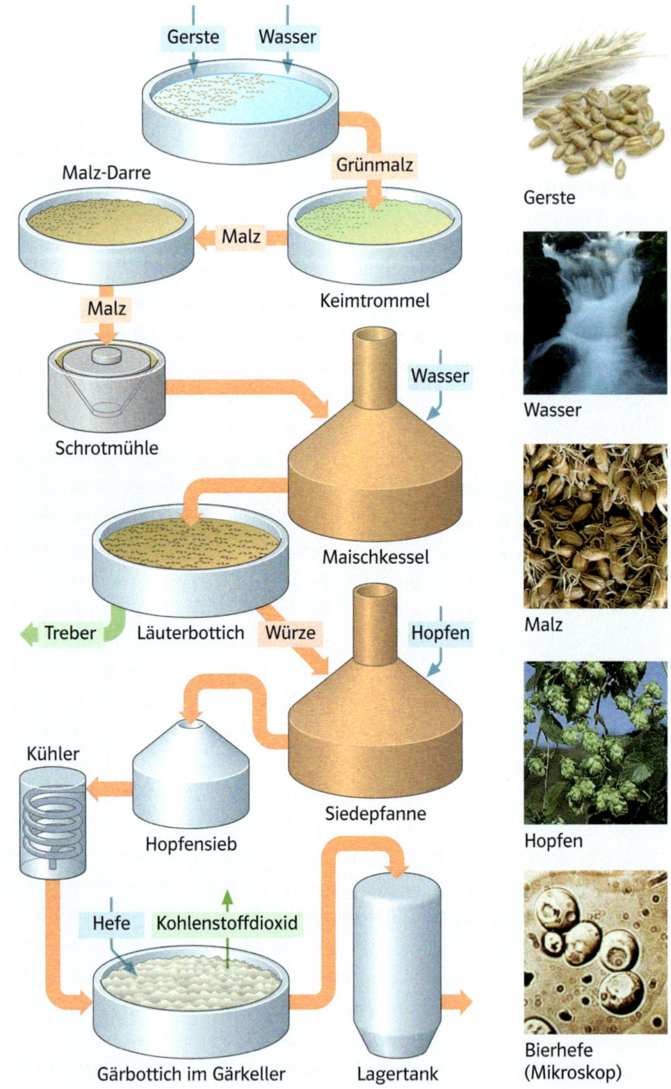

B1 Stationen der Bierherstellung

B2 Hopfenzugabe (links) und Gärbottich (rechts)

Nach dem deutschen Reinheitsgebot dürfen zur Bereitung von Bier nur Hopfen, Malz, Hefe und Wasser verwendet werden.

Mälzen. Zur Malzherstellung werden Gerstenkörner mit Wasser zum Keimen gebracht. Dabei entsteht Grünmalz, das auf einem gitterartigen Boden, der Darre, getrocknet wird. Das Malz wird geschrotet und in großen Kupferkesseln, den Maischkesseln, mit Wasser auf 50 °C bis 75 °C erwärmt. Dabei entsteht aus Stärke Malzzucker. Der Rückstand (Treber) wird im Läuterbottich abgetrennt. Malztreber ist ein Futtermittel.

Sieden. Nach Zugabe von Hopfen wird die Würze in der Siedepfanne gekocht [B2]. Aroma- und Bitterstoffe des Hopfens gehen in Lösung und verleihen dieser einen herben Geschmack. Die Gerbstoffe machen das Bier haltbar. Nach Abtrennen der Hopfenrückstände wird die Würze auf etwa 5 °C bis 10 °C gekühlt.

Gären. Die Würze wird in Gärbottichen [B2] mit Reinzuchthefe versetzt und bei einer Temperatur von 5 °C bis 10 °C etwa 8 bis 10 Tage vergoren. Die Hefe setzt sich am Boden ab, es entsteht untergäriges Bier. In Lagertanks kommt es bei 0 °C bis 2 °C zu einer Nachgärung. Dabei reichert sich Kohlenstoffdioxid an.

Alkoholfreies Bier. Diese Biere können eine Volumenkonzentration an Alkohol bis 0,5 % besitzen. Zu ihrer Herstellung wird dem Bier der Alkohol weitgehend entzogen. Hierbei werden z. B. Membranen eingesetzt, die unter Druck die kleinen Alkohol- und Wassermoleküle durchlassen, nicht jedoch die größeren Moleküle der Aromastoffe. Das entfernte Alkohol-Wasser-Gemisch wird danach durch Wasser ersetzt. Alternativ lässt man Bier und Wasser, durch eine semipermeable Membran getrennt, gegenläufig aneinander vorbeiströmen. Durch Diffusion gelangen die Alkoholmoleküle auf die Seite des Wassers und werden so entfernt. Auch können spezielle Hefesorten zur Gärung eingesetzt werden, die kaum Alkohol erzeugen.

12.5 Alkoholgenuss – Alkoholmissbrauch

Der Genuss von Alkohol erfolgt häufig wie selbstverständlich. Oft wird der Alkohol auch als „Freudenbringer" und „Problemverdränger" angesehen, der das Leben scheinbar leichter macht. Diese Einstellung zum Alkoholkonsum kann jedoch bereits der erste Schritt zur Alkoholabhängigkeit sein. Besonders groß ist die Gefahr der Gewöhnung durch den Konsum der auf den Geschmack von Jugendlichen abgestimmten Mixgetränke (Alcopops), da der Alkoholgeschmack durch die Süße der Getränke überdeckt wird. Damit können v. a. Jugendliche, denen die üblichen Alkoholika zu bitter oder zu scharf schmecken, zum Konsum von Alkohol verführt werden. Meist bedenken sie jedoch nicht, dass eine Flasche dieser Mixgetränke häufig mehr Alkohol enthält als zwei Gläser Weinbrand (2 x 0,02 l; [B1]). Die kurz- und langfristige Wirkung des Alkohols wird unterschätzt.

Die Wirkung von Alkohol auf den Körper. In Deutschland werden jährlich mehr als 25 Milliarden € für alkoholische Getränke ausgegeben. Durchschnittlich nimmt jeder Einwohner täglich 35 ml (ca. 28 g) reinen Alkohol zu sich. Alkohol ist ein giftiger Stoff, die tödliche Dosis für ein Kleinkind liegt bei 7 g bis 17 g reinem Alkohol. Dies entspricht etwa einem Glas Wein [B1]. Da Alkohol direkt in den Blutkreislauf gelangt, zeigen auch beim Erwachsenen bereits geringe Mengen sehr schnell Auswirkungen auf Befinden und Verhalten. Durch Alkohol werden Nervenzellen schnell und nachhaltig in ihrer Funktion gestört. Die direkten Folgen sind Minderung des logischen Denkvermögens und der Selbstkontrolle sowie der Abbau von Hemmungen. Der Genuss größerer Alkoholmengen führt zum „Rausch". Dabei werden bis zu 10 Millionen Gehirnzellen zerstört. Langfristig wird die Leber geschädigt, in der der Alkohol abgebaut wird. Pro Stunde werden etwa 7 g bis 9 g Alkohol abgebaut. Je nach *Konstitution* kann eine tägliche Aufnahme von 20 g bis 60 g Alkohol über längere Zeit zu lebensbedrohlicher Leberschrumpfung (Leberzirrhose) führen. Auch andere Organe werden geschädigt [B3].

Bier	Weinbrand	Weißwein	Likör	Sekt
0,3 l	0,04 l	0,125 l	0,04 l	0,1 l
Volumenkonzentration σ(Ethanol):				
5%	38%	10%	30%	12%
Masse der in einem Getränk enthaltenen Alkoholportion m(Ethanol):				
11,8 g	11,9 g	9,8 g	9,4 g	9,4 g

B1 Alkoholanteil einiger Getränke im Vergleich

Konstitution
Körperbau und körperliche Verfassung

B2 Betrunkener Jugendlicher

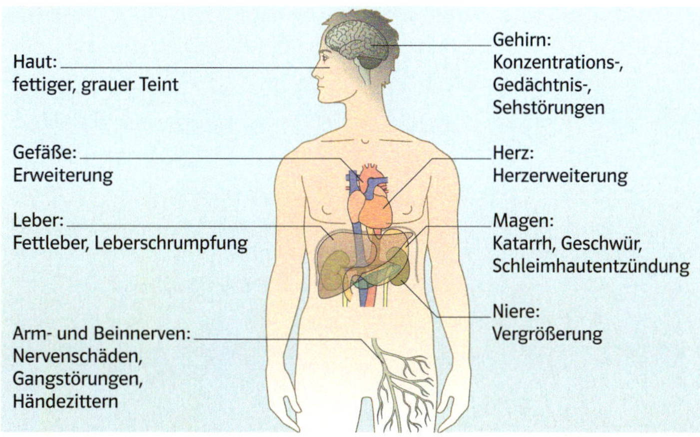

B3 Alkohol schädigt die Organe des Menschen

Promille Ein Promille ist ein Tausendstel.

$1‰ = \frac{1}{1000} = 10^{-3}$

Diese Einheit kann bei allen Anteilen (z. B. Massenanteil, Volumenanteil) verwendet werden

Unter 0,5‰: Bereits 0,3‰ erschweren den schnellen Überblick über eine ständig wechselnde Verkehrslage. Das Reaktionsvermögen verschlechtert sich.

0,5 bis 0,8‰: Reaktion auf optische und akustische Signale wird deutlich verlangsamt. Bremsweg verlängert sich bei 50 km/h um 14 m, Blickfeld ist eingeengt („Tunnelblick"), Minderung der Konzentrationsfähigkeit; Unfallhäufigkeit mit Personenschäden verdoppelt sich.

0,8 bis 1,2‰: Erhebliche Minderung der Aufmerksamkeit und Konzentrationsfähigkeit, stark verzögerte Reaktionsabläufe; euphorische Überschätzung der eigenen Fähigkeiten.

1,2 bis 2,4‰: Absolute Fahruntüchtigkeit, bei 1,5‰ sechzehnfaches Risiko für einen Unfall mit Personenschäden; Gleichgewichts- und Koordinationsstörungen; stark gestörte Reaktionsabläufe bei gleichzeitiger Überschätzung der eigenen Fähigkeiten.

B4 Gefahren durch Alkoholmissbrauch im Straßenverkehr

$$w(\text{Alkohol im Blut}) = \frac{m(\text{aufgenommener Alkohol})}{m(\text{Person}) \cdot r}$$

r ist ein Faktor, der u. a. vom Geschlecht und der Konstitution abhängt.
Durchschnittswerte: $r(\text{Mann}) = 0{,}68$; $r(\text{Frau}) = 0{,}55$.

Beispiel: Ein Mann ($m = 75\,\text{kg}$) trinkt ein Glas Bier ($V = 0{,}3\,\text{l}$) mit einer Volumenkonzentration

$$\sigma(\text{Alkohol}) = \frac{V(\text{Alkohol})}{V(\text{Getränk})} = 0{,}05\ (5\,\%)$$

Schätze seinen Blutalkoholgehalt ab.

$V(\text{Alkohol}) = \sigma(\text{Alkohol}) \cdot V(\text{Getränk}) = 0{,}05 \cdot 0{,}3\,\text{l} = 0{,}015\,\text{l} = 15\,\text{ml}$
$m(\text{Alkohol im Blut}) = \rho(\text{Alkohol}) \cdot V(\text{Alkohol}) = 0{,}785\,\text{g/ml} \cdot 15\,\text{ml} = 11{,}8\,\text{g}$

$$w(\text{Alkohol im Blut}) = \frac{11{,}8\,\text{g}}{75\,000\,\text{g} \cdot 0{,}68} = 0{,}00023 = 0{,}23‰$$

B5 Berechnung des Blutalkoholgehalts

Alkohol und Sucht. Eine seelische Abhängigkeit von Alkohol kann sich bereits bei relativ geringer täglicher Aufnahme einstellen und zur Alkoholsucht führen. Der Abhängige steht unter einem Wiederholungszwang, in einer seelischen und körperlichen Abhängigkeit von ständiger Alkoholzufuhr in immer kürzeren Zeitabständen. Nur eine Entziehungskur und lebenslanger Verzicht auf Alkohol können die Sucht zum Stillstand bringen.

Alkohol und Verkehr. Besonders gefährlich sind die Auswirkungen von Alkohol auf den Menschen im Straßenverkehr [B4]. Vor allem führt die enthemmende Wirkung von Alkohol zur Selbstüberschätzung und zu riskantem Verhalten. Allein ein Viertel der im Straßenverkehr Getöteten sind Opfer alkoholbedingter Verkehrsdelikte. Bei Verdacht auf „Alkohol am Steuer" werden von der Polizei nicht nur bei Autofahrern Kontrollen durchgeführt, sondern auch bei allen anderen Verkehrsteilnehmern, wie z. B. Fahrern von Fahrrädern. Dabei wird zunächst der Alkoholgehalt in der Atemluft mit einem elektronischen Messgerät bestimmt. Ab einem bestimmten Wert wird eine Blutprobe zur Bestimmung des Blutalkoholgehalts veranlasst. Ein Massenanteil von 1‰ bedeutet, dass sich 1 mg Alkohol in 1000 mg (1 g) Blut befindet. Mit der in [B5] angegebenen Formel lässt sich der Blutalkoholgehalt nach Alkoholkonsum näherungsweise abschätzen.

A1 Warum ist die Unfallgefahr nach Alkoholkonsum erhöht? Welche Wirkungen hat Alkohol auf das Gehirn und das Sehvermögen? Beschreibe!

A2 Die „Promillegrenze" für Verkehrsteilnehmer liegt z. B. in Schweden bei 0,2‰, in der Türkei sogar bei 0,0‰. Ermittle, welche „Promillegrenzen" im Straßenverkehr bei uns von Bedeutung sind. Welche Gründe sprechen dafür, diese „Promillegrenzen" bei uns weiter herabzusetzen?

A3 Welcher Alkoholgehalt (Massenanteil in Promille) lässt sich bei einer 50 kg schweren Frau nach zwei Flaschen Alcopops ($\sigma = 5{,}5\,\%$; je 0,33 l) etwa feststellen?

12.6 Der Aufbau des Ethanolmoleküls

Der durch die alkoholische Gärung entstehende Alkohol wird genauer als **Ethanol** bezeichnet. Da Ethanol ein bei Zimmertemperatur flüssiger, leicht flüchtiger Stoff ist, liegt es nahe, anzunehmen, dass er aus Molekülen und nicht aus Ionen aufgebaut ist. Durch geeignete Experimente erhält man Hinweise auf die *Atomarten*, die am *Aufbau* des Ethanol*moleküls* beteiligt sind, und auf deren *Verknüpfung*.

Elementare Zusammensetzung. Bei der Verbrennung von Ethanol entstehen Kohlenstoffdioxid und Wasser [V1]. Am Aufbau des Ethanolmoleküls müssen also *Kohlenstoff- und Wasserstoffatome* beteiligt sein. Durch weitere Experimente [V2, V3] erhält man den Hinweis auf Sauerstoffatome. Weitere Atomarten lassen sich nicht nachweisen. Eine quantitative Analyse liefert das Atomanzahlverhältnis $N(C):N(H):N(O) = 2:6:1$. Über die Ermittlung der Molekülmasse erhält man daraus die Summenformel C_2H_6O.

Struktur des Ethanolmoleküls. Zu der Summenformel C_2H_6O lassen sich zwei Strukturformeln aufstellen [B2]. In der einen (I) sind *alle* Wasserstoffatome an Kohlenstoffatome gebunden. In der anderen (II) nimmt *ein* Wasserstoffatom eine Sonderstellung ein.
Die unterschiedliche Verknüpfung der Atome in den beiden denkbaren Molekülen muss Auswirkungen auf ihr *Reaktionsverhalten* haben. Auffällig ist, dass in Struktur (II) mit der OH-Gruppe eine Atomgruppierung vorliegt, wie sie auch im Wassermolekül vorkommt. Es ist zu erwarten, dass der Stoff, der aus Molekülen dieser Struktur besteht, einige dem Wasser ähnliche Eigenschaften und Reaktionen zeigt. Eine solche Ähnlichkeit besteht in der *Reaktion mit Natrium.*

Natrium reagiert mit Ethanol unter *Wasserstoffentwicklung* [V4]. Der Verlauf dieser Reaktion ist beim Ethanol allerdings weniger heftig als bei der entsprechenden Reaktion mit Wasser.

Durch weitere Versuche wurde bestätigt, dass das Ethanolmolekül tatsächlich eine OH-Atomgruppierung besitzt, also Struktur (II) zutrifft. So kann man zeigen, dass der bei dieser Reaktion mit Natrium entstehende Wasserstoff *ausschließlich Wasserstoffatome* enthält, die zuvor an das *Sauerstoffatom im Ethanolmolekül* gebunden waren. Um die Sonderstellung des an das Sauerstoffatom gebundenen Wasserstoffatoms zu kennzeichnen, schreibt man C_2H_5OH statt der Summenformel C_2H_6O. Die OH-Gruppe wird als **Hydroxylgruppe** bezeichnet.

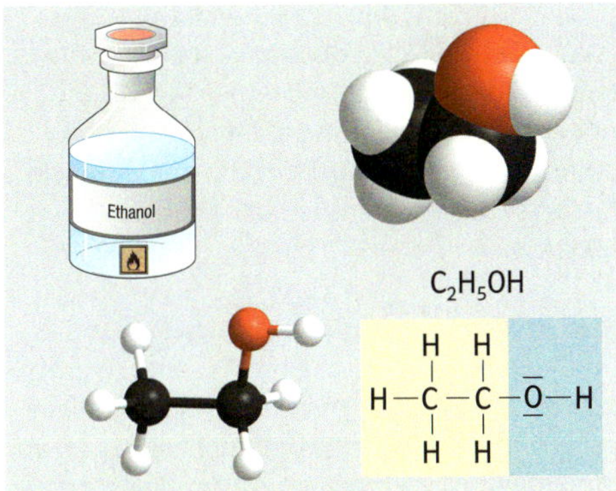

B1 Ethanolmolekül – Modelle und Formeln; Hydroxylgruppe blau hinterlegt

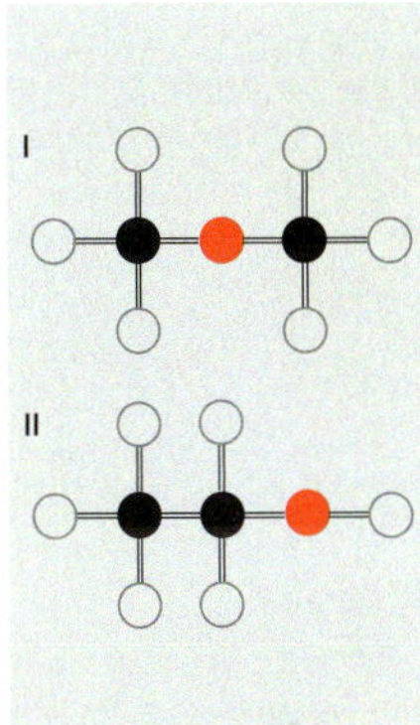

B2 Verschiedene Molekülmodelle zur Summenformel C_2H_6O

Das Ethanolmolekül besitzt die Formel C_2H_5OH. Es enthält eine Ethylgruppe und eine Hydroxylgruppe (OH-Gruppe).

V1 Wiederhole [V1] (Kap. Organische Chemie, S. 360).

V2 Man wiederholt [V2] (Kap. Organische Chemie, S. 360).

V3 Führe [V2] (Kap. Organische Chemie, Praktikum) mit wasserfreiem Ethanol aus.

V4 Man gibt eine kleine Portion Natrium in ein Reagenzglas mit Ethanol (wasserfrei), fängt das entstehende Gas über Wasser auf und führt die Knallgasprobe durch.

A1 Formuliere die Reaktionsgleichung der vollständigen Verbrennung von Ethanol.

A2 Die Molekülmasse eines Ethanolmoleküls beträgt $m = 46\,u$. Wie erhält man daraus die Summenformel? Erläutere!

12.7 Eigenschaften und Verwendung von Ethanol

Ethanol ist nicht nur als Bestandteil alkoholischer Getränke, sondern in vielen Bereichen des täglichen Lebens und in der Technik zu finden. Die besonderen Eigenschaften und damit die Anwendungsbereiche des Ethanols lassen sich durch den Bau der Moleküle erklären.

Auswirkungen der Hydroxylgruppe. Das Ethanolmolekül besitzt eine *OH-* bzw. *Hydroxylgruppe*. Die Bindung zwischen dem Wasserstoff- und dem Sauerstoffatom ist stark polar, mit einer positiven Teilladung am Wasserstoffatom und einer negativen am Sauerstoffatom. Es liegt ein **Dipolmolekül** vor.
Zwischen Ethanolmolekülen können sich **Wasserstoffbrücken** ausbilden [B2]. Jedes Ethanolmolekül stellt im Unterschied zu einem Wassermolekül hierbei nur ein Wasserstoffatom zur Verfügung, das eine Wasserstoffbrücke zum Nachbarmolekül ausbilden kann. Die zwischenmolekularen Kräfte sind insgesamt schwächer als beim Wasser. Dementsprechend ist auch die Siedetemperatur mit 78 °C tiefer. Sie ist allerdings wesentlich höher als die Siedetemperatur von Stoffen, deren Moleküle unpolar sind und zwischen denen ähnlich große Van-der-Waals-Kräfte wirken wie zwischen Ethanolmolekülen (z. B. Propanmoleküle).

Auch die Tatsache, dass Ethanol in Wasser löslich ist [V1], ist auf die polare Hydroxylgruppe zurückzuführen. Zwischen Ethanol- und Wassermolekülen können sich ebenfalls Wasserstoffbrücken ausbilden.

Ethanol als Lösungsmittel. Die Farbflecke mancher Filzstifte lassen sich nicht gut mit Wasser, dagegen sehr gut mit Ethanol entfernen. Offenbar hat Ethanol andere Lösungseigenschaften als Wasser. Versuche zum Lösungsverhalten des Ethanols ergeben, dass es nicht nur in Wasser, sondern auch in Benzin löslich ist [V1]. Dieses Verhalten ist erstaunlich, da Wasser und Benzin sich nicht ineinander lösen.
Benzin setzt sich vorwiegend zusammen aus Molekülen, an deren Aufbau nur Wasserstoff- und Kohlenstoffatome beteiligt sind. Es sind also **Kohlenwasserstoffe**. Im einfachsten Fall sind in diesen Molekülen alle Atome durch Einfachbindungen verbunden (Kap. 11.4). Stoffe, deren Moleküle dieses Bauprinzip aufweisen, gehören zur Stoffgruppe der Alkane. Aufgrund ihres räumlichen Baus sind Alkanmoleküle unpolar. Zwischen ihnen wirken nur Van-der-Waals-Kräfte (Kap. 11.5).
Ein Teil des Ethanolmoleküls, die C_2H_5-Gruppe, zeigt dasselbe Bauprinzip wie die Alkanmoleküle. Dieser Molekülteil ist ebenfalls unpolar und verantwortlich für die Löslichkeit von Ethanol in Benzin.

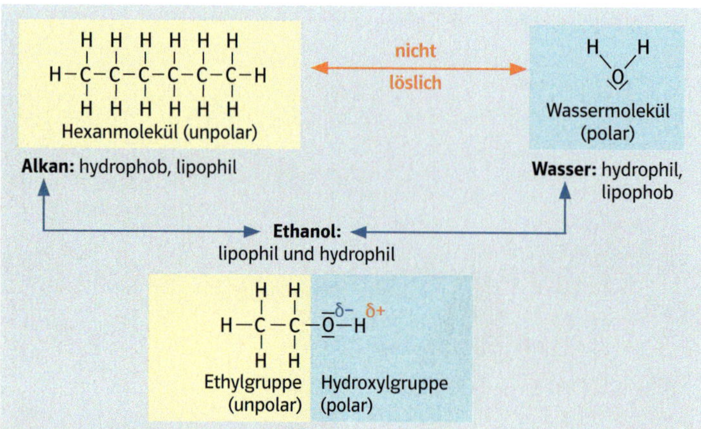

B1 Struktur und Löslichkeit. Ethanol löst sich aufgrund seines Molekülbaus in Wasser und Benzin

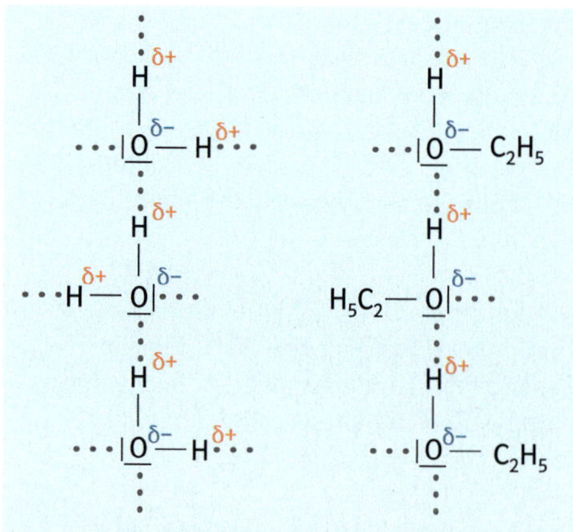

B2 Wasserstoffbrücken zwischen Wassermolekülen (links) und zwischen Ethanolmolekülen (rechts)

Das Lösungsverhalten von Ethanol wird also bestimmt durch die unterschiedlichen Polaritäten seiner beiden Molekülteile. Stoffe lösen sich in solchen Lösungsmitteln, deren Moleküle ähnliche Strukturen und damit ähnliche Polarität besitzen wie die Moleküle des zu lösenden Stoffes [B1]. Man sagt:

„Je ähnlicher die Polaritäten der Teilchen zweier Stoffe sind, desto besser lösen sich die Stoffe ineinander."

Zur Charakterisierung des Lösungsverhaltens eines Stoffes gegenüber Wasser verwendet man den Begriff **hydrophil (wasserfreundlich)** bei guter Wasserlöslichkeit und **hydrophob (wassermeidend)** bei schlechter Wasserlöslichkeit. Außer den Alkanen zählen vor allem Fette und Öle zu den ausgesprochen hydrophoben Stoffen. Fettlösliche Stoffe bezeichnet man als **lipophil**, wenig fettlösliche als **lipophob**. Ethanol ist demnach sowohl *hydrophil* als auch *lipophil*.

Verwendung von Ethanol. Eine Eigenschaft, die Ethanol mit den Kohlenwasserstoffen gemeinsam hat, ist die Brennbarkeit. Außer bei seiner Verwendung als Brennspiritus wird diese Eigenschaft bei der Verwendung als Treibstoff genutzt (Kap. 12.9). Auch Lösungen mit Wasser sind bis zu einer Alkoholkonzentration von ca. 50 % noch brennbar.
Der Bedarf an Ethanol zur industriellen Verwendung ist sehr groß. Der größte Teil wird nicht über eine alkoholische Gärung hergestellt, sondern durch Reaktion von aus Erdöl gewonnenem Ethen mit Wasser. So werden in Deutschland jährlich etwa 100 000 t „technischer Alkohol" hergestellt.

B3 Alltagsprodukte mit Alkoholgehalt

Aufgrund seiner Fähigkeit, sowohl hydrophile als auch hydrophobe Stoffe zu lösen, wird Ethanol in vielen Bereichen als Lösungsmittel verwendet, besonders dann, wenn *zugleich* hydrophile und hydrophobe Stoffe, z. B. Wirkstoffe in einem Arzneimittel, gelöst werden sollen [B5]. Ein weiterer Vorteil ist, dass solche Lösungen noch bis zu einem bestimmten Grad mit Wasser verdünnbar sind, bevor sich eine Emulsion bildet [V2b]. Außer in der pharmazeutischen Industrie nutzt man dies bei der Herstellung von Kosmetika, wie Rasier-, Gesichts-, Mund- und Duftwasser [B3], sowie in der Lack- und Farbenindustrie. Auch viele Filzstifte und Tinten enthalten Ethanol als Lösungsmittel. Ferner wird es als Extraktions-, Reinigungs-, Desinfektions- und Konservierungsmittel verwendet. Für nicht zu hohe Temperaturen ersetzt Ethanol als Thermometerfüllung das giftige Quecksilber [B4].

V1 Gib in je ein Reagenzglas etwas Wasser bzw. Benzin, füge etwa die gleiche Menge Ethanol (Brennspiritus) zu und schüttle.

V2 **a)** Gib in ein Reagenzglas zu 1 ml Benzin 1 ml Wasser und schüttle. Füge anschließend portionsweise etwa 20 ml Brennspiritus zu. **b)** Gib in ein Reagenzglas etwas alkoholischen Anisextrakt und füge tropfenweise Wasser hinzu.

A1 Nenne jeweils Eigenschaften des Ethanols, die auf den Einfluss der Hydroxyl- bzw. Ethylgruppe zurückzuführen sind, und begründe die Zuordnung.

A2 **a)** Welche zwischenmolekularen Kräfte sind hauptsächlich für die Höhe der Siedetemperaturen von Wasser und Ethanol verantwortlich?
b) Erkläre, warum Ethanol bei einer tieferen Temperatur siedet als Wasser.

A3 Zeichne einige Ethanol- und Wassermoleküle mit den zwischen ihnen auftretenden Wechselwirkungen und erkläre damit die Löslichkeit von Ethanol in Wasser.

A4 Welche Eigenschaften von Ethanol nutzt man bei seiner Verwendung in „Kölnisch Wasser"?

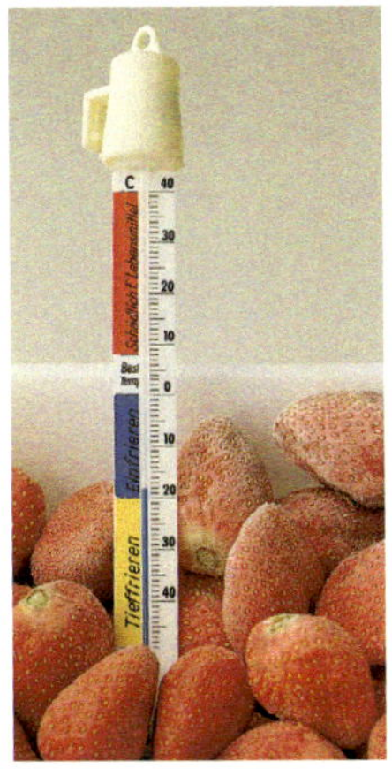

B4 Ethanol als Thermometerfüllung

lipophil von griech. lipos, Fett und griech. philos, liebend

lipophob von griech. lipos, Fett und griech. phobos, Furcht

hydrophil von griech. hydor, Wasser und griech. philos, liebend

hydrophob von griech. hydor, Wasser und griech. phobos, Furcht

B5 Ethanol als Lösungsmittel für Pflanzenwirkstoffe

12.8 Homologe Reihe der Alkanole

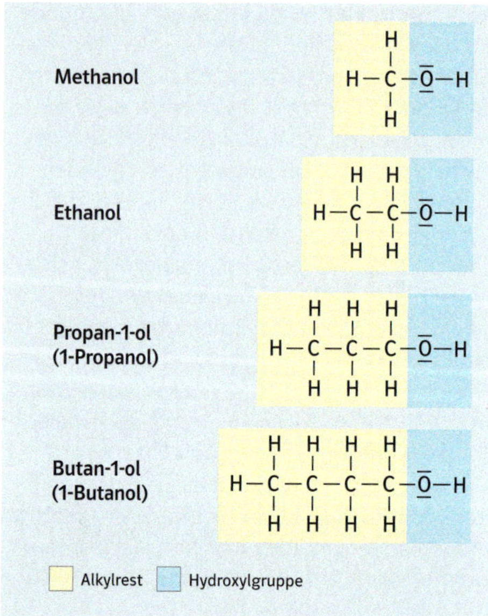

B2 Strukturformeln einiger Alkanolmoleküle

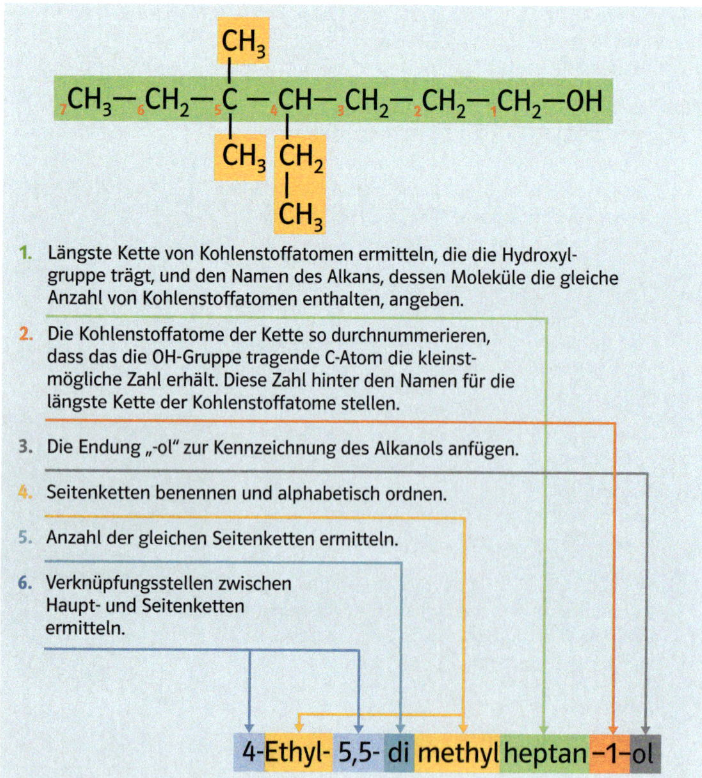

B1 Benennung eines Alkanols

Alkohole sind organische Stoffe, deren Moleküle *mindestens eine* OH-Gruppe besitzen. Diese muss an ein C-Atom gebunden sein, von dem keine Mehrfachbindungen ausgehen. Diese Stoffe sind sich in vielen Eigenschaften und Reaktionen ähnlich, da die allen Molekülen gemeinsame OH-Gruppe das Verhalten der Alkoholmoleküle wesentlich beeinflusst. Sie wird daher als **funktionelle Gruppe** der Alkoholmoleküle bezeichnet.

Homologe Reihe der Alkanole. Ersetzt man in einem Alkanmolekül (Kap. 11.4) ein Wasserstoffatom formal durch eine Hydroxylgruppe, erhält man das Molekül eines **Alkanols**. Jedes Alkanol ist ein Alkohol, aber nicht umgekehrt.
Die Endung „-ol“ bedeutet, dass im Molekül eine OH-Gruppe als funktionelle Gruppe vorhanden ist, also ein Alkohol vorliegt. Der alkanähnliche Molekülteil wird als **Alkylgruppe** oder **Alkylrest** bezeichnet. Die Alkanole lassen sich in einer Reihe anordnen [B2]. Aufeinander folgende Glieder dieser Reihe unterscheiden sich dadurch, dass ihre Moleküle immer einen um eine CH_2-Gruppe erweiterten Alkylrest aufweisen. Dies ist eine **homologe Reihe** [B4]. Die Alkanole besitzen die allgemeine Formel $\mathbf{C_nH_{2n+1}OH}$.

Benennung der Alkanole. Der Name eines Alkanols wird dadurch gebildet, dass man an den Namen des Alkans, dessen Moleküle die gleiche Anzahl von Kohlenstoffatomen enthalten wie der Alkylrest des Alkanolmoleküls, die Endung „-ol“ anfügt. Davor steht die Nummer des C-Atoms, das die OH-Gruppe trägt [B1]. Während die Namen der ersten vier Alkanole der homologen Reihe auf Eigennamen zurückgehen, lassen sich die Namen der folgenden Glieder aus dem griechischen oder lateinischen Wort für die Anzahl der C-Atome des Alkylrests ableiten (z. B. von griech. penta, fünf). In [B4] sind für die Alkanolmoleküle vereinfachte Strukturformeln (**Halbstrukturformeln**) angegeben.

Isomerie und Nomenklatur. Das Propanolmolekül besteht aus der OH-Gruppe und einem Alkylrest (Propylrest). Es gibt zwei verschiedene Propylreste und somit zwei unterschiedliche Propanolmoleküle [B3]. Außer diesen beiden Möglichkeiten gibt es keine weiteren Propanolmoleküle. Die beiden Propanolmoleküle besitzen zwar dieselbe *Summenformel*, jedoch eine unterschiedliche *Verknüpfung der Atome (Struktur)*. Propan-1-ol und Propan-2-ol sind **Isomere** (Kap. 11.4). Sie haben verschiedene Eigenschaften.

Besteht der Alkylrest aus mehr als drei Kohlenstoffatomen, so können sich die isomeren Moleküle nicht nur durch die Stellung der OH-Gruppe unterscheiden, sondern auch durch eine unterschiedliche Verknüpfung der Kohlenstoffatome untereinander [B3]. Mit zunehmender Anzahl der Kohlenstoffatome nimmt die Anzahl der isomeren Moleküle sehr stark zu. Um die Isomere eindeutig zu benennen und umgekehrt aus dem Stoffnamen Rückschlüsse auf die Struktur der Moleküle ziehen zu können, gibt es eindeutige Benennungsregeln [B1].

Ist an das Kohlenstoffatom, das die Hydroxylgruppe trägt, *eine* weitere Alkylgruppe oder ein Wasserstoffatom gebunden, so spricht man auch von einem *primären Alkanol*. Sind zwei oder drei Alkylgruppen gebunden, liegt ein *sekundäres* bzw. *tertiäres Alkanol* vor [B3].

A1 **a)** Baue mit einem Molekülbaukasten alle isomeren Alkanolmoleküle mit der Formel C_4H_9OH.
b) Welche davon sind primäre, sekundäre bzw. tertiäre Alkanole?

A2 **a)** Wende bei folgenden Beispielen die Regeln zur Benennung eines Alkanols an: $C_3H_7-CH(C_2H_5)-CH(CH_3)-CH_2OH$, $C(CH_3)_3-CH_2OH$.
b) Zeichne die Strukturformeln der Moleküle 2,3,4-Trimethylpentan-2-ol und 3-Ethyl-4,5,5-trimethyloctan-1-ol.

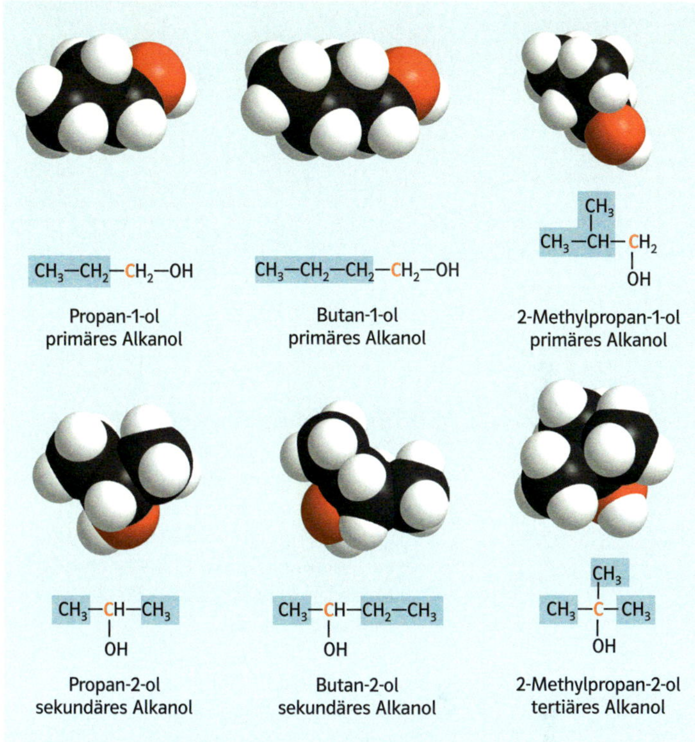

B3 Verschiedene Alkanolmoleküle. Molekülmodelle und Halbstrukturformeln

Name	Halbstrukturformel
Methanol	CH_3-OH
Ethanol	CH_3-CH_2-OH
Propan-1-ol	$CH_3-CH_2-CH_2-OH$
Butan-1-ol	$CH_3-CH_2-CH_2-CH_2-OH$
Pentan-1-ol	$CH_3-CH_2-CH_2-CH_2-CH_2-OH$
Hexan-1-ol	$CH_3-CH_2-CH_2-CH_2-CH_2-CH_2-OH$
Heptan-1-ol	$CH_3-CH_2-CH_2-CH_2-CH_2-CH_2-CH_2-OH$
Octan-1-ol	$CH_3-CH_2-CH_2-CH_2-CH_2-CH_2-CH_2-CH_2-OH$
Nonan-1-ol	$CH_3-CH_2-CH_2-CH_2-CH_2-CH_2-CH_2-CH_2-CH_2-OH$
Decan-1-ol	$CH_3-CH_2-CH_2-CH_2-CH_2-CH_2-CH_2-CH_2-CH_2-CH_2-OH$

B4 Homologe Reihe der Alkanole. Der Alkylrest wird jeweils um eine CH_2-Gruppe verlängert

12.9 Eigenschaften der Alkohole

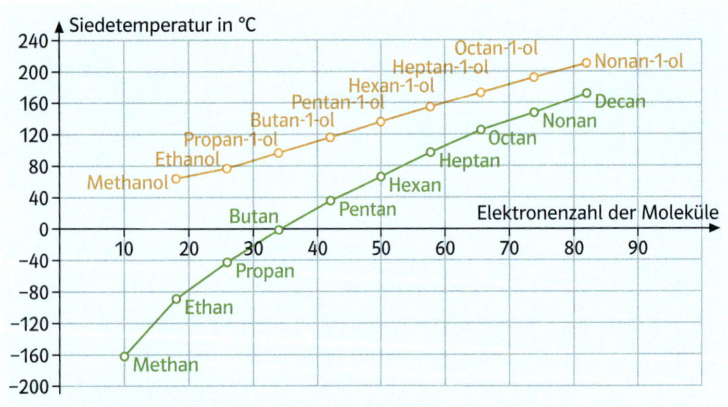

B1 Siedetemperaturen von Alkanolen und Alkanen im Vergleich

Die Stoffeigenschaften eines Alkohols werden sowohl von der polaren OH-Gruppe als auch von dem unpolaren Alkylrest geprägt. Es besteht somit ein direkter Zusammenhang zwischen der *Struktur der Moleküle* und den *Eigenschaften der Stoffe.*

Homologe Reihe und Siedetemperaturen. Innerhalb der homologen Reihe steigen die Siedetemperaturen der Alkanole an [B1]. Diese liegen wesentlich höher als die Siedetemperaturen von Alkanen mit ähnlicher Kettenlänge und Elektronenanzahl.

Name	Schmelztemperatur in °C	Siedetemperatur in °C	Löslichkeit in Wasser	Löslichkeit in Benzin	Viskosität
Methanol	−98	65	unbegrenzt	unbegrenzt	nimmt zu
Ethanol	−117	78			
Propan-1-ol	−126	97			
Butan-1-ol	−89	117	nimmt zu		
Pentan-1-ol	−79	138			
Hexan-1-ol	−47	157			
⋮					
Dodecan-1-ol	26	256			
⋮					
Hexadecan-1-ol	50	344			

B2 Die homologe Reihe der Alkanole. Zusammenhang zwischen Struktur und Eigenschaften

Dies ist auf die Polarität der OH-Gruppe zurückzuführen, die zur Ausbildung von Wasserstoffbrücken zwischen den Alkanolmolekülen führt. Mit zunehmender Kettenlänge nähern sich allerdings die Siedetemperaturen von Alkanen und entsprechenden Alkanolen an, da die Van-der-Waals-Kräfte zwischen den Alkanmolekülen bzw. Alkylgruppen mit zunehmender Molekülgröße und damit zunehmender Elektronenanzahl immer größer werden. Sie gewinnen gegenüber den Wasserstoffbrücken einen immer größeren Anteil an den zwischenmolekularen Kräften. Der erste bei Zimmertemperatur feste Alkohol ist Dodecan-1-ol.

Homologe Reihe und Viskosität. Die mit der größer werdenden Kettenlänge zunehmenden Van-der-Waals-Kräfte sind auch die Ursache für die im Verlauf der homologen Reihe zunehmende *Zähflüssigkeit (Viskosität)* der Alkanole [B2].

Homologe Reihe und Löslichkeit. Der Einfluss des Alkylrests bzw. der Hydroxylgruppe wirkt sich auch auf das Lösungsverhalten der Alkanole aus [B2]. Zwischen der polaren OH-Gruppe der Alkanolmoleküle und den Wassermolekülen können sich Wasserstoffbrücken ausbilden. Die ersten drei Glieder der homologen Reihe lösen sich deshalb unbegrenzt in Wasser. Ab Butan-1-ol nimmt die Wasserlöslichkeit immer mehr ab, da der größer werdende unpolare Alkylrest zunehmend das Lösungsverhalten bestimmt. In Benzin und anderen lipophilen Lösungsmitteln sind alle Alkohole unbegrenzt löslich [V1, B2].

V1 Gib zu einigen Millilitern Wasser bzw. Benzin tropfenweise verschiedene Alkanole und prüfe, ob sich eine Lösung bildet. Interpretiere die Ergebnisse.

A1 Propan-1-ol siedet bei 97 °C, Butan bei 0 °C. Erkläre den Unterschied.

A2 Kommentiere den Satz: „Eine OH-Gruppe zieht drei Kohlenstoffatome ins Wasser."

12.10 Exkurs Alkohole in Alltag und Technik

Außer Ethanol sind vor allem Methanol und Propan-2-ol technisch von Bedeutung.

Methanol ist der wichtigste Alkohol mit einer Jahresproduktion in Deutschland von ca. 1 Mio. t. Es vermag sowohl hydrophile als auch hydrophobe Stoffe zu lösen und wird deshalb als wichtiges Lösungsmittel eingesetzt. Der größte Teil des Methanols wird zur Herstellung von Ausgangsstoffen für die Kunststoffproduktion benötigt. Ferner ist Methanol wegen des geringeren Schadstoffausstoßes als Treibstoff für Verbrennungsmotoren interessant. In Fahrzeugen mit Brennstoffzellen-Antrieb kann es als Quelle für die Herstellung von Wasserstoff dienen (Kap. 11.13). Hierfür vorteilhaft ist eine bereits bestehende Infrastruktur für flüssige Treibstoffe, die man auch für Methanol nutzen kann.

Giftwirkung von Methanol. In Geruch und Geschmack ähnelt Methanol stark dem Ethanol, ist jedoch weitaus giftiger. Der Genuss von 5 bis 10 Millilitern Methanol führt zu Erblindung und Gehirnschädigungen, bereits 20 bis 50 Milliliter Methanol sind tödlich. Die Giftwirkung zeigt sich allerdings erst nach 15 bis 20 Stunden, zunächst hat Methanol eine ähnlich berauschende Wirkung wie Ethanol. Methanol und Ethanol lassen sich durch die Boraxprobe [B1] leicht voneinander unterscheiden, Die Grünfärbung der Methanolprobe gegenüber der Gelbfärbung der Ethanolprobe ermöglicht eine klare Unterscheidung.

B1 Die Boraxprobe mit Methanol (links) und Ethanol (rechts)

Propan-2-ol („Isopropylalkohol“) ist in vielen Eigenschaften dem Ethanol sehr ähnlich und ersetzt dieses in verschiedenen Anwendungsbereichen. Wegen seines guten Lösungsvermögens, seiner die Hautdurchblutung anregenden und desinfizierenden Wirkung ist es ein verbreitetes Lösungsmittel in einigen Kosmetika. Auch als Frostschutzmittel in Scheibenwaschanlagen von Autos und in Enteisern findet es Verwendung, ferner als Lösungsmittel in vielen Farben und Lacken sowie in Haushaltsreinigern.

Ethanol als Treibstoff

Schon seit einigen Jahrzehnten wird der Einsatz von Ethanol als Treibstoff in der Praxis erprobt. Ethanol kann im Gemisch mit Benzin (z. B. 20 % Ethanol: E 20) oder als Reinsubstanz (E 100) eingesetzt werden: In Schweden wird z. B. E 85 angeboten, in der Schweiz E 95, in den USA können dem Benzin bis zu 10 % Ethanol beigemischt werden, in Brasilien sind ca. 26 % Ethanol in Benzin enthalten. Seit der Steuerbefreiung für Biotreibstoffe am 1.1.2003 können auch in Deutschland dem Benzin bis zu 5 % Ethanol zugesetzt werden. Eine andere Möglichkeit besteht in der Beimischung von Ethyl-tertiär-Butylether (ETBE), einem Reaktionsprodukt aus 2-Methylpropen („Isobuten“, Nebenprodukt in Raffinerien) und Ethanol. ETBE kann den als Antiklopfmittel eingesetzten giftigen und umweltschädlichen Methyltertiär-Butylether (MTBE) ersetzen. Einige Hersteller bieten heute schon Fahrzeuge mit Motoren an, die mit Alkohol, Benzin oder mit Alkohol-Benzin-Gemischen beliebiger Zusammensetzung betrieben werden können (Flexible-Fuel-Technik).

Der Einsatz von Ethanol hilft auch, die Abhängigkeit von Erdölimporten zu mindern, und führt so zu einem längeren Erhalt der Vorräte dieses wertvollen Chemierohstoffes. Einer breiteren Anwendung stehen jedoch zur Zeit noch die um etwa ein Drittel höheren Kosten entgegen. Der Einsatz kann bei weiter steigenden Erdölpreisen allerdings bald rentabel werden.

Während die Produktion von Benzin auf dem begrenzten fossilen Rohstoff Erdöl basiert, spricht man bei den Rohstoffen zur Gewinnung von „Bioethanol“ (Ethanol durch Gärung) von ständig nachwachsenden Rohstoffen wie z. B. Zuckerrüben, Zuckerrohr, Getreide usw. So können diese zucker- und stärkehaltigen Agrarprodukte in Ländern mit einer Überschussproduktion sinnvoll genutzt werden. Die Rohstoffe können aber auch speziell für die Treibstoffherstellung angebaut werden. Die Verwendung von reinem Bioethanol führt zu einer günstigen Kohlenstoffdioxid-Bilanz, je nach Pflanze und Verarbeitung werden zwischen 40 % und 80 % weniger Kohlenstoffdioxid freigesetzt als bei Verwendung fossiler Treibstoffe.

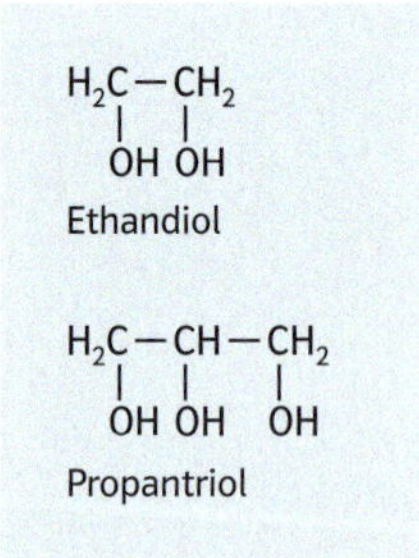

B2 Ethandiol und Propantriol. Halbstrukturformeln

B3 Beeren der Eberesche enthalten Sorbit

Es gibt auch Alkohole mit zwei oder mehr Hydroxylgruppen in ihren Molekülen [B2]. Prinzipiell kann *jedes* Kohlenstoffatom eines Moleküls mit *einer* OH-Gruppe verbunden sein. Moleküle mit mehr als einer OH-Gruppe an *einem* C-Atom sind meist nicht beständig **(Erlenmeyer-Regel).** Bei *zwei OH-Gruppen* im Molekül spricht man von **Diolen**, bei *drei OH-Gruppen* von **Triolen** usw.

Ethandiol ist eine dickflüssige, giftige, süß schmeckende Flüssigkeit, die auch *Glykol* (von griech. glykys, süß) genannt wird. Aufgrund der zwei OH-Gruppen im Molekül [B2] herrschen relativ starke zwischenmolekulare Kräfte (Wasserstoffbrücken). Diese verleihen dem Ethandiol im Vergleich zu Ethanol eine deutlich höhere Siedetemperatur (198 °C) und Viskosität [V1]. Wässrige Ethandiollösungen besitzen tiefe Erstarrungstemperaturen [V2]. Sie werden daher zum Enteisen von Flugzeugen eingesetzt [B4] und als Frostschutzmittel in Kühlern von Kraftfahrzeugen, da Ethandiol aus der heißen Kühlerflüssigkeit nicht verdampft. Außerdem ist es ein wichtiger Grundstoff für die Herstellung von Kunststoffen.

Propantriol (*Glycerin*) ist ein Molekül mit drei OH-Gruppen [B2]. Aufgrund der dadurch noch stärkeren Kräfte zwischen den Molekülen ist seine Viskosität im Vergleich zum Ethandiol nochmals größer, auch seine Siedetemperatur liegt höher (290 °C). Propantriol ist in Benzin nicht, in Wasser dagegen unbegrenzt löslich, also stark hydrophil. Es ist ungiftig und besitzt wie Glykol einen süßen Geschmack, daher rührt auch die Bezeichnung Glycerin. Wegen seiner hygroskopischen Wirkung sorgt es z. B. in Cremes, Zahnpasten, Druck- und Stempelfarben für genügend Feuchtigkeit. In Fahrzeugen dient es als Bremsflüssigkeit und als Frostschutzmittel. Es ist ein Grundstoff für die Kunststoff- und Sprengstoffindustrie.

Hexanhexol *(Sorbit)*, ein Alkohol mit sechs OH-Gruppen im Molekül, ist ein weißer, süß schmeckender Feststoff. Er kommt in der Natur z. B. in Äpfeln, Birnen, Kirschen und Beeren der Eberesche [B3] vor. Auch hier ist der süße Geschmack auf viele OH-Gruppen im Molekül zurückzuführen. Wegen dieser OH-Gruppen ist Sorbit wasser-, aber nicht benzinlöslich und, wie Glycerin, hygroskopisch. Es wird deshalb als Feucht- und Weichhaltemittel für Back- und Süßwaren eingesetzt. Sorbit findet auch als Zuckeraustauschstoff für Diabetikersüßwaren und in „zuckerfreien“ Kaugummis Verwendung. Es besitzt zwar nur die halbe Süßkraft von Zucker, wirkt allerdings nicht wie dieser kariesfördernd. Ähnliche Eigenschaften bei allerdings gleicher Süßkraft wie Zucker besitzt *Pentanpentol (Xylit).*

V1 Gib jeweils gleich große Portionen von Propan-1-ol, Ethandiol und Propantriol in Reagenzgläser und vergleiche die Viskositäten durch Schütteln.

V2 Stelle jeweils ein Reagenzglas mit Wasser bzw. einem Wasser-Ethandiol-Gemisch in eine Eis-Kochsalz-Mischung und beobachte.

A1 Nenne einige Vorteile der Verwendung nachwachsender Rohstoffe als Treibstoffe.

A2 Deute: **a)** Hexan-1-ol ist eine Flüssigkeit, Hexanhexol dagegen ein Feststoff.
b) Octan-1-ol und Ethandiol besitzen etwa gleiche Siedetemperaturen.

A3 Paraffinöl und Propantriol sind beide farblose, viskose Flüssigkeiten. Durch welchen einfachen Versuch können sie unterschieden werden?

A4 Zeichne die Strukturformeln von Pentanpentol und Hexanhexol.

B4 Enteisung eines Flugzeugs

12.11 Impulse Lernzirkel Alkohole

Station 1: Grundlagen
Aufgaben:
a) Welche allgemeine Formel haben die Alkanole?
b) Kennzeichne die funktionelle Gruppe in der Formel.
c) Formuliere die Strukturformeln aller Isomeren mit der Formel C_4H_9OH und benenne sie.
d) Informiere dich im Buch über primäre, sekundäre und tertiäre Alkanole. Kennzeichne die Alkanole von (c) entsprechend.
e) Was besagt die Erlenmeyer-Regel?
f) Formuliere jeweils die Halbstrukturformel eines tertiären und eines Alkohols mit drei OH-Gruppen im Molekül und benenne den jeweiligen Alkohol.
g) Deute die Unterschiede in den Siedetemperaturen anhand der Strukturformeln: Ethanol siedet bei 78 °C, Chlorethan bei 12 °C und Propan bei −42 °C.

Station 2: Eigenschaften und Verwendung von Alkoholen
Aufgaben:
a) Lege eine Tabelle mit den Spalten „Alkohol", „Eigenschaften" und „Verwendung" an.
b) Trage zu folgenden Alkoholen: Methanol, Ethanol, Propan-2-ol, Ethandiol, Propantriol und Hexanhexol die Eigenschaften und Verwendungen zusammen. Gib auch ihre Halbstrukturformeln an.

Station 3: Viskosität
Geräte/Materialien/Chemikalien: 4 Reagenzgläser, Reagenzglasgestell, 4 kleine Stahlkugeln (z. B. aus einem Fahrradtretlager), Stoppuhr, Pinzette, Ethanol, Butan-1-ol, Ethandiol, Propantriol.
Durchführung: Fülle je ein Reagenzglas etwa 10 cm hoch mit den Alkoholen. Die Füllhöhe muss genau gleich sein. Lass dann aus der Höhe der Reagenzglasöffnung eine Stahlkugel in die jeweilige Flüssigkeit fallen und miss die Zeit, bis die Kugel den Boden des Reagenzglases erreicht hat.
Aufgaben:
a) Beschreibe und deute deine Beobachtungen. Gehe dazu auch auf die Anziehungskräfte zwischen den Teilchen ein.
b) Welche Flüssigkeit hat eine größere Viskosität: Butan-1-ol oder Pentan? Schätze ab und begründe.

Station 4: Löslichkeit
Geräte/Materialien/Chemikalien: 10 Reagenzgläser, Reagenzglasgestell, 2 Stopfen, 2 Tropfpipetten (eine für Wasser, eine für Heptan), Ethanol, Propan-1-ol, Pentan-1-ol, Dodecan-1-ol, Heptan, Wasser.
Durchführung:
a) Gib von Heptan und den Alkoholen jeweils einen Fingerbreit in die Reagenzgläser und setze tropfenweise Wasser zu. Schüttle um.
b) Gib von Wasser und den Alkoholen jeweils einen Fingerbreit in die Reagenzgläser und setze tropfenweise Heptan zu. Schüttle um.
Aufgabe: Beschreibe und deute deine Beobachtungen. Ziehe zur Deutung auch die Halbstrukturformeln der Moleküle der eingesetzten Stoffe heran.

Station 5: Ethanol als Treibstoff
Aufgaben:
a) Nenne Vor- und Nachteile der Verwendung von Ethanol als Treibstoff.
b) Erkläre, warum Benzin leichter verdunstet als Ethanol.
c) Formuliere die Reaktionsgleichung für die Verbrennung von Ethanol.
d) Vergleiche die Einsatzmöglichkeiten von Erdgas und Ethanol in ihrer Funktion als Treibstoffe.
e) Ethanol und Zuckerrohr werden als „nachwachsende Rohstoffe" bezeichnet. Was bedeutet dies? Nenne weitere Beispiele für die Verwendung nachwachsender Rohstoffe.
f) Warum verringert der Einsatz von Treibstoffen aus nachwachsenden Rohstoffen die Zunahme der Konzentration des Treibhausgases Kohlenstoffdioxid? Wieso wird in der Gesamtbilanz bei Verwendung von „nachwachsenden Rohstoffen" als Treibstofflieferant trotzdem mehr Kohlenstoffdioxid freigesetzt, als von den Pflanzen aufgenommen wird?

B1 Zuckerrohr

B2 Zuckerrüben

12.12 Exkurs Oxidation von Alkoholen

Oxidation von Ethanol. Taucht man eine heiße, durch Kupferoxid an der Oberfläche geschwärzte Kupferdrahtnetzrolle in Ethanol [V1a], so zeigt die Farbänderung, dass das Kupferoxid zu Kupfer reduziert worden ist [B1]. Ethanol muss also oxidiert worden sein:

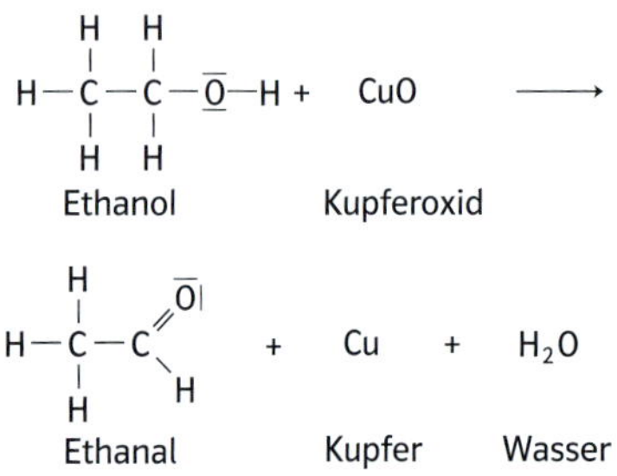

Das Reaktionsprodukt *Ethanal* ist auch unter der Bezeichnung *Acetaldehyd* bekannt und gehört zur Stoffgruppe der **Aldehyde**.
Die Bezeichnung Aldehyd ist ein aus „**al**cohol **dehyd**rogenatus" gebildetes Kunstwort und bedeutet: Alkohol, dem Wasserstoff entzogen worden ist.

Oxidation primärer und sekundärer Alkohole. Nicht nur Ethanol lässt sich zu einem Aldehyd oxidieren, sondern alle *primären Alkohole* können durch *Oxidation* bzw. *Dehydrierung* in Aldehyde überführt werden.

Diejenigen Aldehyde, die aus *primären Alkanolen* gebildet werden können, heißen mit dem systematischen Namen **Alkanale.** Ihre Benennung erfolgt durch Anhängen der Silbe „-al" an den Namen des entsprechenden Alkans. So entsteht z. B. aus Propan-1-ol durch Oxidation Propanal [V1b, B2].

B1 Oxidation von Ethanol durch Kupferoxid

Methanal	H—CHO
Ethanal	CH_3—CHO
Propanal	C_2H_5—CHO
Butanal	C_3H_7—CHO
Pentanal	C_4H_9—CHO
Hexanal	C_5H_{11}—CHO
Heptanal	C_6H_{13}—CHO

B2 Homologe Reihe der Alkanale

Wird der sekundäre Alkohol Propan-2-ol oxidiert bzw. dehydriert, so entsteht *Propanon (Aceton)* [V1c]:

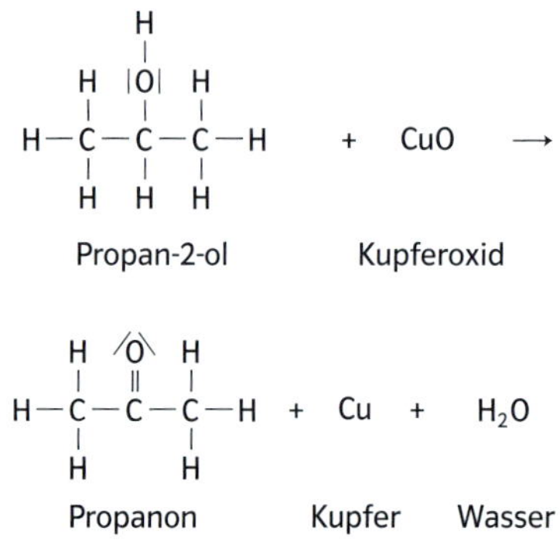

Propanon gehört zur *Stoffgruppe* der **Ketone**. Die Ketone, die sich von sekundären Alkanolen ableiten lassen, werden **Alkanone** genannt. Sie werden durch die Endsilbe „-on" gekennzeichnet, die dem Namen des entsprechenden Alkans angehängt wird. Die Stellung der funktionellen Gruppe im Molekül wird analog der Benennung der Alkanole angegeben.

Oxidation und Dehydrierung

Das Kunstwort **Aldehyd** (aus: **al**cohol **dehyd**rogenatus, dehydrierter Alkohol) geht auf JUSTUS VON LIEBIG zurück, der diesen Begriff 1835 prägte.
Er stellte bei der Analyse des Reaktionsprodukts der Oxidation von Ethanol fest, dass ein Molekül dieses Reaktionsprodukts zwei Wasserstoffatome weniger aufweist als ein Ethanolmolekül.
Mit einem geeigneten Experiment kann man diese Wasserstoffatome in Form von Wasserstoffmolekülen auch isolieren: Beim Überleiten von Ethanol über erhitztes Platin oder Silber entstehen Ethanal (Acetaldehyd) und Wasserstoff, der z. B. durch die Knallgasprobe nachgewiesen wird.

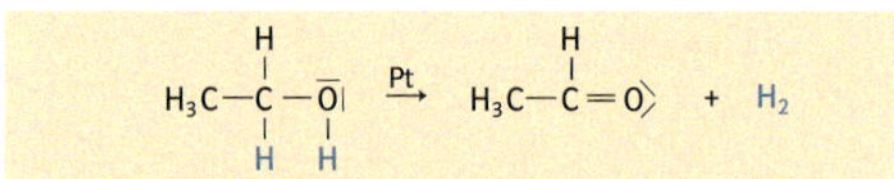

Aus den Molekülen des primären Alkohols wurden demnach zwei Wasserstoffatome entfernt, der primäre Alkohol wurde dehydriert. Da diese Dehydrierung *dasselbe Reaktionsprodukt wie eine Oxidation liefert*, betrachtet man die Dehydrierung auch als Oxidation.

Eine andere Möglichkeit ist die Benennung der an der funktionellen Gruppe gebundenen Alkylreste unter Nachstellung des Wortes „-keton". Pentan-2-on kann auch als Methylpropylketon bezeichnet werden.

Aldehyd- und Ketonmoleküle weisen als *gemeinsame funktionelle Gruppe* die **Carbonylgruppe** auf:

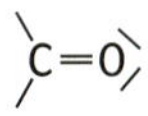

Ist an die Carbonylgruppe ein Wasserstoffatom gebunden, so handelt es sich um eine **Aldehydgruppe** (vereinfachte Schreibweise –CHO), liegen zwei Kohlenstoffatome als Bindungspartner vor, handelt es sich um eine **Ketogruppe.**

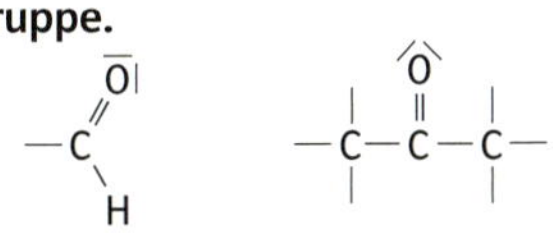

Aldehydgruppe   Ketogruppe

Während die Carbonylgruppe der Ketogruppe demnach immer *in* einer C-Kette liegt, bildet eine Aldehydgruppe immer das Ende einer Kette.

Tertiäre Alkohole lassen sich unter diesen Bedingungen nicht oxidieren.

V1 (Vorsicht, brennbare Dämpfe, Abzug!)
a) Man erhitzt eine Rolle aus einem Kupferdrahtnetz in der Brennerflamme, bis es an der Oberfläche oxidiert ist, und taucht es heiß in ein Becherglas mit Ethanol.
b) Man wiederholt den Versuch mit Propan-1-ol. **c)** Man wiederholt den Versuch mit Propan-2-ol.

A1 Wie verhalten sich primäre, sekundäre und tertiäre Alkanole gegenüber heißem Kupferoxid? Beschreibe!

A2 Formuliere die Halbstrukturformeln von allen Isomeren mit der Formel C_4H_9OH. Welche Produkte entstehen jeweils bei der Reaktion mit Kupferoxid?

A3 Formuliere die Strukturformeln aller Hexanonmoleküle. Benenne die Verbindungen.

Oxidation von Aldehyden. Aldehyde können weiter oxidiert werden. Die Reaktion erfolgt an der *Aldehydgruppe*:

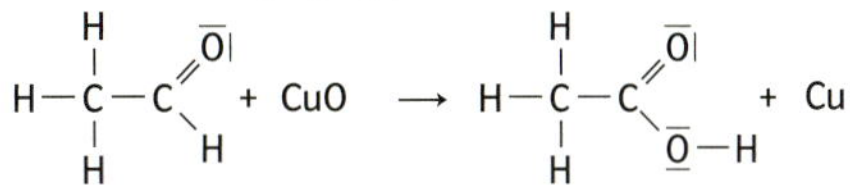

Ethanal + Kupferoxid   Ethansäure + Kupfer

Ethansäure ist auch unter der Bezeichnung *Essigsäure* bekannt und gehört zur Stoffgruppe der **Carbonsäuren**. Deren Moleküle besitzen die **Carboxylgruppe** –COOH als *funktionelle Gruppe*.

B4 Silberspiegelprobe. Aldehyde wirken reduzierend

Primäre Alkohole ergeben bei der Oxidation Aldehyde, sekundäre Alkohole reagieren zu Ketonen. Tertiäre Alkohole reagieren unter den gleichen Bedingungen nicht.
Aldehyde können zu Carbonsäuren weiter oxidiert werden.

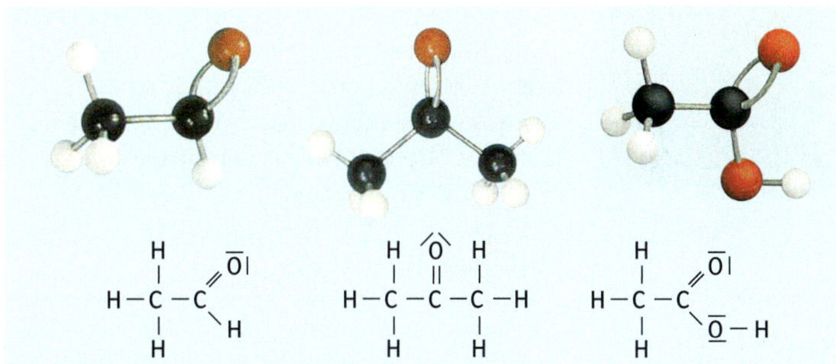

B3 Moleküle von Ethanal, Propanon und Ethansäure in Modell und Formeldarstellung

Aldehydnachweise. Die Aldehyde wirken aufgrund der Aldehydgruppe, die zur Carboxylgruppe oxidiert werden kann, reduzierend. Darauf beruht der Nachweis von Aldehyden durch die **Silberspiegelprobe** [B4]. Aus einer ammoniakalischen Silbernitratlösung entsteht hier Silber, das zum Teil in sehr feiner Verteilung vorliegt und der Flüssigkeit eine grau-schwarze Färbung verleiht oder zum Teil als Silberspiegel an der Gefäßwand anliegt. Nach Zugabe eines Aldehyds zu **Fuchsinschwefliger Säure** tritt eine rotviolette bis blauviolette Farbe auf [B5]. Dieser Aldehydnachweis ist jedoch wenig spezifisch.

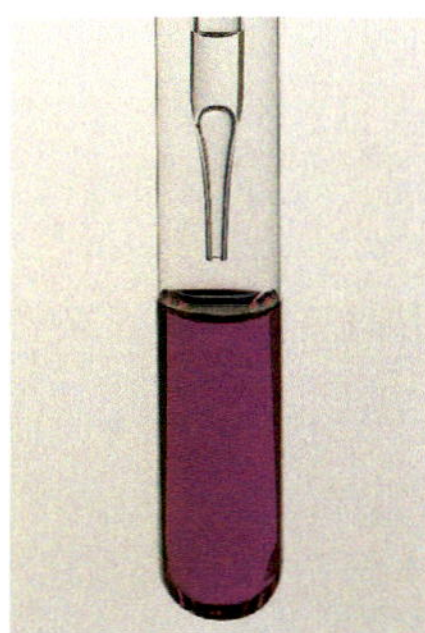

B5 Aldehydnachweis mit Fuchsinschwefliger Säure

12.13 Exkurs Wichtige Aldehyde und Ketone

Die technisch wichtigsten Aldehyde sind *Methanal (Formaldehyd)* und *Ethanal (Acetaldehyd)*. Vor allem Methanal wird industriell in großen Mengen produziert. Beide Aldehyde sind wichtige Ausgangsprodukte für Synthesereaktionen, die unter bestimmten Sicherheitsbedingungen ablaufen müssen, denn beide Aldehyde sind gesundheitsschädlich bis giftig.

Methanal (Formaldehyd) H—CHO ist ein giftiges, stechend riechendes Gas mit einer Siedetemperatur von −21 °C. Eine wässrige Lösung mit einem Massenanteil von w = 35 % bis 40 % wird *Formalin* genannt. Formalin wird u. a. zur Konservierung anatomischer und biologischer Präparate verwendet [B2].
Methanal wird in großen Mengen durch katalytische Oxidation von Methanol mit Luftsauerstoff hergestellt.
Wegen seiner guten Reaktionsfähigkeit kann Methanal zu einer Vielzahl von Produkten weiterverarbeitet werden. Der größte Teil wird jedoch zur Herstellung von Kunststoffen benötigt. Auch der erste vollsynthetische Kunststoff, Bakelit (genannt nach seinem Erfinder Leo Hendrik Baekeland), wurde aus Formaldehyd hergestellt. Er diente z. B. zur Herstellung von Gehäusen von Telefonapparaten, Radios oder Lichtschaltern, mit einer charakteristischen braunen bis schwarzen Farbe [B1]. Ein bedeutendes Einsatzgebiet von Methanal ist die Synthese von Bindemitteln für die Herstellung von Spanplatten.
Methanal entsteht in geringen Mengen auch bei der unvollständigen Verbrennung von Holz, Kohle und anderen organischen Stoffen. Die desinfizierende Wirkung des Räucherns wird auf geringe Anteile von Methanal im Holzrauch zurückgeführt. Auch der Rauch von Zigaretten enthält Methanal.
Methanal kann Allergien auslösen und bereits in geringer Konzentration die Augen, die Atemwege und die Haut reizen. Es steht im Verdacht krebserzeugend zu sein, da bei hohen Konzentrationen an Formaldehyd bei Ratten entsprechende Symptome festgestellt wurden. Zum Schutz der Gesundheit werden daher für die Verwendung von Formaldehyd Grenzwerte festgelegt, so darf z. B. in Wohnräumen ein Grenzwert von 0,1 ml/m³ nicht überschritten werden. Zum Möbelbau müssen entsprechend Spanplatten verwendet werden, die nur sehr wenig ungebundenes Formaldehyd frei setzen können.

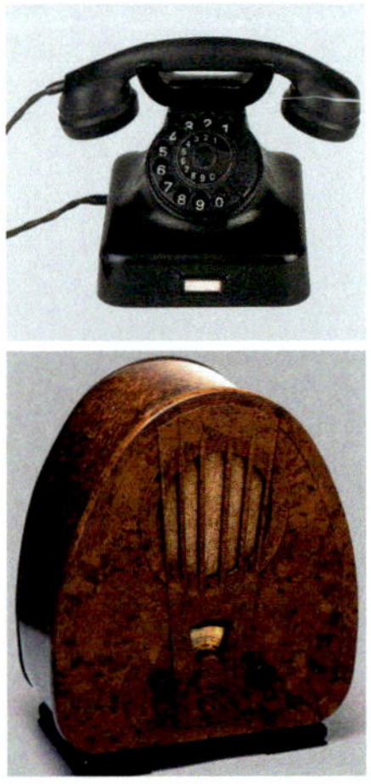

B1 Gerätegehäuse aus Bakelit

Duft- und Aromastoffe

Der Duft einer Blume, der Geruch oder Geschmack von Gewürzen und Früchten wird durch Stoffe verursacht, die meist schon in geringen Mengen den jeweiligen Sinneseindruck bewirken. Das Gesamtaroma entsteht häufig durch Kombination vieler Stoffe. Die Moleküle dieser Stoffe besitzen meist polare funktionelle Gruppen. Eine dieser „geruchsgebenden" Gruppen ist auch die Carbonylgruppe. Unter den Duft- und Aromastoffen finden sich deshalb viele Aldehyde.

	Vorkommen	Verwendung	Sonstiges
Vanillin 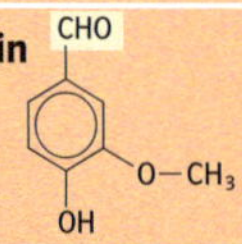	In Vanilleschoten und Gewürznelken	Synthetisch hergestelltes Vanillin als Aromastoff für Schokolade, Backwaren und Vanillinzucker	Verzögert den Verderb von Lebensmitteln durch Schimmelpilze, Hefen und Sauerstoff
Zimtaldehyd 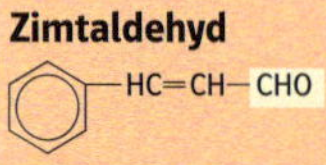	Bestandteil der Myrrhe, in Zimtöl	In Gewürzen, zur Parfümierung von Seifen	Wirkt als Insektizid
2-Hexenal (Blätteraldehyd) $CH_3(-CH_2)_2-CH{=}CH-CHO$	In grünen Blättern, z. B. auch Tee, wesentlicher Bestandteil des Olivenöl- und Apfelaromas	Für Parfümöl	Stoff, an dem Heuschrecken ihr Futter erkennen, Geruch nach grünem Gras

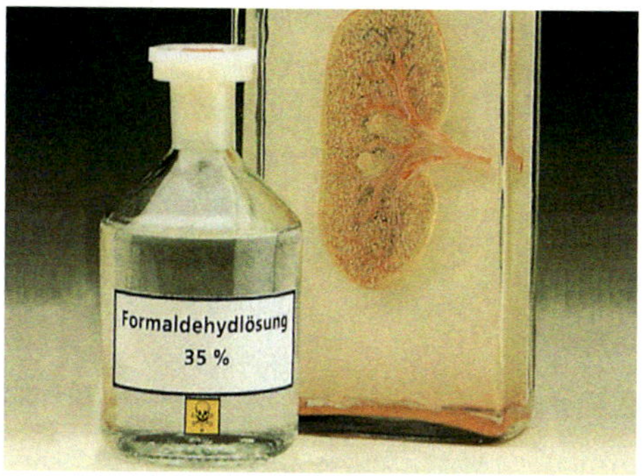

B2 Formaldehydlösung zur Konservierung biologischer Präparate

Ethanal (Acetaldehyd) CH_3-CHO ist das zweite Glied der homologen Reihe der Alkanale. Es stellt eine leicht verdunstende Flüssigkeit mit stechendem, betäubendem Geruch dar, die wegen ihrer Siedetemperatur von 21 °C im Kühlschrank aufbewahrt werden muss. Ethanal ist ein Zwischenprodukt des Stoffwechsels von Pflanzen, Tieren und Menschen. Nach Alkoholgenuss läuft in der Leber des Menschen mithilfe des Enzyms Alkoholdehydrogenase die Oxidation des Ethanols zu Ethanal ab, das die Leberzellen schädigt. Einige Symptome des „Katers" führt man darauf zurück.
In der chemischen Industrie wird Ethanal zu Essigsäure, Farbstoffen, Arzneimitteln sowie zu synthetischem Kautschuk verarbeitet. Wie Methanal steht auch Ethanal im Verdacht, krebserzeugend zu sein.

V1 Versuche, Wasser, Benzin, Ethanol und Fett in Aceton (Propanon) zu lösen.

V2 Gib in ein kleines Becherglas zu wenig Propanon einige Styroporstückchen.

A1 Butan-1-ol siedet bei 117 °C, Pentan bei 36 °C und Butanon bei 79 °C. Formuliere die Halbstrukturformeln der Moleküle und erkläre die Unterschiede in den Siedetemperaturen der Stoffe.

A2 Formuliere die möglichen Strukturformeln zur Summenformel C_3H_6O und benenne die Moleküle.

Aceton (Propanon) $CH_3-CO-CH_3$, das einfachste und wichtigste Glied in der Reihe der Alkanone, ist eine Flüssigkeit mit einer Siedetemperatur von 56 °C und einem angenehmen aromatischen Geruch. Aceton ist in Spuren im menschlichen Harn enthalten, bei Zuckerkrankheit (Diabetes) wird es vom Körper in größeren Mengen ausgeschieden.

Da sowohl hydrophile als auch hydrophobe Stoffe in Propanon löslich sind [V1], ist es in Industrie und Technik ein viel verwendetes Lösungsmittel [V2], vor allem für Lacke, Harze und Klebstoffe. In Aceton lässt sich auch der beim Komprimieren explosionsartig zerfallende ungesättigte Kohlenwasserstoff Ethin, C_2H_2, unter Druck lösen (Kap. 11.8). Er wird vor allem zum Betrieb von Schweiß- und Schneidbrennern benötigt. Auf diese Weise kann man Ethin, in Aceton gelöst, in Stahlflaschen aufbewahren und transportieren.

Auch in manchen Nagellackentfernern sowie in Abbeizmitteln für Lack- und Ölfarben ist Aceton enthalten.

Eigenschaften der Alkanale und Alkanone. Die Eigenschaften der beiden Stoffgruppen werden wesentlich durch die Carbonylgruppe bestimmt. Aufgrund der Elektronegativitätsdifferenz zwischen dem Kohlenstoff- und dem Sauerstoffatom ist die Carbonylgruppe stark polar.
Die Siedetemperaturen der niederen Alkanale und Alkanone liegen deutlich über denen der Alkane mit ähnlicher Größe und Elektronenanzahl, sind jedoch niedriger als die der entsprechenden Alkanole. Dies wird dadurch verständlich, dass zwischen Alkanal- bzw. Alkanonmolekülen zwar Dipolkräfte wirken, jedoch keine Wasserstoffbrücken ausgebildet werden können.
Wassermoleküle sind dagegen durchaus in der Lage, über ihre Wasserstoffatome Wasserstoffbrücken zu den Sauerstoffatomen der Carbonylgruppen auszubilden. Deshalb sind die *ersten Glieder* der beiden homologen Reihen in Wasser gut löslich.

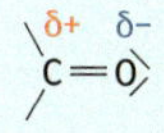

Carbonylgruppe

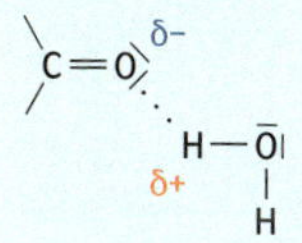

Wasserstoffbrücken bei Carbonylverbindungen mit Wassermolekülen

B3 Aceton als Lösungsmittel

12.14 Durchblick Zusammenfassung und Übung

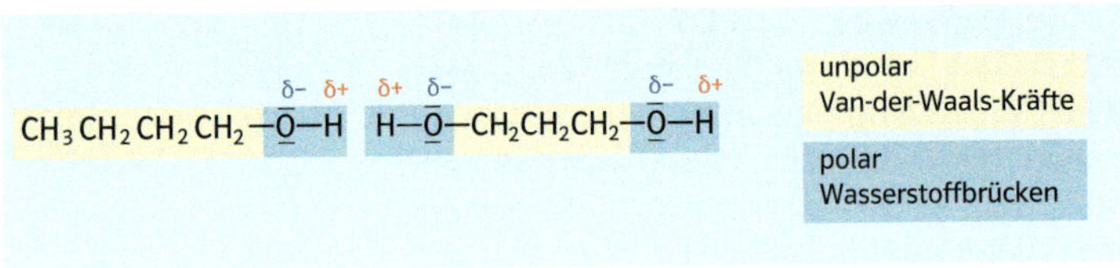

Aufgrund der Wasserstoffbrücken schmelzen und sieden Alkohole bei wesentlich höheren Temperaturen als Alkane mit Molekülen ähnlicher Elektronenanzahl und Größe der Van-der-Waals-Kräfte.
Die Länge der Alkylgruppe bzw. die Anzahl der OH-Gruppen entscheidet darüber, ob ein Alkohol eher **lipophil** oder eher **hydrophil** ist:

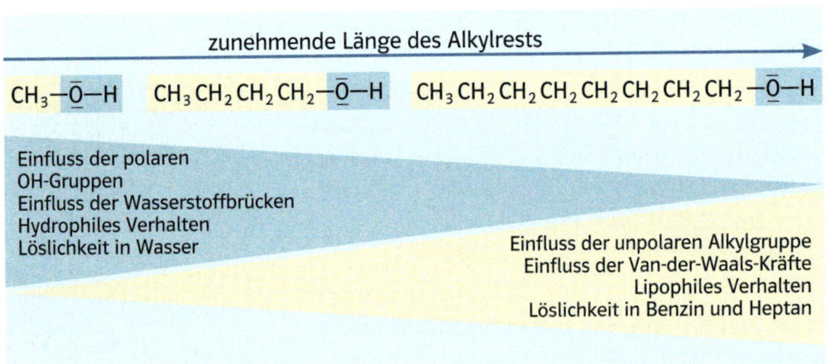

Alkohole mit hydrophilen *und* lipophilen Eigenschaften, z. B. Methanol, Ethanol und die Propanole, sind bedeutende Lösungsmittel, da sie nebeneinander sowohl hydrophile als auch lipophile Stoffe lösen können.

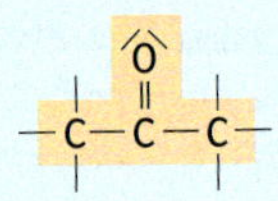
Ketogruppe

Oxidationsreaktionen der Alkohole

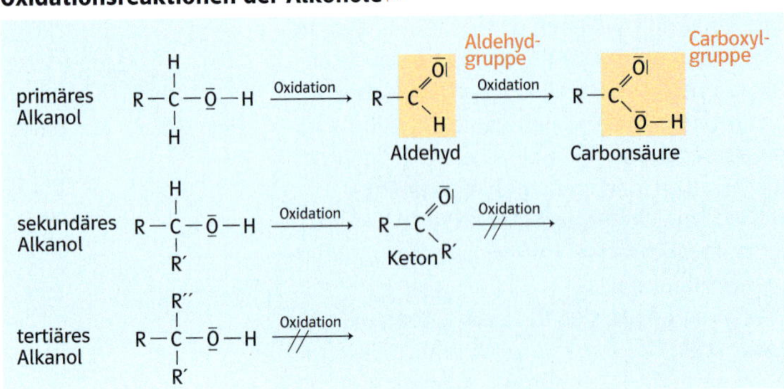

Ethanol
Durch alkoholische Gärung aus Traubenzucker (Glucose) entsteht mithilfe von Enzymen Ethanol:

$$C_6H_{12}O_6 \longrightarrow 2\,C_2H_5OH + 2\,CO_2$$

Ethanol ist der wichtigste Vertreter der Gruppe der Alkanole.

Alkanole
Alkanole gehören zur Stoffklasse der Alkohole, deren funktionelle Gruppe ist die **Hydroxylgruppe (OH-Gruppe)**. Diese bestimmt wesentlich die Eigenschaften und das Reaktionsverhalten.
Beispiel Ethanol: $CH_3—CH_2—OH$

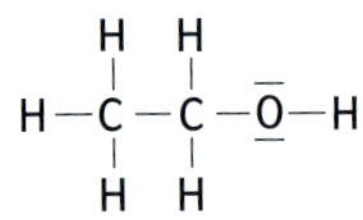
Strukturformel des Ethanolmoleküls

Homologe Reihe der Alkanole
Die allgemeine Formel der Alkanole lautet $\mathbf{C_nH_{2n+1}OH}$.

Primäre, sekundäre und tertiäre Alkanole

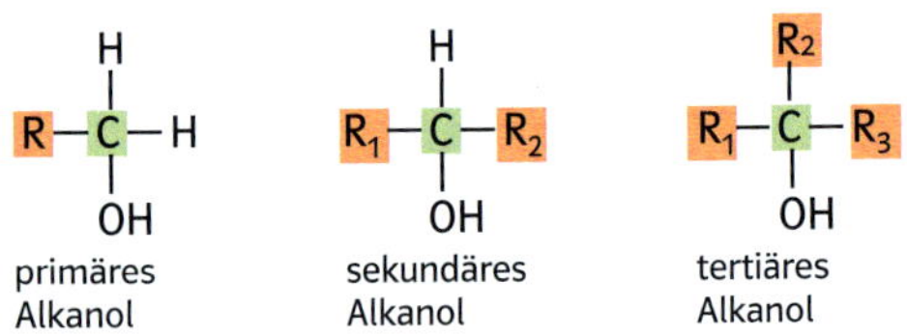

Alkohole mit mehreren OH-Gruppen im Molekül
Nach der **Erlenmeyer-Regel** sind Moleküle mit mehreren OH-Gruppen an einem Kohlenstoffatom meist nicht beständig. Alkohole mit mehreren OH-Gruppen im Molekül schmecken süß. Beispiel:

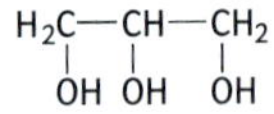
Propantriol

Eigenschaften der Alkanole
Alkoholmoleküle besitzen eine unpolare Alkylgruppe, die Van-der-Waals-Kräfte ausbilden kann, und eine oder mehrere polare OH-Gruppen, die Wasserstoffbrücken bilden können.

B1 Zu Aufgabe 2

A1 Welche in der Werbung für alkoholische Getränke unterstellte Wirkung von Alkoholgenuss wird in [B3] parodiert? Die Werbung nutzt Wünsche oder Sehnsüchte für den Verkauf von alkoholischen Getränken. Nenne Beispiele.

A2 In Brasilien ist die Verwendung von Ethanol als Treibstoff für Automotoren stark verbreitet [B1]. Der Alkohol wird durch Vergären von Zucker aus Zuckerrohr gewonnen.
a) Welche Vorteile soll die Verwendung von Ethanol dem Land bringen?
b) Zähle Nachteile und Probleme auf, die damit verbunden sind.
c) Welche Vorteile bringt die Verwendung von Treibstoffen aus nachwachsenden Rohstoffen gegenüber Treibstoffen aus fossilen Energieträgern mit sich?

A3 Benzin und Wasser sind zwei ineinander nicht lösliche Flüssigkeiten. Fügt man jedoch dem Gemisch eine größere Portion Ethanol zu, so entsteht eine homogene Lösung. Erkläre dies.

A4 Mithilfe der Apparatur von [B2] kann man die molare Masse leicht verdampfbarer oder verdunstender Flüssigkeiten, z. B. die des Ethanols, bestimmen.
Die molare Masse benötigt man, um mit dem Ergebnis einer quantitativen Analyse, das die Verhältnisformel liefert, die Summenformel einer Verbindung berechnen zu können.
Für Ethanol ist das Ergebnis $N(C) : N(H) : N(O) = 2:6:1$, d. h., die Verhältnisformel lautet $(C_2H_6O_1)_x$. x könnte 1, 2, 3 usw. sein.
Zur Bestimmung der molaren Masse zieht man etwa 0,1 ml Ethanol mit einer Spritze auf, wiegt diese genau und spritzt das Ethanol in den Rundkolben. Die Spritze wird erneut gewogen. Das Ethanol lässt man durch Umschwenken verdunsten. Nach Druckausgleich wird die Volumenzunahme am Kolbenprober abgelesen.
a) Rechenbeispiel (für alle Gase gilt: $V_m = \frac{V}{n} \approx 24\,l/mol$:
Berechnung der molaren Masse von Ethanol
$m(\text{Ethanol}) = 0{,}085\,g$; $V(\text{Ethanoldampf}) = 44\,ml$

$$n((C_2H_6O)_x) = \frac{V}{V_m} = \frac{44\,ml}{24\,000\,\frac{ml}{mol}} = 0{,}00183\,mol$$

$$M((C_2H_6O)_x) = \frac{m(\text{Ethanol})}{n((C_2H_6O)_x)} = \frac{0{,}085\,g}{0{,}00183\,mol} = 46{,}4\,\frac{g}{mol}$$

Da bei $(C_2H_6O_1)_x$ das Ergebnis nur $M = 46\,g \cdot mol^{-1}$ oder ein Mehrfaches sein kann, ist $x = 1$ und die Summenformel von Ethanol $C_2H_6O_1$.
b) Bei einem ähnlichen Versuch wurde zur Bestimmung der molaren Masse eines Ketons $m(\text{Keton}) = 0{,}095\,g$ eingesetzt. Seine Verhältnisformel lautet: $(C_3H_6O_1)_x$
Ergebnis: $V(\text{Keton-Dampf}) = 39{,}1\,ml$.
Berechne die molare Masse des Ketons. Um welches Keton handelt es sich?

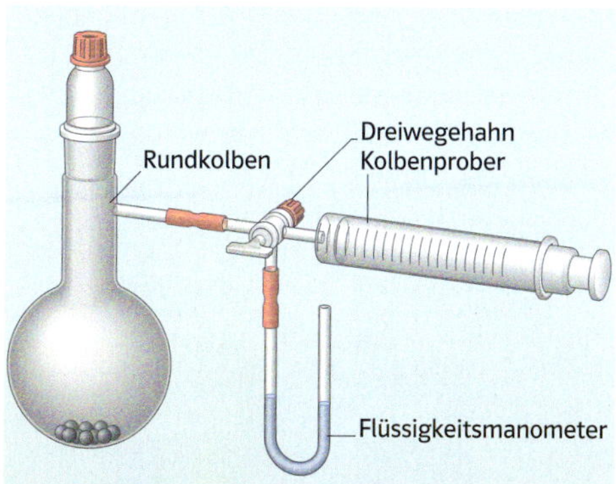

B2 Zu Aufgabe 4

B3 Zu Aufgabe 1

Horizonte Chemie spielerisch lernen

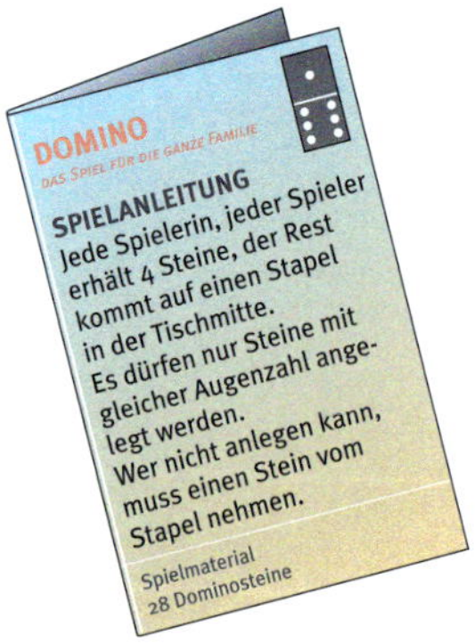

B1 Spielanleitung

Trivialnamen sind Namen für chemische Verbindungen, die nicht den systematischen Nomenklaturregeln (Benennungsregeln) der Chemie entsprechen und daher keinen Aufschluss über die Zusammensetzung und Struktur der Verbindung geben.

Chemiedomino spielen mit Namen und Formeln. Mit Chemiedomino lernt man spielerisch leicht: Welcher Name gehört zu welcher Formel? Welches Bild gehört zu welchem Stoff? Wie heißt die funktionelle Gruppe der Alkanole? Wie lautet der Alltagsname von Propanon?

Die Dominokärtchen werden zu Übungskärtchen. Bei der Suche nach dem passenden Kärtchen kann man chemisches Wissen abfragen, einüben und wiederholen. Die chemischen Zusammenhänge werden deutlich durch vielfältiges Kombinieren.
Domino lässt sich allein, zu zweit oder in der Gruppe spielen. Übt man alleine, z. B. während der Stillarbeit, kann man seine Lösungen mit dem Chemiebuch kontrollieren.

A. Anfertigen von Domino-Kärtchen
Zeichne so viele Rechtecke wie möglich auf ein Blatt Papier mit den Maßen von Dominosteinen (oder Spielkärtchen). Die Vorlage lässt sich zum Kopieren verwenden. Geschickt ist es, wenn für jedes Spiel eine eigene Papierfarbe gewählt wird.

Wähle 8 Alkanole und 8 Alkanale aus. Schreibe jeweils den Handelsnamen, den systematischen Namen, die Molekülformel oder die Strukturformel auf eine Hälfte eines Domino-Kärtchens [B3].
Nach dem Überziehen der Kärtchen mit Folie (laminieren) kann das Spiel beginnen [B1]. Es dürfen nur passende Spielkärtchen angelegt werden, z. B. Ethanal/ Acetaldehyd oder Ethanal/ H_3C-CHO.

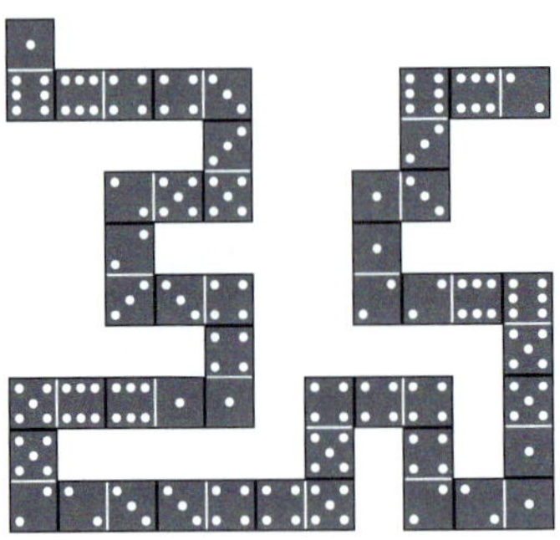

B2 Dominospiel

B. Noch mehr Möglichkeiten
Die Anzahl der Dominokärtchen läßt sich beliebig vermehren. Aus der Vielzahl der organischen Verbindungen mit funktionellen Gruppen kann man noch weitere auswählen und damit neue Dominokärtchen herstellen. Man kann auch Bilder aufkleben, die zu den ausgewählten Stoffen passen oder man bringt die funktionellen Gruppen mit ins Spiel.

Beispiele für weitere Kärtchen sind:
- Passende Bilder und Fotos
- Funktionelle Gruppen
- Alkanone
- Abbildungen von Molekülmodellen
- Polyole (Polyalkohole)
- Namen der Stoffgruppen
- Trivialnamen

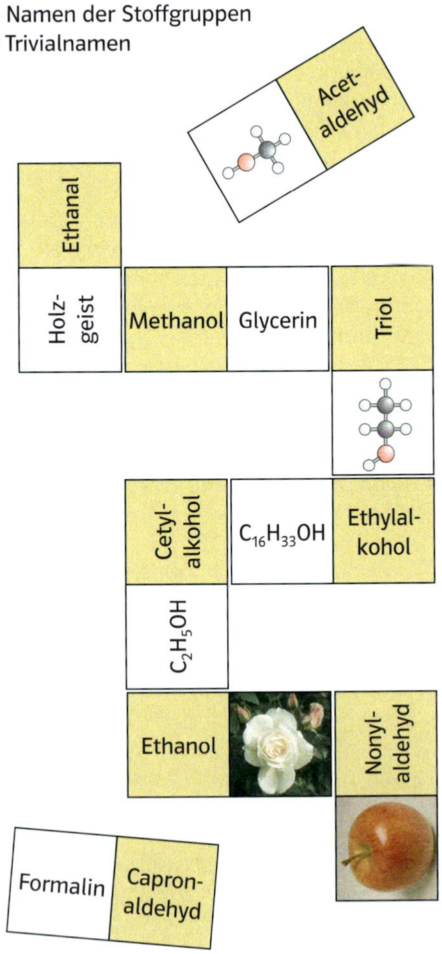

B3 Möglicher Spielverlauf

13 Carbonsäuren und Ester

In diesem Kapitel lernen wir eine Reihe von Stoffen näher kennen, die uns vor allem aus dem Lebensmittelbereich vertraut sind. Manche dieser Stoffe haben eine große Bedeutung in der Technik. Viele kommen auch in der Natur vor.

Essig ist die älteste verwendete saure Lösung. Sie enthält Essigsäure, die aus Ethanol gewonnen werden kann. Essigsäure ist ein Vertreter der Stoffgruppe der Carbonsäuren. Zu ihr gehören auch z. B. die Citronensäure, Äpfel- und Weinsäure, welche für den sauren Geschmack vieler Früchte verantwortlich sind. Diese und andere Carbonsäuren finden auch als Lebensmittelzusatzstoffe Verwendung.

Aus der übel riechenden Buttersäure kann mit Ethanol ein nach Banane duftender Stoff hergestellt werden. Aus Säuren und Alkoholen lassen sich Düfte und Aromen herstellen. Diese sind oft Vertreter der Stoffgruppe der Ester. Zu den Estern zählen weitere wichtige Stoffe aus Alltag und Technik.

Ein wichtiger Zweig der organischen Chemie ist die Herstellung von Kunststoffen. Sie ersetzen in vielen Bereichen natürliche Werkstoffe. Ihre Entsorgung bereitet jedoch Probleme.

Online-Link
756084-1300

13.1 Der Natur abgeschaut – Carbonsäuren und Ester

Essig
Schon den römischen Legionären diente Wasser, das mit Essig versetzt war, als Erfrischungsgetränk. Auf Feldzügen musste stets eine große Menge Essig mitgeführt werden, um die Soldaten zu versorgen. Auch heute wird noch auf die gleiche Art wie in der Antike Speiseessig hergestellt.

A1 Informiere dich über die Essigherstellung und gib wichtige Teilschritte an. Welche Organismen sind beteiligt?

B3 Speiseessig wird bei der Zubereitung vieler Mahlzeiten verwendet

B1 Vitaminreiches Sauerkraut

Sauerkraut
Die Herstellung von Sauerkraut ist eine alte Methode, um Weißkohl, der im Herbst geerntet wird, für den Verzehr zu konservieren. Sauerkraut ist ein wichtiger Vitaminlieferant. Zur Herstellung wird in Streifen geschnittener frischer Weißkohl mit Salz versetzt, in ein Gefäß gegeben und festgestampft. Eine Säure wird nicht hinzugegeben. Im Verlauf einiger Wochen reift im verschlossenen Gefäß das Sauerkraut heran und kann verzehrt bzw. für längere Zeit aufbewahrt werden.

A2 Welche organische Säure ist im Sauerkraut vorwiegend enthalten? Wie entsteht sie? Worauf beruht ihre konservierende Wirkung?

B2 Erbeeren duften aromatisch

Aromastoffe
Das Aroma von Erdbeeren, Ananas, Äpfeln, Birnen und anderen Früchten entsteht durch das Zusammenwirken einer Vielzahl von verschiedenen Aromastoffen. Aromastoffe können auch künstlich hergestellt werden und als Lebensmittelzusatzstoff Geschmack und Geruch von Lebensmitteln beeinflussen. Viele von ihnen gehören zur Gruppe der Ester („Fruchtester").

A3 Ermittle, durch welche Besonderheit im Molekülbau sich die Fruchtester auszeichnen.

Laminat – Einsatz moderner Kunststoffe
Holzparkett und Laminatboden sind beliebte Fußbodenbeläge. Auf den ersten Blick zeigen sie ein ähnliches Aussehen, bestehen aber aus ganz unterschiedlichen Materialien.

B4 Holzparkett (links) und Laminat (rechts)

A4 Ermittle, wie Holzparkett und Laminat aufgebaut sind.

Kunstfasern
Baumwolle ist eine Faser pflanzlichen Ursprungs, Polyesterfasern werden synthetisch hergestellt.

B5 Aufgebrochene Kapsel einer Baumwollblüte

A5 Vergleiche die Pflegeetiketten von weißen Baumwoll- und Polyestertextilien. Deute die unterschiedlichen Kennzeichnungen.

Hautcremes
Die menschliche Haut wird von einer Schicht geschützt, die aus dem Fett der Talgdrüsen und dem wässrigen Sekret der Schweißdrüsen besteht. Beide Ausscheidungen bilden eine Öl-in-Wasser-Emulsion, wie sie z. B. auch bei der Trinkmilch vorliegt. Derartige Emulsionen schützen die Haut vor Austrocknung und dem Eindringen von Bakterien. Viele Hautcremes sind nach diesem Vorbild, aufgebaut. Sie enthalten ein pflegendes Öl, Wasser, Duftstoffe (evtl. Kräuterextrakt) und einen Emulgator.

B6 Pflegende Hautcremes

A6 Erkläre die Funktion der Emulgatoren.

Margarine
Zu den wichtigsten Rohstoffen der Margarine zählen folgende pflanzliche Öle: Sojaöl, Sonnenblumenöl, Erdnussöl, Baumwollsaatöl, Palmöl, Rapsöl, Kokosfett und Palmkernfett. Die ausgewählten Fette und Öle werden in einem bestimmten Mischungsverhältnis zusammen gegeben. Emulgatoren und fettlösliche Vitamine werden hinzugefügt. Dieses Fettgemisch einerseits und Wasser, Kochsalz und entrahmte Milch oder Sauermilch andererseits werden im Mischungsverhältnis 4:1 in einen Schnellkühler gegeben. Unter ständigem Umrühren entsteht eine stabile Emulsion, die Margarine. Ihr Fettgehalt entspricht einem Massenanteil von 80 % . Die restlichen 20 % entfallen auf Wasser und Zusatzstoffe. Halbfettmargarine hat einen Fettgehalt von nur 40 %. Die gelbe Farbe der Margarine rührt von dem Farbstoff Carotin her, der z. B. im Palmöl enthalten ist, aber auch zugesetzt werden kann.

Rezept zur Herstellung von Margarine

Zutaten und Geräte: 15 g Kokosfett, 1 Esslöffel Olivenöl, 1 Teelöffel fettarme Milch, 1 Teelöffel Eigelb. 1 Prise Salz, 1 Becherglas, 1 Schüssel mit eisgekühltem Wasser.
Durchführung: Erwärme im Becherglas das Kokosfett über kleiner Flamme, bis es geschmolzen ist. Lösche die Flamme und gib unter Rühren das Olivenöl zu. Stelle das Becherglas in das Eiswasser und füge unter ständigem Rühren Milch und Eigelb zu und je nach Geschmack eine Prise Salz. Rühre kräftig, bis die Masse steif ist. Prüfe Streichfähigkeit und Geschmack auf einer Brötchenhälfte. Das Produkt ist nicht steril und muss bald verzehrt werden.

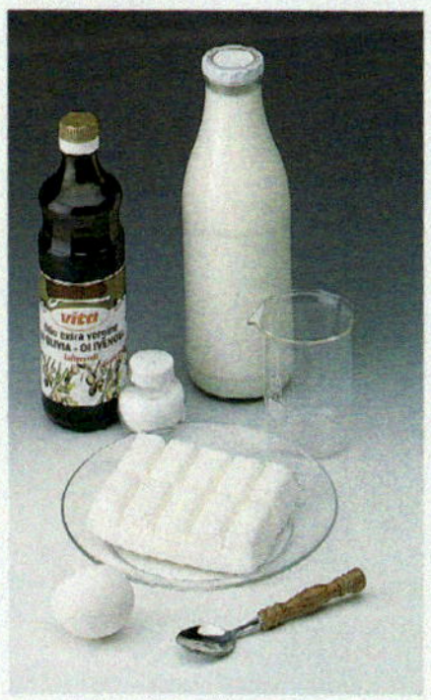

Acetylsalicylsäure (ASS)
Es ist schon seit Jahrhunderten bekannt, dass durch Kauen der Rinde von Weidengewächsen (botanischer Name: Salicaceae) Schmerzen zu lindern sind.

Um den enthaltenen Wirkstoff zu gewinnen, wurde Weidenrinde ausgekocht. In dem Extrakt ließ sich als Wirkstoff Salicylsäure identifizieren. Seit 1874 wird Salicylsäure synthetisch hergestellt. Ihr bitterer Geschmack und Nebenwirkungen (Magenbeschwerden) schränkten den Einsatz allerdings erheblich ein. Einige Jahre später gelang es, die Wirkstoffmoleküle so zu verändern, dass die Hauptwirkung (Schmerzlinderung, Fiebersenkung, Hemmung der Blutgerinnung) erhalten blieben, die Nebenwirkungen aber erheblich verringert wurden.

A7 Informiere dich mithilfe eines Beipackzettels über Nebenwirkungen und Risiken bei der Einnahme von ASS.

B7 Weidenrinde

B8 Bei Kopfschmerzen hilft Acetylsalicylsäure

13.2 Impulse Organische Säuren

Sauer macht lustig? Der Geschmackssinn hat die für Tier und Mensch lebenswichtige Funktion, die Nahrung auf Qualität und Bekömmlichkeit zu überprüfen. Er leitet uns bei der Auswahl der Nahrung, indem er positive oder negative Gefühle erzeugt. Die Tatsache, dass „sauer" eine unserer Geschmackskomponenten ist, zeigt, dass Menschen schon immer mit sauer schmeckenden Nahrungsmitteln konfrontiert wurden. Tatsächlich enthält fast jede pflanzliche Nahrung, wie z. B. Früchte, organische Säuren. Dies erklärt auch, warum Kenntnisse über diese Säuren und die Herstellung saurer Lösungen für vielerlei Zwecke zu den frühen Errungenschaften der menschlichen Zivilisation gehören.
Organische Säuren finden wir in der Natur, in Lebensmitteln und Alltagsprodukten. Einige haben wichtige Funktionen in unserem Körper. Bearbeitet die Aufgaben auf diesen beiden Seiten und erstellt anschließend eine *Mindmap* zum Thema „Organische Säuren".

Alles sauer! Teste mit dem Geschmackssinn und mit einem Indikator verschiedene Getränke und Nahrungsmittel. Recherchiere, welche Säure jeweils für die saure Eigenschaft verantwortlich ist.

Säuren machen haltbar! Lebensmittel haltbar zu machen, ist ein jahrtausendealtes Problem. In früheren Zeiten standen dafür nur wenige Methoden zur Verfügung. Eine sehr alte Methode ist der Zusatz von Essig. Auch einige andere organische Säuren wirken konservierend, da sie das Wachstum unerwünschter Bakterien und Pilze verhindern.
Suche auf Lebensmittelverpackungen bei den Inhaltsstoffen nach Säuren. Informiere dich über deren Eigenschaften, Vorkommen und Entstehung sowie über den Aufbau der Moleküle. Stelle deine Ergebnisse in einer Liste zusammen.

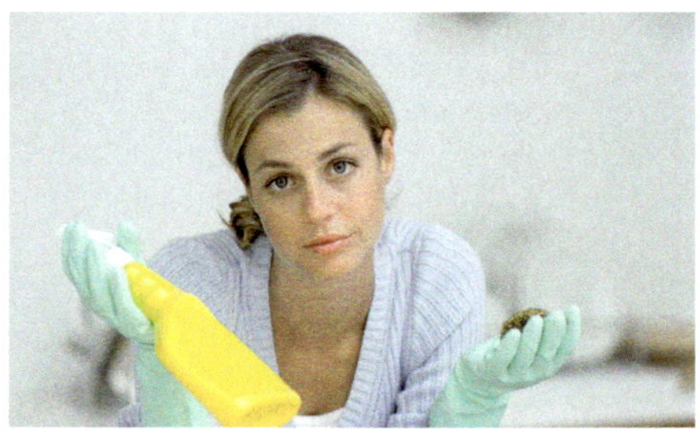

Säuren machen sauber! Viele Haushaltsreiniger enthalten organische Säuren. Schau bei den Inhaltsstoffen nach, welche Säuren in verschiedenen Reinigern enthalten sind. Teste die Wirkung der Reiniger auf Kalk, indem du in einem Schälchen kleine Marmorstückchen in den Reiniger legst. Beschreibe deine Beobachtungen und formuliere ein Ergebnis.

Wer einem betrübten Herzen Lieder singt, das ist wie wenn einer das Kleid ablegt am kalten Tage und wie Essig auf die Kreide.

Altes Testament, Sprüche 25.20

Säuren schützen! Unsere Haut schützt sich durch den Aufbau eines „Säureschutzmantels". Informiere dich über die Schutzwirkung dieser Schicht und über die beteiligten Säuren. Wodurch kann diese Schutzschicht zerstört werden?

Säuren zerstören! Welche chemische Substanz verbirgt sich hinter der Bezeichnung „Kreide"? Führe den Versuch „Essig auf Kreide" durch, beschreibe deine Beobachtungen und gib eine Erklärung.
Gib in einem weiteren Experiment kleine Magnesiumstücke in Essig. Beobachte und erkläre.

Säuren reizen! Wer sich schon einmal „in die Nesseln gesetzt" hat, weiß, was gemeint ist! „Reizend" ist auch der Biss einer Ameise. Recherchiere über die Säure der Ameisen und über den Inhaltsstoff der Brennhaare von Brennnesseln.

Exkurs Alles Essig

Essig war schon im Altertum bekannt und ist die älteste verwendete saure Lösung. Bei Griechen und Römern wurde das Wort „Säure" in der gleichen Bedeutung gebraucht wie das Wort „Essig". Erkläre, warum Essig schon so früh in der Geschichte bekannt war.

Vom Altertum bis ins Mittelalter wurde Essig einfach durch Stehenlassen von Wein an der Luft hergestellt. Im 14. Jahrhundert entwickelte sich zuerst in Frankreich die Zunft der „Essigsieder", die durch spezielle Herstellungsverfahren die Essigbildung beschleunigen und die Qualität des Essigs verbessern konnten. Informiere dich über heutige Verfahren der Essigherstellung.

Die Essigsieder stellten in ihren „Essigstuben" auch Saucen, Senf und pharmazeutische Produkte her. Diese Räume lagen an der warmen Südseite der Häuser und waren beheizbar. Für Bau und Verputz der Wände wurde Gips anstelle des sonst üblichen Kalkmörtels verwendet. Gib eine Erklärung für die besondere Lage und Ausstattung der Essigstuben.

Exkurs Teures Getränk

Der römische Geschichtsschreiber Plinius d. Ä. berichtet von einer Wette Kleopatras mit Antonius. Danach behauptete Kleopatra, die sich über dessen tägliche Schlemmereien lustig machte, sie könne eine Mahlzeit im Wert von 10 Millionen Sesterzen verzehren. Sie gewann die Wette, indem sie eine der beiden wertvollsten Perlen der damaligen Zeit in ein Gefäß mit Essig warf.
Warum konnte Kleopatra die „Perle" trinken?

13.3 Essig und Essigsäure

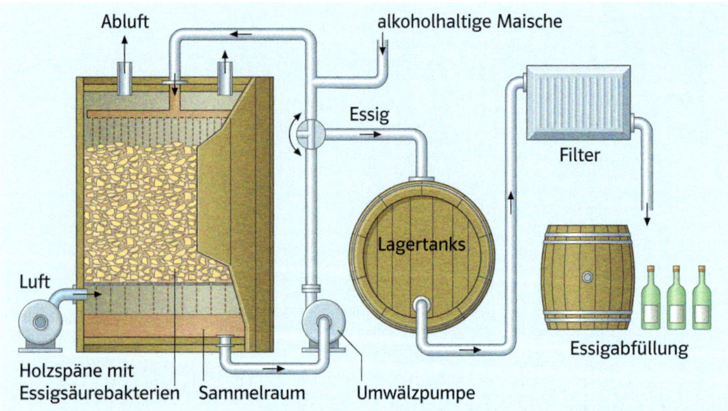

B1 Industrielle Herstellung von Speiseessig. Ethanol wird durch Essigsäurebakterien mithilfe von Luftsauerstoff zu Essigsäure oxidiert

Wein, dem keine konservierenden Stoffe zugesetzt wurden und der einige Zeit in einem offenen Gefäß an der Luft gestanden hat, schmeckt sauer und riecht nach Essig [B2, V1]. An der Oberfläche der Flüssigkeit hat sich eine dünne, graue Haut von Essigsäurebakterien gebildet. Enzyme dieser Bakterien katalysieren die Oxidation des im Wein enthaltenen Ethanols mit dem Sauerstoff der Luft zu Essigsäure.

$$H_3C{-}CH_2{-}\overline{\underline{O}}{-}H + O_2 \xrightarrow{\text{Enzyme}} H_3C{-}C(={\overline{O}})\!{-}\overline{\underline{O}}{-}H + H_2O$$

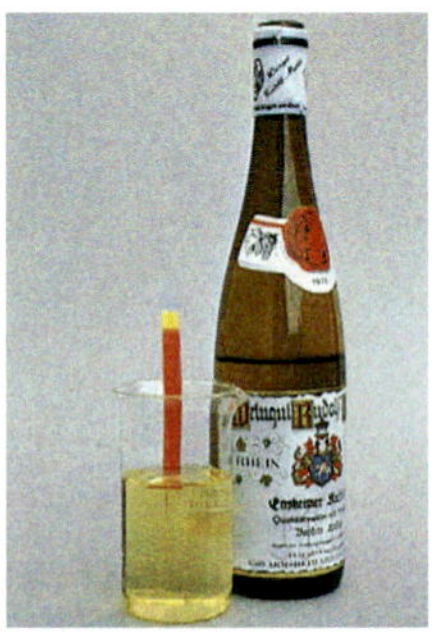

B2 Essig aus Wein. Wein wird an der Luft sauer

Die funktionelle Gruppe des Essigsäuremoleküls ist die Carboxylgruppe **—COOH** (**Carb**onyl-hydr**oxyl**gruppe), sie bestimmt im Wesentlichen die Eigenschaften und das Reaktionsverhalten der Essigsäure. Verbindungen, deren Moleküle die Carboxylgruppe aufweisen, heißen **Carbonsäuren**.
Der systematische Name für die Essigsäure lautet **Ethansäure**.

Industrielle Essig- und Essigsäureherstellung. Essig wird auch heute noch durch enzymatische Oxidation von Ethanol gewonnen. Dazu lässt man aus einem Spritzrad Wein, Most (Obstwein) oder andere Flüssigkeiten, die Ethanol enthalten, über Buchenholzspäne rieseln, die mit Essigsäurebakterien geimpft sind. Von unten strömt im Gegenstrom die zur Oxidation benötigte Luft entgegen [B1]. Die Flüssigkeit wird mehrmals umgepumpt, bis das gesamte Ethanol zu Essigsäure oxidiert worden ist. Vor dem Abfüllen wird der Essig so verdünnt, dass der Massenanteil der Essigsäure 5 % bis 6 % beträgt.
Im modernen Verfahren sind die Buchenholzspäne durch Schaum ersetzt, der durch Einblasen von Luft erzeugt wird. Da der Schaum eine größere Oberfläche besitzt, können darauf mehr Essigsäurebakterien angesiedelt werden. Dadurch verläuft die Oxidation des Ethanols schneller.
Der überwiegende Teil der Essigsäure wird durch Oxidation von Kohlenwasserstoffen aus Erdöl hergestellt. Der größte Teil der Essigsäure dient der chemischen Industrie zur Herstellung von Lösungsmitteln, Kunstseide (Acetatseide), Kunststoffen und Medikamenten.

Verwendung von Essig. Haushaltsessig ist eine verdünnte Lösung von Essigsäure. Die Lösung ist sauer, da Essigsäuremoleküle mit Wassermolekülen zu H_3O^+-Ionen und Anionen reagieren. Vor allem darauf beruht die Verwendung von Essig zum Konservieren von Nahrungsmitteln, z. B. Gewürzgurken und Heringen. In 2 %iger bis 3 %iger Essigsäurelösung sind viele Bakterien nicht mehr lebensfähig.

V1 Stelle ein Glas mit vergorenem Traubensaft einige Tage offen an einen warmen Ort. Prüfe den Geruch und teste mit Universalindikatorpapier.

A1 Welche Rolle spielt die eingeblasene Luft bei der industriellen Gewinnung von Essig?

A2 Beschreibe die Schritte, die bei der Herstellung von Branntweinessig, ausgehend von Getreide, ablaufen.

Zum Würzen von Speisen werden verschiedene Essigsorten verwendet, die aus unterschiedlichen alkoholischen Lösungen gewonnen werden, z. B. *Obstessig* aus Apfelwein. *Weinessig* wird nur aus Wein hergestellt. *Branntweinessig* (*Tafelessig*) entsteht aus Alkohol, der aus Getreide, Kartoffeln oder Zuckerrüben gewonnen wurde. Durch Einwirkung von Tafelessig auf Kräuter lassen sich verschiedene Arten von Kräuteressig herstellen. Der Massenanteil von Essigsäure in Essig beträgt meist 5 % bis 6 %, in „Essigessenz" 25 %. Diese muss vor Gebrauch verdünnt werden. Senf wird ebenfalls unter Verwendung von Essig hergestellt. Viele Haushaltsreiniger enthalten Essig, da die saure Lösung Kalkflecken entfernt und desinfizierend wirkt. Essigsäurelösung wird auch zur Rostentfernung verwendet, da diese mit Eisenoxid reagiert. Dabei entstehen lösliche Salze.

Eigenschaften der Essigsäure. Reine 100 %ige Essigsäure ist ein farbloser, ätzend wirkender und stechend riechender Stoff, der bei 118 °C siedet und bei 16 °C erstarrt [B3] und **Eisessig** genannt wird. Essigsäure weist im Vergleich zu Propan-1-ol (Siedetemperatur 97 °C) und Propanal (Siedetemperatur 49 °C) eine hohe Siede- und Schmelztemperatur auf, obwohl die Moleküle aller drei Stoffe ähnliche Kettenlängen und Moleküloberflächen haben. Diese hohe Siede- und Schmelztemperatur ist auf die stark polare *Carboxylgruppe* zurückzuführen. Die Carboxylgruppe enthält die polare C=O-Doppelbindung und die O—H-Bindung. Essigsäuremoleküle können zwei Wasserstoffbrücken ausbilden, z. B.:

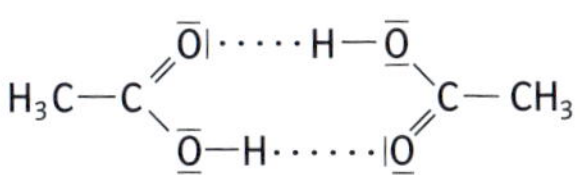

Essigsäure bildet mit Wasser eine saure Lösung. Ein Essigsäuremolekül kann ein Proton an ein Wassermolekül abgeben. Das Proton wird von der stark polaren OH-Gruppe der Carboxylgruppe abgespalten. Das dabei gebildete Anion heißt **Acetation** (von lat. acetum, Essig) oder mit dem systematischen Namen *Ethanoation*.

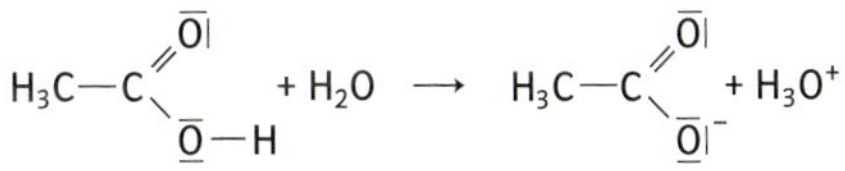

Allerdings liegen in verdünnter Essigsäure überwiegend Essigsäuremoleküle, aber nur wenige Oxonium- und Acetationen vor. Die Reaktion der Essigsäure mit Wasser verläuft unvollständig, nur ca. 1 % der Essigsäuremoleküle reagieren. Der Geruch von verdünnter Essigsäure beruht auf dem Vorhandensein von Essigsäuremolekülen. Ein geringer Anteil davon tritt aus der Lösung in die Luft über.

Salze der Essigsäure. Verdünnte Essigsäure reagiert mit unedlen Metallen, mit Metalloxiden [V2a] und alkalischen Lösungen, dabei entstehen Acetate (*Ethanoate*). *Kupferacetat* ist Bestandteil des giftigen „Grünspans" [B4], der sich bildet, wenn Kupfer oder Messing mit verdünnter Essigsäure und Luft in Berührung kommt [V2b].

V2 **a)** (Siedesteinchen, Schutzbrille!) Gib in ein Reagenzglas eine Spatelspitze Eisenpulver, in ein weiteres Kupferpulver, in ein drittes schwarzes Kupferoxid und setze anschließend jeweils verdünnte Essigsäure zu. Erhitze das zweite und dritte Reagenzglas vorsichtig.
b) Stelle ein blank geschmirgeltes Kupferblech so für einige Tage in verdünnte Essigsäure, dass das Blech etwa zur Hälfte in die Flüssigkeit eintaucht.

A3 Warum sind Metallgefäße, sofern ihre Oberfläche nicht besonders geschützt ist, zur Aufbewahrung von mit Essig konservierten Speisen nicht geeignet?

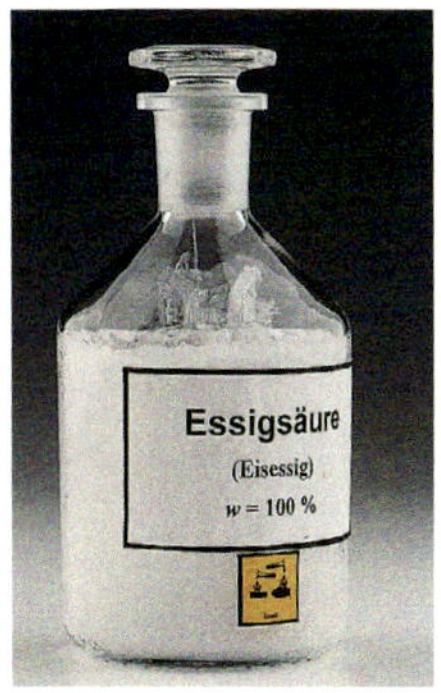

B3 Eisessig. Reine Essigsäure ist unter 16 °C fest

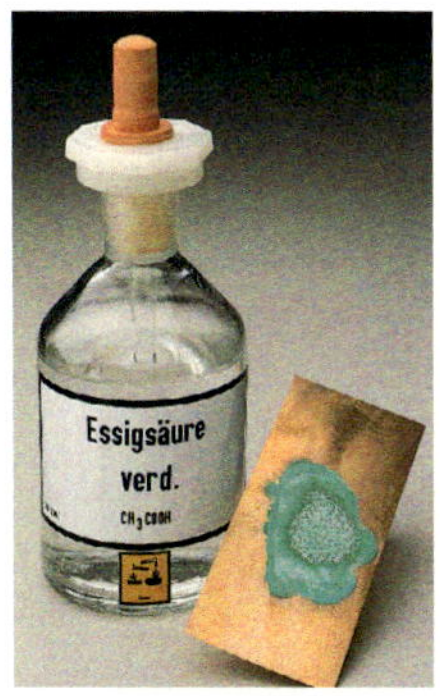

B4 Grünspan, ein giftiges Salz der Essigsäure

13.4 Praktikum Essig im Alltag

B1 Essigessenz entfernt Kalkablagerungen

B2 Essigreiniger enthält Essig und waschwirksame Substanzen

Essig wird im Haushalt nicht nur zum Würzen von Speisen verwendet, sondern findet auch in anderen Bereichen Verwendung, z. B. als Bestandteil von Essigreinigern, zum Entkalken und als Rostentferner.

V1 Essig als Entkalker

Grundlagen: Kalk reagiert mit vielen sauren Lösungen unter Bildung von wasserlöslichen Verbindungen und Kohlenstoffdioxid. Die Verwendung von Essig zu diesem Zweck ist besonders preiswert und umweltfreundlich.

Geräte und Materialien: Schutzbrille, Becherglas (100 ml), Objektträger mit Kalkflecken (vorbereitet durch Eintauchen in Kalkwasser und Trocknen an der Luft), Essig oder Essigreiniger, Indikatorpapier.

Durchführung:

a) Prüfe Essig und Essigreiniger mit einem Indikatorpapier.

b) Tauche den Objektträger zur Hälfte einige Minuten in die saure Lösung, spüle anschließend mit Wasser ab und betrachte das Glas.

V2 Bestimmung des Essigsäuregehalts in Essig, Essigreiniger und Essigessenz

Grundlagen: Essigsäure reagiert mit alkalischen Lösungen zu Wasser und Acetaten. Bei Verwendung einer alkalischen Lösung bekannter Konzentration kann man mit einem geeigneten Indikator den Essigsäuregehalt einer Lösung aus dem Verbrauch an zugetropfter alkalischer Lösung bestimmen. Dabei reagiert ein Hydroxidion mit einem Essigsäuremolekül.

Geräte und Materialien: Schutzbrille, Weithals-Erlenmeyerkolben, Bürette mit Natronlauge (c = 1 mol/l), Messpipette (10 ml), Pipettierhilfe, Essig, Essigreiniger, Essigessenz, Phenolphthaleinlösung, dest. Wasser.

Aufgabe: Plane und entwickle das Experiment und führe es durch. Notiere die einzelnen Schritte der Durchführung.

Auswertung: Berechne zunächst den Verbrauch an Natronlauge in Milliliter und mithilfe der Beziehung $n = c \cdot V$ die Stoffmenge $n(OH^-)$. Diese ist identisch mit $n(CH_3COOH)$ in der Probe. Mit der Beziehung $m(\text{Essigsäure}) = M(CH_3COOH) \cdot n(CH_3COOH)$ erhält man die Masse der Essigsäure in der Probe. Berechne die Masse der Essigsäure in der 100-ml-Probe und daraus den Massenanteil der Essigsäure, w(Essigsäure), in %:

$$w(\text{Essigsäure}) = \frac{m(\text{Essigsäure})}{m(\text{Probe})}$$

Nimm dazu vereinfacht an, dass die Probe eine Dichte von ρ = 1 g/ml besitzt.

V3 Essig als Rostentferner

Grundlagen: Essigsäure bildet mit Rost wasserlösliche Salze.

Geräte und Materialien: Schutzbrille, kleines Becherglas, rostiges Eisenstück (Nagel, Schraube, Blech usw.), Pinzette, (Papier-)Tuch, Essig oder Essigessenz.

Durchführung: Gib den rostigen Gegenstand in Essig oder Essigessenz. Schüttle nach einigen Minuten vorsichtig und beobachte. Lass den Versuchsansatz bis zur nächsten Chemiestunde stehen. Entnimm dann den Gegenstand mit der Pinzette, spüle ihn mit Wasser und reibe ihn mit dem Tuch ab.

B3 Essigsorten im Haushalt und Essigsäure aus dem Labor

13.5 Homologe Reihe der Alkansäuren

Ethanol lässt sich zu Essigsäure, einer Carbonsäure, oxidieren (Kap. 13.3). Die bei der Oxidation von Alkanolen entstehenden Carbonsäuren nennt man **Alkansäuren.** Zur systematischen Benennung wird die *Endung „säure"* an den Stammnamen angehängt. Auch die Alkansäuren bilden eine homologe Reihe [B1], innerhalb derer sich die Eigenschaften der Stoffe in charakteristischer Weise unterscheiden.

Eigenschaftsänderungen innerhalb der homologen Reihe. Die Eigenschaften der ersten vier Alkansäuren werden am stärksten durch die polare Carboxylgruppe bestimmt. Die Moleküle können mit anderen geeigneten Molekülen, wie z. B. Wassermolekülen, *Wasserstoffbrücken* eingehen. Diese Säuren lösen sich in jedem Verhältnis in Wasser. Bei Zugabe von Wasser findet zusätzlich zum Lösungsvorgang auch ein Protonenübergang statt, sodass neben den Alkansäuremolekülen auch in geringer Konzentration Säureanionen und Oxoniumionen in der Lösung vorliegen. Alkansäuren, deren Moleküle mehr als vier Kohlenstoffatome enthalten, lösen sich nur wenig in Wasser, da die Wirkung der polaren Carboxylgruppe gegenüber der sich vergrößernden, unpolaren Alkylgruppe in den Hintergrund tritt. Diese Alkansäuren sind zunehmend hydrophob. Schon ab der Ethansäure bilden Säuren mit Benzin in jedem Verhältnis eine Lösung; die bei Zimmertemperatur festen Alkansäuren lösen sich bei höherer Temperatur in Benzin.

Die *Siedetemperaturen* der Alkansäuren liegen wegen der polaren Carboxylgruppe deutlich über denen der Alkanole mit Molekülen ähnlicher Kettenlänge und Moleküloberfläche. Auch bei den Alkansäuren steigen mit wachsender Anzahl der Kohlenstoffatome ihrer Moleküle die Siedetemperaturen, da die Van-der-Waals-Kräfte eine zunehmend größere Rolle spielen.

Der *Geruch* der Alkansäuren verändert sich vom stechenden Geruch der Methan- und Ethansäure zum widerwärtigen Geruch der Butansäure und der folgenden Säuren. Die bei Zimmertemperatur festen Alkansäuren riechen wegen ihrer geringen Flüchtigkeit kaum.

Name (Trivialname)	Formel	Schmelztemperatur (°C)	Siedetemperatur (°C)	Namen der Salze
Methansäure (Ameisensäure)	HCOOH	8	100	Methanoate (Formiate)
Ethansäure (Essigsäure)	CH_3COOH	16	118	Ethanoate (Acetate)
Propansäure (Propionsäure)	C_2H_5COOH	−22	141	Propanoate (Propionate)
Butansäure (Buttersäure)	C_3H_7COOH	−7	164	Butanoate (Butyrate)
⋮				
Dodecansäure (Laurinsäure)	$C_{11}H_{23}COOH$	44	225*	Dodecanoate (Laurate)
⋮				
Hexadecansäure (Palmitinsäure)	$C_{15}H_{31}COOH$	63	269*	Hexadecanoate (Palmitate)
⋮				
Octadecansäure (Stearinsäure)	$C_{17}H_{35}COOH$	69	287*	Octadecanoate (Stearate)

* bei 133 hPa

B1 Homologe Reihe der Alkansäuren und ihre Salze

A1 Warum besitzt Essigsäure eine höhere Siedetemperatur als Ethanol? Erkläre!

A2 **a)** Begründe, warum die Siedetemperaturen der Alkansäuren innerhalb der homologen Reihe ansteigen.
b) In [B1] werden die Siedetemperaturen ab der Dodecansäure bei vermindertem Druck angegeben. Erkläre.

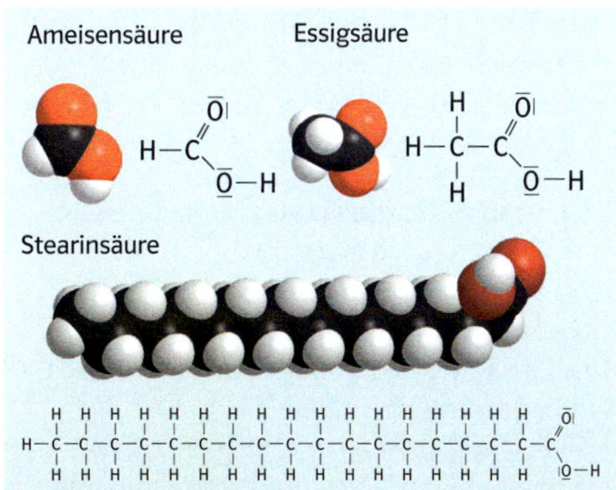

B2 Einige Alkansäuren mit Strukturformel und Molekülmodell

13.6 Exkurs Im Alltag bekannte Alkansäuren

B1 Emmentaler Käse. Bei der Reifung entstehen Propionsäure und Kohlenstoffdioxid

B3 Ameisen produzieren Ameisensäure

Viele Alkansäuren sind schon sehr lange bekannt und ihre gebräuchlichen Namen weisen auf ihre Herkunft und ihr Vorkommen hin.

Methansäure (Ameisensäure) ist die Alkansäure mit den am einfachsten gebauten Molekülen. Der Name Ameisensäure deutet bereits darauf hin, dass das Sekret der Ameisen diese Säure enthält [B1]. Bei manchen Ameisenarten besteht die Körpermasse bis zu 20 % aus Ameisensäure. Auch das Gift vieler Insekten wie das der Bienen und das Gift in den Nesselkapseln mancher Hohltiere (Quallen) sowie die Brennhaare der Brennnesseln enthalten diese Säure [V1]. Ameisensäure riecht stechend und wirkt ätzend. Verdünnte Methansäure reagiert wie verdünnte Ethansäure mit unedlen Metallen, Metalloxiden und alkalischen Lösungen. Die dabei entstehenden Salze heißen Methanoate oder Formiate (von lat. formica, Ameise). Im Haushalt kann Methansäure zum Entkalken von Warmwasserbereitern, Wasserkesseln u.a. [V2] verwendet werden. Sie wird auch als Konservierungsmittel für Fruchtsäfte und Silofutter eingesetzt.

E 280 Propionsäure
E 281 Natriumpropionat
E 282 Calciumpropionat
E 283 Kaliumpropionat

B2 E-Nummern von Propionsäure und ihren Salzen

Propansäure (Propionsäure) ist in der Natur ziemlich selten. Sie entsteht z.B. bei der Reifung macher Käsesorten durch Propionsäurebakterien [B2]. Ein weiteres Produkt dabei ist Kohlenstoffdioxid, das für die Lochbildung verantwortlich ist.
Propansäure ist eine klare, ölige Flüssigkeit mit unangenehmem Geruch. Die Säure und ihre Salze werden auch als Konservierungsmittel verwendet, da sie z.B. beim Brot die Schimmelbildung verhindern. Da die Salze nicht den unangenehmen Geruch haben, werden in der Lebensmittelindustrie die Salze der Propansäure verwendet.

Butansäure (Buttersäure) wird beim Ranzigwerden der Butter frei und verursacht den typischen unangenehmen Geruch. Auch der Schweiß von Säugetieren enthält Buttersäure. Ihr Geruch wird noch in geringen Konzentrationen von blutsaugenden Insekten, Zecken und vielen anderen Tieren wahrgenommen. Ein Hund riecht noch ein Billionstel Gramm (10^{-12} g) Buttersäure in einem Kubikmeter Luft. Buttersäure entsteht auch aus Stärke durch Buttersäurebakterien [V3].

Alkansäuren, deren Moleküle sehr lange Ketten aus Kohlenstoffatomen aufweisen, sind bei Zimmertemperatur fest. Sie können aus Fetten gewonnen werden. Man bezeichnet sie deshalb auch als **Fettsäuren**. Es sind dies vor allem die *Dodecansäure* (*Laurinsäure*), die *Hexadecansäure* (*Palmitinsäure*) und die *Octadecansäure* (*Stearinsäure*). Technisches Stearin ist im Wesentlichen ein Gemisch aus Palmitin- und Stearinsäure und wird z.B. zur Herstellung von Kerzen, in kosmetischen Präparaten und in der Seifen- und Gummiindustrie verwendet.

V1 Zerreibe Brennnesseln in Wasser. Destilliere und prüfe das Destillat mit Universalindikator.

V2 Gib zu einer Spatelspitze Magnesium- oder Calciumcarbonat verdünnte Methansäure. Beschreibe und deute die Beobachtungen.

V3 Schneide aus einer Kartoffel einen Kegel und gib in die Vertiefung Erde. Setze den Kegel wieder ein, lege die Kartoffel in ein Einmachglas, dessen Boden mit Wasser bedeckt ist, und schließe den Deckel. Teste nach einigen Tagen den Geruch.

A1 Beschreibe, wie die Löcher in manche Käsesorten kommen.

13.7 Exkurs Ungesättigte Fettsäuren

Es gibt Carbonsäuren, deren Moleküle in ihrem Kohlenwasserstoffrest eine oder mehrere Doppelbindungen aufweisen. Drei wichtige Säuren, die aus festen Fetten und auch aus flüssigen Fetten, den fetten Ölen, gewonnen werden können, sind die *Öl-*, die *Linol-* und die *Linolensäure*. Da aufgrund der Doppelbindung weitere Atome in das Molekül aufgenommen werden können, bezeichnet man diese Säuren auch als **ungesättigte Fettsäuren**. So reagieren sie z. B. rasch mit einer Bromlösung [B2, V1], die dadurch entfärbt wird. Durch Reaktion mit Wasserstoff („Hydrieren“) können diese Säuren in gesättigte Fettsäuren überführt werden [B1, oben].

Schmelztemperatur und Molekülaufbau.
Obwohl ein Ölsäuremolekül ($C_{17}H_{33}COOH$) nur zwei Wasserstoffatome weniger aufweist als ein Stearinsäuremolekül ($C_{17}H_{35}COOH$), liegt die *Schmelztemperatur* der Stearinsäure wesentlich höher als die der Ölsäure. Ölsäure ist bei Zimmertemperatur flüssig, Stearinsäure fest.
Im festen Zustand liegen die Moleküle eines Stoffes dicht aneinander. Je enger sie gepackt sind, desto stärker wirken sich die zwischenmolekularen Kräfte aus und desto höher liegt die Schmelztemperatur. Die Molekülketten der *gesättigten* Fettsäuren können eine *linear* gestreckte Form annehmen und sich so eng zusammenlagern.

Die Moleküle der ungesättigten Fettsäuren weisen an den Doppelbindungen Knicke auf [B1, unten]. In dieser Stellung sind die Kohlenstoffatom-Ketten fixiert, da die Doppelbindung eine Drehung des Moleküls um die C—C-Bindungsachse verhindert. Wegen dieser Form können sich die Moleküle nicht so eng aneinander lagern. Somit wirken sich die zwischenmolekularen Kräfte schwächer aus und die Schmelztemperatur ist niedriger [B1].
Die *mehrfach ungesättigten* Fettsäuren Linol- und Linolensäure (mehrere Doppelbindungen im Molekül) sind für den menschlichen Körper lebensnotwendig (essenziell), da sie vom Körper selbst nicht hergestellt werden können. Sie müssen daher mit der Nahrung, z. B. durch Pflanzenöle, aufgenommen werden.

V1 (Abzug!) Man löst jeweils Ölsäure und Stearinsäure in Propan-1-ol, fügt tropfenweise eine Lösung von Brom in Propan-1-ol (frisch angesetzt) hinzu und schüttelt.

A1 Formuliere die Reaktionsgleichungen für die Hydrierung von
a) Ölsäure und **b)** Linolsäure.
Benenne jeweils das Reaktionsprodukt.

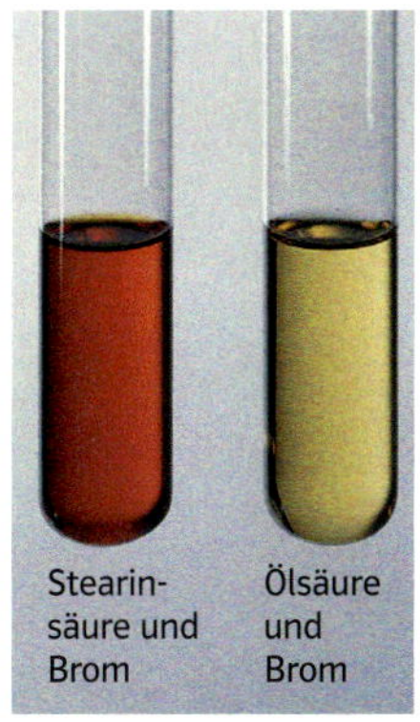

B2 Ungesättigte Fettsäuren addieren Brom

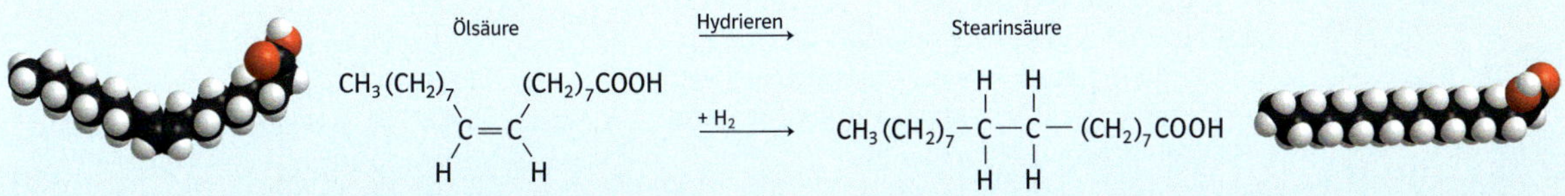

Name	Halbstrukturformel	vereinfacht	Schmelztemperatur	Namen der Salze
Ölsäure	$CH_3(CH_2)_7$ CH=CH $(CH_2)_7COOH$	$C_{17}H_{33}COOH$	16	Oleate
Linolsäure	$CH_3(CH_2)_4$ CH=CH CH_2 CH=CH $(CH_2)_7COOH$	$C_{17}H_{31}COOH$	−10	Linolate
Linolensäure	$CH_3(CH_2)$ CH=CH CH_2 CH=CH CH_2 CH=CH $(CH_2)_7COOH$	$C_{17}H_{29}COOH$	−11	Linolenate

B1 (Oben) Hydrieren ungesättigter Fettsäuren führt zu gesättigten Fettsäuren. (Unten) Wichtige ungesättigte Fettsäuren. Die Doppelbindungen sind rot unterlegt

13.8 Exkurs Carbonsäuren in der Natur

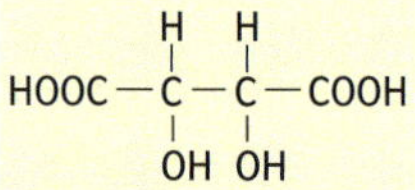

Weinsäure

Außer den Alkansäuren, wie z. B. Essigsäure und Buttersäure, kommen in der Natur noch viele weitere Carbonsäuren vor. Ihre Moleküle sind meist komplizierter gebaut und dadurch gekennzeichnet, dass sie nicht nur *eine funktionelle Gruppe* tragen [Randspalte]. Häufig sind zusätzlich weitere Carboxylgruppen (*Di-* und *Tricarbonsäuren*) sowie Hydroxylgruppen (*Hydroxycarbonsäuren*) vorhanden. Viele dieser Säuren findet man in Pflanzen bzw. Pflanzenteilen, z. B. Früchten (*Fruchtsäuren*). Auch im Stoffwechsel von Tieren und Menschen sind solche Säuren zu finden.

Milchsäure

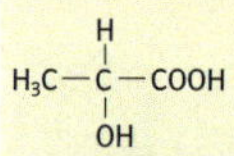

Milchsäure. Sie entsteht bei der Vergärung von Zuckern durch bestimmte Bakterien, z. B. beim Sauerwerden von Milch, und befindet sich deshalb in Produkten wie Joghurt, Kefir und Buttermilch. Auch bei der Herstellung von Sauerkraut und Silofutter bildet sich Milchsäure, ferner tritt sie beim Abbau des Kohlenhydrats Glykogen im arbeitenden Muskel auf.

Oxalsäure

HOOC—COOH

Oxalsäure. Sie ist die Dicarbonsäure mit den am einfachsten gebauten Molekülen und bildet farblose Kristalle. Da jedes Oxalsäuremolekül zwei Protonen abspalten kann, gibt es zwei Reihen von Salzen, die Hydrogenoxalate und die Oxalate. Der saure Geschmack von Sauerklee (Oxalis acetosella), Sauerampfer, Rhabarber und Stachelbeeren wird überwiegend durch Kaliumhydrogenoxalat ($K^+ \, ^-OOC{-}COOH$) hervorgerufen. Oxalsäure ist giftig. 5 g davon können tödlich wirken, da sich mit Calciumionen schwer lösliches Calciumoxalat bildet, das die feinen Nierenkanälchen verstopfen kann. Auch Harn- und Nierensteine enthalten häufig Calciumoxalat.

Citronensäure

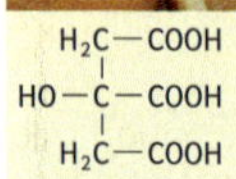

Fruchtsäuren sind Feststoffe, die in Früchten in gelöster Form vorliegen. Die meisten haben ihren Namen nach einer Frucht erhalten, in der sie überwiegend vorkommen. So kommt **Weinsäure** in Weintrauben vor. Als Dicarbonsäure kann auch sie zwei Reihen von Salzen bilden, die *Hydrogentartrate* und die Tartrate (von frz. tartre, Weinstein). Der sich beim Lagern von Wein abscheidende Weinstein ist ein Gemisch aus Kaliumhydrogen- und Calciumtartrat. **Citronensäure** kommt nicht nur in Zitronen vor (im Saft: *w*(Citronensäure) = 5 % bis 7 %), sie ist als eine der häufigsten Fruchtsäuren auch in vielen anderen Früchten wie Orangen, Ananas und Preiselbeeren enthalten. Zudem kommt im menschlichen Stoffwechsel Citronensäure vor. Die Salze der Citronensäure heißen *Citrate*. Die **Äpfelsäure** ist neben der Citronensäure die verbreitetste Fruchtsäure. Sie kommt in vielen Obstarten wie Äpfeln, Birnen, Quitten, Aprikosen, Kirschen und Pflaumen vor. Die Salze der Äpfelsäure sind die Malate (von lat. malum, Apfel).

Äpfelsäure

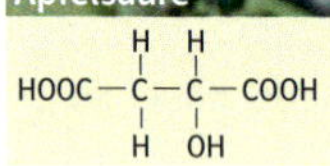

Vitamin C gegen Skorbut

Vitamin C, auch Ascorbinsäure genannt, ist eine organische Säure mit kompliziertem Molekülbau. Sie ist für den menschlichen Körper unentbehrlich, kann von ihm jedoch selbst nicht gebildet werden und muss in der Nahrung enthalten sein. Besonders Hagebutten, Sanddorn, schwarze Johannisbeeren, Kiwi, Paprika, Petersilie und Grünkohl sind reich an Vitamin C. Eine unzureichende Versorgung mit Vitamin C führt zu speziellen Mangelkrankheiten. Eine Folge extremen Vitamin-C-Mangels, der Skorbut, war in den früheren Jahrhunderten bei Seefahrern eine gefürchtete Krankheit. Sie war darauf zurückzuführen, dass vor allem wegen fehlender Konservierungsmöglichkeiten auf langen Reisen kein frisches Obst und Gemüse zur Verfügung standen. Später wurde dem Skorbut z. B. durch Verzehr von Sauerkraut oder Zitronensaft begegnet.
Schilderung von Skorbut (Scharbock) während einer Schiffsreise (1740):

Drittens hatten auch viele den Scharbock, welcher eine schmerzliche Krankheit ist und auf dem Land selten gefunden wird. Es fanget zuerst in denen Zähnen an, daß das Zahnfleisch gantz faul wird, und man den gantzen Kiefer wegnehmen kan; sie werden gantz steiff an dem gantzen Leib, daß sie sich weder wenden noch regen können; sie bekommen auch faul Fleisch an dem Leib, daß man gantze Stücker ausschneiden kan.

13.9 Exkurs Carbonsäuren als Lebensmittelzusatzstoffe

Organische Säuren sind nicht nur Bestandteile vieler Naturprodukte, sondern finden auch in vielen Bereichen des Alltags und der Technik Verwendung. Außer als Bestandteil z. B. von Entkalkern und industriellen Reinigern für Metalloberflächen in der Elektronikindustrie (Citronensäure) oder Rost- und Tintenfleckentfernern (Oxalsäure) werden organische Säuren wegen ihrer besonderen Eigenschaften vielen Lebensmitteln zugesetzt [B1]. Auswahl und erlaubte Mengen sind durch das Lebensmittelgesetz geregelt. Die zugesetzten Stoffe müssen entweder durch die Stoffnamen oder ihre E-Nummern auf der Verpackung angegeben werden [B2].

Organische Säuren als Konservierungsstoffe. Viele leicht verderbliche Nahrungsmittel können durch Zusatz von organischen Säuren länger haltbar gemacht werden. Sie verhindern, dass z. B. durch Fäulnisbakterien und Schimmelpilze Giftstoffe in diesen Lebensmitteln entstehen können. Zur Verhinderung der Schimmelbildung in Brot wird vielfach Sorbinsäure (Formel: C_5H_7COOH) zugesetzt [B3], eine ungesättigte Carbonsäure, die im Körper des Menschen vollständig abgebaut wird. Benzoesäure (Formel: C_6H_5COOH) ist für saure Lebensmittel zugelassen und wird z. B. Fleischsalat und Fischkonserven zugesetzt. Propionsäure (Propansäure) als Konservierungsstoff wird wegen der erforderlichen hohen Dosierung und der dadurch entstehenden Geschmacksveränderung zunehmend durch Sorbinsäure ersetzt.

Säuerungsmittel. Sauer schmeckende Getränke wirken besonders erfrischend. Zu diesem Zweck werden Fruchtsaftgetränken, Nektaren und Limonadengetränken organische Säuren als Säuerungsmittel zugesetzt. Hierbei finden vor allem die Citronensäure, Weinsäure und Äpfelsäure Verwendung. In Brausepulver dient der Zusatz von Citronen- bzw. Weinsäure sowohl dem Geschmack als auch der Entwicklung von Kohlenstoffdioxid durch die Reaktion mit Natriumhydrogencarbonat. Da es sich um feste Säuren handelt, erfolgt diese Reaktion erst nach Zusatz von Wasser. Dadurch ist eine lange Lagerfähigkeit in trockenem Zustand gewährleistet.

Oxidationshemmer. Beim Stehen an der Luft verändern viele Lebensmittel ihre Farbe und bekommen ein unappetitliches Aussehen (z. B. „Grauwerden" von Fleisch und Wurst, Dunkelfärbung von Apfelmus). Dies ist auf eine Reaktion von natürlichen Inhaltsstoffen mit Sauerstoff, vor allem an der Oberfläche zurückzuführen. Durch Zusatz von „Antioxidantien", z. B. Vitamin C (Ascorbinsäure), kann die Bildung solcher (z. T. farbiger) Oxidationsprodukte verhindert werden [V1]. Vitamin C wirkt reduzierend.

V1 Reibe einen Apfel und/oder eine Kartoffel zu Mus und verteile dies auf zwei Schälchen. Vermische eine der beiden Proben sofort nach dem Reiben mit ca. zwei Messerspitzen Vitamin C. Beurteile das Aussehen der beiden Proben nach 20 – 30 Minuten.

A1 Überlege, warum nach dem Lebensmittelgesetz Höchstwerte für den Zusatz von Konservierungsstoffen in Lebensmitteln festgelegt werden.

E 200 Sorbinsäure
E 210 Benzoesäure
E 211 Natriumbenzoat
E 220 Schwefeldioxid
E 260 Essigsäure
E 270 Milchsäure
E 296 Äpfelsäure
E 300 Vitamin C
E 330 Citronensäure
E 334 Weinsäure
E 420 Sorbit
E 422 Glycerin

B2 E-Nummern von Lebensmittelzusatzstoffen

B1 Warensortiment. Vielen Lebensmittel werden organische Säuren zugesetzt

B3 Sorbinsäure hemmt das Wachstum von Schimmelpilzen

13.10 Praktikum Organische Säuren in Lebensmitteln

V1 Fällung der Calciumsalze

Grundlagen: Oxalsäure, Weinsäure und Citronensäure bilden mit Calciumionen schwer lösliche Salze.

Geräte und Materialien: Schutzbrille, Reagenzgläser, Bechergläser (250 ml), Spatel, Dreifuß, Keramikdrahtnetz, Gasbrenner, 2 Messpipetten (10 ml), Pipettierhilfe, Siedesteinchen, Oxal-, Wein- und Citronensäure, Calciumchloridlösung (w = 20 %), Kalkwasser, Rhabarbersaft, Zitronensaft, Brausepulver.

Durchführung:

a) Löse eine Spatelspitze Oxalsäure in wenig Wasser und gib etwas Calciumchloridlösung zu. Gib auch zu ca. 5 ml Rhabarbersaft (zuvor filtriert) etwas Calciumchloridlösung.

b) Löse jeweils eine Spatelspitze Wein- bzw. Citronensäure in wenig Wasser und füge jeweils 40 ml Kalkwasser zu. Gib zu dem Ansatz mit Citronensäure Siedesteinchen und koche auf.

c) Prüfe entsprechend (b) ca. 5 ml Brausepulverlösung (zur Entfernung von Kohlenstoffdioxid vorher auskochen) auf Weinsäure und ca. 1 ml Zitronensaft auf Citronensäure.

V2 Säuregehalt von Milch und Milchprodukten

Grundlagen: Milchsäurebakterien bauen Milchzucker zu Milchsäure ab. Bei Frischmilch gibt der Milchsäuregehalt einen Hinweis auf Alter und Lagerung der Milch. Bei Sauermilchprodukten ist ein bestimmter Milchsäuregehalt erwünscht. Da Milch außer Milchsäure in geringem Umfang andere Säuren enthält, gibt man zur Beurteilung die Gesamtsäurekonzentration an, die durch Titration mit Natronlauge bestimmt wird.

Geräte und Materialien: Schutzbrille, Weithals-Erlenmeyerkolben (200 ml), Stativmaterial, Bürette, Messzylinder, Natronlauge (c = 0,1 mol/l), Phenolphthaleinlösung (w < 1 %), verschiedene (flüssige) Milchprodukte.

Aufgabe: Plane und entwickle ein Experiment zur Bestimmung der Säurekonzentration. Notiere die einzelnen Schritte der Durchführung. Führe das Experiment mit verschiedenen Milchprodukten durch. Notiere die Ergebnisse und werte sie aus.

B1 Bestimmung des Säuregehalts von Lebensmitteln durch Titration

V3 Bestimmung des Vitamin-C-Gehalts

Grundlagen: Vitamin C wirkt reduzierend. Durch Reaktion mit Iod wird dieses zu Iodid reduziert. Der Gehalt an Vitamin C kann somit durch den Verbrauch an Iod ermittelt werden. Der Endpunkt der Titration wird durch die Iod-Stärke-Reaktion angezeigt (Blaufärbung).

Geräte und Materialien: Schutzbrille, Stativmaterial, Bürette, Messzylinder, 2 Messpipetten (10 ml), Pipettierhilfe, Weithals-Erlenmeyerkolben (200 ml), Iodlösung (2,5 g Iod und 5 g Kaliumiodid in 1 l Lösung; c ≈ 0,01 mol/l), Salzsäure (c ≈ 1 mol/l), Stärkelösung (w = 1 %), Vitamin-C-Teststäbchen, Ascorbinsäure oder Vitamin-C-Tablette, Zitronensaft (frisch und Konserve), Orangensaft, Apfelsaft, Kiwisaft, Vitamin-C-Bonbons (vorher zu 25 ml Lösung in Wasser lösen), evtl. weitere Vitamin-C-haltige Getränke.

Durchführung:

a) Bestimme den Vitamin-C-Gehalt der Proben mit Teststäbchen.

b) Gib 2 ml Salzsäure und 5 ml Stärkelösung zu 25 ml der Probe und titriere mit der Iodlösung.

c) Stelle mit Ascorbinsäure oder einer Vitamin-C-Tablette (Gehaltsangabe auf der Packung beachten) eine Standardlösung her, die 100 mg Ascorbinsäure in 100 ml Lösung enthält. Titriere diese Lösung wie in (b).

Auswertung:

Zu c): Trage in ein Diagramm (Abszisse: V(Iodlösung) in ml; Ordinate: m(Vitamin C) in der Probe in mg) die Werte für die Standardlösung ein. Zeichne eine Ursprungsgerade durch diesen Punkt. Ermittle aus dieser Eichkurve den Vitamin-C-Gehalt der übrigen Proben unter Verwendung der Ergebnisse von (b).

Zu a) und b): Vergleiche die verschiedenen Proben hinsichtlich der Gehaltsangaben (Teststäbchen) und aufgrund des Verbrauchs an Iodlösung.

13.11 Die Esterbildung

Mit den Alkoholen und den Carbonsäuren haben wir Stoffe kennen gelernt, bei denen die Eigenschaften und das Reaktionsverhalten entscheidend von den funktionellen Gruppen der Moleküle beeinflusst werden. Wie verhalten sich Vertreter der beiden Stoffe, wenn sie zusammengegeben werden?

Die Reaktion der Essigsäure mit Ethanol. Essigsäure (Ethansäure) und Ethanol lösen sich ineinander und zeigen zunächst keine Reaktion. Erst wenn das Gemisch mit etwas Schwefelsäure erhitzt wird [V1], lässt sich eine Veränderung feststellen. Gießt man die erhaltene Flüssigkeit in Wasser, so bilden sich zwei Flüssigkeitsschichten [B2], und ein eigenartiger Geruch, der an Alleskleber erinnert, ist deutlich wahrnehmbar. Da die Ausgangsstoffe in Wasser löslich sind, muss eine chemische Reaktion stattgefunden haben.

Essigsäure und Ethanol reagieren zu Essigsäureethylester und Wasser [B1, oben]. Diese Esterbildung verläuft selbst bei Temperaturen zwischen 70 °C und 90 °C nur sehr langsam. Durch die Zugabe von Schwefelsäure wird die Esterbildung beschleunigt. **Schwefelsäure wirkt hier als Katalysator.**
Essigsäureethylester bzw. Ethansäureethylester wird auch als Ethylacetat bezeichnet.

Ester. Auch andere Alkohole und Carbonsäuren reagieren zu Estern und Wasser [B1, unten]. Die Esterbildung ist eine **Kondensationsreaktion.**

Eine Reaktion, bei der sich Moleküle unter Abspaltung von Wassermolekülen oder anderen kleinen Molekülen verbinden, heißt Kondensationsreaktion. Säuren reagieren dabei mit Alkoholen zu Estern und Wasser.

Alle Estermoleküle, die aus Carbonsäuren hergestellt werden, enthalten die funktionelle Gruppe:

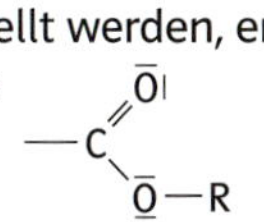

Vereinfachte Schreibweise: —COOR
(R bezeichnet hier die Alkylgruppe des Alkoholmoleküls).

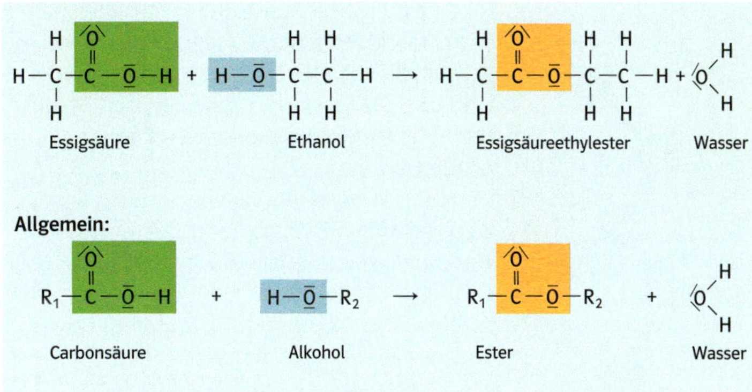

B1 Esterbildung. Oben: Bildung von Essigsäureethylester. Unten: Allgemeines Schema der Esterbildung

Der *Name eines Esters* setzt sich zusammen aus dem *Namen der Säure*, dem *Namen für die Alkylgruppe des Alkohols und der Bezeichnung „ester“*.

V1 (Schutzbrille, Schutzhandschuhe!) Man erhitzt ein Gemisch aus 20 ml Eisessig, 20 ml Ethanol und 3 ml konz. Schwefelsäure ca. 10 Minuten im Kolben mit aufgesetztem Rückflusskühler. Danach wird die Flüssigkeit in einen kleinen Standzylinder mit Wasser gegossen. Der Geruch wird vor und nach der Reaktion geprüft.

V2 (Schutzbrille, Schutzhandschuhe!) Man stellt in einem Reagenzglas ein Gemisch aus 3 ml Butan-1-ol und 2,5 ml Essigsäure her und gibt einige Tropfen konz. Schwefelsäure dazu. Man schüttelt, erwärmt kurz und lässt das Reagenzglas einige Minuten stehen. Der Inhalt wird in ein Becherglas mit verdünnter Natronlauge gegossen. Der Geruch wird geprüft.

A1 Formuliere für die Reaktion der Essigsäure mit Butan-1-ol die Reaktionsgleichung. Benenne die Produkte.

A2 Zeichne die Strukturformel von Butansäureethylester.

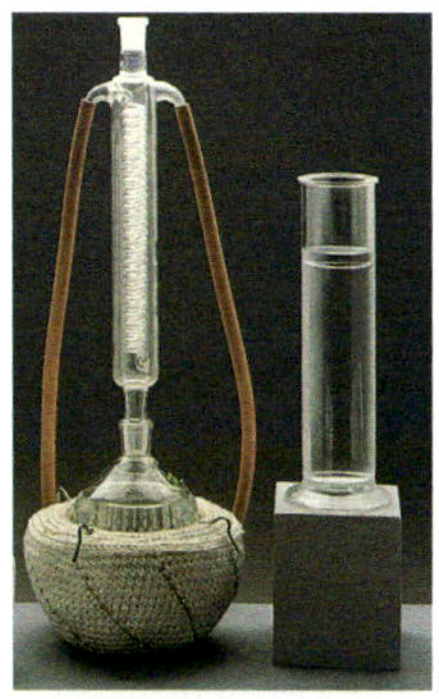

B2 Herstellung von Essigsäureethylester. Reaktionsprodukt in Wasser

13.12 Ester – Eigenschaften und Verwendung

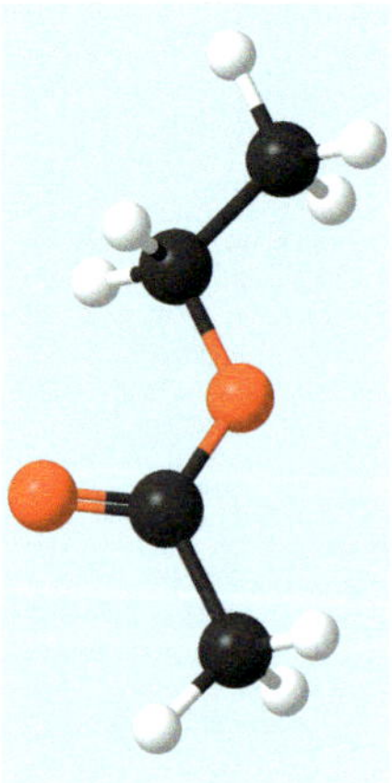

B1 Modell eines Essigsäureethylester-Moleküls

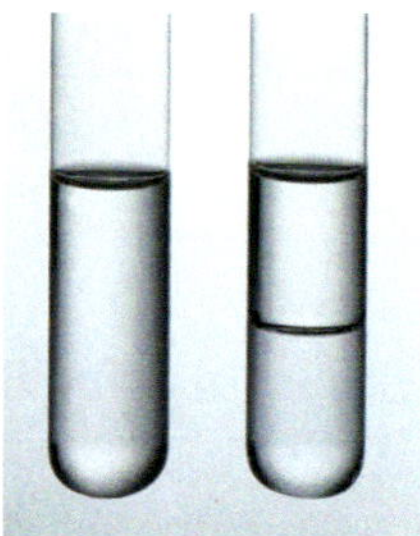

B2 Essigsäureethylester in Benzin (links) und in Wasser (rechts)

Durch die Esterbildung haben wir Moleküle mit einer neuen funktionellen Gruppe kennen gelernt, die die Eigenschaften der Ester beeinflusst. Die Ester unterscheiden sich deutlich von den Stoffen, aus denen sie gebildet wurden.

Eigenschaften. Essigsäureethylester ist in Wasser begrenzt löslich (8,5 g in 100 g Wasser), mit Benzin bildet dieser Ester in jedem Verhältnis eine Lösung [B2]. Dies liegt daran, dass der Einfluss der unpolaren Methyl- und Ethylgruppe gegenüber der polaren CO-Gruppe in den Estermolekülen überwiegt. Da die Estermoleküle keine Hydroxylgruppen aufweisen, können sie untereinander keine Wasserstoffbrücken bilden. Die Siedetemperaturen der Ester liegen deshalb weit niedriger als die der Alkohole und Carbonsäuren mit Molekülen ähnlicher Kettenlänge.

Ester, die aus Carbonsäuren und Alkoholen mit jeweils kurzkettigen Molekülen gewonnen werden können, sind leicht flüchtig. Sie haben einen angenehm fruchtartigen oder blumigen Geruch, ganz im Gegensatz zum stechenden Geruch der Carbonsäuren, die an deren Bildung beteiligt sind.

Esterbildung und Esterspaltung. Die Esterbildung ist eine unvollständig, sehr langsam ablaufende Reaktion. Wird Schwefelsäure als Katalysator eingesetzt, reichen einige Tropfen, um die Reaktion zu beschleunigen.

Durch die Reaktion mit Wasser können Ester wieder in Alkohol und Säure gespalten werden. Auch diese Reaktion verläuft unvollständig und wird durch Schwefelsäure katalysiert. Die Esterspaltung ist die Umkehrung der Esterbildung und ist ein Beispiel für eine **Hydrolyse**.

Esterbildung
Säure + Alkohol ⟶ Ester + Wasser

Esterspaltung:
Ester + Wasser ⟶ Säure + Alkohol

Die Esterbildung (Kondensationsreaktion) und die **Esterspaltung (Hydrolyse)** sind Beispiele für *umkehrbare Reaktionen*.

Bei einer Hydrolyse entstehen aus einem großen Molekül durch Reaktion mit einem Wassermolekül zwei kleinere Moleküle.

V1 Befülle vier Reagenzgläser mit jeweils: 2 ml Wasser, 20 ml Wasser, 2 ml Benzin, 2 ml Pflanzenöl. Gib in jedes Reagenzglas zusätzlich 2 ml Essigsäureethylester. Schüttle.

V2 Fülle in ein Reagenzglas 2 ml Essigsäure und 2 ml Ethanol. Gib zum Inhalt so viel Ionenaustauscher (stark sauer) als Katalysator, dass die Schicht etwa 1 cm hoch ist. Setze ein Steigrohr auf das Reagenzglas und stelle es in ein Wasserbad mit schwach siedendem Wasser. Schüttle den Inhalt mehrfach. Prüfe nach 10 min vorsichtig den Geruch. Dekantiere in ein Becherglas mit stark verdünnter Natronlauge. Prüfe wieder den Geruch.

V3 Ersetze in [V2] den Ionenaustauscher durch Kaliumhydrogensulfat und führe den Versuch in gleicher Weise durch.

V4 (Schutzbrille!) Gib in ein Reagenzglas 2 Tropfen Essigsäureethylester und füge 3 ml verd. Natronlauge ($c \approx 2\,mol/l$) hinzu. Erwärme im Wasserbad (60 bis 70 °C). Prüfe am Anfang und nach 10 min den Geruch.

A1 Vergleiche die Siedetemperatur des Essigsäureethylesters (ϑ_{sd} = 77 °C) mit der Siedetemperatur der isomeren Carbonsäure und erkläre den Unterschied.

A2 Ameisensäuremethylester ist in Wasser besser löslich als Essigsäureethylester. Erkläre.

A3 Warum wird bei den Versuchen [V2] und [V3] vor der Geruchsprobe das Reaktionsprodukt in Natronlauge gegeben?

Butansäuremethylester $C_3H_7—COOCH_3$

Butansäureethylester $C_3H_7—COOC_2H_5$

Pentansäurepentylester $C_4H_9—COOC_5H_{11}$

Ethansäurehexylester $CH_3—COOC_6H_{13}$

B3 Aromen von Früchten. Manche werden von Estern geprägt

Vorkommen und Verwendung. Ester, deren Moleküle kurzkettige Alkylgruppen besitzen, sind vielfach *Duft- und Aromastoffe* [B3]. Es sind Stoffe, die sowohl in der Natur vorkommen als auch synthetisch hergestellt werden. Manche finden zudem als *Lösungsmittel* für organische Stoffe und zum Verdünnen von Lacken und Anstrichfarben Verwendung. Essigsäureethylester ist der Hauptbestandteil einiger Nagellackentferner, Essigsäurebutylester ein Lösungsmittel vieler Klebstoffe. Die Lösungsmitteldämpfe dürfen nicht in größeren Mengen und über einen längeren Zeitraum eingeatmet werden, da dabei Leberschäden und eine bleibende Schädigung des Gehirns auftreten können.

Ester von Carbonsäuren und Alkoholen mit jeweils langkettigen Molekülen sind Wachse, die in der Natur als Schutzschicht auf Blättern, Nadeln, Blüten oder Früchten vorkommen. Wachse werden in Pflegemitteln für Schuhe, Böden, Möbeln und als Salbengrundlagen verwendet. Der Hauptbestandteil des Bienenwachses ist ein Ester aus Palmitinsäure und einem Alkanol mit langkettigen Molekülen ($C_{30}H_{61}OH$).

Fette sind die *Ester des Propantriols (Glycerin) mit Fettsäuren*. Aus Di- bzw. Triolen und Dicarbonsäuren werden Kunststoffe („Polyester") hergestellt.

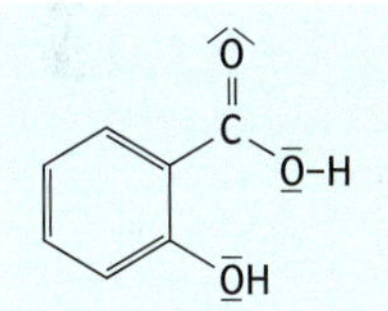

B4 Salicylsäure

V5 Mische in einem Reagenzglas 2,5 ml Essigsäure mit 2 ml Pentan-1-ol. Die Lösung wird mit einigen Tropfen konz. Schwefelsäure versetzt (vom Lehrer). Erhitze im schwach siedendenden Wasserbad. Gieße den Inhalt nach 10 min in stark verdünnte Natronlauge. Prüfe den Geruch und zeichne die Strukturformel des Esters.

V6 Mische in einem Reagenzglas etwa 0,5 g Salicylsäure mit 2 ml Methanol, versetze mit 1 ml Schwefelsäure und erhitze. Prüfe den Geruch.

A4 Essigsäurehexylester ist ein Bestandteil des Birnenaromas. Nenne einen dazu isomeren Ester.

A5 Der in V6 gebildete Ester wird häufig als Kaugummiaroma verwendet. Formuliere die Reaktionsgleichung.

Exkurs Aromastoffe

Zwiebel oder Apfel? Mit zugehaltener Nase fällt es uns schwer zu unterscheiden, ob wir ein Kartoffel-, Zwiebel- oder Apfelstückchen auf der Zunge haben. Auch bei Schnupfen „schmeckt" vieles ähnlich.
Bei unserer Nahrung spielen Aromastoffe eine entscheidende Rolle. Das Gesamtaroma entsteht meist durch ein Gemisch von vielen flüchtigen Stoffen. So sind z. B. am Aroma der Erdbeere mehr als 300 Stoffe beteiligt. Auch viele Reinstoffe erzeugen oft einen typischen Geruchseindruck. Häufig sind dies bei Früchten die Ester von Carbonsäuren [B3].

Für manche Lebens- und Genussmittel ist der Zusatz von Aromastoffen erlaubt. Dabei unterscheidet man drei Gruppen:
Natürliche Aromastoffe werden aus den entsprechenden Pflanzenteilen gewonnen. Es handelt sich dabei meist um Stoffgemische.
Naturidentische Aromastoffe werden zwar synthetisch hergestellt, kommen jedoch auch in der Natur vor. Ein bekanntes Beispiel ist das Vanillin.
Künstliche Aromastoffe haben keine Entsprechung in der Natur und wurden in Laboratorien entwickelt. Sie sind als Zusätze nur für bestimmte Lebensmittel, wie z. B. Pudding, Kunstspeiseeis oder Zuckerwaren, erlaubt.

13.13 Exkurs Aufbau und Zusammensetzung der Fette

B1 Butter besteht zu ca. 80 % aus Fett

Öle sind Fette, die bei Zimmertemperatur flüssig sind.

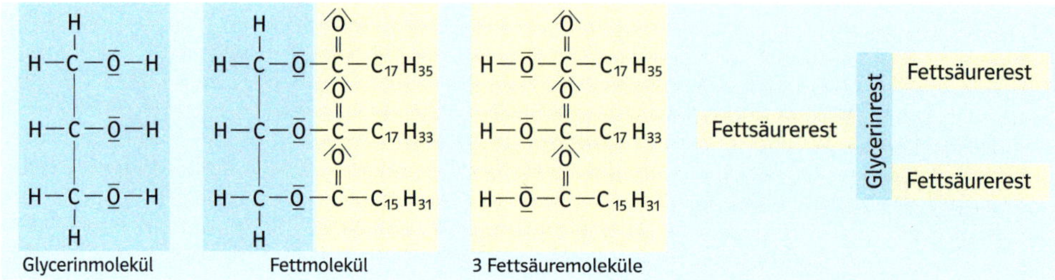

B3 Aufbau eines Fettmoleküls. Rechts: Aufbauschema

Fette kommen in vielen Lebensmitteln tierischer und pflanzlicher Herkunft vor.

Aufbau der Fettmoleküle. Fette sind Glycerinester [B3], die sich durch eine Reaktion mit Wasserdampf in Glycerin (Propantriol) und Fettsäuren zerlegen lassen. Die Reaktion ist eine **Esterspaltung**. In Fettmolekülen ist ein Glycerinmolekül meist mit zwei oder drei verschiedenen Fettsäuremolekülen verestert.

Fette sind keine Reinstoffe, sondern Gemische verschiedener Glycerinester. Bei den gebundenen Fettsäuren handelt es sich sowohl um gesättigte als auch um einfach oder mehrfach ungesättigte Fettsäuren, deren Moleküle eine oder mehrere C=C-Doppelbindungen enthalten.

	Name	tierische Fette		pflanzliche Fette			
Fettsäuren	**Molekülformel**	**Butterfett**	**Schweinefett**	**Kokosfett**	**Olivenöl**	**Sonnenblumenöl**	**Leinöl**
gesättigte	Buttersäure C_3H_7COOH	3	–	–	–	–	–
	Laurinsäure $C_{11}H_{23}COOH$	3	–	48	–	–	–
	Myristinsäure $C_{13}H_{27}COOH$	9	2	15	2	–	–
	Palmitinsäure $C_{15}H_{31}COOH$	24	27	9	15	5	7
	Stearinsäure $C_{17}H_{35}COOH$	13	14	3	2	2	3
ungesättigte	Ölsäure $C_{17}H_{33}COOH$	30	45	6	71	27	18
	Linolsäure $C_{17}H_{31}COOH$	2	8	2	8	65	14
	Linolensäure $C_{17}H_{29}COOH$	1	–	–	–	–	58

B2 Einige Fettsäuren (Durchschnittswerte der Massenanteile in %)

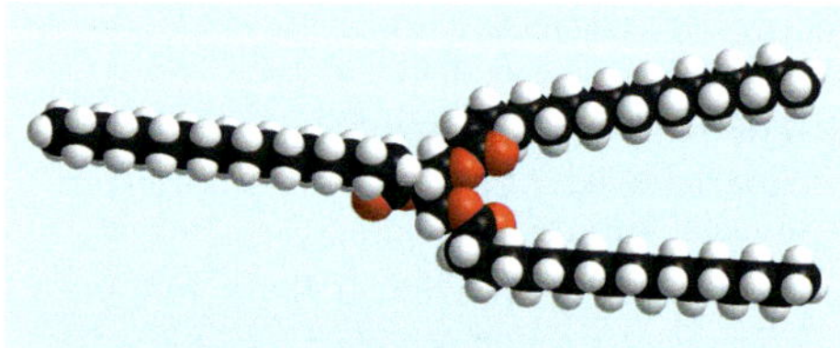

B4 Kalottenmodell eines Fettmoleküls

Zusammensetzung der Fette. Aus der Zahl der gesättigten und ungesättigten Fettsäuren, ihren Kombinationsmöglichkeiten und dem Mischungsverhältnis der verschiedenen Fettmoleküle ergibt sich eine Vielzahl verschiedener Fette. Daher besitzt jede Pflanzen- oder Tierart bestimmte arteigene Fette. Es ist schwierig, aus einem Fett die verschiedenen Fettsäureglycerinester zu isolieren. Zur Charakterisierung eines Fettes spaltet man es in Glycerin und Fettsäuren und gibt den Massenanteil der einzelnen Fettsäuren an, die bei dieser Reaktion entstehen [B2].

A1 Wie viele verschiedene Fettsäureglycerinester können bei der Reaktion von Glycerin mit einem Gemisch aus Palmitin- und Stearinsäure gebildet werden? Zeichne die verschiedenen Möglichkeiten schematisch wie in [B3].

A2 Werte die Tabelle [B2] aus. Welche wesentlichen Unterschiede in ihrer Zusammensetzung weisen die bei Zimmertemperatur festen Fette gegenüber den flüssigen Ölen auf?

13.14 Exkurs Bedeutung der Fette

Für den Körper sind Fette eine wichtige Energiequelle. Sie sind in vielen Nahrungsmitteln enthalten, nicht nur als sichtbares Fett in Butter, Margarine oder Öl, sondern auch als verstecktes Fett, z. B. in Käse, Wurst, Kartoffelchips, Erdnüssen und Schokolade [B1].

Fette als Energiespender. Beim Abbau der Fette wird mehr als doppelt so viel Energie frei wie bei einer Kohlenhydrat- oder Eiweißportion gleicher Masse. Der tägliche Energiebedarf von Erwachsenen und Jugendlichen sollte nur zu etwa 30 bis 35 % durch den Verzehr von Fetten gedeckt werden. Dies entspricht je nach Körpergröße und Belastung einer Aufnahme von ca. 60 bis 80 g Fett pro Tag.
In Deutschland wird aber täglich pro Einwohner etwa das Doppelte des Bedarfs an Fett verzehrt. Der erhöhte Fettverzehr führt zum Aufbau von Reservefett und ist eine Ursache für das Übergewicht vieler Menschen. Viele Krankheiten, z. B. Herzleiden, können als Folge von zu fettreicher Nahrung auftreten.

Weitere Aufgaben von Fetten. Fett stellt für den menschlichen Körper nicht nur ein Energiedepot dar. Es isoliert auch gegen Wärmeverlust und schützt empfindliche Organe vor Stößen. Einige der in den Fetten gebundenen Fettsäuren werden zur Aufrechterhaltung wichtiger Körperfunktionen benötigt, können aber nicht vom menschlichen Stoffwechsel hergestellt werden. Diese **essenziellen Fettsäuren** müssen mit der Nahrung aufgenommen werden. Zu ihnen gehört die Linolsäure zusammen mit anderen mehrfach ungesättigten Fettsäuren. Der tägliche Bedarf dieser essenziellen Fettsäuren wird mit 10 g angegeben.

Bestimmte Vitamine können nur zusammen mit Fetten aufgenommen werden, da sie fettlöslich, aber nicht wasserlöslich sind. Dazu gehören die Vitamine E, D, K und A.

Rapsöl. Für Dieselmotoren kann Rapsöl ein wertvoller alternativer Treibstoff sein, der aus nachwachsenden Rohstoffen gewonnen werden kann (Kap. 11.14). Allerdings ist es wegen seiner hohen Viskosität (Zähflüssigkeit) nur für Motoren mit großen Zylindern, z. B. von landwirtschaftlichen Maschinen, geeignet. Durch chemische Reaktionen kann daraus Biodiesel (Rapsölmethylester, RME) gewonnen werden. Hierbei wird das Öl zuerst einer Esterspaltung unterzogen. Dann wird das freigesetzte Glycerin entfernt. Die entstandenen Fettsäuren werden mit Methanol verestert. Dieses ist allerdings fossilen Ursprungs.
Durch Ausweitung des Anbaus von Raps als „Energiepflanze“ kann eine Konkurrenz zur landwirtschaftlichen Produktion von Lebensmitteln entstehen.

Nahrungsmittel	Fettanteil in g/(100 g)	Spezifischer Brennwert in kJ/(100 g)
Erdnüsse	49,4	2450
Kartoffelchips	39,4	2254
Bratwurst	32,4	1433
Vollmilchschokolade	30,0	2200
Edamer (45 % Fett i. Tr.)	28,6	1481
Fleischwurst	27,1	1241
Schmelzkäse (45 % Fett i. Tr.)	23,6	1130
Rührkuchen	22,0	1747
Heringsfilet	15,0	842
Pommes frites	14,5	1105
Kotelett	13,0	808
Eiscreme	10,0	680

B1 Versteckte Fette. Fettanteil und Brennwerte einiger Lebensmittel (Durchschnittswerte)

B2 Sonnenblumenkerne enthalten viel Fett, das zu Speiseöl verarbeitet werden kann

A1 Nenne möglichst viele Funktionen von Fetten im menschlichen Körper.

A2 Welche Portionen von Erdnüssen, Kartoffelchips bzw. Vollmilchschokolade reichen für den täglichen Energiebedarf **a)** von weiblichen (10000 kJ), **b)** von männlichen (12500 kJ) Jugendlichen aus? Berechne mithilfe von [B1].

A3 Erstelle ein Reaktionsschema, das die wesentlichen Schritte der Herstellung von RME aus Rapsöl zeigt.

13.15 Exkurs Eigenschaften der Fette

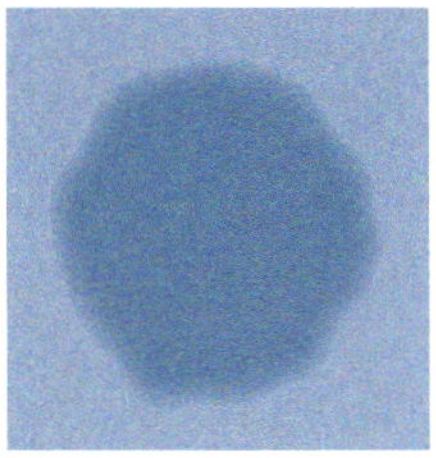

B1 Fettfleck

Fette werden nach ihrem Aggregatzustand bei Zimmertemperatur in feste, halbfeste und flüssige Fette eingeteilt. Die bei Zimmertemperatur zähflüssigen Fette bezeichnet man auch als fette Öle, um sie eindeutig von den Mineralölen zu unterscheiden, bei denen es sich um Kohlenwasserstoffgemische handelt.

Fettnachweis. Fette verdunsten nur langsam. Sie bilden daher auf saugfähigem Papier bleibende Flecke. Durch eine einfache Fettfleckprobe [V1, B1] können Fette z. B. in Pflanzensamen nachgewiesen werden.

B2 Flüssiges Fett brennt mit stark rußender Flamme

Aggregatzustand der Fette. Die festen Fette erweichen bei Temperaturerhöhung allmählich. Für Fette kann keine bestimmte Schmelztemperatur, sondern nur ein Schmelztemperatur*bereich* angegeben werden. Fette sind keine Reinstoffe, sondern Gemische verschiedener Glycerinester.
Die Eigenschaften eines Fettes werden von der Kettenlänge der Fettsäuremoleküle beeinflusst und davon, ob es überwiegend aus Fettsäureglycerinestern gesättigter oder ungesättigter Fettsäuren besteht. Mit steigender Kettenlänge der Fettsäurereste steigt der Schmelztemperaturbereich. Je mehr Fettsäureglycerinester gesättigter Fettsäuren ein Fett enthält, desto härter ist es. Öle enthalten einen hohen Anteil von Estern der ungesättigten Fettsäuren Öl-, Linol- und Linolensäure.

B3 Fettbrand

Brennbarkeit. Flüssiges Fett lässt sich bei Zimmertemperatur nicht mit einem Streichholz entzünden. In einem Docht steigt flüssiges Fett auf, verdampft in der Flamme des Streichholzes und kann dadurch entzündet werden. Fettdampf brennt mit stark rußender Flamme [B2]. Gerät heißes Fett z. B. in einer Pfanne in Brand [B3], darf es zum Löschen keinesfalls mit Wasser übergossen werden. Gibt man Wasser zu heißem oder brennendem Fett, sinkt ein Teil des Wassers wegen der größeren Dichte unter das Fett. Das Wasser verdampft wegen der hohen Temperatur des Fettes schlagartig. Mit dem Wasserdampf wird heißes, brennendes Fett emporgeschleudert, das in der feinen Verteilung besonders heftig mit dem Sauerstoff der Luft reagiert. Fettbrände werden durch Abdecken, z. B. mit einem Topfdeckel, gelöscht. Dadurch wird die Luftzufuhr unterbunden.

Löslichkeit. In Wasser sind Fette nicht löslich, da ihre Moleküle keine hydrophilen Gruppen besitzen. Wegen der langen Alkylgruppen ihrer Moleküle sind für Fette nur lipophile Lösungsmittel wie Benzin geeignet [V3]. In Ethanol lösen sie sich nur bei höheren Temperaturen. Zum Entfernen eines Fettflecks benutzt man deshalb Gemische lipophiler Lösungsmittel. Sie werden „Fleckenwasser" genannt. Fleckenpasten enthalten neben dem Lösungsmittel noch ein Bindemittel, z. B. Magnesiumoxid. Es nimmt beim Verdunsten des Lösungsmittels das extrahierte Fett auf und lässt sich ausbürsten. Mischt man ein flüssiges Fett und Wasser durch kräftiges Schütteln, bildet sich eine Emulsion, die sich bald wieder entmischt. Da die Dichte des Fettes kleiner ist als die des Wassers, schwimmt das Fett auf dem Wasser.

V1 Presse Nusskerne, Sonnenblumenkerne oder Mohn zwischen zwei Filterpapieren.

V2 Gib Proben verschiedener Fette (z. B. Butter, Schweineschmalz und Kokosfett) in je ein Reagenzglas. Erwärme die Proben im Wasserbad und ermittle den Schmelztemperaturbereich.

V3 Untersuche die Löslichkeit von Speiseöl und Kokosfett in Benzin, Propanon (Aceton), Wasser und Ethanol. Erwärme die Proben im Wasserbad.

A1 Wovon hängt es ab, ob ein Fett bei Zimmertemperatur fest, halbfest oder flüssig ist. Erläutere mithilfe der Tabelle (Kap. 13.13).

A2 Fleckenpasten werden eingesetzt, um Fettflecken zu entfernen. Worauf beruht ihre Wirkung?

A3 Was geschieht, wenn Fette ranzig werden?

Fettemulsionen. Schüttelt man ein Gemisch aus Speiseöl und Wasser mit etwas Eigelb, dauert der Entmischungsvorgang wesentlich länger als ohne Eigelbzusatz [V4]. Stoffe, die dafür sorgen, dass sich eine Emulsion nicht oder nur sehr langsam entmischt, nennt man **Emulgatoren**.

Milch ist eine Fett-in-Wasser-Emulsion [B5]. Durch enthaltene Eiweißstoffe, welche die kleinen Fetttröpfchen von etwa 0,001 bis 0,01 mm Durchmesser umhüllen, erfolgt eine Entmischung sehr langsam und nur teilweise. Zur Buttergewinnung muss man diese Eiweißumhüllungen durch Schlagen zerstören, sodass die Fetttröpfchen zusammenfließen können. Bei der Mayonnaiseherstellung [B6] werden Speiseöl und Wasser emulgiert, wobei Eigelb als Emulgator dient. In dieser Emulsion liegen sehr kleine Wassertröpfchen im Öl vor. Mayonnaise ist eine Wasser-in-Öl-Emulsion. Weitere Beispiele für diesen Emulsionstyp sind Butter und Margarine. Wird Mayonnaise tiefgekühlt, friert das Wasser aus, die Emulsion entmischt sich. Bei der Herstellung vieler Nahrungsmittel werden Emulgatoren eingesetzt.

Iodzahl. Ungesättigte Fettsäuren und ihre Ester reagieren mit Bromchlorid- oder mit Iodchloridlösung. Dabei werden die Lösungen entfärbt [V5]. Aus dem Volumen der entfärbten Iodchloridlösung wird in der Lebensmittelchemie die Iodzahl bestimmt. Sie gibt an, wie viel Gramm Iod von 100 g Fett gebunden wird. Fette mit einem hohem Anteil an Estern mit ungesättigten Fettsäuren besitzen eine hohe Iodzahl [B4].

Alterung von Fetten. Bei längerem Lagern verderben Fette unter dem Einfluss von Licht, Sauerstoff und Mikroorganismen. Die Fette werden ranzig. Dabei werden sie in Glycerin und Fettsäuren gespalten. Frei werdende Fettsäuren mit kurzkettigen Molekülen, z. B. Buttersäure, verursachen den typischen, unangenehmen Geruch und Geschmack [B7].

	Kokosfett	Olivenöl	Sonnenblumenöl	Leinöl
Schmelztemperaturbereich in °C	23 bis 28	−3 bis 0	−18 bis −11	−20 bis −16
Iodzahl	7	80	130	180

B4 Schmelztemperaturbereiche und Iodzahlen einiger Fette

Als weiterer Schritt erfolgt der Abbau der Fettsäuren, wobei ebenfalls unangenehm riechende und schmeckende Stoffe entstehen. Fette mit einem hohen Anteil an ungesättigten Fettsäureresten verderben besonders schnell.

V4 Schüttle ein Gemisch aus Speiseöl und Wasser kräftig. Beobachte die Entmischung der Emulsion. Setze dem Gemisch etwas Eigelb zu und wiederhole den Versuch.

V5 Man löst je 1 g Kokosfett, Butter, Olivenöl, Sonnenblumenöl und Leinöl in je 10 ml Propan-1-ol. Aus einer Bürette lässt man so lange frisch zubereitete Bromlösung (ca. 1 bis 2 ml Brom in 50 ml Propan-1-ol) zufließen, bis die Bromfarbe etwa 2 Minuten bestehen bleibt (Abzug!). Man vergleicht den Bromverbrauch.

V6 Gib etwas ranzige Butter in heißes Wasser und schüttle. Prüfe mit Universalindikator.

A4 Warum lassen sich für Fette nur Schmelztemperaturbereiche angeben?

A5 Was bedeutet eine große Iodzahl?

A6 Erläutere den Unterschied zwischen einer Öl-in-Wasser-Emulsion und einer Wasser-in-Öl-Emulsion.

A7 Welche beiden Emulsionstypen gibt es? Notiere Beispiele für beide Typen.

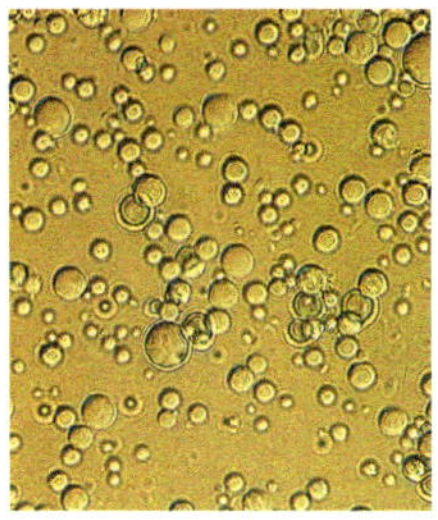

B5 Milch unter dem Mikroskop. Tröpfchen von emulgiertem Fett

B6 Herstellung von Mayonnaise

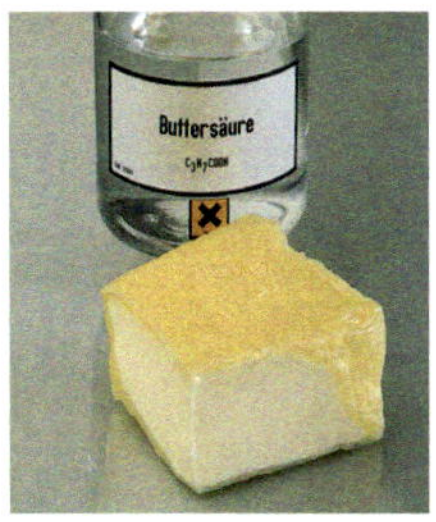

B7 Ranzige Butter riecht nach Buttersäure

13.16 Riesenmoleküle durch Esterbildung

B1 Pflegehinweis für Polyestertextilien

B2 PET-Flaschen (**P**olyester aus **E**thandiol und **T**erephthalsäure)

Alkansäurealkylester erhalten wir durch die Reaktion von Alkansäuren mit Alkanolen. Dabei entsteht aus jeweils einem Molekül mit einer Carboxylgruppe bzw. Hydroxylgruppe ein Estermolekül. Wie reagieren Moleküle, die sowohl Carboxyl- als auch Hydroxylgruppen besitzen?

Polyester. Erwärmt man Milchsäure, eine Hydroxycarbonsäure, längere Zeit, so beobachtet man, dass die eingesetzte Stoffportion zunehmend zähflüssiger wird. Am Ende erhält man ein festes, klebriges Reaktionsprodukt [V1]. Ein Milchsäuremolekül reagiert zunächst mit einem zweiten zu einem Estermolekül. Dieses besitzt noch jeweils eine Carboxylgruppe und eine Hydroxylgruppe. Mit zwei weiteren Milchsäuremolekülen kann das zunächst gebildete Estermolekül zu einem Molekül mit vier Baueinheiten reagieren, die durch drei Estergruppen miteinander verbunden sind. In gleicher Weise reagieren weitere Milchsäuremoleküle unter Abspaltung von Wassermolekülen zu langkettigen Riesenmolekülen [B3]. Solche Moleküle werden als **Makromoleküle** (von griech. makros, groß) bezeichnet.

Kettenförmige Makromoleküle bilden sich auch, wenn Dicarbonsäuren mit Diolen reagieren. An beiden Carboxylgruppen der Säuremoleküle und an beiden Hydroxylgruppen der Alkoholmoleküle bilden sich Estergruppen unter Abspaltung von Wassermolekülen.

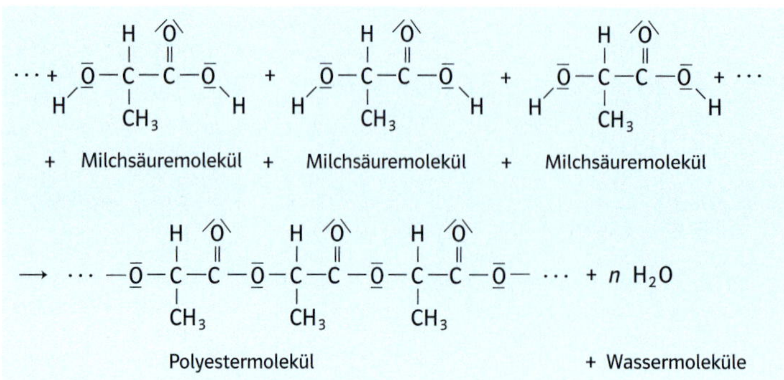

B3 Bildung eines Polyestermoleküls

Haben die Carbonsäure- oder Alkoholmoleküle mehr als zwei funktionelle Gruppen, so entstehen durch Abspaltung von Wassermolekülen Produkte mit vernetzten Makromolekülen [V2 und V3].

Riesenmoleküle, die aus vielen Baueinheiten bestehen, werden als **Polymere** (von griech. polys, viel) bezeichnet. Polymere, die durch Esterbildung vieler Moleküle hergestellt wurden, heißen Polyester. Die Bildung von Polyestermolekülen durch vielfache Abspaltung von Wassermolekülen bei der Reaktion von kleineren Molekülen ist eine *Polykondensation*. Polyester zählen zu den Kunststoffen.

Verwendung von Polyestern. Zur Herstellung von Textilfasern werden Dicarbonsäuren und Diole verestert. Handelsnamen für Textilien aus Polyester sind z. B. Trevira und Diolen. Polyestertextilien sind immer mit einem Pflegehinweis versehen.

Aus dem Polyester PET werden leichte und bruchsichere Flaschen hergestellt [B2]. Die Produkte aus vernetzten Polyestermolekülen bezeichnet man nach ihren Eigenschaften als Polyesterharze. Sie sind wichtige Rohstoffe für Lacke und Beschichtungen.

V1 Eine Teelichthülle wird mit Milchsäure gefüllt und 24 Stunden bei einer Temperatur von ca. 200 °C in den Trockenschrank gestellt.

V2 Gib in einem Reagenzglas zu 3,5 g Bernsteinsäure 1 ml Glycerin und erhitze drei Minuten lang mit kleiner Flamme.

V3 Gib in einem Reagenzglas zu 3 g Äpfelsäure 1,4 ml Glycerin. Erhitze das Gemisch, neige dazu das Reagenzglas. Lass nach fünf Minuten abkühlen.

A1 Zeichne einen Ausschnitt aus einem Polyestermolekül, das durch Polykondensation aus Bernsteinsäure (Butandisäure) und Butan-1,4-diol gebildet wird.

A2 Was muss bei der Pflege von Polyestertextilien berücksichtigt werden? Nenne Beispiele für Textilien aus Polyester.

► Chemische Reaktion

13.17 Exkurs Riesenmoleküle durch Polymerisation

Plastiktüten, Gefrierbeutel, Eimer, Wäschekörbe, Getränkekisten, Mülltonnen, Rohre und vieles mehr bestehen häufig aus Polyethen. Polyethen, in Alltag und Technik meist Polyethylen genannt, wird aus Ethen gewonnen. Warum können aus Ethen Polyethen und viele weitere Stoffe hergestellt werden?

Polyethen – ein Polymer. Ethenmoleküle können aufgrund ihrer Doppelbindung mit anderen Molekülen eine Additionsreaktion eingehen. Ethenmoleküle können sich aber auch z. B. unter dem Einfluss eines Katalysators zu Makromolekülen vereinigen [B2].

Dieses ist ein Beispiel für die Bildung von Riesenmolekülen aus kleinen Molekülen. Die kleinen Moleküle heißen **Monomere** (von griech. monos, eins; meros, Teil), die Makromoleküle dementsprechend *Polymere*.

Alle Kunststoffe bestehen aus Polymeren, die Ausgangsmoleküle können aber sehr unterschiedlich sein [B1].
Bei der Bildung von Kunststoffen werden aus vielen Monomermolekülen lange Polymerketten gebildet. Bei Einsatz geeigneter Monomere können aber die Ketten auch untereinander vernetzt sein, dies ergibt die Vielfalt und die besonderen Eigenschaften der Kunststoffe.

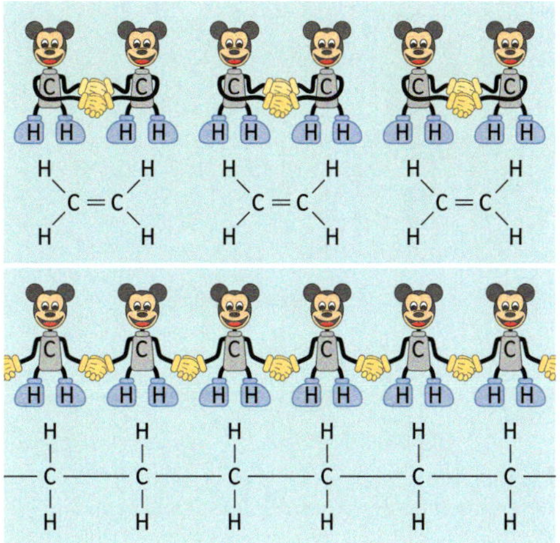

B2 Veranschaulichung der Bildung einer Polyethenkette aus Monomeren

B3 Eimer aus Polyethen

Kunststoffe bestehen aus Makromolekülen. Makromoleküle sind Polymere. Sie können aus vielen Monomeren gebildet werden.

Die Moleküle des Polyethens sind Molekülketten, deren Kettenlängen in weiten Grenzen schwanken. Es können bis zu 200 000 Kohlenstoffatome aneinandergereiht sein.

Für Kunststoffe gibt es eine internationale, nicht auf der Formel beruhende Bezeichnung. Polyethen hat z. B. das Kurzzeichen PE. Diese Kennzeichnung ist für die Sortierung und Verwertung gebrauchter Kunststoffe wichtig.

Name	Polyethen (PE)	Polyvinylchlorid (PVC)	Polytetrafluorethen (PTFE)	Polystyrol (PS)	Polypropen (PP)	Polyacrylnitril (PAN)	Polymethylmethacrylat (PMMA)
Monomer	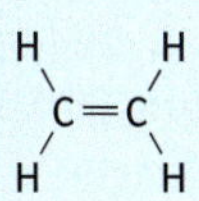 Ethen	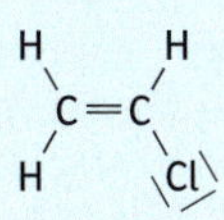 Vinylchlorid	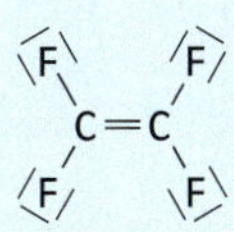 Tetrafluorethen	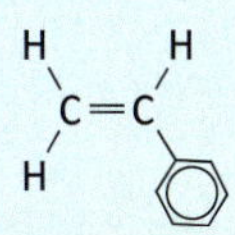 Styrol	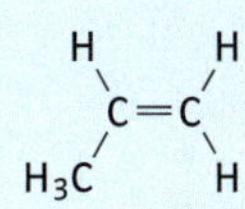 Propen	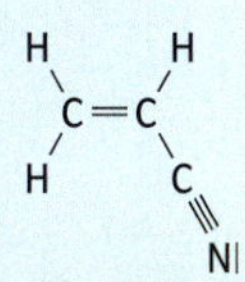 Acrylnitril	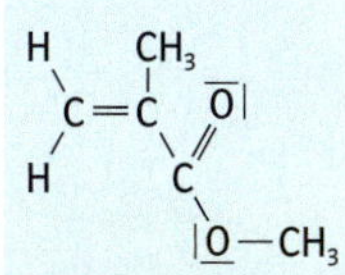 Methacrylsäuremethylester
Verwendungsbeispiele	Tragetaschen Eimer Mülltonnen	Bodenbeläge Rohre Schläuche Schallplatten	Rohre Dichtungen Pfannenauskleidungen	Verpackungen Vorratsdosen Isoliermaterial	Dichtungen Batteriekästen Schalen	Synthesefasern	Sonnenbrillen Lichtkuppeln Uhrgläser

B1 Einige wichtige Kunststoffe und ihre Verwendung. Die jeweiligen Monomere leiten sich von Ethen ab, wobei die Wasserstoffatome des Ethenmoleküls ganz oder teilweise ersetzt sind

13.18 Eigenschaften von Kunststoffen

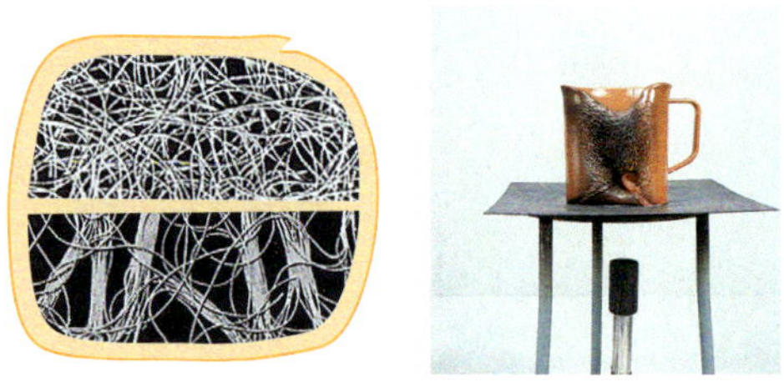

Verwendungsbeispiele
- Trinkbecher
- Folienverpackungen
- Plastikgeschirr
- Eimer
- Wasserleitungsrohre

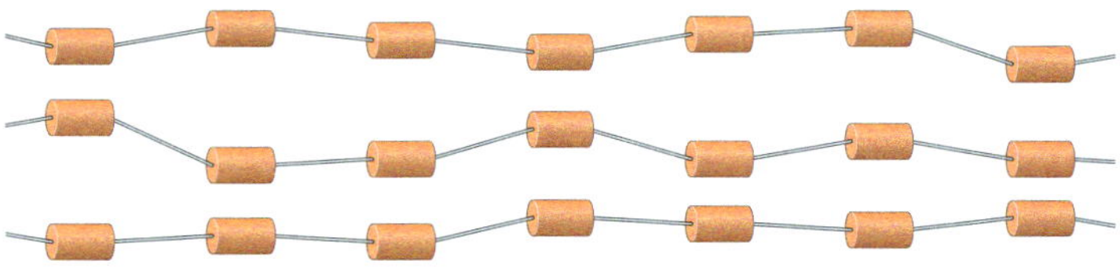

B1 Kunststoffbecher nach dem Einschmelzen, Thermoplaste sind beim Erwärmen verformbar

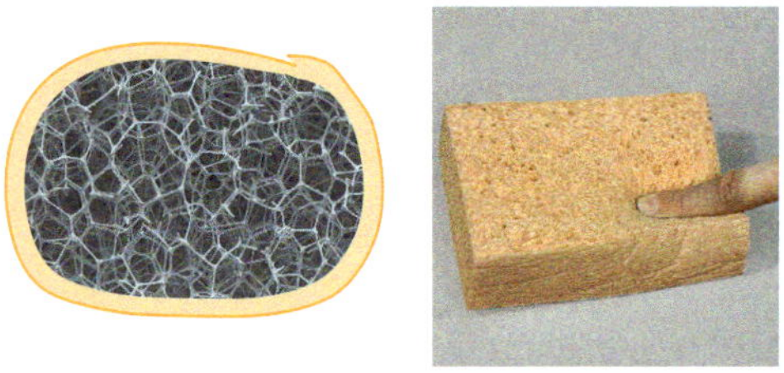

Verwendungsbeispiele
- Matratzen
- Schaumgummi aller Art
- Dichtungen
- Turnmatten
- Sicherung von Skipisten

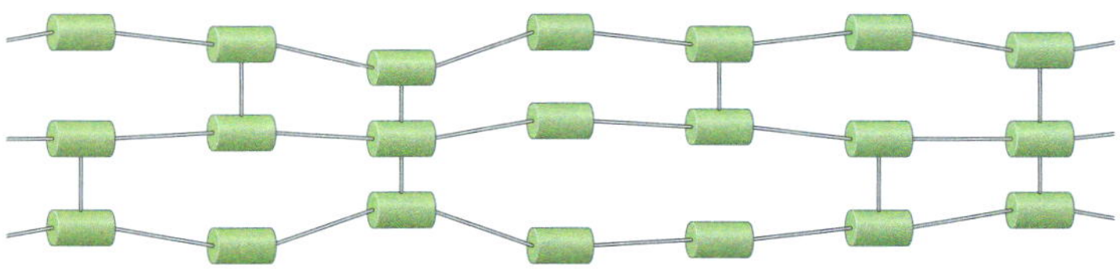

B2 Der Schwamm nimmt nach Beendigung des Zusammendrückens seine Ausgangsform wieder an, Elastomere sind gummielastisch

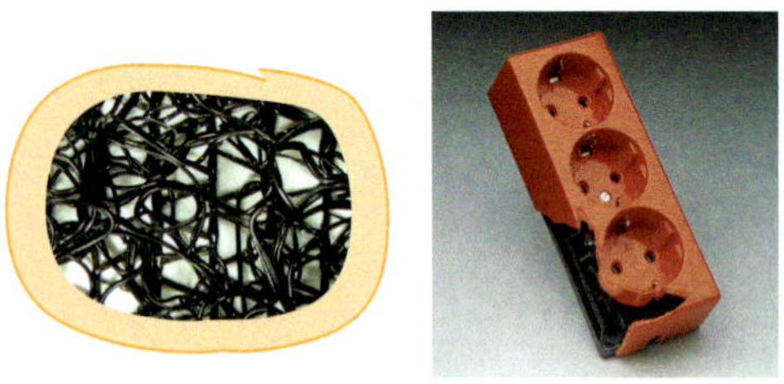

Verwendungsbeispiele
- Elektrische Schalter
- Gehäuse für elektrische Geräte
- Steckdosen
- Küchenmaschinen
- hitzebeständige Lager

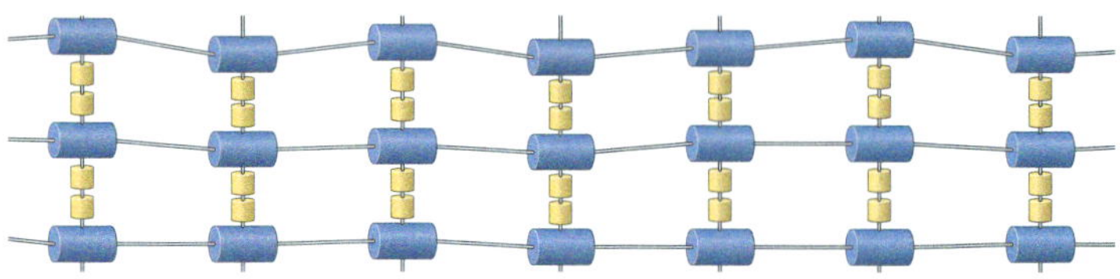

B3 Duroplaste sind nicht verformbar, sondern zerbrechen bei Krafteinwirkung

Eigenschaften von Kunststoffen. Kunststoffe können weich oder hart, spröde oder elastisch, trüb oder transparent sein. Diese Eigenschaften hängen wesentlich vom Aufbau der Kunststoffe ab.

Die **Thermoplaste** bestehen aus fadenförmigen oder leicht verzweigten Makromolekülen [B1]. Zwischen den Molekülen wirken Van-der-Waals-Kräfte. Beim Erwärmen können die Ketten aneinander vorbeigleiten. Dabei wird der Kunststoff verformbar oder flüssig. Beim Abkühlen wird er wieder fest. Thermoplaste weisen Bereiche mit parallel angeordneten Molekülteilen auf. In diesen Abschnitten, die man als kristalline Bereiche bezeichnet, sind die Van-der-Waals-Kräfte besonders groß. Teilkristalline Kunststoffe sind trüb.

Elastomere sind gummielastisch und bestehen aus weitmaschigen Makromolekülnetzen [B2]. Die Moleküle bilden verknäulte Ketten. Sie werden bei Dehnung auseinander gezogen und gestreckt. Wird die Krafteinwirkung beendet, gehen sie wieder in ihre vorherige verknäulte Form zurück. In der Kälte werden Elastomere hart.

In **Duroplasten** sind die Makromoleküle engmaschig vernetzt [B3]. Beim Erwärmen können sich die Molekülabschnitte dieses Netzes nicht bewegen, der duroplastische Kunststoff schmilzt nicht. Bei hohen Temperaturen werden die Atombindungen gespalten, der Kunststoff zersetzt sich. Duroplaste werden in Schichtwerkstoffen verwendet. Zusammen mit Glas- oder Kohlefasern liefern sie sehr leichte, aber extrem beanspruchbare Platten, Rohre und Stäbe, die z. B. im Flugzeugbau sowie bei Sportgeräten eine Rolle spielen.

A1 Stelle in übersichtlicher Form charakteristische Eigenschaften von Thermoplasten, Elastomeren und Duroplasten zusammen. Deute sie mithilfe von [B1], [B2] und [B3].

A2 Um welche Art von Kunststoff handelt es sich bei PET (Kap.13.16)? Begründe.

13.19 Exkurs Moderne Kunststoffe

Es gibt eine große Zahl verschiedener Kunststoffe, die aus unserem Alltag kaum noch wegzudenken sind.

Silikone. Als Zusatz in Kosmetikprodukten verbessern Silikone die Streichfähigkeit von Cremes, ohne zu fetten. „Kussechte" Lippenstifte verdanken ihre Haftfähigkeit auf den Lippen ebenfalls einem Siliconzusatz. Bekannt ist Silikon auch als dauerelastischer Dichtstoff, von dem allerdings keine Farbanstriche angenommen werden.

Silikonmoleküle entstehen durch *Polykondensation* von z. B. Dimethylsilandiol.

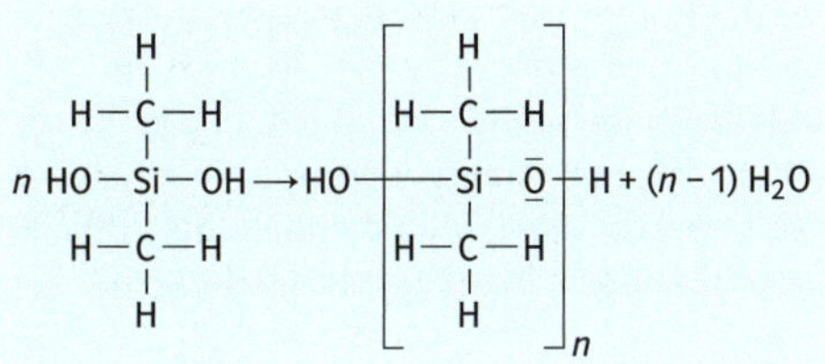

B1 Bildung eines Silikonpolymers aus Dimethylsilandiol

Die kettenförmigen Moleküle geben dem betreffenden Stoff eine hohe Viskosität (Silikonöl). Mit Methylsilantriol können verzweigte Moleküle entstehen, aus denen die Silikonharze aufgebaut sind. Silikondichtstoffe enthalten kettenförmige Silikonpolymere und Vernetzer, die unter dem Einfluss von Feuchtigkeit zu einem dauerelastischen Harz reagieren. Dabei wird bei vielen Produkten Essigsäure freigesetzt.

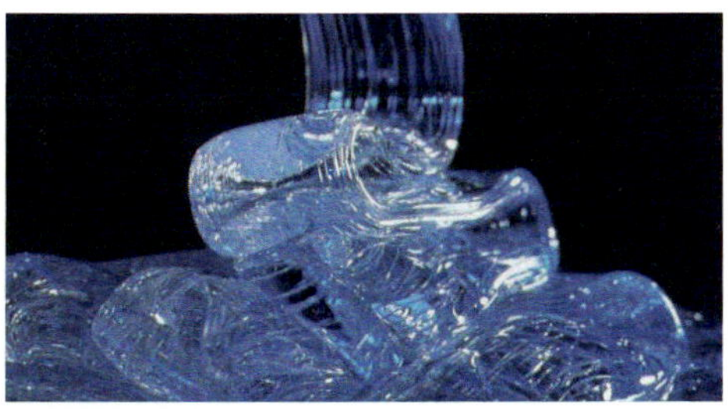

B2 Silikon

B3 Wasserrohre aus Polyurethan

Polyurethane. Diese Kunststoffe werden äußerst vielseitg eingesetzt, z. B. als Material für Schuhsohlen, Matratzen, Lacke, Klebstoffe und als Dämmstoffe. Auch der im Baubereich genutzte Montageschaum gehört dazu. Polyurethanmoleküle enthalten als namengebende Atomgruppe die Urethangruppe. Die Moleküle können kettenförmig oder vernetzt sein. Polyurethane gibt es dementsprechend als Thermo-, Duroplaste und als Elastomere.

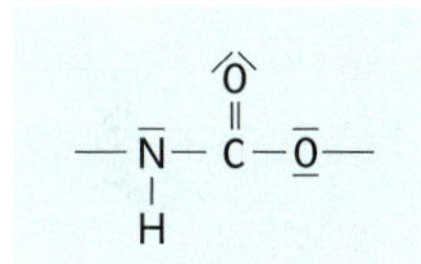

B4 Urethangruppe

Polymethylacrylat. Kunststoffe aus Polymethylacrylat („Acryl") werden u. a. in Acrylfarben und Acryldichtstoffen eingesetzt. In ihnen liegen kleine Polymerpartikel des Kunststoffes in Wasser fein verteilt vor. Wenn das Wasser verdunstet oder vom Untergrund aufgesaugt wird, bildet sich aus den miteinander verlaufenden Polyacrylatpartikeln ein elastischer und widerstandsfähiger Film. Dabei laufen keine chemischen Prozesse ab.

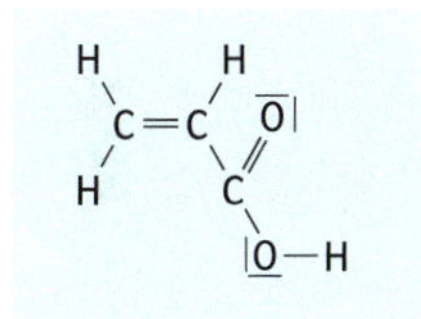

B5 Acrylsäure

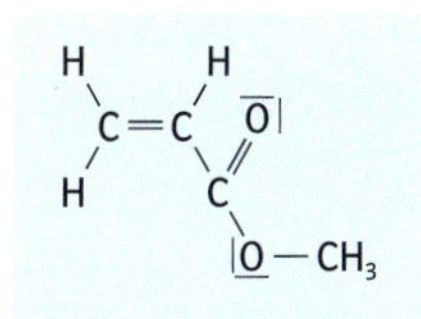

B6 Acrylsäuremethylester (Methylacrylat)

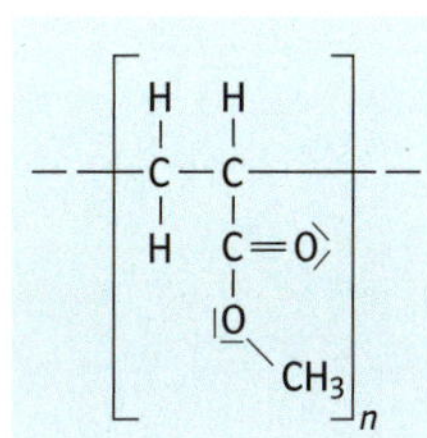

B7 Polymethylacrylat

A1 Zeichne in einem kleinen Molekülausschnitt ausgehend von Methylsilantriol den Aufbau eines Silikonharzes.

A2 Vergleiche die beim Aushärten von Silikon- bzw. Acryldichtstoffen ablaufenden Vorgänge.

A3 Polyurethane können hart, weich oder elastisch sein. Erkläre diese unterschiedlichen Eigenschaften mit dem Molekülbau (Kap. 13.18).

13.20 Exkurs Verwertung von Kunststoffen

Recycling Rückführung von Abfallstoffen in einen erneuten Produktionsprozess

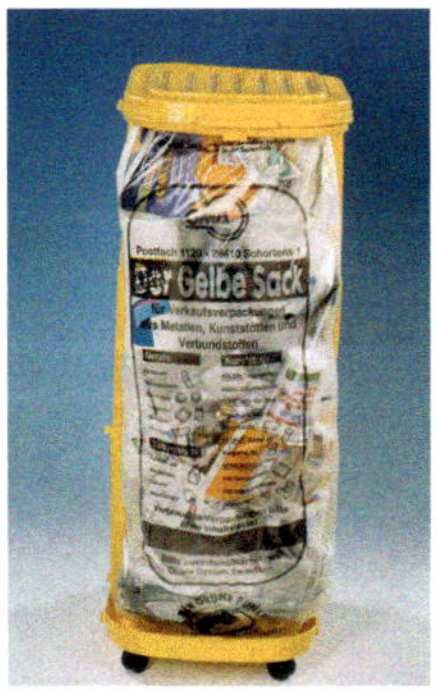

B1 Gelber Sack mit Kunststoffabfällen

Bedeutung der Ziffern:

01	PET	Polyethenterephthalat
02	PE-HD	Polyethen hoher Dichte („high densitiy")
04	PE-LD	Polyethen niedriger Dichte („low densitiy")
03	PVC	Polyvinylchlorid
05	PP	Polypropen
06	PS	Polystyrol
07	O	Sonstige („others")

B2 Codierung von Kunststoffen

Die meisten Kunststoffe werden aus Erdöl hergestellt. Dieser Rohstoff steht aber nicht unbegrenzt zur Verfügung. Da Kunststoffabfälle zudem auf Deponien nur sehr langsam abgebaut werden, ist eine Verminderung der Abfallmenge und Schonung der Ressource Erdöl dringend erforderlich. Außerdem ist seit dem Jahre 2005 eine Deponierung von Kunststoffabfällen in Deutschland nicht mehr erlaubt. Durch **Recycling** können Kunststoffe wieder in einen Produktionsprozess zurückgeführt werden.

Werkstoffliche Verwertung. Abfälle thermoplastischer Kunststoffe werden bei diesem Verfahren zerkleinert und eingeschmolzen. Das aus der Schmelze hergestellte Granulat dient zur erneuten Herstellung von Kunststoffprodukten. Aus sortenreinen Kunststoffen, z. B. aus industriellen Abfällen, können Produkte vergleichbarer Qualität hergestellt werden. Kunststoffabfälle aus dem Haushalt sind dagegen oft vermischt und verunreinigt. Daraus können dann oft nur minderwertige Produkte hergestellt werden (Schallschutzwände, Parkbänke).
Zur Identifizierung von Kunststoffen gibt es ein internationales Codierungssystem [B2], das es erleichtert, gesammelte Kunstoffartikel zu sortieren. Die verschiedenen Kunstoffarten sind durch ein dreieckiges Symbol zusammen mit einer Kennziffer und der Kurzbezeichnung des Kunststoffes markiert.

Rohstoffliche Verwertung. Hierbei werden die Makromoleküle durch Erhitzen (**Pyrolyse**) unter Sauerstoffabschluss in kleinere Moleküle aufgespalten. Die dabei entstehenden Stoffe werden durch Destillation getrennt und können wieder zur Herstellung von Kunststoffen eingesetzt werden. Dieses Verfahren wird dann eingesetzt, wenn es sich um kleine, verschmutzte und aus verschiedenen Kunststoffen bestehende Gegenstände handelt und eine werkstoffliche Verwertung ungeeignet ist.

Thermische Verwertung. Ein weiteres Verfahren, die Abfallmenge an Kunststoffen zu reduzieren, ist die thermische (energetische) Verwertung. Darunter versteht man die Verbrennung von Kunststoffen und Nutzung der Wärme, die dabei freigesetzt wird. Es findet kein Recycling statt, die Kunststoffe gehen verloren. Filteranlagen verhindern, dass Halogenverbindungen und andere Schadstoffe über die Abgase in die Umwelt gelangen.

A1 Werte die Abbildung [B3] aus und grenze die Begriffe werkstoffliche, rohstoffliche und thermische Verwertung gegeneinander ab. Bei welchen handelt es sich um Recyclingverfahren?

A2 Bestimme bei 5 Kunststoffgegenständen aus dem Haushalt anhand der Codierung, um welchen Kunststoff es sich handelt.

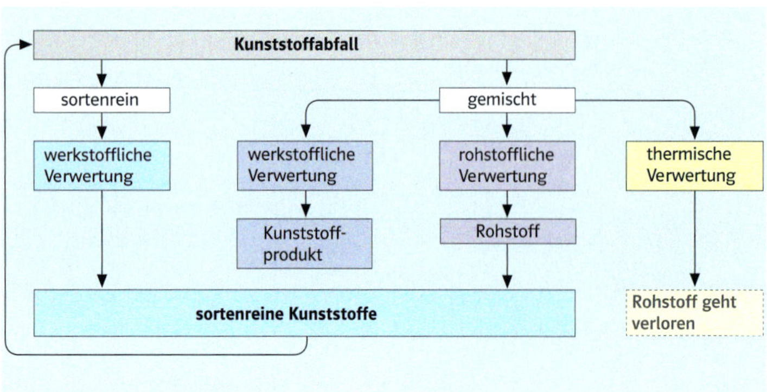

B3 Verwertung von Kunststoffen

Der „Grüne Punkt" ist ein Zeichen auf Verpackungen, die recycelt werden können. Es gibt an, dass der Hersteller oder Händler die Kosten für Sammlung und Sortierung bezahlt hat. Diese Kosten sind in der Preiskalkulation enthalten

13.21 Biologisch abbaubare Kunststoffe

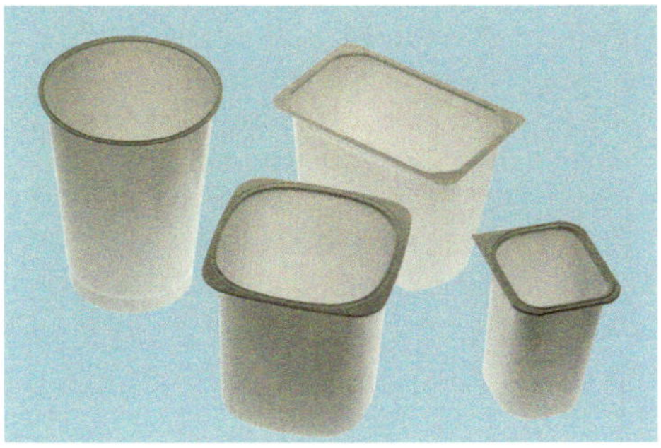

B1 Joghurtbecher aus Polymilchsäure

Viele Gegenstände aus Kunststoffen sind Wegwerfprodukte. Sie landen nach dem Gebrauch im Abfall, werden aber auch vom Wind weggetragen oder von Flüssen ins Meer gespült.

Die meisten Kunststoffe werden biologisch allerdings nicht oder nur sehr langsam abgebaut und stellen somit ein großes Umweltproblem dar. Für Materialien, die nur für kurze Zeit benutzt werden, wie z. B. Joghurtbecher [B1] oder Lebensmittelfolien, sind biologisch abbaubare Kunststoffe eine sinnvolle Alternative.

Natürliche Polyester. Viele Bakterien bauen Polyester als Reservestoffe auf. Dazu gehört Polymilchsäure (PLA, **P**oly**l**actic **A**cid). Aus den Zellen der Bakterien kann PLA als thermoplastischer Kunststoff gewonnen werden, der nicht aus Erdöl hergestellt wird.
Gegenstände aus Polymilchsäure sind *kompostierbar*. Dabei findet zuerst eine Esterspaltung und dann der weitere Abbau der Milchsäuremoleküle statt, wobei ebenso wie bei einer Verbrennung nur Kohlenstoffdioxid und Wasser entstehen.

Stärketechnologie. Bereits 46 % der verfügbaren Stärke werden in der technischen Anwendung eingesetzt. In Deutschland wird Verpackungsmaterial wie Pappe und Papier auch aus Stärke hergestellt. Weitere wichtige Industriezweige sind Kosmetik, Textil und Bau [B2].

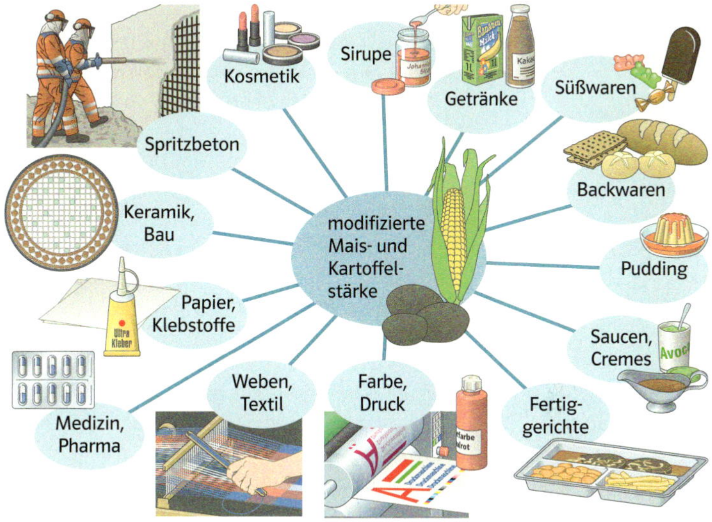

B2 Stärke wird in der Industrie vielfältig eingesetzt

Rohstoff Stärke. Pflanzen speichern Zucker in Form von Stärke in verschiedenen Pflanzenteilen, wie z. B. Samen. Zur industriellen Nutzung muss der Zugang zum Speicherort leicht möglich sein. Daher eignen sich Mais, Kartoffeln, Reis, Weizen und Maniok besonders gut. Die Kartoffelknolle besteht zu 18 % aus Stärke. Den Hauptanteil mit 75 % bildet Wasser. Daneben besitzt die Kartoffel noch viele Vitamine, Mineralstoffe, Proteine und andere Kohlenhydrate, die sie zu einem wertvollen Lebensmittel machen.

kompostierbar ®

B3 Kennzeichnung für kompostierbare Abfälle

Praktikum Herstellung von Stärkefolien

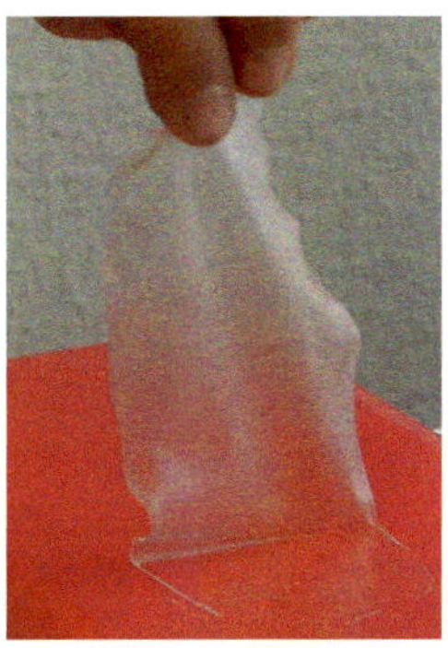

Geräte, Materialien, Chemikalien: Becherglas (250 ml), Uhrglas, Wasserbad (400 ml), Brenner, Dreifuß, Glasstab, Kartoffelstärke aus Kartoffeln, Glycerin (50 %).
Durchführung: Trockne im Trockenschrank 2,5 g Stärke. Gib diese in ein Becherglas und mische sie mit 20 ml Wasser und 2 ml Glycerin. Decke das Becherglas mit dem Uhrglas ab und koche das Gemisch mindestens 15 min im Wasserbad. Rühre mit dem Glasstab ab und zu um. Gieße das Gel anschließend auf eine Kunststoffunterlage (umgedrehte Backschüssel, Backunterlage) und lass die Folie trocknen. Am nächsten Tag kannst du sie von der Unterlage abziehen.

13.22 Durchblick Zusammenfassung und Übung

Allgemeine Strukturformel

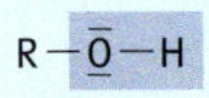

Hydroxylgruppe

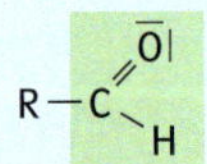

Aldehydgruppe

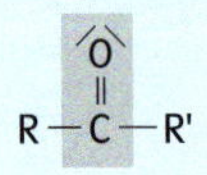

Carbonylgruppe

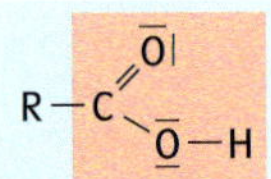

Carboxylgruppe

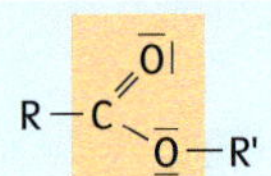

Estergruppe

Methansäure (Ameisensäure) HCOOH

Ethansäure CH_3COOH

Propansäure CH_3CH_2COOH

Essigsäure (Ethansäure)
Essigsäure entsteht durch Oxidation von Ethanol. Die Reaktion wird durch Enzyme der Essigsäurebakterien katalysiert.

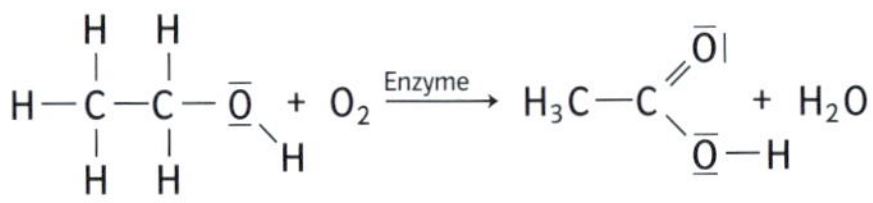

Die funktionelle Gruppe des Essigsäuremoleküls ist die Carboxylgruppe.

Essig
Essig ist eine wässrige Lösung von Essigsäure. Die Lösung ist sauer, da je ein Essigsäuremolekül ein Proton von der OH-Gruppe der Carboxylgruppe abspalten und auf ein Wassermolekül übertragen kann. Dabei entstehen ein Acetation (Ethanoation) und ein Oxoniumion:

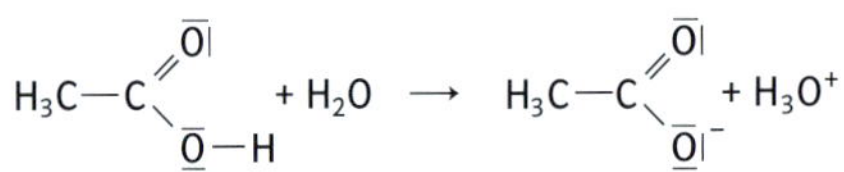

Die verschiedenen Essigsorten werden aus unterschiedlichen alkoholischen Lösungen (z. B. Wein) hergestellt. Essig wird als Konservierungs- und Würzmittel, in Essigreinigern zum Entfernen von Kalkflecken eingesetzt. Da Essigsäure mit Rost wasserlösliche Salze bildet, kann Essig auch zur Rostentfernung benutzt werden.

Alkansäuren
Stoffe, deren Moleküle eine Carboxylgruppe tragen, zählt man zu den Carbonsäuren. Befindet sich die Carboxylgruppe an einer Alkylgruppe, nennt man die entsprechenden Stoffe Alkansäuren.

Ester
Ester entstehen bei der Reaktion von Säuren mit Alkoholen durch Abspaltung von Wasser. Für die Bildung von Carbonsäureestern gilt:

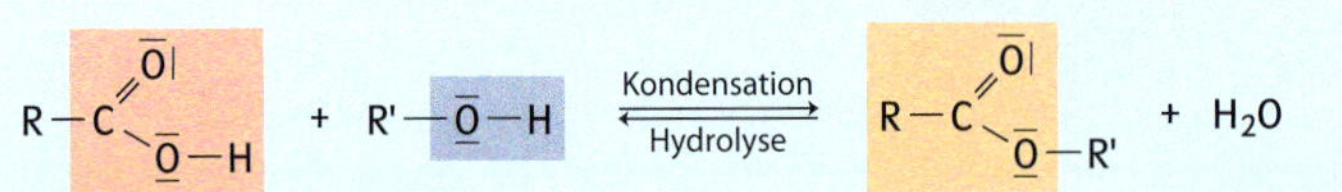

Carbonsäure + Alkohol ⇌ Ester + Wasser

Die Siedetemperaturen sind niedriger als die der Ausgangsstoffe, da zwischen Estermolekülen keine Wasserstoffbrücken ausgebildet werden können. Ester sind lipophil und wichtige Lösungsmittel für lipophile Stoffe. Ester mit kurzen Alkylgruppen riechen angenehm, sie sind Bestandteile von Fruchtaromen.

Biodiesel
Die Moleküle von Biodiesel sind Fettsäuremethylester. Der Treibstoff wird aus Rapsöl gewonnen.

Polyester
Durch Wasserabspaltung aus Hydroxycarbonsäuren oder aus Dicarbonsäuren und Diolen entstehen Polyester (**Polykondensation**) . Aus ihnen werden wichtige Textilfasern hergestellt. Weit verbreitet sind auch Flaschen für Erfrischungsgetränke aus Polyester (PET). Aus **Polymilchsäure** (PLA) werden kompostierbare Folien und Trinkbecher hergestellt.

Kunststoffe
Die meisten Kunststoffe sind Erdölprodukte. Sie bestehen aus **Makromolekülen**. Es sind **Polymere**. Die Moleküle, aus denen sie gebildet werden, bezeichnet man als **Monomere**.

Thermoplaste bestehen aus fadenförmigen Molekülen und schmelzen beim Erhitzen.

Elastomere sind nicht schmelzbar. Sie können bei mechanischer Einwirkung ihre Form verändern, nehmen sie anschließend aber wieder ein. Ihre Moleküle liegen verknäuelt und großmaschig vernetzt vor.

Duroplaste sind hart und spröde. Sie können durch Wärmeeinwirkung nicht verformt werden und zersetzten sich bei hohen Temperaturen. Sie sind aus engmaschig vernetzten Molekülen aufgebaut.

A1 Essig erhält man beispielsweise, wenn man Wein an der Luft stehen lässt. Um die Entstehung von Essig aus alkoholischen Lösungen zu beschleunigen, wurden diese in früheren Zeiten in flachen Pfannen mit großem Durchmesser gegeben.
a) Erkläre, warum diese Vorgehensweise zur Beschleunigung der Essigbildung führte.
b) Wodurch wird bei heutigen Herstellungsverfahren die Essigbildung beschleunigt?

A2 Wie viel Essigessenz mit einem Massenanteil *w*(Essigsäure) = 25 % benötigt man, um sich damit z. B. einen Liter Kräuteressig mit *w*(Essigsäure) = 5 % herzustellen?

A3 Warum hat Essigsäure eine höhere Siedetemperatur als Ethanol?

A4 Ester lassen sich durch Natronlauge spalten. Welche Produkte erhält man bei der Reaktion des Essigsäureethylesters mit Natronlauge? Formuliere die Reaktionsgleichung.

A5 Das Reaktionsprodukt aus Salicylsäure und Essigsäure ist unter der Bezeichnung „Acetylsalicylsäure" (kurz: ASS) als wirksame Substanz in Schmerztabletten enthalten.
a) Formuliere die Reaktionsgleichung für die Herstellung dieses Stoffes mit Strukturformeln und gib an, zu welcher Stoffgruppe er gehört.
b) Bei längerer, unsachgemäßer Lagerung solcher Tabletten riechen sie nach Essig. Gib eine Erklärung.

A6 Produkte aus thermoplastischen Kunststoffen werden in mehreren Schritten hergestellt:

1. Herstellung der Makromoleküle und Zerkleinerung zu Kunststoffgranulat.
2. Erhitzen des Materials bis zur Schmelze.
3. Formgebung in einem gekühlten Werkzeug.

Beschreibe die in [B1] dargestellten Verfahren.

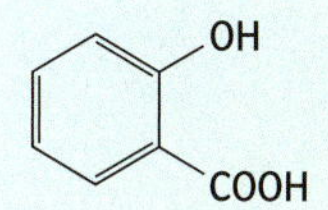

Salicylsäure

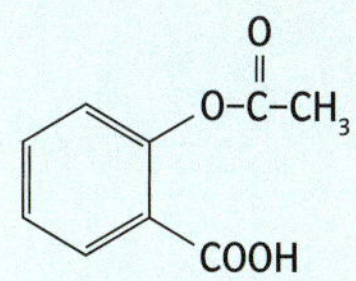

Acetylsalicylsäure

B2 Strukturformeln von Salicylsäure und Acetylsalicylsäure

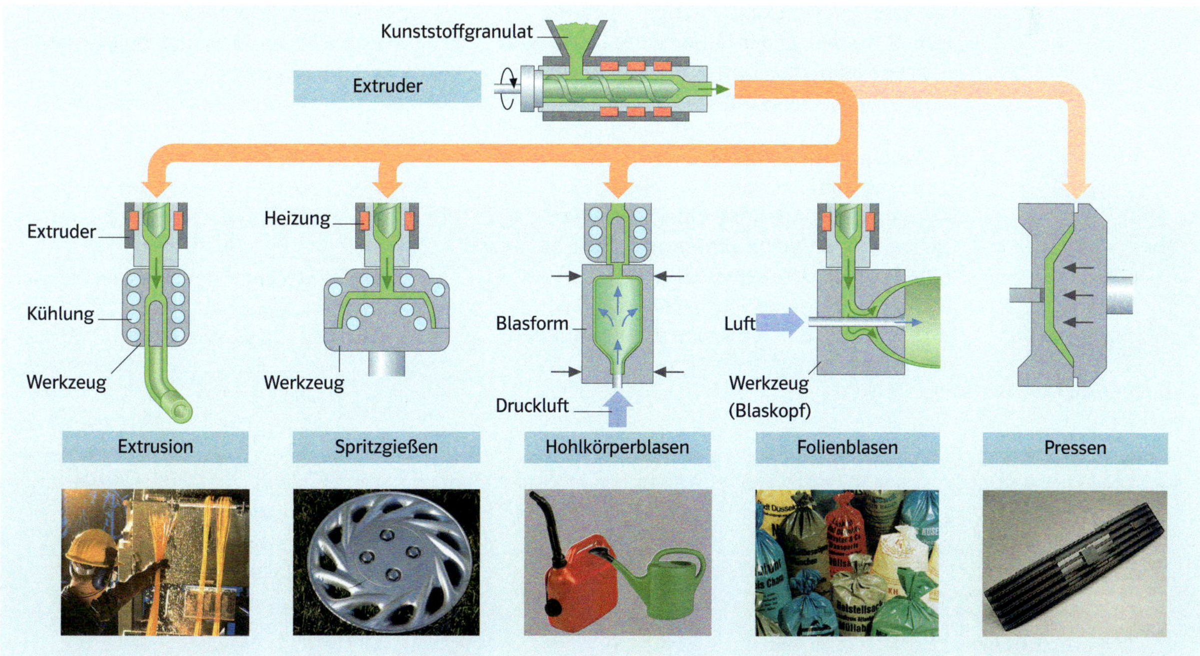

B1 Verarbeitungsverfahren thermoplastischer Kunststoffe

13.23 Horizonte Präsentieren für alle Sinne

Das Thema der Präsentation soll heißen: „Wie werden Aromen hergestellt?“.
Es ist wichtig, dass eine Präsentation interessant und abwechslungsreich gestaltet ist. Eine gelungene Präsentation spricht alle Sinne der Zuschauer an.

A. Text als Information
Auf der präsentierten Folie, dem Plakat usw. sollten immer nur die wichtigsten Informationen zum Thema stehen. Auf einer Karteikarte, die für die anderen nicht sichtbar ist, steht in Stichpunkten alles, was du zu sagen beabsichtigst.

B. Bilder als Information
Es sollte nicht nur Text auf den von dir gewählten Medien (Folie, Plakat etc.) stehen. Verwende auch Fotos und Grafiken. Eine Grafik oder ein Bild zu Beginn der Präsentation erhöht die Aufmerksamkeit der Zuschauer.

C. Bewegte Bilder als Information
Filme erhöhen das Interesse. Du solltest darauf achten, nur kurze Filmausschnitte zu benutzen. Ein Film kann mit oder ohne Ton gezeigt werden. In der Nähe deiner Schule gibt es sicher ein Medienzentrum, bei dem deine Schule Filme, Videos und DVDs ausleihen kann.

D. Stoff- und Materialproben im Vortrag
Stoff- und Materialproben vermitteln den Zuschauern unmittelbare Eindrücke. Die Proben können, wenn von ihnen keine Gefahren ausgehen, angefasst werden.
Auch Geruchsproben – entweder durch Zufächeln oder z. B. mit beträufelten Teststreifen können durchgeführt werden.

Butansäuremethylester
$C_3H_7–COOCH_3$

Welche Aromastoffe gibt es??

+ **Natürliche** Aromastoffe – werden aus den entsprechenden Pflanzenteilen gewonnen.

+ **Naturidentische** Aromastoffe – werden zwar synthetisch hergestellt, kommen aber auch in der Natur vor.

+ **Künstliche Aromastoffe** – haben keine Entsprechung in der Natur und wurden in Laboratorien entwickelt.

E. Experimente im Vortrag
Du kannst während einer Präsentation selbst ein Experiment vorführen oder von den Zuschauern durchführen lassen. Die Demonstration eines Experiments ist viel einprägsamer als ein Film oder Bild, denn das Experiment kann von den Zuschauern direkt wahrgenommen werden.

- Die Ester können durch Kondensationsreaktionen erhalten werden.

- Im Kaffeearoma können über 700 Einzelverbindungen nachgewiesen werden.
- Die wichtigsten natürlichen Aromaträger bilden die etherischen Öle (z. B. Bittermandelöl). Daneben gibt es eine Vielzahl naturidentischer Verbindungen, wie z. B. die Ester kurzkettiger Carbonsäuren.

- Aromen sind Geruchs- oder Geschmacksstoffe, die Lebens-, Körperpflege- und Arzneimitteln zur Aromatisierung zugesetzt werden.
- Gewonnen werden sie entweder durch Trennverfahren aus den Pflanzen oder synthetisch durch Mischen natürlicher, naturidentischer und künstlicher Aromen.

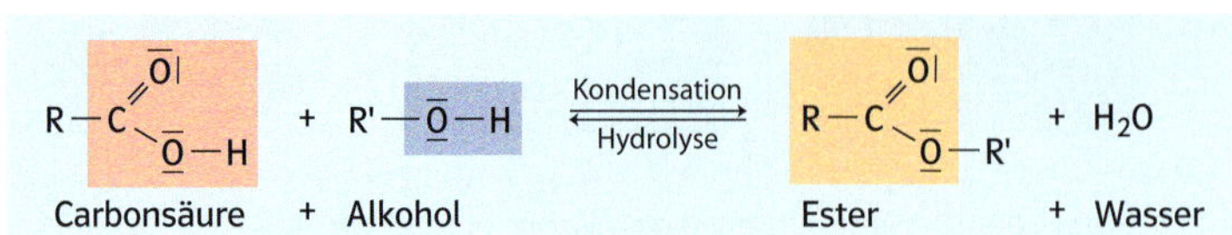

Basiskonzepte

Basiskonzepte verdeutlichen, dass die Chemie nicht aus isolierten Fakten besteht. Vielmehr lassen sich diese zu immer wiederkehrenden Grundprinzipien zusammenfassen. Sie sind eine übergreifende Systematisierungshilfe. Wir betrachten drei Basiskonzepte:

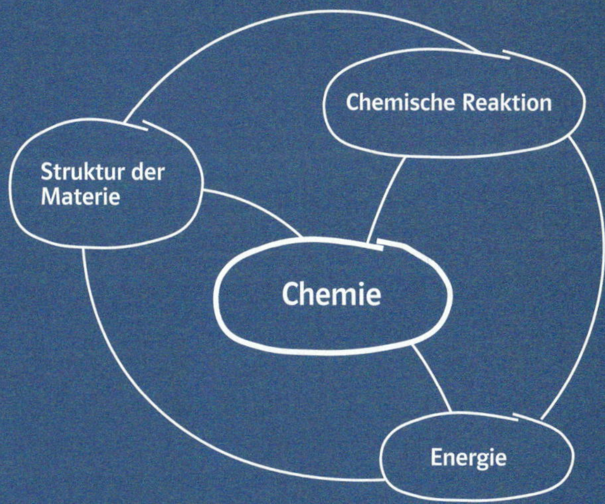

Um den Sinn von Basiskonzepten aufzuzeigen, kann man sich des folgenden Beispiels bedienen: In einem CD-Geschäft sind die CDs nach den Namen der Interpreten angeordnet. Der Inhaber könnte nun die CDs nach Musikstilen, etwa Klassik, Jazz, Pop, Rock umsortieren. Eine andere Möglichkeit wäre die, Verzeichnisse anzulegen oder ein Computerprogramm zu besorgen, welches die CDs je nach Bedürfnis in den verschiedenen Kategorien sortiert und den Standort der CD anzeigt.

Die im Geschäft vorhandenen CDs entsprechen dem Wissensstoff der Chemie. Schaut man sich die unterschiedlichen Sachverhalte, wie sie z. B. in diesem Lehrbuch dargestellt werden, zusammenfassend an, so stellt man fest, dass bestimmte Prinzipien immer wieder auftreten, sich sozusagen ein „roter Faden" ergibt: Durch diese Basiskonzepte wird der „Wissensstoff" neu strukturiert, so wie die CDs unter verschiedenen Gesichtspunkten sortiert werden können.

Auf den folgenden Seiten findet ihr zu den drei Basiskonzepten Beispiele von Themen oder Fragestellungen. Diese sollen euch vor allem als Anregung dienen, weitere Beispiele zu suchen, die sich dem jeweiligen Basiskonzept zuordnen lassen. Schaut dazu z. B. auch im Hauptteil des Lehrbuches nach. Sofern es euch hilfreich erscheint, könnt ihr die angegebenen Fragen beantworten. Erstellt eure eigenen Basiskonzeptseiten und präsentiert diese am Ende der Klasse.

Struktur der Materie

B1 DEMOKRIT (ca. 460 - 371 v. Chr.) nannte die kleinsten, unteilbaren Teilchen „Atomos", Atome

Täglich nehmen wir beim Essen, Arbeiten oder Spielen Gegenstände in die Hand. Die Chemie beschäftigt sich mit der Frage, aus welchen Stoffen diese Gegenstände bestehen und welche Eigenschaften sie aufweisen. Chemiker bewegen sich dabei ständig zwischen zwei Welten, in denen jeweils ganz unterschiedliche Begrifflichkeiten benutzt werden.

Bei der Beschreibung der mit den Sinnen erfassbaren und mit Geräten messbaren Stoffeigenschaften und Energieänderungen ist man auf der **Stoffebene**. Hier geht es um Beobachtungen, um Phänomene, der realen Welt.
Die Erklärung für die Beobachtungen liefert die unsichtbare Welt der Atome und Moleküle, die **Teilchenebene**. Bei der Deutung von Phänomenen hilft das **Teilchenmodell**.

Die kleinsten Teilchen eines Stoffes sind zwar selbst unter dem stärksten Lichtmikroskop nicht zu erkennen, können aber mit dem Rastertunnelmikroskop sichtbar gemacht werden. Zwischen den Teilchen wirken **Anziehungskräfte**, die z. B. dazu führen, dass die Stoffe bei Zimmertemperatur fest, flüssig oder gasförmig vorliegen.

Begriffe der Stoffebene	Begriffe der Teichenebene
Elementarer Stoff	Element
Siedetemperatur	Atomdurchmesser
...	...

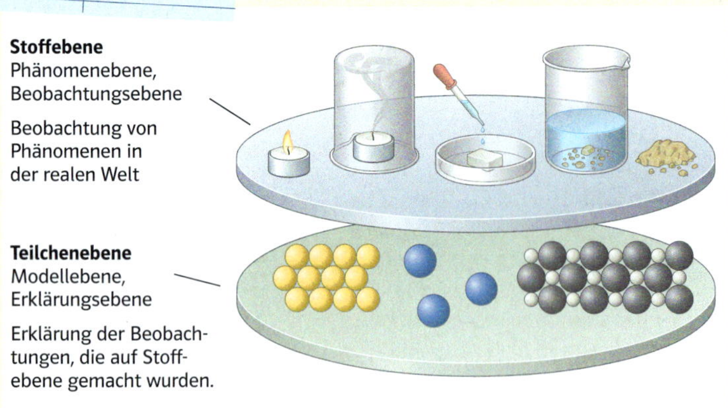

B2 Die Betrachtungsebenen der Wissenschaft Chemie

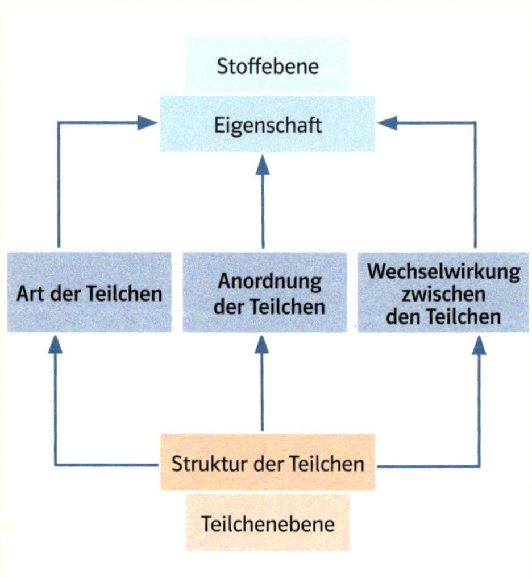

B3 Zusammenhang von Struktur und Eigenschaften

A1 Überlege, welcher Zusammenhang zwischen den Siedetemperaturen der Stoffe und den Anziehungskräften zwischen ihren Teilchen besteht. Formuliere einen Merksatz.

A2 Ordne den folgenden Stoffen: Aluminium, Argon, Brom, Natriumbromid, Chlorwasserstoff die Teilchenarten zu, aus denen sie aufgebaut sind.

A3 Erläutere, warum Ionenverbindungen meist spröde sind, eine hohe Schmelztemperatur haben und häufig gut in Wasser löslich sind.

A4 Ordne den Stoffen: Wasserstoff, Chlorwasserstoff, Wasser, Kaliumchlorid die folgenden Siedetemperaturen zu: 100 °C, 1420 °C, −253 °C, -85 °C. Begründe deine Zuordnung.

A5 Erkläre, worauf die elektrische Leitfähigkeit von Metallen, Salzschmelzen und Salzlösungen beruht.

A6 Beschreibe, wo im Periodensystem die Metalle und wo die Nichtmetalle stehen.

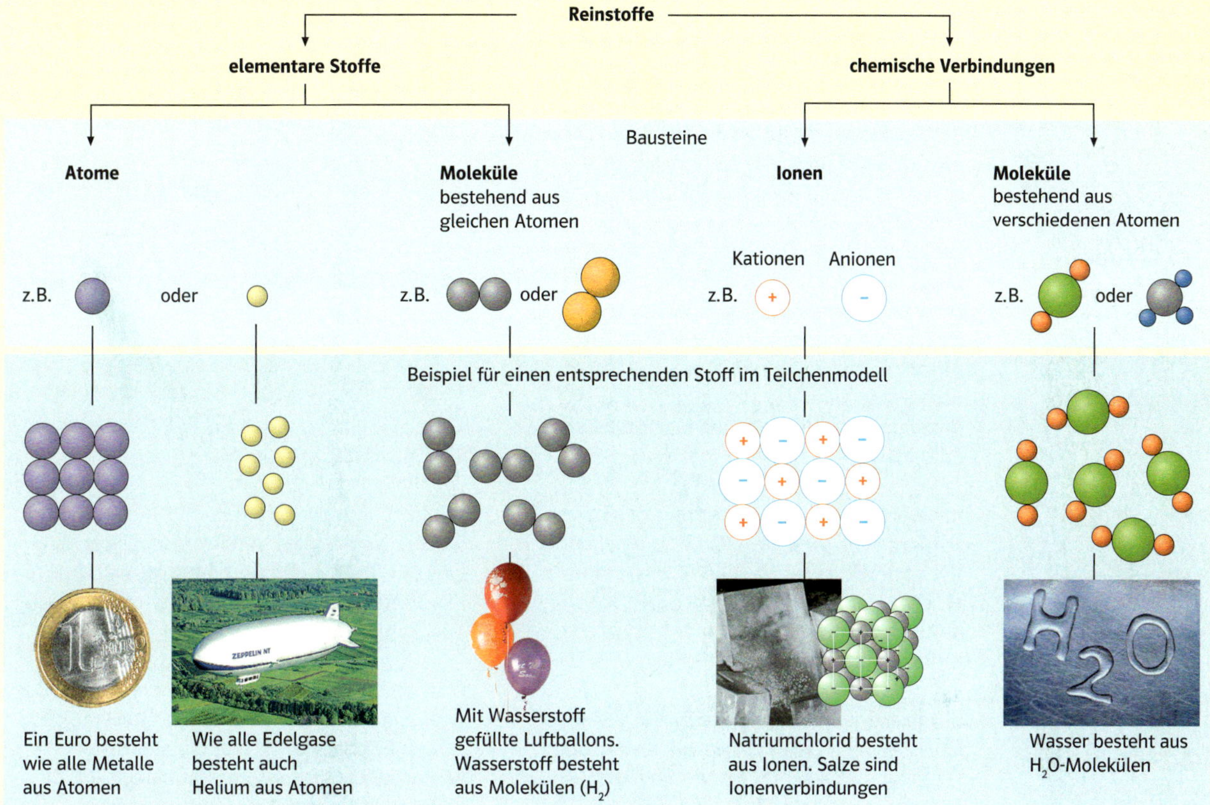

B4 Gliederung wichtiger Begriffe in der Chemie

Mithilfe von Eigenschaften wie Siedetemperatur, elektrische Leitfähigkeit oder Löslichkeit kann die riesige Anzahl von Stoffen geordnet und in **Gruppen** zusammengefasst werden.

Für die Charakterisierung eines Stoffes genügt eine Eigenschaft alleine jedoch nicht. Es ist immer eine Kombination von Eigenschaften, ein „Steckbrief", der einen Stoff kennzeichnet. Zahlreiche Stoffe besitzen gemeinsame Eigenschaftskombinationen und lassen sich zu **Stoffklassen** zusammenfassen.

Die Eigenschaften von Stoffen, ihre Zusammensetzung aus Teilchen und deren Anordnung gehören zusammen und bilden das Basiskonzept der **Struktur der Materie**.

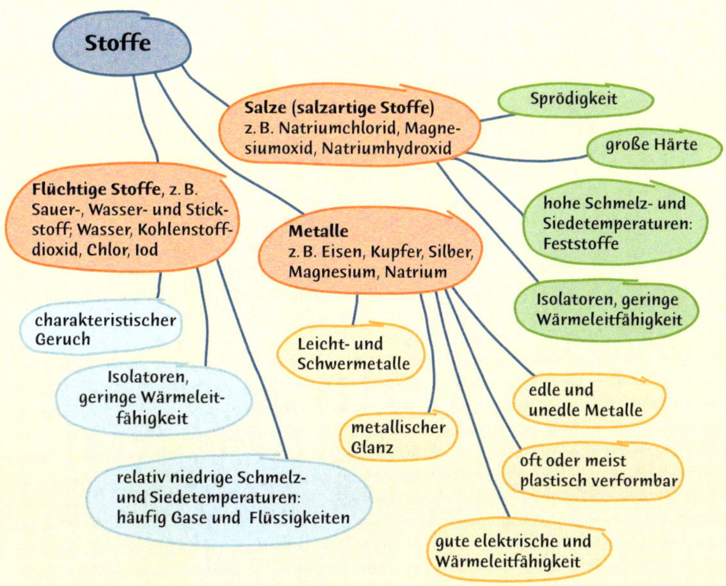

B5 Stoffklassen

Struktur der Materie

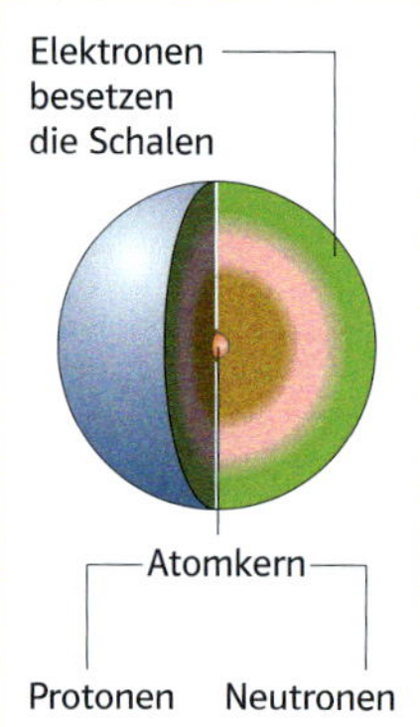

B1 Atomaufbau

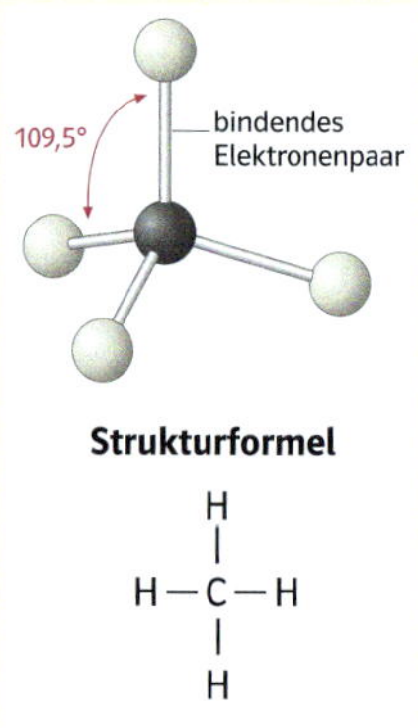

B2 Modell der räumlichen Struktur

Die Vielfalt der uns umgebenden Stoffe wird durch einige wenige Prinzipien geprägt. Stoffe können aus **Atomen**, **Ionen** oder **Molekülen** aufgebaut sein. Je nach Temperatur liegen Stoffe in unterschiedlichen Aggregatzuständen vor, was sich auf die **Anziehungskräfte** zwischen den Teilchen zurückführen lässt.

Der **räumliche Aufbau** der Moleküle beeinflusst die Stärke der Anziehungskräfte zwischen ihnen. Bestehen die Stoffe aus Molekülen, so formulieren wir **Strukturformeln**, um die Verknüpfungen zwischen den Atomen darzustellen und letztendlich die Anziehungskräfte zwischen den Molekülen zu erkennen.

In **molekularen Stoffen** können sich *Van-der-Waals-Kräfte*, *Dipol-Wechselwirkungen* oder *Wasserstoffbrücken* ausbilden. Welche zwischenmolekularen Wechselwirkungen auftreten, ist vor allem von der *Polarität* des Moleküls abhängig.

In **salzartigen Verbindungen** treten zudem *ionische Wechselwirkungen* auf, und bei den **Metallen** werden die Strukturen durch ein *Metallgitter* beschrieben.

B5 Ausschnitt aus dem PSE

Ähnliche Eigenschaften der Stoffe und der gleichartige Aufbau von Atomen führen zu einer periodischen Anordnung verwandter Elemente in Gruppen – dem **Periodensystem der Elemente (PSE)**.

Organische Stoffe sind bis auf wenige Ausnahmen *molekular gebaute Stoffe*. Neben Feststoffen mit relativ niedrigen Schmelztemperaturen treten häufig Flüssigkeiten und Gase mit charakteristischem Geruch auf.
Kohlenwasserstoffmoleküle wie die **Alkane** bestehen aus unpolaren Ketten, die aus Kohlenstoff- und Wasserstoffatomen aufgebaut sind. Mit zunehmender Oberfläche der Moleküle werden die **Van-der-Waals-Kräfte** stärker, was sich in einer Zunahme der Siedetemperatur innerhalb der *homologen Reihe* äußert.

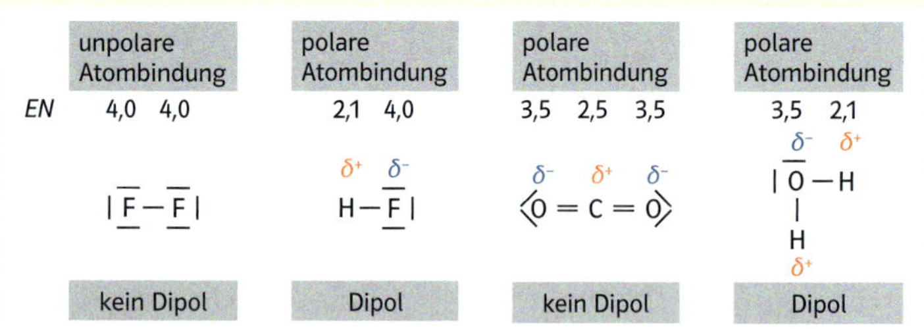

B3 Molekül und Dipol

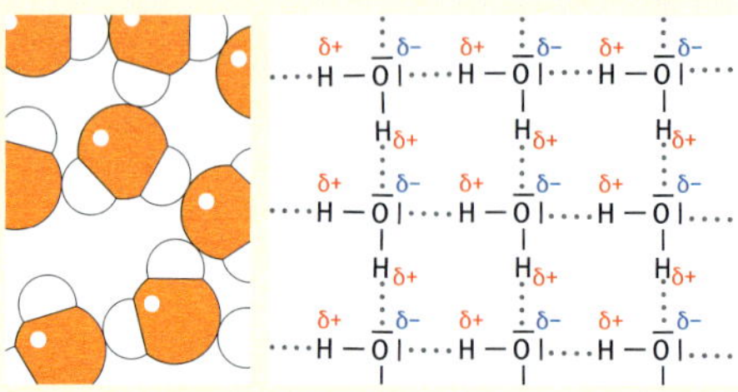

B4 Wasserstoffbrücken

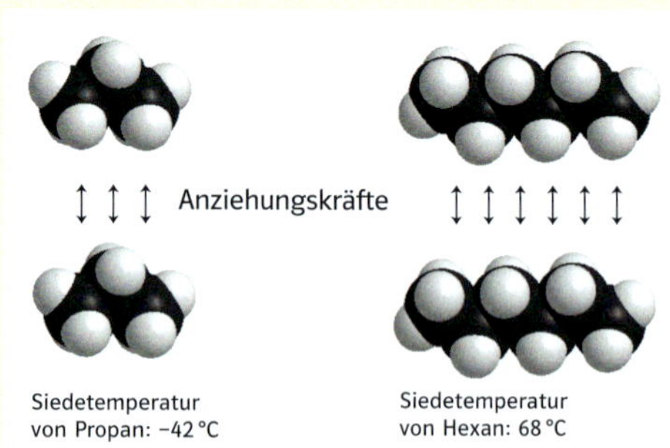

B6 Die Van-der-Waals-Kräfte nehmen mit wachsender Kettenlänge zu

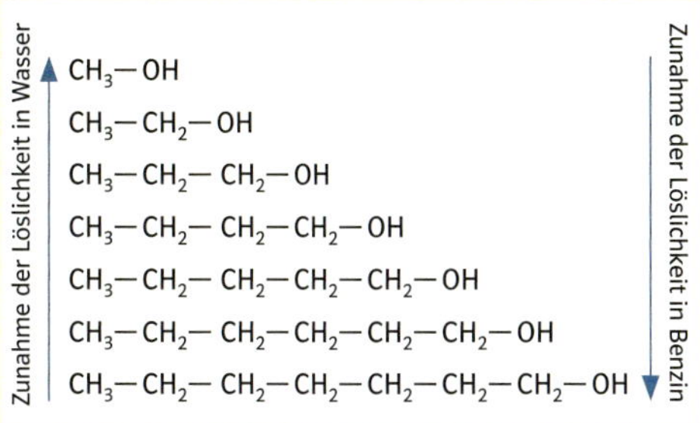

B7 Homologe Reihe der Alkanole

Das Lösungsverhalten organischer Stoffe hängt davon ab, ob sie *hydrophil* oder *lipophil* sind. **Alkohole** sind aufgrund der vorhandenen Hydoxylgruppe polar gebaut.
Hydrophile Stoffe lösen sich z. B. in Wasser, lipophile z. B. in Benzin. Verbindungen, die beide Eigenschaften besitzen, lösen sich sowohl in Wasser als auch in Benzin.

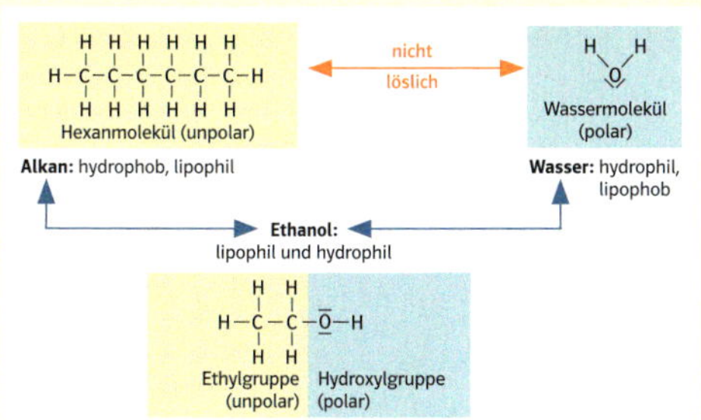

B8 Ethanol, ein Molekül mit einer polaren und einer unpolaren Gruppe

Alle **Kunststoffe** sind Makromoleküle, die aus kleineren Monomeren aufgebaut sind. Die Ketten der Polymere können untereinander vernetzt sein, so dass eine große Vielfalt von Kunststoffen mit besonderen Eigenschaften entsteht.

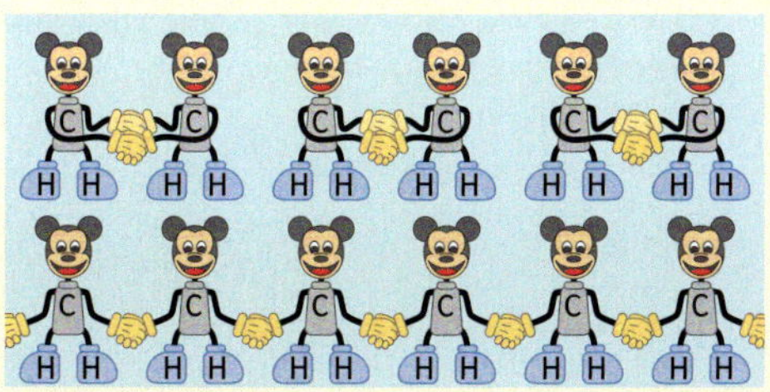

B9 Bildung einer Polyethenkette aus Monomeren im Cartoon-Modell

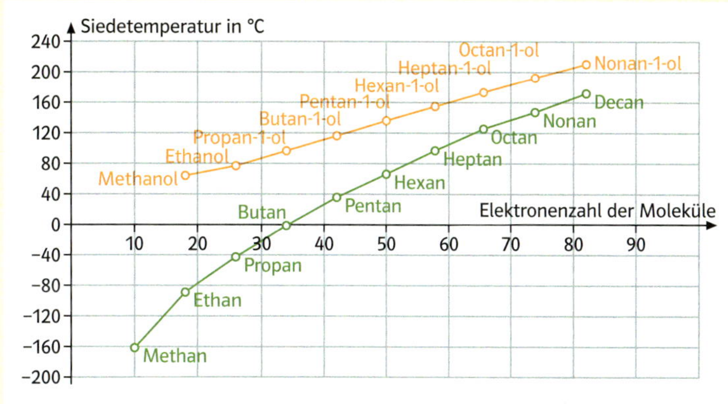

B10 Siedetemperaturen von Alkanolen und Alkanen im Vergleich

A1 Aus welchen Teilchen (Atome, Moleküle oder Ionen) bestehen die folgenden Stoffe? **a)** Methanol, **b)** Messing, **c)** Xenon, **d)** Kaliumiodid, **e)** ein Polyester?

A2 Erläutere an einem Beispiel die Zusammensetzung des Atomkerns und den Aufbau der Elektronenhülle eines Atoms.

A3 Erkläre die Edelgasregel.

A4 Beschreibe den Aufbau des Wassermoleküls. Nenne und begründe die besonderen Eigenschaften des Wassers.

A5 Saure Lösungen einerseits und alkalische Lösungen andererseits weisen Gemeinsamkeiten auf. Nenne und erkläre diese.

A6 Stelle mindestens 4 Strukturformeln zur Summenformel $C_4H_{10}O$ auf.

A7 Begründe, warum Propan-1-ol sowohl in Wasser als auch in Heptan (Benzin) löslich ist.

A8 Ordne den folgenden Stoffen: Ethan, Ethanol, Ethansäure die folgenden Siedetemperaturen zu: 118 °C, 78 °C, −88 °C. Begründe deine Zuordnung.

A9 Erläutere die folgenden Begriffe: **a)** polare Bindung, **b)** Dipol, **c)** hydrophil, **d)** lipophil, **e)** funktionelle Gruppe.

A10 Vergleiche einige Eigenschaften der Kunststoffe anhand ihres molekularen Aufbaus.

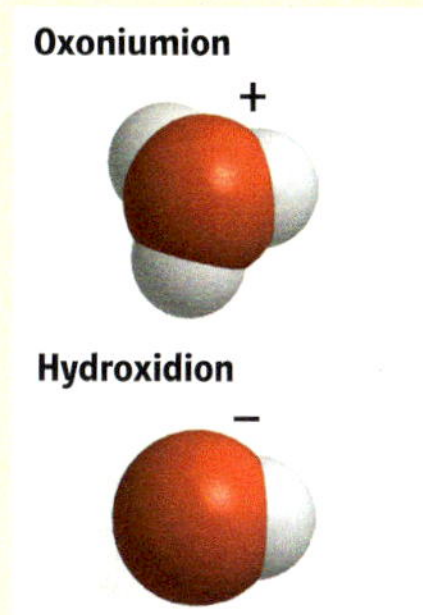

B11 Typische Ionen in sauren und alkalischen Lösungen

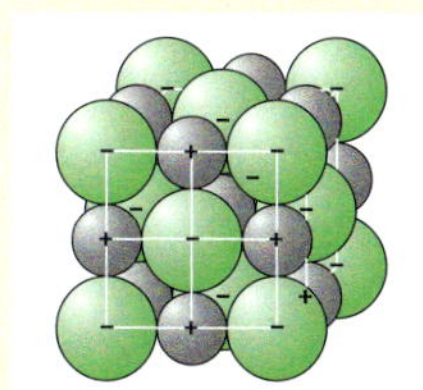

B12 Ionengitter

B13 Metallbindung im Atomrumpfmodell

Chemische Reaktion

Reaktionsschema:

Ausgangsstoffe	⟶	Reaktionsprodukte
z. B. Aluminium + rotes Eisenoxid	⟶	Aluminiumoxid + Eisen
z. B. Wasserstoff + Sauerstoff	⟶	Wasser

Reaktionsgleichung:

$$2\ Al + Fe_2O_3 \longrightarrow Al_2O_3 + 2\ Fe$$
$$2\ H_2 + O_2 \longrightarrow 2\ H_2O$$

In einer Reaktionsgleichung werden für elementare Stoffe die Zeichen für die Atome bzw. die Molekülformel und für die Verbindungen Formeln angegeben. Dabei müssen die Anzahlen der Atome für jede Atomart auf beiden Seiten des Reaktionspfeils gleich sein.

B1 Vom Reaktionsschema zur Reaktionsgleichung

B2 Thermitreaktion

Im eigenen Körper und in unserer Umgebung findet ständig eine Vielzahl an chemischen Reaktionen statt.

Bei einer chemischen Reaktion bleibt die Gesamtmasse aller Reaktionspartner unverändert, es geht keine Masse verloren. Diese Erkenntnis ist nur verständlich, wenn man annimmt, dass bei einer chemischen Reaktion eine **Teilchenumgruppierung** erfolgt. Dabei reagieren die Teilchen in einem bestimmten **Anzahlverhältnis** miteinander.

Experimente mit genauen Massenbestimmungen führen zu zwei Gesetzen, dem **Gesetz der Erhaltung der Masse** und dem **Gesetz der konstanten Massenverhältnisse**.

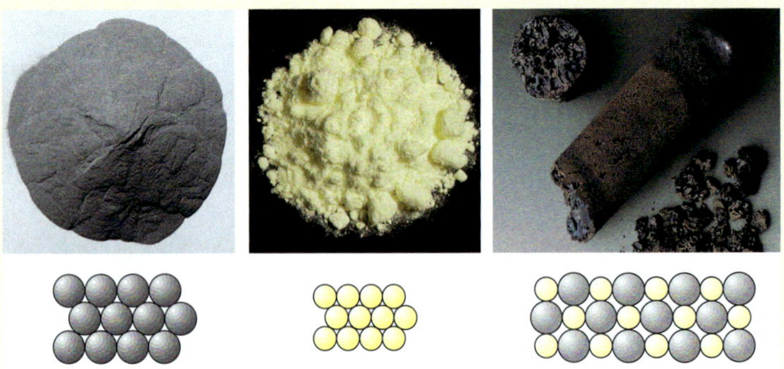

Fe + S ⟶ FeS

B3 Beschreibung einer chemischen Reaktion auf Stoff- und Teilchenebene

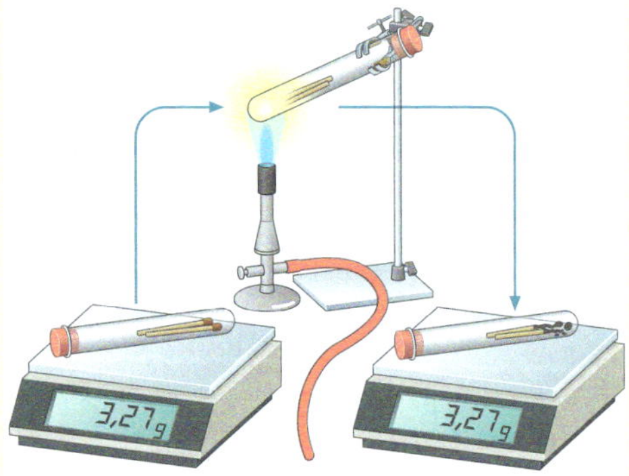

B4 Massenerhaltung. Masse des Reagenzglases mit Inhalt vor und nach der Reaktion

A1 Bleiben die Eisen- bzw. Schwefelatome bei der Herstellung eines Gemisches aus Eisen und Schwefel erhalten? Wie verhält es sich bei der Bildung von Eisensulfid? Begründe.

A2 Kennzeichne die Reaktion von schwarzem Kupferoxid (CuO) mit Wasserstoff als Redoxreaktion. Nenne das Oxidations- und Reduktionsmittel.

A3 Formuliere für die Bildung einer Metall-Nichtmetall-Verbindung aus den elementaren Stoffen den Elektronenübergang.

A4 **a)** Formuliere für die folgenden Begriffe Merksätze: Oxidation, Reduktion, Redoxreaktion.
b) Erkläre, woran man erkennen kann, ob eine Reaktion zu den Redoxreaktionen zählt.

A5 Beschreibe und erläutere das Lösen eines Salzes in Wasser, dabei sollen auch die folgenden Fachbegriffe benutzt werden: Kation(en), Anion(en), Ionengitter, Hydratation.

A6 **a)** Formuliere die Reaktionsgleichung für die Zerlegung des Silberoxids (Ag_2O).
b) Berechne das Massenverhältnis $\frac{m(\text{Silber})}{m(\text{Silberoxid})}$

Für eine chemische Reaktion, z. B.:

Stoff A + Stoff B $\longrightarrow$ Stoff C + Stoff D

gelten **zwei Massengesetze**:
das **Gesetz von der Erhaltung der Masse**

m(Stoff A) + m(Stoff B) = m(Stoff C) + m(Stoff D)

und
das **Gesetz der konstanten Massenverhältnisse**

$$\frac{m(\text{Stoff A})}{m(\text{Stoff B})} = K_1 \qquad \frac{m(\text{Stoff A})}{m(\text{Stoff C})} = K_2$$

K_1, K_2, ... sind konstante Zahlenwerte

Bei bekannter Reaktionsgleichung

$$2\,Al + Fe_2O_3 \longrightarrow Al_2O_3 + 2\,Fe$$

lassen sich Massenverhältnisse berechnen, z. B.:

$$\frac{m(\text{Aluminium})}{m(\text{Eisenoxid})} = \frac{2 \cdot m_t(Al)}{m_t(Fe_2O_3)} = \frac{2 \cdot 27\,u}{159{,}6\,u} = 0{,}34$$

B5 Massengesetze

Mit dem Gesetz von den konstanten Massenverhältnissen, Verhältnisformeln und Summenformeln lassen sich chemische Reaktionen **quantitativ** auswerten.

Chemische Reaktionen beruhen auf der **Übertragung von Teilchen.**

Redoxreaktion als **Sauerstoffübertragung**, z. B. vom Eisenoxid auf das Aluminium:

Oxidation (2 Al → Al_2O_3)

$$2\,Al + Fe_2O_3 \longrightarrow Al_2O_3 + 2\,Fe$$

Reduktion (Fe_2O_3 → 2 Fe)

Redoxreaktion als **Elektronenübergang**, z. B. von Aluminiumatomen auf Eisenionen:
(2 Fe^{3+}, 3 O^{2-}) (2 Al^{3+}, 3 O^{2-})

Elektronenabgabe (Al → Al^{3+})

$$Al + Fe^{3+} \longrightarrow Al^{3+} + Fe$$

Elektronenaufnahme (Fe^{3+} → Fe)

B6 Redoxreaktion als Sauerstoff- und Elektronenübertragung

Ionenbildung

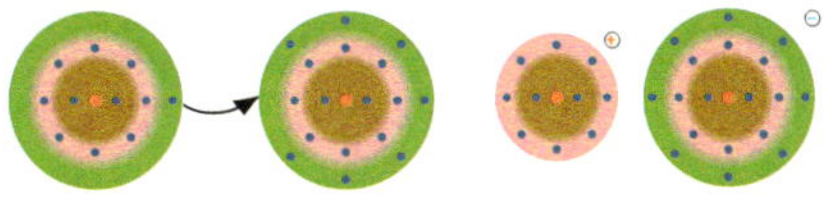

$Na\cdot$ + $\cdot\overline{\underline{Cl}}|$ $\longrightarrow$ Na^+ + $|\overline{\underline{Cl}}|^-$

Natrium-atom + Chlor-atom $\longrightarrow$ Natrium-ion + Chlorid-ion

Ionengitter

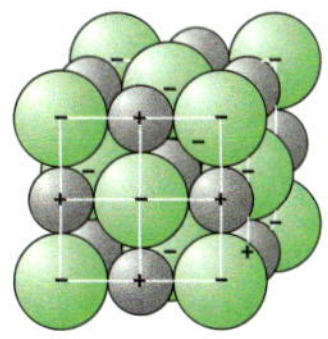

B7 Ionenbildung und Ionengitter

Bei der **Salzbildung** werden Elektronen von einem Metallatom auf ein Nichtmetallatom übertragen. Das Metallatom wird dabei zu einem positiv geladenen **Kation**, das Nichtmetallatom zu einem negativ geladenen **Anion**. Bei der Reaktion von Natrium mit Chlor sind die Natriumatome **Elektronendonatoren** und die Chloratome **Elektronenakzeptoren**.

Das **Lösen eines Salzes** in Wasser ist eine chemische Reaktion. Es bilden sich neue Teilchenverbände, wenn die Ionen des Gitters von Wassermolekülen umhüllt (hydratisiert) werden.

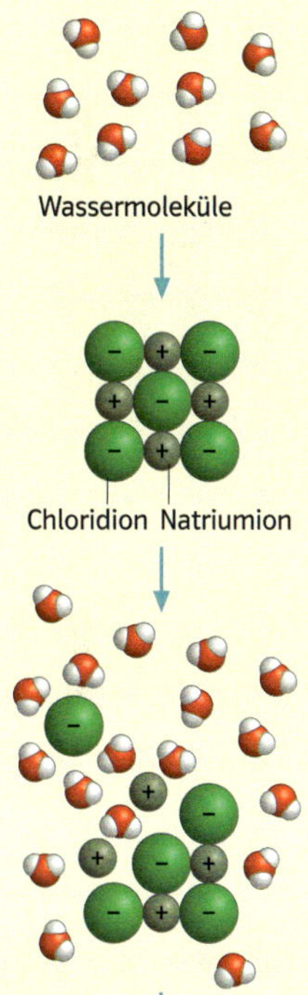

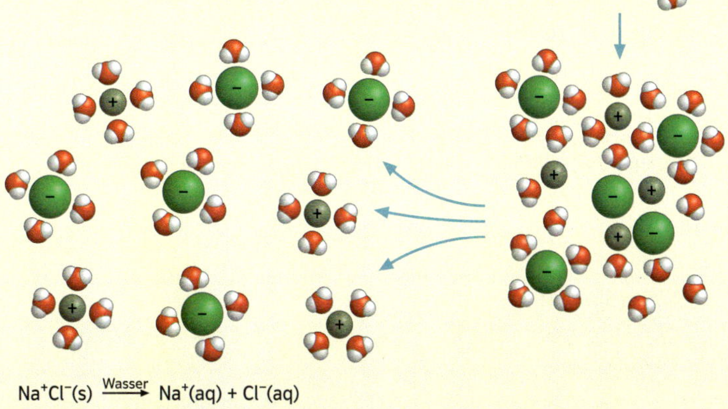

B8 Lösen eines Kochsalzkristalls in Wasser im Modell

Chemische Reaktion

B1 Brausepulver

B2 Rostige Fahrradkette

Täglich kommen wir einer Vielzahl von chemischen Reaktionen und Produkten in Berührung. Beim Brauselutschen z. B. prickelt es auf der Zunge. Beim Autofahren wird im Motor Benzin verbrannt. Fährt man häufig im Regen Fahrrad, so beginnt die Fahrradkette mit der Zeit zu rosten.

Betrachtet man diese beispielhaften chemischen Reaktionen auf der Teilchenebene, so erkennt man, dass sich ein großer Teil von ihnen zwei verschiedenen Reaktionstypen zuordnen lässt: den *Säure-Base-Reaktionen* und den *Redoxreaktionen*. Diese beiden Reaktionstypen wiederum können durch das **Donator-Akzeptor-Konzept** beschrieben werden.

Bei den Säure-Base-Reaktionen kommt es zu einem **Protonenübergang**. Die Säure ist der **Protonendonator**, die Base der **Protonenakzeptor**.

Redoxreaktionen zeichnen sich durch eine **Elektronenübertragung** aus. Der **Elektronendonator** wird dabei oxidiert und ist Reduktionsmittel. Der **Elektronenakzeptor** wird reduziert und ist Oxidationsmittel.

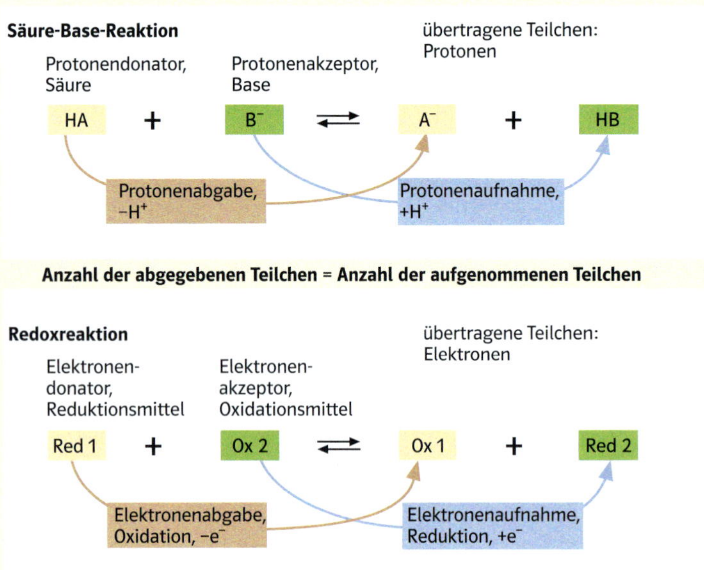

B3 Vergleich Säure-Base-Reaktion und Redoxreaktion

Allen **elektrochemischen Reaktionen** gemeinsam ist die Abgabe und Aufnahme von Elektronen. Bei der Elektrolyse einer Zinkiodidlösung finden diese Reaktionen statt:

Kathode (Akzeptor): $Zn^{2+} + 2\,e^- \longrightarrow Zn$
Anode (Donator): $2\,I^- \longrightarrow I_2 + 2\,e^-$

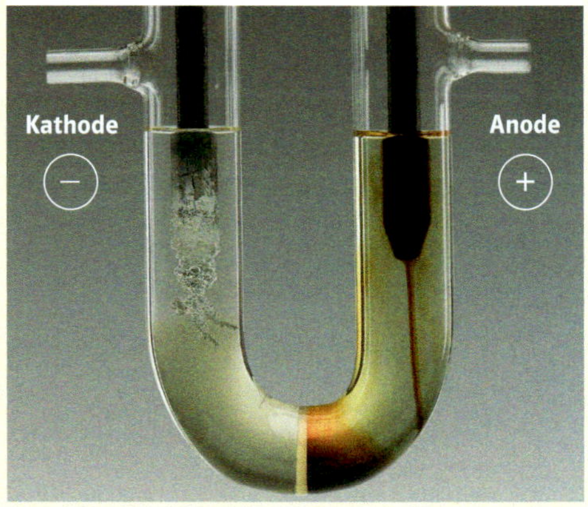

B4 Elektrolyse von Zinkiodid

Elektrische Energie aus **Akkumulatoren** und **Brennstoffzellen** lässt sich zum Betreiben von Automobilen und einer Vielzahl von elektrischen Geräten nutzen.

In einer mit Wasserstoff betriebenen Brennstoffzelle laufen vereinfacht dargestellt diese Reaktionen ab:

Anode (Donator): $2H_2 \longrightarrow 4H^+ + 4e^-$
Kathode (Akzeptor): $O_2 + 4e^- \longrightarrow 2O^{2-}$

$$2H_2 + O_2 \longrightarrow 2H_2O$$

B5 Brennstoffzellenauto als Modellbausatz

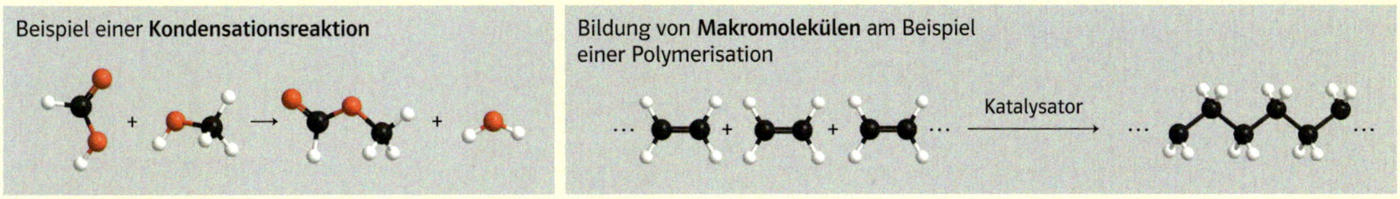

B6 Ausgewählte organische Reaktionstypen

Erdgas, Benzin und Dieselöl bestehen aus **Kohlenwasserstoffen**. Diese werden meist verbrannt, lassen sich also **oxidieren**, um die dabei freiwerdende Energie zu nutzen. Das bei der Verbrennung gebildete Kohlenstoffdioxid entweicht in die Atmosphäre und ist dort für den **Treibhauseffekt** mitverantwortlich.

Ethanol lässt sich zu Ethansäure oxidieren. So kann Essig aus Wein gewonnen werden.

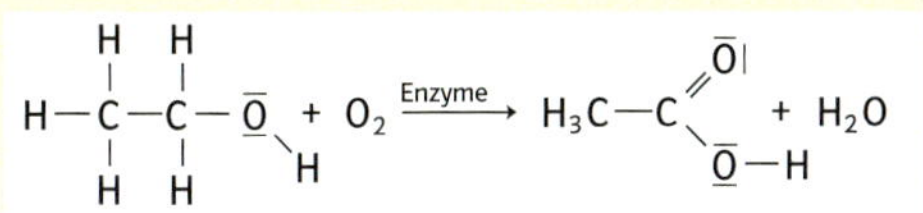

B7 Oxidation von Ethanol zu Ethansäure

A1 Handelt es sich bei folgenden Reaktionen um einen Protonen- oder um einen Elektronenübergang?
Magnesium + Chlor
Ammoniak + Chlorwasserstoff
Eisenoxid + Magnesium
Salzsäure + Natronlauge
Begründe deine Entscheidung.

A2 An welcher Elektrode findet bei der Elektrolyse die Oxidation und an welcher die Reduktion statt?

A3 Erläutere das Aufbauprinzip bei der Bildung von Makromolekülen aus Monomeren an einem Beispiel. Zeichne auch die Strukturformeln der Monomeren.

A4 **a)** Benenne einige anorganische und organische Kohlenstoffverbindungen und gib ihre Formeln an.
b) Formuliere für die Fotosynthese und die Pflanzenatmung die Reaktionsgleichungen.

Carbonsäuren und Alkohole, Stoffe mit **funktionellen Gruppen**, können zu einem Ester und Wasser reagieren.

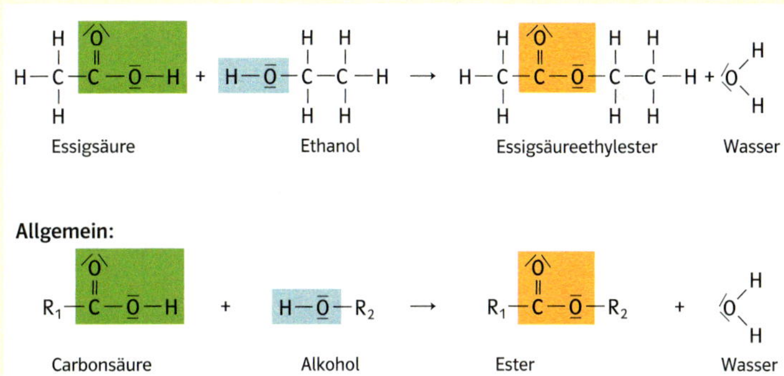

B8 Bildung von Essigsäureethylester (oben). Allgemeines Schema (unten)

Alle chemischen Reaktionen, die in der Natur ablaufen, sind Teilprozesse von **Stoffkreisläufen**. Zwischen den Kohlenstoffspeichern unserer Erde (Biosphäre, Atmosphäre, Gestein, Meer usw.) findet ein ständiger Austausch des Elements Kohlenstoff in Form organischer und anorganischer Verbindungen statt.

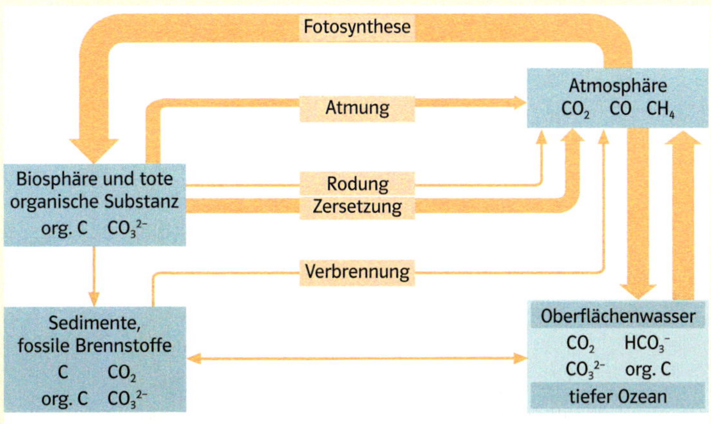

B9 Globaler Kohlenstoffkreislauf

Energie

B1 Aggregatzustände des Wassers

Das Wort Energie stammt vom griechischen „energeia" ab, was so viel wie „Wirkkraft" bedeutet.

Überall begegnet uns der Begriff Energie. Im Alltag heißt es machmal: „keine Energie verschwenden", oder: „eine geballte Ladung Energie steckt in einer Tafel Schokolade".

Stoffe haben einen bestimmten Energieinhalt. Zur Änderung des **Aggregatzustandes** eines Stoffs muss dessen Energieinhalt geändert werden.

Wird Wasser mit dem Brenner erwärmt, nimmt es die Energie auf und verdampft. Der Wasserdampf enthält die zugeführte Energie. Kondensiert Wasserdampf, wird Wärme an die Umgebung abgegeben. Allgemein gilt: Eine Stoffportion im gasförmigen Zustand hat mehr Energie gespeichert als die gleiche Stoffportion im flüssigen Zustand. Diese wiederum hat mehr Energie gespeichert als die gleiche Stoffportion im festen Zustand.

Ändert sich der Energieinhalt eines Stoffs ändert sich damit auch die Stärke der **Anziehungskräfte** zwischen den Teilchen.

Bei allen **chemischen Reaktionen** findet ein Energieumsatz statt. Haben die Produkte einen kleineren Energieinhalt als die Edukte, wird die Energiedifferenz an die Umgebung abgegeben. Man spricht von einer **exothermen** Reaktion. Im umgekehrten Fall muss Energie von außen zugeführt werden, man spricht von einer **endothermen** Reaktion. Die abgegebene bzw. aufgenommene Energie heißt **Reaktionsenergie**.

Zum Starten von chemischen Reaktionen ist **Aktivierungsenergie** nötig, die durch den Einsatz von **Katalysatoren** verringert werden kann. Dadurch wird der Reaktionsablauf beschleunigt oder bei niedrigerer Temperatur ermöglicht. Die Reaktionsenergie ändert sich dabei aber nicht.

Die Zufuhr von Aktivierungsenergie lässt sich mit dem *Domino-Effekt* vergleichen: Nur ein Stein muss angestoßen werden.

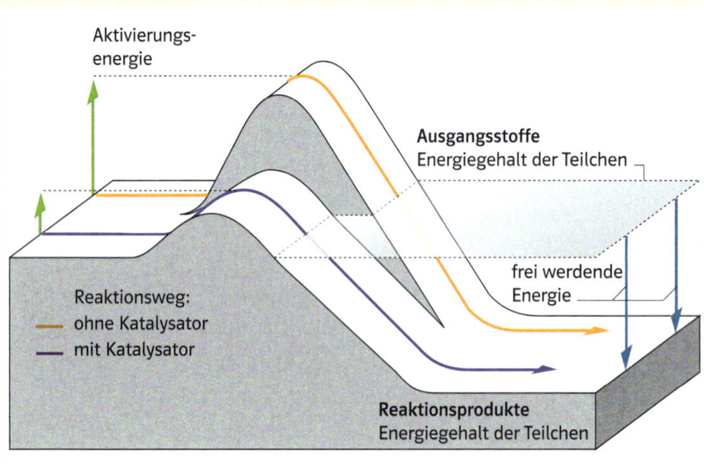

B2 Aktivierungsenergie mit und ohne Katalysator

B3 Domino-Effekt

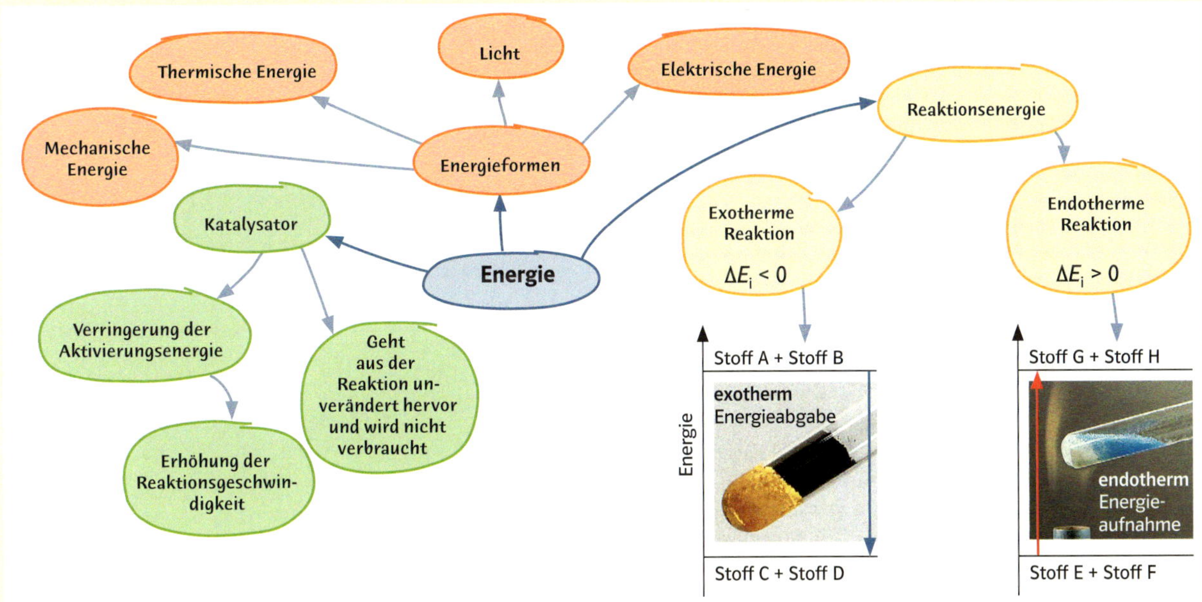

B4 Mindmap zum Basiskonzept Energie

Im Stoffwechsel aller Lebewesen laufen nahezu alle Vorgänge katalysiert ab. Die entsprechenden Biokatalysatoren sind die **Enzyme**.

Zu den exothermen Reaktionen zählen wichtige **Säure-Base-Reaktionen**. Beim Verbrennen von fossilen Brennstoffen wird die in den Edukten gespeicherten Energie in **Redox-Reaktionen** genutzt.

A1 Entscheide, ob es sich um eine exotherme oder endotherme Reaktion handelt und begründe.
a) Zink reagiert mit Kupferoxid.
b) Chlorwasserstoff wird in die Elemente zerlegt.
c) Brom reagiert mit Wasserstoff.
d) Lithium wird durch Elektrolyse einer Lithiumchloridschmelze gewonnen.

A2 Die Reaktion eines Metalls mit einem Nichtmetall ist eine exotherme Reaktion. Erkläre dies an einem Beispiel.

A3 Erkläre, warum zur Bildung von Magnesiumionen aus Magnesiumatomen Energie aufgewendet werden muss.

Bedeutende organische Reaktionstypen sind die exothermen *Polykondensationen* und *Polymerisationen*. Viele endotherme Reaktionen, wie z. B. das Laden eines Akkus, lassen sich nur durch Zufuhr elektrischer Energie durchführen.

Energie kommt in unterschiedlichen Formen vor, z. B. als thermische, mechanische, chemische, elektrische und Strahlungsenergie.

Die verschiedenen **Energieformen** können ineinander **umgewandelt** werden. Meist wird aber nur ein Teil der verfügbaren Energie in die gewünschte Form umgewandelt, der Rest wird in Form von Wärme an die Umgebung abgegeben.

B6 Biolumineszenz. Glühwürmchen erzeugen durch chemische Reaktionen Licht.

B5 Alternative Energiequellen

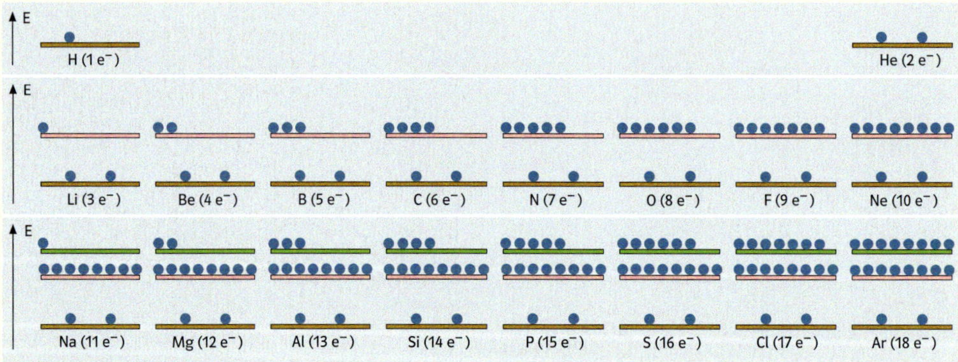

B2 Energiestufen. Die Elektronen der Atome lassen sich verschiedenen Energiestufen zuordnen

B1 Kugelschalenmodell verschiedener Atomhüllen

Die Stellung eines Elements im Periodensystem wird durch die Anordnung der Elektronen auf den verschiedenen Energiestufen der Atome bestimmt. Die Atome der Elemente einer Elementgruppe besitzen jeweils die gleiche Anzahl von **Außenelektronen.** Sie stehen im Periodensystem untereinander.

Die Elektronen befinden sich in der Atomhülle in verschiedenen **Schalen.** Die Elektronen der äußersten Schale, die **Valenzelektronen**, bestimmen wesentlich die Eigenschaften einer Atomart.

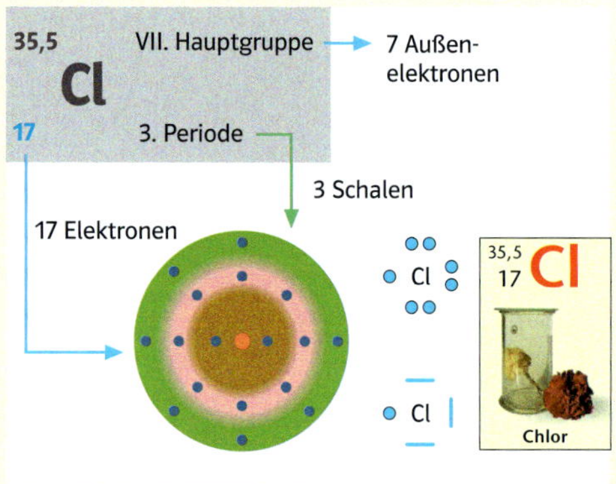

B4 Zusammenhang zwischen Schalenmodell und Stellung im Periodensystem

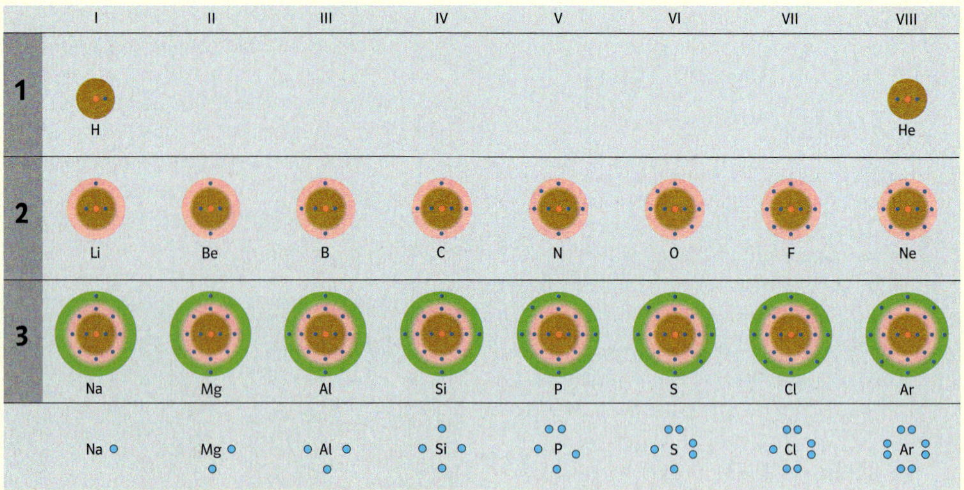

B3 Schalenmodell der Atomhülle (oben) und Belegung der äußersten Schale mit Elektronen (unten)

Die Elektronen der verschiedenen Energiestufen sind den entsprechenden Kugelschalen zugeordnet. Diese sind bei den verschiedenen Atomen zur besseren Übersicht gleich groß dargestellt

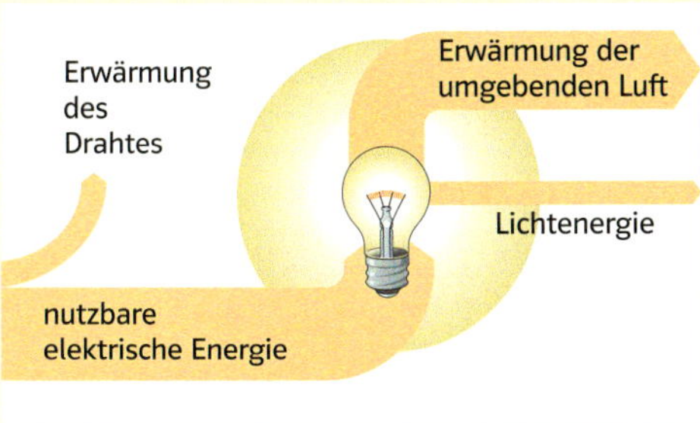

B5 Energieumwandlung bei einer Glühbirne

B6 Solarpark

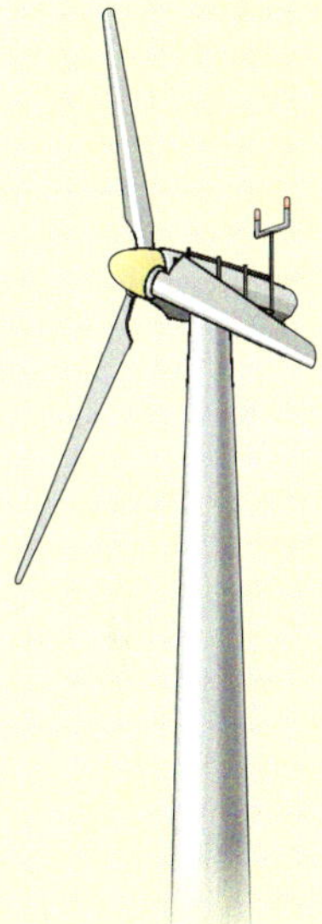

Erdgas, Erdöl oder Kohle sind Kohlenwasserstoffe mit hohem Energieinhalt. Durch Verbrennung entstehen Kohlenstoffdioxid und Wasser mit jeweils deutlich geringerem Energieinhalt. Ursache der stark exothermen Reaktion sind die viel stärkeren Bindungen in den polaren Produktmolekülen als in den unpolaren Eduktmolekülen. Werden Erdgas, Erdöl oder Kohle in einem Wärmekraftwerk verbrannt, lässt sich mithilfe einer Turbine und eines Generators elektrische Energie gewinnen. Fließt diese zu den Haushalten, erwärmen sich die Leitungen. In einer Glühlampe wird elektrische Energie in Licht umgewandelt. Die dabei entstehende Wärme fließt an die umgebende Luft ab.

Bei **Energieumwandlungen** geht keine Energie verloren, jedoch wird immer ein Teil der Energie in Wärme umgewandelt. Diese kann häufig nicht mehr genutzt werden.

A1 Beschreibe die Vorgänge, die zur Gewinnung von elektrischer Energie in einem Wärmekraftwerk führen.

A2 Nenne die Energieformen, die dabei ineinander umgewandelt werden.

A3 Formuliere die energieliefernden Elektronenübergänge in einer Brennstoffzelle.

A4 Vergleiche die beiden Möglichkeiten elektrische Energie aus der chemischen Energie des Wasserstoffs durch Verbrennung bzw. in der Brennstoffzelle zu gewinnen.

Die zunehmende Verknappung der fossilen Brennstoffe und vor allem die Umweltbelastung haben dazu geführt, dass weltweit über **alternative Energiequellen** nachgedacht wird. Inzwischen gibt es Sonnenkollektoren, Solarzellen, Windräder und Biogasanlagen, die Energie liefern. Auch *regenerative* Energiequellen spielen eine immer größere Rolle.

Beim Entladen eines **Akkumulators** wird chemische Energie durch einen *Elektronenübergang* in elektrische Energie umgewandelt. Durch Zufuhr elektrischer Energie, dem Ladevorgang, lassen sich die Vorgänge umkehren. Für Handys, Laptos, iPods und viele andere mobile Geräte benötigt man kleine Akkus, die vergleichsweise viel Energie speichern.

Sonnenenergie lässt sich in chemische Energie umwandeln und in nachwachsenden Rohstoffen oder Wasserstoff speichern. Wasserstoff lässt sich durch *Elektrolyse* von Wasser gewinnen.

Die im Wasserstoff **gespeicherte Energie** kann durch Verbrennung oder als elektrische Energie in Brennstoffzellen freigesetzt werden, mit dem Vorteil, dass die chemische Energie fast vollständig in elektrische Energie umgewandelt wird.

In Reihe geschaltete Brennstoffzellen können in Elektroautos eingesetzt werden.

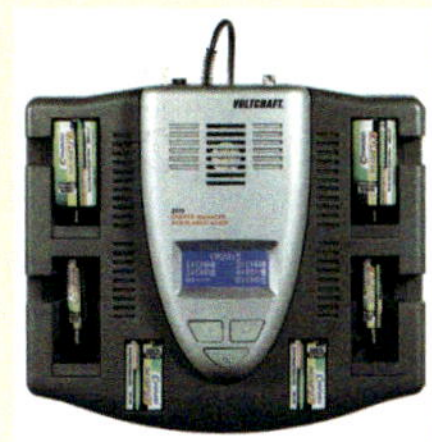

B7 Ladegerät für Akkumulatoren

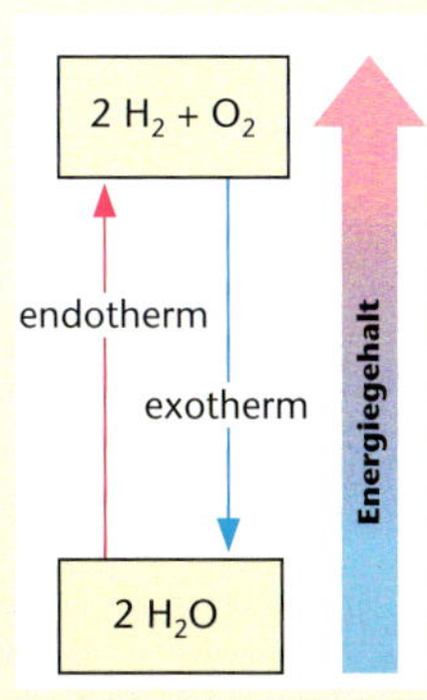

B8 Bildung und Zerlegung von Wasser

Tabellen

Name der chemischen Elemente	Zeichen	Ordnungszahl	Atommasse in u [4]	Dichte [1] in g/cm^3 (Gase: g/l)	Schmelz-temperatur in °C	Siede-temperatur in °C
Actinium	Ac	89	227,0277	10,1	1050	3200
Aluminium	Al	13	26,981538	2,70	660	2467
Antimon	Sb	51	121,760	6,68	630	1750
Argon	Ar	18	39,948	1,66	−189	−186
Arsen	As	33	74,92160	5,72	613 s	—
Astat	At	85	209,9871	—	302	337
Barium	Ba	56	137,327	3,51	725	1640
Beryllium	Be	4	9,012182	1,85	1278	2970
Bismut	Bi	83	208,98038	9,8	271	1560
Blei	Pb	82	207,2	11,4	327	1740
Bor	B	5	10,811	2,34	2300	2550
Brom	Br	35	79,904	3,12	−7	59
Cadmium	Cd	48	112,411	8,65	321	765
Caesium	Cs	55	132,90545	1,88	28	669
Calcium	Ca	20	40,078	1,54	839	1484
Cer	Ce	58	140,116	6,65	799	3426
Chlor	Cl	17	35,4527	2,99	−101	−35
Chrom	Cr	24	51,9961	7,20	1857	2672
Cobalt	Co	27	58,933200	8,9	1495	2870
Eisen	Fe	26	55,845	7,87	1535	2750
Fluor	F	9	18,9984032	1,58	−219	−188
Francium	Fr	87	223,0197	—	27	677
Gallium	Ga	31	69,723	5,90	30	2403
Germanium	Ge	32	72,61	5,32	937	2830
Gold	Au	79	196,96655	19,32	1064	3080
Hafnium	Hf	72	178,49	13,3	2227	4602
Helium	He	2	4,002602	0,17	−272 p	−269
Indium	In	49	114,818	7,30	156	2080
Iod	I	53	126,90447	4,93	113	184
Iridium	Ir	77	192,217	22,41	2410	4130
Kalium	K	19	39,0983	0,86	63	760
Kohlenstoff	C	6	12,0107	2,25 [2]	3650 s [2]	—
Krypton	Kr	36	83,798	3,48	−157	−152
Kupfer	Cu	29	63,546	8,92	1083	2567
Lanthan	La	57	138,9055	6,17	921	3457
Lithium	Li	3	6,941	0,53	180	1342
Magnesium	Mg	12	24,3050	1,74	649	1107
Mangan	Mn	25	54,938049	7,20	1244	1962
Molybdän	Mo	42	95,94	10,2	2610	5560
Natrium	Na	11	22,989770	0,97	98	883

Name der chemischen Elemente	Zeichen	Ordnungszahl	Atommasse in u [4]	Dichte [1] in g/cm^3 (Gase: g/l)	Schmelz-temperatur in °C	Siede-temperatur in °C
Neon	Ne	10	20,1797	0,84	−249	−246
Nickel	Ni	28	58,6934	8,90	1455	2730
Niob	Nb	41	92,90638	8,57	2468	4742
Osmium	Os	76	190,23	22,5	2700	5300
Palladium	Pd	46	106,42	12,0	1554	2970
Phosphor	P	15	30,973761	1,82 [3]	44 [3]	280
Platin	Pt	78	195,078	21,4	1772	3827
Polonium	Po	84	208,9824	9,4	254	962
Praseodym	Pr	59	140,90765	6,77	931	3512
Protactinium	Pa	91	231,03588	15,4	1840	4030
Quecksilber	Hg	80	200,59	13,55	−39	356
Radium	Ra	88	226,0254	5,0	700	1140
Radon	Rn	86	222,0176	9,23	−71	−62
Rhenium	Re	75	186,207	20,5	3180	5627
Rhodium	Rh	45	102,90550	12,4	1966	3727
Rubidium	Rb	37	85,4678	1,53	39	686
Ruthenium	Ru	44	101,07	12,3	2310	3900
Sauerstoff	O	8	15,9994	1,33	−219	−183
Scandium	Sc	21	44,955910	3,0	1541	2831
Schwefel	S	16	32,066	2,07 (rh)	119 (mo)	444
Selen	Se	34	78,96	4,81	217	685
Silber	Ag	47	107,8682	10,5	962	2212
Silicium	Si	14	28,0855	2,32	1410	2355
Stickstoff	N	7	14,00674	1,17	−210	−196
Strontium	Sr	38	87,62	2,60	769	1384
Tantal	Ta	73	180,9479	16,6	2996	5425
Technetium	Tc	43	97,9072	11,5	2172	4877
Tellur	Te	52	127,60	6,0	449	990
Thallium	Tl	81	204,3833	11,8	303	1457
Thorium	Th	90	232,0381	11,7	1750	4790
Titan	Ti	22	47,867	4,51	1660	3287
Uran	U	92	238,0289	19,0	1132	3818
Vanadium	V	23	50,9415	5,96	1890	3380
Wasserstoff	H	1	1,00794	0,083	−259	−253
Wolfram	W	74	183,84	19,3	3410	5660
Xenon	Xe	54	131,29	5,49	−112	−107
Yttrium	Y	39	88,90585	4,47	1522	3338
Zink	Zn	30	65,409	7,14	419	907
Zinn	Sn	50	118,710	7,30	232	2270
Zirconium	Zr	40	91,224	6,49	1852	4377

Die Elemente mit den Ordnungszahlen 60 bis 71 und ab 93 sind nicht aufgeführt.
Eine Zusammenstellung aller Elemente befindet sich im Periodensystem am Ende des Buches.

s = sublimiert
p = unter Druck
— = Werte nicht bekannt

1) Dichteangaben für 20 °C und 1013 hPa
2) Angaben gelten für Graphit; Diamant: Schmelztemperatur 3550 °C, Dichte 3,51 g/cm^3
3) Angaben gelten für weißen Phosphor; roter Phosphor: Schmelztemperatur 590 °C (p), Dichte 2,34 g/cm^3
4) Atommasseneinheit u: 1 u = 0,000 000 000 000 000 000 000 001 660 54 g

Eigenschaften einiger Gase

Name, Formel	Dichte in g/l [1]	Siedetemp. in °C	Löslichkeit in Wasser [1) 2)]
Wasserstoff (H_2)	0,090	−253	0,022
Helium (He)	0,178	−269	0,01
Stickstoff (N_2)	1,250	−196	0,024
Sauerstoff (O_2)	1,429	−183	0,05
Chlor (Cl_2)	3,214	−35	4,61
Ammoniak (NH_3)	0,771	−33,4	1175
Schwefelwasserstoff (H_2S)	1,539	−60	4,7
Chlorwasserstoff (HCl)	1,639	−85	525
Kohlenstoffdioxid (CO_2)	1,977	−78,5 [3]	1,71
Luft	1,293	−194,4	0,03
Schwefeldioxid (SO_2)	2,926	−10,0	79,8

1) bei 0 °C und 1013 hPa
2) Quotient aus dem Volumen der (lösbaren) Gasportion und dem Volumen des Wassers (bei 0 °C und 1013 hPa)
3) Sublimationstemperatur

Größen und Einheiten

Name	Zeichen	Größe, Beziehung	Erläuterungen	Einheitenname	Einheitenzeichen
Masse	m			[Kilo]gramm	[k]g
Volumen	V		Produkt aus drei Längen	Kubik[zenti]meter Liter Milliliter	[c]m³ 1 l = 1 dm³ 1 ml = 1 cm³
Dichte	ϱ	$\varrho = \frac{m}{V}$	m: Masse der Stoffportion V: Volumen der Stoffportion		g/cm³ 1 g/l = 0,001 g/cm³
Massenanteil	w	$w_1 = \frac{m_1}{m_S}$	m_1: Masse des Bestandteils 1 m_S: Summe aller Massen (Gesamtmasse)	Prozent	1 $1\% = \frac{1}{100}$
Volumenanteil	φ	$\varphi_1 = \frac{V_1}{V_S}$	V_1: Volumen des Bestandteils 1 V_S: Summe aller Volumina vor dem Mischen	Prozent	1 $1\% = \frac{1}{100}$
Massen-konzentration	β	$\beta = \frac{m_1}{V}$	m_1: Masse des gelösten Bestandteils V: Volumen der Lösung		g/l
Kraft	F	$F = m \cdot a$	a: Beschleunigung	Newton	$1\,N = \frac{1\,kg \cdot m}{s^2}$
Druck	p	$p = \frac{F}{A}$	A: Flächeninhalt	Pascal Bar Millibar	$1\,Pa = 1\frac{N}{m^2}$ $1\,bar = 10^5\,Pa$ 1 mbar = 1 hPa
Energie	E	$W = F \cdot s$	Energie ist die Fähigkeit zur Arbeit W s: Weglänge	Joule Kilojoule	1 J = 1 N · m kJ
Celsiustemperatur	t, ϑ			Grad Celsius	°C
thermodynamische Temperatur	T	$\frac{T}{K} = \frac{t}{°C} + 273{,}15$		Kelvin	K

Dezimale Vielfache und Teile von Einheiten

Vorsatz		Faktor
p	Piko	10^{-12}
n	Nano	10^{-9}
µ	Mikro	10^{-6}
m	Milli	10^{-3}
c	Zenti	10^{-2}
d	Dezi	10^{-1}
da	Deka	10
h	Hekto	10^2
k	Kilo	10^3
M	Mega	10^6
G	Giga	10^9

Umrechnung von Massen- und Volumeneinheiten

1 Tonne = 1000 Kilogramm = 1 000 000 Gramm
1 t = 1000 kg = 1 000 000 g = 10^6 g

1 Gramm = 1000 Milligramm = 1 000 000 Mikrogramm
1 g = 1000 mg = 1 000 000 µg = 10^6 µg

1 Kubikmeter = 1000 Kubikdezimeter = 1000 Liter
1 m³ = 1000 dm³ = 10^3 dm³ = 1000 l = 10^3 l

1 Kubikdezimeter = 1000 Kubikzentimeter = 1 Liter
1 dm³ = 1000 cm³ = 1 l

1 Kubikzentimeter = 0,001 Liter = 1 Milliliter
1 cm³ = 0,001 l = 1 ml

Kohlenstoffverbindungen mit funktionellen Gruppen		
Namen der Stoffklassen	**Beispiele**	
Strukturformeln und Namen der funktionellen Gruppen	**Namen und Strukturformeln**	
Alkene ungesättigte Fettsäuren	Ethen	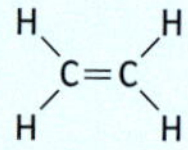
C=C-Doppelbindung (C=C-Zweifachbindung) 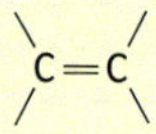	Ölsäure	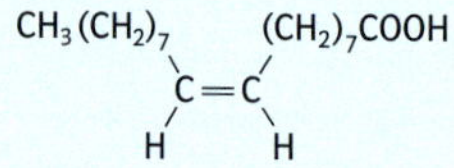
Alkohole	Ethanol	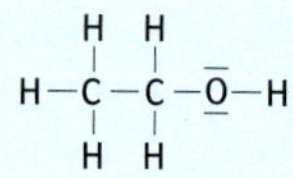
Hydroxylgruppe $-\overline{O}-H$	Propantriol	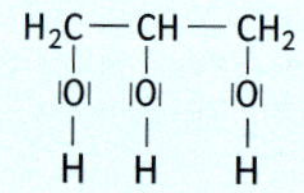
Aldehyde	Methanal (Formaldehyd)	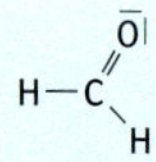
Aldehydgruppe 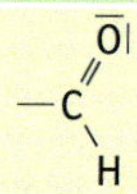	Ethanal (Acetaldehyd)	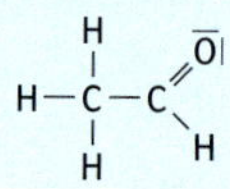
Ketone	Propanon (Aceton)	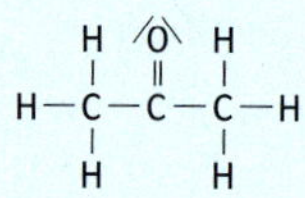
Ketogruppe 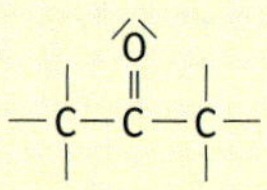	Butanon (Ethyl-methyl-keton)	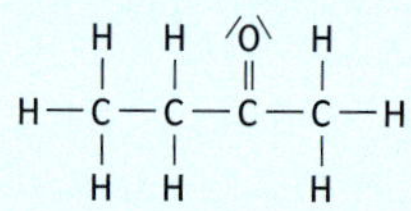
Carbonsäuren	Methansäure (Ameisensäure)	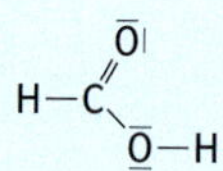
Carboxylgruppe 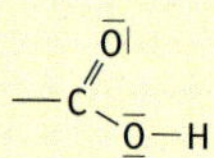	Ethansäure (Essigsäure)	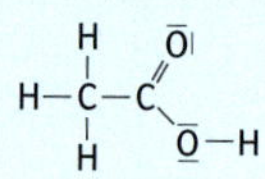
Ester Fette (Fettsäureglycerinester)	Ethansäure-butylester (Essigsäure-butylester)	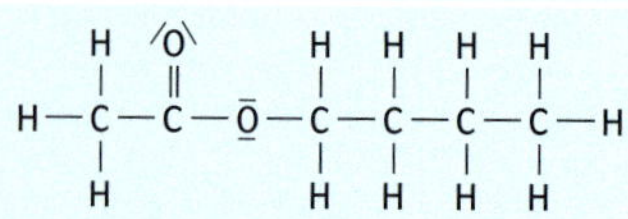
Estergruppe 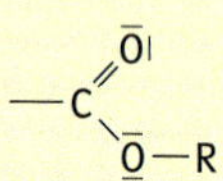	1-Ölsäure -2-linolsäure -3-linolensäure -glycerinester	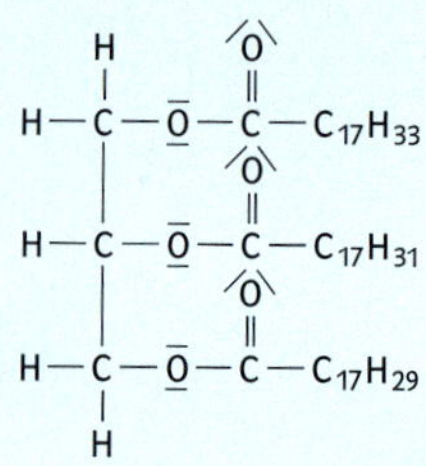

Griechisches Alphabet (nach chemischer Nomenklatur)		
Α	α	Alpha
Β	β	Beta
Γ	γ	Gamma
Δ	δ	Delta
Ε	ε	Epsilon
Ζ	ζ	Zeta
Η	η	Eta
Θ	ϑ (θ)	Theta
Ι	ι	Jota
Κ	κ	Kappa
Λ	λ	Lambda
Μ	μ	My
Ν	ν	Ny
Ξ	ξ	Xi
Ο	ο	Omikron
Π	π	Pi
Ρ	ϱ	Rho
Σ	σ(ς)	Sigma
Τ	τ	Tau
Υ	υ	Ypsilon
Φ	φ	Phi
Χ	χ	Chi
Ψ	ψ	Psi
Ω	ω	Omega

Griechische Zahlwörter (nach chemischer Nomenklatur)			
½	hemi	11	undeca
1	mono	12	dodeca
2	di	13	trideca
3	tri	14	tetradeca
4	tetra	15	pentadeca
5	penta	16	hexadeca
6	hexa	17	heptadeca
7	hepta	18	octadeca
8	octa	19	enneadeca
9	nona	20	icosa (eicosa)
10	deca		

Dezimale Vielfache und Teile von Einheiten		
Vorsatz		**Faktor**
p	Piko	10^{-12}
n	Nano	10^{-9}
µ	Mikro	10^{-6}
m	Milli	10^{-3}
c	Zenti	10^{-2}
d	Dezi	10^{-1}
da	Deka	10
h	Hekto	10^{2}
k	Kilo	10^{3}
M	Mega	10^{6}
G	Giga	10^{9}

Symbol	Kennbuchstabe	Gefahrenbezeichnung	Gefährlichkeitsmerkmale	Symbol	Kennbuchstabe	Gefahrenbezeichnung	Gefährlichkeitsmerkmale
	T+	Sehr giftig	Sehr giftige Stoffe können schon in sehr geringen Mengen zu schweren Gesundheitsschäden führen.		E	Explosionsgefährlich	Dieser Stoff kann unter bestimmten Bedingungen explodieren.
	T	Giftig	Giftige Stoffe können in geringen Mengen zu schweren Gesundheitsschäden führen.		O	Brand fördernd	Brand fördernde Stoffe können brennbare Stoffe entzünden, Brände fördern und Löscharbeiten erschweren.
	Xn	Gesundheitsschädlich	Gesundheitsschädliche Stoffe führen in größeren Mengen zu Gesundheitsschäden.		F+	Hochentzündlich	Hochentzündliche Stoffe können schon bei Temperaturen unter 0 °C entzündet werden.
	Xi	Reizend	Dieser Stoff hat Reizwirkung auf Haut und Schleimhäute, er kann Entzündungen auslösen.		F	Leicht entzündlich	Leicht entzündliche Stoffe können schon bei niedrigen Temperaturen entzündet werden. Mit der Luft können sie explosionsfähige Gemische bilden.
	C	Ätzend	Dieser Stoff kann lebendes Gewebe zerstören.		N	Umweltgefährlich	Wasser, Boden, Luft, Klima, Pflanzen oder Mikroorganismen können durch diesen Stoff so verändert werden, dass Gefahren für die Umwelt entstehen.

Faktoren zur Umrechnung von Gasvolumina auf Normbedingungen

Temp.	Druck (hPa)																		Wasserdampfdruck (temperaturabhängig) Temp.	Dampfdruck
(°C)	950	955	960	965	970	975	980	985	990	995	1000	1005	1010	1013	1015	1020	1025	1030	(°C)	(hPa)
0	0,938	0,942	0,947	0,952	0,957	0,962	0,967	0,972	0,977	0,982	0,987	0,992	0,997	1,000	1,002	1,007	1,012	1,017	0	6
10	0,904	0,909	0,914	0,919	0,923	0,928	0,933	0,938	0,942	0,947	0,952	0,957	0,962	0,964	0,966	0,971	0,976	0,981	10	12
15	0,889	0,893	0,898	0,903	0,907	0,912	0,917	0,922	0,926	0,931	0,936	0,940	0,945	0,948	0,950	0,954	0,959	0,964	15	17
16	0,886	0,890	0,895	0,900	0,904	0,909	0,914	0,918	0,923	0,928	0,932	0,937	0,942	0,944	0,946	0,951	0,956	0,960	16	18
17	0,883	0,887	0,892	0,897	0,901	0,906	0,911	0,915	0,920	0,924	0,929	0,934	0,938	0,941	0,943	0,948	0,952	0,957	17	19
18	0,880	0,884	0,889	0,894	0,898	0,903	0,907	0,912	0,917	0,921	0,926	0,931	0,935	0,938	0,940	0,944	0,949	0,954	18	21
19	0,877	0,881	0,886	0,890	0,895	0,900	0,904	0,909	0,914	0,918	0,923	0,927	0,932	0,935	0,937	0,941	0,946	0,959	19	22
20	0,874	0,878	0,883	0,887	0,892	0,897	0,901	0,906	0,910	0,915	0,920	0,924	0,929	0,932	0,933	0,938	0,943	0,947	20	23
21	0,871	0,875	0,880	0,884	0,889	0,894	0,898	0,903	0,907	0,912	0,916	0,921	0,926	0,928	0,930	0,935	0,939	0,944	21	25
22	0,868	0,872	0,877	0,881	0,886	0,891	0,895	0,900	0,904	0,909	0,913	0,918	0,923	0,925	0,927	0,932	0,936	0,941	22	26
23	0,865	0,869	0,874	0,878	0,883	0,888	0,892	0,897	0,901	0,906	0,910	0,915	0,919	0,922	0,924	0,928	0,933	0,938	23	28
24	0,862	0,866	0,871	0,875	0,880	0,885	0,889	0,894	0,898	0,903	0,907	0,912	0,916	0,919	0,921	0,925	0,930	0,934	24	30
25	0,859	0,863	0,868	0,872	0,877	0,882	0,886	0,891	0,895	0,900	0,904	0,909	0,913	0,916	0,918	0,922	0,927	0,931	25	32
26	0,856	0,861	0,865	0,870	0,874	0,879	0,883	0,888	0,892	0,897	0,901	0,906	0,910	0,913	0,915	0,919	0,924	0,928	26	34
28	0,850	0,855	0,859	0,864	0,868	0,873	0,877	0,882	0,886	0,891	0,895	0,900	0,904	0,907	0,909	0,913	0,918	0,922	28	38
30	0,845	0,849	0,854	0,858	0,862	0,867	0,871	0,876	0,880	0,885	0,889	0,894	0,898	0,901	0,903	0,907	0,911	0,916	30	42
40	0,818	0,822	0,826	0,831	0,835	0,839	0,844	0,848	0,852	0,857	0,861	0,865	0,869	0,872	0,874	0,878	0,882	0,887	40	74
50	0,793	0,797	0,801	0,805	0,809	0,813	0,818	0,822	0,826	0,830	0,834	0,838	0,843	0,845	0,847	0,851	0,855	0,859	50	123
60	0,769	0,773	0,777	0,781	0,785	0,789	0,793	0,797	0,801	0,805	0,809	0,813	0,817	0,820	0,821	0,825	0,829	0,833	60	199
70	0,746	0,750	0,754	0,758	0,762	0,766	0,770	0,774	0,778	0,782	0,786	0,790	0,793	0,796	0,797	0,801	0,805	0,809	70	312
80	0,725	0,729	0,733	0,737	0,740	0,744	0,748	0,752	0,756	0,760	0,763	0,767	0,771	0,773	0,775	0,779	0,782	0,786	80	474
90	0,705	0,709	0,713	0,716	0,720	0,724	0,727	0,731	0,735	0,739	0,742	0,746	0,750	0,752	0,753	0,757	0,761	0,765	90	701
100	0,686	0,690	0,694	0,697	0,701	0,704	0,708	0,712	0,715	0,719	0,722	0,726	0,730	0,732	0,733	0,737	0,740	0,744	100	1013

Beispiel: Bei einer Temperatur von 20 °C und einem Luftdruck von 995 hPa wurde als Volumen V einer Gasportion 96 ml abgelesen. Welches Volumen V_n hätte diese Gasportion bei Normbedingungen (0 °C, 1013 hPa)?

Lösung: $V_n = V \cdot \text{Faktor (Tabelle)} = V \cdot 0{,}915 = 87{,}84\ \text{ml}\ (\approx 88\ \text{ml})$

Hat man das Gas über Wasser aufgefangen, ist vom gemessenen Luftdruck vor Aufsuchen des Faktors der Wasserdampfdruck (rechter Tabellenteil) abzuziehen.

Hinweise auf besondere Gefahren: R-Sätze

R 1	In trockenem Zustand explosionsgefährlich
R 2	Durch Schlag, Reibung, Feuer oder andere Zündquellen explosionsgefährlich
R 3	Durch Schlag, Reibung, Feuer oder andere Zündquellen besonders explosionsgefährlich
R 4	Bildet hoch empfindliche explosionsgefährliche Metallverbindungen
R 5	Beim Erwärmen explosionsfähig
R 6	Mit und ohne Luft explosionsfähig
R 7	Kann Brand verursachen
R 8	Feuergefahr bei Berührung mit brennbaren Stoffen
R 9	Explosionsgefahr bei Mischung mit brennbaren Stoffen
R 10	Entzündlich
R 11	Leicht entzündlich
R 12	Hochentzündlich
R 14	Reagiert heftig mit Wasser
R 15	Reagiert mit Wasser unter Bildung hochentzündlicher Gase
R 16	Explosionsgefährlich in Mischung mit Brand fördernden Stoffen
R 17	Selbstentzündlich an der Luft
R 18	Bei Gebrauch Bildung explosionsfähiger/leicht entzündlicher Dampf-Luft-Gemische möglich
R 19	Kann explosionsfähige Peroxide bilden
R 20	Gesundheitsschädlich beim Einatmen
R 21	Gesundheitsschädlich bei Berührung mit der Haut
R 22	Gesundheitsschädlich beim Verschlucken
R 23	Giftig beim Einatmen
R 24	Giftig bei Berührung mit der Haut
R 25	Giftig beim Verschlucken
R 26	Sehr giftig beim Einatmen
R 27	Sehr giftig bei Berührung mit der Haut
R 28	Sehr giftig beim Verschlucken
R 29	Entwickelt bei Berührung mit Wasser giftige Gase
R 30	Kann bei Gebrauch leicht entzündlich werden
R 31	Entwickelt bei Berührung mit Säure giftige Gase
R 32	Entwickelt bei Berührung mit Säure sehr giftige Gase
R 33	Gefahr kumulativer Wirkungen
R 34	Verursacht Verätzungen
R 35	Verursacht schwere Verätzungen
R 36	Reizt die Augen
R 37	Reizt die Atmungsorgane
R 38	Reizt die Haut
R 39	Ernste Gefahr irreversiblen Schadens
R 40	Verdacht auf Krebs erzeugende Wirkung
R 41	Gefahr ernster Augenschäden
R 42	Sensibilisierung durch Einatmen möglich
R 43	Sensibilisierung durch Hautkontakt möglich
R 44	Explosionsgefahr bei Erhitzen unter Einschluss
R 45	Kann Krebs erzeugen
R 46	Kann vererbbare Schäden verursachen
R 48	Gefahr ernster Gesundheitsschäden bei längerer Exposition
R 49	Kann Krebs erzeugen beim Einatmen
R 50	Sehr giftig für Wasserorganismen
R 51	Giftig für Wasserorganismen
R 52	Schädlich für Wasserorganismen
R 53	Kann in Gewässern längerfristig schädliche Wirkung haben
R 54	Giftig für Pflanzen
R 55	Giftig für Tiere
R 56	Giftig für Bodenorganismen
R 57	Giftig für Bienen
R 58	Kann längerfristig schädliche Wirkungen auf die Umwelt haben
R 59	Gefährlich für die Ozonschicht
R 60	Kann die Fortpflanzungsfähigkeit beeinträchtigen
R 61	Kann das Kind im Mutterleib schädigen
R 62	Kann möglicherweise die Fortpflanzungsfähigkeit beeinträchtigen
R 63	Kann das Kind im Mutterleib möglicherweise schädigen
R 64	Kann Säuglinge über die Muttermilch schädigen
R 65	Gesundheitsschädlich: Kann beim Verschlucken Lungenschäden verursachen
R 66	Wiederholter Kontakt kann zu spröder und rissiger Haut führen
R 67	Dämpfe können Schläfrigkeit und Benommenheit verursachen
R 68	Irreversibler Schaden möglich

Beispielhafte Kombinationen der R-Sätze (Auszug)

R 14/15	Reagiert heftig mit Wasser unter Bildung hoch entzündlicher Gase
R 15/29	Reagiert mit Wasser unter Bildung giftiger und hoch entzündlicher Gase
R 20/21	Gesundheitsschädlich beim Einatmen und bei Berührung mit der Haut
R 20/22	Gesundheitsschädlich beim Einatmen und Verschlucken
R 20/21/22	Gesundheitsschädlich beim Einatmen, Verschlucken und bei Berührung mit der Haut
R 21/22	Gesundheitsschädlich bei Berührung mit der Haut und beim Verschlucken
R 26/27/28	Sehr giftig beim Einatmen, Verschlucken und bei Berührung mit der Haut
R 36/37/38	Reizt die Augen, Atmungsorgane und die Haut
R 39/23	Giftig: ernste Gefahr irreversiblen Schadens durch Einatmen
R 39/24	Giftig: ernste Gefahr irreversiblen Schadens bei Berührung mit der Haut
R 39/25	Giftig: ernste Gefahr irreversiblen Schadens durch Verschlucken
R 39/23/24	Giftig: ernste Gefahr irreversiblen Schadens durch Einatmen und Berührung mit der Haut
R 39/23/25	Giftig: ernste Gefahr irreversiblen Schadens durch Einatmen und durch Verschlucken
R 39/24/25	Giftig: ernste Gefahr irreversiblen Schadens bei Berührung mit der Haut und durch Verschlucken
R 39/23/24/25	Giftig: ernste Gefahr irreversiblen Schadens durch Einatmen, bei Berührung mit der Haut und durch Verschlucken
R 39/26/27	Sehr giftig: ernste Gefahr irreversiblen Schadens durch Einatmen und bei Berührung mit der Haut
R 39/26/28	Sehr giftig: ernste Gefahr irreversiblen Schadens durch Einatmen und Verschlucken
R 39/27/28	Sehr giftig: ernste Gefahr irreversiblen Schadens bei Berührung mit der Haut und durch Verschlucken
R 68/22	Gesundheitsschädlich: Möglichkeit irreversiblen Schadens durch Verschlucken
R 68/20/21	Gesundheitsschädlich: Möglichkeit irreversiblen Schadens durch Einatmen und bei Berührung mit der Haut

Sicherheitsratschläge: S-Sätze

S 1	Unter Verschluss aufbewahren
S 2	Darf nicht in die Hände von Kindern gelangen
S 3	Kühl aufbewahren
S 4	Von Wohnplätzen fern halten
S 5	Unter … aufbewahren (geeignete Flüssigkeit vom Hersteller anzugeben)
S 6	Unter … aufbewahren (inertes Gas vom Hersteller anzugeben)
S 7	Behälter dicht geschlossen halten
S 8	Behälter trocken halten
S 9	Behälter an einem gut gelüfteten Ort aufbewahren
S 12	Behälter nicht gasdicht verschließen
S 13	Von Nahrungsmitteln, Getränken und Futtermitteln fern halten
S 14	Von … fern halten (inkompatible Substanzen vom Hersteller anzugeben)
S 15	Vor Hitze schützen
S 16	Von Zündquellen fern halten – Nicht rauchen
S 17	Von brennbaren Stoffen fern halten
S 18	Behälter mit Vorsicht öffnen und handhaben
S 20	Bei der Arbeit nicht essen und trinken
S 21	Bei der Arbeit nicht rauchen
S 22	Staub nicht einatmen
S 23	Gas/Rauch/Dampf/Aerosol nicht einatmen (geeignete Bezeichnung[en] vom Hersteller anzugeben)
S 24	Berührung mit der Haut vermeiden
S 25	Berührung mit den Augen vermeiden
S 26	Bei Berührung mit den Augen gründlich mit Wasser abspülen und Arzt konsultieren
S 27	Beschmutzte, getränkte Kleidung sofort ausziehen
S 28	Bei Berührung mit der Haut sofort abwaschen mit viel … (vom Hersteller anzugeben)
S 29	Nicht in die Kanalisation gelangen lassen
S 30	Niemals Wasser hinzugießen
S 33	Maßnahmen gegen elektrostatische Aufladung treffen
S 35	Abfälle und Behälter müssen in gesicherter Weise beseitigt werden
S 36	Bei der Arbeit geeignete Schutzkleidung tragen
S 37	Geeignete Schutzhandschuhe tragen
S 38	Bei unzureichender Belüftung Atemschutzgerät anlegen
S 39	Schutzbrille/Gesichtsschutz tragen
S 40	Fußboden und verunreinigte Gegenstände mit … reinigen (vom Hersteller anzugeben)
S 41	Explosions- und Brandgase nicht einatmen
S 42	Beim Räuchern/Versprühen geeignetes Atemschutzgerät anlegen (geeignete Bezeichnung[en] vom Hersteller anzugeben)
S 43	Zum Löschen … (vom Hersteller anzugeben) verwenden (wenn Wasser die Gefahr erhöht, anfügen: „Kein Wasser verwenden“)
S 45	Bei Unfällen oder Unwohlsein sofort Arzt zuziehen (wenn möglich, dieses Etikett vorzeigen)
S 46	Bei Verschlucken sofort ärztlichen Rat einholen und Verpackung oder Etikett vorzeigen
S 47	Nicht bei Temperaturen über … °C aufbewahren (vom Hersteller anzugeben)
S 48	Feucht halten mit … (geeignetes Mittel vom Hersteller anzugeben)
S 49	Nur im Originalbehälter aufbewahren
S 50	Nicht mischen mit … (vom Hersteller anzugeben)
S 51	Nur in gut belüfteten Bereichen verwenden
S 52	Nicht großflächig für Wohn- und Aufenthaltsräume zu verwenden
S 53	Exposition vermeiden. Vor Gebrauch besondere Anweisung einholen
S 56	Diesen Stoff und seinen Behälter der Problemabfallentsorgung zuführen
S 57	Zur Vermeidung einer Kontamination der Umwelt geeigneten Behälter verwenden
S 59	Informationen zur Wiederverwendung/Wiederverwertung beim Hersteller/Lieferanten erfragen
S 60	Dieser Stoff und/oder sein Behälter sind als gefährlicher Abfall zu entsorgen
S 61	Freisetzung in die Umwelt vermeiden. Besondere Anweisungen einholen/Sicherheitsdatenblatt zu Rate ziehen
S 62	Bei Verschlucken kein Erbrechen herbeiführen. Sofort ärztlichen Rat einholen und Verpackung oder dieses Etikett vorzeigen
S 63	Bei Unfall durch Einatmen: Verunfallten an die frische Luft bringen und ruhig stellen
S 64	Bei Verschlucken Mund mit Wasser ausspülen (nur wenn Verunfallter bei Bewusstsein ist)

Beispielhafte Kombination der S-Sätze (Auszug)

S 1/2	Unter Verschluss und für Kinder unzugänglich aufbewahren
S 3/7	Behälter dicht geschlossen halten und an einem kühlen Ort aufbewahren
S 3/14	An einem kühlen Ort entfernt von … aufbewahren (die Stoffe, mit denen Kontakt vermieden werden muss, sind vom Hersteller anzugeben)
S 3/9/14	An einem kühlen, gut gelüfteten Ort, entfernt von … aufbewahren (die Stoffe, mit denen Kontakt vermieden werden muss, sind vom Hersteller anzugeben)
S 3/9/49	Nur im Originalbehälter an einem kühlen, gut gelüfteten Ort aufbewahren
S 7/8	Behälter trocken und dicht geschlossen halten
S 7/9	Behälter dicht geschlossen an einem gut gelüfteten Ort aufbewahren
S 20/21	Bei der Arbeit nicht essen, trinken, rauchen
S 24/25	Berührung mit den Augen und der Haut vermeiden
S 36/37	Bei der Arbeit geeignete Schutzhandschuhe und Schutzkleidung tragen
S 36/39	Bei der Arbeit geeignete Schutzkleidung und Schutzbrille/Gesichtsschutz tragen
S 37/39	Bei der Arbeit geeignete Schutzhandschuhe und Schutzbrille/Gesichtsschutz tragen
S 36/37/39	Bei der Arbeit geeignete Schutzkleidung, Schutzhandschuhe und Schutzbrille/Gesichtsschutz tragen
S 47/49	Nur im Originalbehälter bei einer Temperatur von nicht über … °C (vom Hersteller anzugeben) aufbewahren

Entsorgung von Chemikalienabfällen

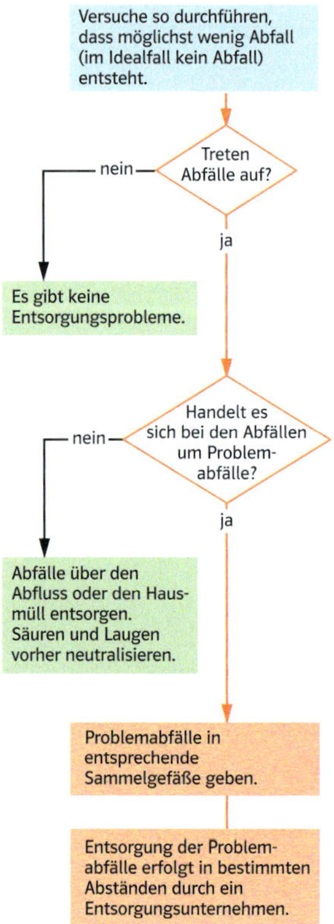

B1 Abfälle beim Experimentieren

Nach der Durchführung von Experimenten bleiben oft Abfälle (z. B. Chemikalienreste oder Reaktionsprodukte) zurück. Diese Abfälle können gesundheits-, luft- oder wassergefährdend, explosionsgefährlich oder brennbar sein. Nach dem Abfallgesetz werden solche Abfälle als **Problemabfälle** bezeichnet. Zur Entsorgung der Problemabfälle stehen im Chemieraum geeignete Sammelgefäße zur Verfügung. Bleiben z. B. nach einem Experiment Benzinreste zurück, so dürfen diese nicht einfach in den Ausguss gegeben werden, da sie auf diese Weise über das Abwasser in die Umwelt gelangen würden. Die Benzinreste müssen deshalb in ein Sammelgefäß für organische Lösungsmittel gegeben werden. Die gesammelten Abfälle werden in bestimmten Abständen von einem Entsorgungsunternehmen abgeholt und wiederaufbereitet oder als Sondermüll beseitigt (Müllverbrennung oder Sondermüll-Deponierung [B2]).

Möglichst wenig Abfälle. Besonders im Chemieunterricht gilt der Grundsatz Abfälle möglichst zu vermeiden [B1]. Gerade die Entsorgung von Problemabfällen ist oft schwierig und mit Umweltgefährdungen verbunden. Bei der Versuchsdurchführung sind deshalb nur möglichst kleine Stoffportionen zu verwenden. In der Regel wird ein Versuchsergebnis durch die Verwendung größerer Stoffportionen nicht verbessert. Entscheidend ist die sorgfältige und genaue Durchführung der Versuche.

B2 Lagerung von Sondermüll in einer Untertage-Deponie

Wassergefährdungsklassen. Viele Problemabfälle aus dem Chemieunterricht sind flüssig. Werden sie über den Ausguss beseitigt, können sie unterschiedlich stark die Umwelt belasten. Zur Unterscheidung der Wassergefährdung teilt man die Chemikalien in **vier Wassergefährdungsklassen (WGK)** ein. Chemikalien, die ungiftig und biologisch ab-baubar sind, gehören der Wassergefährdungsklasse 0 an, alle anderen werden je nach ihrem Gefährdungsgrad in die Klassen 1 bis 3 ein-gestuft.

WGK 0:	im Allgemeinen nicht wassergefährdend, z. B. Alkohol (Ethanol) oder Kochsalzlösung
WGK 1:	schwach wassergefährdend, z. B. Säuren oder Laugen
WGK 2:	wassergefährdend, z. B. Dieselöl oder Benzin
WGK 3:	stark wassergefährdend, z. B. Quecksilber oder Quecksilberverbindungen

Nur Chemikalien, die der Wassergefährdungsklasse 0 angehören, dürfen in kleinen Mengen in den Ausguss gegeben werden. Alle anderen Chemikalien müssen zunächst gesammelt und dann entsorgt werden.

Kennzeichnung der Sammelgefäße. Da viele Chemikalienabfälle Gefahrstoffe sind, müssen die Sammelgefäße mit den international gebräuchlichen Gefahrensymbolen gekennzeichnet werden. Bestehen die Abfälle aus einem Gemisch unterschiedlicher Gefahrstoffe, wird mit dem Gefahrensymbol gekennzeichnet, das den gefährlichsten Stoff des Gemisches angibt.

Entsorgungsplan. Bei der Sammlung der Abfälle ist ein Entsorgungsplan nützlich, der in übersichtlicher Form zeigt, in welcher Weise die Chemikalienreste gesammelt und entsorgt werden. Der abgebildete Entsorgungsplan (nächste Seite) zeigt beispielhaft, wie Chemikalienabfälle gesammelt und weitergeleitet werden können. Fallen im Unterricht noch weitere Abfälle an, muss der Plan ergänzt oder abgeändert werden.

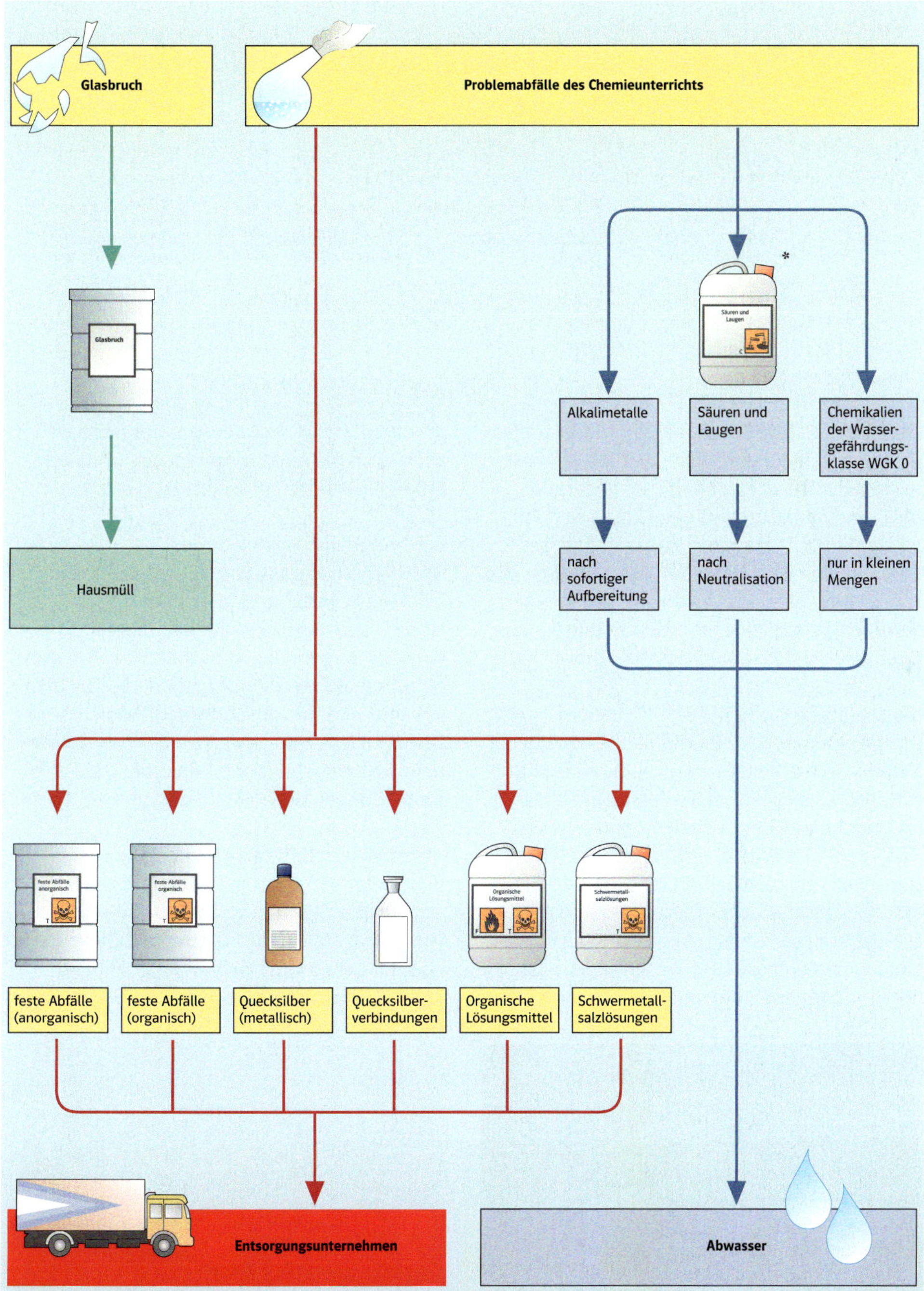

* Problemabfälle müssen in geeigneten Sammelgefäßen aus Kunststoff oder Glas gesammelt werden.

Zeichnerische Darstellung von Versuchsaufbauten

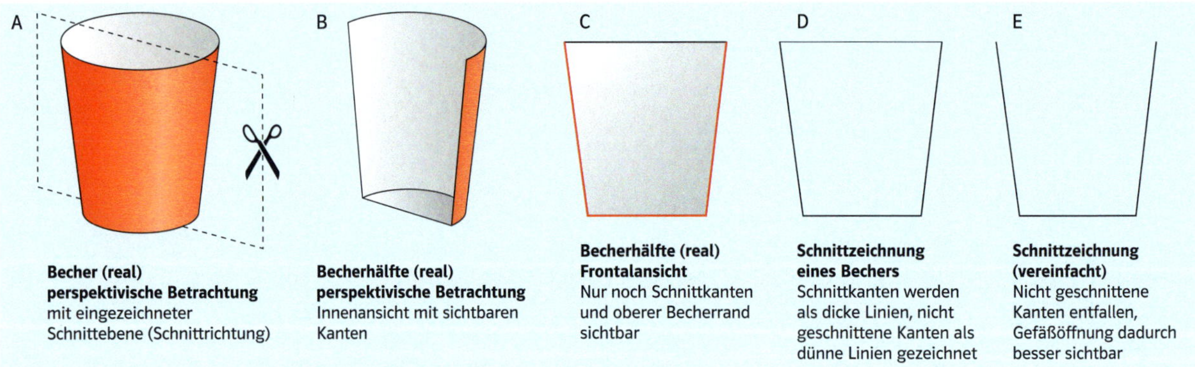

B1 Vom realen Gegenstand zur Schnittzeichnung

Chemische Experimente werden mit speziellen **Laborgeräten** durchgeführt. Werden *mehrere* solcher Geräte zu einer Versuchsapparatur zusammengebaut, kann eine Skizze den Aufbau und die Funktion der Apparatur verdeutlichen und eine Hilfe bei der Beschreibung und Auswertung des Experiments sein. Im Folgenden wird gezeigt, wie man Geräte und Apparaturen *zweckmäßig zeichnerisch darstellen* kann.

Die Schnittdarstellung [B1]. Schneidet man einen Becher aus Pappe der Länge nach in der Mitte durch (A) und betrachtet die Innenseite einer Hälfte, erkennt man die Schnittkanten und Halbbögen der Becheröffnung und des Bodens (B). Bei *frontaler* Betrachtung (C) sieht man nur noch Schnittkanten und Becherrand (als gerade Linie). Diese Ansicht eignet sich gut für zeichnerische Zwecke: Das Bild ist einfach und enthält alles Wesentliche. Schnittlinien werden dick, die übrigen sichtbaren Kanten dünn gezeichnet (D). Oft lässt man auch noch die dünnen Linien weg (E). Man erhält eine **einfache Schnittdarstellung.**

Zeichnung von Apparaturen. [B2] zeigt eine Destillationsapparatur als Foto, [B3] als *einfache Schnittdarstellung*. In der *Zeichnung* ist die Apparatur *nicht mit allen Einzelteilen* wiedergegeben. Das Stativmaterial fehlt ganz, da es nur zur Befestigung dient; die Zeichnung gewinnt dadurch an Übersichtlichkeit. Dagegen müssen die *entscheidenden Geräte* deutlich gezeichnet und benannt sowie ihre Verbindungen untereinander dargestellt sein.

Bei manchen Geräten ist jedoch eine *exakte* Schnittdarstellung unnötig (z.B. Brenner) oder unzweckmäßig (z.B. Keramik-Drahtnetz, Thermometer, Dreifuß). Man stellt diese Geräte ebenfalls frontal betrachtet, aber in einer vereinfachten oder symbolhaften Form dar.

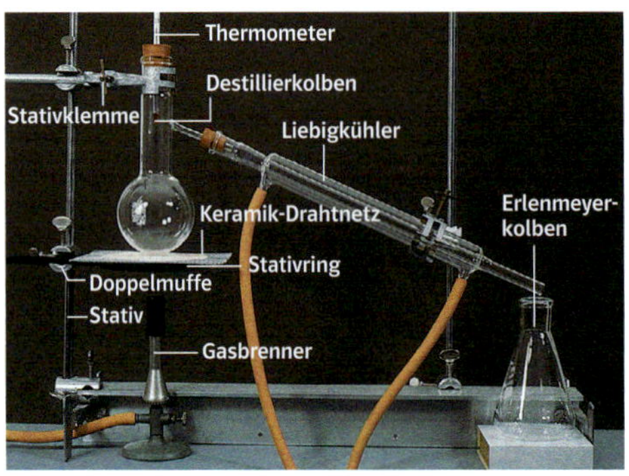

B2 Foto einer Destillationsapparatur

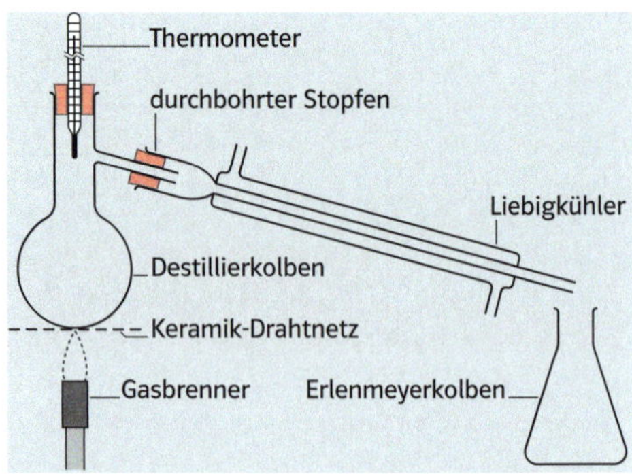

B3 Schnittzeichung einer Destillationsapparatur

Laborgeräte

So zeichnet man z. B. in einem Versuchsprotokoll:

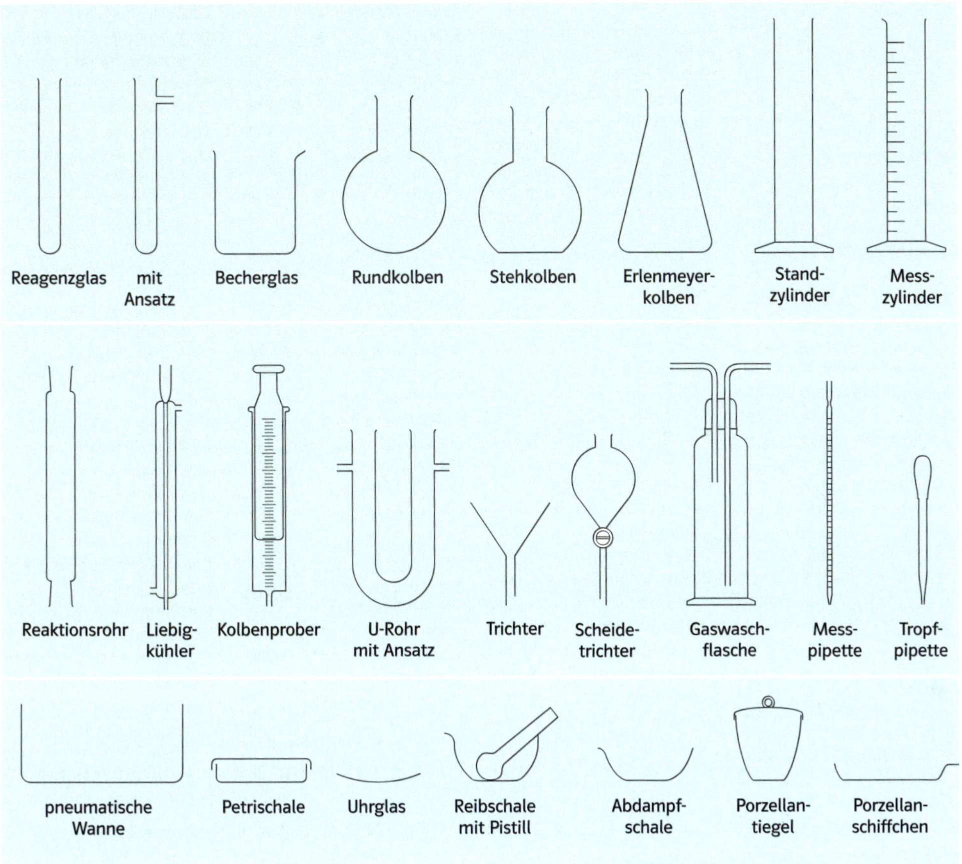

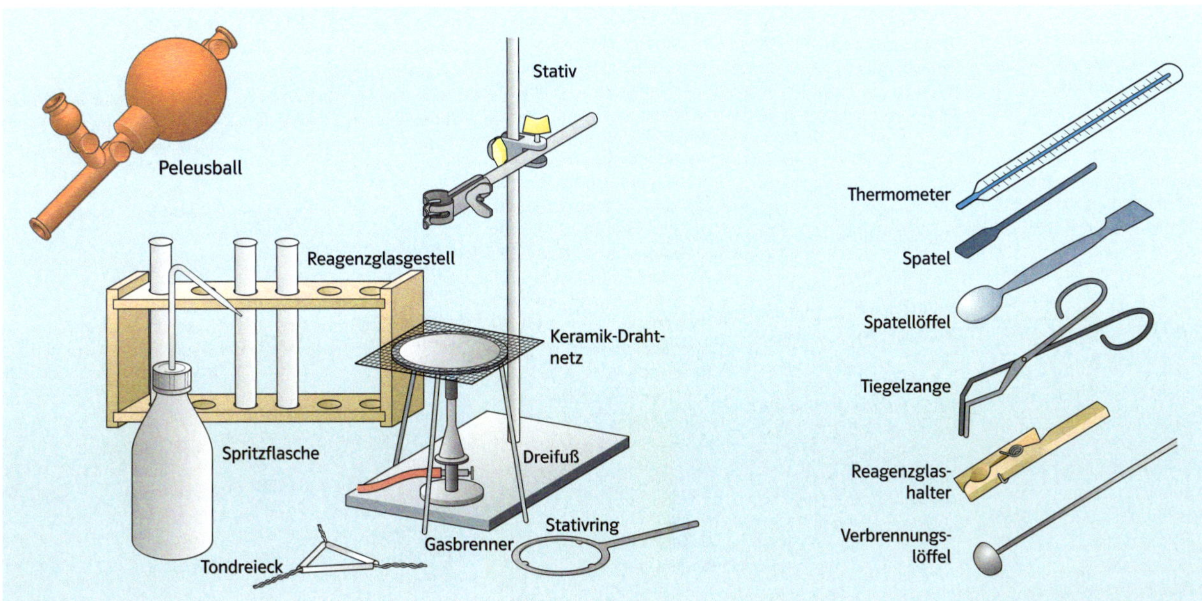

Stichwortverzeichnis

Bildquellenverzeichnis

U1.1 Stockbyte; **U1.2** plainpicture GmbH & Co KG (Grimm), Hamburg; **U1.3** Getty Images (James Forte), München; **8.3** Reuen, Sascha, Essen; **9.1** DigitalVision, Maintal-Dörnigheim; **9.2** Fotex (Rainer Mader), Hamburg; **9.3** PS-Fotodesign, Linz / Rhein; **9.4** Elex AG, Schwerzenbach; **9.5** Klett-Archiv (Zuckerfabrik digital), Stuttgart; **10.1** Les Éditions Albert René, Paris; **10.3** Getty Images (photonica), München; **13.2** Getty Images (Taxi / Chris Salvo), München; **13.3+4** Klett-Archiv, Stuttgart; **15.1** f1 online digitale Bildagentur (Juice Images), Frankfurt; **18.1** Reuen, Sascha, Essen; **18.2** Klett-Archiv (Silberzahn), Stuttgart; **19.1** (c) Stuart Westmorland; **19.2** Klett-Archiv (Zuckerfabrik digital), Stuttgart; **19.3** Avenue Images GmbH (JupiterImages), Hamburg; **19.4** Fotosearch RF (Central Stock / Lize), Waukesha, WI; **19.5** StockFood (Uwe Bender), München; **19.6** Avenue Images GmbH (Getty Images), Hamburg; **20.1** MEV, Augsburg; **20.2** Klett-Archiv (Zuckerfabrik digital), Stuttgart; **20.3** Klett-Archiv, Stuttgart; **20.4** Getty Images (stone/Andy Sacks), München; **20.5** Avenue Images GmbH (PhotoAlto), Hamburg; **21.6** Picture-Alliance (Eising), Frankfurt; **21.7** Creativ Collection Verlag GmbH, Freiburg; **21.8** Avenue Images GmbH (West-end61), Hamburg; **21.9** Avenue Images GmbH (Image Source), Hamburg; **21.10** StockFood (Buntrock), München; **22.3** Heinze, Bernhard, Geislingen; **22.2a** Klett-Archiv, Stuttgart; **22.2b** Klett-Archiv (Toni Cramer), Stuttgart; **22.1a** Klett-Archiv (Hartmut Fahrenhorst), Stuttgart; **22.1b** Eisenbeiss, Hermann, Bad Kohlgrub; **23.5** Klett-Archiv, Stuttgart; **23.6** Klett-Archiv, Stuttgart; **24.1** Corel Corporation, Unterschleissheim; **24.3** Klett-Archiv, Stuttgart; **24.2** Mauritius (Mallaun), Mittenwald; **26.1a** Daimler AG, Stuttgart; **26.1b** Daimler AG, Stuttgart; **26.2** AKG, Berlin; **26.3** Deutsches Museum, München; **27.3** IBM Deutschland GmbH, Stuttgart; **28.2** Klett-Archiv, Stuttgart; **29.4** Klett-Archiv (Zuckerfabrik digital), Stuttgart; **29.3** Mauritius (IPS), Mittenwald; **30.1** Getty Images (DK Stock), München; **32.1** Avenue Images GmbH (Getty Images), Hamburg; **32.4** Getty Images (altrendo images), München; **32.2** Corel Corporation, Unterschleissheim; **32.3** MEV, Augsburg; **32.5** Angermayer (Hans Pfletschinger), Holzkirchen; **33.1** Okapia (Nils Reinhard), Frankfurt; **33.2** Fotosearch RF (RF), Waukesha, WI; **33.4** Corel Corporation, Unterschleissheim; **33.3** Fotosearch RF (Digital Vision), Waukesha, WI; **34.1** Klett-Archiv, Stuttgart; **34.1** Klett-Archiv (Silberzahn), Stuttgart; **35.7** Corbis (Royalty-Free), Düsseldorf; **36.2** Haenel, Hardy, Hamburg; **36.3** Avenue Images GmbH (Inspirestock), Hamburg; **36.4** Klett-Archiv, Stuttgart; **37.7** Klett-Archiv, Stuttgart; **38.1** Klett-Archiv, Stuttgart; **38.2** Klett-Archiv, Stuttgart; **38.3** Klett-Archiv (Edgar Brückl), Stuttgart; **39.4** Klett-Archiv (Zuckerfabrik digital), Stuttgart; **39.7** Klett-Archiv (Hartmut Fahrenhorst), Stuttgart; **40.2** Wikimedia Foundation Inc. (Mnolf), St. Petersburg FL; **40.1** Corel Corporation, Unterschleissheim; **41.3** StockFood GmbH (Michael Brauner), München; **41.4** Getty Images (PhotoDisc), München; **41.5** StockFood (Gerhard Bumann), München; **42.1a** MEV, Augsburg; **42.1b** Wirth, Prof. Jürgen, Dreieich; **42.1c** plainpicture GmbH & Co. KG, Hamburg; **42.1d** MEV, Augsburg; **42.2a** Ulrike Medenbach, Witten **42.2b** Klett-Archiv, Stuttgart; **42.4a** Seilnacht, Thomas, Bern; **42.4b** Mauritius (Rawi), Mittenwald; **43.1** Mediacolor's (dia), Zürich; **43.2** Medenbach, Ulrike (Dr. Olaf Medenbach), Witten; **43.2** Lieber, Werner, Heidelberg; **43.2** Focus (SPL), Hamburg; **43.3** Klett-Archiv, Stuttgart; **44.1** Klett-Archiv (Thomas Seilnacht), Stuttgart; **44.2a** MEV, Augsburg; **44.2b** plainpicture GmbH & Co. KG, Hamburg; **44.3** Creativ Collection Verlag GmbH, Freiburg; **47.3** Klett-Archiv (Axel Justus), Stutt-gart; **47.4** Living Quality, Wentorf; **48.1** Okapia (Manfred Metzger), Frankfurt; **48.2** Seilnacht, Thomas, Bern; **48.3** Fotosearch RF (Thinkstock), Waukesha, WI; **49.5-7** Klett-Archiv, Stuttgart; **50.1** Kaiser, Harald, Alfdorf-Vordersteinenberg; **50.2** Klett-Archiv, Stuttgart; **51.4** Südwestdeutsche Salzwerke, Heilbronn; **51.5** Getty Images (Rudolph), München; **51.6** Südsalz GmbH; **51.7** esco, Hannover; **53.4** Corbis (Kevin Fleming), Düsseldorf; **55.1** Klett-Archiv, Stuttgart; **55.2** Klett-Archiv, Stuttgart; **55.4** Klett-Archiv, Stuttgart; **56.1** Klett-Archiv (Zuckerfabrik digital), Stuttgart; **57.5** Klett-Archiv (Bärbel Schmidt), Stuttgart; **57.4** Klett-Archiv (Zuckerfabrik digital), Stuttgart; **58.1a** Avenue Images GmbH (Corbis / Stockbyte), Hamburg; **58.1b** Picture-Alliance (FoodPhotography/Eising), Frankfurt; **59.3a** Klett-Archiv (Zuckerfabrik digital), Stuttgart; **59.3b** Klett-Archiv (Zuckerfabrik digital), Stuttgart; **61.2** Avenue Images GmbH (gettyimages / Dex Image), Hamburg; **61.2a** Getty Images (The Image Bank), München; **62.1b** Creativ Collection Verlag GmbH, Freiburg; **64.1** Klett-Archiv (Zuckerfabrik digital), Stuttgart; **64.2** Klett-Archiv (Toni Cramer), Stuttgart; **65.3** Mauritius (Foodpix), Mittenwald; **66.1** StockFood (Bodo A. Schieren), München; **66.2** Okapia (Jürgen Lichtenberger), **68.4** Klett-Archiv, Stuttgart; Frankfurt; **68.1** Getty Images PhotoDisc (PhotoDisc), Hamburg; **68.2** iStockphoto (RF/Galina Barskaya), Calgary, Alberta; **68.5** Ingram Publishing, Tattenhall Chester; **69.1** StockFood (Michael Brauner), München; **69.2** Elsner, Gert, Stuttgart; **69.3** arla.citat.se; **69.4** MEV, Augsburg; **69.5** Hengstenberg, Esslingen; **69.6** MEV, Augsburg; **70.3** Corel Corporation, Unterschleissheim; **70.3a** Getty Images (Photo Disc), München; **70.3b** Klett-Archiv (Hartmut Fahrenhorst), Stuttgart; **70.3c** Ingram Publishing, Tattenhall Chester; **71.3d** Corbis (PhotoCuisine), Düsseldorf; **72.1** StockFood (FoodPhotogr. Eising), München; **73.1** Picture-Alliance (dpa), Frankfurt; **73.3** Avenue Images GmbH RF (PhotoDisc), Hamburg; **73.2** Mauritius (Lindner), Mittenwald; **73.4** Getty Images (Stone / Martin Barraud), München; **73.5** Avenue Images GmbH (PhotoDisc), Hamburg; **73.6** MEV, Augsburg; **73.7** Corbis (Darrell Gulin), Düsseldorf; **74.1** Ilse Nötzold, Drensteinfurt; **74.2** Mauritius (Taurus), Mittenwald; **74.3** Getty Images (Frank Cezus), München; **74.4** Seilnacht, Thomas, Bern; **75.5** Getty Images (Riser / Piecework Productions), München; **75.7** Mauritius (age), Mittenwald; **75.6** Mauritius (Erich), Mittenwald; **76.2** Avenue Images GmbH (Corbis), Hamburg; **76.3** Klett-Archiv (Hartmut Fahrenhorst), Stuttgart; **76.1a** f1 online digitale Bildagentur (Prisma), Frankfurt; **76.1b** Mauritius (Mitterer), Mittenwald; **78.1** Klett-Archiv, Stuttgart; **78.2** Klett-Archiv, Stuttgart; **79.7** Messer Group GmbH, Sulzbach; **80.1** Klett-Archiv, Stuttgart; **80.2** Klett-Archiv, Stuttgart; **81.4a** Klett-Archiv, Stuttgart; **81.4b** Klett-Archiv, Stuttgart; **81.4c** Klett-Archiv, Stuttgart; **81.5b** Seilnacht, Thomas, Bern; **82.1** Getty Images (The Image Bank / Jack Ambrose), München; **82.3** Klett-Archiv, Stuttgart; **82.2a** Medenbach, Ulrike, Witten; **82.2b** Medenbach, Ulrike, Witten; **83.2** Seilnacht, Thomas, Bern; **83.3** Seilnacht, Thomas, Bern; **84.2** Klett-Archiv, Stuttgart; **85.2** Pixtal, New York NY; **86.1** Getty Images (Time Life Pictures/ Mansell), München; **87.1** AKG, Berlin; **89.1a** Seilnacht, Thomas, Bern; **89.1b** Klett-Archiv (Thomas Seilnacht), Stuttgart; **89.1c** Klett-Archiv, Stuttgart; **89.1d** Klett-Archiv, Stuttgart; **90.1** Picture-Alliance (European Press), Frankfurt; **90.2** Deutsches Museum, München; **90.3** pictureNEWS (Oliver Abraham), Frankfurt/Main; **90.4** Mauritius (E. Gebhardt), Mittenwald; **90.5** Fotosearch RF, Waukesha, WI; **91.1** Mauritius (ACE), Mittenwald; **91.2** MEV, Augsburg; **91.3** Bilderberg (Lars Schwetje), Hamburg; **91.4** Getty Images (Riser / Alain Le Garsmeur), München; **92.1** Mauritius (Gatzen), Mittenwald; **94.1** Deutsches Museum, München; **96.7** KRAFT & PARTNER, Leimen; **96.6a** Klett-Archiv (Bettina Sommer), Stuttgart; **96.6b** Klett-Archiv (Bettina Sommer), Stuttgart; **96.6c** Klett-Archiv (Bettina Sommer), Stuttgart; **97.9** Deutsches Museum, München; **97.11** Klett-Archiv, Stuttgart; **98.1** Klett-Archiv (Werkstatt Fotografie), Stuttgart; **98.2** Klett-Archiv, Stuttgart; **98.3** Klett-Archiv, Stuttgart; **98.4** Klett-Archiv, Stuttgart; **98.5** Prof. Dr. Peter Menzel, Esslingen; **99.7** Klett-Archiv, Stuttgart; **99.6** Keystone (Volkmar Schulz), Hamburg; **99.8** Alfred Kemper, Sindelfingen; **101.4** (c) Terje Rakke; **101.6** Action Press (Markus Hansen), Hamburg; **101.3a** MEV, Augsburg; **101.3b** Klett-Archiv, Stuttgart; **101.3c** Corbis (Bob Rowan; Progressive Image), Düsseldorf; **101.3d** Mauritius (Rossenbach), Mittenwald; **103.1** Klett-Archiv (Zuckerfabrik digital), Stuttgart; **103.4** Klett-Archiv, Stuttgart; **103.3** Deutsche BP AG, Bochum; **104.6** Winnendener Foto, Winnenden; **105.9** Landesfeuerwehrschule Baden-Württemberg, Bruchsal; **105.10** Schlumbom, Anne (Anne Schlumbom), Frechen; **106.2** Klett-Archiv, Stuttgart; **106.1a** FIRE Foto; Thomas Gaulke (Thomas Gaulke), München; **106.1b** Superbild (Number_Three), Taufkirchen/München; **108.1** MEV, Augsburg; **108.2** Action Press (REX), Hamburg; **108.3** Staatsarchiv, Hamburg; **108.4** alimdi.net (Frey), Deisenhofen; **109.1** Getty Images (Taxi), München; **109.2** Helga Lade (Stock Photo), Frankfurt; **109.3** MEV, Augsburg; **109.4** Gerster, Dr. Georg, Zumikon; **109.5** Pott, Dr. Eckart, Stuttgart; **110.1** Astrofoto (NASA), Sörth; **110.2** Kommunalverband Ruhrgebiet, Essen; **110.3** f1 online digitale Bildagentur (Prisma), Frankfurt; **110.4** AKG, Berlin; **111.5** AKG, Berlin; **111.6** Okapia, Frankfurt; **111.7** SeaTops (Feist), Karlsruhe; **112.1** Klett-Archiv (Toni Cramer), Stuttgart; **112.2** Klett-Archiv, Stuttgart; **113.6** AKG, Berlin; **114.1** Mauritius (Bob), Mittenwald; **114.2** alimdi.net (Weber), Deisenhofen; **114.3** Keystone (Schulz), Hamburg; **116.1** NWS, Stuttgart; **116.2** Energieversorgung Schwaben; **117.6** Teamwork Text und Foto (Karl-Bernd Karwasz), Hamburg; **118** Mauritius (SuperStock), Mittenwald; **118.1** Corbis, Düsseldorf; **119.4** MEV, Augsburg; **119.3a** ullstein bild (Kreth), Berlin; **119.3b** Avenue Images GmbH (JupiterImages), Hamburg; **120.1** Klett-Archiv, Stuttgart; **120.3** Klett-Archiv (Werkstatt Fotografie), Stuttgart; **121.4** Ralph Lueger Fotografie, Essen; **123.10** LANUV, Recklinghausen **124.1** A1PIX (ALS), Taufkirchen; **124.2** Klett-Archiv (Hartmut Fahrenhorst), Stuttgart; **125.2** Kage Mikrofotografie, Lauterstein; **126.2** Klett-Archiv, Stuttgart; **127.3** Lippeverband, Essen; **127.4** Müller, Prof. Dr. Horst, Dortmund; **128.1** Klett-Archiv (Zuckerfabrik digital), Stuttgart; **128.3** Pressefoto Kreutzer, Viernheim; **128.4** Klett-Archiv, Stuttgart; **129.6** Deutsches Museum, München; **129.7** AKG, Berlin; **129.8** AKG, Berlin; **130.3** AKG, Berlin; **131.5** Klett-Archiv, Stuttgart; **132.2** Klett-Archiv, Stuttgart; **133.3** Getty Images (Sorensen), München; **135.4a** Klett-Archiv, Stuttgart; **135.4b** Klett-Archiv, Stuttgart; **135.4c** Klett-Archiv, Stuttgart; **136.1a** Klett-Archiv, Stuttgart; **136.1b** Klett-Archiv (Zuckerfabrik Digital), Stuttgart; **137.1** Mauritius (Spectrum), Mittenwald; **137.2** Schlüter, Heinz, Flensburg; **138.5** Visum (Panos Pictures), Hamburg; **138.7** ullstein bild, Berlin; **139.1** Das Luftbild-Archiv, Wenningsen; **139.2** MEV, Augsburg; **139.3** heliocentris Energiesysteme GmbH, Berlin; **139.4** Fraunhofer Institut für solare Ener, Freiburg; **139.5** MEV, Augsburg; **141.1** Getty Images (Mario Lalich), München; **141.3** Getty Images, München; **141.4** Medenbach, Ulrike, Witten; **141.5** Avenue Images GmbH (Corbis/RF), Hamburg; **141.6** Informationszentrum Weißblech e.V., Düsseldorf; **141.7** Mauritius (age), Mittenwald; **141.1b** Mauritius (Kumicak), Mittenwald; **141.2a** Mauritius (Kumicak), Mittenwald; **142.3** Seilnacht, Thomas, Bern; **142.4** Klett-Archiv (Steinle), Stuttgart; **142.1d** Seilnacht, Thomas, Bern; **142.1a** Medenbach, Ulrike, Witten; **142.1b** Klett-Archiv (Aribert Jung), Stuttgart; **142.1c** Medenbach, Ulrike, Witten; **143.4** Klett-Archiv (Michael Steinle), Stuttgart; **143.5** ANT Nachrichtentechnik Backnang; **143.6a** Theophel, Eberhard, Gießen; **143.6b** MEV, Augsburg; **144.1** AKG, Berlin; **144.2** Klett-Archiv, Stuttgart; **144.4** Mineralogische Staatssammlung; **145.1** Mauritius (Rosenfeld), Mittenwald; **145.2** Mauritius (age), Mittenwald; **145.3** Helga Lade (JOF), Frankfurt; **145.4** Helga Lade (TPH), Frankfurt; **145.5** Klett-Archiv (Silberzahn), Stuttgart; **145.6** Klett-Archiv (Fabian Silberzahn), Stuttgart; **145.7** Das Fotoarchiv (Yavuz Arslan), Essen; **145.8** Helga Lade, Frankfurt; **145.9** Picture Press, Hamburg; **146.1** Wolfram Schmidt Fotografie, Regensburg; **146.2** Elmar Hahn Studios, Veitshöchheim und Mainfränkisches Museum, Würzburg; **146.3** Wolfram Schmidt Fotografie, Regensburg; **147.4** Hermann Huber, Giengen; **147.6** ullstein bild (KPA), Berlin; **148.1a** Kaiser, Harald, Alfdorf-Vordersteinenberg; **148.1b** Kaiser, Harald, Alfdorf-Vordersteinenberg; **149.3** Elektro-Thermit GmbH, Berlin; **149.5** Klett-Archiv, Stuttgart; **149.6** Klett-Archiv, Stuttgart; **151.1** creativ collection, Freiburg; **151.2** Klett-Archiv, Stuttgart; **152.1** Landespolizeikommando für Tirol, Innsbruck; **152.2** Südtiroler Archäologiemuseum (Augustin Ochsenreiter), Bozen; **152.3** Römisch-Germanisches Zentralmuseum (Christian Beck), Mainz; **152.4** Avenue Images GmbH (imageshop), Hamburg; **153.5** Klett-Archiv (Aribert Jung), Stuttgart; **153.6a** Arco Images GmbH (Diez), Lünen; **153.6b** Arco Images GmbH (Diez), Lünen; **154.1a** Eisenbeiss, Hermann, Bad Kohlgrub; **154.1b** Klett-Archiv, Stuttgart; **154.1c** Eisenbeiss, Hermann, Bad Kohlgrub; **154.2** Klett-Archiv, Stuttgart; **154.3** Schumacher, Joachim, Bochum; **154.4** Focus (Martin Bond), Hamburg; **155.5** Picture-Alliance (dpa), Frankfurt; **156.1** AG der Dillinger Hüttenwerke, Dillingen; **156.3** Thyssen Krupp Stahl AG, Duisburg; **157.4** BMW AG, München; **158.2** Eisenbeiss, Hermann, Bad Kohlgrub; **158.4** Eisenbeiss, Hermann, Bad Kohlgrub; **158.1a** Klett-Archiv (Thomas Seilnacht), Stuttgart; **158.1c** Klett-Archiv (Thomas

Seilnacht), Stuttgart; **160.5** AURA (Ammon), Luzern; **161.1** Getty Images (Mel Yates), München; **161.2** Avenue Images GmbH (PhotoDisc), Hamburg; **161.3** Look at Sciences (CNRS), Pantin; **161.4** Corbis (Streichan), Düsseldorf; **161.5** Getty Images/Photographer's Choice RF/David Gould; **161.6** Avenue Images GmbH (fStop), Hamburg; **161.7** Getty Images (Stone/Rosenfeld), München; **162.1** Klett-Archiv (Toni Cramer), Stuttgart; **162.2** imago sportfotodienst, Berlin; **162.3** iStockphoto, Calgary, Alberta; **163.4** Mauritius Images, Mittenwald; **163.5a** Fotolia LLC (Hans Peter Loosli), New York; **163.5b** Klett-Archiv (Aribert Jung), Stuttgart; **163.6** culture-images (GP), Köln; **163.7a** Getty Images (DEA/A. RIZZI), München; **163.7b** Okapia (Breck P. Kent), Frankfurt; **164.2a** Avenue Images GmbH (Corbis RF), Hamburg; **164.2b** Avenue Images GmbH (Corbis RF), Hamburg; **164.2c** Comstock, Luxemburg; **164.2d** Comstock, Luxemburg; **164.2e** Dream Maker Software (RF), Colorado; **165.5, 165.6** Klett-Archiv, Stuttgart; **166.1** Getty Images (Time Life Pictures/Mansell), München; **167.2a+b** Klett-Archiv (Brückl), Stuttgart; **169.2** Klett-Archiv (Aribert Jung), Stuttgart; **172.1** Deutsches Museum, München; **173.2** Strasser, Stephan, Witterswil; **173.3** Hess - Holzspielzeug GmbH & Co. KG, Olbernhau; **174.1, 174.2a 174.2b, 174.3, 175.6a, 175.6b, 175.6c, 176.1, 176.2, 176.3, 177.6a, 177.6b, 177.6c, 178.1, 178.2, 179.4, 180.1, 180.2, 180.3, 180.4, 181.5a, 181.5b, 181.5c** Klett-Archiv, Stuttgart; **182.1** MEV Verlag GmbH, Augsburg; **182.2** Stadt- und Hospitalarchiv, Schwäbisch Hall; **182.3** Staatsbad Salzuflen GmbH, Bad Salzuflen; **183.4** Stadt- und Hospitalarchiv, Schwäbisch Hall; **183.5a, 183.5b** Stadt- und Hospitalarchiv, Schwäbisch Hall; **184.1** Bayerische Landesanstalt für Landwirtschaft (LfL), Freising; **184.3** WILDLIFE Bildagentur GmbH (S.E.Arndt), Hamburg; **185.1** Getty Images RF (Photodisc/ John Lund), München; **185.2** Okapia (Johan De Meester), Frankfurt; **186.1a, 186.1c** Klett-Archiv (Seilnacht), Stuttgart; **186.1d, 186.1e** Klett-Archiv, Stuttgart; **186.2a, 186.2b, 186.2c, 186.2d, 186.2e** Klett-Archiv (Seilnacht), Stuttgart; **186.3a** Klett-Archiv, Stuttgart; **186.3b** Klett-Archiv (Seilnacht), Stuttgart; **186.3c** Klett-Archiv, Stuttgart; **187.1b** Klett-Archiv (Seilnacht), Stuttgart; **187.5** Osram GmbH ZVA-WI, München; **187.5b** Osram GmbH ZVA-WI, München; **188.2a, 188.2b, 188.2c** Klett-Archiv, Stuttgart; **188.3, 188.4** Deutsches Museum, München; **189.5** Klett-Archiv, Stuttgart; **189.8** Heinze, Bernhard (Bernhard Heinze), Geislingen; **190.1** Klett-Archiv, Stuttgart; **191.4** Corbis, Düsseldorf; **192.2** Deutsches Museum, München; **193.3** imago sportfotodienst (Ulmer), Berlin; **196** Bilderberg, Hamburg; **196.2** Corbis (Corbis Sygma), Düsseldorf; **204.2** Klett-Archiv (Zuckerfabrik digital), Stuttgart; **204.3** Okapia (V.Steger/P.Arnold), Frankfurt; **207.1** © John W. Banagan; **207.2** Klett-Archiv (Hartmut Fahrenhorst), Stuttgart; **207.3** Helga Lade, Frankfurt; **207.5** Getty Images (Ben Edwards), München; **207.6** Galerie Zauberwelt, Trier; **208.1** AKG, Berlin; **208.2** AKG, Berlin; **208.2** K+S Aktiengesellschaft, Kassel; **208.4** Prof. Dr. Rüdiger Blume, Bielefeld; **209.5** H.B. Schleifmittel GmbH, Ransbach - Baumbach; **209.6a** Klett-Archiv (Toni Cramer), Stuttgart; **209.6j** Klett-Archiv (Aribert Jung), Stuttgart; **209.6b, 209.6c, 209.6d, 209.6e, 209.6f, 209.6g, 209.6h, 209.6i** Klett-Archiv (Toni Cramer), Stuttgart; **210.2, 211.4** Klett-Archiv, Stuttgart; **211.5** Mauritius Images, Mittenwald; **211.6** FOCUS (SPL/National Cancer Institute), Hamburg; **213.4** Getty Images, München; **213.5** FOCUS (Wayne Scherr), Hamburg; **213.6** Klett-Archiv (Thomas Seilnacht), Stuttgart; **213.7** Fachhochschule Jena (FB SciTec, SG Werkstofftechnik), Jena; **214.1** Mauritius Images, Mittenwald; **214.2, 214.3, 217.1** Klett-Archiv, Stuttgart; **217.2** Getty Images (Stock4B Creative), München; **217.3** Freilichtmuseum an der Glentleiten, Groáweil; **218.1, 219.1** Klett-Archiv, Stuttgart; **220.1** Klett-Archiv (Aribert Jung), Stuttgart; **220.2** FOCUS (Degginger/NatureSource), Hamburg; **220.3** laif (Kurt Henseler), Köln; **220.4** NOAA, Washington, DC; **220.5** Brigitte Karwath (Brigitte Karwath), Baden-Baden; **221.1** Helga Lade (E.Bergmann), Frankfurt; **221.2** RW silicium GmbH, Pocking; **221.3** Wacker Siltronic AG, Burghausen; **221.4** IBM Deutschland GmbH, Stuttgart-Kornwestheim; **224.1** Okapia (Breck P. Kent), Frankfurt; **224.2** Stefan Schorn (Mineralienatlas/Frank Liebscher), Vaterstetten; **224.3** Getty Images (Colin Keates), München; **225.5** Premium-Werbeartikel GmbH, Paderborn; **225.7** Getty Images (Photonica/Special Photographers), München; **226.1** Mauritius Images (AGE), Mittenwald; **226.2** Klett-Archiv (Toni Cramer), Stuttgart; **226.3** Ullstein Bild GmbH (Paul Springett), Berlin; **226.4** Helga Lade, Frankfurt; **227.6** PantherMedia GmbH (Christine Tom), München; **227.7** Klett-Archiv (Toni Cramer), Stuttgart; **227.8** iStockphoto (Jarrett Green), Calgary, Alberta; **227.9** plainpicture GmbH & Co. KG (artur), Hamburg; **227.10** Mauritius Images, Mittenwald; **228.1** Klett-Archiv, Stuttgart; **228.3** Getty Images (stone/Paul Hurd), München; **228.4** Mauritius Images (age), Mittenwald; **229.2, 229.3** Klett-Archiv, Stuttgart; **230.1** MEV Verlag GmbH, Augsburg; **230.2** StockFood GmbH, München; **230.4** Klett-Archiv (Bettina Sommer), Stuttgart; **231.6, 231.7, 232.2** Klett-Archiv, Stuttgart; **234.5** Getty Images (Photonica/Neo Vision), München; **234.6** Picture-Alliance (dpa), Frankfurt; **234.7** Caro Fotoagentur (Hoffmann), Berlin; **235.2** Getty Images (Stone/ Rosemary Weller), München; **235.3** MEV Verlag GmbH, Augsburg; **235.4a, 235.4b, 235.4c** Infoherz New Media GmbH, Neubrandenburg; **237.1** Getty Images (The Image Bank/Wayne R. Bilenduke), München; **237.2** Getty Images (Photographer's Choice/Jack Ambrose), München; **237.3, 237.3** Klett-Archiv, Stuttgart; **237.4** Getty Images (Iconica/George Diebold Photography), München; **237.4** Helga Lade (D.Rose), Frankfurt; **237.5** Tierbildarchiv Angermayer (Hans Pfletschinger), Holzkirchen; **237.5** Klett-Archiv (Zuckerfabrik digital), Stuttgart; **237.6** Getty Images (Robert Harding World Im./Thorsten Mils), München; **238.1** Corel Corporation Deutschland, Unterschleissheim; **238.2** blickwinkel (Hecker/Sauer), Witten; **238.3a, 238.3b, 238.3c** Klett-Archiv (Toni Cramer), Stuttgart; **238.4a** Corbis (Craig Tuttle), Düsseldorf; **238.4b** Avenue Images GmbH (Corbis RF), Hamburg; **239.5** Klett-Archiv (Toni Cramer), Stuttgart; **239.6** Klett-Archiv, Stuttgart; **239.7** PantherMedia GmbH (Katrin Figge), München; **239.8** Harald Lange Naturbild, Bad Lausick; **244.1** Graphit Kropfmühl AG, Hauzenberg; **244.1a, 244.1b** Avenue Images GmbH (Corbis), Hamburg; **244.3** Deutsches Museum, München; **245.6** Prof. Dr. Hertel, Tobias, Nashville, TN; **247.4** Deutsches Museum, München; **248.1** LAZI film foto, Stuttgart; **249.3** Okapia (Karl Gottfried

Vock), Frankfurt; **249.7** Carl Zeiss AG, Oberkochen; **250.2a, 250.2b** Klett-Archiv, Stuttgart; **252.1, 252.2** Klett-Archiv (Zuckerfabrik digital), Stuttgart; **254.1** StockFood GmbH (Johansen), München; **254.2** LAZI film foto (Franz Lazi), Stuttgart; **255.1** Getty Images RF (Photographer's Choice/Küster), München; **259.1** iStockphoto (RF), Calgary, Alberta; **259.2** Arnold Holste, Bielefeld; **259.3** Klett-Archiv (Zuckerfabrik digital), Stuttgart; **259.4** Klett-Archiv (Zuckerfabrik digital), Stuttgart; **259.5** vario images GmbH & Co.KG (Juergen Moers), Bonn; **259.6** Bildarchiv Sammer, Neuenkirchen; **259.7** PantherMedia GmbH, München; **260.1a** Rich. Hengstenberg, Esslingen; **260.1b** StockFood GmbH (Schliack, Amos), München; **260.1c** Klett-Archiv, Stuttgart; **260.2** Klett-Archiv, Stuttgart; **260.3** Klett-Archiv (Ralph Grimmel), Stuttgart; **260.4** ThyssenKrupp AG, Düsseldorf; **260.5** Mauritius Images (J.Bauer), Mittenwald; **261.6** Klett-Archiv, Stuttgart; **261.7** SUPERBILD (BSIP), Taufkirchen/München; **261.8** shutterstock (Aleksey Kondratyuk), New York, NY; **262.1** Klett-Archiv, Stuttgart; **262.2** Klett-Archiv, Stuttgart; **263.4** Klett-Archiv, Stuttgart; **264.1** Getty Images (The Image Bank/Laurie Rubin), München; **264.2** Klett-Archiv (Zuckerfabrik digital), Stuttgart; **264.3** Klett-Archiv (Zuckerfabrik digital), Stuttgart; **266.1** Klett-Archiv, Stuttgart; **266.2** Klett-Archiv, Stuttgart; **266.3** Klett-Archiv, Stuttgart; **268.1** Klett-Archiv (Zuckerfabrik Digital), Stuttgart; **268.2** Klett-Archiv, Stuttgart; **268.3** Klett-Archiv, Stuttgart; **268.5** Klett-Archiv, Stuttgart; **269.6** Klett-Archiv, Stuttgart; **269.7** Getty Images (Stock4B/Susanne Wegele), München; **270.1** Klett-Archiv (Zuckerfabrik digital), Stuttgart; **270.2** Klett-Archiv (Zuckerfabrik Digital), Stuttgart; **270.3** Klett-Archiv (Zuckerfabrik Digital), Stuttgart; **271.5** Klett-Archiv, Stuttgart; **272.1** SUPERBILD (Bernd Ducke), Taufkirchen/München; **274.1** Avenue Images GmbH RF (Blend Images), Hamburg; **274.2** Klett-Archiv, Stuttgart; **274.3** Klett-Archiv, Stuttgart; **275.4** Klett-Archiv (Ralph Grimmel), Stuttgart; **275.6** Klett-Archiv, Stuttgart; **276.1** Klett-Archiv, Stuttgart; **276.2** Klett-Archiv, Stuttgart; **278.1a** FOCUS (Biomedical Imaging Unit, Southampton General Hospital/SPL), Hamburg; **278.1b** FOCUS (Steve Gschmeissner/SPL), Hamburg; **278.2a** VISUM Foto GmbH (Sven Döring), Hamburg; **278.2b** Keystone (Volkmar Schulz), Hamburg; **279.5** FOCUS (EOS/Meckes), Hamburg; **281.4a** Klett-Archiv, Stuttgart; **281.4b** Klett-Archiv, Stuttgart; **281.5** Klett-Archiv (Zuckerfabrik Digital), Stuttgart; **282.1** Klett-Archiv, Stuttgart; **283.1** Bettina Sommer, Köngen; **283.2a** Klett-Archiv, Stuttgart; **283.2b** Klett-Archiv, Stuttgart; **284.3** Klett-Archiv, Stuttgart; **285.6** Lieber, Dr. Werner, Heidelberg; **285.7** pictureNEWS Bildagentur (Mario Vedder), Frankfurt/Main; **285.8** FOCUS (SPL), Hamburg; **286.2** Corbis (W.Cody), Düsseldorf; **286.3** Klett-Archiv, Stuttgart; **287.1** Getty Images (StockFood Creative/Joy Skipper), München; **287.2** Klett-Archiv, Stuttgart; **289.3** Wagner, Bernhard (Bernhard Wagner), Breisach; **289.4a** Landesdenkmalamt BW, Esslingen am Neckar; **289.4b** Landesdenkmalamt BW, Esslingen am Neckar; **291.6** Klett-Archiv, Stuttgart; **292.1** Picture-Alliance (ZB/Thomas Schulze), Frankfurt; **293.1** Getty Images (Reportage/Per-Anders Pettersson), München; **293.2** Getty Images RF (PhotoDisc), München; **293.3** BASF AG Agrarzentrum, Limburgerhof; **293.4** Dr. Eckart Pott, Stuttgart; **293.5** Getty Images (Iconica/Camille Tokerud), München; **293.6** Getty Images (Aurora/Jose Azel), München; **293.7** Okapia (Hans Reinhard), Frankfurt; **296.2** Deutsches Museum, München; **297.1** BASF AG Agrarzentrum, Limburgerhof; **297.2** Klett-Archiv (Gert Elsner), Stuttgart; **298.2** Klett-Archiv, Stuttgart; **299.2** Prof. Dr. Karl Eugen Rehfuess, Pöcking; **302.2** Reinhard-Tierfoto (H. Reinhard), Heiligkreuzsteinach; **303.1** Corbis (zefa/miles), Düsseldorf; **303.2** Getty Images (Photographer's Choice/Craig vander Lende), München; **303.3** Mauritius Images (Photri), Mittenwald; **303.4** Bildagentur Schapowalow (Huber), Hamburg; **303.5** Corbis (zefa/Frank Lukasseck), Düsseldorf; **303.6** Getty Images/Photodisc; **303.7** Getty Images (The Image Bank/China Tourism Press), München; **305.2** Avenue Images GmbH RF (Stockbyte), Hamburg; **305.4** Klett-Archiv, Stuttgart; **306.2** imago sportfotodienst (Jens Köhler), Berlin; **307.3** FOCUS (Michael Födgen), Hamburg; **309.3a** Mauritius Images, Mittenwald; **309.3b** blickwinkel (McPHOTO), Witten; **309.4** LAZI film foto, Stuttgart; **310.2** Klett-Archiv, Stuttgart; **312.2a** Rohrbach Zement, Dotternhausen; **312.2b** Klett-Archiv (Zuckerfabrik digital), Stuttgart; **317.1** Getty Images (The Image Bank/Nicolas Russell), München; **317.2** Corbis (Zefa/Matthias Kulka), Düsseldorf; **317.3** Corbis (Reuters), Düsseldorf; **317.4** Getty Images (Tom Stoddart Archive), München; **317.5** MEV Verlag GmbH, Augsburg; **318.1** Bridgeman Art Library Ltd. (Look and Learn), Berlin; **319.6** NASA, Washington, D.C.; **321.5** Mauritius Images (AGE), Mittenwald; **321.7** Getty Images RF, München; **326.2** Klett-Archiv, Stuttgart; **327.4** Klett-Archiv, Stuttgart; **327.5** Klett-Archiv (Zuckerfabrik digital), Stuttgart; **328.7** Klett-Archiv, Stuttgart; **328.8** Klett-Archiv, Stuttgart; **328.9** Klett-Archiv, Stuttgart; **330.1a** Mauritius Images (Grafica), Mittenwald; **330.1b** Mauritius Images (Cash), Mittenwald; **330.2** Klett-Archiv, Stuttgart; **332.1** Bettina Sommer (Bettina Sommer), Köngen; **332.2a** MEV Verlag GmbH, Augsburg; **332.2b** Mauritius Images, Mittenwald; **333.7** Klett-Archiv, Stuttgart; **340.1** Helga Lade, Frankfurt; **341.2** Adam Opel GmbH/Illustration Studio Parsons; **341.4** Daimler AG Medienarchiv, Stuttgart; **342.5** Gerhard Braun, Schwäbisch Hall; **343.9** Daimler AG Medienarchiv, Stuttgart; **344.1** Picture-Alliance (Bonß), Frankfurt; **344.3** VISUM Foto GmbH (Klein), Hamburg; **345.4** Jochen Eckel Photojournalist, Berlin; **346.1** Corbis (Car Culture), Düsseldorf; **347.2** Klett-Archiv, Stuttgart; **347.3** Klett-Archiv, Stuttgart; **348.1** Klett-Archiv (Zuckerfabrik digital), Stuttgart; **348.2** Klett-Archiv, Stuttgart; **351.6** shutterstock (Christopher Tan Teck Hean), New York, NY; **354.5** Japan Oil, Gas and Metals National Corporation (MH21 Research Consortium), Chiba; **355.1** Picture-Alliance (Bernd Weißbrod), Frankfurt; **355.2** laif (Veit Mette), Köln; **356.3** Die Bildstelle (Lehtikuva Oy), Hamburg; **357.1** Getty Images (Stone/Phil Degginger), München; **357.2** Getty images/Photodisc/Dan Dalton; **357.3** Getty Images (Photonica/VEER Steve Drake), München; **357.3** Getty Images (Iconica/Steve Outram), München; **357.6** Getty Images (Stone/Michael Gallacher), München; **358.1** Deutsches Museum, München; **358.2** Ralph Grimmel (Ralph Grimmel), Stuttgart; **358.3** Prof. Dr. Peter Menzel, Esslingen; **361.1** Getty Images (Taxi), München; **361.2** Getty images/PhotoAlto/Luk

Thys; **361.3** Corel Corporation Kanada (Corel Stock Photo Library), Ottawa, Ontario; **361.4** Getty Images (Getty Images/Altrendo Images), München; **361.5** Getty Images (altrendo images), München; **361.6** Avenue Images GmbH RF (imagesource), Hamburg; **362.1** Corbis (Ron Watts), Düsseldorf; **362.2** Lavendelfoto (Thomas Grimm), Hamburg; **362.3** blickwinkel (Weber), Witten; **362.4** Arco Images GmbH (NPL), Lünen; **363.6** Fotosearch Stock Photography, Waukesha, WI; **363.7** StockFood GmbH (Studio Bonisolli), München; **363.8** blickwinkel (G. Stahlbauer), Witten; **363.9** Thomas Seilnacht, Bern; **364.1** Kage Mikrofotografie (Manfred Kage), Lauterstein; **364.2** Helga Lade (Dr. Lorenz), Frankfurt; **364.3** Deutsches Museum, München; **366.1a** iStockphoto (Wojtek Kryczka), Calgary, Alberta; **366.1b** Helga Lade (Fischer), Frankfurt; **366.1c** Okapia, Frankfurt; **366.1d** Deutscher Brauer-Bund e.V., Berlin; **366.1e** Deutscher Brauer-Bund e.V., Berlin; **366.2a** Deutscher Brauer-Bund e.V., Berlin; **366.2b** Deutscher Brauer-Bund e.V., Berlin; **367.2** Getty Images (Taxi/Denis Boissavy), München; **368.4** Keystone, Hamburg; **371.3** Bettina Sommer, Köngen; **371.4** Klett-Archiv (Zuckerfabrik digital), Stuttgart; **371.5** Klett-Archiv (Zuckerfabrik digital), Stuttgart; **375.1a** Klett-Archiv, Stuttgart; **375.1b** Klett-Archiv, Stuttgart; **375.2** NREL, Golden, Colorado; **376.3** TOPICMedia (Willner), Ottobrunn; **376.4** Picture-Alliance (dpa/Kay Nietfeld), Frankfurt; **377.1** Okapia (Steinmetz), Frankfurt; **377.2** Picture-Alliance (dpa/Roland Scheidemann), Frankfurt; **378.1** Klett-Archiv, Stuttgart; **379.4** Klett-Archiv, Stuttgart; **379.5** Klett-Archiv, Stuttgart; **380.1a** MEV Verlag GmbH, Augsburg; **380.1b** FOCUS, Hamburg; **381.2** Klett-Archiv (Zuckerfabrik Digital), Stuttgart; **381.3** Klett-Archiv, Stuttgart; **383.1** Mauritius Images (age fotostock), Mittenwald; **383.3** Corbis (Westlight Stock -- OZ Productions), Düsseldorf; **384.3a** Reinhard-Tierfoto, Heiligkreuzsteinach; **384.3b** Corel Corporation Deutschland, Unterschleissheim; **385.1** StockFood GmbH (Walter Cimbal), München; **385.2** PantherMedia GmbH (Martina B.), München; **385.3** StockFood GmbH (Anita Oberhauser), München; **385.4** Getty Images RF (Picturenet), München; **385.5** Bildagentur-online (Chromorange), Burgkunstadt; **385.6** StockFood GmbH (Element Photo), München; **385.7** Getty Images (Lonely Planet Images/Wayne Walton), München; **386.1** StockFood GmbH (Brauner), München; **386.2** Okapia (Patrick Frischknecht), Frankfurt; **386.3** StockFood GmbH, München; **386.4a** Stills-Online, Hamburg; **386.4b** Stills-Online, Hamburg; **386.5** shutterstock (rgbspace), New York, NY; **387.5** Avenue Images GmbH RF (RF/Glowimages), Hamburg; **387.5** Klett-Archiv (Zuckerfabrik digital), Stuttgart; **387.6** Fotex GmbH, Hamburg; **387.7** Arco Images GmbH (Diez), Lünen; **387.8** Avenue Images GmbH RF (StockDisc), Hamburg; **388.1** Getty Images (Stone/Kelvin Murray), München; **388.2** Avenue Images GmbH RF (RF/Glowimages), Hamburg; **388.3** Getty images/Stockbyte Platinum/George Doyle; **389.1** Getty Images/The Image Bank/Peter Dazeley; **389.2** Getty Images/Photodisc/Paul Beard; **389.3** Getty Images (Photographer's Choice/Mark Douet), München; **389.4** Corbis (Bettmann), Düsseldorf; **390.2** Klett-Archiv, Stuttgart; **391.3** Klett-Archiv (Zuckerfabrik digital), Stuttgart; **391.4** Klett-Archiv, Stuttgart; **392.1** Klett-Archiv, Stuttgart; **392.2** Klett-Archiv, Stuttgart; **392.3** Klett-Archiv, Stuttgart; **393.1** Avenue Images GmbH RF (Fancy), Hamburg; **393.3** Klett-Archiv, Stuttgart; **395.2** Klett-Archiv, Stuttgart; **396.1a** Getty Images (Dorling Kindersley), München; **396.1b** Avenue Images GmbH RF (imagesource), Hamburg; **396.1c** Getty Images/Potodisc/S Pearce/Photolink; **396.1d** Getty Images (Iconica/Johner), München; **397.1** Bettina Sommer, Köngen; **397.3** Klett-Archiv (Aribert Jung), Stuttgart; **398.1** Klett-Archiv (Zuckerfabrik digital), Stuttgart; **399.2** Klett-Archiv, Stuttgart; **400.2** Klett-Archiv (Zuckerfabrik Digital), Stuttgart; **401.3a** Klett-Archiv (Zuckerfabrik digital), Stuttgart; **401.3b** Klett-Archiv (Zuckerfabrik digital), Stuttgart; **401.3c** Klett-Archiv (Zuckerfabrik digital), Stuttgart; **401.3d** Klett-Archiv (Zuckerfabrik digital), Stuttgart; **402.1** Corbis RF (Image Source), Düsseldorf; **403.2** MEV Verlag GmbH, Augsburg; **404.2** Klett-Archiv, Stuttgart; **404.3** Klett-Archiv, Stuttgart; **405.5** Kage Mikrofotografie (Manfred Kage), Lauterstein; **405.6** Klett-Archiv (Zuckerfabrik digital), Stuttgart; **405.7** Klett-Archiv, Stuttgart; **406.1** Bettina Sommer, Köngen; **406.2** MEV Verlag GmbH, Augsburg; **407.3** Fotolia LLC (Tom Schmucker), New York; **408.1a** PlasticsEurope Deutschland e.V., Frankfurt; **408.1b** PlasticsEurope Deutschland e.V., Frankfurt; **408.1c** Klett-Archiv (Eberhard Theophel), Stuttgart; **408.2a** BASF, Ludwigshafen; **408.2b** Klett-Archiv, Stuttgart; **408.3a** raumPROBE, Stuttgart; **408.3b** Klett-Archiv (Ralph Grimmel), Stuttgart; **409.2** Wacker Chemie GmbH, München; **409.3** shutterstock (Denton Rumsey), New York, NY; **410.1** Mauritius Images (Habel), Mittenwald; **410.4** Duales System Deutschland AG; **411.1** Mauritius Images (Busse Yankushev), Mittenwald; **411.3** European Bioplastics, Berlin; **411.4** Klett-Archiv (Axel Justus), Stuttgart; **413.1a** Bayer MaterialScience AG, Leverkusen; **413.1b** iStockphoto (Oscar Williams), Calgary, Alberta; **413.1d** Windmöller & Hölscher, Lengerich/Westf.; **413.1e** BASF, Ludwigshafen; **413.1c links** MEV Verlag GmbH, Augsburg; **413.1c rechts** MEV Verlag GmbH, Augsburg; **414.1** iStockphoto (Michael Hill), Calgary, Alberta; **414.2** shutterstock (Lein de León Yong), New York, NY; **415.1** Getty Images RF (McVay), München; **416.1** AKG, Berlin; **417.4a** Klett-Archiv (Eberhard Theophel), Stuttgart; **417.4b** Bildarchiv Stanko Petek (www.LUFTBILD.com), Radolfzell; **417.4c** Mauritius Images, Mittenwald; **417.4e** Getty Images (Sorensen), München; **420.2**; **420.3a**; **420.3b**; **420.3c** Klett-Archiv, Stuttgart; **422.1** Klett-Archiv (Zuckerfabrik digital), Stuttgart; **422.2** Fotocent.de, Wedemark; **422.4** Klett-Archiv, Stuttgart; **422.5** Prof. Dr. Wolfgang Wehl, Heilbronn; **424.1a**; **424.1b**; **424.1c** Klett-Archiv (Zuckerfabrik digital), Stuttgart; **425.4a** Kaiser, Harald, Alfdorf-Vordersteinenberg; **425.4b**; **425.5a** Klett-Archiv, Stuttgart; **425.5b** Corbis (Bob Rowan, Progressive Image), Düsseldorf; **425.5c** Mauritius Images (Rossenbach), Mittenwald; **425.6** Okapia (NAS/Darwin Dale), Frankfurt; **427.6** Picture-Alliance, Frankfurt; **427.7** Conrad Electronic SE, Hirschau; **434.3** Intro, Berlin.

Gestaltung Bildperiodensystem normaldesign, Schwäbisch Gmünd

Nicht in allen Fällen war es uns möglich, den Rechteinhaber der Abbildungen ausfindig zu machen. Berechtigte Ansprüche werden selbstverständlich im Rahmen der üblichen Vereinbarungen abgegolten.

Erläuterungen zu einigen Abbildungen des PSE

Elementsymbol mit Ordnungszahl	Beschreibung der Abbildung
1 H	**Wasserstoff** wird in roten Stahlflaschen aufbewahrt.
2 He	**Helium** wird in grau/gelben Stahlflaschen aufbewahrt.
3 Li	**Lithium** wird wegen seiner hohen Reaktionsfähigkeit unter Paraffinöl aufbewahrt.
4 Be	elementares **Beryllium**
5 B	elementares **Bor**
6 C	**Kohlenstoff** in der Modifikation Graphit
7 N	**Stickstoff** wird in grün/schwarzen Stahlflaschen aufbewahrt.
8 O	**Sauerstoff** wird in grau/weißen Stahlflaschen aufbewahrt.
9 F	**Fluor** wird in grau/gelben Stahlflaschen aufbewahrt.
10 Ne	**Neon** erzeugt bei der elektrischen Entladung in Leuchtröhren rotes Licht.
11 Na	**Natrium** wird wegen seiner hohen Reaktionsfähigkeit unter Paraffinöl aufbewahrt.
12 Mg	**Magnesium**band
13 Al	**Aluminium**folie wird als Verpackungsmaterial für Lebensmittel verwendet.
14 Si	**Silicium** ist der Grundbestandteil in Mikrochips.
15 P	schwarzer und weißer **Phosphor**
16 S	**Schwefel** in Stangenform
17 Cl	**Chlor** ist gelbgrün und besitzt eine bleichende Wirkung.

Elementsymbol mit Ordnungszahl	Beschreibung der Abbildung
18 Ar	**Argon** erzeugt bei der elektrischen Entladung in Leuchtröhren rotstichig blaues Licht.
19 K	**Kalium** wird wegen seiner hohen Reaktionsfähigkeit unter Paraffinöl aufbewahrt.
20 Ca	elementares **Calcium**
21 Sc	elementares **Scandium**
22 Ti	Künstliche Hüftgelenke sind zumeist aus **Titan**.
23 V	**Vanadium** ist als Legierungsbestandteil in Werkzeugen enthalten.
24 Cr	Sanitär-Armaturen werden häufig mit einer **Chrom**schicht überzogen.
25 Mn	**Mangan**haltiger Stahl erzeugt Härte und Festigkeit. Dieser Stahl wird z. B. für technische Federn verwendet.
26 Fe	Nägel sind oft aus **Eisen**.
27 Co	In Rasierklingen ist **Cobalt** als Legierungsbestandteil enthalten. Es sorgt für verschleißfestes Schneiden.
28 Ni	In wiederaufladbaren Nickel-Metallhydrid-Batterien (Akkumulatoren) dienen **Nickel**verbindungen als Anode.
29 Cu	**Kupfer**draht
30 Zn	Eine **Zink**beschichtung z. B. auf Gießkannen dient als Rostschutz.
31 Ga	**Gallium** ist bei Zimmertemperatur zähflüssig.
32 Ge	Wegen ihrer hohen Brechungsindices werden **Germanium**verbindungen dem Glas von optischen Linsen beigemengt.
33 As	**Arsen** ist als Arsen-Gallium-Legierung in Leuchtdioden enthalten. Dort ist es für die rote Farbe verantwortlich.
34 Se	**Selen** ist in Selen-Hefe-Tabletten enthalten, welche die Regenerierung von Haut, Haaren und Nägeln fördern.

Erläuterungen zu einigen Abbildungen des PSE

Elementsymbol mit Ordnungszahl	Beschreibung der Abbildung
35 Br	**Brom** besitzt eine braungelbe Farbe. Es liegt bei Zimmertemperatur als Flüssigkeit und Gas vor.
36 Kr	**Krypton** ist als Füllgas in vielen Glühlampen enthalten.
37 Rb	**Rubidium** wird wegen seiner hohen Reaktionsfähigkeit in zugeschmolzenen Glasröhrchen aufbewahrt.
38 Sr	**Strontium** wird wegen seiner hohen Reaktionsfähigkeit unter Paraffinöl aufbewahrt.
39 Y	**Yttrium**verbindungen verursachen die rote Farbe in manchen Lasern.
40 Zr	**Zirconium** verbrennt unter hellem Leuchten und wird deshalb in Blitzlampen eingesetzt.
41 Nb	**Niob** wird als Legierungsbestandteil in chirurgischen Geräten (z. B. Arztscheren) verwendet.
42 Mo	**Molybdän** wird als Anodenwerkstoff in Elektronenröhren (z. B. Bildröhren) verwendet.
43 Tc	radioaktives **Technetium**
44 Ru	**Ruthenium**legierungen sind besonders hart und werden deshalb z. B. für Federn von Füllfederhaltern verwendet.
45 Rh	**Rhodium** dient als Beschichtungsmaterial für viele medizinische Geräte (z. B. Mundspiegel beim Zahnarzt).
46 Pd	Zahnkronen bestehen meist aus **Palladium**-Gold-Legierungen.
47 Ag	Silberbesteck besteht aus einer **Silber**legierung oder ist mit einer Silberschicht überzogen.
48 Cd	**Cadmium** bildet die Kathode in wiederaufladbaren Nickel-Cadmium-Akkumulatoren.
49 In	**Indium**verbindungen werden vor allem in der Halbleiterindustrie z. B. zur Herstellung von Transistoren eingesetzt.
50 Sn	Konservendosen (Weißblech) bestehen aus **Zinn**legierungen.
51 Sb	**Antimon**-Blei-Schmelzen dehnen sich beim Erstarren aus und dienen deshalb als Gusswerkstoffe für Bleilettern.

Elementsymbol mit Ordnungszahl	Beschreibung der Abbildung
52 Te	**Tellur** wird bei der Herstellung von Autoreifen zur Vulkanisierung benötigt.
53 I	**Iod** ist schwarz-violett und sublimiert bei Zimmertemperatur zu violettfarbigem Ioddampf.
54 Xe	**Xenon** wird als Füllgas für Hochdrucklampen verwendet.
55 Cs	**Caesium** wird wegen seiner hohen Reaktionsfähigkeit in zugeschmolzenen Glasröhrchen aufbewahrt.
56 Ba	**Barium** wird wird wegen der hohen Reaktionsfähigkeit unter Paraffinöl aufbewahrt.
72 Hf	elementares **Hafnium**
73 Ta	Aufgrund seiner chemischen Widerstandsfähigkeit wird **Tantal** in Kondensatoren verwendet.
74 W	Wegen seiner hohen Schmelztemperatur wird **Wolfram** als Glühdraht in Glühlampen verwendet.
75 Re	Wegen seiner hohen Schmelztemperatur wird **Rhenium** als Glühdraht in elektrischen Feuerzeugen verwendet.
76 Os	**Osmium** wird gerne als Platin-Legierungsbestandteil z. B. für Kompassnadeln verwendet.
77 Ir	Viele chirugische Geräte (z. B. Injektionsnadeln) bestehen aus **Iridium**legierungen.
78 Pt	Die Hohlräume des Autoabgaskatalysators sind oft mit Platin beschichtet. Dabei wirkt **Platin** als Katalysator.
79 Au	**Gold**barren
80 Hg	**Quecksilber** wird zur Füllung von vielen Flüssigkeitsthermometern verwendet.
81 Tl	**Thallium** ist sehr giftig und fruchtschädigend. Es wird daher in einem verschlossenen Gefäß aufbewahrt.
82 Pb	**Blei** bildet in Autoakkus die Anode.
83 Bi	**Bismut** wird als Schmelzdraht in Schmelzsicherungen verwendet.

Periodensystem der Elemente

Legende	
mittlere Atommasse in u	186,2
Ordnungszahl	75
Elementsymbol	Re
Elementname	Rhenium
Metalle / Halbmetalle / Nichtmetalle	(Farbe des Feldes)
fest / gasförmig / flüssig	(Farbe des Elementsymbols)

	I (1)	II (2)	III A (3)	IV A (4)	V A (5)	VI A (6)	VII A (7)	VIII A (8/9/10)	
1	1,0 1 H Wasserstoff								
2	6,9 3 Li Lithium	9,0 4 Be Beryllium							
3	23,0 11 Na Natrium	24,3 12 Mg Magnesium							
4	39,1 19 K Kalium	40,1 20 Ca Calcium	45,0 21 Sc Scandium	47,9 22 Ti Titan	50,9 23 V Vanadium	52,0 24 Cr Chrom	54,9 25 Mn Mangan	55,8 26 Fe Eisen	58,9 27 Co Cobalt
5	85,5 37 Rb Rubidium	87,6 38 Sr Strontium	88,9 39 Y Yttrium	91,2 40 Zr Zirconium	92,9 41 Nb Niob	95,9 42 Mo Molybdän	98 43 Tc $4{,}2 \cdot 10^6$ a Technetium	101,1 44 Ru Ruthenium	102,9 45 Rh Rhodium
6	132,9 55 Cs Caesium	137,3 56 Ba Barium	57–71 Lanthanoide	178,5 72 Hf Hafnium	180,9 73 Ta Tantal	183,8 74 W Wolfram	186,2 75 Re Rhenium	190,2 76 Os Osmium	192,2 77 Ir Iridium
7	223 87 Fr 22 min Francium	226 88 Ra 1600 a Radium	89–103 Actinoide	267 104 Rf 78 min Rutherfordium	268 105 Db 29 h Dubnium	271 106 Sg 114 s Seaborgium	270 107 Bh 61 s Bohrium	270 108 Hs 23 s Hassium	278 109 Mt 8 s Meitnerium

Lanthanoide	138,9 57 La Lanthan	140,1 58 Ce Cer	140,9 59 Pr Praseodym	144,2 60 Nd Neodym	145 61 Pm 17,7 a Promethium	150,4 62 Sm Samarium	152,0 63 Eu Europium
Actinoide	227 89 Ac 22 a Actinium	232 90 Th $1{,}4 \cdot 10^{10}$ a Thorium	231 91 Pa $3{,}3 \cdot 10^4$ a Protactinium	238 92 U $4{,}5 \cdot 10^9$ a Uran	237 93 Np $2{,}1 \cdot 10^6$ a Neptunium	244 94 Pu $8{,}0 \cdot 10^7$ a Plutonium	243 95 Am 7370 a Americium